JN186335

電気回路
ハンドブック

奥村浩士
西　哲生
松瀨貢規
横山明彦

[編集]

朝倉書店

序

　戦後70年以上が経過し，わが国の科学技術は世界に類のない発展を遂げました．このような科学技術の進歩と発展には電気工学が一翼を担ってきたことは揺るぎない事実であり，今日の快適で便利な生活の実現に電気技術が果たした大きな役割を否定できません．半導体技術も大きな進歩を遂げ，パワー半導体デバイスを利用したパワーエレクトロニクスは世界をリードしながら発展を続け，今やわが国の誇る技術となり，電力システム，鉄道，自動車，照明，家庭用電化製品，医療機器などのあらゆる設備や製品に導入され，日々進歩を遂げています．

　このように発展する電気工学は電磁気学と電気回路理論を基礎としそれを実践する学問ですが，ともすれば実践の産物である電気設備や製品そのものだけが注目されがちです．そのなかで中心的な役割を果たしている電気回路はいわば縁の下の力もちのような存在で，しばしば見過ごされがちです．そこで，電気回路の重要性を再認識し，電気回路という切り口でわが国における電気工学の発展を捉え直すことを思い立ちました．つまり，電気回路というものを歴史的，体系的に捉え，20世紀から今日に至るまでの電気回路の理論とその実践を歴史とともにまとめることを試みました．こうすれば，電気工学の現状の認識もでき，将来も展望できると考えたからです．

　編集委員会では膨大な内容をどのようにまとめるかについて何回も議論しました．刊行までの作業は難航を極め，構想から実に10年以上の歳月が流れました．あまりにも広範囲の内容で執筆者は総勢50名以上に及んでいます．

　本ハンドブックは大学や高等専門学校の専門課程の学生・院生，企業で活躍する技術者・研究者が理解できるレベルで書かれています．

　進歩する広い内容の電気工学を電気回路という視点に立って歴史までも含めてまとめたハンドブックはわが国には前例もなく，広く世界においても見いだせません．本ハンドブックが多くの技術者，研究者，教育者の座右の書になることを願っています．

　執筆は専門の技術者・研究者にお願いし，これから勉強する方々のために大部分の章末，節末には重要な文献や資料をあげていただきました．執筆を快く引き受けていただいた方々に心から深く感謝いたします．

　また，本ハンドブック刊行の機会を与えていただいた朝倉書店編集部のみなさんの御協力に感謝申し上げます．

　2016年10月

編集委員を代表して　奥村浩士

編集委員

奥 村 浩 士　京都大学名誉教授
西 　 哲 生　九州大学名誉教授
松 瀬 貢 規　明治大学名誉教授
横 山 明 彦　東京大学大学院新領域創成科学研究科教授

執筆者

		担当項目
安 部 征 哉	九州工業大学大学院生命体工学研究科	V-9
雨 谷 昭 弘	モントリオール理工科大学電気工学科	II-6
今 井 孝 二	豊田工業大学名誉教授	IV-11
潮 　 俊 光	大阪大学大学院基礎工学研究科	VI
兎 束 哲 夫	鉄道総合技術研究所電力技術研究部	II-8
遠 藤 哲 郎	明治大学理工学部	I-3.2
遠 藤 久 仁	電力広域的運営推進機関	V-6.1
大 井 健 史	三菱電機株式会社先端技術総合研究所	IV-10
大 熊 康 浩	富士電機株式会社技術開発本部	IV-5
大 野 照 男	東京電力ホールディングス株式会社経営技術戦略研究所	II-5
奥 村 浩 士	京都大学名誉教授	I-3.1, I-4.1-4.8
掛 橋 英 典	津山工業高等専門学校総合理工学科	V-7
金 井 丈 雄	東芝三菱電機産業システム株式会社パワーエレクトロニクスシステム事業部	IV-7.2
鎌 仲 吉 秀	株式会社明電舎	IV-3
川 口 　 章	東芝三菱電機産業システム株式会社産業第三システム事業部	IV-2
菊 地 芳 彦	前 新電元工業株式会社技術開発本部	V-2
岸 川 孝 生	日立製作所株式会社	IV-8.3
熊 野 照 久	明治大学理工学部	II-1
古 関 庄一郎	古関 PE 事務所	IV-0, IV-1, IV-8.2
財 津 俊 行	オムロン株式会社技術・知財本部	V-9
佐 藤 国 広	TDK 庄内株式会社鶴岡工場	V-6.5
澤 　 孝一郎	慶應義塾大学名誉教授	III-6
篠 田 庄 司	中央大学名誉教授	I-1
島 森 　 浩	富士通株式会社アドバンストシステム開発本部	V-6.2
庄 山 正 仁	九州大学大学院システム情報科学研究院	V-5

執 筆 者

関根　正興	芝浦工業大学工学部	V-3
高崎　昌洋	前 電力中央研究所システム技術研究所	II-3
高橋　規一	岡山大学大学院自然科学研究科	I-2
多田　泰之	株式会社日立製作所エネルギーソリューションビジネスユニット	II-7
田中　　衛	上智大学名誉教授	I-3.3
千葉　　明	東京工業大学工学院	III-7
百目鬼英雄	東京都市大学工学部	III-8
富岡　　聡	TDKラムダ株式会社技術統括部	V-6.3
長洲　正浩	茨城工業高等専門学校電気電子システム工学科	IV-8.1
中村　利孝	東芝三菱電機産業システム株式会社ドライブシステム部	IV-7.1
西　　哲生	九州大学名誉教授	I-2, I-5
二宮　　保	北九州市環境エレクトロニクス研究所	V-1
原　　英則	株式会社安川電機技術開発本部	IV-4
久門　尚史	京都大学大学院工学研究科	I-4.9
松崎　　薫	東芝三菱電機産業システム株式会社UPS部	IV-7.3
松瀨　貢規	明治大学名誉教授	III-1, III-2
三木　一郎	明治大学理工学部	III-3, III-4
本橋　　準	東京電力パワーグリッド株式会社配電部	II-4
森　健二郎	東京電力パワーグリッド株式会社配電部	II-4
森　　治義	三菱電機株式会社神戸製作所パワーエレクトロニクス製造部	V-6.4
森田　浩一	有限会社オフィス・モリタ	V-4
森本　雅之	東海大学工学部	III-5
谷津　　誠	前 富士電機株式会社	IV-6
山下　友文	株式会社リコー リコー未来技術研究所	V-8
横山　明彦	東京大学大学院新領域創成科学研究科	II-2
吉野　輝雄	東芝三菱電機産業システム株式会社パワーエレクトロニクスシステム事業部	IV-9

（五十音順）

目　　次

第 I 編　回　路　基　礎 ……………………………………………………………… 1

1. 電気回路の歴史：ヴォルタから回路構成論まで ……………………〔篠田庄司〕… 2
　1.1 ヴォルタの電池とゼーベックの熱電対 ………………………………………… 2
　1.2 オームの法則とホイートストンブリッジ ……………………………………… 3
　1.3 キルヒホッフの法則と回路解析 ………………………………………………… 4
　1.4 ヘルムホルツの等価電圧源定理（いわゆるテブナンの定理）………………… 5
　1.5 マクスウェルの節点方程式と閉路方程式 ……………………………………… 5
　1.6 正弦波交流回路の基礎理論 ……………………………………………………… 7
　1.7 ラプラス変換域での電気回路 …………………………………………………… 8
　1.8 回路解析への応用 ………………………………………………………………… 8
　1.9 回路構成論 ………………………………………………………………………… 9

2. 線形回路論 ………………………………………………〔高橋規一・西　哲生〕… 16
　2.1 回路の基礎 ………………………………………………………………………… 16
　2.2 フェーザ解析 ……………………………………………………………………… 19
　2.3 回路理論のためのグラフ理論 …………………………………………………… 23
　2.4 回路方程式 ………………………………………………………………………… 26
　2.5 諸定理 ……………………………………………………………………………… 28
　2.6 2端子対網（2ポート）…………………………………………………………… 30
　2.7 過渡現象 …………………………………………………………………………… 32
　2.8 三相交流 …………………………………………………………………………… 35

3. 非線形回路論 …………………………………………………………………………… 37
　3.1 三相回路の非線形振動 …………………………………………………〔奥村浩士〕… 37
　3.2 ファン・デル・ポール発振回路 ………………………………………〔遠藤哲郎〕… 42
　3.3 ニューラルネットワーク ………………………………………………〔田中　衞〕… 46

4. 分布定数回路 …………………………………………………………………………… 51
　4.1 わが国における分布定数回路理論の歴史的背景 ……………………〔奥村浩士〕… 51
　4.2 伝送線路 …………………………………………………………………………… 51
　4.3 基礎方程式 ………………………………………………………………………… 52
　4.4 無損失線路の基礎方程式と一般解 ……………………………………………… 53
　4.5 任意関数の決定 …………………………………………………………………… 53
　4.6 有限長線路における進行波の反射と透過 ……………………………………… 55

- 4.7 有限長線路の連続反射現象 ……………………………………… 57
- 4.8 格子図 …………………………………………………………… 60
- 4.9 正弦波定常現象 ………………………………………〔久門尚史〕… 62

5. 回路合成論 ……………………………………………〔西　哲生〕… 69
- 5.1 簡単な歴史と記号など ………………………………………… 69
- 5.2 インピーダンスの合成 ………………………………………… 70
- 5.3 S行列による合成 ……………………………………………… 78
- 5.4 非相反回路について …………………………………………… 81
- 5.5 フィルタとその他の伝送回路 ………………………………… 82
- 5.6 理想変成器（IT）を用いない合成 …………………………… 83
- 5.7 多変数回路の合成 ……………………………………………… 85

第II編　電力システム回路 ……………………………………………… 87

1. 発電機（同期機）回路 ………………………………〔熊野照久〕… 88
- 1.1 Park の等価回路 ………………………………………………… 88
- 1.2 平衡等価回路 …………………………………………………… 94
- 1.3 対称座標法等価回路：正相回路，逆相回路，零相回路 …… 98
- 1.4 無負荷発電機の故障計算回路 ………………………………… 101
- 1.5 超電導発電機等価回路 ………………………………………… 102
- 1.6 可変速揚水発電機等価回路 …………………………………… 103
- 1.7 その他の発電機解析用等価回路 ……………………………… 103

2. 送電系統回路 …………………………………………〔横山明彦〕… 105
- 2.1 送電線三相平衡等価回路 ……………………………………… 105
- 2.2 変圧器三相平衡等価回路 ……………………………………… 106
- 2.3 三相送電線，三相変圧器の対称分等価回路 ………………… 107
- 2.4 送電系統の故障解析用回路 …………………………………… 109
- 2.5 2回線送電線を持つ送電系統の対称分等価回路 …………… 111
- 2.6 並行2回線送電線の故障解析用回路 ………………………… 116

3. HVDC 送電系統回路 …………………………………〔高崎昌洋〕… 117
- 3.1 他励式 HVDC システム回路 ………………………………… 117
- 3.2 自励式 HVDC システム回路 ………………………………… 120
- 3.3 交流フィルタ回路 ……………………………………………… 123
- 3.4 直流線路等価回路 ……………………………………………… 124

4. 配電系統回路 …………………………………〔本橋　準・森　健二郎〕… 125
- 4.1 特別高圧配電系統の方式 ……………………………………… 125
- 4.2 高圧配電系統の方式 …………………………………………… 125
- 4.3 低圧配電系統の方式 …………………………………………… 125
- 4.4 電圧降下計算等価回路 ………………………………………… 125

  4.5 故障計算等価回路 ……………………………………………………… 127
  4.6 高調波計算等価回路 ……………………………………………………… 129
  4.7 サージ計算等価回路 ……………………………………………………… 131
  4.8 分散型電源計算等価回路 ………………………………………………… 132
 5. **保護制御計測回路** …………………………………………〔大野照男〕… 135
  5.1 通信線電磁誘導等価回路 ………………………………………………… 135
  5.2 CT, VT 計測回路 ………………………………………………………… 136
 6. **サージ計算回路** ……………………………………………〔雨谷昭弘〕… 139
  6.1 ドメル法（Schnyder-Bergeron 法）……………………………………… 139
  6.2 周波数依存線路等価回路 ………………………………………………… 142
  6.3 鉄塔等価回路 ……………………………………………………………… 145
  6.4 接地等価回路 ……………………………………………………………… 146
 7. **潮流計算回路** ………………………………………………〔多田泰之〕… 150
  7.1 潮流計算で利用する電力ネットワークモデル ………………………… 150
  7.2 潮流計算における未知数と既知数 ……………………………………… 150
  7.3 単位法 ……………………………………………………………………… 151
  7.4 各種の潮流計算定式化 …………………………………………………… 153
  7.5 計算目的による潮流計算の分類 ………………………………………… 155
  7.6 潮流計算に影響を与える新技術（PMU 技術）………………………… 156
 8. **電気鉄道（電力供給）回路** ………………………………〔兎束哲夫〕… 158
  8.1 直流き電回路 ……………………………………………………………… 158
  8.2 交流き電回路 ……………………………………………………………… 162
  8.3 軌道回路 …………………………………………………………………… 167

第 III 編　エネルギー変換回路 ………………………………………………… 171

 1. **等価変換と座標変換** ………………………………………〔松瀬貢規〕… 172
  1.1 等価回路の等価変換 ……………………………………………………… 172
  1.2 座標変換の基礎 …………………………………………………………… 174
  1.3 静止座標軸への変換（α-β 変換）……………………………………… 176
  1.4 回転座標軸への変換 ……………………………………………………… 176
  1.5 瞬時値対称座標法 ………………………………………………………… 177
  1.6 瞬時値空間ベクトル ……………………………………………………… 179
 2. **磁　気　回　路** ……………………………………………〔松瀬貢規〕… 181
  2.1 磁気回路の基礎 …………………………………………………………… 181
  2.2 磁気回路の計算 …………………………………………………………… 183
  2.3 永久磁石とその磁気回路の計算 ………………………………………… 189
  2.4 永久磁石同期電動機の磁気回路 ………………………………………… 191

3. 変圧器の回路 〔三木一郎〕…195
- 3.1 変圧器の原理と基本構成 …195
- 3.2 変圧器の等価回路 …196
- 3.3 変圧器の特性 …197
- 3.4 変圧器の三相結線回路 …198
- 3.5 特殊変圧器 …200
- 3.6 サージ進入回路 …201

4. 誘導電動機（モータ）の回路 〔三木一郎〕…202
- 4.1 三相誘導電動機の原理と基本構成 …202
- 4.2 三相誘導電動機の理論 …204
- 4.3 三相誘導電動機の等価回路 …204
- 4.4 三相誘導電動機の特性と運転 …205
- 4.5 単相誘導電動機の原理と基本構成 …209

5. 同期電動機（モータ）の回路 〔森本雅之〕…211
- 5.1 周期電動機の原理と基本構成 …211
- 5.2 同期電動機の理論 …212
- 5.3 同期電動機の等価回路 …213
- 5.4 同期電動機の特性と運転 …214
- 5.5 永久磁石同期電動機の原理と基本構成 …217
- 5.6 永久磁石同期電動機の特性と運転 …219

6. 直流電動機（モータ）の回路 〔澤　孝一郎〕…222
- 6.1 直流電動機の原理と基本構成 …222
- 6.2 直流電動機の理論 …223
- 6.3 励磁方式と等価回路 …225
- 6.4 速度制御法 …227

7. リラクタンスモータの回路 〔千葉　明〕…229
- 7.1 シンクロナスリラクタンスモータの原理と基本構成 …229
- 7.2 シンクロナスリラクタンスモータの特性と運転 …230
- 7.3 スイッチドリラクタンスモータの原理と基本構成 …230
- 7.4 スイッチドリラクタンスモータの特性と運転 …233

8. ステッピングモータ・マイクロモータ・超音波モータの回路 〔百目鬼英雄〕…236
- 8.1 ステッピングモータの原理と基本構成 …236
- 8.2 ステッピングモータの特性と応用 …238
- 8.3 マイクロモータの原理と基本構成 …240
- 8.4 マイクロモータの特性と応用 …241
- 8.5 超音波モータの原理と基本構成 …241
- 8.6 超音波モータの特徴と応用 …242

第 IV 編　大容量パワーエレクトロニクス回路 …………………………………………… 245

0. 大容量パワーエレクトロニクス回路概要 ……………………………〔古関庄一郎〕… 246
0.1 パワーエレクトロニクス ……………………………………………………………… 246
0.2 電力変換 ………………………………………………………………………………… 246
0.3 半導体デバイス ………………………………………………………………………… 246
0.4 アームなど ……………………………………………………………………………… 246
0.5 転流方式 ………………………………………………………………………………… 247
0.6 スナバ …………………………………………………………………………………… 248

1. 自励交直変換回路 ……………………………………………………〔古関庄一郎〕… 250
1.1 電圧形変換回路と電流形変換回路 …………………………………………………… 250
1.2 パルス制御 ……………………………………………………………………………… 251
1.3 単相交直変換回路 ……………………………………………………………………… 253
1.4 三相交直変換回路 ……………………………………………………………………… 253
1.5 3レベル変換回路 ……………………………………………………………………… 254
1.6 電圧形変換器の多重接続 ……………………………………………………………… 255
1.7 電流形変換回路 ………………………………………………………………………… 256
1.8 電流形変換回路の多重接続 …………………………………………………………… 257

2. 他励交直変換回路 …………………………………………………………〔川口　章〕… 258
2.1 他励交直変換回路の用途 ……………………………………………………………… 258
2.2 他励交直変換回路の回路方式 ………………………………………………………… 258

3. 直流変換回路 ……………………………………………………………〔鎌仲吉秀〕… 264
3.1 直流変換回路 …………………………………………………………………………… 264
3.2 直流チョッパの基本回路 ……………………………………………………………… 264

4. 交流変換回路 ………………………………………………………………〔原　英則〕… 268
4.1 交流直接変換回路 ……………………………………………………………………… 268
4.2 交流間接変換回路 ……………………………………………………………………… 272

5. 組合せ変換回路 …………………………………………………………〔大熊康浩〕… 276
5.1 交流変換 ………………………………………………………………………………… 276
5.2 交直変換 ………………………………………………………………………………… 278

6. その他の変換回路 …………………………………………………………〔谷津　誠〕… 281
6.1 サイリスタ式インバータ ……………………………………………………………… 281
6.2 各種のマルチレベル変換回路 ………………………………………………………… 283
6.3 共振形変換回路 ………………………………………………………………………… 286

7. 産業用パワーエレクトロニクス …………………………………………………………… 289
7.1 可変速駆動システム ……………………………………………………〔中村利孝〕… 289
7.2 加熱用・化学用変換装置 ………………………………………………〔金井丈雄〕… 292
7.3 大容量無停電電源システム ………………………………………………〔松崎　薫〕… 294

8. 輸送機器用パワーエレクトロニクス················302
- 8.1 鉄道車両用パワーエレクトロニクス················〔長洲正浩〕···302
- 8.2 電鉄き電用パワーエレクトロニクス················〔小関庄一郎〕···309
- 8.3 エレベータ用パワーエレクトロニクス················〔岸川孝生〕···313

9. 電力用パワーエレクトロニクス················〔吉野輝雄〕···316
- 9.1 SVC················316
- 9.2 STATCOM················318

10. パワーデバイスの等価回路················〔大井健史〕···322
- 10.1 パワーデバイスの基本動作················322
- 10.2 パワーデバイス················323
- 10.3 回路の寄生インダクタンスの影響················327
- 10.4 パワーモジュールの熱回路網················329

11. 技術史的に重要なパワーエレクトロニクス················〔今井孝二〕···331
- 11.1 パワーエレクトロニクスの概念················331
- 11.2 パワーエレクトロニクスシステム構成の技術史的展望················331
- 11.3 直流機の衰退················332
- 11.4 交流モータ制御の容易化················333
- 11.5 FACTS················333
- 11.6 新エネルギー・電力貯蔵エネルギーと交流電力網················333
- 11.7 パワーエレクトロニクスの存在理由················333
- 11.8 電気自動車（EV）················336
- 11.9 電力システム応用················337
- 11.10 超電導コイル電力貯蔵装置················341

第 V 編　中小容量パワーエレクトロニクス回路················343

1. PWMコンバータの回路方式················〔二宮　保〕···344
- 1.1 基本回路················344
- 1.2 拡張状態平均化法による解析················345

2. 電流共振形コンバータ················〔菊地芳彦〕···349
- 2.1 直列共振形コンバータ················349
- 2.2 直列共振形コンバータの複共振化················352

3. 電圧共振形コンバータ················〔関根正興〕···356
- 3.1 電圧共振形コンバータ················356
- 3.2 電圧クランプ形コンバータ················360

4. 複合共振コンバータ：電圧共振と電流共振の組合せ················〔森田浩一〕···362
- 4.1 SMZ方式コンバータの基本回路················362
- 4.2 回路動作の解析················362
- 4.3 ノイズについて················367

  4.4 測定結果················369
  4.5 まとめ················371
 5. 絶縁形変換回路················〔庄山正仁〕···373
  5.1 フライバックコンバータ················373
  5.2 フォワードコンバータ················374
  5.3 フォワード・フライバックコンバータ················376
  5.4 プッシュプルコンバータ，ハーフブリッジコンバータ，フルブリッジコンバータ
   ················377
  5.5 位相シフト制御方式フルブリッジコンバータ················379
  5.6 カレントフェッド（電流形）コンバータ················379
  5.7 縦続接続方式絶縁形コンバータ················380
  5.8 LLC 共振形コンバータ················381
 6. 低電圧パワーエレクトロニクス回路の応用················383
  6.1 電子・通信機器用電源················〔遠藤久仁〕···383
  6.2 サーバ機器用電源················〔島森　浩〕···385
  6.3 力率改善（PFC）コンバータ················〔富岡　聡〕···388
  6.4 無停電電源（UPS）················〔森　治義〕···390
  6.5 自動車用電源················〔佐藤国広〕···392
 7. 照明用点灯回路················〔掛橋英典〕···395
  7.1 安定器の基本機能················395
  7.2 磁気回路式安定器················396
  7.3 蛍光ランプ用電子式安定器················397
  7.4 HID ランプ用電子式安定器················402
  7.5 無電極放電ランプ点灯システム················404
  7.6 LED 点灯回路················405
 8. 高電圧電源回路················〔山下友文〕···406
  8.1 電子写真プロセス················406
  8.2 電子写真用高電圧電源回路················406
  8.3 現像プロセス高電圧電源回路················406
  8.4 現像モデル················407
  8.5 トナー帯電················407
  8.6 現像モデル展開················407
  8.7 セラミックス材料の広がり/圧電トランス················407
  8.8 圧電トランスの構造················408
  8.9 圧電トランスを用いた高圧電源················408
  8.10 特　性················409
  8.11 倍電圧整流回路················410
 9. ゲート駆動回路················〔財津俊行・安部征哉〕···411
  9.1 パワー MOSFET の等価回路とゲート駆動················411

9.2　パルストランスによるゲート駆動……………………………………………411
　　　9.3　ブートストラップ回路によるゲート駆動……………………………………413

第VI編　電気回路解析に用いられる数学……………………………〔潮　俊光〕…415
　　1.　ラプラス変換………………………………………………………………………416
　　2.　逆ラプラス変換……………………………………………………………………417
　　3.　フーリエ解析………………………………………………………………………418
　　4.　行列と行列式………………………………………………………………………422
　　5.　常微分方程式………………………………………………………………………429

索　引……………………………………………………………………………………………433

第 I 編 回路基礎

1

電気回路の歴史：ヴォルタから回路構成論まで

　一般に，2個の端子を持つ素子で，一方の端子から流入する電流が，瞬時的に，他方の端子からそのまま流出するものを，2端子集中定数回路素子といい，この章ではそれを単に枝という．その電流をその枝の電流とか枝電流という．また，その電流の流出する側の端子に対する，その電流の流入する側の端子の電位をその枝の電圧とか枝電圧という．複数個の枝を，それらの端子で接続して作られている数理モデルを集中定数電気回路とか，単に，電気回路という．電気回路では，枝相互の接続点（つなざめ）を節点という．電気回路での各枝の電流と電圧は

①枝特性（枝が抵抗器，キャパシタ，インダクタ，電圧源や電流源などの具体的な2個の端子を持つ集中定数回路素子であることを特徴づける電圧と電流の間の関係で，枝の電圧-電流特性とか素子特性ともいう）

②キルヒホッフの電流則（第1法則とか第一法則ともいう）

③キルヒホッフの電圧則（第2法則とか第二法則ともいう）

に支配される．ここに，①〜③を満足する枝の電流と電圧のすべて，または一部を求める問題は，電気回路の最も基本的な問題で，回路解析の問題という．

　なお，回路素子としてはトランジスタ，FETや真空管のように3個以上の端子を持つ集中定数回路素子も存在するが，そのような素子は常にいくつかの枝の集まりの枝特性で等価的に数理モデル化されることから，上記の電気回路の定義で一般性を失わない．

　電気回路では，電圧源と電流源を電源と総称し，電圧源の電源電圧（起電力）と電流源の電源電流を電源値と総称し，励振とか入力ともいう．電源によって，電気回路における，着目している枝の電流や電圧，または着目している節点間に発生する電圧を応答とか出力という．

　この電気回路の歴史を振り返るとき，その理論が上記の①〜③に支配されることから，キルヒホッフの論文から始まるというのが一般的であるが，その理論の作られるに至った経緯から始めるのが最も自然であろう．

1.1　ヴォルタの電池とゼーベックの熱電対

　紀元前600年頃には，磁石に代表される静磁気と摩擦電気に代表される静電気はすでに発見されていた．そして，1660年に，ドイツのゲーリッケ（Otto von Guericke）によって摩擦起電機が発明され，静電気を効率的に起こすことができるようになった．静電気を蓄える蓄電びんは1746年にオランダのライデン大学の物理学教授のミュッシェンブルーク（Pieter van Musshenbroek）によって発明された．後にわかったことであるが，3カ月ほど前にその蓄電びんはドイツにおいてクライスト（Eward Georg von Kleist）によってすでに発明されていたことが明らかになるが，現在までライデンびんといわれている．ライデンびんは，電気をため込むという機能を持ち，電磁気学での基本概念である静電容量や電気回路での基本素子であるキャパシタ（コンデンサ，蓄電器ともいう）の概念を生み出すもととなった．

　ヨーロッパ最古の大学であるボローニャ大学（University of Bologna）の解剖学教授であったガルヴァーニ（Luigi Galvani, ガルバーニともいわれる）が，死んだカエルの脚の皮をはぎ，2種類の金属で触れると，脚がぴくぴく動く現象を実験で確認した．カエルの中にたまっていた電気が，触れた金属を通してカエルの中を流れ，それによって「脚がぴくぴく動く現象」が起きると解釈し，その電気を動物電気と呼び，1791年6月にボローニャ学士院で発表した．その電気はガルヴァーニ電気ともいわれ，ヨーロッパで注目されるようになった．

　1745年2月18日にイタリアのコモで生まれたヴォ

ルタ（Alessandro Volta）は，1764年にコモにある王立学校（Royal School of Como）を卒業して母校の実験助手になり，1772年にわら検電器（straw electrometer）を考案し，1775年に電気盆（perpetual electrophorus，電気を運ぶことができる盆）を発明し，1779年にイタリアのパヴィーア大学（University of Pavia）の物理学教授となっていた．

ヴォルタは，ガルヴァーニの動物電気に興味を持ち，追試実験を行い，1793年にその動物電気が神経系のみに関係することを明らかにした．それによって，ヴォルタは1794年に英国の王立協会からコプリーメダル（Copley Medal）が贈られた．なお，そのメダルとは物理学と化学の分野の科学的業績に対して贈られる最も歴史の古い賞で，1731年から今日までほぼ毎年1人に対して贈られ，受賞者は王立協会のフェローに選出される．

ヴォルタは，ドイツのズルツァー（Johann Georg Sulzer）によって1765年頃に観察されていた「亜鉛板と銅板の一端を接触させ，他端で舌を挟むと，特異な感触が感じられる」という現象から，「カエルに触れたメスを構成する鉄と黄銅の接触作用で電気が発生し，カエルの脚は検電器の役割を果たした」と考え，「石墨，金，銀，銅，鉄，すず，鉛，亜鉛の（系列における）任意の二つの板を互いに直接に接触しないように，塩水を入れた容器の中に立て，塩水に浸かっていない端を導線で結ぶと，その系列の左側の板（＋極側）から右側の板（－極側）へ，その導線を通して電流が流れること」（電池の原理）を1799年9月に発見した．ヴォルタは，さらに，大きい電圧の電池の開発を試み，直径10 cmほどの亜鉛と銅の円板の間に塩水をしみこませた紙，布または皮を挟み込ませたものを直列接続した形に何段にも積み重ねて，「ヴォルタの電堆（でんつい，Volta's pile）」という電池を発明し，「異種金属の接触によって発生する電気について」という論文として1800年6月20日に学会で公表した（図1.1）．ヴォルタは，1815年に，塩水を希硫酸に代え，電池を改良した．この改良された電池をヴォルタ電池という場合もある．

1800年9月にイギリスのカーライル（Anthony Carlisle）とニコルソン（William Nicholson）によって陽電極から小さい気泡が発生する現象が確認され，その気泡が水素であることが発見された．1800年11月にドイツのリッター（Johann Wilhelm Ritter）に

図1.1　ヴォルタ・テンプルにおけるヴォルタ電堆の展示

よって，ボルタの電池を利用して，水の電気分解で酸素と水素の遊離がなされるとともに，硫酸銅溶液の電気分解で銅の遊離がなされた．

また，1821年にドイツのゼーベック（Thomas Johann Seebeck）によって，「ヴォルタの異種類金属の接触説が正しいとすれば，電解液はいらないはずである」という考えに従って実験を試み，銅とそう鉛（ビスマス）の接触でのゼーベック効果（2種類の金属板の両端部分を接合し，環状とし，一方の接合部を熱すると，両金属を環状に巡回する電流が流れるという熱電流現象）が発見された．後に，電流の巡回する環状回路（装置）は熱電対といわれ，発生する起電力は熱起電力とか，ゼーベック起電力といわれている．

1.2　オームの法則とホイートストンブリッジ

ドイツのオーム（Georg Simon Ohm）は，ヴォルタの電池では一定の大きさの電流を持続的に得られない（そのようなことは陽極での分極作用で起きる）ことから，ポッゲンドルフ（Johann Christian Poggendorff）のアドバイスに従い，電圧源としてゼーベック効果（熱電対）を用いて実験を行い，「導体に加えられた電圧はその電流に比例する」というオームの法則（Ohm's law）の発見し，それを1827年の著書で発表した[1]．

オームはその比例定数に「修正長さ（英語では，reduced lengths）」という用語を用いたが，後にホイートストン（Sir Charles Wheatstone）によって抵抗という用語に変更された．オーム自身は，同じ断面積の

長さの違う導体について実験し，その比例定数の概念がその導体の長さに比例することを発見していることから，その比例定数に「修正長さ」という用語を用いたと推察される．以下の記述では，オームの発見のときまで遡った場合にも「修正長さ」ではなく，抵抗という用語を用いる．

そのオームの著書の発行から14年後の1841年に，イギリス王立協会からコプリーメダルが贈られるまでは，ドイツでは，ニュートンのプリンキピアさえも認めなかったヘーゲルの哲学と弁証派理論が一般社会に影響を与えていた時代であったためか，ポッゲンドルフを含め数人の学者の間にしかオームの業績が認められていなかったとのことである．興味あることであるが，新訳『ダンネマン大自然科学史』〈復刻版〉（ドイツのフリードリヒ・ダンネマンの『発展と関連から見た自然科学』[2] 全4巻の安田徳太郎訳・編，三省堂，2002年）の7巻目の175ページに，内容的には，「1800年に水から酸素と水素の遊離（水の電気分解）を行ったドイツのリッターによって，1805年に，オームの法則の内容が定性的ではあるが言及され，その言及が，オームによって1827年に一般的な形で定式化された」と，述べられている．

オームの法則発見の頃には，電気分解などで導線に電流を流し続けると導線が熱くなることはすでに知られていたが，オームはその温度と抵抗の関係について気づかなかった．抵抗が温度によって変化することは，1838年にロシアのレンツ（Heinrich Friedrich Emil Lenz）によって発見された．また，1840年にイギリスのジュール（James Prescott Joule）によって，ジュールの法則（電流によって発生する熱量は電流の二乗に比例し，抵抗に比例する）が発見された．

1843年頃は，オームの法則の適用で，直列接続，並列接続または直並列接続を結線構造とする抵抗回路の合成抵抗を計算することができたが，非直並列接続を結線構造とする抵抗回路の合成抵抗を計算することはできなかった．そのようななか，1843年にホイートストンによって，抵抗測定装置についての論文が発表された[3]．それは，王立陸軍大学（The Royal Military of Academy）の物理学教授のクリスティ（Samuel Hunter Christie）による1833年の講演で導入されたブリッジの考えが採用された[4]．その抵抗測定装置がホイートストンブリッジ（Wheatstone's bridge）といわれている．

1.3　キルヒホッフの法則と回路解析

1827年にスタージョン（W. Sturgeon）によって発明されていた一重巻きの電磁石を1830年に多重巻き線の電磁石に改良したアメリカのヘンリー（Joseph Henry）が1831年に自己誘導現象を発見し，同年少し遅れてイギリスのファラデー（Michael Faraday）が電磁誘導現象を発見していた．ヘンリーの論文は遅れて1832年に公表された．1845年にドイツのノイマン（Franz Ernst Neumann）はそれらの現象を定式化し，自己インダクタンスと相互インダクタンスの概念を導入した．その学生であったキルヒホッフ（Gustav Robert Kirchhoff，キルヒホフともいう）は，結線構造が直並列であるか，非直並列であるかに関係なく，抵抗回路の電流分布を記述する方程式を定式化するとともに，抵抗回路の合成抵抗の計算法を1845年と1847年の論文で確立した．特に，1845年のキルヒホッフの論文は，ノイマンの演習問題に対して提出されたレポートが，ノイマンの手を経て論文として公表されたものである[5]．この論文の最後の2ページ，それも補足（注）部分において，現在キルヒホッフの電流則（Kirchhoff's current law）とか第一法則といわれているものが1番目の定理として証明なしで与えられ，キルヒホッフの電圧則（Kirchhoff's voltage law）とか第二法則といわれているもの（当時は，オームの法則が組み込まれていた）が2番目の定理として証明され，その両定理を利用して，非直並列接続の結線構造を持つホイートストンブリッジの平衡条件が導かれた．注目すべき点は，その論文の著者がStudiosus Kirchhoff（学生キルヒホッフ）と書かれていることである．それは論文の著者表記としては例外的で，ノイマンの手を経たことが明らかになっている．ここに，集中定数回路の記述方程式は枝特性（素子特性ともいい，オームの法則を含む），キルヒホッフの電流則の方程式，キルヒホッフの電圧則の方程式の組であることから，回路理論の誕生は1845年といわれている．

キルヒホッフの1847年の論文は，抵抗器と直流電圧源からなる一般的な結線構造の回路の電流分布がどうなるかを特徴づけたものである[6]．その論文では，「二つの枝について，第一の枝の起電力による第二の枝の電流は，第二の枝の起電力として第一の枝と大き

さの等しい起電力を加えたときの第一の枝の電流に等しい」という「枝相互間の伝達抵抗の対称性」に起因する相反性の性質も述べられている．その論文は，数学的にも注目されるもので，ヴェブレン（O. Veblen）が指摘しているように，組合せ位相幾何学的（グラフ理論的）概念が内容的に種々導入され[7]，その論文は後にフランスのポアンカレ（Henri Poincaré）による組合せ位相幾何学の構築の基礎となった．キルヒホッフの論文の結果，回路の枝の電流や電圧が回路の組合せ位相幾何学的（グラフ理論的）性質（木の概念）に関係して特徴づけられることが明らかになったことから，1902年と1904年のフォイスナー（W. Feussner）の論文で，木集合のグラフ理論的展開式（フォイスナーの原理という）について考察がなされている[8,9]．

キルヒホッフは，以上の2編の論文のほかに，1848年にも，抵抗器と直流電圧源からなる一般的な結線構造の回路に関する第三の論文を発表している[10]．キルヒホッフの以上の3編の論文は回路を教育研究する者にとって，必読の文献である．注目すべきことは，この論文では，次に述べる，いわゆるテブナンの定理が制限された仮定のもとで述べられていることである．

1.4 ヘルムホルツの等価電圧源定理（いわゆるテブナンの定理）

テブナンの定理（Thevenin's theorem）は，1883年の論文において与えられた[11]．しかし，その定理は，それよりも30年も前のヘルムホルツの論文において重ね合せの原理を用いてすでに証明されていた[12]．

キルヒホッフの1845年の論文では，内容的に，電池の端子電圧（開放電圧）Vと電流Iの間の関係が$V=E-RI$と表されることが既知として扱われている．その式で，$I=0$としたとき，すなわち電池に何も接続しないとき，$V=E$となり，電池の端子電圧（開放電圧）がEとなる．また，$V=0$としたとき，すなわち電池の両端を短絡したとき，$I=E/R$の短絡電流が流れる．このことから，電池の内部抵抗Rは「開放電圧を短絡電流で割ったもの」となる．この事実は，電池に限らず，2個の端子を持つ回路を一つの枝としてみたとき，その電圧・電流特性が一次式で表される場合には，テブナンの定理の内容がほぼ自明であることを意味している．この一次式で表される場合とは，別の言い方では，その回路が線形集中定数抵抗回路である場合ということができる．

テブナンの定理の双対はノートンの定理（Norton's theorem）といわれている．ノートンの定理はベル研（Bell Labs）のノートン（Edward Lawry Norton）による1926年の11月3日付けの所内のテクニカル・レポートの中に記述されているとのことであるが，論文としては公表されなかった[13]．ノートンの定理と同じ内容のものは同年同月に出版された論文に与えられている[14]．

先に公表された論文や著書で与えられることが優先されるという観点からは，テブナンの定理をヘルムホルツの定理（Helmholtz's theorem）といい，ノートンの定理をメイヤーの定理（Mayer's theorem）というべきである．また，ノートン等価回路（理想電流源と抵抗器の並列接続）はテブナン等価回路（理想電圧源と抵抗器の直列接続）と双対であることを考慮すると，両定理の内容はヘルムホルツに帰することになるから，両者を合わせて，電池に限らず，中身のわからない2端子回路をテブナン等価回路またはノートン等価回路で表すことをヘルムホルツの等価電源定理（Helmholtz's equivalent source theorem）というべきかもしれない．わが国では，テブナンの定理を鳳-テブナンの定理ということがあるが[15]，歴史の流れに反するといえる．

1.5 マクスウェルの節点方程式と閉路方程式

キルヒホッフの論文の結果を，今風にいうと，キルヒホッフの電流則は，回路の結線構造（台グラフ）の節点と枝との接続関係を表す既約接続行列A_rを用いると，

$$A_r i = 0$$

と表される．ただし，iは枝電流ベクトルである．また，キルヒホッフの電圧則は，その結線構造の一次独立な閉路と枝との関係を表す独立閉路行列B_iを用いると，

$$B_i v = 0$$

と表される．ただし，vは枝電圧ベクトルである．キルヒホッフは，枝電圧ベクトルvが節点電圧ベクトルuで

$$v = A_r^T u$$

（現在，節点変換という）と表されるという事実から出発し，キルヒホッフの電圧則を証明した．ここに，

注目すべきは，A_r と B_i の間の零因子性，すなわち
$$B_i A_r^T = 0$$
が成り立つことである．A_r の任意の正方部分行列の行列式は 1，0 または −1 の値となることがポアンカレによって 1901 年に証明された．ポアンカレは，以上の内容を考慮し，組合せ位相幾何学を構築した．キルヒホッフは，枝特性を枝抵抗行列 Z と枝電圧源起電力ベクトル e を用いて，
$$v = Zi - e$$
と表し，回路方程式を
$$\left.\begin{array}{l} A_r i = 0 \text{（KCL 方程式）} \\ B_i v = 0 \text{（KVL 方程式）} \\ v = Zi - e \text{（枝特性）} \end{array}\right\} \Rightarrow \begin{bmatrix} A_r \\ B_i Z \end{bmatrix} i = \begin{bmatrix} 0 \\ B_i e \end{bmatrix}$$
（枝電流を未知数とする方程式）として回路解析を行った．

イギリスのマクスウェル（James Clark Maxwell）は，その有名な著書（初版が 1877 年に，第 2 版が 1894 年に出版された）において，対象とする回路に外部から流入する節点電流源電流という概念を導入し，キルヒホッフの電流則を
$$A_r i = j$$
と表した[16]．ただし，j は節点電流源電流ベクトルである．また，枝特性を，
$$i = Yv$$
と表した．ただし，Y は枝コンダクタンス行列である．そして，キルヒホッフがその証明の前提として用いた節点変換（$v = A_r^T u$）はキルヒホッフの電圧則（$B_i v = 0$）の解であることを用い，回路方程式を
$$\left.\begin{array}{l} A_r i = j \text{（KCL 方程式）} \\ v = A_r^T u \text{（節点変換）} \\ i = Yv \text{（枝特性）} \end{array}\right\} \Rightarrow A_r Y A_r^T u = j$$
（節点方程式）として回路解析を行った．節点方程式を解いて節点電圧をまず求め，次いで節点変換で枝電圧を求め，最後に枝特性で枝電流を求める方法を導入した．その方法を節点解析という．この意味で，節点解析をマクスウェルの節点電圧法とか節点電位法ということがある．

ここで注目すべきことは，ノートンやメイヤー以前に，回路の節点に外部から流入する電流源（節点電流源）の概念がマクスウェルによって導入されたことである．これと双対的になるが，「枝電流を独立な閉路に沿って巡回する電流(閉路電流という)で表す式」（閉路変換という）を用い，回路解析方程式として閉路電流を未知数とする方程式（閉路電流方程式）を導き，それを解いて閉路電流をまず求め，次いで閉路変換で枝電流を求め，最後に枝特性で枝電圧を求める方法がある．それを閉路解析という．i_l を閉路電流ベクトルとすると，回路方程式は
$$\left.\begin{array}{l} i = B_i^T i_l \text{（閉路変換）} \\ B_i v = 0 \text{（KVL 方程式）} \\ v = Zi - e \text{（枝特性）} \end{array}\right\} \Rightarrow B_i Z B_i^T i_l = B_i e$$
（閉路方程式）と表される．これはマクスウェルの著書には含まれていなかったが，後に，マクスウェルの学生であったフレミング（John Ambrose Fleming, 最初の熱電子管である二極真空管を 1904 年に発明）のマクスウェルの講義の受講ノートに記載があったということで，第 6 章と付録（pp. 403-410）の部分に追加された．この意味で，閉路解析もマクスウェルの閉路電流法ということもある．なお，独立な閉路の取り方で，閉路解析に多様性が生まれる．

木（閉路を含まない最大個数の枝の集まり）を選び，その木の各補木枝（木に含まれない枝）が定める閉路（その木に関してその補木枝が定める基本閉路という）を用いると，補木枝の電流はその補木枝が定める基本閉路に沿って補木枝の方向に流れる電流（基本閉路電流）と一致し，基本閉路の組が回路の独立な閉路の組となる．基本閉路の組を用いる閉路解析は基本閉路解析とか基本閉路電流法という．この場合，基本閉路電流を未知数とする場合と，補木枝電流を未知数とする場合がある．

また，特に回路の結線構造が平面グラフ（枝が互いに交差することなく平面上に描けるグラフ）である場合には，その平面グラフを枝の交差なく平面上に描画したとき，その平面描画の各有限面の縁を時計の針の回転方向に一巡する閉路を網目といい，その平面描画で定まる網目の組は，その平面描画を結線構造とする回路の独立な閉路の組となり，網目の組を用いる閉路解析は網目解析とか網目電流法という．なお，網目電流とは網目に沿って時計の針の回転方向に流れる電流である[17,18]．多くの本での網目解析の記述には誤りがあるので，留意されたい．

電気回路の基礎はオーム，キルヒホッフならびにマクスウェルによって築かれた．

1.6 正弦波交流回路の基礎理論

インダクタ（コイル）やキャパシタ（コンデンサ）を含む回路の場合，キルヒホッフの電流則や電圧則は抵抗器と電圧源からなる回路と同様に成り立つが，枝特性には時間微分の項を含むものが含まれ，回路解析方程式は微分方程式に帰着される．微分方程式の解はその補関数と特解（特殊解）の和として表され，初期条件を考慮して決定される．その微分方程式の特性方程式のすべての特性根の実部が負であるとき，未定係数法という特別な方法で求める特解が定常状態の解となる．特に電源が角周波数 ω の正弦波であるときの定常状態の解は角周波数 ω の正弦波となり，振幅と位相を決定する問題となる．その振幅と位相を求める簡便な方法として複素数を用いる方法が，エジソン（Thomas Alva Edison）の弟子からハーバード大学の教授になったケネリー（Arthur Kennelly）によって 1893 年 4 月のアメリカ電気学会論文誌に発表された[19]．その論文で，正弦波交流電源，コイル（インダクタ），コンデンサ（キャパシタ）を含む正弦波定常状態にある回路の取扱いに対して，虚数単位 $j=\sqrt{-1}$ を用い，インダクタンス l のインダクタを抵抗が複素数の $j\omega l$（ただし，$\omega=2\pi f$）である抵抗器と見なし，キャパシタンス k のキャパシタを抵抗が複素数の $-j/\omega k$ である抵抗器と見なし，「複素数域での枝特性とキルヒホッフの法則」を考えることによって，抵抗器，コイル，コンデンサを組み合わせた結線構造の回路の計算を，抵抗回路のように，代数的に処理できることが明らかにされた．ケネリーの論文では，抵抗が複素数の

$$Z = R + jX$$

である抵抗器と見なされる素子（2 端子回路）であるとき，その絶対値

$$|Z| = \sqrt{R^2 + X^2}$$

がその素子（2 端子回路）のインピーダンス（impedance）と名づけられた．ケネリーは，また，Δ-Y 変換とその双対（Y-Δ 変換）の公式を導いた[20]．1893 年 8 月の第 5 回国際電気会議（シカゴで開催）では，GE 社（General Electric Co.）の技術者であったスタインメッツ（Charles Proteus Steinmetz）によって，「複素量とその電気工学における利用」という表題の論文が発表された[21]．その会議のときに，複素平面表示におけるベクトルの回転方向を反時計式にすることがスタインメッツの提案で決まったということである．また，スタインメッツによって，引き続き，1894 年のアメリカ電気学会論文誌に発表された[22]．なお，リアクタンスという用語はフランスのオスピテリエ（M. Hospitalier）によってすでに用いられていたが，スタインメッツはより合理的に定義した．スタインメッツの両論文は，ケネリーの成果を含むもので，正弦波交流の実効値の概念も導入され[23]，正弦波交流回路の計算に複素数を用いる方法（フェーザ法とかフェーザ解析という）とそれを支える理論が完成された．

注意すべきことであるが，複素数を用いた電気回路の解析はケネリーやスタインメッツが最初ではない．レイリー（Lord Rayleigh）の音響に関する本では，電流 x が調和的で，$\exp(j\omega t)$ に比例する限り，電位差 V との間に

$$V = (a_1 + ja_2)x$$

が成り立つことが示されている[24]．ただし，抵抗 R の抵抗器，インダクタンス l のコイル，キャパシタンス k のコンデンサの直列接続に対して，

$$a_1 = R, \quad a_2 = pl - \frac{1}{pk}$$

であることが示されている．しかし，ケネリーやスタインメッツへの影響がなかったとは思われないが，不明である．

ところで，集中定数回路ではないが，分布定数線路の回路方程式はヘビサイド（Oliver Heaviside）によって 1881 年に

$$-\frac{\partial v}{\partial x} = Ri + L\frac{\partial i}{\partial t}, \quad -\frac{\partial i}{\partial x} = Gv + C\frac{\partial v}{\partial t}$$

と定式化され，考察された．ここに，R と C は単位長当たりの直列抵抗と並列キャパシタンスで，L と G は単位長当たりの直列インダクタンスと並列コンダクタンスである．この方程式をヘビサイドの線路方程式という．1887 年の論文では，角周波数 ω の正弦波電源励振の正弦波定常状態にある線路の特性インピーダンスと伝搬定数が，$j\omega$ を用いると，

$$Z_0 = \sqrt{\frac{R+j\omega L}{G+j\omega C}}, \quad \gamma = \sqrt{(R+j\omega L)(G+j\omega C)}$$

の形に表現されていることが示されている．このことからも，複素数を用いた電気回路の解析はケネリーやスタインメッツが最初ではない．

フェーザ解析で注意すべきことがある．それは，角周波数ωの正弦波を電源値とする電気回路の微分方程式の特性方程式のすべての特性根の実部が負でないかぎり，フェーザ解析で求められる特解は，$t \to \infty$において，角周波数ωの正弦波定常解とならないことである．この事実に触れて，書かれている電気回路の本が少ないことに驚く．電気回路理論が物理とは離れたところに行きつつあることに注意を喚起する必要がある[18]．

1.7　ラプラス変換域での電気回路

ヘビサイドによって$d/dt = p$とおき，特別な約束を設け，回路解析方程式としての微分方程式を代数的に解くという考えが提案された[25, 26]．しかし，ヘビサイドの考えは画期的なものであったが，うまくいく場合もあれば，うまくいかない場合もあり，数学的裏づけが不備であったこともあって，受け入れられなかった．ヘビサイドの考えに数学的裏づけを与えようとした最初の貢献は[27, 28]，カーソンによって引き継がれ[29, 30]，ラプラス積分という無限積分を基礎として，定式化がなされた．その後，ブロムウィッチの手法とカーソンの手法が，より一般的な方法として結び付けられ[31, 32]．その後，他の人々の手を経て現在のラプラス変換として結実することとなった[33, 34]．

ところが，ヘビサイドの代数的演算子法という考え自体は，ポーランドの数学者のミクシンスキー（Jan Mikusiński）によって，ティチマーシュ（Titchmarsh）の定理
$$\int_0^t f_1(t-\tau)f_2(\tau)d\tau = 0 \Leftrightarrow f_1(t) = 0 \text{ または } f_2(t) = 0$$
を核に代数的意味での数学的根拠を与え，実現された[35]．ミクシンスキーの演算子法は，sを複素変数としてではなく演算子として考えるもので，ラプラス変換できない関数も扱うことができるより一般的なものである．しかし，回路計算や線形システム解析では，演算子としてのsよりも，複素角周波数変数としてのsの方が便利なこともあって，（ミクシンスキーの演算子法で数学的に裏づけがなされているということを認識したうえで）ラプラス変換が利用されている．

30年くらい前から（明らかでないが），ラプラス変換の定義を，$t \geq 0^-$に対して定義される関数$f(t)$（$t=0$において不連続でも）に対して，
$$F(s) = \int_{0^-}^{\infty} f(t)e^{-st}dt$$
と定義し，シュワルツの超関数も考慮し，
$$\int_{0^-}^{\infty} \frac{df(t)}{dt} e^{-st}dt = sF(s) - f(0^-)$$
となることを用い，「時刻$t=0^-$（$t=0$の直前）における$f(0^-)$から時刻$t=0^+$（$t=0$の直後）における$f(0^+)$を決定する初期条件の問題」を回避できるようにし，回路解析に利用されている．電気回路の過渡現象解析で，初期条件の問題が重要な位置を占めたが，その問題は，時間域ではブラウン（Brown）によって解決され[36]，いまでは，上記のラプラス変換を用いることによって，その問題を解くというプロセスなく取り扱うことが可能になった．また，電気回路の過渡現象解析で，導かれる連立一次微分方程式（状態方程式）の導出は，回路の微分方程式の導出についての初期的文献を文献37に，エレガントな導出は，文献38〜40において規準木の概念の導入によって解決された．

1.8　回路解析への応用

マクスウェルの後は，閉路解析についてベクトルの正射影法による多次元幾何学的解釈がワイル（H. Weyl）によって与えられた[41]．そのワイルの正射影法はカウエル（W. Cauer）の著書に紹介されている[42]．そして，相互直交するキルヒホッフ電流モードの概念導入によって逆行列を用いないキルヒホッフ電流モード解析（閉路解析に対応）が実現された[43]．また，双対的に，相互直交するキルヒホッフ電圧モードの概念導入によって逆行列を用いないキルヒホッフ電圧モード解析（節点解析に対応）が実現された．特徴は，グラム・シュミットベクトル直交化法を一般化した相互ベクトル直交化法（ほとんどの線形代数の本には書かれていない）の利用で逆行列計算を回避しているところにある[17]．

1941年から1943年にかけて相互アドミタンスや相互インピーダンスの場合を含めて，位相幾何と回路の関係が網羅的に発表された[44]．

$\boldsymbol{A}_r$と$\boldsymbol{B}_i$の間の零因子性から，キルヒホッフの電流則と電圧則の自然な帰結として，枝電圧ベクトル$\boldsymbol{V}$と枝電流ベクトル$\boldsymbol{I}$の内積$\boldsymbol{V}^\mathrm{T}\boldsymbol{I}$は，

$V^T I = (A_r^T U)^T I = U^T (A_r^T)^T I = U^T A_r I = U^T (A_r I) = U^T 0 = 0$
（電力保存則という）となること，すなわち V と I は直交することを知っていた岡田幸雄は，藤木 栄との論文で，1922年のプランクの著書において電磁界理論で展開されていた論理を回路理論の場合に翻訳するという形，「電力保存則とキルヒホッフの電流則からキルヒホッフの電圧則を導くことができる論理」（プランクの論理という）が存在することを示した[45]．また，理想変成器を含む回路では，理想変成器の枝特性から理想変成器での電力保存則が成り立つことを利用し，回路全体の電力保存則，理想変成器での電力保存則，回路全体のキルヒホッフの電流則ならびに理想変成器の枝特性の電流拘束式から，理想変成器を含む回路で必要な電圧拘束式（理想変成器の枝特性の電圧拘束式と KVL 方程式を用いて導かれる式）を導く論理が存在することを示し，理想変成器を含む回路の解析に応用した．

岡田の上記の電気通信学会誌の論文の内容が整理され発表された[46-49]．欧米では，1953年〜1955年にイギリスのパーシバル（W. S. Percival）による3編の論文が発表され[50-52]，幾人かの人々によってグラフ理論的公式が発表されたが[53]，それらの本質的部分は岡田らの論文に含まれるか，等価解釈を与えるもので，岡田らの論文で抜けている部分を沼田・伊理が本質的に補完した[54]．この点については伊理がさらに指摘している[55]．

アメリカのカリフォルニア大学のバークレー校で開発された回路シミュレーションツールの SPICE（スパイス）は，デファクト・スタンダードとなり，種々のヴァージョンが使われている．SPICE では，修正節点解析（modified nodal analysis，変形節点解析，改訂節点解析ともいわれることがあるが，最近では，修正節点解析という名称に落ち着いたようである）が用いられている．その基本的アイデアは，直列に内部インピーダンスを持たない独立電圧源（電圧源単独枝という）を含み，並列に内部アドミタンスを持たない独立電流源（電流源単独枝という）を含み，残りの枝が独立電源を含まないアドミタンス表示の枝である場合について述べると，次のようになっている．既約接続行列 A_r の列が，独立電源を含まないアドミタンス表示の枝，電流源単独枝，電圧源単独枝の三つの部分に

$$A_r = [A_{r1} \quad A_{r2} \quad A_{r3}]$$

と細分表示され，次にその細分に対応させて，枝電流ベクトル I と枝電圧ベクトル V がそれぞれ

$$I = \begin{bmatrix} I_1 \\ I_2 \\ I_3 \end{bmatrix}, \quad V = \begin{bmatrix} V_1 \\ V_2 \\ V_3 \end{bmatrix}$$

と細分表示され，節点電圧ベクトル U と電圧源単独枝の電流ベクトル I_3 に関する回路方程式は

$$\left.\begin{array}{l} A_{r11} I_1 + A_{r12} I_2 + A_{r13} I_3 = 0 \quad (\text{KCL 方程式}) \\ \left.\begin{array}{l} V_1 = A_{r11}^T U \\ V_2 = A_{r12}^T U \\ V_3 = A_{r13}^T U \end{array}\right\} (\text{節点変換}) \\ \left.\begin{array}{l} I_1 = Y_1 V_1 \\ I_2 = J_2 \\ V_3 = -E_3 \end{array}\right\} (\text{枝特性}) \end{array}\right\}$$

$$\Rightarrow \begin{bmatrix} A_{r11} Y_1 A_{r11}^T & A_{r13} \\ A_{r13}^T & 0 \end{bmatrix} \begin{bmatrix} U \\ I_3 \end{bmatrix} = \begin{bmatrix} -A_{r12} J_2 \\ -E_3 \end{bmatrix}$$

と表される．これは，枝インピーダンス表示の枝が存在しない場合の修正節点解析の回路方程式という．直列に内部インピーダンスを持たない独立電圧源を含み，並列に内部アドミタンスを持たない独立電流源を含み，残りの枝が独立電源を含まないインピーダンスとアドミタンスの混合表示の枝である場合の修正節点解析の方程式も同様に導かれる．修正節点解析の方程式は，節点解析の方程式よりも，未知数の数が「独立電圧源の数」と「独立電源を含まないインピーダンス表示の枝の数」の和だけ増加する．

1.9　回路構成論

以上は電気回路の理論の誕生史からの回路方程式の定式化と回路解析の話を中心に述べた．関連事項については，文献18や文献56の第1章と第2章を参照されたい．

回路構成論については，その第2章に，その分野で世界的な成果を導かれた九州大学で，大野克郎，安浦亀之助，古賀利郎を先輩に持つ西 哲生の解説があるので，筆者が書くよりもそれを参照していただくのがよりよいと思われる．

筆者としては，ここの残りページで，エルミートの定理，ラウスの安定判別法，フルビッツの安定判別法，シュアの「ラウス-フルビッツの安定判別法の別証明」，フォスターのリアクタンス定理，カウエルの定理，ブルーンの定理の関係について私見を述べておく．

1入力1出力の電源のない電気回路の伝達関数（ラプラス変換域で，すべての初期条件を0としたときの出力のラプラス変換を入力のラプラス変換で割ったもので，駆動点関数を含む）は，既約である実係数有理関数（すなわち，共通因数を持たない変数sの実係数多項式$A(s)$と$B(s)$の比で表された分数関数）で，

$$H(s) = \frac{A(s)}{B(s)}$$

と表される場合を考える．ただし，$B(s)$は変数sの実係数多項式として

$$B(s) = s^q + b_{q-1}s^{q-1} + b_{q-2}s^{q-2} + \cdots + b_2 s^2 + b_1 s + b_0$$

の形で表される．ここに，$B(s)$は，sの最高次数のべきの係数が1であるから，モニック（monic）であるといわれる．$B(s)$のすべての零点（$B(s)=0$の根）の実部が負であるとき（すなわち，零点がすべて虚軸を含まないsの左半平面内に存在するとき），その回路は漸近安定（asymptotically stable）であるという．また，そのときの$B(s)$をモニックなフルビッツ多項式（Hurwitz polynomial）という．一般に，フルビッツ多項式は，sの最高次数のべきの係数で全体を割り算することによって常にモニックなフルビッツ多項式に変えることができる．$B(s)$がモニックなフルビッツ多項式であるとき，1次の因数$s+a$（$a>0$）と二次の因数$(s+b)^2 + c^2$（$b>0, c>0$）の形の因数積に分解され，$B(s)$のsのどの次数のべきの係数も正の実数となる（sのどの次数のべきの係数も0にも負にもならない）．一般に，sの最高次数のべきの係数が正であるフルビッツ多項式では，sのどの次数のべきの係数も正の実数である．しかし，正実係数多項式であるからといって，

$$s^4 + 2s^3 + s^2 + 4s + 4$$
$$= (s+1)(s+2)(s - 1/2 + j\sqrt{7}/2)(s - 1/2 - j\sqrt{7}/2)$$

に示されるように，零点の実部が$s = 1/2 \pm j\sqrt{7}/2$のように正となるものがあり，必ずしもフルビッツ多項式でないので，注意すべきである．

　正実係数多項式がフルビッツ多項式であるかどうかを，零点を求めることなく判別する方法がいくつか与えられている．歴史的に最も古い文献においてコーシーのインデックス（Cauchy indices）という概念とシュツルムの定理（Sturm's theorem）を用いて与えられた「実係数多項式の根のうち実部が負であるものの数を求めるアルゴリズム」であるラウスの判別法（Routh's algorithm）である[57]．次に古いものは，スイスでの発電所の建設に際してストドーラ（A. Stodola）の要請に答える形で与えられたフルビッツの判別法である[58]．

　フルビッツは，「方程式の根の性質に関するエルミートの定理」を基礎として，判別法を与えた[59]．フルビッツの結果がラウスの結果と等価で，安定判別法という意味でラウスに続く貢献であったことから，フルビッツの判別法をラウス-フルビッツの判別法（method of Routh-Hurwitz）といい，フルビッツの導入した安定判別に用いる行列式条件をフルビッツの不等式（inequalities of Hurwitz）とかラウス-フルビッツの不等式（inequalities of Routh-Hurwitz）という．ラウス-フルビッツの安定判別法の別証明は文献60において与えられた．そこでは，「正実係数多項式がフルビッツ多項式であるための必要十分条件は，その多項式をsの偶多項式$B_e(s) = [B(s) + B(-s)]/2$と奇多項式$B_o(s) = [B(s) - B(-s)]/2$に分解し，偶多項式$B_e(s)$と奇多項式$B_o(s)$の次数の高い方で低い方を割った商（正実係数有理関数）のすべての極が虚軸上に存在し，かつ1位であって，その留数がすべて正であることである」という定理と「正実係数多項式がフルビッツ多項式であるための必要十分条件は，その多項式をsの偶多項式$B_e(s)$と奇多項式$B_o(s)$に分解したとき，偶多項式$B_e(s)$と奇多項式$B_o(s)$のそれぞれの零点がすべて虚軸上に存在し，かつ1位であって，互いに他を隔離することである」という定理が重要な役割を果たしている．これはまさに，エルミートの定理の内容である．事実，高木の『代数学講義』のpp.66-72とpp.97-98では，ラウスの判別法とラウス-フルビッツの判別法は，表現が異なるが，数学的には，エルミートの定理の応用であると指摘されている[61]．以上の自明な副産物として，次の定理が導かれる．

　定理1.1：「モニックな（すなわち，sの最高次数のべきの係数が1である）実係数多項式

$$B(s) = s^q + b_{q-1}s^{q-1} + b_{q-2}s^{q-2} + \cdots + b_2 s^2 + b_1 s + b_0$$

がフルビッツ多項式であるための必要十分条件は，$B(s)$のsの偶多項式$B_e(s)$とsの奇多項式$B_o(s)$の比である実係数有理関数

$$H(s) = \frac{B_e(s)}{B_o(s)} \quad (\deg B_e(s) > \deg B_o(s)\text{であるとき})$$

または

$$H(s) = \frac{B_o(s)}{B_e(s)} \quad (\deg B_o(s) > \deg B_e(s)\text{であるとき})$$

1. 電気回路の歴史：ヴォルタから回路構成論まで

がリアクタンス関数である，すなわち

$$H(s) = \alpha_1 s + \cfrac{1}{\alpha_2 s + \cfrac{1}{\alpha_3 s + \cfrac{1}{\ddots + \cfrac{1}{\alpha_{k-1} s + \cfrac{1}{\alpha_k s}}}}}$$

$$= \alpha_1 s + \frac{1}{\alpha_2 s} + \frac{1}{\alpha_3 s} + \cdots + \frac{1}{\alpha_k s}$$

のように連分数に展開され，すべての係数 α_i が正となることである．なお，連分数は『逆数にして割り算』の手順で作られる．上記の式の最右辺は連分数の簡略化記号である」．上記の定理は文献62と63にて明確に記述されている．上記の定理の連分数展開法は，連分数展開による判別法とか連分数展開判別法という．自明でない成果は，他方，シュアの論文の3年後の論文において[64]，「正の実係数有理関数 $W(s)$ がキャパシタとインダクタからなる2端子回路の駆動点関数（リアクタンス関数という）で実現されるための必要十分条件は，常に，

$$W(s) = \frac{K_0}{s} + \sum_{x=1}^{l} \frac{2K_x s}{s^2 + \omega_x^2} + K_\infty s$$

$$(K_x > 0 \ (x = 1, 2, \cdots, l), \ K_0 \geq 0, \ K_\infty \geq 0)$$

の形式に部分分数展開される」ことであることが証明された．そのとき，「2端子回路はキャパシタとインダクタからなる直列共振回路の並列接続（または，それとのキャパシタとインダクタの並列接続またはどちらか一方の並列接続）として実現され，また，2端子回路は並列共振回路の直列接続（または，それとのキャパシタとインダクタの直列接続またはどちらか一方の直列接続）として実現される」ことを示し，その実現性が証明された．これらの他に，いくつかの重要な性質が明らかにされたが，それらをすべて合わせて，フォスターの定理という．

このフォスターの論文の2年後に，「どのリアクタンス関数 $H(s)$ も，s のすべての係数 α_i が正である連分数に展開され，はしご形結線構造のリアクタンス2端子回路で実現される」ことが証明された[65]．これをカウエルの定理という．ウォール（H.S. Wall）の定理は，フルビッツの安定判別法のシュアによる別証明を経て，エルミートの定理の自明な結果となるが，歴史的にはフォスターの定理とカウエルの定理の後になった．

ここで，学部の2年で電気回路と複素関数論を学習した後で，エルミートの定理とシュアの定理を自学習すれば，その段階で，（歴史の流れは研究の動機づけと関係し，重要なことであるが）歴史的に実際に行われた知の伝承と飛躍の流れとは別に，エルミートの定理から出発し，シュアの定理を経て，ラウスの判別法とラウス-フルビッツの判別法を導くとともに，ウォールの定理，カウエルの定理を導き，フォスターの定理を導く方が，知の飛躍がそれほど感じられなく，より容易な学習が可能となると思われるので，それについて，述べておく．

有限個のキャパシタ，インダクタ（結合インダクタを含む）を適当に接続して構成されている2端子回路をリアクタンス2端子回路という．その2端子回路に，角周波数 ω の正弦波電源を含む外部回路が接続され，全体で角周波数 ω の正弦波定常状態にある場合を考えると，その2端子回路に供給される複素電力は

$$\bar{V}I = 2j\omega(T_E - T_M)$$

と表される．ここに，T_E はその2端子回路の内部のキャパシタに蓄積される静電エネルギーの平均値の総和で非負であり，T_M はその2端子回路の内部のインダクタと結合インダクタに蓄積される電磁エネルギーの平均値の総和で非負である．その2端子回路の駆動点インピーダンス Z を $Z = R + jX$（R と X をそれぞれインピーダンス Z の実効抵抗と実効リアクタンスという）と表すと，

$$R|I|^2 = 0, \quad -X|I|^2 = 2\omega(T_E - T_M)$$

と表され，

$$Z = jX = \frac{j2\omega(T_M - T_E)}{|I|^2}$$

となり，$|I|^2 > 0$ のもと，X は

$$X = \frac{2\omega(T_M - T_E)}{|I|^2}$$

と表されることになる．ここで，X が ω の関数で，$X = X(\omega)$ と表され，

$$X(-\omega) = -\frac{2\omega(T_M - T_E)}{|I|^2} = -X(\omega)$$

の関係を満たすから，「X が ω に関して奇関数である」ということになる．これから，駆動点インピーダンス Z は $j\omega$ の関数で，$Z = Z(j\omega) = jX(\omega)$ と表され，

$$Z(-j\omega) = jX(-\omega) = -jX(\omega) = -Z(j\omega)$$

の関係を満たすから，「Z が $j\omega$ に関して奇関数である」ということになる．また，駆動点インピーダンスは，

キルフホッフの1847年の論文ですでに考慮された位相幾何学的公式の内容（回路の木を構成する枝アドミタンスの積の総和を，駆動点の端子対を短絡したグラフの木を構成する枝アドミタンスの積の総和で割った商で，カウエルの1941年の著書に陽に述べられている）から明らかなように，共通因数を持たない変数 $j\omega$ の分母多項式と分子多項式の比で，両多項式が ω の次数で1次だけ違うことが導かれる．

また，1943年に岡田幸雄らによって理想変成器を含む回路の解析に応用された電力保存の法則は1952年にテレゲン（B.D.H Tellegen）によって拡張された[66]．その本質的な飛躍部分は，「結線構造（台グラフ）が同じ二つの回路の間には，一方の枝電圧ベクトル $\boldsymbol{V}$ と他方の枝電流ベクトル $\boldsymbol{I}'$ の間の内積 $\boldsymbol{V}^\mathrm{T}\boldsymbol{I}'$ や一方の枝電圧ベクトル $\boldsymbol{V}$ の共役複素ベクトル $\bar{\boldsymbol{V}}$ と他方の枝電流ベクトル $\boldsymbol{I}'$ の間の内積 $\bar{\boldsymbol{V}}^\mathrm{T}\boldsymbol{I}'$ は，$\boldsymbol{A}_r$ と $\boldsymbol{B}_i$ の間の零因子性から，

$$\boldsymbol{V}^\mathrm{T}\boldsymbol{I}' = (\boldsymbol{A}_r^\mathrm{T}\boldsymbol{U})^\mathrm{T}\boldsymbol{I}' = \boldsymbol{U}^\mathrm{T}(\boldsymbol{A}_r^\mathrm{T})^\mathrm{T}\boldsymbol{I}' = \boldsymbol{U}^\mathrm{T}\boldsymbol{A}_r\boldsymbol{I}'$$
$$= \boldsymbol{U}^\mathrm{T}(\boldsymbol{A}_r\boldsymbol{I}') = \boldsymbol{U}^\mathrm{T}\boldsymbol{0} = 0$$
$$\bar{\boldsymbol{V}}^\mathrm{T}\boldsymbol{I}' = (\boldsymbol{A}_r^\mathrm{T}\bar{\boldsymbol{U}})^\mathrm{T}\boldsymbol{I}' = \bar{\boldsymbol{U}}^\mathrm{T}(\boldsymbol{A}_r^\mathrm{T})^\mathrm{T}\boldsymbol{I}' = \bar{\boldsymbol{U}}^\mathrm{T}\boldsymbol{A}_r\boldsymbol{I}'$$
$$= \bar{\boldsymbol{U}}^\mathrm{T}(\boldsymbol{A}_r\boldsymbol{I}') = \bar{\boldsymbol{U}}^\mathrm{T}\boldsymbol{0} = 0$$

となる」というものである．ここで，これらの共役複素をとると，

$$\overline{\boldsymbol{V}^\mathrm{T}\boldsymbol{I}'} = \bar{\boldsymbol{I}}'^\mathrm{T}\bar{\boldsymbol{V}} = 0$$
$$\overline{\bar{\boldsymbol{V}}^\mathrm{T}\boldsymbol{I}'} = \bar{\boldsymbol{I}}'^\mathrm{T}\boldsymbol{V} = 0$$

も成り立つ．テレゲンの論文で得られたこれらの成果（電力保存則を除く）をテレゲンの定理と呼ぶことにする．また，テレゲンの定理を用いると，重要な定理「リアクタンス2端子回路の実効リアクタンス $X(\omega)$ は不連続点を除いて，

$$\frac{\mathrm{d}X(\omega)}{\mathrm{d}\omega} > 0, \quad \frac{\mathrm{d}X(\omega)}{\mathrm{d}\omega} \geq \left|\frac{X(\omega)}{\omega}\right| \geq 0$$

を満たす，すなわち，ω の変化に対して連続区間で常に右肩上がりの曲線となる」が導かれる．また，インダクタとキャパシタのはしご形回路の駆動点インピーダンスは連分数展開となる．

以上の知識は，たとえば，学部2年程度の電気回路の講義で習得することを考えれば[67]，学部2年程度で複素関数論を学習し，エルミートの定理とシュアの定理を学習すれば，ラウスの判別法とラウス-フルビッツの判別法を導くとともに，ウォールの定理，カウエルの定理を導き，フォスターの定理を導くことが自然になると思われる．

しかし，カウエルの定理後の展開となると，知的飛躍を必要とした．カウエルが1930年～1931年のアメリカ滞在中に，MITの博士課程に在学中のブルーン（Otto Brune）に対し，実質的な指導を行ったとの興味深い記述がある[68]．そのブルーンは，既約である実係数有理関数（共通因数を持たない変数 s の実係数多項式の比で表された分数関数）$W(s)$ が

$$\mathrm{Re}[s] > 0 \quad \text{に対して} \quad \mathrm{Re}[W(s)] \geq 0$$

であるとき，$W(s)$ を正実有理関数（単に，正実関数）といい，「実係数有理関数 $W(s)$ が正実関数であるための必要十分条件は，有限個の抵抗器，キャパシタ，インダクタ（結合インダクタを含む）からなる2端子回路の駆動点インピーダンス（または，アドミタンス）として実現できることである」という定理を証明した[69]．なお，リアクタンス関数は奇関数である正実関数（odd positive real function，正実奇関数という）であることがその証明の過程で導かれる．フォスターの定理やカウエルの定理からのブルーンの定理の知の飛躍は正実関数の導入にあった．正実関数の概念は回路理論だけでなくシステム理論におけるロバスト制御とつながる重要な概念となる．ブルーン後の回路構成論の研究は，Darlingtonの論文で飛躍し[70]，複素周波数領域の関数論と代数学の深い知識の利用の場となり，国内では喜安善一，高橋秀俊，大野克郎，尾崎 弘，藤沢俊男，渡部 和，古賀利郎らが貢献した．特に注目される知の飛躍は，ブルーンの定理のnポートへの大野克郎の一般化定理である．それを含め，その後は大野の貢献によるところが大きい[71]．

また，もう一つの注目される知の飛躍は，1949年になって，BottとDuffinによって，「任意の正実関数が相互インダクタンスを含まない1ポートとして合成できる」ことが示されたことである[72]．飛躍の鍵は，リチャード（P.I. Richards）が1848年に発表した鍵定理の利用であった．しかし，相互インダクタンスを含まないnポートの合成はいまなお未解決である．

時代が必要とするものが，周波数分割多重通信方式から時分割多重通信方式に移り，関数論的回路構成論の役割は終え，現在では古典回路論といわれている．その古典回路論の学習には，古賀の教科書『回路の合成』が学部3年からの学習にとってよい参考書である[73]．また，大野克郎による『回路網の古典合成論』は古典合成論の専門家が知識整理を行うのによい講義である[74]．

しかし，古典回路論の多くの知識と方法の蓄積は，能動 RC 回路，ディジタルフィルタ，サンプル値系の理論，信号処理理論等に有形無形の決定的影響を及ぼしている．古賀利郎ならびに先に述べた西 哲生の解説を参照するとよい[56,75]．また，1992 年当時での過去 25 年間を中心に，線形回路と非線形回路の研究史を振り返り，非線形回路については山村清隆の協力を得て私見を述べた[76]．歴史は，次世代の研究者の知の飛躍のための「知の整理と伝承としての人類の文化遺産」である．　　　　　　　　　　　　　　　〔篠田庄司〕

文　献

1) G.S. Ohm：The galvanic circuit investigated mathematically (original German edition：Berlin, 1827)；translated by W. Francis (Van Norstrand, 2nd ed., 1905).

2) F. Dannemann：Die Naturwissenschaften in ihrer Entwicklung und ihrem Zusammenhange, 2 Auflage, Leipzig (1920-1923).

3) C. Wheatstone："An account of several new instruments and processes for determining the constant of a voltage circuit," Philosophical Transactions of the Royal Society of London, **133**, pp. 303-329 (1843).

4) S. H. Christie："Experimental determination of the laws of magneto-electric induction," Philosophical Transactions of the Royal Society of London, **123**, 10, pp. 95-142 (1842).

5) Ueber den Durchgang eines elektrischen Stromes durch eine Ebene, insbesondere durch eine kreisformige；von Studiosus Kirchhoff, Mitglied des physikalishen Seminars zu Königsberg, Poggendroffs Annalen der Physik und Chemie, **64**, pp. 497-514 (1845).

6) G. Kirchhoff："Ueber die Auflösung der Gleichungen, auf welche man bei der Untersuchung der linearen Vertheilung galvanicsher Strome geführt wird," Pogendroffs Annalen der Physik und Chemie, **72**, pp. 497-508 (1847).

7) O. Veblen：Analysis Situs, American Mathematical Society (1931) (岡田幸雄，高野一夫訳：ヴェブレンの位相幾何学，森北出版 (1970)).

8) W. Feussner："Über Stromverzweigung in netzformigen Leitern," Ann. Phys., **9**, pp. 1304-1329 (1902).

9) W. Feussner："Zur Berechnung der Stromstarke in netzformigen Leitern," Ann Phys., **15**, pp. 385-394 (1904).

10) G. Kirchhoff："Ueber die Anwendbarkeit der Formeln für die Intensitaten der galvanischer Strome in einem System lineares Leiter auf Systeme, die zum Theil aus nicht linearen Leitern bestehen," Poggendorffs Annalen der Physik und Chemie, **75**, pp. 189-205 (1848).

11) Ch. L. Thevenin："Sur un nouveau Théorém d'Électicité Dynamique," Comptes Rendus, **97**, pp. 159-161 (1883).

12) H. Helmholtz："Über einige Gesetze der Verteilung elektrischer Strome in körperlichen Leitern mit Anwendung auf die thierisch-electrischen Versuche," Poggendorffs Annalen der Physik und Chemie, **89**, pp. 211-233, 353-377 (1853).

13) E. L. Norton："Design of finite networks for uniform frequency characteristic," Technical Report TM26-0-1860, Bell Laboratories (1926).

14) H.F. Mayer："Über das Ersatzchema der Verstärkerröhre," Telegraphen-und Fernsprech-Technik, **15**, pp. 335-337 (1926).

15) 大野克郎：「いわゆる"鳳・テブナンの定理と"について」，福岡大学工学集報，37 号，pp. 269-273 (1986).

16) J. C. Maxwell：Electricity and Magnetism, Clarendon Press, Oxford (1894).

17) 篠田庄司：回路論 (1), コロナ社 (1996).

18) 篠田庄司：基礎電気回路，電子情報通信レクチャーシリーズ B-2, コロナ社 (出版予定).

19) A. Kennelly："Impedance," AIEE Trans., April, pp. 175-216 (1893).

20) A. Kennelly："The equivalence of Triangles and Tree-Pointed Stars in Conducting Networks," El. World and Engineers, N. Y., XXXIV, No. 12, pp. 413-414 (1899).

21) Ch. P. Steinmetz："Complex quantities and their use in electrical engineering," in Proc. International Electrical Congress, Proc. AIEE, pp. 33-75 (1894).

22) Ch. P. Steinmetz："Reactance," Trans. AIEE, pp. 640-648 (1894).

23) Ch. P. Steinmetz：Theory and Calculation of Alternating Current Phenomena, McGraw-Hill (1897).

24) Lord Rayleigh：Theory of Sound, Vol. 1 and 2 (1877 初版, 1894 第 2 版).

25) O. Heaviside：Electrical Papers (2 vols.), The Macmillan Co., New York and London (1892).

26) O. Heaviside：Electromagnetic Theory (3 vols.), Electrician Printing & Publishing, London (1894, 1899, and 1912. Reprinted by Benn Brothers, London, 1922).

27) T. Bromwich："Normal coordinates in dynamical systems", Proc. London Math. Soc., Ser. 2, **15**, pp. 401-448 (1916).

28) K. W. Wagner："Über eine Formel von Heaviside zur Berechung von Einschaltvorgangen", Arch. für Electrotechnik, **4**, pp. 159-193 (1916).

29) J. R. Carson : "On a general expansion theorem for the transient oscillations of a connected system", Phys. Rev., Ser. 2, **10**, pp. 217-225 (1917).

30) J. R. Carson : "Theory of the transient oscillations of electrical networks and transmission systems", Trans. Amer. Inst. of Elect. Engrs., **38**, pp. 345-427 (1919).

31) P. Levy : "Le Calculsymbolique d'Heaviside", Bull. Des Sciences Mathematique, **50**, pp. 174-192 (1926).

32) H. W. March : "The Heaviside operational calculus", Bull. Amer. Math. Soc., **33**, pp. 311-318 (1927).

33) P. Van der Pol : "A simple proof and extension of Heaviside's operational calculus for invariable systems", Philosophical Mag., Ser. 7, pp. 1153-1162 (1929).

34) G. Doetch : Theorie und Anwendung der Laplace-Transformation, Dover Publications (1943).

35) J. Mikusiński : Operational Calculus, Warsaw (ポーランド語版 1953, ロシア語版 1954, ドイツ語版 1957, ポーランド語版 1957, 英語版 (Pergamon Press, London) 1957, ハンガリー語版 1961, 日本語版:演算子法, 上巻 1963, 下巻 1964, 松村, 松浦訳)

36) D. P. Brown : "Derivative explicit differential equations for RLC graphs", Journal of Franklin Institute, **283**, pp. 503-514 (1963).

37) 林　重憲 :「演算子法の基礎問題（付・過渡現象に対する微分方程式表現法の一元化）」, 電気評論, **28**, 11, pp. 756-761 (1940).

38) T. B. Bashkow : "The A matrix, new network description", IRE Trans. On Circuit Theory, **CT-4**, pp. 117-119 (1957).

39) A. Bers : "The degrees of freedom in RLC networks", IRE Trans. On Circuit Theory, **CT-6**, pp. 91-95 (1959).

40) P. R. Bryant : "The explicit form of Bashkow's A matrix", IRE Trans. On Circuit Theory, **CT-9**, pp. 303-306 (1962).

41) H. Weyl : "Reparticion de corrienteenuna red conductor", Revista Mathematica Hispano-Americana, **5** (1923).

42) W. Cauer : Synthesis of Linear Communication Networks, vols. I and II, 2nd ed., Chapter 2, pp. 56-93, McGraw-Hill (1958) (G. E. Knausenberger 訳, 原著 1941).

43) H.-J. Butterweck, R. Wilcke : "Some results on Kirchhoff modes in electrical networks," Archiv für Übertragungstechnik, Band 27, Heft 5 (1973).

44) 岡田幸雄他 :「位相幾何と回路網」, 電気通信学会誌, **225**, pp. 761-772 (1941); **233**, pp. 600-614 (1942); **237**, pp. 789-796 (1942); **237**, pp. 797-809 (1942); **238**, pp. 20-27 (1943); **239**, pp. 116-137 (1943); **240**, pp. 175-181 (1943); **241**, pp. 248-253 (1943); **242**, pp. 325-328 (1943); **243**, pp. 329-339 (1943).

45) M. Planck : Einführung in die Theorie der Elektrizität und des Magnetismus, Verlag van S. Hirzel, Leipzig (1922).

46) S. Okada, R. Onodera : "On network topology I and II," Bull. Yamagata U., **2**, pp. 89-117, 191-206 (1952).

47) S. Okada : "Topology applied to switching circuits," Proc. Polytech. Inst. Brooklin Symposium on Information Networks, **3**, pp. 267-290 (1954).

48) S. Okada : "Topologic and algebraic foundations of network synthesis," Proc. Polytech. Inst. Brooklin Symposium on Modern Network Synthesis, **5**, pp. 283-322 (1955).

49) S. Okada, R. Onodera : "A unified treatise on the topology of networks and algebraic electromagnetism," RAAG Memoirs, 1, A-II, pp. 68-112 (1955).

50) W. S. Percival : "Solution of passive electrical networks by means of mathematical trees," Journal of IEE (London), **100**, pt. III, pp. 143-150 (1953).

51) W. S. Percival : "Improved matrix and determinant methods of solving networks," Journal of IEE (London), **101**, pt. IV, pp. 258-265 (1954).

52) W. S. Percival : "Graphs of active networks," IEE (London) Monograph No. 129 (1955).

53) W. Mayeda, S. Seshu : "Topological formulas for network functions," Bull no. 446, Univ. of Illinois Engineering Experiment Station (1957).

54) 沼田　潤, 伊理正夫 :「一般線形電気回路網に対する混合表現の位相幾何学的公式」, 電子通信学会論文誌 (A), **55-A**, 7, pp. 334-353 (1972).

55) 伊理正夫 :「電子情報通信学会 75 年史」, 電子情報通信学会 (1992).

56) 電子情報通信学会編（技術と歴史研究会）: 電子情報通信技術史, 電子情報通信レクチャーシリーズ A-2, コロナ社 (2006).

57) E. J. Routh : "Dynamics of a System of Rigid Bodies," Macmillans London, Part II, chap. VI (1905) (論文としては, E. J. Routh : "A treatise on the stability of a given state of motion," Adams Prize Esaay, Macmillan, London (1877)).

58) A. Hurwitz : "Ueber die Bedingungen, unter welchen eine Gleichung nur Wurzeln mit negativen reelen Theilen besitzt", Math Ann., **46**, pp. 273-284 (1899).

59) Ch. Hermite : "Sur le nombre des racines d'une équation algébrique comprise entre des limites données," J. Reine Angew. Math., **52**, pp. 39-51 (1856).

60) J. Shur : "Die Hurwitzschen Kriterien für Gleichungen, deren Wurzeln alle negativen Realteil besitzen," ZAMM (Zeitschr. F. Angew. Mathematik u. Mechanik), pp. 307-311 (1921).

61) 高木貞治 : 代数学講義, 改訂新版, 共立出版 (1994).

62) H. S. Wall：Analytic Theory of Continued Fraction, von Nostrand (1948).
63) E. A. Gullemin：The Mathematics of Circuit Analysis, John Wiley, New York, pp. 294-300 (1949).
64) R. M. Foster："A reactance theorem," Bell System Tech., **3**, pp. 259-267 (1924).
65) W. Cauer："Die Verwirklichung von Wechselstromwiederstanden vorgeschriebener Frequenzabhangigkeit", Arch. F. Elektrot., **17**, pp. 355-, April (1926).
66) B. D. H. Tellegen："A general network theorem, with applications," Phillips Research Reports, vol., pp. 259-269 (1952).
67) 岸　源也：基礎回路論，電子通信学会大学シリーズ，C-1，コロナ社 (1986).
68) 古賀利郎：「線形と非線形問題―研究に関する私の見聞録―」，電子情報通信学会誌，**89**, 10, pp. 889-894 (2006).
69) O. Brune："Synthesis of a finite two-terminal network whose driving-point impedance is a prescribed function of frequency," J. Math. Phys., **10**, pp. 191-236 (1931).
70) S. Darlington："Synthesis of reactance 4-poles which produce prescribed insertion loss characteristics," J. Math. Phys., **18**, pp. 257-353 (1939).
71) 大野克郎：大野克郎先生論文集 (1997).
72) R. Bott, R. J. Duffin："Impedance synthesis without use of transformers," J. Appl. Phy., **20**, p. 816 (1949).
73) 古賀利郎（電子情報通信学会編）：回路の合成（電子情報通信学会大学シリーズ），コロナ社 (1981).
74) 大野克郎：回路網の古典合成論，電子通学会誌 [I], **57**, 10, pp. 339-344 (1974); [II], **57**, 12, pp. 346-352 (1974); [III], **57**, 12, pp. 353-359 (1974); [IV], **58**, 2, pp. 360-365 (1975); [V], **58**, 3, pp. 366-369 (1975).
75) 古賀利郎：集中定数回路論と分布定数回路論をめぐって，電子情報通信学会75年史，電子情報通信学会，pp. 122-124 (1992).
76) 篠田庄司：線形回路と非線形回路，電子情報通信学会75年史，電子情報通信学会，pp. 249-255 (1992).

2 線形回路論

2.1 回路の基礎

2.1.1 基本的な回路素子

主として線形回路素子（線形性については2.1.4項を参照）について述べる．以下では，1ポート（1端子対回路）の時刻 t における端子電圧・電流を $v(t)$，$i(t)$ で表し，2ポート（2端子対回路）の時刻 t における端子電圧・電流を $v_1(t)$, $v_2(t)$, $i_1(t)$, $i_2(t)$ で表す（2ポートについては2.6節で詳述する）．電圧，電流の向きは図2.1を参照のこと．

a. 独立電源　$v(t)$ が外部回路によらない1ポートを電圧源（voltage source）といい，$i(t)$ が外部回路によらない1ポートを電流源（current source）という．後述の従属電源と区別して，これらを独立電源（independent source）という．$v(t)$ または $i(t)$ が時間によらず一定の電源を直流電源（dc source），向きと大きさが周期的に変化するものを交流電源（ac source）という．電源の記号を図2.2(a)～(d)に示す（正弦波交流電源については2.2.1項参照のこと）．

b. 抵抗器　$v(t)$ と $i(t)$ の間にオームの法則（Ohm's law）

$$v(t) = Ri(t) \tag{2.1}$$

が成り立つ1ポートを抵抗器（resistor）または単に

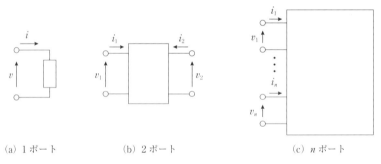

図2.1　端子電圧と端子電流

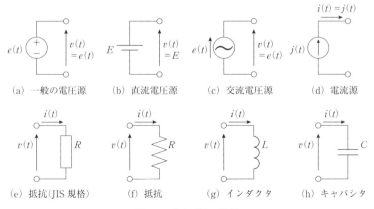

図2.2　基本素子の記号

抵抗といい，図2.2(e)または(f)の記号で表す．比例定数$R(>0)$を抵抗値（resistance）（単位：オーム，Ω）といい，$G=1/R$をコンダクタンス（conductance）（単位：ジーメンス，S）という．抵抗の記号として図2.2(f)を用いることも多いが，本書ではJIS規格で定められた図2.2(e)を用いる．

c．インダクタ　$v(t)$と$i(t)$の間に

$$v(t) = L\frac{\mathrm{d}i(t)}{\mathrm{d}t} \quad \text{または} \quad i(t) = \frac{1}{L}\int_{-\infty}^{t} v(t)\mathrm{d}t \quad (2.2)$$

の関係が成り立つ1ポートをインダクタ（inductor）（コイルや誘導器ともいう）といい，図2.2(g)の記号で表す．定数Lをインダクタンス（inductance）（単位：ヘンリー，H）という．また，電流$i(t)$の作る鎖交磁束（flux linkage）（単位：ウェーバ，Wb）は$\phi(t) = Li(t)$で与えられる．

d．キャパシタ　$v(t)$と$i(t)$の間に

$$v(t) = \frac{1}{C}\int_{-\infty}^{t} i(t)\mathrm{d}t \quad \text{または} \quad i(t) = C\frac{\mathrm{d}v(t)}{\mathrm{d}t} \quad (2.3)$$

の関係が成り立つ1ポートをキャパシタ（capacitor）（コンデンサや蓄電器ともいう）といい，図2.2(h)の記号で表す．定数Cを容量（capacitance）（単位：ファラッド，F）という．電流が流入する側の極板（図2.2(h)の上の極板）に蓄えられる電荷（electric charge）（単位：クーロン，C）を$q(t)[\mathrm{C}]$とすると，$q(t)$と$v(t)$，$i(t)$の間には$q(t) = Cv(t)$，$i(t) = \mathrm{d}q(t)/\mathrm{d}t$の関係が成り立つ．

e．変成器　$v_1(t)$，$v_2(t)$，$i_1(t)$，$i_2(t)$の間に

$$v_1(t) = L_1\frac{\mathrm{d}i_1(t)}{\mathrm{d}t} + M\frac{\mathrm{d}i_2(t)}{\mathrm{d}t}$$

$$v_2(t) = M\frac{\mathrm{d}i_1(t)}{\mathrm{d}t} + L_2\frac{\mathrm{d}i_2(t)}{\mathrm{d}t}$$

の関係が成り立つ2ポートを変成器（transformer）といい，図2.3(a)の記号で表す．変成器は一対のインダクタからなり，L_1，L_2を自己インダクタンス（self-inductance），Mを相互インダクタンス（mutual inductance）という．

$$k = \frac{M}{\sqrt{L_1L_2}}$$

を結合係数（coupling coefficient）という．変成器に蓄えられる電磁エネルギー（2.1.3項の$w_M(t)$）が常に非負であることから$|k|\leq 1$である．$|k|=1$すなわち$L_1L_2=M^2$を満たす変成器を密結合変成器（perfectly coupled transformer）といい，$v_1(t)$と$v_2(t)$の間に比

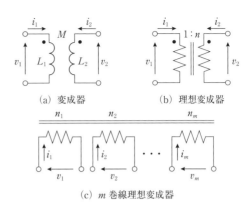

(a) 変成器　　(b) 理想変成器

(c) m巻線理想変成器

図2.3　変成器および理想変成器

例関係$v_2(t) = nv_1(t)$が成り立つ（$n = M/L_1 = L_2/M$は二次側と一次側のインダクタの巻線比を表す）．これは二つのインダクタを通る磁束が共通で漏れがないことを意味している．

密結合変成器の中で特に$i_2(t) = -i_1(t)/n$を満たすものを理想変成器（ideal transformer）といい，図2.3(b)の記号で表す．理想変成器に流入する瞬時電力は$v_1(t)i_1(t) + v_2(t)i_2(t) = 0$である．$m$巻線（理想）変成器（$m$-winding transformer）は図2.3(c)の記号で表されるmポートであり，$n_1:n_2:\cdots:n_m$を変成器の巻線比とすると

$$\frac{v_1(t)}{n_1} = \frac{v_2(t)}{n_2} = \cdots = \frac{v_m(t)}{n_m},$$
$$n_1i_1(t) + n_2i_2(t) + \cdots + n_mi_m(t) = 0 \quad (2.4)$$

の関係を満たす．m巻線理想変成器は2巻線理想変成器を組み合わせて作ることができる．

f．従属電源　回路中の他の部分の電圧または電流に比例した電源値を持つ電源を従属電源（dependent source）または制御電源（controlled source）という．従属電源は図2.4のように2ポートと見なせ，次の4種類がある．①電圧制御電圧源（voltage-controlled voltage source：VCVS；$i_1(t)=0$, $v_2(t)=\mu v_1(t)$），②電圧制御電流源（voltage-controlled current source：VCCS；$i_1(t)=0$, $i_2(t)=g_mv_1(t)$），③電流制御電圧源（current-controlled voltage source：CCVS；$v_1(t)=0$, $v_2(t)=r_mi_1(t)$），④電流制御電流源（current-controlled current source：CCCS；$v_1(t)=0$, $i_2(t)=\alpha i_1(t)$）．μ, g_m, r_m, αはそれぞれ，電圧増幅率（voltage transfer ratio），相互コンダクタンス（transconductance），相互抵抗（transresistance），電流増幅率（current transfer ratio）と呼ばれる．

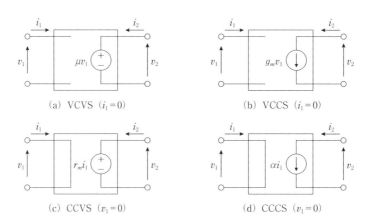

図2.4 2ポートとしての従属電源

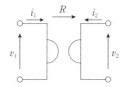

図2.5 理想ジャイレータ

2.1.2 その他の回路素子

理想ジャイレータ（ideal gyrator：IG）は $v_1(t) = -Ri_2(t)$, $v_2(t) = Ri_1(t)$ で定義される2ポート素子であり，図2.5の記号で表される．流入電力 $v_1(t)i_1(t) + v_2(t)i_2(t)$ が常に0であることとインピーダンス行列 Z が対称でないことから受動非相反素子（2.1.4項参照）であり，回路合成論において重要な役割を演じる．負性抵抗（negative resistor：−R）は1ポート素子で $v(t) = -Ri(t)$ ($R>0$) で定義される．負性インピーダンス変換器（negative impedance converter：NIC）は2ポート素子で $v_1(t) = k_1 v_2(t)$, $i_1(t) = k_2 i_2(t)$ または $v_1(t) = -k_1 v_2(t)$, $i_1(t) = -k_2 i_2(t)$ ($k_1, k_2 > 0$) で定義される．演算増幅器（operational amplifier）はVCVSを2ポートと見なして $\mu = \infty$ とおいたものである．トランジスタ（バイポーラトランジスタや電界効果トランジスタ（FET））は線形素子（2.1.4項参照）としても非線形素子としても用いられ，上述の従属電源などによりモデル化される．理論上の特異素子として，$v(t) = i(t) = 0$ であるナレータ（nullator）と $v(t)$, $i(t)$ がともに任意の値をとるノレータ（norator）があるが，これらは単独で用いられることはなく（ナレータと電圧源と抵抗からなる閉回路ではキルヒホッフの法則を満たす解がなく，ノレータと電圧源と抵抗からなる閉回路では解が連続に分布する），$v_1(t) = i_1(t) = 0$ かつ $v_2(t)$, $i_2(t)$ が任意という2ポート素子ナラー（nullor）として用いられ，これは演算増幅器の等価回路モデルになる．ナラーは能動回路合成の一手法として利用される．

ごく簡単に代表的非線形素子もあげると，ダイオード，N字形・S字形抵抗（電圧電流特性がN字形・S字形の抵抗）などの非線形抵抗，非線形インダクタ，非線形キャパシタ，トランジスタなどがある．N字形抵抗の例としてトンネルダイオード（エサキダイオード）が，S字形抵抗の例としてグロー放電管がある．代表的なトランジスタであるバイポーラトランジスタは，二つのダイオードと二つのCCCSからなる等価回路（エバース・モルモデル）によって表現される．R, L, Cに続く第四の素子として1970年代に提案され，物理的実現可能性があることで最近注目を集めているメムリスタ（memristor）も非線形素子の一種である．

2.1.3 瞬時電力とエネルギー

n ポートに流入する瞬時電力（instantaneous power）（単位：ワット，W）は

$$p(t) = \sum_{k=1}^{n} v_k(t) i_k(t)$$

で与えられる．ただし，$v_k(t)$, $i_k(t)$ は第 k ポートの端子電圧・電流を表し，その向きは図2.1のように定める．また，時刻 t までの間に n ポートに流入するエネルギー（単位：ジュール，J）は

$$w(t) = \int_{-\infty}^{t} p(t)\,dt = \int_{-\infty}^{t} \sum_{k=1}^{n} v_k(t) i_k(t)\,dt \qquad (2.5)$$

で与えられる．抵抗，インダクタ，キャパシタ，変成器のエネルギー w_R, w_L, w_C, w_M はそれぞれ

$$w_R(t) = \int_{-\infty}^{t} R i^2(t)\,dt,$$

$$w_L(t) = \frac{1}{2}Li^2(t),$$
$$w_C(t) = \frac{1}{2}Cv^2(t),$$
$$w_M(t) = \frac{1}{2}[L_1 i_1^2(t) + 2M i_1(t) i_2(t) + L_2 i_2^2(t)]$$

となる．$w_L(t)$，$w_M(t)$ を電磁エネルギー（electromagnetic energy），$w_C(t)$ を静電エネルギー（static energy）という．$w_R(t)$ は t の単調増加関数であり，抵抗ではエネルギーが熱として消費される．一方，$w_L(t)$ と $w_C(t)$ の値はそれぞれ $i(t)=0$，$v(t)=0$ のとき 0 になるから，インダクタとキャパシタではエネルギーが消費されない．

2.1.4 回路素子の各種性質

a. 線形性　電圧電流特性が独立変数ベクトル $\boldsymbol{x}$ と従属変数ベクトル $\boldsymbol{y}$ を用いて $\boldsymbol{y}=F(\boldsymbol{x})$ と表され，$F(c_1\boldsymbol{x}_1 + c_2\boldsymbol{x}_2) = c_1 F(\boldsymbol{x}_1) + c_2 F(\boldsymbol{x}_2)$ が成立するとき，この素子は線形（linear）であるという．R, L, C, M, IT, IG, −R, 従属電源はすべて線形素子である．線形素子（と電源）からなる回路を線形回路という．

b. 受動性・能動性　式 (2.5) のエネルギーがいかなる場合にも非負である素子を受動（passive）素子という．R, L, C, M, IT, IG は受動素子である．これに対してエネルギーが負になりうる素子を能動（active）素子という．負性抵抗 −R，従属電源，演算増幅器，NIC は能動素子である．

c. 時変性　R, L, C などの素子値が時間的（主に周期的）に変化するとき，その素子を時変（time-varying）といい，素子値が一定であるとき時不変（time-invariant）という．本章では時変素子は扱わない．

d. 相反性　2 ポートは，その Z 行列または Y 行列（2.6.1 項参照）が存在して対称なとき，相反（reciprocal）素子といわれる．M, IT は相反素子であり，IG, 従属電源，NIC は非相反素子である．厳密には，2 ポートの相反性は次のように定義される．図 2.1(b) の 2 ポートにおいて，$v_1(t)$, $v_2(t)$, $i_1(t)$, $i_2(t)$ のフェーザ（2.2 節参照）をそれぞれ V_1, V_2, I_1, I_2 とする．端子電圧・電流の任意の 2 組の実現値 $(V_1^{(1)}, V_2^{(1)}, I_1^{(1)}, I_2^{(1)})$，$(V_1^{(2)}, V_2^{(2)}, I_1^{(2)}, I_2^{(2)})$ に対して $V_1^{(1)} I_1^{(2)} + V_2^{(1)} I_2^{(2)} = V_1^{(2)} I_1^{(1)} + V_2^{(2)} I_2^{(1)}$ が成立するとき，この 2 ポートは相反素子である．より一般の n ポート素子についても，相反性を"端子電圧・電流の任意の 2 組の実現値 $(V_1^{(1)}, \cdots, V_n^{(1)}, I_1^{(1)}, \cdots, I_n^{(1)})$，$(V_1^{(2)}, \cdots, V_n^{(2)}, I_1^{(2)}, \cdots, I_n^{(2)})$ に対して $\sum_{k=1}^{n} V_k^{(1)} I_k^{(2)} = \sum_{k=1}^{n} V_k^{(2)} I_k^{(1)}$ が成り立つこと"と定義できる（2.5 節 f 項参照）．特に $n=1$ とすると，当然のことながら"R, L, C, −R は相反"という結果が得られる．また，あまり意味はないが，特異素子のナレータは相反，ノレータは非相反となる．

2.1.5 キルヒホッフの法則

キルヒホッフの法則は，回路を構成する素子の性質（線形/非線形，能動/受動，相反/非相反，時不変/時変）によらず成り立つ基本法則であり，

(1) 回路中の任意の節点に流入する電流の代数和は 0 である．
(2) 回路中の任意の閉路に沿っての電圧の代数和は 0 である．

の二つからなる．前者をキルヒホッフの電流則（Kirchhoff's current law）またはキルヒホッフの第一法則といい，本章では簡単のため KCL と略記する．一方，後者をキルヒホッフの電圧則（Kirchhoff's voltage law）またはキルヒホッフの第二法則といい，KVL と略記する．

2.1.6 回路解析の分類

線形回路の解析は定常解析（steady-state analysis）と過渡解析（transient analysis）に大別される．前者は，正弦波電源によって励振されている回路の定常状態（初期状態から十分に時間が経過し，各部の電圧，電流が電源と同じ角周波数で振動している状態）における挙動を解析することであり，フェーザ解析（phasor analysis）が用いられる．一方，後者は，回路の過渡状態（初期状態から定常状態に至るまでの過渡的な状態）における挙動を解析することであり，微分方程式の初期値問題に帰着される．その解法には，微分方程式を直接解く方法とラプラス変換（Laplace transform）（第 VI 編参照）を利用して解く方法がある（2.7 節参照）．

2.2　フェーザ解析

フェーザ解析では，回路中のすべての電圧および電流が電源と同じ角周波数 ω の正弦波で表される定常

状態を考察の対象とする．以下では正弦波の角周波数を ω に固定して考える．

2.2.1 正弦波

大きさと向き（正負の符号）が周期的に変化し，かつ時間平均が0であるような電圧，電流をそれぞれ交流電圧（alternating current voltage：ac voltage），交流電流（alternating current：ac）という．特に，

$$a(t) = A_\mathrm{m} \sin(\omega t + \phi) \quad (A_\mathrm{m} > 0) \tag{2.6}$$

の形の電圧，電流をそれぞれ正弦波交流電圧（sinusoidal voltage），正弦波交流電流（sinusoidal current）という．上式において，$a(t)$ を瞬時値（instantaneous value），A_m を振幅（amplitude）または最大値（maximum value），ω[rad/s] を角速度（angular velocity）または角周波数（angular frequency），ϕ[rad] を初期位相（initial phase angle），$\omega t + \phi$[rad] を位相（phase angle）という．ϕ を単に位相と呼ぶことも多い．また，$T = 2\pi/\omega$[s] を周期（period），その逆数 $f = 1/T = \omega/2\pi$[Hz] を周波数（frequency）という．正弦波の1周期にわたる二乗平均値

$$\sqrt{\frac{1}{T}\int_0^T a^2(t)\,dt} = \sqrt{\frac{1}{T}\int_0^T A_\mathrm{m}^2 \sin^2(\omega t + \phi)} = \frac{A_\mathrm{m}}{\sqrt{2}} (\equiv A_\mathrm{e})$$

を $a(t)$ の実効値（effective value）という．

2.2.2 複素数

フェーザ解析では，正弦波のおのおのを一つの複素数（complex number）$z = x + \mathrm{j}y$ ($\mathrm{j} = \sqrt{-1}$) に対応させ，正弦波の加減法や微積分の代わりに複素数の代数演算を行うことによって回路内の電圧や電流を求める．x, y をそれぞれ z の実部（real part），虚部（imaginary part）といい，$x = \Re z$, $y = \Im z$ と表す．複素数の表現法には，直交形式（rectangular form）$z = x + \mathrm{j}y$ の他に，極形式（polar form）$z = r(\cos\theta + \mathrm{j}\sin\theta)$ や指数関数形式（exponential form）$z = r\mathrm{e}^{\mathrm{j}\theta}$ がある．ただし $r = \sqrt{x^2 + y^2}$ であり，θ は $\cos\theta = x/r$ および $\sin\theta = y/r$ を満たす実数である（$\theta = \tan^{-1}(y/x)$ と表す）．r, θ をそれぞれ z の絶対値（absolute value），偏角（argument）といい，$|z| = r$, $\arg z = \theta$ と書く．複素数 $z = x + \mathrm{j}y$ に対して，$\bar{z} = x - \mathrm{j}y$ を z の共役複素数または複素共役（complex conjugate）という．

2.2.3 フェーザ

正弦波 $a(t) = \sqrt{2}A_\mathrm{e}\sin(\omega t + \phi)$ $(A_\mathrm{e} > 0)$ は実効値 A_e と初期位相 ϕ を指定すれば一意に決まる．そこで複素数 A を $A = A_\mathrm{e}\mathrm{e}^{\mathrm{j}\phi}$ によって定めると，$a(t)$ と A の間には

$$\Im\{\sqrt{2}A\mathrm{e}^{\mathrm{j}\omega t}\} = \Im\{\sqrt{2}A_\mathrm{e}\mathrm{e}^{\mathrm{j}(\omega t + \phi)}\} = \sqrt{2}A_\mathrm{e}\sin(\omega t + \phi) = a(t)$$

なる関係が成立する．この複素数 A を正弦波 $a(t)$ のフェーザ（phasor）という．ここでは $\sqrt{2}\sin\omega t$ を基準にしてフェーザを導出した（$\sqrt{2}\sin\omega t$ のフェーザを1とした）が，初期位相が0でない正弦波や余弦波 $\sqrt{2}\cos(\omega t + \phi)$ を基準にすることもできる．

二つの正弦波 $a_1(t)$, $a_2(t)$ のフェーザをそれぞれ A_1, A_2 とすると $a_1(t) \pm a_2(t)$ のフェーザは $A_1 \pm A_2$ となる（複号同順）．また，正弦波 $a(t)$ のフェーザを A とすると，$a(t)$ の微分 $\mathrm{d}a(t)/\mathrm{d}t$ のフェーザは $\mathrm{j}\omega A$ となり，不定積分 $\int a(t)\,\mathrm{d}t$ のフェーザは $A/\mathrm{j}\omega$ となる．すなわち，$\mathrm{j}\omega$ は微分演算子 $\mathrm{d}/\mathrm{d}t$ に相当し，$1/\mathrm{j}\omega$ は積分演算子 $\int \mathrm{d}t$ に相当する．

2.2.4 インピーダンスとアドミタンス

線形1ポートの端子電圧 $v(t)$，端子電流 $i(t)$（向きは図2.1(a)参照）のフェーザをそれぞれ V, I とするとき，$Z = V/I$ を1ポートのインピーダンス（impedance）（単位：オーム，Ω）といい，$Y = I/V$ をアドミタンス（admittance）（単位：ジーメンス，S）という．抵抗，インダクタ，キャパシタのインピーダンスはそれぞれ $Z_R = R$, $Z_L = \mathrm{j}\omega L$, $Z_C = 1/\mathrm{j}\omega C$ である．インピーダンス $Z = R + \mathrm{j}X$ の実部 R を抵抗（分）（resistance），虚部 X をリアクタンス（分）（reactance）という．また，アドミタンス $Y = G + \mathrm{j}B$ の実部 G をコンダクタンス（conductance），虚部 B をサセプタンス（susceptance）という．1ポートが受動素子だけからなるとき，消費電力（2.2.7項参照）は非負であるから，抵抗分 R は非負である．したがって Z の偏角 $\theta = \arg Z = \tan^{-1}(X/R)$ は $|\theta| \leq \pi/2$ を満たす．$\theta > 0$ のとき1ポートは誘導性（inductive）であるといい，X を誘導性リアクタンス（inductive reactance）という．また，$\theta < 0$ のとき1ポートは容量性（capasitive）であるといい，X を容量性リアクタンス（capasitive reactance）という．

2.2.5 フェーザによる交流回路の定常解析

交流回路の定常電圧，電流を求めるには，フェーザ電圧・電流に関する回路方程式をたて，それを代数的に解いたのち時間関数に戻せばよい．回路方程式はKVL，KCL，各素子の電圧電流特性からなる．KVL，KCLはそれぞれフェーザ電圧・電流についてもそのまま成立する．また，各素子の電圧電流特性は$V=ZI$または$I=YV$の形で表されるから，各素子は直流回路における抵抗と同様に扱える．回路方程式のたて方は2.4節参照のこと．

回路中のフェーザ電圧やフェーザ電流の関係を複素平面上に示した図をフェーザ図（phasor diagram）という．フェーザ図を利用すれば回路各部の電圧や電流の大きさ・位相の関係を視覚的にとらえることができる．

2.2.6 電源の等価表現

実在の電源は，図2.6のように電圧源とインピーダンスの直列接続または電流源とアドミタンスの並列接続でモデル化される．図2.6(a)(b)のZ_0，$Z_0'(=1/Y_0')$を電源の内部インピーダンスといい，$Y_0(=1/Z_0)$，Y_0'を内部アドミタンスという．$Z_0=Z_0'$（$Y_0=Y_0'$）でかつ$J=E/Z_0$の関係が成り立つとき，二つの電源は等価である．

後述のテブナンの定理およびノートンの定理（2.5節参照）により，線形素子と電源からなる1ポートは図2.6(a)または(b)の等価回路で表すことができる．

2.2.7 交流回路における電力

図2.1(a)の1ポートにおいて，$v(t)=\sqrt{2}\,V_e\sin(\omega t+\phi)$，$i(t)=\sqrt{2}\,I_e\sin(\omega t+\psi)$（フェーザを$V=V_e\mathrm{e}^{j\phi}$，$I=I_e\mathrm{e}^{j\psi}$とする）とすれば，1ポートに流入する瞬時電力$p(t)=v(t)i(t)$の1周期$T(=2\pi/\omega)$での時間平均$P$は

$$P=\frac{1}{T}\int_0^T p(t)\,\mathrm{d}t=V_eI_e\cos(\phi-\psi)$$
$$=|V||I|\cos(\phi-\psi) \qquad (2.7)$$

で与えられる．Pを1ポートでの実効電力（effective power），有効電力（active power），平均電力（average power）または単に電力という（単位：ワット，W）．1ポートのインピーダンスおよびアドミタンスを$Z=R+jX=|Z|\mathrm{e}^{j\theta}$（$\theta=\arg Z$），$Y=G+jB$とすると，$Z=V/I=(|V|/|I|)\mathrm{e}^{j(\phi-\psi)}$より$\theta=\phi-\psi$であるから

$$P=|V||I|\cos\theta=|I|^2Z\cos\theta=|I|^2R$$
$$=|V||YV|\cos\theta=|V|^2G$$

となる．$\cos\theta$をZの力率（power factor）といい，$100\cos\theta$（単位：パーセント，%）でも表す．$P_a=V_eI_e=|V||I|$を皮相電力（apparent power）（単位：ボルトアンペア，VA），$P_r=|V||I|\sin\theta$を無効電力（reactive power）（単位：バール，var），$P_c=\bar{V}I=|V||I|\mathrm{e}^{-j\theta}=|V||I|\cos\theta-j|V||I|\sin\theta$を複素電力（complex power）という．これらの間には$P=\Re P_c$，$P_a=|P_c|$，$P_r=-\Im P_c$の関係がある．

2.2.8 負荷の整合

図2.6(a)の電源に可変インピーダンス$Z=R+jX$を接続する．R,Xがともに可変の場合，Zでの消費電力は$Z=\overline{Z_0}$，すなわち電源と負荷のインピーダンスが整合（matching）しているときに最大値$P_{\max}=|E|^2/(4R_0)$をとる．これは電源から取り出すことのできる最大の電力であり，電源の固有電力または有能電力（available power）という．$Z=\overline{Z_0}$を整合条件という．力率一定のもとでR,Xがともに可変の場合の整合条件は$|Z|=|Z_0|$である．

(a) 電圧源によるモデル化　　(b) 電流源によるモデル化

図2.6　電源の等価表現

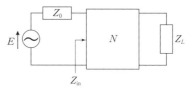

図2.7　整合回路

表2.1　回路における双対概念

電圧	⇔	電流
電圧源	⇔	電流源
抵抗	⇔	コンダクタンス
インダクタンス	⇔	キャパシタンス
インピーダンス	⇔	アドミタンス
直列	⇔	並列
開放	⇔	短絡
木	⇔	補木
閉路	⇔	カットセット
零度	⇔	階数

図2.7の回路において，リアクタンス2ポートNが$Z_{in}=\overline{Z_0}=R_0-jX_0$を満たすとき，電源の固有電力$|E|^2/(4R_0)$が$N$で消費されることなくそのまま$Z_L$に伝わる．このような2ポート$N$を整合回路という．

2.2.9 双対性

回路に関して成立する多くの法則や性質において，命題中の各概念をそれと対をなす概念（表2.1）に置き換えたものも成立する（2.3節参照）．この性質を双対性（duality）という．双対な命題が常に正しいとは限らないことに注意する．相互誘導の双対概念がないことや，双対グラフを持たないグラフが存在することが主な理由である．

2.2.10 ブリッジ回路

ブリッジ回路は未知のインピーダンスや周波数を測定するために用いられる回路であり，図2.8(a)の基本構造を持つ．節点BC間の電圧が0のとき，ブリッジは平衡している（balanced）といい，ブリッジ回路の平衡条件は$Z_1Z_4=Z_2Z_3$である．たとえばZ_4が未知のとき，節点BC間に検流計を接続してその値が0になるようにZ_1, Z_2, Z_3を調整すれば，平衡条件より$Z_4=Z_2Z_3/Z_1$となるのでZ_1, Z_2, Z_3からZ_4が求められる．

ホイートストンブリッジ（Wheatstone bridge）は図2.8(a)のZ_i（$i=1, 2, 3, 4$）をすべて抵抗とした回路であり，最も基本的なブリッジ回路である．その他には，インダクタのインダクタンスと内部抵抗を測定するためのヘビサイドブリッジ（Heaviside bridge），アンダーソンブリッジ（Anderson bridge）（図2.8(b)参照），マクスウェルブリッジ（Maxwell bridge），オーウェンブリッジ（Owen bridge），ヘイブリッジ（Hay bridge），キャパシタの容量と内部抵抗を測定するためのケリー-フォスタブリッジ（Carey-Foster bridge），シェーリングブリッジ（Shering bridge），微小抵抗値を測定するためのケルビンダブルブリッジ（Kelvin double bridge），電源の周波数を測定するためのキャンベルブリッジ（Campbell bridge），ウィーンブリッジ（Wien bridge）などがある[1,2]．

2.2.11 種々の等価回路と等価変換

二つの多端子対回路の電圧電流特性が等しいとき，両者は等価（equivalent）であるという．与えられた回路をそれと等価な別の回路に変換することを等価変換という．テブナンの定理およびノートンの定理（2.5節参照）は電源を含む1ポートの等価変換の例であり，図2.9のような電源を含まない1ポートの等価変換もいくつか知られている[1]．Y-Δ変換（2.6.6項参照）は2ポートの等価変換の例である．

2.2.12 共振回路

インダクタとキャパシタを直列（並列）に接続した回路では，特定の周波数でインピーダンス（アドミタンス）の大きさが極小値をとり，回路に大きな電流（電圧）が発生する．このような現象を共振（resonance）といい，特に直列接続の場合を直列共振，並列接続の場合を並列共振という．インダクタとキャパシタのエネルギー損失を考慮した共振回路を図2.10に示す．図2.10(a)の直列共振回路において，負荷のインピーダンス$Z_s=R+j(\omega L-1/\omega C)$の絶対値は$\omega=\omega_0=1/\sqrt{LC}$のときに最小値$R$となる．$f_0=\omega_0/2\pi=1/2\pi\sqrt{LC}$を共振周波数（resonant frequency），ω_0を共振角周波数という．図2.10(b)の並列共振回路にお

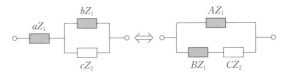

図2.9 等価変換の例

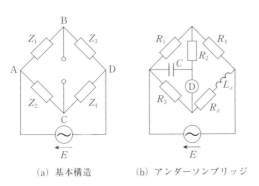

(a) 基本構造   (b) アンダーソンブリッジ

図2.8 ブリッジ回路

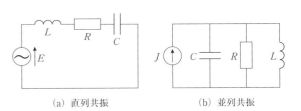

(a) 直列共振   (b) 並列共振

図2.10 共振回路

いて，負荷のアドミタンス $Y_\mathrm{p} = G + \mathrm{j}(\omega C - 1/\omega L)$ の絶対値は直列共振の場合と同じく $\omega = \omega_0 = 1/\sqrt{LC}$ のときに最小値 G となる．

直列共振回路に対する $Q = \omega_0 L/R = 1/\omega_0 CR = \sqrt{L/C}/R$ および並列共振回路に対する $Q = \omega_0 C/G = 1/\omega_0 LG = \sqrt{C/L}/G$ を共振回路のよさ，または Q（quality factor）という．Q の定義にはいろいろな表現があるが，電気的振動に限らず一般の振動現象にも適用可能なものとして次式がある．

$$Q = 2\pi \times \frac{\text{共振周波数における回路の最大蓄積エネルギー}}{\text{共振周波数における1周期の消費エネルギー}}$$

一方，図 2.10(a) の回路を帯域通過フィルタ（電圧源を入力とし抵抗にかかる電圧を出力とする）と見なして中心角周波数 ω_0 と帯域幅 B（利得が最大値の $1/\sqrt{2}$ 倍となる二つの角周波数の差）の比 ω_0/B を Q とする定義もある．

2.3 回路理論のためのグラフ理論

2.3.1 基本的用語・概念・記号

n 個の節点（node）と b 個の枝（branch）からなる有向グラフを G とし，節点・枝には適宜，数字やアルファベットで名前（ラベル）をつける．G のすべての節点が枝を通してつながっているとき，G を連結グラフという．連結グラフでないグラフ（非連結グラフ）はいくつかの連結成分からなる．

G の枝の開放（除去）および短絡（除去）の際には節点は残すことにする．G の連結成分の個数を $p(\geq 1)$ とし（連結グラフの場合は $p = 1$），$\rho \equiv n - p$ を G の階数（ランク，rank），$\mu \equiv b - \rho (= b - n + p)$ を G の零度（nullity）という．階数と零度は互いに，双対な概念でグラフの基本的な指数である．以下では主に連結グラフについて述べる．

（単純）閉路（ループ，loop）も通常の意味で用いるが，枝の集合とも考える．連結グラフにおいて，（単純）カットセット（切断集合，cutset）は，この枝集合の開放除去で節点集合がちょうど二分される極小枝集合であり，閉路とカットセットは双対な概念である（非連結グラフを含めた一般のグラフに対しても，カットセットは，枝集合の開放によりグラフの階数がちょうど1だけ減少する極小枝集合．これと双対に閉路は，枝集合の短絡によりグラフの零度がちょうど1だけ減少する極小枝集合と定義できる）．カットセットによって分けられた二つの連結成分のうち"一つの連結成分から他方の連結成分に向かう方向"をカットセットの向きと定義する．

グラフの木（tree，T で表す）は G の枝の部分集合であり，① G のすべての節点が T によりつながり，② T の枝だけでは閉路（ループ）ができない，という枝集合である．G の枝のうち，T 以外の枝を（T に対応する）補木（cotree）といい，$\bar{T}$ で表す．集合 S の中の要素の数を $|S|$ で表すことにすると，$|T| = n - 1(= \rho)$，$|\bar{T}| = b - n + 1(= \mu)$ である．

2.3.2 グラフの行列表現

グラフ G の数式表現としては接続行列，閉路行列，カットセット行列があり，いずれの場合も第 j 列は枝 j に関する情報を表す．

接続行列：$n \times b$ の接続行列（incidence matrix）$A_\mathrm{a} = [a_{ij}]$ において枝 j が節点 i から出るときは $a_{ij} = +1$，節点 i に入るときは $a_{ij} = -1$，それ以外は 0 とする．したがって，A_a の j 列には $+1$ と -1 がちょうど 1 個ずつあり，A_a のすべての行を加えると $[0, 0, \cdots, 0]^\mathrm{T}$ となるので A_a の行は独立ではない．A_a の任意の 1 行たとえば第 n 行を削除した $(n-1) \times b$ 行列を A と書き，既約（reduced）接続行列という．A の行は独立である．

閉路行列：G の閉路に $1 \sim m$ の番号と向きをつける．$m \times b$ 閉路行列 $B = [b_{ij}]$ で，B の第 i 行は閉路 i の情報を表し，枝 j が閉路 i に閉路と同方向に含まれていれば $b_{ij} = 1$，逆方向に含まれていれば $b_{ij} = -1$，含まれていなければ $b_{ij} = 0$ とする．すべての閉路に対する閉路行列を B_all で表すことにする．

独立な閉路の選び方として次の基本閉路系がある．木 T の枝を枝 $1, 2, \cdots, \rho$ とし，枝 $\rho + 1, \cdots, \rho + \mu (= b)$ を補木とする．1 個の補木枝 $\rho + j$（$j = 1, \cdots, \mu$）と木の枝だけからできる閉路を"補木枝 $\rho + j$ の作る基本閉路"といい，基本閉路の向きをこの補木枝の向きにとる．基本閉路の組を基本閉路系という．基本閉路に対する閉路行列を基本閉路行列（fundamental loop matrix）といい，B_f で表す．$B_\mathrm{f} = [b_{ij}]$ は $\mu \times b$ 行列で次の形に書ける．

$$B_\mathrm{f} = [B_\mathrm{fp} : \mathbf{1}_\mu] \quad (\mu \times \rho \text{ 行列 } B_\mathrm{fp} : B_\mathrm{f} \text{ の主要部}) \quad (2.8)$$

カットセット行列：カットセットにもラベルと向き

をつけ，m' 個のカットセットの情報を $m' \times b$ カットセット行列 $C = [c_{ij}]$ で表す．C の第 i 行はカットセット i の情報を表し，枝 j がカットセット i にカットセットと同方向に含まれていれば $c_{ij} = +1$，逆方向に含まれて入れば $c_{ij} = -1$，含まれていなければ $c_{ij} = 0$ とする．すべてのカットセットに対するカットセット行列を C_{all} で表すことにする．

基本閉路系と双対に，独立なカットセットの選び方として基本カットセット系がある．前述の木 T に関して，1個の木枝 j ($j = 1, \cdots, \rho$) と補木の枝だけからできるカットセットはただ1個存在し，このカットセットを"木枝 j の作る基本カットセット"といい，カットセットの向きをこの木枝の向きに定める．この結果得られる基本カットセットの組を基本カットセット系といい対応する行列を基本カットセット行列 C_{f} で表す．C_{f} は $\rho \times b$ 行列で次の形に書ける．

$$C_{\text{f}} = [\mathbf{1}_\mu : C_{\text{fp}}] \quad (\rho \times \mu \text{ 行列 } C_{\text{fp}} : C_{\text{f}} \text{ の主要部}) \quad (2.9)$$

B_{f}, C_{f} は B_{all}, C_{all} の一部であるから，次が成り立つ．

補題1：B_{all} の階数 $\geq B_{\text{f}}$ の階数 ($= \mu$), C_{all} の階数 $\geq C_{\text{f}}$ の階数 ($= \rho$)

閉路とカットセットの直交性（orthogonality）とは，B と C の間に直交条件 $BC^{\text{T}} = 0$ が成り立つことである（証明略）．このことから"B の階数と C の階数の和は高々 b である"ことになり，補題1とあわせると次が得られる．

定理1：B_{all} と C_{all} の階数はそれぞれ μ と ρ であり，G の独立な閉路（カットセット）の個数は $\mu(\rho)$ 個である．

B_{f} と C_{f} の直交条件 $B_{\text{f}} C_{\text{f}}^{\text{T}} = 0$ と式（2.8），（2.9）より次が成り立つ．

$$\begin{aligned} B_{\text{fp}} + C_{\text{fp}}^{\text{T}} &= 0 \quad \text{すなわち} \quad B_{\text{fp}} = -C_{\text{fp}}^{\text{T}}, \\ C_{\text{fp}} &= -B_{\text{fp}}^{\text{T}} \end{aligned} \quad (2.10)$$

2.3.3 基本閉路行列 B_{f}・基本カットセット行列 C_{f} の諸性質

1. $B(C)$ の各行は，$B_{\text{f}}(C_{\text{f}})$ の行に 0, ± 1 をかけて加え合わせると得られる．すなわち，任意の閉路（カットセット）は基本閉路（基本カットセット）の重ね合せで表される．

2. B_{f}, C_{f} の要素は 0, ± 1 からなる．さらに B_{f}, C_{f} のすべての小行列式も 0, ± 1 である．このような行列を一般に完全単模行列（ユニモジュラー行列）（unimodular matrix）という．

3. B_{f} の $\mu \times \mu$ 小行列式（C_{f} の $\rho \times \rho$ 小行列式）が ± 1 となるのは，この小行列に対応する枝が補木をなす（木をなす）ときそのときに限る．

4. B_{f} の第 i 行（$1 \leq i \leq \mu$）（C_{f} の第 i 行（$1 \leq i \leq \rho$））を削除して得られる行列は，G の補木枝 $e_{\rho+i}$ を開放除去（木枝 e_i を短絡除去）したグラフ G' の基本閉路行列（基本カットセット行列）である．

5. B_{f} の第 j 列（$1 \leq j \leq \rho$）（C_{f} の第 $\rho+j$ 列（$1 \leq j \leq \mu$））を削除して得られる行列は，G の木枝 e_j を短絡除去（補木枝 $e_{\rho+j}$ を開放除去）したグラフ G' の基本閉路行列である．

6. A は一般にユニモジュラー行列ではない．A は C_{f} に 0, ± 1 を要素とする正則行列を左からかけて得られる．

これらの性質は，後述の位相幾何学的公式（topological formula）の導出に必要となる．上記の3とビネ-コーシー（Binet-Cauchy）の定理[6]とから，補木の総数 = 木の総数 $= |B_{\text{f}} B_{\text{f}}^{\text{T}}| = |C_{\text{f}} C_{\text{f}}^{\text{T}}|$ となる．

2.3.4 キルヒホッフの法則の表現

電圧則の閉路行列を用いた表現 枝 k ($k = 1, \cdots, b$) の枝電圧を V_k，枝電流を I_k とし，$V = [V_1, V_2, \cdots, V_b]^{\text{T}}$, $I = [I_1, I_2, \cdots, I_b]^{\text{T}}$ とする．電流則は接続行列 A_{a} または既約接続行列 A を用いて $A_{\text{a}} I = 0$, $AI = 0$ と表現できる．各節点で電流の総和が0であるから，任意の節点集合に流れ込む電流の総和も0である．したがって電流則は，"任意のカットセット上の電流の総和は0"と言い換えられる．電圧則・電流則の表現として

電圧則：$B_{\text{f}} V = 0$ （または $BV = 0$），

電流則：$C_{\text{f}} I = 0$ （または $CI = 0$） （0 は列ベクトル）
$$(2.11)$$

V, I を木枝の部分（添字 t をつける）と補木枝の部分（添字 c）に分け，$V = [V_{\text{t}}^{\text{T}}, V_{\text{c}}^{\text{T}}]^{\text{T}}$, $I = [I_{\text{t}}^{\text{T}}, I_{\text{c}}^{\text{T}}]^{\text{T}}$ と表す．これと式（2.8），（2.9），（2.11）により，電圧則および電流則は

$$[B_{\text{fp}} : \mathbf{1}] \begin{bmatrix} V_{\text{t}} \\ V_{\text{c}} \end{bmatrix} = 0, \quad [\mathbf{1} : C_{\text{fp}}] \begin{bmatrix} I_{\text{t}} \\ I_{\text{c}} \end{bmatrix} = 0$$

となり，これから，電圧則・電流則の別の表現として $V_{\text{c}} = -B_{\text{fp}} V_{\text{t}}$, $I_{\text{t}} = -C_{\text{fp}} I_{\text{c}}$ が得られる．さらに式（2.10）により電圧則・電流則は

$$\begin{aligned} V &= \begin{bmatrix} V_{\text{t}} \\ V_{\text{c}} \end{bmatrix} = \begin{bmatrix} \mathbf{1} \\ C_{\text{fp}}^{\text{T}} \end{bmatrix} V_{\text{t}} = C_{\text{f}}^{\text{T}} V_{\text{t}}, \\ I &= \begin{bmatrix} I_{\text{t}} \\ I_{\text{c}} \end{bmatrix} = \begin{bmatrix} B_{\text{fp}}^{\text{T}} \\ \mathbf{1} \end{bmatrix} I_{\text{c}} = B_{\text{f}}^{\text{T}} I_{\text{c}} \end{aligned} \quad (2.12)$$

と表される．式 (2.12) は電圧ベクトル V（電流ベクトル I）が C_f^T (B_f^T) の列すなわち C_f (B_f) の行の張る空間のベクトルであることを表しており，これと B_f と C_f の直交性から後述のテレゲンの定理が導かれる．

2.3.5 双対グラフ・平面グラフ

グラフ G が平面上に枝の交差なく描けるとき，平面グラフ（planar graph）という．

グラフ G の基本閉路行列を B_f とする．このとき別のグラフ $\tilde{G}$ の基本カットセット行列 $\tilde{C}_f$ が B_f に等しいとき，G と $\tilde{G}$ を"互いに（幾何学的）双対なグラフ"という．次のことが成り立つ．

定理2：グラフ G が（幾何学的）双対グラフを持つ必要十分条件は G が平面グラフであることである．

この定理の半分すなわち"平面グラフ G は双対グラフを持つ"ことは具体的に双対グラフを描くことで示せる．

双対グラフの求め方：平面グラフ G（有向グラフとしておく）を図2.11(a)の太線で描いたグラフとし，$\tilde{G}$ を次のように作る．G の枝で囲まれた面（外面も一つの面と見なす）の個数を m とし，各面を a_i ($i=1,\cdots,m$) とする．各面 a_i 内にグラフ $\tilde{G}$ の節点 $\tilde{i}$ をおく（図2.11(a)参照）．もし G の枝 k が面 a_i と a_j の境界線であれば，グラフ $\tilde{G}$ では節点 $\tilde{i}$ と $\tilde{j}$ を結ぶ枝 $\tilde{k}$ を k と交叉するように描く（図2.11(a)の細線）．ただし $\tilde{k}$ の向きは枝 k の向きより半時計方向に90°回っているようにつける（図2.11(b)参照）．こうして得られるグラフ $\tilde{G}$ は G の双対グラフである．具体的には，G の枝集合 $\{e_1, e_2, \cdots\}$ が G の閉路であれば，$\tilde{G}$ の対応する枝集合 $\{\tilde{e}_1, \tilde{e}_2, \cdots\}$ は $\tilde{G}$ のカットセットをなし，逆も成立する．また G の木に対応する枝集合は $\tilde{G}$ の補木になる．

双対グラフは次項で述べるように，逆回路や双対回路の合成と密接に関係する．

2.3.6 逆回路・双対回路

1ポート N_1 と N_2 のインピーダンス z_1, z_2 ($=1/y_2$) が正定数 R に対して $z_1 z_2 = R^2$（すなわち $z_1 = R^2 y_2$）のとき，N_1 と N_2 を互いに逆回路（inverse network）という．たとえば抵抗 R_1 の逆回路は抵抗 R^2/R_1 であり，インダクタ L_1 の逆回路は $C_1 = L_1/R^2$ のキャパシタである．上の逆回路の定義は回路の構造には無関係であるが，双対な回路形で逆回路を作ることもできる．具体例として，はしご形（より一般には直並列）1ポートの逆回路を求めるには，入力ポートから順に，直列接続を並列接続に，並列接続を直列接続に直し，さらに各素子を逆回路で置き換えれば得られる．これは以下の双対回路から求める方法の特殊な場合である．図2.12(a)に逆回路の例をあげる．

回路 N_1 の閉路方程式が別の回路 N_2 のカットセット方程式と（V と I の置き換えは別として）定数倍だけしか違わないとき，N_1 と N_2 を互いに双対回路（dual network）という．N_1 のグラフ G_1 が平面グラフのときには，G_1 の双対グラフ G_2 を求め，対応する枝を逆回路に置き換えることにより，双対回路が求まる．双対回路の例を図2.12(b)に示す．1ポートの逆回路を求めるには，この1ポートに電源を接続した回路の双対回路を求めればよい．

回路の構造に立ち入ることなく，2ポートの特性に関しても双対回路が定義される．すなわち二つの2

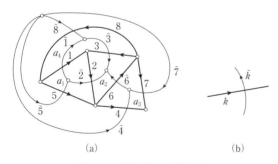

図2.11 双対グラフの描き方

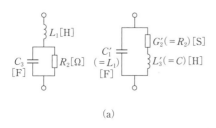

(a)

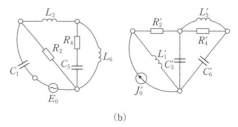

(b)

図2.12 逆回路・双対回路の例

ポートの Z 行列 Z_1, $Z_2(=Y_2^{-1})$ に対して $Z_1=R^2Y_2$ のとき，双対回路という[注]．

[注)
$Z_1 = \begin{bmatrix} 1 & 0 \\ 0 & -1 \end{bmatrix} R^2 Y_2 \begin{bmatrix} 1 & 0 \\ 0 & -1 \end{bmatrix}$ で定義することもある．

2.4 回路方程式

2.4.1 素子特性の表現

1 ポート素子は図 2.13(a) のインピーダンス形または図 2.13(b) のアドミタンス形で一般的に表現できる．電圧源は図 2.13(a) のインピーダンス形で $Z_k=0$ とし，電流源は図 2.13(b) のアドミタンス形で $Y_k=0$ とする．インピーダンスまたはアドミタンス素子はそれぞれ図(a), (b) で $E_k=0$ または $J_k=0$ とする．

図 2.13(a) のインピーダンス形の場合には，素子特性が $V_k = E_k - Z_k I_k (k=1, 2, \cdots, b)$ と書け，これらを行列でまとめて書くと，素子特性は

$$V = E - \mathcal{Z}I, \quad E = [E_1, E_2, \cdots, E_b]^{\mathrm{T}},$$
$$\mathcal{Z} = \mathrm{diag}[Z_1, Z_2, \cdots, Z_b] \tag{2.13}$$

であり $\mathcal{Z}$ は対角行列である．2 ポート素子としてたとえば L_1 と L_2 の間の相互誘導 M およびインピーダンス形素子である電流制御電圧源（CCVS）がある場合には

$$\mathcal{Z} = \begin{bmatrix} \mathrm{j}\omega L_1 & \mathrm{j}\omega M \\ \mathrm{j}\omega M & \mathrm{j}\omega L_2 \end{bmatrix} \oplus \begin{bmatrix} 0 & 0 \\ r_4 & 0 \end{bmatrix} \oplus \mathrm{diag}[Z_5, \cdots, Z_b]$$
（$\oplus$ は直和を表す） \hfill (2.14)

のように $\mathcal{Z}$ は対角行列ではなくなるが，CCVS がない場合には $\mathcal{Z}$ は対称行列である．

図 2.13(b) のアドミタンス形の場合には素子特性が $I_k = J_k - Y_k V_k (k=1, 2, \cdots, b)$ と書け，式 (2.13) に対応して

$$I = J - \mathcal{Y}V, \quad J = [J_1, J_2, \cdots, J_b]^{\mathrm{T}},$$
$$\mathcal{Y} = \mathrm{diag}[Y_1, Y_2, \cdots, Y_b] \tag{2.15}$$

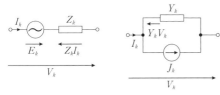

(a) インピーダンス形　　(b) アドミタンス形

図 2.13 素子 k の表現

となる．回路方程式は，式 (2.13) または (2.15) の素子特性とキルヒホッフの法則 (2.11) または (2.12)（または $B_\mathrm{f}(C_\mathrm{f})$ の代わりに零度（階数）が $\mu (\rho)$ の閉路（カットセット）行列で置き換えた式でもよい）を連立させればよい．

なお，VCVS (CCCS) は VCCS (CCVS) と理想ジャイレータの縦続回路として表現できるので，アドミタンス形（インピーダンス形）として表現できる．

2.4.2 枝電流法（変数は枝電流）

$B_\mathrm{f}V=0$ (KVL) に素子特性の式 (2.13) を代入した式 $B_\mathrm{f}\mathcal{Z}I=B_\mathrm{f}E$ および $C_\mathrm{f}I=0$ (KCL) を連立させる．

2.4.3 枝電圧法（変数は枝電圧）

$C_\mathrm{f}I=0$ (KCL) に素子特性の式 (2.15) を代入した式 $C_\mathrm{f}\mathcal{Y}V=C_\mathrm{f}J$ および $B_\mathrm{f}V=0$ (KVL) を連立させる．

2.4.4 閉路解析（閉路方程式）

式 (2.13) の両辺に B_f をかけ，(2.12) の $I=B_\mathrm{f}^{\mathrm{T}}I_\mathrm{c}$ を用いると $0=B_\mathrm{f}V=B_\mathrm{f}(E-\mathcal{Z}I)=B_\mathrm{f}(E-\mathcal{Z}B_\mathrm{f}^{\mathrm{T}}I_\mathrm{c})$ となり，これから閉路方程式 $(B_\mathrm{f}\mathcal{Z}B_\mathrm{f}^{\mathrm{T}})I_\mathrm{c}=B_\mathrm{f}E$ が導ける．I_c を補木枝の電流と限らずに，独立な閉路 $1 \sim \mu$ の閉路電流とし，B_f をこれに対する閉路行列と書き直してもよい．LRC 回路では $\mathcal{Z}$ は対角行列（相互誘導がある場合は対称行列）であるから，次の補題が導かれる．

補題 2：$LRCM$ 回路の閉路方程式の係数行列 $(B_\mathrm{f}\mathcal{Z}B_\mathrm{f}^{\mathrm{T}})$ は対称行列である．

$\mathcal{Z}$ が対角行列の場合は，$B_\mathrm{f}\mathcal{Z}B_\mathrm{f}^{\mathrm{T}} (\equiv M = [m_{ij}]$ とおく．記号 M はここでは相互誘導ではない）および右辺 $B_\mathrm{f}E (\equiv h$ とおく）の要素は，たとえば

$$m_{ii} = \sum_{k=1}^{b} B_{ik}^2 Z_k$$
$$= \text{閉路 } i \text{ に含まれるインピーダンスの和}$$
$$(i = 1, 2, \cdots, \mu) \tag{2.16}$$

$$m_{ij} = \sum_{k=1}^{b} B_{ik} B_{jk} Z_k \quad (i, j = 1, 2, \cdots, \mu)$$
$$= \text{閉路 } i \text{ と } j \text{ に共通に含まれるインピーダンスの代数和（同方向に含まれるとき} +, \text{異なる方向のとき} -) \tag{2.17}$$

$$h_i = \sum_{k=1}^{b} B_{ik} E_k = \text{閉路 } i \text{ に含まれる電圧源の和}$$
$$(i = 1, 2, \cdots, \mu) \tag{2.18}$$

となる．

2.4.5 カットセット解析（カットセット方程式）

閉路方程式と双対な議論により，次のカットセット方程式が得られる．

$$(C_f \mathcal{Y} C_f^T) V_T = C_f J \quad (2.19)$$

V_T を木枝の電圧と限らずに，独立なカットセット $1 \sim \rho$ のカットセット電圧とし，C_f をこれに対するカットセット行列と書き直しても式 (2.19) は成り立つ．係数行列 $(C_f \mathcal{Y} C_f^T \equiv) M' = [m'_{ij}]$ の要素は式 (2.16)〜(2.18) と双対で，たとえば

$$m'_{ii} = \sum_{k=1}^{b} C_{ik}^2 Y_k$$

= カットセット i に含まれるアドミタンスの和
($i = 1, 2, \cdots, \rho$) (2.20)

$$m'_{ij} = \sum_{k=1}^{b} C_{ik} C_{jk} Y_k \quad (i, j = 1, 2, \cdots, \rho)$$

= カットセット i と j に共通なアドミタンスの代数和（同方向に含まれる場合は＋，異なる方向の場合は －） (2.21)

$$h'_i = \sum_{k=1}^{b} C_{ik} J_k$$

= カットセット i に含まれる電流源の和
($i = 1, 2, \cdots, \rho$) (2.22)

となる．

2.4.6 節点解析（節点方程式）

回路は連結とし，n 個の節点からなるとする．したがって $\rho = n-1$．また，電圧源を含まないとする．この回路の節点 n を接地点とし，節点 k ($k = 1, \cdots, \rho$) の電位を $U_k (U_n = 0)$ とする．節点 k ($k = 1, 2, \cdots, \rho$) と節点 n の間に電源値が 0 の電流源を加え（向きは節点 n から節点 k へ向かうようにとる），木 T をいま加えた電流源の枝に選んでカットセット方程式を立てると，U_k ($k = 1, \cdots, \rho$) を変数とする節点方程式になる．ちなみにこのときのカットセット方程式（節点方程式）の係数行列 $M'' = [m''_{ij}]$ は式 (2.20)〜(2.22) と上記の木の選び方から，次のようになる．

$$m''_{ii} = \sum_{k=1}^{b} C_{ik}^2 Y_k$$

= 節点 i に含まれるアドミタンスの和
($i = 1, 2, \cdots, \rho$) (2.23)

$$m''_{ij} = \sum_{k=1}^{b} C_{ik} C_{jk} Y_k$$

= －（節点 i と節点 j をつなぐアドミタンスの和）
($i, j = 1, 2, \cdots, \rho$) (2.24)

h''_i = 節点 i に流入する電流源の代数和
($i = 1, 2, \cdots, \rho$) (2.25)

2.4.7 電圧源を含む場合の節点方程式（修正節点方程式）

電圧源が 1 個の場合について述べるが，複数個の場合もまったく同様である．一般性を失うことなく電圧源 E が節点 1 と 2 の間につながっているとする．節点解析と同様に節点電位を $U_1, U_2, \cdots, U_{n-1}, U_n (= 0)$ ととり，さらに E の電流 I_E を新たに未知変数として導入し，E をあたかも I_E の電流源のように見なして節点 $1 \sim \rho (= n-1)$ について節点方程式を立てる．さらに電圧源の情報 $U_1 - U_2 = E$ を式として加える．得られた方程式を修正節点方程式 (moditied nodal equation) という．2.4.6 項の節点方程式と比べて，未知変数が 1 個 (I_E) 増えると同時に式も 1 個増える．

2.4.8 混合解析

回路のグラフ G の枝集合 E を二つの集合 E_1, E_2 に分割し，G で，E_2 を開放除去したときのグラフ G_1（E_1 を短絡除去したときのグラフ G_2）の階数および零度をそれぞれ ρ_1, μ_1 (ρ_2, μ_2) とする．G の木 T は回路のすべての電圧源を含みかつ電流源は含まないように選ぶことにして，G_1 の木を T_1，G_2 の木を T_2 とし，$T = T_1 \cup T_2$ とする．T_1 の（中の電圧源でない）枝電圧と $\overline{T_2}$ の（中の電流源でない）枝電流を変数ベクトル x に選ぶと，x の要素の個数 $= \rho_1 + \mu_2 -$（電源の個数）となり，これはグラフの分割 E_1, E_2 の仕方に依存する．$G_1 (G_2)$ を節点数の割に枝数の多い（少ない）グラフとなるように選ぶと，変数の個数（x の次元）を ρ, μ よりも少なくできる．この数を最小とする分割が基本分割[7] として知られており，また最小変数の個数を回路の位相幾何学的自由度ともいう．

2.4.9 タブロー法

タブロー法では，回路中のすべての枝電圧 V_k，枝電流 I_k（さらに節点電位を加えることもある）を変数とし，電流則，電圧則，素子特性などをそのまま記述するもので，次元の非常に大きな回路方程式となる．非線形素子や電圧制御形と電流制御形素子の混在している場合などでも形式的に簡単に回路方程式が記述できることから，ある種の回路解析には都合がよい．しかし方程式の次元が高く，線形回路の解析としてはメ

リットは少ない.

2.4.10 位相幾何学的公式

相互誘導を含まない LRC 1ポートのインピーダンス Z を計算することなしに次式から求めることができる.

$$Z = \frac{\text{回路の入力端子対 1-1' を短絡した回路の木アドミタンス積和}}{\text{回路の入力端子対 1-1' を開放した回路の木アドミタンス積和}} \quad (2.26)$$

ここで木アドミタンス積とは一つの木に属するアドミタンスの積であり, 木アドミタンス積和とは, あらゆる木についての木アドミタンス積の和をとることを意味する. 式 (2.26) を位相幾何学的公式 (topological formula) という. この双対の命題も成立するし, 2ポートに対しても拡張できる[6,7].

2.4.11 感度解析と随伴回路

テレゲン (Tellegen) の定理の感度解析への応用を示す[3-5]. 2ポートにおいて, 入力電圧 v_S, 出力電圧 v_0 とし, 簡単のため主として抵抗回路 (抵抗 R_k, コンダクタンス G_k), 制御電源 (VCVS など) からなる回路について述べる. 各抵抗 R_k に関する感度 ($\partial v_0 / \partial R_k$) を計算するのに, N および N と同じ回路構造を持つ別の回路 $\hat{N}$ を一度ずつ回路解析すればよいことを示す. このための $\hat{N}$ をどう定めるかが問題で, まず $\hat{N}$ の構成法を述べる.

(1) N の中の1ポート素子 R, L, C は $\hat{N}$ でもそのまま残す.

(2) N の中のアドミタンス形 (インピーダンス形) で表せる $l(>1)$ ポート素子の素子特性を $i = Gv$ ($v = Ri$) (ここで i, v は l 次元ベクトル, G, R は $l \times l$ 行列) とすると, $\hat{N}$ では $\hat{i} = G^T \hat{v}$ ($\hat{v} = R^T \hat{i}$) の素子に置き換える. 具体的には, 変成器のような相反2ポートは $\hat{N}$ でもそのままにする. また N での VCCS は

$$\begin{bmatrix} I_1 \\ I_2 \end{bmatrix} = \begin{bmatrix} 0 & 0 \\ g_m & 0 \end{bmatrix} \begin{bmatrix} V_1 \\ V_2 \end{bmatrix}$$

であるから, $\hat{N}$ ではこれを

$$\begin{bmatrix} \hat{I}_1 \\ \hat{I}_2 \end{bmatrix} = \begin{bmatrix} 0 & g_m \\ 0 & 0 \end{bmatrix} \begin{bmatrix} \hat{V}_1 \\ \hat{V}_2 \end{bmatrix}$$

の素子と置き換える. このことは $\hat{N}$ では VCCS (CCVS も同様) の入出力ポートを交換するだけでよい.

(3) N の中の $l(>1)$ ポート素子の素子特性がハイブリッド形で

$$\begin{bmatrix} I_1 \\ V_2 \end{bmatrix} = \begin{bmatrix} g_{11} & \alpha_{12} \\ \mu_{21} & r_{22} \end{bmatrix} \begin{bmatrix} V_1 \\ I_2 \end{bmatrix}$$

(V_1, I_1 などは一般にはベクトル) で表せる場合は, $\hat{N}$ では,

$$\begin{bmatrix} \hat{I}_1 \\ \hat{V}_2 \end{bmatrix} = \begin{bmatrix} g_{11}^T & -\mu_{21}^T \\ -\alpha_{12}^T & r_{22}^T \end{bmatrix} \begin{bmatrix} \hat{V}_1 \\ \hat{V}_2 \end{bmatrix}$$

の素子で置き換える. したがって N での理想変成器は $\hat{N}$ ではそのままにし, 理想ジャイレータはジャイレーション比 R を $-R$ で置き換えることになる. さらに, VCVS, CCCS については, 入出力ポートの交換の後それぞれ CCCS, VCVS と置き換える. 上記の変換は複雑に見えるが, たとえば $|r_{22}| \neq 0$ の場合にはアドミタンス行列 $Y, \hat{Y}$ が求まり, 上の表現は (2) の場合と同じである. $|g_{22}| \neq 0$ の場合も同様.

(4) 入力電源については, N の中の電圧源 v_S (電流源 i_S) は $\hat{N}$ では短絡 (開放) とする.

(5) 出力ポートについては, N で開放 (短絡) であれば, $\hat{N}$ では 1A の電流源 (1V の電圧源) に置き換える.

こうして得られる $\hat{N}$ を (2), (3) の性質から随伴回路 (adjoint network) という. N の回路方程式を $Ax = b$ とすると, $\hat{N}$ のそれは $A^T x = \hat{b}$ となる. これは閉路方程式などで, 式 (2.14) において各素子特性が N と $\hat{N}$ とではすべて転置行列の関係になっていることからわかる.

N および $\hat{N}$ の枝電流, 枝電圧をそれぞれ $i_k, v_k, \hat{i}_k, \hat{v}_k$ とする. テレゲンの定理を巧妙に用いることにより, 抵抗 R_k, コンダクタンス G_k に関する感度は次で求められる (証明は略すが文献5に詳しい).

$$\frac{dv_0}{dR_k} = -i_{R_k} \hat{i}_{R_k}, \quad \frac{dv_0}{dG_k} = -v_{G_k} \hat{v}_{G_k} \quad (2.27)$$

式 (2.27) により, すべての素子に関する感度が N, $\hat{N}$ を一度ずつ回路解析すればよく, かつ数値微分をまったく用いずに求まることになる.

2.5 諸 定 理

a. **重ね合せの定理** (superposition theorem, principle of superposition) 複数の電源を含む線形回路において, 任意の箇所における電圧 (電流) は, 各1個の電源だけを残して他の電源をすべて除去したときの電圧 (電流) を求め, それらを加え合わせたものに等しい. ここで, 電圧源, 電流源の除去はそれぞれ短

絡，開放を意味する．

b．テブナンの定理（Thévenin's theorem）　電源を含む線形1ポート N_0 とインピーダンス Z を図2.14(a)のように接続するとき，$I = V_0/(Z_0 + Z)$ が成り立つ．ただし，V_0 は N_0 の開放電圧，Z_0 は N_0 の電源をすべて除去して得られる1ポートの（内部）インピーダンスである．この定理は，線形性からの直接の帰結であり，回路 N_0 が図2.14(b)に示す電源と等価であることを意味していることから等価電源定理とも呼ばれている．

c．ノートンの定理（Norton's theorem）　図2.14(a)において，$V = I_0/(Y_0 + Y)$ が成り立つ．ただし，I_0 は N_0 の短絡電流，Y_0 は N_0 の電源をすべて除去して得られる1ポートの（内部）アドミタンスである．この定理は，回路 N_0 が図2.14(c)に示す電源と等価であることを示している．ノートンの定理はテブナンの定理の双対である．

d．補償定理（compensation theorem）　電流 I_0 が流れている枝にインピーダンス Z を挿入したときの回路中の電圧，電流の変化分は，電源をすべて除去し，Z と直列に電圧源 ZI_0 を I_0 と逆向きに加えたときの電圧，電流に等しい．電圧源 ZI_0 は，I_0 が流れている枝に Z を挿入したときの Z における電圧降下分を補償する形になっている．

テブナンの定理，ノートンの定理，補償定理はほぼ同じ内容である．

e．テレゲンの定理（Tellegen's theorem, 1952）[注]
回路 N のグラフ G と回路 $\tilde{N}$ のグラフ $\tilde{G}$ が同じ構造であるとする．G と $\tilde{G}$ の対応する枝に同じ番号をつけ，枝 k の電流，電圧を $i_k(t), \tilde{i}_k(t), v_k(t), \tilde{v}_k(t)$ で表す．電流，電圧の向きは G と $\tilde{G}$ で同じであるとし，$v_k(t)i_k(t)$ がその枝に流入する電力を表すようにとる．

このとき
$$\sum_k v_k(t)\tilde{i}_k(t) = \sum_k \tilde{v}_k(t)i_k(t) = 0 \quad (2.28)$$
が成り立つ．特に二つの回路が同一であれば上式は $\sum_k v_k(t)i_k(t) = 0$ となり，これはすべての枝に流入する電力の総和が0であること，すなわち電力保存則が成り立つことを意味している．この定理はグラフ構造が同一である任意の二つの回路（非相反，時変，非線形を含む）に対して成り立つ一般的な法則であり，これから回路の種々の性質を導くこともできる．たとえば，KCL, KVL はそれぞれテレゲンの定理と KVL, テレゲンの定理と KCL から導出される．式(2.28)はフェーザ電圧 V，フェーザ電流 I に対しても成り立ち，また I を $\bar{I}$ と置き換えても成り立つ．

テレゲンの定理は，キルヒホッフの法則（式(2.12)参照）と閉路行列 B とカットセット行列 C の直交性から簡単に導出される（素子特性によらない）．二つの回路の電圧ベクトル，電流ベクトルを $V, I, \tilde{V}, \tilde{I}$ とする．回路の構造が同じことから二つの回路の基本閉路行列 B_f，基本カットセット行列 C_f は共通で，かつ B_f, C_f 間に直交性 $B_f C_f^T = 0$ が成り立っているので $V^T \tilde{I} = (C_f^T V_t)^T (B_f^T \tilde{I}_c) = V_t^T C_f B_f^T \tilde{I}_c = 0$ が得られる（2.3.2項参照）．

注）テレゲンの定理に関する歴史は文献3に詳しい．この定理は古くは O. Heaviside の著述の中にも特殊な形で述べられており（証明なし），その後もいろいろな形で関連する記述があるが，現在の一般的記述にまとめ，各種の応用を指摘したのがテレゲンである．テレゲンの定理からは多数の有用な定理が導かれている．

f．相反定理（reciprocity theorem）　R, L, C, M, IT からなる回路の枝 p に電圧源 $E_p^{(1)}$ を挿入したときに枝 q を流れる電流を $I_q^{(1)}$ とし，枝 q に電圧源 $E_q^{(2)}$ を挿入したときに枝 p を流れる電流を $I_p^{(2)}$ とする．ただし，電圧源は枝と同じ向きに挿入し，$I_q^{(1)}, I_p^{(2)}$ の向きは枝と同じとする．このとき次式が成り立つ．
$$E_p^{(1)} I_p^{(2)} = E_q^{(2)} I_q^{(1)}$$
枝 p, q を抜き出した2ポートの Y 行列が存在すれば，上式は $y_{12} = y_{21}$ を意味する．相反定理はテレゲン

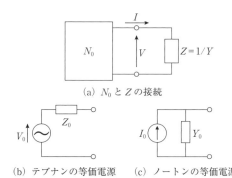

(a) N_0 と Z の接続

(b) テブナンの等価電源　　(c) ノートンの等価電源

図2.14　テブナンの定理とノートンの定理

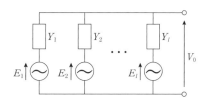

図2.15　帆足-ミルマンの定理

の定理と相反素子の定義からも導かれる．枝 p に電圧源 $E_p^{(1)}$ を挿入したときの枝 k の電圧，電流を $V_k^{(1)}$, $I_k^{(1)}$ とし，枝 q に電圧源 $E_q^{(2)}$ を挿入したときの枝 k の電圧，電流を $V_k^{(2)}$, $I_k^{(2)}$ とする．ただし，$I_k^{(1)}$, $I_k^{(2)}$ の向きは枝と同じとし，$V_k^{(1)}$, $V_k^{(2)}$ の向きは枝と逆にとる．このとき，テレゲンの定理より，$\sum_k V_k^{(1)} I_k^{(2)} - E_p^{(1)} I_p^{(2)} = \sum_k V_k^{(2)} I_k^{(1)} - E_q^{(2)} I_q^{(1)}$ が成り立ち，相反素子の定義より両辺の第1項は等しいので $E_p^{(1)} I_p^{(2)} = E_q^{(2)} I_q^{(1)}$ が得られる．

g. 帆足-ミルマンの定理　電圧源 $E_1, E_2, \cdots, E_l$ とアドミタンス $Y_1, Y_2, \cdots, Y_l$ を図2.15のように接続した回路において，開放電圧 V_0 は $V_0 = \sum_{k=1}^{l} Y_k E_k / \sum_{k=1}^{l} Y_k$ で与えられる．

2.6　2端子対網（2ポート）

二つの端子対（ポート，port）を持つ回路を2端子対回路（two-terminal-pair network），2端子対網または2ポート（2-port）といい，2ポートの内部には電源は含まず，かつインダクタ電流・キャパシタ電圧の初期値は0とする．これを伝送回路として用いる場合は，入力を左側のポートに加え，出力を右側からとるので，通常左側を電源側，入力側，1次側，入力ポートなどといい，右側を負荷側，出力側，2次側，出力ポートなどという．2ポートでは各ポートで一方の端子から流れ込む電流と他方の端子から流れ出る電流は等しいという前提で用いる．2ポートの相互接続の際にはこの条件を確認する必要がある（2.6.5項参照）．

2.6.1　2ポートの表現法

2ポートの特性は，端子電圧 V_1, V_2 と端子電流 I_1, I_2 の間の2個の関係式で次のように種々の表現ができる．

インピーダンス行列（Z行列）
$$\begin{bmatrix} V_1 \\ V_2 \end{bmatrix} = \begin{bmatrix} z_{11} & z_{12} \\ z_{21} & z_{22} \end{bmatrix} \begin{bmatrix} I_1 \\ I_2 \end{bmatrix}$$

アドミタンス行列（Y行列）
$$\begin{bmatrix} I_1 \\ I_2 \end{bmatrix} = \begin{bmatrix} y_{11} & y_{12} \\ y_{21} & y_{22} \end{bmatrix} \begin{bmatrix} V_1 \\ V_2 \end{bmatrix}$$

縦続行列（F行列）
$$\begin{bmatrix} V_1 \\ I_1 \end{bmatrix} = \begin{bmatrix} A & B \\ C & D \end{bmatrix} \begin{bmatrix} V_2 \\ -I_2 \end{bmatrix}$$

ハイブリッド行列（H行列）
$$\begin{bmatrix} V_1 \\ I_2 \end{bmatrix} = \begin{bmatrix} h_{11} & h_{12} \\ h_{21} & h_{22} \end{bmatrix} \begin{bmatrix} I_1 \\ V_2 \end{bmatrix}$$

S行列（散乱行列）
$$\begin{bmatrix} V_1 - I_1 \\ V_2 - I_2 \end{bmatrix} = \begin{bmatrix} s_{11} & s_{12} \\ s_{21} & s_{22} \end{bmatrix} \begin{bmatrix} V_1 + I_1 \\ V_2 + I_2 \end{bmatrix}$$

$V = [V_1, V_2]^\mathrm{T}$, $I = [I_1, I_2]^\mathrm{T}$ とすると，Z行列，Y行列，S行列はそれぞれ $V = ZI$, $I = YV$, $V - I = S(V + I)$ と書ける．S行列において $V + I$ は入射波，$V - I$ は反射波，S は反射係数（行列）の意味を持つ．上記のS行列は，各ポートの基準インピーダンスを 1Ω の抵抗としたときのものであり，基準インピーダンスを一般の z_i ($i = 1, 2$) ととると，入射波 $V_i/\sqrt{z_i} + \sqrt{z_i} I_i$，反射波 $V_i/\sqrt{z_i} - \sqrt{z_i} I_i$ に対してS行列が定義される．なおZ行列，Y行列，F行列，H行列，S行列に対する相反性の条件（2.1.4項d参照）はそれぞれ以下のようになる．

$$z_{12} = z_{21}, \quad y_{12} = y_{21}, \quad |F| = AD - BC = 1,$$
$$h_{12} = -h_{21}, \quad s_{12} = s_{21} \tag{2.29}$$

各応用に際して都合のよい行列を選ぶ．たとえば，縦続回路に対してはF行列がよく，動作伝送関数の設計にはS行列がよい．

2.6.2　インピーダンス行列 $Z = [z_{ij}]$ のT形等価回路とアドミタンス行列 $Y = [y_{ij}]$ のπ形等価回路

Z行列 $Z = [z_{ij}]$ のT形等価回路とY行列 $Y = [y_{ij}]$ のπ形等価回路を図2.16(a)(b)に示す．

2.6.3　行列相互間の変換

定義式 $V = ZI$, $I = YV$ より $Y = Z^{-1}$. S行列については $(\mathbf{1} - S)V = (\mathbf{1} + S)I$ （$\mathbf{1}$ は単位行列）であるから

$$S = (Z + \mathbf{1})^{-1}(Z - \mathbf{1}) = \frac{1}{|Z| + z_{11} + z_{22} + 1}$$
$$\times \begin{bmatrix} |Z| + z_{11} - z_{22} - 1 & 2z_{12} \\ 2z_{21} & |Z| - z_{11} + z_{22} - 1 \end{bmatrix}$$

$$Z = (\mathbf{1} - S)^{-1}(\mathbf{1} + S) = \frac{1}{|S| - s_{11} - s_{22} + 1}$$
$$\times \begin{bmatrix} 1 + s_{11} - s_{22} - |S| & 2s_{12} \\ 2s_{21} & 1 - s_{11} + s_{22} - |S| \end{bmatrix}$$

なお上の式からわかるように，S を $-S$ に置き換えることは，Z を Y に置き換えることに対応する．

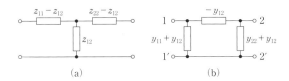

図2.16　Z行列のT形等価回路(a)とY行列のπ形等価回路(b)

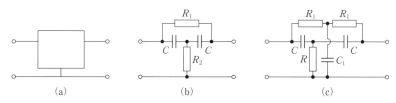

図 2.17 3端子回路(a), 橋絡 T 形回路(b)と並列 T 形回路(c)

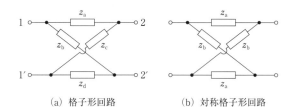

(a) 格子形回路 　　(b) 対称格子形回路

図 2.18 格子形回路(a)と対称格子形回路(b)

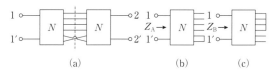

図 2.19 二等分定理の説明

2.6.4 特殊な 2 ポート

図 2.17(a) は 3 端子回路（3 端子網，共通帰線回路）で，T 形回路，π 形回路はこの特殊な場合である．

図 2.17(b) を RC 橋絡 T 形回路（bridged-T）といい，図 (c) を RC 並列 T 形回路（twin-T）という．図 2.17(c) は RC 回路にもかかわらず実周波数軸上に y_{12} の零点を作ることができる．

図 2.18(a)(b) の格子形回路，対称格子形回路のインピーダンス行列は次で与えられる．

$$Z = \frac{1}{z_a + z_b + z_c + z_d}\begin{bmatrix} (z_a+z_c)(z_b+z_d) & z_bz_c - z_az_d \\ z_bz_c - z_az_d & (z_a+z_b)(z_c+z_d) \end{bmatrix},$$

$$Z = \frac{1}{2}\begin{bmatrix} z_a + z_b & z_b - z_a \\ z_b - z_a & z_a + z_b \end{bmatrix}$$

一般に $z_{11} = z_{22}$ である回路を対称回路という．図 2.19(a) は一対の交差枝を含む構造的にも対称な例で，対称格子形回路を含む形である．この場合は図 2.19(a) の回路の中央から切り離し，図 2.19(b)（図(c)）のように水平線部分は右端を開放（短絡）し，交差枝は右端を短絡（開放）したときの 1-1' からみたインピーダンスを z_A(z_B) とすると

$$z_A = z_{11} + z_{12}, \quad z_B = z_{11} - z_{12} \tag{2.30}$$

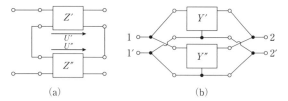

図 2.20 直列接続とその条件(a)と 3 端子網の並列接続(b)

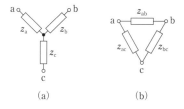

図 2.21 T 形および π 形回路(a) と Y 形および Δ 形回路(b)

これから

$$z_{11} = z_{22} = \frac{1}{2}(z_A + z_B), \quad z_{12} = \frac{1}{2}(z_A - z_B) \tag{2.31}$$

となる．これを二等分定理という（証明略）．

2.6.5 2 ポートの相互接続

2 ポートの相互接続の際，"ポートに入る電流と出る電流が等しい"ことの確認が必要で，直列接続については図 2.20(a) で $U' = U''$（および入出力を入れ替えても同様）が必要であるが，自明な場合を除き通常等号は成り立たない．並列接続に関しては，図 2.20(b) の 3 端子回路については $Y = Y' + Y''$ が常に成り立つ．縦続接続では，F 行列が F', F'' の回路をこの順で縦続接続すると $F = F'F''$ となる．直列枝（インピーダンス z）（並列枝（アドミタンス y））の F 行列が

$$F = \begin{bmatrix} 1 & z \\ 0 & 1 \end{bmatrix} \quad \left(F = \begin{bmatrix} 1 & 0 \\ y & 1 \end{bmatrix}\right)$$

であることから，一般のはしご形回路の F 行列は個々の F 行列の積として簡単に求まる．

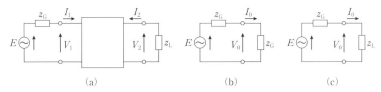

図 2.22　伝送回路の一般形

2.6.6　Y-Δ 変換

図 2.21(a) の Y 形回路（または星形回路）（T 形回路としても描ける）を同図 (b) の Δ 形回路（π 形回路としても描ける）に等価変換できる．すなわち図 2.21(a)(b) のインピーダンス行列 Z（または Y 行列）が等しくできる．両回路とも節点を図 2.21 のように a, b, c としており，z, y の添字と節点名とが対応している．次式の中央の式を $z_a z_b z_c$ で割ると最右辺の式になる．

$$y_{ac} = \frac{z_b}{z_a z_b + z_b z_c + z_c z_a} = \frac{y_a y_c}{y_a + y_b + y_c},$$

$$y_{bc} = \frac{z_a}{z_a z_b + z_b z_c + z_c z_a} = \frac{y_b y_c}{y_a + y_b + y_c},$$

$$y_{ab} = \frac{z_c}{z_a z_b + z_b z_c + z_c z_a} = \frac{y_a y_b}{y_a + y_b + y_c} \quad (2.32)$$

逆に Δ 形回路から Y 形回路への変換についても双対な次式が成り立つ．

$$z_a = \frac{y_{bc}}{y_{ab} y_{bc} + y_{bc} y_{ca} + y_{ca} y_{ab}} = \frac{z_{ab} z_{ca}}{z_{ab} + z_{bc} + z_{ca}},$$

$$z_b = \frac{y_{ac}}{y_{ab} y_{bc} + y_{bc} y_{ca} + y_{ca} y_{ab}} = \frac{z_{bc} z_{ab}}{z_{ab} + z_{bc} + z_{ca}},$$

$$z_c = \frac{y_{bc}}{y_{ab} y_{bc} + y_{bc} y_{ca} + y_{ca} y_{ab}} = \frac{z_{bc} z_{ca}}{z_{ab} + z_{bc} + z_{ca}} \quad (2.33)$$

式 (2.32), (2.33) を Y-Δ (wye-delta) 変換，スター・デルタ変換または T-π (tee-π) 変換という．

2.6.7　伝送係数および伝送関数

伝送回路は一般的に図 2.22(a) の形に書け，伝送係数（入力量/出力量）は，電源インピーダンス z_G ($=1/y_G$)，負荷インピーダンス z_L ($=1/y_L$) の値が 0，有限値，∞ のどれで用いるかや各応用に応じて種々の伝送係数が定義される．伝送係数の逆数を伝送関数という．主な伝送係数は

電圧伝送係数：$T_V \equiv \dfrac{V_1}{V_2} = \dfrac{y_{22} + y_L}{y_{21}}$

電流伝送係数：$T_I \equiv \dfrac{I_1}{-I_2} = \dfrac{z_{22} + z_L}{z_{21}}$

動作伝送係数：

$$T_B \equiv \sqrt{\frac{\text{図 2.22(b) での負荷における皮相電力}}{\text{図 2.22(a) での負荷における皮相電力}}}$$

$$= \sqrt{\frac{V_0 I_0}{V_2 (-I_2)}} = \frac{1}{2} \sqrt{\frac{z_L}{z_G}} \frac{E}{V_2}$$

$$= \frac{1}{2\sqrt{z_G z_L}} = \frac{(z_{11} + z_G)(z_{22} + z_L) - z_{12} z_{21}}{z_{21}}$$

$$= \frac{1}{s_{21}} \quad (z_G = z_L = 1 \text{ の場合}),$$

挿入伝送係数：

$$T_I \equiv \sqrt{\frac{\text{図 2.22(c) での負荷における皮相電力}}{\text{図 2.22(a) での負荷における皮相電力}}}$$

$$= \sqrt{\frac{V_0 I_0}{V_2 (-I_2)}} = \frac{V_0}{V_2} = \frac{I_0}{-I_2}$$

$$= \frac{1}{z_G z_L} \frac{(z_{11} + z_G)(z_{22} + z_L) - z_{12} z_{21}}{z_{21}},$$

反響伝送係数：

$$T_E \equiv \sqrt{\frac{\text{図 2.22(a) での入射波電力}}{\text{図 2.22(a) での反射波電力}}}$$

$$= \sqrt{\frac{(V_1/\sqrt{z_G} + \sqrt{z_G} I_1)^2}{(V_1/\sqrt{z_G} - \sqrt{z_G} I_1)^2}} = \frac{z_{in} + z_G}{z_{in} - z_G}.$$

($z_{in} = \dfrac{V_1}{I_1} =$ 図 2.22(a) の端子対 1-1′ から右をみた入力インピーダンス) \quad (2.34)

挿入伝送係数 (insertion loss function) は動作伝送係数の $2\sqrt{z_G z_L}/(z_G + z_L)$ 倍の関係で，本質的に同じである．

$T(j\omega) = A(\omega) e^{j\theta(\omega)}$ と書くとき，$A(\omega) = |T(j\omega)|$ を振幅特性，$\theta(\omega) = \arg T(j\omega)$ を位相特性という．フィルタなどの所望の特性 $A(\omega), \theta(\omega)$ の実現については第 5 章を参照のこと．

2.7　過渡現象

2.7.1　過渡現象とその解析法

スイッチの開閉等により接続構造が急に変化したとき，回路は過渡的な状態を経て定常状態に達する．こ

の過渡的な状態で生じる現象を過渡現象（transient phenomena）という．線形回路の過渡現象の解析は，一般にインダクタ電流とキャパシタ電圧を変数とする線形常微分方程式の初期値問題に帰着される．以下では $t=0$ において回路の接続構造が変化すると仮定し，その直前，直後の変数値をそれぞれ $v(-0)$, $v(+0)$ のように表す．

過渡現象の解析手法は，微分方程式を直接解く方法（時間域解析）とラプラス変換（第VI編参照）を利用する方法（周波数域解析または複素数域解析）に大別される．前者は後者に比べて回路に生じる物理現象を理解しやすいが，$t=0$ の直前，直後でキャパシタの電荷やインダクタの鎖交磁束が不連続に変化する場合には，電荷不変則や鎖交磁束不変則を利用して $t=+0$ における変数値を求める手間が必要になる．一方，後者は $t=-0$ における変数値のみから機械的に解を求めることができる．

2.7.2 一次回路

RC 回路や RL 回路のように一階微分方程式で記述される回路を一次回路（first-order circuit）という．図2.23に典型的な一次回路を示す．回路方程式は一般に

$$\tau \frac{\mathrm{d}x(t)}{\mathrm{d}t} + x(t) = y(t)$$

の形で表され，その解は次式で与えられる．

$$x(t) = \{x(+0) - x_\mathrm{s}(+0)\}\mathrm{e}^{-t/\tau} + x_\mathrm{s}(t) \quad (2.35)$$

ただし，$x(t)$ はキャパシタ電圧またはインダクタ電流を表し，$y(t)$ は電源から決まる既知関数である．τ は回路から決まる定数で時定数（time constant）と呼

ばれる．図2.23(a)，(b)の回路の時定数はそれぞれ RC, L/R である．また，$x_\mathrm{s}(t)$ は定常状態における $x(t)$ を表し，

$$x_\mathrm{s}(t) = \frac{1}{\tau}\int_{-\infty}^{t} y(t)\,\mathrm{d}t$$

で与えられる．式 (2.35) の右辺第1項，第2項はそれぞれ過渡項（または自由振動項），定常項（または強制振動項）といわれる．数学的には定常項が特解に対応し，過渡項が補解に対応する．

2.7.3 二次回路

RLC 直列回路のように二階微分方程式で記述される回路を二次回路（second-order circuit）という．図2.24に典型的な二次回路を示す．回路方程式は一般に

$$\frac{\mathrm{d}^2 x(t)}{\mathrm{d}t^2} + 2\zeta \frac{\mathrm{d}x(t)}{\mathrm{d}t} + \omega_0^2 x(t) = y(t) \quad (2.36)$$

の形で表される．ただし，$x(t)$ はキャパシタ電圧またはインダクタ電流を表し，$y(t)$ は電源から定まる既知関数である．ζ, ω_0 は回路から決まる定数で，それぞれ減衰定数（damping constant），共振角周波数（angular resonant frequency）と呼ばれる．図2.24(a)の場合 $\zeta = R/(2L)$, $\omega_0 = 1/\sqrt{LC}$ であり，図2.24(b)の場合 $\zeta = 1/(2RC)$, $\omega_0 = 1/\sqrt{LC}$ である．微分方程式 (2.36) の解は，一次回路の場合と同様に $x(t) = x_\mathrm{f}(t) + x_\mathrm{s}(t)$ と表される．$x_\mathrm{f}(t)$ は過渡項（自由振動項），$x_\mathrm{s}(t)$ は定常項（強制振動項）である．$x_\mathrm{f}(t)$ は次式で与えられる．

$$x_\mathrm{f}(t) = \begin{cases} K_1 \mathrm{e}^{-(\zeta+\alpha)t} + K_2 \mathrm{e}^{-(\zeta-\alpha)t} & \zeta > \omega_0 \text{ のとき} \\ \mathrm{e}^{-\zeta t}(K_1 \cos\alpha t + K_2 \sin\alpha t) & \zeta < \omega_0 \text{ のとき} \\ \mathrm{e}^{-\zeta t}(K_1 + K_2 t) & \zeta = \omega_0 \text{ のとき} \end{cases}$$

ただし $\alpha = \sqrt{|\zeta^2 - \omega_0^2|}$ とおいた．K_1, K_2 は $x(+0)$ と $\mathrm{d}x(+0)/\mathrm{d}t$ の値から決まる積分定数である．$\zeta > \omega_0$, $\zeta < \omega_0$, $\zeta = \omega_0$ の場合における $x(t)$ の挙動をそれぞれ過減衰（over-damping），減衰振動（damped-oscillation），臨界減衰（critical damping）という．

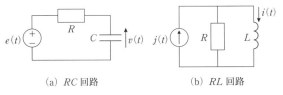

(a) RC 回路　　　(b) RL 回路

図2.23　一次回路の例

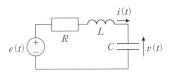

(a) RLC 直列回路

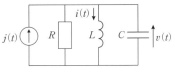

(b) RLC 並列回路

図2.24　二次回路の例

2.7.4 2種類の初期値

スイッチの開閉によって電圧源とキャパシタのみからなる閉路が新たに生じると，キャパシタ電圧は一般に不連続に変化してKVLを瞬時に満たす．同様に，電流源とインダクタのみからなるカットセットが新たに生じると，インダクタ電流は不連続に変化してKCLを瞬時に満たす．このような回路を時間領域で解析する場合には $t=-0$ における変数値から電荷不変則や鎖交磁束不変則を利用して $t=+0$ における変数値を求める必要がある．$t=+0$ において，節点 n にキャパシタ $C_1, C_2, \cdots, C_m$ と抵抗，インダクタ，電流源が接続されているとき，キャパシタ C_k の節点 n 側の極板に蓄えられている電荷を $q_k(t)$ とすると $\sum_{k=1}^{m} q_k(-0) = \sum_{k=1}^{m} q_k(+0)$ が成立する．これを電荷不変則という．一方，$t=+0$ において，閉路 l にインダクタ $L_1, L_2, \cdots, L_m$ と抵抗，キャパシタ，電圧源が接続されているとき，インダクタ L_k を閉路 l と同じ向きに流れる電流を $i_k(t)$ とすると $\sum_{k=1}^{m} L_k i_k(-0) = \sum_{k=1}^{m} L_k i_k(+0)$ が成立する．これを鎖交磁束不変則という．

2.7.5 ラプラス変換による解析

ラプラス変換による過渡解析は，たとえば，①各素子の電圧電流特性をラプラス変換して周波数領域の回路（s 回路[8]）を求める，②s 回路の回路方程式を立てる，③回路方程式を代数的に解いて変数のラプラス変換を求める，④逆ラプラス変換により時間関数を求める，という手順で行われる．以下では，ラプラス変換といえば $\mathcal{L}_-$ 変換

$$\mathcal{L}_- x(t) = \int_{-0}^{\infty} x(t) e^{-st} dt$$

を意味するものとする．$t=-0$ における変数値だけから回路の応答が機械的に得られるため，ラプラス変換に基づく過渡解析では一般に $\mathcal{L}_-$ 変換が利用される．

抵抗，インダクタ，キャパシタについて，端子電圧 $v(t)$ のラプラス変換 $V(s)$ と端子電流 $i(t)$ のラプラス変換 $I(s)$ の間の関係式と，それに対応する s 回路を図2.25に示す．$t=-0$ における変数値が s 回路では電圧源または電流源に変換されていることに注意する．s 回路に基づく過渡解析の例を図2.26に示す．図2.26 (b) の s 回路において，節点aにKCLを適用して得ら

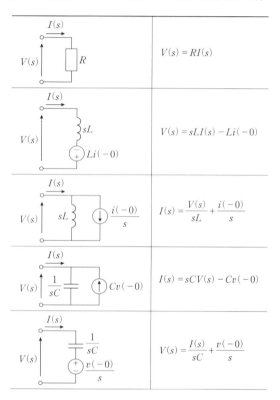

図2.25　基本素子の s 回路

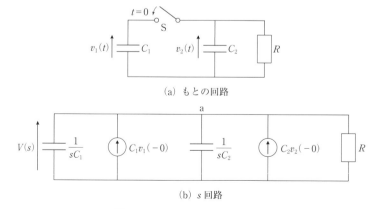

(a) もとの回路

(b) s 回路

図2.26　s 回路による過渡解析の例

れる方程式 $\{s(C_1+C_2)+1/R\}V(s)=C_1v_1(-0)+C_2v_2(-0)$ を $V(s)$ について解き，逆ラプラス変換を行うと

$$v(t)=\frac{C_1v_1(-0)+C_2v_2(-0)}{C_1+C_2}e^{-t/\{R(C_1+C_2)\}}$$

が得られる．電荷不変則より $C_1v_1(-0)+C_2v_2(-0)=C_1v_1(+0)+C_2v_2(+0)$ が成り立つので，上式は，$v_1(+0),v_2(+0)$ を求めてから微分方程式を解いたものと等しい．一般に，キャパシタ電荷（電圧）やインダクタ電流が不連続に変化する場合でも，s 回路の回路方程式には上の例の $C_1v_1(-0)+C_2v_2(-0)$ のように $t=0$ の直前，直後で不変な量しか現れない．ラプラス変換による過渡解析で $t=+0$ における変数値を求める必要がないのはこのためである．

2.8 三相交流

本節では三相交流に関するごく基礎的なことを述べる．三相システムによる送電のメリットは，同じ線間電圧のもとで同じ電力を送電する場合，送電線の銅線の量が単相で送る場合に比べ少なくて済むことや，回転磁界が容易に得られることなどである．

2.8.1 Δ形電源・Y形（星形）電源と等価変換

振幅が等しく位相が $2\pi/3$ だけ異なる3個の起電力からなる三相電源は

$$\begin{cases} e_1(t)=E_m\sin\omega t \\ e_2(t)=E_m\sin(\omega t-2\pi/3) \\ e_3(t)=E_m\sin(\omega t-4\pi/3) \end{cases}$$

またはフェーザで

$$\begin{cases} E_1=E \\ E_2=Ee^{-j2\pi/3}, \quad (E=E_m/\sqrt{2}) \\ E_3=Ee^{-j4\pi/3} \end{cases}$$

また慣用として $a\equiv e^{j2\pi/3}=(-1+j\sqrt{3})/2$ とおくと

$$E_1=E, \quad E_2=a^{-1}E=a^2E, \quad E_3=a^{-2}E=aE$$

と表される．ただし，E は $e_1(t)$ の実効値である．節点 a, b, c を図 2.27(a) に示す順にとり，これらの電源を図 2.27(a)，(b) のように Y 形（星形）または Δ 形に結線すると，対称 Y 形（星形）電源・対称 Δ 形電源が得られる．Y 形電源の電圧を $E_b=a^{-1}E_a, E_c=a^{-2}E_a$，Δ 形電源を $E_{bc}=a^{-1}E_{ab}, E_{ca}=a^{-2}E_{ab}$ ととり，これを相順という．

本節では主に対称電源・対称負荷の場合について述べる．

図 2.27(a)，(b) において対称 Y 形（星形）電源と対称 Δ 形電源が（開放状態の負荷に対して）等価となるためには，図 (c) の関係から

$$E_a=(1/\sqrt{3})E_{ab}e^{-j\pi/6}, \quad E_b=(1/\sqrt{3})E_{bc}e^{-j\pi/6},$$
$$E_c=(1/\sqrt{3})E_{ca}e^{-j\pi/6}, \quad z_a=z_{ab}/3 \text{ など}$$

となる（以下では代表として一つの式を書く）．

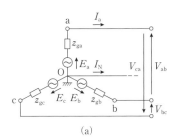 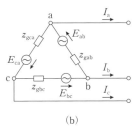 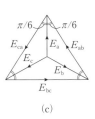

(a) (b) (c)

図 2.27 Y 形電源 (a) と Δ 形電源と等価変換 (b)

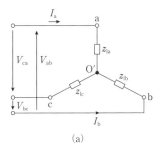 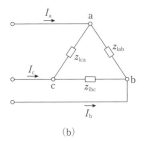 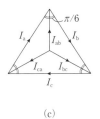

(a) (b) (c)

図 2.28 対称（平衡）負荷の場合の電圧，電流の関係

節点 a, b, c から流れ出る電流を線電流といい I_a, I_b, I_c で表す．a-b, b-c, c-a 間の線間電圧 V_{ab}, V_{bc}, V_{ca} を図のようにとる．Y 形電源の場合は，図 2.27(a) において中性点 O から出る線を中性線といい，これを流れる電流を中性線電流 I_N という．対称電源，対称（平衡）負荷の場合には，線電流も対称になるので，$I_N = -(I_a + I_b + I_c) = 0$ となり，中性線は考えなくてよい．

2.8.2 Y 形負荷・Δ 形負荷と対称（平衡）負荷の場合の計算

負荷も Y 形負荷（図 2.28(a)）・Δ 形負荷（図 2.28(b)）に大別でき，対称（平衡）負荷の場合には Y-Δ 変換により Y 形負荷を $z_{la} = z_{lb} = z_{lc} \equiv z_{ls}$ とすると，Δ 形では $z_{lab} = z_{lbc} = z_{lca} \equiv z_{ld} = z_{ls}/3$ となる．

これに線間電圧 V_{ab}, V_{bc}, V_{ca} を加えると，Δ 形負荷の場合は，図の向きに $I_{ab} = V_{ab}/z_{ld}$（I_{bc}, I_{ca} なども同様）と求まり，I_{ab} などと線電流 I_a などとの関係は図 2.28(c) から

$$I_a = I_{ab} - I_{ca} = I_{ab} - a^{-2}I_{ab} = (1-a)I_{ab} = \sqrt{3}e^{-j\pi/6}I_{ab},$$
$$|I_a| = \sqrt{3}|I_{ab}|$$

などとなる．Y 形負荷の場合にはこの式で $z_{ld} = z_{ls}/3$ とすればよい．実際の電力系統では電源インピーダンスや線路のインピーダンスを考慮して計算する必要がある．

電源および負荷のタイプによりいくつかの計算例をあげる．

(1) Y 形電源から Y 形負荷または Δ 形負荷への電流を求める場合：図 2.28(a) の O′ 点の電位は対称性から 0 [V] となるので，a 相の線と中性線からなる単相回路の計算とまったく同じで $I_a = E_a/(z_{gs} + z_{ls} + z_{line})$（$z_{ga} = z_{gb} = z_{gc} = z_{gs}$, z_{line} は線路の全インピーダンス）より求まる．Δ 形負荷の場合には上の式で $z_{ls} = 3z_{ld}$ とすればよい．

(2) Δ 形電源から Y 形負荷または Δ 形負荷への電流を求める場合：Δ 形電源から Y 形電源に変換し，上記 (1) の結果を適用すると $I_a = \sqrt{3}E_{ab}e^{-j\pi/6}/(z_{gs} + z_{ls} + z_{line})$ となる．Δ 形負荷の場合にもこの式で $z_{ls} = 3z_{ld}$ とすればよい．

2.8.3 対称負荷の場合の電力

負荷での電力は，Y 形負荷 z_{ls} での電力または Δ 形負荷 z_{ld} での電力を 3 倍すればよい．負荷の力率を $\cos\theta$ とすると，負荷全体での電力 P は

$$P = 3|V_{ab}||I_{ab}|\cos\theta = 3(|V_{ab}|^2/|z_{ld}|)\cos\theta$$
$$= (|V_{ab}|^2/|z_{ls}|)\cos\theta$$

などと求まる．

三相負荷の外部から総電力を測定するには一つの相，たとえば，c 相を基準電位にとり，a-c 間と b-c 間の電力計の測定値 P_{ac}, P_{bc} から $P = P_{ac} + P_{bc}$ と求まる（P_{ac}, P_{bc} の一方は負にもなりうる）．具体的には，他の 2 線の電流と a-c 間および b-c 間の電圧 V_{ac}, V_{bc} とから $P = \Re(V_{ac}\overline{I_a} + V_{bc}\overline{I_b}) = \Re(-V_{ca}\overline{I_a} + V_{bc}\overline{I_b})$ より計算できる．これは n ポートの立場からは当然であるが，Blondel の定理といわれる．

2.8.4 非対称（不平衡）負荷に対する計算

電源または負荷が対称（平衡）でない一般の場合には，複数の電源のある回路と見なして第 3 節の「回路方程式」を立てれば済む．しかし，この場合には第 10 章で述べる対称座標法により電圧および電流成分を零相分，正相分，逆相分に分解し，それぞれの相について計算する方が簡単であり，物理的でもある．

〔高橋規一・西　哲生〕

文　献

1) 大野克郎，西　哲生：電気回路 1，第 3 版，オーム社（1999）．
2) F. E. Rogers：The Theory of Networks in Electrical Communication and Other Fields, MacDonald (1957).
3) P. Penfield et al.：Tellegen's Theorem and Electrical Networks, MIT Press (1970).
4) S. W. Director, R. A. Rohrer："A generalized adjoint network and network sensitivities", IEEE Trans. on Circuit Theory. **CT-16**, pp. 330-336 (1969).
5) D. A. Calahan：Computer-aided Network Design, McGraw-Hill (1972).
6) 小澤孝夫：グラフ理論解説，昭晃堂（1974）．
7) 梶谷洋司：回路のためのグラフ理論，昭晃堂（1979）．
8) 大野克郎：現代過渡現象論，オーム社（1994）．

3

非線形回路論

　非線形回路の分野では，線形回路論のような系統だった理論はなく，個別の回路で起こる振動現象の解析に端を発し，カオスの発見など多くの成果がある．ここでは日本の電力系統で起こった異常振動の解析を紹介し，発振回路の解析法，そして今後もさまざまな分野に応用が期待されるニューラルネットワークを解説する．なお，トランジスタ回路の発展とともに，その動作点を計算する研究も多く存在するが，それは本書の対象外であるので割愛する．

3.1 三相回路の非線形振動

3.1.1 わが国の送電系統で発生した異常振動

　三相回路の非線形振動に関する研究は1927年4月福島県猪苗代水力発電所と東京電灯鳩ヶ谷変電所を結ぶ154kVの送電系統で起こった異常電気振動の研究に端を発する[1],[注]．この原因を究明するため，同年10月電気試験所の後藤以紀を中心とするグループはこの送電線で試験を行った[2]．文献3には「発電機の端子電圧が約6.0kVに達すると，発電機よりグングングン…という大きな唸りを発生しその周期は毎秒数回で，電圧を上昇させるとグーン，グーン，グーンという唸りの周期は毎秒1回くらいとなり響きはますます烈しくなって遂には発電機のみならず発電所全体が鳴動するように感じた」(一部現代仮名遣いで記す)と記載されている．この唸りを伴う振動は「不減衰電気振動」と名づけられた．電気試験所内の実験室でも「不減衰電気振動」の追認実験が行われ，同様の振動が起こることが確認された[3,4,5]．図3.1はこの振動の波形である．

　注) 福島県の水力発電所から東京へ直接送電が始まって2014年12月3日で100年になる．猪苗代湖の西岸から東京へ向けて建てられた鉄塔のうち，335基がいまも現役として大地に立つ(2014年12月3日朝日新聞朝刊より)．

3.1.2 解析方法

　文献2では発電機の方程式と送電線の方程式を連立させたきわめて変数の多い非線形変常数系の微分方程式を構成して，振動の発生条件を導き出している．その後，図3.2に示す発電機を三相電圧源で表現した送電線の三相回路モデルを構成し，詳細な解析が行われ，この振動の原因は無負荷変圧器の励磁特性の非線形性と線路の静電容量に基づいて起こった非線形振動であることが明らかにされた．わが国で最初の送電系統における非線形振動の研究である．ここでは記号の一部を現代汎用の記号にして，文献3の解析法を簡単に説

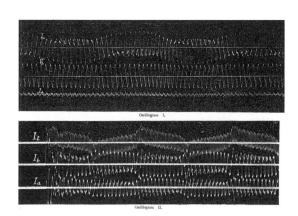

図 3.1　不減衰電気振動 (電気試験所研究報告 No. 366, 1934 年)

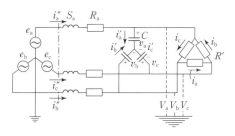

図 3.2　送電系統の回路モデル
S_a は発電子の同期インダクタンス，R_a は発電子の抵抗，C はコンデンサ，R' は非線形インダクタの抵抗，e_a, e_b, e_c は三相対称電源．

明する．送電線に接続されている無負荷変圧器を Δ 結線された可飽和リアクトルで表している．ここでは可飽和リアクトルを非線形インダクタと呼ぶ．

非線形インダクタの特性は

$$i_\mathrm{a} = c_1\phi_\mathrm{a} + c_3\phi_\mathrm{a}^3,$$
$$i_\mathrm{b} = c_1\phi_\mathrm{b} + c_3\phi_\mathrm{b}^3,$$
$$i_\mathrm{c} = c_1\phi_\mathrm{c} + c_3\phi_\mathrm{c}^3 \quad (3.1)$$

によって与えられるものとする．ここに，$\phi_\mathrm{a}, \phi_\mathrm{b}, \phi_\mathrm{c}$ は非線形インダクタの三相の鎖交磁束，$i_\mathrm{a}, i_\mathrm{b}, i_\mathrm{c}$ は非線形インダクタの励磁電流，c_1, c_3 は正の実数である．同図の回路の数式モデルである非線形微分方程式を対称座標変換して，変圧器鉄心に永久帯磁がない，すなわち，零相鎖交磁束 $\phi_{\mathrm{a}0} = 0$ とする．以下，添字 a0, a1, a2 はそれぞれ a 相を基準にとった零相，正相，逆相成分を示す．

特に Δ 結線内の非線形インダクタの巻き線抵抗 R' が無視できるくらい小さい場合について述べる．この場合，正相成分に関する微分方程式は

$$i_{\mathrm{a}1} = c_1\phi_{\mathrm{a}1} + c_3\phi_{\mathrm{a}1}^2\phi_{\mathrm{a}2},$$
$$(a^2 - a)e_{\mathrm{a}1} = (R_\mathrm{a} + pS_\mathrm{a})(p^2 C\phi_{\mathrm{a}1} + 3i_{\mathrm{a}1}) + p\phi_{\mathrm{a}1} \quad (3.2)$$

となる．ただし，$p = \mathrm{d}/\mathrm{d}t$, $a = \mathrm{e}^{\mathrm{j}2\pi/3}$, $\phi_{\mathrm{a}1}, \phi_{\mathrm{a}2}$ はそれぞれ正相，逆相鎖交磁束，S_a は発電機の同期インダクタンス，R_a は発電機の抵抗，C はコンデンサの容量，$i_{\mathrm{a}1}$ は正相励磁電流，$e_{\mathrm{a}1}$ は三相対称電圧源の正相成分である．平衡状態は式 (3.2) を解くことにより決定される．すなわち

$$\phi_{\mathrm{a}1} = z\mathrm{e}^{\mathrm{j}\omega t}, \quad i_{\mathrm{a}1} = W_0 z\mathrm{e}^{\mathrm{j}\omega t}, \quad e_{\mathrm{a}1} = \frac{E_\mathrm{a}}{\sqrt{2}}\mathrm{e}^{\mathrm{j}(\omega t + \varphi)} \quad (3.3)$$

とおく．ただし，E_a, z は正の実数，W_0 は複素数である．これを式 (3.2) に代入し非線形連立方程式

$$W_0 z = z(c_1 + 3c_3 z^2),$$
$$\frac{(a^2 - a)E_\mathrm{a}\mathrm{e}^{\mathrm{j}\varphi}}{\sqrt{2}} = (R_\mathrm{a} + \mathrm{j}\omega S_\mathrm{a})(3W_0 z - \omega^2 Cz) + \mathrm{j}\omega z \quad (3.4)$$

が得られる．式 (3.4) を解くことによって $\phi_{\mathrm{a}1}, i_{\mathrm{a}1}, \varphi$ を求めることができる．平衡状態は三つ存在する．

平衡状態の安定性は式 (3.2) の変分方程式

$$\delta i_{\mathrm{a}1} = (c_1 + 6c_3\phi_{\mathrm{a}1}\phi_{\mathrm{a}2})\delta\phi_{\mathrm{a}1} + 3c_3\phi_{\mathrm{a}1}^2\delta\phi_{\mathrm{a}2},$$
$$0 = \{(R_\mathrm{a} + pS_\mathrm{a})p^2 C + p\}\delta\phi_{\mathrm{a}1} + 3(R_\mathrm{a} + pS_\mathrm{a})\delta i_{\mathrm{a}1} \quad (3.5)$$

により判定することができる．変分方程式 (3.5) の解を

$$\delta\phi_{\mathrm{a}1} = \sum_{\alpha,\gamma} z\mathrm{e}^{\mathrm{j}\omega t}\{Z_1 \mathrm{e}^{(\alpha + \mathrm{j}\gamma)t} + Z_{-1}\mathrm{e}^{(\alpha - \mathrm{j}\gamma)t}\},$$
$$\delta i_{\mathrm{a}1} = \sum_{\alpha,\gamma} z\mathrm{e}^{\mathrm{j}\omega t}\{W_1 Z_1 \mathrm{e}^{(\alpha + \mathrm{j}\gamma)t} + W_{-1} Z_{-1}\mathrm{e}^{(\alpha - \mathrm{j}\gamma)t}\} \quad (3.6)$$

とおく．ここに，Z_1, Z_{-1}, W_1, W_{-1} は複素定数，α, γ は実数とする．この $\delta\phi_{\mathrm{a}1}, \delta i_{\mathrm{a}1}$ を式 (3.5) に代入した式の両辺において同じ周波数の項のみ等しいとおけば，式 (3.5) の第一式から $Z_1, \bar{Z}_{-1}$ に関する連立一次方程式

$$\{(c_1 + 2x) - W_1\}Z_1 + x\bar{Z}_{-1} = 0,$$
$$xZ_1 + \{(c_1 + 2x) - \bar{W}_{-1}\}\bar{Z}_{-1} = 0 \quad (3.7)$$

ただし，$x = 3c_3 z^2$ である．同様にして，式 (3.5) の第二式から

$$3W_1 = -(X + \mathrm{j}\omega)^2 C - \frac{X + \mathrm{j}\omega}{(X + \mathrm{j}\omega)S_\mathrm{a} + R_\mathrm{a}},$$
$$3\bar{W}_{-1} = -(X - \mathrm{j}\omega)^2 C - \frac{X - \mathrm{j}\omega}{(X - \mathrm{j}\omega)S_\mathrm{a} + R_\mathrm{a}} \quad (3.8)$$

となる．ただし，

$$X = \alpha + \mathrm{j}\gamma \quad (3.9)$$

である．したがって，式 (3.7) がゼロでない解をもつ条件は

$$\begin{vmatrix} c_1 + 2x - W_1 & x \\ x & c_1 + 2x - \bar{W}_{-1} \end{vmatrix} = 0 \quad (3.10)$$

である．したがって，この式は z, x と X との関係を規定するから，この X によって得られた平衡状態が安定か否かを決めることができる．すなわち，

① $\alpha < 0$ ならば平衡状態は安定である，

② $\alpha > 0, \gamma = 0$ のとき，平衡状態は不安定である，

③ $\alpha > 0, \gamma \neq 0$ のとき，平衡状態は不安定で角周波数 γ の振動と電源の角周波数 ω の振動とが混在した振動が増大する．これが「不減衰電気振動」と名づけられた非線形振動である[3]．

上記③の不減衰電気振動の場合，ある振幅に達すれば $\alpha = 0$ となって振幅の増大は止まる．したがって，$\phi_{\mathrm{a}1}$ に $\mathrm{e}^{\mathrm{j}\omega t}$ と $\mathrm{e}^{\mathrm{j}(\mu + \omega)t}$ との 2 種類の項を持つようになれば，式 (3.2) の第一式により，$i_{\mathrm{a}1}$ は $\mathrm{e}^{\mathrm{j}\omega t}$ と $\mathrm{e}^{\mathrm{j}(\mu + \omega)t}$ のほかに $\mathrm{e}^{\mathrm{j}(\omega + 2\mu)t}$ と $\mathrm{e}^{\mathrm{j}(\omega - \mu)t}$ も持つことがわかる．したがって，式 (3.2) の第二式により，$\phi_{\mathrm{a}1}$ も同様の項を持つことがわかる．結局，$\phi_{\mathrm{a}1}$ と $i_{\mathrm{a}1}$ は次式のように表される．

$$\phi_{\mathrm{a}1} = z\mathrm{e}^{\mathrm{j}\omega t}\sum_{r=-\infty}^{\infty} Z_r \mathrm{e}^{\mathrm{j}r\mu t},$$
$$i_{\mathrm{a}1} = z\mathrm{e}^{\mathrm{j}\omega t}\sum_{r=-\infty}^{\infty} W_r Z_r \mathrm{e}^{\mathrm{j}r\mu t} \quad (3.11)$$

ここに，Z_r と W_r は複素数，z, μ は実数である．

巻き線抵抗 R' を考慮した場合は零相鎖交磁束 $\phi_{\mathrm{a}0}$ の影響が現れる．上記と同様にして解析できるが，零相磁束が無視できないため導出過程を示す式は長くな

3. 非線形回路論

るので結果だけを示す.

$$\phi_{a1} = \sum_{l=-\infty}^{\infty}\sum_{r=-\infty}^{\infty} Z_r^{(l)} e^{j((6l+1)\omega + r\mu)t},$$

$$i_{a1} = \sum_{l=-\infty}^{\infty}\sum_{r=-\infty}^{\infty} W_r^{(l)} Z_r^{(l)} e^{j((6l+1)\omega + r\mu)t},$$

$$\phi_{a0} = \sum_{l=0}^{\infty}\sum_{r=-\infty}^{\infty} [\phi_r^{(l)} e^{j((6l+3)\omega + r\mu)t} + \bar{\phi}_r^{(l)} e^{-j((6l+3)\omega + r\mu)t}] \quad (3.12)$$

ここに,$\phi_r^{(l)}$は角周波数$(6l+3)\omega + r\mu$の零相鎖交磁束の複素振幅,$\bar{\phi}_r^{(l)}$はその共役値である.この式も非線形インダクタの飽和特性のため回路の自由振動が変形して電源の強制振動と結合して生成された不減衰電気振動を表す.

3.1.3 分数調波発生装置

以上の不減衰振動の原因究明を契機に種々の非線形振動の研究が活発に電気試験所で行われた.中でも,電源周波数の分数倍の周波数成分を持つ分数調波振動の研究が精力的に行われた.その成果を利用して分数調波の実用化研究が行われ,種々の分数調波発生装置が考案され実用化に成功した[6,7].

図3.3の回路は1/3調波発生装置の等価回路である.スイッチS_tを閉じておき,次いで開くと一次側に正弦波電圧がかかり,同時に二次側に1/3調波が発生する.

この様子を図3.4に示す.このほかにも,1/2,1/5などの分数調波発生装置が作られ,電話の信号電源や国会議事堂の貴族院(現,参議院)の10 Hzの開会ベルに使われた.1/2調波などの偶数次の分数調波発生回路は電信回路の試験装置として使われ,また論理素子「パラメトロン」の回路に利用された.

3.1.4 直列コンデンサ補償系統の非線形振動

第二次大戦後,送電線のインダクタンスを補償することを目的として,直列コンデンサ補償系統が建設された[8].1956年,和歌山県の習子-新宮線の送電試験において,無負荷もしくは軽負荷時に電源周波数の1/3倍を主な周波数とする1/3分数調波振動など,異常振動が発生することが明らかになった.これも変圧器の励磁特性の非線形性と直列コンデンサとの共振現象であった.観測された1/3分数調波振動の波形を図3.5に示す.

当初は直列コンデンサ補償系統を単相回路で近似し,分数調波振動の発生するパラメータ領域をアナログ計算機や記述関数法を用いて求められた.ディジタル計算機の発展に伴い,三相回路を単相化近似することなく,無負荷時の直列コンデンサ補償系統を図3.6に示す三相直列共振回路モデル化し,解析的研究ならびに室内実験が行われた[13,14].

三相回路の数学モデルは単相回路に対する方程式に比較して,変数が多く,クリロフ,ボゴリュボフ,ミトロポリスキーの「単一周期振動に対する漸近的方法」

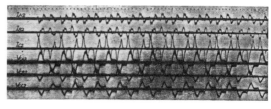

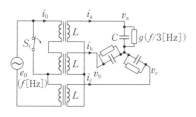

図3.3 1/3調波対称三相式発生装置の等価回路

図3.5 習子-新宮線で観測された1/3調波振動
I_{A2}, I_{B2}, I_{C2}:コンデンサ電流,$V_{CA2}, V_{CB2}, V_{CC2}$:コンデンサ端子電圧(関西電力株式会社旧総合技術研究所提供).

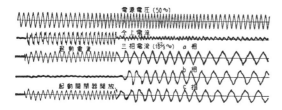

図3.4 1/3調波の発生の様子(文献7より転載)

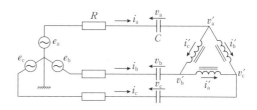

図3.6 直列コンデンサ補償系統の回路モデル

(KBM法) を多周期振動に拡張して分数調波振動が解析された．解析法の概要は以下のとおりである．同図の回路の状態方程式は

$$\frac{d\bm{y}}{dt} = \bm{f}(\bm{y}, t)$$
$$= \bm{e}(t) + \bm{A}\bm{y} + \bm{F}(\bm{\phi}) \qquad (3.13)$$

となる．ここに，ベクトル $\bm{y} = [\bm{\phi}\ \bm{v}]^T$（T：転置）は状態変数で，変圧器の鎖交磁束 $\bm{\phi}$ と線間容量（キャパシタ）の電圧 $\bm{v}$ である．また，$\bm{e}(t)$ は三相対称交流電源，行列 $\bm{A}$ の要素は送電線の抵抗 R，キャパシタンス C である．ベクトル値関数 $\bm{F}$ は変圧器鉄心の励磁特性を示す非線形関数で式 (3.1) で与えられる．解析を容易にするため，非線形微分方程式系 (3.13) を 0 dq 変換する．すなわち，t に関し周期 2π の変換行列を $\bm{T}(t)$，0 dq 変換を $\hat{\bm{y}} = \bm{T}(t)\bm{y}$ で表す．変換された非線形微分方程式系の平衡点 $\hat{\bm{y}}_0$ は定常振動に対応する．これを変数から差し引いた変化分 $\bm{x} = \hat{\bm{y}} - \hat{\bm{y}}_0$ が定常振動以外の振動を規定する．すなわち，変化分に対する微分方程式系は

$$\frac{d\bm{x}}{dt} = \bm{C}\bm{x} + \varepsilon \bm{g}(\bm{x}, t) \qquad (3.14)$$

で表される．ここに変数は変圧器の鎖交磁束数とコンデンサの端子電圧の変化分である．行列 $\bm{C}$ の固有値は，1/3 分数調波の場合，純虚数 $\pm j2/3$，$\pm j4/3$ になるように設定される．アナログコンピュータによる実験によればこの仮定はほぼ満たされることが確認されている．

第一次近似解は漸近展開を用いて求める．すなわち，

$$\bm{x} = \bm{x}^{(0)}(\bm{a}, \bm{\theta}; t) + \varepsilon \bm{x}^{(1)}(\bm{a}, \bm{\theta}; t) + \varepsilon^2 \bm{x}^{(2)}(\bm{a}, \bm{\theta}; t) + \cdots$$
$$(3.15)$$

ここに ε は微小パラメータ $\bm{x}^{(0)}$，$\bm{x}^{(1)}$，$\cdots$ は周期 2π の周期関数である．ベクトル $\bm{a}$ と $\bm{\theta}$ はそれぞれ振幅と位相角であり，次の非線形連立微分方程式系から定められるものとする．

$$\frac{d\bm{a}}{dt} = \varepsilon A_1(\bm{a}, \bm{\theta}) + \varepsilon^2 A_2(\bm{a}, \bm{\theta}) + \cdots \qquad (3.16)$$

$$\frac{d\bm{\theta}}{dt} = \varepsilon \bm{\Theta}_1(\bm{a}, \bm{\theta}) + \varepsilon^2 \bm{\Theta}_2(\bm{a}, \bm{\theta}) + \cdots \qquad (3.17)$$

この微分方程式系は図 3.6 の回路モデルの微分方程式系を振幅と位相の変化に置き換えたと解釈できる．定常状態は式 (3.16)，(3.17) の右辺を 0 とおいて得られる非線形方程式を解くことによって決められる．その解は分数調波振動のモードに対応するが，すべてのモードを求めることは難しい問題である．この問題は区間演算を利用するクラフチック，ムーア，ジョネスが提案したアルゴリズムにより解決できる．

3.1.5 詳細な数値解析と実験
シューティング法とホモトピー法

1980 年代の後半になってコンピュータのメインフレームの利用は衰退し，代わってダウンサイジングが世界的に進行した．その結果，ワークステーションが広まりクライアント-サーバーモデルというシステム構成やグラフィカルユーザインタフェイスが普及した．このシステムの高速化とメモリの増大は時間領域における膨大な数値計算を可能にし，詳細な解析がいろいろな分野で行われた．

シューティング法は常微分方程式の 2 点境界値問題を解く方法の一つであり，これと大域収束性をもつホモトピー法とを組み合わせることにより，計算時間は相当かかるとはいえ，周期解だけでなく分岐点までがパラメータ空間上で計算可能となった．

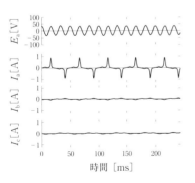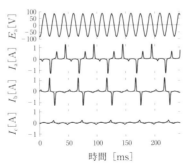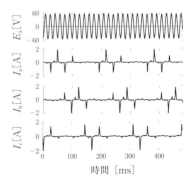

図 3.7　1/3 調波振動の三つのモード
I_a, I_b, I_c：非線形インダクタを流れる各相の電流波形，E_a：電源電圧の波形，左は M1，中央は M2，右は M3 の各モード．

いま，式 (3.13) が周期 T の周期解 $\bm{y}(t)$ を持つとすれば，式 (3.13) は境界条件

$$\bm{y}(0) = \bm{y}(T) \tag{3.18}$$

を満足する．式 (3.13) を積分すると

$$\bm{y}(T) = \int_0^T \bm{f}(\bm{y}, s)\mathrm{d}s + \bm{y}(0) \tag{3.19}$$

となり，この式の右辺を $\bm{G}(\bm{y}_0)$（ただし，$\bm{y}_0 = \bm{y}(0)$）とおくと

$$\bm{y}_0 = \bm{G}(\bm{y}_0) \tag{3.20}$$

となる．すなわち，式 (3.20) は $\bm{y}_0$ に関する非線形方程式であり，これをホモトピー法を用いて数値的に解く．ホモトピーパラメータを $p(0 \leq p \leq 1)$ で表すと，式 (3.20) に関するホモトピー関数は

$$\bm{H}(\bm{y}_0, p) = p\bm{P}(\bm{y}_0) + (1-p)[\bm{P}(\bm{y}_0) - \bm{P}(\bm{a})] \tag{3.21}$$

ただし，

$$\bm{P}(\bm{y}_0) = \bm{y}_0 - \bm{G}(\bm{y}_0) \tag{3.22}$$

また，ホモトピーパラメータを回路パラメータ μ にとるときはホモトピー関数を

$$\bm{H}(\bm{y}_0, \mu) = \bm{P}(\bm{y}_0, \mu) \tag{3.23}$$

とおく．はじめに，$\mu = \mu_0$ のときの周期解を $p = 0$ から $p = 1$ まで変化させて式 (3.21) についてホモトピー法を実行して求め，その解を初期値として再度ホモトピー法を $\mu = \mu^*$ まで実行すれば μ^* に対する周期解が求められる．ホモトピー関数のヤコビ行列とその固有ベクトルを用いて分岐パラメータの値の計算，周期解の安定性の吟味を精度よく行うことができる．

詳細な室内実験も行われ，三つのモード，すなわち，M3 モード：三つのインダクタが 1/3 分数調波振動の発生に関与するモード，M2 モード：二つのインダクタが共振に関与するモード，M1 モード：一つのインダクタが共振に関与するモードの三つのモードが主として存在することが上記の解析結果とともに明らかにされた．これらの解析と実験により，習子-新宮線で観測された 1/3 調波振動は三相変圧器の 2 個のインダクタが共振に関与した振動であることが判明した[15]．

3.1.6 高調波振動

変圧器の励磁特性の非線形性に基づく三相回路の顕著な現象には以上のほか，基本調波（電源の周波数）より高い調波を含む高調波振動がある．この高調波振動については文献 5 に詳細な実験と理論による研究成果がある[5]．

図 3.8 のように，3 個の単相変圧器の一次巻線を Y 結線に，二次巻線を Δ 結線にして，一次側に三相対称電源を加える．このとき，二次結線を開放すると，この端子対に第三高調波電圧を発生する．したがって，この二次端子対にインピーダンスを接続すれば，このインピーダンスに第三調波の交流電圧を発生する．すなわち，基本波交流から第三高調波への周波数変換が行われたことになる．この周波数変換作用は磁気式 3 倍周波数逓倍器として実用化され，この装置が簡単な構造を持ち，かつ堅牢性に優れ信頼性も高く大容量に適していることから金属溶解炉用電源などに使用されている．この変換器の効率を上げる研究も盛んに行われた[6,7,9,10]．また，三相鉄共振回路の定電圧特性を利用した三相無停電電源装置が開発されている[11,12]．

3.1.7 クノイダル波の発生

図 3.6 の三相回路において Δ 結線内をパルス状の電流が巡回して，この回路にカオス的振動が発生することがある．この回路において電圧源と抵抗を短絡除去した自由振動回路において，変圧器の励磁特性を指数関数で近似すれば，回路の方程式は 3 粒子戸田格子の微分方程式系と同一の式になる．この微分方程式系は可積分系であり，クノイダル波で表される厳密解が存

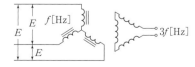

図 3.8 第三高調波振動を得る回路

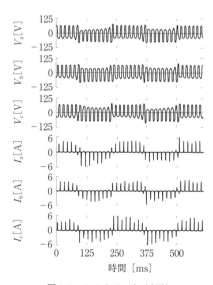

図 3.9 クノイダル波（実験）

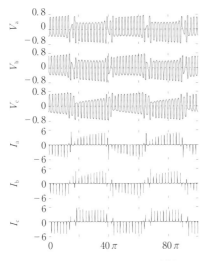

図 3.10 クノイダル波（理論計算）

在する．図 3.9 は実験によって観測されたクノイダル波である．さらに，図 3.10 は理論解析によって得られたクノイダル波である[16]．このように，変圧器の端子電圧が上昇し磁化特性の飽和領域に達するとこのようなクノイダル波が電源の電圧・電流波形に重畳して発生する．図 3.1 の波形はクノイダル波の一種であることがわかる．

以上のように，変圧器を含む三相回路はいろいろな非線形振動が発生し，いまなお研究が続けられている．

〔奥村浩士〕

文　献

1) 亀田道夫：「送電系統に於ける特殊の電気振動現象に就いて」，電気学会雑誌, **50**, pp. 880-887 (1930).
2) M. Goto: "Undamped electric oscillation of an alternator connected to a transmission line", Researches of the Electrotechnical Laboratory (電気試験所研究報告), No. 281 (1930).
3) 後藤以紀：「送電系統の不減衰電気振動と電気的不安定状態」，電気学会雑誌, **51**, pp. 759-771 (1931)；同正誤表, **52**, p. 560 (1932).
4) M. Goto, S. Morikawa, G. Takkeuchi: "Undamped electric oscillation and electrical instability of a transmission system", Researches of the Electrotechnical Laboratory (電気試験所研究報告), No. 366 (1934).
5) 乗松立木："Researches on electrical instability of power transmission system caused by saturation of tansformer core (変圧器鉄心飽和に起因する送電系統の電気的不安定現象)", Researches of the Electrotechnical Laboratory, No. 613 (1961).
6) 竹内五一：「鉄心リアクトルによる分数調波発生の研究」電気試験所研究報告（Researches of the Electrotechnical Laboratory), No. 480 (1946).
7) 竹内五一：非線形回路入門，電気書院 (1961).
8) 永村純一：「直列コンデンサ補償系統の異常現象に関する研究」，電気試験所研究報告（Researches of the Electrotechnical Laboratory), No. 603 (1961).
9) 別所一夫，山田外史：「直列接続リアクトル回路を用いた Δ 結線形 3 倍周波数逓倍器」，電気学会論文誌, **100-B**, 3, pp. 41-48 (1980).
10) K. Bessho, S. Yamada: "New magnetic tripler with delta connection suited for high power unit," IEEE Trans. on Magnetics, **MAG-15**, 6, pp. 1791-1793 (1979).
11) 山田外史，他：「単相インバータを冗長系に持つ三相無停電電源装置」，電気学会論文誌 B, **102**, 8, pp. 552-558 (1982).
12) S. Yamada, S. Tamai, A. Nafalski, K. Bessho: "Transient performance and phase sequence of the ferroresonant type DC to three-phase converter," Journal of Magnetism and Magnetic Materials, **41**, 1-3 pp. 441-444 (1984).
13) 奥村浩士，木嶋　昭：「三相回路の非線形振動」，電気学会論文誌 B, **96**, 12, pp. 599-606 (1976).
14) 奥村浩士，木嶋　昭：「三相回路の分数調波振動」，電気学会論文誌 B, **97**, 4, pp. 199-206 (1977).
15) 久門尚史，奥村浩士：「対称三相回路における 1/3 分数調波振動の二相化現象」，電子情報通信学会論文誌 A, **J79-A**, 9, pp. 1553-1560 (1997).
16) T. Hisakado, K. Okumura: "Cnoidal Wave in Symmetric Three-Phase circuit", IEE Proc.-Circuits Devices Syst., **152**, 1, pp. 49-53 (2005).

3.2　ファン・デル・ポール発振回路

現実の発振回路にはその用途，目的に応じてさまざまなものがあるが，理論的に解析するという面からみるとたいていの発振回路はファン・デル・ポールの方程式として書くことができる．この方程式は，ファン・デル・ポールが 1920 年にオランダのフィリップス社で技師として働いているときに 3 極管発振器の理論解析の過程において考案したものである．ファン・デル・ポールの発振回路は，図 3.11 のように書くことができる．図 3.11(a) において NC (＝nonlinear conductance) は図 3.11(b) のような特性を持つものとする．この特性は原点付近において負のコンダクタンス $(g(v)=\mathrm{d}i_{NC}/\mathrm{d}v<0)$ を持ち，原点から離れたところでは正のコンダクタンス $(g(v)=\mathrm{d}i_{NC}/\mathrm{d}v>0)$ を持つという現実の負性抵抗素子の特徴をよく反映して

いる．ただし，現実の負性抵抗素子である真空管やエサキダイオードなどは，たとえば図3.12のように原点対称な形ではないが，適当なバイアス電圧をかければ図3.11(b)に近い形となる．ここにおいて図3.11(b)の電圧・電流特性は

$$i_{NC} = -g_1 v + g_3 v^3, \quad g_1, g_3 > 0 \quad (3.24)$$

となる（注：実際には負特性部分の中心に原点を移動した後，波形をテイラー級数に展開し，主要な成分項のみをとったものが，式（3.24）の特性となる）．

さて，図3.11(a)の回路にキルヒホッフの法則を適用すると次の関係が得られる．

$$i_C + i_L + i_{NC} = 0 \quad (3.25)$$

ここにおいて，CとLの電圧・電流特性は次式で与えられる．

$$i_C = C\frac{dv}{dt}, \quad i_L = \frac{1}{L}\int v dt \quad (3.26)$$

式（3.24）～（3.26）を一つの式で書き，それを1回微分してCで割ると次のようになる．

$$\frac{d^2 v}{dt^2} - \frac{g_1}{C}\left(1 - \frac{3g_3}{g_1}v^2\right)\frac{dv}{dt} + \frac{1}{LC}v = 0 \quad (3.27)$$

式（3.27）は2階の非線形微分方程式であるが，仮に dv/dt の係数を $2\sigma = $ 一定として考えると

$$\frac{d^2 v}{dt^2} + 2\sigma\frac{dv}{dt} + \omega^2 v = 0, \quad \omega^2 = \frac{1}{LC}$$

の形の線形微分方程式となり，その解は $|\sigma| \ll \omega$ のとき，次のようになる．

$$v = Ae^{-\sigma t}\sin(\omega t + \theta), \quad \omega = \frac{1}{\sqrt{LC}} \quad (3.28)$$

式（3.28）は σ の値が正ならば減衰振動を表し，σ の値が負なら増大する振動を表す．しかるに，図3.13(a)，(b)のように式（3.27）において v が小さいときは σ が負となり増大する振動となり，v が大きくなると σ が正となり減衰する振動を表す．したがって，ある一定の振幅で持続する振動が式（3.27）には発生することが期待される．後に示すように実際，式（3.27）にはリミットサイクルと呼ばれる初期値に依存しない一定振幅の定常的な振動が発生する．

さて，式（3.27）は，現実的なパラメータ値を代入すると，このままでは小さな値や大きな値が現れて取扱いに不便なので，正規化という操作を行う．すなわち，式（3.27）において $t = \sqrt{LC}\cdot t'$ および $v = V_0 x$，$V_0 \equiv \sqrt{g_1/3g_3}$ と変数変換すると次のようになる．

$$\frac{dv}{dt} = \frac{V_0}{\sqrt{LC}}\frac{dx}{dt'} \quad \frac{d^2 v}{dt^2} = \frac{V_0}{LC}\frac{d^2 x}{dt'^2} \quad (3.29)$$

式（3.29）を式（3.27）に代入して整理すると正規化された方程式

$$\ddot{x} - \varepsilon(1-x^2)\dot{x} + x = 0, \quad \varepsilon = g_1\sqrt{\frac{L}{C}}, \quad \cdot は \frac{d}{dt'} \quad (3.30)$$

が得られる．これを普通，ファン・デル・ポールの方程式という．ここにおいて，定数 $\varepsilon > 0$ は非線形性の大きさを表し，ε が小さいとき非線形性は弱く，x の波形は正弦波に近い，また ε が大きいとき非線形性は強く，x の波形は方形波に近くなる．図3.14はこのような性質を位相平面上の軌道で示したもので，図3.14(a)は ε が小さい場合を，図3.14(b)は ε が大きい場合を表している．ε の大小にかかわらず，リミットサイクルと呼ばれる閉軌道（太線で示す）が存在し，$\varepsilon > 0$ の場合，内側からも外側からもこの閉軌道に近づいていく．ファン・デル・ポールの方程式は，非線

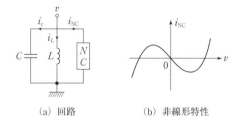

(a) 回路　　　　(b) 非線形特性

図3.11　ファン・デル・ポール発振回路

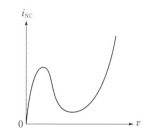

図3.12　現実的なエサキダイオードの
電圧・電流特性

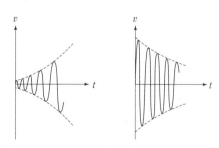

(a) v の振幅が小さいとき　(b) v の振幅が大きいとき

図3.13　式（3.27）の振動の特性

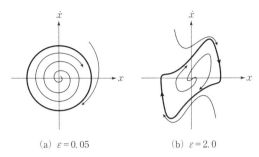

(a) $\varepsilon=0.05$　　(b) $\varepsilon=2.0$

図 3.14 ε の小さいときと大きいときのリミットサイクル

形の微分方程式であるため一般的な解析解を求めることはできないが，ε が小さい場合には平均化法による近似解析が可能である．

3.2.1 平均化法による近似解析（外力のない場合）

式（3.30）において $\varepsilon>0$ が十分に小さい場合，平均化法による近似解析が可能である．平均化法で求まる解は近似解ではあるがファン・デル・ポールの方程式の場合，普通 $0<\varepsilon<0.1$ 程度であればコンピュータシミュレーションの結果とよく一致することが知られている．

平均化法による解析は次のようにして行う．まず，式（3.30）を1階の連立微分方程式で書き直す．
$$\dot{x}=y,$$
$$\dot{y}=-x+\varepsilon(1-x^2)y\equiv -x+\varepsilon f(x,y) \quad (3.31)$$
式（3.31）で $\varepsilon=0$ としたときの解を求めると ρ および θ を定数として，独立変数 t' を t に読み変えて次のようになる．
$$x=\rho\sin(t+\theta),\quad y=\rho\cos(t+\theta) \quad (3.32)$$
次に $\varepsilon\neq 0$ の場合，式（3.32）で ρ および θ を時間の関数と考え，$\rho\to\rho(t),\theta\to\theta(t)$ として，これを式（3.31）に代入し計算すると x,y に関する微分方程式は次のような ρ,θ に関する微分方程式に変換される．
$$\dot{\rho}=\varepsilon f\{\rho\sin(t+\theta),\rho\cos(t+\theta)\}\cdot\cos(t+\theta)$$
$$\dot{\theta}=-\frac{\varepsilon}{\rho}f\{\rho\sin(t+\theta),\rho\cos(t+\theta)\}\cdot\sin(t+\theta) \quad (3.33)$$
ここで，平均化法の理論によれば，ある $\varepsilon_r>0$ が存在して $0<\varepsilon<\varepsilon_r$ のとき式（3.33）の解は右辺の ρ と θ を定数と考えて，$\phi\equiv t+\theta=0\sim 2\pi$ で平均化した次の方程式の解で近似できることが知られている．
$$\dot{\rho}=\frac{1}{2\pi}\varepsilon\int_0^{2\pi}f(\rho\sin\phi,\rho\cos\phi)\cdot\cos\phi\,d\phi,$$
$$\dot{\theta}=-\frac{\varepsilon}{2\pi\rho}\int_0^{2\pi}f(\rho\sin\phi,\rho\cos\phi)\cdot\sin\phi\,d\phi \quad (3.34)$$

ファン・デル・ポールの方程式の場合についてこれを具体的に計算する．
$$\dot{\rho}=\varepsilon\langle(1-\rho^2\sin^2\phi)\rho\cos^2\phi\rangle$$
$$=\varepsilon\rho\langle\cos^2\phi\rangle-\varepsilon\rho^3\langle\sin^2\phi\cos^2\phi\rangle$$
$$=\frac{1}{2}\varepsilon\rho\left(1-\frac{1}{4}\rho^2\right) \quad (3.35a)$$
$$\dot{\theta}=-\varepsilon\langle\sin\phi\cos\phi-\rho^2\sin^3\phi\cos\phi\rangle$$
$$=-\varepsilon\langle\sin\phi\cos\phi\rangle+\varepsilon\rho^2\langle\sin^3\phi\cos\phi\rangle=0 \quad (3.35b)$$
ここにおいて，
$$\langle x\rangle\equiv\frac{1}{2\pi}\int_0^{2\pi}x(\phi)\,d\phi \quad (3.35c)$$
と定義される．

平均化法の定理により，$\varepsilon>0$ が十分小さいとき，ファン・デル・ポールの方程式（3.30）または式（3.31）の解（3.32）はその振幅および位相がそれぞれ，式（3.35a）および（3.35b）の微分方程式に従うように変化する．式（3.35b）より，位相の微分はゼロであるから，位相は任意の定数となる．実際，位相は与えられた初期値によって決定される．次に振幅は，定常状態では一定値となるので $\dot{\rho}=0$ となる．したがって，定常状態における振幅は式（3.35a）の安定な平衡点の一つとなる．安定性は正式には式（3.35a），（3.35b）の右辺を ρ と θ の関数とみて，平衡点（定常解）におけるヤコビ行列の固有値から求められるが，ここでは図を使った簡易的な方法で安定性を求めることができる．図 3.15 は式（3.35a）をグラフ化したもので，平衡点は $\rho=0,2,-2$ と3個あることがわかる．雑音などの影響により平衡点から少しずれた状況を考えると，たとえば $\rho=2$ の場合，2より少し大きくなると $\dot{\rho}<0$ となり ρ は減少する．また，2よりすこし小さくなると $\dot{\rho}>0$ となり ρ は増加する．したがって，この平衡点はずれに対してもとの位置に戻るように系の力学が働くから安定となる．一方，平衡点 $\rho=0$ は少しずれた場合，平衡点から離れるように系の力学が働くから不安定となり，物理的に実現不可能となる．また，$\rho=-2$ は $\rho=2$ の位相が π だけずれたものであり実質的に同じであるので論ずる必要はない．以上より，

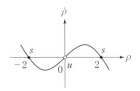

図 3.15 $\dot{\rho}$-ρ のグラフ

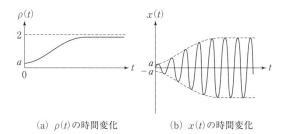

(a) $\rho(t)$ の時間変化　　(b) $x(t)$ の時間変化

図 3.16　振幅の時間変化

ファン・デル・ポール方程式の（安定な）定常解は $\varepsilon > 0$ が十分小さい場合，角周波数が 1 で，振幅が 2 の正弦波で近似されることになる．実際，平均化された振幅の方程式 (3.35a) は，解析的に解くことができ，初期値を $\rho(0) = a$ とすると，

$$\rho(t) = \frac{2a}{\sqrt{a^2 - (a^2 - 4)\exp(-\varepsilon t)}} \quad (3.36)$$

となる．これをグラフに描くと図 3.16(a) のようになり，波形 $x(t)$ は $\rho(t)$ を包絡線として，図 3.16(b) のようになる．

3.2.2　平均化法による近似解析（外力のある場合）

似通った振動数を持つ二つの振り子の振動数が一致することを示した 17 世紀のホイヘンスの実験以来，振動子の同期の問題は，さまざまな観点から研究されてきた．ファン・デル・ポールの発振回路においても同期現象が起こるが，ここでは平均化法を使って同期

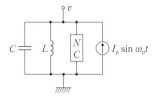

図 3.17　外力のあるファン・デル・ポールの発振回路
NC は非線形コンダクタンス．

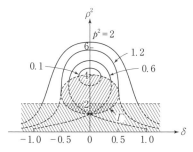

図 3.18　ファン・デル・ポール発振器の同期特性

現象の解析を行う．

周期的強制外力を持つ発振回路は図 3.17 のように書くことができる．この回路から得られる微分方程式を適宜，正規化すると次式が得られる．

$$\ddot{x} - \varepsilon(1 - x^2)\dot{x} + x = -\varepsilon\delta x + \varepsilon p \cos t \quad (3.37)$$

上式において $\varepsilon = 0$ のときの解は式 (3.32) の形となるが，$\varepsilon > 0$ を小さいとして，前節の同様の方法で，平均化された方程式を求めると次のようになる．

$$\dot{\rho} = \frac{1}{2}\varepsilon\left(\rho - \frac{1}{4}\rho^3 + p\cos\theta\right) \equiv \varepsilon f(\rho, \theta),$$

$$\dot{\theta} = \frac{1}{2}\varepsilon\left(\delta - \frac{p}{\rho}\sin\theta\right) \equiv \varepsilon g(\rho, \theta) \quad (3.38)$$

定常状態では，$\dot{\rho} = \dot{\theta} = 0$ となるので，上式の右辺を 0 として θ を消去すれば，

$$\left(1 - \frac{1}{4}\rho^2\right)^2 + \delta^2 = \frac{p^2}{\rho^2} \quad (3.39)$$

の関係が得られる．これを外力の振幅の二乗をパラメータとして $\delta - \rho^2$ 平面に描くと図 3.18 のようになる．次に得られた解の安定性は，式 (3.38) の右辺の関数の平衡点におけるヤコビ行列

$$\begin{bmatrix} \dfrac{\partial f}{\partial \rho} & \dfrac{\partial f}{\partial \theta} \\ \dfrac{\partial g}{\partial \rho} & \dfrac{\partial g}{\partial \theta} \end{bmatrix}$$

の固有値の実部が負となる条件から

$$\rho^2 - 2 > 0 \quad (3.40\text{a})$$

$$1 - \rho^2 + \frac{3}{16}\rho^4 + \delta^2 > 0 \quad (3.40\text{b})$$

となり，図 3.18 の斜線の領域が不安定領域として除外される．

3.2.3　非線形性が強い場合の解析

式 (3.30) のファン・デル・ポールの方程式は 1 回積分すると次のようになる．

$$\frac{\dot{x}}{\varepsilon} = x - \frac{1}{3}x^3 - \frac{1}{\varepsilon}\int x \, dt \quad (3.41)$$

ここで，

$$y = \frac{1}{\varepsilon}\int x \, dt \quad (3.42)$$

とおくと，次の方程式が得られる．これをリエナールの方程式という．

$$\dot{x} = \varepsilon\left(x - \frac{1}{3}x^3 - y\right) \qquad \dot{y} = \frac{x}{\varepsilon} \quad (3.43)$$

式 (3.43) において，$\varepsilon \gg 1$ とすると $x - (1/3)x^3 - y$

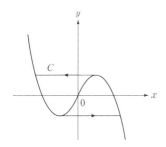

図 3.19 $\varepsilon \gg 1$ のときの解軌道

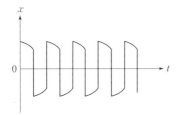

図 3.20 $\varepsilon \gg 1$ のときの x の波形

$= O(1/\varepsilon^2)$ のとき，すなわち点 (x, y) が図 3.19 の三次曲線の十分近くにあるとき，$\dot{x}$ と $\dot{y}$ は $O(1/\varepsilon)$ となり，x, y はゆっくり動くことになる．一方，$x - (1/3) \cdot x^3 - y \ne O(1/\varepsilon^2)$ のときは $\dot{y}$ は小さいままであるが，$\dot{x}$ は大きくなる．したがって，x, y が図 3.19 の 3 次曲線から離れると x 方向に急速に動くことになり，結局，曲線 C のような軌道に沿って解は運動することになる．これが強非線形系のリミットサイクルとなる．このときの波形は図 3.20 のようになり，周期 T は $T \propto \varepsilon$ となる．　　　　　　　　　〔遠藤哲郎〕

3.3 ニューラルネットワーク

3.3.1 ニューロンの基本ダイナミクス

ニューラルネットワークは，興奮性または抑制性のニューロンをシナプスで結合してできる高次な非線形回路である．各ニューロンの回路は，図 3.21 に示すように，抵抗 R_x, R_y，コンデンサ C および電圧制御電流源によって構成される．コンデンサ C の電圧（状態）を $\tilde{x}$，出力電圧を $\tilde{y}$ として，キルヒホッフの電流則を立てると，

$$C \frac{d\tilde{x}}{dt} = -\frac{1}{R_x}\tilde{x} + \sum_i w_i u_i + \tilde{T} \qquad \frac{1}{R_y}\tilde{y} = f(\tilde{x})$$

が成立する．ここで非線形関数 $f(x)$ は状態 $\tilde{x}$ に依存する電圧制御電流源の電流を表現する．整理すれば各

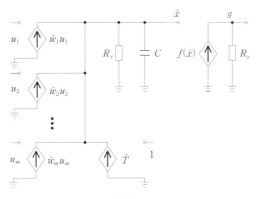

図 3.21

ニューロンの基本ダイナミクスは次式で表現される．

$$\frac{dx}{dt} = -x + \sum_{i=1}^{m} w_i u_i + T, \quad y = f(x) \tag{3.44}$$

ここで，u_i は i 番目の入力，x はニューロンの状態，y は出力，m は入力の数，w_i はシナプスの重み，$-T$ はしきい値である．このモデルは，非線形素子 $f(x)$ が連続な実数値 x を 2 値信号 (+1 または -1) に変換する量子化関数であるとき，入力の重みづけされた総和があるしきい値を越えると電気的な 2 値信号 (+1 または -1) を定常的に発生させることになる．形式的には，そのニューロンは，

$$w_1 u_1 + w_2 u_2 + \cdots + w_m u_m + T \ge 0 \tag{3.45}$$

ならば，出力 y が 1 のクラスに u が属し，

$$w_1 u_1 + w_2 u_2 + \cdots + w_m u_m + T < 0 \tag{3.46}$$

ならば，出力 y が -1 のクラスに $\boldsymbol{u}$ が属するように働く．入力ベクトル $\boldsymbol{u}$ を与えて，望まれる出力が得られるように重みベクトル $\boldsymbol{w}$ を決定することを学習 (learning) という．

一般的には，ニューラルネットワークの動作は，非線形状態方程式

$$\boldsymbol{C} \frac{d\boldsymbol{x}}{dt} = -\boldsymbol{G}\boldsymbol{x} + \boldsymbol{W}f(\boldsymbol{x}) + \boldsymbol{B}\boldsymbol{u} + \boldsymbol{T} \tag{3.47}$$

によって記述される．ここで，$\boldsymbol{x} \in \boldsymbol{R}^m$ はニューロンの状態を表す状態変数ベクトル，$f(\boldsymbol{x}) \in \boldsymbol{R}^m$ はニューロンの出力を表す出力変数ベクトル，$\boldsymbol{u} \in \boldsymbol{R}^m$ は入力ベクトルである．また，$\boldsymbol{W} = [w_{ij}]$ と $\boldsymbol{B} = [b_{ij}]$ は，それぞれ，フィードバックとフィードフォアードの重み係数行列で，$-\boldsymbol{T}$ は，しきい値を表す定数ベクトルである．行列 $\boldsymbol{C} = \mathrm{diag}(C_1, C_2, \cdots, C_m)$ と $\boldsymbol{G} = \mathrm{diag}(G_1, G_2, \cdots, G_m)$ は，ニューロン内部の自己キャパシタンス行列および自己コンダクタンス行列である．非線形状態方程式 (3.47) の解は，状態変数の張る空間（位相空

間）の中の解軌跡（積分曲線）の集合を定める．状態変数 x の初期値 $x(0)$ が与えられると，その初期値を出発する解軌跡は一意に定まり，位相空間の中で，過渡現象を含む軌道を描く．そして，解軌跡は，定常状態において，極限集合（アトラクタ）を形成する．平衡点アトラクタ，周期アトラクタ，カオスアトラクタなどを使って並列分散的なアナログ情報処理を行うことは，ダイナミクスによる情報処理（information pocessing by dynamics）といわれる．いま，非線形関数が区分線形関数

$$f(x_i) = \frac{1}{2}(|x_i+1| - |x_i-1|) \quad (3.48)$$

で表現されるとする．w_{ij} を対称行列 $\boldsymbol{W}$ の i, j 要素とする．このとき，

$$w_{ii} > G_i \quad (3.49)$$

を満足するならば，ニューロンは一つの安定した $f(x_i) = \pm 1$ となる平衡点に収束する．このことは，系が周期アトラクタやカオスアトラクタとならないことを保証する．

3.3.2 セルラーニューラルネットワーク

セルラーニューラルネットワーク（cellular neural network：CNN）[1)] は，各セル（ニューロン）の状態がその近傍のセルの状態から決められるネットである．CNN の状態方程式は，式 (3.47) によって記述される．CNN は，セルの近傍結合性と状態変数の実数性を特徴とする連続時間系の非線形回路である．一般に，$M \times N$ の CNN は，M 行 N 列に2次元配列された $M \times N$ 個のセルを持っている．i 行 j 列目のセルを $C(i, j)$ と書く．セル $C(i, j)$ の r-近傍系を次式で定義する．

$$N_r(i, j) = \{C(k, l) \mid \max\{|k-i| : |l-j|\} \leq r, \\ 1 \leq k \leq M ; 1 \leq l \leq N\}$$

ここで，r は，正の整数である．CNN のセル $C(i, j)$ の回路を図 3.21 に示す．節点電圧 x_{ij} は $C(i, j)$ の状態，節点電圧 u_{ij} は入力，節点電圧 y_{ij} は出力である．各セル $C(i, j)$ は，独立電圧源 u_{ij}，コンデンサ C，抵抗 R_x, R_y そして，近傍セル $C(k, l)$ の入力電圧 u_{kl} によって制御される電圧制御電流源 $I_{xu}(i, j ; k, l)$ を持ち，さらに，近傍セル $C(k, l)$ の出力電圧 y_{kl} によって制御される電圧制御電流源 $I_{xy}(i, j ; k, l)$ を持っている．なお，$I_{xy}(i, j ; k, l)$ と $I_{xu}(i, j ; k, l)$ は，すべての $C(k, l) \in N_r(i, j)$ において，特性 $I_{xy}(i, j ; k, l) = A(i, j ; k, l) y_{kl}$, $I_{xu}(i, j ; k, l) = B(i, j ; k, l) u_{kl}$ を持つ電圧制御電流源である．各セルの中で，唯一の非線形な要素は，区分線形な電圧制御電流源 $I_{yx} = f(x_{ij})$ である．キルヒホッフの電流則（KCL）と電圧則（KVL）を適用して，セル $C(i, j)$ の状態方程式は，$1 \leq i \leq M, 1 \leq j \leq N$ に対して，次のように表現される．

$$C\frac{\mathrm{d}x_{ij}(t)}{\mathrm{d}t} = -\frac{1}{R_x}x_{ij}(t) + \sum_{C(k,l) \in N_r(i,j)} A(i, j ; k, l) y_{kl}(t) \\ + \sum_{C(k,l) \in N_r(i,j)} B(i, j ; k, l) u_{kl} + T \quad (3.50)$$

CNN のエネルギー関数 $E(t)$ を次のように定義する．

$$E(t) = -\frac{1}{2}\sum_{(i,j)}\sum_{(k,l)} A(i, j ; k, l) y_{ij}(t) y_{kl}(t) + \frac{1}{2R_x}\sum_{(i,j)} y_{ij}(t)^2 \\ - \sum_{(i,j)}\sum_{(k,l)} B(i, j ; k, l) y_{ij}(t) u_{kl} - \sum_{(i,j)} T y_{ij}(t) \quad (3.51)$$

対称条件 $A(i, j ; k, l) = A(k, l ; i, j)$ を満たすとき，エネルギー関数 $E(t)$ は，常に負の傾きを持つリアプノフ関数となり，漸近安定となることが証明されている．そして，$A(i, j ; i, j) > 1/R_x$ であれば，CNN の各セルは一つの安定した $f(x_{ij}) = \pm 1$ となる．このことは，入力の濃淡画像を2値画像に変換することを意味する．さらに拡張して，たとえば，$A(i, j ; i, j) = 0$ とし，区分線形関数 $f(x_{ij})$ を多値階段関数，あるいは，$\Sigma \delta$ 動作による2値パルスの重み付け時間和をとる関数に変えても，CNN は，漸近安定となる．このことによって，CNN は，アナログ空間からディジタル空間への並列写像をセル単位で行うことができ，高解像度，高階調度な画像センサー回路を構成することができる．

3.3.3 ニューロンの学習過程

ニューラルネットワークで連想記憶（associate memory）を実現する場合，まず，学習パターンから重み値を学習過程（learning process）で決定しなくてはならない．局所記憶方式（lacally storing method）では，一つの重みベクトル w は一つのパターンのみを記憶する．各ニューロンにおいて，一つの入

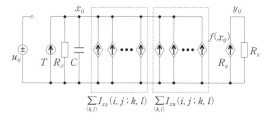

図 3.22 セル $c(i, j)$ の回路

力パターン $\boldsymbol{u}^{(l)} = [u_1^{(l)}, u_2^{(l)}, \cdots, u_{m_1}^{(l)}]^{\mathrm{T}}$ を学習させる学習方程式は

$$\tau \frac{d\boldsymbol{w}(t)}{dt} = -\boldsymbol{w}(t) + \alpha l_l(t)(\boldsymbol{u}^{(l)})^{\mathrm{T}} \quad (3.52)$$

で，表現される．ここで，$\boldsymbol{w}(t) = [w_1(t), w_2(t), \cdots, w_{m_1}(t)]^{\mathrm{T}}$ は学習時間 t の増大に伴って更新される重みベクトルで，τ と α は，定数である．$l_l(t)$ を学習信号（learning signal）[2] という．一方，分布記憶方式（distributed storing method）では，重みベクトル $\boldsymbol{w}$ は複数のパターンの平均的な総和値を記憶する．すなわち，ニューロンの学習方程式は，提示数 M に対して，次式で表現される．

$$\tau \frac{d\boldsymbol{w}(t)}{dt} = -\boldsymbol{w}(t) + \alpha\{l_1(t)(\boldsymbol{u}^{(1)})^{\mathrm{T}} + l_2(t)(\boldsymbol{u}^{(2)})^{\mathrm{T}} + \cdots + l_M(t)(\boldsymbol{u}^{(M)})^{\mathrm{T}}\} \quad (3.53)$$

Hebb の学習法（Hebb's rule）では，

$$l_l(t) = y^{(l)}(t) \quad (3.54)$$

とする．この学習では，ニューロンが興奮すればするほど重みが強化することになる．誤り訂正学習法（error correcting learning）では，$\boldsymbol{u}^{(l)}$ に対応する教師信号を $z^{(l)}$ とすれば，

$$l_l(t) = z^{(l)} - y^{(l)}(t) \quad (3.55)$$

とする．この学習法では，出力信号 $y^{(l)}(t)$ と教師信号 $z^{(l)}$ との差異が小さくなるように重みが更新する．相関学習法（correlation learning）では，

$$l_l(t) = z^{(l)} \quad (3.56)$$

とする．局所記憶方式の場合，式（3.52）の重みベクトル $\boldsymbol{w}(t)$ は，

$$\boldsymbol{w} = \alpha z^{(l)}(\boldsymbol{u}^{(l)})^{\mathrm{T}} \quad (3.57)$$

に収束する．分布記憶方式では，

$$\boldsymbol{w} = \alpha \sum_{l=1}^{M} z^{(l)}(\boldsymbol{u}^{(l)})^{\mathrm{T}} \quad (3.58)$$

となる．直交学習（orthogonal learning）では，

$$l_l(t) = (\boldsymbol{w}(t) \cdot \boldsymbol{u}^{(l)}) - y_l(t) \quad (3.59)$$

とする．直交学習型連想ネットは，入力層，中間層，出力層の3層から構成される回路である．入力行列を $\boldsymbol{U} = [\boldsymbol{u}^{(1)}, \boldsymbol{u}^{(2)}, \cdots, \boldsymbol{u}^{(M)}]$ とし，出力行列を $\boldsymbol{Y} = [\boldsymbol{y}^{(1)}, \boldsymbol{y}^{(2)}, \cdots, \boldsymbol{y}^{(M)}]$ とする．入力層ニューロン N_i と中間層ニューロン N_j との間の結合係数 w_{ji} は $\boldsymbol{U}^{\mathrm{T}}$ 行列の ji 要素，$u_i^{(j)}$ である．また，中間層ニューロン N_j から出力層ニューロン N_k への結合係数 $\hat{w}_{kj}$ は $\boldsymbol{Y}$ 行列の kj 要素，$y_k^{(j)}$ である．中間層は相互に完全結合されたニューロンから構成され，その結合係数は各学習パターンの相関行列

$\boldsymbol{U}^{\mathrm{T}}\boldsymbol{U}$ の要素に対応している．中間層ニューロン β から中間層ニューロン α への結合係数は

$$(\boldsymbol{u}^{(\alpha)} \cdot \boldsymbol{u}^{(\beta)}) = \sum_{i=1}^{m_1} u_i^{(\alpha)} u_i^{(\beta)} \quad (3.60)$$

となっている．状態 $\boldsymbol{x}$ の定常解は，

$$\boldsymbol{x}(\infty) = (\boldsymbol{U}^{\mathrm{T}}\boldsymbol{U})^{-1} \boldsymbol{U}^{\mathrm{T}} \boldsymbol{u} \quad (3.61)$$
$$= \boldsymbol{U}^{+} \boldsymbol{u} \quad (3.62)$$

となる．$\boldsymbol{y}$ の定常解は，

$$\boldsymbol{y}(\infty) = \boldsymbol{U}\boldsymbol{x}(\infty) = \boldsymbol{U}\boldsymbol{U}^{+}\boldsymbol{u} \quad (3.63)$$

となる．学習パターン $\boldsymbol{u}^{(l)}$ が与えられた場合，中間層の状態 $\boldsymbol{x}$ は，

$$\boldsymbol{x}(\infty) = (\boldsymbol{U}^{\mathrm{T}}\boldsymbol{U})^{-1} \boldsymbol{U}^{\mathrm{T}} \boldsymbol{u}^{(l)}$$
$$= [0, \cdots, 0, 1 \text{（第 } l \text{ 成分）}, 0, \cdots, 0] \quad (3.64)$$

に収束する．このように，中間層では，理想的には，ある一つのパターンに対応して一つのニューロンの出力のみが1となる．

3.3.4 誤差逆伝搬

誤差逆伝搬（back propagation：BP）方式[3] では，m_1 個のニューロンからなる入力層（input layer）と m_2 個のニューロンからなる出力層（output layer）の間に，m_h 個の隠れニューロンからなる隠れ層（hidden layer）を導入している．入力層のニューロン N_i の入力 u_i と重み w_{ji} との積の総和が隠れ層のニューロン N_j の入力となり，そして，その出力 h_j は，しきい値 T_j と非線形関数 f により次のように決まる．

$$h_j = f\left(\sum_{i=1}^{m_1} w_{ji} u_i + T_j\right) \quad (3.65)$$

中間層のニューロン N_j の出力 h_j と重み $\tilde{w}_{kj}$ との積の総和が出力層のニューロン N_k の入力となり，そして，その出力 o_k は，しきい値 $\tilde{T}_k$ と非線形関数 f により次のように決まる．

$$o_k = f\left(\sum_{j=1}^{m_h} \tilde{w}_{kj} h_j + \tilde{T}_k\right) \quad (3.66)$$

関数 $f(x)$ として，シグモイド関数

$$f(x) = \frac{2}{1+e^{-x/\tilde{T}}} - 1 \quad (3.67)$$

を用いる．学習過程では，入力信号 $\boldsymbol{u}^{(l)}$ と教師信号 $\boldsymbol{z}^{(l)}$ を固定し，出力層のニューロン N_k での $f'(x)$ を $D(o_k)$ とすれば，

$$D(o_k) = \frac{1}{2\tilde{T}}(1+o_k)(1-o_k) \quad (3.68)$$

となり，隠れ層のニューロン N_j での $f'(x)$ を $D(h_j)$ とすれば，

$$D(h_j) = \frac{1}{2\bar{T}}(1+h_j)(1-h_j) \quad (3.69)$$

となる. 目的とする教師信号 z_k と出力層のニューロン o_k に関する二乗誤差

$$E_l = \frac{1}{2}\sum_{k=1}^{m_2}(z_k - o_k)^2 \quad (3.70)$$

を最小化させる.

$$\frac{\partial E_l}{\partial o_k} = -(z_k - o_k) = -\delta_k \quad (3.71)$$

ここで,出力層のニューロン k の内部状態 $\tilde{x}_k = x_k^o$ を

$$\tilde{x}_k = \sum_{j=1}^{m_h} \tilde{w}_{kj} h_j + T_k \quad (3.72)$$

とすると,出力は, $o_k = f(\tilde{x}_k)$ となり,重み $\tilde{w}_{kj}$ の微少変化への o_k への影響は

$$\frac{\partial o_k}{\partial \tilde{w}_{kj}} = \frac{\partial o_k}{\partial \tilde{x}_k} \cdot \frac{\partial \tilde{x}_k}{\partial \tilde{w}_{kj}} = f'(\tilde{x}_k) \cdot h_j = D(o_k) h_j \quad (3.73)$$

となる. よって, 式 (3.71), (3.72) より,

$$\frac{\partial E_l}{\partial \tilde{w}_{kj}} = \frac{\partial E_l}{\partial o_k} \cdot \frac{\partial o_k}{\partial \tilde{w}_{kj}} = -\delta_k \cdot D(o_k) \cdot h_j \quad (3.74)$$

となる. 最急降下法は,非負なる $E_l \geq 0$ が時間 t に対して常に減少させる方式である. すなわち,

$$\frac{\partial E_l}{\partial t} = \frac{\partial E_l}{\partial \tilde{w}_{kj}} \cdot \frac{\partial \tilde{w}_{kj}}{\partial t} < 0 \quad (3.75)$$

$\partial E_l / \partial \tilde{w}_{kj}$ の変化方向に対して逆方向になるように,重み更新量は,

$$\frac{\partial \tilde{w}_{kj}}{\partial t} = -\alpha \cdot \frac{\partial E_l}{\partial \tilde{w}_{kj}} = \alpha \delta_k \cdot D(o_k) \cdot h_j \quad (3.76)$$

となる. ここで, α は正の定数である. 次に,隠れ層の出力誤差を求める. 隠れ層と出力層との間は, $\tilde{x}_k = \sum \tilde{w}_{kj} h_j + T_k$ の線形関係で結合されているので, $\partial \tilde{x}_k / \partial h_j = \tilde{w}_{kj}$ となる. そこで,出力層の入力誤差 $\delta_k \cdot D(o_k)$ に $\tilde{w}_{kj}$ をかければ,一つの結合枝を介して誤差が出力層から隠れ層に線形的に逆伝搬することになる. 隠れ層の特定なニューロン N_j は次段の出力層のすべてのニューロンに結合している. したがって,隠れ層の出力誤差 $\tilde{\delta}_j$ は,出力層のすべてのニューロンの入力誤差を逆伝搬した和であるから

$$\tilde{\delta}_j = \sum_{k=1}^{m_2}(\delta_k \cdot D(o_k) \cdot \tilde{w}_{kj}) \quad (3.77)$$

となる. 重み w_{ji} の微小変化に対する E_l への影響は,

$$\frac{\partial E_l}{\partial w_{ji}} = \left\{\sum_{k=1}^{m_2}\frac{\partial E_l}{\partial x_k} \cdot \frac{\partial x_k}{\partial h_j}\right\} \cdot \frac{\partial h_j}{\partial x_j} \cdot \frac{\partial x_j}{\partial w_{ji}}$$

$$= \left\{\sum_{k=1}^{m_2}(-\delta_k \cdot D(o_k) \cdot \tilde{w}_{kj})\right\} \cdot D(h_j) \cdot u_i \quad (3.78)$$

となる. 二乗誤差 E_l を減少させるための重み更新値 $\partial w_{ji}/\partial t$ は, 最急降下法を使うと,

$$\frac{\partial w_{ji}}{\partial t} = -\alpha \cdot \frac{\partial E_l}{\partial w_{ji}}$$

$$= \alpha \cdot \left\{\sum_{k=1}^{m_2}(\delta_k \cdot D(o_k) \cdot \tilde{w}_{kj})\right\} \cdot D(h_j) \cdot u_i \quad (3.79)$$

となる. いま,入力層と隠れ層との間の重み行列を $\boldsymbol{W} = [w_{ji}]$, 隠れ層と出力層との間の重み行列を $\tilde{\boldsymbol{W}} = [\tilde{w}_{kj}]$ とする. $\boldsymbol{u} = [u_i]$, $\boldsymbol{x}^h = [x_j]$, $\boldsymbol{x}^o = [\tilde{x}_k]$, $\boldsymbol{h} = [h_j]$ を行ベクトルとすれば,

$$\boldsymbol{x}^h = \boldsymbol{W}\boldsymbol{u}, \qquad \boldsymbol{x}^o = \tilde{\boldsymbol{W}}\boldsymbol{h} \quad (3.80)$$

の演算を必要とする. また, 逆方向の伝搬に対して, $\tilde{\boldsymbol{\delta}} = [\tilde{\delta}_j]$, $\boldsymbol{\sigma} = [D(o_k)\delta_k]$ をそれぞれ中間層の出力誤差, 出力層の入力語差の行ベクトルとすれば,

$$\tilde{\boldsymbol{\delta}} = \tilde{\boldsymbol{W}}^{\mathrm{T}}\boldsymbol{\sigma} \quad (3.81)$$

の演算を必要とする. これらのベクトル演算は並列性も高い.

3.3.5 自己組織化マップ

自己組織化マップ (SOM)[4] は, 重みベクトルを学習すべき入力ベクトルの集合と分布的に適合するように変化させるニューラルネットワークである. 出力層は二次元平面の格子点上に配置されたニューロン集合で, それぞれが入力ベクトル $\boldsymbol{u}^{(l)}$ と同じ m 次元の重みベクトル $\boldsymbol{w}^{(i)}$ を持つ. 重みベクトルの初期値は乱数によって生成される. 入力ベクトル $\boldsymbol{u}^{(l)}$ と重みベクトル $\boldsymbol{w}^{(i)}$ との間のユークリッド距離 $\|\cdot\|$ が最小となるような勝者ニューロン c が

$$c = \arg\min_i \{\|\boldsymbol{w}^{(i)} - \boldsymbol{u}^{(l)}\|\} \quad (3.82)$$

に従って決定される arg はその距離が最小となる点 i である. 次に,勝者ニューロン c とその近傍のニューロンの重みベクトルを入力ベクトル $\boldsymbol{u}^{(l)}$ に近づくように,重みベクトルが次の学習方程式に従って学習される.

$$\boldsymbol{w}^{(i)}(t+1) = \boldsymbol{w}^{(i)}(t) + h_{c,i}(t)(\boldsymbol{u}^{(l)} - \boldsymbol{w}^{(i)}(t)) \quad (3.83)$$

t は,学習の繰り返し回数である. $h_{c,i}(t)$ は,近傍関数と呼ばれ,次のようなガウス関数がよく使われる.

$$h_{c,i}(t) = \alpha(t)\exp\left(-\frac{\|\boldsymbol{r}_i - \boldsymbol{r}_c\|^2}{2\sigma^2(t)}\right) \quad (3.84)$$

ここで $\|\boldsymbol{r}_i - \boldsymbol{r}_c\|$ は, 写像マップ上の格子点位置 c と i との距離で, $\alpha(t)$ は学習パラメータ, $\sigma(t)$ は近傍関数の幅に対応するパラメータである. パラメータ $\alpha(t)$ と $\sigma(t)$ は式 (3.85) に示すように, 最大繰り返し数を T とすれば, t の増大とともに減少する関数である.

$$\alpha(t) = \alpha(0)(1-t/T), \quad \sigma(t) = \sigma(0)(1-t/T) \quad (3.85)$$

適切な回数の学習が行われると，各ニューロン間の隣接関係は入力空間での隣接関係を反映したものとなる．

3.3.6 SVM

SVM (support vector machine)[5] は，「マージン最大化」という基準を用いてクラスタリングする方式である．まず入力ベクトル $u^{(1)}, u^{(2)}, \cdots, u^{(M)}$ のそれぞれに対して二つのクラスに分離する教師信号ベクトル y の要素を $y^{(1)}, y^{(2)}, \cdots, y^{(M)}$ とし次のように定義する．

$$y^{(l)} = \begin{cases} 1 & (\text{if } u^{(l)} \in X_1) \\ -1 & (\text{if } u^{(l)} \in X_2) \end{cases} \quad (3.86)$$

2クラスの識別式を

$$y^{(l)}(w^t u^{(l)} + T) - 1 \geq 0 \quad (3.87)$$

とし，この条件下でマージン $2/\|w\|$ を最大化するために，目的関数

$$G(w) = \frac{1}{2}\|w\|^2 \quad (3.88)$$

を最小とするパラメータを求める．まず，ラグランジュ (Lagrange) の未定乗数 $\lambda^{(l)}$ ($\lambda^{(l)} \geq 0, l=1, 2, \cdots, M$) を用い，目的関数を

$$L_p(w, T, \lambda) = \frac{1}{2}\|w\|^2 - \sum_{l=1}^{M} \lambda^{(l)} \{y^{(l)}(w^T u^{(l)} + T) - 1\} \quad (3.89)$$

と書き換え，この式を w および T で偏微分すると

$$\frac{\partial L_p}{\partial w} = w - \sum_{l=1}^{M} \lambda^{(l)} y^{(l)} u^{(l)} = 0 \quad (3.90)$$

$$\frac{\partial L_p}{\partial T} = \sum_{l=1}^{M} \lambda^{(l)} y^{(l)} = 0 \quad (3.91)$$

となり，式（3.90）は

$$w = \sum_{l=1}^{M} \lambda^{(l)} y^{(l)} u^{(l)} \quad (3.92)$$

となる．目的関数 (3.89) に式 (3.91)，(3.92) を代入し，$\lambda^{(l)}$ それぞれについて分解すると，

$$L_d(\lambda^{(l)}) = \lambda^{(l)} - \frac{1}{2} \sum_{l,j=1}^{M} \lambda^{(l)} \lambda^{(j)} y^{(l)} y^{(j)} u^{(l)T} u^{(j)} \quad (3.93)$$

となる．この L_d を最大にするパラメータを求めることになる．重要な学習データ $u^{(l)}$ は，二つの超平面 $w^T u + T = 1$ か $w^T u + T = -1$ のどちらかの上にある．サポートベクトルである．

多くの学習データの中から二つのクラスの最も距離の離れた箇所である細大マージンを探索し，そのマージン最大化の基準によって数の少ないサポートベクトルを選び出し，パラメータが決定されることになる．非線形の場合，ラグランジュの未定乗数 $\lambda^{(l)}$ における目的関数は，

$$L_d(\lambda^{(l)}) = \lambda^{(l)} - \frac{1}{2} \sum_{l,j=1}^{n} \lambda^{(l)} \lambda^{(j)} y^{(l)} y^{(j)} \boldsymbol{\phi}^T(x^{(l)}) \boldsymbol{\phi}(x^{(j)}) \quad (3.94)$$

となる．ここで，もとの特徴空間におけるベクトル u を別のC次元特徴空間に変換する関数として，

$$\boldsymbol{\phi}(u) = [\phi_1(u), \phi_2(u), \cdots, \phi_C(u)]^T$$

が使われている．この内積部分

$$\boldsymbol{\phi}^T(u^{(l)}) \boldsymbol{\phi}(u^{(j)}) = K(u^{(l)}, u^{(j)}) \quad (3.95)$$

に置き換える．K をカーネルと呼ぶ．たとえば，

$$K(u, y) = \exp\left(-\frac{\|u-y\|^2}{\sigma^2}\right) \quad (3.96)$$

はガウシアン型カーネルと呼ばれる．このように，非線形SVMでも，マージンを最大にするように分離超平面を構成し，ϕ の計算は実行せずカーネル関数に関するベクトルの内積計算だけを実行する．この魔法のような手法，すなわち，カーネルトリックを用いることで計算コストを下げることができる．

〔田中 衞〕

文　献

1) L. O. Chua, L. Yang : "Cellular neural network : theory", IEEE Trans. Circuits and Syst. **35**, pp. 1257-1272 (1988).
2) 甘利俊一：神経回路網の数理，産業図書 (1978).
3) D. E. Runmelhart, *et al.* : Learning Internal Representation by Error Propagation, 1, MIT Press (1986).
4) T. Kohonen : Self-organizing Maps, Springer-Verlag (1995).
5) V. Vapnik, A. Lerner : "Pattern recognition using generalized portrait method", Automation and Remote Control, **24**, pp. 774-780 (1963).
  B. E. Boser, *et al.* : "A training algorithm for optimal margin classifiers", Proc. of 5th Annual Workshop on Computational Learning Theory, pp. 144-152 (1992).

4

分布定数回路

4.1 わが国における分布定数回路理論の歴史的背景

今日われわれが用いる分布定数回路の理論は，1856年，ケルビン卿（William Thomson, Baron Kelvin of Largs, 1824-1907）による海底ケーブル（トムソンケーブル）の式に端を発する．当時ケルビンは海底ケーブルを小さな抵抗とコンデンサの数多くつながれた分布定数線路と考え，線路が長く続くと抵抗分が増え信号が減衰していくものと考えていた．ケルビンは与えられた地点での電流の強さが最大値に達する時間はその点までの距離の二乗に比例するという法則を発見し，大西洋横断ケーブルの設置に重要な役割を果たした[1]．しかし，この考え方からは波動方程式は得られなかった．これに対し，マクスウェル（James Clark Maxwell）と親交のあったヘビサイド（Oliver Heaviside）はマクスウェルの電磁方程式（1864年発表）を研究し，1876年，線路に微小なインダクタンスと微小なコンデンサを考慮することにより現在用いている電信方程式を導いた．この電信方程式は波動方程式であり，その解は，1747年，ダランベールが弦の振動モデルの解としてすでに示していた．

日本においては諸外国の影響を受けながら，分布定数線路の理論的研究は発展し，世界に先駆けた数多くの研究が存在する．歴史的には送電線の過渡現象，いわゆる進行波現象を電信方程式の厳密解を求めることによって解析することから始まったといえる．これに関し東京帝国大学の鳳 秀太郎の著した先駆的専門書『波動振動及避雷』（1915年初版発行，丸善）は後に続く多くの研究者たちの参考図書になった[2]．この大著の第一部では導体の種々の配置に対して線路定数を求め，第二部では分布定数線路の方程式，いわゆる波動方程式が導かれダランベールの解が示されている．特性インピーダンスの異なる2種の線路を集中インダクタや抵抗，キャパシタで従属接続したときの反射波や透過波の計算など今日われわれが学ぶ事柄がすでに示されている．

しかしながら，線路の両端を微分演算子を含むインピーダンスで終端した送電線の連続反射現象を解析する一般的な方法は当時研究途上にあった．ヘビサイドの演算子法による過渡現象の解析法を研究していた京都帝国大学の林 重憲は1928年第二種逆ラプラス変換を用いて，損失のある単導体線路の進行波の連続反射に関する論文を発表し，厳密な数学的証明を与えている．さらに，実際の送電系統は多導体線路であることを考慮した理論研究の成果が次々と発表され[3-7]，英語の専門書[8]にまとめられている．そこでは行列関数の理論，特にシルベスター展開を拡張し，種々の実際的な境界条件を導入した多導体線路の進行波現象を解析的に明らかにしている[9]．

一方，本書では取り扱わないが，通信系の分野にも正弦波定常線路の分布定数回路理論の研究の流れがある．1927年，カーソン（John R. Carson）は平行多導体線路の電流伝搬，ケーブル回路やクロストークなどの解析法を述べている[10]．わが国では，1934年，松前重義[11]が発表している．松本秋男編集の文献12に日本の貢献がまとめられている．

21世紀を迎えた現在，コンピュータが発達し，このような純理論研究は少なくなり，もっぱらドンメル（Donmel）の開発したソフトウェアEMTP（ElectroMagnetic Transient Program）が用いられ，近年ではマクスウェルの方程式を数値的に解くFDTD法（Finite-difference time-domain method）を用いた研究も盛んに行われる時代となっている．

4.2 伝送線路

素子の空間的な広がりを無視できない回路を分布定数回路という．ここでは分布定数回路の中で伝送線路

と呼ばれる単導体線路における進行波の基礎理論，主に無損失線路の理論を述べる．これは前述の大著[2])に基づいていることはいうまでもない．

伝送線路は送電線や通信線のように，ある地点から他の地点まで電力や電気信号を送るための導体の総称である．送電線は大地上に張られ50～60 Hzの低周波でエネルギーを伝送する．通信線は同軸ケーブルやフィーダー線（給電線）のようにメガヘルツから数千メガヘルツの高周波の信号を伝送する．ここでは，単導体線路の基礎方程式，その解の形とその決定法，有限長線路の反射と透過現象などの過渡および定常状態の解析法の基礎的な事柄について説明する[13-17]．

4.3 基礎方程式

4.3.1 線路定数

伝送線路にはインダクタンスL，キャパシタンスC，抵抗Rや漏れコンダクタンスG，誘電体損など損失が一様に分布して存在すると仮定する．抵抗や漏れコンダクタンスなど損失を無視した単導体線路を無損失線路と呼ぶ．

図4.1(a)のように大地に見たてた完全導体の無限平面上の高さhの位置に半径rの円形断面の導体（完全導体）が配置されている．この単導体線路の単位長当たりの静電容量は

$$C = \frac{2\pi\varepsilon}{\log(2h/r)} \quad [\text{F/m}] \tag{4.1}$$

で与えられる．ここに，$\varepsilon = \varepsilon_s/(36\pi) \times 10^{-9}$ [F/m]は導体の周りの媒質の誘電率，ε_sは媒質の比誘電率である．

電流はすべて導体の表面を流れ，内部には流れないものとすれば，単位長当たりのインダクタンスは

$$L = \frac{\mu}{2\pi} \log \frac{2h}{r} \quad [\text{H/m}] \tag{4.2}$$

で与えられる．ここに，$\mu = 4\pi\mu_s \times 10^{-7}$ [H/m]は媒質の透磁率であり，μ_sは比透磁率である．同図(b)のフィーダ線では式(4.1)と(4.2)で$2h = D$，同図(c)の同軸ケーブルでは$2h = R$とおくことにより，それぞれの単位長当たりの静電容量とインダクタンスが計算される．

4.3.2 伝送線路の方程式

図4.2のように，大地を完全導体で近似した無限平面上に平行に張られた左右に十分長い導体上にx軸の原点Oをとる．図中の記号σは導電率で，$\sigma = \infty$は完全導体を意味する．単位長当たりの抵抗，コンダクタンス，自己インダクタンスおよびキャパシタンスをそれぞれ，R [Ω/m]，G [S/m]，L [H/m]およびC [F/m]とする．このような伝送線路を一様な線路という．

時刻tにおける点xと$x+\Delta x$における電圧と電流をそれぞれ，$v(x, t)$，$i(x, t)$，$v(x+\Delta x, t)$，$i(x+\Delta x, t)$とする．Δxを微小として$(\Delta x)^2$以上の項を無視すれば，キルヒホッフの電圧則により，$v(x, t) - v(x+\Delta x, t)$は

$$v - \left(v + \frac{\partial v}{\partial x}\Delta x\right) = (R\Delta x)i + (L\Delta x)\frac{\partial i}{\partial t} \tag{4.3}$$

電流則により$i(x, t) - i(x+\Delta x, t)$は

$$i - \left(i + \frac{\partial i}{\partial x}\Delta x\right) = (G\Delta x)v + (C\Delta x)\frac{\partial v}{\partial t} \tag{4.4}$$

となる．この2式から，$\Delta x \to 0$として

$$-\frac{\partial v}{\partial x} = Ri + L\frac{\partial i}{\partial t}, \quad -\frac{\partial i}{\partial x} = Gv + C\frac{\partial v}{\partial t} \tag{4.5}$$

が得られる．この連立偏微分方程式は伝送線路の基礎方程式と呼ばれる．この2式から，vを消去すると

$$\frac{\partial^2 i}{\partial x^2} = LC\frac{\partial^2 i}{\partial t^2} + (GL+RC)\frac{\partial i}{\partial t} + RGi \tag{4.6}$$

となる．また，iを消去すると

$$\frac{\partial^2 v}{\partial x^2} = LC\frac{\partial^2 v}{\partial t^2} + (GL+RC)\frac{\partial v}{\partial t} + RGv \tag{4.7}$$

となる．これらのiまたはvに関する2階の偏微分方程式は電信方程式と呼ばれる．

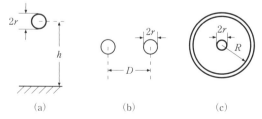

図4.1 いろいろな伝送線路

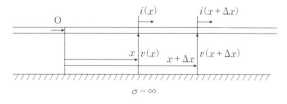

図4.2 伝送線路

4.4 無損失線路の基礎方程式と一般解

線路に損失がないとき,すなわち $R=0$, $G=0$ のとき,伝送線路は無損失線路と呼ばれる.この場合,式(4.7)は

$$\frac{\partial^2 v}{\partial x^2} = LC \frac{\partial^2 v}{\partial t^2} \quad (4.8)$$

となる.これを無損失線路の波動方程式という.この波動方程式の一般解は電圧・電流の初期分布がない場合

$$v(x,t) = f_1(x-gt) + f_2(x+gt) \quad (4.9)$$

で表され,ダランベールの解と呼ばれる.ここで,f_1, f_2 を任意関数,$g = 1/\sqrt{LC}$ を進行波の伝搬速度という.$f_1(x-gt)$ は x 軸の正の方向に速度 g で波形を変えずに進行する電圧波である.同様に $f_2(x+gt)$ は x 軸の負の方向に速度 g で波形を変えずに進行する電圧波である.電圧波(電流波)が波形を変えずに進行するという点が無損失線路の特徴である.ここで x 軸の正方向に進む波を右方進行波(右方電圧波,右方電流波),同じく負方向に進む波を左方進行波(左方電圧波,左方電流波)と呼ぶ.式(4.9)を式(4.5)の第2式に代入し,i に関する1階の常微分方程式を得る.それを積分すると電流波は

$$i(x,t) = \frac{1}{Z}\{f_1(x-gt) - f_2(x+gt)\} \quad (4.10)$$

となる.$Z = \sqrt{L/C}$ を伝送線路の特性インピーダンスという.ここで,電流波が x 軸の正方向に進むとき,電流の符号を正にとる.これを電流の規約という.したがって,式(4.10)の括弧内の第2項のマイナス符号は電流波が x 軸の負の方向に進むことを示している.

4.5 任意関数の決定

式(4.9)の解を一義的に決めるため,任意関数 f_1, f_2 を決める.それには式(4.9)に初期条件,境界条件などの条件を与える必要がある.

4.5.1 初期条件による任意関数の決定

初期条件の例として,無損失の無限長線路への誘導雷を考える.入道雲の電荷によって送電線に極性がそれとは反対の電荷が誘導され拘束される.雷放電によ

り雷雲の電荷が地上に消滅すると,送電線の電荷は拘束を解かれて,送電線上を進行し始める.これが誘導雷による進行波である.誘導電荷によって電圧分布が $V(x)$ で与えられ,何らかの初期電流 $I(x)$ が流れているものとする.この場合,時刻 $t=0$ では初期条件

$$v(x,0) = f_1(x) + f_2(x) = V(x),$$
$$i(x,0) = \frac{1}{Z}\{f_1(x) - f_2(x)\} = I(x) \quad (4.11)$$

が成り立つ.よって,f_1, f_2 は

$$f_1(x) = \frac{1}{2}\{V(x) + ZI(x)\},$$
$$f_2(x) = \frac{1}{2}\{V(x) - ZI(x)\} \quad (4.12)$$

となる.この式より $t>0$ における電圧波,電流波は

$$v(x,t) = \frac{1}{2}\{V(x-gt) + V(x+gt)\}$$
$$\quad + \frac{1}{2}Z\{I(x-gt) - I(x+gt)\},$$
$$i(x,t) = \frac{1}{2Z}\{V(x-gt) - V(x+gt)\}$$
$$\quad + \frac{1}{2}\{I(x-gt) + I(x+gt)\} \quad (4.13)$$

と表される.この式は初期電圧と初期電流が原点の左右の側に1/2ずつに分かれて進行波となって伝搬していくことを示している.

図4.3は電流分布 $I(x) = 0$ のとき初期電圧分布 $V(x)$ が $t=0$ 以降電圧波,電流波となって時刻 t まで,進行していく様子を示している.同図上二つに示すよう

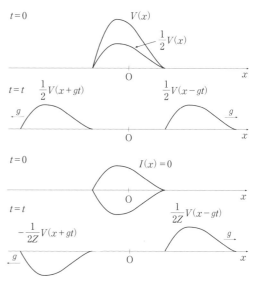

図4.3 進行波の伝搬の様子

に，初期電圧 $V(x)$ は $1/2$ ずつ左右の方向に分かれて速度 g の電圧波となって進行する．また同図下二つの図は，この電圧波によって生ずる左右の方向の電流波を示す．電流波は初期条件により $I(x)=0$ である．このことは，図示のように，同量異符号の電流が存在し，それが左右に進行すると考えられる．

4.5.2 境界条件による任意関数の決定

線路は無損失とする．境界条件は線路のある位置，たとえば，原点 $x=0$ において電圧，電流の時間的変化を与えることである．

いま，無限長線路の原点に電圧源 $E(t)$ をスイッチを介して時刻 $t=0$ に接続する．線路に初期電圧分布と電流分布はないものとする．すなわち，$v(x,0)=0$，$i(x,0)=0$ とする．境界条件を満たす解を求めるには，解を

$$v(x,t)=f_1(t-x/g)+f_2(t+x/g),$$
$$i(x,t)=\frac{1}{Z}\{f_1(t-x/g)-f_2(x+x/g)\} \quad (4.14)$$

のように，時間を変数にとって表す方が扱いやすい．電圧源 E を流れる電流を $i(0,t)=I(t)$ とすれば，二つの任意関数 f_1, f_2 を $E(t)$, $I(t)$ で表すことができる．すなわち，境界条件は

$$v(0,t)=f_1(t)+f_2(t)=E(t),$$
$$i(0,t)=\frac{1}{Z}\{f_1(t)-f_2(t)\}=I(t) \quad (4.15)$$

となる．これより，任意関数は

$$f_1(t)=\frac{1}{2}\{E(t)+ZI(t)\},$$
$$f_2(t)=\frac{1}{2}\{E(t)-ZI(t)\} \quad (4.16)$$

と定められる．したがって，

$$v(x,t)=\frac{1}{2}\{E(t-x/g)+ZI(t-x/g)\}$$
$$+\frac{1}{2}\{E(t+x/g)-ZI(t+x/g)\}$$
$$i(x,t)=\frac{1}{2Z}\{E(t-x/g)+ZI(t-x/g)\}$$
$$-\frac{1}{2Z}\{E(t+x/g)-ZI(t+x/g)\} \quad (4.17)$$

となる．

図 4.1 の線路上の点 O で線路を左右に分け，点 O を始端とする半無限長線路をつくる．この半無限長線路の始端 O に電圧源 E を接続した線路は図 4.4 の往復 2 導体の伝送線路に等価的に置き換えることができる．図 4.4 の半無限長線路では左方進行波は存在しないから，

$$f_2(t+x/g)=\frac{1}{2}\{E(t+x/g)-ZI(t+x/g)\}=0$$

となり，$x=0$ とおけば $E(t)=ZI(t)$ となる．すなわち，$E(t)$ と $I(t)$ は独立ではない．したがって，$E(t-x/g)=ZI(t-x/g)$ となり，電圧波は電流波に比例した波形であることがわかる．

始端 $x=0$ において電源電圧 $E(t)$ が時刻 $t=0$ に印加される場合，

$$v(0,t)=f_1(t)=E(t)H(t),$$
$$i(0,t)=\frac{1}{Z}f_1(t)=\frac{1}{Z}E(t)H(t) \quad (4.18)$$

とおくことができる．ここに $H(t)$ はヘビサイドの単位ステップ関数で

$$H(t)=\begin{cases}1 & t\geq 0\\ 0 & t<0\end{cases} \quad (4.19)$$

によって定義される．式 (4.18) において t を $t-x/g$ と置き直すと

$$f_1(t-x/g)=E(t-x/g)H(t-x/g) \quad (4.20)$$

すなわち，電圧波と電流波は

$$v(x,t)=E(t-x/g)H(t-x/g),$$
$$i(x,t)=\frac{1}{Z}E(t-x/g)H(t-x/g) \quad (4.21)$$

となる．たとえば，図 4.4 のように，$E(t)$ が直流電圧 $E(t)=EH(t)$ のとき，すなわち，直流電圧 E が時刻 $t=0$ に始端に印加されたときの過渡現象を考える．始端から距離 $x=l$ の位置では，図 4.5 のように，電圧は時刻 $t=t_1=l/g$ において突然現れ，それ以後一定値の電圧 E となる．図 4.6 のように横軸を距離 x にと

図 4.4 始端が電圧源の半無限長線路

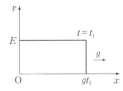

図 4.5 $x=l$ における電圧波形　　**図 4.6** 電圧波の進行

ると，右方向に電圧波は速度 g で進行していく様子がわかる．

4.6 有限長線路における進行波の反射と透過

この節で述べる有限長伝送線路はすべて無損失とする．

4.6.1 終端開放の有限長線路

始端 O を原点とする長さ l の線路を考える．座標軸 x を右向きを正方向とすると，電圧波と電流波は
$$v(x,t) = f_1(x-gt) + f_2(x+gt),$$
$$i(x,t) = \frac{1}{Z}\{f_1(x-gt) - f_2(x+gt)\} \quad (4.22)$$
と表される．終端が開放されているから $x=l$ で電流は流れない．よって，すべての t について境界条件
$$i(l,t) = 0 \quad (4.23)$$
が成り立つ．すなわち，すべての t に対して
$$f_2(l+gt) = f_1(l-gt) \quad (4.24)$$
が成り立つ．$x=gt$ とおくとすべての x について
$$f_2(l+x) = f_1(l-x) \quad (4.25)$$
であるから，$f_2(l+x)$ は，軸 $x=l$ に関して偶関数になるように，$f_1(l-x)$ をその定義域 $0 \leq x \leq l$ の外へ反転した関数である．つまり，図 4.7 のように右方進行波 $f_1(x-gt)$ は端点 $x=l$ で大きさも符号も変わることなく反射される．

4.6.2 終端短絡の有限長線路

終端が短絡されているときは，$x=l$ で電圧は 0 であるから，すべての t に対して境界条件は
$$v(l,t) = 0 \quad (4.26)$$
すなわち，
$$f_2(l+gt) = -f_1(l-gt) \quad (4.27)$$
となる．ここで $x=gt$ とおくと
$$f_2(l+x) = -f_1(l-x) \quad (4.28)$$
となる．図 4.8 に示すように，$f_2(l+x)$ は $x=l$ に関

図 4.7 終端開放のときの反射波

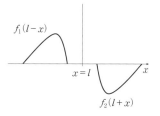

図 4.8 終端短絡のときの反射波

し，$f_1(l-x)$ を奇関数になるように反転した関数である．したがって，右方進行波 $f_1(x-gt)$ は端点 $x=l$ で符号が反対になって反射される．

4.6.3 特性インピーダンスの異なる線路の接続

特性インピーダンスが Z_1, Z_2，伝搬速度がそれぞれ g_1, g_2 の 2 本の伝送線路 #1, #2 を図 4.9 のように点 P-P′ で接続する．以下，接続点 P と記す．接続点では反射と透過が起こる．透過波を考えるため，便宜上点 P を原点とする第二の座標系 O′ を考える．

第一の線路（#1 と記す）の電圧波と電流波は接続点 P に向かう右方進行波（点 P への入射波という）と接続点 P で反射した左方進行波（点 P からの反射波という）から成り立っている．すなわち
$$\#1 : v_1(l,t) = f_1(l-g_1 t) + f_2(l+g_1 t)$$
$$i_1(l,t) = \frac{1}{Z_1}\{f_1(l-g_1 t) - f_2(l+g_1 t)\} \quad (4.29)$$

また，第二の線路 #2 では右方進行波（透過波という）$h(x'-g_2 t)$ のみを考えるから，第二の座標の原点 O′ から
$$\#2 : v_2(0',t) = h(-g_2 t)$$
$$i_2(0',t) = \frac{1}{Z_2}h(-g_2 t) \quad (4.30)$$
と表される．ここで，接続点 P においてはキルヒホッフの電圧則と電流則より
$$v_1(l,t) = v_2(0',t), \quad i_1(l,t) = i_2(0',t) \quad (4.31)$$
が成り立つ．これを接続点 P での連続の条件という．

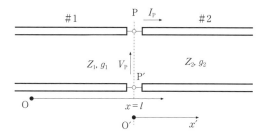

図 4.9 特性インピーダンスの異なる線路の接続

したがって，これらの式から
$$f_2 = \frac{Z_2 - Z_1}{Z_1 + Z_2} f_1, \quad h = \frac{2Z_2}{Z_1 + Z_2} f_1 \quad (4.32)$$
という入射波 f_1 に対する反射波 f_2 と透過波 h の関係が導かれる．図のように点 P での電圧，電流をとると，

透過電圧は $v_2(0', t) = h(-g_2 t) = V_P$,

透過電流は $i_2(0', t) = \dfrac{1}{Z_2} h(-g_2 t) = I_P$

である．簡単のため上の式を，下に示す記号に書き換える．

入射電圧波と入射電流波： $v_i = f_1(l - g_1 t)$,
$$i_i = \frac{1}{Z_1} f_1(l - g_1 t)$$

反射電圧波と反射電流波： $v_r = f_2(l + g_1 t)$,
$$i_r = -\frac{1}{Z_1} f_2(l + g_1 t)$$

透過電圧波と透過電流波： $v_t = h(-g_2 t)$,
$$i_t = \frac{1}{Z_2} h(-g_2 t)$$

したがって，接続点 P での連続性の条件は
$$v_i + v_r = v_t, \quad i_i + i_r = i_t, \quad (4.33)$$
反射電圧波と反射電流波は入射電圧波と入射電流波によって
$$v_r = \gamma_v v_i, \quad \gamma_v = \frac{Z_2 - Z_1}{Z_1 + Z_2} \quad (4.34)$$
$$i_r = \gamma_i i_i, \quad \gamma_i = -\frac{Z_2 - Z_1}{Z_1 + Z_2} \quad (4.35)$$
$$\gamma_i = -\gamma_v \quad (4.36)$$
と表される．ここで γ_v を電圧反射係数，γ_i を電流反射係数と呼ぶ．また，透過電圧波と透過電流波は
$$v_t = \mu_v v_i, \quad \mu_v = \frac{2Z_2}{Z_1 + Z_2} \quad (4.37)$$
$$i_t = \mu_i i_i, \quad \mu_i = \frac{2Z_1}{Z_1 + Z_2} \quad (4.38)$$
$$\mu_v = 1 + \gamma_v, \quad \mu_i = 1 - \gamma_v \quad (4.39)$$
と表される．ここに μ_v を電圧透過係数，μ_i を電流透過係数と呼ぶ．特に，$Z_2 = Z_1$ のとき，$v_r = 0$ となり反射波が生じない．これを整合といい，$Z_2 = Z_1$ を整合条件という．

4.6.4 線路が分岐している場合

図 4.10 のように，特性インピーダンス Z_1 の線路 #1 から特性インピーダンスが Z_2, Z_3 の 2 本の半無限長の線路 #2，線路 #3 に接続点 P で分岐している．

このとき，接続点 P で反射波と透過波が発生する．

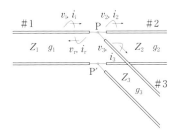

図 4.10 線路が分岐している場合の反射と透過

接続点 P における入射電圧波を v_i, 入射電流波を i_i, 反射電圧波を v_r, 反射電流波を i_r, 線路 #2 への透過電圧波を v_2, 透過電流波を i_2, 線路 #3 への透過電圧波を v_3, 透過電流波を i_3 でそれぞれ表す．それぞれの線路では
$$v_i = Z_1 i_i, \quad v_r = -Z_1 i_r, \quad v_2 = Z_2 i_2, \quad v_3 = Z_3 i_3 \quad (4.40)$$
が成り立つ．接続点 P での連続性の条件により
$$v_i + v_r = v_2 = v_3, \quad i_i + i_r = i_2 + i_3 \quad (4.41)$$
が成り立つ．したがって，式 (4.40) と (4.41) から反射電圧波と反射電流波は
$$v_r = \frac{Z_2 Z_3 - Z_1(Z_2 + Z_3)}{Z_1 Z_2 + Z_2 Z_3 + Z_3 Z_1} v_i,$$
$$i_r = -\frac{Z_2 Z_3 - Z_1(Z_2 + Z_3)}{Z_1(Z_1 Z_2 + Z_2 Z_3 + Z_3 Z_1)} v_i \quad (4.42)$$
となる．これより接続点 P での電圧反射係数は
$$\gamma_v = \frac{v_r}{v_i} = \frac{Z_2 Z_3 - Z_1(Z_2 + Z_3)}{Z_1 Z_2 + Z_2 Z_3 + Z_3 Z_1} \quad (4.43)$$
電流反射係数は
$$\gamma_i = \frac{i_r}{i_i} = -\gamma_v \quad (4.44)$$
となる．線路 #1 から線路 #2 への電圧透過係数と線路 #1 から線路 #3 への電圧透過係数は等しく
$$\mu_{v12} = \mu_{v13} = \frac{v_2}{v_i} = \frac{v_3}{v_i} = \frac{2Z_2 Z_3}{Z_1 Z_2 + Z_2 Z_3 + Z_3 Z_1} \quad (4.45)$$
である．電流透過係数は線路によって異なり，線路 #1 から線路 #2 への電流透過係数は
$$\mu_{i12} = \frac{i_2}{i_i} = \frac{2Z_1 Z_3}{Z_1 Z_2 + Z_2 Z_3 + Z_3 Z_1} \quad (4.46)$$
線路 #1 から線路 #3 への電流透過係数は
$$\mu_{i13} = \frac{i_3}{i_i} = \frac{2Z_1 Z_2}{Z_1 Z_2 + Z_2 Z_3 + Z_3 Z_1} \quad (4.47)$$
となる．ここに，
$$\mu_{i12} + \mu_{i13} = 1 - \gamma_v \quad (4.48)$$
の関係が成り立つ．特に，$Z_1 = Z_2 Z_3 / (Z_2 + Z_3)$ のときは接続点 P での反射は起こらない．これは線路 #1 の特性インピーダンスが線路 #2 と線路 #3 の特性イン

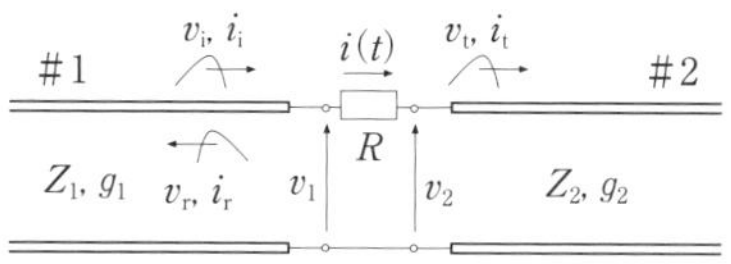

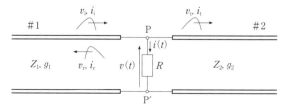

図4.11 直列抵抗 R を介して接続した場合の反射と透過

ピーダンスの並列接続した値に等しいことを意味し、分岐線路の整合条件である.

4.6.5 抵抗 R の直列挿入による接続

図4.11のように抵抗 R を介して特性インピーダンス Z_1, Z_2 の2本の線路が接続されているとき、電圧反射係数、電流反射係数を求め、線路#2への電圧透過係数と電流透過係数を求める.

線路#1および線路2では

$$\#1: v_i = Z_1 i_i, \quad v_r = -Z_1 i_r,$$
$$\#2: v_t = Z_2 i_t \tag{4.49}$$

の関係が成り立つ。連続性の条件は

$$v_i + v_r = v_1, \quad v_t = v_2,$$
$$i_i + i_r = i(t), \quad i_t = i(t) \tag{4.50}$$

となり、挿入した抵抗 R の電圧と電流の関係は

$$v_1 - v_2 = Ri(t) \tag{4.51}$$

である. これらの式から,

電圧反射係数 $\gamma_v = \dfrac{v_r}{v_i} = \dfrac{-Z_1 + Z_2 + R}{Z_1 + Z_2 + R}$

電流反射係数 $\gamma_i = \dfrac{i_r}{i_i} = -\gamma_{rv}$

電圧透過係数 $\mu_v = \dfrac{v_t}{v_i} = \dfrac{2Z_2}{Z_1 + Z_2 + R}$

電流透過係数 $\mu_i = \dfrac{i_t}{i_i} = \dfrac{2Z_1}{Z_1 + Z_2 + R}$

が得られる.

4.6.6 抵抗 R の並列挿入による接続

図4.12のように抵抗 R を挿入して2本の線路#1と線路#2を接続する.

この場合,

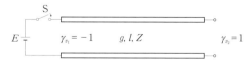

図4.12 抵抗の並列挿入により接続した場合の反射と透過

$$\#1: v_i = Z_1 i_i, \quad v_r = -Z_1 i_r \tag{4.52}$$
$$\#2: v_t = Z_2 i_t \tag{4.53}$$

および、連続性の条件

$$v_i + v_r = v_t, \quad v_t = v,$$
$$i_i + i_r = i_t + i \tag{4.54}$$

が成り立つ。抵抗 R の電圧と電流の関係

$$v(t) = Ri(t) \tag{4.55}$$

で与えられる. よって、電圧と電流の反射係数 γ_v, γ_i と透過係数 μ_v, μ_i は

$$\gamma_v = \frac{v_r}{v_i} = \frac{-Z_1 Z_2 + (Z_2 - Z_1)R}{Z_1 Z_2 + (Z_1 + Z_2)R}, \quad \gamma_i = -\gamma_v \tag{4.56}$$

$$\mu_v = \frac{2Z_2 R}{Z_1 Z_2 + (Z_1 + Z_2)R}, \quad \mu_i = \frac{2Z_1 R}{Z_1 Z_2 + (Z_1 + Z_2)R} \tag{4.57}$$

となる. 抵抗 R を流れる電流は

$$i = \frac{2R}{Z_1 Z_2 + (Z_1 + Z_2)R} v_i \tag{4.58}$$

となる.

4.7 有限長線路の連続反射現象

本節では有限長の無損失線路における電圧反射係数と電流反射係数を用いて、①終端開放、②終端短絡および③抵抗終端の場合を例にとり連続反射波の計算法を説明する.

線路の終端への入射波により反射波が生じ、始端に達する. 始端ではこの反射波の到達によって、さらに反射波が生じ、再び終端に進行し、これまでのと同様のことを繰り返す. これを連続反射（あるいは多重反射）と呼ぶ. 特に特性インピーダンスの異なる線路が接続されている場合には、複雑な連続反射現象が起きる.

4.7.1 終端開放の場合

線路は図4.13に示すように、長さ l、特性インピーダンス Z、伝搬速度 g の無損失線路とする. 進行波の立ち上がり部分を波頭と呼ぶ.

この線路の終端での電圧反射係数は $\gamma_{v_2} = 1$、始端で

図4.13 終端開放の無損失長線路

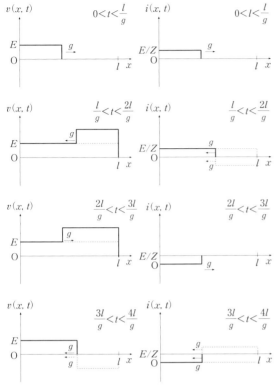

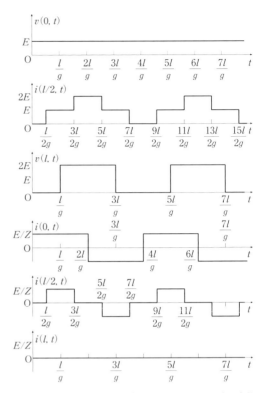

図 4.14 電圧 $v(x,t)$, 電流 $i(x,t)$ の分布波形

図 4.15 始端, 中間点, 終端の電圧 v, 電流 i の時間変化

の電圧反射係数は $\gamma_{v_1} = -1$ である.

(1) $0 < t < l/g$: 始端を時刻 $t=0$ に出発した電圧波は $t=l/g$ に終端に達し, 反射し, 波頭が $\gamma_{v_2}E = E$ の反射電圧波になり, 入射波に重畳する. したがって, 終端の電圧は $v(l, l/g) = E + E = 2E$ となる.

(2) $l/g < t < 2l/g$: 反射電圧波 E が始端に向かって進行し, これが始端への入射波となり, $t=2l/g$ では波頭が $\gamma_{v_1}(\gamma_{v_2}E) = -E$ の反射電圧波が返される. $2E$ の電圧を保っている線路の電圧に $-E$ の反射電圧波が重畳される.

(3) $2l/g < t < 3l/g$: この波頭 $-E$ の反射電圧波が終端に達すると, $t=3l/g$ で $\gamma_{v_2}(\gamma_{v_1}\gamma_{v_2}E) = \gamma_{v_2}(-E) = -E$ の反射電圧波となる. 終端の電圧は $E + (-E) = 0$ となる.

(4) $3l/g < t < 4l/g$: 反射電圧波 $-E$ が始端に進行する. $t \geq 4l/g$ で始端から波頭が $\gamma_{v_1}(\gamma_{v_2}\gamma_{v_1}\gamma_{v_2}E) = E$ の電圧波が終端に向かって進行する. 線路の電圧分布は 0 になっているから, 初期の状態に戻ったことになる. 以後, 線路に損失がないから進行波は減衰することなく, 同じ反射を無限に繰り返すことになる.

この過程を示したのが図 4.14 である. 同図では電流の分布波形も示してある. 電流波の始端での反射係数は $\gamma_{i1} = 1$, 終端での反射係数は $\gamma_{i2} = -1$ であることに注意する.

実際問題では電圧分布や電流分布を計測するのは困難を伴うから, 始端や終端あるいは線路の特定の点での電圧波形や電流波形を計測する. この場合, 測定されるのは電圧や電流の波形であるので, おおよそどのような波形になるのかを知っておく必要がある. 図 4.15 の上三つの図は始端 $x=0$, 中間点 $x=l/2$, 終端 $x=l$ の電圧波形, 下三つは電流波形である.

(1) 始端では常に電源から電圧 E に保たれている. 言い換えれば, 始端に入射する電圧波は常に電圧 E を保つように反射されるといえる.

(2) 中間点では時刻 $t = l/(2g)$ に電圧波が突然到来し, 終端で反射された電圧波と重畳して $2E$ の電圧となる. この電圧値は始端から反射された電圧波が中間点に到達する時刻 $t = 5l/(2g)$ まで続く. その後, 終端で反射された電圧波 $-E$ が左方に進行し, 時刻 $t = 7l/(2g)$ で 0 になる. 以後, これを繰り返す.

(3) 終端では電圧波 E が時刻 $t = l/g$ に突然到達し,

反射波 E が重畳され $2E$ の電圧が，始端からくる電圧反射波 $-E$ が到達する時刻 $t=3l/g$ まで持続する．その後，終端で反射された電圧波 $-E$ が時刻 $t=4l/g$ に始端で反射され，波頭が E となって終端に到着する時刻 $t=5l/g$ まで 0 を保つ．以後，この変化を繰り返す．図 4.15 の下三図はこれらの点における電流波形である．終端が開放されているから，$i(l, t)$ は常にゼロである．

4.7.2 終端短絡の場合

図 4.16 のように終端が短絡されている場合，終端の電圧反射係数は $\gamma_{v2}=-1$，始端の電圧反射係数は $\gamma_{v1}=-1$ である．図 4.17 は電圧波と電流波の分布を各時間帯にわたって示している．

(1) $0<t<l/g$：波頭 E の電圧波が終端に向かって進行する．

(2) $l/g<t<2l/g$：終端での波頭 $\gamma_{v2}E=-E$ の反射電圧波（点線）が始端に向かって進行する．したがって，この二つの電圧波が重畳し線路の電圧分布は右方

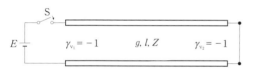

図 4.16 終端短絡の無損失線路

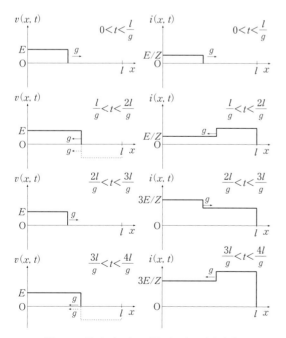

図 4.17 電圧 $v(x, t)$，電流 $i(x, t)$ の分布波形

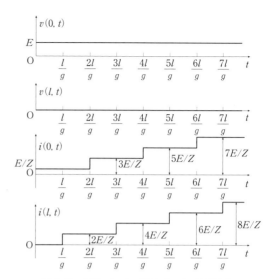

図 4.18 電圧 $v(x, t)$，電流 $i(x, t)$ の時間変化

から $E+(-E)=0$ になっていく．

(3) $2l/g<t<3l/g$：始端で波頭 $\gamma_{v1}\gamma_{v2}E=E$ の反射電圧波が終端に向かって進行する．したがって，線路の電圧分布は左方から E になる．

(4) $3l/g<t<4l/g$：終端での波頭 $\gamma_{v2}E=-E$ の反射電圧波が始端に向かう．したがって，線路の電圧分布は右方から $E+(-E)=0$ になる．

以下，この変化を繰り返す．常に電圧は始端が E，終端が 0 に保たれている．しかし，電流波は時間の経過とともに，大きくなる．これは線路が無損失であることによる．

図 4.18 は始端と終端における電圧と電流の波形を示す．電圧は始端では $v(0, t)=E$，終端では $v(l, t)=0$ が保たれ，境界条件が満たされている．一方，電流は始端で反射が起こるごとに $2E/Z$ ずつ増加し続ける．終端では同様に $2E/Z$ ずつ増加し続けながら無限に大きくなっていく様子がわかる．

4.7.3 抵抗 R で終端した場合

抵抗 R_L で終端した図 4.19 の無損失線路を考える．便宜上，$R_L=Z/3$ としておく．

終端での電圧反射係数と電流反射係数は

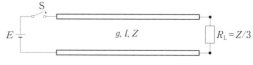

図 4.19 抵抗で終端の線路

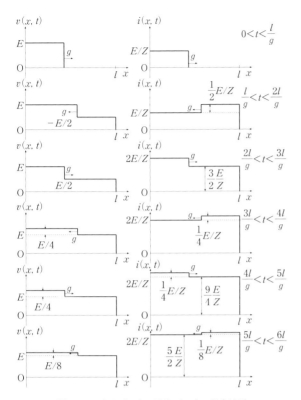

図 4.20 電圧 $v(x,t)$, 電流 $i(x,t)$ の分布波形

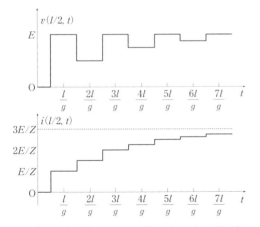

図 4.21 線路の中間点 $x=l/2$ での電圧 $v(l/2,t)$, 電流 $i(l/2,t)$ の時間変化

$$\gamma_\mathrm{v} = \frac{R_\mathrm{L}-Z}{Z+R_\mathrm{L}} = -\frac{1}{2}, \quad \gamma_\mathrm{i} = -\gamma_\mathrm{v} = \frac{1}{2} \tag{4.59}$$

となる. 終端での電圧反射係数が負であることに注意する. 図 4.20 は電圧波と電流波の進行の様子を示す分布波形である. 時間の経過とともに, 電圧波の波頭は小さくなり電圧の分布は $v(x,t)=E$ に近づくことがわかる. 一方, 電流波の波頭も小さくなり, 時間の経過とともに一様な分布 $i(x,t)=E/R_\mathrm{L}=3E/Z$ に近づく様子がわかる.

図 4.21 は中間点 $x=l/2$ における電圧と電流の波形を示している. 時刻 $t=l/(2g)$ に突然電圧波と電流波が中間点に到達し, 電圧が時間の経過とともに, 電源電圧 E に近づいていく様子がわかる. また, 中間点の電流も時間の経過とともに定常値 $3E/Z$ に近づく様子がわかる.

時間が十分経過し $t\to\infty$ のときの中間点の電圧と電流は,

$$v\left(\frac{l}{2},\infty\right) = E - \frac{1}{2}E + \frac{1}{2}E - \frac{1}{4}E + \frac{1}{4}E - \frac{1}{8}E + \cdots = E,$$

$$i\left(\frac{l}{2},\infty\right) = \frac{E}{Z} + \frac{1}{2}\frac{E}{Z} + \frac{1}{2}\frac{E}{Z} + \frac{1}{4}\frac{E}{Z} + \frac{1}{4}\frac{E}{Z} + \frac{1}{8}\frac{E}{Z}$$

$$+\cdots = \frac{3E}{Z} \tag{4.60}$$

のように計算される.

4.8 格子図

連続反射の計算は次に示す格子図によって容易にできる. 格子図は進行波の連続反射をわかりやすく理解し計算するために考案された図で, 列車のダイアグラムに似ている. 図 4.22 は線路 PQ 上を往復する進行波の格子図である. 横軸に始端からの距離 x, 縦軸を

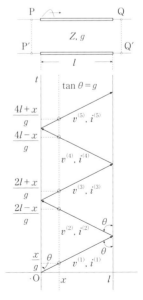

図 4.22 格子図

4. 分布定数回路

時間軸 t とする．線路の長さ l,伝搬速度 g とする．時刻 $t=0$ から出発した進行波は l/g ごとに反射を繰り返す．図に示す $v^{(k)}$, $i^{(k)}$, $k=1, 2, \cdots$ は対応する時間帯における反射電圧波と反射電流波を示す．

始端から x の位置における電圧 $v(x, t)$ と電流 $i(x, t)$ は，格子図を見ながら，それぞれ次のように求めることができる．ただし，P点における電圧反射係数を γ_P, Q点における電圧反射係数を γ_Q とする．式 (4.11) により電圧は

(1) $0<t<l/g: v^{(1)}(x, t) = E\left(t-\dfrac{x}{g}\right) H\left(t-\dfrac{x}{g}\right)$

(2) $l/g<t<2l/g$:
$$v^{(2)}(x, t) = \gamma_\mathrm{Q} E\left(t-\dfrac{2l-x}{g}\right) H\left(t-\dfrac{2l-x}{g}\right)$$

(3) $2l/g<t<3l/g$:
$$v^{(3)}(x, t) = \gamma_\mathrm{P}\gamma_\mathrm{Q} E\left(t-\dfrac{2l+x}{g}\right) H\left(t-\dfrac{2l+x}{g}\right)$$

(4) $3l/g<t<4l/g$:
$$v^{(4)}(x, t) = \gamma_\mathrm{Q}\gamma_\mathrm{P}\gamma_\mathrm{Q} E\left(t-\dfrac{4l-x}{g}\right) H\left(t-\dfrac{4l-x}{g}\right) \cdots$$

したがって，点 x における電圧は
$$\begin{aligned}v(x, t) &= v^{(1)}(x, t) + v^{(2)}(x, t) + \cdots \\ &= E\left(t-\dfrac{x}{g}\right) H\left(t-\dfrac{x}{g}\right) \\ &\quad + \gamma_\mathrm{Q} E\left(t-\dfrac{2l-x}{g}\right) H\left(t-\dfrac{2l-x}{g}\right) + \cdots \end{aligned} \quad (4.61)$$

となる．また，電流は

(1) $0<t<l/g: i^{(1)}(x, t) = I\left(t-\dfrac{x}{g}\right) H\left(t-\dfrac{x}{g}\right)$

(2) $l/g<t<2l/g$:
$$i^{(2)}(x, t) = (-\gamma_\mathrm{Q}) I\left(t-\dfrac{2l-x}{g}\right) H\left(t-\dfrac{2l-x}{g}\right)$$

(3) $2l/g<t<3l/g$:
$$i^{(3)}(x, t) = -\gamma_\mathrm{P}(-\gamma_\mathrm{Q}) I\left(t-\dfrac{2l+x}{g}\right) H\left(t-\dfrac{2l+x}{g}\right)$$

(4) $3l/g<t<4l/g$:
$$i^{(4)}(x, t) = -\gamma_\mathrm{Q}(-\gamma_\mathrm{P})(-\gamma_\mathrm{Q}) I\left(t-\dfrac{4l-x}{g}\right) H\left(t-\dfrac{4l-x}{g}\right)$$

したがって，点 x における電流は
$$\begin{aligned}i(x, t) &= i^{(1)}(x, t) + i^{(2)}(x, t) + \cdots \\ &= I\left(t-\dfrac{x}{g}\right) H\left(t-\dfrac{x}{g}\right) \\ &\quad + (-\gamma_\mathrm{Q}) I\left(t-\dfrac{2l-x}{g}\right) H\left(t-\dfrac{2l-x}{g}\right) + \cdots \end{aligned}$$
$$(4.62)$$

となる．ただし，$I(t) = E(t)/Z$ である．

連続反射の反射係数と透過係数

a. 電源の内部抵抗の取扱い

一般に電源は内部抵抗を持っている．いま，図 4.23 の始端部分では線路にかかる電圧と右方からの入射電圧波に対する電圧反射係数は

$$v_\mathrm{s} = \dfrac{Z}{Z+Z_\mathrm{s}} E, \quad \gamma_\mathrm{s} = \dfrac{Z_\mathrm{s}-Z}{Z_\mathrm{s}+Z} \quad (4.63)$$

となる．

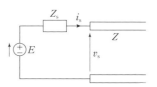

図 4.23 始端の電源

b. 特性インピーダンスの異なる線路の接続のまとめ

何本かの有限長の線路が従属接続されている場合には，それぞれの線路で連続反射が起るので，観測点での電圧・電流の波形は反射波と透過波が重畳されて複雑な波形となる．反射係数を求める場合には注意が必要である．以下に，各係数の関係をまとめておく．

図 4.24 で電圧波が線路 #1 から線路 #2 へ進行する場合の接続点Pでの電圧反射係数を γ_{12}, 電圧透過係数を μ_{12} で表すと，すでに 4.6.3 項で求めたように

$$\gamma_{12} = \dfrac{Z_2-Z_1}{Z_1+Z_2}, \quad \mu_{12} = \dfrac{2Z_2}{Z_1+Z_2} = 1+\gamma_{12} \quad (4.64)$$

である．逆に，電圧波が線路 #2 から線路 #1 へ進行する場合の接続点Pでの電圧反射係数を γ_{21}, 電圧透過係数を μ_{21} で表すと，

$$\gamma_{21} = \dfrac{Z_1-Z_2}{Z_1+Z_2} = -\gamma_{12}, \quad \mu_{21} = \dfrac{2Z_1}{Z_1+Z_2} = 1+\gamma_{21} = 1-\gamma_{12}$$
$$(4.65)$$

が成り立つ．

連続反射の現象が生じているときには，格子図と上記係数を用いて各線路の電圧・電流を求める．各接続点での電圧反射係数が与えられれば，他の係数は容易

図 4.24 特性インピーダンスの異なる線路

表 4.1 各接続点における反射係数と透過係数

	#1→#2	#2→#1	#2→#3
電圧反射係数	γ_P	$-\gamma_P$	γ_Q
電流反射係数	$-\gamma_P$	γ_P	$-\gamma_Q$
電圧透過係数	$1+\gamma_P$	$1-\gamma_P$	$1+\gamma_Q$
電流透過係数	$1-\gamma_P$	$1+\gamma_P$	$1-\gamma_Q$

に求めることができる．図 4.24 の P 点，Q 点での電圧反射係数をそれぞれ γ_P, γ_Q とすると，表 4.1 が得られる．

実際問題では伝送線路が非線形素子や非線形回路，たとえば電力系統では避雷器などで終端されていることが多い．このような場合には，バージェロン（Bergeron）法が用いられる．これについては第II編 6 章を参照されたい．また，数値逆ラプラス変換や FFT 型数値ラプラス順変換と逆変換を繰り返し用いて解析する手法も存在する．〔奥村浩士〕

4.9　正弦波定常現象

この章では分布定数回路における正弦波定常現象，つまり単一角周波数 ω の交流電源を加えたときの定常状態について考える．これは，過渡現象が時間領域において現象をみているのに対して，そのフーリエ変換である周波数領域において現象をみることに対応する．

4.9.1　線路の方程式

線路上の点 x における電圧，電流の時間変化が正弦関数（三角関数）で表されるとして，

$$v(x,t) = \mathrm{Re}[\dot{V}(x)\mathrm{e}^{\mathrm{j}\omega t}],$$
$$i(x,t) = \mathrm{Re}[\dot{I}(x)\mathrm{e}^{\mathrm{j}\omega t}] \quad (4.66)$$

とおく．ここで $\dot{V}(x)$, $\dot{I}(x)$ は複素数であり，フェーザを表現している．また，$\mathrm{Re}[z]$ は複素数 z の実部をとることを表している．これらを分布定数線路の基礎式 (4.5) に代入すると，時間に関する微分が $\mathrm{j}\omega$ と表現され，次のような x のみを独立変数とする常微分方程式が得られる．

$$-\frac{\mathrm{d}\dot{V}(x)}{\mathrm{d}x} = \dot{Z}\dot{I}(x), \quad -\frac{\mathrm{d}\dot{I}(x)}{\mathrm{d}x} = \dot{Y}\dot{V}(x) \quad (4.67)$$

ここで $\dot{Z} = R + \mathrm{j}\omega L$, $\dot{Y} = G + \mathrm{j}\omega C$ はそれぞれ単位長当たりのインピーダンス，アドミタンスである．電圧 $\dot{V}$ と電流 $\dot{I}$ を分けた形にすると，

$$\frac{\mathrm{d}^2\dot{V}}{\mathrm{d}x^2} = \dot{q}^2\dot{V}(x), \quad \frac{\mathrm{d}^2\dot{I}}{\mathrm{d}x^2} = \dot{q}^2\dot{I}(x) \quad (4.68)$$

が得られる．ここで，$\dot{q} = \sqrt{\dot{Z}\dot{Y}}$ は伝搬定数と呼ばれる．

4.9.2　正弦波定常解

式 (4.68) の解は，

$$\dot{V}(x) = A\mathrm{e}^{-\dot{q}x} + B\mathrm{e}^{\dot{q}x}, \quad \dot{I}(x) = \frac{1}{\dot{Z}_0}(A\mathrm{e}^{-\dot{q}x} - B\mathrm{e}^{\dot{q}x}) \quad (4.69)$$

と表すことができる．ここで，$\dot{Z}_0 = \sqrt{\dot{Z}/\dot{Y}}$ は特性インピーダンスであり，過渡現象において定義した特性インピーダンス $Z = \sqrt{L/C}$ を一般化した表現になっている．また定数 A, B は境界条件によって定まる積分定数である．

この解の物理的意味を考えるために，解 (4.69) の伝搬定数を $\dot{q} = \alpha + \mathrm{j}\beta$，特性インピーダンスを $\dot{Z}_0 = |\dot{Z}_0|\mathrm{e}^{\mathrm{j}\theta}$ とおいて式 (4.66) に代入すると，次のようになる．

$$v(x,t) = A\mathrm{e}^{-\alpha x}\cos(\omega t - \beta x) + B\mathrm{e}^{\alpha x}\cos(\omega t + \beta x),$$
$$i(x,t) = \frac{A}{|\dot{Z}_0|}\mathrm{e}^{-\alpha x}\cos(\omega t - \beta x - \theta)$$
$$\quad - \frac{B}{|\dot{Z}_0|}\mathrm{e}^{\alpha x}\cos(\omega t + \beta x - \theta) \quad (4.70)$$

ここで，α は減衰定数，β は位相定数と呼ばれる．式 (4.70) の電圧，電流それぞれの第 1 項は x の正方向に進む波を表現し，右方進行波と呼ばれる．一方，第 2 項は x の負方向に進む波を表現し，左方進行波と呼ばれる．電流の第 2 項のマイナス符号は電流の規約によるものである．

減衰定数 $\alpha = 0$ のとき，右方進行波と左方進行波はそれぞれ減衰しない正弦波となる．このとき，図 4.25 に示すように波長 $\lambda = 2\pi/\beta$，位相速度 $g = \omega/\beta$ の関係が成り立つ．位相定数 β は単位長当たりの位相の推移量を表している．

また，減衰定数 $\alpha > 0$ の場合は図 4.26 に示すように減衰しながら進む波となる．

このように，式 (4.69) は右方進行波と左方進行波

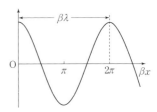

図 4.25　減衰定数 $\alpha = 0$ のときの波長 λ と位相定数 β の関係

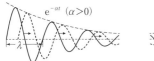
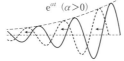

図 4.26 α>0 のときの右方進行波（左）と左方進行波（右）

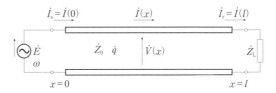

図 4.27 有限長線路を含む回路

から成り，前進波の電圧と電流は

$$\dot{V}(x) = A e^{-\dot{q}x} \quad \dot{I}(x) = \frac{A e^{-\dot{q}x}}{\dot{Z}_0}$$

であり，後進波の電圧と電流は

$$\dot{V}(x) = B e^{\dot{q}x} \quad \dot{I}(x) = -\frac{B e^{\dot{q}x}}{\dot{Z}_0}$$

である．全体ではこれらの重ね合せとなるため，一般に定在波が発生することを式 (4.69) は示している．

正弦波の進行波は伝搬定数 $\dot{q} = \alpha + j\beta$ と特性インピーダンス $\dot{Z}_0$ により，振幅を除いて定まる．減衰定数 α と位相定数 β を R, L, G, C を用いて表現すると

$$\alpha(\omega) = \sqrt{\frac{1}{2}\sqrt{\{R^2+(\omega L)^2\}\{G^2+(\omega C)^2\}} - \frac{1}{2}(\omega^2 LC - RG)},$$

$$\beta(\omega) = \sqrt{\frac{1}{2}\sqrt{\{R^2+(\omega L)^2\}\{G^2+(\omega C)^2\}} + \frac{1}{2}(\omega^2 LC - RG)}$$

(4.71)

と書ける．

無損失線路（$R=0, G=0$）の場合，減衰定数 $\alpha = 0$ であり，伝搬定数 $\dot{q} = j\omega\sqrt{LC}$ は純虚数になる．また，位相速度 g と特性インピーダンス $\dot{Z}_0$ はそれぞれ，$g = 1/\sqrt{LC}$，$\dot{Z}_0 = \sqrt{L/C}$（実数）となり，周波数によらない位相速度で電圧と電流が同位相で伝搬することになる．

無歪み線路（$R/L = G/C$）の場合，伝搬定数 $\dot{q} = \sqrt{C/L}(R + j\omega L)$ となる．また，この場合も位相速度 $g = 1/\sqrt{LC}$ および特性インピーダンス $\dot{Z}_0 = \sqrt{L/C}$ は無損失線路の場合と等しい．

4.9.3 有限長線路の電圧と電流の分布

a. 線路上の電流と電圧

図 4.27 のように，長さ l，特性インピーダンス $\dot{Z}_0$，伝搬定数 $\dot{q}$ の伝送線路に対して，始端（送端 $x=0$）に電源 $\dot{E}$ が接続され，終端（受端 $x=l$）にはインピーダンス $\dot{Z}_L$ の負荷が接続されている．このとき，始端から距離 x における電圧 $\dot{V}(x)$ と電流 $\dot{I}(x)$ を考える．

境界条件は，始端において $\dot{V}(0) = \dot{E}$，終端において $\dot{V}(l) = \dot{Z}_L \dot{I}(l)$ である．これらを式 (4.69) に代入することにより定数 A, B を定めると，次式を得る．

$$\dot{V}(x) = \frac{(\dot{Z}_L + \dot{Z}_0)e^{\dot{q}(l-x)} + (\dot{Z}_L - \dot{Z}_0)e^{-\dot{q}(l-x)}}{(\dot{Z}_L + \dot{Z}_0)e^{\dot{q}l} + (\dot{Z}_L - \dot{Z}_0)e^{-\dot{q}l}}\dot{E},$$

$$\dot{I}(x) = \frac{(\dot{Z}_L + \dot{Z}_0)e^{\dot{q}(l-x)} - (\dot{Z}_L - \dot{Z}_0)e^{-\dot{q}(l-x)}}{(\dot{Z}_L + \dot{Z}_0)e^{\dot{q}l} + (\dot{Z}_L - \dot{Z}_0)e^{-\dot{q}l}}\frac{\dot{E}}{\dot{Z}_0}$$

(4.72)

これが，有限長線路における電圧と電流の分布を表す式である．

特に，負荷インピーダンス $\dot{Z}_L$ が特性インピーダンス $\dot{Z}_0$ に等しいときには $B=0$ すなわち，

$$\dot{V}(x) = \dot{E}e^{-\dot{q}x}, \quad \dot{I}(x) = \frac{\dot{E}}{\dot{Z}_0}e^{-\dot{q}x} \quad (4.73)$$

となり，右方進行波のみとなる．この $\dot{Z}_L = \dot{Z}_0$ の条件は，左方進行波（反射波）をなくすための条件ともいえるため，伝送線路の整合条件という．

b. 双曲線関数による表現

右方進行波と左方進行波の重ね合せで示された式 (4.72) を見やすくするために，次のように定義される双曲線関数を用いた表現を考える．

$$\cosh x = \frac{e^x + e^{-x}}{2}, \quad \sinh x = \frac{e^x - e^{-x}}{2}, \quad \tanh x = \frac{\sinh x}{\cosh x}$$

(4.74)

これらは次の関係を満たす．

$$(\cosh x)^2 - (\sinh x)^2 = 1 \quad (4.75)$$

また，加法定理は

$$\cosh(x+y) = \cosh x \cosh y + \sinh x \sinh y \quad (4.76)$$

$$\sinh(x+y) = \sinh x \cosh y + \cosh x \sinh y \quad (4.77)$$

となり，三角関数とは以下の関係で結ばれる．

$$\sinh jx = j \sin x, \quad \cosh x = \cos jx,$$
$$\cosh jx = \cos x, \quad \sinh x = -j \sin jx \quad (4.78)$$

双曲線関数を用いると式 (4.76) は次のように表現できる．

$$\dot{V}(x) = \frac{\sinh\{\dot{q}(l-x) + \theta\}}{\sinh(\dot{q}l + \theta)}\dot{E},$$

$$\dot{I}(x) = \frac{\cosh\{\dot{q}(l-x) + \theta\}}{\sinh(\dot{q}l + \theta)}\frac{\dot{E}}{\dot{Z}_0} \quad (4.79)$$

ここで，θ は $\tanh\theta = \dot{Z}_L/\dot{Z}_0$ を満たす．特に，終端か

らの距離 $y \equiv l-x$ を基準にとったとき，$\dot{q}y+\theta$ を位置角という．点 x におけるインピーダンスは

$$\dot{Z}(x) = \frac{\dot{V}(x)}{\dot{I}(x)} = \dot{Z}_0 \tanh\{\dot{q}(l-x)+\theta\} \quad (4.80)$$

となる．

c. 終端短絡の場合

終端を短絡した場合の電圧電流分布を具体的に求める．終端のインピーダンス $\dot{Z}_L = 0$ より $\theta = 0$ となる．よって式 (4.79), (4.80) は次のようになる．

$$\dot{V}(x) = \frac{\sinh\{\dot{q}(l-x)\}}{\sinh \dot{q}l}\dot{E},$$

$$\dot{I}(x) = \frac{\cosh\{\dot{q}(l-x)\}}{\sinh \dot{q}l}\frac{\dot{E}}{\dot{Z}_0},$$

$$\dot{Z}(x) = \dot{Z}_0 \tanh\{\dot{q}(l-x)\}$$

無損失線路の場合には，$\dot{q} = \mathrm{j}\beta$ なので，

$$\dot{V}(x) = \frac{\sin\{\beta(l-x)\}}{\sin \beta l}\dot{E},$$

$$\dot{I}(x) = -\mathrm{j}\frac{\cos\{\beta(l-x)\}}{\sin \beta l}\frac{\dot{E}}{\dot{Z}_0},$$

$$\dot{Z}(x) = \mathrm{j}\dot{Z}_0 \tan\{\beta(l-x)\}$$

となる．このことから，点 x における定在波の振幅は，

$$V(x) = |\dot{V}(x)| = \left|\frac{\sin\{\beta(l-x)\}}{\sin \beta l}\right|E$$

$$I(x) = |\dot{I}(x)| = \left|\frac{\cos\{\beta(l-x)\}}{\sin \beta l}\right|\frac{E}{Z_0}$$

となり，$V(x)$, $I(x)$ が 0 になる点はそれぞれ

$$x = l - \frac{\lambda}{2}m \quad (m = 0, 1, 2, \cdots),$$

$$x = l - \frac{\lambda}{4}m \quad (m = 1, 3, 5, \cdots)$$

となる．$V(x) = 0$ の点はインピーダンス最小の点であり直列共振に対応し，$I(x) = 0$ の点はインピーダンス最大の点であり並列共振に対応する．

線路長 $l = (7/4)\lambda$ のときの電圧電流分布とインピーダンスの分布を図 4.28 に示す．終端の電圧は 0 となり，そこから定在波の腹と節が $\lambda/4$ ごとに交互に現れる．電圧の腹（$x = 0, \lambda/2, \lambda, 3\lambda/2$）は電流の節に対応し，インピーダンスはその点で発散する（並列共振）．電圧の節（$l = \lambda/4, 3\lambda/4, 5\lambda/4, 7\lambda/4$）は電流の腹に対応し，インピーダンスはその点で 0 となる（直列共振）．インピーダンスは純虚数であり，正の場合は誘導性，負の場合は容量性を示す．

d. 終端開放の場合

終端開放のとき，終端のインピーダンス $\dot{Z}_L \to \infty$ となることから，

$$\dot{V}(x) = \frac{\cosh\{\dot{q}(l-x)\}}{\cosh \dot{q}l}\dot{E},$$

$$\dot{I}(x) = \frac{\sinh\{\dot{q}(l-x)\}}{\cosh \dot{q}l}\frac{\dot{E}}{\dot{Z}_0},$$

$$\dot{Z}(x) = \dot{Z}_0 \coth\{\dot{q}(l-x)\}$$

となる．

無損失線路の場合には，$\dot{q} = \mathrm{j}\beta$ なので，

$$\dot{V}(x) = \frac{\cos\{\beta(l-x)\}}{\cos \beta l}\dot{E},$$

$$\dot{I}(x) = \mathrm{j}\frac{\sin\{\beta(l-x)\}}{\cos \beta l}\frac{\dot{E}}{\dot{Z}_0},$$

$$\dot{Z}(x) = -\mathrm{j}\dot{Z}_0 \cot\{\beta(l-x)\}$$

となる．このことから，点 x における定在波の振幅は，

$$V(x) = |\dot{V}(x)| = \left|\frac{\cos\{\beta(l-x)\}}{\cos \beta l}\right|E,$$

$$I(x) = |\dot{I}(x)| = \left|\frac{\sin\{\beta(l-x)\}}{\cos \beta l}\right|\frac{E}{Z_0}$$

となり，$V(x)$, $I(x)$ が 0 になる点はそれぞれ

$$x = l - \frac{\lambda}{4}m \quad (m = 1, 3, 5, \cdots),$$

$$x = l - \frac{\lambda}{2}m \quad (m = 0, 1, 2, \cdots)$$

となる．

線路長 $l = (6/4)\lambda$ のときの電圧電流分布とインピーダンスの分布を図 4.29 に示す．受端では電流が 0 となり，そこから定在波の腹と節が交互に現れ，電圧の

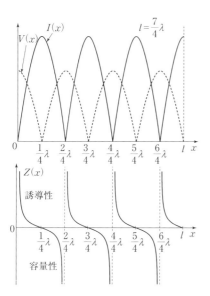

図 4.28 線路長 $l = \frac{7}{4}\lambda$，終端短絡のときの電圧電流分布（上）とインピーダンスの分布（下）

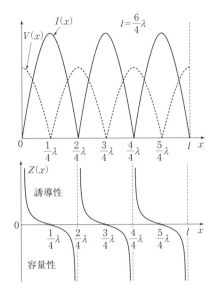

図 4.29 線路長 $l=\dfrac{6}{4}\lambda$,終端開放のときの電圧電流分布(上)とインピーダンスの分布(下)

腹は電流の節に対応する.

e. 線路の縦続行列による表現

分布定数線路を 2 端子対回路とみると,縦続行列によって表現することができる.図 4.30 のように特性インピーダンス $\dot{Z}_0$,伝搬定数 $\dot{q}$,長さ l の一様な分布定数線路を含む回路を考え,この部分を縦続行列を用いて表現する.

始端を $x=0$ とすると,境界条件は $x=0$ において,$\dot{V}(0)=\dot{V}_1$,$\dot{I}(0)=\dot{I}_1$ であり,$x=l$ において,$\dot{V}(l)=\dot{V}_2$,$\dot{I}(l)=\dot{I}_2$ となる.

簡単のため,解 (4.69) を双曲線関数で表現しておく.関係式

$$\mathrm{e}^{\dot{q}x}=\cosh \dot{q}x+\sinh \dot{q}x,\quad \mathrm{e}^{-\dot{q}x}=\cosh \dot{q}x-\sinh \dot{q}x \tag{4.81}$$

を考慮すると,解 (4.69) は次のように表現できる.

$$\dot{V}(x)=A'\cosh \dot{q}x+B'\sinh \dot{q}x \quad (A'=A+B,\ B'=B-A) \tag{4.82}$$

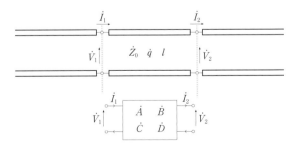

図 4.30 分布定数線路の縦続行列による表現

$$\dot{I}(x)=-\frac{1}{\dot{Z}_0}(A'\sinh \dot{q}x+B'\cosh \dot{q}x) \tag{4.83}$$

これに境界条件を代入することにより A', B' を定めると,縦続行列表現

$$\begin{bmatrix}\dot{V}_1\\ \dot{I}_1\end{bmatrix}=\begin{bmatrix}\cosh \dot{q}l & \dot{Z}_0\sinh \dot{q}l\\ \dfrac{1}{\dot{Z}_0}\sinh \dot{q}l & \cosh \dot{q}l\end{bmatrix}\begin{bmatrix}\dot{V}_2\\ \dot{I}_2\end{bmatrix} \tag{4.84}$$

が得られる.また,$(\cosh \dot{q}l)^2-(\sinh \dot{q}l)^2=1$ を用いると,

$$\begin{bmatrix}\dot{V}_2\\ \dot{I}_2\end{bmatrix}=\begin{bmatrix}\cosh \dot{q}l & -\dot{Z}_0\sinh \dot{q}l\\ -\dfrac{1}{\dot{Z}_0}\sinh \dot{q}l & \cosh \dot{q}l\end{bmatrix}\begin{bmatrix}\dot{V}_1\\ \dot{I}_1\end{bmatrix} \tag{4.85}$$

が得られる.

4.9.4 反射と透過

正弦波定常現象を右方進行波と左方進行波に分けて,反射と透過という見方で考える.

a. 反射係数

図 4.31 のように終端 $x=l$ に電圧 $A\mathrm{e}^{-\dot{q}x}$ が入射し,$B\mathrm{e}^{\dot{q}x}$ が反射される場合を考える.

このとき,点 x における電圧反射係数 $\Gamma_\mathrm{v}(x)$,電流反射係数 $\Gamma_\mathrm{i}(x)$ は次のように定義される.

$$\Gamma_\mathrm{v}(x)=\frac{\text{反射電圧波の複素表示}}{\text{入射電圧波の複素表示}}=\frac{B\mathrm{e}^{\dot{q}x}}{A\mathrm{e}^{-\dot{q}x}}=\frac{B}{A}\mathrm{e}^{2\dot{q}x} \tag{4.86}$$

$$\Gamma_\mathrm{i}(x)=\frac{\text{反射電流波の複素表示}}{\text{入射電流波の複素表示}}=\frac{-(1/\dot{Z}_0)B\mathrm{e}^{\dot{q}x}}{(1/\dot{Z}_0)A\mathrm{e}^{-\dot{q}x}}=-\frac{B}{A}\mathrm{e}^{2\dot{q}x} \tag{4.87}$$

$$=-\Gamma_\mathrm{v}(x) \tag{4.88}$$

終端 $x=l$ において境界条件 $\dot{V}(l)=\dot{Z}_\mathrm{L}\dot{I}(l)$ が成り立つことから,線路の終端における電圧反射係数 γ は,

$$\gamma=\Gamma_\mathrm{v}(l)=\frac{\dot{Z}_\mathrm{L}-\dot{Z}_0}{\dot{Z}_\mathrm{L}+\dot{Z}_0},\quad |\Gamma_\mathrm{v}(l)|\leq 1 \tag{4.89}$$

となる.

b. 定在波比

有限長線路における定在波を反射係数を用いて考える.終端からの距離 $y=l-x$ と終端における反射係数 γ を用いて式 (4.72) を表現すると,

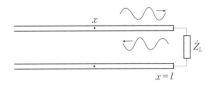

図 4.31 受端における反射

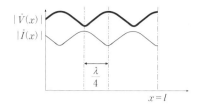

図 4.32 定在波の電圧 $|\dot{V}(y)|$ と電流 $|\dot{I}(y)|$

$$\dot{V}(y) = \frac{e^{\dot{q}y} + \gamma e^{-\dot{q}y}}{e^{\dot{q}l} + \gamma e^{-\dot{q}l}} \dot{E},$$

$$\dot{I}(y) = \frac{e^{\dot{q}y} - \gamma e^{-\dot{q}y}}{e^{\dot{q}l} + \gamma e^{-\dot{q}l}} \frac{\dot{E}}{\dot{Z}_0} \tag{4.90}$$

となる．特に，線路が無損失のときは $\dot{q} = j\beta$ において，

$$|\dot{V}(y)| = \left|\frac{1 + \gamma e^{-2j\beta y}}{1 + \gamma e^{-2j\beta l}}\right| |\dot{E}|,$$

$$|\dot{I}(y)| = \left|\frac{1 - \gamma e^{-2j\beta y}}{1 + \gamma e^{-2j\beta l}}\right| \left|\frac{\dot{E}}{\dot{Z}_0}\right| \tag{4.91}$$

となる．y を変化させたとき，$1 + \gamma e^{-2j\beta y}$，$1 - \gamma e^{-2j\beta y}$ の軌跡は，複素平面上で中心 $1+j0$，半径 γ の円となるので，電圧 $|\dot{V}(y)|$，電流 $|\dot{I}(y)|$ ともに y が $\lambda/4$ 変化するごとに最大値，最小値をとる（図 4.32）．また，式（4.91）より電圧の振幅が最大になる点において電流の振幅は最小になる．

y を変化させたとき，$1 + \gamma e^{-2j\beta y}$ は最大値 $1 + |\gamma|$，最小値 $1 - |\gamma|$ をとることから，電圧の実効値の最大値と最小値の比 ρ は

$$\rho = \frac{1 + |\gamma|}{1 - |\gamma|} \tag{4.92}$$

となる．この比 ρ は電圧定在波比と呼ばれ，右方と左方進行波の大きさの関係を表す．式（4.91）より，電流の定在波比も電圧定在波比（4.92）に等しい．また，インピーダンスの大きさは

$$|\dot{Z}(y)| = \left|\frac{1 + \gamma e^{-2j\beta y}}{1 - \gamma e^{-2j\beta y}}\right| \dot{Z}_0 \tag{4.93}$$

となり，y が $\lambda/4$ 変化するごとに最大値 $\rho\dot{Z}_0$，最小値 $\dot{Z}_0/\rho$ をとる．

c. 反射係数とインピーダンスの関係

特性インピーダンスにより規格化したインピーダンス $\hat{Z} = \dot{Z}(x)/\dot{Z}_0$ と反射係数 Γ_v の関係を考える．式（4.69）と式（4.86）より，$\hat{Z}(x)$ は $\Gamma_v(x)$ を用いて，

$$\hat{Z}(x) = \frac{1 + \Gamma_v(x)}{1 - \Gamma_v(x)} \tag{4.94}$$

と表現できる．また，これを逆に解くと

$$\Gamma_v(x) = \frac{\hat{Z}(x) - 1}{\hat{Z}(x) + 1} \tag{4.95}$$

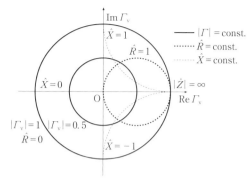

図 4.33 スミスチャート

となる．これらの変換はメビウス変換といわれる等角写像になっており，$\Gamma_v(x)$ がわかれば，$\hat{Z}(x)$ がわかり，$\hat{Z}(x)$ がわかれば $\Gamma_v(x)$ がわかる．この変換を作図によって可能にしたものがスミスチャート（図 4.33）である．スミスチャートは反射係数 Γ_v を複素平面に表示したもので，$|\Gamma_v(x)| \leq 1$ より単位円内に収まる．

反射係数 Γ_v と規格化インピーダンス $\hat{Z}$ を実部と虚部に分けて $\Gamma_v = \Gamma_r + j\Gamma_j$，$\hat{Z} = \hat{R} + j\hat{X}$ とおき，式（4.94）に代入すると，以下のような関係が得られる．

$$\left(\Gamma_r - \frac{\hat{R}}{\hat{R}+1}\right)^2 + \Gamma_j^2 = \frac{1}{(\hat{R}+1)^2} \tag{4.96}$$

$$(\Gamma_r - 1)^2 + \left(\Gamma_j - \frac{1}{\hat{X}}\right)^2 = \left(\frac{1}{\hat{X}}\right)^2 \tag{4.97}$$

式（4.96），（4.97）は，それぞれ $\hat{R}$ と $\hat{X}$ を一定値に固定したときの反射係数 Γ_v の軌跡が $1+j0$ を通り，互いに直交する円になることを示している．図 4.33 において，単位円は $\hat{R} = 0$，実軸は $\hat{X} = 0$ に対応し，点 $1+j0$，$-1+j0$ はそれぞれ $\hat{Z} = \infty$ と $\hat{Z} = 0$ に対応する．

線路が無損失の場合，終端 $x = l$ から x を減少させると，$|\Gamma_v(x)|$ が一定の円上を右回りに回転し，$x = l - \lambda/2$ で一周する．このとき，$|\hat{Z}|$ は負の実軸上では最小値 $1/\rho$ をとり，正の実軸上では最大値 ρ をとる．

d. 透 過

特性インピーダンスの異なる線路を接続したとき，接続点で反射および透過現象が起こる．図 4.34 のように長さ l，特性インピーダンス $\dot{Z}_1$，伝搬定数 $\dot{q}_1$ の線路#1 に，特性インピーダンス $\dot{Z}_2$，伝搬定数 $\dot{q}_2$ の半無限長線路#2 を点 P で接続した場合を考える．

線路#1 において右方向へ進行する入射電圧・電流波を $\dot{V}_i(x)$，$\dot{I}_i(x)$，左方向へ進行する反射電圧・電流波を $\dot{V}_r(x)$，$\dot{I}_r(x)$，点 P から#2 の線路へ透過してい

4. 分布定数回路

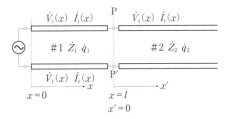

図 4.34 反射と透過

る電圧波・電流波を $\dot{V}_t(x')$, $\dot{I}_t(x')$ とする. 入射波 $\dot{V}_i(x)$, $\dot{I}_i(x)$ が

$$\dot{V}_i(x) = \dot{E}e^{-\dot{q}_1 x}, \quad \dot{I}_i(x) = \frac{1}{\dot{Z}_1}\dot{E}e^{-\dot{q}_1 x} \quad (4.98)$$

のように与えられているとき, 反射波と透過波をそれぞれ次のようにおく.

$$\dot{V}_r(x) = Be^{\dot{q}_1 x}, \quad \dot{I}_r(x) = -\frac{1}{\dot{Z}_1}Be^{\dot{q}_1 x},$$

$$\dot{V}_t(x) = Ae^{-\dot{q}_2 x}, \quad \dot{I}_t(x) = \frac{1}{\dot{Z}_2}Ae^{-\dot{q}_2 x} \quad (4.99)$$

点 P ($x=l$, $x'=0$) においては線路 #1 側と線路 #2 側の電圧と電流はともに等しく, 次式が成り立つ.

$$\dot{V}_i(l) + \dot{V}_r(l) = \dot{V}_t(0') \quad (4.100)$$
$$\dot{I}_i(l) + \dot{I}_r(l) = \dot{I}_t(0') \quad (4.101)$$

これを点Pにおける連続の条件という. この式から, A, B を求めると,

$$A = \frac{2\dot{Z}_2}{\dot{Z}_1 + \dot{Z}_2}\dot{E}e^{-\dot{q}_1 l}, \quad B = \frac{\dot{Z}_2 - \dot{Z}_1}{\dot{Z}_1 + \dot{Z}_2}\dot{E}e^{-2\dot{q}_1 l} \quad (4.102)$$

を得る. よって, 反射波と透過波はそれぞれ次のようになる.

$$\dot{V}_r(x) = \frac{\dot{Z}_2 - \dot{Z}_1}{\dot{Z}_1 + \dot{Z}_2}\dot{E}e^{-\dot{q}_1 l}e^{\dot{q}_1(x-l)},$$

$$\dot{I}_r(x) = -\frac{1}{\dot{Z}_1}\frac{\dot{Z}_2 - \dot{Z}_1}{\dot{Z}_1 + \dot{Z}_2}\dot{E}e^{-\dot{q}_1 l}e^{\dot{q}_1(x-l)} \quad (4.103)$$

$$\dot{V}_t(x') = \frac{2\dot{Z}_2}{\dot{Z}_1 + \dot{Z}_2}\dot{E}e^{-\dot{q}_1 l}e^{-\dot{q}_2 x'},$$

$$\dot{I}_t(x') = \frac{2}{\dot{Z}_1 + \dot{Z}_2}\dot{E}e^{-\dot{q}_1 l}e^{-\dot{q}_2 x'} \quad (4.104)$$

このことから, 点 P における電圧反射係数 Γ_{rv}, 電流反射係数 Γ_{ri}, 電圧透過係数 Γ_{tv}, 電流透過係数 Γ_{ti} はそれぞれ次のようになる.

$$\Gamma_{rv} = \frac{\text{反射電圧}}{\text{入射電圧}} = \frac{\dot{V}_r(l)}{\dot{V}_i(l)} = \frac{\dot{Z}_2 - \dot{Z}_1}{\dot{Z}_2 + \dot{Z}_1} \quad (4.105)$$

$$\Gamma_{ri} = \frac{\text{反射電流}}{\text{入射電流}} = \frac{\dot{I}_r(l)}{\dot{I}_i(l)} = -\frac{\dot{Z}_2 - \dot{Z}_1}{\dot{Z}_2 + \dot{Z}_1} = -\Gamma_{rv} \quad (4.106)$$

$$\Gamma_{tv} = \frac{\text{透過電圧}}{\text{入射電圧}} = \frac{\dot{V}_t(0')}{\dot{V}_i(l)} = \frac{2\dot{Z}_2}{\dot{Z}_2 + \dot{Z}_1} = 1 + \Gamma_{rv} \quad (4.107)$$

$$\Gamma_{ti} = \frac{\text{透過電流}}{\text{入射電流}} = \frac{\dot{I}_t(0')}{\dot{I}_i(l)} = \frac{2\dot{Z}_1}{\dot{Z}_2 + \dot{Z}_1} = 1 - \Gamma_{rv} \quad (4.108)$$

これらは過渡現象の場合の係数 γ_v, γ_i, μ_v, μ_i とそれぞれ対応している.

4.9.5 伝送電力

フェーザ $\dot{V}(x)$, $\dot{I}(x)$ が実効値を表しているものとして, 負荷側に送られる有効電力 P を考える. $\dot{Z}_0 = Z_0$ が実数のとき, 点 x における電力は,

$$P(x) = \text{Re}[\dot{V}^*(x)\dot{I}(x)] \quad \text{*印は複素共役} \quad (4.109)$$

$$= \frac{1}{Z_0}|A|^2 e^{-2\alpha x} - \frac{1}{Z_0}|B|^2 e^{2\alpha x} \quad (4.110)$$

で与えられる. 第 1 項が入射波に伴う電力の流れ, 第 2 項が反射波に伴う電力の流れである. このように, 入射波に伴う電力の流れと反射波に伴う電力の流れの差が正味の負荷に伝送される電力となる. また, $\alpha \neq 0$ である限り, 電力は進行方向に向かって減衰していく. たとえば入射波のみを考え, 単位長当たりの電力損失を P_L, 入射電力を P_i で表すと

$$P_L = \frac{dP_i}{dx} = -\frac{2\alpha}{Z_0}|A|^2 e^{-2\alpha x} = -2\alpha P_i \quad (4.111)$$

が成立する. したがって

$$\alpha = -\frac{1}{2}\frac{P_L}{P_i}$$

つまり, 減衰係数 α は P_L と P_i の比から求められる.

また, 電力反射係数 Γ_{rp}, 電力透過係数 Γ_{tp} も次のように定義できる.

$$\Gamma_{rp} = \frac{\text{接続点からの反射電力}}{\text{接続点への入射波電力}} \quad (4.112)$$

$$\Gamma_{tp} = \frac{\text{接続点からの透過電力}}{\text{接続点への入射波電力}} \quad (4.113)$$

特に, 無損失線路では

$$\Gamma_{rp} = \frac{|B|^2/Z_0}{|A|^2/Z_0} = \left|\frac{\dot{Z}_L - Z_0}{\dot{Z}_L + Z_0}\right|^2 = |\Gamma_{rv}|^2 \quad (4.114)$$

$$\Gamma_{tp} = \frac{\text{Re}[(A\Gamma_{tv})^*\{(A/Z_0)\Gamma_{ti}\}]}{(|A|^2/Z_0)} = \text{Re}[\Gamma_{tv}^*\Gamma_{ti}]$$

$$= \frac{4Z_0 \text{Re}(\dot{Z}_L^*)}{|\dot{Z}_L + Z_0|^2} \quad (4.115)$$

となる. 〔久門尚史〕

文 献

1) E. ピカール著, 山口昌哉, 田村祐三訳：偏微分方程式論—数理物理学への応用を含む—, 現代数学社 (1977).

2) 鳳 秀太郎：波動振動及避雷 (鳳氏交流工学理論階

梯第三編),丸善 (1915).
3) 林　重憲:「電波伝導現象の新研究方法」,電気評論,**16**, pp. 417-428 (1928).
4) 林　重憲:「送電線に沿ふ波動伝播の理論的研究（一）」,電気評論,**16**, pp. 662-673 (1928);同(二),同**16**, pp. 768-777 (1928);同(三),同**16**, pp. 843-851 (1928);同(四),同**16**, pp. 949-960 (1928);同(五),同**16**, pp. 1173-1188 (1928);(続編)「送電線に沿ふ波動伝播の理論的研究(一)から(三)」,**17** (1929);(続々編)「送電線に沿ふ波動伝播の理論的研究(一)から(二)」,**19** (1930).
5) S. Hayashi : Memoirs of the College of Engineering (Kyoto Imperial University), **5**, 5 (1930).
6) S. Hayashi : Memoirs of the Faculty of Engineering (Kyoto University), **XII**, 1 (1949).
7) S. Hayashi : Technical Report of the Engineering Research Institute (Kyoto University), **II**, 6 (1952).
8) S. Hayashi : Surges on Transmission Systems, Denkishoin (1955).
9) 林　重憲:演算子法と過渡現象,国民科学社 (1965).
10) J. R. Carson, R. S. Hoyt : "Propagation of periodic currents over a System of parallel wires," Bell System Technical Jornal, **6**, pp. 495-545 (1927).
11) 松前重義 : "Doppelfilter," Electrische Nachrichten-technik, **2**, 5 (1934) (in German).
12) A. Matsumoto : Microwave Filters and Circuits Contributions from Japan, Academic Press (1970).
13) 岩本国三:進行波とその計算入門,電気書院 (1966).
14) 関口　忠:電気回路 II (現代電気工学講座),オーム社刊 (1971).
15) 熊谷寛夫:電磁気の基礎 (基礎物理学選書),裳華房 (1975).
16) 大野克郎:現代過渡現象論 (現代電気工学講座),オーム (1994).
17) 平山　博:電気回路論,改訂版 (電気学会大学講座),電気学会 (1994).

5

回 路 合 成 論

　回路合成については精緻な理論が構築され，ある意味で完成された理論である．この章では，受動素子である抵抗（R），インダクタ（L），キャパシタ（C），理想変成器（ideal transformer：IT）からなる集中定数線形受動相反回路の合成論の概要を述べる．非相反素子である理想ジャイレータ（ideal gyrator：IG）をも含めた非相反回路については簡単な説明で済ませるが，主要な数式はできるだけ非相反回路の場合にも使える形であげている．実用上重要な1ポートおよび2ポートについては詳しく述べ，一般のnポートについては簡単に触れる．

5.1 簡単な歴史と記号など

5.1.1 簡単な歴史

　1900年代になって多重搬送電話の発展に伴い，特性のよいフィルタの設計が問題となり，Wagner[1]，Campbell[2]などの先駆的研究に続き，O. J. Zobel による影像パラメータフィルタ（Zobel フィルタ）の設計法が提案され[3]，影像パラメータフィルタの考え方はその後も長らく回路設計の指針となった．しかしこの設計法は，影像インピーダンスという集中定数回路では実現不可能なインピーダンスの存在を前提にしており，厳密な設計法ではなかった．

　これに対して，周波数特性である$j\omega$の関数を厳密に回路実現（合成）する必要が高まり，R. Foster によるリアクタンス（LC）1ポート合成の必要十分条件（1924）[4]の後，W. Cauer は LC 1ポートのはしご形合成（1926）および一般のLC nポートの合成法を与えると同時に，LC nポートに対する等価回路の問題を解決した（1931）[6]．一般のインピーダンスの合成に関しては，O. Brune が受動性の条件を表す複素変数sの関数を正実関数（positive real function）と名づけ，さらに Brune 区間の抜き取りという重要な手法により一般的に解決した（1931）[5]．ただし Brune の方法はRを多数用いるため LC フィルタの設計には向かなかった．

　一方，S. Darlington は，動作伝送関数を実現するLC 2ポートの特性を決定するとともに，一般のインピーダンス関数$z(s)$が LC 2ポートを抵抗終端して合成できることを示して，LC フィルタの設計理論を与えた（1939）[9]．Cauer はほぼ同様な結果と伝送特性の近似論などを大部な著書[7]としてまとめ，これはその後の回路合成論に多大な影響を与えた．この中でCauer は回路合成の問題を，①回路合成のための実現条件，②すべての等価回路の導出，③所望のフィルタ特性の近似法，に集約している．

　フィルタ理論の一般化として，一般の多端子回路（nポート）の合成理論が研究された．C. M. Gewertz[8]のRLC 2ポートの合成論（1933）の後，大野克郎は一般（相反）多端子網合成の問題を，Darlington の方法の一般化（1946）[15]および Brune の方法の一般化（1948）[16]により構成的に示して解決し，"正実行列であること" が回路合成の必要十分条件であることを示した．この頃 Tellegen により受動非相反素子である理想ジャイレータが導入され（1948）[25]，非相反回路の合成も検討されるようになった．V. Belevitch は電磁界理論で用いられていた散乱行列（S 行列）の回路合成への適用を提案し，そのすぐ後に大野・安浦はS 行列を用いて相反および非相反nポートの合成論および等価回路の問題を精緻な理論により一挙に解決し，Cauer の第一，第二の問題は完全に解決された（1954）[17]．なお，この理論で未解決であった "非相反nポート合成に必要なジャイレータの最小個数" については，リアクタンスnポートについてはBelevitch[14]が解決し，大野が一般のnポートについて解決した（1972）[18]．

　一方実用上の重要性から，①リアクタンス2ポートの縦続合成（インピーダンス関数$z(s)$の縦続合成），

②変成器（IT）を用いない合成が検討された．①については大野による擬正実関数の概念を用いた統一的説明がなされた[19]．②については，1ポートに対してはBott-Duffin[24]により解決されたが，2ポートについてはT. Fujisawa[22]，Fialkow-Gerst[27]などによる優れた結果があるものの完全な解決にはほど遠い．

以上の問題とは異なり，尾崎[30]は新たに多変数回路を提案し，古賀[32]により合成論が議論された．

以上ごく簡単に述べたが，回路合成については1920〜60年代にかけて多数の優れた研究がなされ，合成論の歴史については，Darlington, Belevitch, 大野による解説記事[10-12],[19]に詳しく述べられている．本章で述べた結果の証明は紙数の関係でかなり省略しているが，解説記事[19]は簡潔かつ論理的に完結した形で記述している．なお，回路合成論全般の著書としては文献13, 37〜47など多数ある．

5.1.2　記号など

本章では5.6節を除き相反回路について述べているが，非相反回路に対する式も参照のためいくつかあげている．斜体のZ, Y, V, Iなどの大文字は行列またはベクトルを，x, zなどの小文字はスカラーを表す．A^Tは行列Aの転置，$|A|$はAの行列式，$\bar{x}$はxの複素共役，$\Re c, \Im c$は複素数cの実部および虚部を示す．複素変数$s = \sigma + j\omega$の関数$f = f(s)$に対しf_*は$f_* = f(-s)$を表す．関数fの偶部，奇部，すなわち$(f+f_*)/2, (f-f_*)/2$を，$\mathrm{Ev} f, \mathrm{Od} f$または簡単に$f_e, f_o$で表す．なお$\omega$は常に実数をとるとしているので，正確には"実数の$\omega$に対し"と記述すべきところをすべて省いている．$n$次エルミート行列$A = [a_{ij}]$が任意の$n$次元列ベクトル$X$に対して$\bar{X}^T A X \geq 0$を満たすとき，$A$を非負値エルミート行列といい，$A \geq 0$と書く．特に$A$が実対称行列の場合には非負値行列という．太字の$\mathbf{0}$と$\mathbf{1}$はそれぞれ適当な次数の零行列と単位行列を表し，記号"$\equiv$"は恒等式を，"deg"は多項式，有理関数，行列の次数，rank Fは行列Fの階数を表す．NはIT網の変換行列（第5.2.2項b参照）を表す実定数正則行列．本章では立体文字と斜体文字を区別している．たとえば，回路N, S行列$S = [s_{ij}]$など．

回路合成論は，インピーダンスまたはアドミタンスに基づく議論とS行列に基づくものに大別でき，後者の方が統一した議論が可能である．しかし実際の回路との対応や歴史的およびなじみ深さの点で前者も重要で，5.2節ではインピーダンス，5.3節ではS行列に基づいて述べる．5.6節を除きインピーダンスとアドミタンスで双対な議論（第2章"線形回路"および本章の5.2.1項dの合成例参照）ができるので，インピーダンスについてのみ述べている．5.4節では非相反回路，5.5節では伝送関数の実現，5.6節ではITを用いない合成，5.7節では多変数回路について簡単に述べる．

5.2　インピーダンスの合成

5.2.1　受動性と正実関数

a.　受動性

受動（RLC（IT, IGも含む））1ポートNでは消費電力（2.2.7項参照）は非負であるからインピーダンス関数$z(s)$は$\Re z(j\omega) \geq 0$を満たす．特にRを含まない（無損失）回路すなわちリアクタンス回路（LC回路）では$\Re z(j\omega) \equiv 0$である．一方，$z(\sigma + j\omega)$ $(\sigma \geq 0)$はN中のすべてのLに$L\sigma$の抵抗を直列に，Cに$C\sigma$のコンダクタンスを並列に挿入して得られる受動回路のインピーダンスであるから補題1が成り立つ．

補題1：受動回路では$\Re z(\sigma + j\omega) \geq 0$ $(\sigma \geq 0)$．特にリアクタンス回路では$\Re z(j\omega) \equiv 0$すなわち$\Re[z(j\omega) + z(-j\omega)] \equiv 0$または$\Re s = 0$で$z(s) + z(-s) \equiv 0$.

b.　正実関数・奇正実関数（リアクタンス関数）の定義と結果

定義1：次の条件を満たすsの有理関数$f(s)$を正実関数（positive real function）という（上記a.参照）．
  (1) sが実数のとき$f(s)$も実数
  (2) $\Re s > 0$ならば$\Re f(s) \geq 0$

すなわち正実関数はsの右半平面をfの右半平面内に写像する[注]．

　注）正実関数は，複素係数，無理関数，超越関数を含む場合に拡張できる[13]が，本章では$f(s)$は実有理関数の場合のみを扱うので，以下では"実有理"は省略する．

注1：定義1の(2)は，"$f(s)$が$\Re s > 0$で解析的（正則）であること"を含んでいる．

注2：$0, 1, s, 1/s$は正実関数である．また$f(s), g(s)$を正実関数とすると，$af(s)$ $(a \geq 0), f(s) + g(s), f(g(s)), 1/f(s)$ $(f(s) \not\equiv 0$の場合$)$は正実関数である．

関数論の一致の定理と補題1により，リアクタンス回路のインピーダンス関数$z(s)$は$z(s) + z(-s) \equiv 0$す

なわち奇関数である．

注1, 2より次を得る．

補題2：$f(s)$ は $\Re s>0$ に零点を持たない．したがって，もしある $\Re s_0>0$ で $f(s_0)=0$ であれば $f(s)\equiv 0$.

定義1'：奇関数の正実関数を奇正実関数またはリアクタンス関数という．

1ポートの合成は次の結果にまとめられる．

定理1：受動回路のインピーダンス関数 $z(s)$ が R, L, C, IT を用いて合成できるための必要十分条件は $z(s)$ が正実関数であることである．特に $z(s)$ がリアクタンス1ポートとして合成できるための必要十分条件は $z(s)$ が奇正実関数であることである．

定理1の証明が1ポート合成の主要結果の一つである．必要性は補題1から明らか．十分性の証明は5.2.3項を参照のこと．

c. 正実関数・奇正実関数（リアクタンス関数）の諸性質

定理2：関数 $f(s)$ が正実関数であるための必要十分条件は，次の3条件が成り立つことである．

(1) $\Re s>0$ で $f(s)$ は正則

(2) s の虚軸上（$s=\infty$ を含む．以下同様）の極は1位で留数は正

(3) $\Re f(j\omega)\geq 0$

ただし $f(s)$ の $s=j\omega_\mu$ $(0\leq\omega_\mu<\infty)$ および $s=\infty$ の極の留数 k_μ, k_∞ は次式で定義される．

$$k_\mu=\lim_{s\to j\omega_\mu}(s-j\omega_\mu)f(s), \quad k_\infty=\lim_{s\to\infty}f(s)/s \quad (5.1)$$

定理2証明：(1)は注1参照．s の虚軸上の極 $s=j\omega_1$ $(0\leq\omega_1<\infty)$ が m 位の極であれば $s=j\omega_1$ の近傍で $f(s)\approx k/(s-j\omega_1)^m$ (k は一般には複素数) であるから，$m\geq 2$ ならば $\Re s>0$ で $\Re f(s)<0$ となる点が存在する．また $m=1$ の場合にも，上式で k_μ が正数でなければ $s=j\omega_1$ の近傍の $\Re s>0$ の点で $\Re f(s)<0$ となる点が存在する．$s=\infty$ の極についても同様．これから (2), (3) は必要条件である．十分性は (1)〜(3) と関数論の最大値の定理からわかる．

定理2の条件(2)は次の(2)'で置き換えてもよい．

(2)' s の虚軸上の零点は1位で，その微係数は正．

定理2系1：正実関数 $f(s)$ の分母子の次数の差は高々1である．また f の分母子は，フルビッツ多項式と虚軸上に1位の零点のみをもつ多項式との積としてよい．

注3：フルビッツ多項式 $p(s)$ は，最高次の係数が正でかつ $\Re s<0$ にのみ零点を持つ多項式で，回路理論ではきわめて重要である．$p(s)=p_e(s)+p_o(s)$ (5.1.2項参照) と書くとき，$p_e(s)$ と $p_o(s)$ の零点は s の虚軸上にのみあり，すべて1位の零点で，かつ互いに他を分離する（証明略）．第VI編5.3節参照．

$f=n/m=(n_e+n_o)/(m_e+m_o)$ とすると $\text{Ev}\,f=(mn_*+m_*n)/2mm_*=(m_en_e-m_on_o)/mm_*$ であるから次が得られる．

定理3：$f(s)=n(s)/m(s)=(n_e+n_o)/(m_e+m_o)$（既約かつ m の最高次の係数は正）が正実関数であるための必要十分条件は

(1) $\varepsilon m+n$ がフルビッツ多項式（ε は任意の正定数で通常は $\varepsilon=1$ とする），

(2) $m_e(j\omega)n_e(j\omega)-m_o(j\omega)n_o(j\omega)\geq 0$

$(m(j\omega)n(-j\omega)+m(-j\omega)n(j\omega)\geq 0$ とも書ける).

定理3系1：$(n_e+n_o)/(m_e+m_o)$ が正実関数であれば，$(m_e+n_o)/(n_e+m_o)$ も正実関数．

定理4（偏角定理）：実関数 $f(s)$ $(\not\equiv 0)$ が正実関数であるための必要十分条件は，"$\Re s>0$ に対し $|\arg s|\geq|\arg f(s)|$（偏角不等式）"が成り立つことである．等号は，$f=as, f=a/s$ $(a>0)$ のときにのみ成立する．

定理3, 4の証明は5.2.3項cの3）参照．

補題3：$z(s)$ が $s=0, \infty$ で0でも ∞ でもなければ $s>0$ で $sz(s)$ （または $z(s)/s$）は単調増加（単調減少）関数（証明略）．

定理5：虚軸上（$s=\infty$ も含む）に極を持たない正実関数 f は，その偶部（$\Re f(j\omega)$ でもよい）から一意的に定まる．

証明：偶部（s^2 の関数）を部分分数展開し，$\Re s<0$ に極を持つ項を集めると正実関数 $f(s)$ が定まる．

d. 奇正実関数（リアクタンス関数）の一般形とその合成

奇正実関数 $f_r(s)$ の極は定理2により s の虚軸上にのみあり1位であるから，極 $s=0, s=j\omega_\mu, s=\infty$ における留数を k_0, k_μ, k_∞ (≥ 0) とすると (f_r は実関数なので，$s=j\omega_\mu(\neq 0)$ に留数 k_μ (>0) の極を持てば $s=-j\omega_\mu$ にも留数 k_μ の極を持つ），$f_r(s)$ は次の部分分数展開形で書ける．

$$\begin{aligned}f_r(s)&=\frac{k_0}{s}+\sum_{\mu=1}^m\left(\frac{k_\mu}{s-j\omega_\mu}+\frac{k_\mu}{s+j\omega_\mu}\right)+k_\infty s\\&=\frac{k_0}{s}+\sum_{\mu=1}^m\frac{2k_\mu s}{s^2+\omega_\mu^2}+k_\infty s,\quad k_\mu\geq 0\\&\quad(\mu=0, 1, \cdots, m, \infty)\end{aligned} \quad (5.2)$$

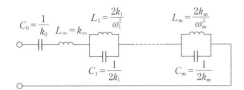

(a) $f_r = z_r$ の場合の直列形合成

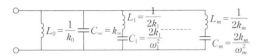

(b) $f_r = y_r$ の場合の並列形合成

図 5.1 f_r の部分分数形（Foster 形）合成

図 5.2 z_r の連分数形（Cauer 形）合成（n が偶数の場合）

$k_\mu \geq 0$（$\mu = 0, 1, \cdots, m, \infty$）を留数条件という．

f_r がインピーダンス z_r またはアドミタンス y_r のとき，式 (5.2) に対応して図 5.1(a)(b) のように "双対" な形で直列形または並列形で合成でき（Foster 形合成または部分分数形合成）．必要な LC の総数は $\deg f_r(s)$ に等しい．このようにインピーダンスとアドミタンスでは双対な議論ができるので，以下は f_r がインピーダンス z_r の場合についてのみ述べる．

$f_r(j\omega)$ は純虚数でこれを $jx(\omega)$ とおくと，極となる ω の点を除き $dx(\omega)/d\omega > 0$ である（式 (5.2) の各項について調べるとわかる）．したがって奇正実関数の極と零点は s の虚軸上に交互に並ぶので

$$f_r(s) = c \frac{s \prod_{\mu=1}^{k} (s^2 + \omega_{2\mu}^2)}{\prod_{\mu=1}^{k} (s^2 + \omega_{2\mu-1}^2)} \quad (5.3)$$

$$(c \geq 0, \ 0 \leq \omega_1 < \omega_2 < \cdots < \omega_{2k} \leq \infty)$$

と書ける（"$\omega_{2k} = \infty$" のときは項 $(s^2 + \omega_{2k}^2)$ を定数と見なす）．すなわち $f_r(s)$ はフルビッツ多項式の偶部と奇部の比として表される（本項 c 注 3 参照）．

たとえば $f(s)$ が $s = \infty$ に極を持ちその留数を $k_\infty (> 0)$ とすると，$(\hat{f}(s) \triangleq) f(s) - k_\infty s$ は定理 2 により正実関数である．$f(s)$ から $\hat{f}(s)$ を得る操作を，"$f(s)$ から $s = \infty$ の極を抜き取る" という．虚軸上の他の極についても同様．したがって，虚軸上のすべての極を抜き取ることにより定理 6 を得る．

定理 6：正実関数 $f(s)$ は $f(s) = f_r(s) + f'(s)$ と書ける．ここで $f_r(s)$ は奇正実関数であり，$f'(s)$ は虚軸上に極を持たない正実関数で，$\deg f = \deg f_r + \deg f'$.

式 (5.2) の f_r をインピーダンス z_r とし，かつ $z_r(\infty) = \infty$ と仮定する．z_r から $k_\infty s$ を抜き取ると，残りの関数 $z'_r(s)$ は $z'_r(0) = 0$ の奇正実関数となるので $[z'_r(s)]^{-1}$ から $s = \infty$ の極を抜き取る．同様な操作を続けると結局 $z_r(s)$ は次のように連分数展開できる（$b_1 \neq 0$）．

$$z_r(s) = b_1 s + \cfrac{1}{b_2 s + \cfrac{1}{b_3 s + \cfrac{\ddots}{ + \cfrac{1}{b_{n-1} s + \cfrac{1}{b_n s}}}}} \quad (5.4)$$

式 (5.4) は図 5.2 のように合成でき，Cauer 形合成または連分数形合成という．$z_r(s)$ が $s = \infty$ に極を持たない場合には，$1/z_r(s)$ について同様な展開ができる．Foster 形と Cauer 形の折衷形も可能である．

e. 2 種素子 1 ポート

LC 回路中の $L[H]$ のインダクタおよび $C[F]$ のキャパシタのインピーダンス Ls および $1/Cs$ に $s \to \sqrt{s}$ の置換を行うとそれぞれ $L\sqrt{s}$ および $1/C\sqrt{s}$ となり，さらにこれらを $\sqrt{s}$ で割ると $L(=R)[\Omega]$ の抵抗と $C[F]$ のキャパシタとなる．したがって LC 1 ポートのインピーダンス $z_{LC}(s)$ に上記の操作を行うと，RC 1 ポート $z_{RC}(s)$ が得られ

$$\text{LC-RC 回路の変換 } z_{RC}(s) = \frac{1}{\sqrt{s}} z_{LC}(\sqrt{s}),$$

$$z_{LC}(s) = s z_{RC}(s^2)$$

上式は理想変成器を含む LC 回路でも成り立つ．LC-LR 回路の変換も同様で

$$\text{LC-LR 回路の変換 } z_{LR}(s) = \sqrt{s} z_{LC}(\sqrt{s}),$$

$$z_{LC}(s) = \frac{1}{s} z_{LR}(s^2)$$

LC 回路，RC 回路，LR 回路を 2 種素子回路という．

5.2.2 n ポートの受動性と正実行列

a. 受動条件と正実行列・奇正実行列（リアクタンス行列）の定義と結論

この項 a では受動相反または非相反 n ポート N について考える．

N のインピーダンス行列を $Z(s)$ とし，これに任意の電流（ベクトル）I を流すと N への流入電力は，

$$P = \Re[\bar{I}^T V] = \Re[\bar{I}^T Z(j\omega) I]$$
$$= \bar{I}^T [Z(j\omega) + \overline{Z^T(j\omega)}] I / 2 \geq 0$$

すなわち $Z(j\omega) + \overline{Z^T(j\omega)}$ は非負値エルミート行列 $(Z(j\omega) + \overline{Z^T(j\omega)} \geq 0)$. これと1ポートの場合（5.2.1 項a）と同様な考察により $Z(\sigma+j\omega) + \overline{Z^T(\sigma+j\omega)} \geq 0$ $(\sigma \geq 0)$. 特にNがリアクタンス回路の場合には $Z(j\omega) + \overline{Z^T(j\omega)} \equiv 0$ または $\Re s = 0$ において $Z(s) + Z^T(-s) \equiv 0$ と書ける.

定義2：s の（実有理）関数を要素とする n 次行列を $F(s) = [f_{ij}(s)]$ とする．$\Re s > 0$ において $F(s) + \overline{F^T(s)} \geq 0$ のとき，$F(s)$ を正実行列という（上の条件は "$\Re s > 0$ で $F(s)$ が正則である" ことを含む）．特に $F(s) + F^T(-s) \equiv 0$ のとき，$F(s)$ をリアクタンス行列という．相反リアクタンス回路の場合には $F^T(s) = F(s)$ であるから $F(s) + F(-s) = 0$ すなわち奇正実行列（奇関数を要素とする正実行列）である．

次のことはすぐにわかる．

(1) F, F_1, F_2 を正実行列とすると，aF $(a>0), F_1 + F_2, F^{-1}$ （F が正則の場合）はいずれも正実行列．

(2) F が正実行列であれば，任意の実定数正則行列 K に対して $K^T F K$ も正実行列．

(3) 正実行列 F の主座小行列は正実行列．特に F の対角項は正実関数．

(4) 対称正実行列において，ある対角要素が0ならば，その行および列の要素はすべて0．

n ポートの合成の結論は定理7にまとめられる．

定理7：n 次のインピーダンス行列 $Z(s)$ がR, L, C, IT, IG を用いて合成できるための必要十分条件は $Z(s)$ が正実行列であることである．特に対称な $Z(s)$ が無損失 n ポート（リアクタンス n ポート）として合成できるための必要十分条件は $Z(s)$ が奇正実行列であることである．

インピーダンス行列 $Z(s)$ を対称正実行列とし，Z の性質および相反 n ポートとしての合成を述べる．

b. ITによるインピーダンス行列の変換

理想変成器網（IT網）による行列 $Z(s)$ の変換は n ポート合成における鍵である．図5.3(a)の $2n$ ポートのIT網Nで図の向きの電流 I と I' の間の電流変換を $I' = NI$（N は実定数正則行列）とすると，IT網での瞬時電力 $I^T V - (I')^T V'$ は0だから，電圧変換は $V = N^T V'$ となる．任意の行列 N の実現は簡単で，たとえば $n=2$ の場合の一例は図5.3(b)である．このIT網Nの右側のポートに，図5.3(a)のように Z 行列 Z' の n ポートN'を接続すると $V = N^T V' = N^T Z' I' = N^T Z' N I$ より，IT網の左側の n ポートからみた Z 行列 Z は

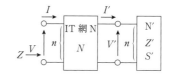

(a) 理想変成器網（IT網）による変換

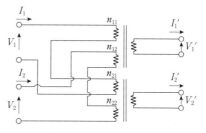

(b) 変換行列 N の実現の例

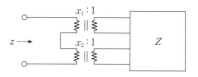

(c) Z と z の関係（$n=2$）

図 5.3 IT網による Z 行列の変換

$= N^T Z' N$ となる．逆に Z と正則行列 N を与えると，$Z' = (N^T)^{-1} Z N^{-1}$ により Z の合成を Z' の合成に帰着できる．

c. （対称）正実行列の諸性質と相反 n ポートとの関係

本項では相反回路のインピーダンス行列について述べる．相反回路では $Z = Z^T$ であるから5.2.2項aより $\Re Z(\sigma+j\omega) \geq 0$ $(\sigma \geq 0)$．これと正実行列の定義2とから，（対称）正実行列を次のようにも定義できる．

定義3：n 次実対称行列を $F(s) = [f_{ij}(s)]$ とする．任意の実定数列ベクトル $X = [x_1, \cdots, x_n]^T$ に対して $X^T F(s) X$ が正実関数となるとき，すなわち $\Re s > 0$ に対して $\Re[X^T F(s) X] \geq 0$ のとき，$F(s)$ を正実行列という（$X^T Z X$ は n ポート Z の回路にITをつないだ入力インピーダンス z である（図5.3(c)は $n=2$ の場合））．

$F(s)$ が虚軸上の $s = j\omega_\mu$ $(0 \leq \omega_\mu < \infty)$ または $s = \infty$ に1位の極を持つとき，これらの極の留数行列 K_μ, K_∞ を式（5.1）と同様に $K_\mu = \lim_{s \to j\omega_\mu} (s - j\omega_\mu) F(s)$, $K_\infty = \lim_{s \to \infty} F(s)/s$ で定義する．

定理8：行列 $F(s)$ が正実行列であるための必要十分条件は，次の3条件が成り立つことである．

(1) $\Re s > 0$ で $F(s)$ は正則．

(2) s の虚軸上における極は1位でその留数行列は

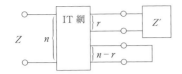

(a) Z の合成が IT 網により Z' の合成に帰着

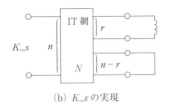

(b) $K_\infty s$ の実現

図 5.4 IT 網を用いた合成の原理

非負値行列．

(3) $\Re F(j\omega)$ は非負値行列．

1 ポートの定理 6 と同様に定理 9 のように書ける．

定理 9：正実行列 $F(s)$ は $F(s) = F_r(s) + F'(s)$ （F_r は奇正実行列，F' は虚軸上に極を持たない正実行列）．

定理 10：n 次正実行列 Z で rank $Z = r < n$ とする．Z の左上隅 r 次主座小行列 Z' が正則とすると，適当な変換行列 N により $N^T Z N$ が Z' を残し他はすべて 0 とできる（本項 b 参照）．したがって，Z は変換行列 N^{-1} の $2n$ ポートの IT 網を r ポート Z' と $n-r$ 個の短絡ポートで終端して合成でき，Z の合成が r ポート Z' の合成に帰着できる（図 5.4(a)）．

d. 奇正実行列の合成と等価回路

回路合成では Z 行列 $Z(s)$ などの複雑さの指標として次のマクミラン（McMillan）次数が重要である．

定義 4：有理関数を要素とする行列 F の一つの極（$s = \infty$ を含む）を p_i とする．F における p_i の次数 $\deg_{p_i} F$ は，F のあらゆる小行列式（$|F|$ を含む）の中で極 p_i の位数の最も高い値とすると，F のマクミラン次数 $\deg F$ は $\deg F \triangleq \sum_{p_i} \deg_{p_i} F$ と定義される．

奇正実行列 Z_r の極 $s=0$, $s=j\omega_\mu$, $s=\infty$ での留数行列を K_0, K_μ, K_∞ と書くと，Z_r は次の形に書ける．

$$Z_r(s) = \frac{1}{s}K_0 + \sum_{\mu=1}^{m} \frac{2s}{s^2 + \omega_0^2} K_\mu + K_\infty s \quad (5.5)$$

$$(K_i \geq 0, i = 0, 1, \cdots, m, \infty)$$

"$K_i \geq 0$" を留数条件という．F_r の次数 $\deg F_r$ は，$\deg F_r = \mathrm{rank}\, K_0 + \mathrm{rank}\, K_\infty + 2\sum_{\mu=1}^{m} \mathrm{rank}\, K_\mu$ と定義するが，これは定義 4 のマクミラン次数である．$n=2$ の場合に極 $s=j\omega_0$ での留数行列を $K = [k_{ij}]$ ($k_{12} = k_{21}$) としたとき，$k_{11}k_{22} - k_{12}^2 = 0$ かつ $k_{12} \neq 0$ ならば，"この極は密（compact）である" という．

たとえば $Z = sK_\infty$ の合成は，適当な正則行列 N の IT 網により $K_\infty' = (N^T)^{-1} K_\infty N^{-1}$ を（非負値）対角行列にできる（本項 b 参照）ので，図 5.4(b)のように rank K_∞ に等しい個数の L（と IT 網）で実現できる（Cauer）．式 (5.5) の他の項についても同様で，図 5.4(b) の L のところを LC 並列共振回路または C で置き換えればよく，結局式 (5.5) の Z_r はこれらの n ポートを直列接続して合成できる．必要な LC の総数は $\deg Z_r$ である（IT の個数は数えない）．

注 4：Z_r を実現するすべての等価回路の導出法が知られており（Cauer），RLC n ポートの等価回路論の基礎である．

5.2.3 一般の RLC 1 ポートの合成

a. Brune の合成法

インピーダンス $z(s)$ （正実関数）に対して以下の (1)〜(3) の操作のいずれかが必ず実行できる．特に操作 (1), (3) ではより低次のインピーダンス z' の合成に帰着し，(2) の後には (1) または (3) が実行できる．

(1) $z(s)$ または $y(s)$ ($=1/z(s)$) から虚軸上の極を抜き取る．

(2) $z(s)$ から $R = \min_{0 \leq \omega \leq \infty} \Re z(j\omega) (>0)$ の抵抗を直列に抜き取る．残りの関数 z' が正実関数であることは，関数論における最大値の定理による．

(3) $\Re z(j\omega_0) = jX \neq 0$ のとき Brune 区間を抜き取る．操作 (1) は操作 (3) の極限の場合とも見なせる．

(3) について詳しく述べる．(3) は図 5.5(a) の回路の抜き取りであり，数式的には次式で表現される．素子値などについて以下で説明する．

$$\frac{1}{z - L_1 s} = \frac{(1/L_2)s}{s^2 + \omega_0^2} + \frac{1}{L_3 s + z'} \quad \left(\omega_0 = \frac{1}{\sqrt{L_2 C_2}}\right) \quad (5.6)$$

まず $X < 0$ の場合について述べる．$z(s)$ から $L_1 = X/\omega_0 (<0)$ のインダクタを抜き取る．$(z_1(s) \triangleq) z - L_1 s$ は正実関数で $z_1(j\omega_0) = 0$ なので次にアドミタンス $y_1 = z_1^{-1}$ から図 5.5(a) の LC 直列共振回路（$L_2 > 0$, $L_2 C_2 = 1/\omega_0^2$）が並列に抜き取れ，残りのアドミタンス y_2 は $s=\infty$ で 0 なので（式 (5.6) 参照），次に y_2^{-1} から $L_3 > 0$ が直列に抜き取れ，残りの z'（図 5.5(a)）は正実関数．式 (5.6) で $s \to \infty$ とすると

$$\frac{1}{L_1} + \frac{1}{L_2} + \frac{1}{L_3} = 0$$

これから $(L_1 + L_2)(L_3 + L_2) = L_2^2$ となり $L_1 + L_2 > 0$ であることがわかる．図 5.5(a) は，Brune 区間（IT を

5. 回路合成論

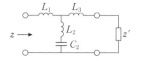
(a) Brune 区間の抜きとり

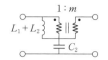
(b) Brune 区間

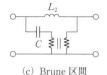
(c) Brune 区間

図 5.5 Brune 区間の抜き取り

含む図(b)の回路で，変成器比 $m=L_2/(L_1+L_2)(>0)$ で置き換えられる（本項 c 参照）．次数については $\deg z=n$ とすると，$\deg z_1 = \deg y_1 = n+1$, $\deg y_2 = n-1$, $\deg z' = n-2$.

$X>0$ の場合も上と同じ手順が行え $L_1>0, L_2>0, L_3<0$ となるが，数学的には自明ではない（本項 c 参照）．通常は，$X>0$ の場合は $y=1/z$ について上と双対な操作を行い図 5.5(c) の Brune 区間を得る．同図(c)は IT を縦続接続することにより同図(b)の形にできる．

上記の Brune 区間は $s=j\omega_0$ に減衰極（5.5.1 項参照）をもち B_+ 区間と呼ぶ．Brune の合成法では，要する LC の個数は $\deg z(s)$ で最小であるが，上記の操作 (2) により抵抗の個数は多い．操作(3)は本項 c 参照．

$L_2<0$ となる Brune 区間（$s=\sigma_0>0$ に減衰極を持つ）も抜き取れ，これを B_- 区間と呼ぶ（本項 c 参照）．

b. リアクタンス 2 ポートを抵抗終端することによる 1 ポートの合成（Darlington 法）

Darlington 法は，① z を，リアクタンス 2 ポートを 1 個の抵抗で終端した形で合成する，② z を，$B_\pm$ 区間と複素減衰極を持つ Darlington 区間（D 区間．本項 c で説明）の縦続接続で合成する，という 2 通りの意味に使われている．以下では①について Z 行列の立場から述べる（本項 c. 参照）．

$z(s) = n(s)/m(s)$（m はフルビッツ多項式と虚軸上に零点を持つ非負係数多項式との積）を，リアクタンス行列 $Z=[z_{ij}]$ の 2 ポート N の出力端を 1Ω 終端した形（図 5.7(a) で $z'=1$ とした形）で合成したいとする．以下で $Z=[z_{ij}]$（z_{ij} は奇関数で $z_{12}=z_{21}$）の決め方を述べる．Z を 1Ω 終端したときの入力インピーダンス $z_{\rm in}$ は

$$z_{\rm in} = z_{11} - \frac{z_{12}z_{21}}{z_{22}+1} = \frac{(z_{11}z_{22}-z_{12}z_{21})+z_{11}}{z_{22}+1} \quad (5.7)$$

である．一方，合成したいインピーダンスは

$$z = \frac{n}{m} = \frac{n_{\rm e}+n_{\rm o}}{m_{\rm e}+m_{\rm o}} = \frac{n_{\rm e}/m_{\rm o}+n_{\rm o}/m_{\rm o}}{m_{\rm e}/m_{\rm o}+1} = \frac{n_{\rm e}/m_{\rm e}+n_{\rm o}/m_{\rm e}}{m_{\rm o}/m_{\rm e}+1} \quad (5.8)$$

定理 3 により $m_{\rm e}(j\omega)n_{\rm e}(j\omega) - m_{\rm o}(j\omega)n_{\rm o}(j\omega) \geq 0$ であるから $m_{\rm e}n_{\rm e}-m_{\rm o}n_{\rm o}$ は一般に次のように書ける．

$$m_{\rm e}n_{\rm e} - m_{\rm o}n_{\rm o} = ff_*\xi\xi_* \quad (=\pm f^2\xi\xi_*) \quad (5.9)$$

ここで ξ は 1 位の零点のみを持つフルビッツ多項式，f は偶または奇の多項式で複号は f の偶奇により上下をとる．$z_{11}z_{22}-z_{12}z_{21}$, $n_{\rm e}/m_{\rm o}$, $n_{\rm o}/m_{\rm e}$ は偶関数，$n_{\rm e}/m_{\rm o}$, $n_{\rm o}/m_{\rm e}$ は奇正実関数なので，式 (5.7), (5.8) を比較すると次の 2 通りが考えられる．

(1) $z_{11}=n_{\rm e}/m_{\rm o}$, $z_{22}=m_{\rm e}/m_{\rm o}$, $z_{11}z_{22}-z_{12}z_{21}=n_{\rm o}/m_{\rm o}$ これから $z_{12}z_{21} = z_{11}z_{22}-n_{\rm o}/m_{\rm o} = (m_{\rm e}n_{\rm e}-m_{\rm o}n_{\rm o})/m_{\rm o}^2$

(2) $z_{11}=n_{\rm o}/m_{\rm e}$, $z_{22}=m_{\rm o}/m_{\rm e}$, $z_{11}z_{22}-z_{12}z_{21}=n_{\rm e}/m_{\rm e}$ これから $z_{12}z_{21} = z_{11}z_{22}-n_{\rm e}/m_{\rm e} = (m_{\rm o}n_{\rm o}-m_{\rm e}n_{\rm e})/m_{\rm e}^2$

$Z(s) + Z^{\rm T}(-s) = 0$ より $z_{12}(s) = -z_{21}(-s)$ であるから，一案として

(1) の場合：$z_{12}=\dfrac{f\xi}{m_{\rm o}}$, $z_{21}=-\dfrac{f\xi_*}{m_{\rm o}}$

(2) の場合：$z_{12}=\dfrac{f\xi}{m_{\rm e}}$, $z_{21}=-\dfrac{f\xi_*}{m_{\rm e}}$

$$(5.10)$$

が考えられる．しかし $\xi \not\equiv 1$ ならば一般には $z_{12} \neq z_{21}$ となり相反性の条件を満足しない．この問題を解決するにはもとの z の分母と分子にあらかじめ ξ をかけ（昇次） $z=n\xi/m\xi (\equiv \hat{n}/\hat{m})$，すなわち $\hat{m}=m\xi$, $\hat{n}=n\xi$ と考えて上記の操作を行うと，(1), (2) の場合に応じて

(1) $z_{11}=\dfrac{\hat{n}_{\rm e}}{\hat{m}_{\rm o}}$, $z_{22}=\dfrac{\hat{m}_{\rm e}}{\hat{m}_{\rm o}}$, $z_{12}=z_{21}=\dfrac{f\xi\xi_*}{\hat{m}_{\rm o}}$

(2) $z_{11}=\dfrac{\hat{n}_{\rm o}}{\hat{m}_{\rm e}}$, $z_{22}=\dfrac{\hat{m}_{\rm o}}{\hat{m}_{\rm e}}$, $z_{12}=z_{21}=\dfrac{f\xi\xi_*}{\hat{m}_{\rm e}}$

$$(5.11)$$

となり，f が偶または奇の場合にはそれぞれ (1) または (2) の場合に $z_{12}(=z_{21})$ が奇有理関数として求まる．この $Z=[z_{ij}]$ がリアクタンス行列であることは 5.2.1 項 d の結果と，式 (5.9) を用いて各極の留数条件を調べるとわかる．これから，Z は $\max\{\deg n\xi, \deg m\xi\} \leq 2\deg z$ の LC と 1 個の R で合成できる．式 (5.9) で $\xi=1$ の場合には昇次の必要はなく，$\deg z$ の LC と 1 個の R で合成できる．

例 1：$z=(s+4)/(s+1)$ とする．すなわち $m_{\rm e}=1$, $m_{\rm o}=s$, $n_{\rm e}=4$, $n_{\rm o}=s$．このとき $m_{\rm e}n_{\rm e}-m_{\rm o}n_{\rm o}=4-s^2 (=\xi\xi_*)$．したがって $f=1$, $\xi=2+s$．z を昇次して

$$z = \frac{(s+4)(s+2)}{(s+1)(s+2)} = \frac{s^2+6s+8}{s^2+3s+2}$$

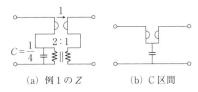

(a) 例1のZ (b) C区間

図5.6 例1のZ (C区間)

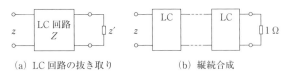

(a) LC回路の抜き取り (b) 縦続合成

図5.7 縦続合成の一般形

これから式 (5.11) の(1)により, $z_{11}=(s^2+8)/3s$, $z_{22}=(s^2+2)/3s$, $z_{12}=z_{21}=(4-s^2)/3s$ となり, 結局 z は2個のLC (とIT) と1個のRとで合成できる.

ところで, 式 (5.10) はこの場合 $z_{11}=4/s$, $z_{22}=1/s$, $z_{12}=(s+2)/s$, $z_{21}=(-s+2)/s$ となるが, この $Z=[z_{ij}]$ は1個のCと1個のIG (とIT) とで図5.6(a)の非相反回路として合成でき, z は結局1個のRと1個のCとIGで合成でき, これは z を合成する最小素子数である. 図5.6(a)にITを縦続接続すると図(b)のC区間と呼ばれるものになる.

上の例は次のことを示唆している.

(1) z を相反回路で合成する場合, 素子数 (IT, IGは数えない) は $\deg z$ 以上, $2\deg z$ 以下である.

(2) z を非相反回路で合成する場合, 素子数は $\deg z$ で済む.

実際上記の(1), (2)は, 5.3.3項 a および 5.4.2項 b で肯定的に解決される.

c. インピーダンス $z(s)$ の縦続合成

$z(s)$ の縦続合成は, $z(s)$ から簡単なLC2ポート $Z=[z_{ij}]$ を抜き取り (図5.7), $\deg z'<\deg z$ となる $z'(s)$ の合成に帰着させる操作を次々行い, 最後は抵抗終端する (図5.7(b)). ここでNを相反回路とする図(a)の z, z', z_{ij} の関係は $z=z_{11}-z_{12}z_{21}/(z_{22}+z')$. したがって

$$\mathrm{Ev}\,z = -\mathrm{Ev}\,\frac{z_{12}z_{21}}{z_{22}+z'} = -\frac{z_{21}^2}{(z_{22}+z')(z_{22}+z')_*} \quad (5.12)$$

縦続合成の要点は, $\mathrm{Ev}\,z(s)$ の零点を減衰極 (5.5.1項参照, z_{21} の零点) とするLC2ポートを次々と抜き取ることである. 本項aでのB_+区間は $\mathrm{Ev}\,z(s)$ の虚軸上の零点の抜き取りに対応し縦続合成の一部であるが, すでに述べたので, 以下では $\mathrm{Ev}\,z(s)$ の実軸上の零点 (B_-区間) および複素零点 (D区間) の抜き取りについて, 擬正実関数[19]を用いて説明する.

定義5 (擬正実関数):(実有理) 関数 $f(s)$ は $\Re f(j\omega)\geq 0$ であるとき, 擬正実関数 (pseudo-positive real function) であるという (同じ用語は Tuttle[38] が用いているが定義は異なる). 以下では $f(s)$ は回路合成論に必要な, 虚軸上の極 (零点) が高々1位の場合に限定し, 必要な結果だけをあげる.

定義から, 擬正実関数の逆数も擬正実関数である. 擬正実関数は s の右半面にも極・零点を持ちうるし, 虚軸上にも留数 (微係数) が正でない極や零点を持ちうる (虚軸上の極 (零点) の留数 (微係数) は正または負に限られる). $\Re s>0$ の極 (零点) および虚軸上で留数 (微係数) が正でない極 (零点) を不都合な極 (零点) という. 不都合な零点の個数は $f(s)+\varepsilon$ $(\varepsilon>0)$ の $\Re s>0$ における重複度を含めた零点の個数であり, 不都合な極は $1/f(s)$ の不都合な零点とする.

擬正実関数を用いる利点は次の定理に集約される.

定理11: f の不都合な極の個数と不都合な零点の個数は等しい.

定理11系1: 不都合な零点 (または極) を持たない擬正実関数は正実関数である.

簡単のため, 合成したい $z(s)$ は虚軸上には極も零点も持たないとする.

1) $s=\sigma_0$ に減衰極を持つ Brune 区間 (B_-区間) の抜き取り $\sigma_0>0$ を $\mathrm{Ev}\,z(s)$ の零点とする. B_-区間の抜き取りはB_+区間の場合 (本項a参照) と同じ図5.5(a)の回路の抜き取りで, 対応する数式表現は

$$\frac{1}{z-L_1s}=\frac{(1/L_2)s}{s^2-\sigma_0^2}+\frac{1}{L_3s+z'} \quad (C_2=-1/L_2\sigma^2) \quad (5.13)$$

以下に式 (5.13) の説明と L_i などの素子値の決め方を述べる. $z(\sigma_0)=L_1\sigma_0$ となる $L_1>0$ を求める. $(z_1\triangleq)z(s)-L_1s$ は不都合な零点 $s=\sigma_0$ を持つ擬正実関数であるから, 定理11により $y_1=1/(z(s)-L_1s)$ は1個の不都合な極 $s=\sigma_0$ を持つ擬正実関数である. y_1 から, 適当な L_2 に対し $(f_{p1}\triangleq)1/2L_2(s-\sigma)$ を引くとこの不都合な極が抜き取れる. そこで y_1 から $(f_p\triangleq)f_{p1}(s)-f_{p1}(-s)$ $(=s/L_2(s^2-\sigma_0^2)$ $(\Re f_p(j\omega)=0$ である)) を引くと, 残りの関数 y_2 は不都合な極を持たない擬正実関数, すなわち正実関数となり, かつ $z_2=1/y_2$ は $s=\infty$ に極を持つので $s=\infty$ の極 L_3s $(L_3>0)$ が抜き取れ, 結局 $z_2=sL_3+z'$ と書け, 式 (5.13) が得られる. 式 (5.13) で $s\to\infty$ とすると $L_1^{-1}+L_2^{-1}+L_3^{-1}=0$ となる

ので $L_2<0$ および $L_1+L_2>0$ とわかり（本項 a 参照），B_+ 区間の場合と同様に図 5.5(b) の回路で実現できる．ただし B_+ 区間とは異なり $m=L_2/(L_1+L_2)<0$．

次数に関しては，$\deg z'\leq \deg z-1$ であるが，特に σ_0 が Ev z の 2 位以上の零点の場合には $\deg z'=\deg z-2$ である（証明略）．なお σ_0 が Ev z の零点でなくても上記の操作は可能であるが，次数は低下しない．

2） Darlington 区間（D 区間）の抜き取り　ここではキャパシタンス C の代わりに $D=1/C$ を用いて記述する．D 区間の抜き取りは図 5.8(a) の回路（素子値は以下で述べる）の抜き取りであることを念頭におくとわかりやすい．この図に対応する数式表現は

$$\frac{1}{z(s)-L_1s-D_1/s}=\left[L_2s+D_2/s+\left(\frac{1}{L_0s}+D_0s\right)^{-1}\right]^{-1}$$
$$+\frac{1}{sL_3+D_3/s+z'(s)} \quad (5.14)$$

以下に式 (5.14) の説明をする．$s_0=\sigma_0+j\omega_0$（$\sigma_0>0$, $\omega_0>0$）を Ev z の零点とする．このとき，z から s_0 を減衰極とする D 区間が抜き取れることを示す．抜き取りの手順および議論は B_- 区間の抜き取りの場合と同様である．まず $z(s_0)=L_1s_0+D_1/s_0$ となる実数 L_1, D_1 を定める．$(z_1(s)\triangleq)z(s)-L_1s-D_1/s$ は $\Re s>0$ に 2 個の不都合な零点（$s=s_0, \overline{s_0}$）を持つので擬正実関数であり，これから $L_1>0, D_1>0$ とわかる．また $(y_1(s)\triangleq)1/z_1(s)$ は 2 個の不都合な極を持つ擬正実関数である．この不都合な極は適当な a, b に対し $(y_{p1}\triangleq)(as+b)/(s-s_0)(s-\overline{s_0})$ を抜き取ることにより除ける．そこで，$y_p(s)\triangleq y_{p1}(s)-y_{p1}(-s)$ とし $y_1(s)=y_p(s)+y_2(s)$ とすると，y_p は奇関数であるから，$1/y_p$ は $\Re s>0$ に高々 2 個の不都合な極を持ち，かつ $s=0, \infty$ に極を持つ四次の奇擬正実関数なので次のように書ける．

$$\frac{1}{y_p(s)}=L_2s+\frac{D_2}{s}+\left(\frac{1}{L_0s}+D_0s\right)^{-1}$$

$y_2(s)$ は不都合な極を持たない擬正実関数，すなわち正実関数であり，$1/y_2(s)$ は $s=0, s=\infty$ に極を持つので，$z_2(s)=sL_3+D_3/s+z'(s)$ と書け，$L_3, D_3>0$ である．

式 (5.14) で $s\to 0$ および $s\to\infty$ とすると $L_1^{-1}+L_2^{-1}+L_3^{-1}=0$, $D_1^{-1}+D_2^{-1}+D_3^{-1}=0$ が得られる．これから $L_2<0, D_2<0, L_1+L_2>0, D_1+D_2>0$ とわかり，図 5.8(a) は図 (b) の D 区間に書き換えられる．

次数については，s_0 が Ev z の 1 位の零点の場合には二次下がり，2 位以上の場合には四次下がる．以上の操作は s_0 が Ev z の零点でない場合でも行えるが，

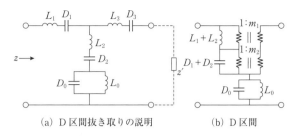

(a) D 区間抜き取りの説明　　(b) D 区間

図 5.8　Darlington 区間の抜き取り

次数は下がらない．

3）5.2.1 項 c の定理 3, 4 の導出　定理 3 は定理 11 系より明らか．s_0 を $\Re s_0>0$ の任意の複素数とし，z を正実関数とすると，3) の説明から $z(s_0)=Ls_0+1/Cs_0$ となる $L, C>0$ が定まるので，$|\arg z(s_0)|=|\arg(Ls_0+1/Cs_0)|\leq|\arg s_0|$．これが定理 4 の偏角定理である．

5.2.4　一般の RLC n ポートの合成

ここでは，Darlington 法の一般化と見なせる大野の合成法を述べる[15]．

n 次の対称正実行列を $Z=[z_{ij}]$ とし，一般性を失うことなく，① Z は正則行列，② Z も Z^{-1} も s の虚軸上（$s=\infty$ も含む）に極を持たない，と仮定できる．①については 5.2.2 項 c の定理 10 参照．

Z は正実行列であるから $\Re Z(j\omega)$ ($=$ Ev $Z(s)|_{s=j\omega}$) は非負値行列で，rank $\Re Z(j\omega)=r(\leq n)$ とする．適当な正則行列 M（一般には ω の複雑な偶関数行列）により，$M^T(\Re Z(j\omega))M=\text{diag}[d_1, d_2, \cdots, d_r, 0, \cdots, 0]$ と変換できる．d_i は ω^2 の実偶関数で $d_i(\omega^2)\geq 0$ である．したがって，

$$\Re Z(j\omega)=(M^{-1})^T\text{diag}[d_1, d_2, \cdots, d_r, 0, \cdots, 0]M^{-1}$$
$$=\sum_{i=1}^{r}(M^{-1})^TD_iM^{-1}$$

ここで，D_i は diag $[d_1, d_2, \cdots, d_r, 0, \cdots, 0]$ の d_i のみを残し他は 0 とした行列である．

$(M^{-1})^TD_iM^{-1}$ は偶関数を要素とし，虚軸上に極を持たない非負値行列である．1 ポートの場合の定理 5 と同様に $(M^{-1})^TD_iM^{-1}$ から虚軸上に極を持たない正実行列 Z_i が一意的に定まり，rank $\Re Z_i(j\omega)=1$ であり，$Z=\sum_{i=1}^{r}Z_i$ である．Z_i の合成を考える．$Z_i(s)$ を n 次正実行列（$n>1$）とし，rank $\Re Z_i(j\omega)=1$ とする．このとき，次の 1)～3) のいずれかが実行できる．1）Z_i から虚軸上の極を抜き取る．2）rank $Z_i(s)=r_i<n$ な

らば，図 5.4(a) のように IT 網を用いて，$r_i(<n)$ 次の正実行列の合成に帰着できる．3) rank $Z_i(s) = n$ ならば，$Y_i = Z_i^{-1}$ は rank $\Re Y_i(j\omega) = 1$（証明略）である．また 1) により $\Im Z(0) = 0$, $|Z(0)| = 0$ であるから，Y_i は s の虚軸上に極を持つ（少なくとも $s=0$ および $s=\infty$ に）ので，これらの極を抜き取る．1)～3) の結果残りの行列 $Z_i' = (Y_i')^{-1}$ は，Z_i より簡単かまたは行列サイズのより小さい正実行列で，Z_i' に対して 1)～3) を繰り返すと，最後は 1 ポートの正実関数の合成に帰着でき，これはリアクタンス回路を 1 個の抵抗で終端して合成でき（Darlington の合成），結局，もとの Z_i がリアクタンス $(n+1)$ ポートを 1 個の抵抗で終端した形で合成できることになり，Z はリアクタンス $n+r$ ポートを r 個の R で終端して合成できる．

5.3 S 行列による合成

5.3.1 受動性と UBR 関数・UBR 行列

本節では非相反回路を含めで述べる．

S 行列 $S(s)$（基準抵抗 1Ω）の n ポートは
$$V - I = S(V + I)$$
で定義される．この n ポートへの流入電力 P は
$$P = \Re \overline{V}^{\mathrm{T}} I = \frac{1}{4}[\overline{(V+I)}^{\mathrm{T}}(V+I) - \overline{(V-I)}^{\mathrm{T}}(V-I)]$$
$$= \frac{1}{4}\overline{(V+I)}^{\mathrm{T}}[1 - \overline{S(j\omega)}^{\mathrm{T}} S(j\omega)](V+I)$$

受動回路では任意のベクトル $V+I$ に対し $P \geq 0$ が成り立つ必要があるので，$1 - \overline{S(j\omega)}^{\mathrm{T}} S(j\omega)$ $(= 1 - S(-j\omega)^{\mathrm{T}} S(j\omega))$ は非負値エルミート行列である．正実関数の場合（5.2.1 項 a 参照）と同様な議論から，

$\sigma \geq 0$ に対し $1 - \overline{S(\sigma + j\omega)}^{\mathrm{T}} S(\sigma + j\omega) \geq 0$ または
$\Re s \geq 0$ に対し $1 - \overline{S(s)}^{\mathrm{T}} S(s) \geq 0$

上式は $\Re s \geq 0$ で $S(s)$ が正則であること，したがって，S の分母多項式はフルビッツ多項式であることを含んでいる．特に n ポートがリアクタンス回路の場合には $S(-j\omega)^{\mathrm{T}} S(j\omega) \equiv 1$ または $\Re s = 0$ で $S(-s)^{\mathrm{T}} S(s) \equiv 1$．これと $\Re s \geq 0$ で正則であることと関数論の一致の定理から $S(-s)^{\mathrm{T}} S(s) \equiv 1$．一般に $P(-s)^{\mathrm{T}} P(s) \equiv 1$ となる実有理行列 P（分母はフルビッツとは限らない）をパラユニタリ（para-unitary）行列という．

定義 6：分母がフルビッツ多項式の（実有理）関数を要素とする n 次行列 $K(s)$ が，$\Re s > 0$ において $1 - K(s)$ が非負値エルミート行列のとき，$K(s)$ を UBR (unimodular bounded real) 行列という．

補題 4：UBR 行列の正方小行列は UBR 行列である．

定理 12：$|1 - K(s)| \not\equiv 0$ のとき，$K(s)$ が UBR 行列であるための必要十分条件は $(1 - K(s))^{-1}(1 + K(s))$ が正実行列であることである．逆に，$F(s)$ が正実行列であるための必要十分条件は，$(F(s) - 1)(F(s) + 1)^{-1}$ が UBR 行列となることである．

まず結果を述べる．

定理 13：S 行列 $S(s)$ が RLC（IT を含む）回路として合成できるための必要十分条件は，$S(s)$ が対称 UBR 行列であることである．特に $S(s)$ がリアクタンス n ポートとして合成できるための必要十分条件は，$S(s)$ が $\Re s > 0$ で正則なパラユニタリ行列であることであり，$n = 1$ の場合には $S(s) = g(-s)/g(s)$（g はフルビッツ多項式）である．

5.3.2 S 行列の性質と諸操作

定理 14：受動回路に対しては S 行列は常に存在する．

（証明）図 5.9(a) において，電源 E からみたアドミタンス行列 η は（各ポートに直列に抵抗がつながっているので）常に存在し $I = \eta E$．一方 $E = V + I$, $2I = (V+I) - (V-I) = (1-S)(V+I) = (1-S)E$ であるから，$S = 1 - 2\eta$ と求められる．図 5.9(a) を簡略化して図 (b) のように描く．

Z, Y, S 行列の定義 $V = ZI$, $I = YV$, $V - I = S(V + I)$ から容易に次のことがわかる．

定理 15（S, Z, Y 行列の間の関係）：$|1 - S| \not\equiv 0$ ならば $Z = (1 + S)(1 - S)^{-1}$．$|1 + S| \not\equiv 0$ ならば $Y = (1 - S)(1$

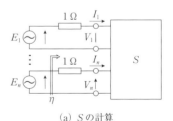

(a) S の計算

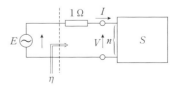

(b) 図 (a) の簡易表現

図 5.9 S 行列の求め方

$+S)^{-1}$. 逆に, Z が存在すれば, $S=(Z-\mathbf{1})(Z+\mathbf{1})^{-1}$ (定理12参照).

次のことも S 行列の定義からすぐにわかる.

(1) n ポートの S 行列 S の特別な場合で, $S=\mathbf{0}$ は n 個の単位抵抗, $S=\mathbf{1}$ はすべてのポートが開放, $S=-\mathbf{1}$ はすべてのポートが短絡であることを表す.

(2) n ポートの S 行列の左上隅 k 次主座小行列は, ポート $(k+1)\sim n$ を 1Ω 終端したときのポート $1\sim k$ からみた S 行列である.

定理 16 (IT 網による変換):図 5.3(a)(5.2.2 項 b 参照) の IT 網 N の変換行列 N を特に n 次直交行列 T とすると, $V-I=T^{\mathrm{T}}V'-T^{-1}I'=T^{\mathrm{T}}(V'-I')$, $V'+I'=T(V+I)$ (電流 I' の向きに注意)であるから, IT 網 N の S 行列 Σ は

$$\Sigma = \begin{bmatrix} \mathbf{0} & T^{\mathrm{T}} \\ T & \mathbf{0} \end{bmatrix}$$

となる. 図 5.3(a) のように IT 網 N を S 行列 S' の n ポート N' で終端すると, $V'-I'=S'(V'+I')$. 上のことから $V-I=T^{\mathrm{T}}(V'-I')=T^{\mathrm{T}}S'(V'+I')=T^{\mathrm{T}}S'T(V+I)$ となるので, 図 5.3(a) の左端からみた全体の S 行列が $S=T^{\mathrm{T}}S'T$ となる. 逆に S と直交行列 T を与えると, $S'=TST^{\mathrm{T}}$ により, S の合成を S' の合成に帰着できる. たとえば rank $S=r<n$ ならば, S の合成を rank $S'=r$ の合成に帰着できる.

定義 7 (全域通過網):U を $\Re s>0$ で正則な n 次パラユニタリ行列とするとき, $2n\times 2n$ の S 行列

$$S_{\mathrm{AP}} = \begin{bmatrix} \mathbf{0} & U \\ U^{\mathrm{T}} & \mathbf{0} \end{bmatrix} \begin{matrix} \}n \\ \}n \end{matrix} \quad (5.15)$$

を(相反)全域通過網(allpass network:AP)という(図 5.10(a). 上記(1)(2) 参照).

補題 5:図 5.10 の AP の右側の n ポートを図(b)のように 1Ω の抵抗で終端すると, 左側の n ポートからみたインピーダンスも 1Ω の抵抗 n ポート. 逆に, 1Ω の抵抗 n ポートから常に相反および非相反の全域通過回路が図 5.10(b) のように抜き取れる(重要!).

特に相反 2 ポートの場合(式(5.15)で $n=1$), $U=g_*/g$ (g はフルビッツ多項式)とすると, $Z=(\mathbf{1}+S)\cdot(\mathbf{1}-S)^{-1}$ により全域通過網のインピーダンス行列 Z_{AP} は次式で与えられる.

$$Z_{\mathrm{AP}} = \frac{1}{2}\begin{bmatrix} z+1/z & z-1/z \\ z-1/z & z+1/z \end{bmatrix} \quad (5.16)$$

ここで $z=(g+g_*)/(g-g_*)$ はリアクタンス関数である. 上式は第 2 章の図 2.18(b) の対称格子形回路で z_a

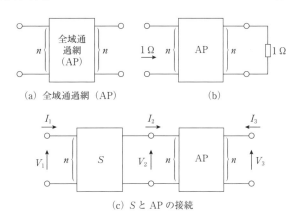

(a) 全域通過網 (AP)　　　　　(b)

(c) S と AP の接続

図 5.10 S 行列 S の回路と全域通過網の縦続接続

$=1/z$, $z_b=z$ として実現できる.

なお式(5.15)の S_{AP} は, U が $\Re s>0$ で正則でない場合でも能動全域通過網としての意味を持ち, 5.4.2 項で有用である.

補題 6:図 5.10(c) の全域通過網 AP(式(5.15))に関しては $V_2-I_2=U_2(V_3+I_3)$, $V_3-I_3=U_1^{\mathrm{T}}(V_2+I_2)$. 一方, 電流の向きに注意すると次式となる.

$$\begin{bmatrix} V_1-I_1 \\ V_2+I_2 \end{bmatrix} = S\begin{bmatrix} V_1+I_1 \\ V_2-I_2 \end{bmatrix}$$

この AP に S 行列 S の $2n$ ポートを図 5.10(c) のように縦続接続すると, 図(c) の回路全体の S 行列 Σ は

$$\Sigma = \begin{bmatrix} \mathbf{1} & \mathbf{0} \\ \mathbf{0} & U^{\mathrm{T}} \end{bmatrix} S \begin{bmatrix} \mathbf{1} & \mathbf{0} \\ \mathbf{0} & U \end{bmatrix} \quad (5.17)$$

5.3.3　リアクタンス 2 ポートの S 行列の標準形

リアクタンス 2 ポートの S 行列 S は, パラユニタリ条件 $S(-s)S^{\mathrm{T}}(s)=\mathbf{1}$ を満たしかつ $\Re s>0$ で正則であることから, 次の標準形に書ける(証明略).

$$S = \frac{1}{g}\begin{bmatrix} h & f \\ f & \mp h_* \end{bmatrix} \quad (5.18)$$

ここで, ① $g(s)$ フルビッツ多項式, ② $f(s)$ は偶または奇の多項式, ③ $f(s), g(s), h(s)$ は式 $gg_*=ff_*+hh_*$ を満たす, ④ 式(5.18)で複号は f の偶奇に応じて上下をとる. 式(5.18)の h/g などは必ずしも既約とは限らない.

なお, 式(5.18)に対する Z 行列および Y 行列は 5.3.2 項の定理 15 により

$$Z = \frac{1}{(g\mp g_*)-(h\mp h_*)}$$
$$\times \begin{bmatrix} (g\pm g_*)+(h\pm h_*) & 2f \\ 2f & (g\pm g_*)-(h\pm h_*) \end{bmatrix},$$

$$Y = \frac{1}{(g \mp g_*) + (h \mp h_*)}$$
$$\times \begin{bmatrix} (g \pm g_*) - (h \pm h_*) & -2f \\ -2f & (g \pm g_*) + (h \pm h_*) \end{bmatrix}$$
（複号は f の偶奇により上下をとる） (5.19)

式 (5.18) から $|S| = g_*/g$ であり，S のマクミラン次数は $\deg S = \deg g = \deg Z$，$\deg g$ は S, Z, Y を合成する LC の最小個数でもある．

a. 標準形を利用したインピーダンス $z(s)$ の合成

$z(s)$ に対して反射係数 $s_{11}(s) = (z-1)/(z+1) \equiv h_0(s)/g_0(s)$（既約；$g_0$ はフルビッツ多項式）を求める（定理 15 で $n = 1$ とする）．$|h_0(j\omega)/g_0(j\omega)| \leq 1$ すなわち $g_0(j\omega)g_0(-j\omega) - h_0(j\omega)h_0(-j\omega) \geq 0$ であるから，$g_0 g_{0*} - h_0 h_{0*} = f_0 f_{0*} \xi \xi_*$ と書ける．ここで f_0 は偶または奇の実多項式，ξ は 1 位の零点のみをもち最高次の係数が 1 のフルビッツ多項式．上式の両辺に $\xi \xi_*$ をかけ，$g \equiv g_0 \xi$, $h \equiv h_0 \xi$, $f \equiv f_0 \xi \xi_*$ とおくと，f は偶または奇多項式で，$g g_* = f f_* + h h_*$ が成り立つので，リアクタンス 2 ポートの S 行列 S の標準形が次のように求まる．

$$S = \frac{1}{g}\begin{bmatrix} h & f \\ f & \mp h_* \end{bmatrix} = \frac{1}{g_0 \xi}\begin{bmatrix} h_0 \xi & f_0 \xi \xi_* \\ f_0 \xi \xi_* & \mp h_{0*} \xi_* \end{bmatrix}$$
（$\xi = 1$ の場合も含む） (5.20)

式 (5.20) の相反リアクタンス 2 ポート S の出力端を 1Ω 終端することにより $z(s)$ が図 5.11(a) の形で合成できる (5.3.2 項の (2) 参照)．$\deg \xi \leq \deg z = \max\{\deg g_0, \deg h_0\}$ であるから，合成に要する LC の個数は S の次数（$= \deg g_0 \xi$）に等しく $z(s)$ の次数の 2 倍以下であり，抵抗の個数は 1 個で最小である．ξ は z を相反回路で合成するための昇次 (5.2.3 項 b の例参照) に相当する (5.4.2 項 a も参照)．

例として 5.2.3 項 b であげた $z(s) = (s+4)/(s+1)$ を合成する．$g_0 = 2s+5$, $h_0 = 3$, $g_0 g_{0*} - h_0 h_{0*} = 4(s+2) \times (-s+2)$ より，$f_0 = 2$, $\xi = s+2$ となるので，2 ポートの S 行列および Z 行列は式 (5.20), (5.19) により

$$S = \frac{1}{(2s+5)(s+2)}$$
$$\times \begin{bmatrix} 3(s+2) & 2(s+2)(-s+2) \\ 2(s+2)(-s+2) & -3(-s+2) \end{bmatrix},$$
$$Z = \frac{1}{9s}\begin{bmatrix} 4s^2+32 & -4s^2+16 \\ -4s^2+16 & 4s^2+8 \end{bmatrix}$$

Z は，2 $(= \deg S = \deg Z)$ 個の LC を含む B_ 区間に相当し，z は Z を 1Ω 終端して合成できる．

b. リアクタンス 2 ポート合成との関係

（相反）リアクタンス 2 ポートの S 行列 $S = [s_{ij}]$ が与えられると，この出力端を 1Ω 終端したときの入力インピーダンス関数 z が $z = (1+s_{11})/(1-s_{11})$ として一意的に求まる．逆にこの z を（相反）リアクタンス 2 ポートを 1Ω 終端した形で合成すると，もとの $S = [s_{ij}]$ の合成になることが期待されるが，一般には全域通過網分の不定性がある（図 5.11(a)(b) は同じ z を実現する．5.3.2 補題 5 も参照）．f の零点がすべて虚軸上にある場合（式 (5.20) で $\xi = 1$ の場合）には，余分の減衰極（図 5.11(b) の ξ_1 に対応）が入らないように合成すると，もとの $S = [s_{ij}]$ の合成になる．

5.3.4 S 行列を用いた RLC n ポートの合成

n 次対称 S 行列 S を UBR 行列とする．S が m 個の抵抗（抵抗値は 1Ω）を含む回路で合成できるとすると，S の合成はこれら m 個の抵抗を抜き出したリアクタンス $(n+m)$ ポート（この S 行列を Σ とする）の合成に帰着できる．$S (\equiv \Sigma_{11}$ とおく) の分母の最小公倍多項式をフルビッツ多項式 g_0 とすると，$S = (1/g_0)K_{11}$ で K_{11} は対称な多項式行列．Σ_{11} に m 行，m 列を付け加えて Σ とする．すなわち次となる．

$$\Sigma = \begin{bmatrix} \Sigma_{11} & \Sigma_{12} \\ \Sigma_{21} & \Sigma_{22} \end{bmatrix} = \frac{1}{g_0}\begin{bmatrix} K_{11} & K_{12} \\ K_{21} & K_{22} \end{bmatrix}\begin{matrix} \}n \\ \}m \end{matrix}, K_{12} = K_{21}^T, K_{22} = K_{22}^T$$

S の合成問題は，Σ がパラユニタリ行列すなわち $\Sigma_*^T \Sigma \equiv \mathbf{1}$ で，かつ Σ が $\Re s > 0$ で正則な有理行列 K_{12}, K_{21}, K_{22} を定める問題に帰着できる．パラユニタリ条件は次のように書ける．

$$g_0 g_{0*} \mathbf{1}_n - K_{11*}^T K_{11} = K_{21*}^T K_{21},$$
$$K_{11*}^T K_{12} + K_{21*}^T K_{22} = \mathbf{0},$$
$$g_0 g_{0*} \mathbf{1}_n - K_{22*}^T K_{22} = K_{12*}^T K_{12} \quad (5.21)$$

式 (5.21) の第 1 式より $m \geq \mathrm{rank}[\mathbf{1} - S(-s)^T S(s)]$ が必要条件とわかり，実際このもとで K_{ij} が求まる．さらにすべての解 K_{ij} を求める問題，すなわち，等

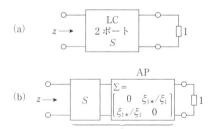

図 5.11 Darlington の合成法と全域通過網の不定性

5.4 非相反回路について

5.4.1 非相反リアクタンス行列の合成

非相反リアクタンス回路のインピーダンス行列 Z_r は，$Z_r(s) + Z_r^T(-s) \equiv 0$ を満たす正実行列であり，一般形は次のようになる．

$$Z_r(s) = K_a + \frac{1}{s}K_0 + \sum_{\mu=1}^{m}\left(\frac{1}{s-j\omega_\mu}K_\mu + \frac{1}{s+j\omega_\mu}\overline{K_\mu}\right) + K_\infty s$$

$$= K_a + \frac{1}{s}K_0 + \sum_{\mu=1}^{m}\left(\frac{2s}{s^2+\omega_\mu^2}\Re K_\mu - \frac{2}{s^2+\omega_\mu^2}\Im K_\mu\right) + K_\infty s$$

(5.22)

ここで K_a は実交代行列，K_0, K_∞ は (実対称) 非負値行列，K_μ は非負値エルミート行列である．

式 (5.22) の合成は，各項を合成し，直列接続すればよい．K_a については適当な IT 網 N により

$$K_a' = N^T K_a N$$

$$= \begin{bmatrix} 0 & \alpha_1 \\ -\alpha_1 & 0 \end{bmatrix} \oplus \cdots \oplus \begin{bmatrix} 0 & \alpha_k \\ -\alpha_k & 0 \end{bmatrix} \oplus [0]$$

とでき，上の各項は IG で合成できる．$s=0$, $s=\infty$ の極については相反回路の合成と同じで問題はない．

$s=j\omega_\mu$ の極については，K_μ および $\overline{K_\mu}$ を階数1の非負値エルミート行列の和にできるので，階数1の K_μ および $\overline{K_\mu}$ の場合を考えればよい．さらに図 5.3 の IT 網を適当に選ぶことにより，$n=2$ で

$$K_\mu = \begin{bmatrix} 1 & j \\ -j & 1 \end{bmatrix}$$

の合成に帰着でき，この場合には

$$Z_\mu = \left(\frac{1}{s-j\omega_\mu}\begin{bmatrix} 1 & j \\ -j & 1 \end{bmatrix} + \frac{1}{s+j\omega_\mu}\begin{bmatrix} 1 & -j \\ j & 1 \end{bmatrix}\right)$$

$$= \frac{2s}{s^2+\omega_\mu^2}\begin{bmatrix} 1 & -\omega_\mu/s \\ \omega_\mu/s & 1 \end{bmatrix}$$

$$\Rightarrow Z_\mu^{-1} = \frac{1}{2}\begin{bmatrix} s & \omega_\mu \\ -\omega_\mu & s \end{bmatrix} \quad (5.23)$$

したがって，Z_μ は図 5.12 のように合成できる．

5.4.2 インピーダンスに基づく非相反リアクタンス2ポートの抜き取り

5.2.3 項 c の縦続合成では相反回路を抜き取ったが，同様に非相反回路の抜き取りも可能である．

たとえば縦続合成において z が $s=s_0>0$ に偶部の零点を持つ場合には，$(3)'$ $z_{11}(s) = as$ (a/s も可能である) とし，$z(s_0) = z_{11}(s_0)$ により $a(>0)$ を決め，$z_{12} = a(s \mp s_0)$, $z_{21} = a(s \pm s_0)$, $z_{22} = as$ とする (複号同順)．こうして求めた2ポート Z を図 5.13(a) に示す．残りのインピーダンスを z' とすると，式 (5.12) から，$z' = -z_{22} + z_{12}z_{21}/(z_{11}-z) = -z_{22} + a^2(s_0^2-s^2)/(z-as)$. これから $\Re z'(j\omega) \geq 0$ となるので，z' は擬正実関数．一方，$z-as$ はちょうど1個の不都合な零点をもち，これは分子の $s-s_0$ と相殺するので，結局 z' は正実関数とわかる．$\deg z' \leq \deg z$ で，$s=s_0$ が $\text{Ev}\, z$ の零点のときには次数が下がる．

簡単な例として，5.2.3 項 b でもあげた $z=(s+4)/(s+1)$ について述べる．偶部の零点は $s=s_0=2$ であるから，$a=1$. したがって

$$Z = \begin{bmatrix} s & s-2 \\ s+2 & s \end{bmatrix}$$

となる．この非相反回路を抜き取ると残りのインピーダンスが $z'=1\Omega$ となり合成は終わる．ところで，この Z を2個縦続接続すると B_ 区間となる．この意味で，上の Z は B_ 区間の半分にしたものとみられ，5.2.3 項 b の図 5.6(b) とともに C 区間と呼ばれることもある．同様に，z の偶部が複素零点 $s=s_0=\sigma_0+j\omega_0$ ($\sigma_0>0$, $\omega_0>0$) を持つ場合も，同様な操作で $s=s_0$ を減衰極とする図 5.13(b) の非相反2ポートを抜き取ることができる．これは Darlington 区間の半分で，E 区間と呼ばれる．

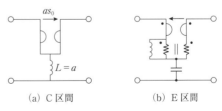

(a) C 区間　　　(b) E 区間

図 5.13 C 区間と E 区間

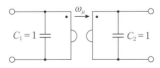

図 5.12 式 (5.23) の Z_μ の合成

5.5 フィルタとその他の伝送回路

5.5.1 特性関数

両端を 1Ω で終端した図5.14のLCフィルタNの動作伝送係数 $T(s) \triangleq E/2V_2$ について述べる.図の回路において $E = V_1 + I_1$, $V_2 = -I_2$, $V_2 - I_2 = 2V_2$ であるから,S行列の定義と式 (5.18) により

$$T(s) = \frac{E}{2V_2} = \frac{1}{s_{21}} = \frac{g(s)}{f(s)}$$

f の零点および f/g の $s = \infty$ における零点をフィルタNの減衰極 (attenuation pole) という.減衰極はNの z_{21} の零点または Z の密でない極 (2.2.2項d) でもある.

$$TT_* = \frac{gg_*}{ff_*} = \frac{ff_* + hh_*}{ff_*} = 1 + \frac{h}{f}\left(\frac{h}{f}\right)_*$$

であるから,$\phi(s) \triangleq h(s)/f(s)$ とおき,$\phi(s)$ を N の特性関数という.振幅特性は

$$|T(j\omega)|^2 = \left|\frac{g(j\omega)}{f(j\omega)}\right|^2 = \left.\frac{g(s)g(-s)}{f(s)f(-s)}\right|_{s=j\omega}$$
$$= \left.\frac{f(s)f(-s) + h(s)h(-s)}{f(s)f(-s)}\right|_{s=j\omega} = 1 + |\phi(j\omega)|^2$$

5.5.2 特性関数 $\phi(s)$ の実現

任意の有理関数 $\phi(s) = q(s)/p(s)$ を特性関数に持つフィルタNのS行列 $S(s)$ を求めるには,$p\eta$ が偶または奇多項式となる多項式 η を求めて $f = p\eta$, $h = q\eta$ とし,次に $gg_* = ff_* + hh_*$ よりフルビッツ多項式 $g(s)$ を定めれば式 (5.18) よりS行列 $S(s)$ が標準形で求まる.例として,$\phi(s) = s/(s+2)$ とすると,$\phi(s) = s(-s+2)/(-s^2+2^2)$ より,$f(s) = -s^2 + 4$, $h(s) = s(-s+2)$ とから,$gg_* = ff_* + hh_*$ よりフルビッツ多項式 $g(s) = \sqrt{2}(s^2 + \sqrt{6+2\sqrt{2}}\,s + 2\sqrt{2})$ と求まる.

特に $f(s) = 1$ の場合には減衰極はすべて $s = \infty$ にのみあり,有限周波数の減衰極はないので無極形といい,Nを 1Ω 終端したときの入力インピーダンス $z(s)$ の偶部の零点はすべて $s = \infty$ にあるので,z はLCはしご形回路を抵抗終端して合成でき (5.4.2項b参照),また $f(s) = s^k$ ($k = 0, 1, \cdots$) の場合も,減衰極が $s = 0$ および $s = \infty$ にのみあるので,同様にLCはしご形回路で合成できる (5.6.1項b参照).

次に,$Q(\omega^2)(= |\phi(j\omega)|^2) \geq 0$ が与えられた場合,これから $Q(-s^2) = \phi(s)\phi(-s)$ となる $\phi(s)$ を求め,これから上記の方法で f, g, h を定めればよい.たとえば,典型的な低域通過形最大平坦特性 (Butterworth 特性) の場合,$|\phi(j\omega)|^2 = \omega^{2n} = (-s^2)^n$ であるから,$f(s) = 1$, $h(s) = \pm s^n$ とし,$gg_* = (1+s^n)(1+(-s)^n)$ より,フルビッツ多項式 g が一意的に求まる.

また n 次のチェビシェフ特性の場合には $|\phi(j\omega)|^2 = \varepsilon^2 C_n^2(\omega)$ に対して,解析的に f, g, h が求められる.ここで $C_n(\omega)$ は n 次のチェビシェフ多項式で,$C_n(\omega) = \cos(n\cos^{-1}\omega)$ である.$C_0 = 1$, $C_1 = \omega$, $C_{n+1} = 2\omega C_n - C_{n-1}$ ($n \geq 2$) から決まる.数項をあげると,$C_2 = 2\omega^2 - 1$, $C_3 = 4\omega^3 - 3\omega$, $C_4 = 8\omega^4 - 8\omega^2 + 1$.

チェビシェフ特性を持つLCはしご形回路の素子値が陽に求められている[23].

5.5.3 群遅延特性

伝送係数 $T(s)$ の周波数特性を $T(j\omega) = |T(j\omega)| \cdot e^{j\theta(\omega)} = A(\omega)e^{j\theta(\omega)}$ と書くとき (群) 遅延特性 $\tau(\omega)$ は $\tau(\omega) = d\theta(\omega)/d\omega$ で定義される.$T(s) = 1/g(s)$ とし多項式 $g(s)$ を $g(s) = g_e(s) + g_o(s)$ と書くと

$$g(j\omega) = |g(j\omega)|e^{j\theta(\omega)} = |g(j\omega)|e^{j\tan^{-1}\frac{g_o(j\omega)/j}{g_e(j\omega)}}$$

であるから,

$$\tau(\omega) = d\left(\tan^{-1}\frac{g_o(j\omega)/j}{g_e(j\omega)}\right)\!\bigg/d\omega = \Re\left[\frac{dg/ds}{g}\right]_{s=j\omega}$$

となる.低域形最大平坦群遅延特性として Bessel 特性がよく知られている.B_n を n 次の Bessel 多項式とすると,$T_n(s) = B_n(1/s)$ は低域通過特性で,かつ遅延特性が最大平坦特性となる.たとえば,$n = 4$ の場合には,$\tau(\omega) = 1/(1 + \omega^4 + \omega^6 + \cdots)$ となる.

5.5.4 LCはしご形回路における等価変換

いったん設計された回路において,回路中のITや相互誘導 M をなくしたいとか,平衡形回路を不平衡形回路 (3端子回路) に変換したい場合がしばしばあり,このための等価変換が知られている.図5.15には対称格子形回路の3端子回路への等価変換の例と変換条件をあげている.これらの例および図5.16(a)(b)の等価変換の導出には2等分定理を用い (2.6.4

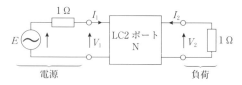

図5.14 伝送回路

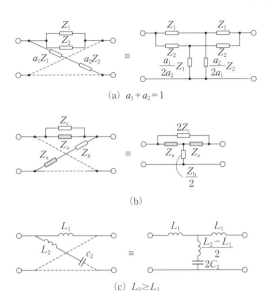

(a) $a_1 + a_2 = 1$

(b)

(c) $L_2 \geq L_1$

図 5.15 対称格子形回路から 3 端子回路への等価変換

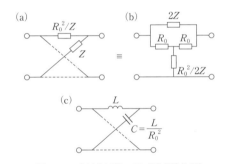

図 5.16 定抵抗回路の例（減衰等化器）

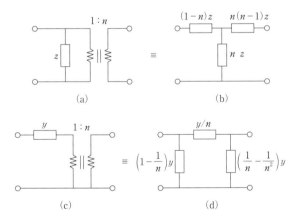

図 5.17 Norton 変換

項および文献 31 参照），第 2 章式 (2.30) の z_A, z_B を等しくすればよい．一般の回路に関し図 5.17 の等価変換を Norton 変換という．この変換では必ず負素子を生ずるが，前後の素子で負素子を相殺できる場合に

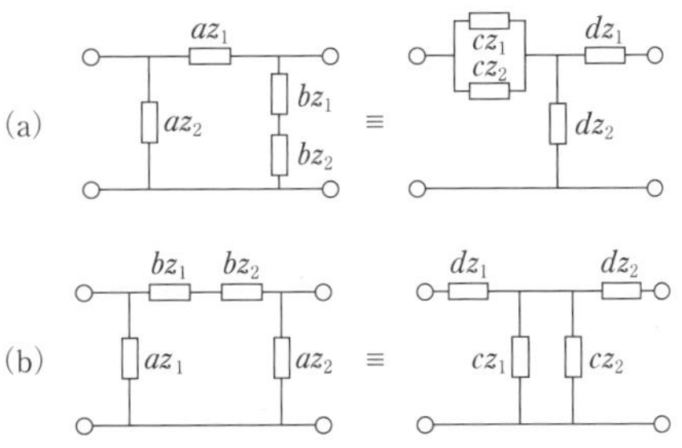

図 5.18 Zobel 変換

有効である．また図 5.18 の変換を Zobel 変換といい，Norton 変換と組み合わせて使うこともできる．

5.5.5 等化器と定抵抗回路

伝送系で生ずる伝送帯域内の振幅ひずみや位相ひずみを補償する回路を等化器（equalizer）という．時間的に不変な減衰ひずみに対する固定減衰（振幅）等化器，位相および群遅延に対する遅延等化器，温度などにより時間的に変動するひずみは可変等化器，データ符号などの波形ひずみの補償には，時間域で等化する波形等化器が用いられる．減衰等化器の例を図 5.16 にあげる．等化器は普通両抵抗終端された回路で用いられるため，（2 ポートの）定抵抗回路の S 行列

$$S = \begin{bmatrix} 0 & s_{21} \\ s_{21} & 0 \end{bmatrix} \quad (s_{21} = f/g)$$

が用いられる．ここで s_{21} は UBR 関数である．特に遅延等化器の場合は $s_{21} = g_*/g$（全域通過網）である（図 5.16(c))．上記の S に対する Z 行列 Z_{AP} は式 (5.16) で与えられる．ただし Z_{AP} の z は $z = (g+f)/(g-f)$ は正実関数．

図 5.16(a) は式 (5.16) の対称格子形回路で $z_a = z/\!/R$, $z_b = R^2/z + R$ の回路を変換した橋絡 T 形減衰等化器である．この例で z_1 を簡単な回路にとり，これらを縦続接続することにより複雑な等化特性も得られる．

5.6 理想変成器（IT）を用いない合成

変成器を用いない回路合成では行列の一次変換などが使えないためきわめて難しく，ほとんど未解決であるといえるが，実用上の重要性から多くの研究がなされた．

5.6.1 RLC 1ポートの合成
a. Bott-Duffin の合成法
定理 17：UBR 関数 $k(s)$ が $s=s_0(>0)$ に零点を持てば，
$$k_1(s) = \frac{s+s_0}{s-s_0}k(s)$$
も UBR 関数で $\deg S_1 \leq \deg S$．

$z=(1+k)(1-k)^{-1}$ でインピーダンス z に変換すると上の定理は次のようになる．

定理 18（Richard の定理）：s_0 を任意の正数，$z(s)(\not\equiv 0)$ を正実関数とすると
$$z_1(s) = z_0 \frac{sz(s)-s_0z_0}{sz_0 - s_0 z(s)}, \quad z_0 \equiv z(s_0) \quad (5.24)$$
もまた正実関数で，$\deg z_1 \leq \deg z$ である．これを $z(s)$ について解くと
$$z(s) = z_0 \frac{sz_1(s)+s_0z_0}{sz_0+s_0z_1(s)}$$
$$= \left[\left(z_1(s)+\frac{s_0z_0}{s}\right)^{-1} + \left(\frac{z_0}{s_0}s+\frac{z_0^2}{z_1(s)}\right)^{-1}\right]^{-1}$$

したがって $z(s)$ は図 5.19 のように合成できる．これを利用して，Brune の合成法（5.2.3項 a 参照）中の B_+ 区間を抜き取る操作（3）を以下の操作で置き換える．$z(j\omega_0) \equiv jX(\omega_0>0)$ とする．式 (5.25) の $s_0(>0)$ の選び方として，2.1.1 項 c により

$X>0$ のときには $X/\omega_0 = z(s_0)/s_0$，
$X<0$ のときには $-\omega_0 X = s_0 z(s_0)$

と選ぶことができ，この結果 $z_1(s)$ は $z_1(j\omega_0)=0$ または ∞ となり，$z_1(s)$ から直列または並列 LC 共振回路が抜き取れ次数が二次下がり，z より低次のインピーダンスの合成に帰着できる．これを Bott-Duffin の方法という．

b. 偶部の零点が $s=0, \infty$ にのみある場合

偶部の零点が $s=0, \infty$ にしかない場合は特に重要である．一般に奇部は $s=0, s=\infty$ では 0 または ∞ の値をとるので，偶部が $s=0$ に零点を持つと z は $s=0$ に零点または極を持ち，z から並列の L か直列の C が抜き取れ，残りのインピーダンス z' の偶部の $s=0$ における零点が1個少なくなり，その他の偶部の零点は保存される．$s=\infty$ の零点についても同様．このことから，

補題 7：偶部が $K(-s^2)^k/mm_*$（実部が $K\omega^{2k}/|m(j\omega)|^2$）$(K>0)$ の形のインピーダンスは LC はしご形回路を抵抗終端した形で合成できる．

$\mathrm{Ev}\, z(s)$ の分子多項式が $\sum_\nu a_\nu(-s^2)^\nu$ $(a_\nu \geq 0)$ と書ける場合は，分子の各項をはしご形回路（5.3.2 項参照）で合成し，それらを直列接続して合成できる（宮田の方法[26]）．$a_\nu<0$ の項があっても，上の分子多項式が s の正の実軸上に零点を持たなければ十分に昇次することにより $a_\nu>0$ の場合に帰着可能である．

5.6.2 LC(RC) 2ポートの合成

変成器を含まない2ポートのアドミタンス行列 $Y=[y_{ij}]$ に対し次の条件が必要条件である．

A. 3端子回路としての必要条件：$s>0$ に対し $y_{11}(s), y_{22}(s) \geq -y_{12}(s) \geq 0$，$z_{11}(s), z_{22}(s) \geq z_{12}(s) \geq 0$

B. 一般の2ポートとしての必要条件：$s>0$ に対し $y_{11}(s), y_{22}(s) \geq |y_{12}(s)| \geq 0$，$z_{11}(s), z_{22}(s) \geq |z_{12}(s)| \geq 0$

上記の必要条件において等号は自明な場合にのみ成り立つ．

定理 19[22]：LC アドミタンス行列 $Y=[y_{ij}]$ が直列端低域形 LC はしご形回路として合成できるための必要十分条件は

(1) Y が $s=0$ の極を持ち，その留数行列（5.2.2 項 c 参照）は次式となる．
$$K_0 = \begin{bmatrix} k & -k \\ -k & k \end{bmatrix} \quad (k>0)$$

(2) y_{12} は $-y_{12} = \kappa \prod_\nu^n(s^2+\sigma_\nu^2)/s\prod_\nu^n(s^2+\omega_\nu^2)$ の形をしている．ただし $0<\omega_1<\omega_2<\cdots<\omega_n<\infty$，$0<\sigma_1 \leq \sigma_2 \leq \cdots \leq \sigma_n \leq \infty$，$\omega_\nu \leq \sigma_\nu$ $(\nu=1, 2, \cdots, n)$，$\kappa>0$．

帯域フィルタに関してもこれを拡張した結果が知られている[44]．さらに

定理 20：RC アドミタンス行列 $Y=[y_{ij}]$ は次の条件を満たすとき，RC 3端子網として合成できる[29]．

(1) $y_{11}+y_{12}$ および $y_{22}+y_{12}$ は RC アドミタンス関数．
(2) $-y_{12}$ の分子は広義のフルビッツ多項式．

尾崎の定理[43]として知られる RC 3 端子網実現の十分条件は，上記の (1) を次の (1)′ で置き換えたものであり，定理 20 の特殊なものである．

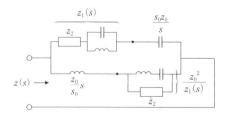

図 5.19 Bott-Duffin の合成法

(1)′ $(y_{11}+y_{12}):(y_{22}+y_{12})=1:n$ （n は正定数）

5.6.3 伝送関数 y_{21}/y_{22} の合成

RC 回路および RLC 回路の伝送関数 $T_v \equiv V_2/V_1 = -y_{12}/y_{22} \equiv Hp(s)/q(s)$ （p, q の最高次の係数は 1）に関しては，合成のための必要十分条件が Fialkow-Gerst により与えられた[27,28]．一つの定理をあげると

定理 21：$cp(s)/q(s)$ （c は正定数）が RC 3 端子網の伝送関数 T_v として実現できるための必要十分条件は

(a) $q(s)$ の零点は s の負の軸上にのみありすべて単根

(b) $p(s)$ の零点は s の正の実軸上にはない．

(c) $\deg p(s) \leq \deg q(s)$

(d) $0 < c \leq c_0$．ここで c_0 は $0 \leq s \leq \infty$ における $q(s)/p(s)$ の最小値．

非接地形 RC 2 ポートに対しても，上記の(d)が

(d)′ $-c_0 < c \leq c_0$．ここで c_0 は $0 \leq s \leq \infty$ における $|q(s)/p(s)|$ の最小値．

さらに RLC 回路についても同様の形の必要十分条件が成り立つ．これらは，この伝送関数に関しては 5.6.2 項の必要条件 A, B がほぼ十分条件でもあることを示している．

5.6.4 RLC 対称回路

RLC 対称回路のインピーダンス行列
$$Z = \begin{bmatrix} z_{11} & z_{12} \\ z_{12} & z_{11} \end{bmatrix}$$
は対称格子形回路（図 5.16）により合成できる．
$$z_a = \frac{1}{2}(z_{11}+z_{12}), \quad z_b = \frac{1}{2}(z_{11}-z_{12})$$
とすればよい．これは，正実行列の定義より $z_{11} \pm z_{12}$ が正実関数となることと，Bott-Duffin の結果（5.6.1 項 a 参照）による．

5.6.5 抵抗 n ポートの合成

$n \times n$ 実対称行列 $R = [r_{ij}]$ が抵抗のみからなる n ポートのインピーダンス行列として実現できるか否かについてすら簡潔な条件は知られていない．$n+1$ 個の節点を持つ回路で実現できるかどうかの判定アルゴリズムが知られている．$n \leq 3$ の場合には R がドミナント行列であることが必要十分条件である．

5.7 多変数回路の合成

分布・集中常数素子混在系の回路関数は一般に複素角周波数 s とリチャーズ変数 $p(=\tanh \tau s)$ の関数となり，入力インピーダンスは p, s の 2 変数正実関数となる．また，電気長の異なる分布定数素子を $p_i = \tanh \tau_i s$ （$i=1, \cdots, n$）の関数とみると，多変数正実関数が得られる．分布・集中混在回路については，実用上の観点から，縦続構成法が種々論じられている．文献 31 が多変数回路に関して詳しい．

多変数正実関数・行列と多変数回路

定義 8（多変数正実関数）[31]：複素変数 $p_1, p_2, \cdots, p_n$ に関する実有理関数 f が $\Re p_i > 0$ （$i=1, 2, \cdots, n$）において $\Re f \geq 0$ を満たすとき，f を多変数正実関数（multivariable positive real function）という．特に
$$f(p_1, p_2, \cdots, p_n) = -f(-p_1, -p_2, \cdots, -p_n)$$
のとき f を多変数リアクタンス関数という．

定義 9（多変数正実行列）：n 変数実有理関数 $f_{ij}(p_1, \cdots, p_n)$ を要素とする $m \times m$ 行列 F は，$\Re p_i > 0$ （$i=1, \cdots, n$）で $F + F_*^T \geq 0$ のとき，多変数正実行列という．特に $F + F_*^T = 0$ のとき多変数リアクタンス行列という．

定理 22[32]：2 変数正実関数および 2 変数リアクタンス行列は 2 変数回路として合成できる．

一般の多変数 n ポートの合成については古賀[32]で詳しく論じられている． 〔西 哲生〕

文 献

1) K. W. Wagner: Die Theorie des Kettenleiters nebst Anwendungen, Archiv für Elekt., B. 3, p. 315 (1915).
2) G. A. Campbell: "Physical Theory of the Electric Wave Filter", Bell Syst. Tech., **1**, 2, pp. 1-32, Nov. (1922).
3) O. J. Zobel: "Theory and designs of uniform and composite electric wave-filters", Bell Syst. Tech., **2**, 1, pp. 1-46 (1923).
4) R. M. Foster: "A reactance theorem", Bell Syst. Tech. J., **3**, p. 259 (1924).
5) O. Brune: "Synthesis of a finite two-terminal network whose driving-point impedance is a prescribed function offrequency", J. Math. Phys., **10**, p. 191 (1931).
6) W. Cauer: "Ein Reaktanztheorem", Preuss. Akad. d. Wissenschaften, Phys. Math. Kl., Sitzber., nos. 30-32, pp. 673-681 (1931).

7) W. Cauer : Theorie der Linearen Wechselstromschaltungen, Becker und Erler, Leipzig (1941).
8) C. M. Gewertz : Network synthesis, Williams and Wilkins, Baltimore (1933).
9) S. Darlington : "Synthesis of reactance 4-poles which produce prescribed insertion loss charactersistics", J. Math. Phys., **18**, pp. 257-352 (1939).
10) S. Darlington : "A survey of network realization techniques", IRE Trans. Circuit Theory, **CT-2**, pp. 291-297, (1955).
11) S. Darlington : "A history of network synthesis and filter theory for circuits composed of resistors, inductors, and capacitors", IEEE Trans. Circuits and Systems, **CAS-31**, 1 (1984).
12) V. Belevitch : "Summary of the history of circuit theory", Proc. IRE, **50**, 5, pp. 848-855 (1962).
13) V. Belevitch : Classical Network Theory, Holden-Day, London (1968).
14) V. Belevitch : "Minimum gyrator cascade synthesis of lossless n-ports", Philips Res. Rep., **25**, p. 189 (1970).
15) 大野克郎:「抵抗終端リアクタンスの回路網群による一般多端子網の構成理論」, 信学誌, **29**, 3, p. 82 (1946).
16) 大野克郎:「一般多端子網の構成理論―Brune の二端子理論の拡張」, 信学誌, **31**, p. 163 (1948).
17) Y. Oono, K. Yasuura : "Synthesis of finite passive $2n$-terminal networks with prescribed scattering matrices", Mem. Fac. Eng. (Kyushu Univ.), **14**, p. 125 (1954).
18) 大野克郎:「最小個数ジャイレータによる n ポートの構成」, 信学誌 (A), **55-A**, 3, p. 137 (1972).
19) 大野克郎:「回路網の古典合成論 I-V」, 信学誌, **57**, 10, p. 1170 (1974); **58**, 3, p. 247 (1975).
20) Y. Oono : "Unified approach to cascade synthesis", ICMCI (1964).
21) P. I. Richards : "Resistor-transmission line circuits", Proc. IRE, **36**, pp. 217-220 (1948).
22) 藤沢俊男:「直列端または並列端低域濾波梯子回路が相互誘導を用いないで構成されるための必充条件」, 信学誌, **37**, 5, p. 341 (1954).
23) 高橋秀俊:「Tchebycheff 特性を有する梯子形濾波器について」, 信学誌, **34**, 1, pp. 65-74 (1951).
24) R. Bott, R. J. Duffin : "Impedance synthesis without use of transfomers", J. Appl. Phys., **20**, p. 816 (1949).
25) B. D. H. Tellegen : "The gyrator, a new network element", Philips Res. Rep., **3**, p. 81 (1948).
26) 宮田近房:「二端子合成の新系列」, 信学誌, **35**, 5, p. 211 (1972).
27) A. Fialkow, I. Gerst : "The transfer function of an RC ladder network", J. Math. Phys., **30**, p. 49 (1952).
28) A. Fialkow, I. Gerst : "The transfer function of networks without mutual reactance", Q. App. Math., **3**, p. 117 (1954).
29) 西 哲生:「RC3 端子網構成の十分条件―尾崎の条件の拡張」, 九大工集, **50**, 3, p. 203 (1977).
30) 尾崎 弘:「多変数正実関数」, 信学誌, **55**, 12, p. 1589 (1977).
31) 尾崎 弘, 嵩忠雄:「多変数正実関数ならびに可変回路網について」, 信学誌, **42**, 12, p. 1226 (1959).
32) T. Koga : "Synthesis of finite passive n-ports with prescribed two-variable reactance matrices", IEEE Trans. Circuit Theory, **CT-13**, 1, p. 31 (1966).
33) 斎藤正男:「多変数関数による縦続回路網の合成」, 信学誌, **50**, 2, p. 256 (1977).
34) G. C. Mitra, S. K. Mitra : Modern Filter Theory and Design, John Wiley (1973).
35) R. Saal : Handbook of Filter Design, AEG-Telefunken (1979).
36) H. W. Bode : "Variable equalizers", Bell Syst. Tech. J., **17**, 2, p. 229 (1938).
37) E. A. Guillemin : Synthesis of Passive Networks, John Wiley (1957).
38) D. F. Tuttle : "Network Synthesis, vol. 1", John Wiley (1958).
39) D. Hazony : Elements of Network Synthesis, Reinhold (1963).
40) M. E. Van Valkenburg : Introduction of Modern Network Synthesis, John Wiley (1960).
41) L. Weinberg : Network Analysis and Synthesis, McGraw-Hill (1962).
42) 喜安善市, 他:回路網理論, 岩波書店 (1957).
43) 尾崎 弘, 黒田一之:回路網理論 I, 共立出版 (1959).
44) 渡部 和:伝送回路網の理論と設計, オーム社 (1968).
45) 矢崎銀作, 武部 幹:伝送回路網およびフィルタ, 電子通信学会 (1972).
46) 古賀利郎:回路の合成, コロナ社 (1981).
47) 斎藤伸自, 西 哲生:回路網合成演習, 朝倉書店 (1985).

第II編 電力システム回路

1

発電機（同期機）回路

1.1 Parkの等価回路

1.1.1 同期機の構造と原理

図1.1に同期機の構造を示す．同期機は発電機として運転される場合と電動機，調相機として運転される場合とに分かれるが，以下，特に区別せず成り立つ部分については単に「同期機」と書き，区別の必要なところでは，その旨記している．

同期機とは定常運転状態において，同期速度で回転する交流回転機をいい[1]，交流に接続された電機子コイルと直流励磁された界磁コイルあるいは永久磁石による界磁とが相対回転することで回転力を生み出す機械である．通常大形になると界磁コイルが可動（回転）側，電機子コイルが固定側（回転界磁形と呼ばれる）となるので，特に断らない限り回転界磁形を前提としている．なお同期機には単相交流で運転されるものもあるが，多くの場合は三相用なので，ここでは以下三相交流用に限定して述べる．

図1.1のaが電機子コイル，bが界磁の巻線であり，両者とも通常は同一起磁力で発生できる磁束密度がなるべく大きくとれるように鉄心c, dの中に埋め込まれている．両鉄心のうちcは円筒内面に溝（スロット）を施した構造で，全体としても円筒形であるが，dはこの図のように固定子鉄心c側へ突出した部分e（磁極）を持つ場合と，このような突出がなく，円筒表面に溝を施したタイプのものがあるが，基本的な電気磁気的な役割，特性は同一と考えてよい．前者を突極機，後者を円筒機といい，それぞれ大容量の場合には水車発電機，タービン発電機（火力・原子力）に用いられる．電機子と界磁の間の回転力は両者が発生する磁界分布の空間的な位相のずれによるもので，これについては1.1.7項に詳述する．発電運転時，回転子には回転の逆方向に電磁トルクが作用するため，回転を継続するには水車，タービンなどから軸を通して機械的トルクを加える必要がある．同期発電機は，こうして与えられる機械的パワーを端子から発生する電気的パワーに変換する機械であるともいえる．

なお，大容量の同期機の回転子には制動巻線が設けられる．図中fに示すように磁極頭部に低抵抗の制動棒を設置し，これらを端絡片によって接合したタイプのものと，図1.2のように界磁コイル上部にダンパバーを設置し，これを端絡環または保持環によって短絡するものに大別される．前者が水車発電機，後者がタービン発電機である．電機子鉄心には常に回転磁界により交流起電力を生じるため，渦電流が過大となるのを避けるため積層されているが，界磁鉄心は回転磁界とともに回転するので，通常渦電流は小さく，大容量高速機であって機械的ストレスの面で条件的に厳しい火力・原子力機では積層構造とはされない．このた

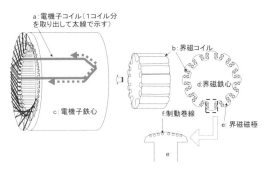

図1.1 同期発電機の構造例

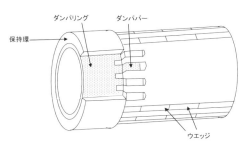

図1.2 タービン発電機の制動巻線

め，高調波の存在する運転条件や不平衡時，あるいは過渡状態などにおいて，ここに渦電流が流れることになる．これら制動巻線や回転子に生じる渦電流は過渡状態において重要な役割を果たし，Park の等価回路にも現れる．1.1.5, 1.2.2, 1.2.3 項に関連の記述がある．

1.1.2　同期機の電気的特性に関する基礎方程式

同期機は二つの相対回転するコイル群（電機子，界磁）から構成されており，電気的特性を考えるにはこれら各回路の電圧・電流についての関係を方程式の形にし，これを表現できる等価回路を用いる．回路の電圧・電流は大きく分けて次の3種の基本的な電磁気学的過程から決まる：a. 電流による電圧降下（抵抗），b. 電磁誘導による起電力の発生（インダクタンス），c. 電荷による電界の発生（キャパシタンス）．したがってこれらそれぞれを考慮する必要があり，具体的には以下のとおりである．

a. 電流による電圧降下（抵抗）

負荷などの影響によって回路を直列に電流が流れれば，損失がある限り必ず回路に沿う電圧降下が発生する．これは抵抗 R によるもので，オームの法則により，発生する電圧 v は流れる電流 i に比例する．すなわち

$$v = Ri \tag{1.1}$$

である．同期機の場合，実際に設けられているのは各種の巻線だけであり，巻線の抵抗値が R に入ることになる．R の具体的な値の求め方についてはインダクタンス値などとともに 1.1.10 項に後述する．

b. 電磁誘導による起電力の発生（インダクタンス）

電流は磁界を発生し，磁界が変化すれば電圧が発生する（電磁誘導）．同期機の電機子コイルを流れる電流は交流であるので，常に電磁誘導が発生する．界磁には直流電源が接続され，基本的には直流が流れるが，外乱・故障の発生や設定電圧の変更などに伴う過渡状態では交流成分が発生し，これが電圧を作り出す．したがって，こうした影響を定式化する必要がある．

なお，界磁コイル，電機子三相の各コイルの間は相互に磁気的結合を有するので，インダクタンスとしては自己インダクタンスのみでなく，相互インダクタンスも考慮が必要である．界磁を f（field），電機子の各相を a, b, c で表すと各相および界磁回路の電圧は

$$v_\mathrm{a} = -L_\mathrm{a}\frac{di_\mathrm{a}}{dt} - M_\mathrm{ab}\frac{di_\mathrm{b}}{dt} - M_\mathrm{ac}\frac{di_\mathrm{c}}{dt} + M_\mathrm{af}\frac{di_\mathrm{f}}{dt},$$

$$v_\mathrm{b} = -M_\mathrm{ab}\frac{di_\mathrm{a}}{dt} - L_\mathrm{b}\frac{di_\mathrm{b}}{dt} - M_\mathrm{bc}\frac{di_\mathrm{c}}{dt} + M_\mathrm{bf}\frac{di_\mathrm{f}}{dt},$$

$$v_\mathrm{c} = -M_\mathrm{ac}\frac{di_\mathrm{a}}{dt} - M_\mathrm{bc}\frac{di_\mathrm{b}}{dt} - L_\mathrm{c}\frac{di_\mathrm{c}}{dt} + M_\mathrm{cf}\frac{di_\mathrm{f}}{dt},$$

$$v_\mathrm{f} = -M_\mathrm{af}\frac{di_\mathrm{a}}{dt} - M_\mathrm{bf}\frac{di_\mathrm{b}}{dt} - M_\mathrm{cf}\frac{di_\mathrm{c}}{dt} + L_\mathrm{f}\frac{di_\mathrm{f}}{dt} \tag{1.2}$$

となる．ただし，i は各相および界磁の電流であり，L は添字で表す巻線の自己インダクタンス，M は添字で表す複数の巻線の間の相互インダクタンスである．電流の向きについては発電機運転を想定している．電機子各相については電流が流れることで磁束が減少（負荷電流が増えると電圧が降下することに対応），界磁電流が増すと磁束は増加（励磁を強めると電圧が上昇することに対応）することを示すため，自己インダクタンス L，相互インダクタンス M として正の値をとることを前提に上式のように符号を設定した．

c. 電荷による電界の発生（キャパシタンス）

導体に電圧をかける（他の点との間に電位の差を作る）と，電荷が生じ，また異なる電位の点の間に電気力線が生じる．これは2点間にキャパシタンスがあることを意味しており，特に交流の場合充電電流が流れ続けることになる．同期機の場合にも巻線のターン間や巻線と鉄心間など間隙の小さなところでは，こうした作用が顕著であり，高周波数領域においては支配的となる．サージ解析においては同期機をサージインピーダンス相当の抵抗によって表現したり，1.2.3 項に述べる初期過渡リアクタンスとキャパシタンスによって表現したりするが，これらはそれぞれ磁界，電界の作用を模擬するものである．これについては 1.2.6 項に詳述する．

d. 基礎方程式

ここでは商用周波数およびその低次高調波程度までの周波数についてのみ考慮することとし，上記のうち a. と b. のみを考慮すると，同期機に電機子3本，界磁1本の計4本の巻線があることより，基礎方程式として以下を得る．

$$v_\mathrm{a} = -L_\mathrm{a}\frac{di_\mathrm{a}}{dt} - M_\mathrm{ab}\frac{di_\mathrm{b}}{dt} - M_\mathrm{ac}\frac{di_\mathrm{c}}{dt} + M_\mathrm{af}\frac{di_\mathrm{f}}{dt} - R_\mathrm{a}i_\mathrm{a},$$

$$v_\mathrm{b} = -M_\mathrm{ab}\frac{di_\mathrm{a}}{dt} - L_\mathrm{b}\frac{di_\mathrm{b}}{dt} - M_\mathrm{bc}\frac{di_\mathrm{c}}{dt} + M_\mathrm{bf}\frac{di_\mathrm{f}}{dt} - R_\mathrm{a}i_\mathrm{b},$$

$$v_\mathrm{c} = -M_\mathrm{ac}\frac{di_\mathrm{a}}{dt} - M_\mathrm{bc}\frac{di_\mathrm{b}}{dt} - L_\mathrm{c}\frac{di_\mathrm{c}}{dt} + M_\mathrm{cf}\frac{di_\mathrm{f}}{dt} - R_\mathrm{a}i_\mathrm{c},$$

$$v_f = -M_{af}\frac{di_a}{dt} - M_{bf}\frac{di_b}{dt} - M_{cf}\frac{di_c}{dt} + L_f\frac{di_f}{dt} + R_f i_f$$
(1.3)

ここで添字の a, b, c, f は電機子各 abc 相の巻線と界磁巻線を表している．注意すべきことは方程式の係数として現れた自己・相互インダクタンスは一定ではなく，回転につれて変化するものが少なくないということである．この点について次項に詳述する．なお，同期機の磁気回路は強磁性体である鉄によって構成されるので，本来磁気飽和や磁気的なヒステリシスの影響を受けるが，以下ではこれを無視する．

1.1.3 インダクタンスの表現

各巻線の自己インダクタンスならびに巻線間の相互インダクタンスの中には，同期機の回転に伴って時間的に変化するものがある．これについて考える．

a. 電機子の自己インダクタンス

ここで考えている図 1.1 のような同期機の場合，回転子の位置がどのようになっているかによって電機子各相の自己インダクタンスのとる値は異なる．たとえば図 1.3(a), (b) に示すようなタイミングにおける a 相自己インダクタンスを比べると，磁束の通りやすさ（あるいは逆に磁気抵抗）の点から (a) のほうが (b) よりも自己インダクタンスが大きいのは明らかである．したがって回転子が回転するにつれて，この値は図 1.3(c) に示すように変化する．これを a 相について式で表せば次のようになる（b, c 相についても同様で位相のみずれる）．

$$L_a = L_1 + L_2 \cos 2\theta \quad (1.4)$$

b. 界磁の自己インダクタンス

一方，界磁の自己インダクタンスは，スロットリップルによるわずかな寄与を別とすれば，回転位置がどうであろうと常に同じ値を持つ．これは電機子内面がほぼ平滑であり磁気抵抗が一定であるからである．

c. 電機子相間の相互インダクタンス

図 1.4 には ab 相間の場合を示すが，電機子相間の相互インダクタンスも回転に応じて変化する．図より

$$L_{ab} = -\frac{1}{2}L_1 + L_2 \cos\left(2\theta - \frac{2\pi}{3}\right) \quad (1.5)$$

と書ける．ここで L_{ab} の平均値が L_a の平均値と逆符号で大きさが 1/2 なのは，両者の間の空間位相ずれが $2\pi/3$ であり，これに応じて $\cos(2\pi/3) = -1/2$ なる関係があるためである[2]．

d. 界磁と電機子間の相互インダクタンス

これまでとまったく同様の考え方によって界磁巻線と電機子 a 相巻線の間の相互インダクタンスについても次のように表すことができる．

$$M_{af} = M \cos\theta \quad (1.6)$$

bc 相についても位相がずれることを除き，まったく同様である．

1.1.4 二軸理論

ここまで述べてきたように同期機の電気的特性（電圧・電流間の方程式）は式 (1.3)～(1.6) の連立方程式で記述される．これは時変係数の連立微分方程式である．解析を行ううえでは少しでも方程式の形を簡略化したほうが有利であるので，二軸理論と呼ばれる一

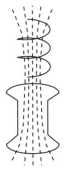
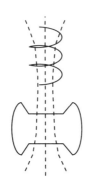

(a) a 相の自己インダクタンスが最大となる位置関係　　(b) a 相の自己インダクタンスが最小となる位置関係

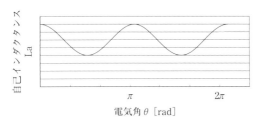

(c) a 相の自己インダクタンスの時間変化の概形

図 1.3 a 相自己インダクタンスの変化

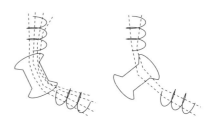

(a) 最大となる位置　　(b) 最小となる位置

図 1.4 ab 相間の相互インダクタンス

種の変数変換が用いられることが多い．これは数学的には単なる座標変換にすぎず，次に示すとおりである．

$$\begin{bmatrix} i_a \\ i_b \\ i_c \end{bmatrix} = \begin{bmatrix} 1 & \cos\theta & -\sin\theta \\ 1 & \cos\left(\theta - \dfrac{2\pi}{3}\right) & -\sin\left(\theta - \dfrac{2\pi}{3}\right) \\ 1 & \cos\left(\theta + \dfrac{2\pi}{3}\right) & -\sin\left(\theta + \dfrac{2\pi}{3}\right) \end{bmatrix} \begin{bmatrix} i_0 \\ i_d \\ i_q \end{bmatrix} \quad (1.7)$$

一見すると方程式はさらに難しい形式になるように思われるが，実際には a, b, c 相を d, q, 0 軸に変換することによって変換後のインダクタンスは f と d のみが相互インダクタンスを持ち，これ以外には相互インダクタンスがない（磁気的結合がない）とともに，各種インダクタンスの値もすべて時間的に一定の値をとるなど，系の性質がきわめて単純化される．

こうした二軸理論は 19 世紀末から 20 世紀初頭にかけて Blondel や Doherty & Nickle らによって盛んに研究された[3]．

1.1.5 Park の式と等価回路

二軸理論を完成し，これに基づく同期機の基本モデルを確立したのは R. H. Park であった[4]．さらに Park は定常，過渡状態の同期機の方程式を導出するとともに，三相突発短絡や始動時の電流，トルクについて明らかにした．

Park によって研究された同期機の基礎方程式が Park の式であり，次のように表される．ここで $\omega\phi_d$, $\omega\phi_q$ の項は速度起電力と呼ばれる項であり，d 軸磁束によって q 相に，また q 軸磁束によって d 軸に現れる．

$$v_d = p\phi_d - \omega\phi_q - Ri_d, \quad v_q = p\phi_q + \omega\phi_d - Ri_q \quad (1.8)$$

現在の同期機の理論は Park の式によって表された同期機モデル（Park モデル）に基づいて展開され，広く認められているので，特に断らない限り，これに従って本章の記述も行っている．Park モデルを等価回路表現したものを図 1.5 に示す．ここで X_l は電機子漏れリアクタンス，x_{mfd} の x_{mfq} はそれぞれ d および q 軸同期リアクタンスから X_l を差し引いた値を意味する．R_f は界磁巻線の抵抗である．

なお，1.1.2 項以降ここまでは同期機は各巻線（電機子三相，界磁）にしか電流が流れないことを前提として議論してきたが，1.1.1 項に述べたとおり実際にはこれ以外の部位に電流が流れることもある．図 1.1 の制動巻線は常に短絡された巻線であるので，電機子・界磁の各巻線とは異なり，同期機が完全な定常状態にあるときには電流は流れない．しかし外乱が存在する場合や始動時などには，この巻線を横切る磁束が生じ，電磁誘導によって電流が誘導される．さらに塊状回転子を持つ同期機（大型タービン発電機など）では回転子の軸自体にも過渡状態において電流が誘導される．電機子など積層構造をとる部位はこの限りではないが，塊状構造体にはすべて電流が流れる可能性があることを認識しておくことは重要である．

1.1.6 二軸理論と Park の式の持つ物理的なイメージ

図 1.6 は二軸変換と Park の式の持つ物理的なイメージを示している．ここで d 軸は界磁磁極に沿うように設定され，その向きは N 極を発して S 極に至る通常の磁力線の向きに従っている．一方 q 軸は d 軸からみて回転方向に空間的に 90° 進んだ位置に設定している．この結果 d 軸，q 軸はそれぞれ，起磁力，磁束の空間分布の基本波成分を取り出したときに，その最大となる角度を位相として持ち，大きさを最大値とする空間ベクトルを直交二軸に分解したときの各成分を意味することになる．また，dq 軸電流・電圧は abc 三相の瞬時値から変換式に従って算出されるが，電流については結果的に起磁力と同位相を，また電圧についてはほぼ磁束と 90° の位相差を持ち，各相電圧

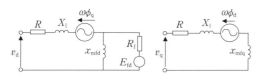

図 1.5 定常状態回路

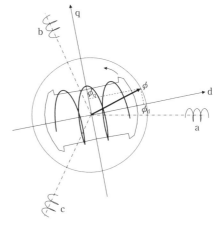

図 1.6 二軸変換と Park の式のイメージ

瞬時値の最大値をその大きさとするベクトルの直交二軸に分解した成分と等しくなる.

一方, 0軸にはdq軸のように明確な空間軸としての意味合いがない. dq軸は回転方向の起磁力, 磁束の空間分布を直交座標表現するものであるため基本的に二つの変数で十分なのに対して, 電機子・系統は三相で構成されるため自由度の意味でも変数は3個必要になり, dq軸量のみでは変数の数が不足している.

0軸量が現れるとき, 同期機の中性点には比較的大きな電圧・電流が現れ, 保護装置の動作においては重要な役目を果たす. たとえば同期機内部で地絡などが発生すれば大きな0軸電流・電圧が発生する. 0軸電流は中性点電流の1/3に等しく, また0軸電圧を構成する主成分は中性点電圧である.

1.1.7 同期機における回転力の発生

1.1.1項最後に述べたように, 同期発電機は回転に逆らう方向の電磁トルクを発生する. これに抗して軸を回転させるための機械的パワーが加えられるために電気的パワーを発生(発電)できると考えてよい. この意味で同期発電機における逆回転方向の電磁トルク, 同期電動機における回転駆動電磁トルクは非常に重要である. ここでは, この回転力が発生する理由と, その計算法について述べる.

図1.7には運転中の同期機内の磁力線を示す. 無負荷時の機内磁界は界磁電流によって生じるもののみであり, 空間的なねじれを持たないのに対して, 負荷時には空間的にねじれが発生することが示されている. 磁力線はゴムひものような性質を持っており, 長さ方向に縮もうとすると同時に, これと垂直方向には広がろうとする. したがって負荷時にトルクが発生することがわかる.

無負荷時, 電機子には起磁力がなく, 機内には界磁電流によって発生する回転磁界のみがある. 図1.7からわかるように無負荷時の磁界は空間的なねじれを持たず, 電機子巻線と界磁巻線を大きく取り囲むように生じるのみである. 前述の磁力線のゴムひものような性質を思い出せば, 電機子と界磁が互いに引き合うように径方向の力が生じるのみで回転力は生じないとわかる. 回転子においては外側への引張力となり, やはり回転力は生じない.

一方, 負荷電流がある条件においては, 負荷(電機子)電流によって発生する磁界が界磁電流によって発生する磁界とは若干位相が異なるため(上述のねじれに対応), 両者の間に回転力が発生することになる. これが電磁トルクであり $T_e = \phi_d i_q - \phi_q i_d$ と計算できる. 図中に示したようにϕと電機子電流Iのベクトルに位相ずれのあるときのみ電磁トルクが生じることがわかる.

次に電気的トルクが

$$T_e = \phi_d i_q - \phi_q i_d \tag{1.9}$$

と書ける理由について説明する. 同期機端子におけるエネルギーの流れについて考えてみると, 定常状態においては $p\phi_d = p\phi_q = 0$なので, 端子から外へ出ていく(発電機運転を想定)パワーは

$$\begin{aligned} P &= v_d i_d + v_q i_q \\ &= (p\phi_d - \omega\phi_q - Ri_d)i_d + (p\phi_q - \omega\phi_d - Ri_q)i_q \\ &= \omega(\phi_d i_q - \phi_q i_d) - R(i_d^2 + i_q^2) \end{aligned} \tag{1.10}$$

と変形される. つまり, 同期機外部へと出ていくエネルギーとは, 空隙を介して固定子側へ伝えられるエネルギーから固定子で生じる損失を引いたものである. 空隙を介して固定子側へ伝えられるエネルギーは回転速度ωに比例する項であり, これがトルクによる回転エネルギーに対応する. したがって式(1.9)が成り立つ.

1.1.8 励磁系回路

多くの大容量同期発電機の界磁は永久磁石ではなく, 電磁石であり, 励磁回路によって電流を供給される. 電力系統に関する技術計算において, 発電機本体の回路と同様に励磁系の回路は大きな影響を与えるので, ここで簡単に触れることにする.

a. 励磁系の物理的構成と回路

同期発電機の励磁系には直流発電機を使用した直流励磁機方式, 変圧器とサイリスタ整流器で構成した静止形励磁方式, 同期発電機とダイオードで構成した交流励磁機方式などがあるが[5], 最近製作される大容量

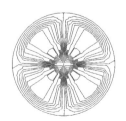 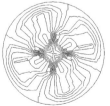

　　無負荷時　　　　　負荷時

図1.7 同期発電機の内部磁束線の例

発電機の場合，直流励磁機方式は，ほとんど採用されない．そこで，ここでは静止形励磁方式と交流励磁機方式の構成回路の概要を図 1.8 と図 1.9 に示す．ここで後者はブラシレス方式である．

図 1.8 の静止形励磁方式では電源を自身の電機子から得ており（自励式），励磁用変圧器によってサイリスタ整流器へと電源を供給する．制御装置はサイリスタへゲート信号を与えるが，その目的は第一に機器保護のために突発的な負荷遮断時の電圧上昇を抑えるなど，端子電圧を一定に保つことであり，この意味で自動電圧調整装置（automatic voltage regulator：AVR）と呼ばれる．ただしサイリスタの動作は直流励磁機などと比べて速いので，電力動揺のダンピングが悪化する恐れがあり，出力電力や速度・周波数などの情報をもとに付加信号を加える PSS（電力系統安定化装置，power system stabilizer）が併設される．また，LCC（負荷電流補償装置，load current compensator），AQR（自動無効電力調整装置，automatic reactive power regulator），APFR（自動力率調整装置，automatic power factor regulator），OEL（過励磁制限装置，over excitation limiter），UEL（不足励磁制限装置，under excitation limiter）なども加えられる．

なお，この方式の場合，自身の電圧が確立するまでは励磁系の電源が得られないため，自励回路が正規動作するまで所内 DC 電源（電池など）から励磁を与える初期励磁回路も必要である．

図 1.9 の交流励磁機方式の場合，交流励磁機は回転電機子形であり，界磁は静止側である．その界磁を制御するサイリスタ整流器の電源は副励磁機（永久磁石形）からとられており，他励方式である．主機の励磁に用いるダイオードブリッジは励磁機の回転軸中にあるためブラシが不要となり，ブラシレス方式と呼ばれる．このタイプの場合，軸が回転さえすれば独立した電源が得られるため初期励磁回路は不要である．

制御回路の機能は概略静止形と共通である．

b. 計算モデル

図 1.10，1.11 に a で説明した両方式の計算モデルの一例を示す．詳細は文献 5 を参照されたい．

1.1.9 Park の等価回路による解析の概略

Park の等価回路は図 1.5 に既出であるが，この回路を用いて解析を行うためにはパラメータ（図中各部にあるインダクタンスや抵抗）を求め，回路各部の状態量（電圧，電流，磁束，回転速度）を求める必要がある．後者のうち回転速度を除けば，他の状態量は回路方程式を解くことによって（具体的には数値積分な

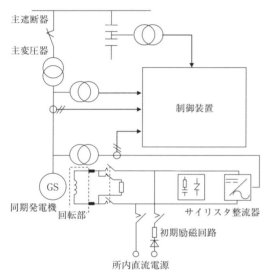

図 1.8 静止型励磁方式の回路の例

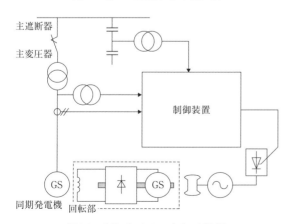

図 1.9 他励ブラシレス方式の回路例

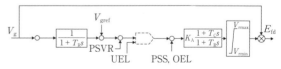

図 1.10 サイリスタ励磁方式の計算モデル例

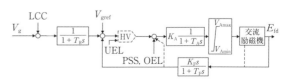

図 1.11 他励ブラシレス励磁方式の計算モデル例

どを行えばよい）求めることができ，回転速度については回転子の運動方程式を解くことによって求めることができる．運動方程式は回転子に加わる正味のトルク（機械的駆動トルク T_m から電気的トルク T_e を引いた値）によって回転角加速度が定まるということから，次のように表すことができる．

$$M\frac{\mathrm{d}^2\theta}{\mathrm{d}t^2} = T_\mathrm{m} - T_\mathrm{e} \tag{1.11}$$

表 1.1 通常得ることができる機器定数一覧

記号	定数の名称と意味
X_d	直軸同期リアクタンス
X'_d	直軸過渡リアクタンス
X''_d	直軸初期過渡リアクタンス
X_2	逆相リアクタンス
T'_do	直軸開路過渡時定数
T'_d	直軸短絡過渡時定数
T''_do	直軸開路次過渡時定数
T''_d	直軸短絡次過渡時定数
T_a	電機子時定数
X_q	横軸同期リアクタンス
X'_q*	横軸過渡リアクタンス*
X''_q	横軸初期過渡リアクタンス
X_o	零相リアクタンス
T'_qo	横軸開路過渡時定数
T'_q	横軸短絡過渡時定数
T''_qo	横軸開路次過渡時定数
T''_q	横軸短絡次過渡時定数
X_l**	電機子漏れリアクタンス**

*：以上のうち，いくつかの定数については機械の構造によっては存在しない場合がある．代表的な例が横軸過渡リアクタンス，横軸短絡（開路）過渡時定数である．

**：電機子漏れリアクタンスのみを界磁側漏れから分離して測定する方法はないが，設計データから試算可能である場合が多い

1.1.10 同期機等価回路中のパラメータの導出

以上述べたように同期機の Park の等価回路は図 1.5 に示すとおりとなるが，この等価回路に現れる各パラメータは直接には通常与えられない．通常得られる機器定数は表 1.1 に示すような一連の機器定数であって，以上述べたような同期機の等価回路を求め，計算に使用するには，これら機器定数から計算によって算出する必要がある．この算出の妥当性については 1.2 節以降で後述することとし（式（1.12）などを参照），ここではこの手順を単に表 1.2 に示す．

1.2 平衡等価回路

1.2.1 定常状態回路

前節では一般的な同期機の等価回路について述べたが，実際の同期機の運転状態はほとんどの場合三相が平衡した状態で行われる．したがって三相平衡運転状態の特性と，これを表現する等価回路は特に重要であり，本節ではこれに限定して述べる．特に三相平衡定常状態では，同期機は一定速度で回転し，電機子各相には大きさ v が等しく位相が $120°$ ずつずれた電圧・電流が生じ，界磁には直流電圧・電流のみが現れる．したがって dq 軸で観測された電流・電圧を計算すると次のようになり，時間的に一定となり，0 軸量はゼロとなる．

$$\begin{aligned}
v_\mathrm{d} &= \frac{2}{3}\cos\theta v_\mathrm{a} + \frac{2}{3}\cos\left(\theta - \frac{2\pi}{3}\right)v_\mathrm{b} + \frac{2}{3}\cos\left(\theta + \frac{2\pi}{3}\right)v_\mathrm{c} \\
&= \frac{2}{3}\cos\theta \cdot v\cos(\theta + \delta) \\
&\quad + \frac{2}{3}\cos\left(\theta - \frac{2\pi}{3}\right) \cdot v\cos\left(\theta + \delta - \frac{2\pi}{3}\right) \\
&\quad + \frac{2}{3}\cos\left(\theta + \frac{2\pi}{3}\right) \cdot v\cos\left(\theta + \delta + \frac{2\pi}{3}\right) \\
&= \frac{2}{3}v \cdot \frac{1}{2}\Big\{\cos 2\theta + \cos\delta + \cos\left(2\theta - \frac{2\pi}{3}\right) + \cos\delta \\
&\quad + \cos\left(2\theta - \frac{2\pi}{3}\right) + \cos\delta\Big\} = v\cos\delta
\end{aligned}$$

過渡状態ではないので電機子，界磁巻線以外の部分（たとえば制動巻線など）には電流は流れず，考慮する必要はない．

この結果，図 1.5 の等価回路は次のように簡略化される．d 軸と q 軸とでは相互インダクタンスの値が異なるため電機子 d 軸からみたリアクタンス（X_d と書き，直軸同期リアクタンスと呼ぶ）と電機子 q 軸からみたリアクタンス（X_q と書き，横軸同期リアクタンスと呼ぶ）とは異なる．漏れインダクタンスは空隙をそもそも横切らない磁束に対応するものなので，dq 軸のいずれであっても値は等しい．また電機子巻線抵抗 R_a も dq 軸による区別はなく，同じ値をとる．一方，界磁側にも巻線抵抗 R_f と自己インダクタンス L_f がある．L_f に関係する磁束の大部分は電機子巻線とも鎖交する主磁束であり，そのリアクタンスは X_mfd あるいは X_mfq である（単位法を用いているため電機子側からみたときと d 軸 q 軸とも同じ値になる）．界磁巻

表 1.2 機器定数からの等価回路パラメータ算出法

パラメータ	算出法	パラメータ	算出法
X_{mfd}	$X_d - X_l$	X_{mfq}	$X_q - X_l$
R_a	$R_a = \dfrac{X_2}{T_a}$	X_{lf}	$X'_d = X_l + 1 / \left(\dfrac{1}{X_{mfd}} + \dfrac{1}{X_{lf}}\right)$ より算出
X_{lg}	$X'_q = X_l + 1 / \left(\dfrac{1}{X_{mfq}} + \dfrac{1}{X_{lg}}\right)$ より算出	R_f	$T'_{do} = \dfrac{X_{lf} + X_{mfd}}{R_f}$ より算出
R_g	$T'_{qo} = \dfrac{X_{lg} + X_{mfq}}{R_g}$ より算出	X_{kd}	$X''_d = X_l + 1 / \left(\dfrac{1}{X_{mfd}} + \dfrac{1}{X_{lf}} + \dfrac{1}{X_{lkd}}\right)$ より算出
X_{kq}	$X''_q = X_l + 1 / \left(\dfrac{1}{X_{mfq}} + \dfrac{1}{X_{lg}} + \dfrac{1}{X_{lkq}}\right)$ より算出	R_{kd}	$T''_{do} = \left(X_{kd} + \dfrac{X_{lf} X_{mfd}}{X_{lf} + X_{mfd}}\right) / R_{kd}$ より算出
R_{kq}	$T'_{qo} = \left(X_{kq} + \dfrac{X_{lg} X_{mfq}}{X_{lg} + X_{mfq}}\right) / R_{kq}$ より算出		

注:単位法での計算では時間単位は[秒]ではなく,$2\pi f$ をかけて[rad]とする必要があることに注意.

線のみに鎖交する漏れ磁束のリアクタンス X_{lf} も存在する.ただし,定常状態では界磁側の電流・電圧はすべて直流となり,これらが同期機の特性に影響を及ぼすことはない.界磁巻線の特性は抵抗 R_f のみによって記述される.

1.2.2 過渡状態回路(その1)

次に過渡状態について考えるが,一口に過渡状態といっても電力動揺のように比較的ゆっくりしたものと,突発短絡が起きた直後のように速い現象とでは,電流,電圧の特性がまったく異なってくる.本項で取り上げるのは,このうちの前者すなわち dq 軸からみた電流・電圧が周期1秒程度で比較的ゆっくりと変動している場合である.

この場合,電機子側の現象は前項の内容とさほど違わないが,回転子側の現象はかなり異なるものとなる.まず,界磁巻線には直流電流のみでなく,これに重畳して1秒程度の(電力動揺と同等の)周期の交流成分が現れる.交流が発生すれば,漏れインダクタンスによってこれに対応した電圧降下が生じる.さらに横軸に制動巻線を持つ機械では q 軸側に電機子 q 軸巻線以外に回転子側の横軸制動巻線に対応する新たな枝が追加され,ここを流れる電流によって生じる磁束は電機子 q 軸巻線電流による磁束との間に磁気的結合を有することになる.このようなことから,この場合の等価回路は図 1.12 に示したようになる.

このように過渡状態では定常状態に比べて実効的に作用する回路の枝が増え,複雑になる.したがって回路の特性を記述するパラメータも増え,q 軸制動巻線の漏れリアクタンスが新たに加わる.また界磁側に交

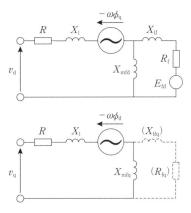

図 1.12 過渡状態回路(電力動揺などに関する特性)

流が現れるので,その現象は前項とは異なり,主にインダクタンス成分によって決まる.この結果過渡状態では電機子からみた等価的なリアクタンスも異なってくる.定常状態では dq 軸でみた量が直流となるため励磁リアクタンス X_{md} によって短絡されているように見え,電機子側の自己インダクタンスのみで特性が表現されたが,過渡状態では交流となるので励磁リアクタンスの枝よりもむしろ回転子側の枝に流れる電流が支配的となる.電機子側から眺めた等価的リアクタンスを「′」一つで表現すると,等価回路中の抵抗分を無視し並列回路を考慮して次のように書き表される.

$$X'_d = X_l + \frac{X_{md} X_{lf}}{X_{md} + X_{lf}} \tag{1.12}$$

$$X'_q = X_l + \frac{X_{mq} X_{lf}}{X_{mq} + X_{lf}} \tag{1.13}$$

ここで,q 軸については横軸制動巻線があることを想定した.横軸制動巻線がないケースでは′(ダッシュ)

つきの量は現れず X_q によって特性が表現される．これらは直軸および横軸過渡リアクタンスと呼ばれる．

また，界磁巻線に関する時定数が重要である．これによって電力動揺に対応する成分の重畳度が左右されたり，電圧の上昇・減衰の速さが決まる．LR 回路の時定数なので

$$T'_d = \frac{1}{R_f}\left(X_{lf} + \frac{X_{md}X_l}{X_{md}+X_l}\right) \tag{1.14}$$

$$T'_{do} = \frac{X_{md}X_{lf}}{R_f} \tag{1.15}$$

と書け，前者は短絡過渡時定数，後者は開路過渡時定数と呼ばれる．

1.2.3　過渡状態回路（その 2）

次に三相突発短絡等が発生した直後の非常に速い現象を表現する等価回路について考える．このような状態では制動巻線だけでなく，電磁誘導によって回転子軸材各部にも相当量の渦電流が誘起される．したがって，その影響を考慮しなければならない．渦電流は実際には回転子各部に複雑に分布するが，Park の式と同様に，その回転方向の空間分布のうち基本波成分だけを考慮することにすれば，やはり同じように d 軸方向の等価的な巻線（kd）と q 軸方向の等価的な巻線（kq）とによって表現することができる．

この考え方によって図 1.13 に示す等価回路を得る．前項で導いた等価回路に比べてさらに dq 軸それぞれ 1 本ずつの枝が増えて，複雑な回路となっていることがわかる．

この回路においても各種のリアクタンスや時定数が重要である．前項と同様の考え方によって直軸横軸の等価リアクタンスは次のように表すことができる．

$$X''_d = X_l + \frac{X_{md}X_{lf}X_{lkd}}{X_{md}X_{lf}+X_{lf}X_{lkd}+X_{lkd}X_{md}} \tag{1.16}$$

$$X''_q = X_l + \frac{X_{mq}X_{lq}X_{lkq}}{X_{mq}X_{lq}+X_{lq}X_{lkq}+X_{lkq}X_{mq}} \tag{1.17}$$

これらはそれぞれ直軸次過渡（初期過渡）リアクタンス，横軸次過渡（初期過渡）リアクタンスと呼ばれる．時定数については直軸量のみ書くと

$$T''_{do} = \frac{1}{R_{kd}}\left(X_{lkd}+\frac{X_{md}X_{lf}}{X_{lf}+X_{md}}\right) \tag{1.18}$$

$$T''_d = \frac{1}{R_{kd}}\left(X_{lkd}+\frac{X_l X_{md}X_{lf}}{X_l X_{md}+X_{md}X_{lf}+X_{lf}X_l}\right) \tag{1.19}$$

であり，それぞれ開路次過渡時定数，短絡次過渡時定数と呼ぶ．横軸についても同様である．

1.2.4　過渡安定度計算回路

過渡安定度とは，電力系統に擾乱が発生した後，この影響を受けて電気機械的に動揺する発電機群が健全な状態で運転を続けることができるかどうかの程度であり，内部相差角（すなわち回転子磁軸の空間位相）が互いに適切な位置関係を保ちうるかどうかを確認する必要がある．このためには，回路の変更（たとえば突発短絡や線路の開放など）に伴う電気的な条件の変化によって生じる電磁トルク（式 (1.9)）の変化が運動方程式（式 (1.11)）を介して回転子の位置の変化を生み，これが再び回路の電圧・電流を変化させ，電磁トルクが影響を受ける，というようにして進展する電気機械的動揺現象（この様子を図式的に図 1.14 に示す）を正確かつ実用的な時間範囲で計算できなくてはならない．さらに，1.1.8 項に記した励磁系の働きは電力動揺や過渡安定度に大きな影響を及ぼすため，これらの考慮も必要である（場合によっては調速機系も考慮する必要がある）．回路計算では本質的に同一

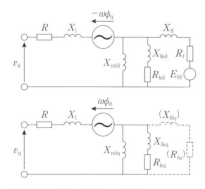

図 1.13　過渡状態回路（突発短絡などに関する特性）

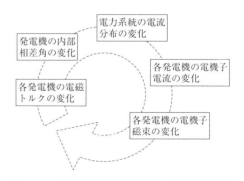

図 1.14　電気機械的複合動揺現象の進行過程（模式図）

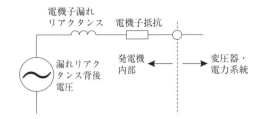

図 1.15 漏れリアクタンス背後電圧一定モデル（過渡安定度計算用）

1.2.5 Canay のモデル

ここまで述べた Park の理論においては次のような方程式を用いてきた．これは dq 軸それぞれの等価巻線の間で回転子・固定子に共通に鎖交する磁束はすべての巻線を同様に鎖交し（これを主磁束と呼んだ），各巻線には，それぞれ自身のみと鎖交する磁束（漏れ磁束）がこれに加わるのみという仮定をしたためである．

$$\phi_d = -L_d i_d + L_{mfd} i_f + L_{mfd} i_{kd},$$
$$\phi_f = -L_{mfd} i_d + L_f i_f + L_{mfd} i_{kd},$$
$$\phi_{kd} = -L_{mfd} i_d + L_{mfd} i_f + L_{kd} i_{kd} \quad (1.22)$$

ただし，実際の発電機では図 1.16 に示すとおり，空間的に近くに位置する界磁巻線と d 軸制動巻線とのみ共通に鎖交して，固定子巻線とは鎖交しない磁束があってもおかしくない．

I. M. Canay 氏は上記の考え方に基づき，このような漏れインダクタンスを等価回路上に表現する図 1.17 の等価回路を提案した[6]．ここで X_{ld} のインダクタンスは界磁巻線と d 軸制動巻線のみに鎖交する磁束を表しており，これを回転子相互漏れインダクタンスと呼ぶことがある．

このインダクタンスを考慮すると，通常使用される発電機定数（試験から得られるパラメータ）によって

系統内のすべての発電機の内部状態が関係するので，発電機 1 機ごとに計算できるわけではなく，これらをすべて同時に考慮した大きな等価回路網を解くこととなる．また，一般に過渡安定度の計算では過酷な外乱の発生を想定した計算が行われるので，制動巻線や部材の渦電流などをすべて考慮した等価回路（図 1.13）がベースとなる．突極性を持たない系統側回路と接続するため，同期機側のリアクタンスにも突極性がないよう工夫を行うのが普通である．そのため電機子漏れリアクタンスのみを取り出し，これ以外の部分はすべて内部電圧として取り扱う．なお図 1.13 の下の図で一部点線で描かれた部分がある．この部分は横軸制約巻線を持つ機械においてしか存在しない．

さらに，1.2.3 項までに述べてきた Park モデルに基づく発電機等価回路をそのまま解くわけではなく，これを変圧器起電力の無視によって若干簡略化する．具体的には図 1.13 の固定子枝に含まれる各インダクタンス要素で発生する逆起電力を無視することである．この結果，同期機の等価回路は図 1.15 のようになる．式では式（1.8）の

$$v_d = p\phi_d - \omega\phi_q - Ri_d, \quad v_q = p\phi_q + \omega\phi_d - Ri_q \quad (1.20)$$

において，右辺第 1 項を無視して

$$v_d = -\omega\phi_q - Ri_d, \quad v_q = \omega\phi_d - Ri_q \quad (1.21)$$

と表すことに当たる．これは過渡状態の場合に界磁からみた場合の磁界の変化（換言すれば dq 軸でみた場合の磁界の変化）が周期 1 秒程度以上のゆっくりしたものであって変化率が小さいのに対して，速度起電力は磁束値に回転角速度が乗じられていることからもわかるように，電機子からみた磁束変化すなわち 1 秒間に 50 回あるいは 60 回の変化に対応する変化率であって，変圧器起電力の約 50 倍以上と非常に大きな値をとるためである．

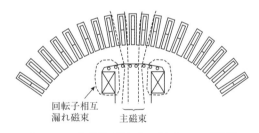

図 1.16 回転子相互漏れインダクタンスの説明図

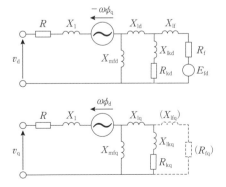

図 1.17 Canay 氏のモデルによる等価回路

すべての回路定数を決定することはできなくなる．したがって，回転子相互漏れインダクタンスの選定は電磁界解析などの手法によって求めないかぎり，任意性がある．また，実際に Canay の論文[6]にもあるように，このインダクタンスを考慮しても固定子側からみた同期機の特性には変化がみられない．したがって，励磁制御の影響が無視できる解析ケースでは，電力系統からみた同期機の特性は問題なく計算可能である．

ただし，回転子相互漏れインダクタンスの値によって界磁電流の波形は大きく左右されるため，励磁系の解析あるいは，これが大きく影響を及ぼすような解析ケースにおいて，その正確な計算には必須である．なお，こうした際，発電機によっては界磁電流波形を実測に合致したものにするためには X_ld の値がマイナスとなる場合が少なからず存在するので，注意が必要である．詳しくは文献 7 などを参照されたい．

1.2.6 サージ計算回路

1.1.2 項に述べたように，サージなどの高周波成分に対しては同期機巻線のキャパシタンス成分が大きく影響し，その考慮が重要である．電力系統に生じた擾乱によって送電線を電圧サージが伝播して発電所に侵入すると，昇圧変圧器一次側（発電機側）に非常に大きな移行過電圧が発生することがあり，これは静電的作用によるものと電磁的作用によるものの合成である[8]．このうち静電的移行電圧がキャパシタンス成分によって影響される部分であり，以下のように静電容量要素を考慮した回路計算によって取り扱うことができる．

変圧器も発電機と同様に一次，二次の巻線間やそれぞれの巻線のターン間は比較的間隙が狭い構造となっており，ある程度の静電容量を持っている．したがって図 1.18(a) のように等価回路を書くことができ，これはさらに簡略的には (b) のように集中定数によって表せる．一方発電機はすでに述べたように高周波に対しては Park モデルでは表れない静電容量の効果も考える必要があり，あるサージインピーダンス Z_g（一般には周波数に依存する値）によって表現できる．これを表したのが図 1.19 である．ここで Z_g は 30〜300 Ω で容量が大きいほど小さい値となる．

さらに詳細な解析においては，発電機を初期過渡リアクタンス X_d'' と等価静電容量，中性点接地インピーダンスを接続した等価回路で表現し（図 1.20），数

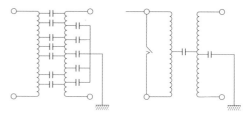

(a) 高周波電流に関する変圧器等価回路　(b) 変圧器のサージ等価回路の簡略化

図 1.18 サージに対する変圧器の等価回路

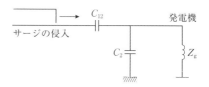

図 1.19 サージに対する昇圧変圧器・発電機系の等価回路

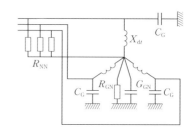

図 1.20 周波数特性まで考慮した発電機の詳細サージ等価回路

値シミュレーションを適用することも提案されている[8]．この場合，サージインピーダンスによる計算に比べて第二波以降の波形の模擬精度が高いという検討結果が得られている．

1.3 対称座標法等価回路：正相回路，逆相回路，零相回路

電力系統の解析で，送電パラメータの三相平衡がとれている多くの場合に有用なのが対称座標法である．ここでは電圧，電流などの量を正相，逆相，零相の三つの対称分に分解して計算が行われる．電圧の場合についての変換式を次に示す．ここで添字の 0, 1, 2 はそれぞれ零相，正相，逆相を意味する．

$$\begin{bmatrix} V_\mathrm{a} \\ V_\mathrm{b} \\ V_\mathrm{c} \end{bmatrix} = \begin{bmatrix} 1 & 1 & 1 \\ 1 & \mathrm{e}^{-\mathrm{j}\frac{2\pi}{3}} & \mathrm{e}^{\mathrm{j}\frac{2\pi}{3}} \\ 1 & \mathrm{e}^{\mathrm{j}\frac{2\pi}{3}} & \mathrm{e}^{-\mathrm{j}\frac{2\pi}{3}} \end{bmatrix} \begin{bmatrix} V_0 \\ V_1 \\ V_2 \end{bmatrix} \quad (1.23)$$

$$\begin{bmatrix} V_0 \\ V_1 \\ V_2 \end{bmatrix} = \frac{1}{3} \begin{bmatrix} 1 & 1 & 1 \\ 1 & \mathrm{e}^{\mathrm{j}\frac{2\pi}{3}} & \mathrm{e}^{-\mathrm{j}\frac{2\pi}{3}} \\ 1 & \mathrm{e}^{-\mathrm{j}\frac{2\pi}{3}} & \mathrm{e}^{\mathrm{j}\frac{2\pi}{3}} \end{bmatrix} \begin{bmatrix} V_\mathrm{a} \\ V_\mathrm{b} \\ V_\mathrm{c} \end{bmatrix} \quad (1.24)$$

前節では三相平衡状態の同期機の回路について述べたが，本節では不平衡状態の回路計算に用いられる対称座標法に用いる等価回路について述べる．

図 1.21 逆相インピーダンス図

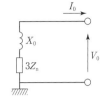

図 1.22 零相インピーダンス図（系統全体，発電機）

1.3.1 正相回路

正相回路は電力系統の三相に通常の相順に従って120°ずつ位相のずれた，大きさの等しい三相量に関する動作を表す．発電機内部には系統周波数に対応して同期回転する定常回転磁界を作り出すため，なんらの過渡現象も発生しない．1.2.1項で述べたと同様に等価回路とはdq軸それぞれのリアクタンス成分として X_d および X_q を持つ形になる．

1.3.2 逆相回路

一方，逆相回路では，三相の電圧，電流が大きさは同じでも相順が通常と逆の位相関係を持つように現れるために，同期機内部に生じる磁界は逆向きに回転する回転磁界に対応する．このため，回転子側の各回路からみて，この磁束は2倍の相対回転速度で回転することになり，界磁や制動巻線の電流，部材に生じる渦電流はすべて2倍周波数の交流分を持つことになる．

この場合図1.13の回路の X_lkd や X_lkq の部分が主要な役目を果たし，固定子側からみたリアクタンスの値が正相量に対するリアクタンスに対してきわめて小さな値をとる．抵抗分については，実際には正相量に比べて回転子側の消費電力が増大するために大きくなるが，多くの場合これは無視されて単に逆相リアクタンス X_2 のみで表現する場合が多い．この結果，等価回路は図1.21のようになる．X_2 の具体的な値については1.3.4項に述べる．

1.3.3 零相回路

同期機の零相回路は図1.22のように表される．ここでは中性点がインピーダンス $3Z_\mathrm{n}$ を介して接地されていることを想定している．

零相量は式 (1.24) からわかるように，三相のフェーザ量を足し合わせて3で割ったものであるから，電流については各相電流の和（すなわち中性点電流）がゼロ，すなわち非接地の場合には生じない．電力系統に接続される大容量同期機は，多くの場合固定子は星形結線であって，その中性点を比較的高いインピーダンスで接地している場合が多いので，零相電流は比較的小さくなる．一方，零相電圧は，すぐ後に述べるように第三高調波のためにある程度の値を持つことがある．

同期機の零相電流・電圧は系統側の故障などで発生することはない．これは図1.22に示すように零相回路の上では昇圧変圧器の部分で系統側とは切れているために，たとえば一線地絡など，大きな零相電流を生じるような外乱が系統側で発生した場合にも，その影響で変圧器発電機側に零相電流・電圧が生じることはないためである．ただし，同期機相電圧には，特に突極性が強い場合に比較的大きな第三高調波を含むことがあり[10]，比較的大きな零相電圧が発生する．ただし大形同期発電機は通常線間電圧が昇圧変圧器に接続され（すなわち変圧器は Δ-Y 型で），線間電圧が系統側へ伝えられる．したがって，相電圧に含まれる比較的大きな第三高調波成分は打ち消しあって系統側へは現れず，系統側の電気的特性が損なわれることはない．

1.3.4 対称分パラメータの測定回路と測定上の注意点

一般に正相リアクタンス X は同期リアクタンスと一致するため，測定上はJECなどで定められたとおりに行えばよいが，逆相や零相リアクタンスの測定では注意が必要である．逆相リアクタンスの測定として一般に行われる方法には2種類ある．一つはダルトンカメロン法であり，その詳細は図1.23に示すとおりである．また他は単相短絡法と呼ばれるもので，図1.24に示すとおり電機子巻線の2端子を短絡し，短絡回路には電流計，短絡回路と開放回路の間には電圧計を接続し，発電機を定格回転速度で運転する．初め低い励磁から徐々に励磁を強めて数点にわたり電流計の読み I_s，電圧計の読み V より

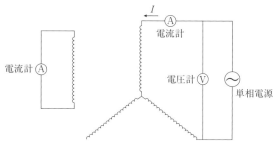

図 1.23 ダルトンカメロン法の測定回路

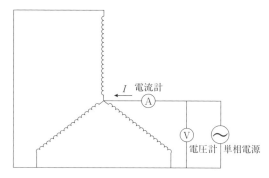

図 1.25 零相リアクタンスの測定回路（並列法）

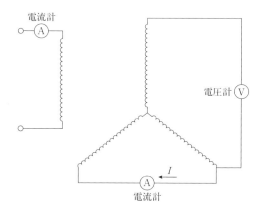

図 1.24 単相短絡法の測定回路

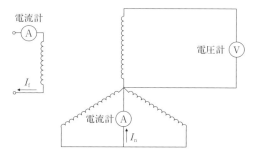

図 1.26 零相リアクタンスの測定回路（二相接地法）

$$X_2 = \frac{V}{\sqrt{3}I_s}$$

として求めるものである．このとき，電機子電流は連続不平衡電流耐量以下にとどめ，時間もできる限り短く速やかに測定すべきとされている．ただし論文[11]にあるように，実際にこれを行うと電圧波形には最大60%を超す第三高調波が重畳し，電流波形に含まれる第三高調波も最大 20% を超す場合がある．これは特に制動巻線を持たない機械で顕著であるとされている．文献 13 では次過渡突極性（X_d'' と X_q'' の値の違い）を考慮した解析を行い，高調波の影響は補正可能としているが，次過渡突極性の高い制動巻線の同期機や，制動巻線があっても極間接続なしの機械においてこの測定を行う場合には高調波について慎重なチェックを行うべきである．また，この現象は後出 1.4.2 項の高調波共振と本質的に同じものである．

零相リアクタンスの測定にも JEC によって複数の方法が規定されている．第一は並列法で，図 1.25 にあるように電機子巻線三相の全端子を短絡し，中性点との間に定格周波数単相電圧を加え，初めは少ない電流から徐々に電流を増しつつここに生じる電圧 V と電流 I を数点で測定し，次式により求めるものである．

$$X_0 = \frac{3V}{I}$$

同期機の回転速度は定格でも静止でもよく，界磁巻線は無励磁で短絡・開放のどちらでもよいとされている．しかし，特に突極機において静止状態でこれを行うと，各相が不平衡となり測定が困難なため，回転しての測定を推奨している研究[12]があり，この場合波形にはかなり大きな高調波を生じることが示されているので注意が必要である．

零相リアクタンス測定の第二の方法とされているのは二相接地法で，ここでは図 1.26 に示すように電機子巻線の二端子と中性点間を短絡し，短絡した二端子と中性点の間に電流計，開放端子と中性点の間に電圧計を接続し，発電機を定格回転速度で運転する．初めは低い励磁から始めて，徐々に励磁を強めつつ数点にわたって中性点電流 I_n および相電圧 V を測定し，その結果から次のように求めるというものである．

$$X_0 = \frac{V}{I_n}$$

この方法においても，第三高調波の影響を受けるため，測定に誤差が生じることがある[13]ので，注意を要する．

朝倉書店〈電気・電子工学関連書〉ご案内

モータの事典
曽根 悟・松井信行・堀 洋一編
B5判 528頁 定価(本体20000円+税) (22149-7)

モータを中心とする電気機器は今や日常生活に欠かせない。本書は, 必ずしも電気機器を専門的に学んでいない人でも, モータを選んで活用する立場になった時, 基本技術と周辺技術の全貌と基礎を理解できるように解説。〔内容〕基礎編:モータの基礎知識／電機制御系の基礎／基本的なモータ／小型モータ／特殊モータ／交流可変速駆動／機械的負荷の特性。応用編:交通・電気鉄道／産業ドライブシステム／産業エレクトロニクス／家庭電器・AV・OA／電動機設計支援ツール／他

ペンギン電子工学辞典
ペンギン電子工学辞典編集委員会訳
B5判 544頁 定価(本体14000円+税) (22154-1)

電子工学に関わる固体物理などの基礎理論から応用に至る重要な5000項目について解説したもの。用語の重要性に応じて数行のものからページを跨がって解説したものまでを五十音順配列。なお, ナノテクノロジー, 現代通信技術, 音響技術, コンピュータ技術に関する用語も多く含む。また, 解説に当たっては, 400に及ぶ図表を用い, より明解に理解しやすいよう配慮されている。巻末には, 回路図に用いる記号の一覧, 基本的な定数表, 重要な事項の年表など, 充実した付録も収載。

電力工学ハンドブック
宅間 董・高橋一弘・柳父 悟著
A5判 768頁 定価(本体26000円+税) (22041-4)

電力工学は発電, 送電, 変電, 配電を骨幹とする電力システムとその関連技術を対象とするものである。本書は, 巨大複雑化した電力分野の基本となる技術をとりまとめ, その全貌と基礎を理解できるよう解説。〔内容〕電力利用の歴史と展望／エネルギー資源／電力系統の基礎特性／電力系統の計画と運用／高電圧絶縁／大電流現象／環境問題／発電設備(水力・火力・原子力)／分散型電源／送電設備／変電設備／配電・屋内設備／パワーエレクトロニクス機器／超電導機器／電力応用

電子物性・材料の事典
森泉豊栄・岩本光正・小田俊理・山本 寛・川名明夫編
A5判 696頁 定価(本体23000円+税) (22150-3)

現代の情報化社会を支える電子機器は物性の基礎の上に材料やデバイスが発展している。本書は機械系・バイオ系にも視点を広げながら"材料の説明だけでなく, その機能をいかに引き出すか"という観点で記述する総合事典。〔内容〕基礎物性(電子輸送・光物性・磁性・熱物性・物質の性質)／評価・作製技術／電子デバイス／光デバイス／磁性・スピンデバイス／超伝導デバイス／有機・分子デバイス／バイオ・ケミカルデバイス／熱電デバイス／電気機械デバイス／電気化学デバイス

電子材料ハンドブック
木村忠正・八百隆文・奥村次徳・豊田太郎編
B5判 1012頁 定価(本体39000円+税) (22151-0)

材料全般にわたる知識を網羅するとともに, 各領域における材料の基本から新しい材料への発展を明らかにし, 基礎・応用の研究を行う学生から研究者・技術者にとって十分役立つよう詳説。また, 専門外の技術者・開発者にとっても有用な情報源となることも意図する。〔内容〕材料基礎／金属材料／半導体材料／誘電性材料／磁性材料・スピンエレクトロニクス材料／超伝導材料／光機能材料／セラミックス材料／有機材料／カーボン系材料／材料プロセス／材料評価／種々の基本データ

電気電子工学シリーズ〈全17巻〉
JABEEにも配慮し，基礎をていねいに解説した教科書シリーズ

1. 電磁気学
岡田龍雄・船木和夫著
A5判 192頁 定価(本体2800円+税) (22896-0)

学部初学年の学生のためにわかりやすく，ていねいに解説した教科書。静電気のクーロンの法則から始めて定常電流界，定常電流が作る磁界，電磁誘導の法則を記述し，その集大成としてマクスウェルの方程式へとたどり着く構成とした。

2. 電気回路
香田 徹・吉田啓二著
A5判 264頁 定価(本体3200円+税) (22897-7)

電気・電子系の学科で必須の電気回路を，発学年生のためにわかりやすく丁寧に解説。〔内容〕回路の変数と回路の法則／正弦波と複素数／交流回路と計算法／直列回路と共振回路／回路に関する諸定理／能動2ポート回路／3相交流回路／他

4. 電子物性
都甲 潔著
A5判 160頁 定価(本体2800円+税) (22899-1)

電子物性の基礎から応用までを具体的に理解できるよう，わかりやすくていねいに解説した。〔内容〕量子力学の完成前夜／量子力学／統計力学／電気抵抗はなぜ生じるのか／金属・半導体・絶縁体・金属の強磁性／誘電体／格子振動／光物性

5. 電子デバイス工学
宮尾正信・佐道泰造著
A5判 120頁 定価(本体2400円+税) (22900-4)

集積回路の中心となるトランジスタの動作原理に焦点をあてて、やさしく、ていねいに解説した。〔内容〕半導体の特徴とエネルギーバンド構造／半導体のキャリアと電気伝導／バイポーラトランジスタ／MOS型電界効果トランジスタ／他

6. 機能デバイス工学
松山公秀・圓福敬二著
A5判 160頁 定価(本体2800円+税) (22901-1)

電子の多彩な機能を活用した光デバイス，磁気デバイス，超伝導デバイスについて解説する。これらのデバイスの背景には量子力学，統計力学，物性論など共通の学術基盤がある。〔内容〕基礎物理／光デバイス／磁気デバイス／超伝導デバイス

7. 集積回路工学
浅野種正著
A5判 176頁 定価(本体2800円+税) (22902-8)

問題を豊富に収録し丁寧にやさしく解説〔内容〕集積回路とトランジスタ／半導体の性質とダイオード／MOSFETの動作原理・モデリング／CMOSの製造プロセス／ディジタル論理回路／アナログ集積回路／アナログ・ディジタル変換／他

9. ディジタル電子回路
肥川宏臣著
A5判 184頁 定価(本体2900円+税) (22904-2)

ディジタル回路の基礎からHDLも含めた設計方法まで，わかりやすくていねいに解説した。〔内容〕論理関数の簡単化／VHDLの基礎／組合せ論理回路／フリップフロップとレジスタ／順序回路／ディジタル-アナログ変換／他

11. 制御工学
川邊武俊・金井喜美雄著
A5判 160頁 定価(本体2600円+税) (22906-6)

制御工学を基礎からていねいに解説した教科書。〔内容〕システムの制御／線形時不変システムと線形常微分方程式，伝達関数／システムの結合とブロック図／線形時不変システムの安定性，周波数応答／フィードバック制御系の設計技術／他

12. エネルギー変換工学
小山 純・樋口 剛著
A5判 192頁 定価(本体2900円+税) (22907-3)

電気エネルギーは，クリーンで，比較的容易にしかも効率よく発生，輸送，制御できる。本書は，その基礎から応用までをわかりやすく解説した教科書。〔内容〕エネルギー変換概説／変圧器／直流機／同期機／誘導機／ドライブシステム

13. 電気エネルギー工学概論
西嶋喜代人・末廣純也著
A5判 196頁 定価(本体2900円+税) (22908-0)

学部学生のために，電気エネルギーについて主に発生，輸送と貯蔵の観点からわかりやすく解説した教科書。〔内容〕エネルギーと地球環境／従来の発電方式／新しい発電方式／電気エネルギーの輸送と貯蔵／付録：慣用単位の相互換算など

17. ベクトル解析とフーリエ解析
柁川一弘・金谷晴一著
A5判 180頁 定価(本体2900円+税) (22912-7)

電気・電子・情報系の学科で必須の数学を，初学年生のためにわかりやすく，ていねいに解説した教科書。〔内容〕ベクトル解析の基礎／スカラー場とベクトル場の微分・積分／座標変換／フーリエ級数／複素フーリエ級数／フーリエ変換

電気・電子工学基礎シリーズ〈全21巻〉
大学学部および高専の電気・電子系の学生向けに平易に解説した教科書

2. 電磁エネルギー変換工学
松木英敏・一ノ倉 理著
A5判 180頁 定価(本体2900円+税) (22872-4)

電磁エネルギー変換の基礎理論と変換機器を扱う上での基礎知識および代表的な回転機の動作特性と速度制御法の基礎について解説。〔内容〕序章/電磁エネルギー変換の基礎/磁気エネルギーとエネルギー変換/変圧器/直流機/同期機/誘導機

5. 高電圧工学
安藤 晃・犬竹正明著
A5判 192頁 定価(本体2800円+税) (22875-5)

広範なる工業生産分野への応用にとっての基礎となる知識および技術を解説。〔内容〕気体の性質と荷電粒子の基礎過程/気体・液体・固体中の放電現象と絶縁破壊/パルス放電と雷現象/高電圧の発生と計測/高電圧機器と安全対策/高電圧応用

6. システム制御工学
阿部健一・吉澤 誠著
A5判 164頁 定価(本体2800円+税) (22876-2)

線形系の状態空間表現,ディジタルや非線形制御系および確率システムの制御の基礎知識を解説。〔内容〕線形システムの表現/線形システムの解析/状態空間法によるフィードバック系の設計/ディジタル制御/非線形システム/確率システム

7. 電気回路
山田博仁著
A5判 176頁 定価(本体2600円+税) (22877-9)

電磁気学との関係について明確にし,電気回路学に現れる様々な仮定や現象の物理的意味について詳述した教科書。〔内容〕電気回路の基本法則/回路素子/交流回路/回路方程式/線形回路において成り立つ諸定理/二端子対回路/分布定数回路

8. 通信システム工学
安達文幸著
A5判 180頁 定価(本体2800円+税) (22878-6)

図を多用し平易に解説。〔内容〕構成/信号のフーリエ級数展開と変換/信号伝送とひずみ/信号対雑音電力比と雑音指数/アナログ変調(振幅変調,角度変調)/パルス振幅変調・符号変調/ディジタル伝送/多重伝送,他

10. フォトニクス基礎
伊藤弘昌編著
A5判 228頁 定価(本体3200円+税) (22880-9)

基礎的な事項と重要な展開について,それぞれの分野の専門家が解説した入門書。〔内容〕フォトニクスの歩み/光の基本的性質/レーザの基礎/非線形光学の基礎/光導波路・光デバイスの基礎/光デバイス/光通信システム/高機能光計測

11. プラズマ理工学基礎
畠山力三・飯塚 哲・金子俊郎著
A5判 196頁 定価(本体2900円+税) (22881-6)

物質の第4状態であるプラズマの性質,基礎的手法やエネルギー・材料・バイオ工学などの応用に関して図を多用し平易に解説した教科書。〔内容〕基本特性/基礎方程式/静電的性質/電磁的性質/生成の原理/生成法/計測/各種プラズマ応用

15. 量子力学基礎
末光眞希・枝松圭一著
A5判 164頁 定価(本体2600円+税) (22885-4)

量子力学成立の前史から基礎的応用まで平易解説。〔内容〕光の謎/原子構造の謎/ボーアの前期量子論/量子力学の誕生/シュレーディンガー方程式と波動関数/物理量と演算子/波動関数/1次元井戸型ポテンシャル中の粒子/他

16. 量子力学 ―概念とベクトル・マトリクス展開―
中島康治著
A5判 200頁 定価(本体2800円+税) (22886-1)

量子力学の概念や枠組みを理解するガイドラインを簡潔に解説。〔内容〕誕生と発展/シュレーディンガー方程式と演算子/固有方程式の解と基本的性質/波動関数と状態ベクトル/演算子とマトリクス/近似的方法/量子現象と多体系/他

17. コンピュータアーキテクチャ ―その組み立て方と動かし方をつかむ―
丸岡 章著
A5判 216頁 定価(本体3000円+税) (22887-8)

コンピュータをどのように組み立て,どのように動かすのかを,予備知識がなくても読めるよう解説。〔内容〕構造と働き/計算の流れ/情報の表現/論理回路と記憶回路/アセンブリ言語と機械語/制御/記憶階層/コンピュータシステムの制御

18. 画像情報処理工学
塩入 諭・大町真一郎著
A5判 148頁 定価(本体2500円+税) (22888-5)

人間の画像処理と視覚特性の関連および画像処理技術の基礎を解説。〔内容〕視覚の基礎/明度知覚と明暗画像処理/色覚と色画像処理/画像の周波数解析と視覚処理/画像の特徴抽出/領域処理/二値画像処理/認識/符号化と圧縮/動画像処理

21. 電子情報系の 応用数学
田中和之・林 正彦・海老澤丕道著
A5判 248頁 定価(本体3400円+税) (22891-5)

専門科目を学習するために必要となる項目の数学的定義を明確にし,例題を多く入れ,その解法を可能な限り詳細かつ平易に解説。〔内容〕フーリエ解析/複素関数/複素積分/自由電子の波動関数/ラプラス変換/特殊関数/2階線形偏微分方程式

朝倉電気電子工学大系
それぞれの研究領域の高みへと誘う本格的専門書シリーズ

1. 気体放電論
原 雅則・酒井洋輔著
A5判 368頁 定価（本体6500円+税）（22641-6）

気体放電現象の基礎過程から放電機構・特性・形態の理解へと丁寧に説き進める上級向け教科書。〔内容〕気体論／放電基礎過程／平等電界ギャップの火花放電／不平等電界ギャップの火花放電／グロー放電／アーク放電／シミュレーション

2. バリア放電
八木重典編
A5判 272頁 定価（本体5200円+税）（22642-3）

バリア放電の産業応用を長年牽引してきた執筆陣により、その現象と物理、実験データ、応用を詳説。〔内容〕放電の基礎／電子衝突と運動論／バリア放電の現象／バリア放電の物理モデル／オゾン生成への応用／CO_2レーザーへの応用／展望

3. 磁気工学の有限要素法
高橋則雄著
A5判 320頁 定価（本体6000円+税）（22643-0）

電子物性の基礎から応用までを具体的に理解できるよう、わかりやすくていねいに解説した。〔内容〕量子力学の完成前夜／量子力学／統計力学／電気抵抗はなぜ生じるのか／金属・半導体・絶縁体／金属の強磁性／誘電体／格子振動／光物性

5. 結晶成長
西永 頌著
A5判 264頁 定価（本体5500円+税）（22645-4）

トランジスタやレーザー等を支える基盤技術である結晶成長のメカニズムを第一人者が詳しく解説。〔内容〕準備／結晶の表面／核形成／表面拡散と結晶成長／安定性／巨大ステップ／結晶面間の表面拡散／偏析／MCE／宇宙での成長／他

電子物性 ―電子デバイスの基礎―
浜口智尋・森 伸也著
A5判 224頁 定価（本体3200円+税）（22160-2）

大学学部生・高専学生向けに、電子物性から電子デバイスまでの基礎をわかりやすく解説した教科書。近年目覚ましく発展する分野も丁寧にカバーする。章末の演習問題には解答を付け、自習用・参考書としても活用できる。

電気データブック
電気学会編
B5判 520頁 定価（本体16000円+税）（22047-6）

電気工学全般に共通な基礎データ、および各分野で重要でかつあれば便利なデータのすべてを結集し、講義、研究、実験、論文などの際に役立つ座右の書。データに関わる文章、たとえばデータの定義および解説を簡潔にまとめた

太陽電池の基礎と応用 ―主流である結晶シリコン系を題材として―
菅原和士著
A5判 212頁 定価（本体3500円+税）（22050-6）

現在、市場で主流の結晶シリコン系太陽電池の構造から作製法、評価までの基礎理論を学生から技術者向けに重点的に解説。〔内容〕太陽電池用半導体基礎物性／発電原理／素材の作製／基板の仕様と洗浄／反射防止膜の物性と形成法評価技術／他

電気電子情報のための線形代数
奥村浩士著
A5判 228頁 定価（本体3500円+税）（11145-3）

電気・電子・情報系の大学1,2年生・高専生に、線形代数がどのように活用されるのかを詳述。〔内容〕ベクトル／行列／行列式／連立一次方程式と行列の階数／一次変換／行列の対角化とその応用／スカラー積と二次形式／演習問題解答

事例で学ぶ数学活用法
大熊政明・金子成彦・吉田英生編
A5判 304頁 定価（本体5200円+税）（11142-2）

具体的な活用例を通して数学の使い方を学び、考え方を身につける。〔内容〕音響解析（機械工学×微積分）／人のモノの見分け方（情報×確率・統計）／半導体中のキャリアのパルス応答（電気×微分方程式）／細胞径分布／他

ISBN は 978-4-254- を省略　　　　　　　　　　　　　　　　（表示価格は2015年4月現在）

朝倉書店
〒162-8707 東京都新宿区新小川町6-29
電話 直通（03）3260-7631　FAX（03）3260-0180
http://www.asakura.co.jp　eigyo@asakura.co.jp

1.4 無負荷発電機の故障計算回路

ここでは，無負荷同期機の故障計算回路について述べる．

1.4.1 a相一線地絡

a相一線地絡時には
$$V_a = 0, \quad I_b = I_c = 0 \tag{1.25}$$
が成り立つので，これを対称座標法で表すと
$$V_0 + V_1 + V_2 = 0, \quad I_0 = I_1 = I_2 \tag{1.26}$$
となる．これを等価回路で表すと図1.27のようになることがわかる．

1.4.2 bc相短絡

bc相短絡時には
$$V_b = V_c, \quad I_a = 0, \quad I_b + I_c = 0 \tag{1.27}$$
が成り立つので，これを対称座標法で表すと
$$V_1 = V_2, \quad I_0 = 0, \quad I_1 + I_2 = 0 \tag{1.28}$$
となる．これを等価回路で表すと図1.28のようになることがわかる．

bc相短絡などの不平衡故障において特に問題になるのが，次過渡突極性による高調波の問題である．次過渡突極性とはd軸とq軸の初期過渡（次過渡）リアクタンス X_d'' と X_q'' の大きさの違い（突極性）のことである．bc相短絡では大きな逆相電流が流れるが，これは回転子に対して相対的に 2ω（ω は同期速度）の回転速度で回転する逆相磁界を作り出すので，これが逆相電圧と第三高調波電圧を作り出す．次過渡突極性がない場合には，これらがちょうど等大逆向きで打ち消しあうため実際には現れないことになるが，次過渡突極性があると，両者が打ち消しあわずに高調波電圧・電流が生じることになる．すると高調波電流が再び高調波回転磁界を生じ，これがさらなる高調波電圧を誘起するというループを無限に繰り返し，理論的には，無数の高調波成分列が発生する[13]．

こうした高調波は現象としては，健全性電圧の異常な上昇とひずみとなって現れ，過去，わが国も含めて幾多の発生事例がある[15]．この現象はbc相短絡だけでなく，発生機構を考えればわかるように次過渡突極性を持つ同期機における不平衡故障であれば，必ず発生する．有効な防止策として知られているのは，制動巻線の極間接続などによって次過渡突極性を抑えることである．

1.4.3 bc相地絡

bc相地絡時には
$$V_b = V_c = 0, \quad I_a = 0 \tag{1.29}$$
が成り立つので，これを対称座標法で表すと
$$V_0 = V_1 = V_2, \quad I_0 + I_1 + I_2 = 0 \tag{1.30}$$
となる．これを等価回路で表すと図1.29のようになることがわかる．

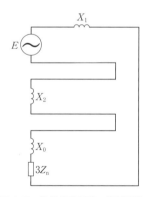

図1.27 無負荷発電機の等価回路1
（一線地絡）

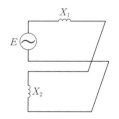

図1.28 無負荷発電機の等価回路2
（二線短絡）

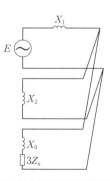

図1.29 無負荷発電機の等価回路3
（二相地絡）

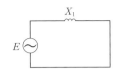

図 1.30 無負荷発電機の等価回路 4
（三相短絡・地絡）

1.4.4 三相地絡

三相地絡と短絡では第三高調波などに対する電流回路の面で違いがあるが，基本波交流分に限っては両者に違いはない．この場合

$$V_a = V_b = V_c = 0 \tag{1.31}$$

が成り立つ．三相が平衡しているので対称座標成分のうち，逆相分，零相分が現れず

$$V_0 = V_1 = V_2 = 0, \quad I_0 = I_2 = 0 \tag{1.32}$$

となる．これを等価回路で表すと図 1.30 のようになることがわかる．

1.5 超電導発電機等価回路

超電導発電機とは，界磁または電機子，あるいはこの両方を超電導化した発電機のことであるが，大型のものに限れば従来超電導とするのは界磁に限られていたため，以下では界磁のみを超電導化した超電導発電機に限って記すこととする．また，このタイプの大容量超電導発電機では，界磁巻線の超電導性を保つために回転子全体を低温容器に収め，回転界磁型として回転遠心力によって界磁巻線の冷却効率を上げる．以下の記述ではこうした構造の超電導発電機を前提としている．

界磁巻線は超電導化することで時定数 L/R は非常に長いものとなる（数十秒以上）ため，現用同期機と同様の励磁制御を行おうとするかどうかで，さらに二つの種類に分かれる．一つは長い時定数のために積極的な励磁制御は諦め，かわりに同期リアクタンスが低いという特性を活かして外部の磁束変動が界磁巻線内部の低温容器中にできる限り入っていかないようにする低速応型である．他方はむしろ積極的に励磁制御を行うために回転子の磁気シールド周波数特性を調整した超速応型である．前者は一般に真空断熱用の二重熱シールドの双方に導電性を持たせて電気的なシールドとしても使うが，後者の場合には二重熱シールドの外側だけを電気的シールドとし，内側は単に輻射シール

ドとしてのみ機能するように導電性を与えない．以下では，この双方について述べる．

1.5.1 低速応型超電導発電機の等価回路

低速応型では，現用発電機とは異なり，実効的に制動巻線として働く二重のシールドを有するので，等価回路上は通常よりも制動巻線を表現する枝を多く設定する必要がある．また，界磁巻線全体が制動巻線に相当するシールドによって電機子から隔てられるために，1.2.5 項で述べた回転子相互漏れ磁束が比較的優勢となる．さらに実機データとの照合研究によって，制動巻線を表現する枝は二重では不十分であり，三重とする必要があることがわかった[16]．このため図 1.31 のような等価回路が有効であるとされている．

また，Canay のリアクタンスを用いる特殊性より，通常用いる回路定数（特性試験によって得られるもの）だけでは不十分であり，擾乱発生時の界磁巻線電流などのデータから回路パラメータの合わせこみが必要である．Canay リアクタンスは電機子側から界磁側を

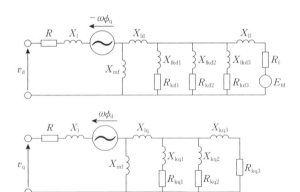

図 1.31 低速応型等価回路

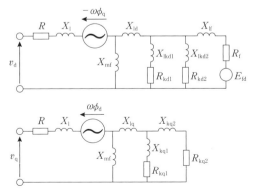

図 1.32 超速応型等価回路

みるインピーダンスに直列に入りこむため，高周波領域のシールド効果を表現できる．

1.5.2 超速応型超電導発電機の等価回路

前項と同様に超速応型であって電気的に有効なシールドが一重であっても制動巻線を表現する枝は二重とする必要があり，この結果図 1.32 のようにすべきであることが実機検証されている[17]．Canay のリアクタンスに関する注意点は前項と同じである．

1.6 可変速揚水発電機等価回路

可変速揚水とは，夜間の揚水運転時に回転子を可変低周波交流励磁（10 Hz 程度以下）することによって，電力系統に接続したまま機械的回転速度を変化させることができるように構成した揚水機である．ポンプ効率の意味では，水量に応じて最適な回転速度が決まるため，すべり周波数を最大限に用いて，できる限り揚水効率を高めることが経済性を高める．また周波数調整容量が不足する場合には，励磁周波数の調整で電気的入力を変化できる可変速機は夜間の周波数制御能力を高めるのに役立つ．

可変速揚水機でも Park の式は基本的に同じように成り立つが，回転子が同期回転座標系に対して相対回転していることを考慮すると，その方程式は次のようになる．

$$v_d = p\phi_d - \omega_m \phi_q - Ri_d, \quad v_q = p\phi_q + \omega_m \phi_d - Ri_q \quad (1.33)$$

さらに，これを同期回転する DQ 軸に座標変換

$$\begin{bmatrix} v_D \\ v_Q \end{bmatrix} = \begin{bmatrix} \cos\omega_s t & -\sin\omega_s t \\ \sin\omega_s t & \cos\omega_s t \end{bmatrix} \begin{bmatrix} v_d \\ v_q \end{bmatrix} \quad (1.34)$$

などを用いて変換すると次の式が得られる．

$$v_D = p\phi_D - \omega_o \phi_Q - Ri_D, \quad v_Q = p\phi_Q + \omega_o \phi_D - Ri_Q \quad (1.35)$$

ここでは DQ 軸諸量は定常状態において一定となり，通常の同期機と同様に $p\phi_d = p\phi_q = 0$ などとする近似が有効となる．したがって，これを図示すれば図 1.33 のようになることがわかる．

1.7 その他の発電機解析用等価回路

発電機は基本的に電気エネルギーと機械エネルギーの間のエネルギー変換装置である．したがって擾乱が発生した場合には，この二つのエネルギー形態の間でパワーのやりとりが起こることがあり，条件によってはこれらが相互に振幅を拡大するように働き，次第に拡大していく不安定現象を作り出す場合がある．

この一つの形が自己励磁現象との複合共振である．自己励磁現象とは回路の並列あるいは直列コンデンサと同期機自身のリアクタンス成分によって電気的な共振が発生し，ここで生じる電流が軸にすべり周波数相当の振動を惹起し，軸系の自由応答の周波数成分と近い場合には両者の間に相互干渉が発生して，互いに助長しあうものである．直流送電などのように点弧パルスを発生して運転している装置がある場合には，ここで発生する周期現象と軸ねじれ振動とが共振を起こす場合もある．

タービン発電機の軸系は一般に長いパワートレインを構成しており，各種の振動モードが共存する複雑な振動系となっている．したがって，電力系統の運用・計画上，火力・原子力発電機の軸ねじれ振動は重要な検討課題である．詳しくは文献 2 を参照されたい．

軸ねじれ現象を解析する場合には，発電機軸系の構成を考慮する必要がある．たとえば 3 個のタービン車室（高中低圧）と励磁機を持つケースでは軸系は 5 質点系を構成し，その挙動は図 1.34 のような等価回路

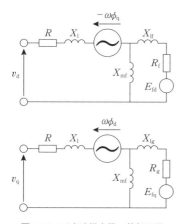

図 1.33 可変速揚水機の等価回路

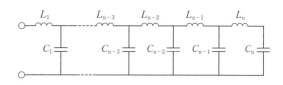

図 1.34 軸ねじれ振動等価回路

また，発電機の設計の立場では内部の冷却のための通風方式の検討も重要で，しばしば等価回路を用いた伝熱系の解析が行われる．抵抗，電流，電位差がそれぞれ熱抵抗，熱流量，温度差に対応する直流回路となり，発電機内の損失によって電流源が与えられれば，温度上昇が簡便に算定される[18]．　〔熊野照久〕

文　献

1) 電気学会電気規格調査会標準規格「同期機」JEC-2130-2000, 電気書院（2001）.
2) 関根泰次：電力系統過渡解析論, 電気書院（1985）.
3) R. E. Doherty and C. A. Nickle : "Synchronous Machines I-An Extension of Blondel's Two-Reaction Theory", Trans. AIEE, pp. 912-947 (1926).
4) R. H. Park : "Two-reaction theory of synchronous machines generalized method of analysis-Part I", Trans. AIEE, pp. 716-730 (1929).
5) 「同期機励磁系の仕様と特性」, 電気学会技術報告, 536.
6) I. M. Canay : "Cause of discrepancies on calculation of rotor quantities and exact equivalent diagrams of the synchronous machine", IEEE Trans PAS, 88, 7, p. 114 (1969).
7) 平松大典, 他：「同期発電機のモデリングと負荷遮断特性の検討」, 電気学会論文誌B, **126**, 2, pp. 209-216 (2006).
8) 長谷良秀：電力系統技術の実用理論ハンドブック, 丸善, p. 339 (2004).
9) 植田俊明, 他：「変圧器移行電圧解析用の発電機モデルに関する検討」, 電気学会論文誌B, **118**, 7, pp. 818-824 (1998).
10) G. Angst, J. L. Oldenkamp : "Third-harmonic voltage generation in Salient-Pole synchronous machines", AIEE, pp. 434-441 (1956).
11) 潮　恒郎, 伊藤正蔵：「同期機の逆相並びに零相リアクタンス測定に関する一考察」, 電気学会雑誌, **72**, 767, pp. 427-431 (1952).
12) 別宮貞俊, 他：「三相交流機の零相及び逆相インピーダンスの測定法に就いて」, 電気学会雑誌, 6月, pp. 585-600 (1940).
13) 潮　恒郎：「同期機の零相高調波起電力」, 電気学会雑誌, **72**, 770, pp. 695-699 (1952).
14) 「同期機の高調波に関する諸問題と対応技術」, 電気学会技術報告, 903, pp. 12-19 (2002).
15) 襧里, 他：「2線地絡故障に伴う発電所直配系の異常電圧の解析と対策」, 昭和60年電気関係学会関西支部連合大会, G4-11 (1985).
16) 天野, 他：「低速応型超電導発電機の等価回路モデリング」, 電気学会論文誌B, **120**, 11, pp. 1513-1520 (2000).
17) 天野, 他：「超速応型超電導発電機の等価回路モデリング」, 電気学会論文誌B, **121**, 10, pp. 1250-1256 (2001).
18) 「同期機の冷却方式」, 電気学会技術報告, 1222.

2

送電系統回路

2.1 送電線三相平衡等価回路

三相平衡状態においては，送電線の a, b, c 相回路の電圧・電流はそれぞれ位相が $(2/3)\pi$ ずつ異なるだけで波形は同一であるので，a 相と仮想の中性線を帰線とする単相回路をもって等価回路としており，後で述べる対称座標法の正相・逆相等価回路と同一となる．

送電線の三相平衡等価回路は，送電線の距離に応じて短距離（十数 km），中距離（二十数 km～100 km），長距離（数百 km 以上）用に分けられる．ここで，送電線等価回路中の R は抵抗，L は自己インダクタンス，C は作用静電容量を表すものとする．

2.1.1 短距離送電線等価回路

短距離送電線の等価回路は図 2.1 のように表される．各相の巻線間の静電容量，送電線と大地間の静電容量は無視できるものとする．

図 2.1 における送電端の電圧と受電端の電圧の関係は，

$$\dot{E}_s = \dot{E}_r + (R + j\omega L)\dot{I} \tag{2.1}$$

となる．

2.1.2 中距離送電線等価回路

中距離送電線は，図 2.2 の T 形等価回路および図 2.3 の π 形等価回路の 2 種類で表される．ここでは，各相の送電線間，送電線と大地間の静電容量を考慮している．

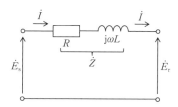

図 2.1　短距離送電線等価回路

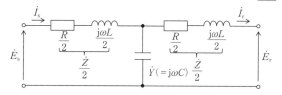

図 2.2　中距離送電線 T 形等価回路

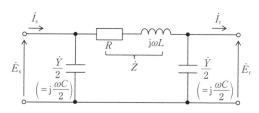

図 2.3　中距離送電線 π 形等価回路

$$C = C_0 + 3C_m \tag{2.2}$$

ここで，C_0 は送電線と大地間の静電容量，C_m は各相の送電線間の静電容量であり，C は作用静電容量と呼ばれる．

送電端の電圧・電流，受電端の電圧・電流の間の関係は，四端子定数を用いて T 形等価回路では，

$$\begin{pmatrix}\dot{E}_s \\ \dot{I}_s\end{pmatrix} = \begin{pmatrix} 1 + \dfrac{\dot{Z}\dot{Y}}{2} & \dot{Z}\left(1 + \dfrac{\dot{Z}\dot{Y}}{4}\right) \\ \dot{Y} & 1 + \dfrac{\dot{Z}\dot{Y}}{2} \end{pmatrix}\begin{pmatrix}\dot{E}_r \\ \dot{I}_r\end{pmatrix} \tag{2.3}$$

π 形等価回路では，

$$\begin{pmatrix}\dot{E}_s \\ \dot{I}_s\end{pmatrix} = \begin{pmatrix} 1 + \dfrac{\dot{Z}\dot{Y}}{2} & \dot{Z} \\ \dot{Y}\left(1 + \dfrac{\dot{Z}\dot{Y}}{4}\right) & 1 + \dfrac{\dot{Z}\dot{Y}}{2} \end{pmatrix}\begin{pmatrix}\dot{E}_r \\ \dot{I}_r\end{pmatrix} \tag{2.4}$$

と表される．

2.1.3 長距離送電線等価回路

数百 km 以上の長距離送電線は，短距離送電線や中距離送電線のように集中定数で表すことができず，図 2.4 のような分布定数回路となる．

図 2.4 は，微小区間 $[x, x+dx]$ における送電線の

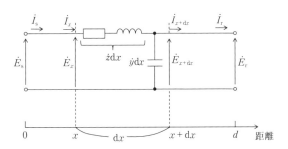

図 2.4 分布定数回路

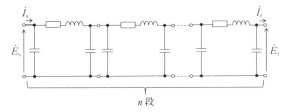

図 2.5 はしご形長距離送電線等価回路

インピーダンス，アドミタンスをそれぞれ $\dot{z}dx$, $\dot{y}dx$ として，

$$\dot{z} = r + j\omega l, \quad \dot{y} = j\omega c \tag{2.5}$$

となる．ここで，r, l, c はそれぞれ送電線単位長当たりの抵抗，自己インダクタンス，作用静電容量である．この図 2.4 の分布定数回路を表す微分方程式を解くと，送電端の電圧・電流，受電端の電圧・電流の間の関係は次のように求まる．

$$\begin{pmatrix} \dot{E}_s \\ \dot{I}_s \end{pmatrix} = \begin{pmatrix} \cosh \dot{\gamma} d & \dot{Z}_s \sinh \dot{\gamma} d \\ \dfrac{1}{\dot{Z}_s} \sinh \dot{\gamma} d & \cosh \dot{\gamma} d \end{pmatrix} \begin{pmatrix} \dot{E}_r \\ \dot{I}_r \end{pmatrix} \tag{2.6}$$

ここで，

$$\dot{\gamma} = \sqrt{\dot{z}\dot{y}} \approx j\omega\sqrt{cl}, \quad \dot{Z}_s = \sqrt{\dfrac{\dot{z}}{\dot{y}}} \approx \sqrt{\dfrac{l}{c}} \quad (r \approx 0) \tag{2.7}$$

となり，$\dot{\gamma}$ は伝搬定数，$\dot{Z}_s$ は特性定数またはサージインピーダンスと呼ばれる．

この長距離送電線は図 2.5 のように中距離送電線等価回路を直列に接続することによっても表すことができる．

2.2 変圧器三相平衡等価回路

送電線と同様に，三相平衡回路における三相変圧器は，どのような三相結線方式に対しても a 相の単相変圧器等価回路で表すことができる．また，この等価回路は，後で述べる対称座標法の正相・逆相等価回路と同一である．

2.2.1 単相変圧器等価回路

図 2.6 の無損失の変圧器回路を考える．

図 2.6 において，L_1, L_2 は一次巻線と二次巻線の自己インダクタンス，M はこの二つの巻線の相互インダクタンスであり，漏れ磁束があると $L_1 L_2 > M^2$ となり

$$k = \dfrac{M}{\sqrt{L_1 L_2}} < 1 \tag{2.8}$$

は結合率と呼ばれる．漏れ磁束がない場合は，$L_1 L_2 = M^2$ つまり結合率 $k = 1$ となる．一般の変圧器には漏れ磁束が存在するので，以後，変圧器にはこの漏れ磁束を考慮する．

この変圧器の電圧・電流に関する方程式は，

$$v_1 = L_1 \dfrac{di_1}{dt} + M \dfrac{di_2}{dt} \tag{2.9}$$

$$v_2 = M \dfrac{di_1}{dt} + L_2 \dfrac{di_2}{dt} \tag{2.10}$$

となり，式 (2.10) を

$$v_2 = M \dfrac{di_1}{dt} + L_2' \dfrac{di_2}{dt} + (L_2 - L_2') \dfrac{di_2}{dt} \tag{2.11}$$

ただし，$L_1 L_2' - M^2 = 0$ または $L_2' = M^2 / L_1$ と変形すると，式 (2.9)，式 (2.11) は図 2.7 の回路で表すことができる．

図 2.7 において点線で囲まれた変圧器は漏れ磁束のない変圧器であり，L_{2l} は漏れインダクタンスとなる．そして，この漏れ磁束のない変圧器の巻数比 n は，

$$n = \dfrac{M}{L_1} = \dfrac{L_2'}{M} \tag{2.12}$$

となる．図 2.7 は次の図 2.8 の回路と等価である．

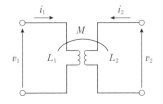

図 2.6 無損失変圧器回路

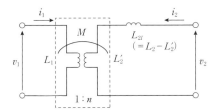

図 2.7 漏れリアクタンスつき変圧器回路

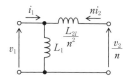

図 2.8　変圧器等価回路

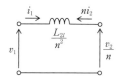

図 2.9　無損失変圧器等価回路

ここで，L_1 は励磁インダクタンスとなる．この L_1 が無限大となり励磁電流を無視することができれば，図2.8は図2.9と表すことができ，漏れインダクタンスのみの回路となる．

2.2.2　単相三巻線変圧器等価回路

図2.10の漏れインダクタンスを持つ無損失の三巻線変圧器を考える．

図2.10において，L_1, L_2, L_3 は各巻線の自己インダクタンス，M_{12}, M_{23}, M_{31} は三つの巻線の相互インダクタンスとなり，2.2.1項と同様の考え方で，図2.11の漏れ磁束のない三巻線変圧器を持つ等価回路に変換できる．

図2.11では，

$$L_{1l} = L_1 - L'_1, \quad L_{2l} = L_2 - L'_2, \quad L_{3l} = L_3 - L'_3.$$

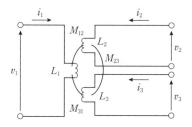

図 2.10　無損失三巻線変圧器回路

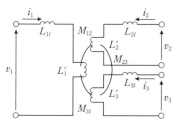

図 2.11　漏れリアクタンスつき三巻線変圧器回路

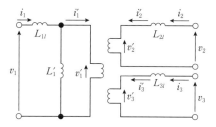

図 2.12　理想変圧器を持つ三巻線変圧器回路

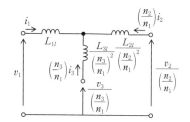

図 2.13　無損失三巻線変圧器等価回路

$$L'_1 L'_2 = M_{12}^2, \quad L'_2 L'_3 = M_{23}^2, \quad L'_3 L'_1 = M_{31}^2 \quad (2.13)$$

したがって，各巻線の漏れインダクタンスは，

$$L'_1 = \frac{M_{12} M_{31}}{M_{23}}, \quad L'_2 = \frac{M_{12} M_{23}}{M_{31}}, \quad L'_3 = \frac{M_{23} M_{31}}{M_{12}} \quad (2.14)$$

と一意に決まる．図2.11は，図2.12の三巻線理想変圧器を持つ回路と等価になる．

図2.12で，L'_1 は励磁インダクタンスである．各巻線の巻数 n_1, n_2, n_3 には次の関係がある．

$$\frac{v'_1}{n_1} = \frac{v'_2}{n_2} = \frac{v'_3}{n_3} \quad (2.15)$$

$$n_1 i'_1 + n_2 i'_2 + n_3 i'_3 = 0 \quad (2.16)$$

励磁インダクタンス L'_1 が無限大となり励磁電流を無視することができれば，図2.12と式 (2.15), (2.16) より図2.13の等価回路が得られる．

なお，電気諸量を各巻線比に合わせた基準量をもとに単位法で表すことによって，この図2.9と図2.13の巻数比を消すことができる．

2.3　三相送電線，三相変圧器の対称分等価回路

対称座標法における対称分等価回路とは，三相送電系統で，一線地絡などの非対称故障が発生した場合，正相だけでなく逆相，零相の電圧・電流がどのような分布になって流れているかを解析し，故障電流，故障点の健全相電圧の大きさを求めるために必要な等価回路である．

2.3.1 三相送電線の対称分等価回路

ここでは，一般によく用いられる中距離送電線を扱うものとし，2.1.2 項で述べた T 形，π 形の等価回路のうち π 形等価回路について考える．

正相等価回路は，2.1.2 項の三相平衡状態送電線の a 相分等価回路である図 2.3 と同一の線路定数を持つ図 2.14 となる．逆相等価回路も，逆相では三相平衡の電圧・電流が正相と逆に回転していると見なせばよいので，図 2.14 の正相等価回路と同一になる．

零相等価回路は，次のように考える．まず，自己インダクタンスであるが，零相では同じ大きさで同相の正弦波電流が a, b, c 相の線路を流れるので，その帰路電流は中性点から大地を通って流れる．したがって，この a 相電流が作る電流ループは，正相・逆相の a 相電流が作る電流ループと比べてかなり大きくなる．正相・逆相の a 相電流の帰路は，a, b, c 相の線路が完全に対称に配置されている場合は，a, b, c 相の線路の幾何学的中心になる．a 相に 1 A の電流を流したときに，その電流ループに鎖交する磁束数が自己インダクタンスになるので，大きな電流ループをもつ零相は正相・逆相より鎖交磁束数が大きくなり，自己インダクタンスも大きくなる．次に対地静電容量であるが，零相では同じ大きさで同相の正弦波電圧が a, b, c 相に印加されるので，各相間の電圧は常に同じになる．したがって，相間の静電容量 C_m は 0 となり，a 相の等価対地静電容量は式 (2.2) の正相・逆相の作用静電容量より小さくなり C_0 のみとなる．

以上をまとめると，零相等価回路は図 2.15 となる．

2.3.2 三相変圧器の対称分等価回路

三相変圧器には，一次-二次の結線方式がいろいろある．ここでは，次の代表的な Y-Y, Y-Δ, Δ-Δ 結線の 3 種類を考えることにする．

正相・逆相回路は，一次側，二次側の各 a, b, c 相端子に三相平衡の電圧が印加されたときの a 相分の回路であり，三相変圧器の中性点を介して大地には電流は流れないので，2.2.1 項で述べた単相二巻線変圧器の等価回路と同一の図 2.16 になる．ここで，L_l は漏れインダクタンスであり，励磁インダクタンスは無限大と仮定し，単位法を用いるものとする．

零相等価回路は，次のように一次-二次の結線方式を考慮する必要がある．

a. Y-Y 結線

ここでは一般化をして，図 2.17 に示すように一次側，二次側の Y 結線の中性点をそれぞれ $\dot{Z}_{N1}, \dot{Z}_{N2}$ のインピーダンスを介して接地するものとする．したがって，$\dot{Z}_{Ni} = 0$ は直接接地を，$\dot{Z}_{Ni} = \infty$ は非接地を表すことになる．

a, b, c 相端子に同じ大きさで同相の零相正弦波電圧が印加されたとき，同じ大きさで同相の正弦波電流が流れ，図 2.17 に示すように中性点から大地には各相分を加えた 3 倍の正弦波電流が流れるので，a 相分の単相回路で表すと図 2.18 となる．

b. Y-Δ 結線

ここでも a. と同様に一般化をして，図 2.19 に示す

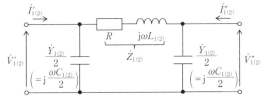

図 2.14 π 形送電線正相・逆相等価回路

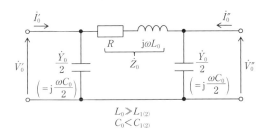

図 2.15 π 形送電線零相等価回路

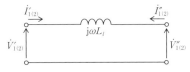

図 2.16 変圧器正相・逆相等価回路

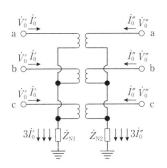

図 2.17 Y-Y 結線三相変圧器

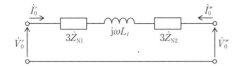

図2.18 Y-Y結線変圧器零相等価回路

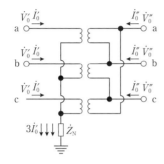

図2.19 Y-Δ結線三相変圧器

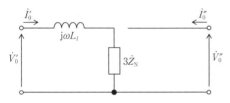

図2.20 Y-Δ結線変圧器零相等価回路

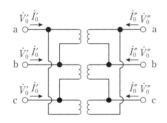

図2.21 Δ-Δ結線三相変圧器

図2.22 Δ-Δ結線変圧器零相等価回路

流れないので，a相分の単相回路で表すと図2.22となる．

2.4 送電系統の故障解析用回路

本節では，発電機，送電線，変圧器，負荷で構成される送電系統において，1線地絡故障などの非対称故障が発生したときの故障電流，故障点の健全相の電圧を求めるために用いる各対称分等価回路を接続した回路を扱う．

故障地点に，故障発生用端子を図2.23のように設置し，これらのa, b, c相端子の対地電圧，流出電流をそれぞれ $\dot{V}_a, \dot{V}_b, \dot{V}_c, \dot{I}_a, \dot{I}_b, \dot{I}_c$ とし，これらを対称分

図2.23 故障発生用端子

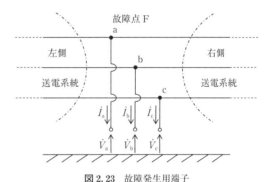

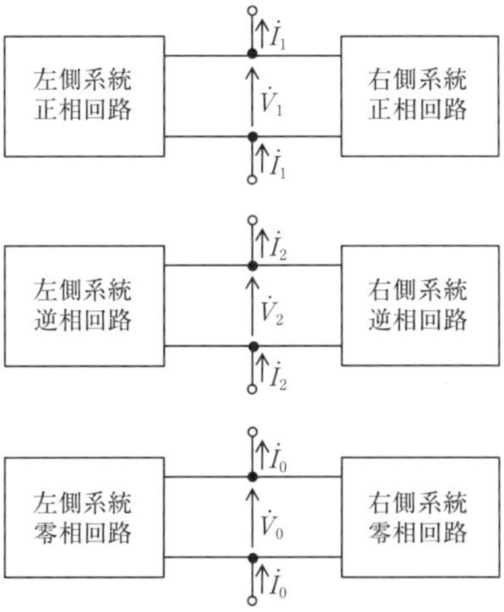

図2.24 送電系統の正相，逆相，零相等価回路

ようにY結線の中性点をインピーダンス $\dot{Z}_N$ を介して接地するものとする．

Y結線のa, b, c相端子に同じ大きさで同相の零相正弦波電圧が印加されたとき，Y結線側には同じ大きさで同相の正弦波電流が流れ，図2.19に示すように中性点から大地には各相分を加えた3倍の正弦波電流が流れるが，Δ結線側では，この電流は三つの巻線を循環する正弦波電流となり，a, b, c相端子からは同じ大きさで同相の零相電流は流れ出てこない．したがって，a相分の単相回路で表すと図2.20となる．

c. Δ-Δ結線

図2.21に示すΔ-Δ結線の変圧器一次側，二次側のa, b, c相端子に同じ大きさで同相の零相正弦波電圧を印加したとき，どちらのΔ結線にも同相の正弦波電流は

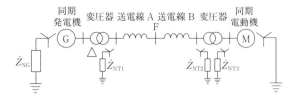

図 2.25 送電系統

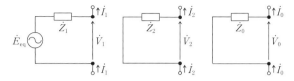

図 2.27 鳳-テブナンの定理による対称分等価回路

電圧・電流 $\dot{V}_1, \dot{V}_2, \dot{V}_0, \dot{I}_1, \dot{I}_2, \dot{I}_0$ に変換すると図 2.24 のようになる．ここで図中の□は，故障点からみて左側の送電系統，右側の送電系統をそれぞれ正相，逆相，零相等価回路で表したものである．

一例として，図 2.25 のような同期発電機，変圧器，中距離送電線，負荷としての同期電動機で構成される簡単な送電系統を考えると，1.3 節での同期発電機の対称分等価回路および 2.3 節より図 2.24 の対称分等価回路は，図 2.26 と表される．

図 2.26 は，鳳-テブナンの定理を用いて図 2.27 のように表すことができる．ここで，$\dot{E}_{eq}$ は図 2.26 の正相回路における故障点 F での故障発生前の電圧であり，$\dot{Z}_1, \dot{Z}_2, \dot{Z}_0$ は図 2.26 の各対称分等価回路での故障点 F から送電系統をみたインピーダンスである．この図 2.27 を用いると簡単に対称分電圧・電流 $\dot{V}_1, \dot{V}_2, \dot{V}_0, \dot{I}_1, \dot{I}_2, \dot{I}_0$ を求めることができ，a, b, c 相の故障電流，健全相電圧を求めることができる．

1.4 節での解析と同様にして，図 2.23 の故障発生用端子の電圧・電流 $\dot{V}_a, \dot{V}_b, \dot{V}_c, \dot{I}_a, \dot{I}_b, \dot{I}_c$ を用いて故障条件を定式化し，それを図 2.24 の対称分電圧・電流

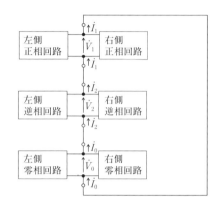

図 2.28 a 相 1 線地絡故障解析用対称分回路

$\dot{V}_1, \dot{V}_2, \dot{V}_0, \dot{I}_1, \dot{I}_2, \dot{I}_0$ に変換する．その結果から，図 2.24 の各対称分等価回路をどのように接続すれば故障を解析できるかわかる．その接続された対称分回路から得られた $\dot{V}_1, \dot{V}_2, \dot{V}_0, \dot{I}_1, \dot{I}_2, \dot{I}_0$ を a, b, c 相の $\dot{V}_a, \dot{V}_b, \dot{V}_c, \dot{I}_a, \dot{I}_b, \dot{I}_c$ に逆変換すると故障電流，故障点の健全相電圧が得られる．

2.4.1 a 相 1 線地絡故障

故障条件 $\dot{V}_a = 0, \dot{I}_b = \dot{I}_c = 0$ より $\dot{I}_1 = \dot{I}_2 = \dot{I}_0, \dot{V}_1 + \dot{V}_2 +$

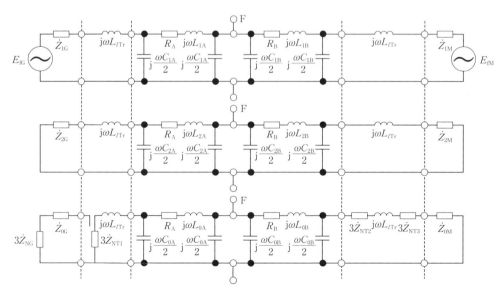

図 2.26 送電系統の対称分等価回路

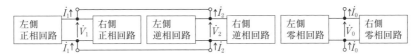

図 2.29 bc 相短絡故障解析用対称分回路

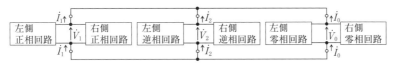

図 2.30 bc 相地絡故障解析用対称分回路

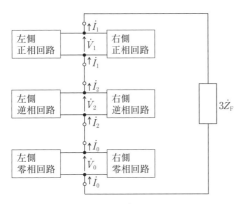

図 2.31 インピーダンス $\dot{Z}_F$ を介した a 相 1 線地絡故障解析用対称分回路

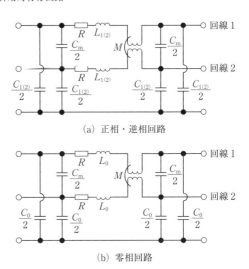

図 2.32 2 回線送電線の対称分回路

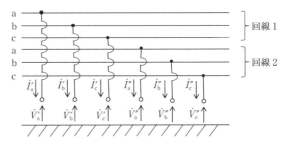

図 2.33 2 回線送電線の故障発生用端子

$\dot{V}_0 = 0$ が得られるので，図 2.28 となる．

2.4.2 bc 相短絡故障

故障条件 $\dot{I}_a = 0$, $\dot{I}_b + \dot{I}_c = 0$, $\dot{V}_b = \dot{V}_c$ より $\dot{I}_0 = 0$, $\dot{I}_1 + \dot{I}_2 = 0$, $\dot{V}_1 = \dot{V}_2$ が得られるので，図 2.29 となる．

2.4.3 bc 相地絡故障

故障条件 $\dot{I}_a = 0$, $\dot{V}_b = \dot{V}_c = 0$ より，$\dot{I}_1 + \dot{I}_2 + \dot{I}_0 = 0$, $\dot{V}_1 = \dot{V}_2 = \dot{V}_0$ が得られるので，図 2.30 となる．

2.4.4 インピーダンス $\dot{Z}_F$ を介した a 相 1 線地絡故障

故障条件 $\dot{V}_a = \dot{I}_a \dot{Z}_F$, $\dot{I}_b = \dot{I}_c = 0$ より $\dot{I}_1 = \dot{I}_2 = \dot{I}_0$, $\dot{V}_1 + \dot{V}_2 + \dot{V}_0 = 3\dot{I}_1 \dot{Z}_F$ が得られるので，図 2.31 となる．

2.5 2 回線送電線を持つ送電系統の対称分等価回路

一般に送電線は並行 2 回線送電線となっていることが多い．本節では，並行回線間に相互インダクタンスおよび静電容量が存在する場合について扱う．また，二つの並行送電線は，同一の線路定数を持つものとする．

並行 2 回線送電線の対称分等価回路を図 2.32 に示す．この 2 回線送電線が完全にねん架されている場合は，正相，逆相回路の回線間の相互インダクタンス M，静電容量 C_m は 0 となる．2.4 節での考え方をそのまま使うと，2 回線送電線で非対称故障が発生したとき，図 2.33 に示す故障発生用端子での電圧・電流で故障条件を定式化し，それを 2 回線の対称分に変換する式に基づいて図 2.34 の対称分送電系統の各端子を接続

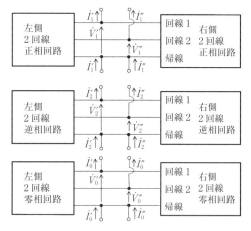

図 2.34 2回線送電線を持つ送電系統の対称分等価回路

すればよい．この2回線を持つ送電系統の対称分等価回路をそのまま用いた解析は複雑になるので，これを簡単にするために次に示す二相回路法を用いる．

次の式で定義された新たな変数 $(\dot{V}_{01}, \dot{I}_{01}), (\dot{V}_{02}, \dot{I}_{02}), (\dot{V}_{11}, \dot{I}_{11}), (\dot{V}_{12}, \dot{I}_{12}), (\dot{V}_{21}, \dot{I}_{21}), (\dot{V}_{22}, \dot{I}_{22})$ を導入すると図 2.34 の各対称分等価回路はそれぞれ図 2.35 に示す各対称分の第1回路，第2回路で表される．

$$\left.\begin{array}{ll}\dot{V}_{11}=\dfrac{\dot{V}'_1+\dot{V}''_1}{2}, & \dot{V}_{12}=\dfrac{\dot{V}'_1-\dot{V}''_1}{2}\\[4pt]\dot{V}_{21}=\dfrac{\dot{V}'_2+\dot{V}''_2}{2}, & \dot{V}_{22}=\dfrac{\dot{V}'_2-\dot{V}''_2}{2}\\[4pt]\dot{V}_{01}=\dfrac{\dot{V}'_0+\dot{V}''_0}{2}, & \dot{V}_{02}=\dfrac{\dot{V}'_0-\dot{V}''_0}{2}\end{array}\right\} \quad (2.17)$$

$$\left.\begin{array}{ll}\dot{I}_{11}=\dfrac{\dot{I}'_1+\dot{I}''_1}{2}, & \dot{I}_{12}=\dfrac{\dot{I}'_1-\dot{I}''_1}{2}\\[4pt]\dot{I}_{21}=\dfrac{\dot{I}'_2+\dot{I}''_2}{2}, & \dot{I}_{22}=\dfrac{\dot{I}'_2-\dot{I}''_2}{2}\\[4pt]\dot{I}_{01}=\dfrac{\dot{I}'_0+\dot{I}''_0}{2}, & \dot{I}_{02}=\dfrac{\dot{I}'_0-\dot{I}''_0}{2}\end{array}\right\} \quad (2.18)$$

または，

$$\left.\begin{array}{ll}\dot{V}'_1=\dot{V}_{11}+\dot{V}_{12}, & \dot{V}''_1=\dot{V}_{11}-\dot{V}_{12}\\ \dot{V}'_2=\dot{V}_{21}+\dot{V}_{22}, & \dot{V}''_2=\dot{V}_{21}-\dot{V}_{22}\\ \dot{V}'_0=\dot{V}_{01}+\dot{V}_{02}, & \dot{V}''_0=\dot{V}_{01}-\dot{V}_{02}\end{array}\right\} \quad (2.19)$$

$$\left.\begin{array}{ll}\dot{I}'_1=\dot{I}_{11}+\dot{I}_{12}, & \dot{I}''_1=\dot{I}_{11}-\dot{I}_{12}\\ \dot{I}'_2=\dot{I}_{21}+\dot{I}_{22}, & \dot{I}''_2=\dot{I}_{21}-\dot{I}_{22}\\ \dot{I}'_0=\dot{I}_{01}+\dot{I}_{02}, & \dot{I}''_0=\dot{I}_{01}-\dot{I}_{02}\end{array}\right\} \quad (2.20)$$

図 2.35 は，故障発生用端子をまだ2組持っており，その左側，右側の回路が，回線1と回線2で表されており，これを故障発生用端子を1組だけ持つ1回線単相回路で表すことにすると次のようになる．ここでは，並行2回線送電線は完全にねん架されているものとする．

2.5.1 正相第1回路

送電線は完全ねん架を仮定しているので，正相，逆相成分に対しては，回線間の相互インダクタンス M，静電容量 C_m が0となるので，図 2.36 のようになり，1回線単相回路で表すと2.3節の図 2.14 の等価回路を用いた図 2.37 となる．図中の線路定数の添字 A,

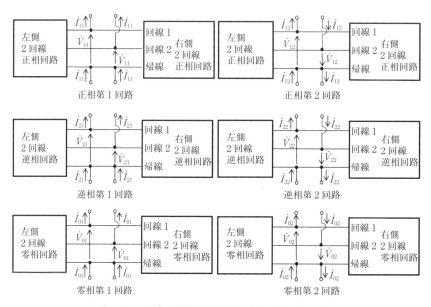

図 2.35 2回線送電線を持つ対称分第1回路，第2回路

2. 送電系統回路

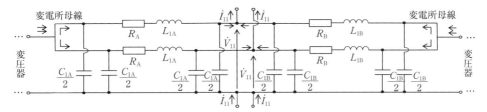

図 2.36 送電線の正相第 1 回路（2 回線表示）

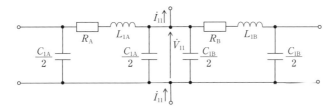

図 2.37 送電線の正相第 1 回路（1 回線表示）

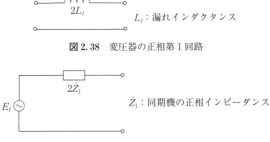

図 2.38 変圧器の正相第 1 回路

図 2.39 同期発電機の正相第 1 回路

B は，それぞれ故障点の右側，左側の回路を示すものとする．変圧器は，送電線の回線 1 と回線 2 の電流が加算されたものが流れ，1 回線の送電線電流の 2 倍の電流が流れるので，1 回線単相回路で表すと漏れインダクタンスが 1 回線分の 2 倍となり図 2.38 となる．同期発電機も変圧器と同様に考え図 2.39 となる．

2.5.2 正相第 2 回路

送電線は完全ねん架を仮定しているので，電流は回線 1 と回線 2 を故障発生用端子を介して循環することになり，変電所母線から変圧器など外部には流れ出ない．したがって，図 2.40 は 1 回線単相回路で表すと送電線の変電所母線端が短絡された図 2.41 となる．

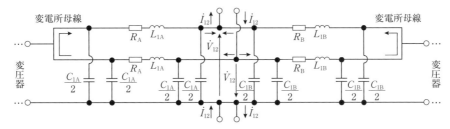

図 2.40 送電線の正相第 2 回路（2 回線表示）

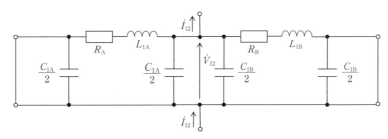

図 2.41 送電線の正相第 2 回路（1 回線表示）

そして，電流の流れない変圧器，同期発電機の正相第2回路は考えなくてよいことになる．

2.5.3 逆相第1回路

送電線，変圧器の逆相第1回路は，正相第1回路と同一になり，図2.42，図2.43となる．同期発電機は図2.44となる．

2.5.4 逆相第2回路

送電線の逆相第2回路は正相第2回路と同一になり図2.45となる．変圧器，同期発電機は考えなくてよい．

2.5.5 零相第1回路

図2.46は2回線表示の送電線の零相第1回路であるが，正相，零相と異なり，完全ねん架されていても回線間の相互インダクタンス M_A, M_B は存在し，等価

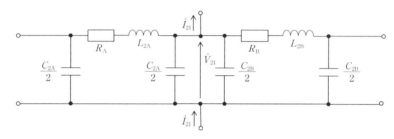

図2.42 送電線の逆相第1回路（1回線表示）

図2.43 変圧器の逆相第1回路 　　　　　**図2.44** 同期発電機の逆相第1回路

$\dot{Z}_2$：同期機の逆相インピーダンス

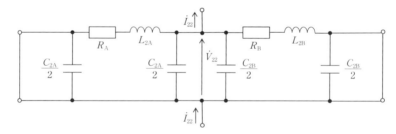

図2.45 送電線の逆相第2回路（1回線表示）

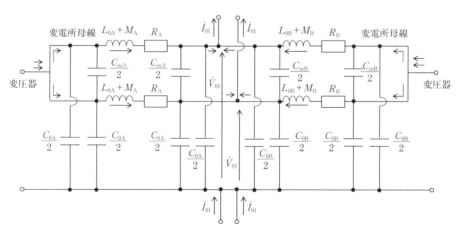

図2.46 送電線の零相第1回路（2回線表示）

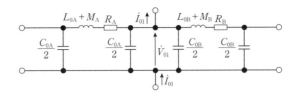

図 2.47 送電線の零相第1回路（1回線表示）

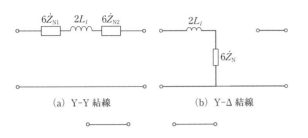

(a) Y-Y 結線　　(b) Y-Δ 結線

(c) Δ-Δ 結線

図 2.48 変圧器の零相第1回路

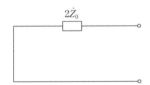

図 2.49 同期発電機の零相第1回路
$\dot{Z}_0$：同期機の零相インピーダンス．

的にはそれぞれの自己インダクタンスに相互インダクタンスを加えることになる．また，回線間の静電容量 C_{mA}, C_{mB} は，回線間にかかる電圧が0となるために $C_{mA} = C_{mB} = 0$ と考えてよい．したがって，1回線単相表示すると図2.47となる．変圧器は，正相，逆相と同様に漏れリアクタンスおよび中性点インピーダンスが1回線分の2倍となり，三相結線方式ごとに図2.48のようになる．同期発電機は，図2.49となる．

2.5.6　零相第2回路

零相第2回路では，電流は，回線1と回線2を故障発生用端子を介して循環することになり，変電所母線から外部には流れ出ない．また，回線間の相互インダクタンス M_A, M_B が存在し，回線1と回線2に流れる電流の向きが反対になるために，等価的にはそれぞれの自己インダクタンスから相互インダクタンスを引くことになる．また，回線間の静電容量 C_{mA}, C_{mB} は，回線間にかかる電圧は0とはならないため0とはならず，中性点からみると2倍になる．したがって，1回線単相表示すると図2.51となる．変圧器，同期発電機は考えなくてよい．

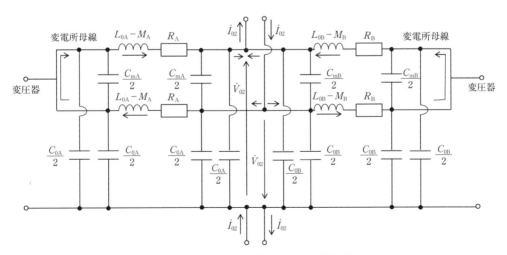

図 2.50 送電線の零相第2回路（2回線表示）

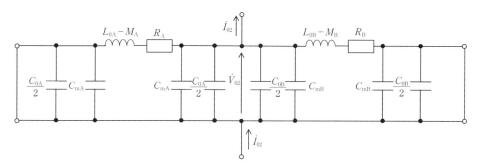

図 2.51　送電線の零相第 2 回路（1 回線表示）

2.6　並行 2 回線送電線の故障解析用回路

ここでは，一例として回線 1 の a 相地絡故障を考える．図 2.33 より故障発生用端子における故障条件は，$\dot{V}_a' = 0, \dot{I}_b' = \dot{I}_c' = \dot{I}_a'' = \dot{I}_b'' = \dot{I}_c'' = 0$ となり，これを図 2.34 の回線 1，回線 2 の対称分に変換すると次のようになる．

$$\dot{V}_0' + \dot{V}_1' + \dot{V}_2' = 0, \quad \dot{I}_0' = \dot{I}_1' = \dot{I}_2', \quad \dot{I}_0'' = \dot{I}_1'' = \dot{I}_2'' = 0$$

これを式 (2.19)，(2.20) を用いて二相回路法の対称分に変換する．

$$\left.\begin{array}{l}(\dot{V}_{01} + \dot{V}_{02}) + (\dot{V}_{11} + \dot{V}_{12}) + (\dot{V}_{21} + \dot{V}_{22}) = 0 \\ \dot{I}_{01} + \dot{I}_{02} = \dot{I}_{11} + \dot{I}_{12} = \dot{I}_{21} + \dot{I}_{22} \\ \dot{I}_{01} - \dot{I}_{02} = \dot{I}_{11} - \dot{I}_{12} = \dot{I}_{21} - \dot{I}_{22} = 0\end{array}\right\} \quad (2.21)$$

式 (2.18) より

$$\left.\begin{array}{l}\dot{V}_{01} + \dot{V}_{02} + \dot{V}_{11} + \dot{V}_{12} + \dot{V}_{21} + \dot{V}_{22} = 0 \\ \dot{I}_{01} = \dot{I}_{02} = \dot{I}_{11} = \dot{I}_{12} = \dot{I}_{21} = \dot{I}_{22}\end{array}\right\} \quad (2.22)$$

が得られる．

したがって，この式 (2.22) は図 2.52 のように各対称分第 1 回路，第 2 回路を接続すればよい．

〔横山明彦〕

文　献

1) 藤高周平編：大学課程送配電工学，オーム社 (1969).
2) 関根泰次：電力系統過渡解析論（復刻版），オーム社 (2014).

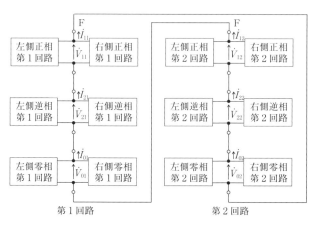

図 2.52　回線 1 の a 相地絡故障解析回路

3 HVDC 送電系統回路

3.1 他励式 HVDC システム回路

3.1.1 他励式 HVDC システム構成

他励式 HVDC（高圧直流送電：high-voltage direct current）システムは，他励式変換器を用いて直流送電を行うシステムであり，実プロジェクトで一般に採用されている双極2端子のシステム構成を図3.1に示す．他励式 HVDC システムの各端子（変換所）は，①他励式変換器（変換器用変圧器，直流リアクトルを含む），②交流フィルタ，③調相設備，④直流フィルタ，および⑤制御装置（実際のシステムでは制御保護装置として具備されるがここでは制御機能にのみ着目する）により構成される．

直流線路は，架空線かケーブル，あるいはこれらの組合せにより構成される．なお，周波数変換設備などのように，直流線路がなく，同一変換所内において順変換および逆変換を行うシステムを BTB（back-to-back）システムという．これは，同一設計の変換器を背中合せに配した構成に由来する．

3.1.2 他励式交直変換器回路

a. 他励式変換器回路

他励式変換器は，図3.2に基本となる6パルスブリッジ（三相ブリッジ）回路を示すように，サイリスタなど自己消弧能力を持たない素子を用いて交流と直流間の電力変換を行う装置である．サイリスタでは，素子自体のゲート制御による OFF 機能がなく，外部から

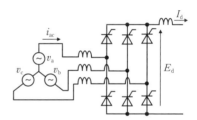

図 3.2　他励式変換器基本回路（6パルスブリッジ）

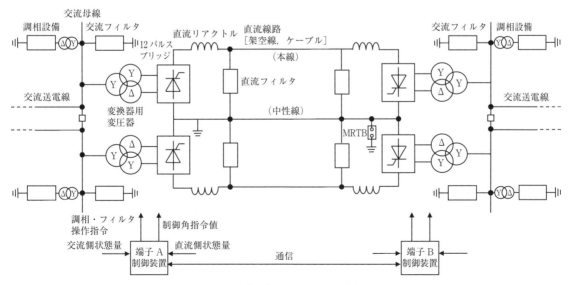

図 3.1　他励式 HVDC システム構成

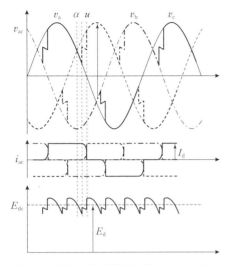

図 3.3 他励式変換器順変換動作（0<α<90°）

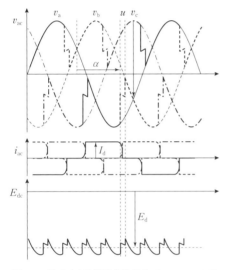

図 3.4 他励式変換器逆変換動作（90°<α<180°）

供給される交流電圧を利用して転流動作を行うことから「他励式」と呼ばれる．英語では，「交流線電圧で転流動作する変換器」との意味で，"line-commutated converter" と表記される．他励式変換器は，直流側に平滑リアクトル（直流リアクトル）を接続し，電流形変換器として動作させるのが一般的であり，他励式 HVDC システムにおいても，このような「他励式電流形変換器」が用いられる．

他励式変換器は，制御角 α を調整することで，交流から直流への順変換動作（図 3.3）と直流から交流への逆変換動作（図 3.4）を行うことができる．これらの動作波形は，直流リアクトルにより直流電流が一

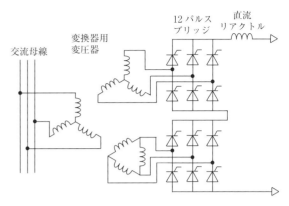

図 3.5 直流送電用他励式変換器回路（12 パルスブリッジ）

定に保たれるとして描いたものであるが，実際にも，直流電流はほぼ一定と見なせる程度に大きな直流リアクトルが設置される．

通常の HVDC システムにおいては，変換器構成として，図 3.5 に示す 12 パルスブリッジ構成が採用されている．これは，二つの 6 パルスブリッジを直流側で直列に接続し，それぞれの変換器用変圧器結線をY-Y および Y-Δ としたものである．この構成により，直流電圧として送電に適した高電圧を得るとともに，直流側リプル分を低減する一方，交流側においても 6パルスブリッジで発生する五次および七次の低次高調波電流を消去できるため，交流フィルタ容量の削減が可能となる．なお，回路図では，各アームは一つのサイリスタで表されているが，実機では，多数個の直列接続となる．

b. 瞬時値解析用等価回路

他励式変換器の動作を EMTP や PSCAD などの瞬時値解析ツールで解析する場合には，基本的には，図3.5 の回路を忠実にモデル化する．前述のように各アームは実際には直列接続された多数個のサイリスタからなるが，各素子の電圧分担など，個々のばらつきを解析したい場合以外，通常は 1 個のサイリスタモデルで等価模擬される．

c. 実効値解析（安定度，潮流計算）用等価回路

交流-直流連系系統の安定度解析を行う場合の他励式変換器モデルは，図 3.6 のように交流側は基本波成分，直流側は直流分のみに着目した実効値モデル（いわゆる平均値モデル）が用いられる．このモデルでは交流側電圧・電流と直流側電圧・電流の関係式（他励式変換器基本関係式）は，以下で与えられる．

$$E_d = E_{do}\cos\alpha - \frac{3}{\pi}XI_d \tag{3.1}$$

$$E_{do} = \frac{3\sqrt{2}}{\pi}nV_{ac} \tag{3.2}$$

$$I_{ac} = \frac{\sqrt{6}}{\pi}nI_d \tag{3.3}$$

$$\cos\phi = \frac{E_d}{E_{do}} \tag{3.4}$$

ここに，E_d：直流電圧，E_{do}：無負荷直流電圧，I_d：直流電流，V_{ac}：交流母線線間電圧実効値，I_{ac}：交流電流実効値，ϕ：力率角．

潮流計算では，交直変換器は，いわゆる P-Q 指定負荷として扱われ，それぞれ次式により計算される．

$$P_{conv} = \sqrt{3}V_{ac}I_{ac}\cos\phi = E_dI_d \tag{3.5}$$
$$Q_{conv} = \sqrt{3}V_{ac}I_{ac}\sin\phi = E_dI_d\tan\phi \tag{3.6}$$

なお，P, Q の符号は，交流母線から変換器への流入方向を正と定義すれば，順変換器運転は $P_{conv}>0$，$Q_{conv}>0$ であり，一方逆変換器運転は $P_{conv}<0$，$Q_{conv}>0$ となる．

さらに，交流-直流連系系統の安定度解析において，実効値モデルを用いた転流失敗模擬が必要となる場合がある．実効値解析においては，交流電圧基本波成分の不平衡に起因する転流失敗のみ考慮可能で，高調波ひずみの影響は考慮できないが，事故直後を除けば高調波ひずみの影響は小さいことがわかっており，交流系統の零相回路模擬を適切に行うことで実用上問題なく転流失敗模擬が可能である．いま，交流母線相電圧を，次式のように基本波成分のみで表現した場合，

$$v_i = \sqrt{2}V_i\sin(\omega t + \theta_i) \quad i = a, b, c \tag{3.7}$$

i 相から j 相への転流時の余裕角 γ_{ij} は，次式で求められる．

$$\gamma_{ij} = \cos^{-1}(E_1/E_2) \tag{3.8}$$

ここに，
$$E_1 = |V_i\cos(\alpha+\theta_i) - V_j\cos(\alpha+\theta_j)| + \sqrt{2}XI_d$$
$$E_2 = \sqrt{(V_i\cos\theta_i - V_j\cos\theta_j)^2 + (V_i\sin\theta_i - V_j\sin\theta_j)^2}$$

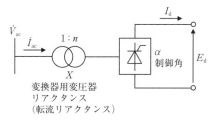

図 3.6　他励式変換器実効値モデル

実効値解析での転流失敗模擬は，1 サイクル間の各転流時点の余裕角 γ_{ij} の最小値がサイリスタのターンオフ時間より短くなった場合に発生するとして扱う．

3.1.3　他励式 HVDC システム制御回路

2 端子の他励式 HVDC システムの変換器制御特性を図 3.7 に示す．各端子の制御特性は，制御角一定制御（CIA），定電流制御（CC），定電圧制御（CV），定余裕角制御（CEA）の組合せにより成り立っており，これを作り出すための制御系構成が図 3.8 である．図 3.1 のシステム構成から明らかなように，順変換動作を行う変換器（以下単に順変換器）と逆変換動作を行う変換器（以下単に逆変換器）の直流電圧の極性が反転しているため，二つの端子の制御特性は直流電流軸に対して対称な特性として描ける．他励式 HVDC システムの運転点は，逆変換器の電流指令値を電流マージン I_m 分だけ小さくすることにより作り出され（図 3.8 の制御ブロックで逆変換器のみ電流指令値より I_m を減算），図 3.7 に示すように直流電流は順変換器により，直流電圧は逆変換器により決定される．変換器の直流電流指令値は，電力指令値を直流電圧で除算す

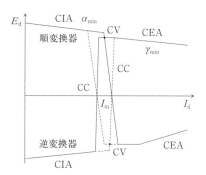

図 3.7　他励式 HVDC システムの制御特性

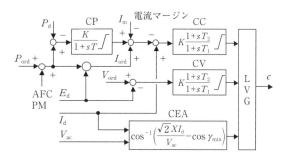

図 3.8　他励式変換器制御回路

T, T_1, T_2：時定数，K：ゲイン，CP（APR）：定電力制御，CC（ACR）：定電流制御，CV（AVR）：定電圧制御，CEA（AγR）：定余裕角制御，LVG：低値優先回路．

ることで得られ，基本的には直流送電電力が電力指令値となるように運転される．なお，この直流電流制御ループとは並列に，定電力制御も具備されているが，これは比較的大きな時定数を有し，電力指令値に対する定常的な誤差を補正するよう動作する．

また，潮流の反転は，図 3.7 の破線のように，電流マージンを減ずる変換器を変更することで実現している．これより，他励式 HVDC システムでは，潮流反転時に直流電圧の極性反転を生じることがわかる．

3.2 自励式 HVDC システム回路

3.2.1 自励式 HVDC システム構成

自励式 HVDC システムは，自励式変換器による直流送電システムであり，実用化されている 2 端子システムの基本構成を図 3.9 に示す．各端子（変換所）は，①自励式変換器（直流コンデンサを含む），②連系リアクトル，連系変圧器，③交流フィルタ，④直流フィルタ（変換器制御に三次高調波モジュレーションなどを施した場合に設置），⑤制御装置から構成される．図 3.9 の自励式 HVDC システムでは，交流系統との連系は，連系リアクトル（phase reactor）と連系変圧器の組合せで実現されている．この場合の連系変圧器には，電圧調整のみを機能として有する一般的な変圧器を採用できる．また，変換器の多重化を行う場合には，専用の変換器用変圧器を設置し，変換器動作に必要なリアクタンス分供給と交流電圧調整を同時に行う方式がとられる．

自励式システムの直流線路に関しては，現時点で実用化されているのは多くの場合はケーブルであり，基本的には，雷事故フリーのシステムとなっている．直流回路は単極の構成であるが，直流側中性点（あるいは中間点）を接地することにより双極で運転するシステムとしている．ただし，3.2.2 項に交直変換器構成のバリエーションを示すように，複数の変換器ユニットを用いて，システム構成上も，中性線を有する双極システムとすることができる．

3.2.2 自励式交直変換器回路

a. 自励式変換器回路

自励式変換器は，IGBT などの自己消弧素子を用いて電力変換を行う装置であり，電力システム用では，直流側の電圧を直流電源や直流コンデンサで一定に保って運転する電圧形変換器として構成している．したがって，厳密には，「自励式電圧形変換器」となる．英語では単に "voltage source converter" と表記される．

変換器を分類すれば，次の四つの構成が可能である．
- 自励式［電圧形，電流形］変換器（self-commutated［voltage source, current source］converter）
- 他励式［電圧形，電流形］変換器（line-commutated［voltage source, current source］converter）

ただし，電力システム用の実用化機器はすべて，自励式は電圧形，他励式は電流形であり，これらを前提として，それぞれを，日本語では自励式変換器，他励式変換器，英語では voltage source converter，line-commutated converter と呼称している．

HVDC システムに用いられている最も基本的な構成の自励式変換器ユニットは，図 3.10 の 2 レベル変換器である．自励式変換器制御としては，一般にPWM 制御が用いられており，3 パルス運転の場合の

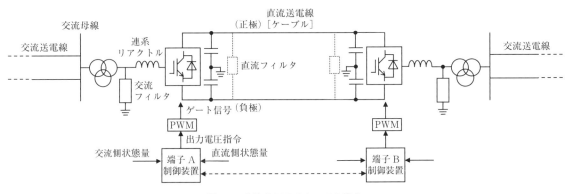

図 3.9 自励式 HVDC システム構成

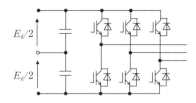

図 3.10 自励式変換器回路（2 レベル変換器）

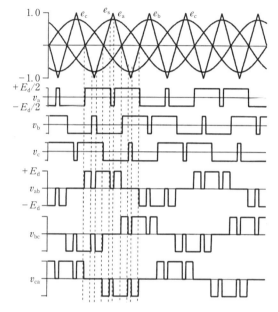

図 3.11 2 レベル変換器の PWM 制御（3 パルス運転）

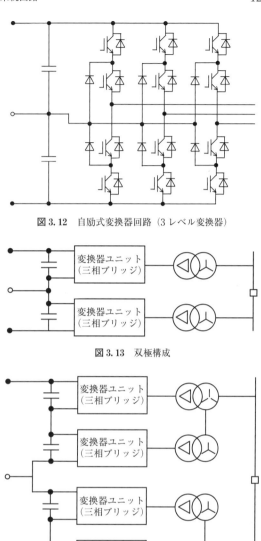

図 3.12 自励式変換器回路（3 レベル変換器）

図 3.13 双極構成

図 3.14 2 多重変換器双極構成

PWM 制御波形を図 3.11 に示す．変換器各アームのスイッチングパターンは，出力交流電圧に対応した基準信号波（正弦波電圧）と搬送波（三角波電圧）との比較により，交流側各相に $+E_d/2$ か $-E_d/2$ を出力する．線間電圧の基本波成分でみれば，基準信号波振幅に対応した大きさの交流電圧が出力されており，基準信号波振幅を制御することによりパルス幅が変化し，出力電圧の大きさを調整できることがわかる．この基準信号波と搬送波の振幅の比を制御率あるいは変調度という．また，搬送波と基準信号波の周波数の比がパルス数に対応する．

変換器ユニットとしては，図 3.12 に示す 3 レベル変換器も用いられている．この 3 レベル変換器は，正，負電圧に零電圧を加えた 3 レベルの電圧を相電圧として出力できる変換器であり，2 レベル変換器に比して，直流側を倍電圧まで高電圧化でき，容量増に対応できるほか，交流側の高調波低減に有効である．

一つの変換器ユニットの中間点接地により双極運転を実現するのではなく，他励式の双極システムと同様，図 3.13 のように二つの変換器ユニットのそれぞれを正極，負極に対応させ，構成上も双極システムとすることができる．現状の自励式 HVDC システムでは，HVDC システム単位で並列数を増やすことで，大容量化を行っている．しかしながら，直流線路を架空送電線とするシステムが現れてくれば，直流耐電圧は 2 倍必要となるものの，送電線本数の少ない双極構成が採用される可能性がある．なお，1 パルスの自励式変換器であれば，他励式システムの 12 パルスブリッジと同様の考え方で，変換器用変圧器に Y-Y と Y-Δ 結

線の組合せを採用することが考えられるが，交流側の循環電流抑制制御が必要となるため，多パルス変換器では，あまりメリットがない．

変換器ユニットの多重化は，高電圧大容量化と同時に変換器ユニット当たりのスイッチング周波数を低減して効率向上を図るうえで有効な手段である．図3.14は，片極当たり2多重構成とした例であり，多重化変換器間の循環電流抑制のため変換器用変圧器交流巻線を直列接続するとともに，多重化変換器のスイッチング位相をずらすことで高調波低減を図る．

b. 瞬時値解析用等価回路

自励式変換器の瞬時値解析モデルは，他励式変換器と同様に各アームに直列接続された半導体デバイスモジュール（他励式の場合にはサイリスタ素子のみであるが，自励式の場合にはスイッチング素子とダイオードの逆並列回路）を1個のモジュールで等価模擬したうえで，図3.10（2レベル変換器）あるいは図3.12（3レベル変換器）の変換器回路を忠実にモデル化する．

なお，直列素子の過電圧のばらつきをみたい場合には，個々のモジュール模擬が必要となることは，他励式変換器のモデル化と同様である．

c. 実効値解析（安定度，潮流計算）用等価回路

自励式変換器の実効値モデルを図3.15に示す．PWMの制御率をkとして，変換器交流出力の線間電圧の基本波成分実効値V_{c1}は次式で与えられる．

$$V_{c1} = \frac{\sqrt{3}}{2\sqrt{2}} k E_d \tag{3.9}$$

この変換器出力電圧基本波成分を単にV_cと記し，変換器交流母線電圧を$\dot{V}_S$，$\dot{V}_S$を基準とした$\dot{V}_C$の位相をθとすれば，$\dot{V}_S = V_S$，$\dot{V}_C = V_C e^{j\theta}$となり，自励式変換器から交流システム側に注入される有効・無効電力は次式で与えられる．

$$P = \frac{V_S V_C \sin\theta}{X} \tag{3.10}$$

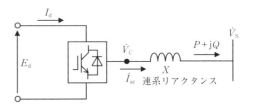

図 3.15 自励式変換器実効値モデル

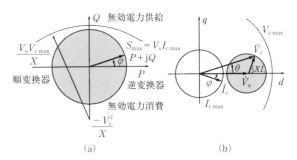

図 3.16 自励式変換器の有効・無効電力特性

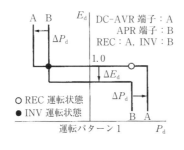

運転パターン1

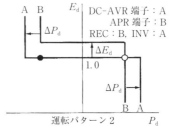

運転パターン2

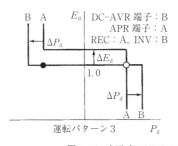

運転パターン3

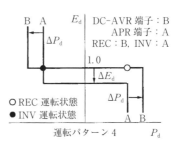

運転パターン4

図 3.17 自励式HVDCシステムの有効電力制御特性

$$Q = \frac{V_S(V_C\cos\theta - V_S)}{X} \tag{3.11}$$

自励式変換器は，図3.16に示すように，PQ平面において交流母線電圧と変換器電流最大値の積で決定される円内の4象限すべての領域で運転可能である．

3.2.3 自励式HVDCシステム制御回路

図3.9の2端子自励式HVDCシステムの運転は，有効電力に関しては，一方の端子で電力指令値に基づく有効電力一定制御（APR）を行い，もう一方の端子は直流電圧一定制御（DC-AVR）を行うことで結果的に順-逆変換器間の有効電力バランスを実現する．無効電力に関しては，それぞれの端子で独立に交流電圧一定制御（AC-AVR）あるいは無効電力一定制御（AQR）を行うことができる．

図3.17は有効電力に関する各端子の制御特性を説明したものであり，[APR端子，DC-AVR端子]と[順変換器，逆変換器]の組合せで，4パターンの運転状態が存在する．それぞれの運転状態は，DC-AVR端子のP指令値を電力マージン（ΔP_d）だけ大きくするとともに，APR端子の直流電圧指令値を電圧マージン（ΔE_d）分だけ高くあるいは低く設定することで得られる．潮流反転は電圧マージンの符号を反転することで実現でき，自励式システムでは電圧の向きは一定で，電流の向きが変化する．

図3.18には自励式変換器の制御系構成を示す．図3.17の制御特性は，d軸電流（有効電流）指令値の演算ブロックにおける直流電圧指令値と有効電流リミッタにより作り出される．最終段のPWM回路への入力が基準信号波であり，変換器は，交流母線電圧に対してPQ指令値に相当する電流（有効・無効電流）を注入するような正弦波電圧を出力するように制御される．

3.3 交流フィルタ回路

図3.19に交流フィルタを構成する分路の種類を示

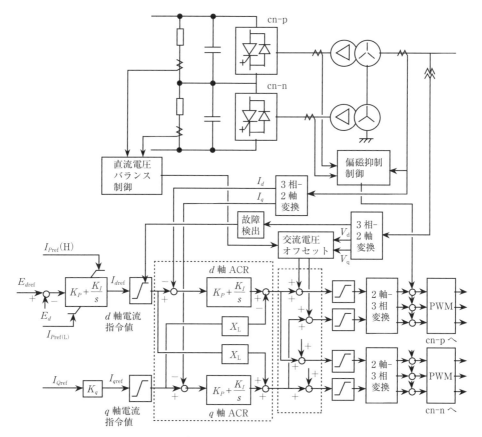

図3.18 自励式変換器（2多重構成）制御回路

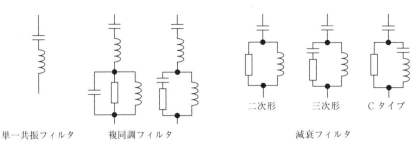

図 3.19 交流フィルタの種類

す．他励式 HVDC システムでは，理論高調波（11，13次）を除去する複数の単一共振フィルタあるいは複同調フィルタと，高次高調波成分を除去する減衰フィルタの組合せで，交流フィルタを構成する．複同調フィルタの利点は，基本波分損失が小さく，直列に接続される主コンデンサと主リアクトルのみが全インパルスに耐えればよく，その他の並列コンデンサ，リアクトル要素は低耐圧でよいことである．この結果，フィルタのコンパクト化にも効果がある．

自励式 HVDC システムでは，PWM 制御を採用した場合，変換器の発生する理論高調波は高次の高調波成分のみとなる．自励式システムの交流フィルタは，基本的には減衰フィルタの構成をとり，PWM の等価パルス数に応じたパラメータ設定を行う．フィルタ容量は，連系系統条件を考慮して高調波ひずみ率を許容値範囲内に収めるように設計される．

3.4 直流線路等価回路

直流線路の等価回路を図 3.20 に示す．HVDC システムの解析においては，サージ現象を解析する場合を除いて，安定度解析，瞬時値過渡現象解析いずれの場合も，この種の R-L-C 集中定数回路を用いる．この等価回路は，基本的には，回路定数の変更のみで，架空線，ケーブルいずれのモデルにも用いることができる．なお，潮流計算時のモデルは，R 分のみの模擬でよい．

〔高崎昌洋〕

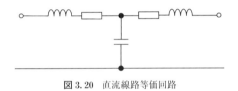

図 3.20 直流線路等価回路

4

配電系統回路

4.1 特別高圧配電系統の方式

わが国においては，6.6 kV 高圧配電方式が主流である．しかし，都市部などの需要密度の高い地域においては，22 kV 特別高圧配電方式が採用されている．図 4.1 に，22 kV 系統における配電系統の方式を示す．22 kV 系統では，1 回線方式，本予備方式，ループ供給方式，スポットネットワーク方式の 4 方式が用いられている．

4.2 高圧配電系統の方式

高圧配電系統は，樹枝状配電方式が一般的である．図 4.2 に，6.6 kV における配電系統の方式を示す．

4.3 低圧配電系統の方式

図 4.3 に，100 V，200 V における配電系統の方式を示す．

4.4 電圧降下計算等価回路

ここでは，配電系統の電圧降下を計算する際の等価回路について述べる．一般に配電線路の電圧降下計算は，負荷が完全に平衡しているという仮定のもと実施している場合が多い．また，負荷電流は回路計算を簡略化するため，同一負荷であれば供給電圧変動にかかわらず定電流負荷と見なすことが多い．

配電線路の電圧降下の算出に当たり，精度よく計算

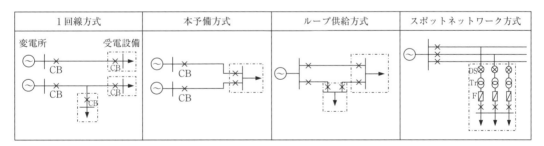

図 4.1 22 kV 系統における配電系統の方式

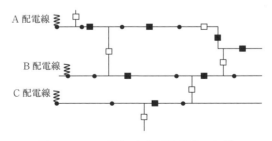

図 4.2 6.6 kV 系統における配電系統の方式[1]
∿∿：配電線立ち上がり，■：幹線開閉器（常閉），□：幹線開閉器（常開），●：区分開閉器（常閉），─：配電系統．

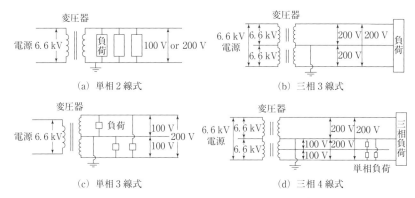

(a) 単相2線式 (b) 三相3線式

(c) 単相3線式 (d) 三相4線式

図 4.3 100 V, 200 V における配電系統の方式[11]

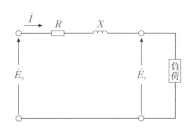

図 4.4 配電線1線の等価回路
E_s：送電端相電圧，E_r：受電端相電圧，
R：配電線の抵抗，X：変圧器．

するためには，負荷分布の違いによる電流分布をなるべく実態に即した形で反映する必要がある．4.4.1項に，高圧配電線の電圧降下計算標準等価回路を，4.4.2項に各負荷分布の違いを考慮した電圧降下計算等価回路を，また4.4.3項に低圧配電線の電圧降下計算標準等価回路を示す．

4.4.1 高圧配電線の電圧降下計算標準等価回路

図4.4に，三相3線式高圧配電線の配電線1線の電圧降下計算標準等価回路を示す．負荷は末端集中負荷とする．図より，配電線路における電圧降下 e は，下式で表される．

$$e = |\dot{E}_s| - |\dot{E}_r| \cong RI\cos\theta + XI\sin\theta \quad [\mathrm{V}] \quad (4.1)$$

ここで $\cos\theta$ は負荷の力率．式（4.1）から，線間電圧に対する電圧降下 v は下式で表される．

$$v = \sqrt{3}e \cong \sqrt{3}(RI\cos\theta + XI\sin\theta) \quad [\mathrm{V}] \quad (4.2)$$

4.4.2 負荷分布の違いを反映させた計算方法

4.4.1項は，末端集中負荷の計算の場合であるが，配電系統電圧降下を精度よく計算するためには，負荷分布の違いによる電流分布を計算に反映する必要がある．

表4.1に，負荷分布の違いによる区間電流の式を示す．

負荷分布が異なる場合の計算方法として，線路が連続分散負荷線路とすれば電圧降下の計算が可能である．

つまり，負荷が分布している場合の電圧降下計算式は，

$$v = \sqrt{3}\left(R\int_0^l I_x \cos\theta \mathrm{d}x + X\int_0^l I_x \sin\theta \mathrm{d}x\right) \quad [\mathrm{V}] \quad (4.3)$$

で表される．

表4.1において，分布負荷の場合に末端負荷に対する電圧降下の割合を分散負荷係数 f と定義し記載した．

分散負荷係数 f を使用した場合の電圧降下計算式 v_1 を下式に示す．

$$v_1 = fv \quad (v \text{ は末端集中負荷の場合の電圧降下})$$

以上より，分散負荷係数 f を用いることにより負荷が分布している場合の電圧降下をある程度正確に計算することが可能である．

4.4.3 低圧配電線の電圧降下計算等価回路

低圧配電線の方式は単相3線式あるいは三相4線式が一般的に用いられている．しかし，この方式の特徴として，負荷の不平衡によって各電圧線と中性線の間の電圧降下が不平衡になることがあげられる．ここでは例として単相3線式の場合の不平衡を加味した計算方法を示す．負荷の力率はすべて100%と見なして図4.5に示す等価回路のように電流分布を定めれば，負荷点の電圧降下は，

①点では，

$$\varepsilon_{A1} = l_1(r_A I_{A1} + r_N I_{N1}) \quad [\mathrm{V}] \quad (4.4)$$

4. 配電系統回路

表 4.1 負荷分布の違いによる区間電流の式

負荷分布の形		区間電流の式	分散負荷係数 f
末端集中負荷	(図)	$I_x = I$	1 (100%)
平等分布負荷	(図)	$I_x = I\left(1 - \dfrac{x}{l}\right)$	$\dfrac{1}{2}$ (50%)
末端が大なる分布負荷	(図)	$I_x = I\left(1 - \dfrac{x^2}{l^2}\right)$	$\dfrac{2}{3}$ (67%)
中央が大なる分布負荷	(図)	$0 \leq x \leq \dfrac{l}{2}$ $\quad I_x = I\left(1 - 2\dfrac{x^2}{l^2}\right)$ $\dfrac{l}{2} \leq x \leq l$ $\quad I_x = 2I\left(1 - \dfrac{x}{l}\right)^2$	$\dfrac{1}{2}$ (50%)
送電端が大なる分布負荷	(図)	$I_x = I\left(1 - \dfrac{x}{l}\right)^2$	$\dfrac{1}{3}$ (33%)

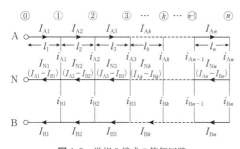

図 4.5 単相3線式の等価回路

$$\varepsilon_{B1} = l_1(r_B I_{B1} - r_N I_{N1}) \quad [V] \quad (4.5)$$

②点では,

$$\varepsilon_{A2} = \varepsilon_{A1} + l_2(r_A I_{A2} + r_N I_{N2})$$
$$= r_A(I_{A1}l_1 + I_{A2}l_2) + r_N(I_{N1}l_1 + I_{N2}l_2) \quad [V] \quad (4.6)$$
$$\varepsilon_{B2} = \varepsilon_{B1} + l_2(r_B I_{B2} - r_N I_{N2})$$
$$= r_B(I_{B1}l_1 + I_{B2}l_2) - r_N(I_{N1}l_1 + I_{N2}l_2) \quad [V] \quad (4.7)$$

Ⓝ点では,

$$\varepsilon_{An} = r_A \sum_{k=1}^{n}(I_{Ak}l_k) + r_N \sum_{R=1}^{n}(I_{NR}l_R) \quad [V] \quad (4.8)$$
$$\varepsilon_{Bn} = r_B \sum_{k=1}^{n}(I_{Bk}l_k) - r_N \sum_{R=1}^{n}(I_{NR}l_R) \quad [V] \quad (4.9)$$

ただし, 0, 1, 2, 3, ⋯, k, ⋯, n は各負荷点を表す記号, r_A, r_B, r_N は両電圧線 A, B および中性線 N の 1 km 当たりの抵抗 [Ω/km], l_1, ⋯, l_k, ⋯, l_n は各隣接負荷点間の距離 [km], i_{A1}, ⋯, i_{Ak}, ⋯, i_{An} は A 線における各負荷点の電流 [A], i_{B1}, ⋯, i_{Bk}, ⋯, i_{Bn} は B 線における各負荷点の電流 [A], I_{A1}, ⋯, I_{Ak}, ⋯, I_{Ak} は A 線の各区間電流 [A], I_{B1}, ⋯, I_{Bk}, ⋯, I_{Bk} は B 線の各区間電流 [A], I_{N1}, ⋯, I_{Nk}, ⋯, I_{Nk} は N 線の各区間電流 [A].

以上より, 単相3線式低圧配電線の不平衡を加味した電圧降下の算出が可能である.

4.5 故障計算等価回路

ここでは, 配電系統の地絡故障計算等価回路と短絡故障計算等価回路について述べる.

4.5.1 地絡故障計算等価回路

a. 非接地系統の概要

配電系統は, 中性点非接地方式が採用されていることから, 地絡事故配電線を選択遮断するため接地変圧器 (EVT または GPT) が設置されて等価回路上は超高抵抗接地となっている. 図 4.6 に, EVT, GPT が設置された配電系統の 1 相に 1 線地絡が発生した場合の回路を示す. 矢印は, 地絡電流がどのように流れるか

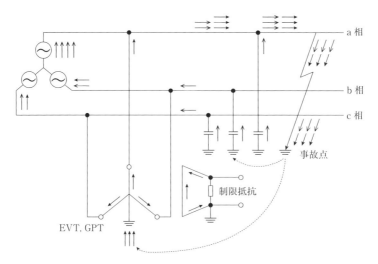

図 4.6 配電系統の 1 線地絡発生時の回路

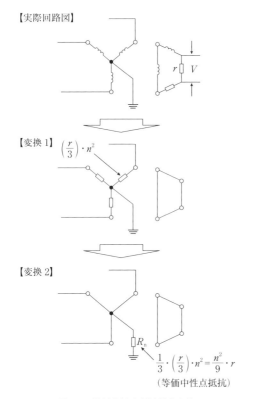

図 4.7 等価中性点抵抗算出方法
一般に，二次側から一次側に電圧を変換する場合，巻線比を n とすると，$V_1 = nV_2$, $I_1 = I_2/n$．よって，$V_1/I_1 = n^2 V_2/I_2$．

を示している．

EVT, GPT の三次巻線はオープンデルタまたはブロークンデルタと呼ばれ，制限抵抗が接続されている．制限抵抗 r の一次側換算による等価中性点抵抗は，図

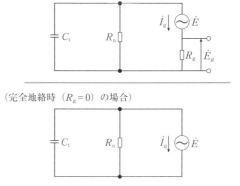

図 4.8 1 線地絡事故時の等価回路
C_t：全配電線の対地静電容量の合計（三相合計）$[\mu F]$，R_n：等価中性点抵抗 $[\Omega]$，R_g：地絡抵抗 $[\Omega]$，$\dot{E}$：事故前の対地電圧 $[V]$，$\dot{I}_g$：地絡電流 $[A]$.

4.7 のように求めることができる[2]．

b. 地絡時の等価回路

図 4.8 に，配電系統における 1 線地絡事故時の故障電流・地絡電圧を算出する場合の等価回路を示す．地絡電流 $\dot{I}_g$ は下式で表される．

$$\dot{I}_g = \frac{\dot{E}}{R_g + 1/(1/R_n + j\omega C_t)} \quad [A] \tag{4.10}$$

完全地絡時の場合の地絡電流 $\dot{I}_g$ は，$R_g = 0$ であることから下式となる．

$$\dot{I}_g = \frac{\dot{E}}{1/(1/R_n + j\omega C_t)} \quad [A] \tag{4.11}$$

また，地絡電圧 $\dot{E}_g$ は，$\dot{E}_g = R_g \times \dot{I}_g$ で算出する．

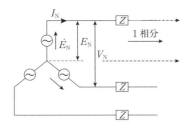

図 4.9 三相回路の %Z 算出方法

4.5.2 短絡故障計算等価回路
a. 三相回路の % インピーダンス

図 4.9 に示すように, 三相回路における % インピーダンス（以下 %Z）は対称三相回路のときは 1 相分の回路に直して計算できる[3]．

$$\%Z = \frac{Z \cdot I_N}{E_N} \times 100 \quad [\%] \tag{4.12}$$

E_N は相電圧, I_N は相電流である. また, 基準電圧として線間電圧 V_N [V], 基準容量 P [VA] をとるとき, %Z は次式で表せる. ここで, $P = I_N E_N$.

$$\%Z = \frac{Z \cdot P}{V_N^2} \times 100 \quad [\%] \tag{4.13}$$

b. 短絡時の等価回路

図 4.9 の三相回路において, 負荷端で三相短絡故障が発生した場合の三相短絡電流 I_s は, a. と同様に 1 相分回路の等価回路を用い下式で算出できる．

$$I_s = \frac{I_N}{\%Z} \times 100 \quad [A] \tag{4.14}$$

また, 三相短絡容量 P_S は,

$$P_s = \frac{P}{\%Z} \times 100 \quad [\%] \tag{4.15}$$

なお, 2 相短絡時の短絡電流 I_{S2} は,

$$I_{s2} = \frac{\sqrt{3}}{2} \times I_s \quad [A] \tag{4.16}$$

で算出する．

4.6 高調波計算等価回路

ここでは, 配電系統における高調波計算等価回路について述べる. 配電系統における高調波モデルは図 4.10 のように考えられる．

図中の配電系統の負荷モデルについては, さまざま

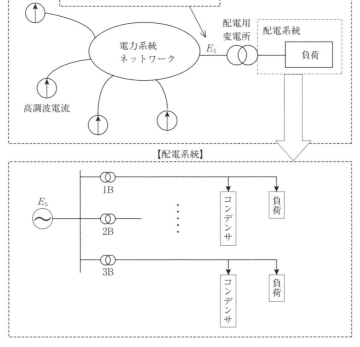

図 4.10 電力系統の高調波モデル

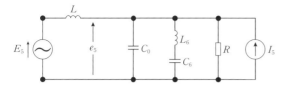

図 4.11 配電系統の第 5 次高調波における等価回路

E_5：配電変圧器一次側第 5 次高調波電圧，C_0：L なしスタティックコンデンサのコンデンサ量，e_5：配電変圧器二次側第 5 次高調波電圧，C_6：6%L 付スタティックコンデンサのコンデンサ量，L：配電変圧器漏れリアクタンス＋上位系統背後リアクタンス，L_6：6%L 付スタティックコンデンサのリアクトル量，R：負荷抵抗，I_5：配電系統の第 5 次高調波電流（$=I_5r+\mathrm{j}I_5i$）．

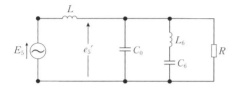

図 4.12 電圧源の等価回路（電流源を開放）

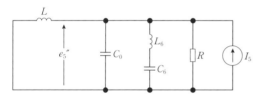

図 4.13 電流源の等価回路（電圧源を短絡）

なものが提案されているが，ここでは簡単のため負荷を抵抗 R のみで扱う．なお，負荷モデルについては，井上により提案されているモデル[4]を用いるのが標準的である．また，一般に配電系統における高調波電流・電圧ひずみ率は，第 5 次高調波が最も大きいことから，ここで示す高調波等価回路は 5 次高調波を基本として記述する．

図 4.11 に配電系統の第 5 次高調波における等価回路を示す．配電系統のフィーダを無視し，配電変圧器の二次側に接続される負荷およびスタティックコンデンサを一つにまとめた回路を用いる．図 4.11 は，重ね合せの理により図 4.12，図 4.13 に分けられる．

図 4.12 の電圧源回路から配電用変圧器二次側（≒配電系統第 5 次高調波電圧）の第 5 次高調波電圧 e_5 を算出する．基本波の角周波数を ω_0 とし，L なしのスタティックコンデンサの第 5 次高調波に対するアドミタンスを Y_{5SC0} とすると，

$$Y_{5SC0} = 5 \cdot \mathrm{j}\omega_0 C_0 \tag{4.17}$$

6%L 付のスタティックコンデンサの第 5 次高調波に対するインピーダンスを Z_{5SC6} とすると，

$$Z_{5SC6} = \mathrm{j} \cdot 5\omega_0 L_6 + \frac{1}{\mathrm{j} \cdot 5\omega_0 C_6} \tag{4.18}$$

基本波に対する L_6 のインピーダンスは，C_6 のインピーダンスの 6% であるから，

$$\mathrm{j}\omega_0 L_6 = -0.06 \times \frac{1}{\mathrm{j}\omega_0 C_6} \tag{4.19}$$

右辺にマイナスがかかるのは，コンデンサとリアクトルは逆位相であるためである．式 (4.19) を式 (4.18) に代入すると，

$$Z_{5SC6} = -5 \times 0.06 \cdot \frac{1}{\mathrm{j}\omega_0 C_6} + \frac{1}{\mathrm{j} \cdot 5\omega_0 C_6} \tag{4.20}$$

$$= -\frac{0.1}{\mathrm{j}\omega_0 C_6} \tag{4.21}$$

上式のアドミタンスを Y_{5SC6} とすると，

$$Y_{5SC6} = -10 \cdot \mathrm{j}\omega_0 C_6 \tag{4.22}$$

配電用変圧器二次側からみたフィーダ側の 5 次インピーダンスを Z_{52} とすると，

$$Z_{52} = \frac{1}{Y_{5SC0} + Y_{5SC6} + 1/R} \tag{4.23}$$

$$= \frac{1}{5 \cdot \mathrm{j}\omega_0 C_0 - 10 \cdot \mathrm{j}\omega_0 C_6 + 1/R} \tag{4.24}$$

上位系統からみたフィーダ側の 5 次インピーダンスを Z_{51} とすると，

$$Z_{51} = \mathrm{j} \cdot 5\omega_0 L + Z_{52} \tag{4.25}$$

$$= \frac{1 - 25 \cdot \omega_0^2 L C_0 + 50 \cdot \omega_0^2 L C_6 + \mathrm{j} \cdot 5\omega_0 L/R}{5 \cdot \mathrm{j}\omega_0 C_0 - 10 \cdot \mathrm{j}\omega_0 C_6 + 1/R} \tag{4.26}$$

上位系統からフィーダに流れ込む 5 次電流 I_5' は，

$$I_5' = \frac{E_5}{Z_{51}} \tag{4.27}$$

$$= \frac{5 \cdot \mathrm{j}\omega_0 C_0 - 10 \cdot \mathrm{j}\omega_0 C_6 + 1/R}{1 - 25 \cdot \omega_0^2 L C_0 + 50 \cdot \omega_0^2 L C_6 + \mathrm{j} \cdot 5\omega_0 L/R} \cdot E_5 \tag{4.28}$$

この電流が，配電用変圧器二次側からみたフィーダの 5 次インピーダンス Z_{52} にかかることによって配電用変圧器二次側 5 次高調波電圧 e_5' が生じるので，

$$e_5' = Z_{52} \times I_5' \tag{4.29}$$

$$= \frac{1}{1 - 25 \cdot \omega_0^2 L(C_0 - 2C_6) + \mathrm{j} \cdot 5\omega_0 L/R} \cdot E_5 \tag{4.30}$$

同様に，図 4.14 の電流源の回路において e_5'' は，

$$e_5'' = \frac{-5\omega_0 L I_{5i} + \mathrm{j} \cdot 5\omega_0 L I_{5r}}{1 - 25 \cdot \omega_0^2 L(C_0 - 2C_6) + \mathrm{j} \cdot 5\omega_0 L/R} \tag{4.31}$$

よって，両者を併せると

$$e_5 = e_5' + e_5'' = \frac{[E_5 - 5\omega_0 L I_{5i}] + \mathrm{j} \cdot 5\omega_0 L I_{5r}}{1 - 25 \cdot \omega_0^2 L(C_0 - 2C_6) + \mathrm{j} \cdot 5\omega_0 L/R}$$

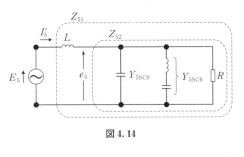

図 4.14

(4.32)

つまり，

$$e_5 = \frac{[高調波源抑制項] + [高調波増大項]}{[共振項] + [負荷項]}$$

となる．上記より，高調波の伝搬特性については下記のことがわかる．配電変圧器二次側の配電系統に生じる高調波電圧ひずみは，①電力系統側の電圧ひずみが高いほど大きくなる，②軽負荷時（P が小つまり R が大）ほど電圧ひずみが高くなる，③系統側の L 分と負荷の C 分の共振現象が生じると高くなる．

以上，一般的な高調波計算等価回路について示したが，高調波計算の精度を上げるためには，詳細な模擬が必要不可欠である．

4.7 サージ計算等価回路

ここでは，配電系統のサージ計算の中で雷サージ計算に絞ってその等価回路について述べる．雷サージ計算回路全般については，第 6 章を参照されたい．ここでは配電系統特有の雷サージ等価回路を①接地系等価回路，②柱上変圧器等価回路について紹介する．

4.7.1 接地系等価回路

配電系統の接地系の主な特性としては，①接地線と柱体鉄筋への S.O.（スパークオーバー）に伴う分流効果，②接地極の電流依存特性があげられる．①は雷撃により大電流が流れた場合，接地線と柱体鉄筋とが S.O. し，柱体鉄筋にも電流が分流する現象をいう[5]．また，②の接地極の電流依存特性とは，接地極に大電流が流れた場合，周辺の電界が上昇し土中放電臨界電界を超えると，土中放電により見かけ上の電極の径が大きくなる現象をいう．ここでは，主に上記①，②の効果を加味した接地系の等価回路を紹介する．

図 4.15 に，配電系統の接地系の柱体・接地極複合

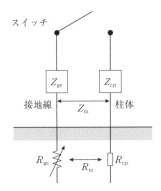

図 4.15 配電系統の柱体・接地極複合系の等価回路[6]
R：棒状接地抵抗，Z：サージインピーダンス，R_{cp}，Z_{cp}：柱体，R_{ge}，Z_{ge}：接地線，R_m，Z_m：相互抵抗．

系の等価回路を示す．ここで，地中部分の柱体の接地抵抗 Z_{cp} に関しては，Liew，Darveniza が提案した式[7]を用いることが提案されている[6]．また，電流依存特性を反映した棒状接地極接地抵抗 R_{ge} は，同じく Liew，Darveniza により下式のように提案されている[6]．

$$R(i) = \frac{\rho_0}{2\pi l} \ln\left(1 + \frac{l}{r_e(i)}\right)$$

ここで，

$$r_e(i) = \frac{l}{2}\ln\left(-1 + \sqrt{1 + \frac{2\rho_0 i}{\pi l^2 E_c}}\right) \quad (4.33)$$

ここに，ρ_0：大地抵抗率，$r_e(i)$：土中放電領域の等価半径，l：電極長，E_c：土中放電臨界電界，i：流入電流．また，地中部分の接地極と柱体との相互接地抵抗 R_m に関しては，下式が提案されている[8]．

$$R_m = \frac{\rho_0}{4\pi l_1 l_2} x \Big(F(l_1 + l_2) - \frac{F(l_2 - l_1) + F(l_1 - l_2)}{2} - \sqrt{(l_1+l_2)^2 + D^2} + \sqrt{(l_1-l_2)^2 + D^2}\Big)$$

ここで，$F(L) = L \ln \dfrac{L + \sqrt{L^2 + D^2}}{D}$ (4.34)

ここに，D は電極間距離，l_1，l_2 は棒状接地極長を表す．

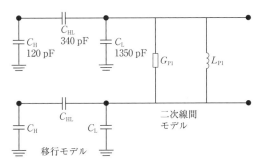

図 4.16 二次側移行電圧解析のための柱上変圧器等価回路[12]

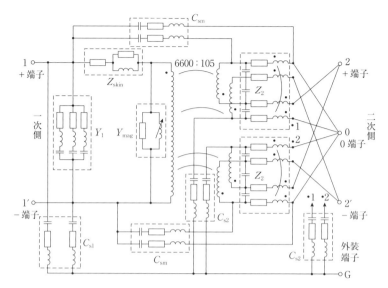

図 4.17 周波数特性を考慮した柱上変圧器詳細モデル[12]

次に，地上部分の接地線ならびに柱体のサージインピーダンス Z_{ge} に関しては，原が提案した次式[9]を用いることが提案されている[6]．

$$Z_{TEM} = 60\left(\ln\frac{2\sqrt{2}h}{r} - 2\right) \quad (4.35)$$

ここに，h は垂直導体の高さ，r は垂直導体の半径を表す．また，垂直導体の相互サージインピーダンス Z_m に関しては，次式[10,11]を用いることが提案されている[6]．

$$Z_m = 60\left(\ln\frac{h}{ed}\right) \quad (4.36)$$

ここに，d は 2 導体の中心間距離，e は 2.71828 である．

柱体 S.O. の模擬については，放電ギャップスイッチを用いることが提案されている[6]．

4.7.2 柱上変圧器等価回路

図 4.16 に，配電系統の雷サージ解析に用いる柱上変圧器等価回路を示す．このモデルは，変圧器二次側への移行電圧の解析が可能なモデルとして提案されている[10]．また，変圧器の周波数特性を商用周波から数 MHz に至るまで精度よく再現するためのモデルが提案されている[13-15]．図 4.17 にその等価回路を示す．

4.8 分散型電源計算等価回路

本節では，分散電源が配電系統に連系された場合の等価回路について述べる．ここでは，分散型電源が系統連系された場合に検討が必要となる，電圧変動および短絡事故時の影響の検討に用いる等価回路について紹介する[16,17]．

4.8.1 電圧上昇検討等価回路

図 4.18 に，低圧配電系統における電圧上昇計算等価回路を示す．低圧系統に発電設備が連系したことによる受電点の電圧上昇値 ΔV_j は下式で表される．

$$\Delta V_j = I_g\{(R_t + R_l + R_s)\cos\theta + (X_t + X_l + X_s)\sin\theta\} \quad (4.37)$$

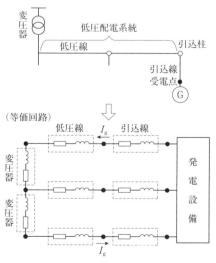

図 4.18 低圧配電系統における電圧上昇計算等価回路[16]

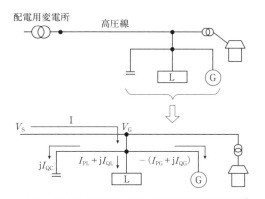

図 4.19 高圧配電系統における電圧上昇計算等価回路[17]

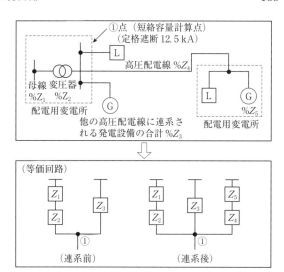

図 4.20 誘導発電機,同期発電機の短絡容量計算等価回路[18]

ここで,I_g:発電電流[A],$\cos\theta$:発電設備からみた進相運転力率,R_t+jX_t:変圧器内部インピーダンス,R_l+jX_l:低圧線インピーダンス,R_s+jX_s:引込線インピーダンスである.

実際の検討では,式(4.37)により算出した上昇値をもとに,連系した場合に電圧上昇対策が必要か否かの判定を行う.次に,図 4.19 に高圧配電系統における電圧上昇計算等価回路を示す.

系統連系規定によれば,逆潮流による配電線の電圧上昇は,負荷の最小値と発電設備の最大出力から求まる逆潮流の最大値を算出し,その電流と系統インピーダンスから簡易計算により求めることになっている.

発電設備設置者への流入電流 $\dot{I}$ は負荷電流 $\dot{I}_L$ と発電設備電流 $\dot{I}_G$ のベクトル差であるので,下記のようになる.

$$\dot{I}=\dot{I}_L-\dot{I}_G=(I_{PL}+jI_{QL}+jI_{QC})-(I_{PG}+jI_{QG})=I_P+jI_Q \quad [A] \quad (4.38)$$

高圧配電線の電圧上昇値は,式(4.39)で表される.

$$\Delta V_G = -\sqrt{3}(I_P \times r + I_Q \times x) \quad [V] \quad (4.39)$$

ここで,$r+jx$ は高圧配電線のインピーダンスである.式(4.39)を用いて近接する低圧需要家の受電電圧を求め,連系した場合に電圧上昇対策が必要かの判定を行う.

4.8.2 短絡事故時の影響検討等価回路

図 4.20 に,誘導発電機,同期発電機の短絡容量計算等価回路を示す.当該配電線に,発電設備が連系される前後の①点での短絡容量を計算する.この等価回路より,短絡電流を計算し,遮断器の定格電流 12.5 kA を超えるかの判定を行う.超えた場合には,対策を講ずる.

このほかにも,短絡事故時の検討として,もらい事故による OCR 不要動作検討や変電所 OCR 不動作の検討などがあるが,詳細は系統連系規定を参照されたい. 〔本橋 準・森 健二郎〕

文　献

1) 東京電力配電部:配電系統における絶縁設計,電気書院,p.15.
2) 川本浩彦:6k 高圧受電設備の保護協調 Q&A,エネルギーフォーラム,p.46.
3) 川本浩彦:6k 高圧受電設備の保護協調 Q&A,エネルギーフォーラム,p.19.
4) 井上昌彦:「配電線負荷の第5調波電流発生源と負荷の等価回路の推定法」,電学論 B,**101**,8,pp.17-23 (1981).
5) 吉永 淳,他:「配電系統および需要家に侵入するサージの実験的評価」,電学論 B,**12**,8,pp.588-596 (2004).
6) 「配電系統接地設計の合理化」,電気協同研究,**63**,1,pp.59-60.
7) A. C. Liew, Darveniza:"Dynamic model of impulse characteristics of concentrated earth", Proc. IEE, **121**, pp.123-135 (1974).
8) S. Sekioka, *et al.*:"Experimental study of current-dependent grounding resistance of rod electrode", IEEE Trans., **PWRD-20**, 2, pp.1569-1576 (2005).
9) 原 武久,他:「垂直導体および垂直複導体サージインピーダンスの実験式」,電学論 B,**110**,2,pp.129-137 (1990).
10) A. Ametani, *et al.*:"Frequency-dependent impedance of vertical conductors and a multiconductor tower model", IEE Proc-Gener. Transm. Distrib., **141**, 4, pp.339-345 (1994).
11) 茂住卓史,他:「配電線における接地線のサージイン

ピーダンス実験式」,電学論 B, **122**, 2, pp. 223-231 (2002).
12) 「配電機材の絶縁・サージ特性」,電気学会技術報告, 806, pp. 35-36 (2001).
13) 野田 琢,他:「サージ計算のための配電用柱上変圧器簡易モデル」,電学全大, No. 1652 (1998).
14) 野田 琢,他:「サージ計算のための配電用柱上変圧器詳細モデル」,電学電力・エネルギー部門全大, No. 375 (1998).
15) 野田 琢,他:「配電用柱上変圧器の過渡現象計算モデル」,電中研研報, No. T99005 (1999).
16) 電気技術規定系統連系編:系統連系規定 JEAC9701, p. 95,日本電気協会 (2006).
17) 電気技術規定系統連系編:系統連系規定 JEAC9701, pp. 190-191,日本電気協会 (2006).
18) 電気技術規定系統連系編:系統連系規定 JEAC9701, pp. 207-208,日本電気協会 (2006).

5

保護制御計測回路

5.1 通信線電磁誘導等価回路

本節では，電力線（送配電線）から通信線への電磁誘導等価回路を取り扱う．電力線から通信線への誘導には，電磁誘導のほかに静電誘導もあるが，一般に問題となるのは電磁誘導である．

図5.1に電力線から通信線への電磁誘導回路を示す[1,2]．図より，電力線のa相電流I_a，b相電流I_b，c相電流I_cから通信線に誘起される誘導電圧を足し合わせると，通信線の誘導電圧Vは，式（5.1）により求めることができる．

$$V = (\mathrm{j}\omega M_a I_a + \mathrm{j}\omega M_b I_b + \mathrm{j}\omega M_c I_c) \times l \quad (5.1)$$

ここで，M_a，M_b，M_cは各相電力線と通信線間の単位長当たりの相互インダクタンス，lは電力線と通信線が平行に施設される区間長とする．

わが国は国土が狭隘なことから，電力線と通信線が近接して施設されることが多いが，仮に，電力線と通信線が十分離れて施設されている場合は，電力線と通信線間の相互インダクタンスが小さく，また，$M_a \approx M_b \approx M_c$となることから，通信線の誘導電圧は

$$V = \mathrm{j}\omega M_a (I_a + I_b + I_c) \times l \quad (5.2)$$

となる．通常の運用状態において，三相電流は平衡であることから$I_a + I_b + I_c \approx 0$であり，通信線の誘導電圧は無視できる大きさとなる．

ここで，電力線から通信線への誘導電圧には，負荷電流による常時誘導電圧と，事故電流による異常時誘導危険電圧がある．わが国では，常時誘導電圧に対する制限値はないが，通信機器の誤動作や雑音を考慮し，国際電気通信連合（ITU）の推奨値（商用周波において60V）が広く採用されている．異常時誘導危険電圧の制限値は，「電磁誘導電圧計算書の取扱いについて」（平成7（1995）年1月19日資源エネルギー庁公益事業部長通達）に基づき，

(a) 公称電圧が100kV以上で，故障電流が0.06秒以内に除去される送電線からの誘導電圧は650V以下

(b) 公称電圧が100kV以上で，故障電流が0.1秒以内に除去される送電線からの誘導電圧は430V以下

(c) その他の送配電線からの誘導電圧は300V以下

とされており，これが満たされるよう施設されなければならない．ただし，公称電圧が100kV未満であっても，故障電流除去時間が通達に示される条件を満たす場合，制限値を650V，または430Vとする場合もある．異常時誘導危険電圧の制限値は，通信設備作業員の人身や通信設備の安全を考慮し，定められているものである．

異常時誘導危険電圧の計算においては，事故電流によって各相電流が不平衡となり，$I_a + I_b + I_c \approx 0$とならないため，注意が必要である．たとえば，a相の1線地絡事故では，直接接地系や有効接地系，一般的な接地抵抗による抵抗接地系において，$I_a \gg I_b$，I_cとなるため，

$$V \approx \mathrm{j}\omega M_a I_a l \quad (5.3)$$

と簡略化され，仮に，$M_a \approx M_b \approx M_c$が成立する場合であっても，b相電流，c相電流（負荷電流）に比べて，a相電流（事故電流）が大きいため，異常時誘導危険電圧は高くなる．

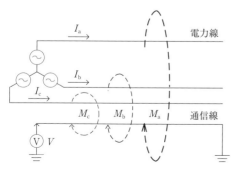

図5.1 電磁誘導回路

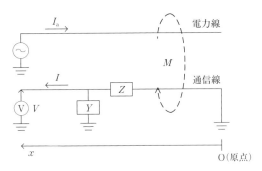

図 5.2　通信線軸方向の電圧分布

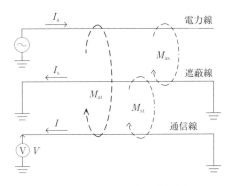

図 5.3　遮蔽線がある場合の電磁誘導回路

次に，通信線の軸方向の電圧分布を考える．簡単のため，先ほどと同じようにa相の1線地絡事故を考え，b相，c相の電力線を無視すると，図5.2が得られる．図5.2において，ZとYは，単位長当たりの通信線のインピーダンスとアドミタンス，Mは単位長当たりの電力線と通信線の相互インダクタンスである．

キルヒホッフの法則より，式（5.4）が得られる．

$$\frac{\partial V}{\partial x} = j\omega M I_a - IZ,$$
$$\frac{\partial I}{\partial x} = -VY \qquad (5.4)$$

式（5.4）を微分して得られる式に式（5.4）を代入すると，

$$\frac{\partial^2 V}{\partial x^2} = -Z\frac{\partial I}{\partial x} = ZYV,$$
$$\frac{\partial^2 I}{\partial x^2} = -Y\frac{\partial V}{\partial x} = ZYI - j\omega MYI_a \qquad (5.5)$$

式（5.5）の一般解は，以下により得られる．

$$V = A\cosh(x\sqrt{ZY}) + B\sinh(x\sqrt{ZY}),$$
$$I = -B\sqrt{\frac{Y}{Z}}\cosh(x\sqrt{ZY}) - A\sqrt{\frac{Y}{Z}}\sinh(x\sqrt{ZY})$$
$$+ \frac{j\omega M I_a}{Z} \qquad (5.6)$$

ここで，図5.2より得られる境界条件（$V(x=0)=0$，$I(x=l)=0$）を式（5.6）に代入すると，

$$A = 0$$
$$B\sqrt{\frac{Y}{Z}}\cosh(l\sqrt{ZY}) = \frac{j\omega M I_a}{Z} \qquad (5.7)$$

したがって，通信線の軸方向の電圧分布は，以下の式で求められる．

$$V = \frac{j\omega M I_a}{\sqrt{ZY}\cosh(l\sqrt{ZY})}\sinh(x\sqrt{ZY}) \qquad (5.8)$$

通信線への誘導電圧を低減するための方策には，さまざまなものがあるが，通信線を遮蔽線とすることや，別の遮蔽線を添架することも方策の一つである．架空地線が施設されている場合，架空地線も遮蔽線として働くため，遮蔽効果を見込むことができる．遮蔽効果が見込まれる場合，式（5.1）は，各相の遮蔽係数Kを用いて，

$$V = (j\omega M_a I_a K_a + j\omega M_b I_b K_b + j\omega M_c I_c K_c) \times l \qquad (5.9)$$

と表される．ここで，電力線a相のみを考慮した図5.3の回路において，遮蔽係数Kを求める．なお，誘導電圧やインピーダンスは，すべて単位長当たりの値とする．

通信線の誘導電圧は，電力線と遮蔽線からの誘導電圧の差となることから，

$$V = j\omega M_{at} I_a - j\omega M_{st} I_s \qquad (5.10)$$

遮蔽線のアドミタンスを無視すると，キルヒホッフの法則より，

$$j\omega L_s I_s - j\omega M_{as} I_a = 0 \qquad (5.11)$$

ここで，L_sは，遮蔽線の単位長当たりの自己インダクタンスとする．

式（5.11）により，式（5.10）よりI_sを消去すると，

$$V = j\omega M_{at} I_a - j\omega M_{st}\frac{M_{as}}{L_s}I_a$$
$$= j\omega M_{at} I_a\left(1 - \frac{M_{as}M_{st}}{M_{at}L_s}\right) \qquad (5.12)$$

したがって，遮蔽係数Kは，式（5.13）のとおりとなる．

$$K = 1 - \frac{M_{as}M_{st}}{M_{at}L_s} \qquad (5.13)$$

5.2　CT, VT 計測回路

巻線形CT（変流器），VT（計器用変圧器）による保護制御用計測回路の等価回路を図5.4に示す[3-5]．

図5.4は，負担 Z（負荷 Z のこと）を除いて，計測用以外の変圧器の等価回路と同じであるが，ここでは，計測回路としての観点から，説明を加える．

図5.4において，$R_1+j\omega L_1$, $R_2+j\omega L_2$ は，それぞれ，一次側と二次側の漏れインピーダンスを表す．漏れインピーダンスは，巻線抵抗と漏れリアクタンスの和である．「漏れ」磁束とは，一次側，または二次側巻線のみと鎖交する磁束のことを指し，鎖交する巻線のみに起電力を誘起するため，計測誤差の要因となる．この起電力を等価的にインピーダンスで表現したものが漏れリアクタンスである．

また，図5.4における I_{mag} は励磁電流と呼ばれる．励磁電流は，計測用以外の変圧器と同様，鉄損抵抗 R_{mag} を流れる鉄損電流と磁化電流の和である．磁化電流は，鉄心中に，一次側，二次側両方の巻線と鎖交する磁束を発生させ，被測定回路（一次側）の電圧・電流変化に応じた電圧・電流を測定回路側（二次側）に誘起する．鉄心中に鎖交する磁束には飽和特性があり，不飽和領域では，磁化電流と磁束は比例関係にあるが，鎖交磁束が大きくなって飽和領域に入ると，小さな磁束の増加によっても，磁化電流が大幅に増加する．さらに，鉄心中に鎖交する磁束には，ヒステリシスループと呼ばれるヒステリシス特性があり，これにより鉄損が発生する．これを抵抗で等価的に表したものが鉄損抵抗 R_{mag} である．

ここで，図5.4の理想変圧器の一次側，二次側巻線の巻数を，それぞれ N_1, N_2 とすると，巻線比 a は，

$$a=\frac{N_1}{N_2} \quad (5.14)$$

となる．ここで，漏れインピーダンスを無視すると，

$$\frac{|\dot{V}_1|}{|\dot{V}_2|}=a \quad (5.15)$$

となることから，この関係を利用して，V_2 から V_1 を求めるものがVTである．漏れインピーダンスを考慮した場合，式 (5.15) は，

$$\frac{|\dot{V}_1-(R_1+j\omega L_1)\dot{I}_1|}{|\dot{V}_2-(R_2+j\omega L_2)\dot{I}_2|}=a \quad (5.16)$$

となることから，式 (5.15) に従って，$|\dot{V}_2|=|\dot{V}_1|/a$ により $|\dot{V}_2|$ を求めると誤差が生じる．VTは，その用途から，一次側の巻数が大きくなり，漏れインピーダンスが大きくなりやすいが，漏れインピーダンスは，VTによる計測の誤差要因となるため，極力小さくなるように設計される．

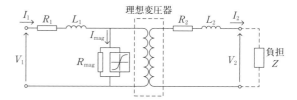

図5.4 CT, VT計測回路

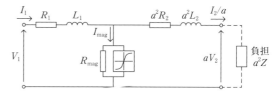

図5.5 理想変圧器を省略したCT, VT計測回路

次に，漏れインピーダンスではなく，励磁回路を無視すると，

$$\frac{|\dot{I}_1|}{|\dot{I}_2|}=\frac{1}{a} \quad (5.17)$$

となることから，この関係を利用して，I_2 から I_1 を求めるものがCTである．励磁回路を考慮した場合，式 (5.17) は，

$$\frac{|\dot{I}_1-\dot{I}_{\mathrm{mag}}|}{|\dot{I}_2|}=\frac{1}{a} \quad (5.18)$$

となることから，式 (5.17) に従って，$|\dot{I}_2|=a\times|\dot{I}_1|$ により $|\dot{I}_2|$ を求めると，誤差が生じるため，CTの鉄心は，励磁電流が極力小さくなるよう設計される．また，式 (5.17) に従って，励磁電流 I_{mag} を無視して I_2 を求めた場合，I_2 は実際よりも大きくなるため，二次巻線の巻数を公称巻数 N_2 よりも小さくする（巻き戻しと呼ばれる）ことで，励磁電流による誤差を補正することが行われる場合もある．

計測回路以外の変圧器と同様に，理想変圧器を省略して，一次と二次を直結した等価回路も使用される．この場合，一次側（または二次側）の電圧，電流，インピーダンスを二次側（または一次側）へ換算することが必要になる．図5.5は，二次側の諸量を一次側に換算したものである．

図5.4, 5.5の負担 Z は，CT, VTの二次側に接続された機器やケーブル，調整用負担（抵抗）を表すものである．図5.5から明らかなとおり，負担のインピーダンスが小さいほど，I_1 が I_{mag} と I_2 に分流する際，I_2 に分流する割合が大きくなるため，CTの計測誤差が小さくなる．また，よく知られているとおり，CT

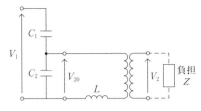

図 5.6 CVT 計測回路

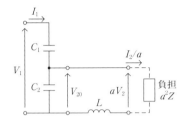

図 5.7 理想変圧器を省略したCVT計測回路

の二次側を開放すると，$I_1 = I_{\text{mag}}$ となるため，過大な I_{mag} が流れ，二次側に危険な過電圧が発生するため，CTの二次側を開放することは，避けなければならない．

コンデンサ形計器用変圧器（CVT, PD）による計測回路の等価回路を図5.6に示す．コンデンサ形計器用変圧器による計測においては，C_1, C_2 によってコンデンサ分圧した電圧を，変圧器によって100V程度に降圧した V_2 を計測することにより，V_1 を得る．CT, VTの場合と同様に，理想変圧器を省略すると，図5.7の回路となる．図5.7において，負担 a^2Z と共振リアクトル L を無視すると，

$$\frac{V_1}{aV_2} = \frac{C_1 + C_2}{C_1} \quad (5.19)$$

となるが，実際には，負担の影響により分圧比が変化するため，誤差が発生する．この誤差を打ち消すため，図5.6, 5.7の共振リアクトル L が用いられる．具体的には，V_{20} から被測定回路側（一次側）をみたインピーダンス $1/j\omega(C_1 + C_2)$ と直列共振するように，L の値を選定すればよい．これを図5.7の等価回路により確認すると，$Z_1 = \dfrac{1}{j\omega C_1}$, $Z_2 = \dfrac{1}{j\omega C_2}$, $Z_3 = a^2Z + j\omega L$ とおいて以下のとおりとなる．

$$aV_2 = a^2 Z \frac{I_2}{a}$$
$$= a^2 Z \frac{Z_2}{Z_2 + Z_3} I_1$$
$$= a^2 Z \frac{Z_2}{Z_2 + Z_3} \frac{1}{Z_1 + Z_2 Z_3/(Z_2 + Z_3)} V_1$$
$$= a^2 Z \frac{Z_2}{Z_1 Z_2 + Z_1 Z_3 + Z_2 Z_3} V_1$$
$$= \frac{Z_2}{(Z_1 Z_2 + Z_1 Z_3 + Z_2 Z_3)/a^2 Z} V_1 \quad (5.20)$$

ここで，aV_2 の計測が Z の影響を受けないようにすればよいので，式（5.20）の分母が Z の関数とならないようにすればよい．すなわち，

$$\frac{Z_1 Z_2 + Z_1 Z_3 + Z_2 Z_3}{a^2 Z}$$
$$= \frac{1}{a^2 Z}\left\{\frac{1}{j\omega C_1}\frac{1}{j\omega C_2} + \left(\frac{1}{j\omega C_1} + \frac{1}{j\omega C_2}\right)(a^2 Z + j\omega L)\right\}$$
$$= \frac{1 + j\omega L(j\omega C_1 + j\omega C_2)}{a^2 Z \cdot j\omega C_1 \cdot j\omega C_2} + \left(\frac{1}{j\omega C_1} + \frac{1}{j\omega C_2}\right) \quad (5.21)$$

したがって，

$$\omega L = \frac{1}{\omega(C_1 + C_2)} \quad (5.22)$$

となるように，L の値を選定すれば，式（5.21）の第1項はゼロとなるため，

$$aV_2 = \frac{1/j\omega C_2}{1/(j\omega C_1) + 1/(j\omega C_2)} V_1 = \frac{C_1}{C_1 + C_2} V_1 \quad (5.23)$$

となり，負担の大きさによらず，式（5.19）の関係が成立する．なお，式（5.22）において，共振インダクタンス L の値は，定格周波数を想定して選定されるため，定格周波数以外の周波数においては，負担の大きさによって，誤差が発生する．〔大野照男〕

文　献

1) 前田隆文，他：発送配電・材料，東京電機大学出版局（1997）．
2) 前川幸一郎，荒井聰明：送配電〔新訂版〕，東京電機大学出版局（1987）．
3) 大浦好文：保護リレーシステム工学，電気学会（2002）．
4) 電気協同研究, **46**, 2（1990）．
5) 中山敬造：保護継電システム，電気書院（1980）．

6 サージ計算回路

6.1 ドメル法（Schnyder-Bergeron 法）

6.1.1 ドメル法

第Ⅰ編4章で説明してある波動方程式のダランベールの解は電気工学分野のみならず水力学，音響工学など各種の分野で利用されている．水力学の分野では水撃（water hammer）解析法としてArrievi（1902年），Schnyder（1928年），Bergeron（1929年）らにより一般化された[1]．1961年FreyとAlthammerがこの水撃解析法を初めて分布定数線路の進行波解析に応用し[2]，さらに1969年Dommelが集中定数素子，非線形素子を含め大規模回路の解析に適した形式を完成した[3]．この方法はFreyらがSchnyder-Bergeron法と呼び，その後，省略した形でBergeron（バージェロン）法と呼ばれるようになった．しかし，このバージェロン法が現在の形で一般化されたのはDommelの功績に負うところが大であり，本書ではDommel法と呼ぶことにする．

さて，ドメル（Dommel）法の基礎方程式は前述のダランベールの解を変形した次の形式で与えられる．

$$V(x,t) + Z_0 I(x,t) = 2F_1\left(t - \frac{x}{c}\right),$$
$$V(x,t) - Z_0 I(x,t) = 2F_2\left(t + \frac{x}{c}\right) \quad (6.1)$$

ここに，Z_0：サージインピーダンス，V：電圧，I：電流，F：関数，また，x：線路始端からの距離，t：時刻，c：伝搬速度である．

式（6.1）右辺は，$t-x/c$ あるいは，$t+x/c$ が一定であれば関数 F_1 あるいは F_2 の値は一定，すなわち右辺は一定である．したがって，図6.1(a)の無損失分布定数線路の両端において次式が成立する．

$$V_1(t-\tau) + Z_0 I_1(t-\tau) = V_2(t) - Z_0 I_2(t)$$
$$V_1(t) - Z_0 I_1(t) = V_2(t-\tau) + Z_0 I_2(t-\tau)$$

上式を変形して

$$I_2(t) = \frac{V_2(t)}{Z_0} + J_2(t-\tau),$$
$$I_1(t) = \frac{V_1(t)}{Z_0} + J_1(t-\tau) \quad (6.2)$$

ただし $\tau = l/c$：線路伝搬時間，l：線路長である．

$$J_2(t-\tau) = \frac{-V_1(t-\tau)}{Z_0} - I_1(t-\tau)$$
：ノード2等価電流源
$$J_1(t-\tau) = \frac{-V_2(t-\tau)}{Z_0} - I_2(t-\tau)$$
：ノード1等価電流源 $\quad (6.3)$

式（6.3）を等価回路で表現すると図6.1(b)となる．式（6.3）および図6.1(b)より明らかなように，各ノードの過去の履歴の影響が等価電流源として与えられているので，この等価回路ではノード1と2が分離され独立な端子として取り扱える特徴を有している．したがって，あるノードにおける現時刻 t の電流値は，線路の伝搬時間 τ だけ前の時刻 $t-\tau$ での線路の電圧，

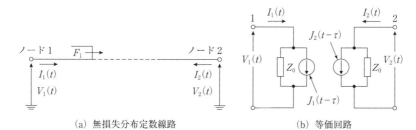

(a) 無損失分布定数線路　　　(b) 等価回路

図6.1　無損失分布定数線路の等価回路

電流により定まる．これは格子図法[4]でも同じであるが，これらでは過去の履歴が進行波として扱われているのに対し，ドメル法では電流源に置換されており，図 6.1(b) の等価回路そのものにはもはや分布定数線路の概念はない．したがって，Dommel 法ではこの等価回路を用いることにより分布定数線路も電流源を含む集中定数回路（抵抗）として取り扱うことができ，回路解析のうえできわめて有利である．

さらに集中定数インダクタンスとキャパシタンスはドメル法では図 6.2 に示す電流源と抵抗からなる等価回路で置換される．たとえば，図 6.2(a) のインダクタンスの場合，端子電圧，電流に関して次の関係が成立する．

$$v(t) = \frac{L\,di(t)}{dt} \quad (6.4)$$

式 (6.4) を過去の時刻 $t-\Delta t$ から現時刻 t まで積分すると

$$i(t) - i(t-\Delta t) = \frac{1}{L}\int_{t-\Delta t}^{t} v(t)\,dt$$

右辺の積分を次のように台形近似（トロペゾイダル則）すると

$$i(t) - i(t-\Delta t) = \frac{\Delta t}{2L}\{v(t)+v(t-\Delta t)\}$$
$$\therefore\ i(t) = Gv(t) + J(t-\Delta t) \quad (6.5)$$

ここに Δt：計算時間刻みである．したがって，次式が得られる．

$$J(t-\Delta t) = i(t-\Delta t) + Gv(t-\Delta t)：等価電流源,$$
$$G = \frac{1}{R},\ R = \frac{2L}{\Delta t}：等価抵抗 \quad (6.6)$$

式 (6.6) より，図 6.2(a) に示す等価回路が得られる．

以上より明らかなように，ドメル法ではすべての回路素子が抵抗（コンダクタンス）と過去の履歴（past history）を表す等価電流源とで模擬されてしまう．このため，どのように複雑な回路網（network）であっても，接点解析（nodal analysis）を採用することによりノードコンダクタンス行列で表現される．したがって，回路網に対する制約がほとんど生じない利点を有し，かつコンダクタンス行列が実数であるため，通常の複素量を必要とする回路解析に比べてはるかに有利である．これらのことから，ドメル法はコンピュータによる大規模回路網の数値計算法としてきわめて優れており，汎用回路解析プログラム EMTP（electro magnetic transients program）として実用化され，世界的に最も広く利用されている[5-7]．

6.1.2 多導体系

図 6.3 に示す多導体系の場合，たとえば式 (6.1) では V, I, F はベクトル，Z_0 は正方行列となり，行列演算が必要である．したがって，理論式のうえでは，行列の積の順序が交換できないことに注意すれば，行列形で簡単に記述することができる．しかし，単導体の場合に比べ多導体でのサージ現象は極めて複雑であり，これに対応してその計算も煩雑となる．たとえば伝搬定数 Γ および特性インピーダンス Z_0 は単導体の場合次式で簡単に計算できる．

$$\Gamma = \sqrt{Z\cdot Y},\ Z_0 = \sqrt{Z/Y} \quad (6.7)$$

ここに，$Z = R + j\omega L$：線路直列インピーダンス，$Y = G + j\omega C \approx j\omega C$：シャントアドミタンスである．

多導体の場合，上記表現は不可能で次のような表現を用いなければならない[8]．

$$[P] = [Z]\cdot[Y] = [\Gamma]^2 \quad (6.8)$$
$$[Z_0]^2 = [Z]\cdot[Y]^{-1}\ あるいは\ [Y]^{-1}\cdot[Z] \quad (6.9)$$

行列の積の順序は可換でないことから式 (6.9) はいずれの表現が正しいか不明である．さらに，分布定数線路の電圧，電流の解析に際しては次のような関数の計算が不可欠であるが，これらは行列の関数であるため単導体の場合のように簡単には計算できない．

$$\exp(-[\Gamma]\cdot x),\ \cosh([\Gamma]\cdot x)$$

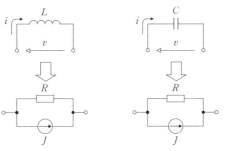

$R = 2L/\Delta t$　　　　　　　$R = \Delta t/2C$
$J = i(t-\Delta t)+v(t-\Delta t)/R$　　$J = -i(t-\Delta t)-v(t-\Delta t)/R$
(a) インダクタンス　　　(b) キャパシタンス

図 6.2 集中定数の等価回路

図 6.3 多導体系

ここに，x：電源印加点からの線路長である．

このような問題を解決する手法として数学的には行列論，固有値論がある．電気工学の分布定数線路の分野では多導体系の物理性を考慮し，各導体での電圧，電流の分布および伝搬定数などの特性を単導体の場合と同様に解析するためにモード理論[9]が1962年Wedepohlにより確立され，EMTPなどの電気回路数値シミュレーションソフトで一般的に採用されている[6]．このモード理論について以下，簡単に説明する．

a. 行列の対角化：固有値論

固有値の理論から式(6.8)のn次正方非対角行列は次の演算により対角化できる．

$$[A]^{-1} \cdot [P] \cdot [A] = [Q] = [U](Q) \quad (6.10)$$

ここに，$[Q]$：n次正方対角行列＝行列$[P]$の固有値行列，$[A]$：$[P]$の固有ベクトル行列＝電圧変換行列，(Q)：固有値ベクトル，$[U]$：単位行列である．

固有値Qおよび固有ベクトルAは周知のように次の特性方程式および同次連立方程式から求められる．

$$\det(P - Q_k \cdot U) = 0 ：特性方程式 \quad (6.11)$$

$$(P - Q_k \cdot U)A = 0 ：固有ベクトルを求めるための同次連立方程式 \quad (6.12)$$

ここに，Q_k：k番目の固有値，$k = 1, 2, \cdots, n$である．

b. 固有値による行列関数演算

上記の固有値を用いると行列$[P]$の関数は次式でただちに計算できる．

$$f([P]) = [A] \cdot f([Q]) \cdot [A]^{-1} \quad (6.13)$$

ここに，

$$f([Q]) = \begin{bmatrix} f(Q_1) & 0 & \cdots & 0 \\ 0 & f(Q_2) & \cdots & 0 \\ \vdots & \vdots & & \vdots \\ 0 & 0 & \cdots & f(Q_n) \end{bmatrix}$$

たとえば，多導体系の相領域での伝搬定数$[\Gamma]$は式(6.10)の固有値行列$[Q]$を用いて次式で与えられる．

$$[\Gamma] = [P]^{1/2} = [A] \cdot [Q]^{1/2} \cdot [A]^{-1}$$
$$= [A] \cdot [\gamma] \cdot [A]^{-1} \quad (6.14)$$

ここに，$[\gamma] = [Q]^{1/2} = [\alpha] + \mathrm{j}[\beta]$：対角化された（モード領域）伝搬定数 (6.15)

上式は次のように表現することもできる．

$$\gamma_k = Q_k^{1/2} = \sqrt{Q_k} = \alpha_k + \mathrm{j}\beta_k, \quad k = 1, 2, \cdots, n \quad (6.16)$$

ここに，α：減衰定数[Np/m]，β：位相定数[1/sec]である．式(6.14)から，たとえば半無限長線路の電圧源印加端から距離xの地点での線路電圧(V)は次式で与えられる．

$$(V) = \exp(-[\Gamma] \cdot x) \cdot (V_\mathrm{f})$$
$$= [A] \cdot \exp(-[\gamma] \cdot x) \cdot [A]^{-1}(V_\mathrm{f}) \quad (6.17)$$

ここに，V_f：前進波（右進波）ベクトルである．

c. モード理論

式(6.17)の両辺にA^{-1}を乗じて次式が得られる．

$$[A]^{-1}(V) = \exp(-[\gamma] \cdot x) \cdot [A]^{-1}(V_\mathrm{f})$$

ここで，モード領域電圧vおよび進行波v_fを次式で定義する．

$$(v) = [A]^{-1}(V), \quad (v_\mathrm{f}) = [A]^{-1}(V_\mathrm{f}) \quad (6.18)$$

このとき，次の表現が得られる．

$$(v) = \exp(-[\gamma] \cdot x) \cdot (v_\mathrm{f}) \quad あるいは$$
$$v_k = \exp(-\gamma_k \cdot x) \cdot v_{\mathrm{f}k} \quad (6.19)$$

すなわちモード領域では，たとえばモードkの回路方程式は他のモードの回路方程式と独立であり，それぞれ，単導体系として解を求めることができる．また，各モードの物理的特性は単導体の理論を直接適用して説明することができる．これがモード理論である[8,9]．

モード領域で求められた解は次式により相領域に変換することで各相の解が得られる．

$$(V) = [A](v) \quad (6.20)$$

以上は電圧に関するものであったが電流に関しても同様である．電流の場合，その伝搬を論じるには次式から出発しなければならない．

$$[P'] = [Y] \cdot [Z] \quad (6.21)$$

ところで，$[Y]$，$[Z]$は多相電気回路の対称性から次の関係を有する．

$$[Y] = [Y]^\mathrm{T}, \quad [Z] = [Z]^\mathrm{T} \quad (6.22)$$

ここに，T：転置の記号である．したがって，次式が得られる．

$$[P']^\mathrm{T} = [Z]^\mathrm{T} \cdot [Y]^\mathrm{T} = [Z] \cdot [Y] = [P] \quad あるいは$$
$$[P'] = [P]^\mathrm{T} \quad (6.23)$$

このとき，電流に関する固有値Q'は式(6.11)から次のように与えられる．

$$(Q') = (Q) \quad あるいは \quad \gamma' = \gamma \quad (6.24)$$

すなわち，電流に関するモード領域伝搬定数$\gamma' = \sqrt{Q'}$は電圧に関するγと同一である．この事実は多導体系の解析を行ううえできわめて重要である．一方，電流に関する固有ベクトル，すなわち電流変換行列$[B]$は電圧変換行列$[A]$とは異なり次式となる．

$$[B] = ([A]^\mathrm{T})^{-1}, \quad [B]^{-1} = [A]^\mathrm{T} \quad (6.25)$$

以上の変換行列A, Bを用いると線路インピーダンス，アドミタンス，特性インピーダンスなどは相領域とモード領域で次の関係を有する．

$[z]=[A]^{-1}\cdot[Z]\cdot[B]$：モードインピーダンス，
$[y]=[B]^{-1}\cdot[Y]\cdot[A]$：モードアドミタンス，
$[z_0]=[A]^{-1}\cdot[Z_0]\cdot[B]$：モード特性インピーダンス
(6.26)

6.2 周波数依存線路等価回路

6.2.1 周波数依存効果

導体中の電流分布は周波数により変化し，高周波領域では図6.4に示すように導体の表面に集中する．半径 r の内実円柱導体の低周波での抵抗（直流抵抗）R_lf は周知のように次式で与えられる．

$$R_\mathrm{lf}=\frac{\rho}{\pi r^2}\quad[\Omega/\mathrm{m}]\qquad(6.27)$$

ここに，ρ：抵抗率である．図6.4の斜線部の導体厚さ d は複素透過深度（complex penetration depth）として次式で与えられる．

$$d=\sqrt{\frac{\rho}{\mathrm{j}\omega\mu}}\qquad(6.28)$$

この d を用いると円柱導体の高周波領域でのインピーダンス Z_hf は次式で近似的に与えられる．

$$Z_\mathrm{hf}=\frac{\rho}{\pi\{r^2-(r-d)^2\}}=\frac{\rho}{\pi d(2r-d)}\qquad(6.29)$$

$r\gg d$ となる高周波領域では次のように簡略化される．

$$Z_\mathrm{hf}\approx\frac{\rho}{2\pi rd}=\frac{\sqrt{\mathrm{j}\omega\mu/\rho}}{2\pi r}:r\gg d\qquad(6.30)$$

式（6.27）との比較から明らかなように $Z_\mathrm{hf}>R_\mathrm{lf}$ となる．すなわち，周波数の増加に伴い導体の抵抗分およびインピーダンスは大となる．ただし，インダクタンスは磁束鎖交断面積が小となることから小となるが，角周波数 ω の増加率が大きいためリアクタンス分 ωL は大となる．このような現象を導体の表皮効果と称する．

上記に対応して線路インピーダンス Z の関数として与えられる伝搬定数，特性インピーダンスあるいは多導体系での変換行列も周波数の関数となる．これらを総称して線路の周波数依存効果と呼ぶ．この周波数依存効果は線路サージに大きな影響を及ぼすため，サージ解析に際してはこれらを考慮しなければならない．フーリエ-ラプラス変換に基づく周波数変換法によるサージシミュレーションではこれらの周波数依存効果は自動的に考慮されるため特に問題とはならない[10-13]．しかし，EMTP などの時間領域計算法では周波数依存線路の取扱いに難があり，そのモデル化が重要である．

6.2.2 周波数依存効果の導入法

EMTP などの時間領域過渡現象解析法における線路周波数依存効果の取扱いに関しては多くの研究が行われているが，いまだに周波数依存効果の問題が完全に解決したとはいえない状況にある．ここでは，周波数依存効果の進行波法への導入法について説明するとともに，実際の数値計算上の問題点および今後の課題についても簡単に説明する．

分布定数線路の電圧・電流解析を行ううえで問題となる周波数依存効果は

(1) 伝搬定数 $\Gamma(\omega)$，
(2) 特性インピーダンス $Z_0(\omega)$ またはアドミタンス $Y_0(\omega)$，
(3) 変換行列 $A(\omega)$ または $B(\omega)$

の3種である．これらのうち，変換行列は多相線路でモード変換法を採用する場合にのみ問題となる．これらの周波数依存効果を時間領域で過渡現象計算に導入するには，次のように対象となるパラメータの時間応答をまず求める必要がある[8]．

(1) 伝搬定数 $\gamma_i(\omega)$：単位関数変歪応答 $S_i(t)$
$$S_i(t)=L^{-1}[\exp\{-\gamma_i(s)l\}/s]$$
(2) 特性インピーダンス $Z_{0i}(\omega)$
：単位関数時間応答 $z_{0i}(t)$
$$z_{0i}(t)=L^{-1}[Z_{0i}(s)/s]$$
(3) 変換行列 $A_{ij}(\omega)$：単位関数時間応答 $A_{ij}(t)$
$$A_{ij}(t)=L^{-1}[A_{ij}(s)/s]\qquad(6.31)$$

ここに s：ラプラス演算子，l：線路長，モード $i,j=1,2,\cdots,n$ である．

上記の時間応答を過渡現象計算に導入するには，次の時間領域コンボリューション（real-time convolution）が必要となる．これは単位関数波形に対応する時間応答 $h(t)$ を用いた場合で，インパルス応

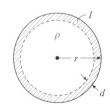

図6.4 高周波での電流分布

答を用いる場合には $h(t)$ の微分は不要となる．

$$f(t) = g(t)*h(t) = g(t)h(0) + \int_0^\tau g(t-\tau)h'(\tau)d\tau \quad (6.32)$$

上式中，$g(t)*h(t)$ の記号 * は時間領域でのコンボリューションを表す．上式の数値計算は次の式で行える．

$$f(t) = f(nt_0) = g(nt_0)h(0) + \sum_{k=0}^{K-1} g(nt_0 - k\tau_0)h'(k\tau_0)\tau_0 \quad (6.33)$$

ここに，$K = \tau/\tau_0$，τ_0：コンボリューション計算時間刻み，t_0：過渡現象計算時間刻みである．

上記の単位関数時間応答に基づくコンボリューションは，インパルス応答に基づくコンボリューションに比べ数値的安定性に優れている．これはインパルス応答（デルタ関数に対する応答）の非実在性および単位関数応答の発生の容易さに起因している．一般に電力分野では単位関数応答，電子回路分野ではインパルス応答を用いることが多いようである．

さて，コンボリューションを式 (6.33) で数値計算した場合，たとえば $0 < t \leq Nt_0 = T$ で過渡現象を計算するとき，コンボリューションに必要な積算回数は NK となり膨大な計算所要時間およびメモリを必要とし，経済的でない．これを避けるために式 (6.33) の積分を解析的に施行し，積算回数を大幅に減少させる回帰形（recursive）コンボリューションが実用化されている[14,15]．たとえば，時間応答を α, β をパラメータとして次の指数関数で近似できたとする．

$$h(t) = \frac{\beta\{1-\exp(-\alpha t)\}}{\alpha} \quad (6.34)$$

このとき，式 (6.33) は $g(t)$ に適当な二次近似を適用すると次のように解析的に積分される．

$$f_n = f(nt_0) = ah_{n-1} + bg_n + cg_{n-1} + dg_{n-2} \quad (6.35)$$

ここに $h_{n-1} = h\{(n-1)t_0\}$，$g_n = g(nt_0)$，$a = \exp(-\alpha t_0)$，

$$b = \frac{\beta\{(1-\alpha)/(\alpha t_0)^2 - (3-\alpha)/(2\alpha t_0) + 1\}}{\alpha}$$

$$c = \frac{\beta\{-2(1-\alpha)/(\alpha t_0)^2 + 2/(\alpha t_0) - \alpha\}}{\alpha}$$

$$d = \frac{\beta\{(1-\alpha)/(\alpha t_0)^2 - (1+\alpha)/(2\alpha t_0)\}}{\alpha}$$

である．

式 (6.35) はもはやコンボリューションを必要とせず，4個の積算の和として式 (6.33) が計算されることを示している[14]．実際にはたとえば単位関数変歪応答 $S(t)$ を1個の指数関数で近似することは不可能で，複数個を必要とする．このとき，式 (6.35) の係数の決定が厄介で，与えられた条件よりも未定係数の数が多く，数値的な収束計算によらざるをえない．したがって，式 (6.35) の式 (6.33) に対する精度はこの未定係数決定の精度に大きく依存し，ときには数値計算が収束せず係数が定まらない，すなわち解が求まらないこともある．上記手法は Semlyen 線路モデルとして EMTP に導入されている．

より単純明快な方法として，単位関数時間応答 $h(t)$ を直線近似する方法もある[15]．さらに，コンボリューションそのものを排除し，伝搬定数および特性アドミタンスの周波数依存効果をリアクタンス関数で近似し，得られたリアクタンス関数に対応する RLC 集中定数回路で置換する方法が Marti 線路モデルとして EMTP に導入されている[16]．この方法は実在する回路で周波数依存効果を模擬するため，数値的安定性に優れる利点を有している．しかし，先の指数関数近似による回帰形コンボリューションの場合と同じく，与えられた周波数応答をリアクタンス関数近似するときに未定係数が与えられた条件の数より多いため，数値的な収束計算を必要とする．したがって，その計算精度は未定係数決定の精度に大きく依存する．また，未定係数決定の計算所要時間が大となる欠点を有する．さらに，Semlyen 線路モデルと異なり，未定係数決定時に数値不安定（発散など）が発生していても最終出力結果は R, L, C 回路であるためその妥当性の検証ができない欠点を有している点に注意が必要である．

ところで，変換行列の周波数依存効果は，先にも説明したように多相線路の過渡現象解析をモード理論に基づき行う場合にのみ問題となる．残念ながら EMTP に代表される既存の回路解析プログラムは，そのほとんどがモード理論に基づきモード領域で計算を行う構造となっているため，変換行列の周波数依存効果を考慮せざるをえない．しかしながら，これに要する計算所要時間およびメモリはきわめて膨大となり，実用的とはいいがたい．そこで，モード領域での計算を行わず，実領域で計算を行うことにより，モード変換行列の周波数依存効果を排除する方法が提案され[17]，EMTP にも導入されている[18]．

6.2.3 周波数依存線路の近似等価回路

前項で説明したSemlyenあるいはMarti線路モデルはEMTP内蔵のサブルーチンとして用意されているものであり,ブラックボックス的なものとなっている.ここでは物理性の理解が容易で,かつ自ら簡単に作成できる近似的な周波数依存モデルについて説明する[19].

a. モデル回路

図6.5に周波数依存線路の近似等価回路を示す.図において長さ $x/2$ の線路は伝搬速度が光速で無損失の分布定数線路であり,そのサージインピーダンス Z_0 は次の近似式で与えられる[8].

$$Z_0 = 60 P_{ij} \quad [\Omega] \quad (6.36)$$

上式の P_{ij} は電位係数に対応し次のように与えられる.

$$P_{ij} = \ln(D_{ij}/d_{ij}) \quad (6.37)$$

ここに, $D_{ij}^2 = (h_i+h_j)^2 + y_{ij}^2$, $d_{ij}^2 = (h_i-h_j)^2 + y_{ij}^2$, h_i, h_j: 線路 i, j の地上高, y_{ij}: 線路 i-j 間の水平離隔距離である.

集中インピーダンス Z_n は周波数依存効果を考慮したときのインピーダンス $Z(\omega)$ と無損失線路のインピーダンス $Z'(\omega)$ との差分として次式で与えられる.

$$Z_n(\omega) = Z(\omega) - Z'(\omega) \quad (6.38)$$

上式で $Z'(\omega)$ は無損失線路インピーダンスであることから,抵抗分 R,インダクタンス分 L は次の値となる.

$$R' = 0, \quad L' = (\mu_0/2\pi) P_{ij} \quad (6.39)$$

ここに, $\mu_0 = 4\pi \times 10^{-7}$, P_{ij} は式(6.37)に示した.

$Z(\omega)$ はSchelkunoffの導体内部インピーダンス[20]と,架空線の場合にはCarson[21],地中ケーブルの場合にはPollaczek[22]の大地帰路インピーダンスの和として与えられる.これらはEMTPのサブルーチン Line Constants[5],およびCable Constants/Parameters[23,24]を用いれば直ちに計算できる.

なお,EMTPに内蔵されている一定周波数線路モデル(K.C. Leeモデル=ドメル線路モデル)はある周波数(角周波数 ω_0)での抵抗分 $R(\omega_0)$ のみを $Z_n(\omega)$ として用いるもので,図6.5の簡略化モデルといえる.

$$Z_n = R(\omega_0): 角周波数 \omega_0 = 2\pi f_0 での抵抗分 \quad (6.40)$$

b. $Z_n(\omega)$ 集中定数回路の作成

与えられたインピーダンス周波数特性を満足する集中定数回路は並列回路の直列接続あるいは,はしご形回路などにより作成できる.式(6.38)のインピーダンス $Z_n(\omega)$ は R, L のみよりなる回路であり,たとえば周波数 f_1, f_2 での $Z_n(\omega)$ が与えられれば2段のはし

図6.5 周波数依存線路の近似回路

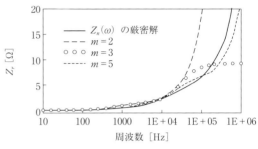

(a) 絶対値 $|Z_n|$

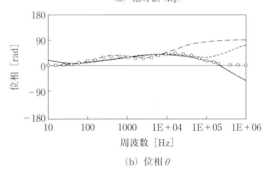

(b) 位相 θ

図6.6 $Z_n(\omega)$ のはしご形回路による近似(文献20の図6)

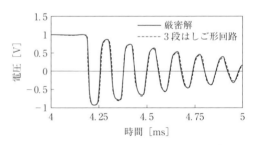

図6.7 地絡サージ計算例(文献19の図11)
—— 厳密解, ----- 3段はしご形回路.

ご形回路として近似的な $Z_n(\omega)$ の等価回路を容易に作成することができる.その一例を地中ケーブルの場合について図6.6に示す.図中厳密解は $Z_n(\omega)$ の厳密値, $m=2\sim5$ は,はしご形回路の段数 m を変化させたとき($m=3$ の場合には3種の周波数応答を用いる)の近似等価回路の応答である.ここで,はしご形回路の定数 R_k, L_k は解析的に次式で容易に求められる.

$$\frac{1}{R_k} = \text{Real}\{Z_n(\omega_k)\} - \sum_{i=1}^{k-1} \frac{1}{R_i}$$

$$L_k = \text{Imag}\{Z_n(\omega_k)\}/\omega_k - \sum_{i=1}^{k-1} L_i \quad (6.41)$$

ここに，$k = 1, 2, \cdots, m$，$\omega_m < \omega_k$ である．

c. サージ計算例

上記で説明した周波数依存線路の近似等価回路（はしご形回路3段）による地中ケーブルでの心線-シース地絡サージの計算例を厳密解[12]と比較して図6.7に示す[19]．図より，以上で説明した周波数依存線路モデルは実用上十分な精度を有していると考えられる．

6.3 鉄塔等価回路

発・変電所の絶縁設計を行うには雷サージ解析が不可欠である．わが国では試験電圧標準JEC-0102-1994作成のため，また1100 kV送電系設計のためEMTPを用いた雷サージシミュレーション技術の検討が電気学会雷サージ関連調査専門委員会を中心として精力的に行われてきた[25]．その結果，わが国のEMTPシミュレーション技術は世界最先端のレベルにあるといえる．発・変電所回路の各種機器の等価回路に関しては電流変成器のサージ領域でのモデル化を除けばおおむね確立されている[25]．線路についてはすでにEMTPに周波数依存効果を考慮した多相線路モデルが用意されている．したがって，残された課題は鉄塔と塔脚接地インピーダンスおよび接地メッシュなどの接地系の等価回路である．

本節では鉄塔等価回路について説明し，接地系については次節で述べる．

6.3.1 基本モデル

鉄塔は多数の鋼材（L型鋼，鋼管，コンクリート充填鋼管など）の組合せからなり，これらすべてを考慮したモデル回路の作成はきわめて困難である．最も簡略かつ基本的なモデルは図6.8に示すように塔体を垂直円筒あるいは円錐状の鋼管からなる分布定数線路で等価する方法である[25]．必要に応じてアーム部を水平円筒の線路として付加する．図6.8(b)，(c)の垂直導体のサージインピーダンスとしては多数の理論式および実験式が提案されており[25]，その妥当性および実用性などの検討は容易ではないが，実測結果に対して良好な精度を有する次式が世界的には最も広く用いられている[26,27]．

円筒 $Z_0 = 60 \ln (H/er)$ (6.42)

円錐 $Z_0 = 60 \ln [\cot \{0.5 \tan^{-1}(R/H)\}]$ (6.43)

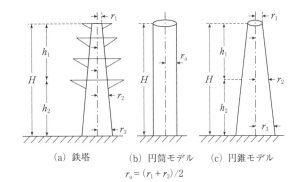

(a) 鉄塔　　(b) 円筒モデル　　(c) 円錐モデル
$r_a = (r_1 + r_3)/2$

図6.8　鉄塔の基本モデル

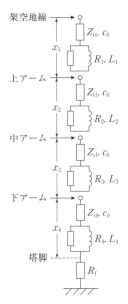

図6.9　4段鉄塔モデル

ここに，H：鉄塔高，r：鉄塔半径，$e = 2.7183$：自然対数の底，$R = (r_1 h_1 + r_2 H + r_3 h_2)/H$ である．

6.3.2　4段鉄塔モデル

電気学会サージ関連調査専門委員会の研究調査活動の成果として開発された鉄塔モデルであり，図6.9のように与えられる[28,29]．図においてZ_{t1}，Z_{t4}は伝搬速度が光速c_0の無損失分布定数線路サージインピーダンス，R_i，L_i（$i=1\sim4$）は6.2.3項の式（6.38）に対応する鉄塔中の進行波の減衰，歪を模擬する集中インピーダンスである．R_fは塔脚接地抵抗である．Z_{t1}，Z_{t4}は前項で述べた理論式などにより計算できるが，わが国では次の定数が標準的に用いられている[25]．

$$Z_{t1} = 220\,\Omega, \quad Z_{t4} = 150\,\Omega \tag{6.44}$$

R_i, L_i は次式で計算される[25]．

$$\left.\begin{array}{l} R_i = \Delta R_i \cdot x_i, \quad L_i = 2\tau \cdot R_i, \\ \Delta R_i = 2Z_{t1} \cdot \ln(1/\alpha_1)/(H - x_4) : i = 1 \sim 3 \\ \Delta R_4 = 2Z_{t4} \cdot \ln(1/\alpha_4)/H \end{array}\right\} \tag{6.45}$$

ここに，$\tau = H/c_0$：鉄塔全体の進行波伝搬時間，$\alpha_1 = \alpha_4 = 0.89$：鉄塔の減衰定数，$c_0 = 300\,\text{m}/\mu\text{s}$ である．

上記4段鉄塔モデルは500 kV実鉄塔でのアークホーン電圧測定結果を再現するために開発されたもので定数 Z_t，α は各鉄塔で異なり，特に低位系の鉄塔では大きく異なることがあるので注意が必要である[25,30]．

6.4 接地等価回路

発・変電所の機器を設置するための接地メッシュ，雷撃があった場合の雷電流を大地に流出させるとともに架空地線を零電位（大地電位）に保つための塔脚接地抵抗など，電力系統では多数の接地導体が用いられている．接地メッシュは多数の水平導体を網目状に設置したものであり，塔脚接地系は鉄塔脚が垂直状に地中に埋設された垂直導体の組合せからなるものである．したがって，接地系の基本要素は地中埋設水平導体（埋設地線）と垂直導体（電極）である．以下，これらの等価回路について説明する．

6.4.1 定常状態での等価回路

定常状態での接地系の等価回路として図6.10に示すSundeのモデル回路がよく知られており，世界的に広く用いられている[31]．ここで，キャパシタンス C_s，コンダクタンス G_s は次式で与えられる．

$$C_s = \pi \cdot \varepsilon_0 \cdot \varepsilon_e x / A, \quad G_s = \pi x / \rho_e A, \quad A = \ln(2x/\text{e}\sqrt{2ad}) \tag{6.46}$$

ここに，ε_e：大地比誘電率，ρ_e：大地抵抗率，$\text{e} = 2.7183$：自然対数の底，x：埋設電極長，d：埋設深さ，a：埋設電極半径である．

実際の接地電極は，たとえば変電所接地メッシュのように長さ100 mに達することがあり，長さを考慮した分布定数線路としての取扱いが必要である．しかし，定常解析では100 km程度の送電線であっても，これを集中定数回路で模擬しても十分な精度が得られるのと同様に接地電極の長さは無視してさしつかえない．

6.4.2 サージ解析モデル

雷サージ電流の流入などに伴う接地系サージを解析するための接地系等価回路は多数提案されている[25]．しかし，十分な計算精度が保証され，かつ既知である接地系の幾何学的定数および物理定数のみに基づき，容易に作成可能な等価回路は確立されていないのが実状である．現状で最も厳密と考えられるのは数値電磁界解析手法に基づく等価回路であるが[32]，これは一般化された回路ではなく，また変電所機器等のモデル回路が開発されておらず，システムとしてのサージ解析には十分に対応できないのが実状である[33]．

等価回路の構成が簡単で，かつその定数が理論式により容易に求められるモデルとして図6.11がある[34]．このモデル回路において接地電極はサージインピーダンス Z_0，伝搬速度 v_0，長さ x の分布定数線路と，裸導体である接地電極から大地への電流の漏洩を表現する集中アドミタンス Y_g の組合せとして模擬されている．図において，各定数は次式で与えられる．

$$C_1 = C_s - C_0, \quad G_1 = G_s, \quad C_2 = 5C_1, \quad C_0 = \frac{2\pi\varepsilon_0\varepsilon_i}{\ln(b/a)} \tag{6.47}$$

ここに，ε_i：仮想接地電極絶縁体比誘電率である．

上式において C_s，G_s は式（6.46）に示すSundeの定常状態での接地インピーダンスである．C_2 はサージ領域での電流の大地への漏洩特性を模擬するため

図6.10 Sundeの接地等価回路

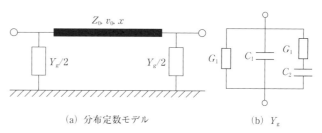

(a) 分布定数モデル (b) Y_g

図6.11 接地電極の分布定数モデル

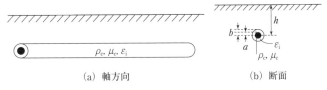

(a) 軸方向　　(b) 断面

図 6.12　仮想絶縁体 (ε_i) を有する接地電極

のものである．C_0 は地中に埋設された設置電極が裸導体ではなく図 6.12 に示す内半径 a，外半径 b の仮想絶縁体（厚さ $b-a$）を有しているものとして，その対地キャパシタンスである．これは大地と直接接触する裸導体のインピーダンス理論式が存在しないことによる．この仮想絶縁体を導入することで接地電極は心線のみの地中ケーブルとして取り扱うことができ，EMTP Cable Constants/Parameters を用いて図 6.11 (a) の分布定数線路のサージインピーダンス Z_0 および伝搬速度 v_0 が直ちに計算できる．なお，仮想絶縁体の内半径 a は接地電極の半径であり，外半径 b は C_s を考慮して次式で与えれば，直ちに C_1 が求まる．

$$b = a\left(\frac{2x^2}{ade^2}\right)^n, \quad n = \frac{\varepsilon_i}{\varepsilon_0} \tag{6.48}$$

また，EMTP Cable Constants/Parameters を用いることなく次式で接地電極のインピーダンス Z，アドミタンス Y を求めることもできる．

$$Z = Z_c + Z_i + Z_e \quad [\Omega/\text{m}],$$
$$Z_c = R_{dc}\sqrt{1+\frac{j\omega\mu_c S}{R_{dc}l^2}}, \quad Z_i = \frac{j\omega\mu_0}{2\pi}\ln(b/a),$$
$$Z_e = \frac{j\omega\mu_0}{2\pi}\left\{\ln\left(\frac{2h+2h_e}{b}\right) - 0.077 - \frac{2h}{3h_e}\right\},$$
$$Y = j\omega C_0 \quad [\text{S/m}] \tag{6.49}$$

ここに，Z_c：導体内部インピーダンス，Z_i：絶縁体インピーダンス，Z_e：大地帰路インピーダンス，C_0：絶縁体キャパシタンス，$R_{dc} = \rho_c/S$：直流抵抗，ρ_c：導体抵抗率，$S = \pi a^2$：導体断面積，μ_c：導体透磁率，ε_i：絶縁体比誘電率，$l = 2\pi a$：導体外周，h：埋設深さ，$h_e = \sqrt{\rho_e/j\omega\mu_0}$：大地の複素透過深度である．

以上のインピーダンス，アドミタンスから接地電極の特性インピーダンス Z_0，伝搬定数 Γ は次式を用いて求められる．

$$Z_0 = (Z/Y)^{\frac{1}{2}} \quad [\Omega], \quad \Gamma = (Z \cdot Y)^{\frac{1}{2}} = \alpha + j\beta \tag{6.50}$$

ここに，α：減衰定数 [Np/m]，β：位相定数 [rad/m] である．

また，接地電極の伝搬速度 v_0 は次式で求まる．

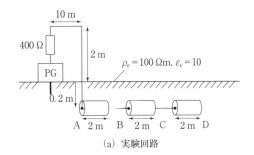

(a) 実験回路

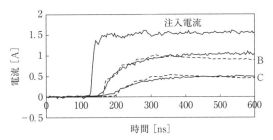

(b) 電極各点電流波形

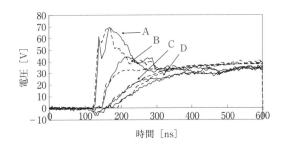

(c) 電極各点電圧波形

図 6.13　実験結果―と計算結果…の比較

$$v_0 = \frac{\beta}{\omega} \quad [\text{m/s}] \tag{6.51}$$

雷サージ等のきわめて高い周波数成分を含む過渡現象を対象とする場合には次の近似式を用いることができる．

$$Z_0 = \frac{60}{\sqrt{\varepsilon_i}}\ln\left(\frac{r_2}{r_1}\right), \quad v_0 = \frac{c_0}{\sqrt{\varepsilon_i}} \tag{6.52}$$

ここに，c_0：真空中の光速である．

また，減衰定数を次の一定抵抗で模擬することにより伝搬波形の減衰を近似的に模擬できる．

$$\Delta R = \frac{2Z_0}{x} \ln \alpha, \quad R = \Delta R \cdot x \qquad (6.53)$$

ここに，x：導体長である．

　以上は水平電極を対象にしたものであり，埋設地線あるいは接地メッシュのように長さが大きい場合には単位区間ごとに図6.11のモデル回路を用いればよい．また，垂直電極の場合には，深さ1mごとに図6.11のモデルを用い埋設深さhとして平均深さ（相加平均）を用いればよい．

　図6.13に図6.11のモデル回路による計算結果と実験結果の比較を示す．(a)は実験回路であり，(b)，(c)に電極各点での電流，電圧波形を示す．図より，このモデル回路は実用上十分な精度を有していると考えられる． 〔雨谷昭弘〕

文　献

1) J. Parmakian：Waterhammer Analysis, Dover (1963).
2) W. Frey, P. Althammer："The calculation of electromagnetic transients on lines by means of a digital computer", Brown Boveri Rev., **48**, 5/6, pp. 344-355 (1961).
3) H. W. Dommel："Digital computer solution of electromagnetic transients in single-and multiphase networks", IEEE Trans., **PASS-88**, 4, pp. 388-398 (1969).
4) L. V. Bewley：Traveling Waves on Transmission Systems, John Wiley (1951).
5) W. Scott-Meyer：EMTP Rule Book, Bonneville Power Administration, Portland (1984).
6) H. W. Dommel：EMTP Theory Book, Bonneville Power Administration (1986).
7) 雨谷昭弘，他：汎用過渡現象解析プログラムEMTP入門，電気学会 (2001).
8) 雨谷昭弘：分布定数回路論，コロナ社 (1990).
9) L. M. Wedepohl："Application of matrix methods to the solution of traveling wave phenomena in poliphase systems", Proc. IEE, **110**, 12, pp. 2200-2212 (1963).
10) S. J. Day, et al.："Developments in obtaining transient response using Fourier transforms", Int. J. Elect. Eng. Educ., **3**, pp. 501-506 (1965)；**4**, pp. 31-40 (1966).
11) L. M. Wedepohl, S. E. T. Mohamed："Transient analysis of multiconductor transmission lines with special reference to nonlinear problem", Proc. IEE, **117**, 5, pp. 979-987 (1970).
12) N. Nagaoka, A. Ametani："A development of a generalized frequency-domain program FTP", IEEE Trans. Power Delivery, **3**, 4, pp. 1996-2004 (1988).
13) W. D. Humpage：Z-transform Electromagnetic Transient Analysis in High Voltage Networks, IEE Power Engineering Series 3, Peter Peregrinus, London (1982).
14) A. Semlyen, A. Dabuleanu："Fast and accurate switching transient calculations on transmission lines with ground return using recursive convolutions", IEEE Trans., **PAS-94**, 2, pp. 261-571 (1975).
15) A. Ametani："A highly efficient method for calculating transmission line transients", IEEE Trans., **PAS-95**, 5, pp. 1545-1551 (1976).
16) J. R. Marti："Accurate modeling of frequency-dependent transmission lines in electromagnetic transient simulations", IEEE Trans., **PAS-101**, 1, pp. 147- (1982).
17) H. Nakanishi, A. Ametani："Transient calculation of a transmition line using superposition law", IEE Proc., **133-C**, 5, pp. 263-299 (1986).
18) T. Noda, et al.："Phase domain modeling of frequency-dependent transmission lines by means of an ARMA model", IEEE Trans. PWRD, **11**, 1, p. 401 (1996).
19) 松浦圭来，他：「周波数依存効果を考慮した線路サージ簡略計算法」，電学論B，**116**, 6, p. 706 (1996).
20) S. A. Schelkunoff："The electromagnetic theory of coaxial transmission line and cylindrical shields", Bell Syst. Tech. J., **13**, pp. 532-579 (1934).
21) J. R. Carson："Wave propagation in overhead wires with ground return", Bell Syst. Tech. J., **5**, pp. 539-554 (1926).
22) F. Pollaczek："Über das Feld einer unendlich langen wechselstromdurchflossenen Einfachleitung", ENT, Heft 9, Band 3, p. 339 (1926).
23) A. Ametani：Cable Parameters Rule Book, B. P. A. (1994).
24) A. Ametani："A general formulation of impedance and admittance of cables", IEEE Trans., **PAS-99**, 3, pp. 902-910 (1980).
25) 電気学会雷サージ解析調査専門委員会「電力システムの過渡現象とEMTP解析」，電気学会技術報告，872 (2002).
26) "Guide to Procedures for Estimating lightning Performance of Transmission Lines", CIGRE SC33-WG01, Tech. Brochure (1991).
27) "IEEE Guide for Improving the Lightning Performance of Transmission Lines", IEEE Std. 1243-1997 (1997).
28) 「電力系統における雷サージ解析の新手法」，電気学会技術報告，224 (1987).
29) M. Ishii, et al.："Multistory transmission tower model for lightning surge analysis", IEEE Trans.

30) A Ametani *et al*: "A method of a lightning surge analysis recommended in Japanese using EMTP", IEEE Trans. PWRD, **20**, 2, p. 867 (2005).
31) E. D. Sunde: Earth Conduction Effects in Transmission Systems, Dover (1962).
32) 田辺一夫:「FDTD 法に基づく電力設備の過渡接地抵抗解析手法」,電気学会論文誌 B(電力・エネルギー部門誌), **120**, 8/9, pp. 1119-1126 (2000).
33) 電力中央研究所:FDTD 法に基づく汎用サージ解析プログラム VSTL (2005).
34) A. Ametani, *et al.*: "Modeling of a buried conductor for an electromagnetic transient simulation", IEEJ Trans. EEE, **1**, 1, p. 45 (2006).

PWRD, **6**, 3, p. 1327 (1991).

7

潮流計算回路

潮流計算は，交流実効値計算である．交流回路理論に基づいてモデル化された電力ネットワークに有効・無効電力を流入・流出させる装置（発電機など）が接続されたとして，キルヒホッフの法則に基づいて非線形連立方程式（潮流方程式）を構築し，母線電圧（ノード電圧）を求める方法である．潮流計算では，電気回路をさまざまな角度から考察することにより，計算量低減など工夫を施しており，さまざまな知見が存在する．そこで本章では，回路理論の応用例として潮流計算に関する知見を取りまとめる．そのため，関係式をすべて列挙するようなことは行わず，モデル回路から方程式を作成する考え方がわかる範囲での記述にとどめる．具体的な方程式の解法などについては，必要に応じて文献を参照されたい．

7.1 潮流計算で利用する電力ネットワークモデル

発電機などの大規模な電力設備は，単独で潮流計算のモデルとするが，一般需要家の負荷をそれぞれ設備として扱うことは実用上不可能であるので，電力ネットワーク内の適当な箇所（たとえば，二次変電所）で，集約された負荷が接続されたとしてモデル化される．

電力ネットワークは潮流計算の目的から，大地を基準と考えた正相回路のみのモデル化が一般的である．解析ニーズによっては，三相不平衡状態まで加味した潮流状態が必要になる場合には，適宜，対称座標法や相座標法の定式化が利用される．

運用あるいは計画時の電力ネットワークの節点電圧（潮流計算では母線電圧あるいはノード電圧と呼ぶ）を求め（この解のことを，潮流解あるいは電圧解と呼ぶ），ネットワーク中の有効電力・無効電力の流れ（これを潮流と呼んでいる）を明確にすることが潮流計算の役割の一つである．また，潮流計算結果から電力ネットワークに接続する発電機など，設備の動的特性

を表す状態変数の初期化を行い，過渡安定性などの電力ネットワークの動的特性を分析するためにも活用するが，このような状態変数初期化手法は，電力系統解析独特であるといえる．

7.2 潮流計算における未知数と既知数

電力ネットワークに接続するすべての設備，負荷からの電流の実効値と位相を測定することができれば，電力ネットワークの節点電圧の実効値と大きさはアドミタンス行列による線形一次連立方程式により計算することが可能である．しかしながら，電力システムほど大規模なネットワークで電圧や電流の位相角を計測する経済的な手段はいまのところ存在しないことから線形一次連立方程式による計算は不可能である．そこで，容易に計測可能なものの電圧と電流の積で計算される有効・無効電力（P, Q）を，電力ネットワークと設備（発電機や集約負荷など）のインターフェイス部分の計測値として，母線電圧を求解する非線形連立方程式が定義される．以下に，潮流計算を行うための潮

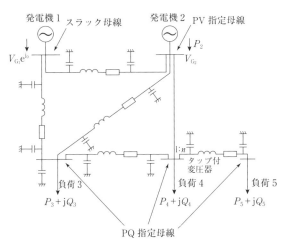

図 7.1 潮流計算回路図例

流方程式を記述するための準備として，潮流計算上での装置のモデル化についてとりまとめる（図7.1）．ここでは，記述を明確にするために，設備から電力ネットワークに対して，有効電力や無効電力が流入する方向を正方向と仮定する．

7.2.1 PQ指定母線

潮流方程式の未知量と既知量の基本的な考え方は次のようになる．

- 既知量：有効・無効電力（P, Q）の流入量（負荷などで母線から流出している場合は，マイナスの値をとる）
- 未知量：母線電圧の大きさと位相角

このように定義できる電力ネットワークの母線をPQ指定母線という．設備が接続されていない母線は有効・無効電力の流入はともに0であると考えれば，PQ指定母線であるということができる．なお，有効・無効電力の流入がともに0である母線は浮遊母線と呼ばれる．

7.2.2 PV指定母線

発電機のように制御装置により端子電圧が一定値に維持されている母線は，母線への流入無効電力が既知であるとするより，母線電圧の大きさが既知であるとした方が自然である．つまり，

既知量：母線電圧の大きさと有効電力の流入量

未知量：母線電圧の位相角

潮流計算後に計算可能な量：無効電力の流入量

と既知量と未知量を定義することができる．このような母線をPV指定母線という．なお，無効電力の流入量は母線電圧が求まった後に計算できる．

7.2.3 スラック母線（しわ取り母線，基準母線）

送電線損失は，実際に潮流計算を行い，各母線の電圧（大きさと位相）が求まらないとわからない．このため，電力ネットワークと設備のインターフェイスで観測した有効電力だけの利用では，厳密に電力ネットワーク内の有効電力の需給バランスがとれなくなる．この問題を解決するために，潮流計算では，系統内にスラック母線という特別の母線を準備する．スラック母線の既知量・未知量は，

既知量：母線電圧の大きさと位相角

未知量：なし

潮流計算後に計算可能な量：有効電力・無効電力の流入量

となる．未知量がないということは潮流計算の目的が母線電圧を求解することから明らかであろう．潮流計算が収束すれば，スラック母線に接続された設備からの有効・無効電力の流入量を計算することができる．なお，スラック母線の電圧位相角は任意に決定できるが，通常は0とする．

また，電力ネットワーク内の送電損失を適切に推定し各発電機のPV指定母線に割り当てておかないと，スラック母線が送電損失をすべて肩代わりすることになるため，現実的な電圧解が得られないこともある．

7.2.4 設備特性を考慮する母線

PQ指定母線を想定する場合，設備からの電力ネットワークに流入する有効・無効電力は端子電圧に対して変化せずに一定であると仮定している．しかし，実際の設備では，端子電圧の大きさに依存して流入する有効・無効電力が変化する設備が数多く存在する．たとえば，直流送電，静止形無効電力補償装置，誘導機などである．このような設備の場合には，既知量を定数で定義せず

$$P = P(V, r), \quad Q = Q(V, r) \tag{7.1}$$

V：電力ネットワーク母線の電圧実効値ベクトル，
r：設備内の状態変数ベクトル

と関数で定義する．母線電圧の大きさと位相角以外に，設備内の状態変数を同時に求めることになる．定インピーダンス特性の負荷など，端子電圧により有効・無効電力の流入が変化するモデルの場合も式(7.1)で定式化する．この定式化では，電力ネットワークでの観測値だけでは，未知数に対して方程式の数（個数）が不足する場合があるので，設備の運転状態を決定する方程式を適宜，加えることが必要となる．

7.3 単位法

7.3.1 単位法とは

潮流計算にとどまらないが，変圧器が数多く存在する電力ネットワークの各種回路計算では，物理単位系での計算でなく，インピーダンスを基準電圧［V］に対する基準皮相電力［VA］通過時の電圧降下に対する割合で計算する方法がとられる．これは，ネットワー

ク内にさまざまな電圧レベルが存在する計算上の不便さを解消するためである．この方法は，単位法と呼ばれる方法であり，基準容量を S_n [MVA]，基準電圧を V_n [V] とすれば，z [Ω] のインピーダンスは，単位法によれば以下で表現される．

$$\frac{S_n}{V_n^2} z \tag{7.2}$$

発電機や変圧器などの設備は，機器定格容量を基準容量として機器パラメータを単位法表示することが一般的である．潮流計算を行う際には，すべての単位法で表現された機器パラメータの基準容量を一致させなければならないことに注意を要する．

7.3.2 基準外タップ比を有する変圧器の等価回路[1]

基準電圧は，一般的にそれぞれの母線の公称電圧が利用される．変圧器がつながる母線の基準電圧と変圧器の定格電圧が一致している場合には，特に問題ないが，変圧器タップにより電圧調整が行われているような場合には，等価回路の基準外タップ比による修正が必要になる．

変圧器の漏れインピーダンス Z_t は，変圧器二次側に換算して単位法表示し，変圧器一次側基準電圧と二次側基準電圧をそれぞれ V_{1b}, V_{2b} とする．このとき，タップの変更により変圧器巻数比 a（一次側巻線数を N_1，二次側巻線数を N_2 とすれば，巻数比 $a = N_1/N_2$）が，V_{1b}/V_{2b} の比と等しくない場合には，単位法で表示した電力ネットワークで用いる変圧器モデルは図7.2(a)で表示される．ここで，巻数比 $1/n$ の n は，次式で計算される．

$$n = \frac{1}{a} \frac{V_{1b}}{V_{2b}} \tag{7.3}$$

図7.2(a)をそのまま潮流計算に利用することは，適切でないことから，図7.2(b)の等価回路に置き換える．つまり，図7.2(a)の回路において，電圧と電流の関係は，

$$\begin{bmatrix} V_2 \\ I_2 \end{bmatrix} = \begin{bmatrix} n & -(1/n)Z_t \\ 0 & 1/n \end{bmatrix} \begin{bmatrix} V_1 \\ I_1 \end{bmatrix} \tag{7.4}$$

と表現される．一方，図7.2(b)では，

$$\begin{bmatrix} V_2 \\ I_2 \end{bmatrix} = \begin{bmatrix} 1 + zy_1 & -z \\ -(y_1 + y_2 + y_1 y_2 z) & 1 + zy_2 \end{bmatrix} \begin{bmatrix} V_1 \\ I_1 \end{bmatrix} \tag{7.5}$$

となるので，式(7.4)と式(7.5)を比較することにより，

$$z = \frac{Z_t}{n}, \quad y_1 = \frac{n(n-1)}{Z_t}, \quad y_2 = \frac{1-n}{Z_t} \tag{7.6}$$

と実用的な等価回路を得ることができる．

7.3.3 三巻線変圧器の等価回路

三巻線変圧器の漏れリアクタンスは，一次～二次間リアクタンス X_{ps}，二次～三次間リアクタンス X_{st}，三次～一次間リアクタンス X_{tp} と二つの端子の間でしか測定できないことから，図7.3に示すように三巻線変圧器の等価回路を定義し，図中の x_p, x_s, x_t を測定データから決定する．

$$x_p = \frac{X_{ps} + X_{tp} - X_{st}}{2} \tag{7.7}$$

$$x_s = \frac{X_{st} + X_{ps} - X_{tp}}{2} \tag{7.8}$$

$$x_t = \frac{X_{tp} + X_{st} - X_{ps}}{2} \tag{7.9}$$

式(7.8)を計算すると多くの三巻線変圧器で，x_s が負の値になることがある．等価回路を図7.3のように仮定し，それに合わせて定数を決定したことから，場合によってはこのようなことが発生するが，潮流計算を行う場合には，特に意識することなく負の値で得られたリアクタンスをそのまま利用すればよい．負のリ

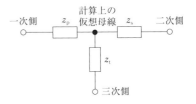

図7.3 三巻線変圧器の等価回路

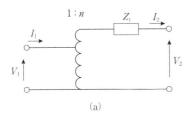

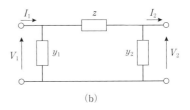

図7.2 変圧器の等価回路

アクタンス値に対して違和感を指摘する場合もあるが、変圧器内部の物理現象の考察とは異なり、万能なモデルでなく潮流計算向け用途のモデルであることに注意すれば適切に活用できると思われる.

なお、一般に変圧器銘板に記載の変圧器パーセントインピーダンス（単位法で表されたインピーダンスを100倍して％で表したもの）は、定格容量の小さい側の巻線の定格容量値を基準にして表示される.

7.4 各種の潮流計算定式化

7.4.1 節点方程式による潮流方程式

潮流方程式を構築する場合に、節点方程式を利用することは最もポピュラーな方法である. 具体的には、電力ネットワークの任意の節点から流出する複素電力を図7.4に示す回路のもとで計算し、これが母線に接続される設備特性と等しくなるとして方程式を構築する. この際、未知数と方程式の数が等しくなるように注意しなければならない.

母線 i に注目する. この母線 i に接続される設備から流入する電流合計は次式のようになる.

$$I_i = \sum_{\substack{j=1 \\ j \neq i}}^{n}(V_i - V_j)Y_{ij} + V_i Y_{ii} \quad (7.10)$$

ここで、$Y_{ij} = G_{ij} + jB_{ij}$ は母線 i と j の間のアドミタンス行列の要素を表す. したがって、母線 i へ流入する皮相電力 S_i は、

$$S_i = V_i \bar{I}_i = V_i \overline{\sum_{j=1}^{n}(V_i - V_j)Y_{ij}} \quad (7.11)$$

となる. ここで、"‾" は共役複素数を表す. したがって、母線 i から電力ネットワークに流入する有効電力 P_i と（遅れ）無効電力 Q_i は次式になる.

$$P_i = V_i \sum_{j=1}^{n} V_j \{G_{ij}\cos(\delta_i - \delta_j) + B_{ij}\sin(\delta_i - \delta_j)\},$$

$$Q_i = V_i \sum_{j=1}^{n} V_j \{G_{ij}\sin(\delta_i - \delta_j) - B_{ij}\cos(\delta_i - \delta_j)\} \quad (7.12)$$

式(7.12)と母線 i に設置された設備から流入する有効・無効電力の条件と等しくなるとして、系統内のPQ指定母線で等式制約式を作成する. PV指定母線は式(7.12)の P_i の条件と母線電圧の大きさを既知として等式を作る電力ネットワークモデルを作成する際には、ネットワーク内の総発電力と総負荷電力がバランスするように設定する必要がある. 人手で設定することも可能であるが、7.5節で示す最適潮流計算や、給電情報から潮流状態を推定する状態推定計算もある.

7.4.2 直流法（近似計算手法）

単位法で示した電力ネットワーク（送電線）では、次のような仮定が可能である.

(1) 隣り合う母線電圧の位相角は比較的小さい.

(2) 母線電圧は電力系統の性質上、ほぼ定格電圧値で運転され、単位法で表現するとすべての母線電圧の大きさは 1 [pu] と仮定できる. このため、対地静電容量を無視することができる.

(3) 送電線の抵抗値はリアクタンス値と比較すると 1/10 程度であり、送電線有効電力潮流を分析するのであれば、無視することが可能である.

仮定(2), (3)からは図7.5(a)のπ形送電線モデルは、図7.5(b)のようにリアクタンスだけの回路として近似できる. この近似回路で、母線 i, j 間を流れる有効電力 P_{ij} は、

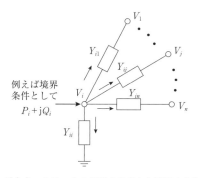

図7.4 電力ネットワークの任意の節点から流出する複素電力

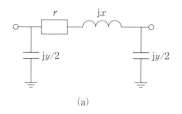

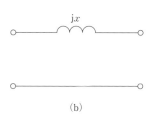

(a) (b)

図7.5 π形送電線モデル(a)とリアクタンス回路(b)

$$P_{ij} = \frac{V_i V_j}{x_{ij}} \sin(\delta_i - \delta_j) \qquad (7.13)$$

と計算されるが，仮定(1)，(2)から式 (7.13) は

$$P_{ij} = \frac{V_i V_j}{x_{ij}} \sin(\delta_i - \delta_j) \approx \frac{\delta_i - \delta_j}{x_{ij}} \qquad (7.14)$$

とさらに変形することができる．式 (7.14) は，単位法で表示された送電線の有効電力潮流が，母線電圧の位相角を直流電圧の大きさ，送電線リアクタンスを直流抵抗と見なした直流回路計算から得られる直流電流として近似できることを意味している．このモデル化により非線形連立方程式を解くことなく，母線電圧の位相角と有効電力潮流の関係を送電線リアクタンスを用いたコンダクタンス行列に基づく線形連立方程式を解くことで近似的に求める方法を直流法と呼んでいる．直流法では，発電機や負荷の有効電力を直流電流源として大地と母線間に接続する．

単純に直流法によるモデル化を行うと，発電電力・負荷電力がすべて等価電流源としてモデル化されることから，電力ネットワーク内のすべての母線が電力ネットワークの大地と分離されることになるためコンダクタンス行列が非正則になる．このため，少なくとも母線一箇所（スラック母線にとられることが多い）は電力ネットワークの位相角基準として基準電位とする．また，直流法による回路計算では，損失が存在しないことから，大規模電力系統の場合，送電損失が未考慮で需給バランスを確保した発電機出力が設定してあると，直流法の計算によると位相角基準母線に非現実的な流入電力が存在するような計算結果になることもあるので取扱いにあたっては注意が必要である．

7.4.3 ネットワークフロー法[2,3]

ネットワークフロー法は，グラフ理論を巧みに利用した示唆に富んだ方法である．原論文では，ブランチに電圧源も加味した定式化を行っているが，ここでは，この電圧源を無視する．

任意のネットワークが 1 個の（一つの）連結グラフとする．このとき独立なループ数 l は，ブランチ数を b，ノード数を n とすれば，グラフ理論から

$$l = b - n + 1 \qquad (7.15)$$

と表せる．電力ネットワークでは，電圧基準を大地としているため，母線-大地間に接続される対地静電容量などもブランチとしてカウントされることから，ブランチが数多くなるため，節点方程式による潮流方程式の定式化が好ましいと判断されている．しかしながら，直流法による定式化のように，母線-大地間に対地静電容量のブランチが存在しないと仮定する場合には，ループ数は著しく小さくなり，節点方程式による方法よりも未知数が小さくなる可能性がある．このような視点で開発されたのがネットワークフロー法である．

ネットワークフロー法は，母線に接続される回路素子は電流源であると仮定し，すべての母線が大地との間で直接接続されないように回路モデルを作成する．この回路モデルのもとで，母線とブランチの結合を表す行列 C を作成する．たとえば，k 母線と l 母線がブランチ j により接続されている場合には，正方向を $k \to l$ と考え，ブランチ j の列の要素は次式のようになる．

$$C = \begin{pmatrix} \cdots & 1 & \cdots & j & \cdots & M \\ \cdots & 0 & \cdots & & & \\ & & \vdots & & & \\ & & 1 & & & \\ & & -1 & & & \\ & & \vdots & & & \\ \cdots & & & & 0 & \end{pmatrix} \begin{matrix} \text{節点番号} \\ 1 \\ \vdots \\ k \\ l \\ \vdots \\ N \end{matrix} \qquad (7.16)$$

また，それぞれの母線に割り振られた電流源のベクトルを G，それぞれの母線の電位ベクトルを E，ブランチ電流ベクトルを F，対角要素がブランチインピーダンスである正方対角行列を Z_{bb} とすれば，グラフ理論とキルヒホッフの法則より，

$$CF = G \qquad (7.17)$$
$$C^T E = -Z_{bb} F \qquad (7.18)$$

が得られる．式 (7.17), (7.18) を解くことにより，F および E を求めるわけであるが，まず初めにブランチ電流 F を以下のように分ける．

$$F = F_1 + F_2 \qquad (7.19)$$

F_1 は，

$$CF_1 = G \qquad (7.20)$$

を満足すれば，どのようなベクトルでもよく，実用的にはトリー（木）にのみ電流が流れたとして F_1 を決定する．F_2 は，ネットワーク内のループとループ内のブランチの接続状態を表す行列 L を利用し，以下のように定義する．

$$F_2 = L^T F_L \qquad (7.21)$$

ここで，F_L はループ循環電流を要素に持つ電流ベクトルである．$LC^T \equiv 0$ であることから，

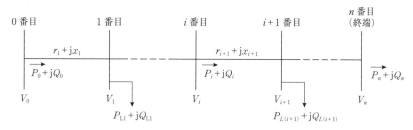

図 7.6 樹枝状系統のモデル化

$$CF_2 = CL^T F_L = 0 \tag{7.22}$$

なので，$F_1 + F_2$ は式 (7.17) を満足する．そこで，$F_1 + F_2$ を式 (7.18) に代入し，両辺に L をかけることで F_L に関する連立方程式を得る（ここで F_1 が既知になっていることに注意する）．

$$0 = LC^T E = -LZ_{bb}(F_1 + F_2) = -LZ_{bb}F_1 - LZ_{bb}L^T F_L \tag{7.23}$$

得られた F_L から F_2 を求め，F を F_1 と F_2 から求めれば，E は，任意の母線電圧を基準として仮定して，各ブランチの電圧降下をトリーに沿って加え合わせることで求まる．

直流法による定式化を利用すれば，ネットワークフロー法は利用しやすい．ただし，計算機能力が発達した現在では，方程式作成の労力が複雑になることなどからほとんど利用されない．

なお，ネットワークフロー法を交流回路で利用する場合には，逐次代入による収束計算が必要になる．母線対地間に接続される対地静電容量から供給される無効電力を一つ前の繰り返しで得られた電圧値により電流源で表現するなどの工夫が提案されている[3]．

7.4.4 樹枝状系統での潮流方程式[4]

配電系統などの樹枝状系統では，以下のような定式化を行うことで，変数と境界条件を小さくすることが可能である．紙面の関係から，提案論理のエッセンスを表現するにとどめる．ここでは，配電線に分岐がある場合や，対地静電容量は取り扱わない．

樹枝状系統をモデル化すると，図 7.6 のようになる．いま，送り出し側母線（配電用変電所の母線に相当）の番号を 0 とし，ブランチの区間ごとに母線番号を一つずつ増やすように番号を定義する．ここで，i-$(i+1)$ 区間のブランチインピーダンスを $r_{i+1} + jx_{i+1}$，i 番目の母線の流出有効・無効電力をそれぞれ，P_{Li}, Q_{Li} とする．いま，母線 i と $i+1$ 番目に注目すると

$$P_{i+1} = P_i - \frac{r_{i+1}(P_i^2 + Q_i^2)}{V_i^2} - P_{L(i+1)} \tag{7.24}$$

$$Q_{i+1} = Q_i - \frac{x_{i+1}(P_i^2 + Q_i^2)}{V_i^2} - Q_{L(i+1)} \tag{7.25}$$

$$V_{i+1}^2 = V_i^2 - 2(r_{i+1}P_i + x_{i+1}Q_i) + \frac{(r_{i+1}^2 + x_{i+1}^2)(P_i^2 + Q_i^2)}{V_i^2} \tag{7.26}$$

ここで，P_i, Q_i は，母線 i から $i+1$ 母線に向かって流れる有効，無効電力潮流で，V_i は i 番目母線の電圧である．いま，

$$x_{i+1} = [P_{i+1}, Q_{i+1}, V_{i+1}] \tag{7.27}$$

とベクトルを定義すると，式 (7.24) から式 (7.26) は，

$$x_{i+1} = f_{i+1}(x_i) \tag{7.28}$$

と再帰的に表現される．したがって，n 番目の終端母線に着目すると，

$$x_n = f_n(f_{n-1}(\cdots f_1(x_0))) \tag{7.29}$$

と表現できる．式 (7.29) は，方程式が 3 本で，境界条件として，送り出し電圧が既知 $(x_0[3] = V_0)$，終端条件として $(x_n[1,2] = [P_n, Q_n] = [0, 0])$ の三つの条件があることから，非線形代数方程式として計算することができる．この方程式はニュートン-ラプソン法で解を求めることになるが，ヤコビ行列の次元数は小さくなるというメリットがある．

配電線の潮流解析においては，三相不平衡潮流計算が必要になる場合もあるが，このような用途にも本手法は拡張が図られている[5]．

7.5　計算目的による潮流計算の分類

潮流方程式を利用して，電力系統の運用状態を決定するプログラムとしては，潮流計算以外に，状態推定計算や最適潮流計算が存在する．以下にそれぞれの計算手法の目的と概要について整理する．いずれの場合にも母線電圧が未知量になる．

7.5.1 潮流計算

いままで述べてきたように，潮流計算は母線の電圧を決定するために十分な観測値（たとえば，母線からの流入有効・無効電力など）が得られており，一意に母線電圧を決定することができる場合である．一番ポピュラーであるが，発電電力や負荷電力の大きさなどが計測不能のような場合，一意に母線電圧を決めることができず運用点を見いだすことができなくなるという問題を持つ．出力が不確定である再生可能エネルギーが導入された電力ネットワークの潮流状態を把握する場合にも，潮流計算のこのような性質は課題視され，確率的潮流計算などの研究も活発である．

近年の大電力ネットワークにおいては，需要が大きくなり電力ネットワークの送電可能電力では電力を送りきれない問題，いわゆる電圧不安定現象が発生することがあるが，この現象の発生の有無を解析するために潮流計算は重要な計算手法である．しかしながら，ネットワークの限界送電電力近辺で求解が不可能になる難収束問題が発生することがわかっている．このような場合には，負荷電力変化シナリオを表現する負荷電力増大率のスカラー量を一つ追加して難収束を改善する手法が実用化されている[6,7]．

7.5.2 最適潮流計算

潮流計算は一元的に与えられた電力ネットワークの設備の運用状態のもとで電圧解を求めるが，不適切な電力ネットワークの状態（たとえば需給不均衡状態）が与えられると電圧解をみつけだすことはできない．このような場合には，電力ネットワーク内に存在する調整変数（発電機端子電圧，出力電力，調相設備導入量など）を調整し，ある目的関数を最小化（最大化）する実用的な潮流状態を推定することが行われる．数学的には，非線形計画法に相当する問題を解くことになる．

目的関数を発電機の総燃料費にして発電機出力を最経済的に配分するだけであれば，ラグランジュの未定乗数法などを利用することでも可能であるが，この方法では，電力ネットワークの運用状態の制限を加味できない．そのため，潮流方程式を等式制約，運用状態の制限を不等式制約として非線形計画問題を解く最適潮流計算は重要な計算手法である．

最適潮流計算で電力ネットワークの信頼性維持を考慮するには，電力ネットワークの動特性を加味した運用制約の設定が重要である．再生可能エネルギーなど不確定性が大きくなる将来，信頼性制約を最適潮流計算に適切に反映するために，正確な運用制約演算の高速化が重要になると考えられている．

なお，系統電圧を適切に維持するために必要な無効電力補償量を計算することも最適潮流計算の役割の一つである．

7.5.3 状態推定計算

潮流計算に必要な情報が十分に観測されていないことが多い．これは，観測装置がネットワークの運用に際して必要最小限しか設置されていないためである．そこで，電圧解を最小二乗法などで推定し，計算値誤差が観測値に対して最も小さくなる点を推定することが行われる．この母線電圧推定計算を状態推定計算と呼んでいる．電力ネットワークの性能（安定性など）を常に把握するために，5分ごとに状態推定を行い，推定潮流状態を更新している例もある．

7.5.4 準定常状態計算[8]

電力ネットワークにおける動特性を記述する方程式は，微分代数方程式

$$\frac{dx}{dt} = f(x, V), \quad 0 = g(x, V) \tag{7.30}$$

になる．先にも述べたとおり，潮流計算は電力ネットワークの動特性をシミュレーションする微分代数方程式の初期値を決定するために利用されるが，準定常状態計算（quasi-steady state program : QSS）では，潮流計算を利用することなく，式（7.30）の平衡点を以下のように直接解くことで，各種制御装置などの応動を加味した潮流状態を分析することも提案されている．

$$0 = f(x, V), \quad 0 = g(x, V) \tag{7.31}$$

7.6 潮流計算に影響を与える新技術（PMU 技術）

PMU（phasor measurement unit）は，文字どおり母線位相角を直接観測する装置であり，潮流計算に影響を与える可能性のある計測装置である．GPS 信号を利用し，計測値の時間同期を行うことにより，母線電圧位相角を直接測定可能にする．潮流計算の目的は，母線電圧を計算することであるが，これを実際に計測

できることになり,解析技術に影響が出てくると考えられる. 〔多田泰之〕

文 献

1) 関根泰次他:電力系統工学(大学講義シリーズ),コロナ社(1979).
2) 高橋一弘,関根泰次:「フロー直流法による潮流計算」,電気学会雑誌,**88**, 10, pp. 189-198 (1968).
3) 高橋一弘,関根泰次:「フロー交流法による潮流計算」,電気学会雑誌,**88**, 10, pp. 199-208 (1968).
4) M. Baran, F. F. Wu : "Optimal sizing of capacitors placed on a radial distribution system," Power Delivery, IEEE Trans., **4**, 1, pp. 735-743 (1989).
5) R. D. Zimmerman, C. Hsiao-Dong : "Fast decoupled power flow for unbalanced radial distribution systems," Power Systems, IEEE Trans., **10**, 4, pp. 2045-2052 (1995).
6) V. Ajjarapu, C. Christy : "The continuation power flow : a tool for steady state voltage stability analysis," Power Systems, IEEE Trans., **7**, 1, pp. 416-423 (1992).
7) C. Hsiao-Dong, et al. : "CPFLOW : a practical tool for tracing power system steady-state stationary behavior due to load and generation variations," Power Systems, IEEE Trans., **10**, 2, pp. 623-634 (1995).
8) T. Van Cutsem, et al. : "A comprehensive analysis of mid-term voltage stability," Power Systems, IEEE Trans., **10**, 3, pp. 1173-1182 (1995).

8

電気鉄道（電力供給）回路

電気鉄道は主要な電気応用分野の一つであり，通勤通学輸送，都市間輸送，貨物輸送として人々の生活に密着している．電車および電気機関車（総称して電気車）へ電力を供給する回路は，き電回路と呼ばれており，き電変電所で電力会社あるいは自営送電系統などの送電線から受電して生成した電力を架線（trolley または contact wire）などの電車線を介して電気車に供給し，帰線路としては一般にレール（rail）を用いている．き電回路は直流き電方式と交流き電方式に大きく分けることができる．

一方，鉄道のレールは車両の重量を支えるだけでなく，前述のように，き電回路の帰回路であり，さらに左右2本のレールを車両の車軸が電気的に短絡することを利用して車両検知を行う軌道回路，ならびに地上と車両の情報伝送路としても用いられている．

一般の送電・配電系統と比較して，電気鉄道の電力供給回路には以下の特徴がある．

（1）負荷である車両が高速で移動し，負荷が急速かつ大幅に変動すること．

（2）電車線（架線または第三軌条）と車両のパンタグラフが接触・移動しながら電力供給を行っていること．

（3）架線と帰線路たるレールの物理的距離が離れており，材質や断面積が大きく異なること，またレール対地絶縁を良好に保ちにくいこと．

（4）電力供給の強電回路と信号・通信などの弱電回路が混在していること．

8.1 直流き電回路

日本では首都圏・関西圏・名古屋圏の JR，民鉄および地下鉄のほとんどすべてと，さらに在来の幹線区間の多くが直流き電方式を採用している．地上走行する区間の架線標準電圧の多くは高圧 1500 V であり，第三軌条方式の地下鉄や路面電車などでは低圧の 600 V または 750 V が使われている．また，海外では標準電圧 3000 V で長距離輸送を行う例も多い．

8.1.1 直流き電回路の概要

直流き電回路の構成は図 8.1 のようであり，き電用変電所では三相交流を受電して整流器用変圧器で降圧し，ダイオード整流器（歴史的経緯から鉄道ではシリコン整流器と呼んでいる）で三相全波整流して直流を生成し，直流高速度遮断器を経由して電車線に供給している．電車線は隣接変電所までつながっており，列車負荷に対して複数の変電所から電力供給する並列き電方式となっている．異常時には架線に設けられたセクションを用いて，電車線を切り離すことが可能である．変電所間隔は線路条件，電気車出力，運転条件，電源事情などによって異なり，都市圏の幹線で 5 km 程度，亜幹線で 10 km 程度である．

直流き電方式の1列車当たり負荷電流は最大で数千 A に及び，電車線だけでは電流容量が不足して電圧降下が激しくなるため，電車線と並列に，き電線を配置して容量を補っている．

また，隣接変電所の整流器用変圧器 Δ-Δ 結線と

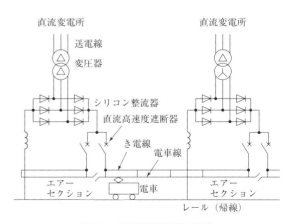

図 8.1　直流き電区間基本構成

8. 電気鉄道（電力供給）回路

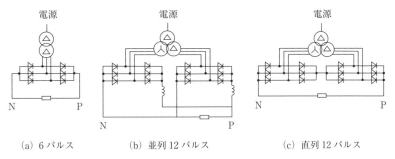

(a) 6パルス　　(b) 並列12パルス　　(c) 直列12パルス

図 8.2　シリコン整流器結線例

Δ-Y 結線との交互配置することで，仮想12相整流器の採用などの対策で送電線の高調波を軽減している[8]．一方，帰線には直列リアクトルを設けて脈流を阻止するとともに，コンデンサとリアクトルによる並列共振分路で脈流を吸収している．

8.1.2　変電所設備

a. 整流器

歴史的には回転変流器，水銀整流器が使われてきたが，現在はほとんどがシリコンダイオードによる三相全波整流器（シリコン整流器）を用いている（図 8.2）．シリコン整流器の出力電圧は無負荷電圧 V_0 から負荷電圧に応じて降下し，整流器定格電流で標準電圧 V_1 に降下する．この割合 ε を電圧変動率と呼び，4～8% が用いられている．エネルギー効率向上を目指し，サイリスタ整流器の位相制御による積極的な電車線電圧制御を行う箇所もある[1]．

$$\varepsilon = \frac{V_0 - V_1}{V_1} \times 100\% \tag{8.1}$$

2005年開業の首都圏新都市交通株式会社つくばエクスプレス線は気象庁地磁気観測所への距離が近いため，地磁気擾乱を極力小さくするよう PWM 変換器が採用された[2]．これは，架線電圧を高精度（定格の 0.5%）で一定に保つ制御により，直流帰線電流の経路を最短に抑える方式である．PWM 変換器の主回路（図 8.3）は 6多重の IGBT 素子三相ブリッジ構成で，フィルタなしで高調波ガイドラインを達成している（第Ⅳ編 8.2.1 項 b 参照）．

b. 直流高速度遮断器

直流き電回路は回路インピーダンスが小さいため，短絡故障時の事故電流がきわめて大きく，また交流よりも遮断しにくい．そのため，多用されている気中式直流高速度遮断器（54F）は遮断器自身が誘導分路を

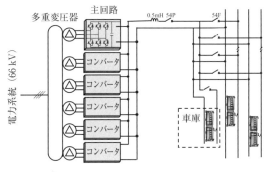

図 8.3　PWM 整流器

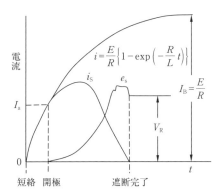

図 8.4　直流遮断電流
i_S：事故電流，e_s：極間アーク電圧，I_a：目盛電流値，I_B：推定短絡電流最大値，V_R：回復電圧．

持っており，電流増加率（突進率，E/L）で接点を開放する自己遮断機能を有する．接点開放時のアークは，吹消コイルによって消弧される（図 8.4, 図 8.5）．

一方，負荷電流の増大により気中式直流高速度遮断器の調整や保守が困難になっていることから，消弧のための転流回路を持った高速度真空遮断器（high speed vacuum circuit breaker）および高速度ゲート・ターンオフ・サイリスタ遮断器（GTO 遮断器）が実用されている[1]．これらの新型遮断器は騒音が小さい，密閉空間への設置可能などの特徴を持つ．

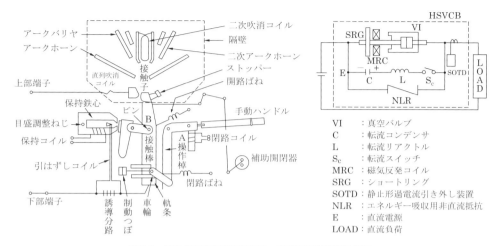

図8.5 気中式直流高速度遮断器，高速度真空遮断器構造

VI ：真空バルブ
C ：転流コンデンサ
L ：転流リアクトル
S_c ：転流スイッチ
MRC ：磁気反発コイル
SRG ：ショートリング
SOTD ：静止形過電流引き外し装置
NLR ：エネルギー吸収用非直流抵抗
E ：直流電源
LOAD ：直流負荷

c. 保護継電器

車両の力行電流の増加率と，故障電流増加率が異なることを利用したΔI形故障選択継電器が設けられ，き電回路の安全を図っている．

d. 直流フィルタ・直列リアクトル

直流側へ流出する高調波電流は，整流器を電圧源として負荷（インダクタンス）に応じて高調波電流を流すので，出力側高調波電圧を低減させることが一義的に必要である．このため，JRでは図8.6に示される直流フィルタ（S形）が1961（昭和36）年に旧JRS（国鉄規格）で標準化されて以来使用されている．

共振分路は，6パルス整流器の発生量が多く，かつ誘導の周波数感度の高い $n=6, 12, 18$ 次で構成され，それぞれ第一，第二，第三分路（$m=1, 2, 3$）と称している．直列リアクトルL_sは，共振周波数で低インピーダンスとなる共振分路への流入電流を抑制し，かつ直流フィルタ効果を大きくするために設けられるもので，定格電流に対して1.1 mH以上，定格電流の150%に対して1.0 mH以上と規定している．定格電流としては，整流器の容量に対応して，1200～7000Aの各種のものがあるが，共振分路はL_sを一定値に選定したため，表8.1の定格のものが共通的に使用されている．

直流フィルタの効果は，式（8.2）の調波低減率η_mで定義され，ほぼ$\eta_m=30\sim80$，すなわちV_2はV_1に対して1/30～1/80に低減される．

$$\eta_m = \frac{\text{フィルタ入口の }m\text{ 次調波電圧 }(V_1)}{\text{フィルタ出口の }m\text{ 次調波電圧 }(V_2)}$$

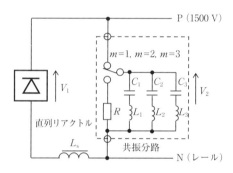

図8.6 直流フィルタ回路

R_m：共振分路（$m=1,2,3$）の実行抵抗，L_m：分路リアクトルのインダクタンス，C_m：分路コンデンサの容量．

$$\simeq \frac{L_s}{R_m\sqrt{L_m \times C_m}} \quad (8.2)$$

なお，近年通信線のケーブル化，受話器の平衡度の向上などにより，直流側高調波による障害は全体として激減している一方，直流フィルタ開放時に障害を生じた例も報告されている．ちなみに，都心の直流変電所では共振分路を設置していない箇所が多く，また直流遮断器の突進率抑制対策として，直列リアクトルのみを設置した箇所もある．

e. 回生電力吸収設備・電力貯蔵設備・変電所補完装置など

直流き電回路を走行する車両の多くは回生ブレーキ機能を備えており，ある列車が回生動作中に別の列車が力行すれば，回生電力が力行電力として有効に利用される．しかし力行車がない場合は，車両は回生を中止して機械ブレーキ動作を行う．これを回生失効と呼ぶ．また，変電所間隔と列車密度によっては電圧降下

表 8.1 共振分路の回路定数

構成分路	共振次数 n	共振リアクトルインダクタンス [mH]		コンデンサ容量 [μF]	実効抵抗 [Ω]	定格電流 [A]
		50 Hz 用	60 Hz 用			
第一分路	6	1.2	0.82	240	0.07 以下	80
第二分路	12	0.40	0.27	180	0.10 以下	20
第三分路	18	0.25	0.18	120	0.15 以下	20

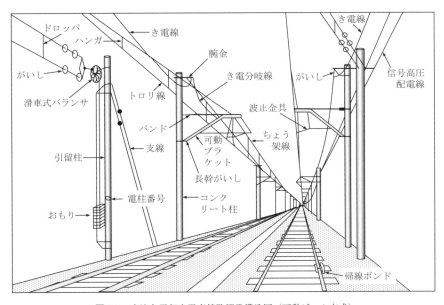

図 8.7 直流き電架空電車線路標準構造図（可動ビーム方式）

によって車両性能が確保できない場合がある．これらの対策として，以下が実用化されている[4]．

(1) 回生インバータ：変電所のシリコン整流器は回生電力吸収機能がないために，別途インバータを設けて回生電力を吸収する．地下鉄などでの実用例が多い．

(2) 回生電力吸収装置：変電所にチョッパ回路と大容量の抵抗を設け，回生電力を熱として消費する．連続勾配区間でブレーキ力を安定させる目的および地下鉄などで設置される．

(3) 電力貯蔵装置：重負荷時の電車線電圧補償と，回生電力の吸収，または非常用電源として設置される．電力貯蔵媒体としてはリチウムイオン電池，電気二重層キャパシタが実用化されている．過去には鉛蓄電池を用いた例もある．

(4) 変電所補完装置：小容量の整流器を変電所中間に設置して，重負荷時のみ電車線電圧を補償する．

8.1.3 電車線構造

電気鉄道の電車線は，高速で走行する車両のパンタグラフ（集電装置）と常に良好な接触を保つために，できるだけ線密度が小さい材料を大きな張力をかけて用いることで弛度を抑制するとともに，摩擦に強い必要がある．一方，大電流を通電するためには電気抵抗が小さく，耐熱性が高い材料が求められる．トロリ線と摩擦する車両パンタグラフのスリ板も，高温と衝撃に耐え，自身の摩耗を抑えながらトロリ線を攻撃しない材質として，金属含浸カーボン・銅系焼結合金・鉄系焼結合金など，特殊な材料が用いられている．

直流き電回路の電車線構造例を図 8.7 に示す．トロリ線は，硬銅または銀入り銅，錫入り銅，鉄心入硬銅などが用いられ，断面形状は吊り下げるための溝付きである．構造部材である吊架線（messenger）には亜鉛メッキ鋼より線が，電流容量が求められるき電線には硬銅またはアルミニウムがそれぞれ用いられている．電車線末端には滑車式またはスプリング式の張力調整装置（バランサ）が取り付けられており，温度変化による収縮に対して適正な張力を維持している．

レールは鋼鉄製であり，レールの継ぎ目ではレール

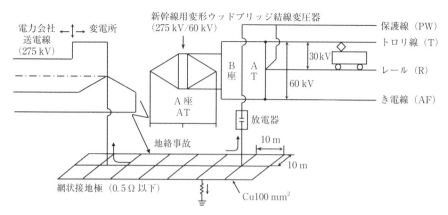

図 8.8　超高圧受電時の変電所接地

ボンドで前後のレールを電気的に接続することによって，帰線電流の経路を確保している．

8.1.4　直流き電回路の接地

直流き電回路では帰線電流が大地に漏れた場合に電食を引き起こすため，レールを含めたすべての回路を接地していない．日本の直流き電方式では，架線側の極性を正，帰線側を負に定めており，電食する場所を限定している．必要な箇所には帰線自動開閉装置などの電食対策を施している．

一方，世界的に地下鉄・路面電車および市内高架鉄道などの都市鉄道では直流き電方式の採用が多く，また幹線でも直流き電方式を採用している場所が多い．ヨーロッパ式の鉄道では，迷走電流による影響の局限化と，レール電位上昇に対して，以下に示す方法がそれぞれ組み合わされて用いられている．

（1）レールの下に網導線（stray current collector mat）を敷き，迷走電流を回収する．

（2）レール-アース間に，酸化亜鉛などの避雷器を設置する．

（3）レールを大地と絶縁し，駅部では構造物とレールとの間にレール電位上昇時のみ短絡する接触器（short circuiting device：SCD）を設備する．

いずれの方式も，レールは非接地にする一方で，構造物全体は電気的に接続することが推奨されている．図 8.8 では，接続された構造物が変電所帰線に接続されている．このような方法で構造物電位を下げ，大地に流れる迷走電流を局限し，電食を防いでいる．

8.2　交流き電回路

商用周波単相交流き電方式は直流き電方式よりも架線標準電圧が高いため大電力・長距離き電に適しており，変電所の機器構成も比較的簡単である．そのため日本のすべての新幹線と，北陸・九州・東北・北海道などの在来線は交流き電方式を採用しており，新幹線の架線標準電圧は 25 kV，在来線は 20 kV としている．変電所間隔は在来線で 30〜100 km 程度，新幹線で 20〜50 km 程度である．各地域の電源周波数をそのまま供給するのが基本だが，東海道新幹線の富士川以東の地域では，50 Hz 三相受電して 60 Hz の三相発電を行う周波数変換器を設置しており，60 Hz の自営送電網から給電している．これは高速運転を行う新幹線車両用電動機を軽量化するため，車上の変圧器を 60 Hz 専用としたためである．

交流き電方式では，1950 年代の日本での開発当初から沿線通信線に対する誘導電圧および誘導雑音対策と大電力供給の調和が求められ，さまざまな回路方式が用いられている．また，単相負荷変動に対して三相電源品質を保つための対策がとられている．

海外でも，新規電化区間の多くは標準電圧 25 kV の商用周波単相交流き電方式である．また，交流整流子電動機を使っていたために商用よりも低い周波数によるき電方式もドイツ，スウェーデンなどのヨーロッパやアメリカ東海岸で使われている．日本の新交通システムの一部や，ヨーロッパの登山電車などでは，商用周波三相交流き電方式も用いられている．

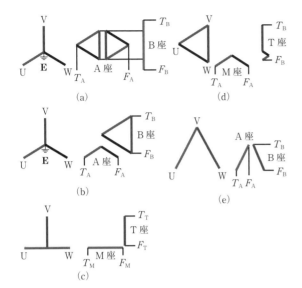

図8.9 三相二相変換変圧器結線（(a) 変形ウッドブリッジ, (b) ルーフデルタ, (c) スコット, (d) ルブラン, (e) V）

8.2.1 変電所と機器

交流き電方式での，き電用変電所では，電力会社の特別高圧送電線または超高圧送電線から受電して，き電用変圧器によって架線電圧まで降圧し，遮断器を介して架線に電力を供給している．日本のほとんどの変電所では，特別高圧受電箇所で図8.9(c)のスコット結線変圧器を使っている．中性点接地となる超高圧受電箇所では，図8.9(a)の変形ウッドブリッジ結線および最近では図8.9(b)のルーフデルタ結線変圧器といった三相二相変換用結線のき電用変圧器を用いており，受電電力を位相が90°異なる二つの単相電力回路に変換する．これを変電所から左右（上り方，下り方と称する）の，き電回路に供給することによって，三相不平衡を軽減している．また，負荷力率改善のために並列コンデンサを，き電用変圧器のリアクタンス補償のために直列コンデンサをそれぞれ，き電回路側に挿入した変電所も多い．一方，き電回路は単相で負荷変動が大きいことから，日本では鉄道き電回路専用の距離継電器（44F）およびΔI形故障選択装置（50F）が開発されて保護している．

海外では，複数の変電所でサイクリックに相順を変えながら単相受電して単相変圧器を用いる例が多く，三相受電する場合でも単相変圧器2台による図8.9(e)のV結線が広く用いられている．また，スコット結線のほかに，図8.9(d)のルブラン結線による三相二相変換の例もある．

8.2.2 各種の交流き電回路

a. 直接き電回路

変電所から架線で電気車に供給し，レールおよび架空帰線（return conductor：RC．日本では負き電線（negative feeder：NF）と呼ぶ）を帰線路として用いる方式である．商用周波単相交流き電方式を実用化したフランスの標準方式であり，き電回路構成が簡単でコストが安いため，世界的に広く使われている．一方，帰線電流の多くがレールおよび大地を経由することによって架線と負き電線が電気的に平衡しないため，線路と並行する通信線に誘導障害を引き起こすことから，日本では標準になっていない．

b. BTき電回路

BT（booster transformer，吸上変圧器）き電方式は低周波き電方式（16.7 Hz）のスウェーデンで開発されたものであり（1916年），架空の負き電線と架線とを変圧比1:1の吸上変圧器（booster transformer：BT）で結合し，BTとBTの中間で負き電線とレールを吸上線で接続する．その結果，BT前後では架線電流と負き電線の帰線電流が変圧器作用によって強制的に平衡され，通信誘導障害を最小限に抑制できる．一方，BTのリアクタンスによってき電回路全体のインピーダンスが大きくなることと，BT付近で架線にセクション（切れ目）を設ける必要があることが，電気鉄道の高速化に際して問題となる．

人口密度が高い日本では通信誘導対策を考慮して，標準4 kmのBT間隔で1957年に標準とした．なお，60 Hzでの採用は日本が世界初となった．1964年の東海道新幹線開業時にもBTき電方式が採用され，BT間隔は都市部で1.5 km，その他3 kmとされた．なお，東海道新幹線は1991年までに後述のATき電方式に改修された．日本では，図8.10(a)に示すように負き電線（negative feeder：NF）に直列コンデンサを挿入することによってリアクタンス分を補償している．

c. ATき電回路

図8.10(e)に示すAT（auto transformer，単巻変圧器）き電方式は1911年に低周波（25 Hz）のアメリカ東海岸で開発された．その後，日本が1970年に商用周波用として世界初の実用化に踏み切ったもので，その後は世界中で広く商用周波単相交流き電方式の標準方式となっており，2×25 kVと表記されることもある．

ATき電方式は，対地電圧を架線電圧と同じとし

て極性を逆とした，き電線（feeder）を設備して，一定の間隔で架線・き電線間に単巻変圧器（auto transformer : AT）を配置し，中性点をレールに接続する．変電所から送り出す電圧が架線電圧の2倍となるため，き電回路のインピーダンスが小さくなり，より大電力を長距離まで き電することが可能である．BT き電方式と比較すると，架線にセクションを設ける必要がないためメンテナンスが容易であり，単巻変圧器によって吸い上がった帰線電流が架空のき電線を流れるために通信誘導障害も抑制可能である．日本で は BT き電と同程度の通信誘導障害に抑えながら経済化を図る目的で，AT の標準間隔を在来線 10 km，新幹線 8 km と定めている．

なお，AT き電方式では架線対地電圧よりもき電線対地電圧を高くすることで，き電回路インピーダンスをさらに小さくすることが可能であり，アメリカでは架線電圧の2倍とした実用例がある．ただし，トンネルや跨線橋がある区間では，き電線の対地絶縁が困難となる．

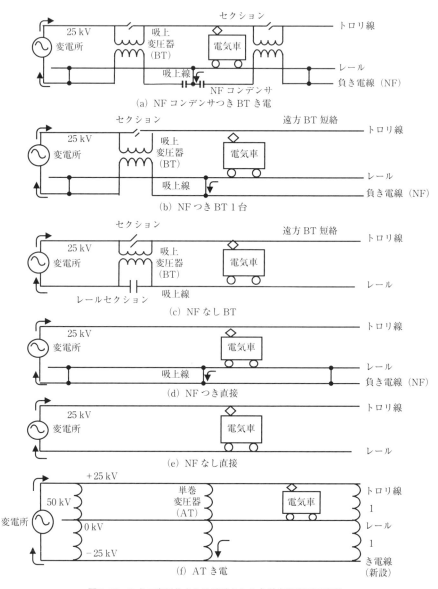

図 8.10　日本で実用化または試験された各種交流き電回路例

8.2.3 交流き電回路の接地
a. 日本の標準

日本の交流き電回路では,レールを含むき電回路は接地されていない.そのため,電線路の地絡故障などがあった場合の電流経路を確保するために,ATき電回路では図8.8に示したようにAT保護線(protective wire)を用いるとともに,AT中性点に放電器(放電開始電圧3〜5kV)を介して接地している.一方,電力回路と信号通信機器との絶縁協調をとるために,変電所ではメッシュアースによる共通接地を採用し,沿線では電力用接地と信号通信用接地を別に設けている.高架区間では,構造物鉄筋が低接地抵抗であることを利用して,電力用接地を高架鉄筋に接続している.また,三相不平衡問題に対応して強力な直接接地系超高圧電源から受電する場合,変電所では受電系とき電系を共通接地としている(図8.8)[1]).

b. ヨーロッパの標準

レール対地電位に関する考え方が日本とヨーロッパなどでは大きく異なる.日本の電気鉄道では直流き電方式・交流き電方式とも,電食などを考慮して帰回路を非接地としている.日本の新幹線ではレールを接地していないため,営業時間帯のレール電位が高くなる.そこで,駅部ではRPCD(rail potential control device,レール電位抑制装置)を介してレールを駅鉄鋼に接続することによって,レール電位を安全な範囲に抑制している.直流電鉄が近くにない場合は直接レールを接続している.

これに対して,ヨーロッパでは作業者の安全や機器の絶縁協調の観点から,交流き電方式でのレール直接接地を推奨している.そして信号・通信などの弱電系機器や,軌道構造物・駅構造物まで関係するすべてを,レールによって等電位接続して一体接地とする方針がとられている(図8.11参照).

また,ヨーロッパの交流き電では,2本あるレールの片側に絶縁継目を設けずに連続してつなげておき,帰線路および絶縁協調上の等電位母線として用いる構成が多い.この場合,反対側レールは適宜絶縁継目などを挿入して,単軌条軌道回路として用いる.また,架空または地中に補助帰線(日本の負き電線に相当)を設備しており,大地帰路電流の低減を図っている.補助帰線つき直接き電方式では,帰線路の電流の40%がレール,40%が帰線および構造物鉄筋,残り20%が大地に流れるとされている[9)].

8.2.4 諸問題への対策
a. 電源対策

単相交流き電方式では,三相電力系統から電力を得る際に,三相系統の電圧・電流不平衡および電圧変動に配慮する必要がある.日本では,変電所で三相二相変換を行って2組の単相交流を方面別に異相き電を行うほか,超高圧受電などできるだけ強力な電源から受電することによって三相不平衡を軽減している.さらに,パワーエレクトロニクス機器による対策を施している例がある[4),5)].

b. 通信誘導対策

電車線に接近した通信線には,電車線電圧に比例した静電的に誘起される静電誘導と,電車線から電磁的に誘起される電磁誘導の作用によって誘導電圧と雑音を生じる電磁誘導が発生する.交流電車線路の場合,図8.12のように電車線が変圧器の一次巻線に相当し,通信線はその二次巻線と見なされる変圧器回路が成立し,電車線からの電磁誘導により通信線に電圧を発生する.

ここで,I_T:電車線電流[A],I_R:帰線電流[A],I_g:大地電流[A],M:電車線と通信線の大地帰路相互インダクタンス[H/km],l:電車線と通信線の平

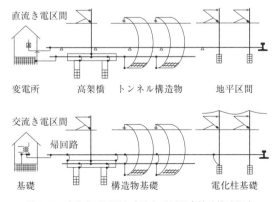

図8.11 交流き電区間と直流き電区間の接地構造概念

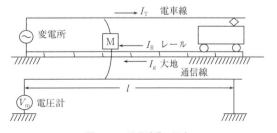

図8.12 電磁誘導の概念

行している長さ [km], f: 周波数 [Hz] とすると, 通信線に誘起される電圧 V_m は次式となる.

$$V_\mathrm{m} = 2\pi f M(I_\mathrm{T} - I_\mathrm{R})l$$
$$= 2\pi f M I_\mathrm{g} l \tag{8.3}$$

ただし M は Carson-Pollaczek の式による[6),7)].

式 (8.3) より電磁誘導電圧は, 電車線の交流周波数, 大地電流および両線間の相互インダクタンスにそれぞれ比例することがわかる. 交流電車線は帰線たるレールが, 道床を介して大地上におかれているため, 負荷電流の多くが大地に漏洩し, 三相交流送電線の地絡事故同様の状態が常時存在しているわけである.

c. 高調波対策

交流き電回路における高調波対策は, 第九次調波程度以下の低次高調波と高次高調波では相違がある. 低次高調波については, き電回路内部におけるリレーその他の変電機器は高調波に対して耐量, 特性のデバッグが十分にされているため, 電源系統への流出抑制が主眼となる. 高次高調波については, 共振対策が必要となる場合がある.

(1) 低次高調波対策

き電用変電所では一般に, 並列コンデンサ (PC) にフィルタ機能を持たせ, 主に第三高調波を吸収して電力会社からの高調波低減の要求に応えている[8)]. 第五調波以上の吸収能力は低いので, これが問題とされる場合は第五, 第七などのフィルタが併設される場合もある.

(2) 高次高調波の共振抑制対策

き電回路は, 図 8.13 のような分布定数回路で表すことができるが, き電用変圧器を含めた電源側インピーダンスは誘導性であり, き電回路の静電容量と次式の条件で並列共振する.

$$Z_\mathrm{s} + Z_0 \coth \gamma l = 0 \tag{8.4}$$

ただし, Z_0: 線路の特性インピーダンス, γ: 線路の伝搬定数, l: 線路の亘長 [km] である.

このときの共振周波数 f [Hz] は, 線路の亘長が比較的短く $\gamma l \ll 1$ と見なせる範囲では, 次式のように線路亘長の平方根にほぼ逆比例する. 共振周波数は, き電回路が長い在来線では $800 \sim 1200$ Hz, 新幹線では $1000 \sim 2000$ Hz の範囲にある.

$$f \propto \frac{1}{\sqrt{l}} \tag{8.5}$$

ただし, L: 電源側のインダクタンス ($Z_\mathrm{s} = \mathrm{j}\omega L$), C: 漂遊静電容量 ($Y = \mathrm{j}\omega C$), $\coth \gamma \fallingdotseq 1/(\gamma L)$, $\gamma \fallingdotseq Y$.

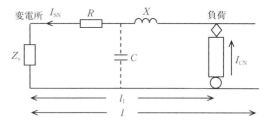

図 8.13 き電回路の高調波電流分布

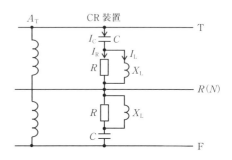

図 8.14 CR 装置
C: 1 μF (50 Hz 区間), 0.8 μF (60 Hz 区間)
R: 300 Ω (在来線), 250 Ω (新幹線)
X_L: 80 Ω (在来線), 50 Ω (新幹線)

電気車から流出する電流 I_CN に対する変電所での高調波電流 I_SN の比を高調波拡大率と称しており, 電気車がき電回路末端にあるときに拡大率は最も大きくなる.

$$\frac{I_\mathrm{SN}}{I_\mathrm{CN}} = \frac{Z_\mathrm{N} \cosh \gamma(l - l_1)}{Z_\mathrm{s} \sinh \gamma l + Z_0 \cosh l\gamma} \tag{8.6}$$

き電回路の共振は, 拡大が顕著となるき電回路末端あるいは変電所で, 線路の特性インピーダンス ($200 \sim 300$ Ω 程度) にほぼ等しい抵抗で短絡すれば抑制することができる. そこで, 1970 年の AT き電方式実用化以来, AT き電線区においては, き電末端に図 8.14 に示すような CR 装置を設置している例がある. これによって, 無対策の場合よりも共振周波数を低くずらし, 拡大率を抑制している. 本装置では基本波損失を低減するため, 抵抗器に直列にコンデンサを接続し, さらに並列にリアクトルを接続している.

8.2.5 電車線構造

図 8.15 に示すように, 新幹線の電車線は時速 300 km/h におよぶ高速運転に対応した, 頑丈な構造となっている. トロリ線を張力のかかった弦と見なすと, その波動伝播速度 C [m/s] は次式で与えられる. ただし, T: トロリ線張力 [N], ρ: トロリ線の線密

8. 電気鉄道（電力供給）回路

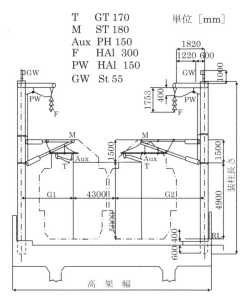

図8.15 新幹線電車線路標準構造例（ATき電方式，スラブ有道床区間直線）

度 [kg/m]．

$$C = \sqrt{\frac{T}{\rho}} \quad (8.7)$$

この C に対する車両運転速度の比率（無次元化速度）が小さいほど，機械的集電性能が安定することがわかっていることから，トロリ線は軽量で高張力に耐える材料が適している．具体的には銅被覆鋼トロリ線（CS(copper steal)トロリ線）が実用化されており，さらに Cr・Zr 形銅合金の PHC（precipitation hardened copper alloy）も実用化されている．

8.3 軌道回路

鉄道運行の安全性を保つために信頼性の高い信号システムは必須であり，確実な車両在線検知手段が求められる．電気鉄道および非電化鉄道では，信号用および踏切遮断検知用などの車両在線検知手段として，2本のレールを車両が機械的・電気的に短絡することを利用し，1872 年にアメリカで発明された軌道回路が広く使われている．また，信号ではフェイルセイフ(fail safe)の考え方が徹底しており，軌道回路も故障時に安全側である列車在線となるよう工夫が施されている．ここでは信号システムの構成には踏み込まず，電気回路としての軌道回路を説明する．なお，列車在線

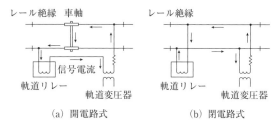

図8.16 開電路式・閉電路式軌道回路

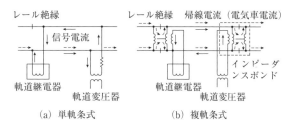

図8.17 単軌条式・複軌条式軌道回路

検知方式としては，軌道回路以外にも車軸検知，車両の物理的接触検知，無線通信，誘導電圧検知などが用いられている．

8.3.1 軌道回路の分類

a. 開電路式・閉電路式

閉電路式は，常時左右レールに信号電流が流れ軌道リレーが励磁されている．列車進入時には信号電流が車軸経由となるため，軌道リレーに達する電流が絶たれてリレーが落下し，在線を検知できる．故障時はリレーが落下して列車在線状態となるため，フェイルセイフとされる（図8.16）．

一方，開電路式は列車進入によって軌道電流が軌道リレーに流れることで車両在線となる構成である．消費電力が少ない利点があるが，車両による短絡が不十分だった場合は車両在線とならないため，フェイルセイフ性に欠ける．

b. 単軌条・複軌条軌道回路

単軌条式は 2 本のレールの片側を隣接軌道回路と共通に使い，反対側レールだけを絶縁して区切る方法で，ヨーロッパの使用例が多い．後述のインピーダンスボンドを省略でき，乗心地も向上する一方，誘導の影響は受けやすくなる．複軌条式は隣接軌道回路との境界で 2 本のレール両方を絶縁して区切っており，日本の本線区間では複軌条式が大部分である（図8.17）．

c. 信号周波数

1) 直流軌道回路 交流き電区間，踏切警報用軌

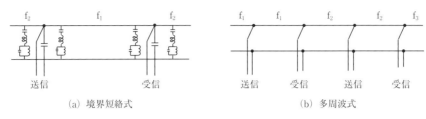

(a) 境界短絡式   (b) 多周波式

図 8.18 無絶縁軌道回路（f_1, f_2 などは記号周波数）

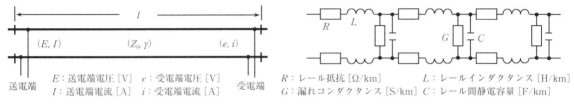

E：送電端電圧 [V]　e：受電端電圧 [V]
I：送電端電流 [A]　i：受電端電流 [A]

R：レール抵抗 [Ω/km]　　L：レールインダクタンス [H/km]
G：漏れコンダクタンス [S/km]　C：レール間静電容量 [F/km]

図 8.19 分布定数回路としての軌道回路

道回路等では直流電流を利用した直流軌道回路が用いられている．ただし，直流き電方式区間では用いることができない．

2）商用周波数軌道回路　直流き電区間および非電化路線では，容易に電源を得ることができる商用周波数電源を用いた軌道回路が多い．交流き電区間では用いることができない．

3）分周・分倍周・83 Hz/100 Hz 軌道回路　交流き電区間および交流の影響を受ける区間では，商用周波数と信号周波数を区別するために，商用周波数を 1/2 に分周して送電して用いる分周，さらに受電側で 2 倍周して用いる分倍周，商用周波に含まれない 83 Hz（50 Hz 区間）/100 Hz（60 Hz 区間）を発電して用いる方式が使われている．

4）AF 軌道回路　数十 Hz〜数十 kHz の可聴周波数（audio frequency：AF）を用いる方式で，直流き電区間と交流き電区間両方で使用される．さまざまな周波数を組み合わせて，速度信号などの情報伝送にも用いられている．交流き電区間では電気車電力高調波の影響を避けるため，信号周波数が電源周波数の整数倍とならないよう配慮している．

d. 有絶縁・無絶縁軌道回路

軌道回路は線路に沿って多数が連続的に配置される．そこで隣接回路との境界でレールを絶縁して，干渉を避ける有絶縁軌道回路が一般に用いられる．図 8.17 に示すように複軌条式の場合は両側レールを絶縁する必要があるため，電力供給回路の帰線確保のために，隣接回路とはリアクトルを内蔵し電力周波数（直流き電方式の場合，直流）を通過させ，信号周波数を減衰して通過させない，インピーダンスボンドを介して接続する．

一方，AF 信号がある程度の距離で減衰することを利用して，複数周波数の軌道回路を交互に並べ，レール絶縁およびインピーダンスボンドを廃した無絶縁軌道回路が用いられている．無絶縁軌道回路はレール絶縁部の保守軽減および騒音低減を図ることができるため，採用例が増えており，これ以外にも各種の方法がある（図 8.18）．

8.3.2 電気的特性

図 8.19 に示すように軌道回路は，2 本のレールに対してレール抵抗 R，インダクタンス L，レール間漏れコンダクタンス G，分布静電容量 C とおいた分布定数回路として考える．すなわち，往復インピーダンス $Z = R + j\omega L$ [Ω/km]，アドミタンス $Y = G + j\omega C$ [S/km]，減衰定数 α [1/km]，位相定数 β [rad/km]，特性インピーダンス $Z_0 = \sqrt{Z/Y}$ [Ω]，伝播定数 $\gamma = \alpha + j\beta$ [1/km] とおいた送電端電圧 E [V]，送電端電流 I [A]，受電端電圧 e [V]，受電端電流 i [A] の関係は次式となる．商用周波数では $C \fallingdotseq 0$ と見なすことができる．

$$E = e \cos \gamma l + iZ_0 \sinh \gamma l, \quad I = i \cosh \gamma l + \frac{e}{Z_0} \sinh \gamma l \tag{8.8}$$

一般の電気回路と大きく異なるのは，レールが透磁率の大きい鋼鉄製で強い表皮効果を持つ点と，大地が近いため天候などによって漏れコンダクタンスが大き

表 8.2 軌道回路定数実測例

軌道回路定数	周波数 (Hz)			
	0.5	1.0	3.0	5.0
レール抵抗 R [Ω/km]	1.26	1.74	2.83	3.36
インダクタンス L [mH/km]	1.46	1.38	1.30	1.30
漏れコンダクタンス G [S/km]	0.173	0.174	0.178	0.183
分布静電容量 C [μF/km]	2.63	1.56	0.86	0.72
レールインピーダンス Z [Ω/km]	4.75	8.83	24.66	40.94
レールアドミタンス Y [S/km]	0.173	0.174	0.178	0.183
特性インピーダンス Z_0 [Ω]	5.24	7.13	11.76	14.95
減衰定数 α [1/km]	0.709	0.935	1.502	1.900
位相定数 β [rad/km]	0.566	0.813	1.461	1.970

く変化する点である.一方,き電回路と比較すると左右レールをほぼ同等の導体と考えることができる点が特徴となる.実用的には,前述の信号周波数ごとに軌道回路定数を定めて用いており,正確な測定には受電端を短絡・開放した際の送電端電圧・電流から定数を求めている(表 8.2 参照).

8.3.3 軌道回路を用いた情報伝送

軌道回路を流れる信号周波数によって,以下に示すような地上・車上(車両)間の情報伝送が行われている.この他の地上・車上情報伝送手段としては,漏洩同軸ケーブル(LCX)を用いた空間波無線伝送,通常の空間波無線,誘導無線,光伝送などがある.

a. 信号電流断続検知

商用周波または直流などの信号電流が車軸によって短絡されると,車軸よりも前方の軌道回路の軌間電圧が低下する.赤信号の際には軌間電圧低下を検知して,信号電流を断とする仕組みを構築し,これを車上のアンテナで検知して信号電流断時に警報発生させる.

b. AF 変調波(アナログ)

AF 周波数において,複数の信号周波数にそれぞれ速度信号を割り当てて地上から車上に伝送し,車両の速度制御を行っている.新幹線では信頼性を向上するため,周波数信号に変調を施して 2 周波組合せで速度信号を伝送している.

c. AF 変調波(ディジタル)

AF 変調波をディジタル伝送の手段として用い,アナログ式と比較して多数の情報を地上車上間伝送する.最近の新幹線および在来線で実用化されているディジタル ATC(automatic train control)において,主要な情報伝送手段として使われている. 〔兎束哲夫〕

文 献

1) 電気鉄道ハンドブック,コロナ社(2007).
2) 曽根高真弓,金子利美:「つくばエクスプレス用 PWM 変換装置の開発と実用化」,鉄道と電気技術誌,**16**, 12(2005).
3) 浜寄正一郎:「通信誘導」,鉄道と電気技術誌(2005).
4) 「電気鉄道におけるパワーエレクトロニクス技術の導入と展望」分科会:「電気鉄道におけるパワーエレクトロニクス」,日本鉄道電気技術協会(1996).
5) 久野村 健:「東海道新幹線における電力変換装置の導入事例」,平成 19 年電気学会産業応用部門大会,No. 3-S9-3(2007).
6) J. R. Carson : "Wave propagation in overhead wires with ground return", Bell System Technical Journal, **5**, pp. 539-554(1926).
7) F. Pollaczek : "Über das Feld einer unendlich langen wechsel stromdurchflossenen Einfachleitung", ENT, **3**, pp. 339-359(1926).
8) 「高調波抑制対策技術指針」,日本電気協会,JEAG9702(1995).
9) B. Schneider : "Earthing and bonding concept for a. c. railways", Electrische Bahnen, **103**, 4-5(2005).

第III編 エネルギー変換回路

1

等価変換と座標変換

1.1 等価回路の等価変換

1.1.1 等価変換の基礎

過渡および定常状態の等価回路の等価変換を適切に行うと物理現象の理解と説明が容易になる．ここで，二つのループを持つ電気回路を考えよう．式（1.1）に示す電圧方程式は，図1.1のように示すことができる．この電気回路のループ電流 i_1 と i_2 を電流 i_1' と i_2' に式（1.2）を用いて変換する．ここで，α, β は任意の定数であり，変換行列 C は，式（1.3）になる．

$$\begin{bmatrix} e_1 \\ e_2 \end{bmatrix} = \begin{bmatrix} z_{11} & z_{12} \\ z_{21} & z_{22} \end{bmatrix} \begin{bmatrix} i_1 \\ i_2 \end{bmatrix} \tag{1.1}$$

ただし，$z_{12} = z_{21}$

$$i_1 = \alpha i_1'', \quad i_2 = \beta i_2'' \tag{1.2}$$

$$C = \begin{matrix} 1' & 2' \\ 1 \\ 2 \end{matrix} \begin{bmatrix} \alpha & 0 \\ 0 & \beta \end{bmatrix} \tag{1.3}$$

変換後のインピーダンス行列と電圧は，式（1.4）および式（1.5）になる．

$$Z' = C^{\mathrm{T}} Z C = \begin{bmatrix} \alpha^2 z_{11} & \alpha\beta z_{12} \\ \alpha\beta z_{12} & \beta^2 z_{22} \end{bmatrix} \tag{1.4}$$

$$[e'] = C^{\mathrm{T}}[e] = \begin{bmatrix} \alpha e_1 \\ \beta e_2 \end{bmatrix} \tag{1.5}$$

したがって，電圧方程式は，式（1.6）となる．

$$\begin{bmatrix} \alpha e_1 \\ \beta e_2 \end{bmatrix} = \begin{bmatrix} \alpha^2 z_{11} & \alpha\beta z_{12} \\ \alpha\beta z_{12} & \beta^2 z_{22} \end{bmatrix} \begin{bmatrix} i_1'' \\ i_2'' \end{bmatrix} \tag{1.6}$$

上式を等価回路で示すと図1.2になる．

等価回路は，α, β の選定により無限に作りうるが，理論的に正しいことのほかに工学的にも便利でなければならない．ここでは，三相誘導電動機制御の観点から，この等価回路の第一ループ電流は変換せず，第二ループの電流を変換する二つの場合を考える．

まず，第二ループの単独インピーダンスをゼロにする式（1.7）を用いて，式（1.8）のような α, β を選

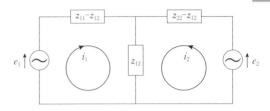

図1.1 電気回路

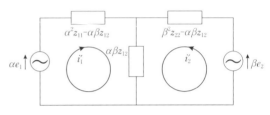

図1.2 等価変換法（I）

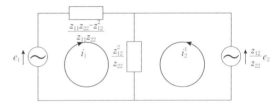

図1.3 等価変換法（II）

定する．

$$\beta^2 z_{22} - \alpha\beta z_{12} = 0 \tag{1.7}$$

$$\alpha = 1, \quad \beta = \frac{z_{12}}{z_{22}} \tag{1.8}$$

上式の関係を図1.2に代入すると変換後の等価回路は，図1.3のようになる．

次に，第一ループの単独インピーダンスをゼロにする式（1.9）を用いて，式（1.10）のような α, β を選定する．

$$\alpha^2 z_{11} - \alpha\beta z_{12} = 0 \tag{1.9}$$

$$\alpha = 1, \quad \beta = \frac{z_{11}}{z_{12}} \tag{1.10}$$

したがって，変換後の等価回路は，図1.4のようになる．

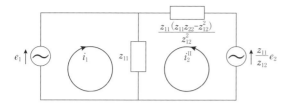

図 1.4 等価変換法 (III)

1.1.2 三相誘導電動機の電流入力形制御方式の等価回路

三相誘導電動機の電圧方程式を,式 (1.11) および式 (1.12) に示す.

$$\begin{bmatrix} \boldsymbol{v}_1 \\ 0 \end{bmatrix} = \begin{bmatrix} r_1' + P\left(l_1' + \frac{3}{2}L_1'\right) & P\frac{3}{2}M' \\ (P-j\omega_m)\frac{3}{2}M' & r_2' + (P-j\omega_m)\left(l_2' + \frac{3}{2}L_2'\right) \end{bmatrix} \begin{bmatrix} \boldsymbol{i}_1 \\ \boldsymbol{i}_2 \end{bmatrix}$$
(1.11)

$$e_s = -j\omega_m \cdot \frac{3}{2}M'\boldsymbol{i}_1 - j\omega_m\left(l_2' + \frac{3}{2}L_2'\right)\boldsymbol{i}_2 \quad (1.12)$$

ただし,$\boldsymbol{v}_1$:電動機端子電圧,P:微分演算子 $\left(=\dfrac{d}{dt}\right)$,$e_s$:電動機誘起起電力

励磁電流を一定に保つと,トルク速度特性の直線性が保たれ高速のトルク制御ができる.また,固定子電流は変換せず,回転子電流の変換を考える.そこで,上式に式 (1.13) の変換式を適用すると,式 (1.14) および式 (1.15) の電圧方程式が得られる.ここで,パラメータは次式となる.

$$\begin{bmatrix} \boldsymbol{i}_1 \\ \boldsymbol{i}_2 \end{bmatrix} = \begin{bmatrix} 1 & 0 \\ 0 & \beta \end{bmatrix} \begin{bmatrix} \boldsymbol{i}_1 \\ \boldsymbol{i}_2' \end{bmatrix} \quad (1.13)$$

$$\begin{bmatrix} \boldsymbol{v}_1 \\ 0 \end{bmatrix} =$$
$$\begin{bmatrix} r_1' + P\left(l_1' + \frac{3}{2}M'\right) & \beta P\frac{3}{2}M' \\ \beta(P-j\omega_m)\frac{3}{2}M' & \beta^2 r_2' + \beta^2(P-j\omega_m)\left(l_2' + \frac{3}{2}M'\right) \end{bmatrix} \begin{bmatrix} \boldsymbol{i}_1 \\ \boldsymbol{i}_2' \end{bmatrix}$$
(1.14)

$$e_s' = -j\omega_m \frac{3}{2}M'\beta \boldsymbol{i}_1 - j\omega_m \beta^2\left(l_2' + \frac{3}{2}M'\right)\boldsymbol{i}_2' \quad (1.15)$$

上式を等価回路で示すと,図 1.5 になる.この等価回路を誘導電動機の一般過渡等価回路という.

電流入力形制御方式の電圧方程式は,回転子リアクタンスをゼロとする変換式の式 (1.16) を用いて変換した式 (1.17) および式 (1.18) となる.

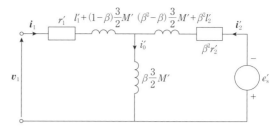

図 1.5 基本過渡等価回路

$$\alpha = 1 \qquad \beta = \frac{(3/2)M'}{l_2' + (3/2)M'} \quad (1.16)$$

$$\begin{bmatrix} \boldsymbol{v}_1 \\ 0 \end{bmatrix} = \begin{bmatrix} r_1' + P\left(l_1' + \frac{3}{2}M'\right) & \frac{3}{2}M^{\mathrm{I}} \cdot P \\ \frac{3}{2}M^{\mathrm{I}} \cdot (P-j\omega_m) & r_2^{\mathrm{I}} + \frac{3}{2}M^{\mathrm{I}}(P-j\omega_m) \end{bmatrix} \begin{bmatrix} \boldsymbol{i}_1 \\ \boldsymbol{i}_2^{\mathrm{I}} \end{bmatrix}$$
(1.17)

ただし

$$\frac{3}{2}M^{\mathrm{I}} = \frac{\{(3/2)M'\}^2}{l_2' + (3/2)M'} \qquad r_2^{\mathrm{I}} = \left(\frac{(3/2)M'}{l_2' + (3/2)M'}\right)^2 r_2'$$

M^{I} の I は,図 1.6 の T-I 形過渡等価回路の I を示している.

$$\begin{aligned} e_s^{\mathrm{I}} &= -j\omega_m \frac{3}{2}M^{\mathrm{I}}\boldsymbol{i}_1 - j\omega_m \frac{3}{2}M^{\mathrm{I}}\boldsymbol{i}_2^{\mathrm{I}} \\ &= -j\omega_m\left(\frac{3}{2}M^{\mathrm{I}}\right)(\boldsymbol{i}_1 + \boldsymbol{i}_2^{\mathrm{I}}) \\ &= -j\omega_m\left(\frac{3}{2}M^{\mathrm{I}}\right)\boldsymbol{i}_m^{\mathrm{I}} \end{aligned} \quad (1.18)$$

電流入力形制御方式の等価回路は,上式から図 1.6 となる.この回路を T-I 形過渡等価回路という.この等価回路は,回転子もれインダクタンスがゼロとなっている.

図 1.6 のパラメータを求めよう.図 1.5 において式 (1.16) の変換式を用いて,パラメータの変換を次式のように行う.

$$l_1' + (1-\beta)\frac{3}{2}M' = l_1' + l_2'\frac{(3/2)M'}{l_2' + (3/2)M'},$$

$$\beta\frac{3}{2}M' = \frac{((3/2)M')^2}{l_2' + (3/2)M'},$$

$$(\beta^2 - \beta)\frac{3}{2}M' + \beta^2 l_2'$$
$$= \left\{\left(\frac{(3/2)M'}{l_2' + (3/2)M'}\right)^2 - \frac{(3/2)M'}{l_2' + (3/2)M'}\right\}\frac{3}{2}M'$$
$$+ \left(\frac{(3/2)M'}{l_2' + (3/2)M'}\right)^2 l_2' = 0.$$

$$\beta^2 r_2' = \left(\frac{(3/2)M'}{l_2' + (3/2)M'}\right)^2 r_2' \quad (1.19)$$

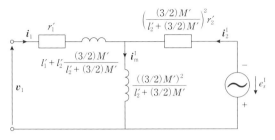

図1.6 T-I形過渡等価回路

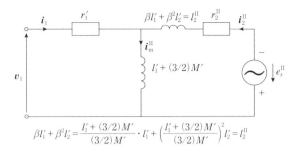

$$\beta l'_1 + \beta^2 l'_2 = \frac{l'_1 + (3/2)M'}{(3/2)M'} \cdot l'_1 + \left(\frac{l'_1 + (3/2)M'}{(3/2)M'}\right)^2 l'_2 = l_2^{\mathrm{II}}$$

図1.7 IMのT-II形過渡等価回路

よって，図1.6が求まる．

この等価回路を用いて電流入力形制御方式を説明する．図1.6のT-I形過渡等価回路において，変換式 (1.16) を用いて変数とパラメータに置き換える．その結果，回転子電流およびトルク式として，式 (1.20)，(1.21) が得られる．

$$\dot{I}_2^{\mathrm{I}} = \mathrm{j}\frac{s\omega_1 (3/2)M'}{r_2^{\mathrm{I}}} \dot{I}_m^{\mathrm{I}} \tag{1.20}$$

$$T = 3p\frac{r_2^{\mathrm{I}}}{s\omega_1}|\dot{I}_2^{\mathrm{I}}|^2 = 3p\frac{s\omega_1\{(3/2)M'\}^2}{r_2^{\mathrm{I}}}|\dot{I}_m^{\mathrm{I}}|^2 \tag{1.21}$$

ここで p は極対数である．上式で，$|\dot{I}_m^{\mathrm{I}}|$ を一定に保ったとき，式 (1.20)，(1.21) より回転子電流 $\dot{I}_2^{\mathrm{I}}$ とトルク T とは滑り周波数 sf_1（角周波数 $s\omega_1$）に比例することがわかる．

1.1.3 三相誘導電動機の電圧入力形制御方式の等価回路

三相誘導電動機のトルク制御方式の固定子端子電圧を制御入力として行う電圧入力形制御は，式 (1.22) に基づく変換を行う．この変換式を式 (1.11) および式 (1.12) の電圧方程式に適用すると，式 (1.23) および式 (1.24) が得られる．

$$\alpha = 1, \quad \beta = \frac{l'_1 + (3/2)M'}{(3/2)M'} \tag{1.22}$$

$$\begin{bmatrix} \boldsymbol{v}_1 \\ 0 \end{bmatrix} =$$

$$\begin{bmatrix} r'_1 + P\left(l'_1 + \frac{3}{2}M'\right) & \frac{3}{2}M^{\mathrm{II}}P \\ \frac{3}{2}M^{\mathrm{II}}(P - \mathrm{j}\omega_m) & r_2^{\mathrm{II}} + \left(l_2^{\mathrm{II}} + \frac{3}{2}M^{\mathrm{II}}\right)(P - \mathrm{j}\omega_m) \end{bmatrix} \begin{bmatrix} \boldsymbol{i}_1 \\ \boldsymbol{i}_2^{\mathrm{II}} \end{bmatrix}$$

(1.23)

ただし

$$\frac{3}{2}M^{\mathrm{II}} = l'_1 + \frac{3}{2}M', \quad r_2^{\mathrm{II}} = \left(\frac{l_1 + (3/2)M'}{(3/2)M'}\right)^2 r'_2,$$

$$l_2^{\mathrm{II}} = \left(\frac{l'_1 + (3/2)M'}{(3/2)M'}\right)^2 l'_2$$

$$e_s^{\mathrm{II}} = -\mathrm{j}\omega_m \frac{3}{2}M^{\mathrm{II}}\boldsymbol{i}_1 - \mathrm{j}\omega_m\left(l_2^{\mathrm{II}} + \frac{3}{2}M^{\mathrm{II}}\right)\boldsymbol{i}_2^{\mathrm{II}} \tag{1.24}$$

電圧入力形制御方式の等価回路は，上式から図1.7となる．この回路をT-II形過渡等価回路という．この等価回路は，固定子もれインダクタンスがゼロとなっている．

この等価回路を用いて電圧入力形高速トルク制御方式を説明する．図1.7のT-II形過渡等価回路において，定常状態の変数とパラメータに置き換える．その結果，回転子電流およびトルク式として，式 (1.25) および式 (1.26) が得られる．

$$\dot{I}_2^{\mathrm{II}} = \mathrm{j}\frac{s\omega_1\{l'_1 + (3/2)M'\}}{r_2^{\mathrm{II}} + \mathrm{j}s\omega_1 l_2^{\mathrm{II}}}\dot{I}_m^{\mathrm{II}} \tag{1.25}$$

$$T = 3p\frac{r_2^{\mathrm{II}}}{s\omega_1}|\dot{I}_2^{\mathrm{II}}|^2 = 3p\frac{s\omega_1 r_2^{\mathrm{II}}\{l'_1 + (3/2)M'\}^2}{(r_2^{\mathrm{II}})^2 + (s\omega_1 l_2^{\mathrm{II}})^2}|\dot{I}_m^{\mathrm{II}}|^2$$

(1.26)

上式で，$|\dot{I}_m^{\mathrm{II}}|$ を一定に保ったとき，式 (1.25)，(1.26) より回転子電流 $\dot{I}_2^{\mathrm{II}}$ とトルク T は滑り周波数 sf_1（角周波数 $s\omega_1$）のみの関数であることがわかる．

1.2 座標変換の基礎

1.2.1 座標変換の物理的意味

a. ベクトル変換

回転機の解析と制御に使用する座標変換について説明しよう．いま，図1.8に示すような電流を求める場合を考える．

図1.8Aの回路網は変数を枝電流 i_a, i_b, i_c とした場合であり，図Bの回路網は変数にループ電流 i'_a, i'_b, i'_c を用いた場合である．

図Aでは次の回路方程式が成立する．

1. 等価変換と座標変換

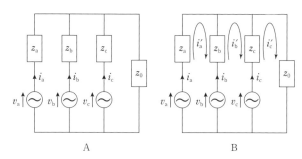

図1.8 回路網の変換

$$\begin{bmatrix} v_a \\ v_b \\ v_c \end{bmatrix} = \begin{bmatrix} z_a+z_0 & z_0 & z_0 \\ z_0 & z_b+z_0 & z_0 \\ z_0 & z_0 & z_c+z_0 \end{bmatrix} \begin{bmatrix} i_a \\ i_b \\ i_c \end{bmatrix} \quad (1.27)$$

図Bでは，

$$\begin{bmatrix} v_a-v_b \\ v_b-v_c \\ v_c \end{bmatrix} = \begin{bmatrix} z_a+z_b & -z_b & 0 \\ -z_b & z_b+z_c & -z_c \\ 0 & -z_c & z_c+z_0 \end{bmatrix} \begin{bmatrix} i'_a \\ i'_b \\ i'_c \end{bmatrix} = \begin{bmatrix} v'_a \\ v'_b \\ v'_c \end{bmatrix} \quad (1.28)$$

となる．A, B両回路における電圧，電流の関係は図1.8, および式 (1.27), (1.28) より次式となる．

$$\begin{bmatrix} i_a \\ i_b \\ i_c \end{bmatrix} = \begin{bmatrix} 1 & 0 & 0 \\ -1 & 1 & 0 \\ 0 & -1 & 1 \end{bmatrix} \begin{bmatrix} i'_a \\ i'_b \\ i'_c \end{bmatrix} \quad \begin{bmatrix} v'_a \\ v'_b \\ v'_c \end{bmatrix} = \begin{bmatrix} 1 & -1 & 0 \\ 0 & 1 & -1 \\ 0 & 0 & 1 \end{bmatrix} \begin{bmatrix} v_a \\ v_b \\ v_c \end{bmatrix}$$
(1.29)

で表され，行列を用いて表示すると

$$\boldsymbol{I} = \boldsymbol{C}\boldsymbol{I'} \quad \boldsymbol{V'} = \boldsymbol{C}^\mathrm{T}\boldsymbol{V} \quad (1.30)$$

ただし，$\boldsymbol{C}$ は変換行列，$\boldsymbol{C}^\mathrm{T}$ の T は転置行列を意味する．ここに

$$\boldsymbol{I'} = \begin{bmatrix} i'_a \\ i'_b \\ i'_c \end{bmatrix} \quad \boldsymbol{I} = \begin{bmatrix} i_a \\ i_b \\ i_c \end{bmatrix}$$

$$\boldsymbol{V'} = \begin{bmatrix} v'_a \\ v'_b \\ v'_c \end{bmatrix} \quad \boldsymbol{V} = \begin{bmatrix} v_a \\ v_b \\ v_c \end{bmatrix} \quad \boldsymbol{C} = \begin{bmatrix} 1 & 0 & 0 \\ -1 & 1 & 0 \\ 0 & -1 & 1 \end{bmatrix}$$

このように，ベクトル $\boldsymbol{I}$ または $\boldsymbol{V'}$ を，$\boldsymbol{C}$ または $\boldsymbol{C}^\mathrm{T}$ などを用いて座標変換することをベクトル変換という．

b. テンソル変換

式 (1.27), (1.28) はインピーダンス行列 $\boldsymbol{Z}$, $\boldsymbol{Z'}$ を用いて

$$\boldsymbol{V} = \boldsymbol{Z}\boldsymbol{I}, \quad \boldsymbol{V'} = \boldsymbol{Z'}\boldsymbol{I'} \quad (1.31)$$

と書き換えられる．したがって，式 (1.30), (1.31) から次式となる．

$$\boldsymbol{V'} = \boldsymbol{C}^\mathrm{T}\boldsymbol{V} = \boldsymbol{C}^\mathrm{T}\boldsymbol{Z}\boldsymbol{C}\boldsymbol{I'} \quad (1.32)$$

結局，式 (1.32) からインピーダンスの次式の関係が得られる．

$$\boldsymbol{Z'} = \boldsymbol{C}^\mathrm{T}\boldsymbol{Z}\boldsymbol{C} \quad (1.33)$$

このように二つの行列によって変換される行列 $\boldsymbol{Z'}$ をテンソル行列と呼び，このような変換法をテンソル変換と呼ぶ．

1.2.2 絶対変換と相対変換

a. 絶対変換

電力 P_w は，行列形式では次式で示される．

$$P_\mathrm{w} = R_\mathrm{e}\{\boldsymbol{I}^{*\mathrm{T}}\boldsymbol{V}\} \quad (1.34)$$

ただし，＊は共役複素数を，R_e は実数部を示す．

図1.8のAの回路の座標系では，電力は式 (1.30), (1.31) より

$$\begin{aligned} P_\mathrm{w} &= R_\mathrm{e}\{\boldsymbol{I}^{*\mathrm{T}}\boldsymbol{V}\} = R_\mathrm{e}\{\boldsymbol{C}\boldsymbol{I'}^{*\mathrm{T}}\boldsymbol{Z}\boldsymbol{I}\} \\ &= R_\mathrm{e}\{\boldsymbol{I'}^{*\mathrm{T}}\boldsymbol{C}^{*\mathrm{T}}\boldsymbol{Z}\boldsymbol{C}\boldsymbol{I'}\} \end{aligned} \quad (1.35)$$

となり，Bの回路の座標系では電力は次式となる．

$$P_\mathrm{w} = R_\mathrm{e}\{\boldsymbol{I'}^{*\mathrm{T}}\boldsymbol{V'}\} = R_\mathrm{e}\{\boldsymbol{I'}^{*\mathrm{T}}\boldsymbol{Z'}\boldsymbol{I'}\} \quad (1.36)$$

となり，式 (1.35) と (1.36) からインピーダンスの部分は等しく，次式が成り立つ．

$$\boldsymbol{Z'} = \boldsymbol{C}^{*\mathrm{T}}\boldsymbol{Z}\boldsymbol{C} \quad (1.37)$$

式 (1.33) では，$\boldsymbol{C}$ が実数行列のため＊は省略できる．

式 (1.31) は，電流の座標変換と電圧の座標変換に統一性がないので整理して考える．そこで，次式のようにA回路とB回路の電圧，電流の関係に統一する．

$$\boldsymbol{I} = \boldsymbol{C}\boldsymbol{I'}, \quad \boldsymbol{V} = \boldsymbol{C}\boldsymbol{V'} \quad (1.38)$$

ただし，$\boldsymbol{C}$ は行と列の数が等しい正方行列で逆行列 $\boldsymbol{C}^{-1}$ も存在するのとする．式 (1.38) から次式 (1.39) の展開をへて，式 (1.40) の関係が得られる．

$$\boldsymbol{V'} = \boldsymbol{C}^{-1}\boldsymbol{V} = \boldsymbol{C}^{-1}\boldsymbol{Z}\boldsymbol{I} = \boldsymbol{C}^{-1}\boldsymbol{Z}\boldsymbol{C}\boldsymbol{I'} \quad (1.39)$$

$$\boldsymbol{Z'} = \boldsymbol{C}^{-1}\boldsymbol{Z}\boldsymbol{C} \quad (1.40)$$

したがって，式 (1.37) と (1.40) から行列 [C] に次式

$$\boldsymbol{C}^{*\mathrm{T}} = \boldsymbol{C}^{-1} \quad (1.41)$$

の関係があれば式 (1.37) を満足するので電力不変の変換となる．このような変換を絶対変換と呼ぶ．絶対変換になる行列には以下の例がある．

$$(1)\quad C = \begin{array}{c} a \\ b \end{array}\begin{array}{cc} d & g \\ \cos\theta & \sin\theta \\ -\sin\theta & \cos\theta \end{array} \tag{1.42}$$

$$(2)\quad C = \sqrt{\frac{2}{3}} \cdot \begin{array}{c} a \\ b \\ c \end{array}\begin{bmatrix} d & g & 0 \\ \cos\theta_a & \sin\theta_a & 1/\sqrt{2} \\ \cos\theta_b & \sin\theta_b & 1/\sqrt{2} \\ \cos\theta_a & \sin\theta_c & 1/\sqrt{2} \end{bmatrix} \tag{1.43}$$

ただし，$\theta_a = \theta$　$\theta_b = \theta + 2\pi/3$　$\theta_c = \theta - 2\pi/3$

$$(3)\quad C = \frac{1}{\sqrt{2}} \cdot \begin{array}{c} a \\ b \end{array}\begin{bmatrix} f & b \\ 1 & 1 \\ -j & j \end{bmatrix} \tag{1.44}$$

$$(4)\quad C = \begin{bmatrix} e^{j\theta} & 0 \\ 0 & e^{j\theta} \end{bmatrix} \tag{1.45}$$

b．相対変換

一方，式 (1.38) の関係があっても式 (1.41) の関係が成立しなければ変換の統一性があるが絶対変換にはならない．このような変換を相対変換と呼ぶ．

1.3　静止座標軸への変換（α-β 変換）

三相-二相変換（α, β 変換）

図 1.9 のような三相交流電流 i_a, i_b, i_c によって作られる起磁力を二相交流 i_α, i_β と零相分電流 i_0 による起磁力に変換する．

同図のフェーザ図より，式 (1.46) となる．

$$i_\alpha = K\left(i_a - \frac{1}{2}i_b - \frac{1}{2}i_c\right)\quad i_\beta = K\left(\frac{\sqrt{3}}{2}i_b - \frac{\sqrt{3}}{2}i_c\right)$$
$$i_0 = K'(i_a + i_b + i_c)\quad \text{ただし，} K, K' \text{は定数} \tag{1.46}$$

ここで，絶対変換にするために $K = \sqrt{2/3}$，$K' = 1/\sqrt{3}$ を選ぶと式 (1.47) のように表すことができる．

$$\begin{bmatrix} i_0 \\ i_\alpha \\ i_\beta \end{bmatrix} = \sqrt{\frac{2}{3}} \begin{bmatrix} 1/\sqrt{2} & 1/\sqrt{2} & 1/\sqrt{2} \\ 1 & -1/2 & -1/2 \\ 0 & \sqrt{3}/2 & -\sqrt{3}/2 \end{bmatrix} \begin{bmatrix} i_a \\ i_b \\ i_c \end{bmatrix} \tag{1.47}$$

これは逆に次式

$$I = CI' \tag{1.48}$$

ただし

$$I = \begin{bmatrix} i_a \\ i_b \\ i_c \end{bmatrix}\quad I' = \begin{bmatrix} i_0 \\ i_\alpha \\ i_\beta \end{bmatrix}$$

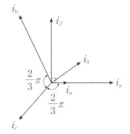

図 1.9　三相-二相変換

$$[C] = \sqrt{\frac{2}{3}} \begin{bmatrix} 1/\sqrt{2} & 1 & 0 \\ 1/\sqrt{2} & -1/2 & \sqrt{3}/2 \\ 1/\sqrt{2} & -1/2 & -\sqrt{3}/2 \end{bmatrix}$$

で表すことができる．この変換行列 $[C]$ は式 (1.41) にあるようなユニタリ行列であり，絶対変換である．

この変換行列を用いれば，a, b, c の三相成分を α, β, 0 の直交 2 軸の成分に直交変換ができることを意味する．特に

$$i_a + i_b + i_c = 0 \tag{1.49}$$

が成立するときは，次式が成立する．

$$i_0 = 0 \tag{1.50}$$

結局，三相を二相に変換することができる．

1.4　回転座標軸への変換

1.4.1　電源周波数に同期した回転速度の座標軸への変換（d-q 座標軸への変換）

回転角速度 ω で回転している回転子巻線に流れる電流を回転座標系（d-q 座標系）で表示する．図 1.10 は，静止座標系（α-β 座標系）へ式 (1.51) を用いた回転座標変換を表している．ただし，ω は一定値（定数）でなくてもよい．

直角座標における α-β 座標系と d-q 座標系との間の変換は，$\theta = \omega t$ として，静止座標軸上の諸量で回転座標軸上の諸量を表すと次式のようになる．

$$\begin{bmatrix} i_d \\ i_q \end{bmatrix} = \begin{bmatrix} \cos\theta & \sin\theta \\ -\sin\theta & \cos\theta \end{bmatrix}\begin{bmatrix} i_\alpha \\ i_\beta \end{bmatrix} \tag{1.51}$$

逆に，回転座標軸上の諸量で静止座標軸の諸量を表すと，次式のようになる．

$$\begin{bmatrix} i_\alpha \\ i_\beta \end{bmatrix} = \begin{bmatrix} \cos\theta & \sin\theta \\ -\sin\theta & \cos\theta \end{bmatrix}^{-1}\begin{bmatrix} i_d \\ i_q \end{bmatrix} = \begin{bmatrix} \cos\theta & -\sin\theta \\ \sin\theta & \cos\theta \end{bmatrix}\begin{bmatrix} i_d \\ i_q \end{bmatrix} \tag{1.52}$$

1. 等価変換と座標変換

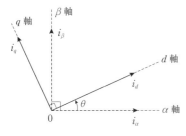

図 1.10 回転座標変換

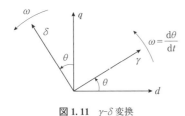

図 1.11 γ-δ 変換

1.4.2 任意の回転速度の座標軸への変換（γ-δ 座標軸への変換）

固定子巻線と回転子巻線の交流量は，図 1.11 に示すような角速度 ω（$=\mathrm{d}\theta/\mathrm{d}t$）で回転している γ-δ 軸から電圧，電流，磁束を観測するとその交流量は直流量となる．この変換を γ-δ 変換と呼ぶ．

d-q 座標軸から γ-δ 座標軸への固定子座標軸および回転子座標軸での変換行列は式 (1.53) となる．

$$\boldsymbol{C}=\begin{bmatrix} \cos\theta & \sin\theta & 0 & 0 \\ -\sin\theta & \cos\theta & 0 & 0 \\ 0 & 0 & \cos\theta & \sin\theta \\ 0 & 0 & -\sin\theta & \cos\theta \end{bmatrix} \quad (1.53)$$

1.5 瞬時値対称座標法

1.5.1 対称座標軸

一般に，交流回路における同一周波数の正弦波電流電圧の解析では，オイラーの公式により時間領域の変数を複素数領域の大きさと位相で表すフェーザに変換して扱う．そして，電流を電圧との同相成分と直角成分に分解して計算することは，日常的に行っている．このように，二相回路や三相交流回路など多相回路での対称座標法も電圧，電流を，零相分・正相分・逆相分と称する三つの成分（軸）に分解し，その軸上で計算を行うものであり，回路自体が三つの単相回路に分けられるから計算それ自身簡単になるばかりでなく，

図 1.12 三相回路

現象の物理的把握が容易になる．

いま図 1.8 を書き換えて図 1.12 のように表す．

この回路で，次の電圧電流方程式が成り立っているものとする．

$$\begin{bmatrix} \dot{V}_\mathrm{a} \\ \dot{V}_\mathrm{b} \\ \dot{V}_\mathrm{c} \end{bmatrix} = \begin{bmatrix} \dot{z}_\mathrm{aa} & \dot{z}_\mathrm{ab} & \dot{z}_\mathrm{ac} \\ \dot{z}_\mathrm{ba} & \dot{z}_\mathrm{bb} & \dot{z}_\mathrm{bc} \\ \dot{z}_\mathrm{ca} & \dot{z}_\mathrm{cb} & \dot{z}_\mathrm{cc} \end{bmatrix} \begin{bmatrix} \dot{I}_\mathrm{a} \\ \dot{I}_\mathrm{b} \\ \dot{I}_\mathrm{c} \end{bmatrix} \quad (1.54)$$

相順を $a\to b\to c$ として

$$\dot{\boldsymbol{I}}' = \begin{bmatrix} \dot{I}_0 \\ \dot{I}_1 \\ \dot{I}_2 \end{bmatrix} = \frac{1}{\sqrt{3}} \begin{bmatrix} 1 & 1 & 1 \\ 1 & \alpha & \alpha^2 \\ 1 & \alpha^2 & \alpha \end{bmatrix} \begin{bmatrix} \dot{I}_\mathrm{a} \\ \dot{I}_\mathrm{b} \\ \dot{I}_\mathrm{c} \end{bmatrix} = [A][\dot{I}] \quad (1.55)$$

ただし，

$$\boldsymbol{A} = \frac{1}{\sqrt{3}} \begin{bmatrix} 1 & 1 & 1 \\ 1 & \alpha & \alpha^2 \\ 1 & \alpha^2 & \alpha \end{bmatrix}, \quad \begin{array}{l} \alpha = \mathrm{e}^{\mathrm{j}2\pi/3} = -\dfrac{1}{2} + \mathrm{j}\dfrac{\sqrt{3}}{2} \\[6pt] \alpha^2 = \mathrm{e}^{\mathrm{j}4\pi/3} = -\dfrac{1}{2} - \mathrm{j}\dfrac{\sqrt{3}}{2} \end{array}$$

電流を上式で定義された $\dot{I}_0$, $\dot{I}_1$, $\dot{I}_2$ の3成分に分解する．ここで，$\dot{I}_0$ を零相分（zero phase sequence current），$\dot{I}_1$ を正相分（positive phase sequence current），$\dot{I}_2$ を逆相分（negative phase sequence current）といい，この電流軸を対称座標軸，この軸上で計算を進めることを絶対変換の三相対称座標法という．

式 (1.55) を書きあらためると，

$$\dot{\boldsymbol{I}} = \boldsymbol{A}^{-1} \dot{\boldsymbol{I}}' \quad (1.56)$$

となる．対称座標軸への変換行列は $\boldsymbol{A}^{-1}$ で，次式の関係がある．

$$\boldsymbol{A}^{-1} = \boldsymbol{A}^* = \boldsymbol{A}^{*\mathrm{T}} \Longrightarrow (\boldsymbol{A}^{-1})^{*\mathrm{T}} = (\boldsymbol{A}^*)^{*\mathrm{T}} = \boldsymbol{A} \quad (1.57)$$

$\boldsymbol{A}$，および $\boldsymbol{A}^{-1}$ はユニタリ行列であり，三相対称座標変換はユニタリ変換になり，実軸と対称座標軸との関係は次のようになる．

$$\begin{array}{ll} \dot{\boldsymbol{I}}' = \boldsymbol{A}\dot{\boldsymbol{I}} & \dot{\boldsymbol{I}} = \boldsymbol{A}^{-1}\dot{\boldsymbol{I}}' \\ \dot{\boldsymbol{V}}' = \boldsymbol{A}\dot{\boldsymbol{V}} \quad \text{または} \quad & \dot{\boldsymbol{V}} = \boldsymbol{A}^{-1}\dot{\boldsymbol{V}}' \\ \dot{\boldsymbol{Z}}' = \boldsymbol{A}\dot{\boldsymbol{Z}}\boldsymbol{A}^{-1} & \dot{\boldsymbol{Z}} = \boldsymbol{A}^{-1}\dot{\boldsymbol{Z}}'\boldsymbol{A} \end{array} \quad (1.58)$$

電力の関係は次式となり，両座標軸での値は等しくなる．

$$\begin{aligned} \dot{V}_\mathrm{a}\dot{I}_\mathrm{a}^* + \dot{V}_\mathrm{b}\dot{I}_\mathrm{b}^* + \dot{V}_\mathrm{c}\dot{I}_\mathrm{c}^* &= \dot{\boldsymbol{I}}^{*\mathrm{T}}\dot{\boldsymbol{V}} = (\boldsymbol{A}^{-1}\dot{\boldsymbol{I}}')^{*\mathrm{T}}\boldsymbol{A}^{-1}\dot{\boldsymbol{V}}' \\ &= \dot{\boldsymbol{I}}'^{*\mathrm{T}}\dot{\boldsymbol{V}}' = \dot{V}_0\dot{I}_0^* + \dot{V}_1\dot{I}_1^* + \dot{V}_2\dot{I}_2^* \end{aligned}$$
$$(1.59)$$

対称三相電圧を対称座標法表示する．対称三相電圧 $\dot{V}_a$, $\dot{V}_b$, $\dot{V}_c$ の対称座標行列による変換は，次式で示される．

$$\begin{bmatrix} \dot{V}_0 \\ \dot{V}_1 \\ \dot{V}_2 \end{bmatrix} = \frac{1}{\sqrt{3}} \begin{bmatrix} 1 & 1 & 1 \\ 1 & \alpha & \alpha^2 \\ 1 & \alpha^2 & \alpha \end{bmatrix} \begin{bmatrix} \dot{V}_a \\ \dot{V}_b \\ \dot{V}_c \end{bmatrix} \quad (1.60)$$

ただし $\dot{V}_b = \alpha^2 \dot{V}_a$, $\dot{V}_c = \alpha \dot{V}_a$
したがって，

$$\begin{bmatrix} \dot{V}_0 \\ \dot{V}_1 \\ \dot{V}_2 \end{bmatrix} = \frac{1}{\sqrt{3}} \begin{bmatrix} (1+\alpha^2+\alpha)\dot{V}_a \\ (1+\alpha^3+\alpha^3)\dot{V}_a \\ (1+\alpha+\alpha^2)\dot{V}_a \end{bmatrix} = \frac{1}{\sqrt{3}} \begin{bmatrix} 0 \\ 3V_a \\ 0 \end{bmatrix}$$

$$= \begin{bmatrix} 0 \\ \sqrt{3}\dot{V}_a \\ 0 \end{bmatrix} \quad (1.61)$$

1.5.2 瞬時値対称座標法

これまで述べた対称座標法では各軸の電圧電流はフェーザ量をとってきたので，$\alpha \dot{I}_b$, $\alpha^2 \dot{I}_c$ などの物理的意味は明らかであったが，これらの量は正弦波であることが前提になっている．これに対し，波形がひずんでいたり，直流が重畳されている場合には，一般に時間領域で扱い計算している．したがって，瞬時値で扱い，これに対称座標法を適用する．これが瞬時値対称座標法である．この意味でいままでの対称座標法をフェーザ対称座標法と呼ぶことができる．いま，i_a, i_b, i_c, v_a, v_b, v_c を任意の波形の瞬時値として，次式で定義された軸が瞬時値対称座標軸である．

$$\begin{bmatrix} i_0 \\ i_1 \\ i_2 \end{bmatrix} = \frac{1}{\sqrt{3}} \begin{bmatrix} 1 & 1 & 1 \\ 1 & \alpha & \alpha^2 \\ 1 & \alpha^2 & \alpha \end{bmatrix} \begin{bmatrix} i_a \\ i_b \\ i_c \end{bmatrix} \begin{bmatrix} v_0 \\ v_1 \\ v_2 \end{bmatrix} = \frac{1}{\sqrt{3}} \begin{bmatrix} 1 & 1 & 1 \\ 1 & \alpha & \alpha^2 \\ 1 & \alpha^2 & \alpha \end{bmatrix} \begin{bmatrix} v_a \\ v_b \\ v_c \end{bmatrix}$$
$$(1.62)$$

ここで，i_a, i_b, i_c が次式で表せるとする．

$$i_a = \sqrt{2} I_a \cos(\omega t + \phi_a), \quad i_b = \sqrt{2} I_b \cos(\omega t + \phi_b),$$
$$i_c = \sqrt{2} I_c \cos(\omega t + \phi_c) \quad (1.63)$$

この式を指数関数形式で表現すると，次式を得る．

$$i_a = \frac{\sqrt{2}}{2} I_a (e^{j\omega t} e^{j\phi_a} + e^{-j\omega t} e^{-j\phi_a}) = \frac{1}{\sqrt{2}} (\dot{I}_a e^{j\omega t} + \dot{I}_a^* e^{-j\omega t})$$

ただし，$\dot{I}_a = I_a e^{j\phi_a}$ \quad (1.64)

同様に

$$i_b = \frac{1}{\sqrt{2}} (\dot{I}_b e^{j\omega t} + \dot{I}_b^* e^{-j\omega t}) \quad \dot{I}_b = I_b e^{j\phi_b}$$

$$i_c = \frac{1}{\sqrt{2}} (\dot{I}_c e^{j\omega t} + \dot{I}_c^* e^{-j\omega t}) \quad \dot{I}_c = I_c e^{j\phi_c} \quad (1.65)$$

これらの関係を式 (1.62) に代入すると

$$\begin{bmatrix} i_0 \\ i_1 \\ i_2 \end{bmatrix} = \frac{1}{\sqrt{2}} \begin{bmatrix} \dot{I}_0 e^{j\omega t} + \dot{I}_0^* e^{-j\omega t} \\ \dot{I}_1 e^{j\omega t} + \dot{I}_2^* e^{-j\omega t} \\ \dot{I}_2 e^{j\omega t} + \dot{I}_1^* e^{-j\omega t} \end{bmatrix} \quad (1.66)$$

ただし，

$$\dot{I}_0 = \frac{1}{\sqrt{3}} (\dot{I}_a + \dot{I}_b + \dot{I}_c),$$
$$\dot{I}_1 = \frac{1}{\sqrt{3}} (\dot{I}_a + \alpha \dot{I}_b + \alpha^2 \dot{I}_c),$$
$$\dot{I}_2 = \frac{1}{\sqrt{3}} (\dot{I}_a + \alpha^2 \dot{I}_b + \alpha \dot{I}_c) \quad (1.67)$$

瞬時値対称座標軸上での電力は，瞬時電力であり次式で計算される．

$$p = \boldsymbol{i}^{*\mathrm{T}} \boldsymbol{v} \quad (1.68)$$

瞬時電流の式 (1.66) とこの式に対応する瞬時電圧の式を，式 (1.68) に代入して計算すると，瞬時電力は次式となる．

$$p = \frac{1}{2} [(\dot{V}_0 \dot{I}_0^* + \dot{V}_1 \dot{I}_1^* + \dot{V}_2 \dot{I}_2^*) + (第1項の共役)$$
$$+ (\dot{V}_0 \dot{I}_0 + \dot{V}_1 \dot{I}_2 + \dot{V}_2 \dot{I}_1) e^{j2\omega t} + (第3項の共役) \quad (1.69)$$

上式の第1項と第2項の和は時間的に変動のない一定のパワー，第3項と第4項の和は時間的に脈動するパワーである．

平衡三相交流電圧の場合は，$\dot{I}_0$, $\dot{I}_2$, $\dot{V}_0$, $\dot{V}_2$ はともに 0 になるから，式 (1.69) の脈動成分は消滅し，p は時間的に変動のない一定のパワーになる．

ひずみ波などの正弦波以外の周期的波形に対しては重ね合せの理を用いて過渡的な現象の解析ができる．瞬時三相平衡電圧を瞬時対称座標表示しよう．瞬時三相平衡電圧を次式のように表す．

$$v_a(t) = \sqrt{2} v_a \cos \omega t,$$
$$v_b(t) = \sqrt{2} v_a \cos (\omega t - 2\pi/3),$$
$$v_c(t) = \sqrt{2} v_a \cos (\omega t - 4\pi/3) \quad (1.70)$$

上式を指数関数表示すると，次式になる．

$$v_a(t) = \frac{\sqrt{2}}{2} V_a (e^{j\omega t} + e^{-j\omega t}),$$
$$v_b(t) = \frac{\sqrt{2}}{2} V_a (e^{j\omega t} e^{-j\frac{2\pi}{3}} + e^{-j\omega t} e^{j\frac{2\pi}{3}})$$
$$= \frac{1}{\sqrt{2}} V_a (\alpha^2 e^{j\omega t} + \alpha e^{-j\omega t}),$$
$$v_c(t) = \frac{1}{\sqrt{2}} V_a (\alpha e^{j\omega t} + \alpha^2 e^{-j\omega t}) \quad (1.71)$$

$$\begin{bmatrix} v_0(t) \\ v_1(t) \\ v_2(t) \end{bmatrix} = \frac{1}{\sqrt{2}} \begin{bmatrix} 0 \\ \dot{V}_1 e^{j\omega t} \\ \dot{V}_1^* e^{-j\omega t} \end{bmatrix}, \quad \text{ただし} \begin{bmatrix} \dot{V}_0 \\ \dot{V}_1 \\ \dot{V}_2 \end{bmatrix} = \frac{1}{\sqrt{3}} \begin{bmatrix} 0 \\ 3V_a \\ 0 \end{bmatrix} \tag{1.72}$$

1.6 瞬時値空間ベクトル

1.6.1 瞬時値空間ベクトル

前述の d-q 変換を用いた解析法は，巻線電流，電圧に注目した解析法であり，回転磁界相互の関係，トルクなどの物理的意味を理解するためには適さない．三相一括して処理するために，回転磁界の概念に立脚した瞬時値空間ベクトルを用いた解析法について述べる．この方法は，瞬時値対称座標法による電圧電流表現を d-q 変換などの空間座標変換法と結び付けて考える方法である．

時間関数で表現された対称三相電流 i_a, i_b, i_c はスカラー量であるが，図 1.13 に示すように回転機の回転軸に垂直な平面に図示のように a 軸，b 軸，c 軸の方向に電流がそれぞれ流れているとする．いま，$i_a + i_b + i_c = 0$ が成立していると α, β 軸方向との変換は次式のようになる．

$$\begin{bmatrix} i_\alpha \\ i_\beta \end{bmatrix} = \sqrt{\frac{2}{3}} \begin{bmatrix} \cos 0° & \cos 120° & \cos 240° \\ \sin 0° & \sin 120° & \sin 240° \end{bmatrix} \begin{bmatrix} i_a \\ i_b \\ i_c \end{bmatrix}$$

$$= \sqrt{\frac{2}{3}} \begin{bmatrix} 1 & -1/2 & -1/2 \\ 0 & \sqrt{3}/2 & -\sqrt{3}/2 \end{bmatrix} \begin{bmatrix} i_a \\ i_b \\ i_c \end{bmatrix} \tag{1.73}$$

α, β 座標における二つの量 i_α と i_β は，極座標表示で次式のベクトル表示ができる．

$$\boldsymbol{i} = i_\alpha + j i_\beta = \sqrt{i_\alpha^2 + i_\beta^2} e^{j\theta},$$

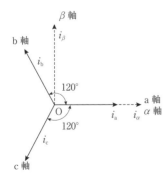

図 1.13 瞬時値空間ベクトル変換

$$\theta = \tan\left(\frac{i_\alpha}{i_\beta}\right) \tag{1.74}$$

上式は三相電流が瞬時値であるので，瞬時値空間ベクトルと呼んでいる．一方，瞬時値空間ベクトルを a, b, c 座標系で示すと次式のようになる．

$$\boldsymbol{i} = \sqrt{\frac{2}{3}} (i_a e^{j0°} + i_b e^{j120°} + i_c e^{j240°}) \tag{1.75}$$

また，空間ベクトルから a, b, c 座標系の値を求めるためには，前節で述べた変換方式を適用することができる．

1.6.2 三相交流回路の電圧・電流の空間ベクトル表示

三相巻線電流が次のように与えられたとする．

$$i_a = \sqrt{2} I_1 \cos \omega t, \quad i_b = \sqrt{2} I_1 \cos(\omega t - 120°),$$
$$i_c = \sqrt{2} I_1 \cos(\omega t - 240°) \tag{1.76}$$

これらの式を極座標で表示すると，次式となる．

$$i_a = \frac{\sqrt{2}}{2} I_1 (e^{j\omega t} + e^{-j\omega t}),$$
$$i_b = \frac{\sqrt{2}}{2} I_1 (e^{j(\omega t - 2\pi/3)} + e^{-j(\omega t - 2\pi/3)}),$$
$$i_c = \frac{\sqrt{2}}{2} I_1 (e^{j(\omega t - 4\pi/3)} + e^{-j(\omega t - 4\pi/3)}) \tag{1.77}$$

式 (1.74) または式 (1.75) を用いて表すと，式 (1.78) となる．

$$\boldsymbol{i} = \sqrt{3} I_1 e^{j\omega t} \tag{1.78}$$

この式は，一定の大きさの電流ベクトルが角速度 ω で反時計方向に空間的に回転していることを示している．

瞬時値空間電圧ベクトルも同様に次式のように定義できる．

$$\boldsymbol{v} = \sqrt{\frac{2}{3}} (v_a e^{j0°} + v_b e^{j120°} + v_c e^{j240°}) \tag{1.79}$$

1.6.3 空間ベクトルの回転座標系への変換

電動機は，回転子を持っているので回転する物体上の電流などと静止物体上の電流などとの相関関係を解明することも必要である．

任意の角速度 ω_R で回転する座標系（d-q 座標軸）における空間電流ベクトルは，図 1.10 を参照すると式 (1.73) に $e^{-j\omega_R t}$ をかけることで求められ，次式のように書ける．

$$\boldsymbol{i} = \sqrt{3} I_1 e^{j(\omega t - \omega_R t)} \tag{1.80}$$

もし，$\omega_R = \omega$ の場合，すなわち，電源角速度と同じ角速度で回転する座標系を考えると，その座標系における三相電流の瞬時値空間ベクトルは次式のように時間的要素を含まない直流ベクトルとなる．

$$i' = \sqrt{3} I_1 \quad (1.81)$$

次の三相交流電圧を瞬時空間ベクトル表示しよう．

$$e_a = \sqrt{2} E_1 \cos \omega t, \quad e_b = \sqrt{2} E_1 \cos(\omega t - 120°),$$
$$e_c = \sqrt{2} E_1 \cos(\omega t - 240°) \quad (1.82)$$

式（1.73）を用いて座標変換して α-β 座標の量で表示すると，次式となる．

$$e_\alpha = \sqrt{3} E_1 \cos \omega t, \quad e_\beta = \sqrt{3} E_1 \sin \omega t \quad (1.83)$$

上式を極座標の量に変換することができる．

$$e = e_\alpha + j e_\beta = \sqrt{3} E_1 e^{j\omega t} \quad (1.84)$$

この式は，一定の大きさのベクトルで，一定の角速度 ω で空間的に回転していることを意味する．したがって，空間電圧ベクトルといわれる．

しかし，このベクトルは，大きさが一定，回転速度も一定でなければならない必要はなく，大きさも回転速度も時変のベクトル，すなわち瞬時的に変化する値のベクトルも扱える．これを瞬時空間電圧ベクトルという．式（1.79）の定義を用いて次式のように演算すると式（1.84）と等しくなることがわかる．

$$\begin{aligned} e &= \sqrt{\frac{2}{3}} (e_a e^{j0°} + e_b e^{j120°} + e_c e^{j240°}) \\ &= \sqrt{3} E_1 e^{j\omega t} \end{aligned} \quad (1.85)$$

〔松瀬貢規〕

文　献

1) 宮入庄太：エネルギー変換工学入門，上，下，丸善（1963）．
2) 山村　昌他：電気機器工学 II，改訂版，電気学会（1988）．
3) 松瀬貢規：電動機制御工学―可変速ドライブの基礎，電気学会著作賞（2007）．
4) 松瀬貢規編著：交流電動機可変速駆動の基礎と応用，コロナ社（1998）．
5) 金　東海：パワースイッチング工学，電気学会（2003）．
6) 宮入庄太：電気・機械エネルギー変換工学，丸善（1989）．
7) 松瀬貢規，斉藤涼夫：基本から学ぶパワーエレクトロニクス，電気学会著作賞（2012）．

2 磁気回路

2.1 磁気回路の基礎

電気エネルギーと力学的エネルギーとの相互変換は主に磁気エネルギーを介して行われる．具体的には発電機と電動機の電気・機械エネルギー変換である．

ここでは磁界の通路（インダクタンスや磁気エネルギーを求める）としての磁気回路の考え方を述べる．

2.1.1 静磁界と定常電流界の諸関係式の類似性

印加電界のない定常電流界（電流の場）での基本的な関係式と，電流の存在しない静磁界（磁界）での基本的な関係式は，表2.1に示す諸記号を用いて，次式のとおりである．

$$\boldsymbol{J} = \alpha\boldsymbol{E}, \quad d\omega\boldsymbol{J} = 0, \quad I = \int_S \boldsymbol{J}\cdot d\boldsymbol{S} \quad e = \oint_c \boldsymbol{E}\cdot d\boldsymbol{s} \quad (2.1)$$

$$\boldsymbol{B} = \mu\boldsymbol{H}, \quad d\omega\boldsymbol{B} = 0, \quad \phi = \int_S \boldsymbol{B}\cdot d\boldsymbol{S}, \quad \mathfrak{F} = \oint_c \boldsymbol{H}\cdot d\boldsymbol{s} = \sum n_i I_i \quad (2.2)$$

式(2.1)，(2.2)を比較すると，表2.1に示すように，電流の場と磁界の諸量は相似な対応関係にあることがわかる．この表で，起磁力は起電力と対応し，電流と磁束鎖交数との積である．さらに，磁気抵抗とパーミアンスを導入している．

2.1.2 磁気回路と電気回路との類似性

電流の通路が電気回路であり，磁束の通路，すなわち磁束線を母線として生じる環状の磁束管を磁気回路あるいは磁路（magnetic circuit）と呼ぶ．磁気回路と電気回路には類似性あるいは相似性があることを，以下に説明する．

a. 磁気回路の起磁力と磁気抵抗

図2.1(a)の電気回路で2点AB間の起電力e_{AB}は式(2.3)のように定義されている．

$$e_{AB} = -\int_B^A \boldsymbol{E}\cdot d\boldsymbol{s} = \int_A^B \boldsymbol{E}\cdot d\boldsymbol{s} \quad [\text{V}] \quad (2.3)$$

一方，電位差V_{AB}は，オームの法則より，式(2.4)である．

$$V_{AB} = \int_A^B \boldsymbol{E}\cdot d\boldsymbol{s} = RI \quad [\text{V}] \quad (2.4)$$

表2.1の対応関係から図2.1(b)のように磁気回路上の任意の2点AB間の磁位差U_{AB}を式(2.5)のように表す．

$$U_{AB} = -\int_B^A \boldsymbol{H}\cdot d\boldsymbol{s} = \int_A^B \boldsymbol{H}\cdot d\boldsymbol{s} = \mathfrak{F}_{AB} \quad [\text{A}] \quad (2.5)$$

この式で$\mathfrak{F}_{AB}$を2点AB間の起磁力（magnetomotive force：mmf）と呼んでいる．

断面積Sを通り抜ける磁束は次式で与えられる．

$$\phi = \mu HS \quad [\text{Wb}] \quad (2.6)$$

ただし，μは透磁率である．式(2.5)は上式を用い

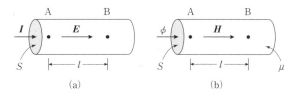

図2.1 電気抵抗と磁気抵抗

表2.1 定常電流界と静磁界における諸量の対応

定常電流界 （電流の場）	記号	$\boldsymbol{E}$	$\boldsymbol{J}$	I	e	V	σ	R	G
	単位	V/m	A/m²	A	V	V	S/m	Ω	S
	名称	電界の強さ	電流密度	電流	起電力	電位差	導電率	電気抵抗	コンダクタンス
静磁界 （磁界）	記号	$\boldsymbol{H}$	$\boldsymbol{B}$	ϕ	$\mathfrak{F}=\sum n_i I_i$	U	μ	$\mathfrak{R}$	P
	単位	A/m	Wb/m²	Wb	A	A	H/m	A/Wb	H
	名称	磁界の強さ	磁束密度	磁束	起磁力	磁位差	透磁率	磁気抵抗	パーミアンス

て書き換えると，式 (2.7) となる．

$$\mathfrak{F}_{AB} = \phi \int_A^B \frac{ds}{\mu S} \quad [A] \tag{2.7}$$

導体の電気抵抗と相似的におくと，磁気抵抗は式(2.8)のように表すことができる．

$$\mathfrak{R}_{AB} = \int_A^B \frac{ds}{\mu S} \quad [A/Wb] \tag{2.8}$$

式 (2.7) は，式 (2.9) のように表され，電気回路でのオームの法則である式 (2.4) に相似な磁気回路での対応する関係式が得られる．

$$\mathfrak{F}_{AB} = \mathfrak{R}_{AB} \phi \quad [A] \tag{2.9}$$

ここで，$\mathfrak{R}_{AB}$ を AB 間の磁気抵抗またはリラクタンス (magnetic reluctance) という．

磁気回路の起磁力 $\mathfrak{F}$ は，N 本の等しい電流 I が積分路 C と鎖交しているとすると，アンペアの法則により式 (2.10) となる．

$$\mathfrak{F} = \oint_C \bm{H} \cdot d\bm{s} = NI \quad [A] \tag{2.10}$$

このように起磁力 $\mathfrak{F}$ は電流と巻き回数 N との積で与えられるからアンペア回数（アンペア・ターン）とも呼ばれている．磁気回路全体の磁気抵抗 $\mathfrak{R}$ は次式となる．

$$\mathfrak{R} = \oint_C \frac{ds}{\mu S} \quad [A/Wb] \tag{2.11}$$

また，式 (2.10) は，式 (2.12) のように書くことができる．

$$\left. \begin{array}{l} \mathfrak{F} = NI = \mathfrak{R}\phi \quad [A] \\ \phi = \dfrac{\mathfrak{F}}{\mathfrak{R}} = \dfrac{NI}{\mathfrak{R}} \quad [Wb] \end{array} \right\} \tag{2.12}$$

ここで，磁気抵抗の逆数 P（P はパーミアンスで磁束の通りやすさを表す量）は式 (2.13) である．

$$P = \frac{1}{\mathfrak{R}} \quad [H] \tag{2.13}$$

ここで，[Wb/A] = [H].

b. 励磁アンペア回数

図 2.2 に示す磁気回路全体の起磁力（アンペア回数）は，全体の磁気回路を A, B, C, D, …N で N 個に分割したとすると式 (2.14) のようになる（図2.2）．

$$\begin{aligned} \mathfrak{F} &= \int_A^B \bm{H}_A \cdot d\bm{s} + \int_B^C \bm{H}_B \cdot d\bm{s} + \cdots + \int_M^N \bm{H}_M \cdot d\bm{s} \quad [A] \\ &= \mathfrak{F}_{AB} + \mathfrak{F}_{BC} + \cdots + \mathfrak{F}_{MN} \quad [A] \end{aligned} \tag{2.14}$$

ここで $\mathfrak{F}_{AB} = \int_A^B \bm{H}_A \cdot d\bm{s}$, $\mathfrak{F}_{BC} = \int_B^C \bm{H}_B \cdot d\bm{s}$, …, $\mathfrak{F}_{MN} = \int_M^N \bm{H}_M \cdot d\bm{s}$, $\bm{H}_A$：AB 間の磁界の強さ，$\bm{H}_B$：BC 間の磁界の強さ，$\bm{H}_M$：MN 間の磁界の強さ．

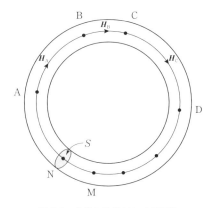

図2.2 全体の励磁アンペア回数

式 (2.14) において，$\mathfrak{F}_{AB}$ は A, B 間に磁束を通すに要する起磁力であり，これを A, B 間に必要な励磁アンペア回数といい，磁気回路の巻線を励磁巻線という．

また，単位長当たりの励磁アンペア回数は，磁界の強さ H に等しくなる．さらに，鉄心の各部分に必要な起磁力は式 (2.12) で示され，これは鉄心の各部分間の磁位差であり，電気回路の電圧降下に相当する．

各鉄心の部分間に必要な起磁力は，式 (2.14) より式 (2.15) のように書くことができる．

$$\mathfrak{F}_{AB} = H_A l_A, \quad \mathfrak{F}_{BC} = H_B l_B, \quad \cdots, \quad \mathfrak{F}_{MN} = H_M l_M \tag{2.15}$$

ここで，l_A：AB 間の距離，l_B：BC 間の距離，l_M：MN 間の距離．

2.1.3 磁気回路と電気回路の相違点

a. 磁束と電流

電流が真電荷の流れであり，その流れに反抗する導体の性質が電気抵抗であり，そのために導体中にはジュール熱が発生する．

一方，磁荷は分極電荷に対応するものはあるが真磁荷は存在しない．したがって，磁気回路においては真磁荷あるいは磁束が流れるという現象は起こらず，ジュール熱に相当するものは存在しない．永久磁石が長時間その磁力を保持できるのも，このようにエネルギー損失がないためである．

b. 磁気抵抗と電気抵抗

金属導体の抵抗率は導体を流れる電流の大きさによって変化しないので電気抵抗は一定である．磁気回路の主要構成材料である鉄では磁束密度の大きさによって透磁率が変化するので磁気抵抗も大きく変化する．

c. 漏れ磁束と漏れ電流

導体の導電率と絶縁物の導電率の比は一般に 10^{15} 以上である．したがって，絶縁物中を流れる漏れ電流は，導体を流れる電流に比べて無視できる．一方，導体に相当する透磁率の大きな強磁性体と絶縁物に相当する非磁性体の透磁率の比である比透磁率は，10^5 以下である．したがって，周囲の空気中をかなり磁束が通る．この磁束を漏れ磁束と呼ぶ．

d. ヒステリシス現象

磁気回路において起磁力を増していく場合と減じていく場合では，同一の起磁力に対して生じる磁束は異なる．いわゆる，ヒステリシス現象があり，ヒステリシス損を生じる．このようなヒステリシス現象は，誘電体にも存在するが電気抵抗には存在しない．

e. 静電容量とインダクタンス

磁気回路では，電気回路における静電容量やインダクタンスに相当するものはない．

2.1.4 磁気回路と電気回路の共存性

電気回路と磁気回路とは個別には存在しえず，電流が存在すると磁束が生じ，磁気回路に生じた磁束は電気回路に影響を与える関係にある．この相互作用を表した法則の一つにファラデーの法則があり，具体的には電気回路のインダクタンスは磁気回路の形状により定まる．

2.2 磁気回路の計算

2.2.1 磁気回路計算の基礎
a. 電位差と磁位差

図 2.3(b) の電気回路において，A 点の電位は，電気回路中に電流が流れ C 点を経て電圧が降下し，B 点との電位差は $E[\mathrm{V}]$ であることがわかる．また，点 A から電池の内部を通る経路についても A 点の電位が B 点の電位よりも高い．一方，図 2.3(a) に示す磁気回路については，起磁力は磁気回路の全長にわたって分布していて，しかも点 A, C, B については A 点の磁位が一番高く次に点 C そして点 B となる．しかし，点 B, A 間のコイル内部については B 点の磁位が高い．

すなわち，コイル内部の磁位差は，式（2.16）となり，コイル外部の磁位差は式（2.17）となる．

$$U_{\mathrm{BA}} = \frac{NI \times (\mathrm{BA} \text{の磁路長})}{\text{全磁路長}} \quad (2.16)$$

$$U_{\mathrm{ACB}} = \frac{NI \times (\mathrm{ACB} \text{の磁路長})}{\text{全磁路長}} \quad (2.17)$$

このようにコイルをはさむ場合は，その内部と外部では磁位差が異なることに注意する必要があり，このために磁気回路の計算の難しさがある．

実際には，漏れ磁束を少なくするため磁気回路全体にコイルを施しており，電気回路構成とは大きく違っている．

b. 磁気回路におけるキルヒホッフの法則

磁気回路における起磁力，磁束，磁気抵抗は，電気回路における起電力，電流，電気抵抗がまったく類似の関係式となっている．したがって，電気回路におけると同様，磁気回路においても電気回路のキルヒホッフの第一および第二法則が成立して，二つの回路には類似性がある．

1) 第一法則 磁気回路中の任意の結合点に入る磁束の代数和は，式（2.18）に示すように 0 である．

$$\sum_{i=1}^{n} \phi_i = 0 \quad (2.18)$$

2) 第二法則 任意に閉じた磁気回路において，各枝路の磁気抵抗と磁束との積の代数和は，式（2.19）に示すようにその回路に作用する起磁力の代数和に等しくなる．

$$\sum_{i=1}^{n} \mathfrak{R}_i \phi_i = \sum_{j=1}^{m} \mathfrak{F}_j \quad [\mathrm{A}],$$

$$\sum_{j=1}^{m} \mathfrak{F}_j = \sum_{j=1}^{m} N_j I_j \quad [\mathrm{A}] \quad (2.19)$$

c. 直列・並列磁気回路

磁気回路についてもキルヒホッフの第二法則が成り立つので，磁気抵抗を直列接続したときの直列磁気回路の合成磁気抵抗は，式（2.20）となる．

$$\mathfrak{R} = \sum_{i=1}^{n} \mathfrak{R}_i \quad [\mathrm{A/Wb}] \quad (2.20)$$

並列に接続した磁気回路の合成磁気抵抗は，式

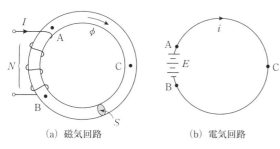

図 2.3 磁位差と電位差
（a）磁気回路　　（b）電気回路

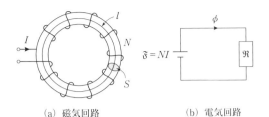

(a) 磁気回路　　　　(b) 電気回路

図 2.4　磁気回路と相似電気回路

(2.21) となる.

$$\frac{1}{\mathfrak{R}} = \sum_{i=1}^{n} \frac{1}{\mathfrak{R}_i} \quad [\mathrm{H}] \tag{2.21}$$

d. 簡単な磁気回路の計算例

図 2.4 に磁気回路に対応する電気回路を示す．平均磁路長 l，一定断面積 S の鉄心に導線を N 回巻いて無端ソレノイドを作り，それに電流 I を流す．鉄心の透磁率 μ が一定であるとすれば，起磁力および磁気抵抗は，式 (2.22)，(2.23) となる．

$$\mathfrak{F} = NI \quad [\mathrm{A}] \tag{2.22}$$

$$\mathfrak{R} = \frac{l}{\mu S} \quad [\mathrm{A/Wb}] \tag{2.23}$$

したがって，鉄心中を通る磁束 ϕ は，式 (2.24) となる．なお，同図 (b) は，図 (a) に対応する電気回路である．

$$\phi = \frac{\mathfrak{F}}{\mathfrak{R}} = \frac{NI\mu S}{l} \quad [\mathrm{Wb}] \tag{2.24}$$

2.2.2 線形磁気回路の計算

鉄心のみの磁気回路は飽和性を持つため，その回路方程式は非線形になり，その解析法は図式計算などの手段に頼る場合が多くその取扱いは困難である．しかし，磁気回路に空隙がある場合や飽和現象が生じない領域においては近似的に透磁率が一定であると仮定し，線形回路として扱うことができる．線形回路として扱えれば電気回路と同様にオームの法則が成立するので解析は簡単になる．

a. 直列接続磁気回路

図 2.5(a) の磁気回路は鉄心と空隙の磁気抵抗が直列に接続している場合であり，同図 (b) に示すような相似電気回路を描くことができる．鉄心の部分の磁気抵抗 $\mathfrak{R}_1$ は，式 (2.25) になる．

$$\mathfrak{R}_1 = \frac{l_1}{\mu S} \quad [\mathrm{A/Wb}] \tag{2.25}$$

空隙の部分でも磁束は鉄心の断面積 S と等しい面積を通るとすると，空隙の磁気抵抗 $\mathfrak{R}_2$ は，式 (2.26) となり，合成磁気抵抗 $\mathfrak{R}$ は，式 (2.27) となる．

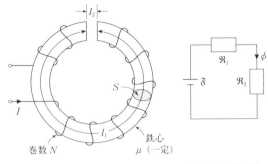

(a) 磁気回路　　　　(b) 相似電気回路

図 2.5　空隙のある磁気回路

$$\mathfrak{R}_2 = \frac{l_2}{\mu_0 S} \quad [\mathrm{A/Wb}] \tag{2.26}$$

$$\mathfrak{R} = \mathfrak{R}_1 + \mathfrak{R}_2 = \frac{l_1}{\mu S}\left(1 + \frac{l_2}{l_1}\mu_S\right) \quad [\mathrm{A/Wb}]$$

ただし，

$$\mu = \mu_0 \mu_S, \ \mu_S : 比透磁率, \ \mu_0 : 真空の透磁率 \tag{2.27}$$

したがって，コイルの巻き回数は N，コイルの電流は I であるので磁束 ϕ は，式 (2.28) となる．

$$\phi = \frac{\mathfrak{F}}{\mathfrak{R}} = \frac{NI}{\{l_1/(\mu S)\}\{1 + (l_2/l_1)\mu_S\}} \quad [\mathrm{Wb}] \tag{2.28}$$

次に，空隙部と鉄心部には同一の磁束が同一の断面積を通るので磁束密度 B が式 (2.29) で与えられる．したがって，鉄心中と空隙中の磁界の強さ H_1, H_2 と磁位差 $H_1 l_1$, $H_2 l_2$ はそれぞれ式 (2.30)，(2.31) になる．

$$B = \frac{\phi}{S} \quad [\mathrm{T}] \tag{2.29}$$

$$H_1 = \frac{B}{\mu} = \frac{NI}{l_1\{1 + (l_2/l_1)\mu_S\}} \quad [\mathrm{A/m}],$$

$$H_1 l_1 = \frac{NI}{1 + (l_2/l_1)\mu_S} \quad [\mathrm{A}] \tag{2.30}$$

$$H_2 = \frac{B}{\mu_0} = \frac{\mu_S NI}{l_1\{1 + (l_2/l_1)\mu_S\}} \quad [\mathrm{A/m}],$$

$$H_2 l_2 = \frac{\mu_S NI}{\mu_S + (l_1/l_2)} \quad [\mathrm{A}] \tag{2.31}$$

さらに，電流が流れ込む端子間からみた電気回路としてのインダクタンス L は，鎖交磁束数が，式 (2.32) であるので式 (2.33) となる．

$$\Phi = N\phi = LI \quad [\mathrm{Wb}] \tag{2.32}$$

$$L = \frac{\Phi}{I} = \frac{N^2}{(l_1/S)\{1 + (l_2/l_1)\mu_S\}} \quad [\mathrm{H}] \tag{2.33}$$

b. 直並列磁気回路

図 2.6(a) に示す磁気回路のように磁気抵抗が直並列接続の場合を計算する．各磁路の透磁率は一定 μ であるとすれば，鉄心各部の磁気抵抗はそれぞれ式

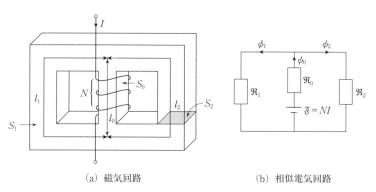

(a) 磁気回路　　　　　　　(b) 相似電気回路

図 2.6　直並列磁気回路

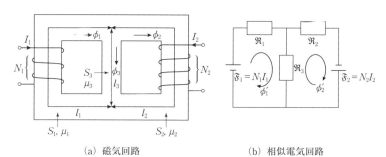

(a) 磁気回路　　　　　　　(b) 相似電気回路

図 2.7　多励磁磁気回路

(2.34) となる.

$$\mathfrak{R}_1 = \frac{l_1}{\mu S_1}, \quad \mathfrak{R}_2 = \frac{l_2}{\mu S_2}, \quad \mathfrak{R}_0 = \frac{l_0}{\mu S_0} \quad (2.34)$$

相似電気回路は同図 (b) となる.

キルヒホッフの法則を適用すると式 (2.35) の関係式を導き出すことができる.

$$\begin{aligned}
\phi_1 + \phi_2 &= \phi_0, \\
NI &= \phi_0 \mathfrak{R}_0 + \phi_1 \mathfrak{R}_1, \\
\phi_1 \mathfrak{R}_1 &= \phi_2 \mathfrak{R}_2
\end{aligned} \quad (2.35)$$

上式を解くと鉄心各部の磁束は，それぞれ式 (2.36) となる.

$$\begin{aligned}
\phi_0 &= \frac{NI(\mathfrak{R}_1 + \mathfrak{R}_2)}{\mathfrak{R}_0(\mathfrak{R}_1 + \mathfrak{R}_2) + \mathfrak{R}_1 \mathfrak{R}_2}, \\
\phi_1 &= \frac{NI\mathfrak{R}_2}{\mathfrak{R}_0(\mathfrak{R}_1 + \mathfrak{R}_2) + \mathfrak{R}_1 \mathfrak{R}_2}, \\
\phi_2 &= \frac{NI\mathfrak{R}_1}{\mathfrak{R}_0(\mathfrak{R}_1 + \mathfrak{R}_2) + \mathfrak{R}_1 \mathfrak{R}_2}
\end{aligned} \quad (2.36)$$

鉄心各部の磁界の強さは，各部の断面積と透磁率が与えられているので上式の各部の磁束からそれぞれ求めることができるが，ここでは省略する．また，コイル端子からみたインダクタンスは，式 (2.37) となる.

$$L = \frac{N\phi_0}{I} = \frac{N^2(\mathfrak{R}_1 + \mathfrak{R}_2)}{\mathfrak{R}_0(\mathfrak{R}_1 + \mathfrak{R}_2) + \mathfrak{R}_1 \mathfrak{R}_2} \quad (2.37)$$

c. 多励磁磁気回路

図 2.7(a) に複数の励磁コイルを持つ磁気回路を示す．磁気回路の各コイルに入る電流の方向から起磁力の方向が与えられるので，相似電気回路は図(b)になる.

各鉄心部で異なる透磁率を持つそれぞれの磁気抵抗は，式 (2.38) で与えられる.

$$\mathfrak{R}_1 = \frac{l_1}{\mu_1 S_1}, \quad \mathfrak{R}_2 = \frac{l_2}{\mu_2 S_2}, \quad \mathfrak{R}_3 = \frac{l_3}{\mu_3 S_3} \quad (2.38)$$

この相似電気回路にキルヒホッフの法則を適用し，ループ電流法を用いると，ループ磁束に関して式 (2.39) が導き出せる.

$$\begin{aligned}
N_1 I_1 &= (\mathfrak{R}_1 + \mathfrak{R}_3)\phi'_1 - \mathfrak{R}_3 \phi'_2, \\
N_2 I_2 &= (\mathfrak{R}_2 + \mathfrak{R}_3)\phi'_2 - \mathfrak{R}_3 \phi'_1
\end{aligned} \quad (2.39)$$

上式を解くと，式 (2.40) のループ磁束が求められる.

$$\begin{aligned}
\phi'_1 &= \frac{N_1 I_1 (\mathfrak{R}_2 + \mathfrak{R}_3) + \mathfrak{R}_3 N_2 I_2}{(\mathfrak{R}_1 + \mathfrak{R}_3)(\mathfrak{R}_2 + \mathfrak{R}_3) - \mathfrak{R}_3^2}, \\
\phi'_2 &= \frac{(\mathfrak{R}_1 + \mathfrak{R}_3) N_2 I_2 + \mathfrak{R}_3 N_1 I_1}{(\mathfrak{R}_1 + \mathfrak{R}_3)(\mathfrak{R}_2 + \mathfrak{R}_3) - \mathfrak{R}_3^2}
\end{aligned} \quad (2.40)$$

したがって，鉄心部を通る磁束は，式 (2.41) となる.

$$\phi_1 = \phi'_1, \quad \phi_2 = \phi'_2, \quad \phi_3 = \phi'_1 - \phi'_2 \quad (2.41)$$

2.2.3 非線形特性を持つ磁気回路の計算

図2.5の鉄心部の磁化特性（B-H特性）を図2.8に示す．空隙中の平均磁路長はきわめて短く，空隙を通る磁束の断面積と鉄心の断面積が等しいものと仮定すると，式(2.42)の関係式が成り立つ．

$$NI = \int \boldsymbol{H} \cdot d\boldsymbol{s} = Hl + H_g l_g$$
$$= Hl + \frac{B_g}{\mu_0} l_g$$
$$= Hl + \frac{B}{\mu_0} l_g \tag{2.42}$$

ただし，μ_0：真空の透磁率，H_g, B_g, l_g：空隙中の磁界の強さ，磁束密度，および平均磁路長であり，H, B, l, S：鉄心中の磁界の強さ，磁束密度，および平均磁路長，断面積である．式(2.42)の H, B は鉄心内の値であるので，図2.5の寸法を持つ磁気回路ではまず式(2.42)を満たさなくてはならない．

鉄心内の B, H は B-H 特性をも満足しなくてはならない．ところで，式(2.42)は，式(2.43)の関係を満たす2点を通る直線であるから，図2.8にこの2点をとって直線を結び，B-H特性と交わる点 B_1, H_1 がこの時の鉄心内の B と H を表すことになる．

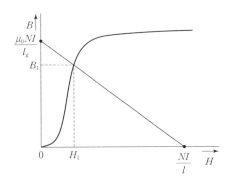

図2.8 鉄心内の B-H 特性

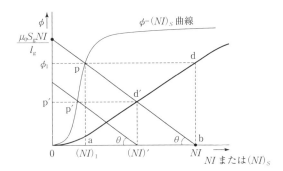

図2.9 空隙を有する磁気回路の磁化特性

$$B = 0, \quad H = \frac{NI}{l} \qquad H = 0, \quad B_g = \frac{\mu_0 NI}{l_g} \tag{2.43}$$

次に，空隙の磁束が広がりを持ち鉄心の断面積と異なる場合は，式(2.42)を変形して式(2.44)と書き直す．

$$NI = \frac{B_g}{\mu_0} l_g + Hl = \frac{\phi}{\mu_0 S_g} l_g + (NI)_S \tag{2.44}$$

ただし，S_g：空隙中の断面積である．ここで，式(2.45)と書けるので，鉄心の部分については B-H 特性の B と H の目盛りを ϕ と $(NI)_S$ に変えることができ，図2.8は，図2.9のように描くことができる．

$$\phi = S'B, \quad (NI)_S = Hl \tag{2.45}$$

この ϕ-$(NI)_S$ 曲線上の ϕ と $(NI)_S$ は，式(2.44)の $(NI)_S$ と ϕ の同一の変数を示す．そこで，図2.9に示す ϕ-NI のグラフ上に式(2.44)を直線として描くと，式(2.46)の2点を通る直線であり，ϕ-NI 曲線との交点を $\phi_1, (NI)_1$ とするとこの値が鉄心内の ϕ と $(NI)_S$ を与えることになる．NI を加えて，0a = $(NI)_1$ は鉄心にかかり，$NI - (NI)_1$ = ab はこのときの空隙にかかっている起磁力である．

$$(NI)_S = 0, \quad \phi = \frac{\mu_0 S_g}{l_g} NI \qquad \phi = 0, \quad (NI)_S = NI \tag{2.46}$$

図2.9で，式(2.47)が成り立ち，鉄心の寸法が与えられると θ は一定となるから，NI を変化した場合は，たとえば $NI = (NI)'$ としたときは $(NI)'$ の点から bp 直線に平行に引けばよい．

$$\tan \theta = \frac{\overline{\mathrm{ap}}}{\overline{\mathrm{ab}}} = \frac{\mu_0 S_g}{l_g} \tag{2.47}$$

空隙のある磁気回路の全体の磁化特性は，曲線 0d'd の太線となる．すなわち，ab は NI を加えたときの空隙に必要な起磁力であり，ϕ_1 を通すために必要な全体の起磁力は，0b である．したがって，点 b から縦軸に平行線を引き，ϕ_1 から横軸に平行に引いた直線との交点 d とすると全体の磁化特性を描くことができる．

面積 0dϕ_1 は空隙を有する磁気回路全体が持っている電磁エネルギーを示し，面積 0pϕ_1 は鉄心内の，面積 0dp は空隙内の電磁エネルギーを示している．

2.2.4 磁気回路の磁位の計算

漏れ磁束を計算するとき，与えられた磁気回路の磁位の分布を知っておくことが必要である．図2.10の磁気回路の起磁力分布を考える．同図の点 D と A の磁位は，各点での磁束から求められる．

2. 磁気回路

コイル中をみると磁束は点DからAに向かって通るので、磁位は点DがAよりも高いことがわかる。しかし、経路のA-B-C-Dをたどると、点AがBより高く、BはCより高く、CはDよりも高くなる。したがって、点AはDよりも高くなる。このように、コイルをはさんでコイルの内と外では磁位差が異なってくることがわかる。

図2.10を正方形磁路として、その平均磁路長をl（A, B, C, Dを結んだ長さ）とすると、式(2.48)が成り立つ。

$$\oint H ds = \int_{\text{D内A}} H ds + \int_{\text{ABCD}} H ds = NI \quad (2.48)$$

磁路の断面積を一定として、漏れ磁束を無視すれば鉄心内ではϕが一定で、BもHも一定となるから、式(2.49)となり、さらに式(2.50)となる。

$$\oint H ds = \int_{\text{D内A}} H ds + H \int_{\text{ABCD}} ds = U_{\text{D内A}} + H\frac{3}{4}l = Hl \quad (2.49)$$

$$H = \frac{NI}{l}, \quad U_{\text{D内A}} = \int_{\text{D内A}} H ds = \frac{1}{4}NI,$$

$$U_{\text{ABCD}} = \int_{\text{ABCD}} H ds = \frac{3}{4}NI \quad (2.50)$$

つまり、コイルの内側の経路を通るとき、DがAより$NI/4$だけ磁位が高く、コイルの外側ではAがDよりも$3NI/4$だけ高くなる。

EF間では式(2.51)となり、経路EBCFをたどるときは、EがFより$NI/2$だけ高く、FDAEをたどるときはFがEより$NI/2$だけ高くなる。

$$U_{\text{EF}} = \int_{\text{EBCF}} H ds = H \int_{\text{EBCF}} ds = H\frac{l}{2} = \frac{NI}{2},$$

$$U_{\text{FD内AE}} = \int_{\text{FD内AE}} H ds = H\frac{l}{2} = \frac{NI}{2} \quad (2.51)$$

次に、図2.11に示すような磁気回路に空隙がある場合を考える。鉄心の透磁率はきわめて大きく無限大で、漏れ磁束は無視できるものとすると磁束は至るところ一定で空隙中も同じ大きさの磁束が通り、磁束の大きさは有限である。もし磁束の大きさが無限大であるとすると空隙中の磁界は無限大となり空隙中の起磁力が無限大となり、もとのNIより大きくなる。

磁束の大きさが有限であるとするとBは有限、Hも有限となり、式(2.52)となる。

$$\oint H ds = NI = \int_{\text{FCD内ABE}} H ds + \int_{\text{EF}} H_g ds_g \quad (2.52)$$

鉄心中では、Bが有限のとき式(2.53)となるので、式(2.54)が成り立つ。

$$H = \frac{B}{\mu} = \frac{B}{\infty}, \quad H = 0 \quad (2.53)$$

$$NI = \int_{\text{EF}} H_g ds_g = U_{\text{EF}} \quad (2.54)$$

結局、EF間の磁位差はもとのコイルが与える起磁力NIと等しくなる。さらに、式(2.55)が成り立ち、式(2.56)となりABEとDCFの間の磁位差は常にNIとなる。

$$\int_{\text{DqAGD}} H ds = NI = \int_{\text{DqA}} H ds + \int_{\text{AGD}} H ds$$
$$= 0 + U_{\text{AGD}},$$

$$U_{\text{AGD}} = NI \quad (2.55)$$

$$U_{\text{BC}} = NI \quad (2.56)$$

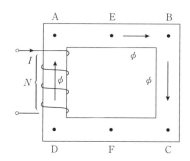

図2.10 磁気回路の磁位[8]

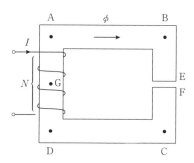

図2.11 空隙のある磁気回路の磁位[8]

2.2.5 漏れ磁束とフリンジング磁束

フリンジングとは磁束が空隙の周囲にはみ出す現象をいう。図2.12に示すように空隙の端に近いところから出て端に近いところに終わる磁束をフリンジング磁束といい、空隙端から離れた点から空隙を通らずに、迂回する磁束を漏れ磁束といっている。フリンジングを考慮すると、実効空隙面積は図2.13では簡易的には次のようになる。図2.13では、実効空隙面積S_g'は経験的に式(2.57)である。ここでδは空隙の長さである。

$$S'_g = (a+\delta)(b+\delta) \tag{2.57}$$

もし対向する面が等しくなく一方が非常に大きい場合は小さい方の寸法をとり，式（2.58）とする．

$$S'_g = (a+2\delta)(b+2\delta) \tag{2.58}$$

以上は簡易的な方法であり，上記の2式を適用できる δ の範囲は式（2.59）である．ここでは空隙の対向面は平滑でなければならない．

$$\frac{S'_g - S_g}{S_g} < 0.2 \tag{2.59}$$

ただし $S_g = a \times b$ である．漏れ磁束を厳密に計算することは不可能で，現在では仮定磁路法や等角写像法に

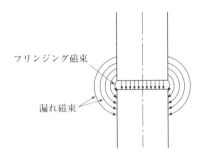

図 2.12 漏れ磁束とフリンジング磁束

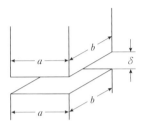

図 2.13 実効空隙面積の計算

表 2.2 パーミアンスの計算[3]

図形の種類	P	P の誘導
P_1, b, l, D, 主磁束	$P_1 = \mu_0 \dfrac{bl}{D}$	
P_2, P_3, $D/2$, b, l, 上部，下部の漏れ磁束，側面フリンジング磁束	$P_2 = 0.264\mu_0 l$ $P_3 = 0.264\mu_0 b$	磁路長の平均 $l_a = 1.22D$ 磁路の平均断面積 $S_a = \dfrac{\text{磁路の体積}}{l_a}$ $= \dfrac{\pi(D/2)^2 l/2}{l_a}$ $P_2 = \mu_0 \dfrac{S_a}{l_a} = \dfrac{1}{8}\mu_0 \pi \left(\dfrac{D}{l_a}\right)^2 l$ $= 0.264\mu_0 l$
P_4, P_5, dr, T, r, $D/2$, l, b, 上部，下部の漏れ磁束，側面漏れ磁束	$P_4 = \mu_0 \dfrac{l}{\pi} \cdot \dfrac{2T}{D}$ $P_5 = \mu_0 \dfrac{b}{\pi} \cdot \dfrac{2T}{D}$	$dP = \mu_0 \dfrac{l\,dr}{\pi r}$ $\therefore P_4 = \dfrac{\mu_0 l}{\pi} \int_{D/2}^{D/2+T} \dfrac{dr}{r}$ $= \mu_0 \dfrac{l}{\pi} \log_e\left(1+\dfrac{2T}{D}\right)$ $\doteqdot \mu_0 \dfrac{l}{\pi} \cdot \dfrac{2T}{D} \quad \dfrac{2T}{D} \ll 1$
P_6, K_1, D, K_2	$P_6 = 0.077\mu_0 D$	磁路の平均長 $= 1.3D$ 磁路の平均断面積 $S_a = $ 体積/平均長 $\dfrac{(\pi/3)(D/2)^3}{l_a}$ $P_6 = \mu_0 \dfrac{S_a}{l_a} = \dfrac{\pi}{24}\mu_0 \cdot \dfrac{D^3}{l_a^2} = 0.077\mu_0 D$
P_7, T, $D/2$, P_3 と P_5 の境界部のフリンジング磁束	$P_7 = \dfrac{1}{\pi}\mu_0 T$ $T \ll D$	平均磁路長 $l_a = \dfrac{\pi}{2}(D-T)$ 磁路体積 $V = \dfrac{\pi}{4}(D-T)^2 \cdot T$ 磁路平均断面積 $S_a = \dfrac{V}{l_a} = \dfrac{1}{2}(D-T)T$ $P_7 = \mu_0 \dfrac{S_a}{l_a} = \dfrac{1}{\pi}\mu_0 T$

2. 磁気回路

よる磁界描画法，および有限要素法や境界要素法の数値計算法が用いられている．

仮定磁路法は簡易的な方法で，磁束の通路を仮定し，これを起算しやすい数区に分割し，各区のパーミアンスを求め，その磁位差がわかれば磁束は，式（2.60）で計算され，比較的容易で実際的である．

$$\sum \phi_i = \sum \mathfrak{F}_i P_i \tag{2.60}$$

ただし，$P_i = \mu_0 S/l$ $(i=1,2,3,\cdots)$：各区のパーミアンス，である．

等角写像法による磁界描画法は，両磁極間の等磁位線と磁力線を，それらにより分割される各小区画のパーミアンスが全部等しいように描き，それらを直並列回路として空間パーミアンスを求める方法で，この方法は正確に細かく線を描けば描くほど結果は正確になってくる．しかし，このような作図は大変厄介であり煩雑である．また，有限要素法などの数値計算法は，プログラムソフトが市販されているので一般に利用でき，形状に対して厳密に計算できる．

ここでは，簡易的で実際的に物理的な把握が容易な仮定磁路法を紹介しよう．例として図2.14の鉄心①と②の磁極間の空隙パーミアンスを考える．この場合の空間の磁路は7区に分けられ，基本的な区路は表2.2に示すように5個の磁路モデルである．複雑な磁路のパーミアンスはまず磁路全体の体積 V と平均磁路長 l_a を求め，これから磁路の平均断面積を S_a として求め，パーミアンス P を式（2.61）として求める．

$$P = \frac{\mu_0 S_a}{l_a} \quad \text{または} \quad = \frac{\mu_0 V}{l_a^2} \tag{2.61}$$

ただし，$S_a = V/l_a$：磁路の平均断面積である．したがって，磁極①と②との磁位差を $\mathfrak{F}$ とすると，磁束 ϕ は，式（2.62）として求められる．

$$\phi = \mathfrak{F}(P_1 + 2P_2 + 2P_3 + 2P_4 + 2P_5 + 2P_6 + 2P_7) \tag{2.62}$$

2.3 永久磁石とその磁気回路の計算[8]

2.3.1 永久磁石の着磁過程

永久磁石回路を計算する前に，図2.15に示す回路で着磁過程を説明する．Mは平均磁路長 l_m，断面積 S_m の永久磁石材料である．Aは磁束を空隙部分に導くためのヨークで軟鉄である．gは長さ l_g，断面積 S_g で，ここが空隙となる．いま，gの部分は最初軟鉄で埋めておき，大電流を瞬間的に流して NI を与えたものとする．軟鉄部分は，透磁率が大きいので，磁気抵抗を無視すると永久磁石部分に，

$$H_1 = \frac{NI}{l_m}$$

の磁界が発生する．電流を切ると B_r の残留磁気となる．

次に，図2.15でgの軟鉄を取り除いて空隙を作ると，空隙ができたことにより永久磁石内には，図2.16に示す減磁界 H_d が発生し，動作点は B_r から B_d の点に移る．このように永久磁石はその動作点が必ず第2象限の減磁曲線上にくる．

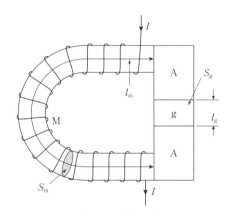

図2.15 着磁回路

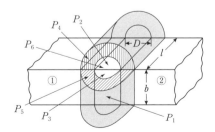

図2.14 仮定磁路法による磁路モデル[3]

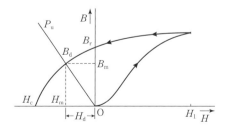

図2.16 永久磁石の特性

2.3.2 永久磁石回路の基本計算

図2.17でハッチングを施している部分が着磁され永久磁石とする．磁束が通る方向にアンペアの周回積分の法則を適用すると，永久磁石内の磁界は，(−)であることを考えて，式 (2.63) を得る．

$$H_m l_m = H_g l_g + U_{mi} \tag{2.63}$$

ただし，H_m, H_g：永久磁石と空隙内の磁界の強さ，U_{mi}：軟鉄で作ったヨークYの部分や永久磁石とヨークの接続部分による磁位降下である．永久磁石を通る磁束は，式 (2.64) である．

$$\phi = B_m S_m = K B_g S_g \tag{2.64}$$

ただし $K =$ 永久磁石の磁束/空隙内の磁束 > 1，S_m：永久磁石の断面積，S_g：空隙の等価の平均の断面積である．永久磁石から出た磁束のうち相当部分は途中で漏れるので，漏れ係数 K は 1 以上となる．

軟鉄部分の磁気抵抗は空隙や永久磁石に対してきわめて小さいので，U_{m1} を無視すると式 (2.63), (2.64) から永久磁石の体積 V_m は式 (2.65) となる．

$$V_m = S_m l_m = \frac{B_g^2 S_g l_g K}{B_m H_m} \tag{2.65}$$

この式から永久磁石の体積を小さくするには $B_m H_m$，つまり単位体積当たりのエネルギー密度は $HB/2$ であるので保存磁気エネルギーを大きくすればよい．したがって，永久磁石回路設計の第一段はこのエネルギーが最大の点で永久磁石を使用することである．

U_{mi} を無視すると，式 (2.66) となる．

$$\frac{B_m S_m}{H_m l_m} = \frac{K B_g S_g}{H_g l_g} \tag{2.66}$$

上式を変形すると，磁束密度と磁界の強さの比は，式 (2.67) となる．

$$\frac{B_m}{H_m} = \frac{K S_g l_m}{\mu_0 S_m l_g} = P_u \tag{2.67}$$

ただし，$B_g = \mu_0 H_g$，P_u：永久磁石の単位体積パーミ

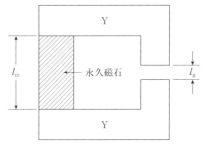

図2.17 永久磁石

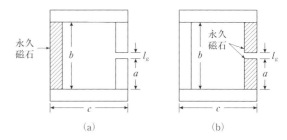

図2.18 永久磁石の磁気回路

アンス（単位パーミアンス）である．さらに，上式を変形すると式 (2.68) となる．

$$\frac{B_m}{H_m} = \left(\frac{K S_g}{\mu_0 l_m}\right) \bigg/ \left(\frac{S_m}{l_m}\right) \tag{2.68}$$

上式の右辺の分子は，漏れの部分も考慮した，言い換えると永久磁石部分以外の部分のパーミアンスであり，分母は永久磁石部分の透磁率を1としたときのパーミアンスを表している．

漏れ係数を解析的に決定することはきわめて困難である．

2.3.3 永久磁石回路の漏れ係数

ここで，図2.18に示す永久磁石の磁気回路での漏れ係数は経験的に求められている．漏れ係数は，同図(a)では式 (2.69) となる．

$$K = 1 + \frac{l_g}{S_g}\left[1.7 C_a\left(\frac{a}{a+l_g}\right) + 1.4 C \frac{C_c}{\sqrt{b}} + 0.67 C_b\right] \tag{2.69}$$

ただし，C_a, C_b, C_c：長さ a, b, c で示した部分の周囲の長さである．また，同図(b)では，漏れ係数は式 (2.70) である．

$$K = 1 + \frac{l_g}{S_g'} 0.67 C_a \left[1.7\left(\frac{0.67 C_a}{0.67 a + l_g}\right) + \frac{l_g}{2a}\right] \tag{2.70}$$

図2.18(a)と(b)の寸法を同一としたとき，漏れ係数は図(b)の方が(a)よりも一般的に小さくなることがわかっている．

2.3.4 永久磁石回路の正確な計算法

漏れ係数が与えられていない場合の永久磁石回路の正確な計算法を述べよう．図2.19にC形永久磁石を示す．空隙AB間に磁束 ϕ_g を供給するものとする．永久磁石の場合は，比透磁率が空気に近い材料が多く，漏れ磁束の量はきわめて多くなる．磁石の中心部Cには全磁束が通るが，点DやIでは，CD間から出てゆく漏れ磁束1, 2, 1′ の分だけ磁束は減少し，点EやHでは，さらに3, 4, 3′ の分が減少する．

2. 磁 気 回 路

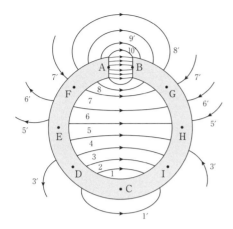

図 2.19 C形永久磁石

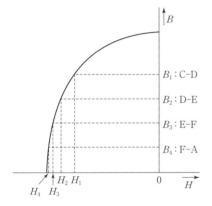

図 2.20 減磁曲線

結局，空隙の部分 A の面から出る磁束が最小となる．各部の断面積が一定であるとすると，磁束密度はC→D→E→F→A といくにしたがって減少する．

いま，C-D 間の平均磁束密度を B_1，D-E の平均磁束密度を B_2 とすると図 2.20 に示すように減磁曲線上からそれぞれ $H_1, H_2, H_3, \cdots$ が求まる．

永久磁石の起磁力を簡単に $H_m l_m$ としていたが，正確には次のようになる．永久磁石の断面の中心線上で測った長さを考慮して空隙にかかっている全起磁力は，式（2.71）となる．

$$(H_m l_m) = 2H_1 l_1 + 2H_2 l_2 + 2H_3 l_3 + 2H_4 l_4 \qquad (2.71)$$

ただし，$l_m = 2(l_1 + l_2 + l_3 + l_4)$，磁石の中心線上の長さ：C-D$=l_1$，D-E$=l_2$，E-F$=l_3$，F-A$=l_4$ である．したがって，それぞれの点の間から出る漏れ磁束は，式 (2.72) となる．

$$\Delta\phi_1 = (H_1 l_1) P_1, \quad \Delta\phi_2 = (2H_1 l_1 + H_2 l_2) P_2,$$
$$\Delta\phi_3 = (2H_1 l_1 + 2H_2 l_2 + H_3 l_3) P_3,$$
$$\Delta\phi_4 = (2H_1 l_1 + 2H_2 l_2 + 2H_3 l_3 + H_4 l_4) P_4 \qquad (2.72)$$

ただし，P_1：CD と CI 間のパーミアンス，P_2：DE と IH 間のパーミアンス，P_3：EF と FG 間のパーミアンス，P_4：FA と GB 間のパーミアンス，$\Delta\phi_1, \Delta\phi_2, \Delta\phi_3, \Delta\phi_4$：CD, DE, EF, FA から出る漏れ磁束である．結局，磁極面の A, B から出る磁束は，式（2.73）として求められる．

$$\phi_g = P_g (H_m l_m) \qquad (2.73)$$

ただし，P_g：AB 間のパーミアンス，ϕ_g：AB 間を通る磁束である．また，F, E, D, C の各部を通る磁束はそれぞれ式 (2.74) となる．

$$\phi_F = \phi_g + \Delta\phi_4, \quad \phi_E = \phi_F + \Delta\phi_3, \quad \phi_D = \phi_E + \Delta\phi_2, \quad \phi_C = \phi_D + \Delta\phi_1 \qquad (2.74)$$

ただし，$\phi_F, \phi_E, \phi_D, \phi_C$：F, E, D, C の各部を通る磁束式 (2.74) を求めるためには，各部のパーミアンスを計算する必要があることがわかる．

2.4 永久磁石同期電動機の磁気回路[12-15]

2.4.1 永久磁石同期電動機の回転子構造

永久磁石同期電動機（permanent magnet synchronous motor：PMSM）は，永久磁石を回転子に電機子巻線を固定子に設けた回転界磁形の構造であり，回転子に設けた永久磁石の形状で特性も大きく影響を受ける．図 2.21 に示すように表面磁石構造同期電動機の回転子（surface permanent magnet synchronous motor：SPMSM）（図 2.21(a) と (b)）と埋込磁石同期電動機の回転子（interior permanent magnet synchronous motor：IPMSM）（図 2.21(c)〜(h)）に大別され，非突極機用の回転子（図 2.21(a)，(c)）と突極機用の回転子（図 2.21(b)，(d)〜(h)）に分類される．

図 2.21(e) の埋込磁石構造の回転子では，図 2.22 に示すように磁束が通る．同図(a)では電機子巻線が作る d 軸方向の磁束の磁路には空隙と同じ磁気抵抗の大きさの磁石が存在し磁束は通りにくいが，図 (b) では q 軸方向の磁束は鉄心を通ることができるためこの方向の磁気抵抗は小さくなり，突極性が現れる．

2.4.2 回転子の磁気回路と磁束の計算

図 2.23 に永久磁石を 1 極当たり 3 層に埋め込んだ多層 IPMSM の回転子の磁気回路を示す．図 2.24 には等価電気回路を示している．図 2.24 の等価回路よ

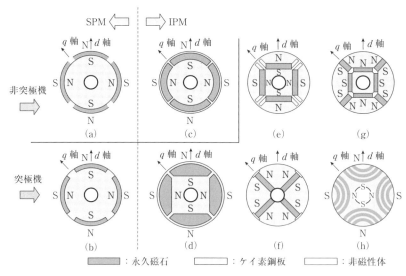

図 2.21 PMSM の回転子構造例[12]

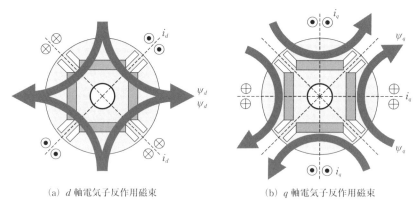

(a) d 軸電機子反作用磁束　　　(b) q 軸電機子反作用磁束

図 2.22 PMSM の d, q 軸電機子反作用磁束[12]

り，空隙に発生する磁束と永久磁石内部の磁束の関係は式 (2.75)〜(2.80) のように求められる．

$$(H_e l_{m1} - \Phi_{m1}\mathfrak{R}_{m1}) + (H_e l_{m2} - \Phi_{m2}\mathfrak{R}_{m2})$$
$$+ (H_e l_{m3} - \Phi_{m3}\mathfrak{R}_{m3}) = \Phi_{g3}\mathfrak{R}_{g3} \tag{2.75}$$

$$(H_e l_{m1} - \Phi_{m1}\mathfrak{R}_{m1}) + (H_e l_{m2} - \Phi_{m2}\mathfrak{R}_{m2}) = \Phi_{g2}\mathfrak{R}_{g2} \tag{2.76}$$

$$(H_e l_{m1} - \Phi_{m1}\mathfrak{R}_{m1}) = \Phi_{g1}\mathfrak{R}_{g1} \tag{2.77}$$

$$\Phi_{m1} = \Phi_{g1} + \Phi_{m2} \tag{2.78}$$

$$\Phi_{m2} = \Phi_{g2} + \Phi_{m3} \tag{2.79}$$

$$\Phi_{m3} = \Phi_{g3} \tag{2.80}$$

ただし，H_e：永久磁石の保磁力 [A/m]，l_{m1}, l_{m2}, l_{m3}：永久磁石の厚さ [m]，Φ_{m1}, Φ_{m2}, Φ_{m3}：永久磁石内部の磁束 [Wb]，Φ_{g1}, Φ_{g2}, Φ_{g3}：空隙部の磁束 [Wb]，$\mathfrak{R}_{m1}$, $\mathfrak{R}_{m2}$, $\mathfrak{R}_{m3}$：永久磁石の磁気抵抗 [A/Wb]，$\mathfrak{R}_{g1}$, $\mathfrak{R}_{g2}$, $\mathfrak{R}_{g3}$：空隙部の磁気抵抗 [A/Wb] である．したがって，1 極当たりの空隙の総発生磁束は，$2\Phi_g$ となり，Φ_g は式 (2.81) で表すことができる．

$$\Phi_g = \Phi_{g1} + \Phi_{g2} + \Phi_{g3} \tag{2.81}$$

以上は，3 層永久磁石の場合であるが，同様に N 層の場合も同様に求めることができる．

いま，永久磁石が 1 層の場合の関係式は，式 (2.82)〜(2.88) に示すことができる．

$$\mathfrak{F}_m = H_e l_m - \frac{l_m}{\mu_r S_m}\Phi_m \tag{2.82}$$

$$\mathfrak{F}_m = H_m l_m \tag{2.83}$$

$$\mathfrak{F}_g = \frac{l_g}{\mu_0 S_g}\Phi_g \tag{2.84}$$

$$\Phi_g = B_g S_g \tag{2.85}$$

$$B_g = \frac{S_m}{S_g}B_m \tag{2.86}$$

2. 磁 気 回 路

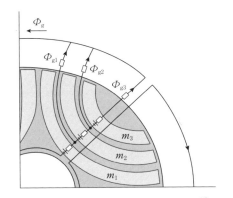

図 2.23 多層 IPMSM の回転子磁気回路[12]

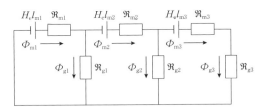

図 2.24 等価電気回路[12]

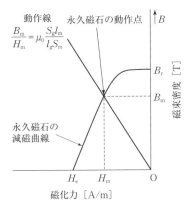

図 2.25 *B-H* 曲線と永久磁石の動作点

$$H_g = \frac{l_m}{l_g} H_m \tag{2.87}$$

$$\frac{B_m}{H_m} = \mu_0 \frac{S_g l_m}{l_g S_m} \tag{2.88}$$

ただし，μ_r：永久磁石の可逆透磁率 [H/m]，μ_0：空気の透磁率 [H/m]，S_{m1}, S_{m2}, S_{m3}：永久磁石の断面積 [m^2]，$\mathfrak{F}_m$：永久磁石の起磁力 [A]，$\mathfrak{F}_g$：空隙の起磁力 [A]，B_g：空隙の磁束密度 [T]，H_g：空隙の磁界の強さ [A/m]，l_g：空隙長 [m]，S_g：空隙の断面積 [m^2]，B_r：残留磁束密度 [T] である．式 (2.88) は，永久磁石の減磁曲線上のパーミアンス係数と呼ばれる式である．図 2.25 に永久磁石の減磁曲線とパーミア

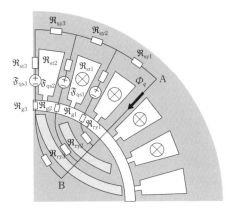

図 2.26 *q* 軸磁気回路[12]

ただし，$\mathfrak{R}_{sy}, \mathfrak{R}_{st}, \mathfrak{R}_g, \mathfrak{R}_{ry}$：ステータヨーク，ステータ歯，空隙部，ロータヨーク部の磁気抵抗．$\mathfrak{F}_{qs}$：磁化コイルによって生じる各ステータ歯の起磁力，Φ_q：*q* 軸磁束の総和である．

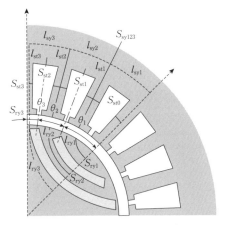

図 2.27 *q* 軸磁気回路の構成[12]

ンス係数の関係を示す．減磁曲線と式 (2.88) の交点が永久磁石の動作点である．

永久磁石により発生する磁束密度が得られたので，この磁束密度に空隙の表面積をかけあわせると発生磁束が求められる．

2.4.3 *d, q* 軸インダクタンスの計算

次に，リラクタンストルクを決定する *d, q* 軸インダクタンスを求める．一般に，永久磁石の透磁率は空気とほぼ等しいので永久磁石の部分は空気として扱うことができる．

図 2.26 に *q* 軸の磁気回路を示す．図 2.27 に，*q* 軸磁気回路のパラメータを示している．磁気抵抗は，断面積を図中の S_{ry3} で示すように磁路幅の一番狭い部分の断面積を用いて計算する．また，平均磁路長の，図

中の l_{st1} の磁路については断面積を $S_{st0}+S_{st1}$ で与える．これは，回転子側の磁束が固定子側へ鎖交する際の幅角 θ_i に対して磁路を設定するためであり，固定子側の歯の形状には関係なく固定子歯磁路を設定すればよい．

起磁力は，式 (2.89) を用いて計算される．

$$\text{起磁力}(\mathfrak{F}) = \frac{1}{\theta_i - \theta_{i-1}}\int_{\theta_{i-1}}^{\theta_i}(\text{起磁力分布})d\theta \quad (2.89)$$

ここで，起磁力分布は q 軸磁束を生じさせるための電流を通電させた場合の固定子歯表面の起磁力分布を示す．正確な起磁力分布がわからない場合は，幅角で囲まれる領域内の各固定子歯に生じる起磁力の平均値を起磁力として与えればよい．

起磁力を式 (2.90) および式 (2.91) で与えて計算することができる．

$$\mathfrak{F}_{qs1} = \frac{\mathfrak{F}_{st0}}{2} + \mathfrak{F}_{st1}, \quad \mathfrak{F}_{qs2} = \mathfrak{F}_{st2}, \quad \mathfrak{F}_{qs3} = \mathfrak{F}_{st3} \quad (2.90)$$

$$\mathfrak{F}_{st0} = 0, \quad \mathfrak{F}_{st1} = I_{\max} \times N_t,$$
$$\mathfrak{F}_{st2} = 2 \times I_{\max} \times N_t, \quad \mathfrak{F}_{st3} = 2 \times I_{\max} \times N_t \quad (2.91)$$

ただし，$\mathfrak{F}_{st0}, \mathfrak{F}_{st1}, \mathfrak{F}_{st2}, \mathfrak{F}_{st3}$：各ステータ歯の起磁力，$I_{\max}$：電流の最大値，$N_t$：一相当たりの巻数である．

磁束密度とインダクタンスは，これまでに求めた磁気回路から実際の磁束数を計算し，その値から求めることができる．

図 2.28 に q 軸磁気回路の等価電気回路を示す．この回路にキルヒホッフの法則を適用して各磁路を通る磁束数を，式 (2.92) のように求めることができる．

$$\Phi_3 = \frac{(\mathfrak{F}_{qs3}-\mathfrak{F}_{qs2})+B\Phi_2}{A}, \quad \Phi_2 = \frac{\alpha}{\beta},$$
$$\Phi_1 = \frac{1}{C+D}\left[\mathfrak{F}_{qs1}-\frac{D}{A}(\mathfrak{F}_{qs3}-\mathfrak{F}_{qs2})-D\left\{1+\frac{B}{A}\right\}\Phi_2\right] \quad (2.92)$$

ただし，$A = \mathfrak{R}_{sy3}+\mathfrak{R}_{g3}+\mathfrak{R}_{st3}+\mathfrak{R}_{ry3}$, $B = \mathfrak{R}_{sy2}+\mathfrak{R}_{g2}+\mathfrak{R}_{st2}$, $C = \mathfrak{R}_{sy1}+\mathfrak{R}_{g1}+\mathfrak{R}_{st1}$, $D = \mathfrak{R}_{sy1}$, $E = \mathfrak{R}_{sg2}$, $\alpha = \mathfrak{F}_{qs2}-\frac{D}{C+D}\left\{\mathfrak{F}_{qs1}-\frac{D}{A}(\mathfrak{F}_{qs3}-\mathfrak{F}_{qs2})\right\}-\frac{D+E}{A}(\mathfrak{F}_{qs3}-\mathfrak{F}_{qs2})$, $\beta = B+D+E+\frac{D+E}{A}B-\frac{D^2}{C+D}\left(\frac{B}{A}+1\right)$ である．

したがって，各部の磁束密度とインダクタンスは，式 (2.93) および (2.94) から得ることができる．

$$\text{磁束密度}(B) = \frac{\text{磁束数}(\Phi)}{\text{断面積}(S)} \quad (2.93)$$

$$\text{インダクタンス}(L_q)$$
$$= \frac{\{\text{巻数}(N)\times 2\}\times\text{総鎖交磁束数}(\Phi_q)}{\text{電流値}(I_q)} \quad (2.94)$$

ただし，$I_q = \sqrt{3/2}\times I_{\max}$ である．ここで，巻数を2倍にしているのは，q 軸インダクタンスを生じるコイルが擬似的に左右対であると仮定した結果で，最後の4倍は想定した電動機が三相4極の電動機であるので解析領域の対称性により求めている．

これまで述べたように磁気回路解析のパーミアンス法を適用すると，簡易的に永久磁石の発生磁束，d, q 軸インダクタンスを求めることができることがわかる．

〔松瀬貢規〕

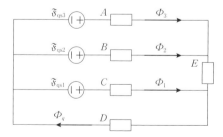

図 2.28 q 軸磁気回路の等価電気回路[12]

文献

1) 卯本重郎：電磁気学，昭晃堂 (1993).
2) 桂井　誠：電気磁気学，3版改訂，電気学会 (2004).
3) 尾本義一，宮入庄太：電気機器 III，オーム社 (1970).
4) 茂木　晃：磁気回路，共立出版 (1962).
5) 茂木　晃：磁気応用入門，日刊工業新聞社 (1972).
6) 桜井良文：磁気応用回路，日刊工業新聞社 (1973).
7) 山田　一，他：基礎磁気工学，学献社 (1975).
8) 高木亀一：磁気回路の基礎と計算・設計法，テクノシステム (1988).
9) 山川和郎，他：永久磁石磁気回路の設計と応用，総合電子 (1987).
10) 俵　好夫，大橋　健：希土類永久磁石，森北出版 (1999).
11) 成田賢仁：磁性工学入門，オーム社 (1965).
12) 武田洋次，他：埋込磁石同期モータの設計と制御，オーム社 (2005).
13) N. Bianchi, T. M. Jahns：Design, Analysis, and Control of Interior PM Synchronous Machines, IEEE (2004).
14) A. E. Fitzgerald, et al.：Electric Machinery, Fourth Edition, McGraw Hill (1983).
15) E. C. Lovelance, et al.："A Saturating Lumped Parameter Method for an Interior PM Synchronous Machine", IEEE International Electric Machines and Drives Conference, pp. 1330–1331 (1999).

3

変圧器の回路

3.1 変圧器の原理と基本構成

3.1.1 変圧器の原理

変圧器は交流静止器であり，交流電圧や電流を電磁誘導作用によって変成する機器である．図3.1は理想変圧器を示している．理想変圧器では，巻線の抵抗がゼロで漏れ磁束は発生せず，鉄心透磁率が無限大であるため励磁電流は無視できる．また，鉄損も生じない．このような変圧器において，周波数がf[Hz]の正弦波交流電圧を$\dot{V}_1$[V]，一次および二次誘導起電力を$\dot{E}_1$, $\dot{E}_2$[V]，巻数をN_1, N_2とすれば，$\dot{V}_1 = \dot{E}_1$, $\dot{E}_2 = (N_2/N_1)\dot{E}_1$が成り立ち，磁束$\phi$の最大値$\phi_m$は$\phi_m = V_1/(4.44fN_1)$[Wb]となる．ここで巻数比を$a$とすると，$a = N_1/N_2$であり，

$$\frac{\dot{E}_1}{\dot{E}_2} = \frac{\dot{V}_1}{\dot{V}_2} = \frac{N_1}{N_2} = a \tag{3.1}$$

が成り立つ．

次に，二次側にインピーダンス$\dot{Z}_L$[Ω]の負荷を接続すると，$\dot{I}_2 = \dot{V}_2/\dot{Z}_L$の二次負荷電流が流れる．この電流により起磁力$N_2\dot{I}_2$が新たに生じるが，理想変圧器では鉄心中の起磁力の和はゼロであるから，この起磁力を打ち消すために一次側に一次負荷電流$\dot{I}'_1$が流れ，次式が成り立つ．

$$N_1\dot{I}'_1 = N_2\dot{I}_2 \tag{3.2}$$

したがって，

$$\frac{\dot{I}_2}{\dot{I}'_1} = \frac{N_1}{N_2} = a \tag{3.3}$$

を得る．

実際の変圧器では，上で述べた理想変圧器の仮定はすべて考慮されることになる．すなわち，巻線抵抗r_1, r_2，漏れリアクタンスx_1, x_2が存在し，主磁束を作るために磁化電流が必要である．また，鉄損電流も流れ，鉄損が発生する．この磁化電流と鉄損電流の和が励磁電流となる．

3.1.2 変圧器の基本構成

変圧器には三相変圧器，単巻変圧器，計器用変成器などがあるが，ここでは単相変圧器について述べることにする．変圧器の鉄心には，図3.2に示すように内鉄形と外鉄形があり，ヒステリシス損を少なくするためにケイ素が添加された方向性ケイ素鋼帯を用いている．無方向性電磁鋼帯に比較して鉄損がきわめて少なく，冷間圧延法で作られる．また，渦電流を少なくするために厚さ0.35 mm程度のケイ素鋼板の表面に絶縁被膜を施し，それを積層して鉄心としている．変圧器は主に鉄損や銅損により熱を発生するため，冷却および絶縁のために本体を油中に浸すことが多い．巻線は軟銅線やアルミの丸線あるいは平角線が用いられ，容量などにより決められる．小形のものでは絶縁を施した鉄心に巻線をじか巻きする方法があるが，中・大形になると巻線を巻型の上に巻いた後これを鉄心に挿入するなどの方法がとられる．

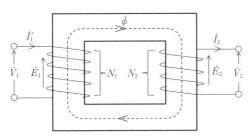

図3.1 理想変圧器

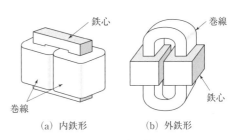

(a) 内鉄形　　(b) 外鉄形

図3.2 変圧器

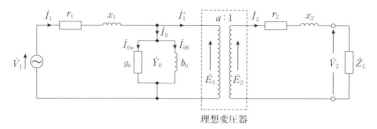

図 3.3 実際の変圧器の回路

3.2 変圧器の等価回路

変圧器の電気的な特性について考えるときなどに等価回路はよく使用される．現在では高性能なパソコンが容易に入手できるので，この等価回路により簡単に特性を求めることが可能である．等価回路は，一次および二次漏れインピーダンス $\dot{Z}_1 = r_1 + jx_1 [\Omega]$, $\dot{Z}_2 = r_2 + jx_2 [\Omega]$，励磁アドミタンス $\dot{Y}_0 = g_0 - jb_0 [S]$ (g_0：励磁コンダクタンス [S], b_0：励磁サセプタンス [S])で表される．図 3.3 は実際の変圧器の回路を示したものである．$\dot{Z}_L$ は負荷である．また，図 3.4 にはこの変圧器のフェーザ図を示してある．

次に図 3.3 に示された変圧器回路の理想変圧器を取り去った等価回路を考えると，図 3.5 に示された回路となる．図 3.3 において，理想変圧器の一次側から二次側をみたときのインピーダンスを $\dot{Z}_a$ とおくと，一次，二次の電圧，電流および巻数比との関係より

$$\dot{Z}_a = \frac{\dot{E}_1}{\dot{I}_1'} = \frac{a\dot{E}_2}{\dot{I}_2/a} = a^2 \frac{\dot{E}_2}{\dot{I}_2} = a^2(\dot{Z}_2 + \dot{Z}_L) = a^2\dot{Z}_2 + a^2\dot{Z}_L \quad (3.4)$$

となる．したがって，図 3.5 における二次側回路の定数は，以下のようになる．

$$r_2' + j x_2' = \dot{Z}_2' = a^2 \dot{Z}_2 = a^2 r_2 + j a^2 x_2 \quad (3.5)$$

$$\dot{Z}_L' = a^2 \dot{Z}_L \quad (3.6)$$

したがって，一次に換算した等価回路は図 3.6 となる．この等価回路において一次漏れインピーダンスで生じる電圧降下は小さく，実用上無視できるものとして，励磁回路を移動すると図 3.7 のようになる．この等価回路は簡易等価回路と呼ばれ，図 3.6 の回路の代わりによく用いられる．

これまで一次に換算した回路を考えてきたが，二次側を基準にして変圧器を扱う場合には二次換算の等価回路を使用した方が便利であるので二次に換算した等価回路を考える．

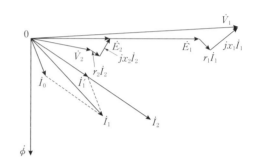

図 3.4 変圧器のフェーザ図

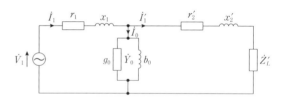

図 3.5 理想変圧器を取り去った回路

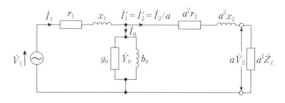

図 3.6 一次に換算した等価回路

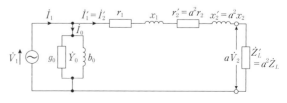

図 3.7 簡易等価回路

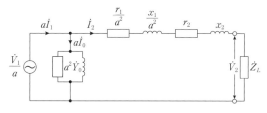

図 3.8 二次に換算した等価回路

図 3.7 の回路において次の式が成り立つ.

$$\dot{I}'_2 = \frac{\dot{V}_1}{(r_1 + a^2 r_2) + j(x_1 + a^2 x_2)} \quad (3.7)$$

ここで, $\dot{I}_2 = a\dot{I}'_2$ であるから

$$\dot{I}_2 = \frac{a\dot{V}_1}{(r_1 + a^2 r_2) + j(x_1 + a^2 x_2)} = \frac{\dot{V}_1/a}{(r_1/a^2 + r_2) + j(x_1/a^2 + x_2)} \quad (3.8)$$

となり,一次側のインピーダンスを $1/a^2$ 倍,アドミタンスを a^2 倍,一次側の電圧を $1/a$ 倍すればよい.これらをまとめて二次に換算した等価回路を示すと図3.8になる.

3.3 変圧器の特性

3.3.1 等価回路定数の算定

前節で求めた変圧器の等価回路を用いて特性を計算するためには,等価回路の定数を算定しておく必要がある.そのために,抵抗測定,無負荷試験および短絡試験を行って必要なデータを得なければならない.

a. 抵抗測定

t [℃] における一次および二次巻線の直流抵抗 r_t を測定し,次式によって基準巻線温度 T [℃] における抵抗値 r [Ω] に換算する.基準巻線温度は耐熱クラスにより決められている.

$$r = r_t \cdot \frac{235 + T}{235 + t} \quad (3.9)$$

b. 無負荷試験

変圧器の二次側端子を開放し,一次側に定格一次電圧 V_{1n} を印加したときの電流 I_0,入力 P_0 を測定し,次式より励磁回路の定数を算定する.

$$g_0 = \frac{P_0}{V_{1n}^2} \quad [\text{S}], \quad b_0 = \sqrt{\left(\frac{I_0}{V_{1n}}\right)^2 - g_0^2} \quad [\text{S}] \quad (3.10)$$

c. 短絡試験

二次側端子を短絡し,定格一次電流 I_{1n} を流したときの電圧 V_{1s}(インピーダンス電圧),入力 P_{1s}(インピーダンスワット)を測定し,次式より巻線抵抗と漏れインピーダンスを算定する.このとき印加電圧は低いため励磁回路は無視できる.

$$r_1 + a^2 r_2 = \frac{P_{1s}}{I_{1n}^2} \quad [\Omega] \quad (3.11)$$

$$x_1 + a^2 x_2 = \sqrt{\left(\frac{V_{1s}}{I_{1n}}\right)^2 - (r_1 + a^2 r_2)^2} \quad [\Omega] \quad (3.12)$$

以上により,等価回路定数が求められる.簡易等価回路では抵抗と漏れリアクタンスは一次と二次に分ける必要がないので上式より得られた値を使用できる.

3.3.2 電圧変動率

変圧器は漏れインピーダンスによる電圧降下があるため,二次端子電圧は負荷によって変化する.その変化の程度を示すのが電圧変動率である.いま変圧器に定格負荷を接続し,一次電圧を調整して二次電圧を定格値 V_{2n} にする.一次電圧を変えることなく無負荷にしたときの二次端子電圧を V_{20} とすると,電圧変動率 ε は次式で表せる.

$$\varepsilon = \frac{V_{20} - V_{2n}}{V_{2n}} \times 100 \quad [\%] \quad (3.13)$$

上式は,実験結果より計算できるが,等価回路を用いても求めることができる.次に,二次に換算した等価回路を用いて電圧変動率を求める.図3.8の等価回路のフェーザ図は図3.9となる.ただし,

$$R_t = \frac{r_1}{a^2} + r_2, \quad X_t = \frac{x_1}{a^2} + x_2 \quad (3.14)$$

であり,二次定格電流 $\dot{I}_{2n}$ が流れているときの図である.$\dot{V}_1/a$ は無負荷時の二次端子電圧 $\dot{V}_{20}$ となる.このフェーザ図より,V_{20} を求めると次式になる.ただし,根号内の第2項目は1項目に比べ非常に小さいので無視できる.

$V_{20} =$
$\sqrt{(V_{2n} + R_t I_{2n} \cos\theta + X_t I_{2n} \sin\theta)^2 + (X_t I_{2n} \cos\theta - R_t I_{2n} \sin\theta)^2}$
$\approx V_{2n} + R_t I_{2n} \cos\theta + X_t I_{2n} \sin\theta \quad (3.15)$

したがって,この関係を式 (3.13) に代入すると,

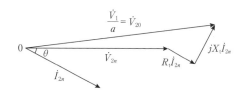

図 3.9 二次に換算した等価回路のフェーザ図

$$\varepsilon \approx \left(\frac{R_t I_{2n} \cos\theta}{V_{2n}} + \frac{X_t I_{2n} \sin\theta}{V_{2n}} \right) \times 100 \quad [\%] \quad (3.16)$$

ここで,
$$R = r_1 + a^2 r_2, \quad X = x_1 + a^2 x_2 \quad (3.17)$$

とすると,次式が成り立つ.

$$p = \frac{R_t I_{2n}}{V_{2n}} \times 100 = \frac{R I_{1n}}{V_{1n}} \times 100 \quad [\%],$$
$$q = \frac{X_t I_{2n}}{V_{2n}} \times 100 = \frac{X I_{1n}}{V_{1n}} \times 100 \quad [\%] \quad (3.18)$$

ここで,p を百分率抵抗降下,q を百分率リアクタンス降下と称し,

$$\varepsilon \approx p \cos\theta + q \sin\theta \quad [\%] \quad (3.19)$$

となる.また,百分率インピーダンス降下 z は次式となる.

$$z = \frac{Z I_{1n}}{V_{1n}} \times 100 = \sqrt{\left(\frac{R I_{1n}}{V_{1n}}\right)^2 + \left(\frac{X I_{1n}}{V_{1n}}\right)^2} \times 100 = \sqrt{p^2 + q^2} \quad [\%]$$
$$(3.20)$$

ただし,$\dot{Z} = R + jX$ である.

3.3.3 効 率

変圧器内に発生する損失は,無負荷損と負荷損に大別できる.無負荷損は主に鉄心内に発生する鉄損(ヒステリシス損と渦電流損)であり,負荷に無関係である.きわめて小さいが,絶縁物に生じる誘電損もこの中に含まれる.負荷損は主に銅損であるが,そのほかに漂遊負荷損と呼ばれる,漏れ磁束によって巻線内部や外箱,締付ボルトなどに生じる渦電流による損失も含まれる.変圧器の規約効率 η は,出力 P_{out} と入力 P_{in} の比で表され,負荷力率を $\cos\theta$ とすれば,全負荷時における η は次式となる.

$$\eta = \frac{P_{out}}{P_{in}} \times 100 = \frac{P_{out}}{P_{out} + P_i + P_c} \times 100 \quad [\%] \quad (3.21)$$

ここで,P_i は鉄損であり,負荷にかかわらず一定である.また,P_c は銅損である.全負荷時においては,

$$P_{out} = V'_{2n} I'_{2n} \cos\theta, \quad P_c = I'^2_{2n} R \quad (3.22)$$

となり,$P_i = P_c$ のときに最大効率を示す.

負荷が全負荷の $1/n$ のとき,電流が $1/n$ になるので銅損は $(1/n)^2$ に比例する.したがってこのときの効率 $\eta_{(1/n)}$ は,

$$\eta_{(1/n)} = \frac{(1/n) P_{out}}{(1/n) P_{out} + P_i + (1/n)^2 P_c} \times 100 \quad [\%] \quad (3.23)$$

なお,配電用変圧器などのように1日間で負荷が著しく変化する場合などは1日を通じての効率(η_{all}:全日効率)を考え,この全日効率を最大にするように考えられる.いま1日24時間のうち t 時間のみ全負荷で,残りは無負荷で運転されていたとすると全日効率は,次式で表される.

$$\eta_{all} = \frac{t P_{out}}{t P_{out} + 24 P_i + t P_c} \times 100 \quad [\%] \quad (3.24)$$

3.4 変圧器の三相結線回路

3.4.1 変圧器の極性

変圧器の多相結線や並行運転を行う場合に極性が問題になる.極性は,高・低圧端子間の位相関係を表すものであり,図 3.10 の回路により試験を行う.電圧計の値が $(E_1 - E_2)$ となる場合を減極性といい,反

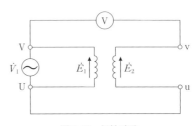

図 3.10 極性試験

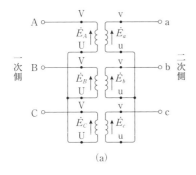

(a)

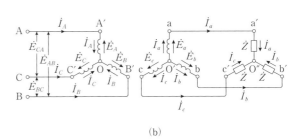

(b)

図 3.11 Y-Y 結線

対に (E_1+E_2) になる場合を加極性という．わが国では減極性が標準である．

3.4.2 三相結線

電力系統では三相交流方式が広く採用されているが，三相電力を変圧するには三相変圧器を用いるか，あるいは単相変圧器を3台用いればよい．ここでは単相変圧器を3台用いて変圧する方法について考える．変圧器には一次と二次の巻線があり，それぞれがY(スター)結線かΔ(デルタ)結線かによって次の4通りが考えられる．

 a． Y-Y 結線　　　b． Δ-Δ 結線
 c． Δ-Y 結線　　　d． Y-Δ 結線

a． Y-Y 結線

結線図を図3.11(a)に示す．各変圧器の一次および二次側がともにY結線されている．図3.11(b)には三相負荷 $\dot{Z}$ を含む結線を示す．また，図3.12はフェーザ図を示している．

鉄心には磁気飽和現象やヒステリシス現象があるため変圧器の一次側に正弦波を印加しても励磁電流は高調波を含みひずむことになる．すなわち，正弦波電圧を誘導するためには励磁電流に高調波を含むことが必要になる．この結線においては，第三高調波電流が流れ得ないため磁束は高調波を含み二次側の相電圧に第三高調波を誘導するが，線間電圧には現れない．中性点を接地すると第三高調波電流が流れることになるが，これは通信線に誘導障害を引き起こすおそれがある．このようなことからこの結線はあまり用いられないが，第三次巻線をΔ結線にして設けると欠点は解消され，広く用いられている．

b． Δ-Δ 結線

結線図を図3.13(a)に示し，図3.13(b)には三相負荷 $\dot{Z}$ を含む結線を示す．また，図3.14はフェーザ図を示している．変圧器に流れる電流が線電流の $1/\sqrt{3}$ になる．中性点がとれない欠点があるが，第三高調波電流が循環電流として巻線を流れるので正弦波起電力が誘導される．

c． Δ-Y 結線

図3.15に三相負荷 $\dot{Z}$ を含む結線図を示し，図3.16

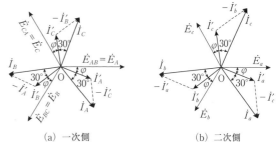

(a) 一次側　　　(b) 二次側

図3.14　Δ-Δ 結線のフェーザ図

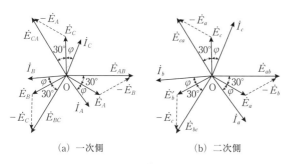

(a) 一次側　　　(b) 二次側

図3.12　Y-Y 結線のフェーザ図

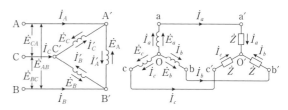

図3.15　Δ-Y 結線

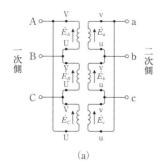

(a)

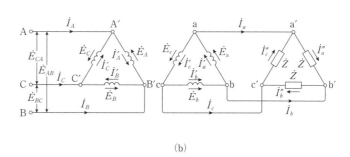

(b)

図3.13　Δ-Δ 結線

にフェーザ図を示す．YとΔの両結線を使用するため第三高調波電流が流れることができ，第三高調波電圧発生の心配もない．この結線では二次側の線間電圧が相電圧の$\sqrt{3}$倍になるので，送電線の送電端などに採用される．

d. Y-Δ 結線

図3.17に三相負荷$\dot{Z}$を含む結線図を示し，図3.18にフェーザ図を示す．この結線は，送電線の受電端のように電圧を低くする場合に用いられる．

e. V-V 結線

図3.19に三相負荷$\dot{Z}$を含む結線図を示す．Δ-Δ結線では，各相巻線の定格電流をI_nとすると線電流Iは，$I = \sqrt{3} I_n$となり，容量Pは次式となる．

$$P = \sqrt{3} VI = 3VI_n \quad [\text{VA}] \tag{3.25}$$

これをV結線にすると，$I = I_n$であるから，容量P'は次式となる．

$$P' = \sqrt{3} VI = \sqrt{3} VI_n = \frac{1}{\sqrt{3}} P = 0.577P \quad [\text{VA}] \tag{3.26}$$

上式より，V-V結線の場合定格容量はΔ-Δ結線時の57.7[%]になることがわかる．また，容量VI_nの変圧器2台で定格容量が$\sqrt{3}VI_n$となるから，利用率は

$$\frac{\sqrt{3} VI_n}{2VI_n} = 0.866 = 86.6 \quad [\%] \tag{3.27}$$

となる．

3.5 特殊変圧器

3.5.1 単巻変圧器

単巻変圧器は図3.20に示すように，一次巻線と二次巻線が共通の巻線部分を有している．巻線の共通部分abを分路巻線，共通でない部分bcを直列巻線という．全体の巻線に電圧$\dot{V}_1$を印加すると分路巻線には$\dot{V}_2$を生じるが，巻数N_1，N_2との関係は次式で与えられる．

$$\frac{\dot{V}_1}{\dot{V}_2} = \frac{N_1}{N_2} = a \tag{3.28}$$

また，負荷電流を$\dot{I}_2[\text{A}]$，一次に流れる電流を$\dot{I}_1[\text{A}]$，分路巻線を流れる電流を$\dot{I}[\text{A}]$とすると次式の関係がある．

$$(N_1 - N_2)\dot{I}_1 = N_2 \dot{I}$$
$$= N_2(\dot{I}_2 - \dot{I}_1) \tag{3.29}$$

これを整理すると，次式となる．

$$\frac{\dot{I}_2}{\dot{I}_1} = \frac{N_1}{N_2} = a \tag{3.30}$$

3.5.2 計器用変成器

a. 計器用変圧器（PT）

高電圧を測定する場合の補助機器である．二次側に接続された低圧用の普通の計器により一次側の高電圧を測定することができる．一次側と二次側の変圧比（K

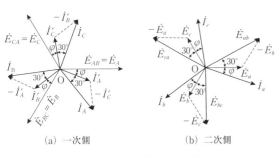

(a) 一次側　　(b) 二次側

図3.16 Δ-Y 結線のフェーザ図

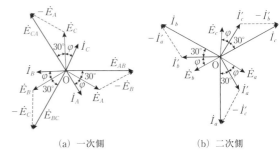

(a) 一次側　　(b) 二次側

図3.18 Y-Δ 結線のフェーザ図

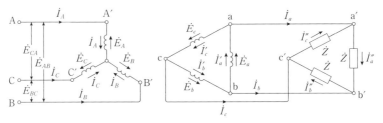

図3.17 Y-Δ 結線

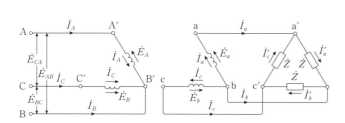

図 3.19　V-V 結線

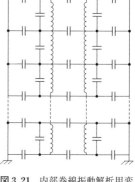

図 3.21　内部巻線振動解析用変圧器詳細モデル

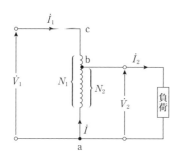

図 3.20　単巻変圧器

$=N_1/N_2$）が重要であり，また計器の回路を高圧回路から絶縁できるので安全な測定が可能である．二次側を短絡すると大電流が流れ危険であるので決して短絡してはならない．

b. 変流器（CT）

大電流測定用であり，変流比（$K=N_2/N_1$）が重要である．二次側を開放して使用すると高電圧を発生して危険であるので，電流計を接続しない場合には短絡しておく必要がある．

3.6　サージ進入回路

変圧器はさまざまな過電圧に耐えられるように設計されているが，この過電圧には雷サージや開閉サージと呼ばれるサージ電圧がある．前者は数十 μs 程度持続する単極性の電圧波であり，数 μs 程度のきわめて短時間で波高値に到達する．一方，後者は変圧器の励磁電流を裁断した場合などに生じる数〜数十 kHz の開閉電圧である．このように高周波数領域の場合には通常の変圧器の等価回路をそのまま使うことはできず，浮遊容量を考慮した等価回路を使用しなければならない．また，サージ電圧などが変圧器に進入した場合には巻線のインダクタンスは，図 3.21 に示される内部巻線振動解析用変圧器詳細モデルのように巻線の微少区間におけるインダクタンスとその間のキャパシタンスで示す回路を用いる必要がある．

〔三木一郎〕

文　献

1) エレクトリックマシーン＆パワーエレクトロニクス編纂委員会：エレクトリックマシーン＆パワーエレクトロニクス，森北出版（2006）．
2) 電気学会：電気機器工学 I，オーム社（1998）．
3) 宮入庄太：大学講義　最新電気機器学，丸善（1979）．
4) 深尾　正他：電気機器入門，実教出版（2003）．
5) 電気学会：電気工学ハンドブック，p.707，オーム社（2001）．
6) 電気学会：電気学会誌，**125**，5，pp.300-303（2005）．

4

誘導電動機（モータ）の回路

4.1 三相誘導電動機の原理と基本構成

4.1.1 三相誘導電動機の原理

誘導電動機の原理を説明するためにアラゴの円板がよく用いられるが，ここでは図4.1にさらにわかりやすくした原理図を示す．円筒の導体上で磁石を移動させると，電磁誘導により導体内に渦電流が流れる．したがって，フレミングの左手の法則により磁石の移動する方向に電磁力が発生し，円筒は回転する．導体内に電流が流れるためにはフレミングの右手の法則より磁束を導体が横切る必要があるため，円筒は常に磁石より遅れて回転する．

4.1.2 三相交流による回転磁界

電気的に回転磁界を発生するためには，一般的には三相交流を用いて回転磁界を発生させる．図4.2に示す対称三相巻線に電流を流せばおのおのの電流により起磁力が発生する．この起磁力の中心軸は巻線軸と呼ばれる．ここでは，図を用いて回転磁界が発生することを示す．三相交流による回転磁界を数式的に求める方法は第5章に示す．

三相巻線に対称三相交流電圧を印加すると，励磁電流が流れ，それによって起磁力が発生する．その様子を図4.3に示す．励磁電流が流れると起磁力の空間ベ

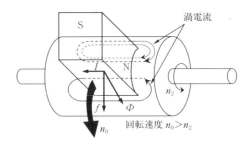

図4.1 誘導電動機の原理

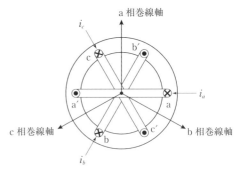

図4.2 対称三相巻線と巻線軸の関係

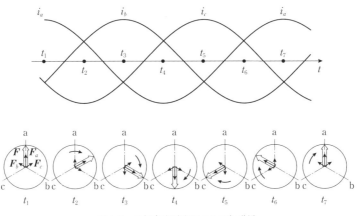

図4.3 三相交流電流による回転磁界

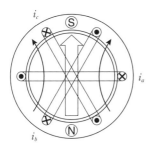

図 4.4 2 極機

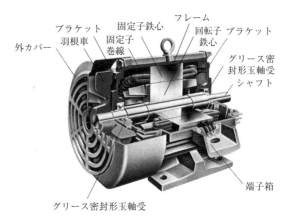

図 4.5 かご形誘導電動機（提供：株式会社明電舎）

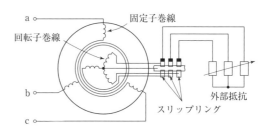

図 4.6 巻線形誘導電動機

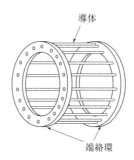

図 4.7 かご形導体

クトルの和は一定となり，電流の相回転方向に同期速度で回転する磁界（回転磁界）となることがわかる．同図では回転磁界は時計方向になっているが，これを反時計方向にするためには電流の相順を反対にする．たとえば b 相電流と c 相電流を入れ替えればよいことがわかる．具体的には電源に接続するモータからの 3 線のうち 2 線を交換すればよい．誘導電動機の極対数 p（極数：$2p$）は，磁束分布を考えればよく，図 4.3 において時刻 t_1 における三相電流を図 4.2 の固定子巻線に流したときを考えると，図 4.4 に示すように a 相巻線軸の負方向（N 極）から正方向（S 極）に磁束の流れが発生する．したがって，この場合には極対数が 1(2 極) の電動機である．一般に極対数 p と電源周波数 f[Hz] および回転磁界の速さ（同期速度）n_0[rps] の関係は次式となる．

$$n_0 = \frac{f}{p} \tag{4.1}$$

また，機械角 θ_m と電気角 θ の関係は，$\theta = p\theta_m$ となる．

原理で述べたが，誘導電動機が回転を続けるためには回転子は常に回転磁界より遅い速度で回転する必要がある．そこで回転磁界の速度（同期速度）に対する回転磁界の速度と回転子速度 n_2 の差との比を滑り s と称し，次式で表す．

$$s = \frac{n_0 - n_2}{n_0} \tag{4.2}$$

4.1.3 三相誘導電動機の基本構成

三相誘導電動機は固定子と回転子とからなり，回転子の構造の相違から三相巻線形誘導電動機と三相かご形誘導電動機に分けられ，かご形機はさらに普通かご形機と特殊かご形機に分類できる．いずれの電動機とも固定子にはヒステリシス損を少なくするために，ケイ素が 1～3.5% 含有した厚さ 0.35 mm あるいは 0.5 mm のケイ素鋼板を積層して作られた鉄心に三相巻線が施されている．この鉄心は固定子枠に支えられており，三相巻線は固定子のギャップ面に設けられたスロットに納められている．0.3 mm から 2.5 mm のギャップを隔てて回転子がおかれる．かご形機の場合には積層された回転子鉄心のスロットに裸銅棒やアルミニウム導体を納め，その両端を端絡環で短絡する．アルミニウムが納められた回転子はダイカスト回転子と呼ばれ，15 kW 以下の容量の電動機に適用される．この場合には，端絡環や通風のための翼も一体となっている．巻線形機の場合には，回転子にも絶縁された三相巻線を施し，各相の端子は 3 個のスリップリングという環状の導体に接続されスリップリングを通して

外部抵抗などに接続することができる.

図4.5はかご形誘導電動機の構造を示し, 図4.6は巻線形誘導電動機を示す. また, 図4.7は普通かご形機のかご形導体を示している.

4.2 三相誘導電動機の理論

誘導電動機に生じる異常トルク, 振動・騒音や温度上昇を抑えるため正弦波起磁力を発生する工夫がなされている. まず, 固定子巻線を分布巻にし, さらに起磁力を正弦波に近づけるために巻き方を工夫した短節巻を同時に採用している.

誘導電動機では一次巻線 (固定子巻線) に三相電圧を印加すると励磁電流が流れ, 回転磁界を生じる. この磁界は, 一次および二次巻線 (回転子巻線) を切るのでおのおのの巻線に起電力が誘起される. 二次誘導起電力によって回転子巻線には電流が流れ, 回転磁界との間に電磁力を発生しトルクが生じる. 一次一相巻線に誘導される起電力は,

$$e_1 = -k_1 w_1 \frac{d\phi_1}{dt} = k_1 w_1 \omega \phi_m \sin \omega t \quad (4.3)$$

である. ただし, $\phi_1 = \phi_m \cos \omega t$ であり, これは一相の一つのコイルに鎖交する磁束である. また, k_1 は巻線係数, w_1 は一次巻線の巻数を表している. これを実効値で表すと,

$$E_1 = 4.44 f \phi_m k_1 w_1 \quad (4.4)$$

となる. 回転子が静止しているとき, すなわち二次巻線が開放状態にあるとすれば, 二次巻線には相互誘導により次式の二次誘導起電力が発生する.

$$E_2 = 4.44 f \phi_m k_2 w_2 \quad (4.5)$$

ただし, k_2 は巻線係数, w_2 は二次巻線の巻数を表している.

E_2 に対する E_1 の比は有効巻数比といい, 変圧器の巻数比に相当する.

開放状態の二次巻線を短絡すると電流が流れトルクが発生し, 回転子は滑りゼロ付近で一定速度で回転する. 負荷がかかると回転速度は減速し, 滑りは大きくなる. このときの回転磁界と回転子の相対速度は, 式 (4.2) より $n_0 - n_2 = s n_0$ であり, 回転子が静止しているとき相対速度は n_0 であるから s 倍になる. したがって, 二次誘導起電力の大きさおよび周波数とも静止時の s 倍となり, 次式の関係となる.

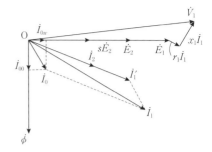

図4.8 誘導電動機のフェーザ図

$$E_2' = 4.44 s f \phi_m k_2 w_2 = s E_2 \quad (4.6)$$

sf は二次電流の周波数であり, 滑り周波数と呼ばれる. 4.1.2項で述べたように, 誘導電動機は滑り s で回転するが, 通常この値は 2〜5% である.

二次巻線一相分の抵抗を r_2 [Ω], 漏れリアクタンスを x_2 [Ω] とすると, 滑り s で運転しているときの周波数は滑り周波数であるから, 漏れリアクタンスは sx_2 [Ω] となる. したがって, 二次電流 I_2 [A] は次式になる.

$$I_2 = \frac{sE_2}{\sqrt{r_2^2 + (sx_2)^2}} = \frac{E_2}{\sqrt{(r_2/s)^2 + x_2^2}} \quad (4.7)$$

二次電流 $\dot{I}_2$ が流れると二次起磁力が発生するが, ギャップ磁界を一定に保つために, これを打ち消す一次起磁力を発生するための一次負荷電流 $\dot{I}_1'$ が流れる. 結局, 次式のように一次電流 $\dot{I}_1$ は, 励磁電流 $\dot{I}_0$ と一次負荷電流 $\dot{I}_1'$ との和となる.

$$\dot{I}_1 = \dot{I}_0 + \dot{I}_1' \quad (4.8)$$

励磁電流 $\dot{I}_0$ は主磁束を形成する磁化電流 $\dot{I}_{00}$ と鉄損電流 $\dot{I}_{0w}$ との和であり次式で表せる. また, 図4.8に以上の関係を表したフェーザ図を示す.

$$\dot{I}_0 = \dot{I}_{0w} + \dot{I}_{00} \quad (4.9)$$

4.3 三相誘導電動機の等価回路

誘導電動機と変圧器ではその形状や回転子の有無などでまったく異なる機器にみえる. しかし, これまで述べてきたことからもわかるように, 誘導電動機は回転磁界を媒介とした一種の変圧器と考えることができる. ここでは三相誘導電動機の一相分についてその等価回路を考える. いま滑り s で誘導電動機が運転されているとすれば, すでに述べたように二次誘導起電力は sE_2, 二次リアクタンスは sx_2 であるので式 (4.7)

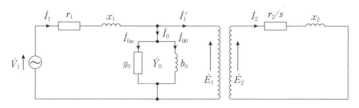

図4.9 誘導電動機の等価回路

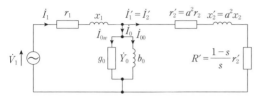

図4.10 一次に換算した等価回路

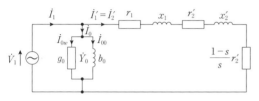

図4.11 簡易等価回路

より $\dot{I}_2$ が求まり，等価回路は図4.9となる．この回路において，二次抵抗は等価的に r_2/s と表されているが，これは実際の二次抵抗 r_2 と機械的出力を代表する次式で示される抵抗 R に分けることができる．

$$\frac{r_2}{s} = r_2 + \frac{1-s}{s}r_2 = r_2 + R \tag{4.10}$$

次に，変圧器の場合と同様にして二次側の諸量を一次に換算すると，図4.10のように表せる．さらに，励磁回路を一次の漏れインピーダンスの前に移動しても誤差は小さく，また計算が簡単になることから大まかな特性を知るために図4.11に示す簡易等価回路がよく用いられる．

4.4 三相誘導電動機の特性と運転

4.4.1 等価回路定数の算定

等価回路定数を算定するために，抵抗測定，無負荷試験および拘束試験を行う必要がある．

a. 抵抗測定

t [℃] における一次端子間の巻線抵抗 R_t を測定し，次式によって基準巻線温度 T [℃] における抵抗値 r [Ω] に換算する．基準巻線温度は耐熱クラスにより決められる．

$$r = \frac{R_t}{2} \cdot \frac{235+T}{235+t} \tag{4.11}$$

b. 無負荷試験

定格周波数，定格電圧の三相電圧を印加して無負荷運転を行い，端子電圧 V_{fl}，無負荷電流 I_0，無負荷入力 P_0 を測定する．定格電圧より少し高い電圧より電圧を下げてゆき，安定運転が可能な最低値まで徐々に電圧を下げながら，図4.12に示すように電圧に対する入力の変化を求める．その曲線を電圧ゼロの点まで延長すれば機械損 P_m が求まる．このときの等価回路は，回転子はほぼ同期速度で回転していると見なされ，滑り $s \approx 0$ であり，図4.13で示される．また，励磁回路の定数は以下の式で得られる．

$$g_0 = \frac{P_0 - P_m}{3(V_{fl}/\sqrt{3})^2} \tag{4.12}$$

$$b_0 = \sqrt{\left(\frac{I_0}{V_{fl}/\sqrt{3}}\right)^2 - g_0^2} \tag{4.13}$$

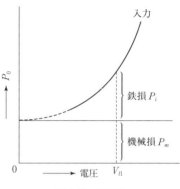

図4.12 機械損

c. 拘束試験

回転子を拘束したうえで，定格周波数の低電圧を印加し，定格電流に近い電流を流したときの電圧 V_s，電流 I_s および入力 P_s を測定する．このときの等価回路は図4.14となり，回路定数は次式で求められる．

$$r_2' = \frac{P_s}{3I_s^2} - r \tag{4.14}$$

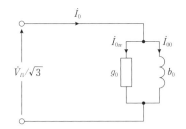

図 4.13 無負荷試験時の等価回路

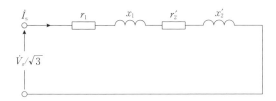

図 4.14 拘束試験時の等価回路

$$x_1 + x_2' = \sqrt{\left(\frac{V_s/\sqrt{3}}{I_s}\right)^2 - \left(\frac{P_s}{3I_s^2}\right)^2} \quad (4.15)$$

4.4.2 簡易等価回路による特性算定

図 4.11 の簡易等価回路を用いて以下のように特性算定を行うことができる.

一次負荷電流　$I_1' = \dfrac{V_1}{\sqrt{(r_1+r_2'/s)^2+(x_1+x_2')^2}}$　[A]

(4.16)

励磁電流　$I_0 = V_1\sqrt{g_0^2+b_0^2}$　[A]　(4.17)

一次電流

$$I_1 = V_1\sqrt{\left(g_0+\frac{r_1+r_2'/s}{Z^2}\right)^2+\left(b_0+\frac{x_1+x_2'}{Z^2}\right)^2}\ \ [A]$$

ただし, $Z = \sqrt{(r_1+r_2'/s)^2+(x_1+x_2')^2}$　(4.18)

力率

$$\cos\theta = \dfrac{g_0+\dfrac{r_1+r_2'/s}{Z^2}}{\sqrt{\left(g_0+\dfrac{r_1+r_2'/s}{Z^2}\right)^2+\left(b_0+\dfrac{x_1+x_2'}{Z^2}\right)^2}} \quad (4.19)$$

一次入力　$P_1 = 3V_1I_1\cos\theta$　[W]　(4.20)

鉄損　$P_i = 3V_1I_{0w} = 3g_0V_1^2$　[W]　(4.21)

一次銅損　$P_{c1} = 3I_1'^2 r_1$　[W]　(4.22)

二次銅損　$P_{c2} = 3I_1'^2 r_2' = sP_2$　[W]　(4.23)

二次入力　$P_2 = 3I_1'^2\dfrac{r_2'}{s}$　[W]　(4.24)

機械的出力

$$P_0 = P_2 - P_{c2} = 3I_1'^2\dfrac{1-s}{s}r_2' = (1-s)P_2 \quad [W] \quad (4.25)$$

軸出力　$P = P_0 - P_m$　[W]　(4.26)

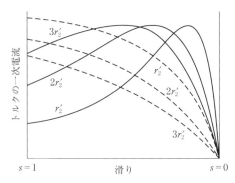

図 4.15 トルク（実線）および一次電流（破線）の比例推移

トルク　$T = \dfrac{P_0}{\omega_m}$　[N·m]　(4.27)

ω_m：回転角速度

効率　$\eta = \dfrac{100P}{P_1}$　[%]　(4.28)

二次効率

$$\eta_2 = \dfrac{100P_0}{P_2} = 100(1-s) \quad [\%] \quad (4.29)$$

4.4.3 比例推移

トルクの式は等価回路定数を用いると次式になる.

$$T = \dfrac{3pV_1^2(r_2'/s)}{2\pi f\{(r_1+r_2'/s)^2+(x_1+x_2')^2\}} \quad [N\cdot m] \quad (4.30)$$

上式からわかるようにトルクは r_2'/s の関数として表され, 二次抵抗が k 倍になるとともに滑りも k 倍になれば r_2'/s の値に変化がなく, したがってトルク値も変わらない. この関係を図に示したのが図 4.15 である. 二次回路に外部抵抗を挿入し, 二次抵抗が kr_2' になった場合 r_2' におけるトルク曲線上のすべての点のすべりが k 倍になるようにトルク曲線は左に推移する. これを比例推移という. 同図には一次電流の比例推移も示してある. この比例推移の性質は, 巻線形誘導電動機の始動や速度制御に適用することができる.

4.4.4 始動法

a. かご形誘導電動機の始動法

1) 全電圧始動法

定格電圧を直接電動機に印加する. 直入始動とも呼ばれる. 定格電流の 5～7 倍程度の始動電流が流れるが, 始動トルクは小さい.

2) Y-Δ 始動法

全電圧始動が適用できない場合に用いられる. 図

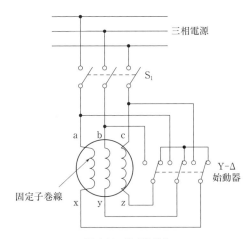

図 4.16 Y-Δ始動法

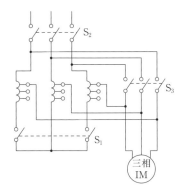

図 4.17 始動補償器

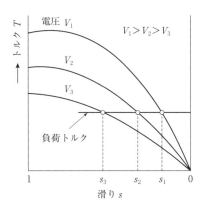

図 4.18 一次電圧制御法

4.16 に示すように，電動機の固定子巻線を Y-Δ 始動器に接続する．同図は固定子巻線が始動時 Y に接続されている場合であり，S_1 を閉じ全速度付近に加速したときには始動器を切り替えて Δ に接続する．Y 接続時には固定子巻線一相に加わる電圧は線間電圧の $1/\sqrt{3}$ になるので Δ 接続で始動したときの線電流の 1/3 になるが，トルクも 1/3 に減少するため無負荷あるいは軽負荷時に使用される．

3) 始動補償器法

図 4.17 に示すように，始動補償器として三相単巻変圧器を用い，はじめに S_1 と S_2 を閉じ電動機の端子に加わる電圧を下げて始動する．回転速度が上昇しほぼ全速度付近になったときに S_1 を開き，S_3 を閉じ全電圧を印加し運転に入る．

b. 巻線形誘導電動機の始動法

スリップリングを通して電動機の二次巻線に始動抵抗器を接続，すでに述べた比例推移の原理を利用して始動電流を抑制し，始動トルクを大きくして始動する方法である．

4.4.5 速度制御法

誘導電動機の回転速度は式 (4.1) および式 (4.2) より，次式で表される．

$$n_2 = n_0(1-s) = \frac{f}{p}(1-s) \quad [\text{rps}] \qquad (4.31)$$

この式より滑り s，極対数 p（極数）あるいは周波数 f を変えることにより回転速度を変えることができることがわかる．

a. 一次電圧制御法

誘導電動機のトルクは電圧の二乗に比例することから，図 4.18 に示すように一次電圧を変えたときにトルク特性曲線が変わり，一定の負荷トルクに対して滑りが変わることがわかる．ただし，同図のトルク特性曲線は速度範囲を広くするために高抵抗かご形回転子の誘導電動機を用いた場合のものである．この方法は滑りが大きく二次銅損が大きくなることから効率が悪い．

b. 極数変換による方法

極数を変えれば同期速度が変わり電動機の回転速度も変わるので，一次巻線の接続を切り換えて極数を切り替えることができるようにしたものである．効率はよいが，速度の変化は不連続になる．これはかご形電動機に採用され，極数切換誘導電動機と呼ばれる．

c. 巻線形誘導電動機の二次抵抗制御法

巻線形誘導電動機の二次巻線に接続した外部抵抗を変化させることにより比例推移の性質を利用して速度制御を行う方法である．抵抗器での損失が大きく効率が悪い．

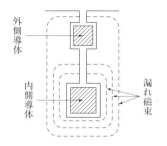

図 4.19 二重かご形誘導電動機

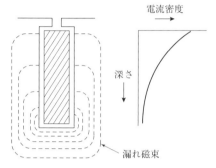

図 4.20 深みぞ形誘導電動機

4.4.6 特殊かご形誘導電動機

回転子の滑り周波数 sf の変化を利用し，始動時には二次抵抗を大きく，運転時には小さくなるようにして始動電流を抑制し，始動トルクが大きくなるように始動特性を改善した電動機である．図4.19に示す二重かご形誘導電動機と図4.20に示す深みぞ形誘導電動機がある．二重かご形機では外側導体の抵抗が内側導体より大きく，また内側導体は漏れリアクタンスが大きい構造となっているため，始動時 sf が高いときには二次電流は主に外側導体を流れ始動電流が抑制され大きな始動トルクを発生する．定常運転時は sf が小さく二次電流は内側導体を流れる．また，深みぞ形機ではスロット底部の漏れリアクタンスが大きくなるので，始動時には電流は導体上部に流れ導体の実効抵抗が増加する．定常時は sf が小さくなり電流は一様に流れるようになる．

4.4.7 三相誘導電動機のベクトル制御

電動機の固定子電流を励磁成分とトルク成分に分解して独立に制御し，直流電動機と等価なトルク制御を実現するものである．ここでは間接形ベクトル制御である滑り周波数形ベクトル制御を取り上げる．

三相誘導電動機の電圧方程式を 1.1.2 項に示した．また，γ-δ 変換（1.4.2 項参照）した方程式を次式に示す．ただし，P は微分演算子 d/dt を示しており，$\omega_s = \omega - \omega_m$ である．

$$\begin{bmatrix} v_{\gamma 1} \\ v_{\delta 1} \\ 0 \\ 0 \end{bmatrix} = \begin{bmatrix} r_1 + PL_1 & -\omega L_1 & PM & -\omega M \\ \omega L_1 & r_1 + PL_1 & \omega M & PM \\ PM & -\omega_s M & r_2 + PL_2 & -\omega_s L_2 \\ \omega_s M & PM & \omega_s L_2 & r_2 + PL_2 \end{bmatrix} \begin{bmatrix} i_{\gamma 1} \\ i_{\delta 1} \\ i_{\gamma 2} \\ i_{\delta 2} \end{bmatrix} \tag{4.32}$$

また，トルク式は次式となる．なお，p は極対数である．

$$T = pM(i_{\gamma 2}i_{\delta 1} - i_{\delta 2}i_{\gamma 1}) = p(\phi_{\delta 2}i_{\gamma 2} - \phi_{\gamma 2}i_{\delta 2}) \tag{4.33}$$

さらに，回転子磁束と電流との関係は，

$$\begin{bmatrix} \phi_{\gamma 2} \\ \phi_{\delta 2} \end{bmatrix} = \begin{bmatrix} M & 0 & L_2 & 0 \\ 0 & M & 0 & L_2 \end{bmatrix} \begin{bmatrix} i_{\gamma 1} \\ i_{\delta 1} \\ i_{\gamma 2} \\ i_{\delta 2} \end{bmatrix} \tag{4.34}$$

であるので，式 (4.32) は次式となる．

$$\begin{bmatrix} v_{\gamma 1} \\ v_{\delta 1} \\ 0 \\ 0 \end{bmatrix} = \begin{bmatrix} r_1 + P\sigma L_1 & -\omega \sigma L_1 & \alpha P & -\alpha \omega \\ \omega \sigma L_1 & r_1 + P\sigma L_1 & \alpha \omega & \alpha P \\ -\alpha r_2 & 0 & P + \dfrac{r_2}{L_2} & -\omega_s \\ 0 & -\alpha r_2 & \omega_s & P + \dfrac{r_2}{L_2} \end{bmatrix} \begin{bmatrix} i_{\gamma 1} \\ i_{\delta 1} \\ \phi_{\gamma 2} \\ \phi_{\delta 2} \end{bmatrix} \tag{4.35}$$

ただし，$\sigma = 1 - \dfrac{M^2}{L_1 L_2}$, $\alpha = \dfrac{M}{L_2}$.

ここで，γ 軸と δ 軸は直交しており，γ 軸方向を回転子鎖交磁束の方向とすると次式のようにおける．

$$\phi_{\gamma 2} = \phi_2, \quad \phi_{\delta 2} = 0 \tag{4.36}$$

式 (4.35) に式 (4.36) の関係を導入すると，次式が得られる．

$$i_{\gamma 1} = \dfrac{\phi_2}{M} + \dfrac{L_2}{Mr_2}(P\phi_2) \tag{4.37}$$

$$\omega_s = \dfrac{r_2}{L_2} \dfrac{M}{\phi_2} i_{\delta 1} \tag{4.38}$$

また，式 (4.33) のトルクは，回転子磁束 ϕ_2 と δ 軸電流の積で表され，

$$T = -p\phi_2 i_{\delta 2} \tag{4.39}$$

となる．さらに，式 (4.34) の 2 行目と上式より，

$$T = p\dfrac{M\phi_2}{L_2} i_{\delta 1} \tag{4.40}$$

が求まる．したがって，式 (4.37) と式 (4.40) より磁化電流指令 $i_{\gamma 1}^*$ とトルク電流指令 $i_{\delta 1}^*$ は，

$$i_{\gamma 1}^* = \dfrac{\phi_2^*}{M} + \dfrac{L_2}{Mr_2} \dfrac{d\phi_2^*}{dt} \tag{4.41}$$

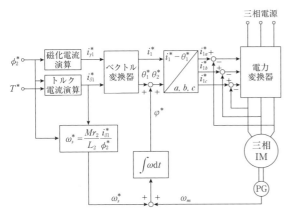

図4.21 滑り周波数形ベクトル制御システム

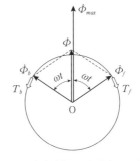

図4.22 交番磁束の回転磁束への分解

$$i_{\delta 1}^* = \frac{L_2 T^*}{pM\phi_2^*} \quad (4.42)$$

となる．滑り周波数指令値 ω_s^* は式（4.38）より次式になる．

$$\omega_s^* = \frac{r_2}{L_2}\frac{M}{\phi_2^*}i_{\delta 1}^* \quad (4.43)$$

ここで，$i_1^* = \sqrt{i_{\gamma 1}^{*2} + i_{\delta 1}^{*2}}$，$\theta^* = \tan^{-1} i_{\delta 1}^*/i_{\gamma 1}^*$ とおくと，図4.21の滑り周波数形ベクトル制御システムが求められる．この方式は磁束検出器などの特殊なセンサを必要としないので広く実用化されているが，電動機定数が滑り周波数の演算に使われるためこれらの変動に対する何らかの補償が必要となる．

4.5 単相誘導電動機の原理と基本構成

4.5.1 単相誘導電動機の原理

単相誘導電動機の回転子は三相かご形誘導電動機と同じかご形回転子であるが，固定子に主巻線として単相巻線を施したものを純単相誘導電動機という．この電動機に単相交流電圧を印加しても交番磁界は発生するが，回転磁界は生じないので始動トルクも得られない．そこで，主巻線と電気角で90°ずらした位置に補助巻線（始動巻線）を設け，これにコンデンサを接続すると始動巻線を流れる電流は主巻線を流れる電流より位相がほぼ90°程度進み，回転磁界ができ始動する．この単相誘導電動機にはいくつかの種類がある．

純単相誘導電動機に単相交流電圧を印加したときに発生する交番磁束 ϕ の最大磁束を ϕ_{max} とすると，図4.22に示すように大きさが1/2で正方向と逆方向に

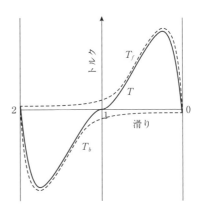

図4.23 発生トルク

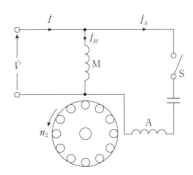

図4.24 コンデンサ始動形モータ

同期速度で回転する二つの磁束 $\dot{\phi}_f, \dot{\phi}_b$ に分解することができる．また，おのおのの磁束によるトルク T_f, T_b は互いに作用し，合成トルク T は図4.23のようになる．滑り1すなわち始動時にはトルクがゼロとなり，始動トルクが発生していないことがわかる．

4.5.2 単相誘導電動機の基本構成

単相誘導電動機では自己始動するための始動装置が必要であり，いくつかの方式がある．

a. コンデンサモータ

補助巻線に直列にコンデンサを接続したモータであ

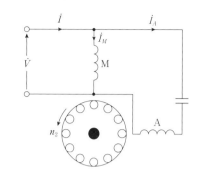

図 4.25 永久コンデンサモータ

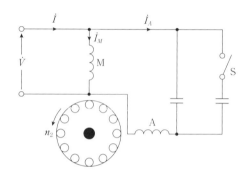

図 4.26 二値コンデンサモータ

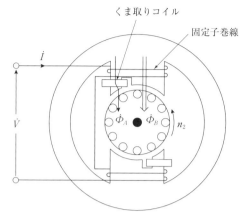

図 4.27 くま取りコイル形誘導電動機

り，以下に示す 3 種類のモータがある．

1) コンデンサ始動形　図 4.24 に示すように始動時に始動用コンデンサを用い，運転時は遠心力スイッチにより自動的に回路から切り離される．始動トルクが大きく，始動電流が小さい特徴がある．

2) 永久コンデンサモータ　図 4.25 に示すように一定のコンデンサを常時接続して運転するもので構造が簡単である．効率，力率が高く，トルク脈動も小さいので扇風機や洗濯機などに用いられる．

3) 二値コンデンサモータ　図 4.26 に示すように始動用コンデンサと運転用コンデンサを持ち，始動用コンデンサがスイッチにより切り離しできるようになっている．始動トルクが大きい．

b. くま取りコイル形誘導電動機

図 4.27 に示すように固定子の各極が二つに分かれており，その片方に短絡されたくま取りコイルと呼ばれる巻線が巻かれている．交番磁束の一部がくま取りコイルを通過するとコイルには短絡電流が流れ磁束の変化を妨げる．したがって，この磁束はコイルを通過しないほかの磁束（主磁束）に対して時間的に遅れることになり，ギャップに沿って主磁束からコイルを通過する磁束の方向に移動磁界を生じ始動トルクを発生する．始動トルクはきわめて小さく効率も低いが，構造が簡単で安価であるので小容量電動機として多数使用されている．

〔三 木 一 郎〕

文　献

1) 南森史郎：電学誌，**120**，12，pp. 774-777 (2000).
2) エレクトリックマシーン＆パワーエレクトロニクス編纂委員会：エレクトリックマシーン＆パワーエレクトロニクス，森北出版 (2016).
3) 電気学会：電気機器工学 I，オーム社 (1998).
4) 宮入庄太：大学講義　最新電気機器学，丸善 (1979).
5) 深尾　正他：電気機器入門，実教出版 (2003).
6) 松瀬貢規：電動機制御工学，電気学会 (2007).
7) 松井信行：電気機器学，オーム社 (2000).
8) 佐藤則明：電気機器工学，丸善 (1996).
9) 森安正司：実用電気機器学，森北出版 (2000).

5

同期電動機（モータ）の回路

5.1 同期電動機の原理と基本構成

5.1.1 同期電動機の原理

同期電動機の基本構成を図5.1に示す．図において外側の固定子には電機子と呼ばれ，コイルが配してある．また内側の回転子は界磁と呼ばれ，ここにもコイルが巻かれている．回転子の界磁コイルに直流電流が流れているとすると，図のように界磁にはN極とS極が作られる．つまり界磁は直流電磁石であるが，永久磁石と等価と考えてよい．固定子の鉄心にはコイルを収納するためのスロット（溝）が形成されている．スロットにより60°おきに，a相，b相，c相のコイルが配置されている．このコイルは三相コイルになっており，各相は120°隔てて配置してあることになる．この三相コイルに三相交流電流を流すと回転磁界が発生する．回転磁界とは電流によって発生した磁極が電源周波数の速度で（同期して）回転する磁界である．

同期電動機は回転子の磁極と回転磁界の間に発生する力で回転する．回転子が回転磁界と同じ速度で回転しているときは回転磁界と回転子の間に力が発生し，回転を続ける．つまり，この状態ではトルクを発生する．しかし，回転子が静止しているときに固定子に商用電源を接続して回転磁界を生成しても回転しない．商用周波数の回転磁界により瞬時的には過渡的な力が発生する．しかし，静止している回転子からみると移動する回転磁界はN，Sの交番磁界になる．したがって平均すると力はゼロになってしまい，一つの方向に力が発生しない．すなわち始動できない．したがって，同期電動機では始動方法を考慮する必要がある．

5.1.2 三相交流による回転磁界

三相コイルに三相交流を供給すると回転磁界が発生する原理について説明する．いま，三相コイルの一相に電流を流すと図5.2に示すように正負の起磁力が発生する．起磁力は巻数をnとすれば$i \cdot n$ [AT]である．これが空間的に分布しているので，フーリエ級数を使用して表すと

$$F = F_m\left(\cos\theta - \frac{1}{3}\cos 3\theta + \frac{1}{5}\cos 5\theta - \cdots\right) \quad (5.1)$$

となる．ここで，$F_m = (4/\pi)i \cdot n$ である．

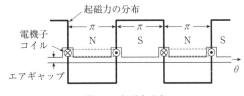

図5.2 起磁力分布

いま，各相を次のような三相電流が流れると考える．

$$i_a = I_m \sin\omega t,$$
$$i_b = I_m \sin\left(\omega t - \frac{2}{3}\pi\right),$$
$$i_c = I_m \sin\left(\omega t - \frac{4}{3}\pi\right) \quad (5.2)$$

このとき，各相巻線によって作られる起磁力は次のようになる．

$$F_a = F_m \sin\omega t\left(\cos\theta - \frac{1}{3}\cos 3\theta + \frac{1}{5}\cos 5\theta - \cdots\right),$$

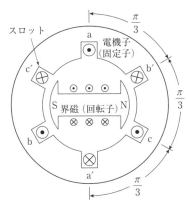

図5.1 同期電動機の基本構成

$$F_\mathrm{b} = F_\mathrm{m} \sin\left(\omega t - \frac{2}{3}\pi\right)\left\{\cos\left(\theta - \frac{2}{3}\pi\right) - \frac{1}{3}\cos 3\left(\theta - \frac{2}{3}\pi\right)\right.$$
$$\left. + \frac{1}{5}\cos 5\left(\theta - \frac{2}{3}\pi\right)\cdots\right\},$$
$$F_\mathrm{c} = F_\mathrm{m} \sin\left(\omega t - \frac{4}{3}\pi\right)\left\{\cos\left(\theta - \frac{4}{3}\pi\right) - \frac{1}{3}\cos 3\left(\theta - \frac{4}{3}\pi\right)\right.$$
$$\left. + \frac{1}{5}\cos 5\left(\theta - \frac{4}{3}\pi\right)\cdots\right\} \quad (5.3)$$

三相巻線による起磁力の合計 F_1 は次のように各相の起磁力の和になる.

$$F_1 = F_\mathrm{a} + F_\mathrm{b} + F_\mathrm{c} \quad (5.4)$$

いま，起磁力は空間的に正弦波状に分布していると仮定する．したがって式 (5.4) の基本波である $\sin\omega t$ 成分のみ用いればよいので，

$$F_1 = F_\mathrm{m}\left\{\sin\omega t \cos\theta + \sin\left(\omega t - \frac{2}{3}\pi\right)\cos\left(\theta - \frac{2}{3}\pi\right)\right.$$
$$\left. + \sin\left(\omega t - \frac{4}{3}\pi\right)\cos\left(\theta - \frac{4}{3}\pi\right)\right\}$$
$$= \frac{3}{2}F_\mathrm{m}\sin(\omega t - \theta) \quad (5.5)$$

となる．式 (5.5) は120°間隔で配置された三相コイルの合成起磁力は大きさが各相の起磁力の3/2倍であり，空間的に角速度 ω で回転していることを示している．ω を同期（角）速度という.

5.1.3 同期電動機の基本構成

同期電動機の基本構成は同期発電機と同一である．同期電動機，同期発電機を合わせて同期機と呼ぶ．図5.1 に示した構成のものを回転界磁形と呼ぶ．多くの同期機は回転界磁形である．一方，回転子に電機子巻線を配した回転電機子形の構成も可能である．電機子とは電流を流すことにより回転磁界を形成し，電気エネルギーと機械エネルギーの変換を行う機能を持つものである．一方，界磁はエアギャップに磁界を印加する機能を持っている．

このような回転子と固定子の機能による分類のほかに，回転界磁形においては回転子の形状による分類がある．回転子を円筒形，突極形と呼んで分類する．これは回転子の形状による分類である．回転子形状が円筒形でも位置により磁気的な特性が変化するものは突極性があるといわれ，突極形に分類される.

さらに界磁の励磁方法によっても分類される．直流励磁方式，ブラシレス励磁方式，サイリスタ励磁方式，永久磁石方式などの分類がある.

5.2 同期電動機の理論

5.2.1 同期機のインダクタンス

界磁によりエアギャップに磁界が発生する．界磁が永久磁石であると考えると，一定の磁界が同期速度で回転していることになる．これを ψ_f とする．一方，電機子を流れている交流電流によっても磁界 ψ_a が発生する．同期機はこの二つの磁界をインダクタンスとして表すことにより理論を考察することができる.

電機子電流を三相交流電流とすると ψ_a は回転磁界となり ψ_f と ψ_a はともに同期速度 N_0 で回転する．しかし，二つの磁界は同期して回転しているが両者には空間的に位相の関係がある．空間的な位相差は電機子電流の位相により変化する．空間的な位相に応じて ψ_a は ψ_f を減少させたり増加させたりする．このような電機子電流によるギャップ磁界への影響を電機子反作用と呼ぶ.

いま界磁磁束 ψ_f，および電機子電流による磁束 ψ_a がともに正弦波分布していると考える．このとき，電機子電流による磁束と界磁磁束の相対位置の関係を図 5.3 に示す．電機子電流の位相とはすなわち力率であ

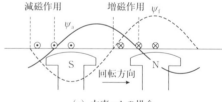

(a) 力率 = 1 の場合

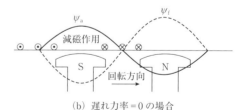

(b) 遅れ力率 = 0 の場合

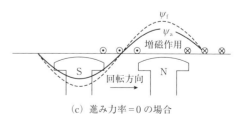

(c) 進み力率 = 0 の場合

図 5.3 電機子反作用

る．すなわち図5.3は力率による磁束密度の相対位置の関係を示している．

力率＝1の場合，電機子電流により発生する磁束 ϕ_a の分布の中心は界磁磁束 ψ_f の中心より遅れる．そのため電機子電流の流れるコイルと界磁磁極の相対的位置関係は(a)のようになる．この状態では電機子反作用は磁極の片側では磁極を強める増磁作用となり，ほかの片側では磁束を弱める減磁作用となる．

遅れ力率＝0の場合，(b)に示すような位置関係になり，電機子反作用はギャップ磁束を減磁する．

進み力率＝0の場合，(b)とは電機子電流の向きが反対になり(c)に示すようになる．このときはギャップ磁束を強める増磁作用となる．電機子反作用は同期機として動作するための本質的な源である．

5.2.2 同期電動機の特性方程式

電機子反作用は磁束の変化として表れるのでインダクタンスまたはリアクタンスとして扱われる．電機子反作用リアクタンスは一般に x_a で表される．

電機子および界磁により発生した磁束の大部分はギャップ磁束となり，互いに鎖交する．しかし，一部の磁束は鎖交しない漏れ磁束となる．漏れ磁束の例を図5.4に示す．スロットの外部へ出ていくことのない磁束，エアギャップまでは到達するが界磁磁束と鎖交しない磁束，およびコイルの端部を流れる電流により三次元的に発生する磁束などがある．これらの漏れ磁束によるリアクタンスを漏れリアクタンスと総称し，x_l で表す．

電機子反作用リアクタンスと漏れリアクタンスを合わせて同期リアクタンス x_s と呼ぶ．

$$x_s = x_a + x_l \tag{5.6}$$

また，同期リアクタンスと電機子巻線の抵抗 r_a をあわせて同期インピーダンス Z_s と呼ぶ．

$$\dot{Z}_s = r_a + jx_s, \quad j = \sqrt{-1} \tag{5.7}$$

同期電動機の基本式は同期インピーダンスを用いると次のようになる．

$$\dot{V} = \dot{E}_0 + \dot{I}_a \cdot \dot{Z}_s \tag{5.8}$$

ここで $\dot{V}$ は端子電圧，$\dot{E}_0$ は無負荷誘導起電力，$\dot{I}_a$ は電機子電流である．

5.3 同期電動機の等価回路

同期電動機の等価回路を図5.5に示す．等価回路は巻線抵抗 r_a，および漏れリアクタンス x_l と電機子反作用リアクタンス x_a をあわせた同期リアクタンス x_s からなる．また，$\dot{E}_0'$ は誘導起電力と位相が180°異なる起電力である．

これらの関係を示したフェーザ図を図5.6に示す．電動機が無負荷の場合，電機子電流はゼロと考えることができるので，界磁磁束により発生する誘導起電力 $\dot{E}_0$ は電動機端子に印加している端子電圧 $\dot{V}$ と大きさが同じで位相が180°異なる．図中の $\dot{E}_0'$ は誘導起電力に対応する逆起電力を示す．

モータに負荷があり，トルクを発生している場合，回転子の磁極はある位相だけ遅れて回転する．電機子に誘導される起電力も同じ位相だけ遅れる．このときの誘導起電力と端子電圧の位相差を内部相差角 δ と呼ぶ．なお力率角 θ は端子電圧と電機子電流の位相差である．

いま，簡単化のために電機子抵抗は小さいとして無視すると，$\dot{Z}_s = jx_s$ と表せる．同期電動機が一定の端

(a) スロット漏れ磁束

(b) 歯部漏れ磁束

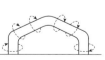
(c) コイル端部漏れ磁束

図5.4　漏れ磁束

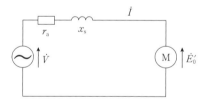

図5.5　同期電動機の等価回路

無負荷時

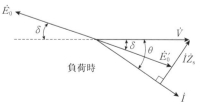
負荷時

図5.6　同期電動機のフェーザ図

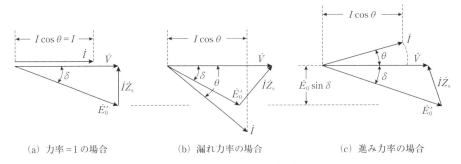

(a) 力率＝1の場合　　(b) 遅れ力率の場合　　(c) 進み力率の場合

図 5.7 界磁電流の調整と力率の変化

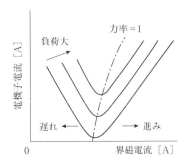

図 5.8 同期電動機のV曲線

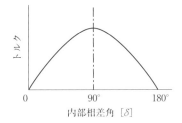

図 5.9 内部相差角（δ）とトルク

5.4 同期電動機の特性と運転

5.4.1 同期電動機の定常特性

同期電動機の出力は損失を無視すれば次のように表すことができる.

$$P = 3VI\cos\theta = 3E_0' I\cos(\theta - \delta) \tag{5.9}$$

図5.6に示したフェーザ図から次の関係が得られる.

$$V\sin\delta = Ix_s \cos(\theta - \delta) \tag{5.10}$$

したがって

$$I\cdot\cos(\theta - \delta) = \frac{V\sin\delta}{x_s} \tag{5.11}$$

より,

$$P = \frac{3E_0' V}{x_s}\sin\delta \tag{5.12}$$

となる．このように同期電動機の出力は内部相差角δで定まる$\sin\delta$に比例する．速度は常に同期速度なのでトルクも$\sin\delta$に比例する．図5.9に内部相差角に対するトルクの変化を示す．トルクは$\delta=90°$で最大となる．トルクの最大値を脱出トルクという．脱出トルクはこれ以上のトルクは発生できないことを示し，これ以上トルクを出そうとすると同期状態から脱出してしまうことを示している．これを同期はずれ，脱調と呼ぶ．

子電圧で運転しているとする．また負荷も一定だとする．このとき界磁電流を調整すると電機子電流と力率が変化する．力率1の場合，図5.7(a)に示すように電機子電流と端子電圧には位相差はない．このとき，この負荷に対しては電機子電流は最小となる.

この状態で界磁電流を減少させたとすると誘導起電力は小さくなり，内部相差角が大きくなる．その結果，電機子電流が増加する．電機子電流の位相は端子電圧より遅れる．逆に界磁電流を増加させると誘導起電力は大きくなり，内部相差角が小さくなる．しかし，電機子電流はやはり増加する．このとき電機子電流の位相は端子電圧より進んでいる．電機子電流と界磁電流の関係を示したものを図5.8に示す．このような界磁電流と電機子電流の関係を同期電動機のV曲線と呼んでいる.

この特性を利用すると同期電動機を運転することにより電力系統に無効電力を供給することも可能になる．この目的で使用する同期電動機を同期調相機という.

電動機の負荷が急変したり，端子電圧，周波数など

が急変すると内部相差角はその状態にふさわしい新しい内部相差角に変化する．そのときに回転子の機械的な回転は回転体の慣性のために遅れて応答する．このずれから内部相差角の周期的な振動が発生することがある．これを同期電動機の乱調という．

5.4.2 同期電動機の始動と制御

停止している同期電動機の電機子に商用電源を接続してもトルクは発生せず，じか入れ始動はできない．したがって同期電動機には種々の始動方法が考えられている．商用電源でじか入れ始動するためには界磁磁極に始動用巻線を設ける．図5.10に示すような始動巻線を設ければ，巻線はかご形誘導電動機の導体の作用をするので始動トルクが発生する．また，回転子に多極巻線を設けてスリップリングで交流電流を供給し，巻線形誘導電動機として始動する方法もある．いずれも誘導電動機として発生するトルクにより誘導電動機として始動し，同期速度付近になると同期電動機の同期引き入れトルクにより同期電動機として回転するものである．トルク特性を図5.11に示す．

誘導電動機のかご形回転子内部に永久磁石を配した永久磁石式誘導同期電動機と呼ばれるものがある．同期機の界磁のための永久磁石と始動のためのかご形巻線をともに回転子に備えるため回転子が大きくなるという欠点があった．近年，永久磁石の性能向上に伴い，回転子を小さくできるようになった．誘導電動機なみの大きさで誘導電動機よりも運転効率が高いという点で，家電品などに応用されるようになってきた．永久磁石式誘導同期電動機の回転子の構造例を図5.12に示す．

始動時に回転子の慣性モーメントに打ち勝って回転子が追従できるような低周波の電流を流して同期させ，徐々に加速すれば始動可能である．この方法は可変周波数電源を採用することにより電動機構造の変更することなしに始動が可能になる．

運転中にインバータで可変周波数の電力を供給すれば同期電動機の速度を制御することができる．同期電動機は電機子電流による回転磁界の回転速度で回転する．この回転速度を同期速度という．同期速度 N_s は極数を P，電流の周波数を f とすれば，

$$N_s = \frac{120f}{P} \quad [\text{rpm}] \tag{5.13}$$

と示される．周波数を可変すればこの式に従って同期速度が変化する．

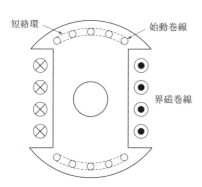

図 5.10 始動巻線

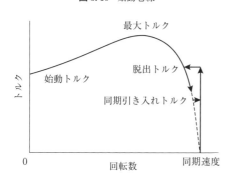

図 5.11 誘導同期電動機のトルク特性

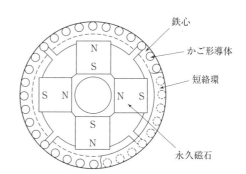

図 5.12 永久磁石式誘導同期電動機

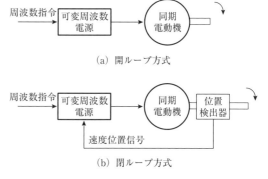

図 5.13 同期電動機の速度制御

同期電動機の速度制御を行う場合，図 5.13 に示すように開ループ制御と閉ループ制御に大別される．開ループ制御とは v/f 一定制御とも呼ばれる．同期電動機の誘導起電力は回転数に比例するので，端子電圧を誘導起電力に対応して制御すると周波数と電圧の比率がほぼ一定になる．v/f 一定制御を行うと回転数が変化してもトルク特性や電流特性をほぼ類似に保つことができるようになる．この方法は電動機の状態をフィードバックすることが不要で，しかも多数の電動機を同時に精密に制御することも可能である．しかし，負荷変動や急激な変速により脱調する可能性がある．そのため，v/f 一定制御する場合，回転子に制動巻線を設けるなどの構造的な対策が講じられる．

閉ループ方式にはベクトル制御方式，ブラシレスモータ，無整流子電動機などがある．無整流子電動機は回転子の位置を検出してサイリスタインバータやサイクロコンバータにより制御するものである．そのためサイリスタモータと呼ばれることがある．また，このようなインバータはサイリスタの点弧を負荷状態に応じて行うため負荷転流式インバータとも呼ばれる．図 5.14 に無整流子電動機の回路構成を示す．無整流子電動機は制御性がよいため，高圧，大容量機で用いられている．

5.4.3 同期電動機のベクトル制御

三相同期電動機の三相巻線を二相巻線に座標変換し，さらに d-q 軸の回転座標系に変換した制御モデルは次のようになる．

$$\begin{bmatrix} v_d \\ v_q \end{bmatrix} = \begin{bmatrix} R_a + pL_d & -\omega L_q \\ \omega L_d & R_a + pL_q \end{bmatrix} \begin{bmatrix} i_d \\ i_q \end{bmatrix} + \begin{bmatrix} pMi_f \\ \omega Mi_f \end{bmatrix} \quad (5.14)$$

$$\begin{bmatrix} \Psi_d \\ \Psi_q \end{bmatrix} = \begin{bmatrix} L_d & 0 \\ 0 & L_q \end{bmatrix} \begin{bmatrix} i_d \\ i_q \end{bmatrix} + \begin{bmatrix} Mi_f \\ 0 \end{bmatrix}, \quad p = \frac{d}{dt} \quad (5.15)$$

$$T = \frac{p}{2}(\Psi_d i_q - \Psi_q i_d)$$
$$= \frac{p}{2}\{Mi_f i_q + (L_d - L_q) i_d i_q\} \quad (5.16)$$

ここで，p は極数である．式 (5.16) の右辺第 1 項を同期トルク，第 2 項をリラクタンストルクと呼ぶ．リラクタンストルクは突極性のある場合（$L_d \neq L_q$）のみ発生する．

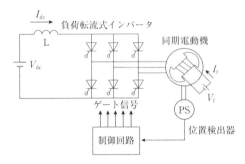

図 5.14 無整流子電動機

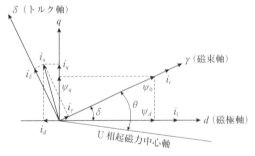

図 5.15 ベクトル図

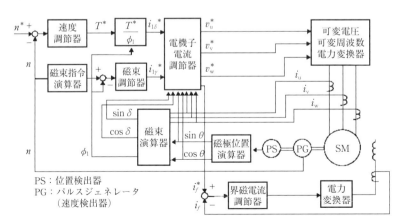

図 5.16 ベクトル制御のブロック図

これらの式を用いてベクトル図を描くと図5.15のようになる．ψ_dとψ_qのベクトル和を磁束軸（γ軸）と定義し，それと直交する軸をトルク軸（δ軸）と定義する．この軸上における電流をi_γ, i_δとする．このときi_γは磁束を発生させる電流成分であり，i_δはトルク発生に寄与する電流成分としてそれぞれを分離できる．ここでi_δをi_γとは独立に制御すればトルクが直接制御できるようになる．これがベクトル制御の原理である．

式（5.14）〜（5.16）の制御モデルを使えば電流と回転子位置が検出して磁束を演算することが可能である．ベクトル制御ではたとえば，γ軸上の電流が$i_\gamma = 0$となるようにすれば電機子電流はトルク成分電流のi_δのみとなるので，力率を1に保ちながらトルクを制御することが可能となる．$i_\gamma = 0$を実現するためには界磁電流i_fの調整を行う．ベクトル制御系の構成例を図5.16に示す．

5.5 永久磁石同期電動機の原理と基本構成

5.5.1 永久磁石同期電動機の原理と構成

永久磁石同期電動機とは界磁に永久磁石を用いている同期電動機である．永久磁石同期電動機は古くから知られていたが，磁石の性能が低いこと，およびインバータが実用化される前または始動方法の問題があり応用が限定されていた．希土類磁石の実用化およびパワーエレクトロニクスの一般化により近年広く使われるようになっている．

永久磁石同期電動機は回転子に永久磁石を配したものであるが，その配置により表面磁石構造と埋め込み磁石構造に大別される．図5.17において(a), (b)は表面磁石形同期電動機（surface permanent magnet synchronous motor：SPMSM），(c), (d) は埋め込み磁石形同期電動機（interior permanent magnet synchronous motor：IPMSM）である．IPMSMは多彩な磁石配置構成が考案されている．

図5.17(a)に示すような表面磁石形同期電動機は磁気抵抗が均一な（$L_d = L_q$）円筒形同期電動機である．図5.17(b)に示すSPMSMは永久磁石の極間に鉄心が存在する．このとき$L_d \neq L_q$となり，エアギャップの磁気抵抗が均一でなくなる．このような場合，突極性を有するといい，リラクタンストルクが発生するようになる．(c), (d)は磁石を埋め込むことにより強い突極性を持つ構成である．

表面磁石形同期電動機において120°通電インバータを用いて正弦波電流を流さないことを前提として駆動するものを特にブラシレスモータと呼ぶことがある．これについては5.5.3項で後述する．表面磁石形構造では円弧状あるいはリング型の磁石が回転子表面に接着などで装着される．一般に永久磁石は硬いがもろい，という性質があり，遠心力に対して強度が不足する．そのため，小型,低速のものを除いて非磁性体（ス

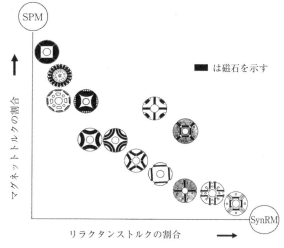

図5.18 永久磁石電動機の磁石の配置

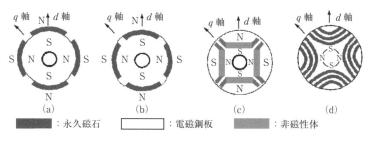

図5.17 永久磁石式同期電動機の回転子構造

テンレスなど）のリングカバーをかぶせたり，ガラス繊維強化プラスチック（FRP）で覆ったりする必要がある．このため磁気的なエアギャップは機械的なエアギャップより大きくなる．

一方，内部磁石形構造では鉄心内部に永久磁石が配置されるため磁石の強度的な問題は少ない．さらに永久磁石の配置により突極性を有するようになるのでリラクタンストルクが利用できる．ただし，内部に磁石を配置するのでエアギャップでの有効磁束は表面磁石形より低下する．さまざまな磁石の配置例を図5.18に示す．

5.5.2 永久磁石同期電動機の制御モデル

永久磁石同期電動機は制御法や電動機の構造に応じてさまざまなモデルが使われている．ここでは代表的な d-q 軸モデルを述べる．d-q 座標系は永久磁石の N 極を d 軸として回転する座標系である．このモデルは式（5.14）において界磁電流をゼロとし，界磁の永久磁石による磁束を考慮したものである

$$\begin{bmatrix} v_d \\ v_q \end{bmatrix} = \begin{bmatrix} R_a + pL_d & -\omega L_q \\ \omega L_d & R_a + pL_q \end{bmatrix} \begin{bmatrix} i_d \\ i_q \end{bmatrix} + \begin{bmatrix} 0 \\ \omega \Psi_a \end{bmatrix} \quad (5.17)$$

このモデルを用いると図5.19に示すように電機子巻線は界磁の永久磁石と同期して回転する二つの直流回路と見なすことができる．したがって，独立した二つの直流量を制御すればよいことになる．

d-q 軸上で表したベクトル図は図5.20のように表される．ここで，トルクは電流ベクトル $\boldsymbol{i}_a$ と電機子に鎖交する磁束ベクトル ψ_a の外積で表される．極数を P とすると，

$$T = \frac{P}{2}\{\psi_a i_a + (L_d - L_q) i_d i_q\} \quad (5.18)$$

となる．トルクを電流ベクトル $\boldsymbol{i}_a$ の大きさ I_a と位相 β を用いて表すと，

$$T = \frac{P}{2}\left\{\psi_a I_a \cos\beta + \frac{1}{2}(L_d - L_q) I_a^2 \sin 2\beta\right\} \quad (5.19)$$

となる．この式の右辺第1項は永久磁石磁束によるトルクを示し，第2項は突極性によるリラクタンストルクを表している．このモデルは制御系の帯域を低くできることからよく使われている．

d-q モデルのほかに5.4節で述べた回転磁界と同期して回転する γ-δ 座標系上のモデル，電動機の u 相巻線を軸として固定座標上で交流量を状態量として表すモデル，鉄損を考慮したモデル，突極性を考慮した拡

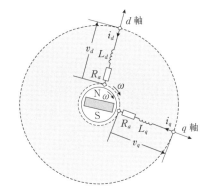

図 5.19 2軸モデル

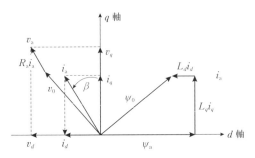

図 5.20 IPMSM のベクトル図

張誘起電圧モデルなどがある．

表5.1にSPMSM，IPMSMのベクトル図の比較を示す．通常の突極同期電動機（リラクタンスモータ）では磁束の通りやすい方向を d 軸，通りにくい方向を q 軸として，$L_d > L_q$ となるように軸を定めるのが一般的である．一方，永久磁石同期電動機では永久磁石の中心軸を d 軸として，90°進んだ方向に q 軸をとるのが一般的である．このため $L_d < L_q$ となる．これを逆突極性と呼ぶ．このとき負の d 軸電流を流すとトルクが発生する．

5.5.3 ブラシレスモータ

ブラシレスモータには種々のバリエーションがあるが，ここでは永久磁石同期電動機のうち，誘導起電力波形が台形で，120°導通の矩形波電圧で駆動するものをさすことにする．永久磁石界磁の直流電動機ではブラシと整流子が作用して電機子電流の切換えを行う．ブラシレスモータは電流切換えを制御装置により行い，直流電動機のブラシと整流子を省略し，回転界磁形にしたものである．比較的小容量のものが多く，また精密な制御をされることもそれほど多くない．

図5.21にブラシ付きの永久磁石界磁直流電動機と

表 5.1 SPM と IPM の比較

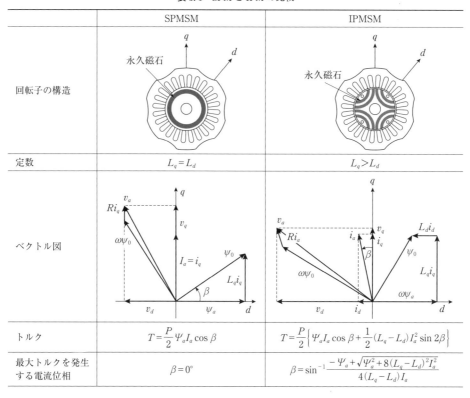

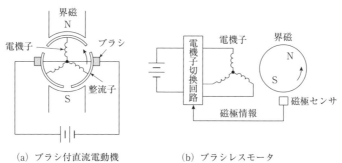

(a) ブラシ付直流電動機　　(b) ブラシレスモータ

図 5.21 ブラシレスモータ

ブラシレスモータの比較を示している．ブラシレスモータでは回転子の永久磁石の磁極位置を検出して，磁極位置に応じて電機子巻線の電流の向きを切り換える．電流の切換えはインバータ回路を用いる．磁極位置の検出のためのセンサとしてホール素子，光学的方法，磁気抵抗素子などが使われる．

ブラシレスモータのインバータは電流の極性のみ切り換えるものである．そこで，インバータに入力する直流電源の電圧あるいは電流を調節することにより速度やトルクを制御できる．このようにすれば，永久磁石界磁直流電動機と同様の使い方をすることになる．

このため，DC ブラシレスモータと呼ばれるのである．

5.6 永久磁石同期電動機の特性と運転

5.6.1 永久磁石同期電動機の速度制御

永久磁石同期電動機の速度制御は 5.4 節で述べた同期電動機の速度制御と異なり，v/f 一定制御により周波数を制御する開ループ方式は，回転子位置検出ができないので難しい．速度制御する場合，回転子位置検出を行う閉ループ方式が基本である．回転子位置検出

にはレゾルバやエンコーダが用いられる．永久磁石界磁は速度が高くなると誘導起電力も高くなるので，回転数に上限がある．

5.6.2 永久磁石同期電動機のトルク制御

永久磁石同期電動機の制御モデルとトルクは式 (5.17)～(5.19) に示した．円筒形回転子の場合，$L_d = L_q$ なのでトルク発生は i_q によってのみ決まる．したがって，高効率で運転するために $i_d = 0$ となるように制御する．$i_d = 0$ 制御は SPMSM では広く使われている．

埋め込み磁石形などの突極機では $L_d \neq L_q$ なので，i_d を流して式 (5.19) 第 2 項のリラクタンストルクを発生させる．このとき，

$$i_d = \frac{\psi_f}{2(L_d - L_q)} - \sqrt{\frac{\psi_f^2}{4(L_d - L_q)^2} + i_q^2} \quad (5.20)$$

となるようにすればトルクが最大となる．このように制御するのを最大トルク制御という．

また，次のように d 軸電流を決定すると $i_d/i_q = v_d/v_q$ となり，力率が 1 となる．これを力率 = 1 制御という．

$$i_d = \frac{-\psi_f \pm \sqrt{\psi_f^2 - 4L_d L_q i_q^2}}{2L_d} \quad (5.21)$$

そのほか最大効率制御，トルク/電流比最大制御など種々の制御法が提案されている．

5.6.3 永久磁石同期電動機の弱め磁束制御

電動機の誘導起電力は速度とともに上昇し，電源電圧以上に相当する速度になると運転できない．このとき，運転範囲を拡大するために弱め磁束制御が用いられる．巻線界磁であれば界磁磁束を制御することができるが，永久磁石の場合，界磁を直接制御できない．そこで電機子反作用による減磁作用を利用して弱め磁束制御を行う．巻線界磁では界磁磁束を弱めるには界磁電流を減少させるが，永久磁石同期電動機の弱め磁束制御では d 軸電機子反作用を起こすため d 軸電流を負の方向に増加させることになる．

弱め磁束制御のために d 軸電流を増加させるとその分だけリラクタンストルクが発生する．その状態で同一トルクを発生するには q 軸電流を減少させる必要がある．すなわち弱め磁束制御では i_d を制御するとともに i_q も制御する必要がある．

弱め磁束制御により電動機の端子電圧を一定値 $V_{\max}$ に保つとする．このとき，次の関係式を満たす

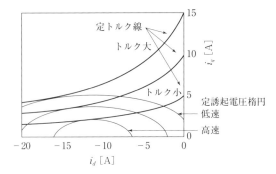

図 5.22 弱め磁束制御時の電流ベクトル軌跡

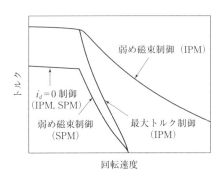

図 5.23 各種制御のまとめ

ように制御する．

$$(L_d i_d + \psi_a)^2 + (L_q i_q)^2 = \left(\frac{V_{\max}}{\omega}\right)^2 \quad (5.22)$$

ここで $\psi_a = \omega K_E$ は電機子鎖交磁束である．

この式を満たす i_d, i_q の電流ベクトル軌跡は i_d-i_q 平面上では図 5.22 に示すように楕円となる．楕円の半径は速度が高いほど小さくなる．i_d と i_q を成分とする電流ベクトルが楕円上にあれば端子電圧が一定で運転できる．また，図には定トルク線が記入してある．楕円が定トルク線と接するところがその速度での最大トルクである．

これらの各種の制御の相対的な関係を速度-トルク曲線上に示したのが図 5.23 である．

5.6.4 永久磁石同期電動機の位置センサレス制御

永久磁石同期電動機の制御には回転子位置に応じた精密な電流位相の制御が必要であるため電動機の反負荷側にエンコーダやレゾルバなどのセンサを配置して使用される．ところが近年，永久磁石同期電動機は中小容量の特定用途専用電動機として使用されることが多くなってきている．このような応用の場合，回転子位置検出センサのための軸方向の大きさの増加，ある

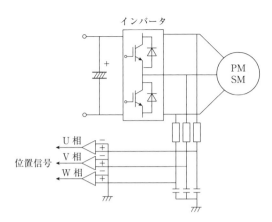

図 5.24 120°導通方式のセンサレス制御回路

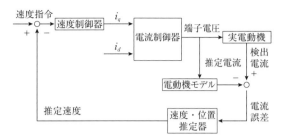

図 5.25 電動機モデルによるセンサレス制御

いはセンサ信号へのノイズ混入などが問題になることがある．そこで位置検出センサを用いないセンサレス制御が種々検討されている．

誘導起電力波形が空間的に台形波になるブラシレスモータや，120°導通インバータで駆動するシステムでは三相のうち一相を励磁していないタイミングが存在する．そこで端子電圧をフィルタなどで処理して，電圧のゼロクロスを検出する．一相がゼロクロスしたときに他の通電相の切換えのタイミングにする方法がある．この回路を図5.24に示す．

また，非励磁相の速度起電力を検出し，インバータの直流電圧の電位と比較して位置を得る方法も行われている．この方法では通電切換えよりも進んだ時点の情報が得られるため，電流位相の進みや遅れの制御も可能である．

誘導起電力が正弦波状になる制御方式では，制御モデルを使って位置検出を行うことが多い．突極性がある場合，インダクタンスに差があるので静止座標（α-β軸）上の電圧，電流を検出することによりd-q軸上の制御モデルの電動機定数を利用して演算して回転子位置を検出する方法がある．

その他の方法として図5.25に示すような制御ブロックを用いる方法がある．制御装置内に電動機モデルを設けて，モデルにより算出した推定電流と実際の電動機に流れる実電流を比較し，その差から推定している位置の推定誤差を得る方法である．

センサレス制御は種々の方法が提案され，実用化されている．ただし，いずれの方法でも極低速時の位置推定，負荷のある場合の始動および初期位置推定などの難しさがあり，すべての条件を満足するものではない．応用される用途での使い方からセンサレス制御の方式を決めざるをえないのが現状である．

〔森本雅之〕

文　献

1) エレクトリックマシーン＆パワーエレクトロニクス編纂委員会：エレクトリックマシーン＆パワーエレクトロニクス，森北出版（2004）．
2) 武田洋次他：埋込磁石同期モータの設計と制御，オーム社（2001）．
3) 松瀬貢規：電動機制御工学，電気学会（2007）．
4) 曽根　悟他：モータの事典，朝倉書店（2007）．
5) リラクタンストルク応用電動機の技術に関する調査専門委員会：リラクタンストルク応用データ，電気学会（2015）．

6

直流電動機（モータ）の回路

6.1 直流電動機の原理と基本構成

直流電動機（モータ）は，ほかのモータと同じように，電気エネルギーを力学的なエネルギーに変換する機器である．

すなわち，電磁気的に力あるいはトルクを発生し，対象物を移動させたり回転させたりする．

図 6.1 のように，コイルには，磁束密度 B と電流 i により式 (6.1) のアンペール力（あるいはローレンツ力）が働き，トルクが発生する．

$$f = (i \times B) l \tag{6.1}$$

ここで，l は導体の長さである．また，× はベクトル積である．

図 6.2 は，直流機の基本構成（2極機）である．一番外側は，継鉄（yoke）または磁気枠（magnetic frame）といわれ，磁極間をつなぐ磁気回路となっているとともに外被の一部でもある．

磁極は，継鉄に取り付けられており，図のように電磁石の場合は磁極鉄心であり，永久磁石の場合には，継鉄に貼り付けられることが多い．磁極鉄心（pole core）には，界磁巻線（field winding）が巻かれている．以上の部分は，通常，動かないので固定子と呼ばれる．

回転部分すなわち，回転子には，力あるいはトルクを発生するコイルが巻かれる．このコイルは，電機子コイルと呼ばれ，このコイルのある側は電機子といわれる．電機子コイル全体を，電機子巻線（armature winding）という．多くの場合，コイルはスロットと呼ばれる溝に配置される．

図では，回転子が電機子であり，直流機では，ほとんどがこの回転電機子形の構造である．また，回転子は磁気回路の一部であり，その磁気回路は電機子鉄心（armature core）で構成されている．

図 6.3 に，2極機の電機子巻線の例を示す．この例では，電機子鉄心表面に 6 個のスロットを等間隔に設け，そこに 6 個のコイルを配置してある．ここで，①-①'，②-②' などが一つのコイルを表す．それぞれのコイルの端子は，整流子に接続されている．整流子

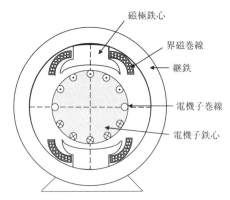

図 6.2 直流機の基本構成（2極機）

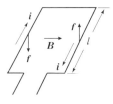

図 6.1 トルクの発生

図 6.3 2極機の電機子巻線

図 6.4 電機子巻線の並列回路

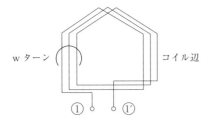

図 6.5 コイルの構成

は，この場合6枚の整流子片①〜⑥から構成されている．整流子片は，お互いに電気的に絶縁されている．

整流子には，正負のブラシが接触しており，電源からの電流をコイルに供給している．

+ブラシから，電流の経路をたどると，図6.4のようになっていて，電機子巻線は二つの並列回路を構成していることがわかる．すなわち，三つのコイルが一つの回路を構成している．

また，整流子とブラシにより，磁極の下のコイルの電流の向きは，コイルが回転しても，同じ方向に維持される（直流機では，これを「整流」という）．

一つのコイル（単位コイルと呼ばれることがある）は，図6.5に示すように複数のターン数で構成されることが多い．

直流機には，発電機と電動機があるが，現在，直流を発生させるために直流発電機を使用することはきわめて少なくなった．それは，電力用半導体の出現により，交流発電機で発生した交流を，容易に直流に変換できるからである．

一方，直流電動機は速度制御が簡単にできるという特徴から，従来，産業用，民生用に広く使用されてきた．現在では，鉄鋼，電鉄用などの大容量モータは，交流可変速化が進み，直流モータは，小形，小容量のものが主流となっている．

6.2 直流電動機の理論

電動機は，力あるいはトルクを発生して，電気エネルギーを力学的なエネルギーに変換するが，反作用的に起電力がコイルに発生する．したがって，モータであっても，トルクを発生するだけでなく，起電力も発生する．通常，この起電力を，逆起電力と呼ぶ．

6.2.1 起電力の発生

ここで，電機子巻線の仕様を以下のようにする．c：単位コイルの数，w：コイルの巻数，$z(=2c\times w)$：電機子の全導体数，a：並列回路の対数（一般的には，極対数をp（偶数）とすると$a=p$が成り立つ）．

磁極下の回転子表面での磁束密度Bの分布が，図6.6(a)のようであるとする．1本の導体当たりに発生する誘導起電力e_0は，導体の速度をvとすると，次式で表せる（図6.6(b)参照）．

$$e_0 = vBl \quad (l：コイル辺の軸方向の長さ)$$

したがって，1本の導体当たりの平均電圧$\overline{e_0}$は次式となる．

$$\overline{e_0} = \frac{1}{\tau}\int_0^\tau vBl\,dx = \frac{v}{\tau}\int_0^\tau Bl\,dx = \frac{v\Phi}{\tau}$$

ここで，τ：磁極ピッチ，Φ：毎極の磁束である．

1本のコイルの起電力は$2w\overline{e_0}$（両側）となり，一つの並列回路で直列なコイルの数は$c/2a$である．したがって，全起電力E_aは，次のように導出される．

$$E_a = \frac{c}{2a}2w\overline{e_0} = \frac{2cw}{2a}\frac{v\Phi}{\tau} = \frac{z}{2a}\frac{v\Phi}{\tau} \tag{6.2}$$

a. 2極機の場合

n：回転速度，D：回転子の直径とすれば，周速v，極ピッチτは次式で表すことができる．

$$v = \pi Dn$$
$$\tau = \pi D/2 \quad (2極機の場合)$$

ゆえに，式（6.2）は次のようになる．

$$E_a = \frac{z}{a}\Phi n \tag{6.3}$$

あるいは，

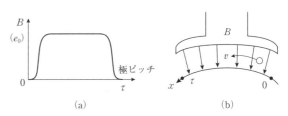

図 6.6 磁極下の回転子表面での磁束密度Bの分布(a)と導体に発生する誘導起電力(b)

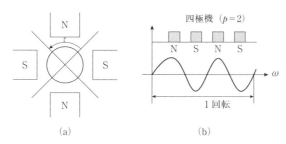

図 6.7　4極機の場合の起動

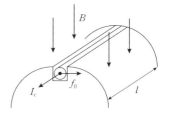

図 6.8　コイル辺に発生するトルク

$$E_a = \frac{z}{2\pi a}\Phi\omega_m \tag{6.4}$$

ここで，ω_m：回転子の回転角速度であり，$\omega_m = 2\pi n$ の関係がある．

b. 多極機の場合

図 6.7 は，4極機の場合である．一般に，$2p$極機では，磁極ピッチ τ は，次の式で表される．

$$\tau = \frac{\pi D}{2p} \tag{6.5}$$

ここで，$2p$：極数である．

式 (6.2)，(6.5) と $v = \pi Dn$ より次式が得られる．

$$E_a = \frac{z}{a}p\Phi n \tag{6.6}$$

あるいは，回転の角速度を ω_m とすれば次式が成り立つ．

$$E_a = \frac{pz}{2\pi a}\Phi\omega_m \tag{6.7}$$

図 6.7(b) より，4極機では，1回転の間に導体に発生する起電力は2サイクル変化することがわかる．一般に，電圧波形の角速度を ω とすると次の関係が成立する．

$$\omega = p\omega_m \tag{6.8}$$

また，ωt：電気角，$\omega_m t$：機械角であり，両者の関係も次式となる．

電気角 = 機械角 × p

6.2.2　トルク T

コイル辺（1本の導体）に発生するトルク T_0 は，図 6.8 を参照して，次式のように求まる．すなわち，平均磁束密度：$\bar{B} = \Phi/(\tau l)$ であり，コイルを流れる電流を I_c とすると，1本の導体に発生する力：$f_0 = I_c \bar{B} l = I_c(\Phi/\tau)$ であるから，1本の導体に発生するトルク T_0 は次式となる．

$$T_0 = f_0 \times \frac{D}{2} = I_c\frac{\Phi D}{2\tau}$$

ゆえに，全トルク T は次式で求まる．

$$T = ZI_c\frac{\Phi D}{2\tau}$$

ここで，$\tau = \pi D/(2p)$，$I_c = I_a/(2a)$ であるから，全トルクは次式となる．

$$T = \frac{pz}{2\pi a}\Phi I_a \tag{6.9}$$

全トルクは，次のように表現することもある．

$$T = K_T I_a \tag{6.10}$$

ここで，$K_T = \{pz/(2\pi a)\}\Phi$ であり，トルク定数といわれる．

また，E_a については，

$$E_a = K_E n \tag{6.11}$$

ここで，$K_E = (pz/a)\Phi$ であり，起電力定数といわれる．したがって，K_T と K_E の間には次の関係がある．

$$K_E = 2\pi K_T \tag{6.12}$$

なお，回転速度を角速度で表した場合は，次式のように表すこともできる．

$$T = K_a \Phi I_a \tag{6.13}$$
$$E_a = K_a \Phi \omega_m \tag{6.14}$$

ここで，$K_a = pz/(2\pi a)$ であり，電機子定数と呼ばれることがある．

6.2.3　無負荷飽和曲線

式 (6.6) より，

$$E_a = \frac{z}{a}np\Phi = \frac{pz}{2\pi a}\omega_m \Phi$$

磁束 Φ は，界磁電流 I_f が作る．したがって，回転速度 ω_m を一定にして，I_f を増やしていけば，全起電力 E_a が増える．

この，E_a と I_f の関係を，無負荷の状態で測定したものを，無負荷飽和曲線という（図 6.9）．

この場合，ω_m = 一定であるから，$E_a \propto \Phi$ となる．すなわち，E_0-I_f 曲線が直線よりはずれることは，磁気回路の飽和現象により磁束の増加分が減少することを表している．このように，無負荷飽和曲線で，磁気

6. 直流電動機（モータ）の回路

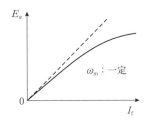

図 6.9 無負荷飽和曲線
破線は磁気回路が線形の場合，実線は磁気回路に飽和がある場合．

回路の飽和状態を知ることができる．

6.2.4 動作原理

図 6.10 は，次項で説明する他励直流電動機の回路である．回路の電圧方程式より次式が得られる．

$$V = E_a + I_a R_a \tag{6.15}$$

式 (6.14), (6.15) より次式が求まる．

$$\omega_m = \frac{V - R_a I_a}{K_a \Phi} \tag{6.16}$$

$$n = \frac{V - R_a I_a}{2\pi K_a \Phi} \tag{6.17}$$

ここで，$\omega_m = 2\pi n$ である．

負荷トルクをかけると，モータの回転速度がどのように決まるかを，図 6.11 に示す．

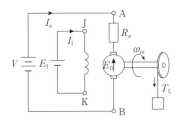

図 6.10 他励直流電動機回路

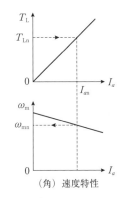

図 6.11 負荷トルクとモータの回転速度

負荷トルク T_L が決まると，そのトルクを発生するため，式 (6.13) よりそれに対応する電機子電流 I_a が流れる．その結果，式 (6.16) により回転角速度 ω_m が決定される．

6.3 励磁方式と等価回路

6.3.1 他励磁と自己励磁

直流機の磁界を発生する方法についてはいくつかの方式があり，それにより直流機の動作特性が大きく左右される．主磁極の界磁巻線が，別個の独立した電源で励磁される方式を他励磁という．一方，電機子の電源と共通の電源で励磁される方式を自己励磁という．自己励磁には，分巻励磁と直巻励磁の 2 種類があり，一つの直流機で，分巻励磁と直巻励磁の両方を行っているものもある．

6.3.2 分巻電動機

分巻励磁では，図 6.12 のように，電機子巻線 F と界磁巻線 A を電源に対して並列に接続する．そのため，負荷電流によらず，励磁電流は一定となり，他励と同様な特性となる．

負荷が増すと，発生トルクが増えなければならないので，式 (6.13) に従って，電機子電流が増す．電機子反作用を無視すると，毎極有効磁束 Φ を一定と考えることができるので，式 (6.13) によって，トルクと電機子電流は比例する．式 (6.17) によれば，回転速度は電機子電流が増すと，直線的に少しずつ低下する．図 6.13 は，このようなトルク特性と速度特性を示したもので，両特性曲線はともに実線のように直線である．電機子電流が大きい電動機では，磁束 Φ が一定でなくなり，電機子電流が増すと減少するので，この影響があると，図 6.13 の二つの特性曲線は破線のようになって，直線ではなくなる．

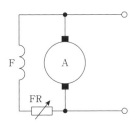

図 6.12 分巻励磁

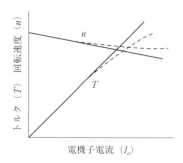

図 6.13 トルク特性と速度特性の関係

6.3.3 直巻電動機

図 6.14 は直巻電動機の接続図である．F_s が励磁巻線で，電機子巻線 A と直列に接続されているので，電機子電流 I_a と界磁電流 I_f は等しく，これはまた入力電流 I に等しい．この場合，電機子電流と励磁電流は等しいから，毎極磁束 Φ は電機子電流とともに変わり，磁路の飽和がない範囲では，磁束 Φ は電機子電流 I_a に比例する．

回転速度 n は式 (6.17) により，電機子電流の小さい範囲では，次式で表される．

$$n \approx \frac{V_t}{2\pi K_a \Phi} \propto \frac{V_t}{I_a} \tag{6.18}$$

ここで，V_t：端子電圧（図 6.14）．

これより，n と I_a との関係は，ほぼ直角双曲線となり，I_a が小さくなると n は非常に大きくなって，過大な遠心力により電動機を破壊する危険がある．

I_a が十分大きくなると，磁路が飽和して，Φ がほぼ一定となり，次式が成り立つ．

$$n = \frac{V_t - R_a I_a}{2\pi K_a \Phi} \propto (V_t - R_a I_a) \tag{6.19}$$

すなわち，n と I_a の関係はほぼ直線となる．したがって，図 6.15 の速度対電機子電流曲線は，上述のほぼ直角双曲線の部分と，ほぼ直線の部分および両者の中間の部分よりなる．

トルク T は，式 (6.13) によるが，I_a が小さい範

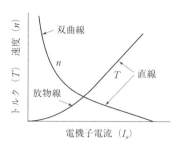

図 6.15 速度対電機子電流曲線および
トルク対電機子電流曲線

囲では Φ が I_a にほぼ比例するから，次式のように放物線の関係となる．

$$T \propto I_a^2 \tag{6.20}$$

I_a が十分大きくなって，磁路の飽和のため，Φ がほぼ一定となると，次式のように T と I_a は比例関係となる．

$$T \propto I_a \tag{6.21}$$

図 6.15 のトルク対電機子電流曲線は，上述の放物線の部分と，直線の部分および両者の中間の部分よりなっている．従来，直巻電動機は，負荷電流の大きいところで大きなトルクを発生するので，電車の主電動機などとして用いられていた．

6.3.4 複巻電動機

図 6.16 に示すように，複巻電動機では，分巻巻線 F と直巻巻線 A の二つの励磁巻線を持つ．図 6.16(a) のように，分巻巻線が電機子巻線に近いところにあるものを内分巻，(b) のような配置を外分巻という．分巻巻線と直巻巻線の起磁力が加わる方向になるものを和動複巻，差となる場合は，差動複巻という．

和動複巻の場合は，分巻電動機と直巻電動機の中間の特性を有することが予想される．図 6.17 に各種電動機の特性曲線を示す．直巻巻線の割合が強い場合には，直巻電動機に近い特性を有するが，分巻巻線があるために，無負荷時の異常に高い速度は制限され，過

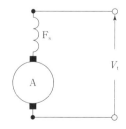

図 6.14 直巻電動機の接続図

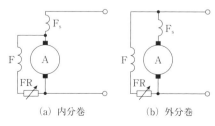

図 6.16 複巻電動機

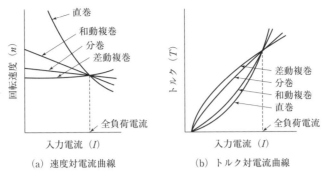

(a) 速度対電流曲線　　(b) トルク対電流曲線

図 6.17 各種電動機の特性曲線

大な遠心力を防ぐことができる．

6.4 速度制御法

負荷トルクを T_L，電動機の発生トルクを T とすると，両者の大きさにより次の状態が存在する．

$$T > T_L : 加速状態$$
$$T = T_L : 定常状態$$
$$T < T_L : 減速状態$$

ここで，便宜のため直流機の基本式 (6.13) および (6.14) を再掲して説明する．

$$T = K_a \Phi I_a \quad (6.22)$$
$$E_a = K_a \Phi \omega_m \quad (6.23)$$

また，回路の電圧方程式より次式が得られる．

$$V = E_a + I_a R_a \quad (6.24)$$

電動機および負荷の全体の慣性モーメントを J とすると，運動方程式は次式となる．

$$T - T_L = J \frac{d\omega_m}{dt} \quad (6.25)$$

式 (6.22)～(6.25) により，電動機にある負荷トルク T_L がかかったときに，ω_m, I_a が時間とともにどう変化するかを知ることができる．以下では，定常状態 ($T = T_L$) のみを扱う．

式 (6.22) と (6.24) より，ω_m と負荷トルク T_L の関係は次式となる．

$$\omega_m = \frac{V}{K_a \Phi} - \frac{R_a}{(K_a \Phi)^2} T_L \quad (6.26)$$

この式より，通常，V, R_a, Φ が一定であれば，負荷トルク T_L が決まれば，ω_m が一意に定まることになる．

したがって，ある負荷トルク T_L に対して，回転角速度 ω_m を変えるためには，次の三つのパラメータを変える必要がある．

① V を変える．これを電圧制御という
② Φ を変える．これを界磁制御という
③ R_a に直列抵抗を挿入する．これを抵抗制御という

a．電圧制御（レオナード法）

式 (6.26) で V のみを変えると図 6.18(a) のようになり，速度 0 から広範囲に速度制御できることがわかる．この場合，$T_L = K_a \Phi I_a$ の関係は変化しないから（図 6.18(b)），定格電機子電流 I_{an} に対する発生トルク T_n は変わらない．これを定トルク駆動という．実際の回路は，次の図 6.19 となる．

直流可変電源として，かつての，直流発電機を用いるワード・レオナード方式から，サイリスタによる整流電源を用いる静止レオナード方式へと変わってきた．この方式は，製鉄所の圧延機，製紙工場の巻取機，新聞社の輪転機など広く用いられてきた．

b．界磁制御（field control）

式 (6.26) で，Φ のみを変化させると，（角）速度特性は図 6.20(a) のように変化し，Φ による速度制御が可能であることがわかる．

磁束 Φ は，界磁電流 I_f によって簡単に変えることができるが，磁気回路の飽和特性によりあまり大きな

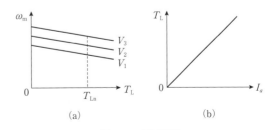

(a)　　　　　(b)

図 6.18 電圧制御
(a) V の変化による速度制御，(b) 定格電機子電流と発生トルク．

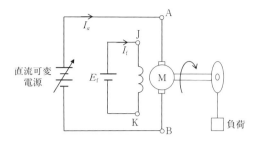

図 6.19 電圧制御回路

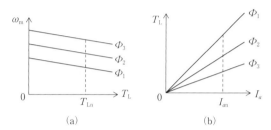

図 6.20 （角）速度特性（a）と発生トルク（b）

Φ を作ることはできない．つまり低速には向かないといえる．

また，$T=K_a\Phi I_a$ の関係は変化するから（図 6.20 (b)），I_{an} に対する発生トルクは変わる．しかし，$\omega_m T \fallingdotseq VI_a$ であるから，Φ を変えても I_{an} に対する出力はほぼ一定である．すなわち定出力駆動となる．

c. 抵抗制御（rheostatic control）

電機子回路に直列に抵抗 R_s を挿入し，式 (6.26) の R_a を変えると，特性は図 6.21 のように変化する．R_s により容易に速度制御ができるという特長がある．しかし，①軽負荷での制御は困難，②速度変動率が大きくなる，③抵抗による損失が大きく効率が悪い，などの欠点がある． 〔澤 孝一郎〕

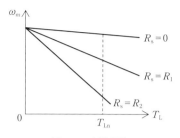

図 6.21 抵抗制御

文 献

1) 宮入庄太：最新電気機器学，丸善出版（1996）．
2) 森安正司：実用電気機器学，森北出版（2000）．
3) 猪狩武尚：新版電気機械学，コロナ社（2001）．

7

リラクタンスモータの回路

本章ではリラクタンスモータについて解説する．リラクタンスとは英語のreluctanceをカタカナ表記したものである．reluctanceにはいろいろな意味があるが，ここでは「磁気抵抗」をさす．リラクタンスモータは回転子が磁気的に突極性を持っており，磁気抵抗が回転子の回転により変化する．この磁気抵抗の変化に同期して電流を流すことにより，電動機としてトルクを発生して回転することができる．

リラクタンスモータの種類としては以下のようにいくつかのタイプがある．一つは突極同期電動機から界磁巻線を除去した形式のシンクロナスリラクタンスモータである．もう一つは回転子だけではなく，固定子にも突極性があるスイッチドリラクタンスモータがある．そのほかにもリニア形など各種方式もあるが，本章では最初の二つを取り上げて解説する．

7.1 シンクロナスリラクタンスモータの原理と基本構成

シンクロナスリラクタンス形モータは古くから安価な電動機として利用されていた．突極状の回転子にダンパー巻線を施し，商用系統に直結し，起動トルクを得て同期速度まで加速可能であり，同期すれば負荷トルクによらない定速性が得られるメリットがある．このため，多数のモータを等しい速度で運転する用途，たとえば繊維機械などに多数適用されていた．

近年は，ダンパー巻線を取り除き，インバータ駆動するシンクロナスリラクタンスモータの開発が進んでいる．さらに，永久磁石を一部適用することにより，永久磁石により突極性を向上するシンクロナスリラクタンスモータのコンセプトもあり，IPMモータとの境界領域も発生しつつある．

図7.1は代表的なシンクロナスリラクタンスモータの四極の回転子断面形状を示している．(a)は最も簡単な構造であり，円筒形の回転子の円周付近の一部が欠落した構造をしている．d, q軸は，それぞれ磁束が通りやすい方向，通りにくい方向である．また，d軸磁束，q軸磁束の磁路を矢印で描いている．固定子は誘導電動機とほぼ等しい固定子が用いられる．回転子の回転に伴い，リラクタンス，インダクタンスが変動する．固定子巻線の起磁力方向と回転子のd軸方向が一致したときにリラクタンスは最小であり，インダクタンスは最大になる．一方，起磁力方向とq軸方向が一致したときにリラクタンスは最大であり，インダクタンスは最小になる．それぞれ最大，最小のインダクタンスをd軸，q軸インダクタンスという．このインダクタンスの比を突極比と呼び，ξで表す．(a)の形状では突極比は2.5程度あるいはそれ以下である．(b)は多数の空隙を設けたフラックスバリア形で

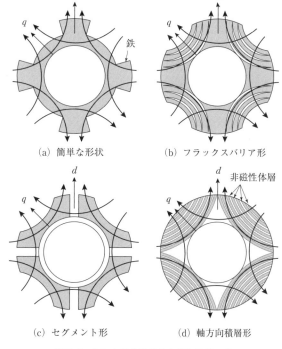

(a) 簡単な形状　　(b) フラックスバリア形

(c) セグメント形　　(d) 軸方向積層形

図7.1　シンクロナスリラクタンスモータ

ある．ケイ素鋼板の工作精度の向上により，フラックスバリア構築精度が向上し，突極比が向上できる．また，(c)はセグメント形である．(a)より突極比が高い特長があるが，中心付近を非磁性体で構成する必要がある．(d)は(c)に類似しているが，ケイ素鋼板の積層方向を円周方向としたものである．(a)〜(c)は積層方向が軸方向である．(d)は製造が難しい問題点があるが，突極比は高い．製造技術の向上に伴い(b)の突極比も向上し，僅差になっている．

7.2 シンクロナスリラクタンスモータの特性と運転

図7.2は力率を縦軸にとり，横軸を電流位相角θとしている．電流位相角はd軸からみた電流ベクトルの方向であり，$\theta=0$でトルクが0になり，θが正だと電動機動作，負であると発電機動作になる．突極比ξをパラメータとして，いくつかのケースについて力率をプロットしている．$\xi=2.5$であると，電流位相角が60°弱付近で力率の最大値0.4強である．実際には銅損，鉄損などの損失が加算されるため，力率は0.5弱程度になる．しかし，誘導電動機の力率に比較するとかなり低い．ξが10程度になると力率が0.8に向上し，誘導電動機と同等あるいはそれ以上の性能が期待できる．

図中のX, Y, Zの曲線，直線群はそれぞれ，トルク電流比最大，力率最大，出力電圧比最大のθの値を示している．トルク電流比が最大になるのは$\theta=45°$である．したがって，低速では$\theta=45°$で運転することが望ましい．一方，出力電圧比が最大になるのは曲線Z上であり，たとえば，$\xi=10$では，$\theta=85°$とすることにより電圧を抑えて，出力を大きくすることができる．界磁弱め領域などの高速領域で用いられる．力率を最大にする角度はこれらの角度の間にあり，効率を最大とする角度もこの間に存在する．

7.3 スイッチドリラクタンスモータの原理と基本構成

本節では，まず，スイッチドリラクタンスモータの動作原理と基本的な構成について解説する．スイッチドリラクタンスモータは元来英語表記でswitched reluctance motorと記載される．国内の先駆的な文献によれば，日本語表記はトに濁音をつけ，スイッチドリラクタンスモータもしくはSRモータと記載されている．また，variable reluctance motor, doubly salient motorと記載されることもある．ステッピングモータも動作原理はきわめて類似しているが，ステッピングモータは位置決めに用いられ極数がきわめて多い．一方，スイッチドリラクタンスモータは主に電気機械エネルギー変換を目的としている場合に使用されることが多い．

図7.3は代表的なスイッチドリラクタンス機の断面を示している．回転子は薄板のモータ鋼板を突極状に

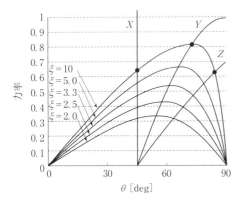

図7.2　力率と動作点

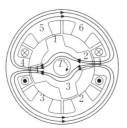 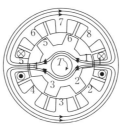 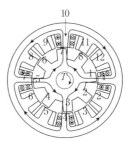

(a) ロータ4極，ステータ6極　(b) ロータ6極，ステータ8極　(c) ロータ8極，ステータ12極

図7.3　ロータ極数とステータ極数の組合せ

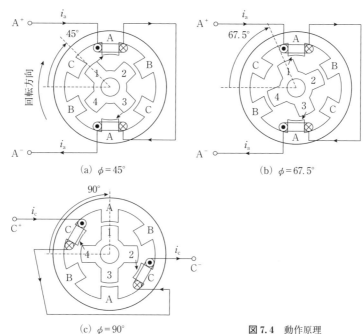

図7.4　動作原理

打ち抜き，主軸周りに軸方向に積層した，きわめて簡単な構成である．固定子は内側を突極状に打ち抜き，スロットに巻線を施している．巻線は各突極に短節巻線を施している．

(a)は固定子突極数が6であり，回転子突極数が4である場合の鉄心構成と一相の巻線配置を示している．巻線は固定子の対向する突極2カ所に短節集中巻線が施され，二つのコイルは直列に接続される．ほかに図示していない巻線が2組あり，合計で三相巻線を構成する．三相巻線の中性点は接続されておらず，6本の配線がインバータに接続される．図に示した一相の巻線に電流を流すと，矢印と線で示す経路の磁束が発生し，回転子に時計方向のトルクが発生する．磁束は2極の磁界を発生するが，振幅が一定な回転磁界ではない．

(b)は固定子8極，回転子6極の構成を示している．四相巻線であり，一相について巻線配置を示している．基本的には8本の配線がインバータとの接続に必要になるが，インバータの構成を工夫して共通化することにより5本に省略することが可能である．

(c)は固定子12極，回転子8極の構成であり，油圧ポンプなどに実用化されている．図に示すコイルは3相巻線を構成する．すでに示した(a)の構成の極数を2倍としたものである．発生する磁束は回転子を図に示すように4極磁束を構成する．この磁束により時計方向のトルクが回転子に発生する．磁束により半径方向の電磁力も同時に発生するが，4極の磁束分布であるため半径方向力も4方向に分散し，(a)の構成に比較して振動が小さい特長がある．

図7.4は固定子6極，回転子4極のスイッチドリラクタンス機のトルク発生原理を示している．回転子に時計回りの方向のトルクを発生する原理を示している．まず，回転子の回転角度の基準を突極1が9時の方向に位置するときを0°と定義する．(a)に示す回転子と固定子の回転角度位置ϕは機械的に45°の位置にある．この時点で図に示すA相のコイルに電流を流す．するとA相のコイルが巻かれた突極と回転子の突極1, 3に電磁吸引力が発生する．この電磁力は回転子突極1では紙面右上方向に作用し，回転子突極3では左下方向に作用する．この電磁力は回転子の突極部分の接線方向と半径方向の電磁力に分けることができる．接線方向の電磁力は，回転子を時計方向に回転するトルクを発生する．

一方，半径方向の電磁力は回転子を上下方向に引っ張る電磁力成分を発生する．この反作用として固定子鉄心を上下方向に押しつぶす電磁力が作用する．この電磁力に対して固定子鉄心は十分な剛性が必要である．

(b)では回転子の回転角度位置は67.5°である．固定子突極の一部が回転子の突極と対向しており，電磁力はきわめて強くなる．

さらに，(c)では回転子突極と固定子突極が対向する．回転子の回転角度位置は90°である．この回転子位置ではA相の励磁を中止し，電流を0にする．一方，C相の巻線に電流を流す．すると，C相の巻線が施された固定子突極と回転子突極2,4間に電磁力が発生する．この電磁力は回転子を時計方向に回転するトルクを発生する．

以上のように，回転子の回転角度位置に応じて電流を流す相を決定する必要がある．回転子の回転に応じて電流を切り替えることにより，脈動は多いものの連続的にトルクを発生することができる．以上の動作原理はステッピングモータと同一である．

図7.5は回転子4極，固定子6極のスイッチドリラクタンス機のインダクタンスの変化，電流，巻線の磁束鎖交数，発生トルクを45°から135°の1周期90°区間について示している．インダクタンスの変化は巻線端子から見込んだインダクタンスであり，45°では最小であり，回転子突極は固定子突極間に位置している．この位置を非対向時という．45°をすぎて60°強よりインダクタンスが増加し始め，突極が対向する回転角度位置90°では最大になる．この固定子突極と回転子突極が対向している位置を対向時という．

電流はインダクタンスが増加する区間で方形波状に流す．図に示す波形では，電圧を55°で印加し，電流は直線的に増加し，60°ではbの指令値に到達する．指令値に到達してからはPWM運転を行い電流値を指令値近傍に保っている．さらに，回転角度が進み，cの90°に到達した時点で電流を0とする．

巻線に鎖交する磁束鎖交数は突極が対向するにつれて増加する．磁束鎖交数はインダクタンスと電流の積であるが，実際には磁気的非線形性が存在するため90°付近で飽和している．

いま，簡単化のため，磁気的線形であるとするとトルクTはインダクタンスを$L(\phi)$，電流をiとすると，

$$T = \frac{\partial L(\phi)}{\partial \phi} i^2$$

である．この式から，インダクタンスが増加する区間で電流を流すことにより，トルクを大きく得ることができる．実際には電流の立ち上がり遅れがあるため，やや早めに電圧を印加する．さらに，磁気飽和が発生するため，図に示すようにトルクが発生する区間はやや狭くなる．

図7.6は縦軸に巻線の磁束鎖交数をとり，横軸に電流値をとった平面に，磁化曲線群と動作点軌跡を示している．最も傾きが小さく直線的な磁化曲線は，回転子の回転角度位置$\phi = 45°$の場合であり，回転子突極が固定子突極に位置している場合の磁化曲線である．すなわち，非対向時（unaligned）である．回転子突極が固定子突極間に位置しているため等しい電流を流しても最も発生する磁束は少ない．一方，$\phi = 90°$の

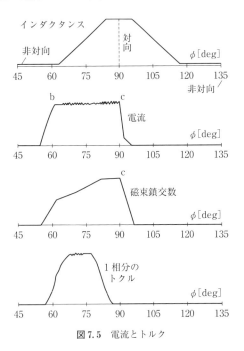

図7.5 電流とトルク

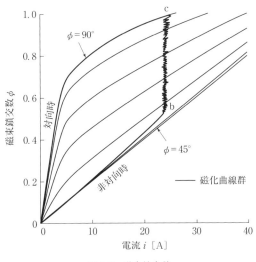

図7.6 磁束鎖交数

対向時（aligned）の磁化曲線は電流に対する増加が急峻で，さらに，数Aの電流で飽和している．ほかに，数本の磁化曲線が描かれているが，$\phi=45°$から$\phi=90°$の間の磁化曲線群である．

さらに，原点 -b-c- 原点で示される動作点軌跡が描かれている．動作点は，まず電流が0のとき，原点に位置しているが，電流の増加とともに$\phi=45°$の磁化曲線に沿って移動し，b点に到達する．b点においては電流値が電流指令値に追従し，PWMにより電流値は一定値に保たれる．

電流値が一定値に保たれたまま回転子の回転は進み，動作点cでは$\phi=90°$になり，突極が対向する．対向時に即座に電流を0にするため，動作点は$\phi=90°$の磁化曲線上を原点に向けて移動する．この動作点軌跡で囲まれた部分が1回の励磁により変換されるエネルギーである．そこで，この面積が大きい電動機であるほどより大きいトルクが発生する．

7.4 スイッチドリラクタンスモータの特性と運転

本節では，まず，スイッチドリラクタンスモータ駆動用の主回路構成を示し，運転原理を説明する．さらに，運転波形，効率などの例を示す．

図7.7は三相のスイッチドリラクタンスモータをドライブするインバータの中で，自由度が高い典型的なインバータの構成を示している．スイッチドリラクタンス機の巻線には一方向の電流を流すため，一般の電圧形インバータとは異なった主回路が必要である．最近では，この主回路を一つのモジュールに納めたものが市販されている．磁気軸受で使用されるインバータと同一の構成である．コイルで示しているのは電動機の巻線である．一相の巻線には二つの半導体スイッチ素子が接続され，近年多用されているIGBTを用いた場合を示している．なお，電圧が数十V以下の応用ではMOSFETが用いられることが多い．IGBTには逆並列にダイオードが内蔵されていてもよく，ダイオードには電流は流れない．さらに，A^+，A^-には外付けダイオードが接続されている．これらのダイオードは磁気エネルギーを電源に回生するモードで回生経路を構成する役割を果たす．

図7.8は一相のスイッチドリラクタンスモータを取り上げ，インバータの正電圧印加モードを示している．正電圧印加モードではIGBTを同時にオンする．すると直流電圧が巻線に正方向に印加され，電流が増加する．電流経路は直流電圧源正端子，IGBT，巻線，IGBT，直流電源負端子である．二つのIGBTは同時にオンするために，一般の電圧形インバータで必要になる休止区間は不要である．また，外付けダイオードはオフしている．

次に，巻線に電流が流れている状態でIGBTを同時にオフすると，図7.9に示すように，主回路構成が逆電圧印加モードに移行する．巻線に蓄えられた磁気蓄積エネルギーにより外付けダイオードが自動的にオンして，ダイオードを経由して電流が直流電源正端子側

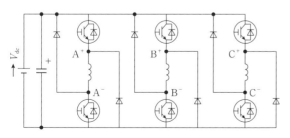

図7.7 主回路構成

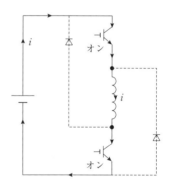

図7.8 正電圧印加モード

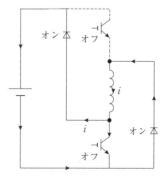

図7.9 逆電圧印加モード

に流れる．直流側の電流が逆であるので，巻線から電力が直流電源に回生される．巻線には直流電圧が負方向に印加される．このため，急速に電流は0に向かう．電流が0になると自動的にダイオードがオフして巻線が回路から切り離される．

なお，一つのIGBTだけをオフするとダイオードを介して巻線電流が環流するモードとすることもできる．この際，巻線の端子電圧はほぼ0である．このモードで動作している際には回転子の回転角度に依存して電流は緩やかに増加，あるいは減少する．インバータのスイッチング速度を減少するために用いると有効である．

このインバータは一相の巻線に対して二つのIGBTが必要であるものの，相ごとの動作が独立であり，制御の自由度が高く，高速領域の出力が大きく，アルゴリズムが簡単になるメリットがある．一方，動作の制限は生じるものの，従来の電圧形三相インバータの主回路モジュール，あるいはその一部を用いる方法など各種の主回路構成が提案されている状況にある．

図7.10は高速運転時の電流，トルク，動作点軌跡を示している．回転速度が高くなると速度起電力が増加し，急峻な電流の立ち上がりを得ることが難しくなる．そこで，非対向時よりやや早めに電圧を印加して電流を増加する．図の電流波形は，電流の立ち上がり時にトルクが負になる区間が生じているものの，インダクタンスの立ち上がり付近での電流値が大きくなっているため，大きな平均トルクを得ることができている．この際のψi平面での軌跡はハッチングした部分である．出力トルク，回転速度に応じて最適なタイミングで電圧を印加する必要がある．しかし，磁化曲線群が非線形であるため最適なタイミングを数式的に明らかにすることは大変困難である．たとえば，IPMモータでは電流，電圧最小の電流位相角が存在し，また，シンクロナスリラクタンスモータでもこのような位相角が存在する．しかし，スイッチドリラクタンスモータでは非線形性が強いため，コンピュータで試行錯誤を行い，最適なタイミングを決定する．グラスゴー大学のSPEEDコンソーシアムで開発されたPC-SRDという計算ソフトウエアは有名である．

図7.11は電圧電流波形を示している．回転速度が8500 r/minで約2.3 kWを出力しているときの線電流，相電圧を示している．電圧ピーク値は175 Vであり，電流ピーク値は22 Aである．速度起電力が高いためPWMを行わず，方形波状の電圧を印加している．電圧が正である区間に電流が立ち上がる．その後，インダクタンスが増加するため電流はピーク値をとり，以降，減少する．印加電圧を逆電圧とすると電力を回生する．電力の回生が終わると巻線は主回路から切り

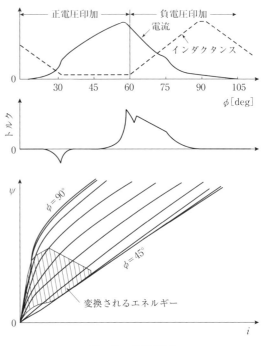

図7.10 高速回転時

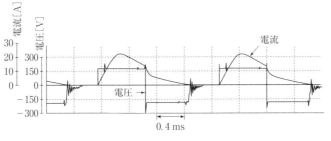

図7.11 電圧電流波形

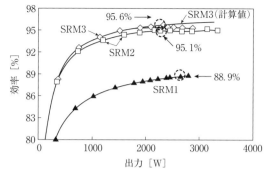

図 7.12 効率と出力

離される.

図 7.12 は効率と出力の例を示している．SRM1 は低鉄損の汎用ケイ素鋼板 35A300 を用いて製作したマシンである．35A300 は 0.35 mm 厚のモータ用電磁鋼板である．SRM2 は高級な 6.5% ケイ素鋼板を用いた試作機である．6.5% ケイ素鋼板はスーパーコア，あるいはスーパー E コアなどと呼ばれている．飽和磁束密度はやや低下するものの，鉄損が数分の一に低減するメリットがある．SRM3 はアモルファス鉄心を用いた試作機である．アモルファス鉄心は変圧器などに適用が進んでおり，鉄損が数分の一程度に低減できるメリットがある．固定子の直径約 140 mm で積厚 70 mm である．SRM2, 3 では効率が 95% 程度であり，IPM モータと同等あるいはそれ以上の効率を実現することができる．ここで，効率は機械軸出力をモータ端子の電気入力で除したものである．損失としては，銅損，鉄損，機械損がある．ビルトインモータで一般的に行われるように，ベアリングの機械損を 0 として効率を計算すると効率は SRM1, 2, 3 はそれぞれ 89.8%, 96.4%, 96.1% である．スイッチドリラクタンスモータは低鉄損鋼板の効果が顕著に出やすいモータである．

また，出力が低い状況でも効率の低下が少ない特長がある．たとえば，SRM2 では，最大出力が 3 kW 強である．効率が 90% 以下になるのは出力が 500 W 弱に低下した場合である．永久磁石機のように磁石による鉄損がないために出力が小さいときの効率が高い特長がある．

〔千葉　明〕

文　献

1) 竹野元貴，他：「HEV 用 50 kW の高トルク型と高効率型の実験的特性比較」，電気学会論文誌 D, **132**, 8, pp. 842-848 (2012).
2) 千葉　明：「レアアース問題とハイブリッド自動車—レアアースフリーモータの開発例—」，尚友倶楽部 (2011).

8

ステッピングモータ・マイクロモータ・超音波モータの回路

8.1 ステッピングモータの原理と基本構成

ステッピングモータは，図8.1に示すように駆動回路とモータが一体となってはじめて駆動することができるモータである．指示量としてはパルス信号が使われ，パルスが入力されるごとに定められた順序でコイルが励磁され，ある決まった角度 θ_s（ステップ角と呼ぶ）回転して静止する．回転角は，入力するパルス数に比例し，回転角速度は単位時間当たりのパルス数（パルス周波数）に比例する．パルスというディジタル量でオープンループで制御ができるため，位置決め用モータとしてコンピュータ周辺装置など小容量の分野で大量に使われている．

種類は大きく分けて，バリアブルリラクタンス形（以降 VR 形），パーマネントマグネット形（以降 PM 形），ハイブリッド形（以降 HB 形）がある．

a. VR 形ステッピングモータ

VR (variable reluctance) 形ステッピングモータは，ケイ素鋼板や電磁軟鉄のみが使用され，固定子，回転子が突極構造を持つように作られたものである．閉ループを組んだ駆動が実用化され，スイッチトリラクタンスモータと呼ばれている．

b. PM 形ステッピングモータ

PM (permanent magnet) 形ステッピングモータは，回転子が多極に着磁された永久磁石によって構成され，永久磁石がギャップと対向した構造をしている．VR 形のロータを着磁された永久磁石に置き換えても構成できるが，多極構造のステータを構成するため図8.2に示す構造が一般使用の大半を占めている．固定子は，軸方向に相を構成するマルチスタック構造となっている．一つの相は，ソレノイド状に巻かれた巻線を包み込むように，電磁鋼板によりフレーム，ヨーク，くし歯状の磁極を一体にプレス加工した鉄心により形成されている．この磁極はその形からクローポールと呼ばれ，1相のクローポールの数で極数が決定され，ロータの着磁極数もステータのクローポール数と同様となる．

c. ハイブリッド形ステッピングモータ

HB (hybrid) 形ステッピングモータの代表的構造を図8.3に示す．固定子，回転子とも小さな歯を持つことに特徴があり，この歯のことを誘導子と呼ぶ．固定子は，各磁極に集中して巻線が施され，磁極表面に誘導子が設けられ磁極を構成する．すなわち，誘導子を設けることで，固定子磁極数を多くすることができる．回転子は，固定子誘導子と同ピッチの誘導子を設けた電磁鋼板を積層または塊状鉄心が永久磁石を挟んで2組で回転子を構成し，回転子1と回転子2は誘導子1歯だけピッチをずらして構成されている．鉄心と永久磁石を回転子に持つことから，VR 形と PM 形回

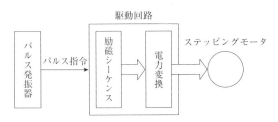

図 8.1 ステッピングモータ駆動システム

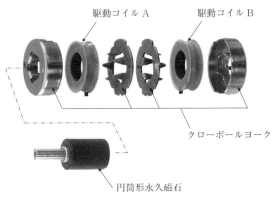

図 8.2 PM 形ステッピングモータの構成例

図 8.3 ハイブリッド形ステッピングモータの分解写真(固定子,回転子に誘導子がみえる)

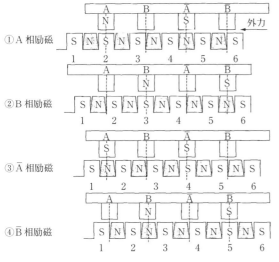

図 8.4 HB 形モータの動作図

転子構造の特徴を合わせ持つという意味で,HB 形と呼ばれる.

二相 HB 形ステッピングモータを例にして,動作原理からステップ角について考える.図 8.4 に HB 形の構造を直線状に展開したモデルを示す.なお,固定子は一つの相を一つの誘導子で代表し,回転子は回転子 1 側を S 極,回転子 2 側を N 極として表している.バーがついた相は,ついていない相と異極になることを示すものとする.各相は,歯ピッチが 1 周期を 4 等分するように配置されている.A 相を励磁した場合,固定子磁極 A は N 極に,$\bar{A}$ は S 極になることから,回転子前側,後側の誘導子 S 極 N 極が,それぞれ対向する図 8.4 ①の位置で静止する.ここで矢印の方向に外力を加えた場合,静止位置に戻ろうとする力が働き,なお変位させた場合固定子・回転子が同極になる位置で再びトルクがゼロとなる.さらに変位を続けると,隣の誘導子 2 の S 極と引き合い 1 と同じ状態となっ

て誘導子 2 が A 相と対向して静止する.このことは,誘導子 1 歯ピッチで電気的に 1 周期を構成していることを示している.このとき,トルク T を基本波で表現すると,回転子の歯数 Z_r,機械角での角変位 θ_m [°],トルク定数の最大値 K_T [Nm/A] とすると,一相電流を I [A] として,次式で表される.

$$T = -K_T I \sin(Z_r \theta_m) \quad [\mathrm{A}] \qquad (8.1)$$

B 相を励磁すると図 8.4 ①の状態から誘導子 2 が B 相と引き合って②の状態で,1/4 歯ピッチ歩進して静止する.これが,1 ステップ角となる.順次励磁を切り替えるごとに,③,④の状態に歩進を続け,連続回転することになる.ステップ角は,回転子歯数で 1 周期に細分化され,その 1 周期をさらに相数で分割したものが 1 ステップ角となっている.

一般に回転子の歯数を Z_r,モータ相数を m とすると,HB 形ステッピングモータのステップ角は次式で表される.

$$\theta_s = \frac{360}{2 Z_r m} \quad [°] \qquad (8.2)$$

Z_r を 50,相数を 2 とすると,θ_s は 1.8° となり,微小なステップ角が実現できることがわかる.

PM 形ステッピングモータは,HB 形ステッピングモータのように回転子 1 と回転子 2 で磁極を構成するのではなく,周方向に NS と磁極が構成されていると考えればよい.そのステップ角 θ_s は,$2Z_r$ が磁極数となるから回転子磁極数を Z_p,モータ相数を m として次式で表される.

$$\theta_s = \frac{360}{Z_p m} \quad [°] \qquad (8.3)$$

つまり HB 形の回転子歯数は,PM 形では極対数に相当すると考えればよい.

VR 形は,固定子 1 相の励磁を N 極にしても,S 極にしても同じ回転子が引き合うことより,そのステップ角は次式となる.

$$\theta_s = \frac{360}{N_r m} \quad [°] \qquad (8.4)$$

最も基本的なステッピングモータの駆動回路を,ブロック図で示すと図 8.5 となる.永久磁石を使用するPM 形や HB 形では,巻線に流す電流の方向を正負に交番させる必要があり,スイッチング素子の数を減らすため,同一磁極に巻方向を逆にする二つの巻線を施したバイファイラ巻きと呼ばれる巻線方式がとられている.どのトランジスタをオンにするかで,励磁相が

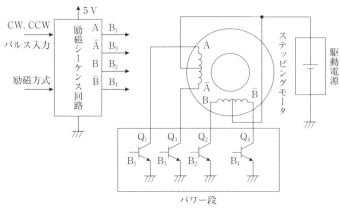

図 8.5　ドライブ回路

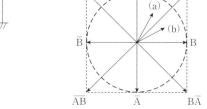

図 8.6　トルクベクトル図

決まり，その順序を決定しているのが励磁シーケンス回路である．回転子の位置とは無関係に，パルスが入力されるたびに励磁相が切り替えられる．

トルクが変位に対し正弦波状に分布するとし，変位 θ を電気角で表し A 相を励磁した静止位置を $\theta=0$ とすると，B 相，$\bar{A}$ 相，$\bar{B}$ 相はそれぞれ $\pi/2$ の位相差をもつ．各相が励磁された場合に発生するトルクを，その大きさと静止する位置で表現すると図 8.6 のトルクベクトル図となる．A 相を励磁した場合は，$\theta=0$ の位置で静止，ホールディングトルク（最大静止トルク）は矢印の大きさで示されると解釈する．時計回りに回転させたいならば，図 8.5 でトランジスタ $Q_1 \to Q_2 \to Q_3$ と順次オンすることで，A$\to$B$\to\bar{A}$ とベクトルが回転していく．1 相ずつ励磁することから一相励磁方式と呼ばれる．

Q_1，Q_2 を同時にオンし，A 相，B 相を同時に励磁した場合 A ベクトルと B ベクトルの和 AB ベクトルが静止位置となり，A 相より $\pi/4$ 進んだ位置で静止し，最大トルクは一相励磁の場合と比較し $\sqrt{2}$ 倍となる．二相ずつ励磁することから二相励磁方式と呼ばれる．

一相励磁と二相励磁で $1/2\theta_s$ の位相差を持つことに注目し，A 相から AB 2 相に励磁を切り替えた場合，基本ステップ角の 1/2 のステップ角を実現できる．この方式は一—二相励磁方式，あるいはハーフステップ駆動と呼ばれる．

励磁コイルには，方形状の電流を流すことを前提にしたが，実際は，コイルのインダクタンスのため励磁電流は方形状に変化しない．

パルスの周波数が低いときはその影響が小さいが，周波数が高くなるに従い電流の平均値が小さくなる．このためパルス周波数が高くなるにつれて，発生トルクも小さくなって，高速運転を目的とした駆動システムでは，パルス周波数に応じた電力制御が必要となる．さまざまな回路が実用されている．基本的には，PAM 制御や PWM 制御が行われる．

8.2　ステッピングモータの特性と応用

ステッピングモータの特性には，静特性，動特性があり，以降ステッピングモータ固有の用語とともに述べる．

a.　静特性

ステッピングモータを静止させて行う試験から得られる結果を，静特性と呼ぶ．回転子を静止させたままで定格電流を流しておいて，外部からトルクを加え回転子を変位させる．このとき，回転子が回転する角度と外部トルクとの関係は正弦波状に分布し，静止時に発生することができる最大のトルクをホールディングトルクと呼ぶ．このトルクを超える大きさの外部トルクが加わると，回転子はもとに戻ろうとする復元トルクを失い励磁磁極から外れてしまう．PM 形など，永久磁石を回転子に持つものは励磁電流を流さなくてもトルクを発生する．このトルクをディテントトルクと呼ぶ．

1 パルスごと 1 ステップ角ずつ歩進するさい，実際にはある誤差をもって歩進しており，この誤差を角度精度と呼び，静止角度誤差，隣接角度誤差，ヒステリシス誤差がある．

b. 動特性

ステッピングモータを動作させながら、試験して得られる特性を動特性と呼ぶ。ステッピングモータの励磁コイルには、規則正しい順序で電流が加えられ、また遮断される。このときの周期により、回転子の回転速度が決まる。モータが1秒間に動作するステップ数を、パルス/秒（通常 pps と書く）で表現し、パルス周波数（単に周波数と呼ぶ場合もある）という。

回転子が1回転（360°）するに要するステップ数 S_p とステップ角 θ_s の間には

$$S_p = \frac{360}{\theta_s} \quad (8.5)$$

の関係がある。1分間の回転数を $N\,[\mathrm{min}^{-1}]$ とすると、パルス周波数 $f\,[\mathrm{pps}]$、ステップ角 θ_s との関係は

$$N = \frac{f \times 60}{S_p} = \frac{f \times 60}{360/\theta_s} = \frac{1}{6}f\theta_s \quad (8.6)$$

となる。

図8.7は、モータの発生トルクとパルス周波数の関係を図に示したものである。パルス周波数がある周波数以上になると、始動トルクは徐々に下がり始め、$f_s\,[\mathrm{pps}]$ でゼロになる。このような特性を同期に引き込む特性という意味で引き込みトルク特性という。モータが始動しうる最高のパルス周波数を最大自起動周波数という。負荷トルクを徐々に増加し、駆動できる最大のトルクを脱出トルクと呼ぶ。脱出トルク曲線と引き込みトルク曲線で囲まれた領域をスルー領域と呼ぶ。

ステッピングモータを始動させようとしても、どのような条件でも始動できるわけではない。大きい慣性負荷につながれていたり、自起動周波数以上のようにパルス周波数が高すぎると始動できない。このような場合には、引き込みトルク以下の自起動領域から次第に加速し、一定速度の運転を行い、最後は減少してゼロとなる台形駆動と呼ばれる制御が必要となる。一定速度の領域がゼロとなる場合、三角駆動と呼ばれる。いずれにしても、スルー領域で運転するためには、加速・減速の制御が必要になる。

ステッピングモータの動特性は、慣性モーメントによって大きく変化する。また、発生トルクは回転子極の位置によって異なるため、複雑な動作をする。1ステップの動作は、減衰を伴うステップ応答となり振動的になる。回転子の回転状態はパルス周波数によっても変化し、低速域ではステップ応答の振動をしながら回転し滑らかな駆動とはならない。高速域では回転は振動を伴わず滑らかに動作する。

振動を小さくするためには、ステップ角を微細にすることが重要で、各相巻線の励磁電流を階段状に変化させることでも基本ステップ角を細分化することができる。これは、マイクロステップ駆動と呼ばれ、近年重要な駆動技術となっている。図8.6のトルクベクトル図において、A相の電流を1/3ずつ減じ、逆にB相の電流を1/3ずつ増加させると、トルクの軌跡はA点、a点、b点、c点というように分割される。ここで電流を正弦波状に変化させれば、図の円軌跡となり変位によらずトルクは一定となって、トルクリプルのない駆動とすることができる。

ステッピングモータは、以下の特徴がある。
(1) 回転子を定められた位置に停止、保持できる。
(2) ステップ角の精度がよい。
(3) 回転角度が励磁パルスの数に比例する。したがって、励磁パルス数で回転角度の制御ができる。
(4) 応答性がよい。すなわち、始動・停止が正確に反復できる。

このような特徴から、ディジタル制御に向く制御用モータとして、位置決め制御を必要とする用途、特にコンピュータ周辺装置の記録媒体のヘッドの位置決め用として使用されてきた。最近ではAV用の機器は小形ディジタル化が進んでいるため、オープンループでディジタル制御ができることから、PM形のステッピングモータが大量に使用されるようになっている。PM形ステッピングモータの小型化がすすみ直径でミリメートルサイズのものが携帯カメラなどのオートフォーカス用として実用化されている。

ステッピングモータの種類の選択に際して、極小容量の分野ではPM形が使われるが、小から中容量の分野では、大きなトルクを発生できるHB形でまず利用が始まる傾向にある。すなわち、ステッピングモー

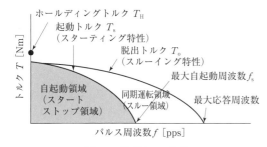

図8.7 速度トルク特性

タはオープンループ駆動のため，過渡的な負荷トルクの変動に対しても脱調しないようなトルク余裕を持ったモータ選択が要求される．たとえば，要求トルクの2倍の余裕をみた駆動システムの選定をすることが重要で，このような場合にはHB形を選定するということになる．

特にHB形は，比較的に低コストでモーションコントロールできることから，自動化機器を中心として簡易ロボットなどの位置制御用として使用されている．

8.3 マイクロモータの原理と基本構成

経済産業省は，鉱工業生産の動態を明らかにし，鉱工業に関する施策の基礎資料を得ることを目的として毎月生産動態統計調査を行っている．その中で回転電気機械としてモータの毎月の生産状況を統計データとして調査を行っている．モータの調査項目中で，70W以下のモータを小型電動機とし，入力3W以下のものを超小型電動機として分類している．この分類のモータを慣用的にマイクロモータと呼んできた．したがって，マイクロモータという言葉は小型モータより出力が低いモータとして区別した用語であり，明確にモータの種類を定義したものではない．

半導体電力変換器が未発達であった時代では入力3W以下のモータとしては，永久磁石界磁のDCモータのみしかなかったため問題を生じなかったが，現在では，ステッピングモータやブラシレスDCモータなどもこの入力範囲に入ってくる．本節では数W以下の出力のDCモータおよびブラシレスDCモータを対象として概説する．

DCモータの動作原理自身は，第6章で述べられた直流電動機と同一であるが，構造に特徴がある．図8.8に代表的構造を示す．界磁に使用する磁石はフェライト永久磁石で構成され，ほとんどが2極構造である．電機子は，一つのスロットに集中して巻線が施され，2極の界磁磁極に対応して3スロットで構成されている．

DCモータを最も簡単に電気回路で表現すると図8.9で示される．モータ巻線には，電機子が回転することで逆起電力E_mが発生し，E_mに向かって電流I_aが流れることで電気機械エネルギー変換が行われる．したがって，DCモータを電気回路では，図のようにこの逆起電力をDCモータのシンボルMで表現し，回路抵抗をr_aで表せる．界磁磁石が永久磁石で構成されるため，ギャップの磁束密度は一定となる．電機子電圧をV [V]，電機子電流をI [A]，電機子抵抗をr [1/S]（慣用的には，Ωが使われるが，SI単位系では1/Sとなる）とし，電機子が回転することで，速度に比例する電圧を発生し，誘導起電力（EMF）または逆起電力と呼ばれる．この電圧をE [V]とすると次式が成り立つ．Eの電圧は，誘導起電力（EMF）または逆起電力と呼ばれる．

$$V = rI + E \tag{8.7}$$

モータが回転速度ω [rad/sec]である場合，単位回転速度当たりの誘導起電力定数をk_E [V·s·rad^{-1}]とすると，回転数と電圧の関係は次式となる．

$$\omega = \frac{V - rI}{k_T} \tag{8.8}$$

またトルクT [Nm]は，電機子電流I [A]に比例するため，その比例定数をトルク定数k_T [Nm/A]とすると，次式となる．

$$T = k_T I \tag{8.9}$$

SI単位系で表現した場合，$k_E = k_T$の関係がある．

DCモータは，ブラシと整流子により整流を行っているので，スカラー量で駆動できるメリットを持つ反

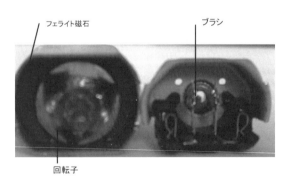

図8.8 DCモータの構造

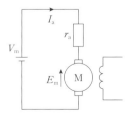

図8.9 直流モータ
r_a：電機子抵抗 [Ω]，E_m：誘起電力 [V]，
I_a：電機子電流 [A]．

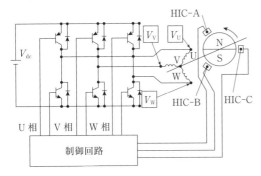

図 8.10 ブラシレス DC モータのブロック

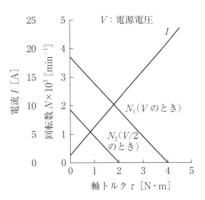

図 8.11 電圧をパラメータとした DC モータの特性

面，寿命が制限されるという問題がある．このため，ホール素子と半導体スイッチング素子でブラシと整流子を置き換えた構造のモータが実用化されており，ブラシレス DC モータと呼ばれている．

ブラシレス DC モータの構造は，固定子に電機子巻線が配置され，回転子が永久磁石で構成されており，DC モータの固定子と回転子の関係を逆転させたものとなっている．図 8.10 のように制御ブロックが構成され，永久磁石の回転位置に従い，永久磁石の磁界とコイルの作る磁界が直交するように永久磁石の位置に対応した磁極コイルに流す直流電流のタイミングをとる．つまり，DC モータからブラシをなくしたという意味で，ブラシレス DC モータという名前がつけられた．トルク発生原理からは永久磁石回転子形周期電動機である．

8.4 マイクロモータの特性と応用

DC モータに一定の電圧を印加して外部から負荷トルクを与えた場合，直線的に速度トルク特性が変化する．モータの電圧をパラメータとした場合，負荷トルクに対する速度は図 8.11 に示す直線で表すことができる．DC モータは電流とトルクが比例関係にあるため特殊な条件下での駆動を除いてすべて電流と逆起電圧のスカラー積で表すことができる．電流の大きさのみを制御することで，速度やトルクを制御できるという特長を持っている．簡単なものでは，トランジスタ 1 石で逆起電圧を検出することで速度を一定にする制御が可能となり，電子ガバナモータという制御用モータとして応用することが可能となる利点がある．

マイクロモータは，モバイル機器から，車のサイドミラーの駆動用アクチュエータまで幅広く応用がされている．

8.5 超音波モータの原理と基本構成

圧電素子（piezoelectric element : PZT）は，電圧を印加するとその直角方向に機械的に伸びる特性を持っている．この特性を利用してその変位を直線や回転運動にしてモータとすることが研究されてきた．しかし，その伸縮は数ミクロンであり，回転をさせるためには圧電体と弾性体を組み合わせ，高周波で振動させて共振させる構造が必要であり，進行波を使用し 1980 年に指田[5]が初めて実用的なモータを発明した．弾性体の共振周波数と一致させ 20 kHz 以上の可聴域以上の周波数（超音波）で駆動されるため，超音波モータという言葉が使われている．

進行波形超音波モータの動作原理図を，図 8.12 に示す．ステータは圧電素子と弾性体の 2 層構造となっており，圧電素子は 2 組の駆動電極から構成され，おのおのの電極は進行波の 1/2 波長になるように配置され交互に逆極性になるように分極されている．駆動電極に周波数がたわみ振動の固有周波数に近い交流電圧を印加すると，圧電素子は交互に伸縮し，弾性体にたわみ振動を生じさせる．二つの電極に 90° の位相差を持つ交流電圧を印加することで，空間・時間的に位相がずれた二つの定在波が合成され，図のような進行波が得られる．弾性体表面の波の最大点は進行波と逆向きの楕円軌跡を描いて運動する．したがって，ロータ（動体）とステータ間に高い圧力を加えた状態にする

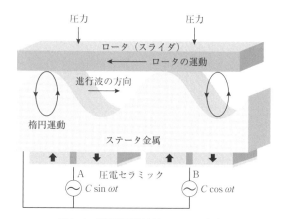

図 8.12　進行波形超音波モータの原理図

図 8.13　超音波モータの構造（株式会社新生工業提供）

と，ロータは進行波の波頭で弾性体と接触し，振動子表面の楕円軌跡に沿って進行波と逆方向に摩擦駆動される．

たとえば[6]，適切な固有振動モードを励振できる振動子形状を設計して，振動子上の1点に振幅1μm，周波数30 kHzの円運動を生成できたとすると，円運動の周速度は 2π×（振幅）×（周波数）= 188 mm/s となる．半径30 mm のロータをこの点に1周期につき1回ずつ円運動の上端で接触させて回転させるとすると，回転数は（周速度）/（半径）/2π×60 = 60 rpm となる．つまり，半径30 mm のリング状振動子に振幅1μm，周波数30 kHz の円運動を生成させれば，無負荷回転数60 rpm の回転式モータとなる．最大トルクは，（ロータの振動子への加圧力）×（摩擦係数）×（半径）なので，加圧力を10 N，摩擦係数を0.5 とすると，約0.15 N·m（1.5 kgf·cm）となる．また，円運動する点にスライダを接触させれば，無負荷速度

188 mm/s，最大推力5 N（500 gf）のリニア超音波モータとなる．リニアモータのように振動子を有限長の弾性体とすると，両端で波が反射するため励振が難しくなるため，モータでは円環状のステータ構成となっている．

圧電素子の振幅は，電圧にも依存するがサブミクロンオーダーであり振幅を大きくとるため弾性体には，等間隔にみぞが施されており，振動振幅を拡大する効果を得ている．市販されている超音波モータの構造を図8.13に示す．ロータ表面はステータ表面と摩擦で駆動されるための劣化を防ぐため固体潤滑特性に優れたシートが使用されている．

8.6　超音波モータの特徴と応用

超音波モータを一般のモータと比較した場合の特徴は，以下のようになる．
(1) 低速高トルク（または推力）特性を有する
(2) 応答性・制御性に優れ，微小な位置決めが可能
(3) 無通電時に保持トルク（または保持力）を有する
(4) 磁気の影響を受けず，電磁波を発生しない
(5) 静粛性に優れる
(6) 小型・軽量
(7) 摩擦・摩耗が大きい
(8) 高周波電源・複雑な駆動回路が必要

また，(2)の応答性・制御性についていえば，超音波モータはダイレクト駆動モータであり，たとえば$1/N$に減速した電磁モータと比較すると慣性の影響が$1/N^2$であるので，非常に応答性に優れることになる．精密ステージへの応用では1 nm 以下の位置決め精度を実現でき，共振状態の変化に伴う不安定性を除けば制御性もよい．

現在，超音波モータは，カメラのオートフォーカス，光学機器のレンズミラーの駆動，衛星受信装置の位置決め，ロールスクリーンの巻き上げ，自動車のハンドルポジションやヘッドレスト，部品の搬送，高磁場内のアクチュエータなど，多彩な用途に利用されている．特に磁気の影響を嫌う用途には最適なモータとなる．

〔百目鬼英雄〕

文　献

1) 海老原大樹，他編：モータ技術実用ハンドブック，

日刊工業新聞社 (2001).
2) 坪井和男, 百目鬼英雄：図解小形モータ入門, オーム社 (2003).
3) 百目鬼英雄：省エネ, 高機能化へ高効率モータ技術, 日刊工業新聞社 (2001).
4) 百目鬼英雄：ステッピングモータの使い方, 工業調査会 (1993).
5) 指田年生：「超音波振動を利用したモーター装置」, 特開昭 55-125052 (1980).
6) 前野隆司：「超音波モータ」, 日本ロボット学会誌, **21**, 1, pp.10-14 (2003).

第IV編 大容量パワーエレクトロニクス回路

0

大容量パワーエレクトロニクス回路概要

0.1 パワーエレクトロニクス

パワーエレクトロニクスとは，半導体電力変換および半導体電力開閉に関する技術分野である[1]．ここで，半導体電力変換とは，パワー半導体デバイスを使って電圧，電流，周波数（直流を含む），位相，相数，波形などの電気特性を高効率で変換することである．

パワーエレクトロニクスは，パワー半導体デバイスそのもののほか，制御装置に用いられる集積回路（IC）などの各種半導体デバイス，および制御装置などの電子回路に関するエレクトロニクス技術，変換対象である電力に関する技術，さらに制御技術の三つの技術が総合されたものであり幅広い分野を含んでいる．

0.2 電力変換

本書では半導体電力変換に関する回路を中心に記載する[2]．半導体電力開閉は，パワー半導体デバイスを用いた単なるスイッチ動作である．

電力変換は，次のように分類できる．対応して各種変換回路がある．

a. 交直変換（直流と交流との間の変換）：①順変換，整流（交流から直流への変換），②逆変換（直流から交流への変換）

b. 直流変換（直流からほかの直流へ変換）

c. 交流変換（交流からほかの交流へ変換）

変換回路は，0.5項に説明するように転流方式によって自励変換回路と他励変換回路とに分けられる．本書では，基本となる交直変換回路を自励と他励とに分けてまとめた．

交直変換回路は，このほか電圧形変換回路と電流形変換回路とに分類できる．

電力変換は，直接変換する以外に，たとえば交流変換では順変換と逆変換とを組み合わせ，交流をいったん直流とし，それを再び交流にすることでもできる．交直変換の場合であっても順変換と直流変換といった組合せが可能である．このような変換を間接変換といい，第5章では各種間接変換回路をまとめる．

この編では，産業用，鉄道用，電力用などで使われる数十kVA以上の中容量から大容量の変換装置に用いられる回路について記載する．第7章から第9章は，各種用途における例を記載する．ただし，HVDC送電系統回路は第II編第3章を参照．

0.3 半導体デバイス

電力変換に用いられるパワー半導体デバイスについて説明する．パワー半導体デバイスは，変換時の損失を小さくするため，オンかオフかのどちらかで使用される．電流が流れる方向は順方向だけである．双方向に流れるデバイスもあるが，これも二つのデバイスの逆並列接続で置き換えて表すことができる．このため，弁にたとえて半導体バルブデバイスとも呼ぶ．パワー半導体デバイスは，制御性の観点から表0.1のように分類できる．具体的なパワー半導体デバイスには，このほかSIサイリスタ，バイポーラトランジスタ，IEGT, IGCTなど多くの種類がある．サイリスタでは，光でトリガする（オン信号を与える）光トリガサイリスタもある．

他励変換回路では主としてオン制御デバイスが，また自励変換回路では主としてオンオフ制御デバイスが用いられる．

0.4 アームなど

パワーエレクトロニクスでは変換装置の主回路の，

表0.1 パワー半導体デバイス

デバイス		説　明	パワー半導体デバイスの例
a. 非可制御デバイス，整流ダイオード		順方向に電圧が印加されるとオン状態になり（通電し），逆方向に対しては通電を阻止するデバイス	・pn接合ダイオード ・ショットキーバリアダイオード　　陽極：A／陰極：K
b. 可制御デバイス		制御端子への制御信号によって順方向に制御可能なデバイス	
	1. オン制御デバイス	オン状態にだけ制御可能で，ターンオフは，主電流が外部主回路の作用で0になって行われるデバイス	・サイリスタ（逆阻止三端子サイリスタ）　陽極：A／ゲート：G／陰極：K
	2. オンオフ制御デバイス	オン状態およびオフ状態の双方向に制御可能なデバイス	・IGBT（絶縁ゲートバイポーラトランジスタ）　コレクタ：C／ゲート：G／エミッタ：E ・GTO [（ゲート）ターンオフサイリスタ]　陽極：A／ゲート：G／陰極：K ・MOSFET（MOS形電界効果パワートランジスタ）　ドレイン：D／ゲート：G／ソース：S

アーム，その他の回路部品の電気的構成を変換接続と呼ぶ．このため変換回路を変換接続と記載することもある．また，ハードウェアとしての変換器と記載することもある．

ここで，変換回路を説明するのに必要な用語をいくつか定義しておく．

①アーム：　変換回路において交流または直流の任意の二つの端子間に接続された部分．同時に通電するバルブデバイス，および必要によってその他の回路部品を含む．

②アーム対：　同じ向きに直列接続された2組のアーム．2組のアームの共通部の端子を中点端子，それ以外の端子を外側端子と呼ぶ．

③逆並列アーム対：　逆向きに並列接続された2組のアーム．

④レグ：　ブリッジ接続又はマルチレベル接続の1相分を構成するアーム群．

⑤ブリッジ（接続）：　複数のアーム対の各中点端子を交流端子とし，外側端子は，同じ極性ごとに並列接続してそれぞれを直流端子とした双向接続（交流端子に流れる電流が双方向の変換接続）．

⑥マルチレベル接続：　レグの交流端子の電位が三つ以上の異なる値をとる交直変換接続．

マルチレベル接続以外の例を図0.1に示す．マルチレベル接続の例（3レベル）は1.5項に示す．

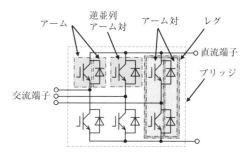

図0.1　変換接続のアームなど

0.5　転流方式

変換器は，通常は流れている電流が途切れることなく通電しているアームからほかのアームに移り変わる転流によって動作する．転流は，他励転流と自励転流とに大きく分けられる．

a. 他励転流

他励変換器であるサイリスタ変換器での転流の例を図0.2に示す．出力電流は，U相のサイリスタ1を通って流れている．ここで，V相の電圧がU相より高い状態でサイリスタ3をターンオンすると図に示すように転流電流 i_c が流れ，$i_c = I_d$ となった時点でサイリスタ1がターンオフする．他励転流は，この例のように変換器の外部から転流電圧が加えられることによって転流電流が流れて行われる．

他励転流には，転流電圧が交流電源から与えられる電源転流と負荷機器から与えられる負荷転流とがある．負荷転流には回転機転流と共振負荷転流とがある．他励変換器の大部分は電源転流変換器であり，電源転流変換器を他励変換器といってもよい．

他励転流では転流回路に比較的大きな転流インダクタンス（転流回路全体での合計値で表すので，図の場合，L_c のインダクタンスを L_c として $2L_c$．）がある．

b. 自励転流

電圧形変換器における自励転流を図 0.3 に示す．出力電流は，IGBT 1 を通って流れている．IGBT 1 をオフすると流れていた電流はダイオード 4 に転流する．このときの転流動作は，IGBT 1 のコレクタ-エミッタ間電圧が電源電圧 V_d よりも高くなり，図に示す転流電流 i_c が流れて行われると考えることができる．すなわち，IGBT が転流電圧を発生して行われる．自励転流は，このように半導体デバイスそのものから転流電圧が与えられて行われる（デバイス転流）．

自励転流には，デバイス転流のほか，転流回路内に転流コンデンサを持ち，そのコンデンサ電圧で転流する方式（コンデンサ転流）もある．現状では自励変換器のほとんどがデバイス転流方式である．

デバイス転流では，転流時に半導体デバイスが転流電圧を発生して転流させるため，転流インダクタンスをできる限り小さくしなければならない．漂遊インダクタンス L_s の値を極力小さくする必要がある．

c. 消 流

スイッチでは，流れている電流を転流させることなくオフ（消流）させる．消流も転流と同様に外部消流とデバイス消流とに分類できる．実際には，抵抗器，コンデンサ，サージアブソーバなどに電流を移してオフさせる．変換回路でも小電流時には電流が断続して消流することがある．

0.6 スナバ

a. 他励変換器

他励転流の動作を説明する図を一部変えて図 0.4 に示す．サイリスタ 1 は，ターンオフ時に逆回復電流 i_{RR} が流れる．この電流が 0 に戻るときに L_c が持っているエネルギーによって転流サージ電圧が発生するので，この転流サージ電圧を抑制しなければならない．また，サイリスタ 1 が逆回復電流が流れない理想的なスイッチであっても，V_U の電位は転流中の相間短絡の電位から U 相の電位に変化するため，振動電圧が発生する（転流振動）．エネルギーを吸収するとともに転流振動を抑制するため，サイリスタには並列に CR スナバを接続する．

また，外来サージ電圧などでサイリスタに過大な電圧変化率 dv/dt が加えられないようにするため，またはターンオン時の電流変化率 di/dt を制限するため，サイリスタに直列にバルブリアクトル L_v を接続する．

これらのスナバは，サイリスタを直列接続したときには電圧分担要素としても機能する．図 0.4 に示すようにサージアブソーバとして CR を線間に追加するこ

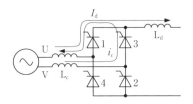

図 0.2 他励転流の例

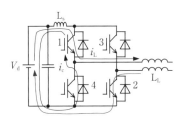

図 0.3 自励転流

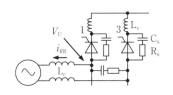
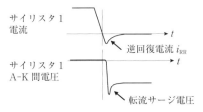

図 0.4 サイリスタのスナバ

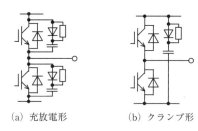

(a) 充放電形　　(b) クランプ形

図 0.5 IGBT のスナバ

ともある．

b. 自励変換器

デバイスをターンオフさせて転流させるとき，デバイスの端子間には高いピーク電圧および大きな電圧変化率 dv/dt が発生し，これがデバイスの安全動作領域 (SOA) を超えてデバイスを破壊してしまう可能性がある．これを防ぐため自励変換器でもスナバが用いられる．IGBT 変換器の場合，図 0.5 に示すような 2 種類の CRD スナバが用いられる．充放電形のコンデンサは，ターンオフ時にダイオードを通って充電され，IGBT に加わる dv/dt およびピーク電圧を抑制する．抵抗は，IGBT がオンするときの突入電流を防止する．クランプ形は，ピーク電圧だけを抑制する．直流コンデンサとの距離が遠いときに有効である．

IGBT では，ゲートを制御することでターンオフの速さを制御することもできる．漂遊インダクタンスをできる限り小さくするとともにゲート制御を行ってスナバを不要にする例が増えている．

GTO の場合は，安全動作領域が狭く，またバルブリアクトルが必要なため，スナバはさらに複雑になる．

〔古関庄一郎〕

文　献

1) JIS C 60050-551：「電気技術用語－第 551 部：パワーエレクトロニクス」(2005).
2) 電気学会半導体電力変換システム調査専門委員会：「パワーエレクトロニクス回路」，オーム社 (2000).

1

自励交直変換回路

1.1 電圧形変換回路と電流形変換回路

 交直変換回路は,交流から直流への変換(順変換)または直流から交流への変換(逆変換)を行う回路である[1]. 自励転流によって動作する自励交直変換回路は,制御によって順変換も逆変換も行える双方向変換回路である.

 自励交直変換回路は,次の二つの双対な回路に分けられる.

 ①電圧形変換回路: 直流回路が電圧源特性を持つ交直変換回路

 ②電流形変換回路: 直流回路が電流源特性を持つ交直変換回路

 なお,他励交直変換回路では実用化されているものは電流形だけであるが,コンデンサインプット形のダイオード整流器などは電圧形と見なすこともできる.

 図 1.1 に示す単相ブリッジ接続を用いて,両者の特性を表 1.1 に比較する.両者が双対の関係にあることがよく示されている.両変換回路におけるダイオードの役割にも注意していただきたい.双対性に重要な役割を果たしている.

 実際の回路では,電圧形では直流電源に並列にコンデンサを接続して電圧源特性,電流形では直流電源に直列にリアクトルを接続して電流源特性としている.このため,以下では直流回路に電圧形ではコンデンサ,

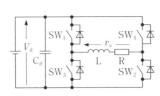
(a) 電圧形変換回路

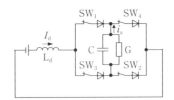
(b) 電流形変換回路

図 1.1 電圧形変換回路と電流形変換回路(単相ブリッジの例)

表 1.1 電圧形変換回路と電流形変換回路との比較

項 目	電圧形変換回路	電流形変換回路
回路の特徴	スイッチは逆並列ダイオードとで構成される.通常,直流回路に並列コンデンサ C_d,交流回路に直列リアクトル L を持つ	スイッチは直列ダイオードとで構成される.通常,直流回路に直列リアクトル L_d,交流回路に並列コンデンサ C を持つ
動作	直流電圧 V_d は正で一定であり,$SW_1 \sim SW_4$ はオフ状態が基本.SW_1,SW_2 をオンで v_a が正.SW_3,SW_4 をオンで v_a が負.SW_1 と SW_4,または SW_2 と SW_3 をオンで v_a が 0 となる	直流電流 I_d は正で一定であり,$SW_1 \sim SW_4$ はオン状態が基本.SW_1,SW_2 をオフで i_a が正.SW_3,SW_4 をオフで i_a が負.SW_1 と SW_4,または SW_2 と SW_3 をオフで i_a が 0 となる
波形	交流電圧波形は方形波.交流電流波形は L によって滑らかになる	交流電流波形は方形波.交流電圧波形は C によって滑らかになる
ダイオードの役割	帰還ダイオード,環流ダイオードとして通電し,交流電流の連続性を維持する	バイパスダイオードのほか,C の放電阻止ダイオードとして機能し,交流電圧の連続性を維持する

1. 自励交直変換回路

電流形ではリアクトルを実際の回路と同様に図に記載する.

IGBT(絶縁ゲート形バイポーラトランジスタ)などのパワー半導体デバイスは一般に逆並列ダイオードが組み込まれた,電圧形変換回路に適した形態で供給されている.このため実際に使われている自励交直変換回路は,現在では大部分が電圧形である.以下の説明では,電圧形変換回路を主体に説明し,電流形変換回路は1.6節以降で説明する.

1.2 パルス制御

電圧形,電流形とも双対の関係にあり,動作は同様である.図1.2に基本回路を示す電圧形の単相ブリッジ接続を対象に説明する.スイッチの代わりに Q_1〜Q_4 のIGBTを使っている.

たとえばU相の電圧は,直流回路の中点電位を基準としたとき,Q_1,Q_3 のどちらをオンするかによって $V_d/2$ または $-V_d/2$ の方形波電圧パルスとなる.この正・負の電圧パルスを出力交流電圧の1サイクルで何回発生するかによってパルス制御方式を二つに分けて考える.1サイクルに1回だけ発生する方式と,2パルス以上発生する方式とがある.ここでは前者を1パルス方式,後者を多パルス方式と呼ぶ(注:他励変換回路のパルス数は,1サイクルにおける転流の回数であり,上記とは別の数になる).

自励変換器が開発された当初は,コンデンサ転流方式を用いていて1パルス方式しかできなかった.このため,方形波出力波形を正弦波に近づけるための各種の変換回路方式が工夫された.現在では,ほとんどが多パルス方式でPWM(パルス幅変調)制御となっている.

1.2.1 1パルス方式
a. 動作波形

U,V 二つのレグを逆位相で同時にスイッチングさせたとき,スイッチング周波数と同じ周波数で振幅が直流電圧 V_d に等しい方形波電圧を出力する(図1.3(a)).二つのレグのスイッチング位相を δ だけずらすとパルス幅が $\theta = \pi - \delta$ となる(同図(b)).θ を変えることによってパルス幅制御(pulse width control)となり,出力電圧を変えることができる.

b. 出力電圧の高調波

図1.3(b)の出力電圧波形をフーリエ級数展開すると次の結果が得られる.

$$v = \frac{4}{\pi} V_d \sum_{h=1,3,5,\cdots}^{\infty} \frac{(-1)^{\frac{h-1}{2}}}{h} \sin\left(\frac{h\theta}{2}\right) \sin(h\omega t)$$

$$= \frac{4}{\pi} V_d \left\{ \sin\left(\frac{\theta}{2}\right) \sin(\omega t) - \frac{1}{3} \sin\left(\frac{3\theta}{2}\right) \sin(3\omega t) + \cdots \right\}$$

基本波電圧実効値は $\quad V_1 = \dfrac{2\sqrt{2}}{\pi} V_d \sin\left(\dfrac{\theta}{2}\right)$

h 次高調波電圧実効値は $\quad V_h = \dfrac{2\sqrt{2}}{h\pi} V_d \sin\left(\dfrac{h\theta}{2}\right)$

ここで,$h = 1, 3, 5, \cdots$ となる.パルス幅制御をしない図1.3(a)のときの基本波は,$\theta = 180°$ として $V_1 = (2\sqrt{2}/\pi) V_d$ となる.また,$\theta = 120°$ としたときには3の倍数の次数の高調波が0となる.最も大きな三次高調波電圧をなくす方式として採用されるが,同時に基本波も0.866倍に小さくなってしまう.

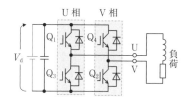

図 1.2 単相ブリッジ接続

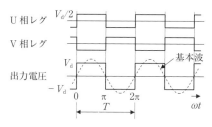

(a) 逆位相でスイッチングしたとき

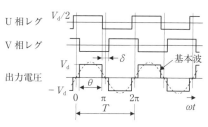

(b) スイッチング位相をずらしたとき

図 1.3 単相ブリッジ動作波形(1パルス方式)

(a) 信号波と搬送波. (c) ではV相に破線の信号波を使用

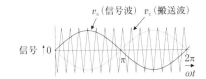

(b) 一つの信号波を使ってU, V相を同時にスイッチングした場合

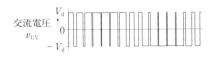

(c) U, V相の信号波の位相を180°ずらした場合（搬送波の位相を180°ずらしても同様）

図 1.4　パルス幅変調

1.2.2　多パルス方式

a.　パルス幅変調方式

大容量変換器では大容量パワーデバイスのスイッチング性能から9パルス程度としていることが多い．中容量変換器では100パルス以上（スイッチング周波数が数kHz）の変換器も多い．

1サイクル内の各位相におけるパルスはパルス幅変調（pulse width modulation：PWM）して，出力電圧などを制御している．パルス幅変調は，信号波（一般的には正弦波）と搬送波（キャリア）とを比較してその大小関係からオン・オフを決める信号波-搬送波比較方式などによって行われる．この場合の搬送波には，一般的に三角波が用いられる．パルス数が少ない場合は，次数間高調波を発生させないように出力交流電圧に同期した搬送波を用いる．

小容量変換器では，ヒステリシスコンパレータによって交流電流を追従制御する方式もある．三相変換器では，各スイッチングモードを$\alpha\beta$座標の空間ベクトルととらえてスイッチングを決める空間ベクトル制御方式も用いられる．

パルス数を増やすことは，スイッチング損失の増加となる．損失を少なくするためにパルス数をできる限り少なくすることも多い．この場合，高調波が少なくなるスイッチングパターンをあらかじめ決めておき，それに従ってスイッチングさせることが多い．

可変速駆動システムでは出力交流電圧の周波数を変化させる．それに応じてパルス数も変えるといった方式も用いられる．

b.　信号波-搬送波比較方式 PWM

正弦波の信号波と三角波搬送波との比較方式のPWMの場合とする．U, V二つのレグを一つの比較結果に従って同時に（ただし，V相では上下のアームのオン・オフをU相と逆にする）スイッチングさせた場合，出力電圧の1サイクルのパルス数が図1.4(b)に示すように搬送波周波数の信号波周波数に対する比の値となり，正・負の2値だけの2レベル波形となる．二つのレグの信号波を180°ずらすと2多重となり，出力電圧は正・零・負の3レベル波形となる．高調波は，次に説明するように搬送波周波数付近の成分が相殺される．

c.　出力電圧の高調波

前記PWM方式における基本波電圧実効値は，

$$V_1 = \frac{a}{\sqrt{2}} V_d$$

となる．ここで，aは変調率（信号波振幅の搬送波振幅に対する比）である．

変調率を変えることによって出力電圧を変えることができる．

高調波は，二つのレグを同時にスイッチングしたとき，次のようになる．

$(n\omega_c \pm k\omega)$ の周波数の高調波電圧実効値

$$V_h = \frac{4V_d}{\sqrt{2}\,n\pi} J_k\!\left(\frac{an\pi}{2}\right)$$

ここで，J_k：第1種k次のベッセル関数，ω：信号波（基本波）の角周波数，ω_c：搬送波の角周波数，$n=1, 3, 5, \cdots$のとき，$k=0, 2, 4, \cdots$，$n=2, 4, 6, \cdots$のとき，$k=1, 3, 5, \cdots$である．

この高調波は，信号波でパルス幅を変調することによって生じる搬送波の側帯波である．次数hは，$(n\omega_c/\omega \pm k)$となり，ω_cがωの整数倍でないと次数間高調

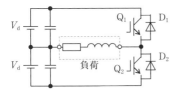

図1.5 ハーフブリッジの基本回路

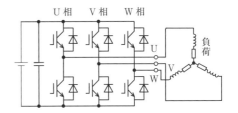

図1.6 三相ブリッジ接続

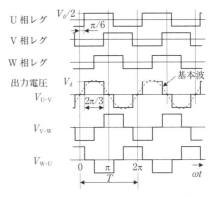

図1.7 三相ブリッジの出力電圧

波となる.

二つのレグの信号波を180°ずらしたときは,搬送波の位相を180°ずらしたことに相当する. n が奇数の高調波は,二つのレグ間で位相が180°異なり,相殺されてなくなる.

1.3 単相交直変換回路

1.3.1 単相ブリッジ接続

単相ブリッジ（接続）については,1.2節に記載したとおりである. 次のハーフブリッジとの対比でフルブリッジと呼ぶこともある.

1.3.2 ハーフブリッジ

ハーフブリッジは,大容量用途で適用されることは少ないが,交直変換の原理的な回路であり,取り上げる.

a. 基本回路
ハーフブリッジを図1.5に示す.

b. 動作
$Q_1 \cdot Q_2$ のIGBTを互いに逆にオン・オフさせることによって負荷には正側または負側の直流電圧が印加され,負荷に加わる電圧は交流電圧となる.

c. 運転特性
運転特性は,前のフルブリッジで二つのレグを同時にスイッチングさせた場合と同じである.

1.4 三相交直変換回路

1.4.1 三相ブリッジ接続

a. 基本回路
三相ブリッジ（接続）を図1.6に示す. 三つのレグを用いて三相交流電圧を出力する.

b. 動作波形
1) **1パルス方式** レグの上下アームを180°の期間で交互にオン・オフし,これを相ごとに120°ずつずらせていったときの動作波形を図1.7に示す. 相電圧は単相と同じく180°ごとに正負に変わる方形波であるが,線間電圧は120°のパルス幅で,60°の期間は電圧が0となる.

相電圧の基本波実効値は, $V_{LN1} = (\sqrt{2}/\pi)V_d$,線間電圧の基本波実効値は, $V_1 = (\sqrt{6}/\pi)V_d$ となる.

2) **多パルス方式PWM制御** 正弦波の三相信号波と三角波搬送波との比較方式によるPWMの場合を図1.8に示す.

パルス数が比較的少ない場合で同じ搬送波を三相で用いるときは,三相間で同じ波形となるように ω_c/ω を3の倍数とする. 正負で同じ波形とするため ω_c/ω を奇数とする. このため,通常は9パルス,15パルス,21パルスなどとする.

線間の基本波電圧実効値は,

$$V_1 = \frac{\sqrt{3}}{2}\frac{a}{\sqrt{2}}V_d$$

となる. ここに, a：変調率である.

高調波は, ω_c/ω が3の倍数のとき,相電圧が相ごとに120°ずれた波形となるので線間では3の倍数次の高調波が相殺され, $(n\omega_c \pm k\omega)$ の周波数の線間高調波電圧実効値は,次のようになる. 相電圧は,直流の仮想中点に対しては3の倍数次が残っているが,交流電圧の中点に対しては同様に3の倍数次が相殺される.

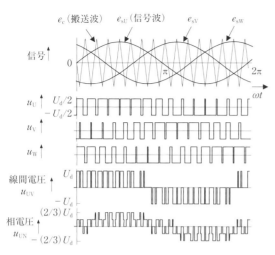

図1.8 信号波-搬送波比較PWM

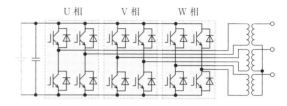

図1.9 単相ブリッジを3組用いた変換回路

b. 動　作

この回路の動作は，単相ブリッジ接続の三相組合せと考えることができる．

この回路は，三相ブリッジ接続を2組用いて，それぞれをオープンデルタ変圧器巻線の上下の端子に接続していると考えることもできる．変圧器の巻線1組で三相ブリッジ2多重に相当した動作ができる．

1.5　3レベル変換回路

a. 基本回路

三相3レベル変換器の基本回路を図1.10(a)に示す．単相も可能である．

b. 動　作

ブリッジ接続では，交流端子の出力電圧は直流回路の仮想中点に対して$+V_\mathrm{d}/2$か$-V_\mathrm{d}/2$かの2値（2レベル）だけにしかできない．これに対して図1.10(a)に示す3レベル変換回路では図1.10(b)に示すようにIGBTを制御することによって0も出力できる．三つのスイッチングモードとも電流は正負どちらにも通電できる．3レベル変換回路に対してブリッジ接続は2レベル変換回路とも呼ばれる．さらに多数の電圧レベルを出せるようにした変換接続もある．これらについては第6章に示す．

$$U_h = \frac{\sqrt{3}}{2} \frac{4U_\mathrm{d}}{\sqrt{2}n\pi} J_h\left(\frac{an\pi}{2}\right)$$

ここに，J_k：第1種k次のベッセル関数，ω：信号波（基本波）の角周波数，ω_c：搬送波の角周波数，$n=1, 3, 5, \cdots$のとき，$k=3(2m-1)\pm 1$，$m=1, 2, 3, \cdots$，$n=2, 4, 6, \cdots$のとき，$k=6m+1$，$m=0, 1, 2, \cdots$または$6m-1$，$m=1, 2, 3, \cdots$となる．

三相ブリッジでの基本波電圧は単相ブリッジの0.866倍になる．信号波に3の倍数次の高調波を印加したり，線間電圧によって変調することによって単相ブリッジと同じ大きさの電圧とすることも可能である．ただし，高調波特性は上記と違ってくる[2]．

1.4.2　単相ブリッジ接続を3組用いた変換回路
a. 基本回路

基本回路を図1.9に示す．単相ブリッジ接続を3組用いて各相ごとに単相電圧を発生し，変圧器で三相とする．変圧器の直流巻線はオープンデルタ巻線とする．

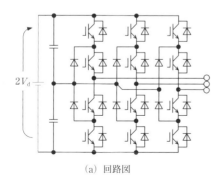

(a) 回路図

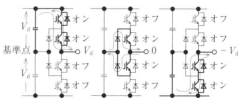

(b) 3レベルスイッチング

図1.10　3レベル変換回路

3レベル変換回路は，出力交流電圧を2倍にでき，2多重に相当する動作が可能であるといった特長がある．一方，回路がやや複雑化する，内側と外側とでIGBT1サイクル内に通電する割合が異なる，二つに分かれたコンデンサの充電電圧を3レベル変換器で制御するときは電圧分担制御に工夫が必要になるといった欠点もある．

1.6 電圧形変換器の多重接続

電圧形変換器の多重接続では，通常は直流側を並列接続し，交流側を並列または直列接続する．交流側の直列接続は，1.6.2a項に説明するように変圧器によって行う．以下ではこれらの場合だけを説明する．直流側，交流側とも直列接続する場合は，交流電流が共通という制約が加わるため，直列接続された変換器自体で直流電圧を制御することが難しくなる．3レベル変換接続もこれに相当する．

1.6.1 パルス方式

1パルスの場合は，代表的なものとして次の接続がある．

（1）単相ブリッジの直列多重接続（直列単相多重変換接続）

複数台を直列接続し，ブリッジごとに位相をずらして運転して高調波を抑制する．なお，単相ブリッジ自体も2組のアーム対の位相をずらして運転する場合は直列2多重接続である．

（2）三相ブリッジの交流側の直列多重接続（直列三相多重変換接続）

12パルス変換接続：2台を変圧器で位相を30°ずらして直列接続．

18パルス変換接続：3台を変圧器で位相を20°ずつずらして直列接続．

（3）三相ブリッジの交流側の並列多重接続（並列三相多重変換接続）

センタタップリアクトル方式：2台をリアクトルを介して並列接続し，ブリッジごとに位相をたとえば30°ずらして運転して高調波を抑制する．

並列多重変圧器方式：複数台をブリッジごとに位相の異なる変圧器を介して並列接続．12パルス変換接続，18パルス変換接続など．

現在では1パルスはほとんど用いられていない．12パルス変換接続などのパルス数は他励変換回路でのパルス数と同様であり，電圧高調波抑制は，他励変換器での電流高調波抑制と同様である．説明は省略する．

1.6.2 多パルス方式

三相の多重接続の場合を説明する．

a. 交流側の直列接続による多重接続

各三相ブリッジ接続の変換器から出力される電圧を，変圧器を用いて直列に加算した接続である．2台の変換器を直列接続したときの基本回路を図1.11(a)に示す．変圧器交流巻線の最も中性点側巻線を星形とし，その出力端子を開放星形にした高電位側巻線の中性点側に接続する．交流端子には二つの交流巻線の出力電圧が加算されて出力される．直流巻線は三角結線とする．このような変圧器を図1.11(b)のように表記することもある．

前述の1パルスの場合は，直列接続された変圧器の位相をずらすとともにブリッジも同じ位相角だけ基本波の出力電圧位相をずらして運転することによって一部高調波の位相を180°ずらして相殺する．多パルスの場合はパルス位相をずらすことによって高調波の位

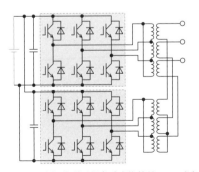

(a) 直列三相多重変換接続　(b) 直列多重接続用変圧器

図1.11 交流側の直列接続による多重接続

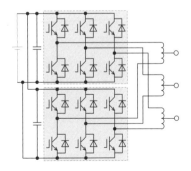

図1.12 交流側の並列接続による多重接続

相がずれて抑制が可能であり，一般的には変圧器で位相をずらすことはしない．

b． 交流側の並列多重接続

三相ブリッジ接続を2台並列に接続して多重化した場合の例を図1.12に示す．この例では，各相ごとに相間リアクトルを挿入し，並列接続された2台の変換器の出力電圧の差によって流れる横流を抑制する．

相間リアクトルではなくて，変換器ごとにリアクトルを接続して横流を抑制してもよい．ここで三相リアクトルを用いたときには，リアクトルに零相電圧が加わることに注意しなければならない．たとえば電相電圧に対してもインダクタンスを十分に大きくできる5脚のリアクトルとしなければならない．

各ブリッジの出力電圧を変圧器の別の巻線に接続し，変圧器を介して並列接続する場合は，零相回路が切り離されるので通常の三相リアクトルでもよい．所要インピーダンスの大きさによってはリアクトルを変圧器の短絡インピーダンスで代用することもできる．

1.6.3 単相変換器を用いた多重接続，多レベル変換器を用いた多重接続

単相ブリッジ接続，たとえば3組用いて三相とした方式でも同様に多重接続できる．3レベル変換器でも同様である．

1.7 電流形変換回路

1.7.1 三相ブリッジ接続

a． 基本回路

電流形自励三相ブリッジ変換接続の基本回路を図1.13に示す．単相も三相と同様に考えることができる．

b． 特　徴

電流形変換器ではデバイスに逆電圧が印加されるので，デバイスは逆阻止能力がなければならない．逆阻止能力がない通常のオンオフ制御デバイス（IGBTなど）では図1.13に示すように直列にダイオードを接続して構成する．図示していないが各IGBTには逆並列接続のダイオードが接続されている．これによって直列ダイオードのリカバリ期間におけるIGBTへの逆電圧印加を防止できる．逆阻止能力のあるデバイスを用いれば直列ダイオードは不要である．

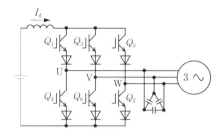

図1.13　電流形三相ブリッジ接続

c． 動　作

電流形変換器では直流回路を電流源特性とするため直流側に直流リアクトルが直列接続される．

自励転流を行うためには低インダクタンスの転流回路が必要である．このため交流側にフィルタコンデンサを接続することが必須である．たとえばQ_1の電流をQ_3に転流させる場合は，Q_3をまずオンにしてQ_3→フィルタコンデンサ→Q_1の転流回路を形成したうえでQ_1をオフにする．なお，U相の電圧の方がV相より高い状態になっていればQ_3をオンにした時点で他励転流と同様に転流する．V相の電圧が高い状態でも転流が可能となるところが他励変換器と異なるところである．これによって進み力率でも運転でき，また，1サイクルに複数回のパルスとすることができる．

電流形変換器では，直流電流を一定として使用する．直流電圧は電力の向きによって極性が変わる．インバータの場合は図示の極性で直流側から電力が供給される．

d． パルス制御方式

パルス制御方式は，電圧形変換器と同様に各アームを1サイクルに1回だけ通電する方式と複数回通電する方式（多パルス方式）とがある．

1パルス方式は，第2章に説明する他励三相ブリッジ変換接続と同様である．転流インピーダンスが小さいために転流重なり角がほとんど0°となり，各アームは120°幅の方形波パルスで通電する．力率を制御できることが特徴である．

多パルス方式では，フィルタコンデンサより交流側の電流を正弦波に近づけるための各種パルス制御方式がある．電圧形変換器のPWM電圧波形と同様の電流波形で通電することもできる．

1.7.2 磁気エネルギー回生形スイッチ

2個のオンオフ制御デバイスを図1.14のように組

1. 自励交直変換回路

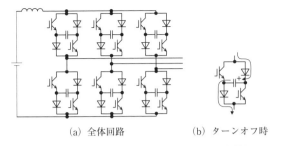

(a) 全体回路　　(b) ターンオフ時

図 1.14 磁気エネルギー回生形スイッチ適用変換接続

み合わせ，転流時の交流側エネルギーをコンデンサに充電し，次回通電時にそのエネルギーを用いる回路方式を図1.14に示す[3]．

2個のデバイスをオフにすると同図(b)に示すようにいったんダイオードに転流し，交流回路のエネルギーがコンデンサに充電される．次に2個のデバイスをオンにすると，コンデンサ電圧が交流側に加算されて再利用される．

1.8　電流形変換回路の多重接続

電流形変換器の多重接続は，他励変換回路と同様に，交流側を並列接続，直流側を並列または直列接続して行う．超電導電磁石エネルギー貯蔵システム（SMES）といった大電流の用途には並列多重接続が使われる．ここでは並列多重接続の例を説明する．

並列多重接続する場合，図1.15(a)のように交流電圧の位相を変圧器でずらす場合と，同図(b)のようにずらさない場合とがある．

ずらす方式は，第2章に説明する他励変換装置の多重接続の場合と同様であり，一般に1パルス方式に適用される．ずらさない方式は，一般に多パルス方式に適用され，パルス位相をずらすことで多重化する．この場合，同図(c)のように交流電圧を共通にする方式もある．

〔古関庄一郎〕

文　献

1) 電気学会半導体電力変換方式調査専門委員会：「半導体電力変換回路」，電気学会（1987）．
2) 電気学会電気規格調査会標準規格 JEC-2441：「自励変換装置の能動連系」，解説10（2012）．
3) H. Naitoh, *et al.*: "A snubber loss free current source converter for high power use", CIGRE 1995 Symposium, Tokyo, 510-03 (1995).

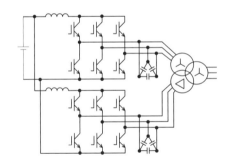

(a) 交流電圧の位相をずらす場合

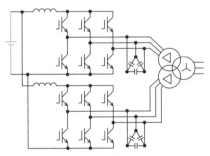

(b) 交流電圧の位相をずらさない場合

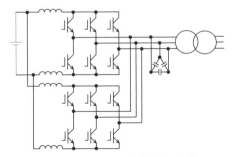

(c) 同じ交流電圧で並列接続する場合

図 1.15　電流形変換器の並列多重接続（逆阻止ダイオードは図示省略）

2 他励交直変換回路

2.1 他励交直変換回路の用途

ダイオード素子および，サイリスタ素子応用の広がりとともに，小電力領域から高圧・大電流・大電力領域まで，他励交直変換回路の用途は，きわめて広い．

IGBTやMOS-FETなどの自励式変換回路の応用が拡大する一方で，
- 回路構成がシンプルであること
- 比較的安価に構成が可能であること，制御回路が比較的簡単に構成可能であること
- 高電圧・大電流素子が幅広く供給されていること

などの理由から，家庭用電化製品，民生用電気機器，交通・電力用機器，大電力直流送電機器に至るまで，他励交直変換回路は広く応用されている．

2.2 他励交直変換回路の回路方式

以下に，代表的な回路方式について説明する．なお，回路の説明において，図2.3以降については，回路図簡略化のため，変圧器の交流側巻線の記載は省略している．

2.2.1 単相半波接続

単相半波接続（single phase/half wave）は，最もシンプルな交直変換方式である（図2.1）．交流電圧の，正側（または負側）のみを整流する方式（単向と呼ぶ）である．以降説明する変換回路の基本原理となる方式だが，効率や直流電圧脈動が大きいことなどから，本回路として実際に用いられる例は少ない．e_s を交流電圧実効値とすると無負荷直流電圧 V_{do} は

$$V_{do} = \frac{\sqrt{2}}{\pi} e_s$$

となる．

2.2.2 二相接続（センタタップ接続）

単相半波接続では，交流電圧の片側のみを整流する

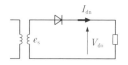
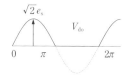

図2.1 単相半波接続

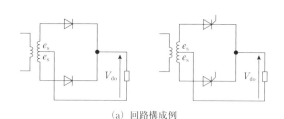

(a) 回路構成例

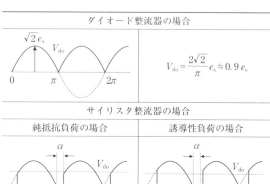

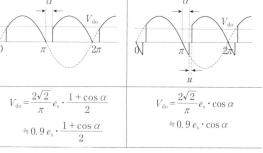

(b) 直流電圧波形例

図2.2 二相接続（センタタップ接続）

が，二相接続（センタタップ接続 center tap）では，正側・負側おのおのの極性に対して，変圧器巻線，整流素子を設け，その出力を接続している（図2.2(a)）．単相半波回路に比べ負荷の脈動を小さくすることができるが，変圧器の巻線に片方向の極性の電流しか流さないため，変圧器の利用率が悪くなる．また，素子耐圧は電源電圧の2倍の電圧を考慮して選定することが必要である．センタタップを接地して使用することがある．

2.2.3 三相星形接続

三相星形接続（3-phase star）は，前述の単相半波整流器を3回路組み合わせた回路である（図2.3(a)）．三相半波整流回路ともいう．実際にこの回路のまま適用されることは少ないが，後述の各接続方式の基本となる回路である．変圧器の巻線電流は直流分を含むため，二次巻線の容量は一次巻線の容量に比べて大きくなる．直流電圧に含まれる高調波の基本波周波数は，交流側電源周波数の3倍となる．

2.2.4 三相千鳥接続

三相星形接続では，変圧器の各巻線は，直流出力電流を1/3ずつ分担して通流する．そのため，直流偏磁を起こす可能性がある．これを防ぐため，三相千鳥接続（3-phase zigzag star）は直流巻線を千鳥接続とした構成である（図2.4(a)）．同一鉄心に巻かれた二つの巻線(回路図(a)で同じ傾きをもって表現される)は，おのおのに流れる直流電流が発生する直流磁束を打ち消しあうため，鉄心の偏磁を抑制することができる．

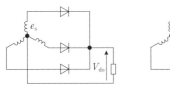
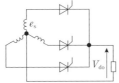

(a) 回路構成例

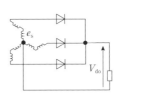
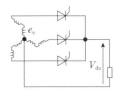

(a) 回路構成例

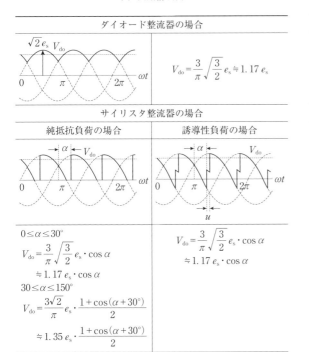

(b) 直流電圧波形例

図2.3 三相星形接続

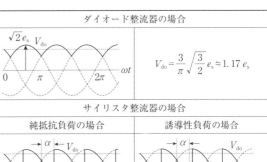
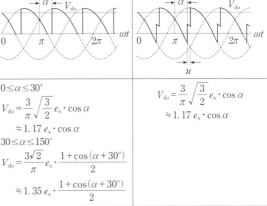

(b) 直流電圧波形例

図2.4 三相千鳥接続

2.2.5 六相星形接続

六相星形接続（6-phase star）は，三相星形接続の各相の逆位相の巻線を用いて接続することにより（図 2.5(a)），1 周期の間に 6 回の転流が発生する．六相半波整流回路ともいわれる．直流電圧の脈動を低減することができるが，各整流素子の通電時間は三相星形接続の約半分となり，半導体素子の利用率は低下してしまう．直流電圧に含まれる高調波の基本波周波数は，交流側電源周波数の 6 倍となる．

2.2.6 二重星形接続

二重星形接続（double star）は，それぞれ 60° の位相差を持つ 2 個の三相星形接続（半波整流）回路を直流側で並列に接続した回路構成である（図 2.6(a)）．接続部分に相間リアクトルが接続される場合もある．直流出力電圧波形は，2 個の三相星形接続回路の平均値となり，6 相星形接続とほぼ同等である．直流電圧の脈動を少なくすることが可能である．6 相星形接続と比較すると，各素子の導通期間は倍であり，素子利用率を高くすることが可能である．各電流ループ内に素子が 1 個だけしか入らないため，素子の電圧降下の影響を受けやすい大容量低電圧の整流回路などを中心

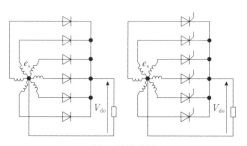

(a) 回路構成例

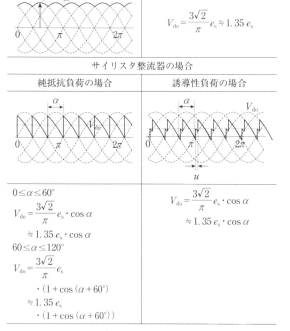

ダイオード整流器の場合	
波形	$V_{do} = \dfrac{3\sqrt{2}}{\pi} e_s \fallingdotseq 1.35\, e_s$

サイリスタ整流器の場合	
純抵抗負荷の場合	誘導性負荷の場合
$0 \leq \alpha \leq 60°$ $V_{do} = \dfrac{3\sqrt{2}}{\pi} e_s \cdot \cos\alpha$ $\fallingdotseq 1.35\, e_s \cdot \cos\alpha$ $60 \leq \alpha \leq 120°$ $V_{do} = \dfrac{3\sqrt{2}}{\pi} e_s$ $\cdot (1 + \cos(\alpha + 60°))$ $\fallingdotseq 1.35\, e_s$ $\cdot (1 + \cos(\alpha + 60°))$	$V_{do} = \dfrac{3\sqrt{2}}{\pi} e_s \cdot \cos\alpha$ $\fallingdotseq 1.35\, e_s \cdot \cos\alpha$

(b) 直流電圧波形例

図 2.5 二重星形接続

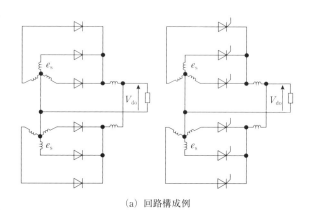

(a) 回路構成例

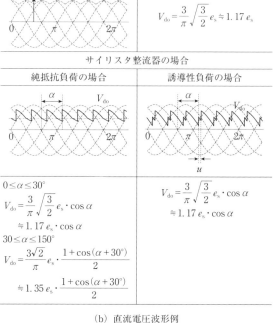

ダイオード整流器の場合	
波形	$V_{do} = \dfrac{3}{\pi}\sqrt{\dfrac{3}{2}} e_s \fallingdotseq 1.17\, e_s$

サイリスタ整流器の場合	
純抵抗負荷の場合	誘導性負荷の場合
$0 \leq \alpha \leq 30°$ $V_{do} = \dfrac{3}{\pi}\sqrt{\dfrac{3}{2}} e_s \cdot \cos\alpha$ $\fallingdotseq 1.17\, e_s \cdot \cos\alpha$ $30 \leq \alpha \leq 150°$ $V_{do} = \dfrac{3\sqrt{2}}{\pi} e_s \cdot \dfrac{1 + \cos(\alpha + 30°)}{2}$ $\fallingdotseq 1.35\, e_s \cdot \dfrac{1 + \cos(\alpha + 30°)}{2}$	$V_{do} = \dfrac{3}{\pi}\sqrt{\dfrac{3}{2}} e_s \cdot \cos\alpha$ $\fallingdotseq 1.17\, e_s \cdot \cos\alpha$

(b) 直流電圧波形例

図 2.6 二重星形接続

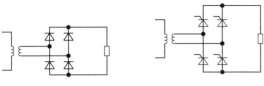

図2.7 単相ブリッジ接続

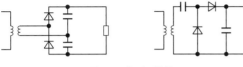

図2.8 倍電圧接続

に用いられている方式である.

2.2.7 単相ブリッジ接続

単相ブリッジ接続（single-phase bridge）は，家庭用の小型電化製品などを中心として，広く用いられている回路構成である（図2.7）．単相であるため，特殊な用途を除いて小型小容量の用途に用いられている.

2.2.8 倍電圧接続

倍電圧接続（voltage doubler）は，正負半波ごとにコンデンサが巻線電圧にピーク重畳され，さらに次の半波で巻線電圧に加算され，巻線電圧の倍電圧を生成することができる（図2.8）．整流素子には倍電圧が印加されるため，耐圧など素子の選定には注意が必要である．コンデンサの放電により電圧は低下してしまうため，大電流の出力には適さない．図2.8の回路はコッククロフトの回路とも呼ばれ，複数段接続することにより，さらに高電圧を発生させることが可能である.

2.2.9 三相ブリッジ接続

三相ブリッジ接続（3-phase bridge）は，最もオーソドックスな変換回路である（図2.9）．小容量から大容量まで広く用いられている回路構成である．電流通電ループの中に必ず整流素子が2個入るため素子の発生する損失は増加して装置効率は低下するが，回路構成が簡単で制御も容易であり，応用範囲はきわめて広い．後述のように並列または直列接続されて使用される場合も多い.

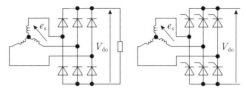

(a) 回路構成例

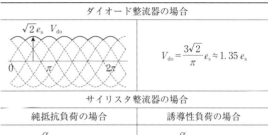

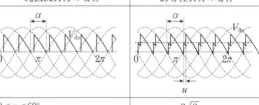

ダイオード整流器の場合	
(波形)	$V_{do} = \dfrac{3\sqrt{2}}{\pi} e_s \fallingdotseq 1.35\, e_s$

サイリスタ整流器の場合	
純抵抗負荷の場合	誘導性負荷の場合
(波形)	(波形)
$0 \leq \alpha \leq 60°$	
$V_{do} = \dfrac{3\sqrt{2}}{\pi} e_s \cdot \cos\alpha$	$V_{do} = \dfrac{3\sqrt{2}}{\pi} e_s \cdot \cos\alpha$
$\fallingdotseq 1.35\, e_s \cdot \cos\alpha$	$\fallingdotseq 1.35\, e_s \cdot \cos\alpha$
$60° \leq \alpha \leq 120°$	
$V_{do} = \dfrac{3\sqrt{2}}{\pi} e_s$	
$\cdot \{1 + \cos(\alpha + 60°)\}$	
$\fallingdotseq 1.35\, e_s$	
$\cdot \{1 + \cos(\alpha + 60°)\}$	

(b) 直流電圧波形例

図2.9 三相ブリッジ接続

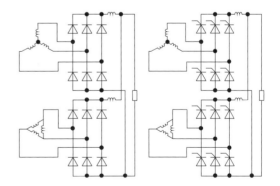

図2.10 二重三相ブリッジ接続（並列12相接続）

2.2.10 二重三相ブリッジ接続（並列12相接続）

二重三相ブリッジ接続（並列12相接続）（double 3-phase bridge）は，三相ブリッジ接続回路を多重化して，負荷に対する電圧・電流を増強し，また，直流

電圧・電流波形，交流電流波形の改善を図ることができる（図 2.10）．並列に接続して，主に電流を増強する場合は，各ブリッジの電流をバランスさせるため，リアクトルを介して並列接続する場合が多い．各三相ブリッジの出力電圧・出力電流は，単独の場合と同等だが，電圧は双方の平均値，電流は双方の加算した値となる．

2.2.11　三相ブリッジ直列接続（直列 12 相接続）

三相ブリッジ直列接続（直列 12 相接続）(seriese connection of 3-phase bridge) は，直列に接続して，主に電圧を増強する構成である（図 2.11）．各三相ブリッジの出力電圧は，単独の場合と同等だが，電流は負荷と同じくリプルが低減されたものとなる．直流回路の電圧は双方のブリッジの出力電圧を加算したものとなる．双方の回路は電位的に直列接続されるため，変圧器巻線の絶縁設計などには直流電圧印加も含めた留意が必要である．直流送電も，本回路構成を用いている．

直列に接続する整流器の一次側交流巻線をスターデルタ構成（12 パルス構成）とすることで，電圧に位相を 30° 持たせ，直流電圧の脈動を低減することができ，交流電流の高調波を抑制することができる．

2.2.12　混合ブリッジ接続

混合ブリッジ接続（non-uniform bridge）は，サイリスタなどの制御デバイスとダイオード素子で構成されたブリッジである（図 2.12）．サイリスタで構成されるブリッジなどと比較すると，ゲートドライブ回路などが不要なダイオード素子で構成できるため経済的な構成とすることができる．ダイオード素子を使用するため，逆変換回路は構成できない．

2.2.13　十字接続

十字接続（cross connection）は，2 組の変換回路を直流回路側で逆並列接続することで，負荷の電圧・電流を反転することが可能な接続方法である（図

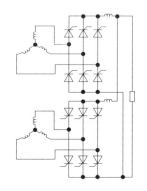

図 2.13　十字接続

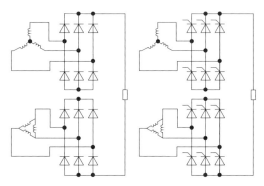

図 2.11　三相ブリッジ直列接続（直列 12 相接続）

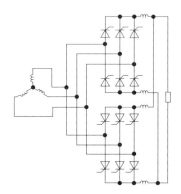

図 2.14　逆並列接続

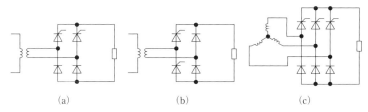

図 2.12　混合ブリッジ接続

2.13).それぞれの変換回路は,独立した2組の巻線回路に接続されている.

2.2.14 逆並列接続

逆並列接続（anti parallel connection）は，2組の変換回路を直流回路側で逆並列接続することで，負荷の電圧・電流を反転することが可能な接続方法である（図2.14）．共通の巻線に接続されている．

〔川口　章〕

文　献

1) 金　東海：パワースイッチング工学（電気学会大学講座），電気学会（1900）．
2) 今井孝二：パワエレクトロニクス，電気書院（1900）．
3) 電気学会半導体電力変換方式調査専門委員会編：半導体電力変換回路，電気学会（1900）．
4) 電気学会半導体電力変換システム調査専門委員会編：パワーエレクトロニクス回路，オーム社（1900）．
5) 岸　敬二：パワーエレクトロニクスの基礎（理工学講座），東京電機大学出版局（1900）．
6) 小向敏彦，他：電力システム工学（セメスタ大学講義），丸善（1900）．

3

直流変換回路

3.1 直流変換回路

直流変換回路には，直流-交流変換と交流-直流変換を組み合わせた間接直流変換回路と，中間に交流を介さずに直流-直流変換を行う直接直流変換回路とがある．間接直流変換回路はDC-DCコンバータとも呼ばれ小中容量回路に多く用いられているが，本章では中大容量回路にも多く用いられる直接直流変換回路いわゆる直流チョッパについて述べる．

中大容量の直流チョッパは，サイリスタの誕生から適用拡大とともに主に電気鉄道用直流機など車両用の駆動回路として発展してきたが，最近では大容量の直流蓄電デバイスの発展に伴い各種変換装置との直流インタフェースとしても用いられている．

3.2 直流チョッパの基本回路[1,2]

直流チョッパには基本的な3種類のチョッパ回路，

①降圧チョッパ，②昇圧チョッパ，③昇降圧チョッパがある．

3.2.1 降圧チョッパ

図3.1に降圧チョッパの基本回路を示す．電流を平滑にするためにリアクトルLが接続される．実際の使用においては入力側にもフィルタ回路（CまたはLC回路）が接続されることがある．

図3.2は降圧チョッパの負荷を抵抗Rとした回路であり，図3.3は電圧・電流波形である．スイッチSWがオンの期間t_{on}にはチョッパ電圧e_{ch}として電源電圧E_1が負荷側に印加され，負荷電流i_1は次第に増加する．SWがオフの期間t_{off}になるとチョッパ電圧e_{ch}は0となり，負荷電流i_dはリアクトルLに蓄えられたエネルギーを放出するため，ダイオードDを通して流れ，次第に減少する．リアクトルLに蓄えられたエネルギーをすべて放出すると，負荷電流i_dは0になる．負荷電流i_dが0になる前に再びSWをオンさせる負荷電流連続モード（図3.3(a)）と，負荷電流i_dが0になった後，再びSWをオンさせる負荷電流断続モード（図3.3(b)）の二つのモードがある．一般的には電流リプルを小さくするために負荷電流が連続状態となるような使用が望ましい．

図3.4はリアクトルLが十分大きい場合の波形である．実際には図3.3のような電流波形となるが動作の理解を簡単にするため，リアクトルLが十分大きく電流波形が水平になると考える（図3.7，3.10も同

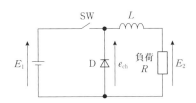

図3.1 降圧チョッパ回路の構成

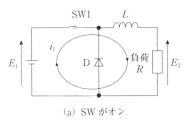

(a) SWがオン

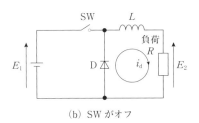

(b) SWがオフ

図3.2 降圧チョッパ回路の動作

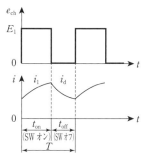
(a) 負荷電流連続モード

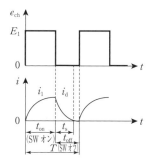
(b) 負荷電流断続モード

図 3.3 電圧・電流波形

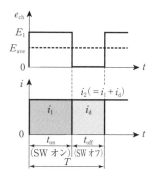
図 3.4 電圧・電流波形（L が十分大きい）

様）．チョッパ電圧の平均値 E_{ave} は SW のオン・オフの比率によって変化する．定常状態では，1周期間におけるリアクトル L の平均電圧は 0 となるから，負荷抵抗 R 両端の電圧の平均値 E_2 は，次式で表される．

$$E_2 = E_{\text{ave}} = \frac{t_{\text{on}}}{t_{\text{on}}+t_{\text{off}}}E_1 = \frac{t_{\text{on}}}{T}E_1 = \alpha E_1$$

T はスイッチング周期，$\alpha = t_{\text{on}}/T$ であり通流率と呼ぶ．α を変化させれば，負荷の平均電圧を 0 から電源電圧 E_1 まで連続的に変化させることができる．降圧チョッパでは負荷電流が連続状態であっても，電源から流出する電流は不連続となる．負荷電流 $i_2 (= i_1 + i_d)$ の期間 T における平均値 I_2 は，次式で表される．

$$I_2 = \frac{E_{\text{ave}}}{R} = \alpha\frac{E_1}{R}$$

図 3.4 において電源電圧 E_1 が供給する回路の入力電流 i_1 の平均値 I_1 は，負荷電流 $i_2 (= i_1 + i_d)$ の期間 T における平均値を I_2 とし回路の損失を無視すれば，$I_1 = (t_{\text{on}}/T)/I_2 = \alpha I_2$ となり，I_1 は負荷電流 I_2 よりも小さくなる．これから $E_1 I_1 = \alpha E_1 I_2 = E_{\text{ave}} I_2 = E_2 I_2$ が成り立つので，回路の損失を無視すれば入力と出力は等しくなり，直流変圧器としての動作をする．

3.2.2 昇圧チョッパ

図 3.5 に昇圧チョッパの基本回路の構成を示す．コンデンサ C は負荷の電圧を平滑化するためのフィルタコンデンサである．

図 3.6 は昇圧チョッパ回路の負荷を抵抗 R とした回路である．SW がオンになっている期間 t_{on} にリアクトル L にエネルギーが蓄えられ，SW がオフしている期間 t_{off} にリアクトル L のエネルギーがコンデンサ C と負荷 R に移行する．

図 3.7 にリアクトル L が十分大きいと考えた場合

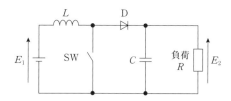
図 3.5 昇圧チョッパ回路の構成

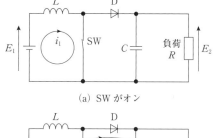
(a) SW がオン

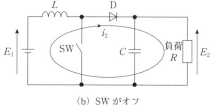
(b) SW がオフ

図 3.6 昇圧チョッパ回路の動作

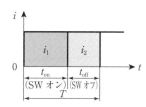
図 3.7 電流波形（L が十分大きい）

の電流波形を示す．リアクトル L を流れる電流が一定値 I_1 であると考えると，SW がオンになっている期間 t_{on} にリアクトル L に蓄えられるエネルギーは $E_1 I_1 t_{\text{on}}$ となる．

次に，コンデンサ C が十分大きく，負荷電圧 E_2 が

一定になると考えると，SWがオフしている期間t_{off}にリアクトルLからコンデンサと負荷に移行するエネルギーは$(E_2-E_1)I_1 t_{\text{off}}$となる．

定常状態ではこの両者は等しくなるので$E_1 I_1 t_{\text{on}} = (E_2 - E_1) I_1 t_{\text{off}}$となるから次式が得られる．

$$E_2 = \frac{t_{\text{on}} + t_{\text{off}}}{t_{\text{off}}} E_1 = \frac{T}{t_{\text{off}}} E_1, \quad \text{ただし } T = t_{\text{on}} + t_{\text{off}}$$

$T/t_{\text{off}} > 1$ であるから，負荷電圧E_2は入力電圧E_1よりも大きくなり，入力電圧を昇圧させることができる．T/t_{off}は昇圧比を表し，たとえばSWがオンになっている時間とオフになっている時間が等しいときは$T/t_{\text{off}} = 2$となり，回路の損失を無視すれば，負荷電圧は入力電圧の2倍まで上げることができる．昇圧比の逆数を$\beta = t_{\text{off}}/T$とすれば，通流率αと$\alpha + \beta = 1$の関係があり，$E_2 = E_1/\beta = E_1/(1-\alpha)$と表すことができる．

また，図3.7において負荷電流i_2の期間Tにおける平均値I_2は$I_2 = (t_{\text{off}}/T) I_1$が成り立つので，入出力の関係は$E_1 I_1 = E_2 I_2$となり，回路の損失を無視すれば入力と出力は等しくなるので，直流変圧器として動作する．

3.2.3 昇降圧チョッパ

図3.8に昇降圧チョッパ回路を示す．この回路は入力電圧と出力電圧の極性が反転するため極性反転チョッパとも呼ばれる．

図3.9は昇降圧チョッパ回路の負荷を抵抗Rとした回路であり，図3.10にこの回路のリアクトルLが十分大きいとした場合の波形を示す．SWがオンになっている期間t_{on}にはi_1の電流が流れてリアクトルLにエネルギーが蓄えられる．次にSWがオフになっている期間t_{off}にはi_2の電流が流れてリアクトルLのエネルギーがコンデンサCと負荷に移行する．i_1とi_2の電流の向きが図3.9のようになるため，出力電圧E_2の極性は入力電圧E_1とは反転する．

定常状態ではリアクトルLに加わる電圧の時間積は1周期の間で0になるため，リアクトルLが十分大きければ$E_1 t_{\text{on}} = E_2 t_{\text{off}}$の関係が成り立つので出力電圧$E_2$は次式で示される．

$$E_2 = \frac{t_{\text{on}}}{t_{\text{off}}} E_1 = \frac{t_{\text{on}}}{T - t_{\text{on}}} E_1 = \frac{\alpha}{1-\alpha} E_1$$

回路の損失を無視すると通流率$\alpha = 1/2$のときには入力電圧＝出力電圧となり，$\alpha < 1/2$では降圧，$\alpha > 1/2$では昇圧となる．

また，図3.10において入力電流i_1と出力電流i_2の期間Tにおける平均値をそれぞれI_1, I_2とすると，$I_1/I_2 = t_{\text{on}}/t_{\text{off}}$の関係が成り立つので出力電流$I_2$は次式で示される．

$$I_2 = \frac{t_{\text{off}}}{t_{\text{on}}} I_1 = \left(\frac{T - t_{\text{on}}}{t_{\text{on}}}\right) I_1 = \left(\frac{1-\alpha}{\alpha}\right) I_1$$

したがって，入出力の関係は$E_1 I_1 = E_2 I_2$となり，回路の損失を無視すれば入力と出力は等しくなり，直流変圧器として動作する．

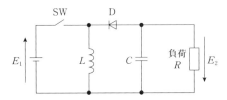

図3.8 昇降圧チョッパ回路（極性反転チョッパ）

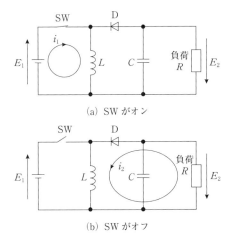

(a) SWがオン

(b) SWがオフ

図3.9 昇降圧チョッパ回路の動作

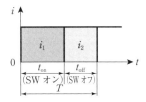

図3.10 電流波形（Lが十分に大きい）

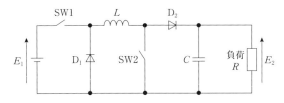

図3.11 昇降圧チョッパ（降圧チョッパ＋昇圧チョッパ）

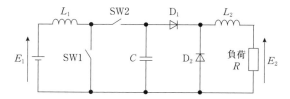

図3.12 昇降圧チョッパ（昇圧チョッパ＋降圧チョッパ）

入出力を同極性とした昇降圧をしたい場合には，昇圧チョッパと降圧チョッパを組み合わせることで実現できる．

図3.11は降圧チョッパ＋昇圧チョッパの構成とした場合で，入出力電圧と通流率の関係は次式で示される．

$$\frac{E_2}{E_1} = \frac{\alpha_1}{1-\alpha_2}$$

α_1は降圧チョッパの通流率，α_2は昇圧チョッパの通流率である．

図3.12は昇圧チョッパ＋降圧チョッパの構成とした場合で，入出力電圧と通流率の関係は次式となる．

$$\frac{E_2}{E_1} = \frac{\alpha_2}{1-\alpha_1}$$

α_1は昇圧チョッパの通流率，α_2は降圧チョッパの通流率である．

いままで述べてきた，降圧チョッパ，昇圧チョッパ，昇降圧チョッパ（極性反転チョッパ）の3種類の直流

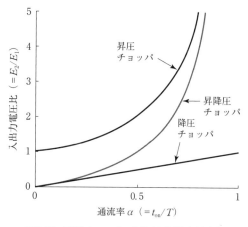

図3.13 直流チョッパの入出力電圧比と通流率

チョッパの入出力電圧比E_2/E_1と通流率αの関係を図3.13に示す．

なお，昇圧チョッパの例としては，無停電電源装置や太陽光PCSなどにおいて，蓄電池，太陽光パネルの直流電圧を2倍程度まで昇圧して適用している事例がある．

〔鎌 仲 吉 秀〕

文　献

1) 電気学会：電気工学ハンドブック，第5版，p.717，718 (1988).
2) 電気学会：電気工学ハンドブック，第6版，pp.836-838 (2001).

4

交流変換回路

交流電源から電圧，周波数，相数の異なる交流電源を作る回路方式を交流変換回路と呼ぶ．変換に用いる回路方式としては，1種類の回路で交流電源を直接他の交流電源へ変換する交流直接変換回路と，2種類以上の回路の組合せにより交流電源を他の交流電源へ変換する交流間接変換回路に分けられる．交流変換回路はその特性上，電源回生や電源電流制御が可能な回路構成が多いことが特徴である．本章では，交流直接変換回路と交流間接変換回路について代表的な回路方式とその制御方法，また組合せ方式に関して説明する．

4.1 交流直接変換回路

交流直接変換回路の代表例としてサイクロコンバータがあげられる．サイクロコンバータには交流スイッチとしてサイリスタを用いるが，通常のサイリスタはターンオフ制御ができない．そのため素子への逆電圧印加時のみターンオフが可能となり，その結果，自由なスイッチングができず電源より低い周波数の交流電圧のみ出力可能となる．よって，その使用範囲は数MW級の電動機制御用や浮上式鉄道動力などの周波数範囲が低い用途に限定される．これに対し，近年実用化が報告されているマトリックスコンバータは，高速でオンオフ制御が可能なIGBTを用いて交流スイッチを構成しているため，電圧形インバータと同じPWM制御が可能となる[1]．これによりサイクロコンバータでは不可能だった電源周波数以上の周波数出力や電源電流制御が可能になる．このマトリックスコンバータにおいては，並列接続による大容量化やソフトスイッチング技術などの応用事例も報告されている．

4.1.1 サイクロコンバータ

サイクロコンバータは周波数 f の交流電源から周波数 f_{out} の交流出力を直接得るもので，インバータのように直流リンク部を含まず，転流も電源電圧による自然転流を基本とする．回路構成としては，同一特性を持つ2組の位相制御コンバータを，その出力端において逆並列に接続したものになる．それら2組のコンバータには，正方向と負方向のサイリスタ群が用いられ，一方が順変換動作となり他方が逆変換動作を行うように点弧と転流が行われる．主な特徴として双方向の電力変換が可能であり負荷力率に関係なく安定で，かつ自然転流を行うため転流失敗をしても自己回復能力がある．反面，f_{out} を高くすると出力電圧がひずんでしまうため，f_{out} に上限があり，三相では電源周波数の1/3が望ましい．また，誘導負荷時に出力電圧極性が反転する際，瞬間的に電源短絡を生じサイリスタ間に循環電流が流れてしまう．

循環電流の抑制方法として次のような制御方式による対策がなされている．サイクロコンバータの基本動作は通常のブリッジ整流回路と同等であるが，可変周波数を得るため位相制御角の変調を行うことが特徴である．そのため，入力電源の相数，整流器の結線，出力相数，制御動作などにより種々分類できる．下記はその代表例である．

(1) 非循環電流方式： 三相ブリッジ整流回路を逆並列に接続した構成．その際，正グループと負グループ整流器間に循環電流が流れないように，両整流器は電流ゼロで切り替えられる（図4.1(a)）．

(2) 循環電流方式： 順逆整流器を切り替えることなしに通常動作させ，両整流器間に循環電流を流しながら正弦波出力を得る．これにより出力周波数の増加が可能だが，循環電流抑制のためのリアクトルが必要となる（図4.1(b)）．

4.1.2 マトリックスコンバータ

マトリックスコンバータは自己消弧能力を持つ高速半導体デバイスを使用し，電源電圧を直接PWM制御することにより，任意の電圧・周波数を出力可能な直

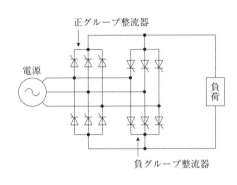
(a) 三相-単相非循環電流方式回路構成

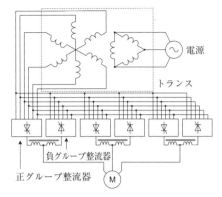
(b) 三相-三相循環電流方式回路構成

図 4.1 サイクロコンバータの構成図と電圧波形

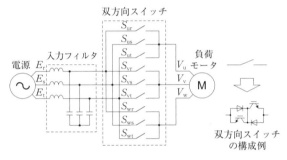

図 4.2 マトリックスコンバータの基本回路構成

接変換形電力変換装置である．図 4.2 はその基本的な回路構成図である．入力三相電源と出力三相を直接 9 個の高速スイッチングが可能な半導体素子を用いた双方向スイッチにより接続し，出力側の電圧制御と同時に電源側の電流制御を可能としている．双方向スイッチの構成としては図に示したような IGBT とダイオードを逆並列に接続したものが一般的であるが，その他の構成に関しては次項で解説する．入力側には PWM スイッチングのリップル成分除去のため，小型の LC フィルタを用いる構成が一般的である．

マトリックスコンバータは独自の回路構成と制御方法から自励式インバータとは大きく異なる特徴を有す．ここではその代表的な特徴を示す．

① 電源回生が可能：省エネ・高効率
② 電源高調波が少ない：入力電流を正弦波状に制御可能
③ ゼロ速制御に強い：入力が交流であり直流出力時でもパワー素子に電流集中がない
④ 平滑コンデンサが不要：電解コンデンサを用いないため小型化・長寿命化が可能

図 4.2 のマトリックスコンバータの出力電圧（V_u, V_v, V_w）は電源電圧（E_r, E_s, E_t）と双方向スイッチのターンオン・オフ状態により以下の行列で表記することができる．

$$\begin{bmatrix} V_\mathrm{u} \\ V_\mathrm{v} \\ V_\mathrm{w} \end{bmatrix} = \begin{bmatrix} S_\mathrm{ur} & S_\mathrm{us} & S_\mathrm{ut} \\ S_\mathrm{vr} & S_\mathrm{vs} & S_\mathrm{vt} \\ S_\mathrm{wr} & S_\mathrm{ws} & S_\mathrm{wt} \end{bmatrix} \begin{bmatrix} E_\mathrm{r} \\ E_\mathrm{s} \\ E_\mathrm{t} \end{bmatrix} \quad (4.1)$$

双方向スイッチ点弧時間により式（4.1）の出力電圧の PWM 制御が可能となるが，その選択範囲には，同一相に接続されたスイッチ 3 個は必ず 1 個のみターンオン，残り 2 個はターンオフ状態となるという制約が発生する．

次に，PWM の変調方法としてさまざまな方式があげられる．その変調法としては，直接変調法と間接変調法に大別することができる．以下，代表例を紹介する．

a. 直接法：三角波キャリア比較方式

演算により入力電流分配率および入力電圧の最低電圧と最高電圧の差と中間電圧の差を求め，これらの結果に基づき図 4.3 のように三角波キャリアの振幅を変調する．そしてこの三角波と入力電流分配率を考慮した線間電圧指令値とを比較してスイッチングパターンを生成する．この方式を用いることにより比較的低いキャリア周波数でも入出力制御が可能となる[2]．

b. 直接法：空間ベクトル変調法

マトリックスコンバータの出力電圧に空間ベクトルを定義した場合，入力が直流電圧源であるインバータとは異なり，出力電圧ベクトルは時間とともに変化する．出力電圧の空間ベクトルは 27 種類ある．次の 3 種類に大別できる．

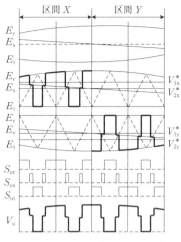

図 4.3 キャリア比較による変調法

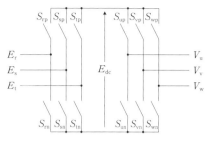

図 4.4 AC/DC/AC 変換方式

① ゼロベクトル (3 種類) : 出力のすべての相が入力と同じ相に接続
② 方向が固定で長さが単振動するもの (18 種類) : 出力の 2 相が入力の同じ相に接続
③ 長さが一定で回転するもの (6 種類) : 出力の 3 相がすべて異なる入力相に接続

これらの空間ベクトルを組み合わせ,出力ひずみの小さなマトリックスコンバータのスイッチングパターンを求めることが可能となる.しかし,スイッチングパターンを決定すると,入力電流波形が決定されるため,この方法で出力電圧ひずみを最適化したとしても,入力電流ひずみが最適化されているとは限らない.そのため出力電圧と入力電流の両方を同時に最適化することは困難である.

c. 間接変調法:仮想 DC リンク方式

マトリックスコンバータには実際に自励式インバータのような直流電圧部は存在しない.しかし,DC リンクで接続された電流形 PWM 整流器と電圧形 PWM インバータに仮想的に分離することにより,おのおのの変換器のゲート信号を論理合成してマトリックスコンバータのゲート信号を生成することができる.この方式を仮想 DC リンク方式と呼び,図 4.4 にスイッチイメージと式 (4.2) に電圧を行列で示す.

$$\begin{bmatrix} V_u \\ V_v \\ V_w \end{bmatrix} = \begin{bmatrix} S_{up} & S_{vp} & S_{wp} \\ S_{un} & S_{vn} & S_{wn} \end{bmatrix} \begin{bmatrix} S_{rp} & S_{rn} \\ S_{sp} & S_{sn} \\ S_{tp} & S_{tn} \end{bmatrix} \begin{bmatrix} E_r \\ E_s \\ E_t \end{bmatrix} \quad (4.2)$$

この方法では,通常の PWM 整流器・PWM インバータの制御法で用いられている三角波比較方式やベクトル変調方式をマトリックスコンバータのゲート信号の作成に使用することができる[3].その結果,間接変調法は直接変調法と結果的に同様なスイッチングパターンを生成することができる.しかし仮想 DC リンクを導入し生成したスイッチングパターンには,空間ベクトル変調法で示した長さが一定で回転する電圧ベクトルは選択されず,出力側の 3 相がすべて異なる入力側の相に接続することは不可能である.これにより出力できる電圧ベクトルに制限が生じることになる.

マトリックスコンバータはその回路構成から自励式インバータと異なる入出力波形が得られる.図 4.5 に入出力電圧電流波形を示す.入力電流は入力電圧と同位相,かつ正弦波状に制御可能である.しかし,入力に LC フィルタを持つことから共振電流を含んだ電流波形となる.入力電流制御方式にもよるが,現在のところ実用化された製品においては高調波含有率が約 5% との報告がなされている[4].出力電圧は PWM 波

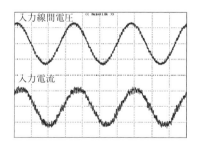
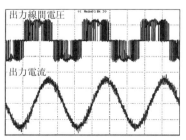

図 4.5 マトリックスコンバータ入出力電圧電流波形

形となるが，電圧の最大値が入力電源電圧の最大値の包絡線状になるという特徴がみられる．しかし入力電圧を制御周期ごとに検出または算出し，それらの瞬時値に応じて電圧制御を行うため出力電流には入力電圧成分は現れない．このように入力電圧と独立して出力電圧制御が可能であるため，サイクロコンバータでは得られなかった入力周波数以上の周波数出力が可能となる．

4.1.3 直接変換回路用半導体スイッチ

直接変換回路は自励式インバータなどと異なり，スイッチング時に電流を遮断する強制転流が必要となる．それらのスイッチングを高速で行うために自己消弧が可能な半導体素子を使った双方向スイッチが必要となる．マトリックスコンバータに使用するスイッチの構成としては，さまざまな回路やモジュール構成が提案されている．図4.6にIGBTとダイオードを用いた双方向スイッチの回路構成例を示す．また，おのおのの回路構成においての特徴を表4.1に示す．

図中 Type A を用いた場合 IGBT は1個のみで構成可能であるが，シーケンス動作を伴う転流動作が不可能であるため，その場合は補助スイッチなどの付加回路等が必要となる．また電流通流時にダイオード2個とIGBT 1個を通過するため，導通損失が大きくなるという欠点も有する．Type B と Type C が最も一般的な双方向スイッチ構成例で，この場合，通常の PWM インバータ用の IGBT が使用可能となる．また，スイッチが方向ごとに独立に制御可能であるため，付加回路なしでの転流が可能となる．Type D で構成するためには IGBT に逆電圧が印加されるため，通常の自励式インバータに使用する逆耐圧を持たない IGBT 素子は使用できない．しかし，従来の IGBT に逆阻止特性を持たせた RB-IGBT（reverse blocking-IGBT）の実用化が進んでおり，このデバイスを用いることができればダイオードの導通損失を低減できるため変換装置全体の高効率化が可能となる．Type E は現在開発されている通常の IGBT 用に逆導通特性を有した RC-IGBT（reverse conducting-IGBT）を用いた場合の構成例を示している．RC-IGBT は IGBT チップ内部にダイオード部を含む構成となっており，その構成のしやすさから次世代のインバータ用 IGBT として注目されている．しかしマトリックスコンバータ用として双方向スイッチを構成した場合，直列接続素子が2個になるため，導通損失が同じだと仮定すると RB-IGBT を使用した場合と比較して損失が増加することになる．

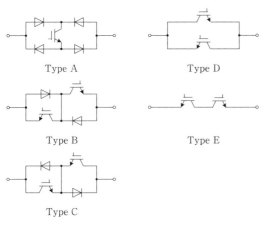

図4.6 双方向スイッチの構成例

表4.1 双方向スイッチ別特徴比較

	IGBT数	ダイオード数	絶縁電源	特　徴
Type A	9	36	9	・ダイオードロス大 ・使用素子数が多い ・転流動作難しい
Type B	18	18	6	・使用素子数が多い ・転流動作が容易
Type C	18	18	9	
Type D	18	0	6	・逆阻止特性を有した IGBT が必要 ・転流動作が容易 ・ダイオードロスなし ・特殊デバイスが必要
Type E	18	0	6	・逆導通特性を有した IGBT が必要 ・転流動作が容易 ・直列接続のためロス増 ・汎用 IGBT の素子流用可能

4.1.4 直接変換回路の応用

ここでは直接変換回路であるマトリックスコンバータの応用事例を紹介する．まず電流容量を増加させるためにマトリックスコンバータの並列接続方法を紹介する．次にスイッチング損失を削減し，同時にノイズ低減効果も有するソフトスイッチング技術であるARCP（auxiliary resonant commutated pole）技術を併用したARCPマトリックスコンバータを紹介する．

a. 並列多重マトリックスコンバータ

前項で解説したとおり，マトリックスコンバータは自励式インバータと異なる特殊な半導体素子を使用する必要がある．よって変換機容量ごとに専用半導体モジュールが必要となり，開発時に多大な費用と時間を費やすというリスクがある．そこで同じ半導体モジュールを複数個用いることにより簡易に容量増大を可能とする並列多重マトリックスコンバータ方式が考えられる．図4.7は並列多重マトリックスコンバータの回路図を示しており，双方向スイッチ群1と2は同じ半導体モジュールを使用することが可能となる．出力側にはスイッチング時間のばらつきなどによる電流アンバランス抑制のためのセンタータップトランスを用いている．また本回路では，意図的にスイッチング位相を180°ずらすことにより，等価的にキャリア周波数を2倍にすることができるという特徴を持つ．その結果，入力フィルタを小型化することが可能となり，またスイッチング周波数成分で発生するコモンモード電圧はマトリックスコンバータAとBで互いに打ち消しあうため，コモンモード電圧変動に伴う漏れ電流を低減する効果がある[5]．

b. ARCPマトリックスコンバータ

半導体素子の技術進歩により，スイッチング周波数の高周波化が進み，スイッチング損失の増加やノイズによる電磁障害，さらに漏れ電流の増加などの問題が顕在化している．これらの問題を解決する技術として，零電流，もしくは零電圧でスイッチングを行うソフトスイッチング技術があげられる．高周波化の要望はマトリックスコンバータにおいても例外ではないが，自励式インバータと異なり直流リンク部を持たない回路構成から独自のソフトスイッチング技術が必要となる．図4.8にARCPマトリックスコンバータの主回路構成図を示す．回路は通常のマトリックスコンバータ部に，負荷インダクタンスとの共振用のコンデンサを加えた構成となる．さらに負荷状態に依存せず，全

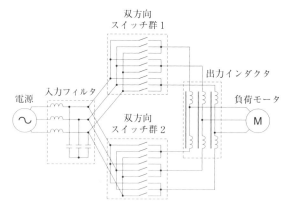

図4.7 並列多重マトリックスコンバータ回路図

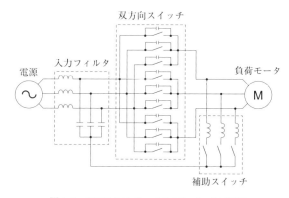

図4.8 ARCPマトリックスコンバータ回路図

領域でソフトスイッチングを実現するために3個の補助スイッチとインダクタを設け，条件に応じて転流動作の補助を行う．制御方式としては，ソフトスイッチングのタイミングを素子の定数からあらかじめ計算により算出することによりスイッチングシーケンスを作成する制御法があげられ，通常のマトリックスコンバータの制御に使用する入力電圧検出器と出力電流検出器以外に，高速な検出装置を用いることなく構成することが可能となる[6]．

4.2 交流間接変換回路

交流間接変換回路は，交流電力を直流ないし高周波交流にいったん変換した後に異なる交流電力に変換する回路である．各種変換回路を組み合わせて新しい機能を実現する複合変換回路であり，実際の応用事例が多数ある．ここでは，交流間接変換回路の代表例である直流リンク変換回路と高周波リンク変換回路を説明

し，その他間接変換回路の応用例を紹介する．

4.2.1 直流リンク変換回路

直流リンク変換回路は，交流電力から直流電力を介して交流電力に間接的に変換する回路である．よって交流電力から直流電力へ変換するコンバータ部と，直流電力から交流電力へ変換するインバータ部の組合せによって構成される．その組合せは，電流形や電圧形，また回生機能の有無などさまざまな回路構成があげられる．以下代表例を示す．

a. 電流形インバータを用いた直流リンク変換回路

図4.9は電流形インバータによる代表的な直流リンク変換回路を示す．電流形インバータは直流リンク部に電流平滑用のインダクタを持つ．これにより直流部の電流極性は変化せず，負荷電力の方向に従って直流電圧の極性を変えることにより電力制御が可能になる．図の回路方式では，オン・オフ制御用半導体デバイスの過電圧保護用として交流コンデンサを用いたスナバ回路を使用している．これは電流遮断時の漏れインダクタンスによるサージ電圧を吸収する目的を持つ．

b. 電圧形インバータを用いた直流リンク変換回路

電圧形インバータを用いた間接変換回路を構成する場合，直流リンク部の電圧極性が変化しないため電解コンデンサなどの電圧平滑回路を用いる．よって直流リンク部の入出力回路はさまざまな回路の組合せにより構成が可能である．表4.2は交流を直流に変換する回路（コンバータ部）と電圧形インバータを組み合わせた直流リンク交流間接変換回路の構成とその特徴を示しており，またそれぞれの回路構成例を図4.10～4.12に示す．

図4.10はコンバータ部がダイオード整流回路で構成されており，最も簡単な構成であることから産業分野などで広く普及している回路構成である．電源周波数は一般には50～60Hzと低周波交流であるため，急峻な電圧変動がなく，高速かつリカバリー電流が少ないダイオードを用いる必要がないため，低損失かつ安価で構成可能という利点を有する．しかし，直流電流の向きを変化できないことから，負荷側の回生エネルギーを電源に回生できず，かつ直流電圧の制御も不可能である．それに対し，図4.11の回路構成はコンバータ部がサイリスタで構成されているため降圧のみではあるが直流リンク電圧を制御できるという特徴を持つ．これによりインバータ部にてPWM制御ではなくPAM制御が可能となり，高周波出力用の電力変換装置に適したものとなる．しかし，図のような回路構成では，電流極性を逆にできないため電力回生ができない．回生運転が必要な場合は図中コンバータ部の構成と同じ回路を逆並列に接続する必要がある．図4.12は，インバータ部と同じ構成をコンバータ部に用いた構成となっているため，電源回生機能や入力電流制御が可能となる．しかし，コンバータ部において高速ス

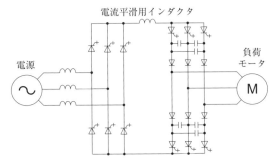

図4.9 電流形インバータを用いた回路構成

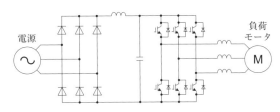

図4.10 電圧形インバータを用いた回路構成（直流電圧制御なし）

表4.2 電圧形交流間接変換回路の構成例とその特徴

コンバータ部	インバータ部	入力電流制御機能	電源回生機能	直流電圧制御機能	回路構成例
ダイオード整流器	PWMインバータ	なし	なし	なし	図4.10
サイリスタ変換器	PWMインバータ	なし	なし （逆並列接続で可能）	あり （降圧動作のみ）	図4.11
PWM整流器	PWMインバータ	あり	あり	あり （降圧時制約あり）	図4.12

イッチングを行うため，電源電圧に高周波ひずみを発生させる要因となる．これにより同一電源に接続される機器に悪影響を及ぼす影響があることから，大きなインダクタンスを持つ交流インダクタが必要となる．コンバータ部の制御方法は，直流の電圧制御や入力電流制御が必要な場合はPWMを用いた制御方式が用いられるが，電源回生機能のみ必要な場合は，6ステップ方式を用いての制御が可能となり，スイッチングによる損失を低減することが可能となる．なお，直流電圧制御は，電圧降圧動作時には電源側に大きな無効電流を流す必要があるため，昇圧動作に使用される場合が多い．

4.2.2 高周波リンク変換回路

高周波リンク変換回路は，交流電力を高周波交流電力に変換し，変圧器で絶縁した後に再度異なる周波数の交流電力に変換する回路方式である．図4.13に単相高周波リンク変換回路の構成例を示す．まず交流電力を直流に変換し，高周波インバータにより方形波状の高周波交流電圧に変換する．この交流電圧は高周波トランスにより絶縁され，次段の整流器により直流に変換され，最終段のインバータにより任意の電圧や周波数へと変換される．本方式では，通常のダイオード整流器とインバータ回路を用いた方式と比較し，電力変換の処理段数が増加するが，高周波トランスにより一次側と二次側が絶縁されており，一般的な絶縁方式と比較して，変圧器やフィルタ回路の大幅な小型・軽量化が可能であるという利点を有す．

4.2.3 間接変換回路の応用

間接変換回路の応用例を紹介する．ここでは，まず直接変換方式であるマトリックスコンバータを用いた高周波リンク変換回路を紹介する．次にNPC（neutral point clampe）方式を用いた3レベルインバータを入出力側の変換器として組み合わせて構成した間接変換装置を紹介する．

a. 直接変換回路を用いた三相高周波リンクコンバータ

図4.14に双方向素子のみで構成した直接形電力変換器を示す．図4.13で紹介した高周波リンク変換回路では電力変換が4回行われるが，直接変換方式を高周波トランスの両端に適用することで電力変換回数を

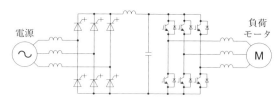

図4.11 電圧形インバータを用いた回路構成（直流電圧制御あり）

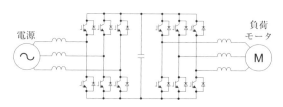

図4.12 電圧形インバータを用いた回路構成（入力電流制御，電源回生機能あり）

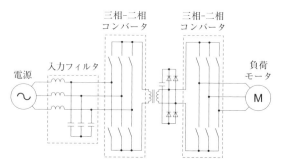

図4.14 直接変換方式を用いた三相高周波リンクコンバータ回路構成

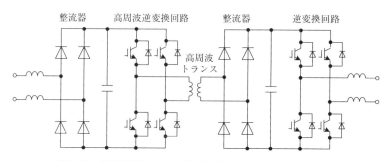

図4.13 単相高周波リンク変換回路（直流リンク＋直流リンク）

2回に低減することが可能である．また回路構成上，電源回生機能や入力電流制御機能を有するという利点がある．本回路では電源側にLCフィルタを持つが，電解コンデンサなどのエネルギーバッファが不要であり，電力変換回数の減少や導通損失の低減による高効率化，電解コンデンサレスによる電力変換器の長寿命化が期待できる[7]．

b. 多レベル変換回路を用いた間接変換回路

図4.15はNPC方式を用いた3レベル変換回路を入出力に用いた間接変換回路の構成例を示している．3レベル方式を用いることにより，2レベル方式と比較して半導体デバイスの耐圧を抑えながら変換機容量を増加させることが可能となる．また，スイッチング動作時の電圧変化量を小さくできるため，ノイズ抑制等のEMC対策効果や接続機器への高調波抑制効果が期待できる．
〔原　英則〕

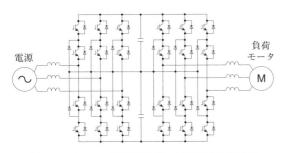

図4.15　多レベル変換回路を用いた間接変換回路構成

文　献

1) Venturini : "A new sine wave in sine wave out conversion technique which eliminates reactive", Proc. Powercon, **7**, pp. E3-1-E3-15 (1980).
2) J. Oyama, *et al.* : "A new on-line gate curcuit for matrix converter", IPEC-Yokohama Conf. Rec., Yokohama, Japan, pp. 754-758 (1995).
3) 伊東淳一，他：「キャリア比較方式を用いた仮想AC/DC/AC変換方式によるマトリックスコンバータの制御方法」，電学論D，**124**, pp. 457-463 (2004).
4) 「環境対応形モータドライブ Varispeed AC」，技報安川電機，267号，pp. 75-78 (2005).
5) 綾野秀樹，他：「セット並列構成のマトリックスコンバータにおけるEMI低減効果」，電気学会研究会資料，TER-06-24/SPC-06-71, pp. 43-48 (2006).
6) 黒木英樹，他：「ARCPマトリックスコンバータの評価機の試作」，平成18年電気学会産業応用部門大会，pp. Y-6 (2006)
7) 伊東淳一，他：「交流交流直接変換技術を用いた三相高周波リンクコンバータの高効率化」，平成18年電気学会産業応用部門大会，I-205-210 (2006).

5

組合せ変換回路

本章では,第1章から第4章までで述べられた種々の変換回路を組み合わせて構成する間接変換回路について述べる.間接変換回路としては,交流変換や交直変換,直流変換がある.また,相数としては三相や単相が考えられる.よって,その組合せは複数考えられることとなる.ここでは,三相の交流変換と交直変換を中心に基本的な組合せ回路について述べる.

5.1 交流変換

間接変換によって交流変換を行う場合,基本的には整流回路と逆変換(インバータ)回路の組合せで構成される.このとき,整流回路としては,代表的な回路構成として,表5.1に示す電流形と電圧形が考えられる[1].一方,インバータ回路についても,同様に表5.2に示す電流形と電圧形がある[1].これらを,組み合わせることで,交流変換を実現できる.

5.1.1 電圧形組合せ回路

ここでは,一般的に用いられることが多い,電圧型の組合せ回路について述べる.図5.1は,ダイオード整流回路とIGBTなどを用いた自励式インバータの組合せ回路例である.

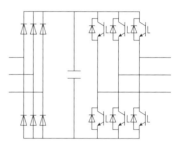

図 5.1 ダイオード整流回路と電圧形インバータの組合せ例

表 5.1 代表的な整流回路

	電流形				電圧形	
整流回路						

表 5.2 代表的な逆変換(インバータ)回路

	電流形		電圧形
逆変換(インバータ)回路			

ダイオード整流回路を用いているため，電源電圧変動に対して直流電圧を一定に保つ機能や負荷電力を電源側に回生する機能は持たない．しかしながら，回路構成が非常に簡単であるため，汎用のインバータをはじめとして多くの交流変換に用いられている．

一方，入力高調波抑制，力率改善や電源への回生機能が必要な場合においては，図5.2[2)]，図5.3に示すようにダイオード整流回路にIGBTなどを用いた電流制御機能を付加することで対策する．図5.3に示す回路構成は，高性能可変速システム[3)]，たとえばエレベータ用インバータや，高信頼性を要求される電源，たとえば無停電電源装置などに適用される．本回路では，PWM制御により入力電流波形の正弦波化はもちろん力率1運転や電力回生運転も可能となる．また，常に一定の直流を得られることからインバータ動作が安定することにより，出力波形精度も高いものとなる．現在では，IGBTなどのデバイスの進歩により，数MVAクラスまで本方式が用いられるようになっている．

5.1.2 電流形組合せ回路

ここでは，電流形の変換回路を組み合わせる方式について述べる．

図5.4は他励式整流回路と他励式インバータを組み合わせた方式である．この回路の応用例としては，直流送電があげられる．実際の回路では，交流側の脈動を低減するために整流器とインバータを多重化する．図5.5は，それぞれを直列二重化した12パルス構成とすることで，交流側の低次高調波や直流側リプルの低減を図っている．この方式は，サイリスタの制御角を変えることで，変電所Aから変電所Bに送電したり，変電所Bから変電所Aに送電したりすることができる[4)]．

次に，自励式整流器とインバータの組合せ回路について述べる．この回路は，図5.4の回路をIGBTとダイオードの直列接続のスイッチなどに変えることで構

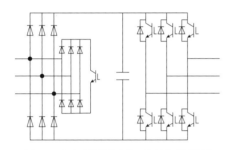

図5.2 力率改善機能を持った組合せ回路例

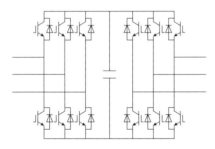

図5.3 回生機能を持った組合せ回路例

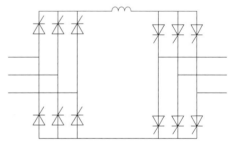

図5.4 他励式変換回路の組合せ例

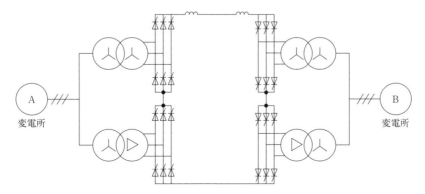

図5.5 直流送電への応用例

成される．図5.6は電流形組合せ回路の一例である．PWM制御が可能となるため，入出力波形をほぼ正弦波にでき，また入力力率もほぼ1にできる．この回路の応用例としては高速エレベータ用途があげられ，電源設備容量，消費電力や電磁騒音が大幅に低減できるメリットがある[5]．

5.1.3 電流形と電圧形による組合せ回路

以上，同型の変換回路の組合せ事例について述べたが，ここでは，電流形整流回路と電圧形インバータの組合せ回路について述べる．

図5.7に回路構成例を示す．電流形の整流器に電圧形インバータを組み合わせた構成となっている．本構成も1MVA以上の装置で実用化されている．整流器をサイリスタ整流器にすることで直流電圧調整機能を持たす場合もある．しかしながら，この場合，位相制御による電圧調整を行うため入力力率が悪くなる．よって，設備容量の増大に留意が必要となる．

5.2 交直変換

間接変換によって，交直変換を行う場合，一般には表5.1の整流回路と直流変換回路の組合せが考えられる．直流変換としては，非絶縁で変換を行うチョッパ回路と高周波絶縁を用いるDC-DCコンバータ回路が一般的である．ここでは，これらの回路の組合せについて述べる．

5.2.1 非絶縁形交直変換回路

図5.8に非絶縁形交直変換回路の構成例を示す．PWM整流回路で一定に制御された直流電圧を，チョッパ回路により直流電圧変換する．本回路は，整流器によって出力される直流電圧より低い直流出力を

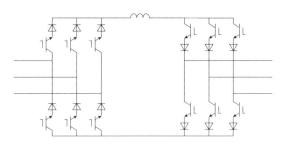

図5.6 電流形組合せ回路例

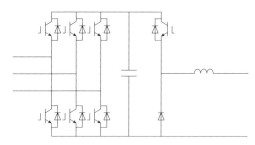

図5.8 非絶縁型交直変換回路例

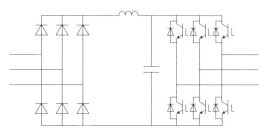

図5.7 電流形と電圧形回路の組合せ例

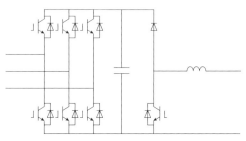

図5.9 太陽光PCS適用回路例

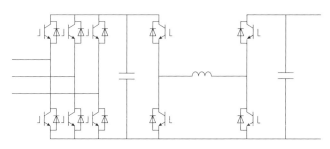

図5.10 非絶縁双方向交直変換回路例

得るときに利用される．バッテリなどの充電用途が代表的な事例である．また，図5.9に示す構成とすることで，負荷側から系統側へ電力を供給することが可能となる．本回路は，たとえば，太陽電池などから発生した電力を系統に送る際に適用される[6]．また，近年ではEV用バッテリを利用したスマートグリッドなど，エネルギーの双方向性が着目されている．そこで，図5.10に示す双方向昇降圧チョッパ回路[7]を適用するなどして，それらの要求に応える動きもある．

5.2.2 絶縁形交直変換回路

ここでは，5.2.1項で述べた回路に商用絶縁を行う方式を除く，絶縁形交直変換回路について述べる．

図5.11は電流形ダイオード整流器とDC/DCコンバータを組み合わせた，絶縁型交直変換回路の一例である．回路と負荷の間で絶縁が必要な場合，トランスを高周波化することで大幅な小型軽量化が可能となる．そのため，しばしば用いられる方式である．この方式は，バッテリの充電用途のほか，アルミニウムなどの金属表面処理に適用される．数百kWクラスまでの実用化例がある[8]．また，エネルギーの流れは電源から負荷側への一方向となる．

ここで，図5.11において高周波トランスの一次側電圧は，いったん整流した電圧を高周波インバータで励磁する構成となっている．そのため，変換段数が多く損失が増加するという課題がある．これを解決する方法として第4章で述べられているマトリックスコンバータ技術の応用が考えられている．図5.12はその回路構成例で，SMR (Switch Mode Rectifier) コンバータ[9]と呼ばれている．この方式は，双方向スイッチにより三相交流電圧を単相交流に直接裁断して出力することができる．そのため，高周波変圧器の一次側の変換段数を1段減らすことが可能となっている．しかしながら，双方向スイッチの構成上の課題があり，本構成での実用化例はない．一方，この問題を解決する取組みとして，図5.13に示す方式がある．この方式は，双方向スイッチをDC-Clampedスイッチング回路で構成することで解決している．これらの回路は，アルミニウム材の表面処理やUPSの整流器として実用化されている[10]．

〔大熊康浩〕

文　献

1) 電気学会半導体電力変換方式調査専門委員会編：半導体電力変換回路，pp.14-15, 98-105，オーム社 (1987).
2) 田島文男，他：「力率改善回路の制御方法」，電気学会全国大会，No.611 (1981).
3) 久保田寿夫，他：「高機能GTOコンバータを用いた無効電力制御」，電気学会全国大会，No.626 (1984).
4) 電気学会半導体電力変換方式調査専門委員会編：半導体電力変換回路，pp.193-195，オーム社 (1987).

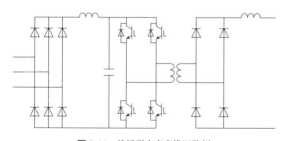

図5.11 絶縁形交直変換回路例

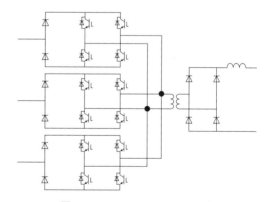

図5.13 DCC-SMRコンバータ回路

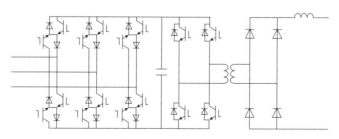

図5.12 SMRコンバータ回路

5) 中里真朗, 他：「電流形インバータ制御高速エレベータの開発」, 電気学会半導体電力変換研究会資料, SPC-86-47 (1986).
6) 西尾直樹：「太陽光発電用パワーコンディショナーの技術動向」, 第23回スイッチング電源シンポジウム, G4 環境対応インバータ技術 (2008).
7) S. Waffler, et al : "A novel low-loss modulation strategy for high-power bi-directional buck + boost converters", The 7th International Conference on Power Electronics, pp. 889-894 (2007).
8) 古木進一, 他：「産業用小形直流電源」, 富士時報, **65**, 10, pp. 689-690 (1992).
9) S. Manias, et al : "Three-phase inductor Fed SMR converter with high frequency isolation, high power density and improved power factor", IEEE Proceedings (1987).
10) 大熊康浩, 他：「新方式三相SMRコンバータ」, 電気学会論文誌 D, **114**, 5, pp. 544-550 (1994).

6

その他の変換回路

6.1 サイリスタ式インバータ

サイリスタはゲートターンオフ機能を持たないため，電流遮断（転流）機能を必要とする自励インバータに適用するためには，転流回路などの付加的な転流手段を必要とする．そのため，回路が複雑化するなどの理由から，GTO や IGBT といったオンオフ制御可能な高性能半導体デバイスが実用化されている現在では自励インバータに適用される例はほとんどなくなった．しかし，サイリスタ式インバータに適用された転流回路の技術は，現在の共振形変換回路（ソフトスイッチングなど）技術の基礎ともいえる．ここでは，サイリスタ式自励インバータとして代表的な二つの回路方式を説明する．

6.1.1 補助インパルス転流インバータ（McMurrayインバータ）[1]

図 6.1(a) にハーフブリッジに構成した補助インパルス転流インバータの回路図を，図 6.1(b) にその動作波形例を示す．主回路構成は，主サイリスタ Q_1, Q_2, 環流ダイオード D_1, D_2 からなる主ブリッジと補助サイリスタ $Q_1(A)$, $Q_2(A)$, 転流コンデンサ Cr, 転流リアクトル Lr からなる補助インパルス転流回路により構成されている．この回路では，主サイリスタ Q_1 をターンオフさせるために補助サイリスタ $Q_1(A)$ をターンオンさせ，また主サイリスタ Q_2 をターンオフさせるために補助サイリスタ $Q_2(A)$ をターンオンさせる．以下にその動作を説明する．

図 6.1 において Q_1 がオン，Q_2 がオフの状態で転流コンデンサ Cr が図中で正（矢印の向き）に充電されており，負荷電流 i_o は Q_1 の経路で供給されている．この状態から時刻 t_1 において $Q_1(A)$ をターンオンすると，転流コンデンサ Cr のエネルギーにより転流インパルス電流 i_c が $Q_1(A)$, Cr および Lr の経路で流れ始め，時間とともに増加し負荷電流 i_o が Q_1 の経路から転流インパルス電流 i_c に転流し Q_1 の電流は減少していく．i_c が i_o より大きくなると Q_1 の電流はゼロとなり，さらに超過分の電流は環流ダイオード D_1 を通して流れ，Cr と Lr の直列共振により Cr を逆極性に充電する．この D_1 の通流中の順電圧降下が Q_1 の逆電圧として作用するので Q_1 はターンオフする．次に Q_2 は転流インパルス電流 i_c がゼロになる時刻 t_2 でターンオンされる．ここで，負荷条件が無負荷の場合は転流コンデンサ Cr の逆充電電圧は直流電圧 Ed とほぼ同等の大きさとなるが，図 6.1(b) に示すような誘導性負荷の場合は，i_c が i_o より小さくなった時点（時

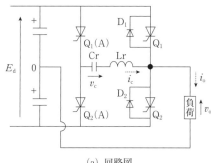

(a) 回路図

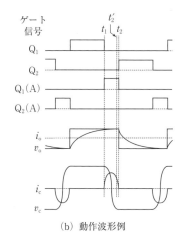

(b) 動作波形例

図 6.1 補助インパルス転流インバータ

刻 t_2'）で環流ダイオード D_2 が通流するため，転流リアクトル Lr に残っているエネルギーにより $Q_1(A)$，Cr, Lr, D_2 と直流電圧 E_d の経路で Cr がさらに充電され E_d より大きな充電電圧となる．その結果，転流インパルス電流 i_c も無負荷時に比べ大きくなる．すなわち，この回路では無負荷のとき，転流インパルス電流 i_c は小さな値で転流損失を小さくでき，重負荷時には自動的に転流インパルス電流 i_c が大きくなり重負荷電流の転流が可能になるという利点がある．

6.1.2　直列ダイオード方式インバータ[2,10]

図 6.2(a) にセンタータップ付変圧器を用いプッシュプル動作を行う単相出力の直列ダイオード方式インバータの回路図を，図 6.2(b) にその動作波形例を示す．転流コンデンサ Cr と直列ダイオード（D_3，D_4）により構成される転流回路を備えている．この転流回路は直列ダイオード方式と呼ばれ広く使われていた．ここでは，主サイリスタ Q_1, Q_2 の転流のための補助サイリスタはなく，相手の主サイリスタがターンオンすると，転流コンデンサ Cr のエネルギーでターンオフが行われる．以下にその動作を説明する．

図 6.2 において Q_1 がオン，Q_2 がオフの状態であれば，直流側主電流 i_1 は変圧器，直列ダイオード D_3，主サイリスタ Q_1 と平滑リアクトル L の経路で流れ，変圧器が図中で正（v_1 矢印の向き）に励磁され転流コンデンサ Cr も正（v_c 矢印の向き）の向きに充電される．この状態から時刻 t_1 において主サイリスタ Q_2 をターンオンすると転流コンデンサ Cr のエネルギーにより主電流 i_1 は Q_1 から Cr, Q_2 の経路に転流し，Q_1 には Cr の電圧 v_c が逆電圧として印加されターンオフする．Cr の放電が終わると主電流 i_1 は D_4, Q_2 に流れ，変圧器の励磁が逆極性となり出力電圧 v_o も反転する．ここで負荷条件が誘導性負荷の場合は，図 6.2(b) に示すように出力電流 i_o の位相は遅れるため，その遅れ期間は主電流 i_1 が直流電源側への回生電流として環流ダイオード D_2 を通して流れる．

図 6.2(a) の回路における平滑リアクトル L の役割は，主サイリスタ Q_1 または Q_2 が転流する際，両サイリスタがともに導通状態となる瞬間があり，変圧器は短絡となるため主電流 i_1 が急激に増加するのを防いでいる．また，直列ダイオード D_3, D_4 の役割は，Q_1, Q_2 の転流動作時に転流コンデンサ Cr のエネルギーが負荷側（変圧器側）に放電されるのを防ぎ，転

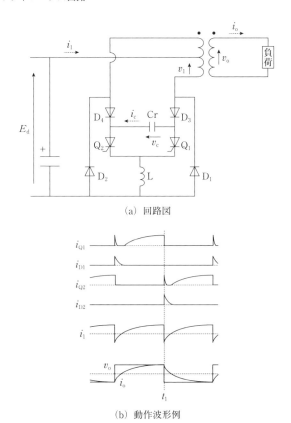

(a) 回路図

(b) 動作波形例

図 6.2 単相直列ダイオード方式インバータ

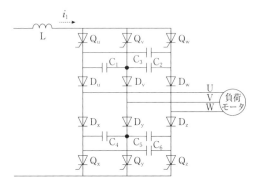

図 6.3 直列ダイオード方式三相電流形インバータ

流を確実に行わせている．

図 6.3 に直列ダイオード方式を三相電流形インバータに適用した回路図を示す．電流形のため，直流電源側には電流源となる平滑リアクトル L を備え，環流ダイオードがない回路構成になっている．転流動作は図 6.2(a) と基本的には同じである．主サイリスタ Q_u と Q_z がオンの状態で負荷モータの U 相から W 相に電流が流れている状態から，主サイリスタ Q_v をターンオ

ンすると転流コンデンサ C_1 (C_2, C_3) のエネルギーにより Q_u はターンオフし Q_v 側に転流する．このように電流の流れる主サイリスタは (Q_u, Q_z), (Q_v, Q_z), (Q_v, Q_x), (Q_w, Q_x), (Q_w, Q_y), (Q_u, Q_y) の順番で転流し，120°導通の三相出力電流が得られる．

6.2 各種のマルチレベル変換回路[3]

マルチレベル変換回路としては，図6.4に示すダイオードクランプ形3レベルインバータ回路（以下NPC (neutral point clamped) 回路）がすでに一般的となっており，装置の大容量化と波形改善の目的で多くの実績がある．この節では，回路構成に特徴のあるその他の各種マルチレベル回路を紹介する．

6.2.1 T形3レベルインバータ回路

図6.5(a)にT形3レベルインバータ回路の1相分を示す．回路構成は，一般的な2レベル出力のブリッジ接続 (S_1, S_4) にその交流出力点と直流側中点を接続する交流スイッチ回路 (S_2, S_3) を追加接続した構成で，図6.4に示した一般的なNPC回路に比べ簡単な回路構成となっている．この回路の特徴は回路構成が簡単になっている反面，図6.4のNPC回路に比べスイッチ素子 S_1, S_4 に2倍の耐電圧 ($2E_d$) が必要となる点である．そのため，高電圧出力が要求される大容量の装置では不利となりやすいが，低電圧出力の比較的容量の小さい装置では回路構成が簡単な分有利となりやすい．各出力電圧レベルに対する各素子のスイッチングパターンを図6.5(b)に示すが，これは図6.4のNPC回路と同じパルスパターンになっている．

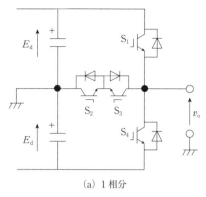

(a) 1相分

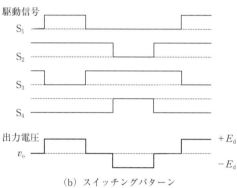

(b) スイッチングパターン

図 6.5　T形3レベルインバータ回路

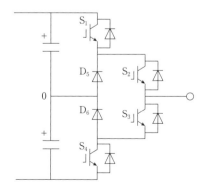

図 6.4　ダイオードクランプ形3レベルインバータの1相分（NPCインバータ）

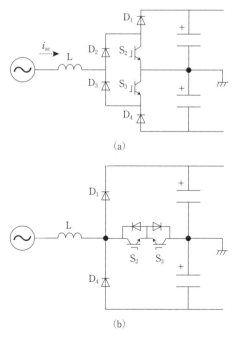

図 6.6　3レベル整流回路

6.2.2　3レベル整流回路[4]

図6.6に2種類の3レベル整流回路の1相分を示す．3レベル変換回路を整流器に適用する場合，スイッチ素子の一部をダイオードに置き換えても入力力率を1とする3レベル正弦波コンバータ動作の実現が可能であり，装置の小型・低価格化に有利となる．

図6.6(a)の回路は，図6.4のNPC回路におけるスイッチ素子S_1とS_4をおのおののダイオードD_1とD_4に置き換えた構成となっており，使用するスイッチ素子数は4個から2個に減り簡略化している．交流入力電圧の極性が正のときは素子S_2のスイッチングにより交流入力電流i_{ac}の調節が可能で，極性が負のときは素子S_3のスイッチングによりi_{ac}の調節が可能となる．同様に図6.6(b)の回路は図6.5(a)のT形3レベルインバータ回路の置き換えであり，動作とその特徴も同様である．

6.2.3　キャパシタクランプ形3レベルインバータ回路（フライングキャパシタ形）[6]

図6.7(a)にキャパシタクランプ形3レベルインバータ回路の1相分を示す．この回路は図6.4のNPC回路におけるクランプダイオードD_5, D_6をクランプコンデンサCmに置き換えて直流電圧中点への接続がない回路構成となっている．この回路における各スイッチ素子（S_1～S_4）のスイッチングパターンと出力電圧v_oの関係を図6.7(b)と表6.1に示す．この回路のクランプコンデンサCmの電圧v_cは常に直流側電圧の1/2であるE_dと同じ電圧に制御して動作する必要がある．図6.7(b)において期間T_1では素子S_1とS_2がオンとなり，出力電圧v_oは直流電圧中点0からみて$C_1(+E_d)$, S_1, S_2, の経路で導通するため，$+E_d$が出力される．次に期間T_2では素子S_2とS_4がオンとなり，出力電圧v_oは直流電圧中点からみて$C_2(-E_d)$, S_4, $C_m(+v_c)$, S_2の経路で導通するため，$E_d = v_c$の関係から出力電圧v_oはゼロとなる．期間T_3, T_4についても同様に表6.1に示すとおりの関係となる．ここで期間T_1とT_3のときは，出力電圧v_oにはおのおの

表6.1

	S_1	S_2	S_3	S_4	v_o
T_1	ON	ON	OFF	OFF	$+E_d$
T_2	OFF	ON	OFF	ON	0
T_3	OFF	OFF	ON	ON	$-E_d$
T_4	ON	OFF	ON	OFF	0

$+E_d$と$-E_d$の電圧が直接出力されるが，出力電流i_oはクランプコンデンサCmを通過しないためコンデンサ電圧v_cには影響しない．しかし，出力電圧v_oをゼロとする期間T_2とT_4では出力電流i_oはクランプコンデンサCmを通過するためコンデンサ電圧v_cを増減させる．ここで出力電流i_oが正のときを考えると，期間T_2ではコンデンサ電圧v_cを放電する向きで負荷電流i_oは流れ，逆に期間T_4ではv_cを充電する向きでi_oは流れることになる．すなわち，出力電圧v_oのゼロ出力時にはパルスパターンの自由度が二つあり，T_2のパターンではv_cを放電し，逆にT_4のパターンではv_cの充電を行う．そのため，v_cの状況に合わせてT_2またはT_4を選択して制御することで，常に$v_c = E_d$とする運転制御が可能となる．

6.2.4　5レベルインバータ回路[5]

図6.8に3種類の5レベルインバータ回路を示す．図6.8(a)の回路は図6.4に示したダイオードクラ

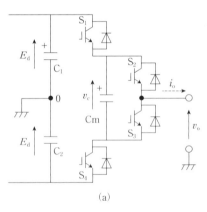

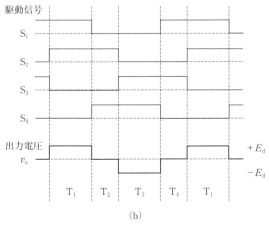

図6.7　キャパシタクランプ形3レベルインバータ

ンプ形 3 レベルインバータ (NPC) を 5 レベルに拡張した回路構成となっている．出力電圧 v_o は $+2E_d$, $+E_d$, 0, $-E_d$, $-2E_d$ の 5 レベルが可能で高電圧出力化される．各クランプダイオードおよびスイッチ素子はすべて 1 個分の電源コンデンサ電圧 E_d でのクランプが可能で，すべてに低耐圧素子の適用が可能となる．動作原理は 3 レベルインバータと同様であるため省略する．

図 6.8(b) の回路は図 6.8(a) の回路に比べクランプダイオードの数が少なくなり簡易化されているが，クランプダイオードに高耐圧品が必要となる．クランプダイオード D_2 と D_5 のクランプ電圧は $3E_d$，D_3 と D_4 のクランプ電圧は $2E_d$，D_1 と D_6 のクランプ電圧は E_d となる．

図 6.8(c) はキャパシタクランプ形の 5 レベルインバータ回路である．この回路も図 6.7 に示したキャパシタクランプ形 3 レベルインバータを 5 レベルに拡張した回路構成であり，その動作原理も 3 レベルと同じである．

図 6.8 のいずれの回路においても，同様の拡張をすることで，5 レベルにとどまらず任意のレベルのインバータが実現可能である．

6.2.5 階調制御形マルチレベルインバータ[7]

図 6.9(a) に単相の階調制御形マルチレベルインバータの回路図を，図 6.9(b) にその動作波形例を示す．回路構成は出力電圧の異なる単相インバータを直列多重接続した構成となっている．図に示すように多重接続する各インバータの電圧を 2 の累乗倍 ($4E_d$, $2E_d$, E_d) にすれば，出力電圧は均等に分割された階調電圧となる．外部から供給する直流電源は最も電圧の高い No.1 インバータにだけ接続し，No.2 と No.3 インバータの直流電圧はインバータ動作の中で充放電制御が可能で，No.1 インバータ以外の外部直流電源を不要にできる．ここで No.2 と No.3 インバータの直流電圧部の充放電動作について簡単に説明する．

No.1～3 の各インバータの交流出力は直列に接続されており，各インバータを通流する電流はすべて出力電流 i_o と一致する．インバータ動作の中でその出力電流 i_o と各インバータ電圧 v_{ix} の積である各インバータ瞬時電力 w_{ix} ($=i_o \times v_{ix}$) が正のとき，各インバータを通流していく i_o により，No.X インバータの直流電圧は放電され，逆に負のときは充電される．次にマルチレベルとなる出力電圧 v_o に対する各インバータの選択可能な出力パターンを表 6.2 に示す．たとえば，出力電圧 $v_o = +3E_d$ のとき，出力パターンは ii～iv が選択可能になる．このときの出力電流 i_o を正とすれば，

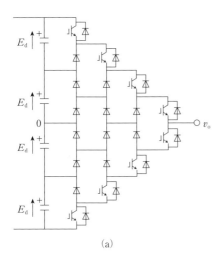

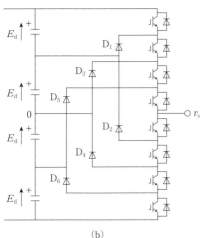

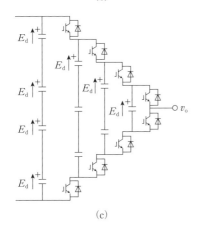

図 6.8 5 レベルインバータ

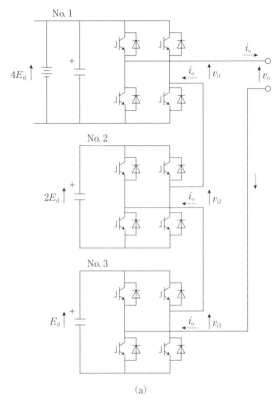

表 6.2 出力パターン

パターン	v_{i1}	v_{i2}	v_{i3}	v_o
i	$+4E_d$	0	0	$+4E_d$
ii	$+4E_d$	$-2E_d$	$+E_d$	$+3E_d$
iii	$+4E_d$	0	$-E_d$	
iv	0	$+2E_d$	$+E_d$	
v	$+4E_d$	$-2E_d$	0	$+2E_d$
vi	0	$+2E_d$	0	
vii	$+4E_d$	$-2E_d$	$-E_d$	$+E_d$
viii	0	$+2E$	$-E_d$	
ix	0	0	$+E_d$	
x	0	0	0	0
xi	$-4E_d$	0	0	$-4E_d$
xii	$-4E_d$	$+2E_d$	$-E_d$	$-3E_d$
xiii	$-4E_d$	0	$+E_d$	
xiv	0	$-2E_d$	$-E_d$	
xv	$-4E_d$	$+2E_d$	0	$-2E_d$
xvi	0	$-2E_d$	0	
xvii	$-4E_d$	$+2E_d$	$+E_d$	$-E_d$
xviii	0	$-2E_d$	$+E_d$	
xix	0	0	$-E_d$	

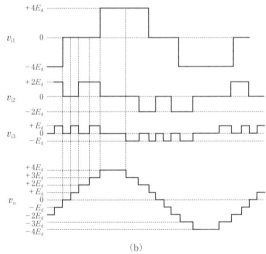

図 6.9 階調制御形インバータ

各パターンに対する No.2 と No.3 インバータの直流電圧はおのおの

- パターン ii のとき，No.2 インバータは充電，No.3 インバータは放電
- パターン iii のとき，No.2 インバータは変化なし，No.3 インバータは放電
- パターン iv のとき，No.2 インバータは放電，No.3 インバータは放電

となる．ここでおのおのの直流電圧の状況に応じて適宜，パターン ii，iii，または iv を選択することで各直流電圧の調節が可能で，No.2 インバータは $2E_d$，No.3 インバータは E_d の一定電圧に制御が可能となる．

6.3 共振形変換回路

共振形変換回路は，半導体素子のスイッチング損失低減や電磁障害（EMI）ノイズの低減を目的に補助共振回路を用いてソフトスイッチングを行うものと，変換装置の出力容量低減を目的に力率の悪い負荷に対し共振用のリアクトルやコンデンサを追加して負荷共振を行うもの（高周波インバータ）に大別できる．この共振形変換回路は小容量のパワーエレクトロニクス機器では数多くの方式が採用されているが，大容量の機器での採用は限られている．ここでは，大容量機器で代表的な二つの回路方式を説明する．

6.3.1 補助共振転流ポール形インバータ[8]

図 6.10(a) に補助共振転流ポール形（auxiliary resonant commutated pole：ARCP）インバータ回路の 1 相分を，図 6.10(b) にその動作波形例を示す．回

路構成は，主スイッチS_1, S_2のブリッジ接続とさらに共振用コンデンサC_1, C_2，共振用リアクトルL_1および交流スイッチ回路（S_3, S_4）からなる補助共振回路の構成となっている．この回路では，主スイッチS_1およびS_2のスイッチング時に補助共振回路の交流スイッチ（S_3, S_4）をオンさせてL_1とC_1, C_2の間で共振を発生させることで主スイッチS_1とS_2のゼロ電圧スイッチ（zero voltage switch：ZVS）を実現し低損失化を図っている．以下にその動作を説明する．

図6.10(a)において，出力電流i_oが正（図中で矢印の向き）の向きに流れ，主スイッチS_1がオフ，S_2がオンの状態であれば，出力電流i_oはi_2の経路で環流している．この状態から時刻t_1に交流スイッチS_3をターンオンすると共振回路電流i_rが流れ始め，出力電流i_oはi_2側からi_r側に転流していく．i_2がゼロ以下となる時刻t_2にS_2をターンオフするとL_1, C_2およびC_1の共振現象によりv_{C2}は徐々に上昇し入力側直流電圧E_dにクランプされ，v_{C1}は逆に減少してゼロとなる．そこで，時刻t_3にS_1をターンオンすると出力電流i_oはi_rの経路からi_1の経路に転流していき，最後にi_rがゼロとなる時刻t_4以降にS_3をターンオフする．この一連の動作のなかで，S_2はZVSのターンオフ，S_1はZVSのターンオンが実現されており，さらにS_3はターンオン・ターンオフともにゼロ電流スイッチ（zero current switch：ZCS）となっている．

6.3.2 共振形高周波インバータ[9,10]

図6.11(a)に高周波インバータの回路図を，図6.11(b)にその動作波形例を示す．誘導性負荷に対し共振用コンデンサを追加した負荷側の直列共振回路と，インバータ側の電圧形単相フルブリッジインバータを組み合わせた回路構成で，インバータが50%時比率での動作をする．その直列共振回路により，インバータ側からみた負荷側の力率が改善されるため，インバータ出力容量の低減が可能となる．インバータの出力制御はインバータ周波数f_sにより可能で，（インバータ周波数f_s＝共振周波数f_r）のときに出力最大となる．また，$f_s > f_r$の条件では，見かけ上誘導性負荷となり，出力電流i_oは図6.11(b)に示すように遅れ位相となる．逆に$f_s < f_r$の条件では，見かけ上容量性負荷となりi_oは進み位相となる．〔谷津　誠〕

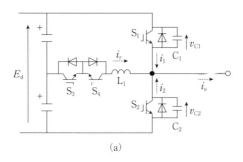
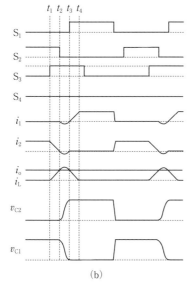

図6.10　補助共振転流ポール形インバータ

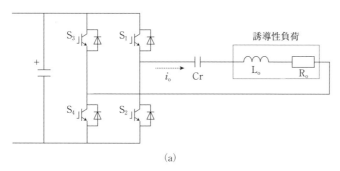
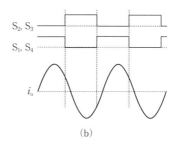

図6.11　共振形高周波インバータ

文 献

1) 今井孝二, 他：インバータ回路, コロナ社, pp. 148-152 (1968).
2) シーメンス社編：サイリスタハンドブック, 富士電機製造 (1969).
3) A. Nabae, et al.: "A newral Point Clamped PWM Inverter", IEEE, Trans. Ind. Appl., pp. 518-523 (1981).
4) 三野和明, 他：「ワールドワイド対応PFCおよび位相シフト制御DC-DCコンバータを用いた三相AC-DC電源」, 電気学会論文誌, **122D**, 5, p. 502 (2002).
5) 山本真義, 他：「マルチレベルインバータ用低損失電圧クランプスナバ回路の実験的評価」, 電気学会論文誌, **123D**, 9, p. 995 (2003).
6) 電気学会産業応用部門半導体電力変換技術委員会編：「配電系統に適用されるパワーエレクトロニクスの最新技術」, 電気学会技術報告, 1093号 (2007).
7) 志摩悠介, 他：「組合せ制御方式マルチレベル正弦波インバータ電源」, 半導体電力変換研究会, SPC-06-30, p. 37 (2006).
8) R. W. De Doncker, et al.: "The auxiliary resonant commutated pole converter", Conf Rec. IEEE IAS' 90, p. 1228 (1990).
9) 倉田 巌, 他：「最近の誘導加熱用高周波電源技術」, 半導体電力変換研究会, SPC-07-68, p. 65 (2007).
10) 電気工学ハンドブック, 第6版, 電気学会 (2001).

7 産業用パワーエレクトロニクス

7.1 可変速駆動システム

パワーエレクトロニクス技術の進歩により,電動機の可変速制御技術も急速に発展してきた.電動機の可変速駆動としては古くは直流電動機が主流であった.今日のパワーデバイスの進展により高耐圧・大電流のパワーデバイスが普及するようになり,近年では交流電動機を高性能に駆動するインバータが直流電動機駆動に替わり主流を占めるようになった.

またパワーデバイスの進歩に合わせ,マイクロコンピュータに代表されるディジタル制御技術が発展し,ベクトル制御に代表される複雑な交流電動機の制御を可能にした.当初,ポンプ,ブロアなどの省エネルギーを目的として利用されていた交流可変速制御装置は,高い速度制御応答を要求される鉄鋼圧延機駆動や抄紙機駆動にも適用されるようになった.

本節では産業用可変速駆動システムに使用されている代表的な電力変換回路の原理,構成および特徴を説明する.

7.1.1 可変速駆動システムのラインアップ

主に,パワーデバイスを用いた電動機の可変速駆動システムを分類すると図7.1のようになる.

7.1.2 2レベルインバータ

2レベルインバータでは,パワーデバイスとしてIGBTが用いられることが多く,その高速スイッチング特性を生かした電圧形PWMインバータとして広く普及している.一般工業用の汎用インバータでは,ダイオード方式の整流器とインバータを組み合わせ,必要に応じて抵抗を別置した制動回路を付した形で使

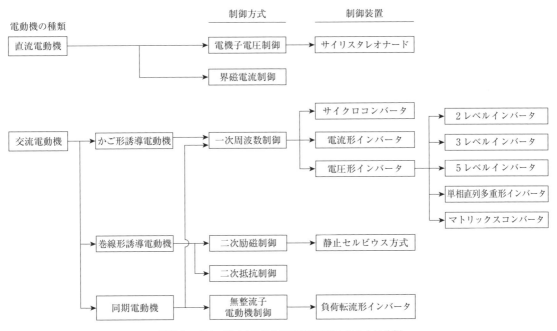

図 7.1 パワーデバイスによる可変速駆動システムの分類

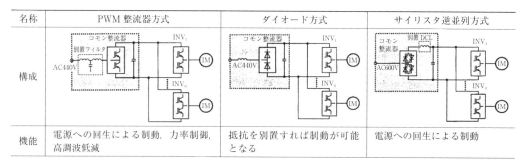

図 7.2 コモン整流器のシステム構成図

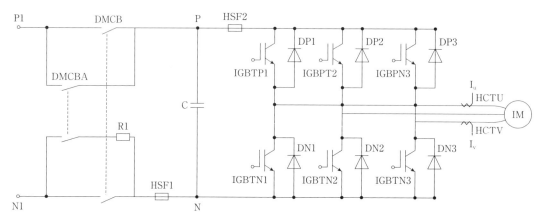

図 7.3 2 レベルインバータの主回路構成図

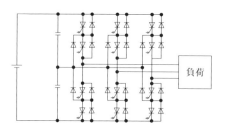

図 7.4 3 レベルインバータの主回路構成図

われる．鉄鋼・製紙プラントなどのプラント用可変速駆動システムではコモン整流器方式が採用されることが多い．コモン整流器方式とは 2 レベルインバータの直流電源を共通化して，1 台の整流器で 2 台以上のインバータに電源を供給するシステムをいう．

整流器には図 7.2 に示すように PWM 整流器方式，ダイオード方式（前述），サイリスタ逆並列方式の 3 種類があり，駆動システムとして回生が必要な場合（制動を行うときなど）は PWM 整流器方式およびサイリスタ逆並列接続方式が，回生が不要な場合ダイオード方式が使われることが多い．

次に 2 レベルインバータの主回路構成図を図 7.3 に示す．実際の応用ではフィルタコンデンサに初期電荷を充電するための初期充電回路が必要となる．これは，フィルタコンデンサに電荷がない状態で直流電源を印加すると瞬時に過大な電流が流れてコンデンサや電源に悪影響があるためである．整流器側，インバータ側いずれかに回路を設置する．抵抗で限流する方式（図 7.3 の例）や別電源を用いて充電する方式がある．

7.1.3 3 レベルインバータ

インバータの出力電圧を正弦波に近づける方法として，3 レベルインバータ方式がある．3 レベル方式は別名 NPC 方式とも呼ばれる．NPC とは，neutral point clamped の略語で，「中性点クランプ式」と訳される．同一定格のパワーデバイスを用いて 3 レベルインバータを構成した場合，インバータ出力可能電圧は 2 レベルインバータに比べ 2 倍となり，大容量化を実現する方法にもなっている．

図 7.4 に，3 レベルインバータの主回路構成図を示す．

3 レベルインバータは，図 7.5 に示すようなスイッ

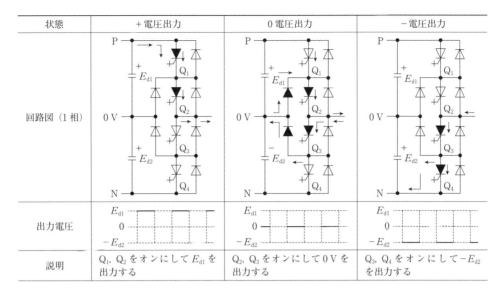

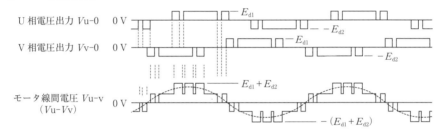

図 7.5 3レベルインバータのスイッチングパターンと出力電圧波形

チングパターンによって，1相当たり＋，0，−の3レベルの出力電圧が得られ，出力線間電圧は5レベルとなる．

7.1.4 単相直列多重形インバータ

単相直列多重形インバータは，単相インバータ（一般的には低電圧）を多数直列に接続して高電圧出力を可能にしたインバータである．個々の単相インバータをセルインバータと呼ぶケースもある．

図7.6に主回路構成図を示す．外部交流電源から，多巻線入力変圧器を介して単相構成のセルインバータに交流が供給される．これらセルインバータは直列接続され，さらにこれらを三相Y結線することにより，電動機の必要とする三相交流電力（周波数，電圧）に変換する．セルインバータは，交流を直流に変換するダイオード整流器とこの直流を交流に逆変換する2レベルインバータより構成されている．また，ダイオード整流器の代わりにPWM整流器を適用すれば，電

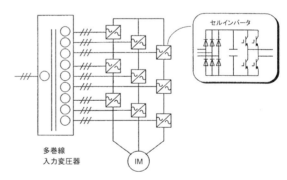

図 7.6 単相直列多重形インバータ主回路構成図

源回生が可能となる．

セルインバータの一つ当たりの交流出力電圧が640Vとすると，図7.7に示すように3段直列接続した場合の相電圧は，約1900Vとなり，さらに，これらを3組でそれぞれ120°位相をずらすことにより，線間電圧3300Vの高圧電源が得られることになる．また，直列接続後の出力電圧波形は，個々のセルインバータのスイッチング周波数は低くても，図7.8に示

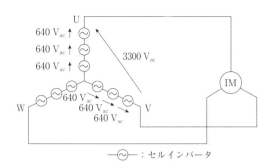

図7.7 直列多重接続による高電圧発生

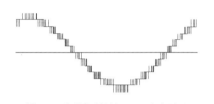

図7.8 直列多重接続による出力電圧波形例(線間)

すように非常にひずみの小さな正弦波となる．つまり，スイッチングロスの少ない低ひずみの正弦波電源が得られる．

〔中村利孝〕

7.2 加熱用・化学用変換装置

7.2.1 加熱用変換装置

誘導加熱用の変換装置は，直流を介して商用周波電力を高周波電力に変換する間接変換装置が使用される．出力する周波数に応じて電流形インバータと電圧形インバータが選択される．図7.9に目安を示すが，装置容量にも依存するため必ずしも図のとおりとは限らない．

a. 電流形インバータによる間接変換装置

電流形インバータによる間接変換装置の構成を図7.10に示す．

電流形インバータの場合には，負荷は加熱コイルに並列にコンデンサを接続した並列共振回路が使用される．この回路方式では次のような特徴がある．

①サイリスタが使用可能な周波数領域では大容量装置を実現できる．

②負荷の無効電圧分がインバータ素子に逆電圧となって印加される．IGBTの場合には直列にダイオードを接続する必要がある．またサイリスタ，ダイオードは逆回復特性のよいものを適用する必

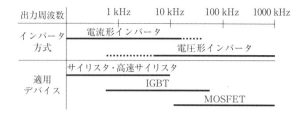

図7.9 誘導加熱用インバータ方式

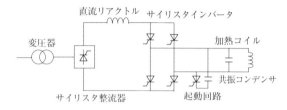

図7.10 電流形インバータによる間接変換装置の構成図

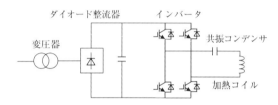

図7.11 電圧形インバータによる間接変換装置の構成図

要がある．

③インバータから共振回路部までの配線のインダクタンスが大きいと重なり区間が延びて力率が低下するので注意が必要である．

④サイリスタインバータの場合はインバータの運転開始時に転流電圧を得るための起動回路が必要になる．

b. 電圧形インバータによる間接変換装置

電圧形インバータによる間接変換装置の構成を図7.11に示す．

電圧形インバータの場合には，負荷はコンデンサを加熱コイルに直列に接続した直列共振回路が使用される．この回路方式では次のような特徴がある．

①負荷の無効電流分はインバータブリッジ内の素子を流れる．

②インバータから共振回路までの配線のインダクタンス分によって負荷の共振周波数がずれ負荷インピーダンスが大きくなることがある．そのため配線のインダクタンス分を考慮してインバータ容量，共振コンデンサの容量を選定する必要がある．

③負荷の共振コンデンサ，加熱コイルそれぞれの端

子間にインバータの出力電圧より高い高電圧が発生する．

④交直変換装置にはサイリスタ整流器や自励変換器を使用する場合もある．

7.2.2 化学用変換装置

a. メッキ用整流器

メッキ用整流器では，数 kA～十数 kA と大電流になるが電圧が 50 V 以下程度のため比較的小容量である．このような場合は直流側で制御するよりも交流側で制御したほうが経済的なことから，図 7.12 のような交流制御と交直変換装置の組合せが使用される．この方式の出力電圧 V_{dc} は次式で表される．

$V_{dc} = 1.17 V_{ac} \cdot \cos \alpha$　　　　　　　　$(0° \leq \alpha \leq 60°)$

$V_{dc} = 1.17 V_{ac} \cdot (1 - \sin(\alpha - 30°))$　$(60° \leq \alpha \leq 120°)$

ここで V_{ac} は変圧器直流巻線相電圧実効値である．

b. 電解用整流器

電気分解によって苛性ソーダや塩素ガスの生成，アルミニウム，銅などの金属の精錬を行うための直流電力を供給する整流器であり，おおむね直流電圧 1500 V 以下，電流は数十～数百 kA で，容量は数十～数百 MW となる．単器でこれほどの大電流を供給することは技術的に困難なことと交流電源側への障害を防止するため，複数の整流器を並列に接続した 12 相から 24 相以上の整流装置が使用される．図 7.13 に電解用整流器の構成例を示す．整流器の方式は二重星形結線あるいは三相ブリッジ結線の整流器が使用される．二重星形結線，三相ブリッジ結線の回路図は第 2 章（2.2.6 項，2.2.9 項）を参照のこと．

サイリスタ整流器を使用してサイリスタの点弧角制御で出力を制御するものと，ダイオード整流器とタップ付変圧器の組合せでタップ制御によって出力を制御するもの，あるいはその両方を備えたものがある．サイリスタ整流器の場合は連続的な制御が可能であるのに対して，タップ付変圧器とダイオード整流器の組合せでは不連続の制御となるが力率，高調波の面では有利である．

2 組の整流器を物理的に近接配置し，近接に配置された導体に流れる電流を逆の方向になるようにした同相逆並列結線（図 7.14）という方式がある．この結線によると変圧器二次から直流集電部までの外部への漏れ磁束を最小にすることができ，周囲の金属の加熱を防止，また並列素子間の電流アンバランスの原因となるインダクタンスの低減を図れる．

電解用として図 7.15 のダイオードに直列に可飽和リアクトルを接続した整流器が使用されているが，サイリスタの大容量化に伴い新規に採用されることはほとんどなくなった．この方式ではリアクトルの鉄心が飽和するまでの時間はリアクトルが電圧を背負い，飽

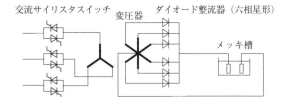

図 7.12　交流制御と交直変換回路の組合せ回路

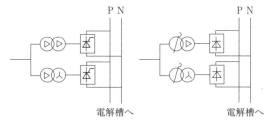

図 7.13　電解用整流器の構成（12 相の例）

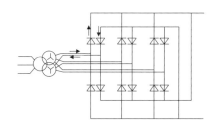

図 7.14　同相逆並列結線

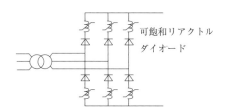

図 7.15　可飽和リアクトルによる制御

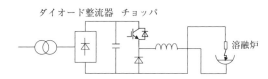

図 7.16　ダイオード整流器とチョッパの組合せ回路例

和とともに電流が流れ出すことによりサイリスタの点弧に似た動作を行う．リアクトルの鉄心に巻いた制御巻線に流す電流を調整することにより点弧角を制御することができるが制御範囲が狭い．

c. 灰溶融炉用整流器

ごみ焼却施設の焼却灰を溶融，固形化する灰溶融設備において，プラズマアーク方式の場合には直流電源が必要となる．これまでサイリスタ整流器が用いられていたが，ダイオード整流器とチョッパの組合せ回路（図7.16）も採用されてきている．この回路方式では次のような特徴がある

① 広い出力電圧範囲に対して常に高力率で運転でき，力率改善コンデンサが不要となる．
② サイリスタ点弧角の相間の誤差による非論理高調波が発生しない
③ 出力電圧を高速に制御できる． 〔金井丈雄〕

7.3 大容量無停電電源システム

情報通信システム，データセンター，放送通信システム，交通管制システム，各種コンピュータシステムなど社会インフラを支える多くのシステムには大容量の無停電電源システム（uninterruptible power systems：UPS）が多数使用されている．通常の商用電源では数十ミリ秒の瞬断や電圧低下は避けられない事象であり，そのような瞬断や電圧低下による各種システムの停止や誤作動などによる社会の混乱を避けるため無停電電源システムが適用されている．UPSでは基本回路構成からなる装置を組み合わせて高信頼度の無停電電源を重要な負荷システムに供給する機能が最も重要である．ここでは大容量無停電電源システムに適用されている各種パワーエレクトロニクス回路について解説する．

7.3.1 基本構成

a. UPSユニット

UPSの方式はいろいろあるが，ここでは最も標準的に採用されている方式について解説する．図7.17にUPSの基本回路構成を示す．図7.17に示した基本回路は「UPSユニット」と称せられ，この回路を基本に各種の機能を持った回路を付加して高信頼度の電源供給システムを構築している．

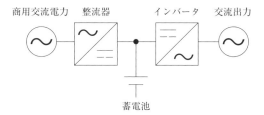

図7.17 UPSユニット

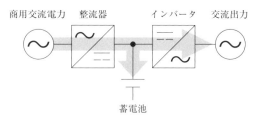

図7.18 UPSユニットの常時運転モード

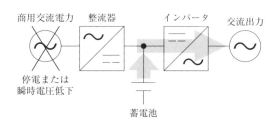

図7.19 商用交流電力の停電時のUPSユニット運転モード

常時は図7.18に示すように商用電源を入力とし，整流器で交流電力を直流電力に変換し無停電化のための蓄電池を充電するとともにインバータで安定した交流電力に変換して負荷システムに給電する．

商用電源が停電または瞬時電圧低下が発生すると図7.19に示すように蓄電池に蓄えられていた直流電力を放電し，インバータにより安定した交流電力に変換されて無停電で負荷システムに給電継続する．

商用電源の停電が復帰すると再び図7.18に示す運転モードとなり，整流器は交流電力を直流電力に変換して蓄電池を充電するとともにインバータを介して安定した交流電力を負荷システムに無停電で給電継続する．

b. 無瞬断切換スイッチ

社会インフラの各種システムに無停電で安定した電力を供給し続けるのがUPSの使命であるためUPSには高い信頼度が要求される．図7.17に示したUPSユニットは商用電源が停電した際に蓄電池に蓄えられていた直流電力を無停電で負荷に給電し続けることはできるが，UPSユニット内の一部でも故障すれば電力

7. 産業用パワーエレクトロニクス

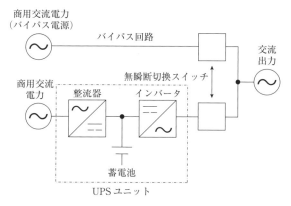

図 7.20 無瞬断切換スイッチ付 UPS

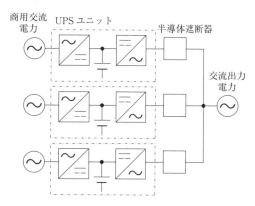

図 7.21 並列冗長運転システム（3 台並列運転の例）

の供給は停止してしまう．そのため万一の UPS ユニットの故障の際にも給電を継続するようにいくつかの方法が取り入れられている．ここでは UPS ユニットの出力と商用電源を入力とするバイパス電源との無瞬断切換スイッチを概説する．

図 7.20 に 1 台の UPS ユニットに無瞬断切換スイッチを具備したシステムを示す．UPS ユニットは常時バイパス電源と同相で運転しており，UPS ユニットが万一故障停止した場合無瞬断で商用交流電力を電源とするバイパス電源に無瞬断で切り換わり，重要な負荷システムへの電力供給を継続するシステムである．UPS ユニットを点検するために停止する際にもバイパス回路に無瞬断で切り換えて負荷システムへの給電を継続したままで点検を可能としている．

無瞬断切換を可能とするために主にサイリスタスイッチが使用される．連続給電の状態時にはサイリスタスイッチと並列に接続された機械スイッチで給電するようにしたハイブリッド方式の切換スイッチもある．

c. 半導体遮断器

無停電電源としての信頼性を向上させることと容量の増加を実現させるために UPS ユニットを並列運転させるシステムがある．特に高信頼度を実現させるために並列冗長運転システムが一般的に採用される．並列冗長システムを実現させるためには並列運転をしている UPS ユニットのうち万一 1 台が故障した際に瞬時に故障機を並列運転している他の健全機より切離してやる必要がある．最近の UPS ユニットは自己消弧形半導体素子である IGBT を用いたインバータが使われており，一斉に遮断することにより遮断器の機能も合わせ持っている．自己消弧形半導体素子を使用して

いないかつての UPS では並列冗長システムには故障機を高速に切り離すための半導体遮断器が採用されていた．図 7.21 に半導体遮断器を採用した並列冗長システムを示す．現状では自己消弧能力を有する IGBT を用いたインバータが採用されており，IGBT の自己遮断能力が同一の機能を果たしていることによりこの半導体遮断器は使用されていない．

以上，大容量 UPS にて使用されるパワーエレクトロニクス回路の基本部分を概略説明した．以下，それぞれの回路について個々に解説をする．

7.3.2 整流回路

整流回路は UPS ユニットの交流-直流変換部分であり最近ではほとんどの場合蓄電池充電機能を合わせ持っている．各種整流回路はすでに解説されているので詳細は割愛するが，大容量 UPS に主に使用されている整流回路を以下整理する．

a. ダイオード整流回路

図 7.22 に 6 相整流回路を示す．ダイオード整流回路は直流電圧 E_d の制御はできず，交流入力電圧に依存している．交流入力電圧と直流出力電圧の関係は第 2 章 2.2 節を参照されたい．一般的にダイオード整

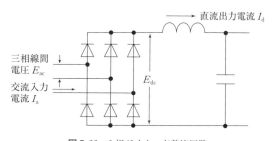

図 7.22 6 相ダイオード整流回路

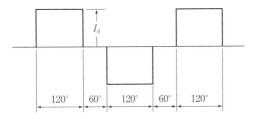

図7.23 交流入力電流 I_a 波形（理想的な直流電流 I_d の場合）

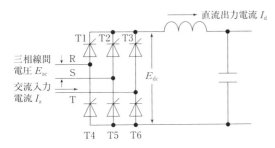

図7.24 6相サイリスタ整流回路

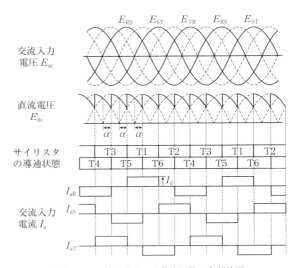

図7.25 6相サイリスタ整流回路の各部波形

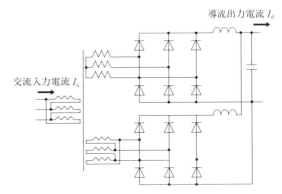

図7.26 12相ダイオード整流器

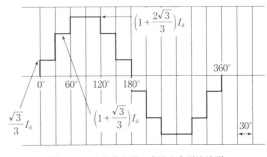

図7.27 12相整流器の交流入力電流波形

流器の出力には直流リアクトルとコンデンサからなるフィルタ回路が付属する．直流出力電流 I_d を理想的な直流とすると各相の交流入力電流 I_a は120°通電の矩形波電流となる．図7.23に示す．この矩形波に含まれる高調波成分は基本波成分を100％とすると以下のようになる．

第5次高調波成分　　20％（1/5）
第7次高調波成分　　14.4％（1/7）
第11次高調波成分　　9.1％（1/11）
第13次高調波成分　　7.7％（1/13）
第17次高調波成分　　5.9％（1/17）
第19次高調波成分　　5.3％（1/19）

これらの高調波電流が交流電流に重畳して流れることになる．3の奇数倍の高調波成分，第3次，第9次，第15次，…は含まれない．

b. サイリスタ整流回路

図7.24に6相サイリスタ整流回路を示す．ダイオード整流回路に比較してサイリスタ整流回路は直流電圧の制御が可能である．交流入力電圧と直流出力電圧の関係は第2章2.2節を参照されたい．図7.25に動作波形を示す．この6相サイリスタ整流回路を2組用意して Δ-Y の絶縁変圧器で30°の位相差を持って図7.26のように接続すると12相サイリスタ整流回路が構成できる．12相整流回路の交流入力電流波形は図7.27のようになり，図7.23に示した6相整流回路の入力電流波形に比較して正弦波に近くなり，この波形に含まれる高調波成分は，6相整流回路の高調波成分のうち，第5, 7, 17, 19成分は0となり，第11, 13調波成分のみとなる．

サイリスタ整流回路やダイオード整流回路を用いる大容量のUPSでは容量が大きくなるにつれて入力電流の高調波成分が増加するのでIGBT整流回路が実用化する以前は主に12相整流回路が適用された．

c. IGBT 整流回路

80年代後半より自己消弧形電力用半導体素子としてIGBTが実用化されるにつれて大容量UPSにも高周波PWM制御のIGBT整流回路が適用されるようになった．図7.28にIGBT整流回路を示す．IGBT整流回路を用いて高周波PWM制御を行うことにより交流入力電流はほとんど正弦波波形となり入力電流に含まれる高調波成分は3%程度以下となる．このことにより大容量UPSと交流入力電源（商用電源や非常用自家発電設備）との協調がとりやすくなりより安定したシステムが提供されるようになった．

d. 高調波抑制フィルタ回路

6相整流器回路を使用した場合，前記したように交流入力電源側に高調波電流を重畳させることになるので大容量UPSにおいて6相整流回路を用いる場合には交流入力側に図7.29に示すようなLCフィルタを設けることもある．整流回路と並列に，第5調波や第7調波に対して低インピーダンスになるようなLC共振回路を挿入し，整流回路から発生する高調波成分をこのLC共振回路をパスさせて電源側に重畳しないようにするものである．そのLCフィルタ回路のさらに交流入力側には他で発生した高調波成分がこのLCフィルタ回路に流入しないようにインピーダンスとして L_o を挿入する．

その他，交流入力回路にアクティブフィルタ回路を挿入するようにしたUPSもあるがここでは割愛する．

7.3.3 インバータ回路

インバータ回路はUPSユニットの直流-交流変換部分であり，最近ではほとんどがIGBTを使用した高周波PWM制御のインバータ回路が用いられている．詳細についてはすでに述べられているので，いままでに大容量UPSのインバータ回路に用いられてきた主なインバータ回路を以下整理する．

a. McMurray-Bedford インバータ回路

図7.30に代表的な回路を示す．ほかのサイリスタインバータもほぼ同様であるが，転流リアクトルと転流コンデンサを使い強制転流回路を有していることが特徴である．片側ブリッジの転流動作について図7.31に示す．サイリスタT1が順方向に負荷電流を流し，転流コンデンサC1はサイリスタS1により短絡

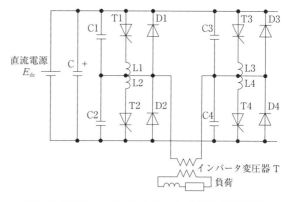

図7.30 McMurray-Bedford インバータ回路（基本回路）

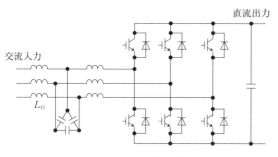

図7.28 IGBT整流回路

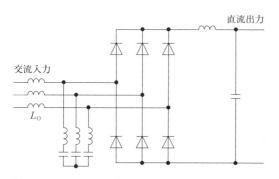

図7.29 LCフィルタ回路を設けた6相ダイオード整流回路

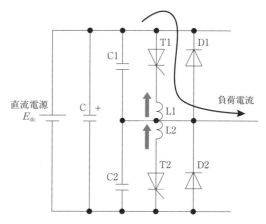

図7.31 McMurray-Bedford インバータの転流動作

されており，転流コンデンサ C2 は直流回路電圧 E_{dc} により充電されているときに下側のサイリスタ T2 を点弧して T1 を消弧する動作を示している．転流コンデンサ C2 は転流リアクトル L2 を介してサイリスタ T2 の点弧と同時に C2→L2→T2→C2 の閉回路にて放電する．このとき磁気的に結合されているもう一方の転流リアクトル L1 には上向きの電圧（図の太い矢印）が発生し，サイリスタ T1 に逆バイアス電圧が印加され，その時間がサイリスタのターンオフタイムより長ければサイリスタ T1 はオフして負荷電流はサイリスタ T2 と並列に接続されているダイオード D2 に転流する．これにより T1 から T2 への転流動作が完了する．負荷電流が減少して逆方向に流れ始めるとダイオード D2 に流れていた電流はサイリスタ T2 を順方向に流れるようになる．これを交互に行うことにより直流を交流に変換している．

b. 補助インパルス転流インバータ

図 7.32 に補助インパルス転流インバータの片側ブリッジの回路を示す．転流コンデンサ，転流リアクトルが McMurray-Bedford インバータに比較してそれぞれ 1 個であるが，転流用の補助サイリスタ（T1a，T2a）が設けられている点が異なる．いま主サイリスタ T1 に順方向に負荷電流が流れ，転流コンデンサ Cx は Y 端子側が＋極性で充電されている．この状態で補助サイリスタ T1a を点弧させると転流コンデンサ Cx に蓄えられていたエネルギーは転流コンデンサ Cx→転流リアクトル Lx→主サイリスタ T1→補助サイリスタ T1a→転流コンデンサ Cx の閉回路で放電し，主サイリスタに流れていた負荷電流はこの転流電流により打ち消されて 0 になる．負荷電流より余分な転流電流はダイオード D1 に流れ転流コンデンサ Cx の X 端子側が＋になる極性で転流エネルギーを回収する．転流電流が転流コンデンサ Cx と転流リアクトル Lx で決まる振動電流として流れ，転流コンデンサ Cx の X 端子が＋に充電されて電流が反転すると補助サイリスタ T1a はターンオフし，転流動作を終了する．この時点で今度は転流コンデンサ Cx の X 端子が＋となり，主サイリスタ T2 に流れる負荷電流を消弧するための転流動作の準備も同時に完了する．

McMurray-Bedford インバータや補助インパルス転流インバータの出力電圧波形は矩形波がほとんどであり，UPS の出力電圧波形としてひずみ率 5％以下の正弦波電圧波形が要求される中で必ず波形成形のためのインバータの多重接続や交流出力回路に設けられた交流フィルタ回路が必須であった．一方，次の世代として出現した高周波 PWM 制御 IGBT インバータはこの波形ひずみの問題を一気に解決し，高速制御の実用化によりきわめてパフォーマンスのよいインバータが適用されるようになっている．

c. IGBT インバータ

サイリスタの次に自己消弧形電力用半導体素子である．PTR（パワートランジスタ）や GTO（ゲートターンオフサイリスタ）が用いられたが，インバータ回路の出力電圧波形としてはあまり大きな変化はみられないことよりここでは割愛する．その次に現れた自己消弧形電力用半導体素子として IGBT が用いられ，現在でも大容量 UPS においては主流をなしている．制御方法に多少の変化はあるものの基本波高周波 PWM 制御方式による正弦波出力のインバータ回路である．回路を図 7.33 に示す．高周波 PWM 制御方式の代表として正弦波電圧基準に対する三角波比較による IGBT のオンオフ制御を行うことにより正弦波出力電圧波形を実現している．したがって，出力電圧波形整形用のフィルタ回路は小型化が可能となっている．三角波比較による PWM 制御方法について図 7.34 に示す．

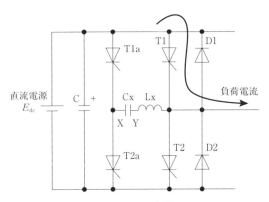

図 7.32 補助インパルス転流インバータ

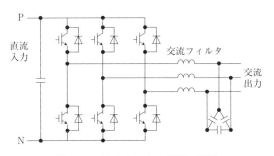

図 7.33 IGBT インバータ回路の事例

7. 産業用パワーエレクトロニクス

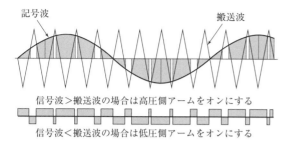

図7.34 三角波比較方式高周波PWM制御IGBTインバータの動作波形

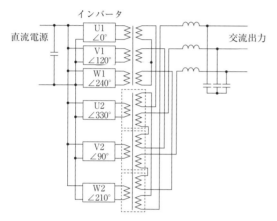

図7.35 多重接続インバータの一例

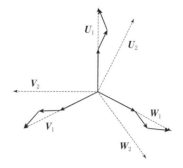

図7.36 単相インバータ6台で構成した三相多重インバータの出力電圧ベクトル図

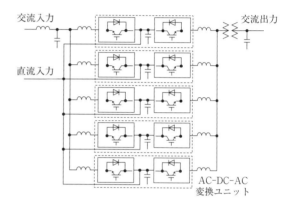

図7.37 IGBT変換ユニットの並列接続による大容量化の事例

d. インバータの多重接続

UPSの大容量化を実現するためにインバータの多重接続方式が採用された．McMurray-Bedfordインバータなど矩形波出力のインバータを用いて容量を増加する目的と，UPSの出力電圧波形ひずみ率を改善するための交流出力フィルタ回路を小型化する目的で採用された．代表的な回路例を図7.35に，出力電圧のベクトル図を図7.36に示す．このような特殊な結線をしたインバータ変圧器を用いることにより矩形波出力の単相インバータ6台を用いて合成された三相線間フィルタ入力電圧波形に含まれる高調波成分には3, 5, 7, 9, 15, 17, 19, …次の高調波成分が含まれず，11, 13, 23, 25, …次の高調波成分しか含まれない波形となる．この波形を正弦波波形とするために設けるフィルタ回路の小型化が実現できる．

e. インバータ回路の並列接続

高周波PWM制御のIGBTインバータの場合には，出力電圧波形に含まれる高調波成分は微少なため波形ひずみ率を改善するためのインバータの多重接続のような必要はない．大容量化を実現するためには，まったく同相で運転されるIGBTインバータを並列接続させて実現する．1台のインバータ回路のIGBTの容量を増加すればよいが，IGBTに流れる電流を均等にしなければならず，そのために並列接続するIGBTの数に制限が出てくる．そこでIGBTインバータ回路をいくつか必要に応じた数量を並列接続して実現する．このとき電流バランスがとれるように個々のインバータ出力にリアクトルなどのインピーダンスを挿入したりする．図7.37に事例を示す．図7.37はAC-DC-AC変換を100 kVA単位のユニットとして構成しておりUPSとして必要な容量，たとえば，500 kVAの場合には5台のユニットを並列接続して大容量UPSを構成させる方法である．

f. チョッパ回路

大容量化のためには電流値を上げる方法だけではなく直流電圧を上げて大容量化を図る方法がある．しかしUPSの場合その無停電化の機能を維持するために蓄電池を用いる必要があり，そのため直流電圧を一義的に決めることはできない．また蓄電池は1セル当た

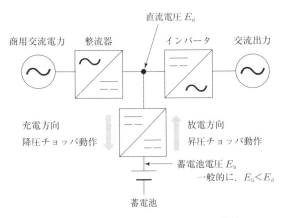

図 7.38 昇降圧チョッパを用いた UPS の事例

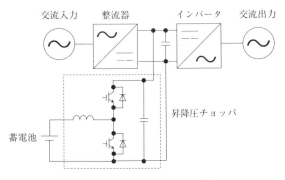

図 7.39 昇降圧チョッパ回路の事例

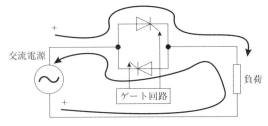

図 7.40 サイリスタスイッチ回路例

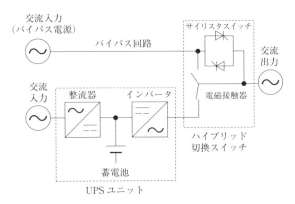

図 7.41 ハイブリッド無瞬断切換スイッチ

り 2 V 程度の電圧しか出せないので必要な電圧を得るために数百セルを直列に接続する必要がある．しかしむやみに直列数を増やすことも限界があるので，UPS の直流電圧と蓄電池の電圧の差を調整するためにチョッパ回路が用いられることがある．図 7.38 にその代表的なブロック図を示す．またチョッパ回路を図 7.39 に示す．これは昇降圧チョッパ回路であり，蓄電池の充電方向には降圧チョッパとして動作し，停電して蓄電池を放電方向で使用する場合には昇圧チョッパとして動作する．

7.3.4 無瞬断切換スイッチ

UPS に求められる連続給電を実現させるために，商用バイパス回路を設け無瞬断で切り換えられる機能が必要である．その実現のため一般的にはサイリスタを用いた半導体スイッチが適用される．前記した図 7.20 に UPS システムに用いられたブロック図を，図 7.40 にその代表回路図例を示す．サイリスタはゲート信号の有無によりオンオフする．交流回路なのでゲート信号がなくなり電流が反転すると自然にオフになる．

大容量の UPS システムに適用するにはサイリスタを並列に接続して電流容量を上げる方法があるが，電流分担を等しくすることが困難でかつ強制冷却しなければならず実現性に欠ける．そこでこのサイリスタスイッチと並列に電磁接触器を接続し通常はこの電磁接触器を介して負荷電流を供給し，切換時電磁接触器が瞬断する間をこのサイリスタスイッチを介して負荷給電を連続化するようにしている．図 7.41 にハイブリッド無瞬断切換スイッチの事例を示す．

7.3.5 半導体遮断器

UPS システムの大容量化を実現させる方法の一つとして UPS ユニットを複数台並列運転することが一般的に用いられている．また UPS システムに要求される連続給電の責務を果たすために並列冗長運転システムを採用することがある．これは複数台並列運転している UPS ユニットが 1 台故障してもその故障機を速やかに並列運転から切り離して残りの健全機から負荷給電を継続する方法である．故障機を速やかに切り離す方法として自己遮断能力のある IGBT インバータではその機能をインバータが兼用しているが，サイリスタインバータが使われていた頃には別途サイリス

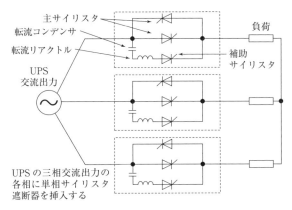

図 7.42 サイリスタ遮断器の回路例

タ遮断器が UPS ユニットの出力回路に必要であった．図 7.21 には 3 台並列運転の例をブロック図で示す．またサイリスタ遮断器の回路例を図 7.42 に示す．

〔松崎　薫〕

文　献

1) 今井孝二：パワエレクトロニクス，電気書院（1977）．
2) 三浦敏栄，他：MOSFET インバータ型高周波電源，富士時報，**74**，5（2001）．
3) 倉田　巌，他：誘導加熱用サイリスタインバータ，富士時報，**74**，5（2001）．
4) 古木進一，他：アルミ電解用整流装置（S フォーマ），富士時報，**74**，5（2001）．
5) 宇都克哉，他：灰溶融設備用チョッパ，富士時報，**74**，5（2001）．
6) 電気学会無停電電源装置調査専門委員会：「無停電電源装置の動向」，電気学会技術報告（II 部），372（1991）．
7) 電気学会新型電源システム調査専門委員会：「無停電電源装置システム（UPS）の動向」，電気学会技術報告，596（1996）．
8) 深尾　正：「電気機器・パワーエレクトロニクス通論」，電気学会（2012）．
9) 松崎　薫：無停電電源システム実務読本，オーム社（2007）．

8 輸送機器用パワーエレクトロニクス

8.1 鉄道車両用パワーエレクトロニクス

8.1.1 鉄道の電気方式

鉄道の電気方式は，直流き電方式と交流き電方式に分類できる．一般に，都市部など運転頻度の高い線区では車両のコストが低減できる直流き電方式が使われている．新幹線や都市間輸送など長距離の輸送を目的とした線区では，変電所間隔を長くする方がコストメリットが高いことから，長距離送電が可能な交流き電方式が使われている．

表8.1に電気鉄道のき電方式をまとめる[1]．世界的には，直流方式が3000 V，交流方式が25 kVの電圧での営業距離が最も長い．日本では，直流方式は1500 Vが主流である．交流方式は在来線で20 kV，新幹線で25 kVが使われている．海外では，電圧15 kV，周波数16.7 Hz（$16\frac{2}{3}$ Hz）の交流き電方式も使われている．16.7 Hzは，当初，直流直巻電動機と同様の特性を持つ単相整流子電動機が使用されており，その変圧器作用による整流不良を軽減するために採用された．

表8.2は日本の電気鉄道車両の制御方式の変遷である．電気鉄道車両の主電動機には，低速時に大きなトルクを発生する直巻方式の直流電動機が使われていた．初期は，抵抗値を切り替えて直流電動機のトルクを制御していたが，1970年代になると，大容量のサイリスタが実用化され，チョッパ方式で駆動トルクが制御されるようになった．1980年代になると，パワー半導体デバイスとしてオンオフ制御可能なGTO（gate turn-off thyristor）が実用化されたことから，三相インバータが実現できるようになり，誘導電動機が使われるようになった．最近では永久磁石を用いた同期電動機も試験レベルではあるが使われ始めている．制御方式としては，主電動機として直流機を用いる抵抗カム軸，サイリスタを用いたチョッパ方式などが使われていたが，1980年代になると交流電動機用のGTOインバータによる交流電動機駆動方式が採用されるようになった．1990年代の中頃に，高耐圧IGBT（insulated gate bipolar transistor）が実用化されると，最近ではほとんどのインバータでIGBTが使用されるようになっている．

8.1.2 鉄道インバータの主回路方式

a. パワー半導体デバイス

IGBTは電流飽和特性を持ち，安全動作領域（safe operating area：SOA）が広いパワー半導体デバイスである．安全動作領域とは半導体デバイスが，破壊することなく，電流を遮断できる電流と電圧の領域

表8.1 電気鉄道のき電方式（出典：電気鉄道ハンドブック）

き電方式，電圧（周波数）		距離（km） 日本	距離（km） 世界	おもな国
直流	600 V，750 V	348	4627	英国，ドイツ，スイス，日本
	1500 V	10262	12085	日本（JR，公民鉄），フランス，英国
	3000 V	—	77257	ロシア，イタリア，スペイン，南アフリカ
交流	20 kV（50 Hz・60 Hz）	3831	—	日本（JR在来線）
	25 kV（50 Hz・60 Hz）	2387	109647	日本（新幹線），フランス，イギリス
	15 kV（16.7 Hz）	—	36615	ドイツ，スウェーデン，スイス
	その他	—	2631	米国，南アフリカ，スイス
合計		16828	242862	

注：地下鉄，市電，モノレールを除く．

表 8.2 電気鉄道車両の制御方式の変遷

	1970年	1980年	1990年	2000年
パワー半導体デバイス	高速サイリスタ	GTO	トランジスタ	IGBT
制御方式	アナログ式		ディジタル式（マイコン）	
主電動機	直流電動機	誘導電動機		同期電動機 / リニア式
制御方式 直流	抵抗カム軸 / サイリスタ式 電機子・界磁チョッパ	GTO式 / GTOインバータ		IGBTインバータ
制御方式 交流	直流電動機駆動 タップ切替 / インバータ駆動	サイリスタ整流器 (I)	サイリスタ整流器 (II) / GTO式	IGBT式 PWM整流器

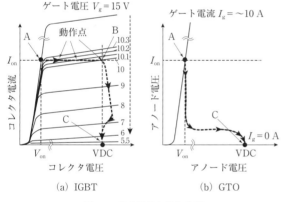

図 8.1 出力特性と動作曲線
(a) IGBT
(b) GTO

で，この様子を図8.2の上段に示している．図8.1はIGBTとGTOの出力特性で，IGBTはゲート電圧に対応して電流が飽和する電流飽和特性を持つのに対し，GTOは電流飽和特性を示さない．このため，GTOは電流が流れる状態で電圧を印加すると，GTO内に電流集中が発生して破壊に至る．これを防止するために，図8.2(a)のように，アノードリアクトルや，スナバ回路が取り付けられる．IGBTは電流飽和特性を持つことから，電流が流れる状態で電圧を印加しても，発熱でIGBTが破壊に至らない時間内であれば，電流を遮断できる．図8.1(a)の破線は，インダクタンス負荷で電流を遮断したときの，IGBTの動作点移動を示している．IGBTでは，ゲート電圧 V_g が低下すると，A点からB点，B点からC点へと移動して，電流が遮断される．A点からB点への移動でコレクタの電圧変化，B点からC点への移動でコレクタの電流変化が発生する．図8.1(b)はGTOの遮断特性で，オン時はアノードリアクトル，オフ時はスナバ回路により，電流が流れているときに大きな電圧が印加されないように制御される．

安全動作領域が広いIGBTなどのデバイスは，スナバなどの保護部品が不要となる．図8.2に示すようにIGBTだけでインバータ主回路を実現でき，主回路の小型，低損失化が実現できる．主回路内の配線が持つインダクタンスは電流遮断時に過電圧を発生させるために，スナバ回路を不要とするためには主回路配線インダクタンスの低減が不可欠である．主回路の配線を幅広の板とするとともにプラス側とマイナス側を近接することで，100 nH以下の低インダクタンス配線が実現されている．

b. IGBTのゲート制御[2,3]

IGBTインバータ主回路では，IGBTが持つ電流飽和特性を活用して，スイッチング速度を抑制するゲート制御も行われている．一般に，ゲート抵抗を大きくするとスイッチング速度が遅くなり過電圧やノイズを抑制できるが，その一方でスイッチング損失が増大す

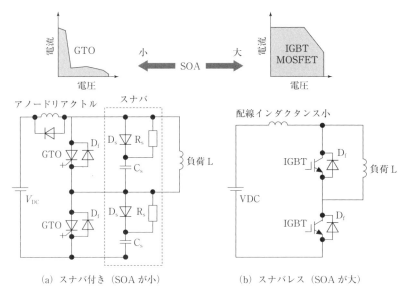

(a) スナバ付き（SOA が小）　　(b) スナバレス（SOA が大）

図 8.2　安全動作領域の違いによるパワー半導体の主回路構成

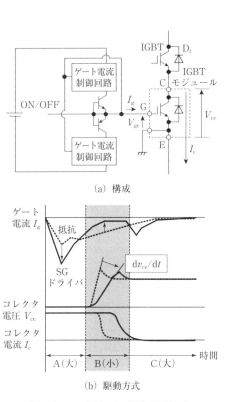

(a) 構成

(b) 駆動方式

図 8.3　ソフトゲート（SG）制御方式

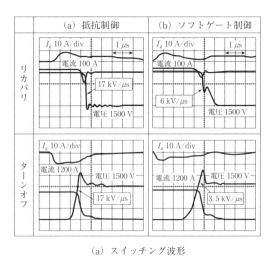

(a) スイッチング波形

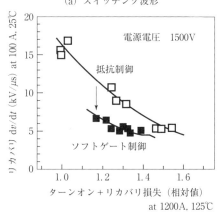

(b) ノイズの抑制

図 8.4　ソフトゲート（SG）制御方式の効果

る．図8.3は損失の低減を目的とした制御方式で，ソフトゲート制御方式の動作原理を示している．スイッチングの初期（A期間）は一般の抵抗制御方式より大きな電流を流し，コレクタ電圧の変化が発生する期間（B期間）はゲート電流を小さくし，C期間で再び電流を大きくする．A期間の大電流はスイッチング期間の短縮，B期間のゲート電流低減は電圧変化（dv_{ce}/dt）の低減，C期間の大電流は損失低減を目的としている．図8.4はその評価結果で，ダイオードのリカバリ時に発生する過電圧，IGBTのターンオフ時の電圧変化（dv/dt）が抑制されていること，リカバリ時の電圧変化（dv/dt）と損失が同時に低減されていることがわかる．

図8.4(a)は，抵抗制御とソフトゲート制御のダイオードのリカバリ波形とIGBTのターンオフ波形を示している．ソフトゲート制御では，電圧の時間変化率dv/dtが低減していることがわかる．一般に，スイッチング時に発生するdv/dtはダイオードのリカバリで発生するdv/dtが最も大きくなる．また，このdv/dtは，相対するIGBTのターンオンdv/dtを抑制すると緩やかになるが，一方でターンオン損失が増加する．図8.4(b)は，リカバリのdv/dtとスイッチング損失（ターンオン損失とダイオードのリカバリ損失の和の相対値）との関係を示している．この結果から，ソフトゲート制御では，リカバリdv/dtと損失のトレードオフの関係が改善していることがわかる．たとえば，損失1.2のとき，抵抗制御のdv/dtが約$10\,\mathrm{kV/\mu s}$であるのに対して，ソフトゲート制御では$6\,\mathrm{kV/\mu s}$程度に低減している．

c. 主回路方式

表8.3は現在鉄道で使用されている整流器とインバータの主回路方式を示している．方式には，2レベル，3レベル，簡易型3レベルの方式などがある．2レベル方式は，+と−の二つの状態の電圧を出力する．3レベルと簡易型3レベルは，IGBT2とIGBT3がオンのときに中性点電圧（0V）を出力できるため，出力電圧の変化量が半減し，電流の高調波やスイッチングノイズが小さくなる．3レベル主回路は素子の耐圧を2レベルの半分にできるが，クランプダイオードが必要となるために1相当たり6素子が必要となる．簡易型3レベルはクランプダイオードが不要で，1相当たり4素子で構成できる．IGBT2とIGBT3の耐圧は半分にできるが，IGBT1とIGBT4には2レベルと同じ耐圧の素子が必要になる．ただし，IGBT1と

表8.3 整流器とインバータの主回路の方式

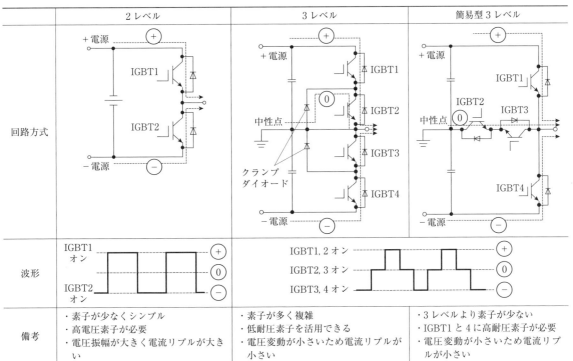

IGBT4のスイッチングは半電圧で行われるため，スイッチング損失を低減できる．

構成がシンプルであることから，最近のインバータでは2レベルが使われることが多い．大容量の主変換器が必要な新幹線や交流架線のコンバータ用途では，架線電流への高調波ノイズの抑制を目的として，3レベルあるいは簡易型3レベルが使われている．しかし，6.5 kV耐圧のIGBTも製品化され始めていることから，今後は構成がシンプルな2レベル主回路が主流になる可能性がある．

8.1.3 直流電気車[1]

鉄道車両では，低速度域で大きな起動トルクが要求される．このことから，初期の電気鉄道では直流直巻電動機が使われてきた．一般に電動機は回転数に比例して逆起電力を発生するのでその逆起電力，すなわち回転数（列車速度）に比例して徐々に電圧を加えるように制御する．具体的には，表8.4に示すように，接触器で抵抗値を切り替えて電動機電流を制限する．また，起動時など，速度が低いときは電動機を直列，高速度域では並列に接続切替えをすることで，抵抗器での損失を低減する制御も行われている．

直流電動機の界磁を抑制すると逆起電圧が低減されるために電動機の電流が多くなり，高速域でのトルクを拡大できる．界磁コイルと並列に界磁電流の一部を迂回させる誘導分路を設けて，界磁電流を抑制して高速域のトルクを確保する界磁制御方式も一部使われている．

サイリスタなどの半導体デバイスが実用化されると，抵抗器に代わり電動機に印加する電圧を半導体デバイスのスイッチングで制御するチョッパ方式も使われるようになった．代表例として，電機子電流を直接

表 8.4 直流電気車の主回路構成

制御方式	主回路構成	備考
抵抗制御	接触器，主抵抗器，電機子，界磁コイル，M1，M2，直並列切替	・低速域トルクが大きい ・抵抗損失が伴う
界磁制御	接触器，主抵抗器，電機子，M，誘導分路，界磁抵抗，接触器，界磁コイル	・高速化，トルクが増大 ・回路が複雑化
電機子チョッパ制御	フリーフォイールダイオード，界磁コイル，M，平滑リアクトル，電機子，チョッパCH	・制御回路の無接点化 ・大容量チョッパが必要
界磁チョッパ制御	分巻界磁，電機子，M1，直巻界磁，主抵抗器，チョッパCH	・チョッパの小型化 ・回生ブレーキ対応可 ・主抵抗器が必要
界磁添加励磁制御	M1，電機子，直巻界磁，誘導分路，接触器，主抵抗器，三相交流電源3〜，励磁装置	・小型軽量 ・回生ブレーキ対応可 ・三相交流電源が必要
インバータ制御	フィルタリアクトル，フィルタコンデンサ，インバータ主回路（U相，V相，W相），M 3〜	・誘導電動機駆動 ・主回路，電動機の無接点化 ・制御の高度化

制御する電機子チョッパ制御方式と界磁電流を制御する界磁チョッパ制御方式がある．電機子チョッパ制御方式は，接触器が不要になるため制御回路の無接点化が実現できる方式である．しかし，半導体デバイスが高価であったことなどから，半導体デバイスの使用数を最小限に抑えるために力行と回生での回路の組替えに接触器が使われていた．また，電機子チョッパ方式は，電動機の電流を直接制御するので大容量のチョッパ回路が必要となる問題点もあった．界磁チョッパ制御方式は界磁電流だけを制御するので，チョッパ回路を小型化できる．電機子電流は界磁制御による逆起電力制御で制御できるので，原理的には主回路の無接点化が可能である．しかし，低速域では大きな磁界が必要なために磁気飽和が発生するなど，界磁の制御範囲に限界があり，これを補完するために電機子電流を主抵抗器で制御している．

界磁添加励磁制御方式は，直巻界磁回路に三相交流電源と半導体デバイスからなる励磁装置を挿入する．力行時（加速）は直巻界磁電流を減少させるように励磁装置で電流を通電して高速域のトルクを確保する．一方回生ブレーキ時は直巻の界磁電流を増大するようにして，架線電圧より大きな起電圧を発生させ電動機から架線へ電流を流すことで回生エネルギーを得る．

現在では，ほとんどの電気鉄道でインバータ制御が使われている．インバータ主回路で直流電圧を三相交流に変換して，三相誘導電動機を駆動する．誘導機は接点を持たないため制御装置に加え電動機が無接点化され，メンテナンスの省力化が図れる．誘導電動機制御は直流電動機に比べ高度な制御が必要で，CPUをはじめとした電子回路の技術の進展によるところが多い．

鉄道特有の電動機としてリニア誘導電動機がある．これは誘導電動機を平面状に引き延ばした構造の電動機で，一次側の固定子が車上の床下，二次側の回転子導体が地上に設置される構造の電動機である．地上側の回転子リアクションプレートと呼ばれる板状の導体で，線路に沿って線路の間に線路と平行に設置される．車上側の固定子とリアクションプレートは，駆動力を得るために1cm程度と近接させて配置される．リニア鉄道では駆動力が車上の固定子と地上のリアクションプレート間で発生するので，車輪での空転滑走が発生しないことから，急勾配，急カーブでの走行が可能となる．また，電動機が円形ではなく固定子が平板であること，駆動力を伝達する歯車装置などが不要であることから，低床化が容易である．地下鉄用途では，トンネル径を小さくすると工事費が抑制できること，用地確保の観点から道路の下部に建設する要求が強いことから，トンネル径を小さく，急勾配，急カーブで走行できるリニア方式が導入される事例が多い．また，鉄道では，車輪の回転数から速度や走行距離を検出していることから，滑走がないリニア方式は車両位置の特定が容易である．この特徴を生かして，カナダのスカイトレインのようにドライバレス運転も行われている．リニア方式の課題は，リニア誘導機の力率特性が悪いことで，一般の電気鉄道の約2倍程度のインバータ容量が必要になる．

8.1.4 交流電気車[1]

表8.5は交流電気車の代表的な制御方式である．タップ制御方式は初期の交流電気車で使われた方式で，変圧器で変圧した後，シリコン整流器で整流して直流電動機に加えられる．主変圧器の二次側には多数の選択タップが設けられており，タップを切り替えることで交流電圧を可変し，電動機に印加する電圧を可変する．

サイリスタ位相制御は，サイリスタをスイッチする位相角を制御して出力電圧を制御する方式である．大きな交流電圧を位相制御すると電圧変化幅が大きくなるために，電流の高調波が大きくなる．そこで，トランスの二次側を複巻構造にし，ダイオードとサイリスタからなる混合ブリッジを接続して，スイッチング時の電圧変動を小さくして，力率と高調波を低減することが行われている．この方式は次のように制御される．起動直後は電動機の逆起電圧が小さいので，最下位の混合ブリッジのサイリスタを位相制御して直流電圧を可変して電動機に加える．最下位の混合ブリッジで出力できる電圧が最大になると，その上位の混合ブリッジを位相制御して出力電圧を可変する．順次，上位の混合ブリッジを駆動して電動機電圧を制御する．本方法の変形としては，位相制御するブリッジを最下位だけとし，最下位の出力電圧が最大になると上位のブリッジを全位相オン状態にし，同時に最下位ブリッジを最小角として，これを繰り返して電圧出力を上昇させる方法なども用いられている．

最近の交流電気車では，PWM整流器が使われている．トランスの二次出力を整流器で直流に変換し，

表8.5 交流電気車の主回路構成

制御方式	主回路	備考
タップ制御	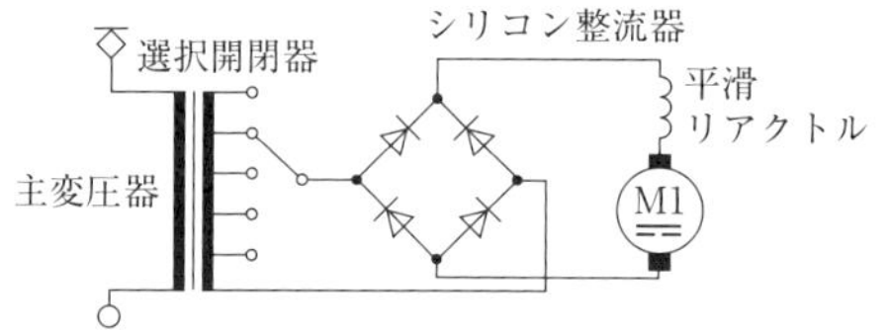 選択開閉器・主変圧器・シリコン整流器・平滑リアクトル・M1	・選択開閉器の切替で直流電圧を制御
サイリスタ位相制御	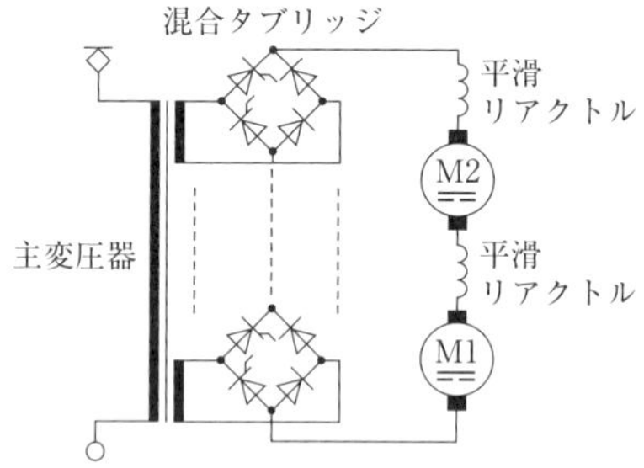 主変圧器・混合ブリッジ・平滑リアクトル・M2・M1	・サイリスタ位相制御で直流電圧を制御 ・混合ブリッジの多段接続で力率・高調波を改善 ・制御器が無接点化
PWM整流器	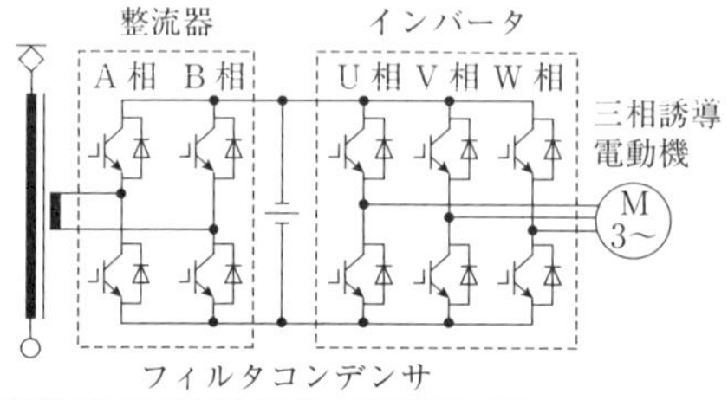 整流器(A相 B相)・インバータ(U相 V相 W相)・三相誘導電動機・フィルタコンデンサ	・力率1の制御が可能 ・高周波スイッチング,整流器位相差運転で高調波を低減

インバータで三相誘導電動機を駆動する方式である．PWM整流器方式は力率1の制御が可能であるとともに，IGBTを使用すると1kHz以上の高周波で動作させることから，高調波の抑制に有効である．鉄道は単相交流であることから，整流器は2相となる．一方でインバータは3相であることから，整流器の1相当たりの容量はインバータの1.5倍にする必要がある．そこで，1相当たりの容量を増やすのではなく，整流器を2群構成とし，相互のスイッチングに180°の位相差を設け，等価的にスイッチング周波数を2倍にして高調波ノイズを抑制する整流器位相制御方式も行われている．

8.1.5 電気式ディーゼル駆動装置

電気式ディーゼル車両は，エンジンにより発電機を駆動し発電機出力を整流して電動機に加えて電動機により車両の駆動を行う車両である．本方式は大容量のディーゼル機関車で使用される事例が多い．機関車の場合，自車両だけで駆動力を得る必要があるため，車輪には大きな粘着力が要求される．エンジンを大容量化すると1軸当たりの駆動力が増加して滑走が発生し

やすくなることから，多軸に動力を分散する必要が出てくる．電機式ディーゼル方式は，複数の電動機を電気的に並列接続して駆動できることから，駆動力の分散が容易である．また，エンジン以外の電気品が電気鉄道車両と共通化できるメリットもある．一方で，効率は発電機，整流器，電動機などの効率の積算になるので，高速での連続走行においては，機械式に比べ効率が劣るという短所がある．従来は発電機の交流出力を整流して直流電動機を駆動する方式が多く使われていたが，最近では，大容量半導体デバイスの出現に伴

(a) 電気式ディーゼル機関車

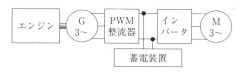

(b) シリーズハイブリッド気動車

図8.5 電気式ディーゼル駆動装置

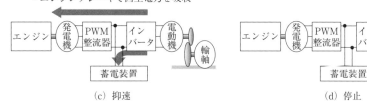

図 8.6 シリーズハイブリッド車両の制御方式

い，図 8.5 のように，インバータで三相誘導電動機を駆動する方式も使われている．

シリーズハイブリッド気動車[4]は，2007 年 7 月に JR 東日本旅客鉄道株式会社で実用化された．三相発電機の制御には PWM 整流器が使われているが，基本的には電気式ディーゼル方式の直流部分に蓄電池を接続した構成である．

シリーズハイブリッド気動車の駆動方式は図 8.6 のように行われる．低速時は蓄電池だけで走行する．駅発進時にエンジンを起動しないので，駅での騒音を防止できる．中高速度域はエンジンを起動して最高効率の動作点で発電し，出力の補足あるいは電池の充電エネルギーを補充する．回生ブレーキ時はインバータで電動機を発電機として制御し，発電電力を電池に蓄える．坂道を下る場合などは，蓄電池がフル充電状態となり蓄電することができなくなる．このようなときは，エンジンを負荷として，PWM 整流器で発電機を電動機として制御し，発電電力を消費する．これにより，空気ブレーキの使用量を最小限にできるために，ブレーキ装置の磨耗を防止することもできる．停止時はエンジンを停止し，車内で必要な電力を蓄電池から供給する．ハイブリッド気動車は省エネルギー効果だけでなく，蓄電池のエネルギーを加えて加速を行えることから，加減速性能を電機鉄道車両と同等にできるメリットもあり，今後の発展が期待される．蓄電池には，軽量で大容量なリチウムイオン電池が使われることが多い．

〔長洲正浩〕

文　献

1) 電気鉄道ハンドブック編集委員会編：電気鉄道ハンドブック，コロナ社 (2007)．
2) 佐藤　裕，他：「高耐圧スナバレスインバータ用ソフトゲートドライバ (SG ドライバ)」，平成 12 年電気学会産業応用部門大会，pp. 273-274 (2000)．
3) 長洲正浩，他：「高耐圧スナバレスインバータの高速短絡保護回路」，平成 12 年電気学会産業応用部門大会，pp. 275-276 (2000)．
4) 大澤光行，他：「ハイブリッド動力システムの開発」，第 40 回鉄道サイバネ・シンポジューム，論文番号 505 (2003)．

8.2　電鉄き電用パワーエレクトロニクス

8.2.1　直流き電用パワーエレクトロニクス

直流き電は 600 V から 1500 V の電圧で，さらに海外では 3000 V までの電圧で行われている．パワーエレクトロニクスは三相交流から直流への変換で利用されており，現在では大部分がダイオード整流器で行われている．近年は，自励変換装置を用いる例もある．

また，回生運転が可能な車両が増加し，パワーエレクトロニクスを利用して交流系統に回生するなどして回生失効が起きないようにする例が増えている（第 2 編参照）．

a.　整流器

ほとんど三相ブリッジダイオード整流器が適用されている．国内では高調波抑制対策ガイドラインが施行

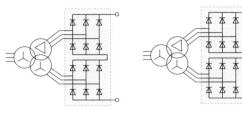

(a) 直列12パルス整流器　(b) 多重（並列）12パルス整流器

図8.7 直流き電用12パルス整流器

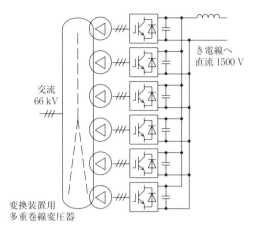

図8.8 直流き電コンバータの主回路接続の例

され，12パルスダイオード整流器が多く適用されている．12パルスとするには，三相ブリッジ整流器を2台用いて図8.7に示すように直列接続する場合と多重（並列）接続する場合とがある．

多重接続の場合には，2台の整流器が出力するリプル電圧の位相が異なることから横流が流れることになるが，ダイオード整流器であるので特に大きな問題はなく，横流抑制用リアクトルを追加する必要はない．

サイリスタ整流器を用いて定電圧制御を行う例もある．

b. 直流き電コンバータ

つくばエクスプレスは，気象庁地磁気観測所（石岡市柿岡）への影響を避けるため，秋葉原から守谷までは直流，守谷からつくばまでは交流き電している．直流き電区間では，各変電所の出力電圧が負荷電流によって変動すると他の変電所からもき電されて大地電流が流れてしまうため，地磁気観測に影響する．このため，自励PWM順変換装置を用いてき電電圧を一定に制御する方式が採用された（第2編第8章参照）．

変換回路には各種方式が採用されている．一例を図8.8に示す．6段多重化によって高調波フィルタを不要としている．自励式であるので交流側の力率は1に制御され，また回生運転も可能である[1]．

c. 回生インバータ

電車から回生電力が生じたとき，ダイオード整流器ではそれを交流系統に回生することができないので，ほかの力行している電車で消費しなければならない．このとき，力行している電車がないと回生電力の行き場がなく，回生失効となり，直流過電圧などを生じてしまう．

回生電力を交流系統に戻すには回生インバータが用いられる．通常は，サイリスタを用いた三相ブリッジ変換器をダイオード整流器に逆並列に接続し，イン

バータとして動作させる．

前項の自励PWM変換装置であれば，変換装置の制御によって回生ができる．電圧形変換装置をダイオード整流器に並列接続し，通常はダイオード整流器でき電し，回生時には自励変換装置を回生インバータとして使う方式もある．

d. 回生電力吸収装置

交流系統に回生せず，直流回路内で回生電力を対策する方式も適用されている．

一つは，余剰の回生電力を抵抗器で吸収消費する方式であり，チョッパを用いて吸収電力を制御する．

ほかの一つは，余剰の電力を蓄電し，電車の力行時に放電する方式である．電力貯蔵にはリチウムイオン電池，電気二重層キャパシタなどが適用されている．電力の流れを双方向にするため変換装置には双方向チョッパが用いられる．回路例を図8.9に示す[2]．この装置は，電力の回生吸収の用途以外に，き電電圧を安定化する目的にも使用できる．負荷電力が少ないときに充電しておき，ピーク負荷が加わってき電電圧が降下したときに放電して電圧降下を抑制する．

このほか，エネルギー貯蔵装置としてフライホイールを適用している例もある．

直流き電では，ほかに直流き電回路を保護する高速

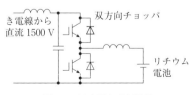

図8.9 回生電力吸収装置

度ターンオフサイリスタ遮断器，直流き電電圧の降下を補償するき電電圧補償装置などにパワーエレクトロニクスが適用されている．

8.2.2 交流き電用パワーエレクトロニクス

交流き電は，単相交流で行われる．単相負荷は，三相系統からみると不平衡負荷となり，これに起因して三相交流側の電圧変動が問題となる．この対策のため，パワーエレクトロニクスがさまざまな回路構成で適用されている．

交流電力系統と周波数が異なるき電線に電力を供給する周波数変換装置としてもパワーエレクトロニクスが適用されている．

このほか，変圧器のタップ切換スイッチ，交流き電セクションの切換スイッチなどにも適用されている．これらはサイリスタスイッチの応用であり，ここでは省略する．

a. 無効電力補償装置，不平衡電力補償装置

交流き電は，単相で行われる．このため，三相交流電力系統からスコット結線変圧器などを用いて主座（M座），T座と呼ぶ位相が90°異なる二つの単相にしてき電している．この場合，負荷に起因する遅れ無効電力のほか，不平衡に起因する無効電力が発生し，電圧変動が大きくなる．

M座またはT座だけに力率1の負荷電流 $\dot{I}_M$ または $\dot{I}_T$ が流れたときの三相各相の電流 $\dot{I}_U, \dot{I}_V, \dot{I}_W$ を図8.10に示す．力率が1であっても三相側では遅れまたは進みの無効電流が流れることがわかる．このため電圧変動が大きくなる．特に，M座が力行時にT座が回生といったような状態では電圧変動がさらに大きくなる．

電圧変動を補償対策するために，TCR（サイリスタ制御リアクトル thyristor controlled reactor）などのSVCと，自励変換装置を用いたSTATCOMなどが用いられている．それぞれ，三相側に設置する方式と単相側に設置する方式とがある．

1) SVC　SVC（無効電力補償装置 static var compensator）は，電力系統に用いるSVCと同様の主回路であるが，単相で構成し，不平衡に対応した各種の回路方式がある．ここでは，そのうちから三相V結線不平衡電力補償装置を紹介する．これは，逆相電流補償装置（static unbalanced-power compensator：SUC）とも呼ぶ．

SUCは，M座-T座間での不平衡が発生したときの不平衡を補償することを目的としている．進み・遅れ両運転が可能なTCR方式の単相SVC 2組を三相系統に対して図8.11(a)のようにV結線で接続したものである．たとえばTCR 1を遅れ，TCR 2を進みで運転すると三相各相への補償電流は図8.11(b)に示すようになり，図8.10(a)のようにM座だけに電流が流れたときにこれを平衡化させるとともに各相の力率を1とすることができる．T座だけの負荷の場合は遅れ・進みを逆とすればよい[3]．負荷力率が1でない場合にも無効電力を制御して平衡化することができる．

2) STATCOM　STATCOM（自励無効電力補償装置 static synchronous compensator）は，三相側

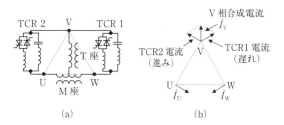

図 8.11　逆相電流補償装置

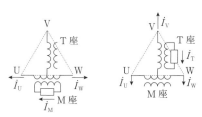

(a) M座だけ負荷　　(b) T座だけ負荷

図 8.10　片座だけ負荷電流が流れたときの三相側電流

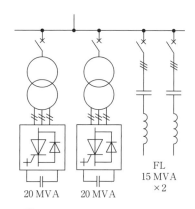

図 8.12　40 MVA STATCOMの例

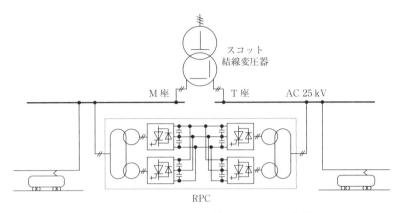

図 8.13 20 MVA RPC の例（各座 5 MVA × 2 系列）

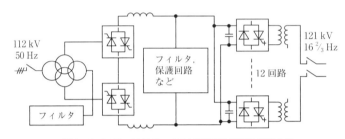

図 8.14 50 Hz/16 $\frac{2}{3}$ Hz, 100 MW 周波数変換装置の例

に設置して交流電圧の変動を抑制する．交流電力系統における三相STATCOMと同様の主回路構成である．ただし，逆相に起因する電圧変動を抑制する必要があるため，制御は三相一括では不可能である．したがって，負荷電流をたとえばクラーク座標法によって α 相電流 I_α と β 相電流 I_β とに分けて，それらを平衡化するとともに，力率1となるようにして行う．

40 MVA の設備の例を図 8.12 に示す．20 MVA の GTO 変換器2台で構成し，万一1台が停止しても 20 MVA で動作できるようにしている．変換器は，GTOを用いた単相ブリッジ変換器を三相各相ごとに3段直列多重接続としている．交流側には変換器に起因する高調波を吸収するとともに，進相補償することによってインバータの容量を低減する目的でフィルタバンク 15 MVA × 2 台を接続している[4]．

3) **RPC** RPC（新幹線用電圧変動補償装置 railway static power conditioner）は，単相側に設置し，M座，T座の二つの交流単相回路間で電力を融通して不平衡を補償するとともに無効電力を補償する装置である．東北新幹線新沼宮内変電所の主回路構成の例を図 8.13 に示す．M座，T座それぞれ 5 MVA × 2 組であり，各変換器はGCT（gate commutated turn-off thyristor）を用いた 3 レベル 2.5 MVA 変換器 2 多重としている．アクティブフィルタとして高調波を抑制する，STATCOM として動作するといった機能も持たせている[5]．

b. 周波数変換装置

欧州の鉄道では，16.7 Hz の交流でき電している区間がある．従来は 50 Hz の系統から回転機を使って周波数を変えてき電していたが，自励変換装置の大容量化が進み，半導体変換装置が適用されるようになった．最初は，1996 年 9 月ドイツブレーメン 100 MW 周波数変換装置で採用された．その主回路構成を図 8.14 に示す．整流器側はサイリスタ変換器を逆並列に接続し回生を可能としている．インバータ側はGTOを用いて単相ブリッジ12段多重構成としている[6]．

現在では，多くの区間で各種回路を用いて採用されている．

東海道新幹線は，60 Hz でき電している．電力系統が 50 Hz の区間では，当初回転機を用いて 60 Hz に変換してき電していた．その後，列車本数の増加などに伴う負荷によって容量増加が必要となり，沼津周波数変換変電所など 60 MVA の周波数変換装置が追設された[7]．

〔古関庄一郎〕

文献

1) 長谷川伸一，他：「直流電気鉄道用 PWM コンバータのき電電圧制御特性」，平成 16 年電気学会 D 部門大会，No. 3-81（2004）.
2) 伊藤智道，他：「リチウム電池式回生電力吸収装置の開発」，電気学会交通電気鉄道研究会，TER-05-53（2005）.
3) 持永芳文，他：「静止形逆相電流補償装置」，電気学会論文誌 B，**112**，7，pp. 629-634（1992）.
4) 武田正俊，他：「自励式無効電力補償装置を適用した三相不平衡電圧変動補償装置の開発」，電気学会論文誌 D，**116**，8，pp. 826-834（1996）.
5) 兎束哲夫，他：「新幹線用電圧変動補償装置の開発と実用化」，電気学会論文誌 B，**125**，9，pp. 885-892（2005）.
6) Büdiger Boeck, et al.: "Bremen's 100-MW static frequency link", ABB Review, 9/10, pp. 4-17 (1996).
7) 久野村 健，他：「新幹線単相き電用静止形周波数変換装置」，東芝レビュー，**64**，9，pp. 45-48（2009）.

8.3 エレベータ用パワーエレクトロニクス

エレベータでは，乗りかごを上下させる巻上駆動装置にパワーエレクトロニクスを利用している．いまやエレベータはビルにとって必須の機器であり，省エネルギーと滑らかな乗り心地への要求に応えるため，駆動制御装置のインバータ化が早くから進み，現在ではほぼすべてがインバータ制御方式となっている．また，近年さらなる性能向上と省エネルギーのため，ギヤレス化によるダイレクトドライブと電動機に永久磁石を用いた駆動装置が開発され今日の主流となっている．

8.3.1 中低速エレベータの駆動制御装置

図 8.15 に中低速エレベータの駆動制御装置の構成例を示す．

電動機容量は 20 kW 程度以下であり，電源部には，経済性と省スペース性を考慮し，主に電源非回生コンバータが採用される．また，中低速エレベータの場合，建物の高調波全体量に対する高調波流出量の割合は小さなものになるため，電源部の交流リアクトルは通常省略される．一方，電動機からの回生電力は，回路中段に設けたチョッパ回路により抵抗で消費する構成としている．インバータのスイッチングデバイスには IGBT を採用し，スイッチング周波数を 8〜10 kHz 程度まで高周波数化することにより，静音化と円滑な乗り心地を実現している．

最近の省エネ施策として，回生電力を蓄電池に備蓄し，エレベータ力行運転時の補助電力源や，停電時のバックアップ電源とする方式がある[1]．回路構成は，

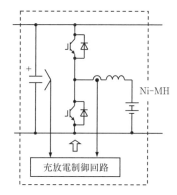

図 8.16 回生電力備蓄方式の回路構成例

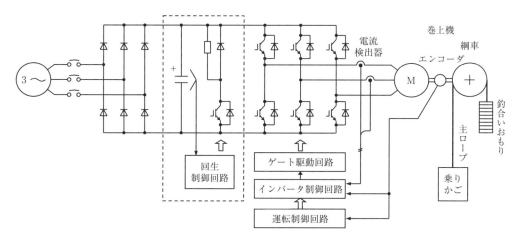

図 8.15 中低速エレベータの駆動制御装置の構成例

図8.15の点線で囲った回路中段部を，図8.16のスイッチングデバイス2個で構成されるチョッパ回路と蓄電池（ニッケル水素電池など）で置き換えたものとなる．エレベータの回生運転時に充電制御により蓄電池に電力を蓄え，力行運転時に補助電源として電力をインバータ部に供給する．さらに，交流電源から電力が供給されない停電の際は，バックアップ電源としてインバータ部を駆動させ，エレベータの運転を可能としている．

近年，この容量のエレベータは，建屋全体の高さによる斜線規制回避や屋上利用スペース拡大などの要求に応えるため，駆動制御装置を屋上機械室に設置しないマシンルームレス型が主流となっている．マシンルームレス型は，駆動制御装置を乗りかごと壁の間の空きスペースや昇降路上下の空きスペースなど限られた空間に設置するため，インバータの発熱抑制技術，放熱機器の最適設計技術などが今後ますます重要となってくると思われる．

8.3.2 高速・超高速エレベータの駆動制御装置

図8.17に高速・超高速エレベータの駆動制御装置の構成例を示す．

電動機容量は20 kW超から百数十kW程度と大きいため，電源部には，省エネルギーと機械室発熱量を考慮し，正弦波双方向コンバータが採用される．エレベータは加減速運転を頻繁にかつ長時間行うため，インバータは乗りかごの上昇（下降）に必要な定常電力に加え，乗りかごや主ロープを含む機械系の慣性質量による加減速分の電力を電動機に供給する必要がある．このため，エレベータ用インバータの瞬時定格は，汎用インバータに比べ1.5～3倍程度大きく設計する必要がある．コンバータはインバータとほぼ同じ機器構成であり，8～10 kHz程度の高周波数でスイッチングすることにより，電源電流のひずみを実質なしにできる．一方，コンバータもスイッチング動作を行うため，電源側にスイッチング周波数帯のノイズが流出しやすいという課題がある．このため，通常，コンバー

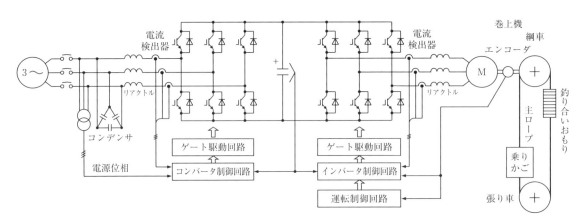

図8.17　高速・超高速エレベータの駆動制御装置の構成例

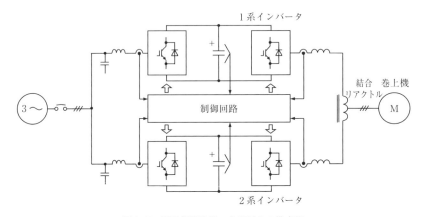

図8.18　駆動制御装置の大容量化の構成例

タ回路にはリアクトルとコンデンサによるフィルタ回路を付加し，スイッチング周波数帯ノイズの流出を防止している．さらに，エレベータの電動機は低回転・大トルク型であり，汎用の電動機に比べ大型化し，一般的に対地間の静電容量が大きい．このため，電源部にコモンモードフィルタを配し，漏洩電流および雑音電圧の増加を抑制している．

近年の巨大ビル群の建設や海外の急速な発展による高層ビルの建設ラッシュにより，高さ300～400mに達する大規模ビルの建設が急速に増加している．このため，ビル空間の有効利用の観点から，高速化に加え積載容量の大きい大容量エレベータに対するニーズが高まっている．図8.18に駆動装置の大容量化の一例を示す[2]．大容量化を図るため2台のコンバータ/インバータ装置を並列に接続して三相一括給電することで，一般的な三相電動機駆動を可能としている．2台のインバータは，PWMパルスの同期化，和差電流制御[3]，結合リアクトルの採用により，おのおのインバータ能力をほぼ100%の利用率で制御可能としている．さらに制御回路では，高性能なRISCマイコンの採用などで，高精度・高応答の制御演算を可能とし，電動機の極低トルクリプル駆動を実現している．

〔岸川孝生〕

文　献

1) 吉野義知：「回生電力備蓄システム」，エレベータ界，7月号，pp.36-40 (2000).
2) 松岡秀佳, 他：「大容量・超高速エレベーターの開発」，日立評論，88, 12, pp.944-947 (2006).
3) T. Yoshikawa, et al.: "Analysis of parallel operation methods of PWM inverter sets for an ultra-high speed elevator", IEEE APEC2000, 2, pp.944-950 (2000).

9 電力用パワーエレクトロニクス

本章では,電力用パワーエレクトロニクスとして,無効電力を調整するSVC (static var compensator) とSTATCOM (static synchronous compensator) について説明する.直流送電 (HVDC, BTBなど) については,2.3節を参照されたい.

無効電力補償装置は以下の二つに大別でき,国内では,①を他励式SVC,②を自励式SVCと呼ぶことがある[1,2]が,この章では①の装置をSVC,②の装置をSTATCOMと呼ぶ.

①SVCは交流スイッチによりリアクトル,コンデンサを制御するもので,交流スイッチには主にサイリスタ素子が使用される.

②STATCOMは電圧形自励式変換回路を適用したもので,自己消弧素子としてGTOサイリスタ,IGBTなどが使用される.

9.1 SVC

9.1.1 SVCの分類

交流スイッチを適用したSVCには,TCR (thyristor controlled reactor, サイリスタ制御リアクトル) とTSC (thyristor switched capacitor, サイリスタスイッチコンデンサ) がある.また,TCRの類似装置として,変圧器のリアクタンスを利用するTCT (thyristor controlled transformer, サイリスタ制御変圧器) がある.TCTの動作は,TCRと同様である.これらの装置の構成回路を図9.1に示す.

9.1.2 TCRの構成と動作

サイリスタスイッチとリアクトルからなる回路で,サイリスタの点弧タイミングの位相制御を行うことで,リアクトル電流の大きさを操作し,無効電力の制御を行う.位相制御したリアクトル電流には,高調波電流成分が含まれる.多くのTCR適用SVCでは,高調波対策と進相(容量性)出力を兼ね,高調波フィルタを設けている.

リアクトルに流れる電流$i(t)$は,電圧位相の$\pi/2$〜$3\pi/2$の半波の期間では下の式で与えられる.残りの半波では,これと対称な波形となる.その波形を図9.2に示す.

$$\frac{\pi}{2} \leq \omega t < \alpha, \quad i(t) = 0$$
$$\alpha \leq \omega t < 2\pi - \alpha, \quad i(t) = \frac{V_p}{\omega L}(-\cos \omega t - \cos \alpha)$$
$$2\pi - \alpha \leq \omega t < \frac{3\pi}{2}, \quad i(t) = 0 \tag{9.1}$$

ただし,V_p:交流電圧ピーク値,ω:交流電圧の角周波数,α:位相制御角,L:リアクトルのインダクタンスである.

電流波形の基本波成分I_1のピーク値は,式(9.2)のようになる.

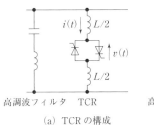
(a) TCRの構成

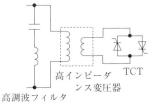
(b) TCTの構成

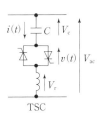
(c) TSCの構成

図9.1 SVCの構成

$$I_1 = \frac{V_p}{\omega L}\frac{1}{\pi}\{2(\pi-\alpha)+\sin 2\alpha\} \qquad (9.2)$$

基本波電流を制御角 α を横軸にプロットしたものを図9.3に示す．この図に示されるように，制御角に伴いリアクトルに流れる電流が変化する．図9.3には高調波電流成分も合わせて示す．三相構成のTCRでは，三次調波は，三相が平衡している場合は三相間で互いに打ち消され，外部には現れない．

9.1.3 TSCの構成と動作

サイリスタスイッチとコンデンサとからなる回路で，サイリスタによりコンデンサをオンオフすることで無効電力制御する．サイリスタスイッチをオンにした場合に，コンデンサおよびリアクトルのインピーダンスで決まる正弦波電流が流れる．TSCの電流は，式 (9.3) で示される．

$$I = \frac{1}{(1-k)}\omega C V_{ac} \qquad (9.3)$$

ここで，V_{ac}：交流電圧実効値，ω：交流電圧の角周波数，C：コンデンサ容量，k：リアクトル容量の比率（コンデンサ容量ベース）である．

サイリスタスイッチの電圧と電流波形を図9.4に示す．サイリスタスイッチをオンにしている期間は，電圧はゼロである．サイリスタスイッチをオフにすると，リアクトルの背負っていた電圧がステップ状に印加し，その後，コンデンサの充電電圧（直流成分）に

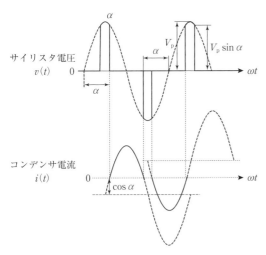

図9.2 TCRの制御角と電流

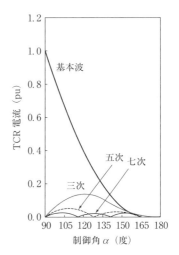

図9.3 TCRの制御角と基本波電流

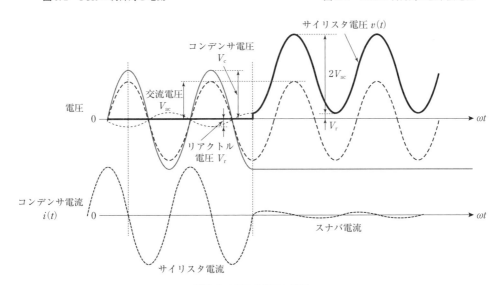

図9.4 TSCの電圧と電流

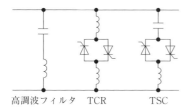

図 9.5 TCR と TSC を組み合わせた SVC の構成例

交流電圧が重畳した波形となる．リアクトル電圧が逆位相であるので，式 (9.4) に示すように，コンデンサには交流電圧より大きな電圧が印加されている．

$$V_c = \frac{1}{1-k} V_{ac} \quad (9.4)$$

9.1.4 組合せ構成

TCR と TSC とを組み合わせ，TSC によるステップ状の変化を，TCR で補完し，大容量を連続的に制御する構成の SVC もある（図 9.5）．

9.2 STATCOM

9.2.1 STATCOM の構成

自己消弧素子を適用した自励式変換回路は，電圧形，電流形に分類できるが，STATCOM には電圧形自励式変換器が適用され，連系変圧器を通し交流系統に連系する．電圧形自励式変換器として，三相ブリッジ構成，単相インバータを 3 台組み合わせた構成，3 レベルインバータ（別名 NPC 方式．neutral point clamped converter）を適用した構成がある．これらの構成を図 9.6 に示す．

自励式変換器の出力電圧を正弦波に近づけるため，PWM キャリア周波数を高くする方法，変換器を多重化する方法が用いられる．PWM キャリア周波数によりパルス数が決まるが，パルス数が増えるとスイッチングロスが増加する．電力系統用無効電力補償装置は，大容量であるため損失を低く抑える要求が強く，変換器のパルス数は低く選択され，変換器の多重化により出力電圧を正弦波に近づける構成がとられることが多い．

9.2.2 STATCOM の動作原理

STATCOM は，電圧形自励式変換器と交流系統と

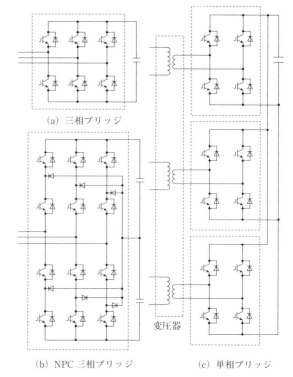

(a) 三相ブリッジ

(b) NPC 三相ブリッジ　　(c) 単相ブリッジ

図 9.6 STATCOM に適用される自励式変換器

を，連系変圧器のリアクタンスで連系した構成と考えることができる．さらに，電圧形自励式変換器は，PWM 制御により振幅・位相を調整することのできる等価的な交流電圧源と見なせる．この等価交流電圧源の電圧振幅 V_i，位相 δ を制御すると交流系統の電圧 V_s との差で，リアクタンスに流れる電流 I の大きさと位相を制御できる．この様子をベクトル図で表したものを図 9.7 に示す．交流系統電圧 V の位相を基準にとると，電流ベクトルは四象限の値をとることができる．STATCOM は，自励式変換器の出力電圧と交流系統電圧を同相に保ちつつ，出力電圧振幅を増減させることで，容量性（進相），誘導性（遅相）無効電力を交流系統との間で授受する動作を行い，無効電力制御機能を実現している．

自励式変換器出力電圧 V_i と交流系統電圧 V_s の関係を図 9.8 に示す．無効電力出力の符号は，交流系統電圧と自励式変換器出力電圧の大小関係で決定され，また，大きさは電圧差と連系リアクトルにより決定され，式 (9.5) で表される．

$$Q = I \cdot V_s = \frac{V_i - V_s}{X} V_s \quad (9.5)$$

自励式変換器の出力電圧位相を調整することで，有

9. 電力用パワーエレクトロニクス

効電力の制御を行うことができる．STATCOM は，交流系統電圧より遅れ位相で変換器を運転し，交流系統からの有効電力を取り込み，ロス分で低下する直流コンデンサ電圧を一定に維持しつつ運転を行う．

9.2.3 STATCOM の構成例

STATCOM に実際に適用された構成例を紹介する．最初の例は，多重変換器の出力合成のためキャリア位相をずらす構成，2 番目の例は変圧器位相をずらす構成をとっている．さらに，3 番目の例はリアクトルで変換器を並列多重する構成である．

a. キャリア多重自励式変換器

比較的高速応答が要求される STATCOM を実現する方法としては，キャリア周波数の高い変換器を用いる方法が考えられる．しかし，大容量の STATCOM に適用される大容量半導体素子では，通常，500 Hz 程度以下のスイッチングが現実的とされている．したがって，複数のブリッジのキャリア位相をずらし，全体として等価的に高いキャリア周波数を得る構成が採用される場合がある．

単相ブリッジを 3 台使用して三相変換器を構成し，変換器 4 台を変圧器交流側巻線で直列に結合して，STATCOM を構成した例を図 9.9 に示す[3]．変換器 1

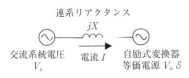

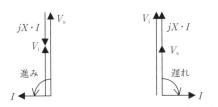

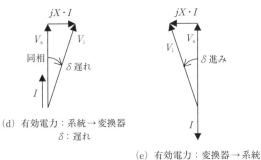

図 9.7 自励式変換器の電力制御

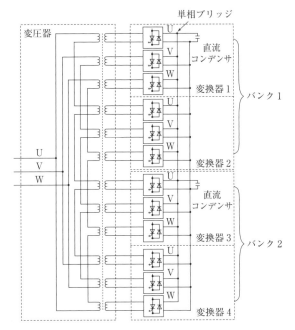

図 9.9 キャリア多重構成の例

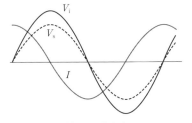

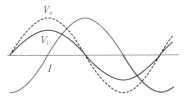

図 9.8 STATCOM の電圧・電流概念図

と2の間，3と4の間の変換器相互間，変換器対1・2あるいは3・4からなる変換器バンクのバンク相互間で，キャリア位相をずらし，4多重構成としている．したがって，単相ブリッジを構成する大電力半導体素子のキャリア周波数が500 Hz以下でも，全体としては2000 Hz程度以上の高速なスイッチング周波数となる．図9.9と同様の構成で，変圧器の巻線を増やし6多重とした例もある．

このように変換器台数を増加させるとともに，キャリア位相をずらし多重化することで，等価的に高いキャリア周波数を実現することで，大容量化と高速性の両立を図っている．

b. 変圧器直列多重化構成

変換器の大容量化と，出力波形に含まれる高調波の低減を実現するため，変圧器を用いた直列多重化方式のSTATCOMの例もある．図9.10に構成例を示す[4]．この例では単位インバータを変圧器により8段多重化し，STATCOMを構成している．パルス制御は1パルスPWMで低損失化を図りながら，8段多重変圧器に移相巻線を設けて，各段の電圧位相をずらし，8段の合成波形としては48相相当の波形改善を行い，高調波を低減し，高調波フィルタを省略した設備例もある．8段としたことで等価パルス数が増加し，制御性能も向上している．

c. リアクトル多重化構成

変換器の大容量化と冗長性確保のため，リアクトルを用いた並列多重化方式のSTATCOMの例もある．図9.11に構成例を示す[5]．この例では単位変換器をリアクトルを用いて3並列し，一つの群のSTATCOMを構成している．さらに，3並列の2群目のSTATCOMと並列して全体で6群の単位変換器でSTATCOMを構成している．単位変換器と並列に高調波フィルタを設け，さらに，進相容量を得るためコンデンサバンクを接続している． 〔吉野 輝雄〕

文　献

1) 電気学会静止形無効電力補償装置の省エネルギー技術調査専門委員会：「静止形無効電力補償装置の現状と動向」，電気学会技術報告，874号（2003）．
2) 電気学会静止形無効電力補償装置の省エネルギー技術調査専門委員会：「静止形無効電力補償装置の省エネルギー技術」，電気学会技術報告，973号（2004）．
3) S. Ota, et al.: "New self-commutated SVC and SFC applied IEGT", Proc. of IPEC-Niigata 2005, S71-2, p.2177 (2005).
4) S. Mori, et al : "Development of a large static var

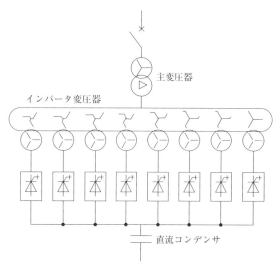

図9.10　変圧器直列多重構成の例

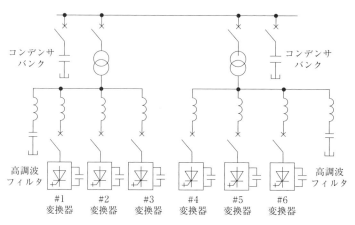

図9.11　リアクトル多重構成の例

compensator using self-commutated inverters for improving power system stability", IEEE, 92WM165-1PWRS (1992).

5) G. Reed, *et al.*: "The VELCO STATCOM Based Transmission System Project", IEEE Power Engineering Society 2001 Winter Meeting (2001).

10

パワーデバイスの等価回路

パワーエレクトロニクス回路は，トランジスタやダイオードなどのパワーデバイスと，コンデンサ，リアクトルなどの受動部品の組合せで構成される．パワーデバイスとしてはこのほかに，サイリスタ，GTO サイリスタ（gate turn-off thyristor）や GCT（gate commutated thyristor）などが特に高耐圧機器で使用されている[1]．

現在，広く使用されるトランジスタは MOSFET（metal-oxide-semiconductor field-effect transistor）と IGBT（insulated gate bipolar transistor）である．MOSFET は主に定格 300 V 以下の領域で使用される．MOSFET はスイッチング損失が低く，高周波駆動に適している．一方，IGBT は，低スイッチング損失性では MOSFET に及ばないが，600 V 以上の定格では MOSFET では実現できない低オン電圧が可能である．現在，定格 600 V から 6500 V のものまでが製品化されており，エアコンや冷蔵庫などの家電用途から，産業，自動車，鉄道車両用までの幅広い分野で使用されている．

本章では，パワーデバイスおよびその周辺回路の等価回路について述べる．等価回路は，パワーデバイス，インダクタンスなどの配線の寄生パラメータおよび，冷却系を表す熱回路網で構成される．

10.1 パワーデバイスの基本動作

図 10.1 にハーフブリッジスイッチング試験回路を示す．リアクトルは負荷として用いる．パワーエレクトロニクス機器の負荷の大多数はモータなどの誘導負荷であり，図 10.1 の回路はパワーデバイスのスイッチング特性の評価に最も一般的に用いられている．初期状態として，負荷電流 I_0 がダイオードを経由して還流している状態を考える（$I_0 = I_\mathrm{f}$）．図 10.2 にスイッチング波形を示す．(a) はトランジスタを単純なスイッチ，ダイオードを理想ダイオードとし，配線の寄生パラメータを無視した理想的な動作を示している．一方 (b) は，デバイスの特性や回路の寄生パラメータを考慮した場合の波形を示している．

トランジスタがターンオン動作を開始すると，負荷電流 I_0 はトランジスタに分流し，コレクタ電流 I_c が上昇を開始する．波形 (b) では，コレクタ電流の上昇と同時に，コレクタ電圧 V_ce が低下している．これは直流配線の寄生インダクタンスの影響であり，電圧降下 $\Delta V_\mathrm{ce}(\mathrm{on})$ は寄生インダクタンス値 L_s とコレクタ

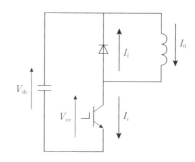

図 10.1　ハーフブリッジスイッチング回路

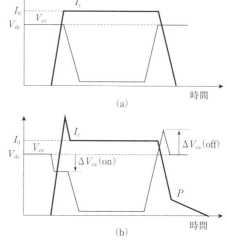

図 10.2　スイッチング波形

電流の時間変化率 dI_c/dt の積 $L_s dI_c/dt$ に等しい．負荷電流が完全にトランジスタに転流し，ダイオード電流がゼロになると，V_{ce} の低下が始まる．波形(a)の理想ダイオードではゼロになると直ちにオフ状態になるが，(b)では，コレクタ電流 I_c にオーバーシュートがみられる．これは pin ダイオードの遮断状態が確立するまでの時間遅れ（逆回復期間）のために，過渡的に直流短絡状態となることによる．この期間中の電流と電圧の積を時間で積分したものがターンオンロスである．ターンオンロスはトランジスタの特性だけでなく，ダイオードの特性も影響する．

トランジスタがターンオフ動作を開始すると，まずコレクタ電圧が上昇し，直流電圧に到達すると，ダイオードに順方向電圧が印加され，負荷電流はトランジスタからダイオードに転流し，コレクタ電流が低下する．このとき，配線の寄生インダクタンス L_s により，直流電圧に $L_s \cdot dI_c/dt$ のサージ電圧 $\Delta V_{ce}(\text{off})$ が重畳する．また，(b)では，コレクタ電流はある程度低下したところで変曲点 P を迎え，傾きが緩やかになる．これは IGBT に特徴的な動作で，テール電流と呼ばれる．これは後述する IGBT の蓄積キャリアの放出に伴うものである．MOSFET ではこのようなテール電流は発生せず，動作は(a)に近い．この期間のロスをターンオフロスと呼ぶ．

このようにパワーデバイスの動作には，パワーデバイス自体の特性と，回路の寄生インダクタンスが強く影響する．パワーデバイスのスイッチング特性に注目する場合には，等価回路はこれらを表現できるものでなければならない．一方，PWM インバータの制御応答など，システム動作に注目する場合は，パワーデバイスの等価回路はスイッチと理想ダイオードの組合せで十分である．

10.2 パワーデバイス

10.2.1 ダイオード

ダイオードは整流作用を備えた2端子デバイスであり，金属と半導体との接触によって生じる整流作用（ショットキー接合）を利用したショットキーバリアダイオードと，p形半導体とn形半導体を接合したpn接合ダイオードがある．図10.3にショットキーバリアダイオードとpn接合ダイオード（pinダイオード）

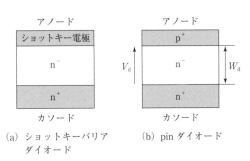

(a) ショットキーバリアダイオード　　(b) pinダイオード

図 10.3 ダイオードの基本構造

の基本構造を示す．図に示す n^- 領域は他に比べ不純物濃度の低い領域であり，ここで耐圧を維持する．

ショットキーバリアダイオードは電流の担い手が電子のみのユニポーラデバイスであり，pn 接合ダイオードは電子と正孔（ホール）が電流を担うバイポーラデバイスである．ユニポーラデバイスは，高耐圧化に伴うオン電圧の増大が大きいので，ショットキーバリアダイオードで製品化されているのは定格 100 V 程度までである．しかし，これは半導体材料に Si を用いている場合であり，最近注目されている半導体材料 SiC (silicon carbide) では，1200 V 耐圧のものが製品化されている．

pin ダイオードの動作について述べる．pin ダイオードに順方向電圧が印加され，しきい値電圧（Si では 0.6 から 0.8 V 程度）を越えると，p^+ 領域からホール（正孔），n^+ 領域から電子が n^- 領域に注入され，n^- 領域のキャリア密度はオフ状態のときと比べ，数桁上昇する（伝導度変調）．このとき n^- 領域に生じる電圧 V_d は次のように書ける[2]．

$$V_d \approx \frac{W_d}{\{q(\mu_n + \mu_p) n_a \cdot A\} \cdot I_f} \qquad (10.1)$$

ここで，A は半導体の有効面積，W_d は n^- 領域の幅，q は電気素量，μ_n，μ_p はそれぞれ，電子とホールの移動度，n_a は蓄積キャリア密度，I_f は順方向電流である．ショットキーバリアダイオードのようなユニポーラデバイスでは，n^- 領域の不純物濃度が直接 n^- 領域の抵抗に影響するのに対し，pin ダイオードでは，伝導度変調によって蓄積されたキャリア密度で V_d が決まる．これがバイポーラデバイスの利点である．蓄積キャリア Q_f は順方向電流 I_f と次式のような関係がある．

$$I_f \approx \frac{Q_f}{\tau} \approx \frac{\mu_n + \mu_p}{W_d^2} \cdot Q_f \cdot V_d \qquad (10.2)$$

ここで，τ は蓄積キャリアのライフタイムである．順

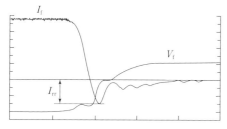

図 10.4 pin ダイオードの遮断（リカバリ）波形

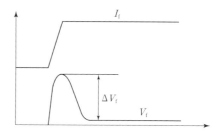

図 10.5 pin ダイオードのターンオン動作

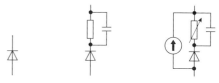

(a) 理想ダイオード　(b) ショットキーバリアダイオード　(c) pin ダイオード

図 10.6 ダイオードの等価回路

方向電流が同じでも，ライフタイムが長いほど蓄積キャリアが多く，V_d は小さい．

逆方向電圧が印加されると，n^- 領域の蓄積キャリアが吐き出される．この間，ダイオードには逆方向に電流が流れ（リカバリ電流），キャリアが吐き出された後，オフ状態が確立される．この動作は逆回復動作（リカバリ動作）と呼ばれ，理想ダイオードと大きく異なる特性である．図 10.4 に pin ダイオードの遮断動作波形の例を示す．ダイオード電流は順方向から大きくアンダーシュートし，電流が減少する際にサージ電圧（リカバリサージ電圧）が発生している．リカバリ電流のピーク以降の波形は近似的に次のように書ける[3]．

$$I(t) = I_{rr} \cdot \exp\left(-\frac{t-t_0}{\tau_{eff}}\right) \quad (10.3)$$

ここで，I_{rr} はリカバリ電流のピーク値，t_0 はリカバリピーク時刻，τ_{eff} は有効ライフタイムである．pin ダイオードのリカバリ動作は，ダイオードの損失，サージ電圧，スイッチングノイズに大きく影響する．

pin ダイオードでの蓄積キャリアの影響は，ターンオン動作においても現れる．図 10.5 に pin ダイオードの順方向にパルス電流を通電した場合のターンオン動作を模式的に示す．図に示すように pin ダイオードは通電開始から直ちに静特性で示される順方向特性を示さず，ターンオン直後から一定期間高い電圧が発生する．この電圧は過渡順方向電圧と呼ばれており，順方向動作において，n^- 領域に十分なキャリアが蓄積されるまで，アノード-カソード間の抵抗が大きいために発生する

ショットキーバリアダイオードはユニポーラデバイスであり，上記 pin ダイオードのような伝導度変調を伴うキャリアの蓄積がなく，動作は理想ダイオードに近い．遮断動作時の損失は pin ダイオードに比べ非常に小さい．しかし，遮断時に高い電圧変化 dv/dt が印加されると，ショットキーバリアダイオードにもリカバリ電流に似た電流が流れる．これはダイオードのアノード-カソード間に存在する浮遊容量の影響である．

図 10.6 に 3 種類のダイオードの等価回路を示す[3]．(a)は理想ダイオードであり，整流作用のみを有する．(b)は n^- 領域の抵抗とアノード-カソード間容量を含めたもので，容量には電圧依存性がある．このモデルはショットキーダイオードのモデルに適している．(c)は pin ダイオードのリカバリ特性を考慮したもので，並列に接続された電流源がリカバリ電流を供給する．

過渡順方向電圧など，pin ダイオードのより詳細な動作を表現するためには，n^- 領域の蓄積キャリアの挙動を取り扱える物理的なモデルが必要であり，このようなデバイスモデルは最近学会でも報告されている[4,5]．高精度で高速なデバイスモデルが期待される．

10.2.2 MOSFET と IGBT

a. 基本構造と *I-V* 特性

MOSFET の基本構造を図 10.7 に示す．ソースの n^+ 領域とドレインの n^+ 領域の間に p^+ 領域と n^- 領域が形成されており，オフ期間中は n^- 領域に空乏層が広がって電圧を維持する．図中に示すように，この構造は寄生 npn トランジスタが形成されているが，ベースとエミッタをソース電極で短絡することで，バイポーラトランジスタ動作を防止している．p 領域上には，酸化膜を介してポリシリコンからなるゲートが配置されており，ゲート-ソース間に十分な電圧が印加

されると，ゲート直下のp^+領域に反転層（n形伝導チャネル）が形成される．このときソースからドレインまでがn形半導体のみとなって，電子が移動できるようになる．したがって MOSFET のオン状態は抵抗で表すことができる．定格 100 V 以上の MOSFET では，オン抵抗の主成分は図10.7中のn^-領域の抵抗である．

図10.8に IGBT の基本構造を示す[4]．MOSFET と IGBT の構造の本質的な違いは，IGBT のコレクタ側に設けられた p 領域であることがわかる．IGBT には MOSFET と同様の寄生 npn トランジスタがあり，npn トランジスタと pnp トランジスタで寄生サイリスタを形成している．この寄生サイリスタが動作するとゲート制御不能となってデバイスが破壊するので，サイリスタ動作防止のために，npn トランジスタのベースとエミッタを短絡するようにエミッタ電極が形成されている．

ゲート-エミッタ間に電圧を印加されてチャネルが開くと，電子がn^-領域に注入されると同時に，コレクタ側の p 領域からホールが注入され伝導度変調が生じる．図10.8では IGBT の等価回路として，MOSFET によってベース電流を供給される pnp トランジスタの組合せで表しているが，MOSFET と pin ダイオードの組合せとして考えることもできる．図10.9に MOSFET と IGBT の出力特性を示す．MOSFET では（図10.9(a)），原点を通る直線となり，抵抗特性を示す．IGBT では（図10.9(b)），ダイオードと同様に，V_{ce}が 0.6～0.8 V 程度を超えるとコレク

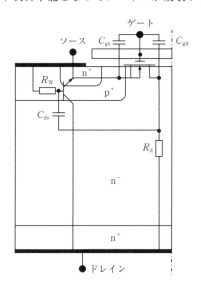

図 10.7　MOSFET の基本構造

図 10.8　IGBT の基本構造

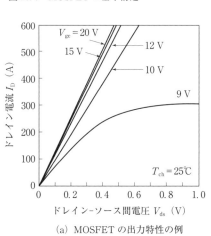

(a) MOSFET の出力特性の例

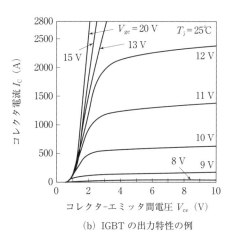

(b) IGBT の出力特性の例

図 10.9　出力特性

タ電流 I_C が流れ始める．MOSFET も IGBT も主電流が大きくなると飽和特性を示し，飽和電流はゲート電圧 V_{gs} または V_{ge} によって変わる．主電流をゲート電圧によって制御できる領域を活性領域と呼び，ここでのゲート電圧と飽和電流の関係を示すのが伝達特性である．IGBT の例を図 10.10 に示す．V_{ge} がしきい値 ($V_{ge}(\text{th})$) を超えるとチャネルが開き，コレクタ電流 I_C が流れ始める．伝達特性は容量特性とともに，スイッチング特性に強く影響する．

b. スイッチング特性

図 10.7 の MOSFET 構造には寄生容量 C_{gs}, C_{gd}, C_{ds} が示されている．これら端子間容量は MOSFET および IGBT のスイッチング特性を支配する重要な要素である．ゲート-ドレイン間容量 C_{gd} とドレイン-ソース間容量 C_{ds} は，強い V_{ds} 依存性を示す．MOSFET のデータシートには，入力容量 C_{iss}，帰還容量 C_{rss} および出力容量 C_{oss} が記されてあり，図 10.7 の容量との関係は次式で表される．

$$C_{iss} = C_{gs} + C_{gd} \tag{10.4}$$
$$C_{rss} = C_{gd} \tag{10.5}$$
$$C_{oss} = C_{gd} + C_{ds} \tag{10.6}$$

図 10.11 に MOSFET の容量特性の例を示す．IGBT の容量特性も MOSFET と同様である．

1) ターンオン動作 ハーフブリッジスイッチング回路での，典型的な IGBT のターンオン動作のシミュレーション波形を図 10.12 に示す．初期状態での負荷電流を I_0 とする．駆動回路は定電圧駆動方式を想定している．(a) はゲート電圧 V_{ge}，(b) はコレクタ電流 I_c，(c) はコレクタ-エミッタ間電圧 V_{ce} 波形である．

時刻 t_1 からゲート電流の通電が開始し，C_{ge} の充電とともに V_{ge} が上昇する．C_{gc} にもゲート電流が流れるが，V_{ce} 間には高電圧が印加されているため，C_{gc} の値は非常に小さいので無視できる．ゲート電圧が $V_{ge}(\text{th})$ に達すると (時刻 t_2)，コレクタ電流が流れ始める．コレクタ電流がピーク付近に達して，負荷電流がすべて IGBT 側に転流されると (時刻 t_3)，コレクタ電圧が下降を始める．このとき V_{ge} はほぼ一定電圧にクランプされ，C_{ge} への充電はない (ミラー期間)．すなわちゲート電流はすべて C_{gc} を介してコレクタ側にバイパスされる．このときのゲート電圧は，伝達特性から決まる，負荷電流 I_0 に対するゲート電圧 $V_{ge}(I_0)$ とほぼ一致する．ミラー期間中のゲート電流 $I_g(I_0,$

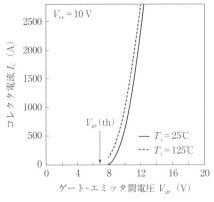

図 10.10 IGBT の伝達特性の例

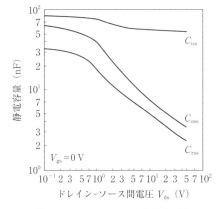

図 10.11 MOSFET の容量特性の例

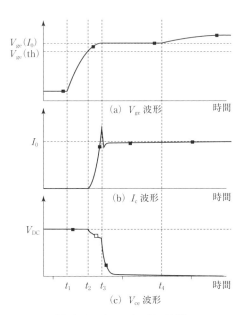

図 10.12 ターンオン時の波形

on)は次式で書ける.

$$I_g(I_0, \text{on}) = \frac{V_{gg} - V_{ge}(I_0)}{R_g(\text{on})} = C_{gc} \cdot \frac{dV_{gc}}{dt} = C_{gc} \cdot \frac{dV_{ce}}{dt} \quad (10.7)$$

ここで V_{gg} はゲート電源電圧,$R_g(\text{on})$ はターンオンゲート抵抗である.負荷電流が大きくなるほど $V_{ge}(I_0)$ は大きくなり,ゲート電流が小さくなるので,電圧変化 dV_{ce}/dt も小さくなる.

コレクタ電圧が十分低くなると,ミラー期間は終了し(時刻 t_4),ゲート電圧は再び上昇を開始する.このとき,V_{ce} が低電圧となっているために,C_{gc} はミラー期間前に比べて大きな値になっており,ゲート電圧の上昇は緩やかになる.

2) ターンオフ動作 図 10.13 に典型的な IGBT のターンオフ動作のシミュレーション波形を示す.時刻 t_5 にターンオフ動作が開始し,V_{ge} が低下していく.V_{ge} が負荷電流を流せる限界の値 $V_{ge}(I_0)$ にまで低下すると(時刻 t_6),ゲート電圧は一定となり,コレクタ電圧が上昇を開始する.このときゲート電流はコレクタから C_{gc} を介して駆動回路側に流れ込む.このときのゲート電流は次式で表される.

$$I_g(I_0, \text{off}) = \frac{V_{ge}(I_0) + V_{neg}}{R_g(\text{off})} = C_{gc} \cdot \frac{dV_{gc}}{dt} = C_{gc} \cdot \frac{dV_{ce}}{dt} \quad (10.8)$$

ここで V_{neg} は駆動回路の負バイアス電圧値である.

コレクタ電圧が直流電圧を超えると(時刻 t_7),コレクタ電流が下降を開始する.このとき対向アームのダイオードには順方向電流が流れる.ゲート電圧が $V_{ge}(\text{th})$ 以下になると,MOSFET の場合はドレイン電流がゼロになるが,IGBT の場合は蓄積キャリアの放出が続き,テール電流が流れる.

IGBT の詳細なデバイスモデルとしては A. Hefner の提唱するモデル[6] が有名で,市販の回路シミュレータの中には,このモデルをオリジナルとした IGBT モデルを組み込んだものもある.IGBT モデルの開発については,最近も学会などで発表されており[7,8],高精度で高速な IGBT モデルが期待される.

10.3 回路の寄生インダクタンスの影響

すでに述べたように,回路の寄生インダクタンスはターンオフやリカバリなどのスイッチング時にサージ電圧を発生させるなど,パワーデバイスの動作に大きな影響を与える.主回路とゲート回路が電磁的に干渉する典型的な例として,図 10.14 のような回路構成を考える.主回路とゲート駆動回路が IGBT のエミッタ配線のインダクタンスを共有している.図 10.15 にエミッタの配線インダクタンス有無でのターンオン時の波形比較を示す.実線がインダクタンスがない場合,破線がインダクタンスがある場合である.ターンオン時にコレクタ電流が流れ始めると,配線インダクタンスには図 10.14 に示す方向に誘導電圧 V_{ind} が発生する.このとき次式が成り立つ.

$$I_g = \frac{V_{gg} - V_{ge} - V_{ind}}{R_g} \quad (10.9)$$

ここで,V_{gg} はゲート駆動電源電圧,R_g はゲート抵抗である.誘導電圧が発生している期間中,ゲート電流が抑制され,配線インダクタンスがない場合に比べて

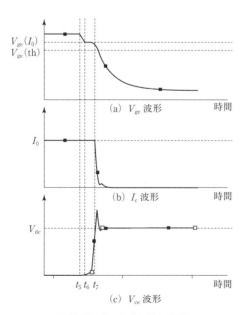

図 10.13 ターンオン時の波形

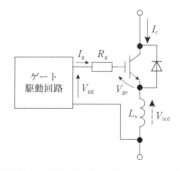

図 10.14 主回路とゲート回路の電磁干渉

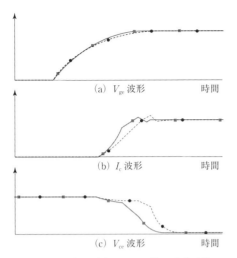

図 10.15 主回路とゲート回路の電磁干渉
（実線：L_s なし，破線：L_s あり）

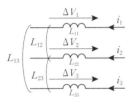

$$\begin{bmatrix} \Delta V_1 \\ \Delta V_2 \\ \Delta V_3 \end{bmatrix} = \begin{bmatrix} L_{11} & L_{12} & L_{13} \\ L_{21} & L_{22} & L_{23} \\ L_{31} & L_{32} & L_{33} \end{bmatrix} \begin{bmatrix} di_1/dt \\ di_2/dt \\ di_3/dt \end{bmatrix}$$

図 10.16 インダクタンスマトリックスによる表示

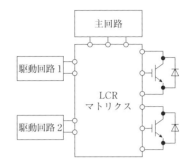

図 10.17 配線の寄生要素を考慮した等価回路

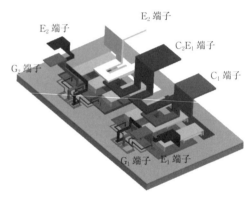

図 10.18 パワーモジュールの解析モデル

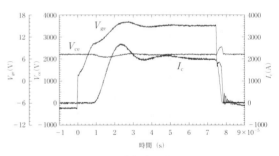

(a) 実測結果

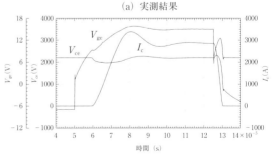

(b) 解析結果

図 10.19 短絡動作時の波形

スイッチング動作が遅くなる．このような負帰還動作が発生すると，ターンオン損失は増大する．負帰還動作は必ずしも悪いことばかりではなく，たとえば，短絡時の電流の立ち上がりを抑えて，短絡耐量を向上させる手段として用いられる場合もある．

複数の配線の電磁的な干渉を表すためには，図10.16のようなインダクタンスマトリックスが用いられる．図は，3本の配線モデルの例であり，マトリックスの対角成分が自己インダクタンス，非対角成分が相互インダクタンスを表す．配線の寄生パラメータとしては，このほかに寄生容量，寄生抵抗があり，いずれもマトリックスで表現でき，電磁界解析により算出できる．配線の寄生要素を考慮したパワーデバイスの等価回路は図10.17のようになる．

次にゲート駆動回路と主回路との電磁干渉の具体例を示す[9]．図10.18に対象とするIGBTモジュールの解析モデルを示す．図10.19は短絡動作時の波形を示している．(a)は実測波形，(b)は配線の寄生インダク

タンスを考慮した等価回路を用いた解析結果である．短絡電流の立ち上がり時にゲート電圧が持ち上がり，短絡電流がオーバーシュートしている．これは，コレクタ電流の立ち上がり時の鎖交磁束変化が，IGBTのゲートを充電する方向に誘導電圧を発生させていることによる．式(10.9)における V_{ind} が負の値になっているのと等価で，正帰還動作となる．このような短絡時の正帰還動作は，想定外の大電流を流すことになり，デバイスの短絡耐量に悪影響を与え，デバイスの破壊をもたらす原因となる場合がある．

図10.19(b)の解析結果はこのような正帰還動作をよく再現できており，パワーデバイスと配線の等価回路を適切に構築することにより，電磁干渉を考慮したパワーデバイスの動作解析が可能であることを示している．

なお，解析結果と実測結果で，コレクタ電圧 I_C の絶対値にずれがあるが，これは短絡時のパワーデバイスモデルの精度を向上することで，さらに改善が期待できる．

10.4 パワーモジュールの熱回路網

本節では，パワーモジュールの熱回路網について述べる．IGBTモジュールのデータシートにはIGBTとダイオードそれぞれの熱抵抗 ($R_{th(j-c)}Q$ および $R_{th(j-c)}D$) と，ベース板と冷却器間の接触熱抵抗 $R_{th(c-f)}$ が記載されている．接触熱抵抗 $R_{th(c-f)}$ はベース板と冷却器間に設けられる熱伝導グリースの熱伝導率および厚みで変わるので，メーカで想定した条件での値が記載されている．図10.20にIGBTモジュールの熱回路網モデルを示す．これらは定常状態での半導体チップやベース板温度の評価に用いられる．たとえばIGBTの発熱量を $Q(IGBT)$，ダイオードの発熱量を $Q(Di)$ 冷却器表面の温度を T_f とすると，IGBTの温度 $T_j(IGBT)$ は次式で表される．

$$T_j(IGBT) = Q(IGBT) \cdot R_{th(j-c)}Q + (Q(IGBT) + Q(Di)) \cdot R_{th(c-f)} + T_f \quad (10.10)$$

図10.21にIGBTモジュールの過渡熱インピーダンスの例を示す．短時間動作でのパワーチップの温度上昇の算出に用いる．縦軸は定常状態での熱抵抗で規格化されている．

過渡熱インピーダンスの等価回路は図10.22に示す2種類の等価回路で表現できる[10]．(a)はラダー型等

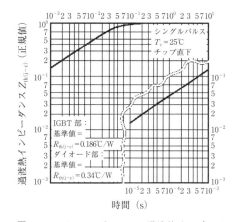

図10.21 IGBTモジュールの過渡熱インピーダンスの例

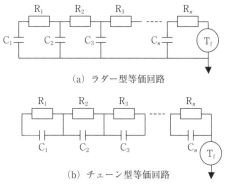

図10.22 過渡熱インピーダンスの等価回路

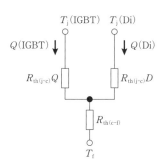

図10.20 IGBTモジュールの定常状態での熱回路網（1アーム分）

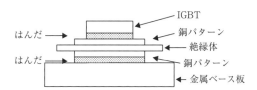

図10.23 IGBTモジュールの断面構造例

価回路 (continued fraction model), (b)はチェーン型等価回路 (partial fraction model) と呼ばれている. 両者で熱抵抗は同一であるが, 熱容量の考え方が異なる. 図10.23のようなモジュール構造を考える.

ラダー型等価回路では, 各構成要素の物性と形状から熱回路網を構築する. 熱抵抗と熱容量は次式から求めることができる.

$$R_i = \frac{d_i}{\lambda_i \cdot S_i} \tag{10.11}$$

$$C_i = c_i \cdot \rho_i \cdot V_i \tag{10.12}$$

ここで, d_i：厚さ, λ_i：熱伝導率, S_i：面積, c_i：比熱, ρ_i：密度, V_i：体積（$= d_i \cdot S_i$）である. 熱の広がりを考慮するには, 各構成要素を三次元的に分割し, 各分割ごとの熱抵抗と熱容量を求めて熱回路網を構築する.

次にチェーン型等価回路について説明する. 熱時定数 $\tau_i = R_i \cdot C_i$ とすると, モジュールの過渡熱インピーダンスは次式のように表される.

$$Z_{th}(t) = \sum_{i=1}^{n} R_i \times \left\{1 - \exp\left(-\frac{t}{\tau_i}\right)\right\} \tag{10.13}$$

上式の R_i, τ_i は, たとえば三次元の非定常伝熱解析から求めることができる. R_i は定常状態での熱抵抗から求めることができ, 熱容量 C_i は熱時定数 τ_i から,

$$C_i = \frac{\tau_i}{R_i} \tag{10.14}$$

として求めることができる. チェーン型等価回路では, 厳密に各部材ごとに分割する必要はなく, 求める精度に応じて分割数を決定すればよい. 最近は, パワーモジュールの過渡熱インピーダンスの定数をデータシート上に記載しているメーカーもある. また, 各パワーモジュールメーカーが損失・温度シミュレーションツールをWebサイト上に公開しており, モジュールの型名, デバイスの動作条件などを入力すると, パワーデバイスの損失, チップ温度を簡単に算出できる[11].

複数のパワー半導体チップ間の熱干渉を考慮する場合は, 過渡熱インピーダンスを, 次式のようなマトリックスとして取り扱う.

$$\begin{bmatrix} T_j^1 \\ T_j^2 \\ T_j^3 \\ \vdots \\ T_j^n \end{bmatrix} = \begin{bmatrix} Z_{11} & Z_{12} & Z_{13} & \cdots & Z_{1n} \\ Z_{21} & Z_{22} & Z_{23} & & \\ Z_{31} & Z_{32} & Z_{33} & & \\ \vdots & \vdots & \vdots & \ddots & \\ Z_{n1} & Z_{n2} & Z_{n3} & & Z_{nn} \end{bmatrix} \cdot \begin{bmatrix} Q_1 \\ Q_2 \\ Q_3 \\ \vdots \\ Q_n \end{bmatrix} + (T_f) \tag{10.15}$$

このような熱回路網と電気回路網を組み合わせ, インバータ動作中でのデバイス温度をシミュレーションする方法が発表されている[12,13]. 今後は, パワーデバイスモデルの電気的・熱的等価回路がさらに高度化し, パワーエレクトロニクス機器中でのデバイスの動作の解析精度がさらに向上することが期待される.

〔大井健史〕

文　献

1) 電気学会高性能高機能パワーデバイス・パワーIC調査専門委員会編：「パワーデバイス・パワーICハンドブック」, コロナ社 (1996).
2) N. Mohan, et al.: Power Electronics, pp. 524-545, John Wiley (1995).
3) V. Benda, et al.: Power Semiconductor Devices, Theory and Applications, pp. 162-171, John Wiley (1999).
4) M. Kimata, et al.: "Smart IGBT model and its application for power converter design", Ind. Appl. Soc. Annual Meeting, pp. 1168-1173 (1994).
5) 遠山　喬, 他：「静特性と動特性の総合評価に基づくパラメータ抽出手法―pinダイオードモデルへの応用―」, 電気学会半導体電力変換研究会資料, SPC-10-015, pp. 89-94 (2010).
6) A. R. Hefner and D. M. Diebolt: "An experimentally verified IGBT model implemented in the saber circuit simulator", IEEE PESC Conf. Rec., pp. 10-19 (1991).
7) L. Lu, et al.: "Modeling of MOS-side carrier injection in trench gate IGBTs", IEEE Trans. On. Ind. Appl., **46**, 2, pp. 875-883 (2010).
8) N. Jancovic, et al.: "Unified approach in electro-thermal modeling of IGBTs and power PIN diodes", ISPSD'07, pp. 165-168 (2007).
9) 大井健史, 他：「パワーモジュールの分布定抽出と動特性解析」, 三菱電機技報, 9月号, pp. 611-615 (2003).
10) Semikron, パワーモジュールアプリケーシンマニュアル, pp. 287 (2011).
11) 髙久, 他：「IGBTモジュールの損失・温度シミュレータ」, 富士時報, **81**, 6, p. 438 (2008).
12) A. R. Hefner, Jr.: "A dynamic electro-thermal model of for the IGBT", IEEE Trans. on Ind. Appl., **30**, pp. 394-405 (1994).
13) T. Kojima, et al.: "A novel electro-thermal simulation approach of power IGBT modules for automotive traction applications", ISPSD'04, pp. 289-292 (2004).

11 技術史的に重要なパワーエレクトロニクス

11.1 パワーエレクトロニクスの概念

エレクトロニクスは，真空中や導体，半導体などに電子が流れる状態を表していた．しかしパワーエレクトロニクスの定義は，国際電気標準会議（International Electrotechnical Commision）が標準用語として定めたものである．それは 1974 年に，Dr. W. E. Newell がパワーエレクトロニクスを中心に 2 個の正三角形を組み合わせて表示した図である．ややわかりにくいので，概念図を K. Imai が図 11.1 のように円形図で表示した．その図形は大小 4 個で成立している．一番外側の円がシステムと応用，その外側から 2 番目の太線が示してある 3 個の円内は情報と制御，さらにその内部はハードウェア，解析，デバイス，回路を示し，中心の円内は電力変換を示す．

11.2 パワーエレクトロニクスシステム構成の技術史的展望

ほとんどのパワーエレクトロニクスシステムは自動制御のもとで動作している．たとえばモータを一定の回転数で回転させるときを考えてみると，図 11.2 に示すフィードバック回路になることは簡単に理解できるであろう．この図の操作部はパワーコンバータである．

制御・操作ともエネルギーは使い勝手のよい電気に変わってきている．真空管を取り上げても，当初は大型の ST 管（茄子の形）が，GT 管，MT 管と変化したが，1949 年にショックレーがトランジスタを発明し，これが半導体化への幕開けとなった．

水銀アークは約 50 年間使用されたが，1957 年頃から，ゲルマニウム，シリコンなどの半導体が実用化され現在ではパワー半導体デバイスの独壇場である．

このような変化が生じたのは固体デバイスが，次のようなさまざまな利点を持っているからである．

それは，真空管や水銀アークと比較して，フィラメントが不要で冷却以外の温度調節が不要，スイッチイン後直ちに使用できる，機械と比較して壊れにくい，制御が簡単で電力損がきわめて小さい，などである．逆に欠点としては，高温では使用できず，過電圧や過電流に弱い点があげられる．

固体デバイスへ要求されるものには次のようなものがある．まず，高速であること．これは，特に事故や故障時に要求される．次に高精度であること．これは，位相制御，正確な正弦波発生に欠かせない．そして，信頼度の高いこと．これは，特に固体デバイスに限らないが，統計的な故障率を考慮する必要がある．

変換機器とその応用分野との関係については，電動発電機（MG），回転変流機（RC），水銀整流器（MR）などは機械的構造の種類であり，エレクトロニクス

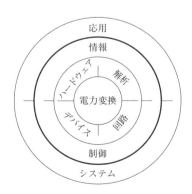

図 11.1 パワーエレクトロニクスの概念

図 11.2 モータの速度制御

制御部：人の器用な作業→精密な機械的機構→真空管・放電管→半導体デバイス（cpu）
操作部：人力（馬力など）→蒸気機関→電動発電機→水銀アーク→パワー半導体デバイス

とはいいにくい．一方，固体利用による変換として，1920年には亜酸化銅，その後はセレンが使用されていた．1897年にはドイツのグレーツ（Leo Graetz）が最も基本的であった単相ブリッジ回路を発表している．グレーツ回路は当時では画期的なシステムであった．ブリッジ回路と呼ばれるようになってグレーツの名前は消えてしまったが，回路は現在でも広く使用されている．図11.3はダイオードで構成した単相ブリッジ回路である．

現状では，図11.4のようにシリコン整流器（SI），サイリスタ変換器（TH），自励変換器（GTO，IGBTなど）などが電気化学，直流送電，無効電力制御，無停電電源，新エネルギー電源などに広く適用されている．

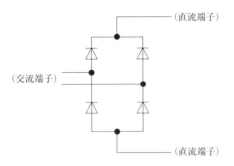

図 11.3　単相ブリッジ回路

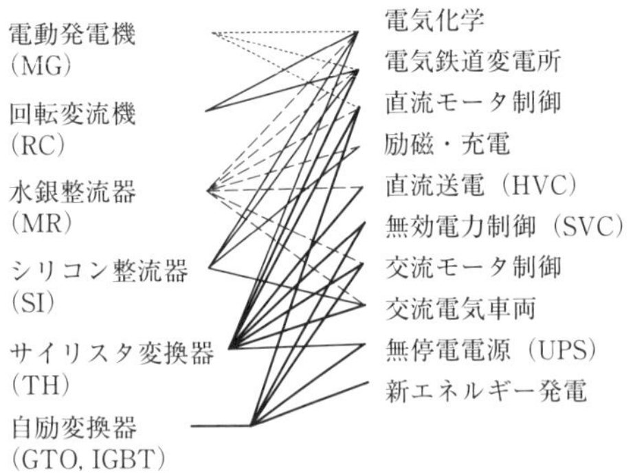

図 11.4　電力変換装置とその応用

11.3　直流機の衰退

直流機は速度／トルクの制御性にきわめて優れた電動機である．磁界中に電流が流れている導体に力が作用する．磁界を作る界磁と電流を流す電機子とが，相互干渉なく制御できる構造が直流機である．この制御が容易という大きな利点を持つ直流機が長時間にわたりモータ応用に適用された．図11.5〜11.8に構造，動作原理，等価回路と諸特性を示す．

図示のように直流機にはコミュテータとブラシがあり，いずれも頻繁に点検・保守を必要にすることや，

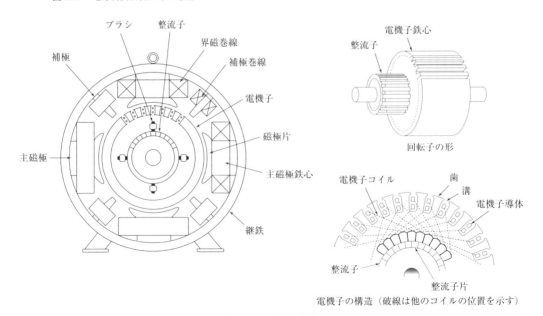

図 11.5　直流機の構造

高速回転が困難で小型化ができないこと，重量が大であること，コスト高であることなどのため，直流機の利用は現在，小容量機が中心で大容量機は衰退してしまった．

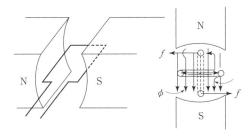

図 11.6 直流モータの動作原理図
ϕ：磁束，f：力．

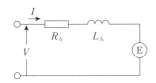

図 11.7 直流電動機の等価回路
R_A, L_A：電機子抵抗と電機子インダクタンス．

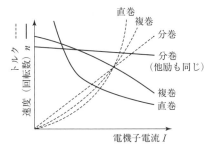

図 11.8 各種直流機の諸特性

高速回転が困難なので小型化ができない．また単位出力当たりの重量が大きい，コストが高いなどの問題点から，別のタイプのモータが直流機なみに制御可能であれば，そのモータに取って代わられてしまう運命にあった．かつて困難と思われた交流機制御が現在では容易に可能となり，これは直流機衰退の大きな理由と考えられる．整流子とブラシを半導体に置き換えて，直流機に類似の特性を持つ，コミュテータレス直流機というのが一部で使用されている．

11.4　交流モータ制御の容易化

交流モータにも交流整流子機という種類があった．現在ではほとんどみられなくなったが，交流機でトルク・速度制御が可能なモータであった．その動作原理は難解で，現在このモータを設計できるエンジニアは皆無であろう．現在広く使用されている交流モータは誘導機と同期機である．

直流機と等価な制御特性を得るには，誘導機にベクトル制御方法を適用する．この制御にはパワーエレクトロニクス技術が大きく寄与している．

11.5　FACTS

図 11.9 に FACTS のイメージを示す．FACTS（flexible AC transmission system）の必要性は，以下の交流電力システムの課題による．まず，交流では長距離大電力送電は困難である．特に需要の末端地点では電圧変動が大きくなる．また，送電経路が 2 ルート以上のとき，そのおのおのの電力制御が困難になる．そして，揚水発電所の発電電動機をモータで起動するのが困難，といったものである．

これらの問題を解決するには，パワーエレクトロニクス回路と制御とを，電力分野に含めるのが最適である．パワーエレクトロニクスを交流電力システムの中に融和させたシステムは，種々のパワーエレクトロニクス回路を交流電力システム，直流送電システム，太陽電池からのインバータ駆動などで，FACTS に含まれている．

11.6　新エネルギー・電力貯蔵エネルギーと交流電力網

いま新エネルギーが種々話題になっている．太陽電池，燃料電池，風力発電，潮力発電などである．その発生する電力は直流または不安定な交流であって，既存の交流電力ネットワークには馴染まない．電力貯蔵エネルギーは，超電導コイル，大型蓄電池，フライホイールなどであるから，直流あるいは不安定な交流である．すなわち，これらの活用には電源と負荷との間のインターフェースとしてパワーエレクトロニクス技術が欠かせない．

11.7　パワーエレクトロニクスの存在理由

11.7.1　電気化学分野について

この分野では直流電圧は 1000 V 程度以下であるが，

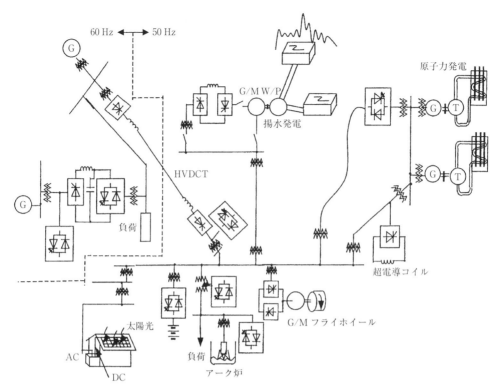

図11.9 FACTSのイメージ

装置が大型になると電流は50 kAから100 kA程度の定格が多くなるので，大型のデバイス20～30個を並列接続して用いる．デバイスとしては大型サイリスタが主として使用される．

11.7.2 直流モータ制御

直流機は界磁磁束を発生する磁極（必ず偶数）を作る巻線を固定子として，電機子に電流を流してトルクを発生させる巻線側を回転子とする．直流機には外部から電気を供給するためのブラシ（刷子）を設けている．ブラシは一般に黒鉛が使用されるが，回転する整流子と適正な力で接触を保つ必要がある．その構造からブラシが磨耗することが理解できるであろう．したがって定期的に磨耗の度合い点検が欠かせない．また磨耗した黒鉛の粉末が飛散して整流子に付着すると，閃絡を発生し火の車になる．これが直流機に常時の保守点検が不可欠とされる理由である．パワーエレクトロニクスでは交流システムを直流システムに変換することは困難なことではない．

11.7.3 交流モータ制御

交流には単相・三相があるが，産業用のモータはほとんど三相である．三相では空間的に120°またはその$1/n$（nは整数）の角度で配置されたコイルに三相交流電流を流すと一定の振幅が一定の速さで回転する磁界が発生する．これを利用すれば簡単に交流モータが制御できる．代表的な交流モータは誘導電動機，同期電動機および無整流子電動機である．

11.7.4 三相誘導電動機（IM）

IMには2種類の構造がある．固定子側に三相コイル1組以上を配置し，回転子には棒状のアルミ導体を複数並べて，その両端を短絡した構造をかご型IM，回転子側にも三相コイルを配置したものは巻線型IMである．かご型IMは，電源とは固定子の巻線のみが接続される．一方，巻線型IMは二次側の抵抗値または電力を可変にすると，速度とトルクとの関係が可変にできる特性がある．二次側すなわち回転子側の巻線は当然スリップリングで外部と接続可能であるから，外部の可変抵抗器を接続すれば比例推移という速度制御ができる．

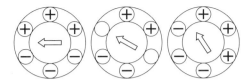

図 11.10 回転磁界の発生
時間経過とともに交流電流は，左図から右図の通電と変化．○印はコイル，中の＋，－は電流の方向を示す．矢印は合成磁界の方向である．

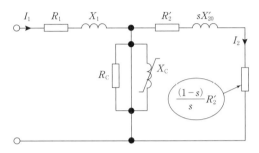

図 11.11 かご型 IM の等価回路
X'_{20}：モータ静止時の二次リアクタンスの一次換算値，R_C および X_C は励磁の等価鉄損と励磁リアクタンス，R'_2 および sX'_{20} は一次換算値．

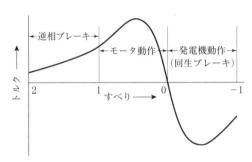

図 11.12 かご型 IM のトルクと滑りの関係

図 11.10 から図 11.18 に回転磁界の発生，等価回路，トルク特性などの諸特性およびベクトル制御ブロック図などを示す．

交流（AC）から直流（DC）を得る回路 1897年にドイツのグレーツが単相整流回路を発明した．単相ブリッジ回路は簡単な 4 個のアームで構成されているが，現在でも広く使用されている．この回路を三相に拡大した整流回路は他人が発明したにもかかわらず三相グレーツと呼ばれている．いずれにせよ 100 年前の回路がいまだに使用されているのは，半導体をベースとするパワーエレクトロニクスが次々と変革していくこととはきわめて対照的である．このような発明が真の基本であろう．簡単にして要を得ている回路であり，回路技術の真髄ともいえる．

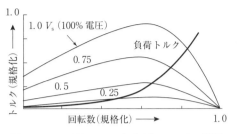

図 11.13 かご型 IM の一次電圧とトルクとの関係

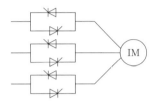

図 11.14 かご型 IM の一次電圧制御主回路

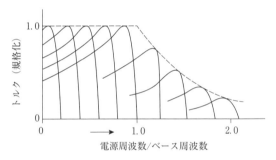

図 11.15 かご型 IM の入力周波数とトルクの関係

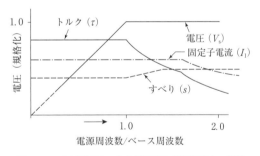

図 11.16 かご型 IM の入力周波数と各種特性との関係

しかし変換は一方のみではなく，両方向に行えば直流から交流への変換応用が広がる．この逆変換は 1923 年頃開発された．直流よりも交流は約三十数年遅れている．それだけ技術的には困難であったといえる．現在でも交流を直流にする順変換より，逆変換の方がかなり厄介である．しかしオフ信号を加えると直流電流が切れるデバイスが普及し，簡単な逆変換回路が構成可能になった．

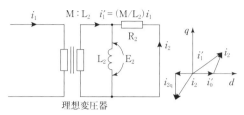

図 11.17 かご型 IM の簡略化等価回路

二次磁束 　$\Phi_2 = L_2(i_1'' + i_2) \equiv L_2 i_0''$

二次電流 　$i_2 = -\dfrac{1}{R_2}\dfrac{d\Phi_2}{dt} - j\dfrac{1}{R_2}\omega_s \Phi_2$

トルク 　$\tau = K_1 |i_{2q}| \Phi_2 = K_1 \dfrac{\omega_s \Phi_2^2}{R_2}$　　(K_1：常数)

一次電流 　$i_1 = \dfrac{1}{M}\left(\Phi_2 + \dfrac{L_2}{R_2}\dfrac{d\Phi_2}{dt} + j\dfrac{L_2}{R_2}\omega_s \Phi_2\right)$

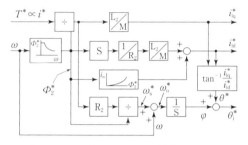

図 11.18 かご型 IM のベクトル制御ブロック図

11.8 電気自動車（EV）

地球環境の汚染について，特に CO_2 排出量の急増が問題視された．米国のカリフォルニア環境庁では，通常の燃料を使用するのを減らすべきという法律が施行される可能性があった．

排気ガスゼロ自動車の比率を，カリフォルニアでは2003年までに全車両の10%まで高めるというのである．これが電気自動車（electric vehicle：EV）の製品化を加速させた一要因である．それは排気ガスによる空気汚染が特に市街地で異常に進んでいるためである．EV はパワーエレクトロニクスが主役になりうるであろうという点では，その技術関心がクローズアップされた．

一方，EV はコスト高，ならびに短距離走行の点からユーザには簡単に受け入れられないのではないかとの懸念もある．その要因は蓄電池の性能による．種々の改良が行われているようであるが，一つのポイントはパワーエレクトロニクス機器の効率を最大限に高めることによって走行距離を延長しようという発想である．もう一つはやはり新型のバッテリー開発を早急に進めることであるが，長期を要することになる．そこでその開発期間のつなぎとして，排気ガスを極力抑え必要な地域（市街地など）では排気ガスゼロでドライブでき，走行距離も従来並みにできる自動車を検討したいという考えが浮かんでくる．

一案としてハイブリッド EV という発想が浮かび有望視されている．このタイプの EV は少量ではあるが，日本のトヨタではすでにハイブリッド EV を製作し発売を始めている．パワーエレクトロニクスは EV のドライブシステムに密接に関係してくる．米国の Ra. jasherkara および他の技術者たちが EV 用の諸特性比較表を発表している（表 11.1）．コスト比較には若干不明な点があるが，DC，ブラシなし（PM），誘導型，スイッチドリラクタンス型の4種類をあげている．特に信頼性については，DC 型は Fair，DC ブラシレス，スイッチドリラクタンス型とは Good，誘導型は Excellent と評価している．

各種モータを効率よく制御するには，パワーエレクトロニクスのチョッパ，インバータ，スイッチ回路が欠かせない．またパワーエレクトロニクスができることは，変換効率を極限まで高めるためのデバイス開発と，車の走行パターンに合った優れた制御を生み出すことであろう．

世界中からの参加者を集めたソーラーカーラリーが

表 11.1 EV 用各種モータ特性比較

	DC ブラシ型	ブラシレス (PM)	誘導型	スイッチド リラクタンス
ピーク効率 (%)	85-89	95-97	94-95	<90
10% 負荷の効率 (%)	80-87	79-85	90-92	78-86
最大回転数	4,000-6,000	4,000-10,000	9,000-15,000	>15,000
コスト/ピークシャフト出力 ($/KW)	10	10-15	8-12	6-10
制御エレクトロニクスの相対コスト	1.0	2.5	3.5	4.5
丈夫さ	Good	Good	Excellent	Good
信頼性	Fair	Good	Excellent	Good

毎年行われている．これは太陽電池のスペース，車載バッテリ容量の厳しい制限のもとに製作した自動車を3日間（25時間）で1周31.26 kmのコースを何周できるか競うレースである．自作のソーラーカーで参加したときのデータでは，全走行距離が1000 kmに達したとの例もある．このソーラーカーの省エネルギー極限設計と運転技術とはEV設計にも参考にできるように思える．

また電気に容易に変換できるエネルギーで貯蔵密度が最も高いのはフライホイールである．実際にこれをEVに適用する動きもある．EVの走行距離延長には，パワーエレクトロニクスは制御も含めて，今後多大の貢献をするべきと考えられる．特に低速ドライブでの高効率を実現させることが重要であろう．

11.9 電力システム応用

11.9.1 直流送電

現在の世界での電力送配電は大半交流で行われている．交流では変圧器が使用できるので電圧を簡単に変更できるという特長がある．しかし交流で遠距離に大電力を送電することを考えると，電圧を1000 kV以上にすることが必要になる．交流ではリアクタンスという電流の制限要素があり，これは災いのもとである．

一方，直流は回路の抵抗のみが電流の制限要素であるので，利用の仕方によっては交流の問題解消が可能になる．そのため直流送電について，日本では1953

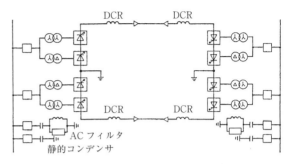

図 11.19 直流送電システム基本回路

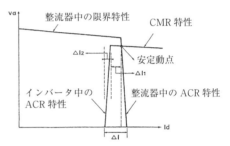

図 11.20(a) 直流送電運転特性

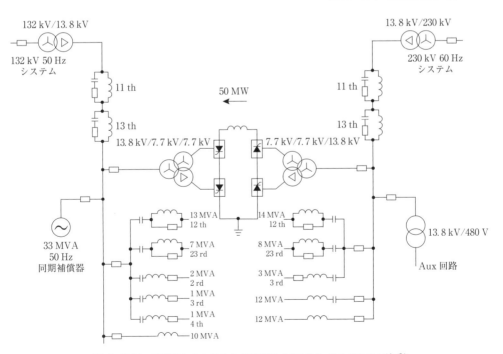

図 11.20(b) 直流リンクシステム主回路図（ブラジル-アルゼンチン連系）

年頃から本格的に調査が行われるようになった。その後、わが国の直流送電は 1977 年頃から本格的に使用され始めた。現在では日本国内の直流送電は数個所で運転されている。

現状、海外で日本の変換装置が運転されている例をあげると、ブラジルのウルグアイアナ変換所ではブラジル側は 60 Hz, アルゼンチン側は 50 Hz で連系している。日本からの変換装置が運転されたのは、現状では 1 セットである。図 11.19, 図 11.20 に基本回路と運転特性および主回路図を示す。

11.9.2 自励式 SVC

自励インバータの出力を交流電源に接続して、その発生電圧を変化させると無効電力の制御ができる。このようにインバータを無効電力調整のみの目的で動作させるときは、有効電力を出力するのではないから、インバータの電源である直流側のエネルギーはインバータの運転時の損失分を補うだけでよい。損失があれば直流電圧は低下するので、インバータの直流電圧を一定に保持する制御を行えば自然に損失補償を行っていることになる。

自励インバータの使用デバイスが高速でスイッチングできる場合は、正弦波に近い電流が系統に流れるように PWM 制御を行うと、外部にフィルタを設置する必要がなくなる。あるいは系統にすでに含まれている高調波を吸収するフィルタの作用を持たせることもできる。この動作はアクティブフィルタと呼ばれている。図 11.21～図 11.23 に基本回路、フェーザ図および実現回路図を示す。

11.9.3 無効電力制御装置

静止型無効電力補償装置ともいい、その英文名略号

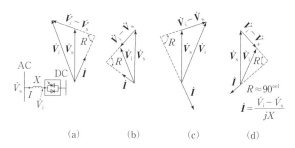

図 11.22 自励インバータと交流電源との電圧・電流フェーザ関係図
(a) 逆変換モード: P と遅れ Q は AC へ, (b) 逆変換モード: P と進み Q は AC へ, (c) 順変換モード: P と進み Q は DC へ, (d) 順変換モード: P と遅れ Q は DC へ, P: 有効電力, Q: 無効電力.

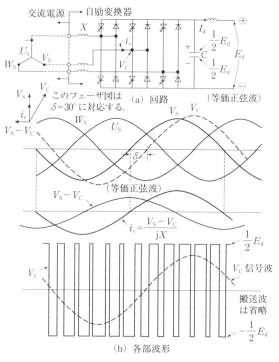

図 11.23 三相ブリッジ自励順変換器動作原理図

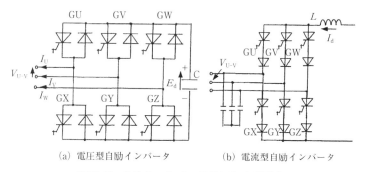

(a) 電圧型自励インバータ　　(b) 電流型自励インバータ

図 11.21 自励インバータの種類とその回路構成

SVCを用いる．交流系統での電圧調整は無効電力調整で行われている．高速に無効電力を制御するためパワーエレクトロニクス技術を応用する．静止型バール補償（SVC）は従来普通のサイリスタを用いているが，最近では自励インバータの適用が行われ始めた．現状のサイリスタ方式を可制御デバイス方式に置き換える可能性を秘めている．

11.9.4 揚水発電電動機の静止型起動装置
a. 概　要

揚水発電電動機（G/M）を揚水のために水車をポンプとして駆動する場合，モータは同期機であるので起動トルクはほぼゼロである．また通常，G/Mは系統の末端の送電線にあり，その容量は単機でも100 MVAをこえるので，モータとして直接起動すると大きな起動電流が交流電源系統に流れ擾乱を与えるので，実際にはそのような運転は不可能である．そのため，パワーエレクトロニクスによる起動装置が実用されている．これは大容量の無整流子電動機（commutatorless motor：CLM）方式と呼ばれているモータ制御である．

b. 実用例

図11.24, 11.25に主回路と電流波形を示す．実際に適用した回路であるが，CLMではモータの逆起電力でサイリスタを転流させるので，始動時のように回転速度が遅く，十分な逆起動力が発生しない領域では，バルブの転流はできない．したがって，定格の5％程度の回転数に達するまでは断続モードで加速する．この運転はCONV1（商用電源側の変換器）をゲートブロック，ゲートシフト，ゲートブロックしてG/Mに断続した直流電流を流し込む．

G/M側（CONV2）のサイリスタの切替えは転流ではなくCONV1により無電流になっている間に行えばよい．すなわちCONV2での転流はなく単なるスイッチ切替えであるので，制御進み角β，$\beta=0$で行って最大トルクを得ている．

G/M巻線の誘起電圧はロータの界磁によって作られる磁束が一定ならば，速度に比例するから，5％回転速度では定格電流の5％が発生する．電圧が低いので転流重なり角が大きくなり，転流余裕角γが確保できないように思えるが実際はそうではない．それは転流リアクタンスが周波数に比例して小さくなるからである．5％以上の回転数では，モータの誘起電圧によ

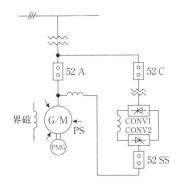

図11.24　静止型起動装置主回路図
CONV1：交流系統側変換器，CONV2：G/M側変換器，PS：ポジションセンサ，PMG：永久磁石発電機（回転数計測用）．

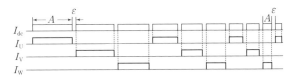

図11.25　直流断続運転時の直流側電流および各相電流波形

る転流を行い加速する．同期速度よりもG/Mの回転数がわずかに高い状態になったとき，これを同期検出回路によって検知し，遮断器によって交流系統に同期投入し，その後遮断器を開放する．ある実例では220 MVAのG/M定格のほぼ8％の容量の静止型起動装置で，静止状態から同期投入まで5分程度であった．

11.9.5 燃料電池

燃料電池は水素・炭化水素などの活性な燃料を電気化学反応によって，直接電気エネルギーに変換する電池である．その電気的特性は無負荷電圧がかなり高いので，電源としての性能は必ずしもよくない．ある程度以上の電流では著しく電圧が低下する．これは事故時の電流が過大にならないという点からは好ましいといえる．常時使用する範囲での直流電圧変化はそれほど大きくはないが，負荷変動に対する応答は化学反応による発電なのでやや緩慢である．

この電池出力を交流系統に接続するには，インバータが必要である．現在実用化されているシステムでは，すべて自励インバータが用いられている．現在の最大電池容量でも5～10 MWと比較的小規模であるので，大電力の自己ターンオフデバイスを使用すれば，少数で装置が構成できる．自励インバータであるから，有効電流のみでなく無効電力も制御でき，またPWM制

御とインバータ用変圧器の多相化によって，フィルタなしでも系統に接続することができるといった特長が得られる．制御はマイクロコンピュータによるDDC（direct digital control）である．

11.9.6 太陽電池システム

太陽電池のデバイス単体は回路電圧で0.6V程度の電圧を発生するにすぎないが，多数を直並列に接続すると，システム容量を容易に大きくできる．光-電力の変換効率は単結晶シリコン材料とするものは20％，多結晶で13％，アモルファスシリコンで（非結晶シリコン）が11％程度といわれるが，現在効率向上を目指す開発が激しく行われている．太陽光の電力は，おおよそ1100 W/mといわれているから，電力変換効率が20％になれば，約220 W/mとなる．広大な面積で晴天の多い地域であれば，相当な発電量が期待できる．米国の西海岸にはすでに数十MWの太陽電池をおいた衛星を設置すれば15 GWの電力が得られ，これをマイクロ波変換して送電し地球上の$10〜13$ km^2で受電すると，総合効率を考えても5 GW以上の電力を24時間連続して地球上の$10〜13$ km^2で受電するという実行可能性の検討がなされている．

たとえばオーストラリアの砂漠に上記の衛星設置の太陽電池面積50 km^2と同面積の直接太陽電池を設置すれば11 GWの発電量になるから，これを適宜直並列として直流電圧±500 kV，500×2回線の直流送電で海岸地帯の都市へ電力輸送するシステムの方がまだ実現性が高い．

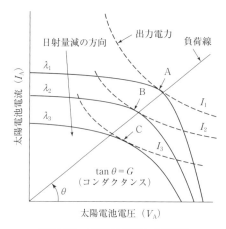

図11.26 太陽電池の電圧-電流特性
$\lambda_1〜\lambda_3$：日射強度パラメータ，A〜C：各えに対する出力最大点．

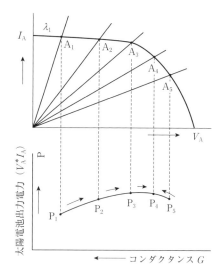

図11.27 最大出力電力トラッキング制御

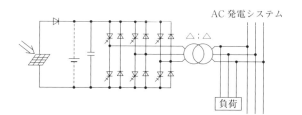

図11.28 太陽電池システム構成図

太陽電池の電圧・電流特性はある電流までは定電圧，その電流を越えると定電流特性になる．太陽電池は日射量の変動によって得られるパワーが変動する．その変動を抑えるには，太陽電池の直流出力にDC/DCコンバータなどを接続する．太陽電池出力の一部をバッテリに受電させる，あるいは日射量が限界値を下回ったときには運転を一時停止するなどを考慮する必要がある．図11.26〜11.28に電圧電流特性，トラッキング制御およびシステム図を示す．

直流をそのまま使用できる用途は一般的ではなく限定されているので，自励インバータを介して直流から交流への変換後，交流系統に接続する方式を適用する．負荷への供給の過不足分は交流電源で補いうるが，交流系統側からみると変動の激しい負荷ともいえるので電力系統全体からは，なんらかの対策が必要になると思われる．

11.10 超電導コイル電力貯蔵装置

超電導現象は低温において電気抵抗がゼロになる現象で，そのため比較的細い超電導線で大きな電流通電ができる．超電導線を用いて空芯コイルを作るといったん流れた電流が永久保存されるので，実質的に損失がゼロのインダクタンスを作ることができる．またそのコイルの通電電流も数 kA から数十 kA にできるので，膨大な磁気エネルギーが蓄えられる．超電導コイルに交流を流すと，交番磁界のためにコイルの導体に過電流が発生して，それが超電導状態を破壊して常電導に転移してしまう現象（クエンチ）が生じる．直流ではそのような問題はない．しかし最近では交流でも使用可能な超電導専用電線が開発されている．

超電導コイルに蓄えられる磁気エネルギーは $LI^2/2$ であるから，たとえば 10 kA の電流でインダクタンス L が 5 H であったとすれば，貯蔵エネルギーは 500 MJ となる．1 秒間でこのエネルギーを全部放出させたとすれば 500 MW のパワーが得られることになる．このような大容量のパワーは電力系統の過渡安定度の強化に大きく貢献する．

超電導コイルは理想的な電流源である．したがってこれに接続される変換器は電流型が望ましい．スイッチングを極端に早める必要はないので，通常のサイリスタ変換器でまず問題ないと考えられる．この回路は三相ブリッジの他励インバータ回路であり，これをCONV と名づける．図 11.29，図 11.30 にシステム図と合成電流を示す．

このコイルを使用して構成された電力貯蔵システムで，各サイリスタのトリガパルスの位相を α とすると，$90° \geq \alpha > 0°$ では CONV は順変換動作でコイルに電流を貯めるが，β を制御進み角とすると $(180° - \beta) \geq \alpha > 90°$ はインバータ動作でコイル電流を系統に与える．超電導コイルによる電力貯蔵は系統事故時に余剰となる有効電力を急速に吸収させて周波数変動を抑えることや，揚水発電所の代替えとして使用するのが適当と考えられる．

電力貯蔵システムには新型の蓄電池による方式があるが，このシステムは直流電源と変換装置とが接続さ

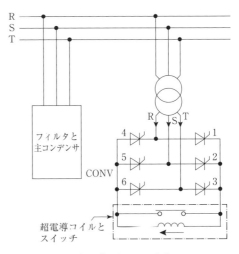

図 11.29 超電導エネルギー貯蔵システム

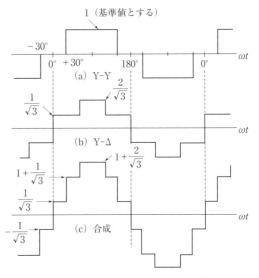

図 11.30 Y-Y，Y-Δ の各電流と合成電流

れた方式となるから，燃料電池と類似である．変換装置は自励インバータであって，その発生電圧の位相を交流系統電圧よりも進ませれば放電モード，遅らせれば充電モードになる．直流回路で短絡事故があると，蓄電池の短絡電流は非常に大きくなるので，その対策として高速限流方式の研究が必要となるであろう．電気鉄道用に実用されている GTO 直流遮断器と同様な高速限流方式が適用可能である． 〔今 井 孝 二〕

中小容量パワーエレクトロニクス回路

第 V 編

1
PWM コンバータの回路方式

1.1 基本回路[1,2)]

図1.1に,商用交流を入力とし直流電圧を出力とするスイッチング電源の基本構成を示す.ここで,商用交流100〜200 Vを整流して得られる直流電圧は,集積回路などの駆動電源としては電圧が高く,また変動要因も多いのでそのままでは用いることができない.そこで,直流入力電圧を要求された直流電圧レベルに変換して出力するDC-DCコンバータが用いられる.ここで,入力電圧が変動した場合でも,常時,出力電圧変動を検出して変動分を調節する帰還回路(比較・増幅回路,PWM回路,駆動回路)が具備されている.

ここでは,電子通信機器用・民生機器用電源として用いられる中小容量DC-DCコンバータの基本回路について説明する.DC-DCコンバータは,直流からパルスを作るためにスイッチとして用いるトランジスタ,整流ダイオード,パルスを平滑して直流に戻すインダクタとキャパシタを基本要素として構成される.これら四つの要素の配置の仕方により,以下,図1.2から図1.4に示す三つの基本回路が構成されている.

1.1.1 降圧形コンバータ

図1.2は,入力電圧より低い電圧の出力に変換する回路で,降圧形コンバータ(buck converter)と呼ばれる.ここで,スイッチSがオン状態の期間(T_{on}),インダクタLの両端に$V_i - V_o$の電圧がかかるため磁束が増加し,その増加量は

$$\Delta\phi_+ = (V_i - V_o)T_{on} \tag{1.1}$$

となる.次に,スイッチがオフ状態の期間(T_{off}),インダクタLの両端に$-V_o$の電圧がかかるため磁束が減少し,その減少量は

$$\Delta\phi_- = V_o T_{off} \tag{1.2}$$

となる.定常状態では,磁束の増加量と減少量は等しくなるので,

$$(V_i - V_o)T_{on} = V_o T_{off} \tag{1.3}$$

となる.ここで,スイッチのオンオフの1周期をT_sとすると,

$$T_{on} + T_{off} = T_s \tag{1.4}$$

となり,入出力電圧比は式(1.3),(1.4)より,

$$\frac{V_o}{V_i} = \frac{T_{on}}{T_s} \equiv D \tag{1.5}$$

と表される.ここで,Dを時比率(duty ratio)と呼ぶ.

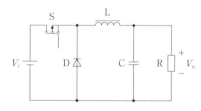

図1.2 降圧形コンバータ

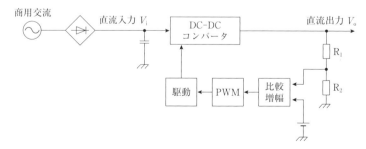

図1.1 スイッチング電源の基本構成

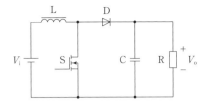

図1.3 昇圧形コンバータ

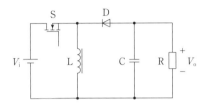

図1.4 昇降圧形コンバータ

1.1.2 昇圧形コンバータ

図1.3は，入力電圧より高い電圧の出力に変換する回路で，昇圧形コンバータ（boost converter）と呼ばれる．ここでも，上述の降圧形コンバータの場合と同様に，スイッチ・オン期間のインダクタLの磁束増加量とスイッチ・オフ期間の磁束減少量が等しいとおくことにより，

$$V_i T_{on} = (V_o - V_i) T_{off} \tag{1.6}$$

が得られる．したがって，

$$\frac{V_o}{V_i} = \frac{1}{T_{off}/T_s} = \frac{1}{1 - T_{on}/T_s} = \frac{1}{1-D} = \frac{1}{D'} \tag{1.7}$$

を得る．ここで，

$$D' \equiv \frac{T_{off}}{T_s} = 1 - D \tag{1.8}$$

とする．

1.1.3 昇降圧形コンバータ

図1.4は，入力電圧より高くにも低くにも変換して出力する回路で，昇降圧形コンバータ（buck-boost converter）と呼ばれる．ただし，この場合，出力電圧の極性が反転する．このコンバータに対しても，スイッチ・オン期間のインダクタLの磁束増加量とスイッチ・オフ期間の磁束減少量が等しいとおくことにより，

$$V_i T_{on} = V_o T_{off} \tag{1.9}$$

が得られる．したがって，

$$\frac{V_o}{V_i} = \frac{T_{on}}{T_{off}} = \frac{T_{on}/T_s}{T_{off}/T_s} = \frac{D}{D'} \tag{1.10}$$

を得る．

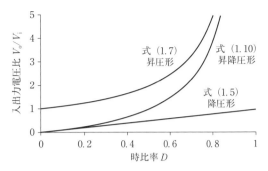

図1.5 コンバータのPWM制御特性

以上，3種類の基本回路について述べたが，これらは入出力端子のグランドが共通である．実際には，安全性の観点から，入出力端子が直流的につながらないようにトランスを挿入した絶縁形コンバータ（第5章で詳述）が要求されることも多く，降圧形をベースにしたフォワードコンバータや昇降圧形をベースにしたフライバックコンバータなどが多く用いられている．

1.1.4 PWM制御

式(1.5)，(1.7)，(1.10)より，時比率Dと入出力電圧比V_o/V_iの関係をグラフに表すと，図1.5が得られる．これより，時比率を変えることによって入出力電圧比を変えることができる．すなわち，入力電圧変動に応じて時比率Dを制御することによって出力電圧を一定に保持することができる．これをPWM制御（pulse-width modulation control）と呼ぶ．

1.2 拡張状態平均化法による解析[3,4]

前節に示した特性は理想の回路素子を用いた場合であり，実際にはすべての回路素子は損失抵抗を含んでおり，損失を考慮した特性は上述の特性から少々ずれることになる．また，上述の特性は静特性であり，帰還制御を施したコンバータの安定動作を確保するには動特性を検討することが必要となり，コンバータ回路の動作方程式の導出が必要となる．一方，スイッチを含む回路は非線形であり，一般的な解析が困難である．しかし，スイッチングコンバータには，スイッチングによる高周波リプル電圧・電流を抑えて直流を得るための平滑フィルタがあり，コンバータの応答を支配する固有周波数がスイッチング周波数に比べて十分低い

という特徴がある．この特徴を利用して，平滑インダクタの電流および平滑キャパシタの電圧の波形を折線近似して差分方程式を導出する状態平均化法が，スイッチングコンバータの解析手法として確立された．その後，共振形コンバータのような平滑フィルタの波形が折線近似できない回路に対しても，従来の概念を拡張した「拡張状態平均化法」が提案され，スイッチングコンバータの統一的な解析手法として用いられている．

1.2.1 拡張状態方程式の導出

ここでは，スイッチングコンバータの低周波領域の特性を表す基礎方程式の導出法を説明する．図1.6に，一般的なスイッチングコンバータの回路モデルを示す．ここでは，スイッチング周波数に比べて十分低い遮断周波数の平滑フィルタを構成するインダクタ L およびキャパシタ C とスイッチやダイオードの高周波で動作する高周波回路に分離したモデルで示している．共振形コンバータの場合，高周波共振要素は高周波回路に含まれる．この回路モデルにおいて，図1.7に示すように，インダクタ L の電流 i_L とキャパシタ C の電圧 v_C は，大きな低周波成分に小さな高周波リプルが重畳した波形となり，インダクタ L の電圧 v_L とキャパシタ C の電流 i_C は，スイッチング周波数相

当の高周波パルス波形となる．この回路モデルに対して，ベクトル変数 x, y を

$$x = [i_L, v_C]^T, \quad y = [v_L, i_C]^T \quad \text{（T は転置）} \quad (1.11)$$

で定義すると，次式が成り立つ．

$$\frac{dx}{dt} = Gy, \quad G = \begin{bmatrix} \dfrac{1}{L} & 0 \\ 0 & \dfrac{1}{C} \end{bmatrix} \quad (1.12)$$

この式から，変数 x の1スイッチング周期間の差分が次のように表される．

$$x(\overline{k+1}T_s) - x(kT_s) = G\int_{kT_s}^{\overline{k+1}T_s} y\,dt \quad (1.13)$$

この式の両辺をスイッチング周期 T_s で割れば，

$$\frac{x(\overline{k+1}T_s) - x(kT_s)}{T_s} = G \cdot \frac{1}{T_s}\int_{kT_s}^{\overline{k+1}T_s} y\,dt = G\bar{y} \quad (1.14)$$

が得られる．ただし，k は $k \geq 0$ なる整数である．ここで，$\bar{y}$ は1スイッチング周期内での y の平均値を表している．さらに，x の要素が低周波成分に小さな高周波リプルが重畳していることを想起し，この低周波成分 $\hat{x}$ がコンバータの動作を表していると考えると，コンバータの動作を表す状態方程式

$$\frac{d\hat{x}}{dt} = G\bar{y} \quad (1.15)$$

が得られる．上述の各変数が表す波形の状況を図1.7に示す．

1.2.2 昇圧形コンバータの解析例

図1.3に示した昇圧形コンバータを例に，インダクタンス L と直列に抵抗がある場合の拡張状態方程式を導出する．まず，昇圧形コンバータのスイッチがオン期間（T_{on}）とオフ期間（T_{off}）の等価回路を図1.8に示す．この場合，低周波動作を表すインダクタ L

図1.6 一般のスイッチングコンバータの回路モデル

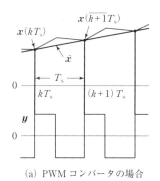

(a) PWMコンバータの場合

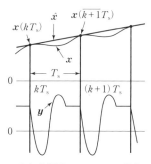

(b) 共振形コンバータの場合

図1.7 平滑フィルタの状態変数 x と補助変数 y の概念波形

1. PWM コンバータの回路方式

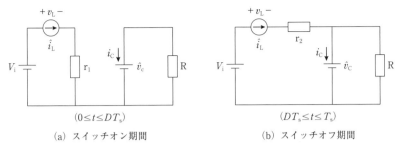

(a) スイッチオン期間　　　(b) スイッチオフ期間

図 1.8 昇圧形コンバータの等価回路

とキャパシタ C に対しては，それらの低周波動作を表す電流源 $\hat{i}_L$ および電圧源 $\hat{v}_C$ とする．また，r_1 はインダクタ L とスイッチの等価直列抵抗，r_2 はインダクタ L とダイオードの等価直列抵抗を表す．これらの等価回路から，高周波変数（補助変数）v_L および i_C は次式で表される．すなわち，スイッチ・オン期間 (DT_s) において，

$$v_L = V_i - r_1\hat{i}_L, \quad i_C = -\frac{\hat{v}_C}{R} \tag{1.16}$$

スイッチ・オフ期間（$D'T_s$）において，

$$v_L = V_i - r_2\hat{i}_L - \hat{v}_C, \quad i_C = \hat{i}_L - \frac{\hat{v}_C}{R} \tag{1.17}$$

これらは 1 スイッチング周期内でほぼ一定と見なされ，図 1.7(a) に示すようなパルス波形となり，その 1 スイッチング周期内の平均値は次式で表される．

$$\bar{\boldsymbol{y}} = \begin{bmatrix} \bar{v}_L \\ \bar{i}_C \end{bmatrix} = \begin{bmatrix} V_i - (Dr_1 + D'r_2)\hat{i}_L - D'\hat{v}_C \\ D'\hat{i}_L - \hat{v}_C/R \end{bmatrix} \tag{1.18}$$

式 (1.11)，(1.15)，(1.18) より，昇圧形コンバータの状態方程式が次式で表される．

$$\frac{d}{dt}\begin{bmatrix} \hat{i}_L \\ \hat{v}_C \end{bmatrix} = \begin{bmatrix} -(Dr_1 + D'r_2)/L & -D'/L \\ D'/C & -1/CR \end{bmatrix}\begin{bmatrix} \hat{i}_L \\ \hat{v}_C \end{bmatrix} + \begin{bmatrix} 1/L \\ 0 \end{bmatrix}V_i \tag{1.19}$$

その結果，静特性を求める場合，定常状態では $\hat{i}_L$ および $\hat{v}_C$ は一定となるので上式の左辺 $=0$ とおき，$\hat{i}_L$ を消去すると，電圧 $V_o (= \hat{v}_C)$ が得られ，入出力電圧比は次式となる．

$$\frac{V_o}{V_i} = \frac{1}{D'} \cdot \frac{1}{1 + (Dr_1 + D'r_2)/(D')^2 R} \tag{1.20}$$

この結果を式 (1.7) で表される理想素子の場合と比較すると，図 1.9 に示すように，時比率 D が 1 に近づくに伴い損失の影響が大きく現れる．

さらに，式 (1.19) において，$\hat{i}_L$，$\hat{v}_C$，V_i，および R に微小変動を導入し，微小変動分 $\Delta\hat{i}_L$，$\Delta\hat{v}_C$ に対する微分方程式を導出することで，コンバータの動特性を

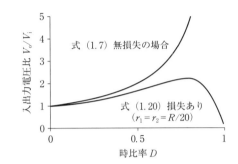

図 1.9 昇圧形コンバータの静特性に及ぼす損失の影響

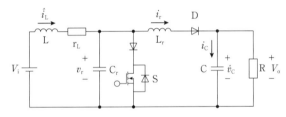

図 1.10 電圧共振全波形昇圧コンバータ

考察することができ，安定性を確保した帰還回路の設計ができる．

1.2.3 共振形コンバータの解析例

前項の図 1.7(a) に示したように，高周波動作を表す波形が方形波になる場合，それらの 1 スイッチング周期当たりの平均値が容易に求められ，前項記述のように状態方程式が導出される．一方，共振形コンバータ（第 2 章で詳述）の場合には，高周波動作波形が，図 1.7(b) に示すように正弦波状になり，その平均値を求めるには，それらの動作波形を解析式で表すことが必要になる．

ここでは，図 1.10 に示す電圧共振全波形昇圧コンバータに対する拡張状態平均化法の適用手順を述べる．このコンバータは，図 1.3 に示す昇圧形コンバー

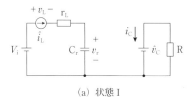
(a) 状態 I

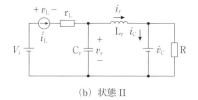
(b) 状態 II

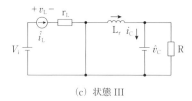
(c) 状態 III

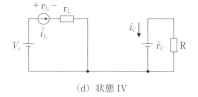
(d) 状態 IV

図 1.11 四つの状態の等価回路

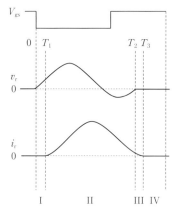

図 1.12 高周波変数 v_r と i_r の動作波形

タをベースに,スイッチS両端に共振用キャパシタ C_r とダイオードDと直列に共振用インダクタ L_r を付加した回路になっており,共振周波数 $1/2\pi\sqrt{L_r C_r}$ はスイッチング周波数より高く設定される.ここで,スイッチSのターンオフ時から始めて,1スイッチング周期が図1.11に示す四つの動作状態からなる.これらの等価回路から共振電圧・電流波形 v_r, i_r を求めると図1.12が得られる.さらに,それらの波形を1スイッチング周期内で積分することにより平均値 $\bar{v}_r, \bar{i}_r$ を導出すると,

$$\bar{v}_r = g\hat{v}_C, \qquad \bar{i}_r = g\hat{i}_L \tag{1.21}$$

が得られる(パラメータ g の詳細は,文献3,4を参照).この結果を用いて高周波変数 v_L, i_C の平均値を求めると,

$$\bar{y} = \begin{bmatrix} \bar{v}_L \\ \bar{i}_C \end{bmatrix} = \begin{bmatrix} V_i - \bar{v}_r - r_L \hat{i}_L \\ \bar{i}_r - \hat{v}_C/R \end{bmatrix} = \begin{bmatrix} V_i - r_L \hat{i}_L - g\hat{v}_C \\ g\hat{i}_L - \hat{v}_C/R \end{bmatrix} \tag{1.22}$$

のように表され,その結果,電圧共振全波形昇圧コンバータの状態方程式として次式を得る.

$$\frac{d}{dt}\begin{bmatrix} \hat{i}_L \\ \hat{v}_C \end{bmatrix} = \begin{bmatrix} -r_L/L & -g/L \\ g/C & -1/CR \end{bmatrix}\begin{bmatrix} \hat{i}_L \\ \hat{v}_C \end{bmatrix} + \begin{bmatrix} 1/L \\ 0 \end{bmatrix}V_i \tag{1.23}$$

これをもとに,静特性および動特性の考察が可能となる. 〔二宮 保〕

文 献

1) 二宮 保:「スイッチングレギュレータの基本特性と問題点」,電気学会誌,**100**,6,pp.507-514 (1980).
2) 原田耕介・二宮 保監修:「スイッチング電源技術」,日本工業技術センター,pp.15-37 (1988).
3) T. Ninomiya, et al.: "A unified analysis of resonant converters", IEEE Transactions on Power Electronics, **6**, 2, pp.260-270 (1991).
4) 原田耕介,二宮 保,顧文建:スイッチングコンバータの基礎,コロナ社,pp.183-196 (1992).

2

電流共振形コンバータ

2.1 直列共振形コンバータ

直列共振形コンバータは低ノイズ・高効率な電源技術として盛んに使用されている．無制御のコンバータに応用すると利点を生かしやすく，製品も多い．出力制御タイプのコンバータでも，主回路の研究と制御技術の進歩によりいくつかの方式が実用化されている．古い技術であるが，まだ改善を必要とする点もある．ここでは主回路方式について，改善を試みたものを含め解説する．

2.1.1 直列共振形コンバータと技術動向

直列共振形コンバータに関する最も古いと思われる特許に，1969 年，Tektronix Inc. の R. E. Andrews により提案された USP3596165 がある．インバータやハイパワーの発信器で培った技術を応用し，トランスの出力を整流平滑化したものである．図 2.1 は国内における直列共振形の特許・実用新案の年別の公開件数である．出願から公開までの年数を考慮すると，1980 年台後半から 1990 年台前半に大きな盛り上がりをみせ，その後も粘り強い人気がある様子がうかがえる．現在では低ノイズを期待するオーディオ関係，大型テレビ用などに採用されている．力率改善コンバータ（PFC）と組み合わせて，その利点を生かしたものも多い．

2.1.2 直列共振形コンバータの基本形

図 2.2 に直列共振形コンバータの基本回路を示した．直列共振形コンバータの入出力変換比および各条件での動作について，詳細な解析結果が紹介されている[1]．この論文を参考にして，直列共振形コンバータの基本回路について動作と特性を簡単に説明する．

直列共振形コンバータの出力電圧および動作は負荷条件と動作周波数に大きく依存する．大きくとらえて，図 2.3 に示すように，A から D の状態に分ける．A：$f_s \leq f_r$ でかつ $I_o < 4Cf_sV_i$ では出力電圧は定電圧特性を示す（図 2.3 の実線および A の波形）．B：$f_s = f_r/2$, $f_s = f_r/4$ では負荷抵抗低下時は定電流特性を示す（図 2.3 の破線および B の波形）．C：$f_s = f_r$ では負荷によらず定電圧特性となる（内部抵抗なしの場合，図 2.3 の点線および C の波形）．D：$f_s < f_r$ で出力電流が大きく（負荷抵抗の値が低く）なった場合（図 2.3 の太い実線お

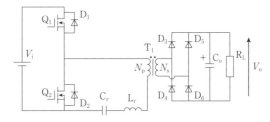

図 2.2 直列共振形コンバータの基本回路

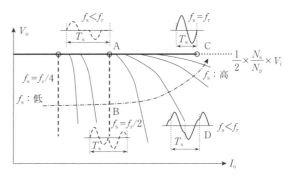

図 2.3 直列共振形コンバータ基本形の出力電圧-出力電流特性

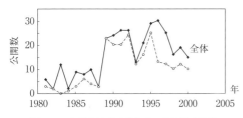

図 2.1 直列共振形公開特許・実用新案件数

よびDの波形）．ただし，f_sはスイッチング周波数，f_rは共振回路の共振周波数．定電圧，定電流特性は入力電圧一定の場合を示し，入力電圧が変化する場合は入力電圧にほぼ比例する．

Aの状態ではf_sがf_rにほぼ等しければ，出力電圧V_oはほぼ次式で示される．

$$V_o = \frac{1}{2} \times \frac{N_s}{N_p} \times V_i \qquad (2.1)$$

Bの状態ではスイッチング周期の半分に共振の1周期が入ることになる．負荷抵抗が低くなり共振用コンデンサの電圧が入力電圧より高くまで充電されるようになると，共振電流はマイナス側にも流れるが，この電流はスイッチの入力に流れる．共振タンクのエネルギーが入力に戻されることになる．理論的には，出力短絡の場合にはプラス側とマイナス側の電流が等しくなり，その場合でも定電流を維持する．

Cの状態は負荷抵抗の値が低くなっても出力電圧が低下しない．内部抵抗による制限はあるものの，過電流によりスイッチなどの破損が起こりやすい．入力が一定であれば通常時はf_sをほぼf_rに等しく固定し，起動時や過負荷はf_sをf_rの半分にするなど，A, B, Cの状態を好ましい方向に利用すれば，ZVS（zero voltage switching）も容易となり，低ノイズで高効率な電源が得られる．

一般的には入力電圧が変動するので入出力電圧比の制御が必要となる．f_sを変化させて制御することになるが，f_sを変化させると上記のA, B, C以外の状態で動作する．A, B, Cは特別な状態なので，一般的な条件ということになる．

D状態は一例として，$f_r/2 < f_s < f_r$で，負荷抵抗の値が低い場合を示す．Bの状態の説明で述べたように$I_o > 4C f_s V_i$の負荷条件になると，共振電流が反対側にも流れるようになる．B状態のように$f_s = f_r/2$の場合は再び電流がゼロになったときに次の半周期が始まり，ZCS（zero current switching）となるが，$f_r/2 < f_s < f_r$の条件ではD状態のように電流が逆側に流れている状態で次の半周期が始まる．逆に流れている電流はスイッチのボディダイオードを通過している．ZCSにならないばかりか，上下スイッチ間の貫通電流，ZVS不可能など問題が発生する．動作周波数が共振周波数より低くなるので共振電流がスイッチング周期より「進む」とも表現できるので，電流進み現象という場合もある．

図2.3にはないが，$f_s > f_r$で動作させる場合もある．共振周期よりスイッチング周期のほうが短くなるので，共振電流が流れている途中でスイッチがオフになる．共振電流は途中で反対側のスイッチと並列なダイオードに流れるのでZVSは容易である．出力抵抗の値が低い場合には降圧能力がある．上記の電流進みの反対で，電流はスイッチング周期に対して遅れ位相になる．

2.1.3 直列共振形コンバータの技術課題

直列共振形コンバータの基本形では，適切に動作すればZVSも容易で，低ノイズで高効率な電源が得られる．一方，出力制御をする場合，多くの入出力条件で，進み電流による問題が発生することを前に述べた．その他，出力を制御する場合，動作周波数を大きく変化させる必要があり，電流の実効値が比較的大きいなどの問題もある．

実用化または実用化研究がされている代表的な方式と，その課題をまとめると次のとおりである．

a. 力率改善回路（PFC）と無制御コンバータの組合せ

直列共振形コンバータでは，動作周波数を共振周波数とほぼ同じ周波数にした場合安定であることは前に述べたが，PFCをプリレギュレータとしてこの利点を生かすことができる．同期整流，ZVSも容易であり，小型，高効率，低ノイズが実現できる．

製品例を図2.4に示す．テレビ用の電源で，幅220 mm，長さ350 mm，厚さ22 mmと薄型の電源である．出力電力は多出力で，合計170 W，効率は約96 %と高い．無制御の直列共振形コンバータで，入力はPFCの出力である．同期整流方式で内部電力損失を少なくし，放熱フィンを大幅に小さくしている．出力制御はPFCで行っている．

b. 並列共振回路の挿入

進み電流の防止，周波数変動範囲の低減を目的とし

図2.4　共振形コンバータの製品例

2. 電流共振形コンバータ

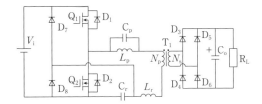

図 2.5 並列共振回路を持った電圧クランプ形直列共振コンバータ

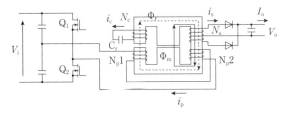

図 2.6 複合トランスによる共振形コンバータ

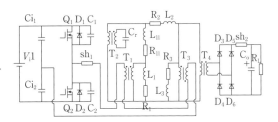

図 2.7 図 2.6 の方式の等価回路

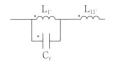

図 2.8 共振回路部の簡単な等価回路

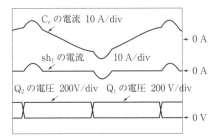

図 2.9 複合トランス形直列共振形,波形例

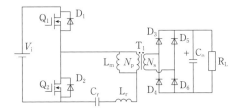

図 2.10 トランスの励磁により共振を促進して制御する方式

て,電圧クランプ形で並列共振回路を直列共振回路に直列に接続した方式がある[2]. 図 2.5 に回路構成を示す. D_7, D_8 はクランプダイオードで,C_r の電圧を入力電圧にクランプしている. そのため共振電流の跳ね返りは発生しないので,進み電流現象の問題はない. C_p, L_p で並列共振回路を構成している. 並列共振回路の共振周波数近辺では並列共振回路の電圧が上昇し,直列共振回路の電流が小さくなり,軽負荷時や出力垂下制御時でも動作周波数は並列共振周波数以下にする必要がない. 入力電圧が高いときや軽負荷時の並列共振回路の電流が大きく,効率が低く,並列共振回路のサイズが大きくなりやすいのが欠点である.

図 2.6 は複合トランスにて図 2.5 と同様な動作を可能にしたものである. クランプ用ダイオードは省略してある. 等価回路を図 2.7 に示すが図 2.5 と同等であることがわかる. 図 2.6 で破線内は複合トランスの等価回路を示すものである.

図 2.6 の N_c, N_p1, C_r が図 2.7 の L_1, L_{1l}, Cr に展開される. 図 2.8 は共振回路の部分をさらに簡易な等価回路にしたもので,並列共振回路を直列に配した方式とほぼ同じ構成である. 図 2.9 は図 2.7 の軽負荷時のシミュレーション波形である. 制御時の動作をよく表している.

c. 励磁インダクタンスの活用

トランスの励磁インダクタンスの電流で共振コンデンサの放電を促進し,直列共振の振幅を大きくして制御する方式は,励磁インダクタンスの電流により進み電流をカバーして進み電流の現象を軽減できる. この方式は共振周波数以下の周波数で動作させると昇圧能力があることが報告されている[3]. 入力電圧が最高で軽負荷の条件で出力電圧が希望値になるように,昇圧能力なしで考えてトランスの巻数比を決定する. 入力電圧が最低で全負荷の条件で出力電圧が希望値になるような昇圧能力を得るために,図 2.10 における C_r, L_r, L_m の組合せを決定する.

動作周波数がある値以下になると入出力電圧比は低下し始めるとともに,共振電流は反対極性側にまで流れるようになる. つまり,電流進みの現象になる. これが,昇圧能力の限界点となる. 制御中に瞬時でも,この限界周波数以下になると破損の危険がある. しかしながら,制御回路技術および IC 技術の進歩により

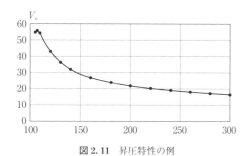

図 2.11 昇圧特性の例

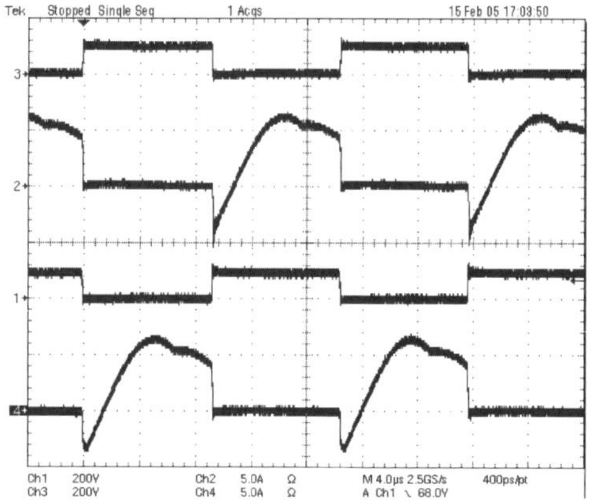

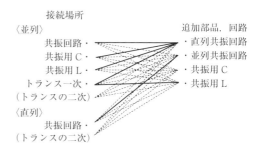

図 2.13 追加する場所，部品の組合せ

図 2.12 波形例

制御回路でこの対策が可能である．そのほか，無負荷付近での間欠発振，出力か電流に対する発振停止，自動復帰など主回路の欠点を制御回路でカバーできている．ただし，大きなピーク負荷対応や，低電流垂下は本質的に難しい．図 2.11 に昇圧特性の例，図 2.12 に動作波形例を示す．

2.2 直列共振形コンバータの複共振化

以上述べてきたように，降圧タイプは共振回路の電流実効値が大きい．昇圧形は過電流保護，共振はずれなどの問題がある．また，直列共振形コンバータは各部の電流実効値が大きめである．スイッチの導通損失，トランスの銅損が大きくなりやすい．二次側に共振用のコンデンサを追加し，電流低減をした報告がある[4]．

2.2.1 方式の展開方法

直列共振形コンバータを原形とする複共振のバリエーションの概要を示す．

図 2.13 に展開方法を示す．追加する要素は C, L, 直列共振回路，並列共振回路に限った．追加する場所についても，並列の場合は共振回路，L, C, トランス一次とした．直列に追加する場合であるが，直列共振形コンバータゆえに共振回路と直列に入るものは並列共振回路だけである．ほかは共振要素が直列になるだけであるので，方式のバリエーションは得られない．部品同士の並列，部品と並列共振の並列も意味をなさない．トランスの二次側に部品や回路を追加することについては前記報告書[4]において詳細な検討がなされているので省く．またトランスの直流偏磁が発生するものや，トランスの漏れインダクタンスが利用できないものは除き，結局 6 種類の方式である．

2.2.2 組合せから生まれた方式の検討結果

昇圧形と降圧形および両方を兼ね備えた方式に分けられることがわかった．ハーフブリッジで駆動した場合，動作周波数を変化させたとき

$$V_o \geq \frac{1}{2} \times \frac{N_s}{N_p} V_i$$

となるものを昇圧タイプ，

$$V_o \leq \frac{1}{2} \times \frac{N_s}{N_p} V_i$$

となるものを降圧タイプ，両方の能力を兼ね備えたものを昇降圧タイプとした．

a．共振用キャパシタに直列共振回路を並列

図 2.14 にその回路を示す．L_{r2} と $C_{r1}+C_{r2}$ の共振回路の周波数に谷点ができる降圧形である．C_{r2} のキャパシタンスが大きいほうが昇圧能力が大きく有利である．つまり，C_{r2} を直流カット用と考えたほうがよい．谷点より低い周波数帯では制御能力が低く，波形ひずみも大きい．谷点より高い周波数で制御することになるが，ZVS は励磁インダクタンス（L_m）に流れる電流に依存する．

また，直流カットのコンデンサを入れて，インダク

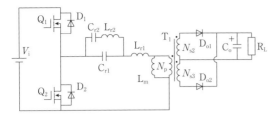

図 2.14 C_r に直列共振回路を並列

タ（L）を並列に接続した場合の回路はこれと同形になる．この方式でトランス一体形が前記の図 2.6 である．

b． 共振用インダクタに直列共振回路を並列

図 2.15 にその回路を示す．この方式では周波数の変動により $L_{r1}+L_{r2}$, C_{r2} の共振回路の状況により L_{r1} の両端子間の電圧が変化することで C_{r1} に流れる共振電流が変化する．これにより出力が変化するので周波数制御が可能である．しかしながら，$L_{r1}+L_{r2}$, C_{r2} の共振回路の共振点近くで制御することになるため L_{r1}, L_{r2} の電流が大きい．共振回路の電力損失が大きく実用に向かない．

c． 共振回路に直列共振回路を並列に接続

図 2.16 にその回路を示す．二つの直列共振回路が並列に接続されることになる．それぞれが異なる共振周波数を持つようにすると，動作周波数の変化により電流の位相が別々に変化する．位相の変化により加えられたり，差し引かれたりすることにより出力が変化する．したがって，出力が周波数制御可能である．降圧タイプで制御能力が高く，出力垂下，軽負荷時の制御時は共振電流が小さくなるなど，高効率が望める．

トランスの励磁電流も考慮した検討結果を 2.2.4 項に示す．

d． トランスの一次コイルにインダクタを並列に接続（励磁 L）

図 2.10 と同じで，すでに前に説明してある．

e． トランスの一次コイルに直列共振回路を並列に接続

もとの共振回路と追加する共振回路を異なる共振周波数にする．追加する共振回路の共振周波数をもとのものより高くすると，一見追加する回路の共振周波数近辺で出力を絞り込むことができそうである．実際にはそれだけでなく，昇圧作用もあり，昇降圧が可能である．

回路図を図 2.17 に示したが，L_{r1}, L_{r2} はトランスの漏れインダクタンスを使用したいため，C_{r2} は実際にはトランスの三次巻線に接続することになる．

出力電圧制御能力は高いが，共振電流が比較的大きいため，実用化されている方式に比べて，効率の点でやや不利である．

f． 回路と直列に並列共振回路を接続

降圧形である．図 2.5 で説明した．

2.2.3　検討結果

各種の回路を検討したが，目新しいものは b, c, e であるが，表 2.1 のように各回路を検討したところ c

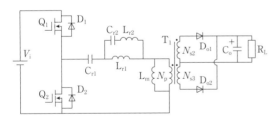

図 2.15 共振用 L に直列共振回路を並列

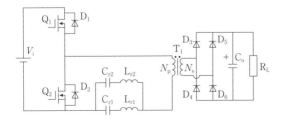

図 2.16 直列共振回路に直列共振回路を並列に追加

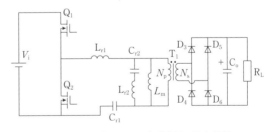

図 2.17 T_1 次コイルに直列共振回路を並列

表 2.1 回路の検討項目

効率に関連して	ZVS の方法と範囲 電流実効値 同期整流の難易度
コストに関連して	共振回路数 トランスボビン数
その他	制御能力 変動周波数 制御のしやすさ

の応用が評価できるという結果となった．

降圧タイプの場合制御能力は高いものの，電流実効値が大きく，効率の面で昇圧タイプに劣ることがわかった．一方，昇圧タイプは垂下能力がなく，過電流時は発信停止でしか対応できない．

cで示した方式は降圧タイプであるが，電流実効値が比較的小さい．トランスの励磁インダクタンスは自然に存在するもので，能力は小さいが昇圧能力は存在する．PFCが前段にあることを条件にすれば，いままで以上に高効率，低ノイズで，垂下も可能な方式が生まれる．昇圧能力の増強に追加した共振回路が有効なこともわかった．

2.2.4 共振回路に直列共振路を並列に接続した方式の調査

トランスの漏れインダクタンスを利用することで，共振用のコンデンサを1個追加するだけで，図2.18に示すように，この方式を実現できる．前に説明したように，動作周波数の変化に伴う各共振回路に流れる電流の位相差により出力を制御する．図2.19に動作

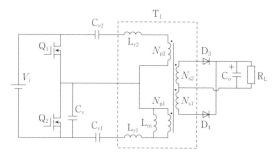

図2.18 二つの共振回路を持つ直列共振形コンバータ（cの方式）

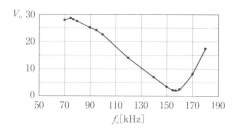

図2.19 周波数と出力電圧の変化

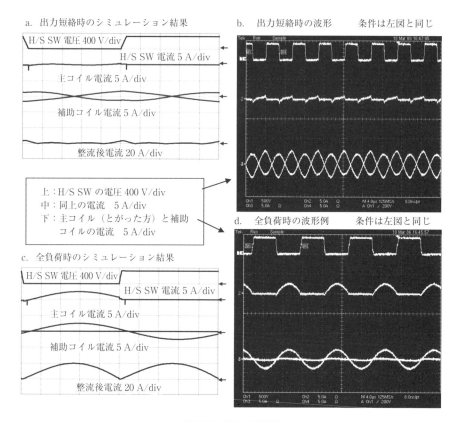

図2.20 各部の波形例

2. 電流共振形コンバータ

表2.2 各種方式の各部電流実効値の比較

	補助コイル	主コイル	SW1	SW2	出力整流後	C_o
正弦波	—	3.34	2.36	2.36	3.34	1.46
＋第三次	0.521	3.13	2.24	2.24	3.17	1.05
＋第三，五次	0.544	3.07	2.216	2.216	3.13	0.926
A/C＋FW		2.105	0.339		3.00	0.074

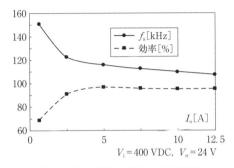

図2.21 出力電流 vs 効率，動作周波数

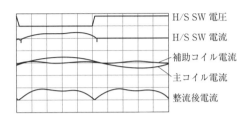

図2.22 cの方式で，共振周波数が1:3

周波数と出力電圧特性の例を示す．

この方式を便宜上，cの方式とする．励磁インダクタンスを下げていくと，共振周波数以下で昇圧作用が出てくる．PFCと組み合わせて，入力電圧を一定で，励磁インダクタンスを有効に活用して出力保持時間を大きくし，降圧作用で垂下を実現するシステムとした．波形例を図2.20に示す．

図2.20では，シミュレーションと実際の動作波形がよく一致しているのがわかる．出力が短絡状態でも周波数を制御することで，図2.20のa，bのように，二つの共振回路の電流位相差が180°になり，出力を低下させる．主スイッチの電流が全負荷時（c，d）に比べてかなり小さい．出力短絡時の共振電流も各共振回路の共振点から離れるため大きくならない．

図2.21に出力電圧を一定に制御した場合の，出力電流と動作周波数と効率を示す．図2.18と比べ主コイル側の共振周波数がずれているが，谷点はほぼ合っている．効率は96％以上でよい結果が得られている．

共振形コンバータは電流が正弦波状のため，各部の電流実効値，特に出力コンデンサの電流はパルス幅制御（PWM）形のコンバータに比べて大きい．図2.22は前記の方式cで，二つの共振回路の周波数を1対3に設定した場合の波形例である．基本波と第三調波の関係になり，スイッチ，および整流出力の電流は方形波に近づいている．

表2.2に各方式の電流実効値の比較を示した．正弦波状に比べて，図2.22の場合は電流が減っていることがわかる．しかしながら，フォワードコンバータと比べた場合まだまだ電流が大きいことがわかる．

〔菊地芳彦〕

文　献

1) V. Vorperian, S. Cuk : "A Complete dc Analysis of the Series Resonant Converter", IEEE Power Electronics Specialists Conference, Record, pp. 85-100 (1982).
2) 鍬田　豊，榊原一彦：「動作周波数の負荷依存性を改善した直列共振コンバータ」，信学技報，86, 114, pp. 1-8 (1986).
3) 桑原厚二，太田裕之：「直列共振形DC-DCコンバータの出力電圧昇圧特性について」，信学技報（エレクトロニクスソサエティ），EE2005-7, pp. 35-40 (2005).
4) 安村昌之，高濱昌信：「密結合トランスによる複合共振形コンバータ」，信学技報（エレクトロニクスソサエティ），EE2002-14, pp. 77-82 (2002).

3

電圧共振形コンバータ

電圧共振形コンバータは電圧変換を行うスイッチ素子のスイッチングにより，回路のインダクタンスとキャパシタンスとの共振により，スイッチ素子の電圧が正弦波状になる回路である．スイッチ素子の電圧がゼロ電圧時にスイッチング（zero voltage switching：ZVS）するのでスイッチング損失が少なく発生する電磁雑音も少ない，という利点の反面，共振させるために大きな振動電流を流さなければならず，循環電流による損失増加や共振作用により大きな振動電圧が発生し，スイッチ素子の高耐圧化を招くなどの欠点がある．

本章では電圧共振形コンバータの回路例と動作について説明し，電圧共振形の欠点であるスイッチ素子の振動電圧を抑制する電圧クランプ形コンバータについても紹介する．

文章を簡潔にするため本章においては図のシンボル記号を表3.1に示し，動作についてはこの記号を用いて説明する．また，インダクタとコンデンサの容量はシンボル記号をそのまま用いる．さらに各デバイスは理想特性としトランスの巻数は$N_1 = N_2$とする．

動作波形はSCAT[1]によるシミュレーション結果を用いている．

各回路図に示した矢印は各動作波形図の電圧・電流の正の方向を示し，各等価回路の矢印はそれぞれ電流の方向を示している．

3.1 電圧共振形コンバータ

3.1.1 非絶縁コンバータ[2]

図3.1は代表的な降圧チョッパ回路に電圧共振回路

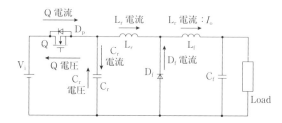

図3.1 電圧共振形降圧チョッパ回路

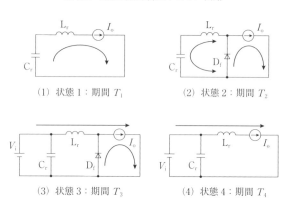

図3.2 動作状態ごとの等価回路

表3.1 記号と名称

記号	名称	記号	名称
V_i	電圧値 Vi とする入力電源	C_r	共振コンデンサ
Load	負荷抵抗	C_f	フィルタコンデンサ
T	理想トランス	C_p	主スイッチの寄生容量
N_1	理想トランスの一次巻線	C_{ps}	補助スイッチの寄生容量
N_2	理想トランスの二次巻線	C_s	スナバーコンデンサ
L_e	理想トランスの励磁インダクタンス	D_r	整流ダイオード
L_r	共振インダクタ	D_f	フライホイルダイオード
L_f	フィルターインダクタ	D_p	主スイッチの寄生ダイオード
Q	主スイッチ素子（FET）	D_{ps}	補助スイッチの寄生ダイオード
Q_s	補助スイッチ		

3. 電圧共振形コンバータ

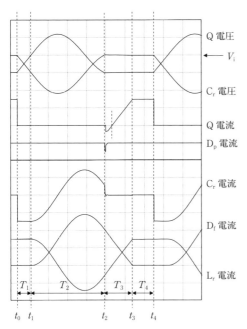

図 3.3 電圧共振形降圧チョッパ回路動作波形図

を利用した回路図である．

この回路での動作状態は4種あり等価回路を図3.2，動作波形を図3.3に示し，以下これらの図を用いて状態ごとの動作を説明する．なお，L_f はインダクタンス値が十分大きく，脈動のない負荷電流が流れているので電流源 I_o で表す．

(1) 状態1 状態1はQがオフしたときから始まる．Qがオフすると L_r と L_f に流れていた電流は C_r を放電させる方向に流れ，C_r の電圧は定電流で放電するため直線状に減少する．C_r の電圧の減少に伴いQの電圧は上昇していく．時刻 t_1 において C_r の電圧がゼロになりさらに低下すると D_f が導通する．この時刻 t_1 までが状態1になる．

(2) 状態2 状態2は C_r の電圧が負になり D_f が導通するので L_f の電流は L_r と D_f に分流し，L_r と C_r とで直列共振回路が生成され自由振動となる．C_r の電圧は L_r との直列共振により正弦波状に低下した後上昇し，時刻 t_2 で V_i に達する．するとQの電圧はゼロとなり L_r の電流は D_p に流れ，C_r の電圧は V_i でクランプされる．時刻 t_2 で状態2は終了する．

(3) 状態3 時刻 t_2 で D_p の導通中にQをオンさせるとゼロ電圧スイッチとなる．Qには引き続き L_r の電流が流れ，負の電流から正方向へと増加していく．時刻 t_3 で L_r の電流が I_o と等しくなるとクラン

プされ D_f の電流はゼロとなる．状態3は t_3 で終了する．

(4) 状態4 時刻 t_3 で L_r の電流が負荷電流と等しくなるとクランプされ共振現象は終了しQ，L_r には I_o が流れる．この期間はQがオフする t_4 まで継続する．

(5) ZVS条件 状態2の期間の回路方程式は式(3.1)となる．

$$\frac{1}{C_r}\int i_{L_r}dt + L_r\frac{di_{L_r}}{dt} = 0 \qquad (3.1)$$

式 (3.1) を初期条件，L_r の電流を I_o，C_r の電圧をゼロとして L_r に流れる電流 i_{L_r} と C_r の電圧 v_{C_r} について解くと式 (3.2)，式 (3.3) が求められる．

$$i_{L_r} = I_o \cos \omega t \qquad (3.2)$$

$$v_{C_r} = -\frac{I_o}{\omega C_r}\sin \omega t \qquad (3.3)$$

ここで

$$\omega = \frac{1}{\sqrt{L_r C_r}} \qquad (3.4)$$

スイッチ素子QがZVSするには，状態2において v_{C_r} が V_i より大きくなることが条件になり，ZVS条件は式 (3.5) で表される．

$$I_o \geq \sqrt{\frac{C_r}{L_r}} V_i \qquad (3.5)$$

式 (3.5) から一定以上の負荷電流でないとZVSできないことがわかる．

3.1.2 絶縁形電圧共振コンバータ

a. フォワード形

フォワード形電圧共振コンバータ回路例を図3.4に示す．理想トランスTは L_e と N_1，N_2 とで構成され，Qと並列に C_r を接続し，L_e を共振インダクタとして使用する．二次側は D_r，D_f，L_f，C_f で構成され L_f のインダクタンス値は十分大きく安定状態においては任意の負荷電流となるため電流源 I_o とする．この回路の動作は4種の状態に分けられ，動作状態ごとの等価回

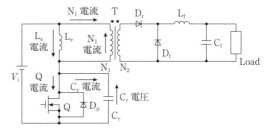

図 3.4 フォワード結合形コンバータ回路

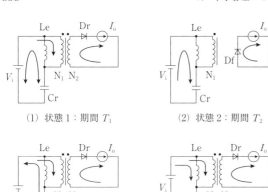

(1) 状態1：期間 T_1　　(2) 状態2：期間 T_2

(3) 状態3：期間 T_3　　(4) 状態4：期間 T_4

図3.5 フォワード形電圧共振コンバータの動作状態ごとの等価回路

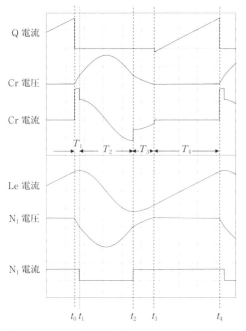

図3.6 フォワード形電圧共振コンバータ回路動作波形

路を図3.5に，各部の動作波形を図3.6に示し，以下状態ごとの動作を説明する．

(1) 状態1（期間 T_1）　時刻 t_0 でQがオフしそれまで流れていた電流（N_1 と L_e の電流）は C_r に流れ込み，C_r の電圧は直線状に上昇する．このとき，N_1 の電圧は V_i から C_r の電圧を差し引いた値となるので正電圧であり，N_2 には電流 I_o が流れ続け，N_1 に I_o を打ち消す電流が流れ続ける．

(2) 状態2（期間 T_2）　時刻 t_1 で C_r の電圧が V_i まで上昇するとトランスの二次側の電圧が負になり I_o は D_f に流れ，N_1 の電流はゼロになる．この結果，二次側が切り離され L_e と C_r とは直列共振が起こり C_r の電圧は正弦波状になる．状態2の期間は N_1 の電圧がゼロになる時点（C_r の電圧が V_i になる時刻）t_2 で終了し，期間 T_2 は L_e と C_r の共振周期の1/2となる．

(3) 状態3（期間 T_3）　時刻 t_2 で N_1 の電圧が負から正へと反転すると L_r の電流は D_r から N_2 へと転流し，それを打ち消す電流が N_1 の巻き終わり側から巻き始め側に流れるため C_r の電流は I_o 分減少する．C_r の電圧・電流とも減少を続け時刻 t_3 で C_r の電圧がゼロになると D_p が導通しQの電圧はゼロになる．このとき，N_1 の電圧は V_i になる．D_p の導通中にQをオンさせるとゼロ電圧スイッチが実現する．状態3は D_p が導通する時刻 t_3 で終了する．

なお，時刻 t_2 の時点で L_e の電流が I_o より絶対値が小さいと C_r の電流が正となり電圧が上昇に転じゼロクロスできなくなる．

(4) 状態4（期間 T_4）　時刻 t_3 で D_p が導通し，D_p の導通中にQをオンさせると N_1 の電圧は V_i に固定され，L_e の電流は直線状に上昇していく．この期間は，所定の出力を得るためのオン時間で決定される．

(5) ZVS条件　ZVSとなるための条件は状態3の期間 T_3 に C_r の電圧が負になることである．期間 T_3 の C_r の電圧 v_{Cr3} は，初期条件として N_1 の電流を I_o，C_r の電圧を V_i，L_e の電流を I_{Le30} とすると式（3.6）で表される．

$$v_{C,3} = V_i + \frac{1}{\omega C_r}(I_o - I_{Le30})\sin\omega t \qquad (3.6)$$

ここで

$$\omega = \sqrt{\frac{1}{L_e C_r}} \qquad (3.7)$$

ZVS条件は式（3.6）で左辺が負になることであり式（3.8）が導き出される．

$$I_{Le30} \geq \omega C_r V_i + I_o \qquad (3.8)$$

式（3.8）から L_e の電流は I_o 以上必要とし，L_e の電流は一次側を循環するだけなので大きな無効電流が流れ損失増大の原因となる．

b．フライバック形

フライバック形電圧共振コンバータの回路図を図3.7に示す．この回路の動作も4種類の状態に分けられ，動作状態の等価回路を図3.8，動作波形を図3.9に示し，以下これらの図を用いて動作説明を行う．二

次コンデンサ C_f の容量は十分大きく電圧源として扱う．

(1) 状態1（期間 T_1） 時刻 t_0 で Q がオフすると Q に流れていた電流は C_r に流れ込み，V_i-L_e-L_r-C_r の直列共振回路が生成され角周波数 $1/\sqrt{(L_e+L_r)C_r}$ で共振する．C_r の充電が進むにしたがい L_e，L_r の電圧が減少し負の方向に反転する．時刻 t_1 で N_1 の電圧が V_o に達すると N_2 の電圧が V_o になり N_1 と N_2 が結合し状態1は終了する．

(2) 状態2（期間 T_2） 時刻 t_1 で二次側が導通すると，L_e の電圧は V_o 一定となり，L_e に流れていた電流を減らす方向に働く．そして，N_1 には L_r の電流から L_e の電流を差し引いた電流が流れ N_2 に伝達される．また，L_r と C_r は引き続き共振を継続するが，その角周波数は $1/\sqrt{L_r C_r}$ となる．

この期間は C_r の電圧がゼロになり D_p に電流が流れる時刻 t_2 までとなる．そして，D_p に電流が流れている間に Q をオンさせることで ZVS が実現する．なお，C_r の電圧がゼロになる前に N_1 電流が消滅する場合も

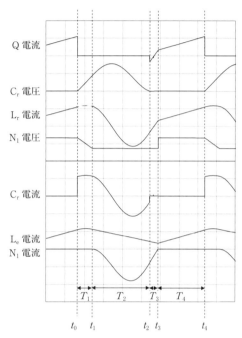

図3.9 フライバック形電圧共振コンバータ回路動作波形

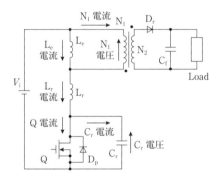

図3.7 フライバック形コンバータ回路

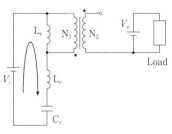

(1) 状態1：期間 T_1 (2) 状態2：期間 T_2

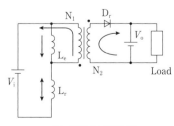 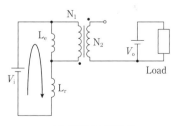

(3) 状態3：期間 T_3 (4) 状態4：期間 T_4

図3.8 フライバック形電圧共振コンバータの動作状態ごとの等価回路

あるが，図では N_1 に流れている場合を示している．

(3) 状態3（期間 T_3） この期間は時刻 t_2 から D_p に電流が流れ始め，D_p の導通中に Q をオンさせると Q の電流は負から正方向に直線状に増加していく．時刻 t_3 で N_1 電流がゼロになると N_2 電流もゼロとなり，トランスの結合が切り離され状態3が終了する．

(4) 状態4（期間 T_4） 時刻 t_3 からは V_i が L_e と L_r に加わりエネルギーを蓄積する．この期間は所定の出力電力を得る期間で決定され，時刻 t_4 で終了し状態1に戻る．

(5) ZVS条件 状態2の C_r の電圧 $v_{C,2}$ は時刻 t_1 での L_e，L_r の電流を I_{o2} とすると，式(3.9)で表される．

$$v_{C,2} = V_i + V_o + \sqrt{\left(\frac{I_{o2}}{\omega_2 C_r}\right)^2 + \left(\frac{L_r}{L_e}V_o\right)^2} \sin(\omega_2 t + \alpha) \quad (3.9)$$

ここに $\omega_2 = \dfrac{1}{\sqrt{L_r C_r}}$ (3.10)

ZVS条件は式(3.9)が負になることであり式(3.11)で表される．

$$I_{o2} \geq \omega_2 C_r \sqrt{(V_i + V_o)^2 - \left(\frac{L_r}{L_e}V_o\right)^2} \quad (3.11)$$

式(3.11)で I_{o2} は Q のオフ時の電流（循環電流：励磁電流と負荷電流の和）とほぼ同じであり，励磁電流が少ないと軽負荷で ZVS できなくなる．

3.2 電圧クランプ形コンバータ

電圧共振形はスイッチ素子に印加される電圧が高くなるため，高耐圧化による高オン抵抗や大きな循環電流を必要とするため損失が増大するなどの問題がある．改善策としてオフ時にスイッチ素子電圧をコンデンサでクランプするとともに，トランスの励磁インダクタンスとの共振を利用し，エネルギーを入力に戻す方法が提案されており，一部実用化されている．以下に代表的な回路例を示す．動作は前述した電圧共振と類似な動作であり波形や状態ごとの等価回路などは省略する．

3.2.1 スイッチスナバ回路[3]

スイッチスナバ回路を図3.10に示す．フォワードコンバータの Q と並列に C_s と Q_s を直列に接続したもので Q のオフ時にそれまで流れていた電流を C_s に

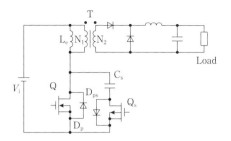

図3.10 スイッチスナバ回路

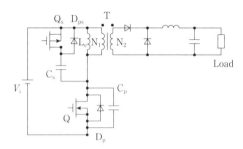

図3.11 アクティブクランプ回路

転流させ電圧の跳ね上がりを抑制する．Q がオフしてから Q_s をオンさせ C_s と L_e との共振を利用し C_s の電荷を入力に戻す．入力に戻った時点で Q_s をオフさせると電流は D_p に転流し，D_p に電流が流れている期間に Q をオンさせると ZVS を実現する．C_s にはほぼ電圧源と見なせる程度に大きな容量を用いる．

3.2.2 アクティブクランプ回路[4,5]

アクティブクランプ回路を図3.11に示す．この回路はスイッチスナバと回路は同じであるが動作が若干異なる．

主スイッチ Q がオフするとそれまで流れていた電流（励磁電流と負荷電流）は Q の寄生容量（微小容量を並列に接続する場合もある）C_p に流れ込み，ZVS となる．この期間は前述のスイッチスナバや後述の CSD スナバにも現れるがスナバーコンデンサの容量が大きいため無視している．

C_p の電圧が V_i に達するとトランスの結合がなくなり励磁電流のみが C_p に流れ込み，さらに上昇し V_i と C_s 電圧の和に達すると励磁電流は C_s-D_{ps} に転流し L_e と C_s とで共振する．そして，D_{ps} の導通期間に Q_s をオンさせると Q_s は ZVS となる．

所定の時間経過後，Q_s をオフさせると励磁電流は C_p へ転流し L_e と C_p との直列共振となり Q の電荷を引き抜く．そして，C_p の電圧がゼロになると励磁電

流は D_p に転流し，D_p の導通中に Q をオンさせると Q は ZVS となる．

寄生容量 C_p の容量は小さいため充放電の期間が短く C_s の容量は電圧源と見なせる程度に大きいためスイッチ素子の電圧はほぼ矩形波となり，ターンオン，ターンオフ時のみ共振しているように見えるので部分共振またはエッジ共振ともいわれている．

3.2.3 CSDスナバ回路[6]

電荷蓄積ダイオード（charge storage diode：CSD）[7] は一般のダイオードと異なり，蓄積電荷を大きくするとともに電荷放出後の逆回復を早めたものである．

CSD スナバ回路を図 3.12 に示す．スイッチスナバの補助スイッチを CSD に置き換えたもので，動作もスイッチスナバ回路と類似の動作をする．Q がオフするとそれまで流れていた N_1 の励磁電流は C_s に転流し，励磁インダクタンスと共振動作となる．励磁エネルギーは C_s にいったん蓄えられた後，共振作用で CSD の蓄積時間中に入力へ回収される．CSD の蓄積電荷は一般のダイオードより大きいため逆方向導通時間が長くエネルギー回収が可能となる．蓄積電荷が放出されると電流阻止能力を回復するので，それまでの電流は D_p へと転流する．そして，D_p の導通中に Q をオンさせれば ZVS となる．

CSD の順方向と逆方向の電流積分量が等しいことが理想であるが，キャリアの再結合の影響で逆方向の方が少なくなり，C_s の電荷が徐々に増えていくことになる．そのため，図示してないが高抵抗などを用いて C_s の電荷を放出する必要がある．　　〔関 根 正 興〕

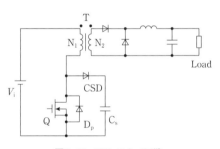

図 3.12 CSD スナバ回路

文　献

1) 中原正俊：SCAT 電源シミュレーション入門，日刊工業新聞社（2004）．
2) 原田耕介，二宮　保監修：スイッチング電源技術，日本工業技術センター，pp. 45-47（1988）．
3) 坂本　浩，他：「スイッチスナバを用いた高周波スイッチング電源について」，信学技報，PE90-2，pp. 9-16（1990）．
4) 財津俊行，他：「アクティブクランプ型同期整流を用いた高効率コンバータ」，信学技報，PE95-27，pp. 15-20（1995）．
5) 平地克也：「アクティブクランプ方式に関する平地研究室の研究成果のご案内」，平地研究室技術メモ，No. 20100630（2010），http://hirachi.cocolog-nifty.com/kh/files/20100630-1.pdf．
6) 関根正興，松尾博文：「電荷蓄積ダイオードを用いたDC-DC コンバータ回路」，電子情報通信学会論文誌 B，**J90-B**，4，pp. 422-431（2007）．
7) 篠原信一，他：「高耐圧電荷蓄積ダイオードとその応用」，半導体電力変換研究会資料，SPC97-82，pp. 79-83（1997）．

4

複合共振コンバータ：電圧共振と電流共振の組合せ

共振型スイッチング電源は非共振（矩形波）スイッチング電源に比べるとノイズの発生が少ない．しかし共振型の中でも電圧共振型スイッチング電源は特に発生ノイズを少なくすることができる．

共振回路の中でも SMZ（soft-switched multi-resonant zero-current-switch）または LLC と呼ばれている方式は電圧共振（部分電圧共振）と電流共振を組み合わせた複合共振回路になっていて，効率もよく，ノイズも小さくでき，多用されるようになってきた．

ここでは，メインスイッチに2石の MOSFET を使い，交互にオンオフをするハーフブリッジタイプの複合共振コンバータについて述べ，その応用の超低ノイズ電源について述べる．

4.1 SMZ 方式コンバータの基本回路

図 4.1 は，SMZ 方式のコンバータの基本回路で，変圧器（T）の一次側には，ハーフブリッジ接続されたスイッチング素子2個（Q_1, Q_2）と共振用コンデンサ（C_r）が接続され，二次側は整流器と平滑用コンデンサが接続されている．

図 4.2 は図 4.1 の等価回路で，トランスを漏洩インダクタンス（L_{s_1}, L_{s_2}）と励磁インダクタンス（L_p）と理想トランス（T）に分けたもので，コンデンサ（C_q）は MOSFET（Q_1, Q_2）に並列の寄生容量と外部に接続したコンデンサの総和の容量である．実際の回路では周波数が比較的高いときは外付けコンデンサは無しで，MOSFET の寄生容量だけを利用する．

4.2 回路動作の解析

回路動作はハーフブリッジ接続された2個の MOSFET（Q_1, Q_2）が約 50％ のデューティサイクルで交互にオンオフするハーフブリッジタイプのコンバータで，その切替え途中にソフトスイッチングするためのデッドタイムがもうけられている．デッドタイム期間中のソフトスイッチングは，MOSFET と並列に接続されたコンデンサ（C_q）の容量でメインスイッチの電圧の傾きを設定でき，メイン回路の部品点数も非常に少ない．またトランスの漏洩インダクタンスに蓄えられたエネルギーも MOSFET のボディダイオードを通して入力電源に回収され，スイッチやトランスなどの浮遊容量はコンデンサ（C_q）の一部と見なすことができ，ここに蓄えられたエネルギーも LC 共振ですべて回収することができる回路なので効率も非常によく，量産したときの効率のばらつきも少ない．

動作周波数はインダクタンス（L_p）とコンデンサ（C_r）によって決まる共振周波数より高い周波数で動作する．このため，スイッチング素子からみた負荷は誘導性インピーダンスとなり，デッドタイム中はこの誘導性インピーダンスであるインダクタンス

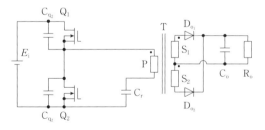

図 4.1 SMZ 基本回路

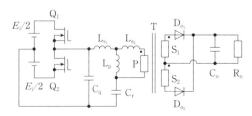

図 4.2 SMZ 等価回路

4. 複合共振コンバータ：電圧共振と電流共振の組合せ

$(L_{s_2}+L_p)$ とスイッチの寄生容量であるコンデンサ (C_q) との電圧共振を利用してソフトスイッチングになっている．また，ソフトスイッチングするため，ゲート信号は MOSFET がゼロ電圧になるまではゲート信

表 4.1 電流経路

電流経路	A	B_{1f} / B_{1b}	B_{2f} / B_{2b}	C_{1f} / C_{1b}	C_{2f} / C_{2b}	C_{3f} / C_{3b}	C_{4f} / C_{4b}	D_1	D_2
Q_1	off	on	off	on	off	off	off	off	off
Q_2	off	off	on	off	on	on	off	off	off
D_{O1}	off	off	off	on	off	off	off	on	off
D_{O2}	off	off	off	off	on	on	off	off	on
共振 C	C_1	C_2	C_2	C_3	C_3	C_3	C_3	C_4	C_4
共振 L	L_1	L_2	L_2	L_3	L_3	L_3	L_3	L_4	L_4
角速度	ω_1	ω_2	ω_2	ω_3	ω_3	ω_3	ω_3	ω_4	ω_4
特性 Z	Z_1	Z_2	Z_2	Z_3	Z_3	Z_3	Z_3	Z_4	Z_4

表 4.2 モード表

No	モード	経路
①	無負荷軽負荷モード	$A \to B_{1b} \to C_{1b} \to C_{1f} \to B_{1f} \to$ $A \to B_{2b} \to C_{2b} \to C_{2f} \to B_{2f} \to A$
②	重負荷モード	$A \to D_{1b} \to C_{1b} \to C_{1f} \to B_{1f} \to$ $A \to D_{2b} \to C_{2b} \to C_{2f} \to B_{2f} \to A$
③	負荷短絡モード	$D_2 \to C_{3b} \to B_{1b} \to C_{1b} \to C_{1f} \to$ $D_1 \to C_{4b} \to B_{2b} \to C_{2b} \to C_{2f} \to D_2$
④	垂下モード 1	$D_2 \to A \to B_{1b} \to C_{1b} \to C_{1f} \to$ $D_1 \to A \to B_{2b} \to C_{2b} \to C_{2f} \to D_2$
⑤	垂下モード 2	$D_2 \to A \to D_1 \to C_{1b} \to C_{1f} \to$ $D_1 \to A \to D_2 \to C_{2b} \to C_{2f} \to D_2$
⑥	ワイド入力昇圧モード	$D_1 \to C_{1b} \to C_{1f} \to B_{1f} \to C_{3f} \to$ $D_2 \to C_{2b} \to C_{2f} \to B_{2f} \to C_{4f} \to D_1$
⑦	共振はずれモード 1	$C_{2f} \to B_{2f} \to A \to D_1 \to$ $C_{1f} \to B_{1f} \to A \to D_2 \to C_{2f}$
⑧	共振はずれモード 2	$C_{2f} \to B_{2f} \to C_{4f} \to C_{4b} \to$ $C_{1f} \to B_{1f} \to C_{3f} \to C_{3b} \to C_{2f}$

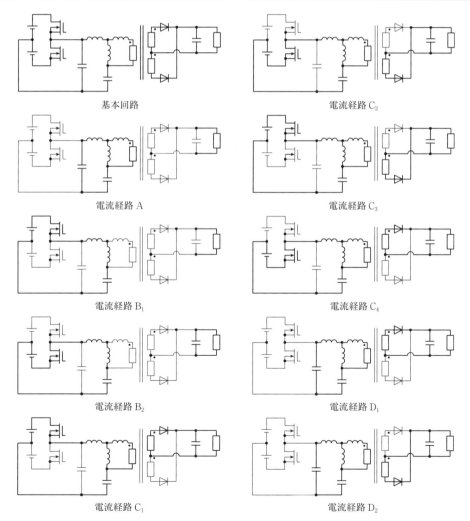

図 4.3　電流経路の種類

号を入らないように，ゼロ電圧以外でオンしないようにコントロールしている．そして，その制御は最も簡単な周波数制御のみで全域をカバーしている．

この回路の特徴は次の三つの共振を巧みに利用したことであり，従来の回路と違うところである．三つの共振は，

① 励磁インダクタンス（Lp）と電圧共振コンデンサ（Cq）の共振（表4.1の電流経路A）で，2石のメインスイッチがオフしている期間であり，ソフトスイッチングをしている期間．

② 漏洩インダクタンス（Ls）と電流共振コンデンサ（Cr）の共振（表4.1の電流経路B）で，電流共振で出力に負荷電流を流している期間．

③ 励磁インダクタンス（Lp）と電流共振コンデンサ（Cr）の共振（表4.1の電流経路C）で，出力電圧を昇圧するために，電流共振コンデンサ（Cr）に充電をしている期間．

動作モードとしては表4.2のようなモードに分けられる．また①～⑥のモードはZVS（zero-voltage-switching）ができているモードで，すべての負荷領域にわたって①～⑥のモードで設計ができて，そしてそのうえ効率がよい．

このコンバータの解析は一番使われる①の無負荷軽負荷モードを中心に詳しく解析する．このときの条件として

(1) コンデンサ，トランス，インダクタンスは理想的なものとし等価抵抗は無視する．

(2) 半導体は理想的なものとし，オン抵抗による電圧降下およびスイッチング時間はゼロとする．

(3) コンデンサ（Cq）はMOSFET（Q_1, Q_2）の寄生容量を含んだ並列コンデンサとする．

(4) すべての浮遊容量と，配線の抵抗は無視する．

以上を条件とする．

表4.1の各定数は以下のようになる．

$$C_1 = C_4 = \frac{C_q \cdot C_r}{C_q + C_r}, \quad C_2 = C_3 = C_r$$

$$L_1 = L_2 = L_{s1} + L_p, \quad L_3 = L_4 = L_{s1} + \frac{L_p \cdot L_{s2}}{L_p + L_{s2}}$$

$$\omega_1 = \frac{1}{\sqrt{L_1 \cdot C_1}}, \quad Z_1 = \sqrt{\frac{L_1}{C_1}}$$

$$\omega_2 = \frac{1}{\sqrt{L_2 \cdot C_2}}, \quad Z_2 = \sqrt{\frac{L_2}{C_2}}$$

$$\omega_3 = \frac{1}{\sqrt{L_3 \cdot C_3}}, \quad Z_3 = \sqrt{\frac{L_3}{C_3}}$$

$$\omega_4 = \frac{1}{\sqrt{L_4 \cdot C_4}}, \quad Z_4 = \sqrt{\frac{L_4}{C_4}}$$

このSMZ方式では対になったMOSFET（Q_1, Q_2）と対になった出力ダイオード（D_{o_1}, D_{o_2}）があり，対同士が同時にオンすることはない．そして，おのおののオンと両方オフの3通りで，図4.3のような9通りの電流経路が考えられる．そして，電流経路B, CにおいてはMOSFETの電流方向を考えて，順方向に流れている経路のときはB_{1f}のように添字fを付加し，逆方向に流れている経路のときはB_{1b}のように添字bを付加すると，各経路は表4.1のように分けられる．MOSFETのオン/オフおよびダイオードのオン/オフで分け，さらにMOSFETのオンはゲート信号の必要な順方向電流状態とゲート信号の必要ないボディダイオード電流状態に分けて，合計15通りに分けられる．

①の無負荷軽負荷モードについてSCATシミュレータを使って解析した各部の波形を図4.4に，各期間の電流経路を図4.5に示す．図4.4において，①の無負荷軽負荷モードは，1周期の間で10の期間が存在し，期間1は表4.1の経路A，期間2は経路B_{1b}，期間3は経路C_{1b}，期間4は経路C_{1f}，期間5は経路B_{1f}，期間6は経路A，期間7は経路B_{2b}，期間8は経路C_{2b}，期間9は経路C_{2f}，期間10は経路B_{2f}となる．

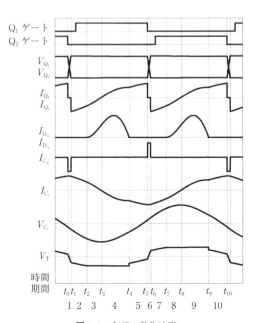

図4.4 各部の動作波形

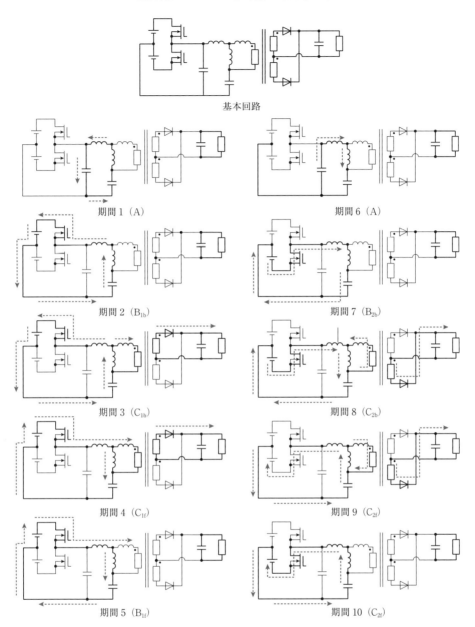

図 4.5 各期間の電流経路

また前半の五つの期間（1～5）と後半の五つの期間（6～10）はそれぞれ対称的な動作をしている．負荷が重くなるに従って，期間 3, 4, 8, 9 の時間が長くなり，期間 2, 7 の時間が短くなる．

そして，さらに負荷が重くなると期間 2, 7 がゼロになって重負荷モードに移る．

ソフトスイッチングの期間は図 4.3 の経路 A，および経路 D と，図 4.4，図 4.5 の期間 1 および期間 6 で，コンデンサ（C_q）を充放電するので，このコンデンサ（C_q）によって電圧の傾きが決まり，メインスイッチ（Q_1, Q_2）のドレイン電圧がゼロになってからゲート信号を入力し，ゼロ電圧スイッチングしている．

SMZ の基本特性である，制御してない周波数一定の場合の特性を図 4.6 に示す．この図から定格の電圧を出力しているときはそんなに周波数は変わらないが，出力電圧が変わるとかなり周波数を変えなければならないことがわかる．特に負荷短絡保護の垂下特性を作るにはかなり周波数を上げなければならない．ま

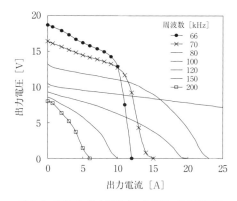

図4.6 周波数-出力特性（入力電圧＝DC 130 V）

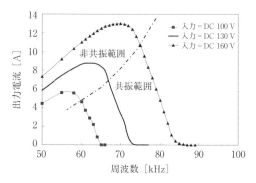

図4.7 周波数特性（出力電圧＝15 V）

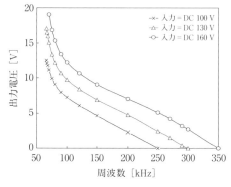

図4.8 過電流特性（$I_o = 3.3$ A）

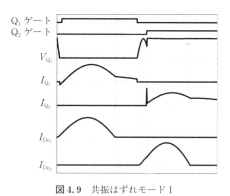

図4.9 共振はずれモード1

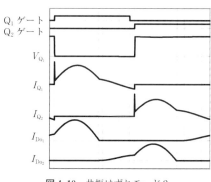

図4.10 共振はずれモード2

したがって，コンバータをZVSさせながら動作させるには右側の範囲で使わなければならない．

図4.8に過電流時の特性を示す．負荷短絡を定電流として垂下させるためには，この図からは入力電圧が高いとき（入力＝DC 160 V）に350 kHzくらいのかなり高い周波数にしなければならないことがわかる．このため，制御も複雑になるので，この電源では垂下時に，そこまで周波数を上げないで「へ」の字特性のままにして垂下特性としている．このため過電流保護は，時間遅れを持たせてシャットダウン動作としている．

表4.2のうち，ZVSができないモードとして⑦，⑧のモードがある．⑦のモードは図4.9のような波形になり負荷のとりすぎのとき起き，ZVSをしようとするMOSFETの電圧がゼロ近くまで下がるが再び上昇してZVSができなくなる．対策はこのモードになる前に垂下動作にして④，⑤のモードにする．⑧のモードは図4.10のような波形になり入力電圧がワイドで周波数が低すぎるとき起き，波形が乱れる．このときはトランスの定数とコンデンサの定数を変更して対処する．これによって全領域でZVS動作にするこ

た，周波数が低いときは出力のインピーダンスはかなり平坦な特性になっているので，低いことがわかる．

図4.7に出力電圧をDC＝15 V一定にして，周波数を変えたときの出力特性を示す．この図から入力電圧を変えたときはかなり周波数が変わることがわかる．また負荷が重くなるとZVS（ソフトスイッチング）ができにくくなる．図の破線より右側がZVSできる範囲で，左側はZVSのできない範囲である．点鎖線の左側にいくと表4.2の⑦共振はずれモード1になる．

とができる. そのほか, ZVS にならない障害としては, 制御回路の問題として, ⑨ゲート信号のタイミングが早くなりすぎ, まだドレイン電圧がゼロ電圧になっていないうちにゲート信号が入力されたとき, ⑩ゲート信号のタイミングが遅くなりすぎドレイン電圧がゼロ電圧になったが MOSFET がオンせず, 再び電圧が上昇してからゲート信号が入力されるというゲート信号の問題もある.

4.3 ノイズについて

4.3.1 伝導ノイズのメカニズム

電子機器に要求される EMC では電子機器から出すノイズを小さくすること, 外部からのノイズに対する耐力を持つことの両方が要求される. この両方を満たして初めて電子機器を同時に使うことが可能となる. 電子機器から出るノイズは電磁障害（EMI）と呼ばれている. 電磁障害はその障害波の伝播経路によって2種類に分けられている. 主に商用線を伝わって伝導する伝導ノイズと, 空中に電磁波として輻射される輻射ノイズに分けられる. 伝導ノイズは AM ラジオなどの障害などを引き起こし 30 MHz 以下の周波数が対象となっていて端子雑音とも呼ばれている. 輻射ノイズは放射ノイズとも呼ばれ 30 MHz 以上の周波数が対象になり, TV 障害などを引き起こす.

伝導ノイズ, 輻射ノイズの測定にはおのおの測定回路が決められている. 図 4.11 に国際規格の CISPR 対応用の伝導ノイズを測定する測定回路の LISN（line impedance stabilization network, 擬似電源回路網）と G（接地）間に流れる電流の経路を点線で示す.

ノイズ発生源から出たノイズ電流は浮遊容量（C_s）を通って G に流れる. G に流れたノイズ電流は LISN を通って, ノイズ発生源に戻る. このとき LISN を通るノイズ電流が 50 Ω の抵抗の両端に現れ, 伝導ノイズとして測定される. したがって, この経路をなくせばよい.

今回の超低ノイズ電源のノイズ関係の回路を図 4.12 に示す. 回路図の何カ所かに浮遊容量（C_s）が分布している. 図 4.11 と違うところは浮遊容量に2種類あることである. 伝導ノイズの大きさはホットエンド（高周波の重畳された回路）と G 間の浮遊容量である C_{s_1}, C_{s_2}, C_{s_3} が大きく影響し, コールドエンド（高周波の重畳されていない回路）と G 間の浮遊容量である C_{s_4}, C_{s_5}, C_{s_6}, C_{s_7} はノイズ源を持っていないのであまり影響しない. ホットエンドから G に伝わったノイズ電流は浮遊容量（C_s）と接地コンデンサ（C_g）で分圧され, C_g の両端の電圧がフィルタ（L_{f_1}, L_{f_2}）を通って減衰した後に, LISN で伝導ノイズとして測定される.

この回路から低ノイズにする方法として
①ノイズ源の電圧を低くする,

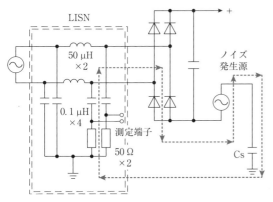

図 4.11 伝導ノイズ基本経路

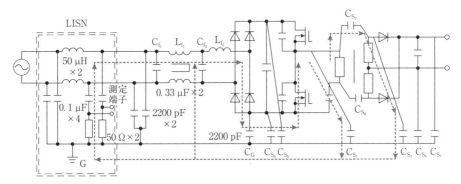

図 4.12 LISN と伝導ノイズと浮遊容量

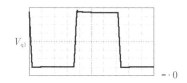

図 4.13 実測メインスイッチ電圧波形
V_{q1} (20 V/div), t : 2 μs/div.

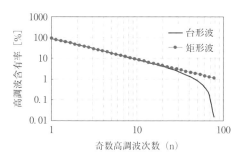

図 4.14 高調波含有率

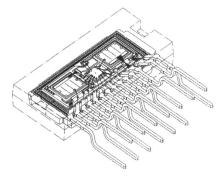

図 4.15 パワー IC 構造

図 4.16 パワー IC

②ノイズ源の数を減らす.
③ホットエンド(高周波の重畳された伝導部品)と G 間の浮遊容量を極力少なくする.
④浮遊容量を減らせないときはホットエンドの導電部品と G 間にコールドエンドの導体を入れてシールドし G への高周波電流が流れ込まないようにする.
⑤ラインフィルタを強化する.
が主なポイントであることがわかる.

またこの SMZ 方式ではメインスイッチ(Q_1, Q_2)の電圧波形は図 4.13 のように台形波になる.このため,矩形波になるハードスイッチングに比べてスイッチング周波数の高調波含有率が少なくなる.台形波の高調波は,高さを E_1,傾斜線部分を $-\alpha \sim 0 \sim +\alpha$,1 周期を 2π として傾斜部分の角度を α とすると

$$V_{Q_1} = \sum_{n=1}^{\infty} A_n \sin \omega t, \quad A_n = \frac{1}{\pi} \int_0^{2\pi} V_{Q_1} \sin n\omega t \, d\omega t \text{ より}$$

$$V_{Q_1} = \frac{4E_1}{\pi} \sum_{n=1}^{\infty} \frac{\sin(2n+1)\omega t}{2n+1} \frac{\sin(2n+1)\alpha}{(2n+1)\alpha}$$

矩形波の高調波は

$$V_{Q_1} = \frac{4E_1}{\pi} \sum_{n=1}^{\infty} \frac{\sin(2n+1)\omega t}{2n+1}$$

この高調波の含有率の違いを図 4.14 に示す.

基本波を 60 kHz とすると 1.8 MHz 以上の周波数から差が出てくることがわかる.

4.3.2 ノイズ発生源

ノイズ源として,一次側にはメインスイッチのスイッチング電圧がある.二次側には,トランスで変圧されたスイッチング電圧,整流ダイオード(D_{o_1}, D_{o_2})のリカバリ時に発生するノイズ電圧がある.今回の超低ノイズ電源はハーフブリッジ型でありメインスイッチのドレイン電圧がフライバックコンバータ,フォワードコンバータに比べて,約半分で済み,同じ浮遊容量ならばノイズ電流は約 1/2 になり有利である.

二次側から発生するノイズについては図 4.4 に示された出力ダイオード(D_{o_1}, D_{o_2})の電流波形(I_{do})のように,出力ダイオードの電流波形がコンデンサ(C_r)とリアクトル($L_{s_1}+L_{s_2}$)による電流共振波形になっていて,オフするときの電流の傾きが小さく,ダイオードから発生するノイズは比較的小さい.

この超低ノイズ電源の SMZ 方式のコンバータのメイン回路はメインスイッチの MOSFET が 2 個入ったパワー IC の STR-Z4304(図 4.15,図 4.16)を使った.この IC はケースがグランドレベル(コールドエンド)になっているため,浮遊容量によるノイズ電流を発生しにくく,また IC 放熱器もコールドエンドにできるので低ノイズには非常に有利である.

普通のフライバックコンバータ,フォワードコン

バータでは MOSFET のドレインがホットエンドになってしまい，放熱器もホットエンドになってしまうため浮遊容量によるノイズ電流の発生が大きい．

4.3.3 トランス

この SMZ 方式のコンバータのトランスは，トランスの一次-二次巻線間の漏洩インダクタンス（L_{s_1}, L_{s_2}）を共振に利用している．この漏洩インダクタンスを作るために図4.17, 図4.18 のように一次巻線と二次巻線を別々に離して巻いている．このため一次-二次巻線間の浮遊容量が非常に少なくできる．この 50 W 出力の超低ノイズ電源のトランスの浮遊容量の実測値を表 4.3 に示す．非常に浮遊容量が小さいので，ノイズが出力側や G へ伝わりにくい．また，トランスのコアをコールドエンドに接続しない場合は，一次-二次間の巻線間容量（3.3 pF）を通ってノイズが伝わる経路と，一次巻線-コア間容量（8 pF）と二次巻線-コア間の容量（9 pF）を通って伝わる経路があり，両方の経路で合計 7.7 pF になる．しかし，コアをコールドエンドに接続することによって，コアを通しての経路が切断され一次-二次巻線間の浮遊容量（3.3 pF）だけが残り合計 3.3 pF になり，伝導ノイズをさらに小さくできる．実機ではコアに金具を接着してコールドエンドに接続した．また一次巻線の巻き始め方向でも違い，一次巻線のコールドエンド側（コンデンサ C_r 側）を二次巻線に近い方から巻いた方が低ノイズになった．

このコンバータの周波数は 60〜80 kHz で動作しているが，一つのトランスで漏洩インダクタンスと励磁インダクタンスを作っているので，漏洩磁束が多く，この漏洩磁束によって巻線が発熱する漏洩磁束効果がかなりあり，温度上昇する．このため巻線は 0.1 mmφ のリッツ線を使っている．

4.4 測定結果

これら低ノイズの対策をして図 4.19 と表 4.4 に示されるような，入力電圧 AC 100 V 出力 15 V 3.3 A 出力 50 W の超低ノイズの電源を作った．この電源の伝導ノイズ測定結果を図 4.20 に，輻射ノイズの測定結果を図 4.21 に示す．また，測定に使った電波暗室の暗伝導ノイズを図 4.22 に，暗輻射ノイズを図 4.23 に示す．

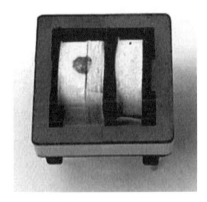

図 4.17　トランス

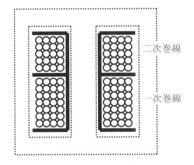

図 4.18　トランス構造

表 4.3　トランス浮遊容量

一次-二次巻線間	3.3 pF
一次-コア間	8 pF
二次-コア間	9 pF
一次-二次合計	7.7 pF

図 4.19　超低ノイズスイッチング電源

図4.20と図4.22の比較では，発振周波数の基本波の70〜80 kHzが測定範囲外（規格範囲外）であるので比較できないが，第三高調波の220 kHz付近のところと5〜6 MHzのところにノイズが出てきている．これ以外はほとんど出ていないといってよいほどである．図4.21と図4.23の比較ではノイズが出ているところはなく，全体の線の太さが図4.21の方が太い程度である．以上によって，伝導ノイズはClassAより40 dB低くClassBより30 dBノイズレベルが低い電源を作ることができ，超低ノイズ電源が可能なことが確認できる．従来の50 Wスイッチング電源の伝導ノイズを図4.24に示す．この値に比べかなり低い値になっていることがわかる．また，商用トランスとトランジスタで構成したドロッパ電源でも商用整流用のダイオードからノイズが出ていることも多く，それらの電源より小さい値である．

また，ラインフィルタを強化したときに増えやすい漏洩電流はこの超低ノイズ電源では一次側のフィルタコンデンサ（通称Yコン）に図4.12のように2200 pFを3個で構成でき漏洩電流も0.18 mAに抑えることができる．

図4.25にこの電源の入力電圧対周波数特性を示す．負荷は軽負荷になると周波数が上昇し，入力電圧が上

表4.4 超低ノイズSMPS定格

定格入力電圧	AC 100/120 V
入力電圧範囲	AC 85〜132 V
入力周波数	50〜440 Hz
出力電圧	15 V
出力電流	3.3 A
出力電力	50 W
絶縁耐圧	AC 2500 V 1分間
外形	W 125×D80×H12.5 mm

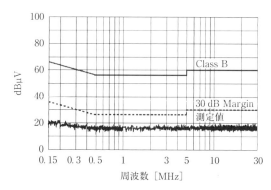

図4.22 電波暗室の伝導ノイズ

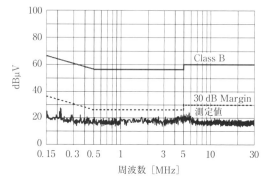

図4.20 超低ノイズ電源の伝導ノイズ

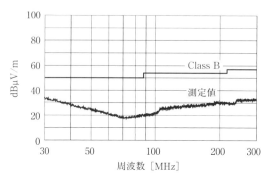

図4.23 電波暗室の輻射ノイズ

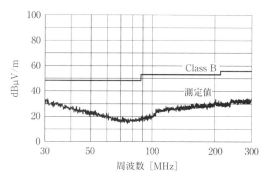

図4.21 超低ノイズ電源の輻射ノイズ

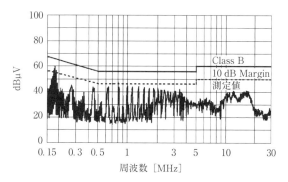

図4.24 従来のスイッチング電源の伝導ノイズ

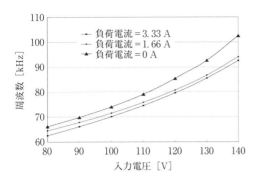

図 4.25 入力電圧対周波数特性

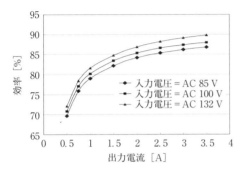

図 4.26 効率特性（出力 DC15 V 50 W）

昇すると周波数が上昇する．また，効率特性を図 4.26 に示す．フォワードコンバータなどでは入力電圧が低くなると効率が上昇するが，この SMZ 方式では入力電圧が高くなると効率が上昇している．

この原因として，この SMZ 方式では，出力電圧をトランスの巻数比以上に昇圧させる昇圧型であるため，入力電圧が低いと周波数を低くして，トランス（Lp）の励磁電流を増加させて昇圧させるため損失が大きくなるからである．

4.5　まとめ

この超低ノイズ電源に使った対策を以下のようにまとめる．

(1) トランスのコアをコールドエンドに接続する．
(2) トランスの一次-二次巻線間の浮遊容量がフォワードコンバータのトランスの約 1/10～1/20 の 3.5 pF にできる．
(3) コンバータのスイッチはすべて電圧ソフトスイッチングで動作できる．
(4) コンバータからの出力電圧がフォワードコンバータの約 1/2 にできる．
(5) パワー IC のケースおよびフィンがコールドエンドにできた（フォワードコンバータでは MOSFET のボディのドレインがホットエンドになる）．
(6) 出力整流のダイオードのボディもコールドエンドにできた．
(7) 出力ダイオードの電流波形を電流共振形にできた．
(8) トランスの二次巻線の二つの巻線間の漏洩インダクタンスを小さくする（バイファイラ巻とした）．

その他，一般的に使われている低ノイズにする方法として以下のようなものがある．

(9) ノイズフィルタとトランスの接近を避ける．
(10) 入力端子と出力端子の接近を避ける．
(11) ノイズフィルタを強化する．
(12) ノイズフィルタの入出力間容量を少なくする（分割巻き）．

特に高域のノイズ対策としては次の四つが考えられる．

(13) トランス（T）と整流ダイオード（D_{o_1}, D_{o_2}）との距離を極力短くする．
(14) メイン MOSFET にフェライトビーズを入れる（Q_2 のドレインと出力端子にフェライトビーズを入れた）．
(15) 出力ダイオード（D_{o_1}, D_{o_2}）に C または CR を入れる（470 pF と 2.2 Ω を入れる）．
(16) 補助電源整流用ダイオードに C または CR を入れる（100 pF を入れる）．

以上の対策をした結果，伝導ノイズでクラス B よりも 30 dB も低く，輻射ノイズも暗ノイズとほとんど同程度の超低ノイズスイッチング電源を作ることができる．

おわりに

低ノイズ電源に ZVS できる複合共振の SMZ 方式を使うことによっていままでにない超低ノイズの電源を作ることができ，この電源によってスイッチング電源の新しい用途も出てきた．いままでノイズ問題でドロッパ電源しか使えなかった医療機器，測定器，計測器，無線通信機，低レベルの信号を扱う機器などにも小型軽量のスイッチング電源を使えるようになったことを記述した．　　　　　　　　　〔森田浩一〕

文　献

1) 森田浩一:「超低ノイズスイッチング電源」, JMA 2007EMC・ノイズ対策技術シンポジウム, H5-1 (2007).
2) Y. Furukawa, et al.: "A High Efficiency 150 W DC/DC Converter", INTELEC'94, pp. 148-155 (1994).
3) 麻生真司, 他:「電流共振型 (SMZ 方式) 電源 (Current Resonant Type (SMZ) Converter)」, サンケン技報 (SANKEN TECHNICAL REPORT), **11**, pp. 11-22 (1994).
4) K. Morita: "Resonance Type One-converter equiped with a new Power-Factor Correction Circuit", INTELEC'97, pp. 598-604 (1997).
5) 古越隆一, 星野雅夫:「電流共振型電源用ハイブリッド IC (Hybrid IC for Current-Resonant Type (SMZ) Converter)」, サンケン技報 (SANKEN TECHNICAL REPORT), 11, pp. 76-83 (1997).
6) 森田浩一:「高効率ソフトスイッチング AC アダプター」, 電子技術, **4** (1998).
7) K. Morita: "Novel Ultra Low-noise soft-switch-mode Power Supply", INTELEC'98, No. 5-3, pp. 115-122 (1998).
8) 森田浩一:「雑音を大幅低減したスイッチング電源を開発」, 日経エレクトロニクス, 3月号, pp. 147-154 (1999).
9) 森田浩一:「21世紀へ, 求められる低ノイズ化への対応」, 電子技術, '99 スイッチング電源ハンドブック, pp. 64-68 (1999).
10) 森田浩一:「超低ノイズスイッチング電源」, 電子技術, '99 スイッチング電源ハンドブック, pp. 90-95 (1999).
11) 森田浩一:「超低ノイズソフトスイッチング電源」, 平成11年電子情報通信学会論文誌 B, **J82-B**, 8, pp. 1515-1522 (1999).
12) 中原正俊:「SCAT シミュレータ用回路エディタ K504 について」, 信学技報, PE95-33 (1995).

5

絶縁形変換回路[1,2]

　絶縁形変換回路とは，入力側と出力側が直流的に絶縁されたスイッチング電源（DC-DC コンバータ）であり，通常は出力電圧が一定値になるように制御される．絶縁が必要な場合としては，商用交流を整流したものを入力として用いる場合などがあり，安全規格により，入力側と出力側は数 kV 程度の絶縁耐圧を持つ必要がある．具体的な絶縁方法としては，スイッチング電源の主回路内にスイッチング周波数で動作する絶縁トランスが設けられ，一次側（入力側）巻線と二次側（出力側）巻線により直流的に絶縁される．この絶縁トランスは，スイッチング周波数を高周波化するほど小型化が可能になる．なお，出力電圧を一定値に制御するために，二次側（出力側）の出力電圧を負帰還して一次側（入力側）の主スイッチの時比率を変化させるのが通常であるが，この帰還回路もフォトカプラなどを用いて直流的に絶縁しておく必要がある．

　絶縁形変換回路の主回路に用いられるスイッチング電源には種々の回路方式があるが，以下に代表的な例を示す．なお，主スイッチやダイオードは理想的であるとし，配線抵抗や巻線抵抗などの内部抵抗は無視できるものとする．また，出力コンデンサの値は十分に大きいと仮定し，リプルを無視した出力電圧を V_o で表す．入力電圧を V_i とし，入出力電圧比を $M=(V_o/V_i)$ で定義する．特に断らない限り，スイッチング周期 T_S に対する主スイッチのオン期間 T_{on} の割合を，時比率 $D=(T_{on}/T_S)$ で表す．また，絶縁トランスは，漏れインダクタンスが無視できる密結合トランスであると仮定する．

5.1 フライバックコンバータ

　比較的小容量のスイッチング電源に用いられるフライバックコンバータの回路を図 5.1(a) に示す．フライバックコンバータに用いられる絶縁トランス T は，非絶縁 PWM コンバータ回路（第 1 章を参照）において用いられるインダクタと同じように，エネルギー蓄積の役目も併せ持つため，コアにギャップを設けるなどの方法により励磁電流を積極的に流す密結合トランスが用いられる．トランスの一次側巻数を N_p，二次側巻数を N_s，一次側からみた励磁インダクタンスを L_m とすると，出力電流 I_o が

$$I_o > \frac{1}{2}\frac{N_p}{N_s}\frac{V_i}{L_m}D(1-D)T_S$$

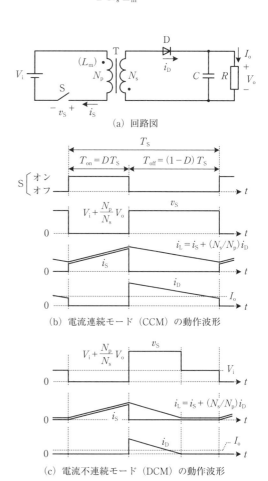

(a) 回路図

(b) 電流連続モード（CCM）の動作波形

(c) 電流不連続モード（DCM）の動作波形

図 5.1 フライバックコンバータ

である範囲では，一次側に換算したトランスの励磁電流 $i_L = i_S + (N_s/N_p)i_D$ が，図5.1(b)に示すように1スイッチング周期の間でゼロにならない．この動作モードをフライバックコンバータの電流連続モード（CCM）と呼ぶ．この場合，入出力電圧比 M は次式で表され，出力電流 I_o に依存しない．

$$M = \frac{N_s}{N_p}\frac{D}{1-D}$$

これより，フライバックコンバータは昇降圧形コンバータを絶縁したものと考えることができる．一方，出力電流 I_o が

$$I_o \leq \frac{1}{2}\frac{N_p}{N_s}\frac{V_i}{L_m}D(1-D)T_S$$

である範囲では，図5.1(c)に示すように一次側に換算したトランスの励磁電流がオフ期間の後半でゼロになる．この動作モードを電流不連続モード（DCM）と呼ぶ．この場合，入出力電圧比 M は次式で表され，出力電流 I_o に依存し，CCMの場合より大きくなる．

$$M = \frac{1}{2}\frac{V_i}{L_m}\frac{D^2}{I_o}T_S \left(\geq \frac{N_s}{N_p}\frac{D}{1-D} \right)$$

5.2 フォワードコンバータ

小容量から中容量のスイッチング電源に用いられるフォワードコンバータの各種回路を図5.2～図5.5に示す．この場合，絶縁トランスTの役目は入出力間の絶縁であり，エネルギー蓄積の役目を持たないため，原理的には励磁電流の無視できる理想トランスを用いればよい．しかし，実際にはわずかであるが励磁電流が存在するので，コア磁束のリセット処理を確実に行う必要がある．さもないと，コアの磁束が飽和し，過大電流により主スイッチが破壊する恐れがある．なお，フォワードコンバータにおいては，絶縁トランスが密結合であれば，励磁電流が存在しても，それが入出力電圧比に影響することはない．また，コア磁束のリセット方法の違いが入出力電圧比に影響することもない．

図5.2は1石式フォワードコンバータで，磁束リセット用の三次巻線 N_t とダイオード D_3 により，主スイッチSのオフ期間の前半においてコア磁束のリセットが行われ，トランスに蓄積された励磁エネルギーが入力電源に回生される．この場合，オフ期間内にコア磁束のリセットが完了するための条件は次式で表せる．

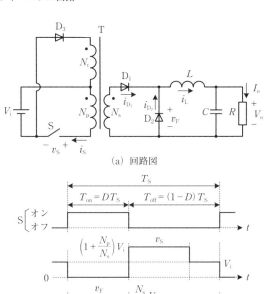

(a) 回路図

(b) 電流連続モード（CCM）の動作波形

(c) 電流不連続モード（DCM）の動作波形

図5.2 1石式フォワードコンバータ

$$D \leq \frac{N_p}{N_p + N_t}$$

このコンバータの出力回路にある平滑用インダクタ L は，エネルギー蓄積の役目を持つ．出力回路の入力端の電圧を v_F で表すと，主スイッチSがオン状態における v_F は $(N_s/N_p)V_i$ となり，フォワードコンバータの出力回路の動作は降圧形コンバータの場合と一致する．出力電流 I_o が

$$I_o > \frac{1}{2}\frac{N_s}{N_p}\frac{V_i}{L}D(1-D)T_S$$

である範囲では，図5.2(b)に示すように平滑用インダクタ L の励磁電流が1スイッチング周期の間でゼ

5. 絶縁形変換回路

ロにならない．この動作モードをフォワードコンバータの電流連続モード（CCM）と呼ぶ．この場合，入出力電圧比 M は次式で表され，出力電流 I_o に依存しない．

$$M = \frac{N_s}{N_p} D$$

これより，フォワードコンバータは降圧形コンバータを絶縁したものと考えることができる．一方，出力電流 I_o が

$$I_o \leq \frac{1}{2} \frac{N_s}{N_p} \frac{V_i}{L} D(1-D) T_S$$

である範囲では，図5.2(c)に示すように平滑用インダクタ L の励磁電流がオフ期間の後半でゼロになる．この動作モードを電流不連続モード（DCM）と呼ぶ．この場合，入出力電圧比 M は次式で表され，出力電流 I_o に依存し，CCM の場合より大きくなる．

$$M = \frac{N_s}{N_p} \frac{1}{1 + 2LI_o/\{(N_s/N_p) V_i D^2 T_S\}} \quad \left(\geq \frac{N_s}{N_p} D \right)$$

以下の図5.3～図5.5に示すフォワードコンバータにおいては，コア磁束のリセット方法が異なるだけで，1石式フォワードコンバータと同じく出力回路の動作が降圧形コンバータの場合と一致するため，出力回路に関する回路動作や入出力電圧比に関する説明を省略する．

図5.3は2石式フォワードコンバータで，二つの主スイッチ S_1, S_2 は同時にオン・オフが繰り返される．

オフ期間の前半において，二つのダイオード D_3, D_4 が同時にオンになることによりコア磁束のリセットが行われるため，磁束リセット用の別巻線が不要である．この場合，オフ期間内にコア磁束のリセットが完了するための条件は次式で表せる．

$$D \leq \frac{1}{2}$$

図5.4は共振リセット方式フォワードコンバータで[3,4]，これも磁束リセット用の別巻線が不要である．オフ期間の前半において，一次側から見たトランスの励磁インダクタンス L_m と共振リセット用コンデンサ C_r（主スイッチの出力容量やトランスの巻線の分布容量で代用される場合もある）とで共振現象が生じ，コア磁束のリセットが行われる．この場合，オフ期間内にコア磁束のリセットが完了するためには，オフ期間が共振周期（$2\pi\sqrt{L_m C_r}$）の1/2より長い必要がある．また，主スイッチ S の電圧波形 v_S は，共振現象のために一部が正弦波状になるが，最大電圧が素子の定格を超えないように注意する必要がある．

なお，前述した図5.2や図5.3の回路にはリセット用ダイオードが存在するが，実際にはトランスの励磁インダクタンスと，それに等価的に並列な寄生容量によって共振現象が生じ，条件によってはリセット用ダイオードの導通期間が存在せず，共振リセット方式と同じ回路動作になることもある．

図5.5はアクティブクランプ方式フォワードコン

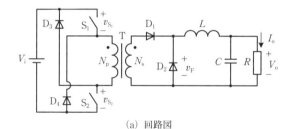

(a) 回路図

(b) 電流連続モード（CCM）の動作波形

図5.3 2石式フォワードコンバータ

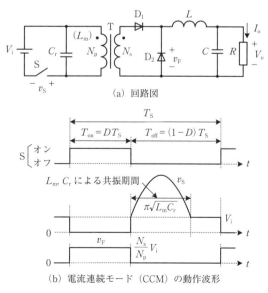

(a) 回路図

(b) 電流連続モード（CCM）の動作波形

図5.4 共振リセット方式フォワードコンバータ

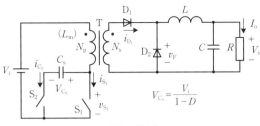

(a) 回路図

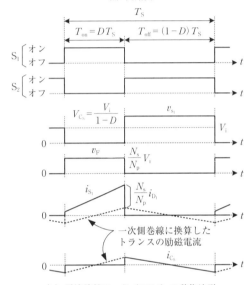

(b) 電流連続モード（CCM）の動作波形

図 5.5 アクティブクランプ方式フォワードコンバータ

バータで[5,6]，これも磁束リセット用の別巻線が不要である．主スイッチ S_1 とクランプ用スイッチ S_2 は交互にオン・オフが繰り返される．主スイッチ S_1 がターンオフすると，スイッチ電圧 v_S は，クランプ用コンデンサ C_S（十分大きいとする）の電圧 $V_i/(1-D)$ に固定され，電圧サージが抑えられる．トランスの一次側巻線 N_p に換算したトランスの励磁電流は，点線で示すように正負対称に変化し，オフ期間中はクランプ用コンデンサ C_S の電流 i_{C_S} として流れ，コア磁束は正から負に変化し，リセットされる．また，スイッチ S_1 と S_2 が同時にオフとなる短い期間（デッドタイム）を設ければ，トランスの励磁電流によってゼロ電圧スイッチングが可能となる．

このように，アクティブクランプ方式は，主スイッチのターンオフ時の電圧サージを抑えることができると同時にゼロ電圧スイッチングが可能であるため，フォワードコンバータ以外にも広く適用されている．また，アクティブクランプ方式には，図5.6(a)に示

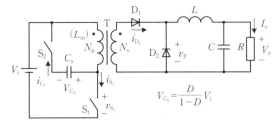

(a) クランプ回路を入力電源の正極に接続したもの

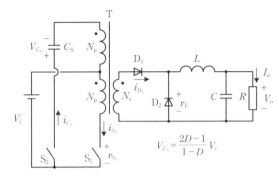

(b) コモンソース形

図 5.6 その他のアクティブクランプ方式フォワードコンバータ

すようにクランプ回路を入力電源の正極に接続したものや，図5.6(b)に示すようにトランスの一次側に別巻線を設け，S_1, S_2 に MOS-FET を用いた場合にソース端子が共通になるコモンソース形[7,8]なども提案されている．これらのコンバータの回路動作は，図5.5に示したアクティブクランプ方式フォワードコンバータと基本的には変わらない．

5.3 フォワード・フライバックコンバータ

フォワード・フライバックコンバータの各種回路を図5.7に示す．これらは，前述のフライバックコンバータとフォワードコンバータのそれぞれの二次側回路を接続したものと考えることができる．また，これらの回路は，フォワードコンバータの磁束リセット用巻線を絶縁トランスの二次側に移し，絶縁トランスの励磁エネルギーを出力側に送るコンバータとみることもできる．図5.7には，二次側回路における接続の方法が異なる3種類の回路方式を示している．いずれの回路方式においても，時比率や出力電流などの動作条件により数多くの動作モードが存在する．ここでは各回路方式の特徴を簡単に述べるにとどめ，詳細な回路動作

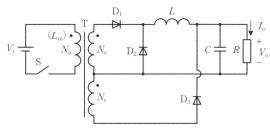

(a) 出力端で接続した回路図

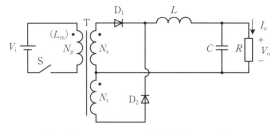

(b) 平滑インダクタの入力端で接続した回路図

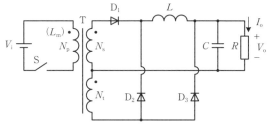

(c) 上記(a), (b)を複合した回路図

図5.7 各種のフォワード・フライバックコンバータ

や入出力電圧比に関する説明を割愛する.

図5.7(a)は，フォワードコンバータ部とフライバックコンバータ部を出力端において接続したものである[9,10]．この場合，両者は独立して動作するが，出力電圧を共有しているため，少なくともどちらか一方はDCMで動作する．図5.7(b)は，平滑インダクタの入力端で両者を接続したものである[11-13]．この場合，トランスの励磁電流と平滑用インダクタの励磁電流が互いに関係しあうことにより，複数の特殊な動作モードが出現する．図5.7(c)は，上記の(a)，(b)を複合したものである[14]．この場合もトランスの励磁電流と平滑用インダクタの励磁電流が互いに関係しあうことにより，複数の特殊な動作モードが出現する．

5.4 プッシュプルコンバータ，ハーフブリッジコンバータ，フルブリッジコンバータ

比較的大容量のスイッチング電源に用いられるプッ

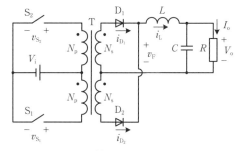

(a) 回路図

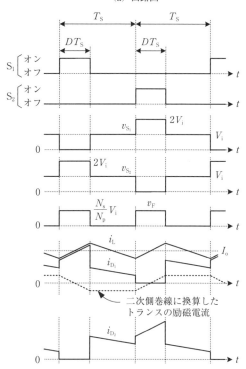

(b) トランスの励磁電流が入出力電圧比に影響を及ぼさない動作範囲での動作波形

図5.8 プッシュプルコンバータ

シュプルコンバータ，ハーフブリッジコンバータ，フルブリッジコンバータの各回路を図5.8〜図5.10に示す．ここにv_Fは出力平滑回路の入力端の電圧である．絶縁トランスTの役目は入出力間の絶縁であり，エネルギー蓄積の役目を持たないため，原理的には励磁電流の無視できる理想トランスを用いればよい．たしかにコンバータが完全に対称動作をしている場合はコア磁束の飽和の恐れはないが，何らかのアンバランスが生じるとコアが偏磁し，それが極端になると，コア磁束が飽和する恐れがある．これを防ぐため，実際にはコアにギャップを入れ，トランスのインダクタンスを下げて励磁電流を積極的に流すことにより，トラ

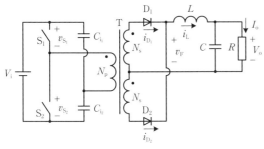

(a) 回路図

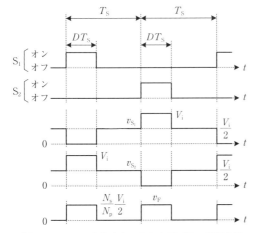

(b) トランスの励磁電流が入出力電圧比に影響を及ぼさない動作範囲での動作波形（二次側の電流波形は図5.8(b)と同じ）

図5.9 ハーフブリッジコンバータ

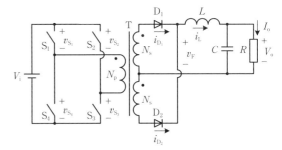

(a) 回路図

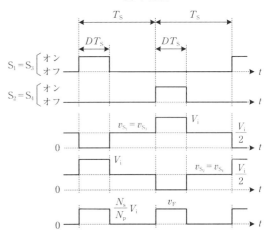

(b) トランスの励磁電流が入出力電圧比に影響を及ぼさない動作範囲での動作波形（二次側の電流波形は図5.8(b)と同じ）

図5.10 フルブリッジコンバータ

ンスの巻線抵抗による電圧降下を生じさせて偏磁を抑制している．また，図5.9のハーフブリッジコンバータにおいては，一次側の分圧コンデンサ C_{i1}, C_{i2} の中点電位が変化することによる偏磁抑制の効果も期待できる．なお，これと同様の効果を得るため，図5.10のフルブリッジコンバータにおいても，一次側巻線に直列に無極性コンデンサを挿入する場合がある．

これらのコンバータにおいて，主スイッチ S_1 と S_2 は，共通のオフ期間を挟みながら交互にオン・オフが繰り返される．ただし，図5.10のフルブリッジコンバータにおいては，S_3 は S_1 と，S_4 は S_2 と同時にオン・オフが繰り返される．出力平滑回路にある平滑用インダクタ L は，エネルギー蓄積の役目を持つ．偏磁抑制のためにトランスのインダクタンスを下げて励磁電流を積極的に流すと，出力電流が低下した場合，トランスの励磁電流と平滑用インダクタの励磁電流が互いに関係しあうことにより，複数の特殊な動作モードが出現するが[15]，ここでは詳細な説明を割愛する．トラ

ンスの励磁電流が入出力電圧比 M に影響を及ぼさない動作範囲において，出力平滑回路の動作は降圧形コンバータの場合と一致する．この場合，M は次式で表され，出力電流 I_o に依存しない．

$$M = \frac{N_s}{N_p} D \quad \text{（プッシュプルコンバータ，フルブリッジコンバータの場合）}$$

$$M = \frac{1}{2} \frac{N_s}{N_p} D \quad \text{（ハーフブリッジコンバータの場合）}$$

ただし，スイッチング周期 T_s や時比率 D を動作波形の図5.10に示すように定義した．したがって，回路図において平滑用インダクタより左側にある部分は，実際は $2T_s$ の周期で動作していることに注意する必要がある．

なお，これらのコンバータにおいて，トランス二次側の整流ダイオード D_1, D_2 のそれぞれを同期整流器に置き換え，主スイッチとの間にデッドタイムを設けて駆動すれば，トランスの励磁電流を利用してゼロ電圧スイッチングが可能となる[16]．

5.5 位相シフト制御方式フルブリッジコンバータ

位相シフト制御方式フルブリッジコンバータの回路を図5.11に示す．これは図5.10のフルブリッジコンバータと同じ回路であるが，主スイッチの駆動方式が異なる．位相シフト制御方式の場合，S_1とS_2は，それぞれのオン期間とオフ期間が等しいが（時比率50%），両者の位相が時間T_dに相当する分だけずれており，T_dを変化させることにより出力電圧が制御される．また，S_4はS_1と，S_3はS_2と逆位相でオン・オフが繰り返される．

位相シフト制御方式フルブリッジコンバータの場合は，トランスの巻線電圧は一次側の主スイッチにより決定され，巻線電圧がゼロの期間においても一次側の主スイッチにトランスの励磁電流を流すことができる．したがって，偏磁抑制のためにトランスのインダクタンスを下げて励磁電流を積極的に流しても，トランスの励磁電流と平滑用インダクタの励磁電流が互いに関係しあうような動作モードが生じない．したがって，出力回路の入力端の電圧をv_Fで表すと，出力回路の動作は降圧形コンバータの場合と一致する．この場合，入出力電圧比Mは次式で表され，出力電流I_oに依存しない．

$$M = \frac{N_s}{N_p} D$$

ただし，動作波形の図5.11に示すように，時比率Dは位相シフト分に相当する時間T_dを用いて，$D = T_d / T_s$により定義した．

5.6 カレントフェッド（電流形）コンバータ[17]

カレントフェッドコンバータの回路を図5.12に示す．この回路は，エネルギー蓄積の役目を持つ平滑用インダクタLを，入力電圧源側に移したプッシュプルコンバータとみることができる．二つの主スイッチS_1とS_2は，共通のオン期間（重なり期間）を挟みながら交互にオン・オフが繰り返される．絶縁トランスTの役目は入出力間の絶縁であり，エネルギー蓄積の役目を持たないため，原理的には励磁電流の無視できる理想トランスを用いればよい．しかし，偏磁抑制のためにトランスのインダクタンスを下げて励磁電流を積極的に流すと，出力電流が低下した場合，トランスの励磁電流と平滑用インダクタの励磁電流が互いに関係しあうことにより，複数の特殊な動作モードが出現する[18]．トランスの励磁電流が入出力電圧比Mに影響を及ぼさない動作範囲において，Mは次式で表され，出力電流I_oに依存しない．

$$M = \frac{N_s}{N_p} \frac{1}{1-D}$$

これより，カレントフェッドコンバータは，昇圧形コンバータを絶縁したものと考えることができる．

なお，このコンバータにおいて，トランス二次側の整流ダイオードD_1，D_2のそれぞれを同期整流器に置き換え，主スイッチとの間にデッドタイムを設けて駆動すれば，トランスの励磁電流を利用してゼロ電圧スイッチングが可能となる[19]．

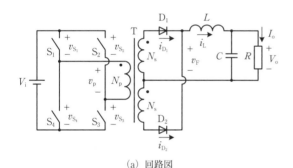

(a) 回路図

(b) 電流連続モード（CCM）の動作波形（二次側の電流波形は図5.7と同じ）

図5.11 位相シフト制御方式フルブリッジコンバータ

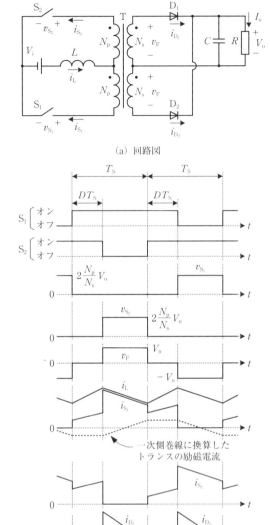

(a) 回路図

(b) 動作波形

図 5.12 カレントフェッド（電流形）コンバータ

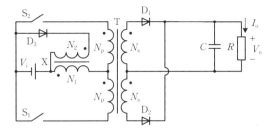

図 5.13 エネルギー回生形カレントフェッドコンバータ

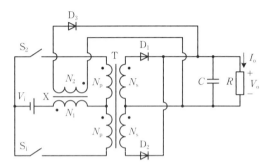

図 5.14 励磁エネルギーを出力側に送るカレントフェッドコンバータ

図 5.12 のカレントフェッドコンバータの平滑用インダクタにエネルギー回生用別巻線を設け，制御範囲を広げたものが，図 5.13 に示すエネルギー回生形カレントフェッドコンバータである．二つの主スイッチ S_1 と S_2 が，共通のオン期間を挟みながら交互にオン・オフが繰り返される場合は，回生用別巻線には電流は流れず，図 5.12 の回路と同じ動作をする．二つの主スイッチ S_1 と S_2 が，共通のオフ期間を挟みながら交互にオン・オフが繰り返される場合は，回生用巻線に電流が流れる期間が存在する回路動作をする．また，図 5.14 に示すように，平滑用インダクタに設けた別巻線を出力端に接続し，インダクタの励磁エネルギーを出力側に送るカレントフェッドコンバータもある．これらの回路方式においては，時比率や出力電流などの動作条件により数多くの動作モードが存在する．

5.7 縦続接続方式絶縁形コンバータ

縦続接続方式絶縁形コンバータの各種回路を図 5.15 に示す．これらのコンバータは従来の二つのコンバータを縦続（カスケード）接続したものであるが，接続の方法を工夫することにより，主スイッチと整流ダイオードの個数を，単コンバータの場合と同じ各 1 個に抑えている．

図 5.15(a) は Cuk（チューク）コンバータと呼ばれ，昇圧形コンバータと降圧形コンバータを絶縁トランスを介して縦続接続したものである．絶縁トランス T は励磁電流の無視できる理想トランスでよく，一次側にも二次側にもコンデンサが直列に挿入されているため，トランスは偏磁しない．また，非絶縁形の Cuk コンバータは出力電圧が負極性になるが，絶縁形の場合は出力電圧を正極性にできる．

図5.15(b)はSEPICコンバータと呼ばれ，昇圧形コンバータとフライバックコンバータを縦続接続したものである．なお，SEPICはsingle-ended primary-inductor converterの略である．絶縁トランスTはエネルギー蓄積の役目も併せ持つため，コアにギャップを設けるなどの方法により励磁電流を積極的に流す密結合トランスが用いられる．

図5.15(c)はZetaコンバータと呼ばれ，フライバックコンバータと降圧形コンバータとを縦続接続したものである．なお，Zetaは「6番目のコンバータ回路」という意味で名づけられた（ζはギリシア文字で6番目）．この場合も絶縁トランスTはエネルギー蓄積の役目も併せ持つため，コアにギャップを設けるなどの方法により励磁電流を積極的に流す密結合トランスが用いられる．

これらのコンバータにおいて，どのインダクタやトランスの励磁電流もゼロにならない回路動作（インダクタ電流連続モード（CCM））における入出力電圧比Mは次式で表され，出力電流I_oに依存しない．

$$M = \frac{N_s}{N_p}\frac{D}{1-D}$$

これはフライバックコンバータの場合と同じ式である．

5.8 LLC共振形コンバータ[20]

電流共振を用いた絶縁形コンバータの例として，LLC共振形コンバータ回路を図5.16に示す．主スイッチS_1とS_2は，それぞれのオン期間とオフ期間が等しく（時比率50%），互いに逆位相で駆動される．出力電圧の制御はスイッチング周波数を変化させて行われる．LLC共振形コンバータ回路は直列共振形コンバータを絶縁トランスを用いて直流的に絶縁したものと考えることができるが，トランスの励磁電流を考慮すると回路動作がかなり異なるものになる．このコンバータには動作条件により複数の動作モードが存在する．図5.16(b)に示す代表的な動作波形においては，共振インダクタL_rを流れる電流i_Lと一次側に換算したトランスの励磁電流とは，1スイッチング周期の一部で同じ値になり，この期間は二次側の整流ダイオードD_1，D_2はともにオフになる．したがって，主スイッチ

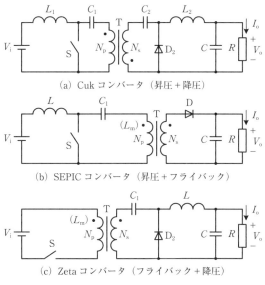

(a) Cukコンバータ（昇圧＋降圧）

(b) SEPICコンバータ（昇圧＋フライバック）

(c) Zetaコンバータ（フライバック＋降圧）

図5.15 各種の縦続接続方式絶縁形コンバータ

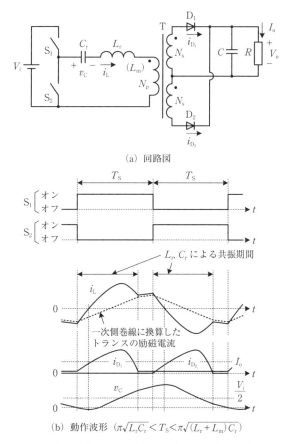

(a) 回路図

(b) 動作波形（$\pi\sqrt{L_r C_r} < T_S < \pi\sqrt{(L_r+L_m)C_r}$）

図5.16 LLC共振形コンバータ（ハーフブリッジ形）

のターンオン時におけるダイオードのリカバリ特性の問題が生じない．また，共振電流 i_L を利用した主スイッチのゼロ電圧スイッチングが可能となる．なお，入出力電圧比は，共振特性を持つ複雑なものとなる．

まとめ

以上，絶縁形スイッチングレギュレータの主回路に用いられるスイッチング電源（DC-DC コンバータ）の代表的な回路方式を示した．どのコンバータにおいても，絶縁トランスの励磁電流に注意し，回路動作を正しく理解する必要がある． 〔庄山正仁〕

文　献

1) 原田耕介, 他：スイッチングコンバータの基礎, コロナ社（1992）.
2) R. W. Erickson, D. Maksimovic："Fundamentals of Power Electronics", 2nd ed., Kluwer Academic Pub. (2001).
3) N. Murakami, et al.："A Simple and Efficient Synchronous Rectifier for Forward DC-DC Converters", IEEE APEC '93, pp. 463-468 (1993).
4) 村上直樹, 他：「共振リセット形一石フォワードコンバータ用同期整流回路の駆動条件」, 電子情報通信学会総合大会講演論文集, p. 444 (1995).
5) B. Carsten："High Power SMPS Require Intrinsic Reliability", Proc. of PCI '81, pp. 118-132 (1981).
6) P. Vinciarelli：US Patent, #4,441,146, Filed (1982).
7) B. Carsten："Design Techniques for Transformers Active Reset Circuits High Frequencies and Power Levels", HFPC'90, pp. 235-246 (1990).
8) E. Takegami："Forward Converter with Active Clamp Circuit", US Patent #6,061,254, Filed (1999).
9) J. N. Park, T. R. Zaloum："A Dual Mode Forward/Flyback Converter", IEEE PESC '82, pp. 3-13 (1982).
10) 庄山正仁, 原田耕介：「フォワード/フライバックコンバータの動作特性」, 電子情報通信学会技術研究報告, PE92-43, pp. 31-38 (1992).
11) I. D. Jitaru："A New High Frequency, Zero-Voltage Switched, PWM Converter", IEEE APEC '92, pp. 657-664 (1992).
12) 庄山正仁, 原田耕介：「変圧器の励磁エネルギーを2次側に送るフォワードコンバータの動作特性」, 電子情報通信学会技術研究報告, PE92-25, pp. 31-38 (1992).
13) I. D. Jitaru："A Dual Mode Forward/Flyback Converter", IEEE APEC '93, pp. 880-887 (1993).
14) 中川 伸, 他：「フォワード・フライバック複合DC-DC コンバータの動作特性について」, 電子情報通信学会技術研究報告, EE2003-5, pp. 25-29 (2003).
15) M. Shoyama, K. Harada："Steady-State Characteristics of the Push-Pull DC-to-DC Converter", IEEE Transactions on Aerospace and Electronic Systems, AES-20, 1, pp. 50-56 (1984).
16) M. Shoyama, K. Harada："Zero-Voltage-Switched Push-Pull DC-DC Converter", IEEE PESC'91 Record, pp. 223-229 (1991).
17) V. Thottuvelil, et al.："Analysis and Design of a Push-Pull Current-Fed Converter", IEEE PESC '81 Record, pp. 192-203 (1981).
18) 庄山正仁, 原田耕介：「変圧器の励磁電流を考慮したプッシュプルカレントフェッドコンバータの負荷特性」, 電気関係学会九州支部連合大会 320, p. 132 (1992).
19) M. Shoyama, K. Harada："Zero-Voltage-Switching Realized by Magnetizing Current of Transformer in Push-Pull Current-Fed DC-DC Converter", IEEE PESC'93 Record, pp. 178-184 (1993).
20) B. Yang, et al.："LLC Resonant Converter for Front End DC/DC Conversion", IEEE APEC 2002, pp. 1108-1112 (2002).

6

低電圧パワーエレクトロニクス回路の応用

6.1 電子・通信機器用電源

近年における情報通信技術の発展はめざましく、社会生活や産業活動に対して多くの利便性を与えている。携帯電話やパーソナルコンピュータなどの端末機器の普及とともに情報通信サービスは多様化し、それを支える通信インフラも高度化を続けている。従来の固定回線による音声通信では、電話機は銅線を介して交換装置に接続され、さらに伝送装置によって中継網につながっている。しかし、最近では通信回線に光ファイバや無線の利用が広がった。信号伝送にはIP (internet protocol) が利用されるようになったため、信号を伝送する機器にはルータやスイッチが用いられている。以下では、このように変化を続ける電子・通信機器に対して安定的に電力エネルギーを供給する電源システムの構成と特徴、そして今後の方向性について概説する。

6.1.1 電子・通信用給電システム

通信システムが設置される通信ビルにおける電力供給には、図6.1に示される直流供給方式[1]が一般的に用いられている。通信システムへの電力供給の最大の特徴は、商用電源の停電バックアップである。それを実現するために、非常用発電機と蓄電池による二重の対策が施されており、これによって通信システムの高い信頼性が維持されている。

直流供給方式では、受電した商用電源は変圧器により200 Vの三相交流に変換され、通信システムのある各フロアに給電される。各フロアに分散設置された整流装置により三相交流は-48 Vの直流に変換される。直流の電圧値については、日本、アメリカ、ヨーロッパでは電圧範囲の規格に若干の違いはあるが、ほぼ統一的に公称-48 Vが用いられている。この電圧は、従来の通信システムにおいては、交換装置を介して加入者線路に印加される電圧でもあり、電話機などの通信端末に給電されている。マイナス電圧が用いられているのは、加入者線路での電食を防止するためで、通信ビルにおいてプラス側が接地されている。

通信システムに対して図6.2(a)に示す直流供給方式が用いられている理由は、交換装置や通信端末がLSIなどの電子回路で構成され直流電源で動作するためと、停電バックアップの蓄電池も直流動作のためである。これに対して、交流供給方式は、図6.2(b)に示すとおり蓄電池に充電した電圧を交流に変換するためのインバータが必要であり、さらに装置内には整流回路が必要となる。したがって、交流供給方式は電圧の変換段数が直流供給方式よりも増えるため、信頼性や給電効率が低下する。しかし、近年データセンタや各種情報システムで用いられるサーバやストレージな

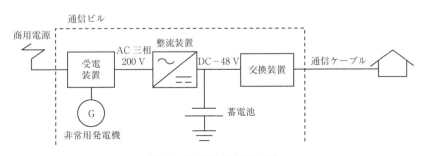

図6.1 通信における電力供給

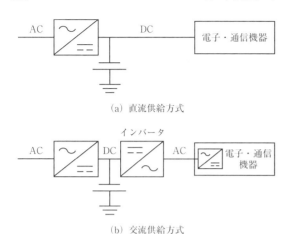

(a) 直流供給方式

(b) 交流供給方式

図 6.2　直流供給方式と交流供給方式の比較

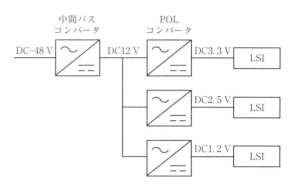

図 6.3　電子・通信機器内電源の構成例

どの情報処理装置において，通信システムのような高い信頼性が要求されない場合には，交流供給方式も用いられている．

　直流供給方式における最大の課題は，−48 V で供給できる給電容量にある．ルータやスイッチなど IP 通信に用いられる新しい機器においては，ブロードバンドサービスの需要拡大に応えるべく，伝送処理能力の向上が日進月歩で行われている．それに伴い，機器の消費電力も増加傾向にあり，体積当たりの消費電力は交換装置を大きく上回っている．その結果，給電電流が増加することとなり，給電ケーブルの径や本数の増大を招き，コストの増加や空調の冷気流路圧迫などの問題が懸念されている．そこで，給電電圧を 300 V 以上の比較的高電圧とし，これらの課題を解決すると同時に，より高効率となる高電圧直流が検討されている．現在，日本や欧米を中心として高電圧直流に関する標準化が進められており，給電電圧範囲，短絡保護，接続プラグなどが検討課題とされている．

6.1.2　直流供給方式を構成するスイッチング電源

　直流供給方式を構成する整流装置や電子・通信機器内の電源には，小型化や高効率化を図るためにスイッチング電源が用いられている．

　整流装置は，三相交流を全波整流する昇圧形コンバータと整流電圧を −48 V に変換する降圧形 DC-DC コンバータによって構成される．昇圧形コンバータにおいては，入力電流の力率改善が行われており，現状の整流装置の力率は，ほぼ 1 となっている．IGBT や MOSFET などのパワー半導体素子の性能向上により電力変換効率も向上し，現状では 93% 以上が実現されている．

　−48 V の直流電源供給を受けた電子・通信機器は，図 6.3 に示すように機器内部の DC-DC コンバータで電圧変換を行い，3.3 V や 1.2 V などの低電圧で動作する LSI に給電している．従来は，1 段のオンボード電源で低電圧に変換する方法が一般的であった．しかし最近では，−48 V をいったん 12 V や 5 V などの中間バス電圧に降圧し，さらに LSI の電圧に降圧する 2 段構成が適用されるようになった．これは，LSI の消費電力が増加したため，電源を LSI の直近（point of load：POL）に配置して過渡変動対策や配線損失低減を図る必要が出てきたことが原因である．

　以上で示したとおり，直流供給方式においては，最終負荷の LSI に給電されるまでに何段もの電力変換を行っており，変換部においてはスイッチング電源が主たる構成要素となっている．スイッチング電源は，小型・軽量，高効率という特長を有する一方，半導体スイッチのオン・オフに伴って発生するノイズが最大の問題とされている．近年の研究では，スイッチングの過渡時において電圧または電流を共振させ，急峻な電圧・電流変動を抑制してノイズの発生を抑えるソフトスイッチング技術が主流となっている．ソフトスイッチング技術は，ノイズの抑制だけでなく効率の改善にも有効であることから，実用化が進んでいる［2008 年執筆］．

〔遠藤久仁〕

文　献

1) 通信用電源研究会：情報・通信用電源，電気通信協会，pp. 59-114（1998）．

6.2 サーバ機器用電源

サーバ機器は，LSIをはじめとする電子技術の発展によって高機能，高密度，高信頼性，そして低価格化が進み，社会生活のさまざまな分野で使われている．その頭脳であるCPUの電源電圧は，2000年には1.5Vであったが，わずか8年ほどの間に，1.35V，1.2V，そして1.0Vへと低下してきた．動作電流は，30A程度であったものが150Aを超えるものも現れている．また，特に社会システムで使われる基幹サーバは，システムの故障によって発生する社会的影響ははかりしれなく大きなものとなっている．ここでは，低電圧，大電流および高信頼性に対応したサーバ機器用電源について説明する．

基幹サーバの装置構造と性能の例を図6.4に示す．図6.5は，この装置の概略電源システム構成であり，分散給電と呼ばれる方式を採用している．従来の集中給電方式に比べ，LSIとDC-DCコンバータ間の配線インピーダンスが小さく，負荷コンデンサを格段に少なくできるメリットも持っており，電圧精度もよいため，さまざまな負荷条件に柔軟に対応することができ，高効率で小型の電源システムを構築することができる．また，信頼性向上のために各所に冗長構成を採用し，MTBF（平均故障間隔）を冗長のない場合に比べ格段に増大させている．

装置の単相200～240Vを受電するAC電源入力部は，ケーブル，EMCフィルタ，サーキットブレーカから構成されている．電源ユニットは，このAC電源をバス電圧として使用する48Vに変換する．ここまでの部分は，半年ごとに行われる法定点検時も装置を停止させないために，2系統受電機構を設けている．

この48Vは，各ボードに給電され，ボード内では負荷の直近にオンボードタイプのDC-DCコンバータを設け，各LSIが必要とする低電圧大電流を供給する．

電源ユニットは，AC電源を各ボードおよび冷却

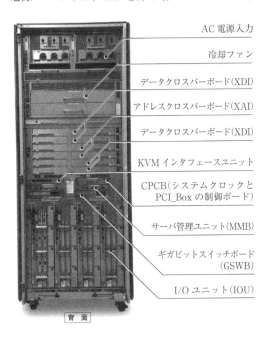

プロセッサ	Itanium2 プロセッサ 9050（1.60 GHz） 最大32プロセッサ（64コア）
システムボード数	最大8枚
メモリ	最大2Tバイト
PCIスロット	最大128スロット
筐体外形寸法	幅738×奥行1100×高さ1800 mm
筐体重量	最大720 kg
消費電力	最大12 kW

図6.4 基幹サーバの例（富士通 PRIMEQUEST580）

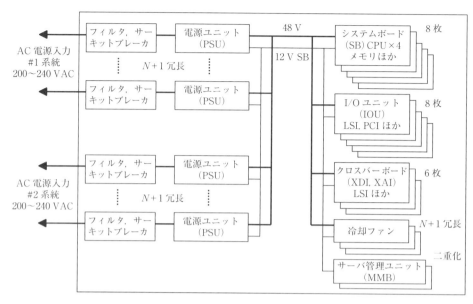

図 6.5 基幹サーバの電源システム構成

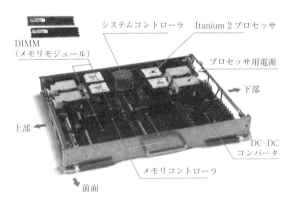

図 6.6 CPU とメモリが搭載されたシステムボード

図 6.8 カードエッジタイプ DC-DC コンバータ

仕様
- 入力電圧：48 V ± 10%
- 出力電圧：1.0〜1.75 V
- 出力電流：70 A

特徴
- 小型高密度実装：91 × 41 × 10 mm
- スイッチング周波数：600 kHz
- 高効率：同期整流方式
- 出力電圧可変：25 mV 間隔で設定
- 並列・冗長運転対応

ファンに分配する 48 V に変換する．この電源ユニットは，$N+1$ 冗長構成となっており，1 台が故障しても装置の動作を継続することができる．また，装置を運転させたままで故障したユニットを交換することができる活性保守機構を持っている．

次に，各ボード内の電源の構成を，装置機能の中心となる CPU とメモリの搭載されたシステムボードについて説明する．図 6.6 に構造図，図 6.7 に電源構成図を示す．48 V 受電には，活性保守時に突入電流を発生させずに 48 V を緩やかに立ち上げるためのソフトスタート回路を設けている．その後段に各 LSI が必要とする電圧ごとに絶縁形の DC-DC コンバータが $N+1$ 並列冗長運転されている．DC-DC コンバータは，各 LSI の直近に配置され，低い給電ロスで低電圧大電流を供給する．

図 6.8 は，システムボードのソケット上に実装されるカードエッジタイプ DC-DC コンバータである．この概略回路構成を図 6.9 に示す．48 V 受電部には，切離し回路（Input Ocp）を設けている．この回路は，入力電流を検出し，内部で短絡故障が発生したときに，48 V ラインからこの DC-DC コンバータを分離し，ほかの DC-DC コンバータの運転を継続できるようにするためのものである．電力変換部は，変換効率の高い 600 kHz のフルブリッジ方式を採用し，整流

6. 低電圧パワーエレクトロニクス回路の応用

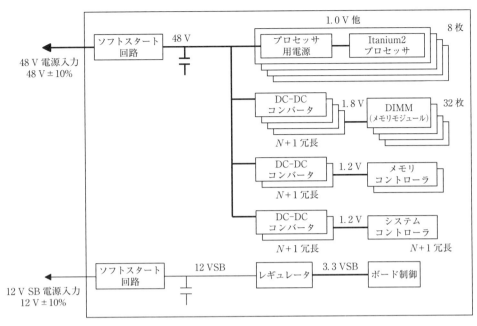

図 6.7　図 6.6 の電源構成図

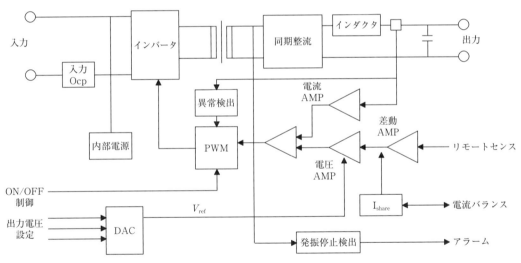

図 6.9　カードエッジタイプ DC-DC コンバータの回路構成

方式は，低電圧大電流に適した高効率の同期整流方式となっている．DC-AC コンバータ (DAC) は，基準電圧 (V_{ref}) を作る回路であり，5 ビットの VID 信号によって出力電圧を 25 mV 間隔で微調整するための機能を持つ．リモートセンス回路は，配線による電圧低下分を補正するための機能であり，電圧精度を向上させている．次に電流バランス (I_{share}) は，並列冗長運転される各 DC-DC コンバータの出力電流を等しくするための回路である．また，電流の急激な変化に伴う出力電圧変動を許容範囲内に抑制し LSI の誤動作を防止するために，高速応答性に優れたカレントモード方式のフィードバック制御を用いている．

最後に，これからのサーバ機器用電源には，さらなる小型，高速応答，高信頼性が望まれている．また，近年環境問題がクローズアップされ，大きな電力を使用するサーバ機器の省電力化が強く叫ばれている．電源の高効率化は当然であるが，装置の動作モードと連携し不要な電源をアクティブに動作，停止させるなど

の新しい課題に取り組んでいかなければならない．

〔島森　浩〕

6.3 力率改善（PFC）コンバータ

商用電源に接続される電子機器の入力電流高調波を抑制するために，力率改善コンバータ（power factor correction converter）が用いられる．ここでは主に中小容量の電源回路に適用されている力率改善コンバータについて解説する．

6.3.1 高調波規制の概要

テレビなどの電子機器は，交流入力をコンデンサインプット形整流回路で直流に変換し使用している．図6.10はコンデンサインプット形整流回路の電流波形と高調波電流である．このような非線形負荷回路は基本波の倍数の周波数成分を多く含み，入力電源に高調波ひずみを生じさせる．この高調波が電力系統に接続されている電力用コンデンサやリアクトルに障害を与える問題が生じている．このような電力系統に接続される機器に悪影響を及ぼさないように，高調波を抑制する規格が国際的に作成されている．低電圧電力系統に接続される機器で入力電流が1相当たり16 A以下の機器に対しては，IEC 61000-3-2[1)]で規格が制定され限度値はクラス別に定められる（表6.1）（日本国内ではJIS C 61000-3-2で規定）．表6.2にクラスA機器の入力電圧 AC 230 Vにおける高調波電流限度値を示す．AC 100 Vで測定する場合はこの値を2.3倍して判定する．

6.3.2 基本方式と分類

a. パッシブフィルタ

平滑回路にインダクタを挿入しチョークインプット整流回路にすることで，入力電流の導通角を広げることが可能である．図6.11はチョークインプット形整流回路の電流波形と高調波電流である．入力チョークコイルのインダクタンス L_{in} を適切に選ぶことで高調波規制に適合させることが可能である．しかし珪素鋼板を用いた低周波チョークコイルは形状が大きく重いという問題があり，単相交流では用途が限られる．

b. アクティブフィルタ

1) 昇圧コンバータ方式　アクティブフィルタはスイッチング動作により入力電流の導通角を広げる方式である．昇圧コンバータを用いる方式は力率を容易に1に近づけることが可能であり，広範囲な電力で使用されている．この回路でスイッチング電源の二次側に絶縁出力を得る場合には，昇圧コンバータの出力に絶縁型DC-DCコンバータを接続する2段方式とな

表6.1　高調波規制限度値のクラス分類

クラス	機　　器
A	平衡三相機器，白熱電球用調光器，ほかのクラスに属さない機器
B	ポータブル工具，専門家用でないアーク溶接機
C	照明機器
D	600 W以下のテレビ受信機，パソコンおよびパソコン用モニタ

表6.2　クラスA機器の限度値

高調波次数 n	最大許容高調波電流[A]
奇数次高調波	
3	2.30
5	1.14
7	0.77
9	0.40
11	0.33
13	0.21
$15 \leq n \leq 39$	$0.15 \times (15/n)$
偶数次高調波	
2	1.08
4	0.43
6	0.30
$8 \leq n \leq 40$	$0.23 \times (8/n)$

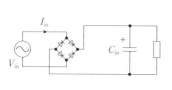
(a) 回路

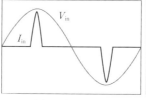
(b) 入力電流波形

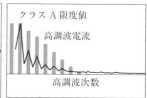
(c) 高調波電流

図6.10　コンデンサインプット形整流回路

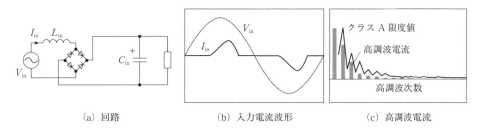

(a) 回路　　　　　　(b) 入力電流波形　　　　　(c) 高調波電流

図 6.11　チョークインプット形整流回路

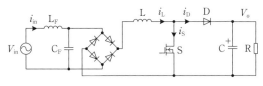

図 6.12　昇圧形アクティブフィルタ回路

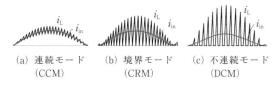

(a) 連続モード　　(b) 境界モード　　(c) 不連続モード
　　(CCM)　　　　　(CRM)　　　　　(DCM)

図 6.13　昇圧形アクティブフィルタの電流波形

る．昇圧コンバータ方式は，インダクタの電流導通モードによってさらに分類することができる[2,3]．昇圧形アクティブフィルタの回路を図 6.12 に，インダクタの電流導通モードによる分類を図 6.13 に示す．

i) 連続モード：　連続モード（continuous conduction mode：CCM）は，入力電流の高周波リップルが小さく中容量以上に適する．入力電圧にインダクタ L の平均電流が比例するようにスイッチ S の時比率を制御する．ダイオード D の逆回復時間の影響により，サージ電流がスイッチ S のターンオフ時に流れ効率低下やノイズ発生の問題を生じさせる．この問題に対処するためのスナバ回路やソフトスイッチング回路が数多く考案されている．近年ではきわめて高速なシリコンカーバイトダイオード（SiC diode）が実用化され昇圧形アクティブフィルタの高効率化に寄与している．

ii) 境界モード：　境界モード（critical mode：CRM）ではインダクタの電流がゼロになると次のサイクルが開始される．この場合の入力電流は次式となる．

$$i_{in}(t) = V_{in}(t) \frac{t_{on}}{2L} \tag{6.1}$$

よって，スイッチ S のオン時間 t_{on} を入力交流サイクル内で一定に制御すると，入力電流波形は入力電圧

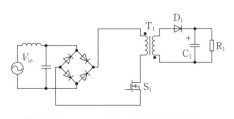

(a) 入力コンデンサレス昇降圧 PFC 回路

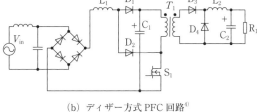

(b) ディザー方式 PFC 回路[4]

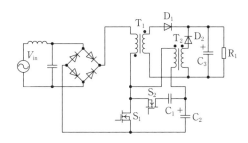

(c) ソフトスイッチング PFC 回路[5]

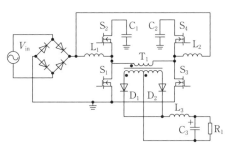

(d) 昇圧入力フルブリッジ PFC 回路[6]

図 6.14　1 段方式 PFC 回路

に比例し力率1が達成できる．ダイオードDはゼロ電流で切り替わるためリカバリ電流は流れない．

iii) 不連続モード： 不連続モード(discontinuous conduction mode：DCM)は，最も入力電流の高周波リップルが大きくなるため，小容量向きである．入力電圧およびインダクタ電流を検出する必要がないため回路が簡素にできる．スイッチSのオン時間t_{on}を入力交流サイクル内で一定に制御すると，インダクタ電流のピークが入力電圧に比例する．この場合，力率は1にならないが，高調波規制に適合させることは可能である．

2) 1段コンバータ方式 力率改善部と絶縁形コンバータ部を一体化し，1段の変換で高調波電流の抑制と二次側出力電圧の安定化を図る方式であり，図6.14のように各種の回路方式が提案されている．効率，EMIノイズ，出力保持時間，負荷急変特性などの諸特性についてトレードオフを考慮し設計を行う必要がある．　　　　　　　　　　　　　　　〔富岡　聡〕

文　献

1) IEC 61000-3-2 Ed. 3.0：2005 (b)："Electromagnetic compatibility (EMC)-Part 3-2：Limits-Limits for harmonic current emissions (equipment input current≦16 A per phase)" (2005).
2) 長尾道彦，原田耕介：「アクティブフィルタの基本回路方式と特徴」，電子技術，3月号，pp.18-23 (1994).
3) 庄山正仁，他：「力率改善形コンバータにおける電解コンデンサのリプル電流解析」，電子情報通信学会論文誌 BI，**J78-B-I**，11，pp.614-620 (1995).
4) I. Takahashi, R. Y. Igarashi："A switching power supply of 99% power factor by dither rectifier", INTELEC '91, pp.714-719 (1991).
5) C.F. Jin, T. Ninomiya："A novel soft-switched single-stage AC-DC converter with low-current harmonics and low output-voltage ripple", PESC '01, pp.660-665 (2001).
6) 富岡　聡，他：「インターリーブ方式昇圧入力形フルブリッジコンバータの特性解析」，電子情報通信学会論文誌 B，**J89-B**，5，pp.655-663 (2005).

6.4　無停電電源（UPS）

容量範囲が数百VAから数十kVAクラスの比較的小容量のUPSは，単相入出力のものが多い．本節では単相入出力UPSで多く使われている常時商用給電方式（JIS C 4411-3：2004 表記 VFD）およびラインインタラクティブ方式（JIS C 4411-3：2004 表記 VI）の回路の概要と具体例を紹介する．

常時商用給電方式およびラインインタラクティブ方式の特徴は，通常運転時は入力電源と同じ周波数の電圧を出力することである．常時商用給電方式は通常運転時に出力電圧調整機能を持たず，ラインインタラクティブ方式は通常運転時に出力電圧調整機能を有する．いずれの方式も入力電圧が低下すると，商用電源からの給電をインバータ給電に切り換えるため，切換時間を短くする工夫を行ったり，切換時に電圧を補償する機能を設けたりすることで，切換時の電圧変動が負荷側の許容範囲内[1]となるようにしている．

ラインインタラクティブ方式は回路の名称がメーカ独自のものが用いられていることが多く，ここでも独自の名称を使用しているものがある．

なお，図中のブロック図で示している，インバータ，双方向コンバータなどの変換器の交流側には，変換器が発生する高調波電圧を低減して正弦波の電圧とするために，LCで構成される低域通過フィルタが一般的に使用されている．

6.4.1　常時商用給電方式

図6.15に代表的な回路ブロック図を示す．回路は充電器，エネルギー蓄積装置，インバータ，切換スイッチで構成される．通常時は切換スイッチの交流入力電源側がオンになり交流入力を負荷へ供給するとともに，充電器はエネルギー蓄積装置を充電する．停電時は切換スイッチの交流入力電源側をオフに，インバータ側をオンにして，インバータによってエネルギー蓄積装置のエネルギーを安定した正弦波の交流電圧に変換する．スイッチングレギュレータを電源として使用している負荷機器専用に，インバータの交流側のLCフィルタ回路を省略し，波形を矩形波としたものもある．

6.4.2　ラインインタラクティブ方式

図6.16に代表的な回路ブロック図を示す．電力インタフェースは，機械式または半導体式交流スイッチ，入力電圧変動を補償して出力電圧を所定範囲に保つ電圧補償回路（自動電圧調整変圧器，直列インバータ，交流昇降圧チョッパ）などで構成される．通常時は電力インタフェースまたは双方向コンバータで出力電圧

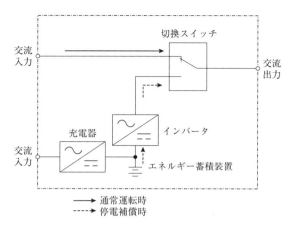

図 6.15 常時商用給電方式

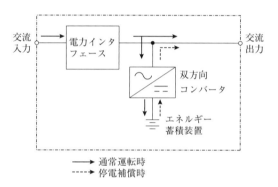

図 6.16 ラインインタラクティブ方式

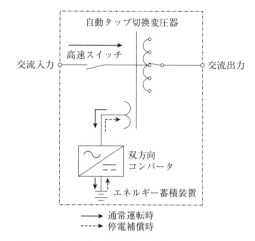

図 6.17 電圧補償に自動電圧調整変圧器を使用した例

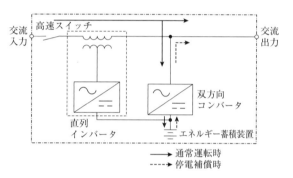

図 6.18 電圧補償に直列インバータを使用した例

を所定の範囲内に調整するとともに，エネルギー蓄積装置を充電する．停電時は双方向コンバータによってエネルギー蓄積装置のエネルギーを安定した正弦波の交流電圧に変換して負荷へ供給する．以下に回路構成例を示す．

a. 自動電圧調整変圧器で電圧変動を補償する方式

図 6.17 の自動タップ切換変圧器方式は変圧器のタップを自動的に切り換えることで，出力電圧の定電圧化を行う．停電時は，入力側の高速スイッチをオフにし，双方向コンバータで負荷に電力を供給する．

トライポート方式[2]は，変圧器を鉄共振変圧器とすることで，出力電圧を定電圧化する．

b. 直列インバータで電圧変動を補償する方式

通常運転時は入力電源の変動分のみを補償することで，全電力をスイッチングしないようにすることで高効率・小型化を実現した方式である．

図 6.18 に直列インバータで電圧変動を補償する例のブロック図[3]を示す．この例の回路は，高速スイッチ，直列インバータ，双方向コンバータ，エネルギー蓄積装置で構成される．入力電圧が規定の範囲にある通常運転時は，直列インバータで電源電圧の変動分を補償して出力電圧を定電圧化する．停電時は入力側の高速スイッチをオフにするとともに双方向コンバータで負荷へ給電する．

図 6.19 に直列インバータで電圧変動を補償する別の例[4]を示す．通常運転時は，#1 の直列インバータで電源電圧の変動分を補償して出力電圧を定電圧化し，#2〜4 の双方向コンバータは入力電流が力率 1 となるように動作する．#2〜4 の双方向コンバータは，直流電圧の比率が 3 進数（#2：V_o, #3：$3V_o$, #4：$9V_o$）の関係にある双方向コンバータを複数直列に接続し，それらの出力電圧の組合せにより擬似正弦波電圧を得ることで，スイッチング損失の低減と交流フィルタの削減を行っている．停電時は，入力側の高速スイッチをオフにし，#2〜4 の双方向コンバータで負荷へ電圧を供給する．

c. 交流昇降圧チョッパで電圧変動を補償する方式

図 6.20 に文献 5 に示された方式の変換回路の主要

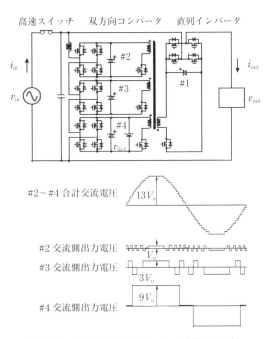

図 6.19 電圧補償に直列インバータを使用した例

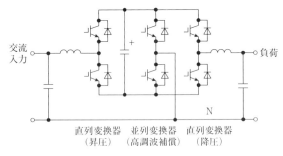

図 6.20 電圧補償に交流昇降圧チョッパを使用した例

部分を示す．3レグ変換器で構成され，通常時は，並列変換器（高調波補償回路）は入力電流が力率1となるように動作している．入出力電圧がほぼ同じ場合は昇圧・降圧回路ともに商用周波数でスイッチングし，入力電圧が低いときは昇圧回路を高周波でスイッチングして降圧回路は商用周波数でスイッチングし，入力電圧が高いときは逆の周波数でスイッチングする．通常運転時に負荷に供給される主電力は，高周波スイッチングする回路を1回しか通過しないので，スイッチング損失が低減される．停電時は，並列変換器（高調波補償回路）と降圧回路で負荷へ給電する．

〔森　治義〕

文献

1) Information Technology Industry Council (ITIC), "ITI (CBEMA) curve application note" http://www.itic.org/clientuploads/Oct2000Curve.pdf
2) R. Rando : "AC TRIPORT-A new uninterruptible AC power supply", INTELEC'78, pp. 50-58 (1978).
3) N. Rasmussen : "The different types of UPS systems", APC by Schneider electric, whitepaper1 Rev7 (2010). http://www.apcmedia.com/salestools/SADE-5TNM3Y_R7_EN.pdf
4) O. Mori, et al. : "A Single Phase Uninterruptible Power System with a Gradationally Controlled Voltage Inverter", IECON '06, pp. 1956-1961 (2006).
5) 伊東洋一，他：「単相無停電電源装置における新しい電力変換方式」，電気学会論文誌 D，**122**，2，pp. 169-175 (2002).

6.5 自動車用電源

自動車は移動手段としてさらなる安全，快適が求められ，それらを達成するための電装化の進展は目ざましいものがある．また近年では，地球規模の環境問題から排ガス，燃費の問題がクローズアップされており，それらに使用される電源の重要性はさらに増してきている．

ここでは，自動車用の電源のなかで，環境自動車と呼ばれる電気自動車（EV），ハイブリッド自動車（HEV），燃料電池自動車（FCEV）に用いられる電源（DC-DC コンバータ）について説明する．

図6.21に一般的なガソリン車とEV，HEV，FCEVの電装機器に対する電源供給システムを示す．従来のガソリン車は，エンジンで発電した電力で自動車内のヘッドランプ，ラジオなどの電装機器に電力を供給するとともに，バッテリの充電を行っている．環境自動車は，モータ走行を行うことにより排ガスを削減している．しかしながらモータを駆動するために大容量の電池が必要となり，またエネルギー量確保の観点からその電圧は100Vから400Vと高電圧が必要となる．

一方，前述した電装機器は12Vで駆動されるため，高電圧（100〜400V）から12Vに電圧を降圧するDC-DC コンバータが必要となる．

図6.22に DC-DC コンバータの外観図，内部構成図，図6.23にブロック図を示す．小型・軽量・高効率に有効なスイッチング電源方式が採用され，また安全性の観点から，高電圧と低電圧を高周波トランスに

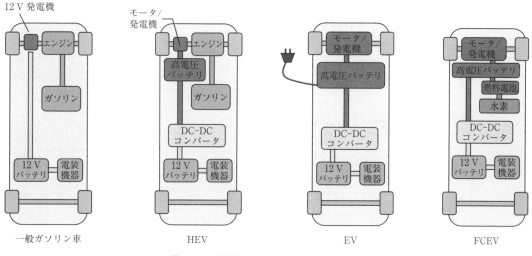

図 6.21 電装機器に対する電源供給システム

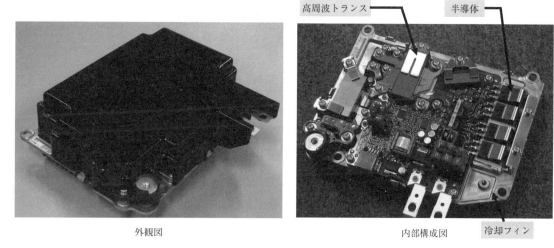

図 6.22 HEV 用 DC-DC コンバータ

よって切り分けられた絶縁形 DC-DC コンバータが採用されている．また，出力は小型車で 1 kW（出力電流 70 A）程度，大型車・高級車では 3 kW（出力電流 200 A）程度が必要とされている．回路方式は，高周波トランスの磁性体を有効利用できるフルブリッジ回路が採用されている．

上述のとおり出力が大きいため，損失も 100 W から 300 W となり，自動車の使用条件下では，DC-DC コンバータを冷却する必要がある．冷却方式は，ファンを用いた空冷方式，冷却水を用いた水冷方式の両方があり，自動車内の設置される場所により適宜対応する必要がある．冷却に関しては，いかに温度上昇を抑え信頼性を向上させるかと同時に，自動車の燃費改善のために小型・軽量をいかに達成するかが重要な課題である．図 6.22 に示された例では，冷却フィンに直接発熱部品（半導体，高周波トランスなど）を取り付けることにより放熱効率を上げている．また冷却に寄与しないフィン部は極力削除する構造をとることにより，上記課題を同時に達成している．

また，DC-DC コンバータは高周波でスイッチングされるため，半導体スイッチから発生するノイズが課題となる．このノイズが自動車のラジオに対して障害を与えることになる．この対策として，ノイズの発生量低減のため，急峻な電圧変化を抑えるソフトスイッチング技術が採用されている．ソフトスイッチング技術はノイズを抑制するだけでなく，併せて効率改善に

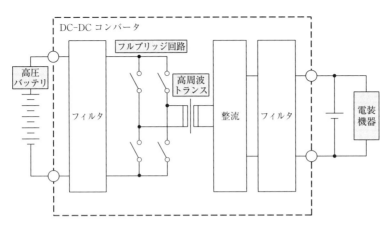

図 6.23　HEV 用 DC-DC コンバータ

も寄与するため，損失が低減できる．したがって前述した自動車の冷却課題に対しても効果的な対策となっている．

近年の DC-DC コンバータは，車載機器の接続規格である CAN（controller area network）を搭載し DC-DC コンバータ内の情報を自動車側と共有化している．単なる電源から自動車内の電装機器の一つとして，機能が求められるようになってきている．今後それぞれの機器情報を入手しながら，最適状態で効率よく動作させることも可能となる．

最後に，これから環境自動車用の普及は地球環境の問題から，待ったなしの状況である．それに搭載される電源は，より小型・軽量，高効率が望まれる．また普及を図るうえでの低コスト化技術も望まれている．いかに簡易な回路方式で高効率を達成するか，高周波トランスの小型化をいかに達成するか，冷却構造の最適化をいかに達成するかなど，新しい課題に取り組む必要がある．
〔佐藤国広〕

7 照明用点灯回路

　照明用として用いられている主光源は白熱電球と放電ランプである．放電ランプは気体の発光を利用するもので，発光動作中のランプ管内の蒸気圧力により低圧放電ランプと高圧放電ランプに大別することができる．前者の代表は蛍光ランプ，後者はHIDランプ (high intensity discharge lamp) であり，その挙動，発光特性，電気特性は異なったものとなる．商用電源など定電圧源から放電ランプを点灯するには安定器と呼ばれる点灯回路が必要で，ランプの種類，条件に応じてさまざまな形態，構成のものがある．ここではまず安定器の基本機能について述べ，続いて古くから使用されている磁気回路式安定器を説明する．次に半導体技術の進展に伴って普及してきた電子回路式安定器について，蛍光ランプとHIDランプのそれぞれに対応した各方式を述べる．さらに，新光源として期待されている無電極放電ランプおよび固体発光素子であるLED (light emitting diode) による点灯システムについても触れる．

7.1 安定器の基本機能

　放電ランプの発光は，気体放電中で励起状態にある原子が基底状態に移行するときそのエネルギー差に相応した光を放射する現象によっている．放電ランプはその始動と点灯のために必ず安定器と呼ばれる点灯装置を要する．安定器の基本機能は，①ランプの放電を開始するために必要な電圧・電流を供給する，②ランプの負抵抗特性に対して限流作用を行う，ことであり，回路構成から磁気回路式安定器と電子回路式安定器に分類される．

　低圧放電ランプの一種であるネオンランプの電極両端に電圧を加えると，図7.1のような電流-電圧特性が得られる．A点での放電開始後，電流を増していくと前期グローと呼ばれるグロー放電A-B領域から，電圧が一定となる正規グロー領域B-C領域，電圧が急激に増加する異常グロー領域C-Dを経て安定アーク放電であるE領域に至る．照明用途にはE領域のアーク放電を利用している．図7.1によると，放電ランプを始動するために電圧が最大となるD点を越えなければならないこと，点灯中のE領域では電流の

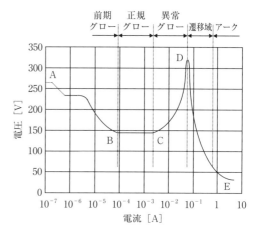

図7.1　ネオンランプの電流-電圧特性

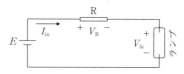

(a) 直流点灯回路

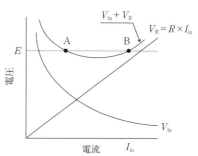

(b) 各部の電圧-電流特性

図7.2　放電ランプの直流点灯

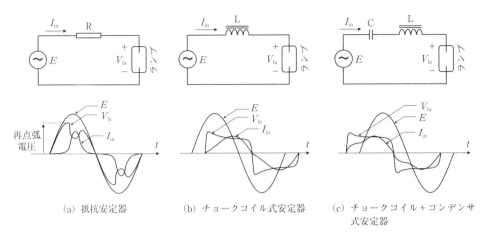

(a) 抵抗安定器　　(b) チョークコイル式安定器　　(c) チョークコイル＋コンデンサ式安定器

図 7.3　放電ランプの交流点灯と波形

増加につれて電圧が減少するいわゆる負性抵抗特性を持つことがわかる．D 点を越える電圧を放電ランプに与えて始動させ，E 領域で安定に点灯させることが安定器の役割である．図 7.2 は点灯中の安定器の動作を示す原理を示したもので，直流電圧源 E，安定器を模擬した抵抗 R の電圧を V_R，ランプの電圧を V_{la} とすると，電圧-電流特性において $V_{la}+V_R$ は E に等しくなければならず，A 点もしくは B 点が動作点と考えられる．このうち A 点では電源電圧が減ずると電流が増加する方向になるので不安定となり，安定動作できるのは B 点のみである．つまり抵抗 R はランプの放電を限流し，電源電圧から負荷をみたとき正抵抗となるように補償する機能を持つといえる．

図 7.3 は一般商用電源における安定器の主構成要素と点灯波形を示したもので，交流電圧であるため半サイクルごとに点灯を繰り返す波形となる．同図(a)のように抵抗を用いた安定器では電源電圧 E の増加に伴って V_{la} が増加し，ある電圧（再点弧電圧）に達するとランプが点灯し V_{la} が減少，電流 I_{in} が増加する．電流は電源電圧 E に対しほぼ同位相となるが放電が断続的で休止区間ができてしまう．また抵抗を用いているため電力損失がきわめて大きくなることから実用的でない．(b)は安定器としてチョークコイルを用いたもので，電流 I_{in} は電源電圧 E に対し遅れ位相となる．放電電流が連続となる条件は，電流開始の電源電圧がランプの再点弧電圧以上であることが必要であるが，チョークコイルの設計を適正に行うことにより解決される．(c)はチョークコイルとコンデンサを用いた安定器で，チョークコイルとコンデンサのインピー

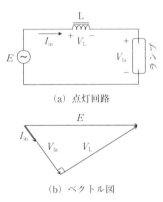

(a) 点灯回路

(b) ベクトル図

図 7.4　チョーク式安定器のベクトル図

ダンス比を 1:2 程度にとると電流 I_{in} が電源電圧 E に対して進相となり，(b)のチョークコイル式安定器に比べると入力力率が改善されるという特長を有する．上記より磁気回路式安定器のほとんどが(b)，(c)を基本とする構成となっている．図 7.4 はチョークコイル式安定器の各動作を表すベクトル図であり，電源 E に対し電流 I_{in} は位相が遅れ，ランプ電圧 V_{la} がわかればチョークコイルの電圧 V_L およびインピーダンスはほぼ一義的に決定される．

7.2　磁気回路式安定器

商用電源を入力としチョークコイル，トランスなど磁気回路で構成された安定器で，ランプ，電源電圧，容量などに応じてさまざまな種類がある．磁気回路式安定器はいわゆる銅鉄材料を基本とする単純・堅牢な

構造であり信頼性が高く現在でも広く使用されている．以下，蛍光ランプを負荷とした代表的な磁気回路式安定器について述べる．

7.2.1 グロースタータ形

グロー管，チョークコイルと雑音防止用コンデンサからなる安定器で，代表例を図7.5に示す．グロー管は蛍光ランプのフィラメントの予熱を行うとともに始動スイッチの機能を果たす．電源投入でグロー管が放電しその発熱で内部バイメタルの可動電極が変形，固定電極に接触することによりランプのフィラメントは通電加熱される．次にグロー管の放電停止によりバイメタルの温度が下がると可動電極がもとに戻り，電極が離れる瞬間に大きな電流変動が起きる．するとチョークコイルにパルス電圧が誘起されランプが始動する．いったんランプが点灯するとランプの両端電圧は十分低下するので，グロー管は放電せずランプは点灯状態を維持する．

7.2.2 ラピッドスタート形

グロースタータ形安定器では，電源投入ごとにグロー管が作用してフィラメントを予熱するため始動に時間がかかること，グロー管に寿命がありメインテナンスが必要という欠点がある．この欠点を補うために電源電圧を昇圧してランプを始動，点灯中もフィラメントへの電流を維持する図7.6のような安定器が開発された．図中のTはリーケージトランスで，磁心の一部に空隙（ギャップ）を設けて等価的にリーケージインダクタンスを有するので，昇圧と限流の機能を有する．このトランスにさらに予熱用巻線を付設して常にフィラメントに通電を行う構成となっている．

7.2.3 リードピーク形

リードピーク形安定器はリーケージトランスの二次側に直列コンデンサを接続したもので，等価回路的には図7.3の(c)チョークコイル＋コンデンサ式安定器に該当し，入力力率は改善される．加えて，トランスの鉄心構造に特徴があり，図7.7に示すように鉄心の二次コイル内の一部にブリッジギャップ（空隙溝穴）が設けられている．局部的な鉄心の磁気飽和により波高率の高いピーク状の二次電圧が発生し，ランプの始動を容易にできるという長所を有する．

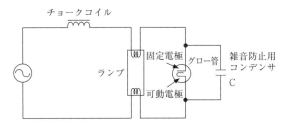

図 7.5 グロースタータ形安定器

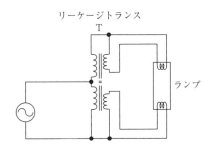

図 7.6 リーケージトランスを用いたラピッドスタート形安定器

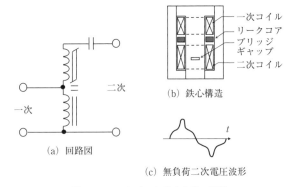

図 7.7 リードピーク形安定器の構造

7.3 蛍光ランプ用電子式安定器

安定器の電子化は磁気回路式安定器の一部または全部を半導体回路に置き換えることにより，回路損失の減少とランプの発光効率の向上による省電力化，小型軽量化を主な目的として進行してきた．

7.3.1 半導体スタータ形

前述のようにグロースタータ形磁気回路式安定器では始動時間が3～7秒と長く，かつグロー管の寿命は5000～1万回程度と短いという欠点がある．そこでスタータを電子回路で構成したものが半導体スタータ形安定器で，始動時間は1秒以内で寿命も格段に長いと

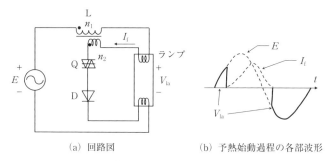

(a) 回路図　　　　(b) 予熱始動過程の各部波形

図7.8 半導体スタータ形蛍光ランプ点灯回路

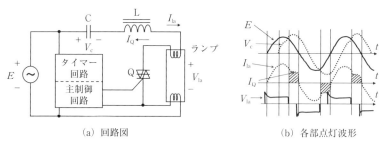

(a) 回路図　　　　(b) 各部点灯波形

図7.9 ハイブリッド形蛍光ランプ点灯回路

いう特長を有する．種々の回路が提案されているが実用化された最も基本的な回路を図7.8にあげる[1]．図中のLは磁気回路式チョークコイル，Qは2端子双方向サイリスタである．ダイオードDの順方向である電源電圧Eの半サイクルでQがブレークオーバー電圧に達すると導通してフィラメントに電流I_fが流れる．逆の半サイクルではDオフのためQは導通せず電源電圧Eがそのままランプの両端電圧V_{la}となる．この動作が数十サイクル繰り返されるとランプのフィラメントの温度が上昇，熱電子放出量が増大する．ランプ内に十分な熱電子が確保されると，Dオフの電源半サイクルで始動点灯に至る．点灯後はランプ電圧V_{la}がQのブレークオーバー電圧以下となり安定に点灯を維持する．なお，チョークLの巻線n_2はフィラメントの予熱電流を増加するための補助巻線である．

7.3.2 ハイブリッド形

磁気回路式安定器は基本材料が鉄心，コイルからなる銅鉄材料であり小型軽量化が大きな課題である．一般に安定点灯におけるランプの再点弧電圧（半サイクルごとに始動に要する十分高い電圧）はランプ電圧の実効値よりも高いため，電源電圧Eはランプ電圧V_{la}よりも高い必要があり，通常電圧比E/V_{la}は1.5倍程度にとられる．もしランプ電圧を電源電圧に近づけることができれば銅鉄材料の使用量を減ずることができる．そうするとランプの再点弧電圧を確保する手段が必要となり，磁気回路と電子回路とのハイブリッド形安定器が提案された[2]．図7.9(a)はその回路図で，チョークコイル＋コンデンサ式の磁気回路式安定器において，半導体素子をオンオフすることによりチョークコイルとコンデンサの振動作用で昇圧して再点弧に必要な電圧を供給しようとするものである．ランプの放電開始後，主制御回路の信号でスイッチ素子Qは電源電圧Eの半サイクル後半でオンし，フィラメントを予熱すると同時に，振動作用によってコンデンサの電圧V_Cを通常以上に高める．スイッチQオフのタイミングで電源電圧Eにコンデンサ電圧V_Cを重畳してランプの再点弧を行わせる．実用化された点灯装置では，銅鉄材料重量がそれまでの磁気回路式安定器に比べて40％程度減少した報告がある[2]．

7.3.3 高周波点灯回路

一般に蛍光ランプを含む低圧放電ランプでは，高周波点灯することによりランプ効率が向上することが知られている．これは，高周波点灯すると電子密度の緩和時間に比べて点灯周期が短くなり商用周波数点灯でみられる放電の休止区間がなくなるので，再点弧の損失が小さくなると同時に電極損失が小さくなることに

よる．蛍光ランプの発光効率の実測例（図7.10）によると，20 W 蛍光ランプにおいて点灯周波数 20 kHz の発光効率は 60 Hz と比べ 13% 向上していることがわかる[3]．省エネに大きく寄与できるものとして 1980 年代以降，蛍光ランプの高周波点灯回路が広く普及している．他の利点も含めまとめると，①ランプの発光効率を向上できること，②半導体素子を用いて高周波化することによりチョークコイル，コンデンサ類を著しく小型軽量化できること，③周波数を選択設計できるため適切な波形の電圧・電流を供給できること，④電子回路で調光や制御機能を付加できること，などがあげられる．高周波点灯回路の主構成要素であるインバータ回路部と入力高調波低減回路部について次に述べる．

a．インバータ回路

直流または交流から数十 kHz の高周波への電力変換を担うインバータ回路に要求される要件としては，①電力変換効率が高く発熱が小さいこと，②回路動作が電源電圧変動，負荷の短絡開放に対し安定であること，③伝導，放射ノイズ，ラジオノイズが小さいこと，などであり，変換効率が高くかつ正弦波出力となる LC 共振形においてさまざまな回路が提案されている．最も一般的な回路構成として定電流プッシュプルインバータとハーフブリッジインバータがある．

1）定電流プッシュプルインバータ 自励で制御用 IC が不要であること，トランスの昇圧比を変えることにより任意の入力電圧に対応できることから電子回路式安定器の初期から実用されている回路である．図 7.11 はその回路で，トランジスタのコレクタエミッタ電圧 V_{CE} がゼロ付近でスイッチングし，かつコレクタ電流 I_C が台形波状で過大なピークを持たないためスイッチ素子の損失が小さいという特長を持つ．回路動作は，電源を接続すると，起動抵抗 R_1, R_2 によりトランジスタ Q_1, Q_2 は順方向にバイアスされ導通開始，このとき両トランジスタの電流増幅率のわずかの差によって，たとえば Q_1 が導通するとトランス T のベース用巻線 Nb の正帰還作用により Q_1 が完全に導通する．すると Q_2 は逆バイアス状態となり，トランス T の一次巻線 Np のインダクタンスとコンデンサ C のキャパシタンスで並列共振する．この共振電圧が Nb に帰還されるのでトランジスタ Q_1 と Q_2 は交互に導通，非導通を繰り返す．電源と直列に挿入されているインダクタ L は定電流インダクタとして作用する．また，トランス T は磁心磁路の一部に空隙を持たせリーケージトランスとして機能し，並列共振で生じた高周波正弦波電圧は昇圧されると同時に限流されてランプに電力を伝える．本回路は定電流入力特性を持つので負荷変動に強いという利点も持つ．

2）ハーフブリッジインバータ 前述の定電流プッシュプルインバータでは，トランスや定電流イン

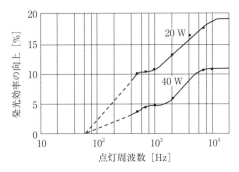

図 7.10 蛍光ランプの点灯周波数と発光効率

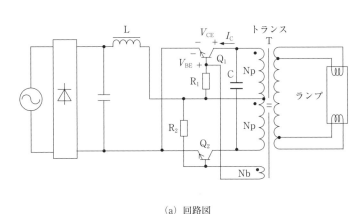

(a) 回路図

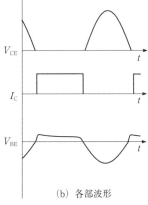

(b) 各部波形

図 7.11 定電流プッシュプルインバータ

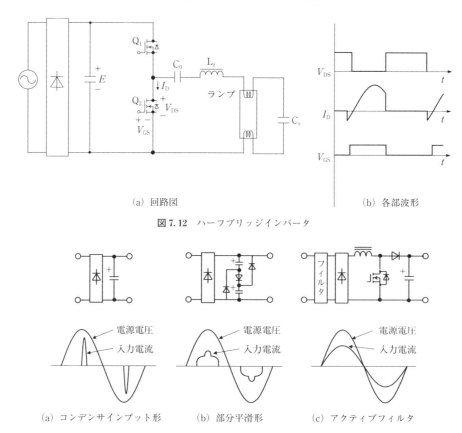

(a) 回路図　　　　　　　　　(b) 各部波形

図 7.12 ハーフブリッジインバータ

(a) コンデンサインプット形　(b) 部分平滑形　(c) アクティブフィルタ

図 7.13 各種 AC/DC 変換回路と入力電流波形

ダクタが必要で磁気部品の数が増えること，スイッチ素子のオフ期間に高い共振電圧が現れ，特に入力電圧が高い場合スイッチ素子への制約が多いという欠点があった．そのため図 7.12 のようなハーフブリッジインバータが開発された．図中，スイッチ素子 Q_1, Q_2 が交互にオンオフすることにより L_r, C_r の共振作用により昇圧しランプ電流は正弦波となる．C_0 は DC 成分をカットするコンデンサである．各スイッチへの寄生ダイオードの通電期間中にオン信号を与えることによりゼロ電圧スイッチングが達成されスイッチングロスを低減することができる．また，各オフ期間のスイッチの電圧は整流後の電圧 E と等しくなるため耐圧の低い素子が利用できる利点がある．

b. 入力電流高調波低減回路

照明用点灯回路の入力力率については，日本国内では 85％ 以上を高力率，それ未満を低力率と呼んで用途に応じて数々の安定器の開発がなされてきた．ところが電子機器の増加に伴い入力電流波形ひずみの配電系統への影響が問題となり，高周波点灯の電子式安定器には厳しい規制（高調波限度値ガイドライン）が課せられている．入力電流波形をいかに合理的な手段で正弦波へ近づけるかが技術課題となっている．図 7.13 はインバータ回路前段の入力部の構成を示したもので，(a) のコンデンサインプット形では平滑コンデンサへの充電は商用電源のピーク付近であり入力電流は急峻なひずみ波形となる．これを改善するために (b) のような部分平滑コンデンサ形が提案された[4]．二つの平滑コンデンサは充電時には直列の関係，放電時には並列的な関係になるという接続上の工夫により，簡単な回路構成にて入力電流のピーク値を減じることができる．しかし，入力電流基本波の三次，五次成分が依然として大きく，効果は不十分である．(c) はスイッチングを利用したいわゆるアクティブフィルタで，現在最も採用されている方式である．全波整流後の入力電圧を通常数十 kHz 以上のスイッチング周期で入力電圧波形の全域にわたってスイッチングする手法で電源側フィルタと作用することにより，入力電圧に比例した理想的な電流波形を得ることができる．電子式安

定器への実施例ではアクティブフィルタとしてほとんど昇圧チョッパ回路が用いられている．しかし，アクティブフィルタを搭載した電子式安定器では前述のインバータ回路に加えて新たにスイッチング回路を要することになり電子安定器が複雑になるきらいがある．簡略化のために提案された二つの回路方式について述べる．

1) 兼用昇圧チョッパ方式　図7.14は兼用昇圧チョッパ方式と呼ばれる回路で，アクティブフィルタのスイッチをインバータ回路のスイッチと兼用化しているため部品点数を削減できる特長がある[5]．しかし，スイッチ素子の電流はアクティブフィルタとインバータをそれぞれ備えた回路の素子電流よりも大きくなる．

2) チャージポンプ方式　インバータの共振回路に発生する高周波電圧ないしは電流に着目し，小容量のコンデンサを付加して充放電を高周波で行い電源から平滑コンデンサへのエネルギーを制御，結果として電源半波サイクルの全域にわたって継続的な入力電流を得ようとする考え方で提案されている回路である[6]．この回路は磁気部品を用いず小容量のコンデンサとダイオードのみで形成できるという合理的な特長を有する．本方式もインバータ回路の共振作用を電圧源ととらえるものや，電流源としてとらえるものなど

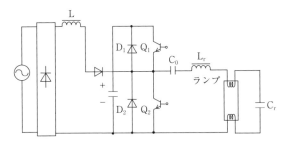

図7.14　兼用昇圧チョッパ方式蛍光ランプ点灯回路

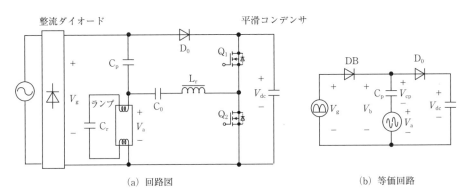

(a) 回路図　　(b) 等価回路

図7.15　チャージポンプ方式蛍光ランプ点灯回路

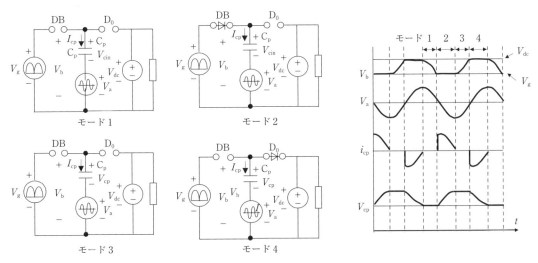

図7.16　チャージポンプ方式の動作モード

さまざまな回路がある．代表的な高周波電圧源形の基本回路では，図7.15(a)のように整流ダイオードと平滑コンデンサ間にダイオードD_0とコンデンサC_pが接続されている．同図においてランプ両端の電圧を振幅が一定の高周波電圧と見なしその電圧をV_a，平滑コンデンサの電圧をV_{dc}とする．さらに，電源と整流ダイオードについて，全波整流後の半波電圧V_gとダイオードDBと見なすと同図(b)の等価回路と置き換えることができる．回路動作はV_g，V_{dc}，およびV_b（$=V_{cp}+V_a$）の電圧関係でダイオードDBとD_0が高周波1サイクル中にオンオフすることによって図7.16のように四つの動作モードで表される．コンデンサC_pに着目すると，モード2において電源からC_pに充電し，モード4においてC_pから平滑コンデンサへ放電する動作となる．この動作は入力電圧サイクルの全域にわたって継続するので入力電流も電圧に比例した波形が得られる．本回路はわずかな部品を追加するだけで入力電流高調波の対策が可能であり実用化されている．

7.4 HIDランプ用電子式安定器

HIDランプ（高輝度放電灯）は，水銀やナトリウムなどの金属を希ガスとともに封入し点灯時温度が数百℃になることによって蒸気圧を高めて動作することが特徴であり，封入物質により水銀ランプ，メタルハライドランプ，高圧ナトリウムランプなどがある．蛍光ランプなどの低圧放電ランプと比べて次の点で性質が異なる．

(1) 始動の際に電極の予熱を必要としない．メタルハライドランプや高圧ナトリウムランプでは始動に非常に高い電圧を必要とするものがある．
(2) 始動直後は低蒸気圧であるが時間とともに管内温度が上昇して高圧となって発光する．一般に正常な発光になるには数分の時間がかかる．
(3) 始動直後の低圧状態ではランプ電圧が低く電流は大きい．蒸気圧が高くなるにしたがってランプ電圧は上がり，電流が小さくなる．
(4) 点灯中管内は温度が高く高蒸気圧になっているため，消灯直後は放電開始電圧が高い状態を維持している．消灯後再始動するにはランプの温度が十分に低下しなければならず，通常数分以上を要する．

このようなランプの性質を考慮して次のような電子回路の応用がなされてきた．

7.4.1 半導体イグナイタ方式

メタルハライドランプや高圧ナトリウムランプの始動には高いパルス電圧を必要とするので，磁気回路式安定器にイグナイタと呼ばれるパルス発生器が設けられるものがある．図7.17は半導体イグナイタ方式と呼ばれるもので，入力電圧の正の半サイクル中にコンデンサCに充電した電荷を半導体スイッチQをオンすることによってパルストランスPTの出力端に高電圧を発生する原理に基づいている[7]．

7.4.2 位相制御方式

点灯中電源電圧変動や負荷変動に対し光出力の安定化を図るため，電源と磁気回路式チョークコイルの間に半導体スイッチQを設け，ランプ電圧を検出して電源半サイクルの通電期間を制御する回路（図7.18）が提案されている[8]．定電力化が可能であると同時にチョークコイルを小型にできるという利点を有する．

7.4.3 矩形波点灯方式

磁気回路式安定器の大幅な小型軽量化のためには安

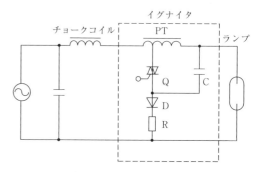

図7.17 半導体イグナイタ方式HIDランプ点灯回路

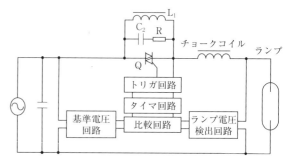

図7.18 位相制御方式HIDランプ点灯回路

定器の全電子化が有効である．しかし HID ランプを高周波で点灯しようとすると，HID ランプの構造と封入物質で決まる音響的共鳴現象が大きな課題となる．HID ランプが音響的共鳴状態に入ると，図 7.19 の例のようにランプの放電アークは異様な形に変曲し，音波の振幅は極度に増大しエネルギーロスが増加，ランプ両端の電圧が急上昇してついには立ち消えに至る．蛍光ランプでは 20 kHz から 100 kHz の周波数を高周波点灯に利用しているが，HID ランプにおいては同帯域で安定となる周波数はほとんど見いだされていない．この解決を図るため，①共鳴周波数以外の周波数で点灯する，②直流，矩形波など変動の少ない電圧波形を用いる，③音響的不安定現象発生には 10 ms 程度を要するのでそれ以下の時間で周波数を変える，などの観点での研究試行がなされてきたが，現在上記②の範疇である矩形波点灯方式が主流となっている．比較的低い周波数を選択して矩形波で点灯すると放電アークが安定することが実験的に検証され，図 7.20 のような回路が実用化されている[9]．図において回路は四つのスイッチ素子 Q_1〜Q_4 で構成され，Q_1 と Q_2 が高周波でスイッチング，Q_3 と Q_4 が矩形波に相当する低周波でオンオフ動作する．すなわち，Q_1 は Q_4 が

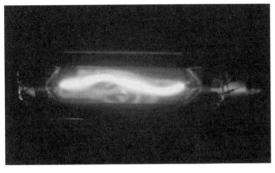

図 7.19 HID ランプの音響的共鳴現象（例）

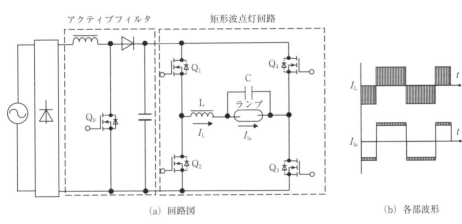

（a）回路図　　　　　　　　　　　（b）各部波形

図 7.20 HID ランプ低周波矩形波点灯回路

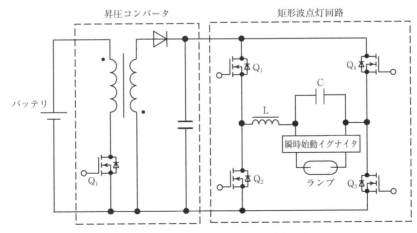

図 7.21 ヘッドライト用 HID ランプ点灯回路

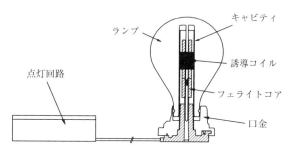

図7.22 誘導形無電極放電ランプ点灯システム（内巻コイル式）

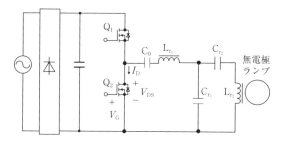

図7.23 誘導形無電極放電ランプ点灯回路

オンでQ_3がオフのときスイッチングし，Q_2はQ_4がオフ，Q_3がオンのときスイッチングすることで負荷側に電力を供給する．インダクタの電流I_Lの高周波成分はコンデンサCによりバイパスされてランプ電流はほぼ矩形波状となる．スイッチングの周波数は数十kHz，矩形波発生のオンオフ周波数は数百Hz程度である．音響的共鳴現象を回避するとともに，磁気回路式安定器に比べて格段に点灯回路の小型化が図られている．

7.4.4 ヘッドライト用点灯回路

明るさ，効率，寿命に優れたHIDランプヘッドライトシステムの普及が進んでいる．バッテリ入力に対応，音響的共鳴現象の回避，瞬時点灯などが要求され，図7.21のような昇圧コンバータ，矩形波点灯回路，瞬時始動イグナイタからなる点灯装置が実用化されている[10]．数百Hzの矩形波点灯に加え，消灯直後も再始動が可能な20kVを超えるパルス発生，急峻な光の立ち上がり性能を得るための回路技術が開発されている．

7.5 無電極放電ランプ点灯システム

無電極放電ランプは電極を持たず電子放射物質などの消耗部材がないため，一般蛍光灯に比べ本質的に寿命に優れた光源で，実用化されたものに誘導形無電極放電ランプとマイクロ波放電ランプがある．

7.5.1 誘導形無電極放電ランプシステム

誘導コイルとランプ内のプラズマとの高周波の磁気結合により電力を供給するもので，1990年代に球状ランプ外周に空心コイルを配置した外巻コイル式の形

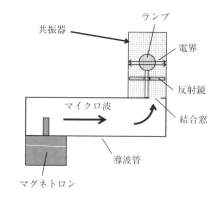

図7.24 マイクロ波無電極ランプ点灯システム

態のものが初めて実用化された[11]．しかし点灯周波数は13.56MHzで電力伝達はアナログ増幅器によっていたため回路効率が悪く，その後，点灯周波数を下げる研究がなされた．近年，図7.22のように球状ランプの内洞に空洞を設け，フェライト磁心入コイルを配置した内巻コイル形態のランプにおいて150kHzで点灯するシステムが開発された[12]．この点灯回路（図7.23）はハーフブリッジインバータで，ランプの始動と安定点灯の両立のため誘導コイルを共振要素の一部と見なしL_{r_1}, C_{r_1}, L_{r_2}, C_{r_2}からなる二重共振回路構成としたところに特徴がある．点灯周波数を従来より2桁低くしてスイッチング回路を適用したことにより90％以上の高い回路効率を実現している．長寿命，高効率な光源システムとして今後いっそう普及が進むものとみられる．

7.5.2 マイクロ波放電ランプシステム

他の無電極ランプの放電手段としてマイクロ波放電がある．図7.24は点灯装置の概要で，マグネトロンで発生したマイクロ波はアンテナ，導波管を経て共振器へ入力される[13]．共振作用によりランプに強電界が加えられて始動，点灯に至る．大電力化が可能

でHIDランプにも適用できることから，大光束，配光性に優れた光源システムとして将来が期待されている．

7.6 LED点灯回路

固体発光素子LEDは放電現象を利用するものではないが，近年新たな光源として脚光を浴びている．1990年中頃に青色ダイオードが出現，これに続いて図7.25のような白色LEDユニットが実用化された[14]．低消費電力，長寿命，小型という優れた特長を有し，光量の改善とともに広く普及するようになった．図7.26(a)はLEDが1個の場合の最も基本的な構成で，直流電源とLED間に限流抵抗を接続するものである．図7.26(b)は複数個を点灯する場合の構成で，定電流回路を用いることによって各LEDに同じ電流を流すことができるためLEDの順方向電圧がそれぞれ異なる場合でも光出力のばらつきを補正することが可能である．今後素子の進歩と相まって点灯回路もさらに発展していくものと考えられる．〔掛橋英典〕

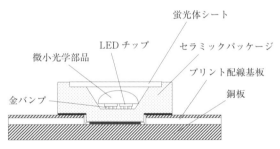

図7.25 白色LEDユニット（断面図）

文　献

1) 野村脩, 他：「けい光灯電子ラピッド点灯方式」, 東芝レビュー, **57**, 10, pp.1269-1272 (1970).
2) 西村広司, 他：「進相ハイブリッド安定器とその応用器具」, 照明学会東京支部大会 (1979).
3) J. H. Campbell : "Elements of high frequency fluorescent lighting", Illuminating Engineering, **L11**, 7, pp.337-342 (1957).
4) 原隆裕：「直流電源回路」, 特開昭54-158644 (1979).
5) 岡本太志, 他：「チョッパー兼用インバータ式点灯回路の設計」, 照明学会誌, **85**, 2, pp.91-97 (1999).
6) W. Chen, et al. : "An improved charge pump electronic ballast with low THD and low low crest factor", Proc., APEC'96, pp.622-627 (1996).
7) 石川定義, 他：「高圧ナトリウム用スタータの改良」, 電気学会光源関連装置研究会, LS-75-5 (1975).
8) 前田孝義, 他：「HIDハイブリッド定電力型安定器の開発」, 松下電工技報, **22**, pp.25-33 (1980).
9) 永瀬春男, 他：「高圧放電灯用電子式点灯回路の研究」, 照明学会誌, **72**, 2, pp.19-24 (1986).
10) 塩見務, 他：「自動車用HID式ヘッドライト点灯装置」, 松下電工技報, **74**, pp.13-19 (2001).
11) H. Kido, et al. : "A study of electronic ballast for electrodeless fluorescent lamps with dimming capabilities", The 36th IEEE Industry Applications Conference (2001).
12) 山本正平, 他：「低周波無電極ランプ点灯回路の開発」, 照明学会全国大会 (2004).
13) J. T. Dolan, et al. : "A novel high efficacy microwave powered light source", The 6th International Symposium on the Science and Technology of Light Sources, pp.301-302 (1992).
14) H. Kimura, et al. : "The high power LED unit for lighting", The 10th International Symposium on the Science and Technology of Light Sources, pp.181-182 (2004).

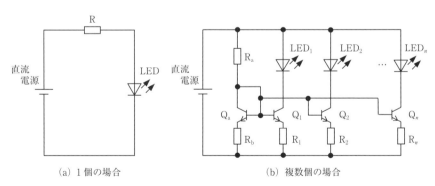

図7.26 LED点灯回路

8 高電圧電源回路

高電圧電源回路は特殊な用途に使われることが多く，広義でとらえれば液晶バックライトインバータ回路などの点灯装置も含み，ここではトランスのAC出力を倍電圧整流回路などを介してDC数千Vを発生する電源回路について記述する．用途的には集塵用，イオン発生用，空気清浄用，ブラウン管偏向用などがあるが，特に複写機，レーザープリンタの電子写真プロセス用高電圧電源回路を説明する．また，回路例では一般的には昇圧手段として電磁トランスを用いるが，液晶バックライトインバータ回路では一般的なピエゾ効果を利用した圧電トランスを用いた例を示している．

8.1 電子写真プロセス

複写機やレーザープリンタの印刷部に採用されている電子写真プロセスについて記述する．電子写真（electro photography）とは狭義には1942年にカールソンによって発明されたカールソンプロセスを示し，①現像，②転写・分離，③クリーニング，④定着からなる．各プロセスの機能を説明する．

①現像プロセス　感光体表面に形成された静電潜像に，着色した帯電粒子であるトナーを静電的に付着させて可視像とするプロセスである．

②転写・分離プロセス　感光体表面電位を低下させるなど，転写効率，分離特性向上のために，転写前に光除電やACチャージ処理を行うプロセスである．

③クリーニングプロセス　転写・分離工程の後にいろいろな原因で感光体上に残留したトナーおよび紙粉などの異物を除去するプロセスである．

④定着プロセス　感光体から転写紙に静電転写されたトナーは弱い力でしか付着してないので簡単に剥がれる．これを強く固着させることが必要となる．これが定着プロセスである．

8.2 電子写真用高電圧電源回路

表8.1に電子写真用高圧電源の入出力仕様を示すが，入力は主電源（AC-DCスイッチング電源）の出力DC 24 Vから供給される．この電源の特徴は出力電力が（出力電流が小さいために）1 Wにも満たないが，出力電圧が1 kV以上で時には10 kVを要求される場合もあり電子機器用としてはきわめて高い電圧が要求される．また制御方式も用途に応じて定電圧制御と定電流制御が要求される．

次に現像プロセスでの高電圧電源の使い方を詳細に説明する．

8.3 現像プロセス高電圧電源回路

現像プロセスでは，トナーに働く潜像電場がきわめて重要である．図8.1は静電潜像の電場の様子を電気力線でモデル化したものである．図8.1(a)のように

表8.1　電子写真用高圧電源の入出力仕様例

入力仕様			出力仕様	
名称	記号	入力値	定格出力値	制御方式
現像	B	DC 24 V ±10%	DC −0.8 kV (−20 μA)	定電圧制御
転写	T	DC 24 V ±10%	DC 60 μA (6 kV)	定電流制御
分離	D	DC 24 V ±10%	DC −4 kV (−200 μA)	定電圧制御
クリーニング	CL	DC 24 V ±10%	DC 2 kV (40 μA)	定電圧制御

注：この表は仕様例であり特定の機種の仕様を示してはいない．また，出力には可変範囲がある．

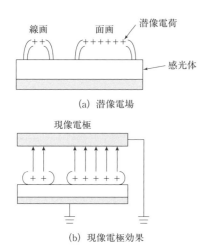

(a) 潜像電場

(b) 現像電極効果

図 8.1 静電潜像の電場

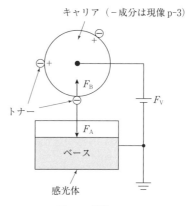

図 8.2 現像モデル

線画や面画の潜像の境界部分では強い電場が形成される．これがエッジ効果である．一方，広い面積の潜像部においては電場が弱くなり，面画が現像されにくい原因となる．図 8.1(b) のように静電潜像上に現像電極を設けた場合にはエッジ効果を抑えることができる．

この現像電極は静電潜像による電場の様子を変え，面画の電場を増加させる働きがある．この現像電極は階調性のある現像とベタ現像には欠かせないものである．現像電極にバイアス電圧を印加し，感光体電荷と同極のトナーを付着させる反転現像もできる．

8.4 現像モデル

図 8.2 に複写機の現像プロセスのモデルを示す．トナー 1 個に働く力は次式で表される．

$$F = F_A - F_B$$

(F_A：トナーと感光体に働く力，F_B：トナーとキャリアの付着力)

$F_A > F_B$ のとき，トナーに転移力が得られ現像されることになる．F_A の主な力は電界による力で

$F_A = qE$ （q：トナーの電荷，E：電界の強さ）

$F_B = K\dfrac{q^2}{r^2}$ （K：定数，r：トナーの半径）

8.5 トナー帯電

トナー帯電はキャリア粒子と摩擦によって生じ，一般的にはトナー粒径 5～10 μm のもので 5～30 μクーロン/g 程度の値を示す．

$$帯電量 = \frac{電荷}{質量}$$

で表す．ただし湿度などの諸条件で変動する．

8.6 現像モデル展開

トナー粒子 1 個の電荷量を q とすると，トナーとキャリアの付着力 F_t は式 (8.1) となる．

$$F_t = F_V + \frac{q^2}{4\pi\varepsilon_0 r^2} \tag{8.1}$$

現像させるには感光体とキャリア間の静電力 qE の値がトナーとキャリアの吸着力 F_t より大きくなればよい．つまり式 (8.2) の条件を満たせばよい．

$$qE > F_V + \frac{q^2}{4\pi\varepsilon_0 r^2} \tag{8.2}$$

このように複写機の現像プロセスでは表 8.1 に示したとおり数百～1000 V 程度の高電圧電源が必要となる．

8.7 セラミックス材料の広がり/圧電トランス

セラミックス電子材料は半導体材料，絶縁体材料，誘電体材料，磁性体材料そして圧電体材料と幅広く使われている．さらに圧電体材料はアクチュエータ，センサ，フィルタ，そしてトランスと活躍の場を広げて，インクジェットプリンタのインク噴射制御，SAW フィルタ，インバータトランスなどに活発に採用され

ている.電子工業の分野で使用されている圧電セラミックス材料は,年々着実に増加している.電子機械工業会の統計資料によると,圧電セラミックス材料は電子セラミックスの中では積層セラミックスコンデンサに次いでめざましく伸長している.

8.8 圧電トランスの構造

圧電トランスとは,チタン酸バリウム（$BaTiO_3$）やチタン酸ジルコン酸鉛（PZT）などに代表される強誘電性材料に電極を形成し,厚み方向と長さ方向に分極処理を施したものである.分極処理は多結晶強誘電性材料において,直流の高電圧を印加して分極の方向をそろえる処理をいう.この処理を行うことによって,初めて電歪効果および圧電効果を生じるようになる.図8.3は圧電トランスの原理図を示す.圧電トランス長さ方向（$L+L'$）で決まる固有共振周波数の入力電圧V_1を印加すると,図8.4に示すように電歪効果により長さ方向に強い機械振動が生じる.この機械振動により発電部図8.3(b)では,圧電効果によって電荷が発生し,出力端に昇圧された電圧V_2が得られる.

8.9 圧電トランスを用いた高圧電源

図8.5(a)に圧電トランスを用いたプロト現像用高圧電源ブロック図を示す.圧電トランスは電源電圧変動や負荷変動に対して出力電圧が変化（変動）しないように電圧帰還してその変動分をVCO（電圧制御発振器）において周波数を自動的に補正し出力電圧が常に一定になるように制御する.基本制御には液晶インバータと同じVCOを用いている.大きな違いは倍電圧制御を接続した直流電圧出力になっている点である.

図8.6にSCAT（電源回路シミュレータ）を用いて図8.5(b)の回路をシミレーションした結果を示す.DC 24 VからDC-450 Vを発生している.図8.7に完成した現像用薄型/軽量プロト圧電トランス高圧電源を示す.厚み7 mm,重さ3.5 gの薄型軽量の現像用高圧電源を実現している.

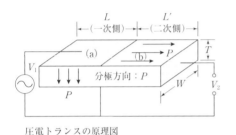

図8.3 圧電トランスの原理図

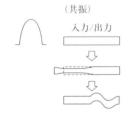

図8.4 電歪効果による振動

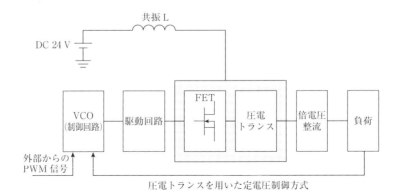

図8.5(a) プロト現像用高圧電源ブロック図

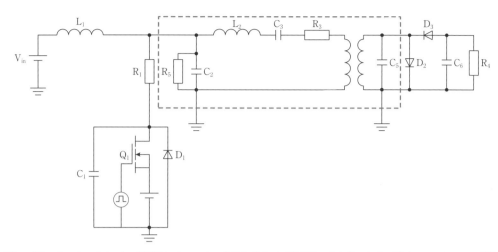

図 8.5(b) 主スイッチ Q_1 は，周期的にオン・オフを繰り返す．圧電素子の入力端における電圧は，Q_1 がオンの期間はほぼゼロとなるが，Q_1 がオフの期間は L_1 と C_1 による共振回路が構成されるため，半波正弦波状になる．これにより，Q_1 ではゼロ電圧スイッチング（ZVS）が実現される．圧電素子の入力端の電圧波形の基本波成分は，圧電素子の等価回路内の L_2 と C_3 による直列共振回路を経由して出力側に伝搬し，圧電素子の出力端子に電圧波形を生じる．出力部は倍電圧整流回路となっており，負電圧が生じる．

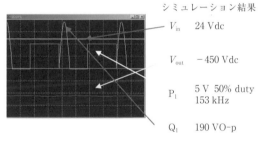

シミュレーション結果
V_{in} 24 Vdc
V_{out} −450 Vdc
P_1 5 V 50% duty 153 kHz
Q_1 190 VO-p

図 8.6 SCAT シミュレーション

出力側（端子）　側面　上面　　入力側（DC 24 V）

図 8.7 完成した薄型/軽量プロト圧電トランス高圧電源

8.10 特　　性

表 8.2 にプロト現像用高圧電源の出力値の一覧を示す．仕様は入力電圧 DC 24 V で出力電圧 DC −800 V である．図 8.8 にプロト現像用高圧電源の外部 PWM 制御による出力値を示す．外部 PWM 信号によって出力がリニアに変化する．

図 8.9 にプロト現像用高圧電源の出力擬似負荷変動による出力値を示す．25 MΩ, 50 MΩ, 75 MΩ と擬似負荷を変化させたが出力変化はほとんどなかった．また，外部 PWM 信号によって図 8.8 同様に出力を変化させたが各擬似負荷おいて直線的に変化する．

表 8.2 出力一覧

項　目		仕　様	条　件	単　位	値
定格出力		−800 V ± 3%	V_{in} = 24.0 V, R = 25 MΩ, PWM duty = 100%	V	−797
可変範囲	(L)	0 V ± 10 V	V_{in} = 24.0 V, R = 25 MΩ, PWM duty = 0%	V	0
	(H)	−800 V ± 3%	V_{in} = 24.0 V, R = 25 MΩ, PWM duty = 100%	V	−797
入力変動	21.6 V	−800 V ± 3%	V_{in} = 21.6 V, R = 25 MΩ, PWM duty = 100%	V	−797
	26.4 V	−800 V ± 3%	V_{in} = 26.4 V, R = 25 MΩ, PWM duty = 100%	V	−789
負荷変動	50 MΩ	−800 V ± 3%	V_{in} = 24.0 V, R = 50 MΩ, PWM duty = 100%	V	−790
	75 MΩ	−800 V ± 3%	V_{in} = 24.0 V, R = 75 MΩ, PWM duty = 100%	V	−802
リップル電圧		10 V_{p-p}	V_{in} = 24.0 V, R = 25 MΩ, PWM duty = 100%	V_{p-p}	9.1

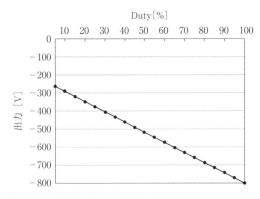

図8.8 PWM制御による出力値（PWM特性リニアリティ）

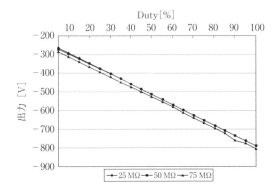

図8.9 負荷変動による出力値（負荷抵抗別による比較）

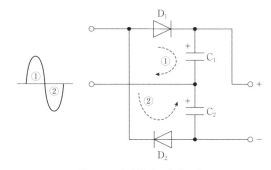

図8.10 全波倍電圧整流回路

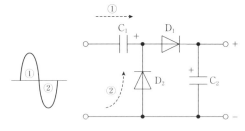

図8.11 半波倍電圧整流回路

8.11 倍電圧整流回路

次に，あまり一般的なスイッチング電源には用いられない倍電圧整流回路について説明する．交流電圧を昇圧するにはトランスを用いるが，大がかりで加えて電磁トランスの場合，インダクタンス成分を持っているので周波数依存性が大きくなる．しかし交流の電圧の方向が変化する性質を利用すると，そこに整流機能を持つ素子を組み合わせることで高い電圧を得ることが可能になる．図8.10に全波倍電圧整流回路を示す．

ダイオード D_1 によるキャパシタ C_1 の充電と，ダイオード D_2 によるキャパシタ C_2 の充電が交互に行われる．よって，直流出力は C_1 と C_2 の充電電圧を直列にしたものとして交流電圧の先頭値の2倍近くになる．また，図8.11は半波倍電圧整流回路である．電流①は C_1 を充電するのみでダイオード D_1 がカットしているので C_2 側には流れない．次の半サイクルで①と②の和が C_2 を充電する．したがって，リップルは電源周波数と同じ．出力電流は C_1 の容量にもよるが両波倍電圧回路とほぼ同じで，電圧は2倍となる．

まとめ

高電圧電源回路においても今後小型，薄型，軽量，高効率，安全性が求められている． 〔山下友文〕

9

ゲート駆動回路

9.1 パワー MOSFET の等価回路とゲート駆動[1,2]

図 9.1 に，スイッチング電源に使用されるパワー MOSFET の等価回路を示す．パワー MOSFET はその構成上，各電極間にそれぞれ電極間容量を持っている．パワー MOSFET の構成上，C_{GS} はドレイン (drain)-ソース (sourse) 間電圧の影響を受けにくいが，C_{GD} および C_{DS} はドレイン-ソース間電圧に大きく依存する．また，各電極間容量はパワー MOSFET のデータシート上で確認することができるが，データシート上では，入力容量 C_{iss}，出力容量 C_{oss}，帰還容量 C_{rss} と記載されている．各電極間容量と入力容量，出力容量，帰還容量の関係は次式で与えられる．

$$\left.\begin{array}{l}C_{iss} = C_{GS} + C_{GD} \\ C_{rss} = C_{GD} \\ C_{oss} = C_{DS} + C_{GD}\end{array}\right\} \quad (9.1)$$

パワー MOSFET の駆動は入力容量 C_{iss} の充放電により実現される．

パワー MOSFET の駆動には，駆動回路が必要となる．グラウンドを基準にしたスイッチの駆動には便利なドライバ IC が利用できるが，スイッチング電源では，たとえば図 9.2 に示すように回路構成上ソース端子がグラウンドから浮いた状態のハイサイドスイッチを駆動することが要求される場合がある．ハイサイドスイッチの駆動方法には，パルストランスを用いる方法とブートストラップ回路を用いる手法がある．

また，ゲートはゲート抵抗および入力容量の時定数で充放電される．通常，ハイサイドスイッチおよびローサイドスイッチの間には切替りの際の短絡を防止するためデッドタイムが設けてあるが，放電の時定数が大きいとターンオフ時に短絡が発生し過大な電流が流れ素子の破壊につながる恐れがある．この短絡防止のためのターンオフ回路も併せて必要となる．

ここでは，スイッチング電源に使用されるパワー MOSFET のゲート駆動回路について説明する．

9.2 パルストランスによるゲート駆動

パルストランスを用いたゲート駆動回路にはさまざまな回路方式がある．最も簡単なパルストランスを用いたゲート駆動回路を図 9.3 に示す．トランス偏磁抑制用ブロッキングコンデンサとパルストランスから構成されており，非常に簡単な回路構成となっている．パルストランスを用いたゲート駆動回路は，時比率を変化させるとトランス二次巻線に平均電圧が DC バイアスとして印加されるため，一般的に，パルス幅変調には不向きであるが，トランス二次側の回路構成を変

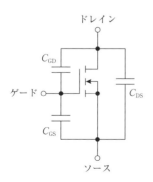

図 9.1 パワー MOSFET の等価回路

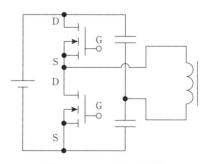

図 9.2 ハーフブリッジ回路

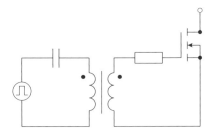

図9.3 最も簡単なパルストランスを用いた
ゲート駆動回路

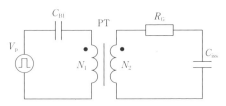

図9.4 周波数変調に適したパルストランスゲート
駆動回路

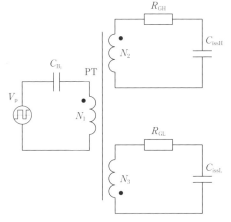

図9.5 多出力パルストランス駆動回路（周波数変調）

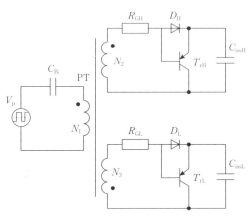

図9.6 ターンオフ回路を付加した多出力パルストランス
駆動回路（周波数変調）

更することでパルス幅変調方式に対応することが可能となる．ここでは，周波数変調に適した駆動回路およびパルス幅変調に適した駆動回路を紹介する．

9.2.1 周波数変調に適した駆動回路（時比率固定）

図9.4に周波数変調に適したパルストランスゲート駆動回路を示す．図9.4は図9.3のパワーMOSFET部を入力容量 C_{iss} で置き換えた等価回路となる．

トランスの偏磁抑制のため一次側（巻線 N_1 側）に直流バイアスのブロッキングコンデンサ C_{B1} が挿入されている．二次側（巻線 N_2 側）はパルストランスの端子がゲート抵抗（電流制限抵抗）R_G を介してパワーMOSFET の入力容量 C_{iss} に直接接続される非常に簡単な回路構成である．

入力容量 C_{iss} には平均電圧が DC バイアスとして重畳された正負の矩形波電圧が印加される．このため矩形波信号 V_p のとき時比率 D によって，ゲート駆動に必要な正側の電圧が変化するため，時比率が変化するような場合には不向きである．したがって，時比率を固定した周波数変調に適切な方式となる．

その他の注意点は，充放電の速さも等しく回路の時定数 $R_G C_{iss}$ によって決まるため，ターンオフのみ速くすることはできない．パルストランスの漏れインダクタンスが入力容量 C_{iss} と共振してリンギングが発生し，特にターンオフ時にゲートがセルフターンオンしてしまう危険がある．

このゲート駆動回路を用いてハイサイドおよびローサイドスイッチを駆動する場合，同様の回路を二つ用意する必要があるが，図9.5に示すように，二次側巻線を2巻線構成とすることで，一つのトランスでハイサイドおよびローサイドスイッチを同時に駆動することが可能となる．一次側は単出力回路（図9.4）と同様に，偏磁抑制用の直流バイアスのブロッキングコンデンサを挿入している．二次側では巻線 N_2 のリセットは巻線 N_3 の正の半サイクルの励磁によって行われるため，二次側には直流バイアスのブロッキングコンデンサは不要となる．

この場合，図9.6に示すように，トランジスタおよびダイオードを用いてターンオフ速度を速くすることが可能となるのが大きな特徴である．ターンオン時，入力容量 C_{iss} はダイオードを通して充電される．この場合，充電の時定数は $R_{GH} C_{iss}$ あるいは $R_{GL} C_{iss}$ となる．

ターンオフ時には，トランジスタ（T_{rH} または T_{rL}）がオンし入力容量 C_{iss} を短絡することにより素早くターンオフさせる．

9.2.2 パルス幅変調に適した駆動回路

図9.7にパルス幅変調に適したパルストランスゲート駆動回路を示す．パルストランスの偏磁を抑制するために，一次側に直流バイアスのブロッキングコンデンサ C_{B_1} が挿入されている．単純なパルストランス方式はパルス幅変調に適した方式ではないことは9.2.1項で述べたが，二次側に直流ブロッキングコンデンサ C_{B_2} およびオフ期間のトランスリセット用のダイオード D_R を挿入することでパルス幅変調に対応した回路にすることができる．

本ゲート駆動回路は，矩形波信号 V_p がハイの期間，充電電流によってパワー MOSFET の入力容量 C_{iss} を時定数 $R_G C_{iss}$ で充電する．矩形波信号がローの期間も同様の時定数で放電される．

また，図9.8に示すように，トランジスタおよびダイオードを用いてターンオフ速度を速くすることが可能である．ターンオン時，入力容量 C_{iss} は時定数 $R_G C_{iss}$ でダイオード D を通して充電される．ターンオフ時には，トランジスタ T_r がオンし入力容量 C_{iss} を短絡することにより素早くターンオフさせる．

図9.9に示すように，二次側巻線を2巻線構成とすることで一つのトランスでハイサイドおよびローサイドスイッチを同時に駆動することが可能となる．一次側および二次側回路構成は単出力回路（図9.8）と同様の回路構成となっている．

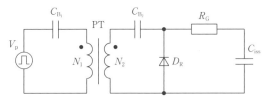

図 9.7 パルス幅変調に適したパルストランスゲート駆動回路

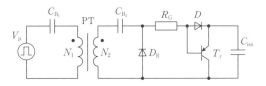

図 9.8 高速ターンオフ回路を含むパルス幅変調に適したパルストランス駆動回路

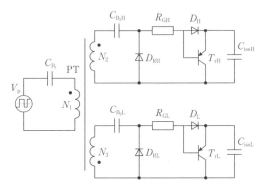

図 9.9 多出力パルストランス駆動回路（パルス幅変調）

9.3 ブートストラップ回路によるゲート駆動[3]

パルストランスを使わずにハイサイドのスイッチを駆動する手法を紹介する．パルストランスを使わずに

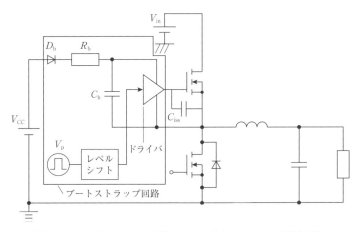

図 9.10 ブートストラップ回路によるハイサイドスイッチ駆動回路

ハイサイドスイッチを駆動する回路として，図 9.10 に示すブートストラップ回路がある．ブートストラップ回路は，図 9.10 に示すように，ハイサイドスイッチ S_1 のゲートに電力を供給するブート用コンデンサ C_b，ブートストラップ用ダイオード D_b から構成され，ハイサイドスイッチのゲート-ソース間に接続される．なお，主回路の入力電圧 V_{in} が低い場合は駆動用電源 V_{cc} として入力電圧 V_{in} を用いることもできる．このような構成にすることで，S_1 のソースがフローティングしていてもスイッチを駆動することができる．ここで，PWM 信号はレベルシフト回路を用いてドライバ回路に入力されている．

ハイサイドスイッチ S_1 がオン期間に，ブートコンデンサ C_b に蓄積された電荷はドライバを通しゲート容量 C_{iss} を充電し始める．S_1 のターンオンによりソース電位は上昇し入力電圧 V_{in} まで到達するが，ブートコンデンサ C_b はフローティングで動作するので，問題なく S_1 をオンできる．

ハイサイドスイッチ S_1 がターンオフするとローサイドスイッチ S_2 がターンオンし，S_1 のソース端子の電位はグランド電位まで下がるため，C_b は V_{cc} と V_b の電位差によって充電され，ゲート充電時に放出した電荷を取り戻す．このときの充電時定数は $R_p C_b$ となる．

〔財津俊行・安部征哉〕

文 献

1) 原田耕介，他：スイッチングコンバータの基礎，コロナ社（1992）．
2) 稲葉　保：パワー MOSFET 活用の基礎と実際，CQ 出版社（2004）．
3) UCC27200/1 データシート（日本テキサス・インスツルメンツ）．

第VI編 電気回路解析に用いられる数学

1. ラプラス変換

ここでは，t を時間を表す変数として用いる．連続時間関数 $x(t)$ に対して，

$$\mathcal{L}[x(t)] := \lim_{a \uparrow 0} \int_a^\infty x(t) e^{-st} dt = \int_{0-}^\infty x(t) e^{-st} dt \tag{VI.1}$$

を $x(t)$ のラプラス変換という．ただし，s は複素変数であり，$\lim_{a \uparrow 0}$ は a を負側から 0 に近づけたときの極限を表す．ラプラス変換の定義として，積分範囲を $0-$ からではなく，0 からとする定義もしばしば用いられる．多くの関数ではいずれの定義を用いてもそのラプラス変換は一致する．しかし，積分範囲を 0 からにすると，デルタ関数のラプラス変換が存在しない．そのため，式 (VI.1) でラプラス変換を定義する方がよい．一般に，連続時間信号を小文字で，そのラプラス変換を大文字で表すことが多い．すなわち，

$$X(s) = \mathcal{L}[x(t)]$$

と表す．また，$x(t) \leftrightarrow X(s)$ と書くこともある．

ラプラス変換は無限区間での積分なので，どのような s に対してもこの積分が存在するとは限らない．ラプラス変換が存在するような s の集合を収束領域という．たとえば，指数関数 $x(t) = e^{at}$ のラプラス変換は

$$X(s) = \int_{0-}^\infty e^{at} e^{-st} dt = \int_{0-}^\infty e^{(a-s)t} dt$$

であり，この積分が存在する s の条件は $\mathrm{Re}(s) > \mathrm{Re}(a)$ である．このような s に対して

$$X(s) = \frac{1}{s-a}$$

となる．暗黙の仮定として，ラプラス変換を計算するときには，複素変数 s は収束領域の中にあるとする．したがって，任意の s に対してこの積分が存在しないような連続時間関数に対しては，そのラプラス変換は存在しないことになる．表 VI.1 に代表的な連続時間関数のラプラス変換をまとめておく．表からわかるように，多くの連続時間関数のラプラス変換が有理多項式，すなわち，

$$X(s) = \frac{a_m s^m + a_{m-1} s^{m-1} + \cdots + a_1 s + a_0}{s^n + b_{n-1} s^{n-1} + \cdots + b_1 s + b_0}$$

$$= a_m \frac{(s-z_1)(s-z_2)\cdots(s-z_m)}{(s-p_1)(s-p_2)\cdots(s-p_n)} \tag{VI.2}$$

である．ただし，係数 a_i, b_i は実数，m, n は非負整数，z_i, p_i は複素数である．$n \geq m$ のとき，$X(s)$ はプロパーという．特に，$n > m$ のときは真にプロパー，または厳密にプロパーという．p_i を $X(s)$ の極，z_i を $X(s)$ の零点という．

表 VI.1 代表的な連続時間関数のラプラス変換

連続時間関数	ラプラス変換	収束領域
デルタ関数 $\delta(t)$	1	複素平面全体
$\delta^{(n)}(t)$	s^n	複素平面全体
ステップ関数 $u(t)$	$\dfrac{1}{s}$	$\mathrm{Re}(s) > 0$
t	$\dfrac{1}{s^2}$	$\mathrm{Re}(s) > 0$
t^n	$\dfrac{n!}{s^{n+1}}$	$\mathrm{Re}(s) > 0$
e^{at}	$\dfrac{1}{s-a}$	$\mathrm{Re}(s) > \mathrm{Re}(a)$
te^{at}	$\dfrac{1}{(s-a)^2}$	$\mathrm{Re}(s) > \mathrm{Re}(a)$
$t^n e^{at}$	$\dfrac{n!}{(s-a)^{n+1}}$	$\mathrm{Re}(s) > \mathrm{Re}(a)$
$\sin \omega t$	$\dfrac{\omega}{s^2 + \omega^2}$	$\mathrm{Re}(s) > 0$
$\cos \omega t$	$\dfrac{s}{s^2 + \omega^2}$	$\mathrm{Re}(s) > 0$
$e^{at} \sin \omega t$	$\dfrac{\omega}{(s-a)^2 + \omega^2}$	$\mathrm{Re}(s) > \mathrm{Re}(a)$
$e^{at} \cos \omega t$	$\dfrac{s-a}{(s-a)^2 + \omega^2}$	$\mathrm{Re}(s) > \mathrm{Re}(a)$

a は複素定数，n は自然数，ω は実定数である．

次に，ラプラス変換の性質を紹介する．以下，$x_i(t) \leftrightarrow X_i(s)$, $x(t) \leftrightarrow X(s)$ とする．

1. **線形性**：任意の複素定数 a_1, a_2 に対して
$$a_1 x_1(t) + a_2 x_2(t) \leftrightarrow a_1 X_1(s) + a_2 X_2(s)$$
2. **時間領域での推移**：任意の実数 t_0 に対して
$$x(t - t_0) \leftrightarrow e^{-t_0 s} X(s)$$
3. **s 領域での推移**：任意の複素数 s_0 に対して
$$e^{s_0 t} x(t) \leftrightarrow X(s - s_0)$$
4. **相似性**：任意の非零の実数 a に対して
$$x(at) \leftrightarrow \frac{1}{|a|} X\left(\frac{s}{a}\right)$$
5. **時間反転**：
$$x(-t) \leftrightarrow X(-s)$$
6. **時間領域での微分**：任意の自然数 n に対して
$$\frac{d^n x(t)}{dt^n} \leftrightarrow s^n X(s) - s^{n-1} x(0-) - s^{n-2} \dot{x}(0-) - \cdots - x^{(n-1)}(0-)$$

ただし，$\dot{x}(t), x^{(k)}(t)$ は $x(t)$ の 1 階微分，k 階微分である．特に，$n = 1$ のとき，

$$\frac{\mathrm{d}x(t)}{\mathrm{d}t} \leftrightarrow sX(s) - x(0-)$$

7. **s 領域での微分**：任意の自然数 n に対して

$$(-t)^n x(t) \leftrightarrow \frac{\mathrm{d}^n X(s)}{\mathrm{d}s^n}$$

8. **積分**：任意の自然数 n に対して

$$\int_{0-}^{t_1}\int_{0-}^{t_2}\cdots\int_{0-}^{t_n} x(\tau_n)\mathrm{d}\tau_n\mathrm{d}\tau_{n-1}\cdots\mathrm{d}\tau_1 \leftrightarrow \frac{1}{s^n}X(s)$$

特に $n=1$ のとき，

$$\int_{0-}^{t} x(\tau)\mathrm{d}\tau \leftrightarrow \frac{1}{s}X(s)$$

9. **合成積**：

$$\int_{-\infty}^{\infty} x_1(\tau)x_2(t-\tau)\mathrm{d}\tau \leftrightarrow X_1(s)X_2(s)$$

10. **初期値の定理**：関数 $x(t)$ およびその 1 階微分 $\dot{x}(t)$ のラプラス変換が存在して，$\lim_{t\downarrow 0}x(t)$ が存在するとき，

$$\lim_{t\downarrow 0}x(t) = \lim_{s\to\infty}sX(s)$$

ただし，$\lim_{t\downarrow 0}$ は t を正側から 0 に近づけたときの極限を表す．

11. **最終値の定理**：関数 $x(t)$ およびその 1 階微分 $\dot{x}(t)$ のラプラス変換が存在して，$\lim_{t\to\infty}x(t)$ が存在するとき，

$$\lim_{t\to\infty}x(t) = \lim_{s\to 0}sX(s)$$

ラプラス変換の線形性は実用上有用な性質である．たとえば，表 VI.1 と線形性を用いると，$\sinh\omega t$ のラプラス変換を以下のようにして求めることができる．

$$\mathcal{L}[\sinh\omega t] = \mathcal{L}\left[\frac{\mathrm{e}^{\omega t}-\mathrm{e}^{-\omega t}}{2}\right] = \frac{1}{2}\mathcal{L}[\mathrm{e}^{\omega t}] - \frac{1}{2}\mathcal{L}[\mathrm{e}^{-\omega t}]$$

$$= \frac{\omega}{s^2-\omega^2}$$

2. 逆ラプラス変換

$X(s)$ から $x(t)$ を求める変換を逆ラプラス変換という．ラプラス変換の積分範囲に $t<0$ が含まれていないので，$x(t)$ のラプラス変換は $t>0-$ のみに依存することになる．この意味において逆ラプラス変換は一意に定まらない．逆ラプラス変換を一意に定めるために，暗黙の仮定として，$t<0$ においては，$x(t)=0$ とすることが多い．この仮定のもとでは，表記を簡単にするために，$x(t)u(t)$ を $x(t)$ と書くことが多い．ただし，$u(t)$ はステップ関数である．以下，この仮定を満たす時間関数のみを対象にして説明する．$X(s)$ の収束領域を $\sigma^+ < \mathrm{Re}(s) < \sigma^-$ とする．ここで，σ^+ と σ^- は $-\infty \leq \sigma^+ < \sigma^- \leq \infty$ を満たす実数である．以下に示す反転公式と呼ばれる複素積分を考える．

$$\bar{x}(t) = \frac{1}{2\pi\mathrm{j}}\int_{c-\mathrm{j}\infty}^{c+\mathrm{j}\infty} X(s)\mathrm{e}^{st}\mathrm{d}s \qquad (\mathrm{VI.3})$$

ただし，c は $\sigma^+<c<\sigma^-$ を満たす実数である．このとき，$t>0$ において

$$\bar{x}(t) = \frac{1}{2}\{x(t+)+x(t-)\} \qquad (\mathrm{VI.4})$$

である．ただし，$x(t+)=\lim_{\varepsilon\downarrow 0}x(t+\varepsilon)$ と $x(t-)=\lim_{\varepsilon\uparrow 0}x(t+\varepsilon)$ を表す．$x(t)$ が不連続となる t において，一般に $x(t) \neq \bar{x}(t)$ となるが，$t>0$ で連続な関数を考えると $x(t)$ と $\bar{x}(t)$ は一致するので，式（VI.3）で逆ラプラス変換を求めることができる．$X(s)$ の逆ラプラス変換を $\mathcal{L}^{-1}[X(s)]$ と書く．つまり，$x(t)=\mathcal{L}^{-1}[X(s)]$ である．逆ラプラス変換についても線形性，すなわち，複素定数 a_1, a_2 に対して，

$$\mathcal{L}^{-1}[a_1X_1(s)+a_2X_2(s)] = a_1\mathcal{L}^{-1}[X_1(s)] + a_2\mathcal{L}^{-1}[X_2(s)]$$
$$(\mathrm{VI.5})$$

が成り立つので，$X(s)$ が表 VI.1 に書かれている関数の線形和の場合には，反転公式を用いなくても表 VI.1 から逆ラプラス変換を求めることができる．たとえば，

$$\mathcal{L}^{-1}\left[\frac{2}{s-3}-\frac{4}{s^2+1}\right] = 2\mathrm{e}^{3t} - 4\sin t$$

である．

$X(s)$ は式（VI.2）のような有理関数の場合には，部分分数展開法と呼ばれる逆ラプラス変換の計算法がある．式（VI.2）が真にプロパーな場合について考える．真にプロパーでない場合には，$X(s)$ は真にプロパーな有理多項式と $(m-n)$ 次多項式の和の形に変形でき，多項式に関しては，表 VI.1 を用いて逆ラプラス変換できる．したがって，ここでは，$X(s)$ が真にプロパーな場合について，すなわち，$m<n$ の場合について説明する．

1. **単純極の場合**：式（VI.2）の極 p_i がお互いに異なる場合を考える．このとき，式（VI.2）は

$$X(s) = \sum_{i=1}^{n}\frac{k_i}{s-p_i} \qquad (\mathrm{VI.6})$$

と変形できる．ただし，k_i は複素定数であり，k_i は次式で求めることができる．

$$k_i = \lim_{s\to p_i}(s-p_i)X(s) \qquad (\mathrm{VI.7})$$

このとき，
$$\mathcal{L}^{-1}[X(s)] = \sum_{i=1}^{n} k_i e^{p_i t} \tag{VI.8}$$

2. 多重極の場合：式（VI.2）の分母多項式に重根がある場合を考える．すなわち，
$$s^n + b_{n-1}s^{n-1} + \cdots + b_1 s + b_0 = \prod_{i=1}^{l}(s-p_i)^{n_i}$$
である場合を考える．ただし，各 n_i は正の整数で，$\sum_{i=1}^{l} n_i = n$ である．このとき，$X(s)$ は
$$X(s) = \sum_{i=1}^{l} \sum_{l=1}^{n_i} \frac{k_{il}}{(s-p_i)^l} \tag{VI.9}$$
と変形することができる．ここで，定数 k_{ij} は次式で求めることができる．
$$k_{il} = \lim_{s \to p_i} \left\{ \frac{1}{(n_i - l)!} \left(\frac{d}{ds}\right)^{n_i - l} \left[(s-p_i)^{n_i} X(s)\right] \right\} \tag{VI.10}$$
式（VI.9）を逆ラプラス変換すると
$$\mathcal{L}^{-1}[X(s)] = \sum_{i=1}^{l} \sum_{l=1}^{n_i} \frac{1}{(l-1)!} t^{l-1} e^{p_i t} \tag{VI.11}$$
である．

3. フーリエ解析

3.1 フーリエ級数

関数 $x(t)$ が，任意の t に対して $x(t+T) = x(t)$ となる $T>0$ が存在するとき，周期関数といい，T を周期という．最小となる周期を基本周期という．たとえば，$\sin t$ や e^{jt} は，基本周期 2π の周期関数である．基本周期のことを単に周期と呼ぶこともある．（基本）周期 T に対して，$f = 1/T$ を（基本）周波数，$\omega = 2\pi/T$ を（基本）角周波数という．

周期 T の周期関数 x と y の内積 $\langle x, y \rangle$ を
$$\langle x, y \rangle := \frac{1}{T} \int_0^T x(t) \bar{y}(t) dt = \frac{1}{T} \int_{-\frac{T}{2}}^{\frac{T}{2}} x(t) \bar{y}(t) dt \tag{VI.12}$$

と定義する．ただし，$\bar{a}$ は a の共役複素数を表す．また，周期関数のノルム $\|x\|$ を
$$\|x\| := \sqrt{\langle x, x \rangle}$$
と定義する．フーリエ級数とは，周期 T の周期関数 $x(t)$ を三角関数で展開することであり，以下のような表現がある．
$$x(t) = \sum_{k=-\infty}^{\infty} c_k e^{jk\omega t} \tag{VI.13}$$
$$= \frac{a_0}{2} + \sum_{k=1}^{\infty} (a_k \cos k\omega t + b_k \sin k\omega t) \tag{VI.14}$$

ただし，複素定数 c_k を複素フーリエ係数，実定数 a_k と b_k をフーリエ係数という．これらの係数は次式で求められる．
$$c_k = \frac{1}{T} \int_0^T x(t) e^{-jk\omega t} dt \tag{VI.15}$$
$$a_k = \frac{2}{T} \int_0^T x(t) \cos k\omega t \, dt \quad (k \geq 0) \tag{VI.16}$$
$$b_k = \frac{2}{T} \int_0^T x(t) \sin k\omega t \, dt \quad (k \geq 1) \tag{VI.17}$$
このとき，
$$a_0 = 2c_0, \quad a_k = c_k + c_{-k}, \quad b_k = j(c_k - c_{-k}) \quad (k \geq 1)$$
の関係が成立する．さらに，$x(t)$ が実数値関数ならば，$c_{-k} = \bar{c}_k$ が成立し，
$$a_k = 2\mathrm{Re}(c_k), \quad b_k = -2\mathrm{Im}(c_k)$$
である．また，周期関数 $x(t)$ が偶関数ならば $b_k = 0$ $(k \geq 1)$，奇関数ならば $a_k = 0$ $(k \geq 0)$ である．複素フーリエ係数 c_k を
$$c_k = |c_k| e^{j\theta_k}$$
とおくと，式（VI.13）より
$$x(t) = \sum_{k=-\infty}^{\infty} |c_k| e^{j(k\omega t + \theta_k)}$$
である．この式から，$|c_k|$ は $x(t)$ の第 k 次高調波成分の振幅を，θ_k はその位相進みを表していることがわかる．$|c_k|$ と θ_k は，それぞれ振幅スペクトル，位相スペクトルと呼ばれる．

任意の複素正弦波 $e^{jn\omega t}$ と $e^{jm\omega t}$ の内積は
$$\langle e^{jn\omega t}, e^{jm\omega t} \rangle = \begin{cases} 1, & n = m \\ 0, & n \neq m \end{cases}$$
である．$x(t)$，$y(t)$ の複素フーリエ係数を c_k, d_k とおくと，上式より，
$$\langle x, y \rangle = \sum_{k=-\infty}^{\infty} c_k \bar{d}_k$$
が成り立つので，
$$\|x\| = \langle x, x \rangle = \frac{1}{T} \int_0^T |x(t)|^2 dt = \sum_{k=-\infty}^{\infty} |c_k|^2 \tag{VI.18}$$
という関係が成り立つ．式（VI.18）をパーセバルの等式という．第 k 次高調波成分の平均パワーは $|c_k|^2$ なので，パーセバルの等式は，$x(t)$ の平均パワーが高調波成分のパワーの総和と一致することを意味している．これをパワー分解といい，$|c_k|^2$ $(k = 0, \pm 1, \cdots)$ をパワースペクトルという．

また，電気工学では，パルス列を扱うことが多い．周期 T の単位パルス列 $p(t)$ は

$$p(t) = \sum_{n=-\infty}^{\infty} \delta(t-nT)$$

と書ける.$p(t)$をフーリエ級数展開すると,その係数c_nは

$$c_n = \frac{1}{T}\int_{-\frac{T}{2}}^{\frac{T}{2}} p(t)\mathrm{e}^{-\mathrm{j}n\frac{2\pi}{T}t}\mathrm{d}t = \frac{1}{T}$$

である.したがって,次式が得られる.

$$\sum_{n=-\infty}^{\infty} \delta(t-nT) = \frac{1}{T}\sum_{n=-\infty}^{\infty} \mathrm{e}^{\mathrm{j}n\frac{2\pi}{T}t} \tag{VI.19}$$

3.2 フーリエ変換

連続時間関数$x(t)$のフーリエ変換$\mathcal{F}[x(t)]$は

$$\mathcal{F}[x(t)] := \int_{-\infty}^{\infty} x(t)\mathrm{e}^{-\mathrm{j}\omega t}\mathrm{d}t \tag{VI.20}$$

で定義される.一般に,$x(t)$のフーリエ変換をその大文字を用いて$X(\omega)$と表すことが多い.$X(\omega)$の逆フーリエ変換$\mathcal{F}^{-1}[X(\omega)]$は

$$\mathcal{F}^{-1}[X(\omega)] := \frac{1}{2\pi}\int_{-\infty}^{\infty} X(\omega)\mathrm{e}^{\mathrm{j}\omega t}\mathrm{d}\omega \tag{VI.21}$$

で与えられる.$x(t) = \mathcal{F}^{-1}[X(\omega)]$のとき,$x(t)$と$X(\omega)$をフーリエ変換対といい,

$$x(t) \leftrightarrow X(\omega)$$

と書くことがある.代表的な時間関数のフーリエ変換を表VI.2にまとめておく.

一般に,フーリエ変換$X(\omega)$は複素関数となり,

$$X(\omega) = |X(\omega)|\mathrm{e}^{\mathrm{j}\theta(\omega)}$$

と書ける.$|X(\omega)|$と$\theta(\omega)$を$x(t)$の振幅スペクトル,位相スペクトルという.

表 VI.2 代表的な連続時間関数のフーリエ変換

連続時間関数 $x(t)$	フーリエ変換 $X(\omega)$
デルタ関数 $\delta(t)$	1
ステップ関数 $u(t)$	$\pi\delta(\omega) + \dfrac{1}{\mathrm{j}\omega}$
1	$2\pi\delta(\omega)$
$\mathrm{e}^{-at}u(t)$	$\dfrac{1}{\mathrm{j}\omega+a}$
$t\mathrm{e}^{-at}u(t)$	$\dfrac{1}{(\mathrm{j}\omega+a)^2}$
$t\mathrm{e}^{-a|t|}$	$\dfrac{2a}{\omega^2+a^2}$
$\sin\omega_0 t$	$-\mathrm{j}\pi(\delta(\omega-\omega_0) - \delta(\omega+\omega_0))$
$\cos\omega_0 t$	$\pi(\delta(\omega-\omega_0) + \delta(\omega+\omega_0))$
$\dfrac{\sin at}{\pi t}$	$X(\omega) = \begin{cases} 1 & |\omega|<a \\ 0 & |\omega|>a \end{cases}$
$\sum_{k=-\infty}^{\infty} \delta(t-kT)$	$\dfrac{2\pi}{T}\sum_{k=-\infty}^{\infty} \delta\left(\omega - \dfrac{2\pi k}{T}\right)$

aとTは正の実定数である.

フーリエ変換は無限区間の積分で定義されているので,常に存在するとは限らない.フーリエ変換が存在するための十分条件として有名な以下の条件をディリクレ条件という.

1. $x(t)$は絶対積分可能である.すなわち,

$$\int_{-\infty}^{\infty} |x(t)|\mathrm{d}t < \infty$$

2. $x(t)$は任意の有限区間で極大および極小点が有限個しかない.

3. $x(t)$は任意の有限区間で不連続となる点は有限個であり,その不連続性は有限である.

上記の条件は十分条件であり,デルタ関数や正弦波などは条件3を満たさないが,表VI.2に示すように,そのフーリエ変換は存在する.

次に,フーリエ変換の性質を紹介する.以下,$x_i(t) \leftrightarrow X_i(\omega)$,$x(t) \leftrightarrow X(\omega)$とする.

1. **線形性**:任意の複素定数a_1, a_2に対して
$$a_1 x_1(t) + a_2 x_2(t) \leftrightarrow a_1 X_1(\omega) + a_2 X_2(\omega)$$

2. **時間領域での推移**:任意の実数t_0に対して
$$x(t-t_0) \leftrightarrow \mathrm{e}^{-\mathrm{j}\omega t_0}X(\omega)$$

3. **周波数領域での推移**:任意の実数ω_0に対して
$$\mathrm{e}^{\mathrm{j}\omega_0 t}x(t) \leftrightarrow X(\omega-\omega_0)$$

4. **相似性**:任意の非ゼロの実数aに対して
$$x(at) \leftrightarrow \frac{1}{|a|}X\left(\frac{\omega}{a}\right)$$

5. **時間反転**:
$$x(-t) \leftrightarrow X(-\omega)$$

6. **時間領域での微分**:
$$\frac{\mathrm{d}x(t)}{\mathrm{d}t} \leftrightarrow \mathrm{j}\omega X(\omega)$$

7. **周波数領域での微分**:
$$(-\mathrm{j}t)x(t) \leftrightarrow \frac{\mathrm{d}X(\omega)}{\mathrm{d}\omega}$$

8. **積分**:
$$\int_{-\infty}^{t} x(\tau)\mathrm{d}\tau \leftrightarrow \pi X(0)\delta(\omega) + \frac{1}{\mathrm{j}\omega}X(\omega)$$

9. **合成積**:
$$\int_{-\infty}^{\infty} x_1(\tau)x_2(t-\tau)\mathrm{d}\tau \leftrightarrow X_1(\omega)X_2(\omega)$$

10. **パーセバルの関係**:
$$\int_{-\infty}^{\infty} x_1(\tau)X_2(\tau)\mathrm{d}\tau = \int_{-\infty}^{\infty} X_1(\tau)x_2(\tau)\mathrm{d}\tau$$
$$\int_{-\infty}^{\infty} x_1(t)x_2(t)\mathrm{d}t = \frac{1}{2\pi}\int_{-\infty}^{\infty} X_1(\omega)X_2(\omega)\mathrm{d}\omega$$

$$\int_{-\infty}^{\infty}|x(t)|\mathrm{d}t = \frac{1}{2\pi}\int_{-\infty}^{\infty}|X(\omega)|^2\mathrm{d}\omega$$

3.3 離散時間フーリエ変換

離散時間信号 $x[n]$ を考える．ここで，n は離散時間を表す変数で，整数値をとる．$x[n]$ の離散時間フーリエ変換 $\mathcal{F}[x[n]]$ は次式で定義される．

$$\mathcal{F}[x[n]] = \sum_{k=-\infty}^{\infty} x[k]\mathrm{e}^{-jk\Omega} \quad \text{(VI.22)}$$

一般に，$x[n]$ の離散時間フーリエ変換をその大文字を用いて $X(\Omega)$ と表す．連続時間関数の場合と同様に，$X(\Omega) = \mathcal{F}[x[n]]$ のときに，$x[n]$ と $X(\Omega)$ をフーリエ変換対といい，

$$x[n] \leftrightarrow X(\Omega)$$

と書くことがある．$X(\Omega)$ から離散時間信号 $x[n]$ へは，次式を用いて変換することができる．

$$x[n] = \frac{1}{2\pi}\int_{-\pi}^{\pi} X(\Omega)\mathrm{e}^{jn\Omega}\mathrm{d}\Omega \quad -\infty < n < \infty \quad \text{(VI.23)}$$

この変換を逆離散時間フーリエ変換という．式 (VI.23) から，$x[n]$ は離散時間単振動 $\mathrm{e}^{jk\Omega}$ の重ね合せで与えられることがわかる．$\mathrm{e}^{jk\Omega}$ の寄与の大きさを示すのが $X(\Omega)$ である．このことより，$X(\Omega) = |X(\Omega)|\mathrm{e}^{j\theta(\Omega)}$ を離散時間信号の周波数スペクトルという．$|X(\Omega)|$ を振幅スペクトル，$\theta(\Omega)$ を位相スペクトルという．一般に，離散時間フーリエ変換が存在するとは限らない．もし $x[n]$ が

$$\sum_{k=-\infty}^{\infty}|x[n]| < \infty$$

を満たすならば，$x[n]$ の離散時間フーリエ変換が存在することが知られている．

連続時間のフーリエ変換と同様の性質が離散時間フーリエ変換でも成り立つので，ここでは重要な性質に絞り，紹介する．以下，$x_i[n] \leftrightarrow X_i(\Omega)$, $x[n] \leftrightarrow X(\Omega)$ とする．

1. **周期性**：
$$X(\Omega + 2\pi) = X(\Omega)$$

2. **線形性**：任意の複素定数 a_1, a_2 に対して
$$a_1 x_1[n] + a_2 x_2[n] \leftrightarrow a_1 X_1(\Omega) + a_2 X_2(\Omega)$$

3. **時間領域での推移**：任意の整数 n_0 に対して
$$x[n-n_0] \leftrightarrow \mathrm{e}^{-j\Omega n_0} X(\Omega)$$

4. **相似性**：正の整数 m に対して，次の離散時間関数 $x_m[n]$ を考える．
$$x_m[n] = \begin{cases} x[n/m] & n/m \text{ が整数のとき} \\ 0 & n/m \text{ が整数でないとき} \end{cases}$$

このとき，
$$x_m[n] \leftrightarrow X(m\Omega)$$

5. **時間領域での差分**：
$$x[n] - x[n-1] \leftrightarrow (1-\mathrm{e}^{-j\Omega})X(\Omega)$$

6. **周波数領域での微分**：
$$nx[n] \leftrightarrow j\frac{\mathrm{d}X(\Omega)}{\mathrm{d}\Omega}$$

7. **和分**：
$$\sum_{k=-\infty}^{n} x[k] \leftrightarrow \pi X(0)\delta(\Omega) + \frac{1}{1-\mathrm{e}^{-j\Omega}}X(\Omega)$$

8. **合成積**：
$$\sum_{k=-\infty}^{\infty} x_1[k]x_2[n-k] \leftrightarrow X_1(\Omega)X_2(\Omega)$$

9. **パーセバルの関係**：
$$\sum_{k=-\infty}^{\infty} x_1[k]x_2[k] = \frac{1}{2\pi}\int_{0}^{2\pi} X_1(\Omega)X_2(\Omega)\mathrm{d}\Omega$$
$$\sum_{k=-\infty}^{\infty} |x[k]|^2 = \frac{1}{2\pi}\int_{0}^{2\pi} |X(\Omega)|^2 \mathrm{d}\Omega$$

3.4 離散フーリエ変換

周期 N の離散時間周期関数のフーリエスペクトルを導出する．結果として，周期関数のフーリエ級数展開である離散フーリエ変換が導かれる．

$x[n+N] = x[n]$ とし，連続した N 個のデータからなるセグメントを取り出し，それを $g[n]$ とおく．

$$g[n] = \begin{cases} x[n] & n \in \langle N \rangle \\ 0 & \text{それ以外のとき} \end{cases}$$

ただし，$\langle N \rangle$ は連続した N 個の整数の組を表す．$g[n]$ は有限個のデータ列である．

ここで，インパルス列

$$p[n] = \sum_{r=-\infty}^{\infty}\delta[n-rN]$$

を用いると，

$$x[n] = \sum_{r=-\infty}^{\infty}\sum_{k=-\infty}^{\infty} g[k]\delta[n-rN-k] = \sum_{k=-\infty}^{\infty} g[k]p[n-k]$$

が成り立つ．したがって，離散時間フーリエ変換の性質から

$$X(\Omega) = G(\Omega)P(\Omega)$$

である．ここで，

$$P(\Omega) = \frac{2\pi}{N}\sum_{m=-\infty}^{\infty}\delta\left(\Omega - m\frac{2\pi}{N}\right)$$

であるので，$X(\Omega)$ は次のように書ける．

$$X(\Omega) = \frac{2\pi}{N}\sum_{m=-\infty}^{\infty} G\left(m\frac{2\pi}{N}\right)\delta\left(\Omega - m\frac{2\pi}{N}\right)$$

これを逆変換すると，

3. フーリエ解析

$$x[n] = \frac{1}{2\pi} \int_{-\pi}^{\pi} \frac{2\pi}{N} \sum_{m=-\infty}^{\infty} G\left(m\frac{2\pi}{N}\right) \delta\left(\Omega - m\frac{2\pi}{N}\right) e^{jn\Omega} d\Omega$$

$$= \frac{1}{N} \sum_{-\pi \leq m\frac{2\pi}{N} \leq \pi} G\left(m\frac{2\pi}{N}\right) e^{jnm\frac{2\pi}{N}}$$

$$= \sum_{m \in \langle N \rangle} \frac{1}{N} G\left(m\frac{2\pi}{N}\right) e^{jnm\frac{2\pi}{N}}$$

ここで，離散時間フーリエ変換の定義より，

$$G(\Omega) = \sum_{n=-\infty}^{\infty} g[n] e^{-jn\Omega} = \sum_{n \in \langle N \rangle} x[n] e^{-jn\Omega}$$

であるので，上式で，$\Omega := m(2\pi/N)$ とおくと，周期関数 $x[n]$ のフーリエ級数展開は

$$x[n] = \sum_{m \in \langle N \rangle} X[m] e^{jnm\frac{2\pi}{N}}$$

と書ける．ただし，

$$X[m] = \frac{1}{N} \sum_{m \in \langle N \rangle} x[n] e^{-jnm\frac{2\pi}{N}}$$

である．この変換は，有限個のデータに対する変換公式とも考えられる．$\langle N \rangle = \{0, 1, \cdots, N-1\}$ とすると，$x[n] (n \in \langle N \rangle)$ から $X[m] (m \in \langle N \rangle)$ への次の変換を離散フーリエ変換という．

$$X[m] = \frac{1}{N} \sum_{n=0}^{N-1} x[n] e^{-jmn\frac{2\pi}{N}} \qquad m = 0, 1, \cdots, N-1$$
(VI.24)

また，$X[m](m \in \langle N \rangle)$ から $x[n](n \in \langle N \rangle)$ への次の変換を逆離散フーリエ変換という．

$$x[n] = \sum_{m=0}^{N-1} X[m] e^{jnm\frac{2\pi}{N}} \qquad n = 0, 1, \cdots, N-1$$
(VI.25)

離散フーリエ変換の性質をまとめておく．以下，$W = e^{j\frac{2\pi}{N}}$，$X[m]$ を $\mathcal{F}_D[x][m]$ と書く．

1. **線形性**：任意の複素定数 a_1, a_2 に対して
$$\mathcal{F}_D[a_1 x_1 + a_2 x_2] = a_1 \mathcal{F}_D[x_1] + a_2 \mathcal{F}_D[x_2]$$
a, b は定数

2. **移動**：任意の自然数 L と $k = 0, 1, \cdots, N-1$ に対して，$x_L[n] = x[n-L]$ とおくと，
$$\mathcal{F}_D[x_L][k] = W^{-Lk} \mathcal{F}_D[x][k]$$

3. **合成積**：x_1, x_2 を N 周期的とする．循環（周期）合成積（circular (periodic) convolution）$x_1 * x_2$ を
$$x_1 * x_2[n] = \sum_{m \in \langle N \rangle} x_1[m] x_2[n-m]$$
と定義する．このとき，次式が成り立つ．
$$\mathcal{F}_D[x_1 * x_2] = \mathcal{F}_D[x_1] \mathcal{F}_D[x_2]$$

4. **周期性**：任意の整数 k と r に対して，
$$\mathcal{F}_D[x][k+rN] = \mathcal{F}_D[x][k]$$

5. **パーセバルの等式**：
$$\frac{1}{N} \sum_{n=0}^{N-1} x[n] \overline{y[n]} = \sum_{k=0}^{N-1} X[k] \overline{Y[k]}$$

3.5 高速フーリエ変換

式（VI.24）に従って，離散フーリエ変換を行うと N^2 のオーダーの計算量が必要になる．この計算量を減らす手法が高速フーリエ変換である．$\hat{X}$ を

$$\hat{X}[m] = \sum_{n=0}^{N-1} x[n] W^{-nm} \qquad \text{(VI.26)}$$

と定義すると，$\mathcal{F}_D[x][m] = (1/N)\hat{X}[m]$ となる．以下，$N = 2^l$ と書ける場合を考える．

$x[n]$ の偶数番目の信号を $b[n]$，奇数番目の信号を $c[n]$ とおく．

$$b[n] = x[2n]$$
$$c[n] = x[2n+1] \qquad n = 0, 1, \cdots, \frac{N}{2} - 1$$

それぞれに対して式（VI.26）を求める．

$$\hat{B}[m] = \sum_{n=0}^{\frac{N}{2}-1} b[n] W^{-2nm}$$
$$\hat{C}[m] = \sum_{n=0}^{\frac{N}{2}-1} c[n] W^{-2nm} \qquad m = 0, 1, \cdots, \frac{N}{2}-1$$

したがって，

$$\hat{X}[m] = \sum_{n=0}^{N-1} x[n] W^{-nm}$$
$$= \sum_{n=0}^{\frac{N}{2}-1} (b[n] W^{-2nm} + c[n] W^{-(2n+1)m})$$
$$= \hat{B}[m] + \hat{C}[m] W^{-m} \qquad m = 0, 1, \cdots, \frac{N}{2}-1$$

ところで，

$$\hat{B}\left[\frac{N}{2} + k\right] = \hat{B}[k]$$
$$\hat{C}\left[\frac{N}{2} + k\right] = \hat{C}[k]$$
$$W^{-\frac{N}{2}} = e^{-j\pi} = -1$$

なので，$m \geq N/2$ に対して，$m = N/2 + k$ とおくと，

$$\hat{X}[m] = \hat{X}\left[\frac{N}{2} + k\right]$$
$$= \hat{B}[k] - \hat{C}[k] W^{-k} \qquad k = 0, 1, \cdots, \frac{N}{2}-1$$

である．同様の操作を $b[n], c[n]$ に対して繰り返して行う．$N = 8$ の場合には，以下の式が得られる．

$$\hat{D}[0] = x[0] + x[4], \qquad \hat{D}[1] = x[0] - x[4]$$
$$\hat{E}[0] = x[2] + x[6], \qquad \hat{E}[1] = x[2] - x[6]$$

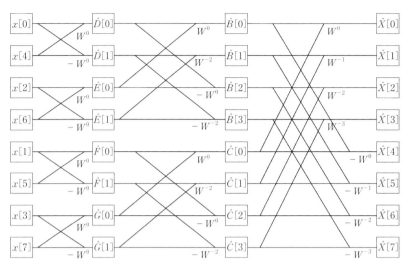

図 VI.1 データ数が8個の場合の高速フーリエ変換

$\hat{F}[0] = x[1] + x[5]$, $\quad \hat{F}[1] = x[1] - x[5]$
$\hat{G}[0] = x[3] + x[7]$, $\quad \hat{G}[1] = x[3] - x[7]$
$\hat{B}[0] = \hat{D}[0] + W^{-0}\hat{E}[0]$, $\quad \hat{B}[1] = \hat{D}[1] + W^{-2}\hat{E}[1]$
$\hat{B}[2] = \hat{D}[0] - W^{-0}\hat{E}[0]$, $\quad \hat{B}[3] = \hat{D}[1] - W^{-2}\hat{E}[1]$
$\hat{C}[0] = \hat{F}[0] + W^{-0}\hat{G}[0]$, $\quad \hat{C}[1] = \hat{F}[1] + W^{-2}\hat{G}[1]$
$\hat{C}[2] = \hat{F}[0] - W^{-0}\hat{G}[0]$, $\quad \hat{C}[3] = \hat{F}[1] - W^{-2}\hat{G}[1]$
$\hat{X}[0] = \hat{B}[0] + W^{-0}\hat{C}[0]$, $\quad \hat{X}[1] = \hat{B}[1] + W^{-1}\hat{C}[1]$
$\hat{X}[2] = \hat{B}[2] + W^{-2}\hat{C}[2]$, $\quad \hat{X}[3] = \hat{B}[3] + W^{-3}\hat{C}[3]$
$\hat{X}[4] = \hat{B}[0] - W^{-0}\hat{C}[0]$, $\quad \hat{X}[5] = \hat{B}[1] - W^{-1}\hat{C}[1]$
$\hat{X}[6] = \hat{B}[2] - W^{-2}\hat{C}[2]$, $\quad \hat{X}[7] = \hat{B}[3] - W^{-3}\hat{C}[3]$

以上の計算を図で示すと図 VI.1 となり，計算量が大幅に削減できる．このような変換を高速フーリエ変換（FFT）という．

4. 行列と行列式

4.1 行列の定義

mn 個の数字や式 a_{ij} ($i = 1, 2, \cdots, m; j = 1, 2, \cdots, n$) を長方形に並べた

$$A = \begin{bmatrix} a_{11} & a_{12} & \cdots & a_{1n} \\ a_{21} & a_{22} & \cdots & a_{2n} \\ \vdots & \vdots & \ddots & \vdots \\ a_{m1} & a_{m2} & \cdots & a_{mn} \end{bmatrix}$$

を行列という．横の並びを行，縦の並びを列という．上の行列 A は $m \times n$ 型の行列という．以下，$m \times n$ 行列と略記する．a_{ij} を行列 A の (i, j) 要素といい，$A = (a_{ij})$ と略記する．(i, i) 要素を対角要素，それ以外の要素を非対角要素という．$m = n$ のとき，n 次正方行列，または単に正方行列という．なお，行ベクトル，列ベクトルは，それぞれ $m = 1$, $n = 1$ である行列と見なすことができる．

二つの $m \times n$ 行列 $A = (a_{ij})$ と $B = (b_{ij})$ に対して，すべての $i = 1, 2, \cdots, m$, $j = 1, 2, \cdots, n$ に対して $a_{ij} = b_{ij}$ のときに限り A と B は等しいと定義し，$A = B$ と書く．(i, j) 要素が $a_{ij} + b_{ij}$ である行列を A と B の和 $A + B$ と定義する．同様に差 $A - B$ の (i, j) 要素は $a_{ij} - b_{ij}$ である．α をスカラーとおく．行列 A のすべての要素を α 倍した行列を $\alpha \times A = A \times \alpha$ と定義する．一般に $\times$ を省略することが多い．

α と β をスカラー，A, B, C を $m \times n$ 行列とおくと，以下の等式が成り立つ．

$$A + B = B + A$$
$$(A + B) + C = A + (B + C)$$
$$(\alpha + \beta)A = \alpha A + \beta A$$
$$\alpha(A + B) = \alpha A + \alpha B$$

$m_A \times n_A$ 行列 $A = (a_{ij})$ と $m_B \times n_B$ 列の行列 $B = (b_{ij})$ に対して積 $A \times B$ は $n_A = m_B$ のときに限り定義され，その (i, j) 要素は

$$\sum_{k=1}^{m_A} a_{ik} b_{kj}$$

で定義される．演算記号 $\times$ は省略されることが多い．一般に AB と BA は等しくない．行列の積に関しては以下の等式が成り立つ．

$$(AB)C = A(BC)$$

$$(A+B)C = AC + BC$$
$$A(B+C) = AB + AC$$

ただし，A, B, C は和と積が定義できるような行列である．

工学においてしばしば使われる特別な行列をまとめておく．

1. すべての要素が 0 の $m \times n$ 行列をゼロ行列といい，O_{mn} と書く．m と n を略して O と書くこともある．任意の $m \times n$ 行列 A に対して，以下の等式が成り立つ．

$$A + O_{mn} = O_{mn} + A = A$$
$$O_{lm}A = O_{ln}$$
$$AO_{nl} = O_{ml}$$

が成り立つ．

2. $i > j$ ならば $a_{ij} = 0$ である $m \times n$ 行列 $A = (a_{ij})$ を上三角行列という．$i < j$ ならば $a_{ij} = 0$ である $m \times n$ 行列 $A = (a_{ij})$ を下三角行列という．

3. 非対角要素がすべて 0 である n 次正方行列 $A = (a_{ij})$ を対角行列という．対角要素を並べて $A = \mathrm{diag}[a_{11}, a_{22}, \cdots, a_{nn}]$ と表記することがある．

4. 対角要素がすべて 1 である n 次対角行列 $\mathrm{diag}[1, 1, \cdots, 1]$ を単位行列といい，I_n と表記する．n を略して I と略記することもある．任意の $m \times n$ 正方行列 A に対して

$$AI_n = I_m A = A$$

である．

5. n 次正方行列 A に対して，次式を満たす n 次行列 A^{-1} を A の逆行列という．

$$AA^{-1} = A^{-1}A = I_n$$

逆行列が存在する行列を正則であるという．正則でないとき，特異という．逆行列の存在条件とその計算は 4.4 節を参照されたい．

6. $m \times n$ 行列 $A = (a_{ij})$ に対して，(i, j) 要素が a_{ji} である $n \times m$ 行列を A の転置行列といい，A^T, ${}^tA$ などと書く．A と B を行列とおくと，転置行列については以下の等式が成り立つ．

$$(A + B)^\mathrm{T} = A^\mathrm{T} + B^\mathrm{T}$$
$$(AB)^\mathrm{T} = B^\mathrm{T}A^\mathrm{T}$$
$$(A^\mathrm{T})^\mathrm{T} = A$$

7. $A = A^\mathrm{T}$ である正方行列 A を対称行列という．

8. $A = -A^\mathrm{T}$ である正方行列を歪対称行列，交代行列，または反対称行列という．定義から，歪対称行列の対角要素は 0 である．

9. $A^{-1} = A^\mathrm{T}$ である正方行列を直交行列という．

10. $m \times n$ 行列 $A = (a_{ij})$ に対して，(i, j) 要素が $\bar{a}_{ji}$ である $n \times m$ 行列を A の共役転置行列といい，A^* と書く．ただし，$\bar{a}_{ji}$ は a_{ji} の複素共役を表す．A と B を行列とおくと，共役転置行列については以下の等式が成り立つ．

$$(A + B)^* = A^* + B^*$$
$$(AB)^* = B^* A^*$$
$$(A^*)^* = A$$

11. $A = A^*$ である正方行列 A をエルミート行列という．すべての要素が実数であるエルミート行列は対称行列である．

12. $A = -A^*$ である正方行列 A を歪エルミート行列という．すべての要素が実数である歪エルミート行列は歪対称行列である．

13. $A^{-1} = A^*$ である正方行列をユニタリ行列という．すべての要素が実数であるユニタリ行列は直交行列である．

14. $AA^* = A^*A$ が成り立つ正方行列を正規行列という．エルミート行列とユニタリ行列は正規行列である．

一般に，任意の正方行列 A に対して，$A + A^\mathrm{T}$ は対称行列，$A - A^\mathrm{T}$ は歪対称行列である．さらに，A は

$$A = \frac{1}{2}(A + A^\mathrm{T}) + \frac{1}{2}(A - A^\mathrm{T})$$

のように対称行列と歪対称行列の和で表すことができる．同様に A はエルミート行列と歪エルミート行列の和で表すこともできる．

4.2 行列の分割

$m \times n$ 行列 A に対して，次式のように行を r 個に，列を s 個に分けると rs 個の行列 A_{tu} ($t = 1, 2, \cdots, r; u = 1, 2, \cdots, s$) を作ることができる．

$$A = \begin{bmatrix} A_{11} & A_{12} & \cdots & A_{1s} \\ A_{21} & A_{22} & \cdots & A_{2s} \\ \vdots & \vdots & \ddots & \vdots \\ A_{r1} & A_{r2} & \cdots & A_{rs} \end{bmatrix}$$

ただし，A_{tu} は $m_t \times n_u$ 行列で，$\sum_{t=1}^{r} m_t = m$, $\sum_{u=1}^{s} n_u = n$ である．このような表現を A の分割という．$(m_1, m_2, \cdots, m_r; n_1, n_2, \cdots, n_s)$ を分割の型という．A_{tu} をブロックという．特別な分割として，$(m; 1, 1, \cdots, 1)$ は行列 A の各列をブロックとする分割である．このとき，列ベクトルに分解するという．同様に $(1, 1, \cdots, 1; n)$ は A を行ベクトルに分解している．

A の転置行列は，

$$A^{\mathrm{T}} = \begin{bmatrix} A_{11}^{\mathrm{T}} & A_{21}^{\mathrm{T}} & \cdots & A_{r1}^{\mathrm{T}} \\ A_{12}^{\mathrm{T}} & A_{22}^{\mathrm{T}} & \cdots & A_{r2}^{\mathrm{T}} \\ \vdots & \vdots & \ddots & \vdots \\ A_{1s}^{\mathrm{T}} & A_{2s}^{\mathrm{T}} & \cdots & A_{rs}^{\mathrm{T}} \end{bmatrix}$$

である．

n 次正方行列 A に対して，分割の型が $(n_1, n_2, \cdots, n_r ; n_1, n_2, \cdots, n_r)$ であるとき，この分割の型を対称な分割という．対称な分割の型で分割したときに，$t>u$ ならば $A_{tu}=O_{m_t n_u}$ であるとき A をブロック上三角行列という．$t<u$ ならば $A_{tu}=O_{m_t n_u}$ であるとき A をブロック下三角行列という．$t \neq u$ ならば $A_{tu}=O_{m_t n_u}$ であるとき A をブロック対角行列といい，$A = \mathrm{diag}[A_{11}, A_{22}, \cdots, A_{rr}]$ と表記することがある．ここで，A_{tt} $(t=1, 2, \cdots, r)$ は n_t 次正方行列である．

$l \times m$ 行列 A を分割の型 $(l_1, l_2, \cdots, l_q ; m_1, m_2, \cdots, m_r)$ に，$m \times n$ 行列 B を分割の型 $(m_1, m_2, \cdots, l_r ; n_1, n_2, \cdots, n_s)$ に分割する．$C = AB$ を $(l_1, l_2, \cdots, l_q ; n_1, n_2, \cdots, n_s)$ に分割すると，各行列のブロックには

$$C_{tu} = \sum_{k=1}^{r} A_{tk} B_{ku} \quad (t=1, 2, \cdots, q ; u=1, 2, \cdots, s)$$

の関係が成り立つ．

$m_A \times n_A$ 行列 $A=(a_{ij})$ と $m_B \times n_B$ 行列 $B=(b_{ij})$ のクロネッカー積 $A \otimes B$ は次式で定義される $m_A m_B \times n_A n_B$ 行列である．

$$A \otimes B = \begin{bmatrix} a_{11}B & a_{12}B & \cdots & a_{1n_A}B \\ a_{21}B & a_{22}B & \cdots & a_{2n_A}B \\ \vdots & \vdots & \ddots & \vdots \\ a_{m_A 1}B & a_{m_A 2}B & \cdots & a_{m_A n_A}B \end{bmatrix}$$

クロネッカー積については以下の等式が成り立つ．

$$(A+B) \otimes C = (A \otimes C) + (B \otimes C)$$
$$A \otimes (B+C) = (A \otimes B) + (A \otimes C)$$
$$(A \otimes B)(C \otimes D) = (AC) \otimes (BD)$$

ただし，A, B, C, D は各式が計算できるような任意の行列である．

n 次正方行列 $A=(a_{ij})$ に対して，

$$\mathrm{tr}\, A = \sum_{i=1}^{n} a_{ii}$$

を A のトレースという．A と B が n 次正方行列のとき，以下の性質が成り立つ．

$$\mathrm{tr}(A+B) = \mathrm{tr}\, A + \mathrm{tr}\, B$$
$$\mathrm{tr}\, A = \mathrm{tr}\, A^{\mathrm{T}}$$
$$\mathrm{tr}(\alpha A) = \alpha \, \mathrm{tr}\, A \quad (\text{ただし，} \alpha \text{はスカラーである})$$

4.3 行列式の定義

異なる n 個の数字を並べた列 $\sigma = (p_1 \; p_2 \; \cdots \; p_n)$ を順列という．順列 σ の i 番目の数字を $\sigma(i)$ と書く．すなわち，$\sigma(i) = p_i$ である．$i<j$ のとき $\sigma(i) > \sigma(j)$ となる組 $(\sigma(i), \sigma(j))$ を順列 σ における転位または逆という．1 から n までの整数を並べてできる順列全体の集合を $\varepsilon(n)$ とおく．転位が奇数個ある順列を奇順列，偶数個ある順列を偶順列という．関数 $\mathrm{sgn}(\sigma)$ を次のように定義する．

$$\mathrm{sgn}(\sigma) = \begin{cases} 1 & \sigma \text{ が偶順列のとき} \\ -1 & \sigma \text{ が奇順列のとき} \end{cases}$$

n 次正方行列 $A=(a_{ij})$ に対して，A の行列式 $\det A$ を

$$\det A = \sum_{\sigma \in \varepsilon(n)} \mathrm{sgn}(\sigma) a_{1\sigma(1)} a_{2\sigma(2)} \cdots a_{n\sigma(n)}$$
$$= \sum_{\sigma \in \varepsilon(n)} \mathrm{sgn}(\sigma) a_{\sigma(1)1} a_{\sigma(2)2} \cdots a_{\sigma(n)n}$$

と定義する．A の行列式を $|A|$ と書くこともある．

n 次正方行列 $A=(a_{ij})$ と $B=(b_{ij})$ に対して，$c_{ij} = a_{i1}b_{1j} + a_{i2}b_{2j} + \cdots + a_{in}b_{nj}$ である行列を $C=(c_{ij})$ とおくと

$$\det A \cdot \det B = \det C$$

が成り立つ．

n 次正方行列 A が対称な分割の型 $(n_1, n_2, \cdots, n_r ; n_1, n_2, \cdots, n_r)$ で分割してブロック上三角行列またはブロック下三角行列であるとき，

$$\det A = \det A_{11} \det A_{22} \cdots \det A_{n_r n_r}$$

が成り立つ．

$m \times n$ 行列 A と $n \times m$ 行列 B に対して次式が成り立つ．

$$\det(I_m + AB) = \det(I_n + BA)$$

4.4 余因子行列と逆行列

n 次の正方行列 $A=(a_{ij})$ の i 行と j 列を取り除いた $n-1$ 次の正方小行列を D_{ij} とおく．このとき，$\Delta_{ij} = (-1)^{i+j} \det D_{ij}$ を要素 a_{ij} の余因子という．すなわち，

$$\Delta_{ij} = (-1)^{i+j}$$
$$\times \det \begin{bmatrix} a_{1,1} & \cdots & a_{1,j-1} & a_{1,j+1} & \cdots & a_{1,n} \\ \vdots & \ddots & \vdots & \vdots & \ddots & \vdots \\ a_{i-1,1} & \cdots & a_{i-1,j-1} & a_{i-1,j+1} & \cdots & a_{i-1,n} \\ a_{i+1,1} & \cdots & a_{i+1,j-1} & a_{i+1,j+1} & \cdots & a_{i+1,n} \\ \vdots & \ddots & \vdots & \vdots & \ddots & \vdots \\ a_{n,1} & \cdots & a_{n,j-1} & a_{n,j+1} & \cdots & a_{n,n} \end{bmatrix}$$

余因子を用いると行列式は以下のように展開できる．任意の $i, j = 1, 2, \cdots, n$ に対して，

$$\det \boldsymbol{A} = \sum_{k=1}^{n} a_{kj}\boldsymbol{\Delta}_{kj} = \sum_{k=1}^{n} a_{ik}\boldsymbol{\Delta}_{ik}$$

この展開式を余因子展開(ラプラス展開)という.

$\boldsymbol{A}$ に対して行列

$$\boldsymbol{\Delta} = \begin{bmatrix} \Delta_{11} & \Delta_{21} & \cdots & \Delta_{n1} \\ \Delta_{12} & \Delta_{22} & \cdots & \Delta_{n2} \\ \vdots & \vdots & \ddots & \vdots \\ \Delta_{1n} & \Delta_{2n} & \cdots & \Delta_{nn} \end{bmatrix}$$

を $\boldsymbol{A}$ の余因子行列または随伴行列という.

$\boldsymbol{A}$ が正則行列である必要十分条件は,
$$\det \boldsymbol{A} \neq 0$$
であり,このとき,$\boldsymbol{A}^{-1}$ は,一意に定まり,
$$\boldsymbol{A}^{-1} = \frac{1}{\det \boldsymbol{A}} \boldsymbol{\Delta}$$
である.

$\boldsymbol{A}$ と $\boldsymbol{B}$ を n 次正則行列とおくと,以下の等式が成り立つ.
$$(\boldsymbol{AB})^{-1} = \boldsymbol{B}^{-1}\boldsymbol{A}^{-1}$$
$$(\boldsymbol{A}^{-1})^{-1} = \boldsymbol{A}$$
$$(\boldsymbol{A}^{\mathrm{T}})^{-1} = (\boldsymbol{A}^{-1})^{\mathrm{T}}$$

また,$\boldsymbol{A}$ は n 次正則行列,$\boldsymbol{B}$ と $\boldsymbol{C}$ は $\boldsymbol{BC}$ が n 次正方行列となるような行列のとき,以下の等式が成り立つ.
$$(\boldsymbol{A} + \boldsymbol{BC})^{-1} = \boldsymbol{A}^{-1} - \boldsymbol{A}^{-1}\boldsymbol{B}(\boldsymbol{I}_n + \boldsymbol{CA}^{-1}\boldsymbol{B})^{-1}\boldsymbol{CA}^{-1}$$

上式をシャーマン–モリソン–ウッズベリーの公式という.

n 次正方行列 $\boldsymbol{A}$ を
$$\boldsymbol{A} = \begin{bmatrix} \boldsymbol{A}_{11} & \boldsymbol{A}_{12} \\ \boldsymbol{A}_{21} & \boldsymbol{A}_{22} \end{bmatrix}$$
と対称な分割の型で分割したとき,$\boldsymbol{A}_{11}$ が正則で,$\boldsymbol{B} = \boldsymbol{A}_{22} - \boldsymbol{A}_{21}\boldsymbol{A}_{11}^{-1}\boldsymbol{A}_{12}$ が正則ならば,
$$\boldsymbol{A}^{-1} = \begin{bmatrix} \boldsymbol{A}_{11}^{-1} + \boldsymbol{A}_{11}^{-1}\boldsymbol{A}_{12}\boldsymbol{B}^{-1}\boldsymbol{A}_{21}\boldsymbol{A}_{11}^{-1} & -\boldsymbol{A}_{11}^{-1}\boldsymbol{A}_{12}\boldsymbol{B}^{-1} \\ -\boldsymbol{B}^{-1}\boldsymbol{A}_{21}\boldsymbol{A}_{11}^{-1} & \boldsymbol{B}^{-1} \end{bmatrix}$$
$$\det \boldsymbol{A} = (\det \boldsymbol{A}_{11}) \det (\boldsymbol{A}_{22} - \boldsymbol{A}_{21}\boldsymbol{A}_{11}^{-1}\boldsymbol{A}_{12})$$
が成り立つ.また,$\boldsymbol{A}_{22}$ が正則で,$\boldsymbol{C} = \boldsymbol{A}_{11} - \boldsymbol{A}_{12}\boldsymbol{A}_{22}^{-1}\boldsymbol{A}_{21}$ が正則ならば,
$$\boldsymbol{A}^{-1} = \begin{bmatrix} \boldsymbol{C}^{-1} & -\boldsymbol{C}^{-1}\boldsymbol{A}_{12}\boldsymbol{A}_{22}^{-1} \\ -\boldsymbol{A}_{22}^{-1}\boldsymbol{A}_{21}\boldsymbol{C}^{-1} & \boldsymbol{A}_{22}^{-1} + \boldsymbol{A}_{22}^{-1}\boldsymbol{A}_{21}\boldsymbol{C}^{-1}\boldsymbol{A}_{12}\boldsymbol{A}_{22}^{-1} \end{bmatrix}$$
$$\det \boldsymbol{A} = (\det \boldsymbol{A}_{22}) \det (\boldsymbol{A}_{11} - \boldsymbol{A}_{12}\boldsymbol{A}_{22}^{-1}\boldsymbol{A}_{21})$$
が成り立つ.

m 次正方行列 $\boldsymbol{A}$ と n 次正方行列 $\boldsymbol{B}$ のクロネッカー積 $\boldsymbol{A} \otimes \boldsymbol{B}$ の行列式は,
$$\det (\boldsymbol{A} \otimes \boldsymbol{B}) = (\det \boldsymbol{A})^n (\det \boldsymbol{B})^m$$
である.

4.5 基本変換と相似変換

$m \times n$ 行列 $\boldsymbol{A}$ を $\boldsymbol{A} = [\boldsymbol{A}_1, \boldsymbol{A}_2, \cdots, \boldsymbol{A}_n]$ と列ベクトルに分解する.i 番目が1でそれ以外のすべての要素が0である m 次元列ベクトルを $\boldsymbol{e}_i$ とおく.以下の三つの変換を $\boldsymbol{A}$ における基本列変換という.

- $\boldsymbol{A}$ の i 列目のすべての要素を α 倍する.この変換は $\boldsymbol{A}$ に対して右から次の n 次正則行列 $\boldsymbol{T}_{n,1}$ をかけることに対応する.
$$\boldsymbol{T}_{n,1} = [\boldsymbol{e}_1, \cdots, \boldsymbol{e}_{i-1}, \alpha\boldsymbol{e}_i, \boldsymbol{e}_{i+1}, \cdots, \boldsymbol{e}_n]$$
すなわち,
$$\boldsymbol{A}\boldsymbol{T}_{n,1} = [\boldsymbol{A}_1, \cdots, \boldsymbol{A}_{i-1}, \alpha\boldsymbol{A}_i, \boldsymbol{A}_{i+1}, \cdots, \boldsymbol{A}_n]$$
である.

- $\boldsymbol{A}$ の j 列目の列ベクトルを α 倍して i 列目に加える.この変換は $\boldsymbol{A}$ に対して右から次の n 次正則行列 $\boldsymbol{T}_{n,2}$ をかけることに対応する.
$$\boldsymbol{T}_{n,2} = [\boldsymbol{e}_1, \cdots, \boldsymbol{e}_{i-1}, \boldsymbol{e}_i + \alpha\boldsymbol{e}_j, \boldsymbol{e}_{i+1}, \cdots, \boldsymbol{e}_n]$$
すなわち,
$$\boldsymbol{A}\boldsymbol{T}_{n,2} = [\boldsymbol{A}_1, \cdots, \boldsymbol{A}_{i-1}, \boldsymbol{A}_i + \alpha\boldsymbol{A}_j, \boldsymbol{A}_{i+1}, \cdots, \boldsymbol{A}_n]$$
である.

- $\boldsymbol{A}$ の i 列目と j 列目を入れ替える.$i<j$ とすると,この変換は $\boldsymbol{A}$ に対して右から次の n 次正則行列 $\boldsymbol{T}_{n,3}$ をかけることに対応する.
$$\boldsymbol{T}_{n,3} = [\boldsymbol{e}_1, \cdots, \boldsymbol{e}_{i-1}, \boldsymbol{e}_j, \boldsymbol{e}_{i+1}, \cdots, \boldsymbol{e}_{j-1}, \boldsymbol{e}_i, \boldsymbol{e}_{j+1}, \cdots, \boldsymbol{e}_n]$$
すなわち,
$$\boldsymbol{A}\boldsymbol{T}_{n,3} = [\boldsymbol{A}_1, \cdots, \boldsymbol{A}_{i-1}, \boldsymbol{A}_j, \boldsymbol{A}_{i+1}, \cdots,$$
$$\boldsymbol{A}_{j-1}, \boldsymbol{A}_i, \boldsymbol{A}_{j+1}, \cdots, \boldsymbol{A}_n]$$
である.

基本行変換とは次の三つの変換である.

- $\boldsymbol{A}$ の i 行目のすべての要素を α 倍する.この変換は $\boldsymbol{T}_{m,1}\boldsymbol{A}$ に対応する.
- $\boldsymbol{A}$ の j 行目の行ベクトルを α 倍して i 行目に加える.この変換は $\boldsymbol{T}_{m,2}\boldsymbol{A}$ に対応する.
- $\boldsymbol{A}$ の i 行目と j 行目を入れ替える.この変換は $\boldsymbol{T}_{m,3}\boldsymbol{A}$ に対応する.

基本列変換と基本行変換を合わせて基本変換という.基本変換に用いる行列 $\boldsymbol{T}_{n,1}$, $\boldsymbol{T}_{n,2}$, $\boldsymbol{T}_{n,3}$ などは正則である.

一般に,$m \times n$ 行列 $\boldsymbol{A}$ と $\boldsymbol{B}$ に対して,
$$\boldsymbol{B} = \boldsymbol{PAQ}$$
となる m 次正則行列 $\boldsymbol{P}$ と n 次正則行列 $\boldsymbol{Q}$ が存在するとき,$\boldsymbol{A}$ と $\boldsymbol{B}$ はお互いに同値または等価という.特に n 次正方行列 $\boldsymbol{A}$ と $\boldsymbol{B}$ に対して
$$\boldsymbol{B} = \boldsymbol{PAP}^{-1}$$

となる n 次正則行列が存在するとき A と B は相似であるという．また，A を PAP^{-1} に変換することを相似変換という．基本変換を繰り返して得られる行列ともとの行列とはお互いに同値である．

4.6 階 数

$m \times n$ 行列 $A = (a_{ij})$ に対して，r 個の行 $i_1 < i_2 < \cdots < i_r$ と列 $j_1 < j_2 < \cdots < j_r$ が交差する要素を取り出して作った行列

$$\begin{bmatrix} a_{i_1,j_1} & a_{i_1,j_2} & \cdots & a_{i_1,j_r} \\ a_{i_2,j_1} & a_{i_2,j_2} & \cdots & a_{i_2,j_r} \\ \vdots & \vdots & \ddots & \vdots \\ a_{i_r,j_1} & a_{i_r,j_2} & \cdots & a_{i_r,j_r} \end{bmatrix}$$

を A の r 次の小行列，または単に小行列という．特に $i_k = j_k$ ($k = 1, 2, \cdots, r$) のとき主小行列，$i_k = j_k = k$ ($k = 1, 2, \cdots, r$) のとき首座小行列という．この小行列，主小行列，首座小行列の行列式をそれぞれ小行列式，主小行列式，首座小行列式という．

0 でない r 次の小行列式が存在するが，すべての $r+1$ 次の小行列式が 0 となるとき，r を行列 A の階数またはランクといい，$\operatorname{rank} A$ と書く．明らかに $r+1$ より大きな次数の小行列式もすべて 0 である．また，$\operatorname{rank} A \leq \min(m, n)$ である．$\operatorname{rank} A = \min(m, n)$ のとき，A は最大階数をもつという．n 次の正方行列が正則であることとその行列の階数が n であることは等価である．一般に，階数は以下の性質を持つ．

1. $\operatorname{rank} A = \operatorname{rank} A^T = \operatorname{rank} AA^T = \operatorname{rank} A^T A$

上式から，次のことがいえる．
- $\operatorname{rank} A = m$ であるための必要十分条件は $\det AA^T \neq 0$ である．
- $\operatorname{rank} A = n$ であるための必要十分条件は $\det A^T A \neq 0$ である．

2. 同値な行列の階数は等しい．すなわち，任意の m 次正則行列 P と n 次正則行列 Q に対して，

$$\operatorname{rank} A = \operatorname{rank} PAQ$$

3. 任意の $m \times n$ 行列 A に対して，$\operatorname{rank} A = r$ ならば，適当な基本変換を繰り返し適用することで，A は，左隅のブロックが単位行列，それ以外のブロックがゼロ行列である行列 $\tilde{A}$，すなわち

$$\tilde{A} = \begin{bmatrix} I_r & O_{r, n-r} \\ O_{m-r, r} & O_{m-r, m-r} \end{bmatrix}$$

に変換できる．

4. 任意の m 次の正則行列 P と n 次の正則行列 Q に対して

$$\operatorname{rank} A = \operatorname{rank} PA = \operatorname{rank} AQ = \operatorname{rank} PAQ$$

$m \times n$ 行列 $A = [A_1, A_2, \cdots, A_n]$ の階数が r のとき，一次独立となるような r 個の列ベクトル $A_{j_1}, A_{j_2}, \cdots, A_{j_r}$ を選ぶことができる．さらに，これらの列ベクトルの一次結合で他の列ベクトルを表すことができる．A を行ベクトルに分割したときも同様の性質が成り立つ．特に，A が最大階数をもつとき，$m \geq n$ ならば A の n 個の列ベクトルが一次独立となり，$m \leq n$ ならば A の m 個の行ベクトルが一次独立になる．また，$\operatorname{rank} B = \operatorname{rank} C = r$ で $A = BC$ となる $m \times r$ 行列 B と $r \times n$ 行列 C が存在する．逆に，任意の $m \times r$ 行列 B と $r \times n$ 行列 C に対して，

$\operatorname{rank} B + \operatorname{rank} C - r \leq \operatorname{rank} BC \leq \min(\operatorname{rank} B, \operatorname{rank} C)$

が成り立つ．上式をシルベスターの不等式という．

4.7 固有値

n 次正方行列 A に対して，

$$A x = \lambda x$$

となる非ゼロな n 次元列ベクトル x とスカラー λ をそれぞれ A の固有ベクトル，固有値という．x が固有ベクトルならば，任意の α に対して αx も固有ベクトルとなるので，固有ベクトルは一意には定まらない．また，上式に対して

$$y A = \lambda y$$

となる行ベクトル y が存在する．この y を λ の左固有ベクトルという．これに対して，x を右固有ベクトルということもある．

関数 $\phi_A(s)$ を

$$\phi_A(s) = \det(sI_n - A) = s^n + p_{n-1} s^{n-1} + \cdots + p_1 s + p_0 \quad \text{(VI.27)}$$

と定義する．この多項式を A の特性多項式という．λ が A の固有値であるための必要十分条件は，

$$\phi_A(\lambda) = 0$$

である．$\phi_A(s) = 0$ という方程式を A の特性方程式という．A のすべての要素が実数であるとき，特性方程式の係数も実数なので，代数方程式の性質から，複素数 λ が A の固有値のとき，その共役複素数 $\bar{\lambda}$ も A の固有値である．

A が対角行列のとき，すなわち，$A = \operatorname{diag}[a_{11}, a_{22}, \cdots, a_{nn}]$ のとき，A の固有値は $a_{11}, a_{22}, \cdots, a_{nn}$ である．したがって，非対角要素が 0 に近い値をとる行列の固有値は，その対角要素に近い値をとる．この近さを評価

しているのが，次のゲルシュゴリンの定理である．
[ゲルシュゴリンの定理] n 次正方行列 $\boldsymbol{A}=(a_{ij})$ のすべての固有値は複素平面上の集合
$$\bigcup_{i=1}^{n}\left\{z\in \boldsymbol{C}:|z-a_{ii}|\leq \sum_{j\neq i}|a_{ij}|\right\}$$
の内部にある．

$\boldsymbol{A}$ の特性多項式（VI.27）に対して，
$$\boldsymbol{A}^n+p_{n-1}\boldsymbol{A}^{n-1}+\cdots+p_1\boldsymbol{A}+p_0\boldsymbol{I}_n=\boldsymbol{O}_{nn}$$
が成り立つ．これをケーレー-ハミルトンの定理という．上式は，一般に
$$\phi_{\boldsymbol{A}}(\boldsymbol{A})=\boldsymbol{O}_{nn}$$
と表記する．任意の二次正方行列 $\boldsymbol{A}$ に対して
$$\phi_{\boldsymbol{A}}(s)=s^2-(\mathrm{tr}\,\boldsymbol{A})s+\det \boldsymbol{A}$$
であるので，
$$\phi_{\boldsymbol{A}}(\boldsymbol{A})=\boldsymbol{A}^2-(\mathrm{tr}\,\boldsymbol{A})\boldsymbol{A}+\det \boldsymbol{A}\boldsymbol{I}_2=\boldsymbol{O}_{22}$$
が成り立つ．

m 次正方行列 $\boldsymbol{A}$ と n 次正方行列 $\boldsymbol{B}$ のクロネッカー積 $\boldsymbol{A}\otimes\boldsymbol{B}$ は mn 次正方行列である．$\lambda_i\ (i=1,2,\cdots,m)$，$\mu_j\ (j=1,2,\cdots,n)$ を $\boldsymbol{A},\boldsymbol{B}$ の固有値，対応する固有ベクトルを $\boldsymbol{x}_i\ (i=1,2,\cdots,m)$，$\boldsymbol{y}_j\ (j=1,2,\cdots,n)$ とおく．$\boldsymbol{A}\otimes\boldsymbol{B}$ の固有値は $\lambda_i\mu_j\ (i=1,2,\cdots,m;j=1,2,\cdots,n)$ であり，対応する固有ベクトルは $\boldsymbol{x}_i\otimes\boldsymbol{y}_j$ である．

4.8 行列の標準形

ここでは，すべての要素が実数である n 次正方行列 $\boldsymbol{A}$ を考える．$\boldsymbol{A}$ の特性多項式は次のように書ける．
$$\phi_{\boldsymbol{A}}(s)=(s-\lambda_1)^{n_1}(s-\lambda_2)^{n_2}\cdots(s-\lambda_\mu)^{n_\mu}$$
ただし，$\lambda_i\ (i=1,2,\cdots,\mu)$ は相異なる $\boldsymbol{A}$ の固有値であり，$\sum_{i=1}^{\mu}n_i=n$ である．指数 n_i を固有値 λ_i の代数的重複度という．また，
$$g_i=n-\mathrm{rank}[\lambda_i\boldsymbol{I}_n-\boldsymbol{A}]$$
を λ_i の幾何学的重複度という．すべての固有値 $\lambda_i\ (i=1,2,\cdots,\mu)$ に対して，$n_i=g_i$ である行列 $\boldsymbol{A}$ を単純行列という．単純行列の場合には，各固有値 λ_i に対して線形独立な固有ベクトルが n_i 個存在する．これを $\boldsymbol{x}_{i,j}\ (j=1,2,\cdots,n_i)$ とおく．n 個の固有ベクトル $\boldsymbol{x}_{i,j}\ (i=1,2,\cdots,\mu;j=1,2,\cdots,n_i)$ は線形独立となる．正則な n 次正方行列 $\boldsymbol{X}$ を
$$\boldsymbol{X}=[\boldsymbol{x}_{1,1},\boldsymbol{x}_{1,2},\cdots,\boldsymbol{x}_{1,n_1},\boldsymbol{x}_{2,1},\cdots,\boldsymbol{x}_{\mu,n_\mu}]$$
とおくと
$$\boldsymbol{AX}=\boldsymbol{X\Lambda}$$
が成り立つ．ただし，$\boldsymbol{\Lambda}$ はブロック対角行列
$$\boldsymbol{\Lambda}=\mathrm{diag}[\lambda_1\boldsymbol{I}_{n_1},\lambda_2\boldsymbol{I}_{n_2},\cdots,\lambda_\mu\boldsymbol{I}_{n_\mu}]$$

である．$\boldsymbol{P}=\boldsymbol{X}^{-1}$ とおくと，
$$\boldsymbol{PAP}^{-1}=\boldsymbol{\Lambda} \qquad (\mathrm{VI}.28)$$
となり，$\boldsymbol{A}$ を対角行列 $\boldsymbol{\Lambda}$ に相似変換できる．このような相似変換を行列の対角化という．$\boldsymbol{A}$ が単純行列であることが $\boldsymbol{A}$ を対角化できるための必要十分条件である．すべての固有値が相異なる行列は単純行列なので，常に対角化できる．

複素固有値がある場合には，対角要素が複素数となる．$\boldsymbol{A}$ が $2l$ 個の相異なる複素固有値 $\lambda_{2i-1}=\alpha_i+\mathrm{j}\beta_i$，$\lambda_{2i}=\alpha_i-\mathrm{j}\beta_i\ (i=1,2,\cdots,l)$ をもつ場合には，n 次ブロック対角行列
$$\mathrm{diag}[\boldsymbol{D}_1,\boldsymbol{D}_2,\cdots,\boldsymbol{D}_l,\lambda_{2l+1},\cdots,\lambda_\mu]$$
に相似変換できる．ただし，
$$\boldsymbol{D}_i=\begin{bmatrix}\alpha_i & \beta_i \\ -\beta_i & \alpha_i\end{bmatrix}$$
である．

行列 $\boldsymbol{A}$ が単純行列でないとき，$\boldsymbol{A}$ は対角化できない．このとき，$\boldsymbol{A}$ は
$$\boldsymbol{J}=\mathrm{diag}[\boldsymbol{J}_1,\boldsymbol{J}_2,\cdots,\boldsymbol{J}_\mu]$$
に相似変換できる．ただし，$\boldsymbol{J}_i\ (i=1,2,\cdots,\mu)$ は以下の n_i 次ブロック行列
$$\boldsymbol{J}_i=\mathrm{diag}[\boldsymbol{J}_{i,1},\boldsymbol{J}_{i,2},\cdots,\boldsymbol{J}_{i,g_i}]$$
であり，$\boldsymbol{J}_{i,j}$ は n_{ij} 次正方行列
$$\boldsymbol{J}_{i,j}=\begin{bmatrix}\lambda_i & 1 & 0 & 0 & \cdots & 0 & 0 \\ 0 & \lambda_i & 1 & 0 & \cdots & 0 & 0 \\ \vdots & \vdots & \vdots & \vdots & & \vdots & \vdots \\ 0 & 0 & 0 & 0 & \cdots & \lambda_i & 1 \\ 0 & 0 & 0 & 0 & \cdots & 0 & \lambda_i\end{bmatrix}$$
であり，$\sum_{j=1}^{g_i}n_{ij}=n_i$ である．λ_i に対応する線形独立な固有ベクトルは g_i 個存在する．これらを $\boldsymbol{x}_{i,j}\ (j=1,2,\cdots,g_i)$ とおく．このとき，各 $\boldsymbol{x}_{i,j}$ に対して次式を満たす n_{ij} 個の線形独立なベクトル $\boldsymbol{x}_{i,j,k}\ (k=1,2,\cdots,n_{ij})$ が存在する．
$$\boldsymbol{x}_{i,j,1}=\boldsymbol{x}_{i,j}$$
$$\boldsymbol{A}\boldsymbol{x}_{i,j,k}=\lambda_i\boldsymbol{x}_{i,j,k}+\boldsymbol{x}_{i,j,k-1} \qquad k=2,3,\cdots,n_{ij}$$
$\boldsymbol{x}_{i,j,k}\ (k=2,3,\cdots,n_{ij})$ を一般化固有ベクトルという．ここで，n 次正則行列 $\boldsymbol{P}$ を
$$\boldsymbol{P}^{-1}=[\boldsymbol{x}_{1,1,n_{11}},\cdots,\boldsymbol{x}_{1,1,1},\boldsymbol{x}_{1,2,n_{12}},\cdots,\boldsymbol{x}_{1,2,1},\cdots,\boldsymbol{x}_{\mu,g_\mu}]$$
とおくと
$$\boldsymbol{J}=\boldsymbol{P}^{-1}\boldsymbol{AP}$$
である．$\boldsymbol{J}$ をジョルダン標準形という．

ジョルダン標準形以外にも以下のような行列 $\boldsymbol{F}$ に相似変換できることが知られている．

$$F = \mathrm{diag}\,[A_1, A_2, \cdots, A_\sigma]$$

ただし，A_i $(i=1, 2, \cdots, \sigma)$ は $\hat{n}_i$ 次正方行列

$$A_i = \begin{bmatrix} 0 & 1 & 0 & \cdots & 0 & 0 \\ 0 & 0 & 1 & \cdots & 0 & 0 \\ \vdots & \vdots & \vdots & & \vdots & \vdots \\ 0 & 0 & 0 & \cdots & 0 & 1 \\ -a_{i,0} & -a_{i,1} & -a_{i,2} & \cdots & -a_{i,\hat{n}-2} & -a_{i,\hat{n}-1} \end{bmatrix}$$

で，$a_{i,k}$ $(k=0, 1, \cdots, \hat{n}-1)$ は実数であり，$\sum_{i=1}^{\sigma}\hat{n}_i = n$ である．明らかに，A は F^T とも相似である．A_i, A_i^T のような形の正方行列をコンパニオン形といい，F と F^T をフロベニウス標準形という．さらに，コンパニオン形行列 A_i の行列式は

$$\det(sI_{\hat{n}} - A_i) = s^{\hat{n}} + a_{i,\hat{n}-1}s^{\hat{n}-1} + \cdots + a_{i,1}s + a_{i,0}$$

である．

各要素が複素数である $m\times n$ 行列 B を考える．n 次正方行列 B^*B の階数を r とおくと，0 が B^*B の代数的重複度 $n-r$ の固有値であり，それ以外に r 個の正の実数固有値 λ_i $(i=1, 2, \cdots, r)$ を B^*B は持つ．このとき，

$$B = U_m \begin{bmatrix} \mathrm{diag}[\sqrt{\lambda_1}, \sqrt{\lambda_2}, \cdots, \sqrt{\lambda_r}] & O_{n-r,r} \\ O_{r,m-r} & O_{n-r,m-r} \end{bmatrix} U_n^* \quad \text{(VI.29)}$$

となる m 次ユニタリ行列 U_m と n 次ユニタリ行列 U_n が存在する．式 (VI.29) を B の特異値分解という．$\sqrt{\lambda_i}$ $(i=1, 2, \cdots, r)$ を特異値という．一般に，$\lambda_1 \geq \lambda_2 \geq \cdots \geq \lambda_r > 0$ となるように特異値分解する．

4.9 行列のノルム

ここでは，n 次元ベクトル空間 V^n を考える．ただし，V は実数全体の集合か複素数全体の集合である．以下の 3 条件が成り立つとき，関数 $\|\cdot\|: V^n \to \mathfrak{R}$ をベクトルノルムという．ただし，$\mathfrak{R}$ は実数全体の集合である．

(N1) 任意の $x \in V^n$ に対して，$\|x\| \geq 0$ であり，$\|x\| = 0$ であるのは，$x = 0$ のときに限る．

(N2) 任意の $x \in V^n$ と $\alpha \in V$ に対して，
$$\|\alpha x\| = |\alpha|\|x\|$$

(N3) 任意の $x, y \in V^n$ に対して，
$$\|x + y\| \leq \|x\| + \|y\|$$

上式を三角不等式という．

すべての要素が V の要素である $m \times n$ 行列の集合を $V^{m\times n}$ とおく．関数 $\|\cdot\|: V^{m\times n} \to \mathfrak{R}$ が以下の 4 条件を満たすとき，行列ノルムという．

(N1′) 任意の $A \in V^{m\times n}$ に対して，$\|A\| \geq 0$ であり，$\|A\| = 0$ であるのは，$A = 0_{mn}$ のときに限る．

(N2′) 任意の $A \in V^{m\times n}$ と $\alpha \in V$ に対して，
$$\|\alpha A\| = |\alpha|\|A\|$$

(N3′) 任意の $A, B \in V^{m\times n}$ に対して，
$$\|A + B\| \leq \|A\| + \|B\|$$

(N4′) 任意の $A \in V^{m\times r}$ と $B \in V^{r\times n}$ に対して，
$$\|A \cdot B\| \leq \|A\| \cdot \|B\|$$

行列 A に対して

$$\|A\| = \max_{x \in V^n, x \neq 0} \frac{\|Ax\|}{\|x\|} = \max_{x \in V^n, \|x\|=1} \|Ax\|$$

と定義する関数 $\|\cdot\|: V^{m\times n} \to \mathfrak{R}$ は行列ノルムとなり，ベクトルノルムから誘導された行列ノルムという．このとき，任意の $A \in V^{m\times n}$ と $x \in V^n$ に対して，

$$\|Ax\| \leq \|A\| \cdot \|x\|$$

が成り立つ．一般に，$V^{m\times n}$ の行列ノルムと V^n のベクトルノルムが，任意の $A \in V^{m\times n}$ と $x \in V^n$ に対して上式を満たすとき，その行列ノルムはベクトルノルムと両立するという．代表的なベクトルノルムとそのノルムによって誘導された行列ノルムを表 VI.3 に示す．

ベクトルノルムから誘導された行列ノルム以外によく用いられる行列ノルムにフロベニウスノルム

$$\|A\| = \sqrt{\sum_{i=1}^{m}\sum_{j=1}^{n}|a_{ij}|^2}$$

がある．A のフロベニウスノルムの二乗は A の特異値の 2 乗の和に等しい．

表 VI.3 代表的なノルム

ベクトルノルム $\|x\|$	ベクトルノルムの名称	誘導された行列ノルム $\|A\|$
$\sum_{i=1}^{n}\|x_i\|$	一乗ノルム（絶対値和ノルム）	$\max_{j=1,2,\cdots,n}\sum_{i=1}^{m}\|a_{ij}\|$
$\sqrt{\sum_{i=1}^{n}\|x_i\|^2}$	二乗ノルム	A の最大特異値
$\max_{i=1,2,\cdots,n}\|x_i\|$	∞ ノルム（最大値ノルム）	$\max_{i=1,2,\cdots,m}\sum_{j=1}^{n}\|a_{ij}\|$

$x = [x_1\ x_2\ \cdots\ x_n]^T \in V^n$，$A = (a_{ij}) \in V^{m\times n}$ であり，$\|A\|$ は，$\|Ax\|$ と $\|x\|$ が同じベクトルノルムであるときに誘導された行列ノルムである．

4.10 正方行列の指数関数

n 次正方行列 A に対して $\exp(A)$ を以下の無限級数で定義する.

$$\exp(A) = I_n + A + \frac{1}{2!}A^2 + \cdots + \frac{1}{k!}A^k + \cdots \quad \text{(VI.30)}$$

$\exp(A)$ は e^A と表記することもある. この無限級数は絶対収束する. すなわち,

$$\lim_{l \to \infty} \sum_{k=0}^{l} \frac{1}{k!} \|A^k\| < \infty$$

である. A と B を n 次正方行列とおくと, 以下の性質が成り立つ.

1. A と B が相似, すなわち, $A = P^{-1}BP$ である n 次正則行列 P が存在するならば,
$$\exp(A) = P^{-1}\exp(B)P$$
2. もし $AB = BA$ ならば,
$\exp(A+B) = \exp(A)\exp(B) = \exp(B)\exp(A)$
3. $\exp(-A) = (\exp(A))^{-1}$
4. A がブロック対角であるとき, すなわち, $A = \mathrm{diag}[A_1, A_2, \cdots, A_r]$ ならば,
$\exp(At) = \mathrm{diag}[\exp(A_1 t), \exp(A_2 t), \cdots, \exp(A_r t)]$
である.

行列 A に対して, 指数関数の $\exp(At)$ を計算する方法には, 主に以下の三つがある.

1. ジョルダン標準形を用いる方法: 行列 A のジョルダン標準形を $J = \mathrm{diag}[J_1, J_2, \cdots, J_r]$ とおく. ただし, J_i は n_i 次正方行列で

$$J_i = \begin{bmatrix} \lambda_i & 1 & 0 & \cdots & 0 \\ 0 & \lambda_i & 1 & \cdots & 0 \\ \vdots & \vdots & \vdots & \vdots & \vdots \\ 0 & 0 & 0 & \cdots & \lambda_i \end{bmatrix}$$

であり, $\sum_{i=1}^{r} n_i = n$ である. このとき, $A = PJP^{-1}$ となる n 次正則行列が存在し,

$$\exp(At) = P \cdot \mathrm{diag}[\exp(J_1 t), \exp(J_2 t), \cdots, \exp(J_r t)] \cdot P^{-1} \quad \text{(VI.31)}$$

である. ただし,

$$\exp(J_i t) = \begin{bmatrix} e^{\lambda_i t} & te^{\lambda_i t} & t^2 e^{\lambda_i t} & \cdots & \frac{t^{n_i-1}}{(n_i-1)!}e^{\lambda_i t} \\ 0 & e^{\lambda_i t} & te^{\lambda_i t} & \cdots & \frac{t^{n_i-2}}{(n_i-2)!}e^{\lambda_i t} \\ \vdots & \vdots & \vdots & & \vdots \\ 0 & 0 & 0 & \cdots & e^{\lambda_i t} \end{bmatrix} \quad \text{(VI.32)}$$

である.

2. ラプラス変換を用いる方法: $\mathcal{L}(e^{at}) = (s-a)^{-1}$ である. この式は行列指数関数についても成り立つ. したがって,

$$\exp(At) = \mathcal{L}^{-1}[(sI_n - A)^{-1}]$$

で求めることができる. 複素数関数 $F_{ij}(s)$ を要素とする行列 $F(s) = (F_{ij}(s))$ の逆ラプラス変換は, $\mathcal{L}^{-1}[F(s)] = (f(t)_{ij})$ である. ただし, $f_{ij}(t) = \mathcal{L}^{-1}[F_{ij}(s)]$ である.

3. 有限級数を用いる方法: ケーレー-ハミルトンの定理を式 (VI.30) に適用すると, $\exp(At)$ は以下のような有限級数 $f(A)$ で表現できる.

$$\exp(At) = c_{n-1}A^{n-1} + c_{n-2}A^{n-2} + \cdots + c_1 A + c_0 I_n = f(A) \quad \text{(VI.33)}$$

ただし, c_i $(i = 1, 2, \cdots, n-1)$ は t の関数である. $(sI - A)$ の行列式を

$$\det(sI - A) = (s - \lambda_1)^{n_1}(s - \lambda_2)^{n_2} \cdots (s - \lambda_r)^{n_r} \quad \text{(VI.34)}$$

とおくと, 以下の性質が成り立つ. 各 $i = 1, 2, \cdots, r$ に対して,

$$e^{\lambda_i t} = f(\lambda_i) = c_{n-1}\lambda_i^{n-1} + c_{n-2}\lambda_i^{n-2} + \cdots + c_1 \lambda_i + c_0 \quad \text{(VI.35)}$$

で, $n_i \geq 2$ のとき,

$$t^j e^{\lambda_i t} = \left.\frac{d^j f(s)}{ds^j}\right|_{s=\lambda_i} \quad j = 1, 2, \cdots, n_i - 1 \quad \text{(VI.36)}$$

である. 式 (VI.35) と (VI.36) から c_i を求めることができ, これらを式 (VI.33) に代入することで $\exp(At)$ が得られる.

行列の指数関数 $\exp(At)$ については以下の性質が成り立つ.

$$\frac{d}{dt}\exp(At) = A\exp(At) = \exp(At)A$$

5. 常微分方程式

5.1 高階微分方程式の状態方程式表現

$\Re$ を実数の集合とする. 連続時間線形システムの出力関数 $y: \Re \to \Re$ と入力関数 $u: \Re \to \Re$ との間の関係は以下の n 階の線形微分方程式で記述できる.

$$\frac{d^n y(t)}{dt^n} + a_{n-1}\frac{d^{n-1}y(t)}{dt^{n-1}} + \cdots + a_1 \frac{dy(t)}{dt} + a_0 y(t)$$
$$= b_n \frac{d^n u(t)}{dt^n} + b_{n-1}\frac{d^{n-1}u(t)}{dt^{n-1}} + \cdots + b_1 \frac{du(t)}{dt} + b_0 u(t) \quad \text{(VI.37)}$$

ただし，$t \in \Re$ は時間を表す変数で，a_i ($i=0, 1, \cdots, n-1$) と b_i ($i=0, 1, \cdots, n$) は実定数である．以下，d/dt を $(\cdot)$ で表す．式（VI.37）は，

$$\begin{bmatrix} \dot{x}_1(t) \\ \dot{x}_2(t) \\ \vdots \\ \dot{x}_{n-1}(t) \\ \dot{x}_n(t) \end{bmatrix} = \begin{bmatrix} 0 & 1 & 0 & \cdots & 0 & 0 \\ 0 & 0 & 1 & \cdots & 0 & 0 \\ \vdots & \vdots & \vdots & \cdots & \vdots & \vdots \\ 0 & 0 & 0 & \cdots & 0 & 1 \\ -a_0 & -a_1 & -a_2 & \cdots & -a_{n-2} & -a_{n-1} \end{bmatrix}$$
$$\times \begin{bmatrix} x_1(t) \\ x_2(t) \\ \vdots \\ x_{n-1}(t) \\ x_n(t) \end{bmatrix} + \begin{bmatrix} 0 \\ 0 \\ \vdots \\ 0 \\ 1 \end{bmatrix} u(t)$$

$$y(t) = [b_0 - b_n a_0, b_1 - b_n a_1, \cdots, b_{n-1} - b_n a_{n-1}]$$
$$\times \begin{bmatrix} x_1(t) \\ x_2(t) \\ \vdots \\ x_{n-1}(t) \\ x_n(t) \end{bmatrix} + b_n u(t)$$

と変形できる．このように n 階線形微分方程式は 1 階ベクトル微分方程式に変換できる．ベクトル $\boldsymbol{x}(t) = [x_1(t), x_2(t), \cdots, x_n(t)]^T \in \Re^n$ を状態という．一般に，l 個の入力と m 個の出力をもつ線形システムは，n 次元状態ベクトル $\boldsymbol{x}(t)$ を適切に選べば，1 階ベクトル微分方程式

$$\dot{\boldsymbol{x}}(t) = \boldsymbol{A}\boldsymbol{x}(t) + \boldsymbol{B}u(t)$$
$$\boldsymbol{y}(t) = \boldsymbol{C}\boldsymbol{x}(t) + \boldsymbol{D}u(t) \qquad (\text{VI}.38)$$

で表現することができる．ただし，$\boldsymbol{y}(t) \in \Re^m$ は出力ベクトル，$\boldsymbol{u}(t) \in \Re^l$ は入力ベクトル，$\boldsymbol{A}, \boldsymbol{B}, \boldsymbol{C}, \boldsymbol{D}$ は $n \times n$, $n \times l$, $m \times n$, $m \times l$ 行列である．式（VI.38）を線形システムの状態方程式表現という．行列対（$\boldsymbol{A}, \boldsymbol{B}$）が

$$\text{rank}\,[\boldsymbol{B}\ \boldsymbol{AB}\ \cdots\ \boldsymbol{A}^{n-1}\boldsymbol{B}] = n$$

であるとき，対（$\boldsymbol{A}, \boldsymbol{B}$）は可制御対であるという．また，対（$\boldsymbol{C}, \boldsymbol{A}$）が

$$\text{rank}\,[\boldsymbol{C}^T\ \boldsymbol{A}^T\boldsymbol{C}^T\ \cdots\ (\boldsymbol{A}^T)^{n-1}\boldsymbol{C}^T]^T = n$$

であるとき，対（$\boldsymbol{C}, \boldsymbol{A}$）は可観測対であるという．
式（VI.38）をラプラス変換すると

$$\boldsymbol{Y}(s) = \boldsymbol{G}(s)\boldsymbol{U}(s)$$

と変形できる．ただし，$\boldsymbol{Y}(s) = \mathcal{L}[\boldsymbol{y}(t)]$, $\boldsymbol{U}(s) = \mathcal{L}[\boldsymbol{u}(t)]$, $\boldsymbol{G}(s) = \boldsymbol{C}(s\boldsymbol{I}_n - \boldsymbol{A})^{-1}\boldsymbol{B} + \boldsymbol{D}$ である．$\boldsymbol{G}(s)$ を式（VI.38）の伝達関数という．

5.2 状態方程式の解

初期条件 $\boldsymbol{x}(0-) = \boldsymbol{x}_0$ のとき，式（VI.38）の状態は

$$\boldsymbol{x}(t) = \exp(\boldsymbol{A}t)\boldsymbol{x}_0 + \int_{0-}^{t} \exp(\boldsymbol{A}(t-\tau))\boldsymbol{B}u(\tau)d\tau$$
$$(\text{VI}.39)$$

である．したがって，出力は

$$\boldsymbol{y}(t) = \boldsymbol{C}\Big(\exp(\boldsymbol{A}t)\boldsymbol{x}_0 + \int_{0-}^{t} \exp(\boldsymbol{A}(t-\tau))\boldsymbol{B}u(\tau)d\tau\Big)$$
$$+ \boldsymbol{D}u(t)$$

である．特に入力がないとき，すなわち，$u(t) = 0$ のとき，

$$\boldsymbol{y}(t) = \boldsymbol{C}\exp(\boldsymbol{A}t)\boldsymbol{x}_0$$

となる．上式は，ゼロ入力応答という．一方，$\boldsymbol{x}_0 = \boldsymbol{0}$ のとき，

$$\boldsymbol{y}(t) = \boldsymbol{C}\int_{0-}^{t} \exp(\boldsymbol{A}(t-\tau))\boldsymbol{B}u(\tau)d\tau + \boldsymbol{D}u(t)$$

となり，これをゼロ状態応答という．以上より，出力は，ゼロ入力応答とゼロ状態応答の和で表されることがわかる．さらに，初期状態 $\boldsymbol{x}_0$，入力 $\boldsymbol{u}(t)$ に対する出力を $\boldsymbol{y}(t; \boldsymbol{x}_0, \boldsymbol{u})$ とおくと，以下の性質が成り立つ．

$$\boldsymbol{y}(t; \alpha_1\boldsymbol{x}_{0,1} + \alpha_2\boldsymbol{x}_{0,2}, \alpha_1\boldsymbol{u}_1 + \alpha_2\boldsymbol{u}_2)$$
$$= \alpha_1\boldsymbol{y}(t; \boldsymbol{x}_{0,1}, \boldsymbol{u}_1) + \alpha_2\boldsymbol{y}(t; \boldsymbol{x}_{0,2}, \boldsymbol{u}_2)$$

5.3 安定性

$\boldsymbol{x}(t) \in \Re^n$ に関する 1 階ベクトル非線形微分方程式

$$\dot{\boldsymbol{x}}(t) = f(\boldsymbol{x}(t)) \qquad (\text{VI}.40)$$

を考える．以下，式（VI.40）には一意解が存在すると仮定する．時刻 $t=0$ のときに状態が $\boldsymbol{x}_0$ である式（VI.40）の解を $\boldsymbol{x}(t; \boldsymbol{x}_0)$ とおく．$f(\boldsymbol{x}_e) = 0$ を満たす $\boldsymbol{x}_e \in \Re^n$ を式（VI.40）の平衡点という．任意の $\varepsilon > 0$ に対して以下の条件を満たす $\delta > 0$ が存在するとき，平衡点 $\boldsymbol{x}_e$ は（リアプノフ意味で）安定であるという．

- $\|\boldsymbol{x}_0 - \boldsymbol{x}_e\| < \delta$ である任意の $\boldsymbol{x}_0 \in \Re^n$ に対して，任意の $t \geq 0$ で $\|\boldsymbol{x}(t; \boldsymbol{x}_0) - \boldsymbol{x}_e\| < \varepsilon$ である．

ある $\delta > 0$ が存在して，$\|\boldsymbol{x}_0 - \boldsymbol{x}_e\| < \delta$ を満たす任意の $\boldsymbol{x}_0$ に対して，

$$\lim_{t \to \infty} \|\boldsymbol{x}(t; \boldsymbol{x}_0) - \boldsymbol{x}_e\| = 0 \qquad (\text{VI}.41)$$

が成り立つとき，$\boldsymbol{x}_e$ はアトラクタであるという．$\boldsymbol{x}_e$ が安定かつアトラクタであるとき，漸近安定であるという．任意の $\boldsymbol{x}_0 \in \Re^n$ に対して式（VI.41）を満たす漸近安定な平衡点は大域的に漸近安定であるという．安定でないがアトラクタである平衡点や，アトラクタであるが安定でない平衡点を持つ非線形微分方程式が

5. 常微分方程式

存在する.

さらに，ある $\delta>0,\ \alpha>0,\ \beta>0$ が存在して，$\|\boldsymbol{x}_0-\boldsymbol{x}_e\|<\delta$ を満たす任意の $\boldsymbol{x}_0$ に対して，任意の $t\geq 0$ で
$$\|\boldsymbol{x}(t;\boldsymbol{x}_0)-\boldsymbol{x}_e\|\leq\alpha e^{-\beta t}\|\boldsymbol{x}_0-\boldsymbol{x}_e\| \quad \text{(VI.42)}$$
が成り立つとき，$\boldsymbol{x}_e$ は指数安定であるという．任意の $\boldsymbol{x}_0\in\mathfrak{R}^n$ に対して式（VI.42）が成り立つとき，$\boldsymbol{x}_e$ は大域的に指数安定であるという．明らかに，$\boldsymbol{x}_e$ が指数安定ならば漸近安定である．

線形微分方程式
$$\dot{\boldsymbol{x}}(t)=\boldsymbol{A}\boldsymbol{x}(t) \quad \text{(VI.43)}$$
の任意の初期状態 $\boldsymbol{x}_0\in\mathfrak{R}^n$ に対する解は
$$\boldsymbol{x}(t)=\exp(\boldsymbol{A}t)\boldsymbol{x}_0$$
である．原点 $\boldsymbol{0}$ は平衡点である．式（VI.31）と（VI.32）から，次のことが成り立つ．

- 原点がアトラクタならば安定である．すなわち，原点は漸近安定である．
- 原点が漸近安定ならば指数安定である．
- 原点が漸近安定ならば，任意の $\boldsymbol{x}_0\in\mathfrak{R}^n$ に対して $\boldsymbol{x}(t;\boldsymbol{x}_0)$ は原点に収束する．すなわち，原点は大域的に漸近安定である．
- $\boldsymbol{A}$ のすべての固有値の実部が負であることが，原点が漸近安定であるための必要十分条件である．
- $\boldsymbol{A}$ のすべての固有値は実部が負であるか，もしくは代数的重複度が 1 で実部が 0 であることが，原点が安定であるための必要十分条件である．

すべての固有値の実部が負である正方行列をフルビッツ行列，または安定行列という．上の性質から，原点の安定性は $\boldsymbol{A}$ の固有値と密接に関係することがわかる．一般に n が大きくなると固有値を求めることは困難になる．n 次多項式
$$\phi(s)=a_0 s^n+a_1 s^{n-1}+\cdots+a_{n-1}s+a_n \quad \text{(VI.44)}$$
の係数 $a_i\in\mathfrak{R}$ から，$\phi(s)=0$ のすべての解の実部が負であることを調べる方法として，ラウスの方法とフルビッツの方法がある．ただし，$a_0>0$ とする．

- **ラウスの方法**：以下の 2 条件が成り立つことが，$\phi(s)=0$ のすべての解の実部が負であるための必要十分条件である．

1. 式（VI.44）のすべての係数 a_i が正である．
2. 表 VI.4 のような $n+1$ 行からなる配列表を作成する．ただし，第 0 行には式（VI.44）の係数 a_0, a_2, … を並べ，第 1 行には式（VI.44）の項の係数 a_1, a_3, … を並べる．第 l 行（$2\leq l\leq n$）の数列は次式を用いて計算する．

表 VI.4 ラウス表

第 0 行	$p_{0,1}=a_0$	$p_{0,2}=a_2$	$p_{0,3}=a_4$	$\cdots$
第 1 行	$p_{1,1}=a_1$	$p_{1,2}=a_3$	$p_{1,3}=a_5$	$\cdots$
第 2 行	$p_{2,1}$	$p_{2,2}$	$p_{2,3}$	
第 3 行	$p_{3,1}$	$p_{3,2}$	$p_{3,3}$	$\cdots$
$\vdots$	$\vdots$	$\vdots$	$\vdots$	$\vdots$
第 l 行	$p_{l,1}$	$p_{l,2}$	$p_{l,3}$	$\cdots$
$\vdots$	$\vdots$	$\vdots$	$\vdots$	$\vdots$
第 n 行	$p_{n,1}$			

$$p_{l,i}=-\frac{1}{p_{l-1,1}}\det\begin{bmatrix} p_{l-2,1} & p_{l-2,i+1} \\ p_{l-1,1} & p_{l-1,i+1} \end{bmatrix}$$

なお，係数が存在しないところは 0 とおく．また，$p_{l,1}=0$ になったときは，表の作成を中止する．この表が第 n 行まで作成することができたとき，すべての $l=0,1,\cdots,n$ に対して，$p_{l,1}>0$ である．

この表をラウス表という．また，数列 $p_{0,1}, p_{1,1}, \cdots, p_{n,1}$ をラウス列という．なお，ラウス列の中で符号が反転する回数と実部が正となる解の個数が等しい．

- **フルビッツの方法**：以下の 2 条件が成り立つことが，$\phi(s)=0$ のすべての解の実部が負であるための必要十分条件である．

1. 式（VI.44）のすべての係数 a_i が正である．
2. 係数 a_i からなる以下の n 次正方行列のすべての首座小行列式が正である．

$$\begin{bmatrix} a_1 & a_3 & a_5 & a_7 & \cdots & & 0 \\ a_0 & a_2 & a_4 & a_6 & \cdots & & 0 \\ 0 & a_1 & a_3 & a_5 & & & 0 \\ 0 & a_0 & a_2 & a_4 & & & 0 \\ 0 & 0 & a_1 & a_3 & & & 0 \\ 0 & 0 & a_0 & a_2 & & & 0 \\ \vdots & \vdots & \vdots & \vdots & \vdots & \vdots & \vdots \\ 0 & 0 & & & \cdots & a_{n-2} & a_n \end{bmatrix}$$

ラウスの方法とフルビッツの方法は等価であることが示されており，この二つの方法を総称してラウス-フルビッツの方法と呼ぶことがある．

式（VI.40）の平衡点 $\boldsymbol{x}_e$ の安定性を調べる方法として，リアプノフ関数を用いた方法がある．以下，一般性を失うことなく，原点が平衡点であるとする．$\boldsymbol{D}$ を原点のある近傍とする．連続微分可能な関数 $V:\boldsymbol{D}\to\mathfrak{R}$ が次の条件を満たすとき，V は $\boldsymbol{D}$ において半正定であるという．

- 任意の $\boldsymbol{x}\in\boldsymbol{D}$ で $V(\boldsymbol{x})\geq 0$ である．

V が $\boldsymbol{D}$ で半正定で，$\boldsymbol{x}=\boldsymbol{0}$ のときのみ $V(\boldsymbol{x})=0$ であるとき，V は正定であるという．$-V$ が（半）正定であ

るとき，V は（半）負定であるという．任意の $\boldsymbol{x} \in R^n$ に対して，
$$\lim_{\mu \to \infty} V(\mu \boldsymbol{x}) = \infty$$
が成り立つとき，V は半径方向に非有界であるという．

V の式（VI.40）に沿った時間微分を $\dot{V}$ とおく．すなわち，
$$\dot{V}(\boldsymbol{x}) = \frac{\partial V(\boldsymbol{x})}{\partial \boldsymbol{x}} f(\boldsymbol{x})$$
である．このとき，次の定理が成り立つ．

［リアプノフの安定定理］
- V が D において正定で，$\dot{V}$ が D において半負定となる原点の近傍 D が存在するならば，原点は安定である．
- V が D において正定で，$\dot{V}$ が D において負定となる原点の近傍 D が存在するならば，原点は漸近安定である．さらに $D = \mathfrak{R}^n$ ととることができ，V が半径方向に非有界ならば原点は大域的に漸近安定である．
- 次式を満たす正の定数 α_i ($i = 1, 2, 3$) と正の整数 p が存在するような原点の近傍 D が存在するならば，原点は指数安定である．

任意の $\boldsymbol{x} \in D$ に対して，
$$\alpha_1 \|\boldsymbol{x}\|^p \leq V(\boldsymbol{x}) \leq \alpha_2 \|\boldsymbol{x}\|^p \tag{VI.45}$$
$$\dot{V}(\boldsymbol{x}) \leq -\alpha_3 \|\boldsymbol{x}\|^p \tag{VI.46}$$
さらに，$D = \mathfrak{R}^n$ ととることができ，V が半径方向に非有界ならば原点は大域的に指数安定である．

この定理の条件を満たすような関数 V をリアプノフ関数という．リアプノフ関数の候補としてよく使われる関数が二次形式の関数である．二次形式の関数は，n 次の対称行列 $\boldsymbol{P}$ を用いて
$$V(\boldsymbol{x}) = \boldsymbol{x}^\mathrm{T} \boldsymbol{P} \boldsymbol{x} \tag{VI.47}$$
と書ける．V が正定となるような $\boldsymbol{P}$ を正定行列という．$V(\boldsymbol{x})$ が正定のとき式（VI.47）は半径方向に非有界である．対称な n 次正方行列 $\boldsymbol{P}$ に対して，以下の 3 条件は等価である．

1. $\boldsymbol{P}$ が正定である．
2. $\boldsymbol{P}$ の固有値はすべて正の実数である．
3. $\boldsymbol{P}$ のすべての首座小行列式が正である．

さらに，以下の 3 条件も等価である．

1. $\boldsymbol{P}$ が半正定である．
2. $\boldsymbol{P}$ の固有値はすべて非負の実数である．
3. $\boldsymbol{P}$ のすべての首座小行列式が非負である．

式（VI.43）の解に沿った式（VI.47）の時間微分は
$$\dot{V}(\boldsymbol{x}) = \boldsymbol{x}^\mathrm{T} (\boldsymbol{A}^\mathrm{T} \boldsymbol{P} + \boldsymbol{P} \boldsymbol{A}) \boldsymbol{x}$$
である．したがって，
$$\boldsymbol{A}^\mathrm{T} \boldsymbol{P} + \boldsymbol{P} \boldsymbol{A} = -\boldsymbol{Q} \tag{VI.48}$$
を満たす n 次正定対称行列 $\boldsymbol{P}$ と $\boldsymbol{Q}$ が存在するならば，原点は式（VI.43）の（大域的に）漸近安定な平衡点である．式（VI.48）を（連続時間の）リアプノフ方程式という．あきらかに，式（VI.48）を満たす n 次正定対称行列 $\boldsymbol{P}$ と $\boldsymbol{Q}$ が存在するならば $\boldsymbol{A}$ はフルビッツ行列である．逆に，$\boldsymbol{A}$ がフルビッツ行列ならば，式（VI.48）を満たす n 次正定対称行列 $\boldsymbol{P}$ と $\boldsymbol{Q}$ の組が存在する．さらに，$\boldsymbol{A}$ がフルビッツ行列ならば，任意の n 次正定対称行列 $\boldsymbol{Q}$ に対して，式（VI.48）を満たす n 次正定対称行列 $\boldsymbol{P}$ が存在し，その解 $\boldsymbol{P}$ は一意解である．

上述の安定性は，入力がない場合の平衡点に関する安定性である．一方，発散しない入力に対して出力も発散しないという意味で安定という概念がある．関数 $f(t)$ が
$$\max_{t \geq 0} \|f(t)\| < \infty$$
のとき，f は有界であるという．式（VI.38）において，任意の有界な入力を印加したときの出力 $y(t)$ も常に有界であるとき，式（VI.38）は有界入力有界出力（BIBO）安定であるという．対 $(\boldsymbol{A}, \boldsymbol{B})$ が可制御対で対 $(\boldsymbol{C}, \boldsymbol{A})$ が可観測対のとき，$\boldsymbol{A}$ がフルビッツ行列であることが，式（VI.38）が BIBO 安定であるための必要十分条件である． 〔潮　俊光〕

文　献

1) 前田　肇：信号システム理論の基礎，コロナ社（1997）．
2) 奥村浩士：電気電子情報のための線形代数，朝倉書店（2015）．
3) 児玉慎三，須田信英：システム制御のためのマトリクス理論，コロナ社（1978）．

索　引

ア　行

アクティブクランプ回路　360
アクティブクランプ方式フォワードコンバータ　375
アクティブフィルタ　388, 400
圧電トランス　408
アドミタンス　20
アトラクタ　430
アノードリアクトル　303
網目　6
網目解析　6
網目電流法　6
アーム　247
アーム対　247
アモルファス鉄心　235
安全動作領域　302
安定器　395
安定行列　431
安定な平衡点　44
アンペア回数　182
アンペール力　222

イグナイタ　402
異常時誘導危険電圧　135
位相　20
位相幾何学的公式　24, 28
位相幾何学的自由度　27
位相シフト制御方式フルブリッジコンバータ　379
位相スペクトル　419
位相制御方式　402
位相速度　62
位相定数　62
位相特性　32
位相平面　44
一次回路　33
一次電圧制御法　207
1段コンバータ方式　390
一－二相励磁方式　238
一相励磁方式　238
1線地絡事故　128
一致の定理　71
一般化固有ベクトル　427

一般過渡等価回路　173
インダクタ　7, 17
インダクタンス　17, 52
インダクタンスマトリックス　328
インバータ　233
インバータ制御　306
インバータ変圧器　299
インピーダンス　7, 20, 64, 66
インピーダンス関数　70
インピーダンス行列　73

上三角行列　423
ヴェブレン　5
ヴォルタ　3
ヴォルタ電池　3
ヴォルタの電堆　3
ウォールの定理　11
渦電流　89
埋込磁石同期電動機　191, 217

永久磁石回路　189
永久磁石式誘導同期電動機　215
永久磁石同期電動機　191
永久帯磁　38
影像インピーダンス　69
影像パラメータフィルタ　69
枝　2
枝電圧　2
枝電流　2
枝の電圧－電流特性　2
エッジ共振　361
エネルギー　18
エネルギー蓄積装置　391
エルミート行列　423
エレクトロニクス　331
エレベータ　314
エレベータ用パワーエレクトロニクス　313
エンコーダ　220
演算増幅器　18
円錐モデル　145
円筒機　88
円筒モデル　145

応答　2

オーム　3
オームの法則　4, 16
オンオフ制御デバイス　246
音響的共鳴現象　403
オン制御デバイス　246

カ　行

加圧力　242
回帰形コンボリューション　143
界磁　211
界磁制御　227, 306
界磁チョッパ制御　307
界磁添加励磁制御　306
界磁巻線　222
塊状回転子　91
階数　23, 426
回生インバータ　161, 310
回生電力吸収装置　161, 310
回生ブレーキ　160, 309
階調制御系マルチレベルインバータ　285
海底ケーブル　51
外鉄形　195
回転界磁形　88, 212
回転座標軸　176
回転子　222
回転磁界　202, 211
回転子相互漏れインダクタンス　97
回転電機子形　212
回転力　92
開電路式　167
回路解析　2
開路過渡時定数　96
回路構成論　9
開路次過渡時定数　96
回路理論　4
カウエルの定理　11
可観測対　430
加極性　199
架空帰線　163
架空地線　136
学習　46
学習過程　47
学習信号　47

索引

角周波数　20, 418
角速度　20
拡張状態平均化法　346
重ね合わせの定理　28
可制御対　430
可積分系　41
仮想絶縁体　147
仮想DCリンク方式　270
カーソン　51
カットセット　23
カットセット行列　23
カットセット電圧　27
過渡解析　19
過渡現象　33
過渡項　33
過渡状態　95
過渡衰　33
過熱インピーダンス　329
加熱コイル　292
カーネル　50
可変速揚水　103
可変等化器　83
可飽和リアクトル　38, 293
ガルヴァーニ　2
ガルヴァーニ電気　2
カレントフェッド（電流形）コンバータ　379
簡易等価回路　196, 205
間接直流変換回路　264
間接変換　246
間接変換回路　276
間接変換装置　292
完全単模行列　24

木　6, 23
木アドミタンス積　28
木アドミタンス積和　28
機械角　224
機械的出力　205
幾何学的双対　25
幾何学的重複度　427
帰還容量　326
擬似電源回路網　367
基準インピーダンス　30
起磁力　181
寄生インダクタンス　322, 327
奇正実関数　71
寄生抵抗　328
寄生容量　328
帰線　159
き電回路　158
き電線　163
き電方式　302
起電力定数　224
軌道回路　167

基本カットセット　24
基本周波数　418
基本分割　27
基本閉路　23
基本閉路行列　23
基本閉路系　23
基本変換　425
既約　23
逆回復動作　324
逆回路　25
逆行列　423
規約効率　198
逆相回路　99
逆相鎖交磁束　38
逆相第1回路　114
逆相第2回路　114
逆相分　177
逆潮流　133
逆フーリエ変換　419
逆並列アーム対　247
逆並列接続　263
逆変換　246
逆ラプラス変換　417
逆離散時間フーリエ変換　420
逆離散フーリエ変換　421
キャパシタ　2, 7, 17
キャパシタクランプ形3レベルインバータ回路　284
キャリア多重自励式変換器　319
境界条件　54
境界モード　389
共振　22
共振回路　353
共振角周波数　22, 33
共振形高周波インバータ　287
共振形変換回路　286
共振コンデンサ　292
共振周波数　22
共振用インダクタ　353
共振用キャパシタ　352
共振リアクトル　138
共振リセット方式フォワードコンバータ　375
強制振動項　33
共通帰線回路　31
共役転置行列　423
共役複素数　20
橋絡T形回路　31
橋絡T形減衰等化器　84
行列　422
行列関数演算　141
行列式　424
行列対角化　141
行列ノルム　428
極　416

局所記憶方式　47
極数切換誘導電動機　207
極数変換　207
極性反転チョッパ　266
極対数　203
虚部　20
キルヒホッフ　4
キルヒホッフの第一法則　19
キルヒホッフの第二法則　19
キルヒホッフの電圧則　2, 4, 19, 47
キルヒホッフの電流則　2, 4, 19, 47
キルヒホッフの法則　185
近似解析　44

空間ベクトル表示　179
空間ベクトル変調法　269
偶部の零点　81
区間演算　40
矩形波点灯方式　402
駆動回路　237
駆動制御装置　314
クノイダル波　41
くま取りコイル　210
組合せ回路　278
クライスト　2
クランプダイオード　305
グロースターター形　397
クロネッカー積　424
クローポール　236
群遅延特性　82

計器用変圧器　136, 200
計測誤差　137
継鉄　222
結合係数　17
結線方式　108
ゲート回路　327
ゲート制御　303
ゲートターンオフサイリスタ　298
ケネリー　7
ゲーリッケ　2
ゲルシュゴリンの定理　427
ケルビン　51
ケーレー–ハミルトンの定理　427
現象プロセス高電圧電源回路　406
減衰極　82
減衰振動　33, 43
減衰（振幅）等化器　83
減衰定数　33, 62
減衰フィルタ　124
検電器　3
厳密解　41
兼用昇圧チョッパ方式　401

コイル　17

降圧形コンバータ 344
降圧チョッパ 264
高圧電流回路 406
高圧配電線 126
格子形回路 31
格子図 60
高周波 PWM 制御方式 298
高周波点灯回路 398
合成 85
拘束試験 205
高速スイッチ 391
高速フーリエ変換 421
高耐圧 IGBT 302
交代行列 423
高調波 100
高調波規制 388
高調波計算等価回路 131
高調波振動 41
高調波電流 130, 296, 388
高調波の伝搬特性 131
交直変換 246
交番磁界 211
交流間接変換回路 272
交流き電 311
交流き電回路 162
交流昇降圧チョッパ 391
交流直接変換回路 268
交流電圧 20
交流電気車 307
交流電源 16
交流電流 20
交流フィルタ回路 123
交流変換 246, 276
交流モータ 333
交流モータ制御 334
交流励磁機方式 92
国際電気標準会議 331
誤差逆伝搬 48
コーシーのインデックス 10
故障電流 109
固体潤滑 242
固定子 222
コミュテータ 332
コモン整流器方式 290
固有値 44, 141, 426
固有電力 21
固有ベクトル 426
5レベルインバータ回路 284
混合ブリッジ接続 262
コンダクタンス 17, 20
コンデンサ 17
コンデンサ形計器用変圧器 138
コンデンサ始動形 210
コンデンサモータ 209
コンパニオン形 428

コンボリューション 143

サ 行

サイクロコンバータ 268
最終値の定理 417
最大自起動周波数 239
最大値の定理 71
最適潮流計算 156
再点弧電圧 396
サイリスタ 93
サイリスタ位相制御 307
サイリスタ逆並列方式 290
サイリスタ式インバータ 281
サイリスタスイッチコンデンサ 316
サイリスタ制御変圧器 316
サイリスタ制御リアクトル 316
サイリスタ整流回路 296
サイリスタモータ 216
鎖交磁束 17, 38
鎖交磁束不変則 34
サージインピーダンス 89, 106
サージ解析 89
サージ電圧 201
サセプタンス 20
差動複巻 226
サーバ機器用電源 385
座標変換 174
三角波キャリア比較方式 269
三角波比較 298
三相回路 37
三相かご形誘導電動機 203
三相コイル 211
三相交流 35
三相3線式 126
三相短絡 129
三相地絡 102
三相ブリッジ 253
三相ブリッジ接続 261
三相ブリッジ直列接続 262
三相変圧器 106, 199
三相星形接続 259
三相巻線形誘導電動機 203
三相誘導電動機 204, 309, 334
3端子回路 31, 83
3端子網 31
1/3分数調波振動 39
3粒子戸田格子 41
3レベルインバータ 290, 318
3レベルインバータ回路 283
3レベル整流回路 284
3レベル変換回路 254

磁位差 183
じか入れ始動 215

磁化曲線郡 232
磁化電流 195, 204
時間応答 142
時間領域コンボリューション 142
磁気回路 181
磁気回路式安定器 395
磁気式3倍周波数逓倍器 41
磁気抵抗 182
磁気飽和 90
磁極数 237
磁極鉄心 222
磁気枠 222
シグモイド関数 48
自己インダクタンス 4, 17, 89
自己消弧形電力用半導体素子 297
自己消弧素子 318
自己組織化マップ 49
自己励磁 225
次数 74
指数安定 431
下三角行列 423
実効値 20
実効値解析用等価回路 122
実効電力 21
実定数正則行列 73
実部 20
時定数 33
自動車用電源 392
始動抵抗器 207
始動補償器法 207
始動（用）巻線 209, 215
シナプス 46
時比率 344
時不変 19
時変 19
遮蔽係数 136
遮蔽線 136
シャーマン-モリソン-ウッズベリーの
　公式 425
周期 20
周期関数 418
周期的強制外力 45
十字接続 262
自由振動 39
自由振動項 33
修正節点解析 9
修正節点方程式 27
縦続行列 65
縦続合成 76
縦続接続 31
縦続接続方式絶縁形コンバータ 380
従属電源 17
終端開放 55
終端短絡 55
集中定数線形受動相反回路 69

集中定数電気回路 2
充電電流 89
12相整流回路 296
周波数 20
周波数依存近似回路 144
周波数依存効果 142
周波数スペクトル 420
周波数変換器 162
周波数変換装置 312
首座小行列 426
主小行列 426
出力 2
出力特性 325
出力容量 326
シュツルムの定理 10
シューティング法 40
受動素子 19
受動非相反素子 18
主巻線 209
ジュール 4
シュワルツの超関数 8
瞬時始動イグナイタ 404
瞬時値 20
瞬時値解析用等価回路 122
瞬時値空間ベクトル 179
瞬時値対称法 178
瞬時電力 18
純単相誘導電動機 209
準定常状態計算 156
順変換 246
昇圧（形）コンバータ 345, 388
昇圧チョッパ 265, 401
小行列 426
昇降圧形コンバータ 345
昇降圧チョッパ 266
昇降圧チョッパ回路 300
昇次 75, 80
常時商用給電方式 390
常時誘導電圧 135
状態推定計算 156
状態平均化法 346
状態方程式表現 430
商用周波数軌道回路 167
商用周波単相交流き電方式 162
消流 248
初期位相 20
初期条件 53
初期値の定理 417
初期電圧 53
初期電流 53
ショットキーバリアダイオード 323
ジョルダン標準形 427
シリコン整流器 159
シリーズハイブリッド気動車 309
磁力線 92

シルベスターの不等式 426
自励インバータ 281, 338
自励式HVDCシステム 120
自励式HVDCシステム制御回路 123
自励式SVC 316, 338
自励式電圧形変換器 120
自励式変換器回路 120
自励転流 248
磁路 181
真空遮断機 159
シンクロナスリラクタンスモータ 229
信号電流 167
進行波 53, 62
信号波 252
進行波形超音波モータ 241
信号波-搬送波比較方式PWM 252
振動子の同期 45
振幅 20
振幅スペクトル 419
振幅特性 32

吸上変圧器 163
水銀アーク 331
水撃解析法 139
スイッチスナバ回路 360
スイッチドリラクタンスモータ 229
スイッチングコンバータ 346
随伴回路 28
随伴行列 425
スコット結線変圧器 163
スタインメッツ 7
ステージョン 4
ステッピングモータ 230, 236
ステップ角 237
スナバ 248, 303
スーパーコア 235
滑り周波数形ベクトル制御 208
滑り 203
滑り周波数 204
スミスチャート 66
スラック母線 151
スリップリング 203
ズルツァー 3
スロット 211

正規化 43
正規化された方程式 43
正帰還動作 329
正規行列 423
制御電源 17
制御巻線 88
正弦波 44
正弦波交流電圧 20
整合 21

整合回路 22
整合条件 21
静磁気 2
静止系励磁方式 92
静止座標軸 176
正実関数 69
正実奇関数 12
正実行列 73
正相回路 99
正相鎖交磁束 38
正相成分 38
正相第1回路 112
正相第2回路 113
正相分 177
正相励磁電流 38
正則 423
正定 431
静電エネルギー 19
静電的移行電圧 98
静電容量 52
静特性 238
整流 223
整流器位相制御方式 308
整流子 223
セグメント形 230
絶縁形交直変換回路 279
絶縁形電圧共振コンバータ 357
絶縁形変換回路 373
絶縁トランス 373
接触器 162
接触熱抵抗 329
接続行列 23
絶対値 20
絶対変換 176
接地系等価回路 131
接地電極 147
接地メッシュ 146
節点 2
接点解析 140
節点電位法 6
節点方程式 27
ゼーベック 3
ゼーベック起電力 3
セラミックス電子材料 407
セルインバータ 291
セルラーニューラルネットワーク 47
ゼロ行列 423
ゼロ状態応答 430
ゼロ電圧スイッチ 287
ゼロ電圧スイッチング 356
ゼロ電流スイッチ 287
ゼロ入力応答 430
全域通過網 79
漸近安定 10, 430
漸近的方法 39

漸近展開　40
線形　19, 29
線形回路　19, 28
線形回路素子　16
センサレス制御　221
センタタップ接続　258
全電圧始動法　206
全日効率　198
線路定数　52

相関学習法　48
相互インダクタンス　4, 17, 89
相似変換　425
相順　35
相対変換　176
双対　70, 72
双対回路　25
双対グラフ　25
双対性　22
送電系統　37
送電線　105
挿入伝送係数　32
相反　19, 72
相反性の条件　30
相反定理　29
双方向コンバータ　391
双方向変換回路　250
速度制御法　227
素子特性　2, 26
ソフトゲート制御方式　305
ソフトスイッチング　286, 362

タ 行

ダイオード　322
ダイオード整流回路　295
ダイオードブリッジ　93
ダイオード方式　290
対角行列　26, 423
第 5 次高調波　130
第三高調波電圧　41
第三高調波電流　199
対称回路　31
対称格子形回路　31, 83
対称座標軸　177
対称座標法　36, 98, 107
対称 Δ 形電源　35
対称電源　35
対称負荷　35
対称 Y 形（星形）電源　35
代数的重複度　427
ダイナミクスによる情報処理　46
太陽電池システム　340
多重接続　299
脱調　214

タップ制御方式　307
多導体系　140
タービン発電機　88
タブロー法　27
多変数回路合成　70
多変数正実関数　85
多変数正実行列　85
ダランベールの解　51, 53, 139
ダルトンカメロン法　99
他励交直変換回路　258
他励磁　225
他励式 HVDC システム　117, 119
他励式 SVC　316
他励式電流計変換器　118
他励直流電動機　225
他励変換器　247
単位行列　423
単一共振フィルタ　124
単位法　151
ターンオフ回路　411
ターンオフ速度　412
ターンオフ動作　323, 327
短距離送電線等価回路　105
端子対　30
単純行列　427
弾性体　241
短節巻　204
単相インバータ　291
単相三巻線変圧器　107
単相短絡法　99
単相直列多重形インバータ　291
単相半波接続　258
単相ブリッジ回路　332
単相ブリッジ接続　253, 261
単相変圧器　106, 195
単相誘導電動機　209
単巻変圧器　163
短絡過渡時定数　96
端絡環　203
短絡故障計算　127, 129
短絡次過渡時定数　96
短絡試験　197
短絡容量計算　133

チェビシェフ特性　82
遅延等化器　83
蓄積キャリア　323
蓄電器　17
地中ケーブル　147
着磁過程　189
チャージポンプ方式　401
柱上変圧器　131
中性線　36
中性線電流　36
中性点電圧　305

中性点電流　92
中性点非接地方式　127
吊架線　161
長距離送電線等価回路　105
超低ノイズ電源　367
超電導コイル電力貯蔵装置　341
超電導発電機　102
潮流計算　150, 156
潮流方程式　150
張力調整装置　161
チョークコイル　396
直軸次過渡（初期過渡）リアクタンス　96
直接直流変換回路　264
直巻電動機　226
直流機　332
直流き電　309
直流き電回路　158
直流き電コンバータ　310
直流高速度遮断器　159
直流送電　337
直流電気車　306
直流電源　16
直流電動機　222
直流フィルタ　160
直流変換　246
直流変換回路　264
直流法　153
直流モータ制御　334
直流リンク変換回路　273
直列インバータ　391
直列形　72
直列共振　22, 64, 281
直列共振回路　287
直列共振形コンバータ　349
直列コンデンサ補償系　39
直列 12 相接続　262
直列接続　31
直列ダイオード方式インバータ　282
直列多重接続　285
直列端低域形 LC はしご形回路　84
直列巻線　200
直列リアクトル　160
直交学習　48
直交行列　79, 423
直交形式　20
直交条件　24
直交性　24
チョッパ回路　299
チョッパ方式　306
地絡故障計算　127

通信線　135
通信誘導対策　165

索 引

低圧配電系統 125
低圧配電線 126
抵抗 4, 17, 20
抵抗器 16
抵抗制御 228, 306
抵抗測定 197, 205
抵抗値 17
定在波 64
定在波比 65
定常解析 19
定常項 33
定常状態 45
ティチマーシュの定理 8
定抵抗回路 83
低電圧パワーエレクトロニクス回路 383
定電流プッシュプルインバータ 399
鉄損抵抗 137
鉄損電流 195, 204
鉄塔モデル 145
デッドタイム 362
デバイス転流 248
テブナン等価回路 5
テブナンの定理 5, 29
テール電流 323
テレゲンの定理 12, 29
電圧 2
電圧形PWMインバータ 289
電圧形インバータ 292
電圧形組合せ回路 276
電圧共振形コンバータ 356
電圧共振全波形昇圧コンバータ 347
電圧クランプ形 360
電圧計形変換回路 250
電圧源 16
電圧上昇 132
電圧定在波比 66
電圧伝送係数 32
電圧透過係数 56, 67
電圧波 53
電圧反射係数 56, 65
電圧ひずみ率 130
電圧分布 53
電圧変換 73
電圧変動率 197
電荷 17
電解用整流器 293
電荷蓄積ダイオード 361
電荷不変則 34
電気角 224
電気式ディーゼル駆動装置 308
電機子コイル 88, 211
電機子チョッパ制御 306
電機子定数 224
電機子鉄心 222

電気自動車 336, 392
電機子反作用 212
電機子反作用リアクタンス 213
電機子巻線 222
電気鉄道車輌 302
電気盆 3
電源 2
電源値 2
点弧タイミング 316
電磁エネルギー 19
電子回路式安定器 395
電子ガバナ 241
電子写真 406
電子写真用高電源回路 406
電磁障害 367
電磁的干渉 328
電車線 161
電磁誘導 135, 195, 202
電信方程式 51
伝送回路 32
伝送関数 32
伝送係数 32
伝送電力 67
テンソル変換 175
転置行列 423
伝導特性 326
伝導度変調 323
伝導ノイズ 367
伝搬速度 53
伝搬定数 62, 106, 140
電流 2
転流インダクタンス 248
転流回路 281
電流形インバータ 282, 292
電流形組合せ回路 277
電流計形変換回路 250
電流源 16
転流コンデンサ 297
電流伝送係数 32
電流透過係数 56, 67
電流波 54
電流反射係数 56, 65
電流不連続モード 374
電流分布 53
電流変換 73
電流飽和特性 302
転流リアクトル 297
電流連続モード 374
電力 21
電力貯蔵装置 161
電力透過係数 67
電力反射係数 67
電力変換 246

等価 21

等価回路 91, 172, 329
等化器 83
透過電圧波 56
等価電源定理 29
等価電流源 139
透過電流波 56
透過波 55
等価変換 83, 172
同期（角）速度 212
同期機 88
同期速度 203, 215
同期調相機 214
同期トルク 216
同期はずれ 214
同期発電機 133
同期引き入れトルク 215
同期リアクタンス 94, 213
動作伝送係数 32, 82
同相逆並列結線 293
動特性 239
動物電気 2
特異 423
特異素子 18
特殊かご形誘導電動機 208
特殊変圧器 200
特性インピーダンス 62, 140
特性関数 82
特性定数 106
特性方程式 426
特別高圧配電系統 125
独立電源 16
突極機 88
突極形 212
突極性 97, 229
突極比 229
突進率 159
ドメル線路モデル 144
ドメル法 139
トランジスタ 18
トルク定数 240
トレース 424
トロペゾイダル則 140
トロリ線 161

ナ 行

内鉄形 195
内部アドミタンス 21
内部インピーダンス 21
内部相差角 213
内部抵抗 61
ナラー 18
ナレータ 18

ニコルソン 3

索引

二次回路　33
二軸理論　90
二次抵抗制御法　207
二重かご形誘導電動機　208
二重三相ブリッジ接続　261
22 kV 特別高圧配電方式　125
二重星形接続　260
2種素子回路　72
2石式フォワードコンバータ　375
二相回路法　112
二相接地法　100, 258
二相励磁方式　238
2端子集中定数回路素子　2
2端子対回路　30
2端子対網　30
二値コンデンサモータ　210
二等分定理　31
2ポート　30
入射電圧波　56
入射電流波　56
入射波　30, 55
入力　2
入力側　30
入力電流高調波低減回路　400
入力ポート　30
入力容量　326
ニューラルネットワーク　46
ニューロン　46
2レベルインバータ　289
任意関数　53

熱回路網　329
熱起電力　3
熱抵抗　329
熱電対　3
ネットワークフロー法　154
燃料電池　339
燃料電池自動車　392

ノイマン　4
能動素子　19
能動全域通過網　79
ノードコンダクタンス行列　140
ノートン　5
ノートンの定理　5, 29
ノートン変換　83
ノレータ　18

ハ　行

ハイサイドスイッチ　411
倍電圧整流回路　410
倍電圧接続　261
ハイブリッド形　236, 398
ハイブリッド自動車　392

ハイブリッド無瞬断切換スイッチ　300
バイポーラデバイス　323
灰溶融炉用整流器　294
波形等化器　83
パーシバル　9
歯数　237
パーセバルの等式　418
％インピーダンス　129
波長　62
パッシブフィルタ　388
発振回路　45
波頭　57
波動伝播速度　166
波動方程式　51
ハーフブリッジ　253, 352
ハーフブリッジインバータ　399
ハーフブリッジコンバータ　377
ハーフブリッジ接続　362
パーマネントマグネット形　236
パーミアンス　182, 188
バリアブルリラクタンス形　236
パルス周波数　239
パルス制御　251
パルストランス　411
パルス幅制御　251
パルス幅変調　252
パワーエレクトロニクス　246
パワートランジスタ　298
パワー半導体デバイス　246, 302, 331
反響伝送係数　32
半径方向に非有界　432
反射係数　65
反射電圧波　56
反射電流波　56
反射波　30, 55
半正定　431
搬送波　252
反対称行列　423
反転層　325
反電素子　241
半導体イグナイタ方式　402
半導体遮断器　295, 300
半導体スタータ形　397
半負定　432
汎用ケイ素鋼板　235

ヒステリシス　90
ヒステリシス現象　183
ヒステリシス損　183
歪エルミート行列　423
歪対称行列　423
非絶縁形交直変換回路　278
非絶縁コンバータ　356

非線形インダクタ　38
非線形回路　37
非線形振動　37
非線形微分方程式　38
非線形連立方程式　38
皮相電力　21
非相反　72
非相反リアクタンス回路　81
非対向時　232
非対称故障　109
左固有ベクトル　426
ビネ-コーシーの定理　24
非負値エルミート行列　70, 78, 81
百分率抵抗降下　198
百分率リアクタンス降下　198
表皮効果　142
表面磁石形同期電動機　217
表面磁石構造同期電動機　191
比例推移　206

ファラデー　4
ファン・デル・ポールの方程式　42
フェイルセイフ　167
フェーザ　20, 62
フェーザ解析　7, 19
フェーザ図　21
フェーザ法　7
フォイスナーの原理　5
フォスターの定理　11
フォワード形電圧共振コンバータ回路　357
フォワードコンバータ　374
フォワード・フライバックコンバータ　376
負荷共振　286
負荷分布　126
深みぞ形誘導電動機　208
負き電線　163
複軌条軌道回路　167
輻射ノイズ　367
複素共役　20
複素数　20
複素電力　21
複素透磁深度　142
複同調フィルタ　124
複巻電動機　226
負性インピーダンス変換器　18
負性抵抗　18
負性抵抗素子　42
プッシュプルコンバータ　377
プッシュプル動作　282
ブートストラップ回路　411
負のコンダクタンス　42
部分共振　361
部分分数形合成　72

部分分数展開法　417
不平衡　127
不平衡形回路　83
不減衰電気振動　37
フライバック形電圧共振コンバータ　358
フライバックコンバータ　373
フライングキャパシタ形　284
ブラシ　223, 332
ブラシレス DC モータ　241
ブラシレス方式　93
ブラシレスモータ　216
フラックスバリア形　229
プランクの論理　9
フーリエ級数　418
フーリエ変換　419
ブリッジ　247
ブリッジ回路　22, 332
フリンジング磁束　187
フルビッツ行列　431
フルビッツ多項式　10, 71
フルビッツの判別法　10
フルビッツの不等式　10
フルビッツの方法　431
フルブリッジコンバータ　377
フレミング　6
フレミングの左手の法則　202
フレミングの右手の法則　202
不連続モード　390
ブロッキングコンデンサ　412
ブロック上三角行列　424
ブロック下三角行列　424
プロパー　416
フロベニウスノルム　428
フロベニウス標準形　428
分割　423
分散型電源　132
分周　168
分数調波発生装置　39
分倍周　168
分布記憶方式　47
分布定数回路　51, 105
分布定数線路　139
分布巻　204
分巻電動機　225
分路巻線　200

閉軌道　44
平均化法　44
平均磁路長　186
平均電力　21
平衡形回路　83
平衡条件　22
平衡点　430
平面グラフ　6, 25

並列回路の対数　223
並列形　72
並列共振　22, 64
並列共振回路　351
並列 12 相接続　261
並列冗長運転システム　295
並列接続　31, 299
並列多重マトリックスコンバータ　272
並列 T 形回路　31
並列法　100
閉路　23
閉路行列　23
閉路方程式　26
ベクトル制御方式　216
ベクトルノルム　428
ベクトル変換　175
ヘッドライト用点灯回路　404
ヘビサイド　7, 51
ヘビサイドの線路方程式　7
ヘルムホルツの定理　5
ヘルムホルツの等価電源定理　5
変圧器　196
偏角　20
偏角不等式　71
変換行列　141
変形ウッドブリッジ結線　163
偏磁　377, 412
変成器　17
変分方程式　38
ヘンリー　4
変流器　136, 201

帆足-ミルマンの定理　30
ポアンカレ　5
ホイートストンブリッジ　4
ホイヘンスの実験　45
方形波　44
鳳-テブナンの定理　5, 110
放電ランプ　395
補木　23
補木枝　6
星形回路　32
補助インパルス転流インバータ　281, 298
補償定理　29
補助共振転流ポール形インバータ回路　286
補助巻線　209
歩進　237
ポッゲンドルフ　3
ポート　30
ホモトピー法　40
ホール素子　219
ホールディングトルク　238

マ 行

マイクロステップ駆動　239
マイクロ波放電ランプ　404
マイクロモータ　240
巻線軸　202
巻線抵抗　95
マクスウェル　6
マクスウェルの節点電圧法　6
マクミラン次数　74
摩擦起電機　2
摩擦係数　242
摩擦電気　2
マトリックスコンバータ　268
マルチレベル接続　247
マルチレベル変換回路　283

右固有ベクトル　426
ミクシンスキーの演算子法　8
密結合変成器　17
未定定数法　7
ミュッシェンブルーク　2
ミラー期間　326

無極形　82
無限長線路　53
無効電力　21
無効電力制御装置　338
無瞬断切換スイッチ　294, 300
無制御コンバータ　350
無整流子電動機　216, 339
無絶縁軌道回路　168
無損失線路　53, 63
無停電電源システム　294
無歪み線路　63
無負荷試験　197, 205
無負荷直流電圧　258
無負荷変圧器　37
無負荷飽和曲線　224

メイヤーの定理　5
メタルハイドランプ　402
メッキ用整流器　293
減極性　199
メビウス変換　66
メムリスタ　18

網導線　162
モータ　222
モード理論　141
モニック　10
漏れインダクタンス　106
漏れリアクタンス　213

ヤ 行

ヤコビ行列　44

有界入力有界出力（BIBO）安定　432
有限長伝送線路　55
有効電力　21, 67
有効巻数比　204
有絶縁軌道回路　168
誘導形無電極放電ランプ　404
誘導加熱　292
誘導器　17
誘導起電力　223
誘導子　236
誘導性　20, 64
誘導性リアクタンス　20
誘導電圧　135
誘導発電機　133
有能電力　21
ユニタリ行列　423
ユニポーラデバイス　323
ユニモジュラー行列　24

余因子　424
余因子行列　424
余因子展開　425
揚水発電電動機　339
容量　17
容量性　20, 64
容量性リアクタンス　20
容量特性　326
横軸次過渡（初期過渡）リアクタンス　96
弱め磁束制御　220
4段モデル　145

ラ 行

雷サージ計算　131
ラインインタラクティブ方式　390
ラウスの判別法　10
ラウスの方法　431
ラウス-フルビッツの判別法　10
ラウス-フルビッツの不等式　10
ラグランジュの未定乗数　50
ラピッドスター形　397
ラプラス展開　425
ラプラス変換　19, 416
ランク　426
乱調　215

リアクタンス　7, 20
リアクタンス回路　70
リアクタンス関数　11, 71

リアクタンス行列　73
リアクトル多重化構成　320
リアプノフ安定　430
リアプノフ関数　47, 431
リアプノフの安定定理　432
リアプノフ方程式　432
リエルナールの方程式　46
リカバリ動作　324
力率　21
力率＝1制御　220
力率改善回路　350
力率改善コンバータ　388
リーケージトランス　397
離散時間フーリエ変換　420
離散フーリエ変換　420
理想ジャイレータ　18
理想変圧器　195
理想変成器　17
理想変成器網　73
リチャードの定理　84
リッター　3
リードピーク形　397
リニア超音波モータ　242
リニア誘導電動機　307
リミットサイクル　44
留数　71
留数行列　73
留数条件　72, 74
利用率　200
リラクタンス　182
リラクタンストルク　216
リラクタンスモータ　218, 229
臨界減衰　33

ループデルタ結線変圧器　163
ループ電流法　185

励磁アンペア回数　182
励磁インダクタンス　107, 351, 364
励磁系　92
励磁シーケンス　238
励磁相　238
励磁電流　137, 195, 204
励磁特性　37
励磁方式　225
励振　2
零相回路　99
零相鎖交磁束　38
零相第1回路　114
零相第2回路　115
零相等価回路　108
零相分　177
零点　76, 416
零度　23
レイリー　7

レオナード法　227
レグ　247
レゾルバ　220
レール電位抑制装置　165
連系リアクトル　120
連結グラフ　23
連結成分　23
連想記憶　47
連続の条件　55
連続反射　57
連続反射現象　51
連続反射波　57
連続モード　389
レンズ　4
連分数形合成　72

漏洩インダクタンス　364
漏洩同軸ケーブル　169
六相半波整流回路　260
六相星形接続　260
6.6 kV 高圧配電方式　125
ローサイドスイッチ　411
ローレンツ力　222

ワ 行

ワイルの正射影法　8
和動複巻　226

欧 文

α, β 変換　176
γ-δ 座標軸　177
Δ 形回路　32
Δ-Δ 結線　109, 199
Δ-Y 結線　199
Δ-Y 変換　7, 32
π 型等価回路　30, 105

a 相一線地絡　101
AF 軌道回路　168
AQR　93
ARCP マトリックスコンバータ　272
AT き電回路　163
AT 保護線　165
AVR　93

B_+ 区間　75
B_- 区間　75
bc 相短絡　101
Blondel の定理　36
Brune 区間　69, 74
Brune の合成法　74
BT き電回路　163
BTB システム　117

Butterworth 特性　82

C 区間　76
CAN　394
Canay のモデル　97
Canay のリアクタンス　102
Cauer 形合成　72
CISPR　367
CR 装置　166
CSD スナバ回路　361
CT　136, 201
CTV　138
Cuk コンバータ　380

D 区間　75, 77
Darlington 区間　75, 77
Darlington 法　75
DC ブラシレスモータ　219
DC-DC コンバータ　264, 344, 392
doubly salient motor　230
d-q 座標軸　176

EMTP　140, 144
EV　336
EVT　128

FACTS　333
Fialkow-Gerst　85
Foster 形合成　72

GPT　128
GTO　302

Hebb の学習法　47
HID ランプ　395

IEC 61000-3-2　388
IGBT インバータ　298, 303
IGBT 整流回路　297
IM　334
IP　383

IT 網　73

LC フィルタ　297
LCC　93
LED 点灯回路　405
LISN　367
LLC　362
LLC 共振形コンバータ　381

m 巻線（理想）変成器　17
Marti 線路モデル　143
McMurray インバータ　281
McMurray-Bedford インバータ回路　297
MOSFET　322

n 形伝導チャンネル　325
NPC 方式　274, 283, 290, 318

OEL　93

Park の式　91
Park モデル　91
PD　138
PMU　156
PMW 整流器方式　290
pn 接合ダイオード　323
PQ 指定母線　151
PSS　93
PT　200
PV 指定母線　151
PWM　252
PWM 制御　345
PWM 整流器　307
PWM 変換器　159

RB-IGBT　271
RC-IGBT　271
RPC　312

S 行列の標準形　79

Semlyen 線路モデル　143
SEPIC コンバータ　381
SMZ　362
SPICE　9
SPMSM　217
SR モータ　230
STATCOM　311, 316
Sunde のモデル回路　146
SVC　311, 316
SVM　49
switched reluctance motor　230

T 形等価回路　30, 105
T-I 形過渡等価回路　173
T-II 形過渡等価回路　174
TCR　316
TCT　316
TSC　316

UBR 行列　78
UEL　93
UPS　294, 390

V 曲線　214
variable reluctance motor　230
v/f 一定制御　216
VT　136
V-V 結線　200

Y 形回路　32
Y-Δ 結線　108, 200
Y-Δ 始動法　206
Y-Δ 変換　7, 32
Y-Y 結線　108, 199

ZCS　287, 350
Zeta コンバータ　381
Zobel 変換　83
ZVS　287, 350, 356, 364
ZVS 条件　358

資　料　編

─ 掲 載 会 社 ─

（五十音順）

愛知電機株式会社 …………………………………………………………… 2
大阪ガス株式会社 …………………………………………………………… 3
株式会社ダイヘン …………………………………………………………… 4
株式会社電業 ………………………………………………………………… 5
株式会社日立産機システム ………………………………………………… 6
株式会社日立製作所インダストリアルプロダクツビジネスユニット … 7
三菱電機株式会社 …………………………………………………………… 8
株式会社明電舎 ……………………………………………………………… 9

・

株式会社九建 ………………………………………………………………… 10
株式会社キューヘン ………………………………………………………… 10
株式会社正興電機製作所 …………………………………………………… 11
東京電力パワーグリッド株式会社 ………………………………………… 11
株式会社東光高岳 …………………………………………………………… 12
ニシム電子工業株式会社 …………………………………………………… 12

中部電力グループ

確かな技術で未来をひらく
よい物を創る、よい人を創る、よい関係を創る、価値ある会社

愛知電機株式会社
〒486-8666 愛知県春日井市愛知町1番地

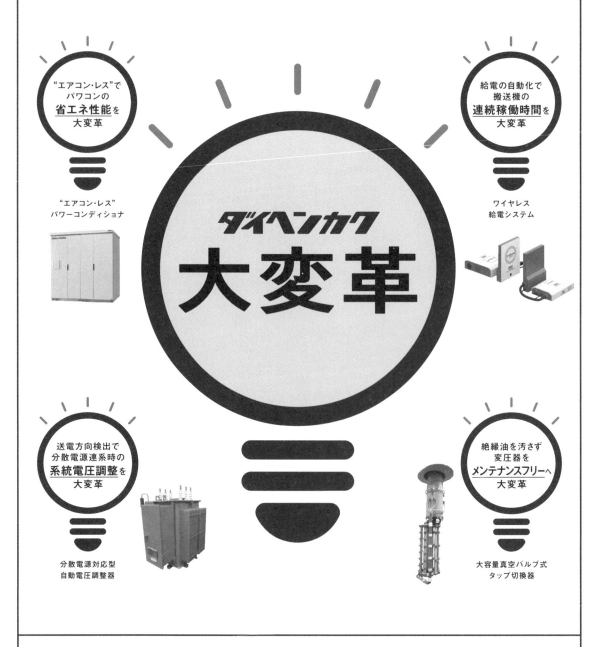

鉄道事業者のニーズ、車両性能にマッチした製品を提供し続けます。

各種鉄道の電車線金具に採用されています。(パンタグラフに電気を供給する設備を支持する金具です。)

可動ブラケット　　　　　　L型振止装置　　　　　　テンションバランサ　ばね式

 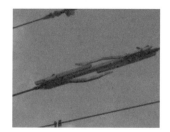 

テンションバランサ　チェーン式　　セクションインシュレータ　　デジトロメータ(トロリ線摩耗測定器)

新時代に取り組む  株式会社 電業 は研鑽を重ねていきます。

本　　　　社	〒577-0065 大阪府東大阪市高井田中2丁目5番25号	TEL 06(6781)2612	JR 071-4138
東 京 支 店	〒105-0014 東京都港区芝3-24-3 サントラビル3階	TEL 03(5765)5570	JR 057-3824
名古屋支店	〒453-0014 愛知県名古屋市中村区則武1-22-4	TEL 052(452)1265	JR 061-4686
大 阪 支 店	〒577-0065 大阪府東大阪市高井田中2丁目5番25号	TEL 06(6782)3171	JR 071-4151
仙台営業所	〒983-0852 宮城県仙台市宮城区榴岡3-11-6	TEL 022(295)5001	JR 031-3726
静岡営業所	〒422-8067 静岡県駿河区南町3-14 エスカイヤ南町ビル	TEL 054(288)8806	JR 063-3671
福岡営業所	〒812-0016 福岡県博多区博多駅前1-7-22	TEL 092(481)5851	JR 092-2477

 **MITSUBISHI ELECTRIC** Changes for the Better

家庭から宇宙まで、エコチェンジ。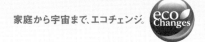

限りあるエネルギー資源を、未来へつなげるために。

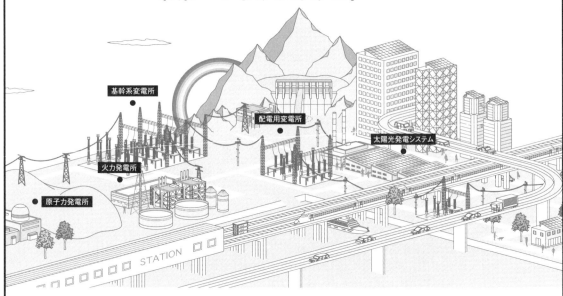

三菱電機グループは、「つくる」「おくる」「くばる」の先端技術で、
エネルギーのネットワークづくりと効率的な利用をサポートします。

エネルギーをつくる

化石燃料と再生可能な新エネルギーをベストバランスで活用し、
未来につながるエネルギー利用に貢献します。

■ 火力・原子力発電

<タービン発電機>
小規模プラントから大規模な原子力発電まで幅広い容量に対応した機種ラインナップを提供しています。

<デジタル計装制御システム>
プラント運転の信頼性・操作性を向上。国内火力・原子力発電所を始め、中国の原子力発電所にも提供しています。

■ 太陽光発電システム

クリーンエネルギーを効率的に生み出し、公共施設・ビル・工場・学校・大規模農場・住宅などで活躍しています。

確実におくる・くばる

効率的で高品質な電力の
供給に貢献します。

■ 電力用開閉装置

災害や落雷時の異常電流を瞬時に遮断。電力ライフラインの安定化に貢献します。

■ 電力系統監視制御システム

電力系統の状態や電気の流れを集中コントロールすることで、安定した電力供給を支えます。

■ 大容量外鉄形変圧器

業界をリードする技術を駆使して、高電圧・大容量変圧器の高効率・コンパクト化を実現。

■ 受配電システム

電力をムダなく、安定供給。絶縁媒体に乾燥空気を使うことで、環境にも配慮。

エネルギー よりよい明日へチャレンジ。

三菱電機株式会社
〒100-8310 東京都千代田区丸の内2-7-3〈東京ビル〉
TEL 03-3218-2311

三菱電機株式会社

都市へ、地域へ、家庭へと、社会の隅々まで電気を送り続ける送電線は、今日の社会基盤を支える太く大きな柱として、欠かすことの出来ない存在です。

「人と技術」という企業理念のもと、これからも電力の安定供給に全力を注ぎます。

事業内容
・架空線工事
・地中線工事
・送電線保守工事

人と技術で未来を築く

株式会社 九建

〒810-0005
福岡市中央区清川二丁目13番6号
TEL：092-523-9123
FAX：092-523-9127
URL：http://www.qken.co.jp/

次の時代に向けて、飛躍する挑戦をしています。

未来をみつめる創造企業
株式会社 キューヘン

代表取締役社長　田處　正隆

〔本　社〕〒811-3216
福岡県福津市花見が浜二丁目1番1号
TEL：0940-42-1364（代表）
http://www.kyuhen.jp

主要営業品目

・各種変圧器
・変圧器寿命・劣化診断
・キュービクル式高圧受電設備
・受変電設備据付工事
・ユノカ給湯器
　（エコキュート, 電気温水器）
・太陽光発電システム
　（パワーコンディショナー㈱ダイヘン協業）

未来が輝く、東光高岳ソリューション。

私たちはこれまで、世界一の信頼性を持つ日本の電力流通システムの分野で、
多彩な技術を磨き、蓄積してきました。
私たち固有の財産を活かし、お客さまの電力ネットワークをトータルにサポートし、
これからの社会が求めるインフラや先端技術を提供します。
また、計測・伝送・制御技術などのコア技術を組み合わせることで、
新たな技術やサービスを生み出し、日本の、世界のお客さまの課題を解決していきます。

他のどこにもないソリューションで、未来を輝かせる企業。
それが東光高岳です。

OUR VISION
東光高岳の3つのビジョン
- 電力ネットワークをトータルにサポートするNO.1企業を目指します
- 計測・伝送・制御の新技術開発で新たな柱を確立します
- 世界を舞台にお客さまを拡げ続けます

株式会社 東光高岳
TAKAOKA TOKO CO., LTD.

〒135-0061　東京都江東区豊洲5-6-36
ヒューリック豊洲プライムスクエア 8F
TEL／03-6371-5000（代表）　FAX／03-6371-5436
http://www.tktk.co.jp

電気のあるところ全て、そこにニシムの技術があります

- ICTソリューション
  ・情報通信ネットワーク構築
- エンジニアリング
  ・機器製造
  ・工事施工
- サービスソリューション
  ・保守
  ・egakiku

私たちニシム電子工業（株）は、創立当初より培った通信・監視・制御・電源技術を核として、多様化するお客さまのニーズにマッチしたシステムの企画・コンサルティングから、設計、製造、施工、運用、保守までのワンストップサービスをご提供致します。

http://www.nishimu.co.jp/

技術を街へ、未来へ

ニシム電子工業株式会社
代表取締役社長　小野丈夫

本社　福岡市博多区美野島一丁目2番1号
TEL　092-461-0246　［ニシム］［検索］

編集委員略歴

奥村浩士（おくむらこうし）
1941年　京都府に生まれる
1969年　京都大学大学院工学研究科博士課程修了
現　在　京都大学名誉教授

西　哲生（にしてつお）
1941年　福岡県に生まれる
1969年　九州大学大学院工学研究科博士後期課程修了
現　在　九州大学名誉教授

松瀬貢規（まつせこうき）
1943年　中国に生まれる
1971年　明治大学大学院工学研究科博士課程修了
現　在　明治大学名誉教授

横山明彦（よこやまあきひこ）
1956年　大阪府に生まれる
1984年　東京大学大学院工学系研究科博士課程修了
現　在　東京大学大学院新領域創成科学研究科教授

電気回路ハンドブック　　　　　　　　定価はカバーに表示

2016年11月20日　初版第1刷

編集委員　奥　村　浩　士
　　　　　西　　　哲　生
　　　　　松　瀬　貢　規
　　　　　横　山　明　彦
発行者　　朝　倉　誠　造
発行所　　株式会社　朝倉書店
　　　　　東京都新宿区新小川町6-29
　　　　　郵便番号　162-8707
　　　　　電　話　03(3260)0141
　　　　　ＦＡＸ　03(3260)0180
　　　　　http://www.asakura.co.jp

〈検印省略〉

ⓒ 2016〈無断複写・転載を禁ず〉　　印刷・製本　東国文化

ISBN 978-4-254-22061-2　C 3054　　Printed in Korea

JCOPY　〈(社)出版者著作権管理機構　委託出版物〉

本書の無断複写は著作権法上での例外を除き禁じられています．複写される場合は，そのつど事前に，(社)出版者著作権管理機構（電話 03-3513-6969, FAX 03-3513-6979, e-mail: info@jcopy.or.jp）の許諾を得てください．

前東電大 宅間 董・電中研 高橋一弘・
前東電大 柳父 悟編

電力工学ハンドブック

22041-4 C3054　　A5判 768頁 本体26000円

電力工学は発電，送電，変電，配電を骨幹とする電力システムとその関連技術を対象とするものである。本書は，巨大複雑化した電力分野の基本となる技術をとりまとめ，その全貌と基礎を理解できるよう解説。〔内容〕電力利用の歴史と展望／エネルギー資源／電力系統の基礎特性／電力系統の計画と運用／高電圧絶縁／大電流現象／環境問題／発電設備（水力・火力・原子力）／分散型電源／送電設備／変電設備／配電・屋内設備／パワーエレクトロニクス機器／超電導機器／電力応用

前東工大 藤井信生・元理科大 関根慶太郎・
東工大 高木茂孝・理科大 兵庫 明編

電子回路ハンドブック

22147-3 C3055　　B5判 464頁 本体20000円

電子回路に関して，基礎から応用までを本格的かつ体系的に解説したわが国唯一の総合ハンドブック。大学・産業界の第一線研究者・技術者により執筆され，500余にのぼる豊富な回路図を掲載し，"芯のとおった"構成を実現。なお，本書はディジタル電子回路を念頭に入れつつも回路の基本となるアナログ電子回路をメインとした。〔内容〕I.電子回路の基礎／II.増幅回路設計／III.応用回路／IV.アナログ集積回路／V.もう一歩進んだアナログ回路技術の基本

前京大 奥村浩士著

電気回路理論

22049-0 C3054　　A5判 288頁 本体4600円

ソフトウェア時代に合った本格的電気回路理論。〔内容〕基本知識／テブナンの定理等／グラフ理論／カットセット解析等／テレゲンの定理等／簡単な線形回路の応答／ラプラス変換／たたみ込み積分等／散乱行列等／状態方程式等／問題解答

前京大 奥村浩士著
エース電気・電子・情報工学シリーズ

エース 電気回路理論入門

22746-8 C3354　　A5判 164頁 本体2900円

高校で学んだ数学と物理の知識をもとに直流回路の理論から入り，インダクタ，キャパシタを含む回路が出てきたとき微分方程式で回路の方程式をたてることにより，従来の類書にない体系的把握ができる。また，演習問題にはその詳解を記載

前理科大 中村福三・東工大 千葉 明著

電気回路基礎論

22037-7 C3054　　A5判 224頁 本体3700円

幅広く平易に解説。〔内容〕電気回路の基礎／回路解析の基礎／過渡現象の基礎／交流定常状態解析の基礎／交流回路の計算法／交流電力／二端子対回路／三相交流回路／ひずみ波交流回路／ラプラス変換／状態変数法／回路網関数／分布定数回路

前東大 曽根 悟・檀 良著

電気回路の基礎

22055-1 C3054　　A5判 212頁 本体2800円

基本的事項を厳選し，図版で視覚的に理解できるよう配慮。教師による特色付け可能な教科書。〔内容〕本書の内容と構成／直流回路／交流回路／一般の線形回路と過渡現象／伝送回路の基礎／4端子網／分布定数回路の基礎／他

前広島工大 中村正孝・広島工大 沖根光夫・
広島工大 重広孝則著
電気・電子工学テキストシリーズ3

電気回路

22833-5 C3354　　B5判 160頁 本体3200円

工科系学生向けのテキスト。電気回路の基礎から丁寧に説き起こす。〔内容〕交流電圧・電流・電力／交流回路／回路方程式と諸定理／リアクタンス1端子対回路の合成／3相交流回路／非正弦波交流回路／分布定数回路／基本回路の過渡現象／他

東北大 山田博仁著
電気・電子工学基礎シリーズ7

電気回路

22877-9 C3354　　A5判 176頁 本体2600円

電磁気学との関係について明確にし，電気回路学に現れる様々な仮定や現象の物理的意味について詳述した教科書。〔内容〕電気回路の基本法則／回路素子／交流回路／回路方程式／線形回路において成り立つ諸定理／二端子対回路／分布定数回路

京大 引原隆士・大工大 木村紀之・理科大 千葉 明・
関西大 大橋俊介著
エース電気・電子・情報工学シリーズ

エース パワーエレクトロニクス

22745-1 C3354　　A5判 160頁 本体3000円

産業の基盤であり必要不可欠な技術であるパワエレ技術を詳細平易に説明。〔内容〕パワーエレクトロニクスの概要とスイッチング回路の基礎／電力用スイッチ素子と回路の基本動作／パワエレの回路構成と制御技術／パワエレによるモータ制御

前長崎大 小山 純・福岡大 伊藤良三・九工大 花本剛士・
九工大 山田洋明著

最新 パワーエレクトロニクス入門

22039-1 C3054　　A5判 152頁 本体2800円

PWM制御技術をわかりやすく説明し，その技術の応用について解説した。口絵に最新のパワーエレクトロニクス技術を活用した装置を掲載し，当社のホームページから演習問題の詳解と，シミュレーションプログラムをダウンロードできる。

上記価格（税別）は2106年10月現在